Handbuch der
Lebensmitteltoxikologie

*Herausgegeben von
Hartmut Dunkelberg,
Thomas Gebel und
Andrea Hartwig*

200 Jahre Wiley – Wissen für Generationen

John Wiley & Sons feiert 2007 ein außergewöhnliches Jubiläum: Der Verlag wird 200 Jahre alt. Zugleich blicken wir auf das erste Jahrzehnt des erfolgreichen Zusammenschlusses von John Wiley & Sons mit der VCH Verlagsgesellschaft in Deutschland zurück. Seit Generationen vermitteln beide Verlage die Ergebnisse wissenschaftlicher Forschung und technischer Errungenschaften in der jeweils zeitgemäßen medialen Form.

Jede Generation hat besondere Bedürfnisse und Ziele. Als Charles Wiley 1807 eine kleine Druckerei in Manhattan gründete, hatte seine Generation Aufbruchsmöglichkeiten wie keine zuvor. Wiley half, die neue amerikanische Literatur zu etablieren. Etwa ein halbes Jahrhundert später, während der „zweiten industriellen Revolution" in den Vereinigten Staaten, konzentrierte sich die nächste Generation auf den Aufbau dieser industriellen Zukunft. Wiley bot die notwendigen Fachinformationen für Techniker, Ingenieure und Wissenschaftler. Das ganze 20. Jahrhundert wurde durch die Internationalisierung vieler Beziehungen geprägt – auch Wiley verstärkte seine verlegerischen Aktivitäten und schuf ein internationales Netzwerk, um den Austausch von Ideen, Informationen und Wissen rund um den Globus zu unterstützen.

Wiley begleitete während der vergangenen 200 Jahre jede Generation auf ihrer Reise und fördert heute den weltweit vernetzten Informationsfluss, damit auch die Ansprüche unserer global wirkenden Generation erfüllt werden und sie ihr Ziel erreicht. Immer rascher verändert sich unsere Welt, und es entstehen neue Technologien, die unser Leben und Lernen zum Teil tiefgreifend verändern. Beständig nimmt Wiley diese Herausforderungen an und stellt für Sie das notwendige Wissen bereit, das Sie neue Welten, neue Möglichkeiten und neue Gelegenheiten erschließen lässt.

Generationen kommen und gehen: Aber Sie können sich darauf verlassen, dass Wiley Sie als beständiger und zuverlässiger Partner mit dem notwendigen Wissen versorgt.

William J. Pesce
President and Chief Executive Officer

Peter Booth Wiley
Chairman of the Board

Handbuch der Lebensmitteltoxikologie

Belastungen, Wirkungen, Lebensmittelsicherheit, Hygiene

Band 2

Herausgegeben von
Hartmut Dunkelberg, Thomas Gebel und
Andrea Hartwig

WILEY-VCH Verlag GmbH & Co. KGaA

Herausgeber

Prof. Dr. Hartmut Dunkelberg
Universität Göttingen
Bereich Humanmedizin
Abt. Allgemeine Hygiene und Umweltmedizin
Lenglerner Straße 75
37039 Göttingen

Dr. Thomas Gebel
Bundesanstalt für Arbeitsschutz
und Arbeitsmedizin
Fachbereich 4
Friedrich-Henkel-Weg 1–25
44149 Dortmund

Prof. Dr. Andrea Hartwig
TU Berlin, Sekr. TIB 4/3-1
Institut für Lebensmitteltechnologie
Gustav-Meyer-Allee 25
13355 Berlin

■ Alle Bücher von Wiley-VCH werden sorgfältig erarbeitet. Dennoch übernehmen Autoren, Herausgeber und Verlag in keinem Fall, einschließlich des vorliegenden Werkes, für die Richtigkeit von Angaben, Hinweisen und Ratschlägen sowie für eventuelle Druckfehler irgendeine Haftung

**Bibliografische Information
der Deutschen Nationalbibliothek**
Die Deutsche Nationalbibliothek verzeichnet diese Publikation in der Deutschen Nationalbibliografie; detaillierte bibliografische Daten sind im Internet über http://dnb.d-nb.de abrufbar.

© 2007 WILEY-VCH Verlag GmbH & Co. KGaA, Weinheim

Printed in the Federal Republic of Germany
Gedruckt auf säurefreiem Papier

Satz K+V Fotosatz GmbH, Beerfelden
Druck Strauss Druck, Mörlenbach
Bindung Litges & Dopf GmbH, Heppenheim

ISBN 978-3-527-31166-8

Inhalt

Handbuch der Lebensmitteltoxikologie. H. Dunkelberg, T. Gebel, A. Hartwig (Hrsg.)
Copyright © 2007 WILEY-VCH Verlag GmbH & Co. KGaA, Weinheim
ISBN: 978-3-527-31166-8

Rückstände

Zusatzstoffe

Geleitwort

Ohne Essen und Trinken gibt es kein Leben und Essen und Trinken, so heißt es, hält Leib und Seele zusammen. Lebensmittel sind Mittel zum Leben; sie sind einerseits erforderlich, um das Leben aufrecht zu erhalten, und andererseits wollen wir mehr als nur die zum Leben notwendige Nahrungsaufnahme. Wir erwarten, dass unsere Lebensmittel bekömmlich und gesundheitsförderlich sind, dass sie das Wohlbefinden steigern und zum Lebensgenuss beitragen.

Lebensmittel liefern das Substrat für den Energiestoffwechsel, für Organ- und Gewebefunktionen, für Wachstum und Entwicklung im Kindes- und Jugendalter und für den Aufbau und Ersatz von Körpergeweben und Körperflüssigkeiten. Das macht sie unentbehrlich. Hunger und Mangel ebenso wie vollständiges Fasten oder Verzicht oder Entzug von Essen und Trinken sind nur für begrenzte Zeit ohne gesundheitliche Schäden möglich.

Art und Zusammensetzung der Lebensmittel haben auch ohne spezifisch toxisch wirkende Stoffe erheblichen Einfluss auf die Gesundheit. Ihr Zuviel oder Zuwenig kann Fettleibigkeit oder Mangelerscheinungen hervorrufen. Sie können darüber hinaus einerseits durch ungünstige Zusammensetzung oder Zubereitung die Krankheitsbereitschaft des Organismus im Allgemeinen oder die Anfälligkeit für bestimmte Krankheiten, insbesondere Stoffwechselkrankheiten, fördern und andererseits die Abwehrbereitschaft stärken und zur Krankheitsprävention und zur Stärkung und aktiven Förderung von Gesundheit beitragen.

Aussehen, Geruch und Geschmack von Lebensmitteln, die Kenntnis von Bedingungen und Umständen ihrer Herstellung, ihres Transports und ihrer Vermarktung und ganz gewiss auch die Art ihrer Zubereitung und wie sie aufgetischt werden, können Lust- oder Unlustgefühle hervorrufen und haben eine nicht zu unterschätzende Bedeutung für Wohlbefinden und Lebensqualität.

Neben den im engeren Sinne der Ernährung, also dem Energie- und Erhaltungsstoffwechsel, dienenden (Nähr)Stoffen enthalten gebrauchsfertige Lebensmittel auch Stoffe, die je nach Art und Menge Gesundheit und Wohlbefinden beeinträchtigen können und die zu einem geringen Teil natürlicherweise, zum größeren Teil anthropogen in ihnen vorkommen. Mit diesen Stoffen beschäftigt sich die Lebensmitteltoxikologie und um diese Stoffe geht es in diesem Handbuch. Die Stoffe können aus sehr unterschiedlichen Quellen stammen und werden nach diesen Quellen typisiert, bzw. danach, wie sie in das Lebensmittel ge-

Handbuch der Lebensmitteltoxikologie. H. Dunkelberg, T. Gebel, A. Hartwig (Hrsg.)
Copyright © 2007 WILEY-VCH Verlag GmbH & Co. KGaA, Weinheim
ISBN: 978-3-527-31166-8

langt sind. Je nach Quelle und Typus sind unterschiedliche Akteure beteiligt. Typische Quellen sind

- die Umwelt: Stoffe können aus Luft, Boden oder Wasser in und auf Pflanzen gelangen und von Tieren direkt oder über Futterpflanzen und sonstige Futtermittel aufgenommen werden. Diese Schadstoffe können aus umschriebenen oder aus diffusen Quellen stammen und verursachende Akteure sind die Adressaten der Umweltpolitik, also beispielsweise Betreiber von Feuerungsanlagen, Industrie- und Gewerbebetrieben, aber auch alle Teilnehmer am Straßenverkehr. Gegen diese Verunreinigungen können sich die landwirtschaftlichen Produzenten nicht schützen; sie treffen konventionell und biologisch wirtschaftende Landwirte in gleicher Weise. In diesem Fall ist die Umweltpolitik Akteur des Verbraucherschutzes.
- die agrarische Urproduktion: Hierzu zählen Stoffe, die in der Landwirtschaft als Pflanzenbehandlungsmittel (z. B. Insektizide, Rodentizide, Herbizide, Wachstumsregler), als Düngemittel oder Bodenverbesserungsmittel (z. B. Klärschlamm, Kompost), in Wirtschaftsdünger oder Gülle ausgebracht oder in der Tierzucht (z. B. Arzneimittel, Masthilfsmittel) verwendet werden. Akteure sind naturgemäß in erster Linie die Landwirte selbst, aber auch die Hersteller und Vertreiber von Saatgut, Agrochemikalien, Futtermitteln, Düngemitteln, veterinär-medizinischen Produkten, und ebenso Tierärzte, Berater und Vertreter. Das Geflecht von Interessen, dem die Landwirte sich ausgesetzt sehen, ist kaum überschaubar.
- die verarbeitende Industrie und das Handwerk: Die in diesem Bereich eingesetzten Stoffgruppen sind besonders zahlreich. Als Beispiele seien genannt Aromastoffe und Geschmacksverstärker, Farbstoffe und Konservierungsmittel, Süßstoffe und Säuerungsmittel, Emulgatoren und Dickungsmittel, Pökelsalze und Backhilfsmittel; die Liste ließe sich beliebig verlängern. Stoffe dieser Gruppe werden Zusatzstoffe genannt, und die Zutatenliste fertig verpackter Lebensmittel gibt in groben Zügen Auskunft über sie. Dazu kommen aus den Quellen Lebensmittelindustrie und Handwerk Stoffe, die bei bestimmten Verfahren entstehen (z. B. Räuchern, Mälzen, Gären, Sterilisieren, Bestrahlen) oder die bei bestimmten Verfahren verwendet werden (z. B. beim Entzug von Alkohol aus Bier). Die Akteure sind vor allem die Lebensmittelindustrie und das verarbeitende Handwerk, aber auch die chemische Industrie, Brauereien, Kellereien, Abfüllbetriebe, Molkereien etc.
- Transport und Vermarktung: Hier geht es um Schadstoffe, die aus Verpackungsmaterialien in Lebensmittel übergehen können oder die bei unsachgemäßer Lagerung auf unverpackten Lebensmitteln auftreten können. Akteure sind vor allem die Verpackungsindustrie und der Einzelhandel.
- die küchentechnische Zubereitung der Lebensmittel: Bei den Prozessen des Kochens, Garens, Backens oder Bratens können Inhaltsstoffe zerstört werden oder andere entstehen. Beides kann Auswirkungen auf die Gesundheitsverträglichkeit und Bekömmlichkeit der Lebensmittel haben. Akteure sind einerseits alle Verbraucher, die in ihren Küchen tätig sind und andererseits Betreiber von Gaststätten, Kantinenpächter etc.

- die Natur: Es gibt in bestimmten Lebensmitteln Inhaltsstoffe, die toxikologisch relevant sein können, wenn sie nicht durch geeignete Verfahren der Zubereitung umgewandelt werden.
- Innovation: Auf der Suche nach neuen Märkten hat die Lebensmittelindustrie sog. funktionelle Lebensmittel entwickelt, die auch neue Probleme der Stoffbeurteilung aufwerfen. Akteure sind neben der Lebensmittelindustrie vor allem die für sie tätigen Wissenschaftler und die Werbebranche.

Neben den bei den jeweiligen Quellen genannten Akteuren gibt es in dem Feld, das dieses Handbuch abdeckt, viele weitere relevante Akteure, von denen einige im Folgenden genannt werden sollen.

- Wissenschaft: Die Lebensmitteltoxikologie und – soweit verfügbar – die Epidemiologie erarbeiten die Datenbasis und stellen Erklärungsmodelle bereit als Voraussetzung für eine Risikoabschätzung für alle relevanten Stoffe und erarbeiten Vorschläge für gesundheitsbezogene Standards als Voraussetzung für jeweilige Grenzwerte, Höchstmengen etc.
- Internationale Organisationen: Die Weltgesundheits- und die Welternährungsorganisation (WHO und FAO), bzw. deren Ausschüsse und Expertengremien erarbeiten auf der Grundlage der genannten Datenbasis Empfehlungen, welche Mengen der einzelnen Stoffe bei lebenslanger Exposition pro Tag oder pro Woche ohne gesundheitliche Beeinträchtigung aufgenommen werden können. Auch Expertengremien der EU sind mit derartigen Aufgaben befasst.
- Gesundheits- und Verbraucherpolitik: Die Politik organisiert zusammen mit ihren nachgeordneten Bundesanstalten und -instituten den Prozess der Risikobewertung und legt in entsprechenden Regelwerken Höchstmengen, Grenzwerte etc. für die einzelnen Stoffe in Lebensmitteln und gegebenenfalls auch dazu gehörende Analyseverfahren fest.
- Überwachung und Beratung: Die Bundesländer organisieren die Überwachung dieser Vorschriften und die Beratung der land- und viehwirtschaftlichen Produzenten.
- Verbraucherorganisationen wie die Verbraucherzentralen in den Ländern oder deren Bundesverband sind ebenfalls wichtige Akteure, die bisher zu wenig in die Prozesse der Risikobewertung und der Normsetzung eingebunden sind.

In ihrem „Handbuch der Lebensmitteltoxikologie" haben Hartmut Dunkelberg, Thomas Gebel und Andrea Hartwig mit ihren Autorinnen und Autoren die vorhandenen toxikologischen Daten und die derzeitigen Erkenntnisse über die in Lebensmitteln vorkommenden und bei ihrer Erzeugung verwendeten oder entstehenden Stoffe zusammengetragen, ihre Risikopotenziale abgeschätzt und Daten und Empfehlungen zur Risikominimierung bereit gestellt. Sie haben sich dabei bemüht, in die für Verbraucher und Öffentlichkeit verwirrende Vielfalt möglicher Schadstoffe und Akteure eine gewisse Ordnung und Systematik zu bringen. Vorausgeschickt werden Übersichten über rechtliche Regelungen und Standards, über Untersuchungsmethoden und Überwachung und vor allem über Modelle und Verfahren der toxikologischen Risiko-Abschätzung.

Eine derartige umfassende Übersicht über den Stand des lebensmitteltoxikologischen Wissens fehlte bisher im deutschen Sprachraum. Angesprochen werden neben Wissenschaftlern in Forschung, Behörden und Industrie Fachleute in Ministerien, Untersuchungsämtern und in der Lebensmittelüberwachung, in der landwirtschaftlichen Beratung, in der Lebensmittelverarbeitung und in Verbraucherorganisationen, dem Verbraucherschutz verpflichtete Politiker und Journalisten, Studierende der Lebensmittelchemie, aber auch die interessierte Öffentlichkeit.

Dank gilt den Herausgebern und der Herausgeberin für die Initiative zu diesem Handbuch und allen Autorinnen und Autoren für die immense Arbeit. Ich wünsche dem Werk die gute Aufnahme und weite Verbreitung, die es verdient. Möge all denen, die darin lesen oder nachschlagen werden, deutlich werden, was in der Lebensmitteltoxikologie gewusst wird, und wo die Grenzen des Wissens liegen.

Speisen und Getränke sollen den Körper stärken und die Seele bezaubern. Die große Zahl anthropogener Stoffe in, auf und um Lebensmittel kann Verbraucher leicht verunsichern. Unsicherheit ist ein Vorläufer von Angst, und Angst vor Chemie (= „Gift") im Essen fördert wahrlich nicht das Vergnügen daran. Zum seelischen Genuss gehört die Gewissheit, dass das Angebot der Lebensmittel geprüft und frei von Inhaltsstoffen ist, die je nach Art oder Menge der Gesundheit abträglich sein können. In diesem „Handbuch der Lebensmitteltoxikologie" wird beschrieben, mit welchen Modellen und Daten die Wissenschaft die Voraussetzungen für Verbrauchersicherheit schafft. Möge es dazu beitragen, Verbrauchern trotz der großen Zahl relevanter Stoffe mehr Vertrauen und Sicherheit zu geben.

Prof. Dr. Georges Fülgraff
Em. Professor für Gesundheitswissenschaften,
Ehrenvorsitzender Berliner Zentrum Public Health
Ehemaliger Präsident des Bundesgesundheitsamtes (1974–1980)

Vorwort

Lebensmittelerzeugung, Lebensmittelversorgung und Ernährungsverhalten tangieren medizinische, kulturelle, gesellschaftliche, wirtschaftliche und ökologische Sachgebiete und Problembereiche. Was im weitesten Sinne unter Lebensmittel- und Ernährungsqualität zu verstehen ist, lässt sich demnach aus ganz verschiedenen wissenschaftlichen oder lebensweltlichen Perspektiven beleuchten. Einen für die Gesundheit des Menschen wichtigen Zugang zur Lebensmittelbewertung und Lebensmittelsicherheit bietet die Lebensmitteltoxikologie.

Mit der vorliegenden Buchveröffentlichung sollen die wesentlichen lebensmitteltoxikologischen Erkenntnisse und Sachverhalte auf den aktuellen Wissensstand gebracht und verfügbar gemacht werden. Für die Zusammenstellung der Beiträge zu dieser nun in 5 Bänden vorliegenden Veröffentlichung war die umfassende und kritische Darstellung des jeweiligen Stoffgebietes bestimmend und maßgebend. Ziel war es, einen möglichst profunden Wissensstand zum jeweiligen Kapitel vorzulegen, ohne dabei durch ein zu enges Gliederungsschema auf die individuellen Schwerpunktsetzungen der Autoren verzichten zu müssen.

Die Herausgeber danken den Autorinnen und Autoren der Buchkapitel für ihre mit großer Sorgfalt und Expertise verfassten Buchbeiträge, die trotz größter Zeitknappheit und meist umfangreicher anderer Verpflichtungen zu erstellen waren, und damit auch für ihre engagierte Mitwirkung und die Unterstützung dieses Buchprojektes. Gedankt sei ihnen nicht weniger für die in einigen Fällen im besonderen Maße zu erbringende Geduld, wenn es um die Verschiebung des Zeitplans bis zur endgültigen Fertigstellung dieses Sammelwerkes ging. Wir fühlen uns ebenso den Ratgebern im Bekannten- und Freundeskreis verbunden und zu Dank verpflichtet, die uns bei verschiedenen und auch unerwarteten Fragen mit guten Ideen und Lösungsvorschlägen wirksam geholfen haben.

Nicht zuletzt trug ganz wesentlich der Wiley-VCH-Verlag durch eine kontinuierliche und zügige verlagstechnische Hilfestellung und durch eine angenehme Betreuung zum Gelingen dieses Buchprojektes bei.

Hartmut Dunkelberg,
Thomas Gebel und
Andrea Hartwig

Handbuch der Lebensmitteltoxikologie. H. Dunkelberg, T. Gebel, A. Hartwig (Hrsg.)
Copyright © 2007 WILEY-VCH Verlag GmbH & Co. KGaA, Weinheim
ISBN: 978-3-527-31166-8

Autorenverzeichnis

em. Prof. Dr. Manfred Anke
Am Steiger 12
07743 Jena
Deutschland

Dr. Magdalena Adamska
University of Zürich
Institute of Pharmacology
and Toxicology
Department of Toxicology
Winterthurerstraße 190
8057 Zürich
Schweiz

Prof. Dr. Michael Arand
University of Zürich
Institute of Pharmacology
and Toxicology
Department of Toxicology
Winterthurerstraße 190
8057 Zürich
Schweiz

Dr. Volker Manfred Arlt
Institute of Cancer Research
Section of Molecular Carcinogenesis
Brookes Lawley Building
Cotswold Road
Sutton, Surrey SM2 5NG
United Kingdom

Dr. Christiane Aschmann
Universitätsklinikum
Schleswig-Holstein
Institut für Toxikologie
und Pharmakologie
für Naturwissenschaftler
Campus Kiel
Brunswiker Straße 10
24105 Kiel
Deutschland

Dr. Ursula Banasiak
Bundesinstitut für Risikobewertung
Berlin (BfR)
Fachgruppe Rückstände von Pestiziden
Thielallee 88–92
14195 Berlin
Deutschland

Alexander Bauer
Universität Leipzig
Institut für Pharmakologie und
Toxikologie
Johannis-Allee 28
04103 Leipzig
Deutschland

Prof. Dr. Detmar Beyersmann
Universität Bremen
Fachbereich Biologie/Chemie
Leobener Straße, Gebäude NW2
28359 Bremen
Deutschland

Handbuch der Lebensmitteltoxikologie. H. Dunkelberg, T. Gebel, A. Hartwig (Hrsg.)
Copyright © 2007 WILEY-VCH Verlag GmbH & Co. KGaA, Weinheim
ISBN: 978-3-527-31166-8

Julia Bichler
Medizinische Universität Wien
Universitätsklinik für Innere Medizin I
Institut für Krebsforschung
Borschkegasse 8 a
1090 Wien
Österreich

Prof. Dr. Hans K. Biesalski
Universität Hohenheim
Institut für Biologische Chemie
und Ernährungswissenschaft
Garbenstraße 30
70593 Stuttgart
Deutschland

Prof. Dr. Marianne Borneff-Lipp
Martin-Luther-Universität
Halle-Wittenberg
Institut für Hygiene
Johann-Andreas-Segner-Straße 12
06108 Halle/Saale
Deutschland

Prof. Dr. Regina Brigelius-Flohe
Deutsches Institut
für Ernährungsforschung
Arthur-Scheunert-Allee 114–116
14558 Potsdam-Rehbrücke
Deutschland

Dr. Marc Brulport
Universität Leipzig
Institut für Pharmakologie und
Toxikologie
Johannis-Allee 28
04103 Leipzig
Deutschland

Prof. Dr. Michael Bülte
Justus-Liebig-Universität Gießen
Institut für
Tierärztliche
Nahrungsmittelkunde
Frankfurter Straße 92
35392 Gießen
Deutschland

Dr. Christine Bürk
Lehrstuhl für Hygiene
und Technologie der Milch
Schönleutner Straße 8
85764 Oberschleißheim
Deutschland

Dr. Peter Butz
Bundesforschungsanstalt für
Ernährung und Lebensmittel (BFEL)
Institut für Chemie und Biologie
Haid-und-Neu-Straße 9
76131 Karlsruhe
Deutschland

Prof. Dr. Hans-Georg Claßen
Universität Hohenheim
Fachgebiet Pharmakologie,
Toxikologie und Ernährung
Institut für Biologische Chemie
und Ernährungswissenschaft
Fruwirthstraße 16
70593 Stuttgart
Deutschland

Dr. Ulf G. Claßen
Universitätsklinikum des Saarlandes
Institut für Rechtsmedizin
Kirrbergerstraße
66421 Homburg/Saar
Deutschland

Dr. Annette Cronin
University of Zürich
Institute of Pharmacology
and Toxicology
Department of Toxicology
Winterthurerstraße 190
8057 Zürich
Schweiz

Dr. Gerd Crößmann
Im Flothfeld 96
48329 Havixbeck
Deutschland

Prof. Dr. Wolfgang Dekant
Universität Würzburg
Institut für Toxikologie
Versbacher Straße 9
97078 Würzburg
Deutschland

Dr. Henry Delincée
Bundesforschungsanstalt
für Ernährung und Lebensmittel
Institut für Ernährungsphysiologie
Haid-und-Neu-Straße 9
76131 Karlsruhe
Deutschland

Prof. Dr. Hartmut Dunkelberg
Universität Göttingen
Bereich Humanmedizin
Abteilung Allgemeine Hygiene
und Umweltmedizin
Lenglerner Straße 75
37079 Göttingen
Deutschland

Matthias Dürr
Martin-Luther-Universität
Halle-Wittenberg
Institut für Hygiene
Johann-Andreas-Segner-Straße 12
06108 Halle/Saale
Deutschland

Veronika A. Ehrlich
Medizinische Universität Wien
Universitätsklinik für Innere Medizin I
Institut für Krebsforschung
Borschkegasse 8a
1090 Wien
Österreich

Prof. Dr. Bernd Elsenhans
Ludwig-Maximilians-Universität
München
Walther-Straub-Institut
für Pharmakologie und Toxikologie
Goethestraße 33
80336 München
Deutschland

Dr. Harald Esch
The University of Iowa
College of Public Health
Department of Environmental
& Occupational Health
Iowa City
IA 52242-5000
USA

Dr. Thomas Ettle
Technische Universität München
Fachgebiet Tierernährung
und Leistungsphysiologie
Hochfeldweg 6
85350 Freising-Weihenstephan
Deutschland

Prof. Dr. Ulrich Ewers
Hygiene-Institut des Ruhrgebietes
Rotthauser Straße 19
45879 Gelsenkirchen
Deutschland

Dr. Eric Fabian
BASF Aktiengesellschaft
Experimentelle Toxikologie
und Ökologie
Gebäude Z 470
Carl-Bosch-Straße 38
67056 Ludwigshafen
Deutschland

Franziska Ferk
Medizinische Universität Wien
Universitätsklinik für Innere Medizin I
Abteilung Institut für Krebsforschung
Borschkegasse 8 a
1090 Wien
Österreich

Prof. Dr. Heidi Foth
Martin-Luther-Universität Halle
Institut für Umwelttoxikologie
Franzosenweg 1 a
06097 Halle/Saale
Deutschland

Dr. Frederic Frère
University of Zürich
Institute of Pharmacology
and Toxicology
Department of Toxicology
Winterthurerstraße 190
8057 Zürich
Schweiz

Dr. Thomas Gebel
Universität Göttingen
Bereich Humanmedizin
Abteilung Allgemeine Hygiene
und Umweltmedizin
Lenglerner Straße 75
37079 Göttingen
Deutschland

Prof. Dr. Hans Rudolf Glatt
Deutsches Institut
für Ernährungsforschung (DIfE)
Potsdam-Rehbrücke
Arthur-Scheunert-Allee 114–116
14558 Nuthetal
Deutschland

Prof. Dr. Werner Grunow
Bundesinstitut für
Risikobewertung (BfR)
Thielallee 88–92
14195 Berlin
Deutschland

Dr. Rainer Gürtler
Bundesinstitut für
Risikobewertung (BfR)
Thielallee 88–92
14195 Berlin
Deutschland

Prof. Dr. Andreas Hahn
Leibniz Universität Hannover
Institut für Lebensmittelwissenschaft
Wunstorfer Straße 14
30453 Hannover
Deutschland

Prof. Dr. Andreas Hartwig
TU Berlin, Sekr. TIB 4/3-1
Institut für Lebensmitteltechnologie
Gustav-Meyer-Allee 25
13355 Berlin
Deutschland

Dr. Thomas Heberer
Bundesinstitut für
Risikobewertung (BfR)
Thielallee 88–92
14195 Berlin
Deutschland

Dr. Regine Heller
Friedrich-Schiller-Universität Jena
Universitätsklinikum
Institut für Molekulare Zellbiologie
Nonnenplan 2
07743 Jena
Deutschland

Dr. Angelika Hembeck
Bundesinstitut für
Risikobewertung (BfR)
Thielallee 88–92
14195 Berlin
Deutschland

Prof. Dr. Jan G. Hengstler
Universität Leipzig
Institut für Pharmakologie
und Toxikologie
Johannis-Allee 28
04103 Leipzig
Deutschland

Dr. Kurt Hoffmann
Deutsches Institut
für Ernährungsforschung
Arthur-Scheunert-Allee 114–116
14558 Nuthetal
Deutschland

Dr. Karsten Hohgardt
Bundesamt für Verbraucherschutz
und Lebensmittelsicherheit (BVL)
Referat Gesundheit
Messeweg 11/12
38104 Braunschweig
Deutschland

Christine Hölzl
Medizinische Universität Wien
Universitätsklinik für Innere Medizin I
Institut für Krebsforschung
Borschkegasse 8 a
1090 Wien
Österreich

Prof. Dr. Gerhard Jahreis
Friedrich-Schiller-Universität
Institut für Ernährungswissenschaften
Lehrstuhl für Ernährungsphysiologie
Dornburger Straße 24
07743 Jena
Deutschland

Dr. Hennike G. Kamp
BASF Aktiengesellschaft
Experimentelle Toxikologie
und Ökologie
Gebäude Z 470
Carl-Bosch-Straße 38
67056 Ludwigshafen
Deutschland

Dr. Sebastian Kevekordes
Universität Göttingen
Bereich Humanmedizin
Abteilung Allgemeine Hygiene
und Umweltmedizin
Lenglerner Straße 75
37079 Göttingen
Deutschland

Dr. Horst Klaffke
Bundesinstitut für
Risikobewertung (BfR)
Thielallee 88–92
14195 Berlin
Deutschland

Dr. Annett Klinder
27 Therapia Road
London SE22 0SF
United Kingdom

Prof. Dr. Siegfried Knasmüller
Medizinische Universität Wien
Universitätsklinik für Innere Medizin I
Institut für Krebsforschung
Borschkegasse 8 a
1090 Wien
Österreich

Prof. Dr. Josef Köhrle
Institut für Experimentelle
Endokrinologie
Campus Charité Mitte
Charitéplatz 1
10117 Berlin
Deutschland

Dr. Jana Kraft
Friedrich-Schiller-Universität
Institut für Ernährungswissenschaften
Lehrstuhl für Ernährungsphysiologie
Dornburger Straße 24
07743 Jena
Deutschland

Prof. Dr. Johannes Krämer
Institut für Ernährungs-
und Lebensmittelwissenschaften
Rheinische
Friedrich-Wilhelms-Universität Bonn
Meckenheimer Allee 168
53115 Bonn
Deutschland

Prof. Dr. Hans A. Kretzschmar
Zentrum für Neuropathologie
und Prionforschung (ZNP)
Institut für Neuropathologie
Feodor-Lynen-Straße 23
81377 München
Deutschland

Prof. Dr. Sabine Kulling
Universität Potsdam
Institut für Ernährungswissenschaft
Lehrstuhl für Lebensmittelchemie
Arthur-Scheunert-Allee 114–116
14558 Nuthetal
Deutschland

Dr. Iris G. Lange
Technische Universität München
Weihenstephaner Berg 3
85345 Freising-Weihenstephan
Deutschland

Prof. Dr. Eckhard Löser
Schwelmerstraße 221
58285 Gevelsberg
Deutschland

Dr. Gabriele Ludewig
The University of Iowa
College of Public Health
Department of Environmental
& Occupational Health
Iowa City
IA 52242-5000
USA

Dr. Angela Mally
Universität Würzburg
Institut für Toxikologie
Versbacher Straße 9
97078 Würzburg
Deutschland

Prof. Dr. Doris Marko
Institut für Angewandte
Biowissenschaften
Abteilung für Lebensmitteltoxikologie
Universität Karlsruhe (TH)
Fritz-Haber-Weg 2
76131 Karlsruhe
Deutschland

Prof. Dr. Edmund Maser
Universitätsklinikum
Schleswig-Holstein
Institut für Toxikologie
und Pharmakologie
für Naturwissenschaftler
Campus Kiel
Brunswiker Straße 10
24105 Kiel
Deutschland

Prof. Dr. Manfred Metzler
Universität Karlsruhe
Institut für Lebensmittelchemie
und Toxikologie
Kaiserstraße 12
76128 Karlsruhe
Deutschland

Prof. Dr. Heinrich D. Meyer
Technische Universität München
Weihenstephaner Berg 3
85345 Freising-Weihenstephan
Deutschland

PD Dr. Michael Müller
Universität Göttingen
Institut für Arbeits- und Sozialmedizin
Waldweg 37
37073 Göttingen
Deutschland

a.o. Prof. Dr. Michael Murkovic
Technische Universität Graz
Institut für Lebensmittelchemie
und -technologie
Petersgasse 12/2
8010 Graz
Österreich

Prof. Dr. Heinz Nau
Stiftung Tierärztliche Hochschule
Hannover
Institut für Lebensmitteltoxikologie
und Chemische Analytik
Bischofsholer Damm 15
30173 Hannover
Deutschland

Dr. Armen Nersesyan
Medizinische Universität Wien
Universitätsklinik für Innere Medizin I
Institut für Krebsforschung
Borschkegasse 8 a
1090 Wien
Österreich

em. Prof. Dr. Karl-Joachim Netter
Universität Marburg
Institut für Pharmakologie
und Toxikologie
Karl-von-Frisch-Straße 1
35033 Marburg
Deutschland

em. Prof. Dr. Diether Neubert
Charité Campus
Benjamin Franklin Berlin
Institut für Klinische Pharmakologie
und Toxikologie
Garystraße 5
14195 Berlin
Deutschland

Dr. Lars Niemann
Bundesinstitut für
Risikobewertung (BfR)
Thielallee 88–92
14195 Berlin
Deutschland

Dr. Donatus Nohr
Universität Hohenheim
Institut für Biologische Chemie
und Ernährungswissenschaft
Garbenstraße 30
70593 Stuttgart
Deutschland

Gisbert Otterstätter
Papiermühle 17
37603 Holzminden
Deutschland

Dr. Rudolf Pfeil
Bundesinstitut für
Risikobewertung (BfR)
Thielallee 88–92
14195 Berlin
Deutschland

Dr. Beate Pfundstein
Deutsches Krebsforschungszentrum
(DKFZ)
Abteilung Toxikologie
& Krebsrisikofaktoren
Im Neuenheimer Feld 517
69120 Heidelberg
Deutschland

Dr. Annette Pöting
Toxikologie der Lebensmittel
und Bedarfsgegenstände
BGVV
Postfach 330013
14191 Berlin
Deutschland

Prof. Dr. Beatrice Pool-Zobel
Friedrich-Schiller-Universität Jena
Institut für Ernährungswissenschaften
Lehrstuhl für Ernährungstoxikologie
Dornburger Straße 25
07743 Jena
Deutschland

Dr. Gerhard Pröhl
GSF-Forschungszentrum
für Umwelt und Gesundheit
Ingolstädter Landstraße 1
85758 Neuherberg
Deutschland

Dr. Larry Robertson
The University of Iowa
College of Public Health
Department of Environmental
& Occupational Health
Iowa City
IA 52242-5000
USA

Dr. Maria Roth
Chemisches und
Veterinäruntersuchungsamt Stuttgart
Schaflandstraße 3/2
70736 Fellbach
Deutschland

Dr. Corinna E. Rüfer
Bundesforschungsanstalt
für Ernährung und Lebensmittel
Institut für Ernährungsphysiologie
Haid-und-Neu-Straße 9
76131 Karlsruhe
Deutschland

Dr. Heinz Schmeiser
Deutsches Krebsforschungszentrum
(DKFZ)
Abteilung Molekulare Toxikologie
Im Neuenheimer Feld 517
69120 Heidelberg
Deutschland

Ulrich-Friedrich Schmelz
Universität Göttingen
Bereich Humanmedizin
Abteilung Allgemeine Hygiene
und Umweltmedizin
Lenglerner Straße 75
37079 Göttingen
Deutschland

Prof. Dr. Ivo Schmerold
Veterinärmedizinische Universität
Wien
Abteilung für Naturwissenschaften
Institut für Pharmakologie
und Toxikologie
Veterinärplatz 1
1210 Wien
Österreich

Hanspeter Schmidt
Rechtsanwalt am OLG Karlsruhe
Sternwaldstraße 6 a
79102 Freiburg
Deutschland

Dr. Heiko Schneider
Bundesinstitut für
Risikobewertung (BfR)
Thielallee 88–92
14195 Berlin
Deutschland

Dr. Lutz Schomburg
Institut für Experimentelle
Endokrinologie
Campus Charité Mitte
Charitéplatz 1
10117 Berlin
Deutschland

Prof. Dr. Klaus Schümann
Technische Universität München
Lehrstuhl für Ernährungsphysiologie
Am Forum 5
85350 Freising-Weihenstephan
Deutschland

Dr. Tanja Schwerdtle
TU Berlin
Fachgebiet Lebensmittelchemie
Institut für Lebensmitteltechnologie
und Lebensmittelchemie
Gustav-Meyer-Allee 25
13355 Berlin
Deutschland

Dr. Albrecht Seidel
Prof. Dr. Gernot Grimmer-Stiftung
Biochemisches Institut
für Umweltcarcinogene (BIU)
Lurup 4
22927 Großhansdorf
Deutschland

Dr. Mathias Seifert
Bundesforschungsanstalt
für Ernährung und
Lebensmittel – BfEL
Institut für Biochemie von
Getreide und Kartoffeln
Schützenberg 12
32756 Detmold
Deutschland

Dr. Roland Solecki
Bundesinstitut für
Risikobewertung (BfR)
Thielallee 88–92
14195 Berlin
Deutschland

Dr. Bertold Spiegelhalder
Deutsches Krebsforschungszentrum
(DKFZ)
Abteilung Toxikologie
& Krebsrisikofaktoren
Im Neuenheimer Feld 517
69120 Heidelberg
Deutschland

Prof. Dr. Wilhelm Stahl
Heinrich-Heine-Universität
Düsseldorf
Institut für Biochemie
und Molekularbiologie I
Postfach 101007
40001 Düsseldorf
Deutschland

Prof. Dr. Christian Steffen
Bundesinstitut für Arzneimittel
und Medizinprodukte
Kurt-Georg-Kiesinger-Allee 3
53639 Bonn
Deutschland

Prof. Dr. Pablo Steinberg
Universität Potsdam
Lehrstuhl für Ernährungstoxikologie
Arthur-Scheunert-Allee 114–116
14558 Nuthetal
Deutschland

Prof. Dr. Roger Stephan
Institut für Lebensmittelsicherheit
und -hygiene
Winterthurerstraße 272
8057 Zürich
Schweiz

Dr. Barbara Stommel
Bundesinstitut für Arzneimittel
und Medizinprodukte
Kurt-Georg-Kiesinger-Allee 3
53639 Bonn
Deutschland

Irene Straub
Chemisches und
Veterinäruntersuchungsamt
Weißenburgerstr. 3
76187 Karlsruhe
Deutschland

Prof. Dr. Rudolf Streinz
Universität München
Institut für Politik
und Öffentliches Recht
Prof.-Huber-Platz 2
80539 München
Deutschland

Prof. Dr. Bernhard Tauscher
Bundesforschungsanstalt
für Ernährung und Lebensmittel
Haid-und-Neu-Straße 9
76131 Karlsruhe
Deutschland

Dr. Abdel-Rahman Wageeh Torky
Martin-Luther-Universität Halle
Institut für Umwelttoxikologie
Franzosenweg 1a
06097 Halle/Saale
Deutschland

Prof. Dr. Fritz R. Ungemach
Veterinärmedizinische Fakultät
der Universität Leipzig
Institut für Pharmakologie,
Pharmazie und Toxikologie
An den Tierkliniken 15
04103 Leipzig
Deutschland

Prof. Dr. Burkhard Viell
Bundesinstitut für
Risikobewertung (BfR)
Thielallee 88–92
14195 Berlin
Deutschland

Prof. Dr.
Gert-Wolfhard von Rymon Lipinski
Schlesienstraße 62
65824 Schwalbach a. Ts.
Deutschland

Prof. Dr. Martin Wagner
Veterinärmedizinische Universität
Wien (VUW)
Abteilung für öffentliches
Gesundheitswesen
Experte für Milchhygiene
und Lebensmitteltechnologie
Veterinärplatz 1
1210 Wien
Österreich

Dr. Götz A. Westphal
Universität Göttingen
Institut für Arbeits- u. Sozialmedizin
Waldweg 37
37073 Göttingen
Deutschland

Dr. Dieter Wild
Bundesanstalt für Fleischforschung
E.-C.-Baumann-Straße 20
95326 Kulmbach
Deutschland

Dr. Detlef Wölfle
Bundesinstitut für
Risikobewertung (BfR)
Thielallee 88–92
14195 Berlin
Deutschland

Dr. Maike Wolters
Mühlhauser Straße 41A
68229 Mannheim
Deutschland

Herbert Zepnik
Universität Würzburg
Institut für Toxikologie
Versbacher Straße 9
97078 Würzburg
Deutschland

Dr. Björn P. Zietz
Universität Göttingen
Bereich Humanmedizin
Abteilung Allgemeine Hygiene
und Umweltmedizin
Lenglerner Straße 75
37079 Göttingen
Deutschland

Dr. Claudio Zweifel
Institut für Lebensmittelsicherheit
und -hygiene
Winterthurerstraße 272
8057 Zürich
Schweiz

6
Algentoxine

Christine Bürk

6.1
Einleitung

In den letzten beiden Jahrzehnten scheint das Phänomen einer spontanen Massenvermehrung von einzelligen Mikroalgen (Algenblüte) sowohl toxischer als auch nicht toxischer Spezies gehäuft aufzutreten. Als Hauptursache hierfür gilt die Verbesserung der Lebensbedingungen der Algen durch Eutrophierung der Gewässer und Klimaveränderungen [1, 31, 50, 116]. Gleichzeitig hat sich das Verbreitungsgebiet einiger toxischer Arten ausgedehnt, möglicherweise durch Verschleppung von Dauerformen (Algenzysten) mit dem Ballastwasser von Schiffen [50, 114]. Nur für etwa 2% (ca. 80 Arten) der marin lebenden Algenspezies wurde bisher Toxinbildungsvermögen nachgewiesen, aber auch diese Zahl ist im Ansteigen [63, 118]. Hinzu kommt, dass in jüngerer Zeit eine Reihe von Algentoxinen neu entdeckt wurden, deren chemische und toxikologische Eigenschaften noch kaum erforscht sind.

Die von ihrer chemischen Grundstruktur her sehr heterogenen Algentoxine, denen einige der potentesten organischen Nicht-Protein-Toxine angehören, werden in erster Linie dann zu einer Gefahr für den Menschen, wenn essbare Muscheln im Verlauf toxischer Algenblüten große Mengen der für sie weitgehend unschädlichen Gifte akkumulieren. Für höhere Organismen wie Fische und Säugetiere sind die meisten Algentoxine stark giftig, sie haben wiederholt Massensterben von Seevögeln, Meeressäugern und Fischen verursacht [1, 123, 136]. Eine weitere Anreicherung der Toxine in der Nahrungskette spielt daher, mit Ausnahme der Ciguatera-Vergiftung, eine untergeordnete Rolle. Entsprechend des klinischen Erscheinungsbildes werden vier wichtige Formen von Muschelvergiftungen, die auf Algentoxine zurückzuführen sind, unterschieden: *Paralytic Shellfish Poisoning* (PSP), *Diarrhetic Shellfish Poisoning* (DSP), *Amnesic Shellfish Poisoning* (ASP) und *Neurologic Shellfish Poisoning* (NSP) (Tab. 6.1). Bei der in tropischen Regionen weit verbreiteten *Ciguatera-Vergiftung* handelt es sich hingegen um eine Fischvergiftung.

Tab. 6.1 Kurzcharakteristik der wichtigsten Algentoxin-Vergiftungen: Paralytic Shellfish Poisoning (PSP), Diarrhetic Shellfish Poisoning (DSP), Amnesic Shellfish Poisoning (ASP), Neurologic Shellfish Poisoning (NSP) und Ciguatera-Vergiftung.

	PSP	DSP	NSP	ASP	Ciguatera
Toxinbildner	Dinoflagellaten, Cyanobakterien, Rotalgen	*Dinophysis spp.*	*Gymnodinium breve*	*Nitzschia spp.*	*Gambierdiscus toxicus*
Toxine	Saxitoxin und Derivate	Okadasäure, Dinophysistoxine (Pectenotoxine, Yessotoxine)	Brevetoxine	Domoinsäure	Ciguatoxin
Chemische Grundstruktur	Purinderivate	Polyethertoxine	Polyethertoxine	Aminosäurederivat	Polyethertoxine
Wirkungsprinzip	Blockade von Natriumionenkanälen	Hemmung von Proteinphosphatasen	Aktivierung von Natriumionenkanälen	exzitatorischer Neurotransmitter	Aktivierung von Natriumionenkanälen
LD_{50} Maus i.p.	9–11,6 µg/kg	225 µg/kg	150–270 µg/kg	2,5–3,6 mg/kg	0,25–3,6 µg/kg
Symptome	Parästhesien, schlaffe Lähmungen	Übelkeit, Erbrechen, Durchfall	Erbrechen, Durchfall, Parästhesien	Gedächtnisverlust, Erbrechen, Durchfall	Parästhesien, Heiß-Kalt-Umkehr, Erbrechen, Muskelschmerzen
Kontaminierte Lebensmittel	Muscheln	Muscheln	Muscheln	Muscheln	Fische
Grenzwert (EU)	800 µg/kg Muschelfleisch	160 µg/kg Muschelfleisch	kein Grenzwert festgelegt	20 µg/g Muschelfleisch	„nicht nachweisbar" (kein Grenzwert festgelegt)

Obwohl die früher als „Blaualgen" bezeichneten Organismen in der Taxonomie inzwischen als Cyanobakterien reklassifiziert worden sind, werden die von ihnen gebildeten Toxine in der Regel noch dem Komplex Algentoxine zugerechnet. Toxin bildende Cyanobakterien werden hauptsächlich in Süßwasser gefunden, nur wenige Spezies kommen auch marin vor. In Bezug auf die Lebensmitteltoxikologie sind cyanobakterielle Toxine vor allem als mögliche Kontaminanten von Trinkwasser von Bedeutung.

Eine umfassende Besprechung aller Algentoxine ist in diesem Rahmen nicht möglich. Diese Übersicht soll daher auf die wichtigsten Toxine beschränkt bleiben, die nachweislich Erkrankungen beim Menschen auslösen.

6.2
Vergiftungen durch Algentoxine

6.2.1
Paralytic Shellfish Poisoning *(PSP-) Toxine*

Mehr als 20 Abkömmlinge des Leittoxins Saxitoxin sind bekannt. Allen Komponenten gemeinsam ist ein Tetrahydropurin-Gerüst, das mit unterschiedlichen Seitenkettenresten substituiert ist (Abb. 6.1). PSP-Toxine können entsprechend der Seitenkette R4 in drei Hauptgruppen eingeteilt werden, von denen die Carbamattoxine die toxikologisch bedeutendste Gruppe darstellen, während die Decarbamoylderivate und die *N*-Sulfocarbamoylderivate eine um etwa 50–90% geringere Toxizität aufweisen. Die stark polaren und gut wasserlöslichen Toxine sind bei sauren pH-Werten sehr stabil und werden durch Kochen nicht zerstört. Im alkalischen Milieu (pH >8) sind sie jedoch instabil und werden rasch zu fluoreszierenden Purinderivaten oxidiert [74, 96].

PSP-Toxine werden in Dinoflagellaten (Panzergeißlern) aus den drei Gattungen *Alexandrium*, *Gymnodinium* und *Pyrodinium* gefunden [49]. PSP-Toxinbildungsvermögen wurde darüber hinaus für Rotalgen der Gattung *Jania* sowie für verschiedene Süßwasser-Cyanobakterien der Gattungen *Aphanizomenon*, *Anabaena*, *Lyngbya*, *Oszillatoria* und *Cylindrospermopsis* festgestellt [73, 94, 113]. Die Tatsache, dass PSP-Toxine in einer Reihe phylogenetisch weit auseinander liegender Spezies gefunden werden, hat zu der Hypothese geführt, dass PSP-Toxine nicht von den Algen selbst, sondern von endosymbiontischen Bakterien gebildet werden. Neuere Arbeiten deuten eher auf eine Verankerung des Toxinbildungsvermögens im genetischen Code der Algen hin, aber auch auf eine enge Interaktion bestimmter Bakterienspezies mit den Toxin produzierenden Algen [37, 57].

Ursprünglich wurde angenommen, dass das Auftreten von PSP auf die nördlichen gemäßigten Klimazonen beschränkt ist. Mittlerweile sind PSP-Toxin produzierende Algenspezies auch in der südlichen Hemisphäre einschließlich tropischer und subtropischer Regionen weit verbreitet [111]. Die Filtration enormer Wassermengen durch Plankton fressende Muscheln hat zur Folge, dass

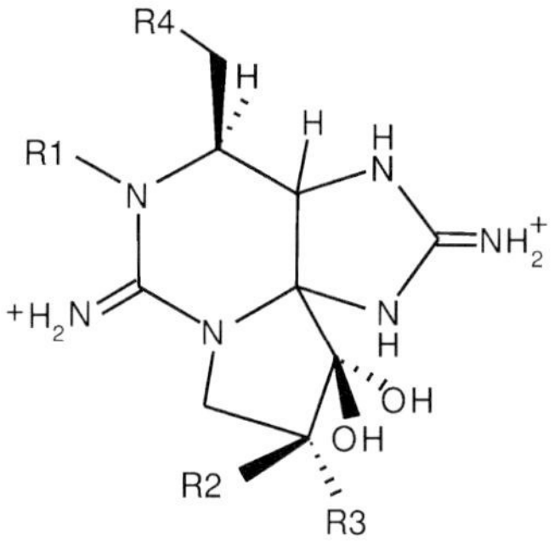

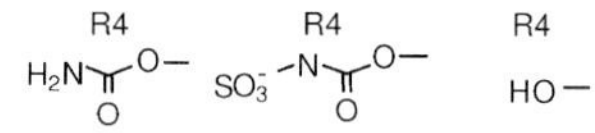

Abb. 6.1 Strukturformeln der wichtigsten PSP-Toxine.

R1	R2	R3	Carbamat-toxine	N-Sulfo-carbamoyl-toxine	Decarbamoyl-toxine
H	H	H	Saxitoxin	B 1	dcSaxitoxin
OH	H	H	Neosaxitoxin	B 2	dcNeosaxitoxin
OH	H	OSO_3^-	Gonyautoxin 1	C 1	dcGonyautoxin 1
H	H	OSO_3^-	Gonyautoxin 2	C 2	dcGonyautoxin 2
H	OSO_3^-	H	Gonyautoxin 3	C 3	dcGonyautoxin 3
OH	OSO_3^-	H	Gonyautoxin 4	C 4	dcGonyautoxin 4

sich im Verdauungstrakt der Muscheln, insbesondere in der Verdauungsdrüse (Hepatopankreas) sehr hohe Konzentrationen an PSP-Toxinen anreichern können. Die in Muscheln gefundenen Toxinprofile lassen sich grundsätzlich von denen der aufgenommenen Algen ableiten. Es wurden jedoch auch enzymatische Umwandlungen wie die Abspaltung des N-Sulfocarbamoylrestes, aus der die toxischeren Decarbamoyltoxine hervorgehen, beschrieben [119]. Auch einige Krabben- und Gastropodenspezies können höhere Konzentrationen an PSP-Toxinen akkumulieren, was wiederholt Ursache von Vergiftungen war [3, 81]. Geringe Mengen an PSP-Toxinen wurden darüber hinaus in zahlreichen Organismen wie Krustentieren, Fischen und Seeschlangen gefunden [26, 107]. Denkbar sind auch Vergiftungen mit PSP-Toxinen aus mit Cyanobakterien kontaminiertem Trinkwasser. In der Literatur wurden hierzu bislang keine Vergiftungsfälle von Menschen beschrieben, es sind aber tödliche Vergiftungen von Tieren bekannt, die aus Teichen getrunken hatten [89].

PSP-Toxine werden bei oraler Aufnahme sehr rasch aus dem Verdauungstrakt resorbiert. Nach intravenöser Applikation von Saxitoxin an Katzen wurde das Toxin in den höchsten Konzentrationen in Leber und Milz gefunden, aber auch Gehirn und Medulla oblongata enthielten Saxitoxin. Zumindest bei dieser Spezies muss daher von einem Überschreiten der Blut-Hirn-Schranke ausgegangen werden. Saxitoxin wurde nicht metabolisiert, da nur die Muttersubstanz in den verschiedenen Organen nachgewiesen wurde. Die Ausscheidung erfolgte ausschließlich renal [2]. Ähnliche Ergebnisse erhielten Hines et al. [54] nach intravenöser Applikation von [³H]-Saxitoxinol an Ratten. Abweichend davon wurde bei der pathologischen Untersuchung zweier menschlicher Opfer ein hoher Anteil an N1-hydroxylierten Derivaten (Neosaxitoxin, Gonyautoxine 1/4, Abb. 6.1) in Urin und Gallenflüssigkeit sowie Decarbamoyltoxine in Leber, Niere und Lunge gefunden. Im Mageninhalt waren dagegen Saxitoxin und eine Mischung aus Gonyautoxinen nachweisbar, so dass von einer enzymatischen Metabolisierung der PSP-Toxine beim Menschen ausgegangen werden kann [41, 45, 81]. Die Ausscheidung der Toxine erfolgte innerhalb von 24 Stunden größtenteils über den Urin.

Die minimale effektive Dosis für Menschen ist nicht bekannt, da die bei Vergiftungsfällen aufgenommenen Mengen in der Regel nur ungefähr aus Speiseresten rekonstruiert werden können. Auch scheinen erhebliche individuelle Unterschiede bezüglich der Empfindlichkeit gegenüber PSP-Toxinen zu bestehen [86]. Bei tödlichen Vergiftungen wurden Toxinmengen zwischen 456 µg und 12 400 µg (Saxitoxinäquivalente) aufgenommen, Patienten, die überlebten, hatten 144–1660 µg Toxin aufgenommen [130]. In einem Fall wird dagegen von einer tödlichen Vergiftung nach Aufnahme von 60 µg Saxitoxinäquivalenten durch Verzehr einer toxinhaltigen Krabbe berichtet [81].

Die klinischen Symptome einer Vergiftung mit PSP-Toxinen setzen innerhalb einer bis weniger Stunden nach der Aufnahme der Toxine ein. Es werden Kribbeln in Lippen, Armen und Beinen, gefolgt von Gefühllosigkeit in den Extremitäten und Koordinationsstörungen beschrieben. Schwere Vergiftungsfälle führen innerhalb weniger Stunden zu aufsteigenden Lähmungen bis hin zum Tod durch Atemstillstand. Eine kausale Therapie ist nicht bekannt, lediglich eine unterstützende Therapie durch künstliche Beatmung kann durchgeführt werden. Bei Überleben der ersten 24 Stunden kann mit einer Genesung ohne Folgeschäden gerechnet werden [41, 45, 81, 85, 86].

Van Egmond et al. [130] fassen in ihrer Übersichtsarbeit die akute Toxizität von PSP-Toxinen für verschiedene Säugetierarten zusammen. Die LD_{50}-Werte liegen für alle untersuchten Spezies im Bereich von 128–263 µg/kg Körpergewicht, lediglich für Affen wurden Werte bis 800 µg/kg angegeben. Bei Versuchen an Mäusen wurde festgestellt, dass die Applikationsart die LD_{50} entscheidend beeinflusst. Während bei oraler Applikation die LD_{50} 260–263 µg/kg Körpergewicht beträgt, verringert sie sich bei intraperitonealer Applikation auf 9–11,6 µg/kg und bei intravenöser Applikation auf 2,4–3,4 µg/kg.

Die toxische Wirkung der PSP-Toxine beruht auf einer selektiven Blockade der Natriumionenkanäle erregbarer Membranen von Nerven- und Muskelzellen. Dadurch wird der für den Aufbau eines Aktionspotenziales erforderliche passive Einstrom von Natriumionen in die Zelle verhindert und die Erregungsleitung kommt zum Erliegen. Der an der Membranoberfläche gelegene Rezeptor, an den die Toxine reversibel binden, ist identisch mit dem Rezeptor für das Kugelfischtoxin Tetrodotoxin [67, 112].

6.2.2
Diarrhetic Shellfish Poisoning (DSP)-Toxine

Die wichtigsten Vertreter der DSP-Toxine sind die Okadasäure sowie Dinophysistoxin 1 und 2 (Abb. 6.2). Weitere beschriebene Derivate stellen vermutlich überwiegend Vorläufersubstanzen in Algen und in Vektoren gebildete Metaboliten dar, denen eine untergeordnete Rolle zukommt. Es häufen sich jedoch Hinweise, dass in bestimmten Muschelspezies Essigsäureester der Okadasäure bzw. von Dinophysistoxinen gebildet werden, die auch DSP-Vergiftungen beim Menschen verursachen können. Dies ist vor allem deshalb problematisch, weil die Esterverbindungen wegen ihrer schlechten Permeation durch das Peritoneum von dem gängigen Bioassay kaum erfasst werden. Es wird daher empfohlen, DSP-verdächtige Proben vor der Untersuchung einer alkalischen Hydrolyse zu

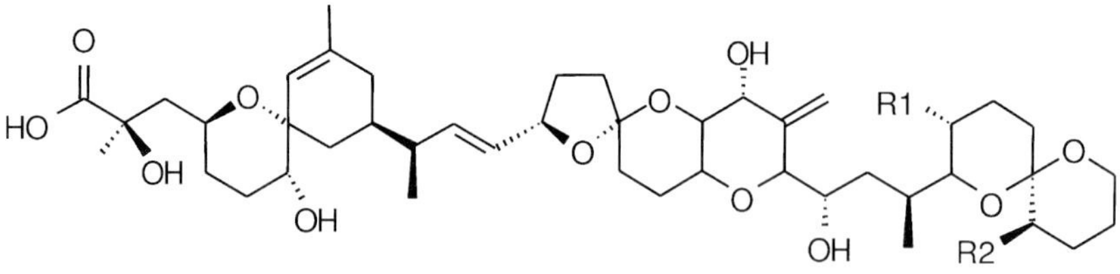

Okadasäure	R1 = CH₃	R2 = H
Dinophysistoxin 1	R1 = CH₃	R2 = CH₃
Dinophysistoxin 2	R1 = H	R2 = CH₃

Abb. 6.2 Strukturformeln der DSP-Toxine Okadasäure und Dinophysistoxin 1 und 2.

unterziehen [27, 129]. Dem Komplex der DSP-Toxine werden auch Yessotoxine und Pectenotoxine zugerechnet, obwohl diese Substanzen von ihrer chemischen Struktur her zu den Polyethertoxinen vom Brevetoxintyp gehören und sich auch in ihrem Wirkungsprinzip von der Okadasäure und deren Derivaten grundlegend unterscheiden.

DSP-Toxine, eine Gruppe von Polyetherlactonen, werden von verschiedenen Spezies aus den Gattungen *Dinophysis* und *Prorocentrum* produziert, wobei bereits Zellkonzentrationen im Bereich von 10^2/L für das Erreichen gefährlicher Toxinkonzentrationen in Muscheln ausreichend sein können [58]. Die wichtigsten Vektoren für DSP-Toxine sind Muscheln, es wurden jedoch auch Vergiftungen nach dem Verzehr von kontaminierten Krabben beschrieben.

Diarrhetic Shellfish Poisoning (DSP), das erstmals 1961 in den Niederlanden beschrieben wurde, kommt weltweit, besonders häufig jedoch in Japan und Europa, hier sowohl im Mittelmeer als auch an der Atlantikküste, vor [72, 130, 139]. Die Symptomatik einer DSP-Vergiftung, die bereits innerhalb einer halben Stunde nach dem Verzehr kontaminierter Muscheln einsetzen kann, wird von Übelkeit, Erbrechen und Durchfall bestimmt. Innerhalb von 2–3 Tagen erholen sich die Patienten auch ohne Behandlung vollständig, Todesfälle durch DSP-Toxine sind bislang nicht bekannt. Die niedrigste effektive Dosis beim Menschen wird mit 48 µg Okadasäure angegeben [22, 27, 129].

Vierundzwanzig Stunden nach oraler Applikation an Mäuse konzentrierte sich Okadasäure vor allem in den Verdauungsorganen und den Nieren, es waren jedoch alle untersuchten Körpergewebe nachweisbar belastet. Größere Toxinmengen waren auch in Darminhalt, Urin und Faeces enthalten. Eine Zirkulation über den enterohepatischen Kreislauf wird vermutet. An den Darmschleimhäuten waren bereits 1 h nach Verabreichung des Toxins schwere Schäden in Form von Ödematisierung, Degeneration und Desquamation des resorbierenden Epithels feststellbar. Die LD₅₀ für Mäuse nach intraperitonealer Applikation liegt bei 225 µg/kg [84, 124].

Die Toxizität der Okadasäure und der Dinophysistoxine beruht auf deren Wirkung als Inhibitoren der Proteinphosphatasen 1 und 2A [61]. Verschiedene Arbeiten deuten darauf hin, dass Okadasäure in verschiedene Stoffwechselwege eingreifen und Apoptose auslösen kann. Auch neuronale Schäden infolge chronischer Exposition gegenüber niedrigen Toxinmengen scheinen möglich [23, 44, 98]. Die Wirkung als Tumorpromotor könnte durch einen epigenetischen Effekt auf die intrazelluläre Kommunikation bedingt sein [30].

Obwohl Yessotoxine und Pectenotoxine häufig in Proben nachweisbar sind, die auch Okadasäure oder Dinophysistoxin enthalten, ist ihre Zuordnung zum DSP-Komplex umstritten, da diese Substanzen auch in hohen Dosen bei Mäusen keine Diarrhö verursachen. Für Yessotoxine wurden nach intraperitonealer Applikation stark variierende LD_{50}-Werte von ca. 100–1000 µg/kg angegeben, nach oraler Verabreichung waren jedoch auch bei einer Dosis von 5000 µg/kg keine klinischen Auswirkungen erkennbar. Pathologisch-anatomisch war eine Anschwellung der Herzmuskelzellen und eine Separation der Herzmuskelfasern festzustellen [6, 22, 124]. Im Gegensatz dazu wirken Pectenotoxine selektiv hepatotoxisch und verursachen degenerative Veränderungen und Apoptose der Leberzellen. Ebenso wie für Okadasäure und Dinophysistoxine wird auch für Pectenotoxine eine Wirkung als Tumorpromotoren angenommen [22, 40, 142].

Yessotoxin, dessen Molekülstruktur Analogien zu Brevetoxinen aufweist, interagiert möglicherweise mit Ca^{2+}-Ionenkanälen und verursacht die Öffnung von Poren der inneren Mitochondrienmembran [14, 34]. Über die biochemischen Grundlagen der Toxizität der Pectenotoxine herrscht noch weitgehend Unklarheit.

Erst Ende der 1990er Jahre wurden Azaspironsäuren erstmals als Verursacher einer DSP-ähnlichen Erkrankung durch aus Irland stammende Muscheln nachgewiesen. Es hat sich gezeigt, dass diese Polyethertoxine im nördlichen Europa weit verbreitet sind. Im Tierversuch mit Mäusen waren schwere Veränderungen an Darmepithelien, Lymphgewebe und Leber festzustellen. Während der Wirkungsmechanismus der Toxine bislang unbekannt ist, konnte mit *Protoperidinium crassipes* der Toxin produzierende Organismus identifiziert werden. Das Genus *Protoperidinium* ist im gesamten nördlichen Europa weit verbreitet und galt bisher als atoxisch [62, 63].

6.2.3
Brevetoxine

Eine weitere Gruppe von Polyethertoxinen bilden die Brevetoxine, die das Krankheitsbild des Neurologic Shellfish Poisoning (NSP), mehr oder weniger stark ausgeprägten neurologischen Symptomen, die von gastrointestinalen Symptomen begleitet werden, verursachen.

Brevetoxine sind lipidlösliche, cyclische Polyether mit einem Molekulargewicht von ca. 900 [8, 60], die von Dinoflagellaten der Spezies *Karenia brevis* (früher: *Gymnodinium breve* bzw. synonym *Ptychodiscus brevis*) produziert werden. Es existieren mindestens zehn Toxinkomponenten, nach der gängigen Nomenklatur als PbTx-1 bis 10 bezeichnet, die anhand ihres Grundgerüstes in zwei Gruppen (Brevetoxine vom Typ A bzw. B; Abb. 6.3) eingeteilt werden [9]. In Blüten von *K. brevis* herrschen PbTx-2 und zu einem geringeren Anteil

Brevetoxine Typ A

PbTx-1	R = CH$_2$C(=CH$_2$)CHO
PbTx-7	R = CH$_2$C(=CH$_2$)CH$_2$OH
PbTx-10	R = CH$_2$C(=CH$_2$)CH$_2$OH

Brevetoxine Typ B

PbTx-2	R = CH$_2$C(=CH$_2$)CHO
PbTx-3	R = CH$_2$C(=CH$_2$)CH$_2$OH
PbTx-9	R = CH$_2$CH(CH$_3$)CH$_2$OH
PbTx-8	R = CH$_2$COCH$_2$Cl

Abb. 6.3 Strukturformeln der Brevetoxine vom Typ A und B.

PbTx-3 und PbTx-1 oder PbTx-9 vor [19, 59, 100]. Bis vor wenigen Jahren wurde angenommen, dass die in *K. brevis* gefundenen Toxine in Muscheln unverändert akkumuliert werden. In jüngerer Zeit wurden jedoch einige neue Analoga, die sich von PbTx-2 ableiten lassen, in verschiedenen Muschelspezies identifiziert. Es handelt sich hierbei um Brevetoxinmetaboliten, die in den Muscheln, mit hoher Wahrscheinlichkeit aber auch in Säugetieren und beim Menschen aus PbTx-2 gebildet werden. Als weitere Derivate wurden in Muscheln verschiedene Cystein- und Fettsäurekonjugate von Brevetoxinen gefunden, die einen Großteil der Gesamttoxizität ausmachen können und daher in Screening-Untersuchungen mit einbezogen werden sollten [59, 60, 87, 88, 92, 101].

Das Vorkommen Brevetoxin bildender Algen scheint auf wenige, weit auseinander liegende Regionen im Südosten Nordamerikas, in Japan und in Neuseeland beschränkt zu sein. Besonders häufig wurden Blüten an der Küste von Florida beobachtet [53].

In der Literatur liegen nur wenige detaillierte Berichte über NSP-Vergiftungen beim Menschen vor. Die bei Vergiftungsfällen verzehrten Muscheln enthielten 30–118 Mauseinheiten (entspricht ca. 120–480 µg PbTx-2) [42, 66]. Poli et al. [101] haben einen Vergiftungsfall mit drei Erkrankten einer Familie eingehend analysiert. Betroffen waren ein männlicher Erwachsener und zwei Kleinkinder. Bei allen drei Personen traten innerhalb einer Stunde nach dem Verzehr von Wellhornschnecken Symptome in Form von Übelkeit, Erbrechen und allgemeiner Schwäche auf. Bei den Kindern wurden zusätzlich zentralnervöse Symptome (Krämpfe, Konvulsionen, epilepsieartige Anfälle, Verlust des Bewusstseins), Tachycardie und erhöhte Atemfrequenz diagnostiziert. Analytisch wurden Brevetoxine im Urin und bei dem Erwachsenen auch in geringer Konzentration im Serum detektiert. Alle Patienten erholten sich innerhalb eines bis weniger Tage vollständig.

Eine weitere Möglichkeit der Exposition besteht in der Inhalation von Brevetoxinen über Meerwasseraerosole. Dabei werden in erster Linie Irritationen an den Schleimhäuten der Atmungsorgane verursacht, aber auch neurologische Symptome wie Benommenheit und Sehstörungen sind möglich [66, 99]. *K. bre-*

vis ist eine ungepanzerte Alge, deren Zellwand durch physikalische Einflüsse wie heftige Brandungen oder das Durchströmen der Kiemen von Fischen relativ leicht aufbricht und dadurch die intrazellulären Toxine freilässt. Die Toxine sind hochgiftig für Fische und verursachten wiederholt massives Fischsterben sowie 1996 in Florida tödliche Vergiftungen bei mindestens 149 Seekühen [1, 17, 135].

Kinetische Studien an Ratten zeigten nach oraler Applikation subletaler Dosen von PbTx-3 eine Belastung aller untersuchter Gewebe und Körperflüssigkeiten, wobei in Leber, Magen und Darm die mit Abstand höchsten Konzentrationen gefunden wurden. Ca. 80% des Toxins wurde innerhalb von fünf Tagen zu gleichen Teilen über Urin und Faeces ausgeschieden, 20% der Toxinmenge persistierten jedoch noch nach sieben Tagen im Körper [24]. Die minimale toxische Dosis nach intraperitonealer Applikation liegt bei Mäusen bei 100 ng/kg Körpergewicht, wobei nach vorläufigen Ergebnissen die gleiche Dosis auch für die orale Aufnahme von Brevetoxinen gelten dürfte [135].

Die toxische Wirkung der Brevetoxine beruht hauptsächlich auf einer Aktivierung von Natriumionenkanälen. Die Toxine binden dabei mit hoher Affinität reversibel an die Rezeptorbindungsstelle vom Typ 5 der alpha-Untereinheit der Natriumionenkanäle [122]. Versuche mit PbTx-3 an Rattenhirnzellen zeigten mehrere verschiedene Effekte auf die Natriumionenkanäle: einen signifikanten Anstieg in der Frequenz der Ionenkanalöffnung, Veränderungen der Spannungsabhängigkeit der Kanäle und eine signifikante Hyperpolarisierung des Schwellenwertes für die Kanalöffnung. Diese Effekte können sowohl inhibitorische Wirkung auf die Erregungsleitung im Gehirn haben als auch eine Übererregbarkeit verursachen [102].

Darüber hinaus wurden komplexe neurophysiologische Veränderungen durch Brevetoxine beobachtet. So wurden eine Hemmung spinaler Reflexe bei neugeborenen Ratten über GABA-Rezeptoren unter Vermittlung des *N*-Methyl-D-Aspartat-Mechanismus und ein starker konzentrationsabhängiger Anstieg des Ca^{2+}-Gehaltes im Zytosol beschrieben [12, 78, 115]. Möglicherweise bestehen auch Langzeitwirkungen auf das Immunsystem [10, 17, 52].

Die relative Toxizität der verschiedenen Brevetoxine divergiert beträchtlich. An Neuronen aus dem Cerebellum von Ratten wurde für PbTx-1 eine durchschnittliche EC_{50} von 9,31 nM gemessen. Für die übrigen untersuchten Brevetoxine ergaben sich dagegen wesentlich höhere Werte von 53,9 nM für PbTx-3, 80,5 nM für PbTX-2 und 1417 nM für PbTx-6 [12]. Der Zusammenhang zwischen Molekülstruktur und toxischer Aktivität scheint insgesamt sehr komplex zu sein. Als gesichert gilt, dass die Zigarrenform des Grundgerüsts sowie die Struktur des A-Rings großen Einfluss haben [8, 43, 103].

Spezifische Antidote gegen Brevetoxine sind nicht bekannt, jedoch wurde kürzlich eine atoxische natürlich vorkommende Komponente (Brevenal) in *K. brevis* entdeckt, die Brevetoxine kompetitiv vom Rezeptor verdrängt und daher Modellcharakter für Therapeutika haben könnte [20]. Versuche mit dem Cholesterinsenker Cholestyramin, einem nicht resorbierbaren Anionenaustauscherharz, reduzierten die Symptome bei Mäusen [105].

6.2.4
Domoinsäure

Im Jahr 1987 traten im Osten von Kanada 150 Fälle von Muschelvergiftungen auf, bei denen die Patienten neben gastrointestinalen Symptomen auch verschiedene neurologische Störungen, unter anderem Gedächtnisverlust, zeigten. Die neurologischen Symptome dauerten über Wochen bis Monate an und wurden bei einigen Patienten chronisch [9, 117, 121]. Die Vergiftungen konnten auf Domoinsäure, ein neurotoxisches Aminosäurederivat (Abb. 6.4), zurückgeführt werden.

Domoinsäure ist leicht wasserlöslich und bei Zimmertemperatur in salzhaltigen Lösungen sehr stabil. Die drei Carboxylgruppen haben unterschiedliche pK_a-Werte, so dass Domoinsäure in unterschiedlichen Ladungszuständen vorliegen kann. Obwohl zahlreiche Iso-Formen (*Iso*-Domoinsäure A–H und Domoinsäure 5′-diastereomer) gefunden wurden, dominiert in Muscheln in der Regel Domoinsäure [64].

Domoinsäure wurde ursprünglich in Rotalgen der Spezies *Chondria armata* entdeckt. Bei oben erwähntem Ausbruch wurden jedoch Diatomeen der Spezies *Nitzschia pungens*, die später als *Pseudo-nitzschia multiseries* reklassifiziert wurde, als Toxinproduzenten identifiziert [83, 121]. Mittlerweile ist bekannt, dass Domoinsäure produzierende *Pseudo-nitzschia* spp. und *Nitzschia* spp. in vielen Gebieten der Welt und in verschiedenen Klimazonen vorkommen. Betroffen sind unter anderem Nord- und Mittelamerika, Südostasien und Japan, aber auch einige europäische Länder wie Irland, Portugal und Frankreich. Das Toxinbildungsvermögen variiert zwischen einzelnen Stämmen sehr stark, ist aber auch von den Umweltbedingungen abhängig [70, 95, 136].

Domoinsäure wurde in zahlreichen Muschelspezies nachgewiesen, die das Toxin entweder durch Filtration von Plankton oder das Abgrasen benthischer Algen aufnehmen können. Die Kinetik von Akkumulation und Elimination ist stark von der jeweiligen Muschelart abhängig. Miesmuscheln eignen sich besonders als „Sentinel-Spezies" für das Monitoring aufkommender Belastung mit Domoinsäure, da sie diese rasch anreichern [134]. Neben Muscheln können vereinzelt auch weitere Organismen wie Krabben und Oktopusse mit Domoinsäure belastet sein [28, 29]. Am stärksten belastet sind in der Regel die Viszera der Vektor-Spezies, Untersuchungen an der Scheidenmuschel *Siliqua patula* zeigten dagegen eine hohe Belastung aller Gewebe und maximale Toxingehalte im muskulösen Fuß der Muscheln [132]. In herbivoren Fischen wie Sardinen und Anchovis waren hohe Toxinkonzentrationen nur in den Viszera nachzuwei-

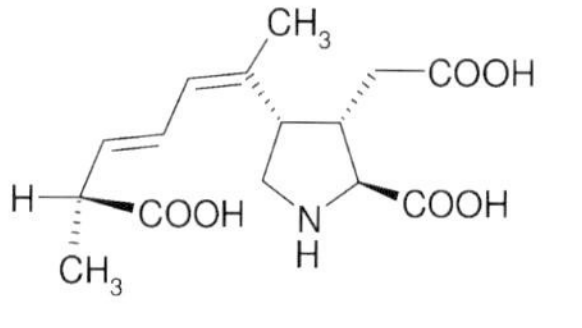

Abb. 6.4 Domoinsäure.

sen, die für den menschlichen Verzehr relevanten Gewebe waren dagegen nur sehr gering belastet [75, 136].

Toxikologische Daten zur Wirkung von Domoinsäure beim Menschen stützen sich auf die Analyse des einzigen bekannten Ausbruchs von ASP im Jahr 1987 in Kanada. In einigen Fällen war es gelungen, die aufgenommene Toxinmenge zu rekonstruieren, wobei ein deutlicher Zusammenhang zwischen der aufgenommenen Toxinmenge und den aufgetretenen Symptomen festzustellen war. Milde Symptome in Form von Übelkeit, Erbrechen, Durchfall und Benommenheit traten 2–9 h nach Verzehr der Muscheln und nach Aufnahmen von 0,9–2 mg Domoinsäure/kg Körpergewicht auf. In schwereren Fällen, die zusätzlich von Verwirrtheit, Halluzinationen, Gedächtnisverlust sowie teilweise bleibenden neurologischen Symptomen gekennzeichnet waren, lag die aufgenommene Toxinmenge bei 1,9–4,2 mg/kg. Eine Person hatte 0,2–0,3 mg Domoinsäure/kg aufgenommen und war symptomlos geblieben. Die minimale effektive Dosis für den Menschen dürfte also zwischen 0,2 und 0,9 mg/kg liegen. Die pathologische Untersuchung von drei mit ASP in ursächlichen Zusammenhang gebrachten Todesfällen ergab schwere Schäden im Bereich von Hippocampus und Amygdala sowie weniger stark ausgeprägte Veränderungen in weiteren Bereichen des Gehirns [64, 121]. Trotz der weiten Verbreitung von Domoinsäure in marinen Ökosystemen sind nach diesem Ausbruch keine weiteren Erkrankungen beim Menschen bekannt geworden, was auch mit dem seither intensivierten Monitoring in Zusammenhang stehen dürfte.

Mäuse und Ratten zeigen nach Applikation von Domoinsäure charakteristische Verhaltensänderungen. Typisch sind Aufsetzen auf die Hinterbeine, stereotype Kratzbewegungen mit den Hinterbeinen am Ohr und Zittern. In höheren Dosen kommen epilepsieartige Anfälle und Verlust des Gleichgewichts hinzu. Die LD_{50} für Mäuse liegt bei 2,5–3,6 mg/kg [64, 91, 138]. Es besteht eine Abhängigkeit der Toxizität vom pH-Wert der applizierten Lösung, was vermutlich auf unterschiedliche Ladungszustände der Domoinsäure und die dadurch bedingte Variation der Resorptionskinetik zurückzuführen ist [91]. Versuche mit neonatalen Ratten zeigten eine bis zu 40fach reduzierte LD_{50} im Vergleich zu Adulten. Die Serumkonzentrationen lagen jedoch 60 min nach Toxinapplikation bei Neugeborenen und Adulten im gleichen Bereich, was darauf hindeutet, dass die erhöhte Anfälligkeit der Jungtiere mit einer niedrigeren Serum-Clearance im Vergleich zu Adulten in Zusammenhang steht [138]. Auf der anderen Seite scheinen ältere Individuen ebenfalls besonders empfindlich auf Domoinsäure zu reagieren. Als Ursache hierfür wird eine reduzierte Aktivität neuroprotektiver Mechanismen vermutet [65].

Die toxische Wirkung von Domoinsäure beruht auf ihrer Aktivität als exzitatorischer Neurotransmitter analog der Glutaminsäure und der strukturverwandten Kainsäure. Domoinsäure bindet mit hoher Affinität eine Subklasse ionotroper Glutaminsäurerezeptoren, die sich in besonders hoher Dichte in bestimmten Regionen des Hippocampus findet. Ein Großteil der Toxizität von Domoinsäure kann der Aktivierung dieser Kainat-Rezeptoren zugeordnet werden. Es häufen sich jedoch Hinweise, dass insbesondere die akute Toxizität auch über *N*-Methyl-D-Aspartat (NMDA)-Rezeptoren vermittelt wird, die sekundär durch die Freisetzung endogener exzitatorischer Neurotransmitter infolge der Aktivierung der Kainat-Rezeptoren aktiviert werden. Die Aktivierung der NMDA-Rezeptoren hat wiederum einen rapiden Anstieg der intrazellulären Konzentration an Ca^{2+} zur Folge, der zum Absterben der Neuronen führt [13, 64].

6.2.5
Ciguatoxin

Der Ciguatera-Erkrankung, einer Fischvergiftung, kommt mit jährlich 10 000 bis 50 000 Vergiftungsfällen zahlenmäßig die größte Bedeutung aller Algentoxinvergiftungen zu [1]. Es handelt sich hierbei um ein sehr komplexes Krankheitsgeschehen, das sich in einer Vielzahl neurologischer, gastrointestinaler und kardiologischer Symptome äußert und teilweise mit jahrelangen schweren gesundheitlichen Beeinträchtigungen verbunden ist [9, 39].

Neben dem fettlöslichen Haupttoxin Ciguatoxin, einer Polyetherstruktur mit einem Molekulargewicht von 1110 (Abb. 6.5), existieren zahlreiche Derivate. Die in *Gambierdiscus toxicus* gebildeten Ciguatoxine, auch Gambiertoxine genannt, werden in Fischen zu polareren Derivaten mit etwa zehnfach höherer Toxizität biotransformiert, wobei sich allerdings die Toxinprofile sowohl in Abhängigkeit von der jeweiligen Fischspezies als auch von der geographischen Lokalisation sehr stark unterscheiden. Insbesondere unterscheiden sich die im Pazifik und in der Karibik gefundenen Ciguatoxine erheblich. So ist das karibische C-CTX-1 weniger polar und um etwa Faktor 10 weniger toxisch, als das pazifische P-CTX-1.

Die Toxinproduzenten sind benthische Dinoflagellaten, die sich besonders häufig in absterbenden und toten Korallenriffen finden [18, 47]. Da infolge von Klimaveränderungen und Umweltverschmutzung immer mehr Korallenriffe geschädigt werden, verbessern sich die Lebensbedingungen für *G. toxicus* zuneh-

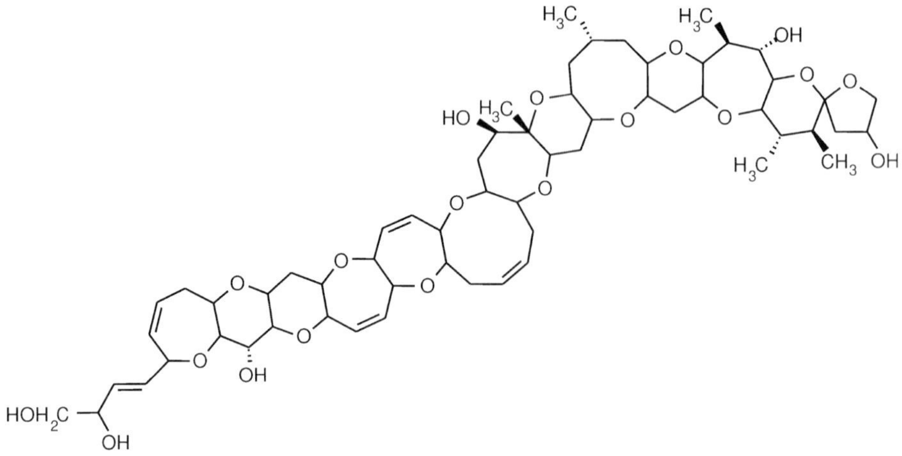

Abb. 6.5 Strukturformeln des Ciguatoxin-Derivates P-CTX-1.

mend. Dennoch sind gefährliche Blüten von *G. toxicus* nur sehr schwer vorherzusagen, da sie nur fokal entstehen und zudem eine erhebliche intraspezifische genetische Variabilität hinsichtlich des Toxinbildungsvermögens der Algen besteht. Die geographische Verbreitung der Ciguatera-Vergiftung ist auf tropische Regionen mit ausgedehnten Korallenriffen, vorwiegend zwischen 35° nördlicher Breite und 35° südlicher Breite, beschränkt. Besonders betroffen sind die Karibik sowie verschiedene Inselregionen im Pazifischen und im Indischen Ozean. Während in diesen Gebieten Ciguatera-Vergiftungen seit Jahrhunderten bekannt sind, werden infolge des Ferntourismus und von Fischimporten in zunehmendem Maße auch Ärzte in anderen Regionen, vor allem in Europa und Nordamerika, mit der Erkrankung konfrontiert [15, 33, 39, 71, 77].

Die höchsten Toxingehalte werden in großen Raubfischen gefunden, begehrten Speisefischen, die über die Nahrungskette hohe Toxinkonzentrationen anreichern können, ohne dabei sensorische Abweichungen aufzuweisen. Vergiftungen durch den Verzehr herbivorer Fische sind dagegen selten. Insgesamt kommen über 400 Fischspezies als Vektoren für die Ciguatera-Vergiftung infrage, besonders häufig sind Barracuda, Zackenbarsch, Schnapper und Muränenaal betroffen. Um beim Menschen Erkrankungen auszulösen, reicht ein Toxingehalt von etwa 0,1 ppb P-CTX-1 aus [79]. Die Elimination der Toxine aus Fischen erfolgt sehr langsam mit einer Halbwertszeit von mehreren Monaten [77].

Klinisch äußert sich die Ciguatera-Vergiftung 30 min bis im Extremfall 72 h nach Verzehr der kontaminierten Fische in unspezifischen gastrointestinalen Symptomen (Übelkeit, Erbrechen, Durchfall) und teilweise sehr charakteristischen neurologischen Symptomen in Form von umgekehrtem Heiß/Kaltempfinden, Kribbeln im Bereich des Mundes und der Extremitäten sowie starkem Juckreiz. Hinzu kommen in den meisten Fällen ein ausgeprägtes allgemeines Schwächegefühl sowie teilweise Muskel- und Gelenkschmerzen, Bradycardie, Angstzustände und Depressionen. Während die gastrointestinalen Symptome nach wenigen Tagen abklingen, bleiben die neurologischen Symptome einige Wochen bis Monate, im Einzelfall über Jahre, bestehen. In weniger als 5% der Fälle verläuft die Erkrankung tödlich. Neben der symptomatischen Therapie wird eine Infusion von Mannit innerhalb der ersten 24 h propagiert. In einer Doppelblindstudie war jedoch kein Vorteil von Mannit gegenüber physiologischer Kochsalzlösung festzustellen [4, 79, 104, 108].

Ähnlich wie bei den Brevetoxinen beruht die toxische Wirkung der Ciguatoxine auf einer Aktivierung von Natriumionenkanälen; die Affinität und die Potenz der Ciguatoxine ist jedoch wesentlich höher als die der Brevetoxine. Die ständige Aktivierung der Natriumionenkanäle führt zu Depolarisation und spontanen Aktionspotenzialen, aber nicht zur Zelllyse. Anders als unter Einwirkung von Brevetoxinen treten charakteristische oszillierende Schwankungen des Membranpotenzials auf, die in eine ständig wiederkehrende Entladung übergehen können [56]. Darüber hinaus deuten einige Ergebnisse darauf hin, dass weitere Pathogenitätsmechanismen an der Ciguatera-Vergiftung beteiligt sind [32].

Eine Beteiligung von Maitotoxin, das ebenfalls von *G. toxicus* gebildet wird und bei intraperitonealer Applikation an Mäuse extrem toxisch ist, wird wegen

dessen geringer Tendenz zur Akkumulation in Fischen und niedriger oraler Toxizität weitgehend ausgeschlossen [76, 77, 140].

6.2.6
Cyanobakterielle Toxine

Cyanobakterielle Toxine sind eine umfangreiche Gruppe von Substanzen, die
sich aus toxikologischer Sicht in die zwei Hauptgruppen Hepatotoxine und
Neurotoxine einteilen lassen. Eine Exposition des Menschen entsteht vor allem
durch kontaminiertes Trink- oder auch Badewasser sowie durch Nahrungsergänzungsmittel aus Algen. Die aus lebensmitteltoxikologischer Sicht bedeutendste Gruppe sind die hepatotoxischen Microcystine, mehr als 60 cyclische
Heptapeptide, deren häufigsten Vertreter Microcystin-LR darstellt. Die Nomenklatur der Microcystine ergibt sich aus dem Buchstabencode für zwei variable
Aminosäuren an den Positionen X und Z (Abb. 6.6).

Microcystine werden weltweit in Süßwasser von Cyanobakterien der Gattungen
Microcystis, *Oszillatoria*, *Anabaena*, *Aphanizomenon* und *Nostoc* gebildet. Welche
Bedingungen zu einer erhöhten Teilungsrate und zur Entstehung cyanobakterieller Blüten erforderlich sind, ist nicht restlos geklärt. Wichtige Faktoren sind aber
ein hoher Nährstoffgehalt und Wassertemperaturen über 20 °C [16, 97].

In vielen Teilen der Welt, darunter auch einigen europäischen Ländern, konnte in unterschiedlichem Ausmaß in Trinkwasserproben aus Oberflächenwasser
eine Kontamination mit Microcystin nachgewiesen werden. Erkrankungen
durch Microcystine bei Menschen sind aus dem europäischen Raum nicht bekannt. In einigen Regionen Chinas wurde jedoch ein Zusammenhang zwischen
einer erhöhten Belastung des Trinkwassers mit Microcystin und dem endemischen Vorkommen von primären Leberzellkarzinomen beobachtet [125]. Die
einzigen dokumentierten akuten Intoxikationen von Menschen ereigneten sich
1996 in Brasilien, als 52 Dialysepatienten an akutem Leberversagen starben,
weil das zur Dialyse verwendete Wasser mit Microcystin kontaminiert war [7].

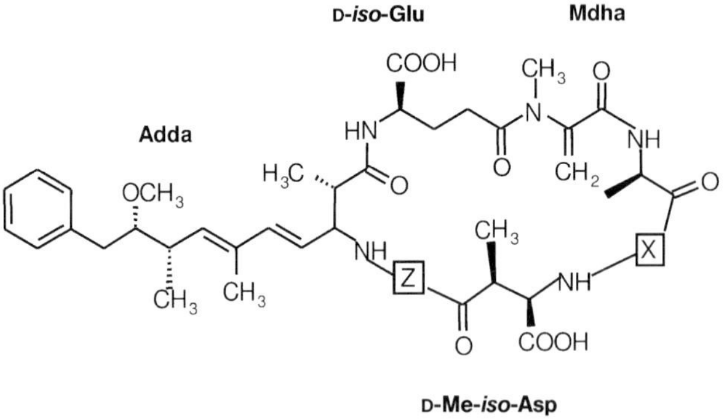

Toxin	X	Y
Mc-LR	Leu	Arg
Mc-LA	Leu	Ala
Mc-LF	Leu	Phe
Mc-LW	Leu	Trp
Mc-RR	Arg	Arg
Mc-YR	Tyr	Arg

Abb. 6.6 Strukturformeln einiger Microcystine.

Eine weitere Möglichkeit der Exposition besteht im Konsum von Nahrungsergänzungsmitteln aus Algen, die mit Toxinen belastet sein können. In einer Untersuchung in den USA enthielten 85 von 87 Proben Microcystin, wobei 72% der Proben Konzentrationen von mehr als 1 µg Microcystin/g aufwiesen [46].

Eine Anreicherung von Microcystinen in der Nahrungskette scheint grundsätzlich möglich zu sein. Bei einer Untersuchung in Brasilien wurden in der Muskulatur von Fischen bis zu 26 ng/g gefunden, eine Konzentration bei der ein Überschreiten des von der WHO vorgeschlagenen TDI von 0,04 µg/kg Körpergewicht denkbar ist [35].

Microcystine sind sehr potente Hepatotoxine. Im Intoxikationsversuch mit Mäusen verursachen sie Hyperventilation, Krämpfe und Konvulsionen, pathologisch-anatomisch sind Hepatomegalie und hämorrhagische Nekrosen der Leber festzustellen. Die LD_{50} für Microcystin-LR liegt bei 43–65 µg/kg Körpergewicht nach intraperitonealer Applikation, erhöht sich jedoch auf 10,9 mg/kg bei oraler Aufnahme [48, 141]. Bei chronischer Exposition werden progressive Leberschäden in Form von Nekrosen, Leukozyteninfiltration, Amyloidose und Fibrose beschrieben [36]. Die Toxizität der Microcystine beruht auf ihrer inhibitorischen Wirkung auf die Proteinphosphatasen 1 und 2A, die zu oxidativem Stress und letztlich Apoptose führt [44]. Viele Ergebnisse *in vitro* und *in vivo* deuten darauf hin, dass Microcystine als Tumorpromotoren wirken, möglicherweise auch in Konzentrationen deutlich unterhalb des von der WHO empfohlenen Richtwertes für Trinkwasser von 1 µg/L [44].

Weitere potente cyanobakterielle Hepatotoxine sind Nodularin und Cylindrospermopsin. Mit Ausnahme eines Ausbruchs von Gastroenteritis durch Cylindrospermopsin in Trinkwasser in Australien sind keine Vergiftungen von Menschen durch diese Toxine bekannt geworden.

Zu den wichtigsten cyanobakteriellen Neurotoxinen gehören die bereits oben besprochenen Saxitoxin-Derivate (PSP-Toxine) sowie Anatoxin-a, ein Acetylcholinagonist, und Anatoxin-a (s), ein Inhibitor der Acetylcholinesterase. Anatoxin-a konnte unter anderem in Gewässern in Deutschland und in Italien gefunden werden, allerdings in Konzentrationen, die vom gegenwärtigen Kenntnisstand aus eine akute toxische Wirkung praktisch ausschließen [21, 131].

6.3
Nachweisverfahren für Algentoxine

Nachweis und Analytik von Algentoxinen sind aus verschiedenen Gründen problematisch. Die Vielzahl an Substanzen auch innerhalb der einzelnen Toxingruppen erschwert die Analytik erheblich, hinzu kommt die begrenzte kommerzielle Verfügbarkeit von Toxinstandards. Idealerweise sollten Screening-Verfahren alle Komponenten der jeweiligen Toxingruppe unter Berücksichtigung ihrer relativen Toxizität erfassen. Diesem Ziel am nächsten kommen in vivo- und in vitro-Bioassays sowie Rezeptorbindungstests. Allerdings gibt es auch hier Einschränkungen. Der schon aus Tierschutzgründen kritisch zu bewertende Maus-

Bioassay erlaubt nur eine eingeschränkte Differenzierung zwischen den verschiedenen Algentoxinen. Außerdem werden einige Toxine bei der intraperitonealen Applikation sehr schlecht resorbiert, so dass die Toxizität der Probe unterschätzt werden kann. In Deutschland ist der Maus-Bioassay nur zur Absicherung positiver Ergebnisse zugelassen. Auch die Bindung an die spezifischen Rezeptoren korreliert nicht notwendigerweise mit der Toxizität, da die meisten Toxine über zusätzliche Pathogenitätsmechanismen verfügen.

Bei Methodenvergleichsstudien wurden in der Regel akzeptable Übereinstimmungen zwischen biologischen und physikalisch-chemischen Untersuchungsverfahren erreicht [42, 80, 93, 106], so dass die noch immer als Referenzverfahren verwendeten Bioassays mit Mäusen in vielen Fällen durch andere Methoden ersetzt werden können. Für einige Algentoxine sind auch kommerzielle Testkits, überwiegend auf Basis von immunchemischen Verfahren, am Markt: MIST Alert™ für PSP- und ASP-Toxine [82], Ridascreen® für PSP-Toxine [127], DSP Check [129] und CiguaCheck™. Sie eignen sich vor allem für die oft notwendige schnelle Kontrolle vor Ort, während aufwändige chromatographische und massenspektrometrische Verfahren ebenso wie Zellkulturtests Speziallabors vorbehalten bleiben. Ebenfalls gut für das Screening hoher Probenzahlen geeignet sind Proteinphosphatase-Hemmungstests im Mikrotiterplattenformat für DSP-Toxine und Microcystine [93, 110].

6.4
Gefährdungspotenzial und rechtliche Regelungen

Das Gefährdungspotenzial durch die verschiedenen Algentoxine ist sehr unterschiedlich. Während für Ciguatera jährlich 10–50 000 Vergiftungsfälle angenommen werden, ist bislang trotz der weiten Verbreitung von Domoinsäure nur ein einziger Ausbruch von ASP bekannt geworden. Das Risiko einer Exposition ist neben den Verzehrsgewohnheiten auch von der geographischen Lokalisation abhängig und dürfte derzeit in Mitteleuropa nicht allzu hoch sein. Zwar wurden in den letzten Jahren in einigen Regionen Europas wiederholt toxische Algenblüten und kontaminierte Meerestiere nachgewiesen, durch intensives Monitoring konnten jedoch größere Ausbrüche verhindert werden. Für die wichtigsten Algentoxine wurden in zahlreichen Ländern Grenzwerte festgelegt, deren Höhe allerdings häufig aus pragmatischen Gründen und mangels fundierter toxikologischer Daten mit der Nachweisgrenze des Maus-Bioassays gleichgesetzt wurde [130]. Daraus ergibt sich unter anderem für PSP-Toxine eine relativ niedrige Sicherheitsspanne. In der EU sind die Grenzwerte in VO EG 853/2004 geregelt (Tab. 6.1). Völlig unzulänglich sind bislang die Daten bezüglich einer chronischen Exposition gegenüber niedrigen Toxinkonzentrationen, insbesondere der Tumorpromotoren des DSP-Komplexes.

Hinsichtlich der cyanobakteriellen Toxine ist das Gefährdungspotenzial für den Menschen anders gelagert. Während durch Toxine mariner Algen vorwiegend akute Erkrankungen durch Verzehr von Meerestieren verursacht werden, lösen cyanobakterielle Toxine sowohl akute als auch chronische Erkrankungen aus. Die größte Bedeutung kommt hierbei der Kontamination von Trinkwasser zu, wogegen über die Möglichkeiten einer Anreicherung in der Nahrungskette nur wenige Daten vorliegen. Für cyanobakterielle Toxine existieren in der EU derzeit keine bindenden Grenzwerte. Eine Empfehlung der WHO legt jedoch für Microcystin in Trinkwasser einen Richtwert von 1 µg/L und einen TDI von 0,04 µg Microcystin/kg fest [133]. Das Risiko einer Exposition in Deutschland wird gegenwärtig für relativ gering gehalten, da die für die Trinkwassergewinnung genutzten Gewässer einen niedrigen Eutrophierungsgrad aufweisen und sehr intensiv überwacht werden [25]. Demgegenüber konnten wiederholt in Badegewässern hohe Gehalte an Microcystin nachgewiesen werden, weshalb das Bundesumweltamt eine Empfehlung zum Schutz von Badenden vor cyanobakteriellen Toxinen erstellt hat, in der ein Grenzwert von 100 µg Microcystin/L vorgeschlagen wird [38, 126].

Nicht unerheblich ist das Expositionsrisiko durch bestimmte Nahrungsergänzungsmittel auf Algenbasis. Die überwiegend aus atoxischen Stämmen von *Aphanizomenon flos-aquae* aus dem Upper Klamath Lake im südlichen Oregon, USA, gewonnenen Präparate können mit Microcystin bildenden Microcystisstämmen verunreinigt sein. Bei Toxingehalten von häufig über 1 µg/g [46] und einem Verzehr von 1–2 g pro Tag kann insbesondere bei Kindern ein Überschreiten des von der WHO vorgeschlagenen TDI von 0,04 µg/kg Körpergewicht nicht ausgeschlossen werden.

6.5
Prävention

Da für die durch Algentoxine verursachten, zum Teil lebensbedrohlichen Vergiftungen bisher weder spezifische Therapien noch Antidote existieren, ist die Prävention von Vergiftungen durch eine intensive Überwachung der potenziell toxinhaltigen Lebensmittel von entscheidender Bedeutung. Der Nachweis bestimmter Algenspezies und die Überwachung der Zellkonzentrationen dieser Algen sind zwar wichtige Monitoringinstrumente, sie können jedoch nur als Hinweis auf eine mögliche Toxinbelastung von Meerestieren dienen, da das Auftreten von Algenblüten nur sehr eingeschränkt vorhersagbar ist bzw. einige Toxine auch ohne eine Massenvermehrung der entsprechenden Algen gefährliche Konzentrationen erreichen können [5, 137]. Den Schwerpunkt der Prävention muss daher die direkte Untersuchung der betroffenen Lebensmittel auf ihren Toxingehalt und das rechtzeitige Erlassen von Fang- und Vermarktungsverboten bilden.

Die in Haushalt und Industrie üblichen Zubereitungsarten zerstören die Algentoxine nicht und können bestenfalls bei wasserlöslichen Toxinen durch einen Übertritt der Toxine in das Kochwasser zu einem gewissen Verdünnungseffekt führen.

Verschiedentlich wurden Methoden zur Detoxifizierung von Muscheln beschrieben, wie etwa die Behandlung mit Ozon oder Chlorverbindungen. Keines dieser Verfahren ist jedoch derzeit praxisreif. Obwohl intensiv über die Möglichkeiten einer Dekontamination von Trinkwasser geforscht wurde und einige viel versprechende Ansätze gefunden wurden, gibt es noch keine wirklich zufrieden stellende Lösung. Die Verwendung von Chlor ist effektiv, aber toxikologisch nicht völlig unbedenklich, die Entfernung cyanobakterieller Zellen durch Filtration kann zum Aufbrechen der Zellen und zu einem Anstieg der Konzentration freier Toxine führen. Für bestmögliche Ergebnisse ist eine Anpassung an die jeweiligen Toxine und häufig eine Kombination verschiedener Methoden erforderlich [55, 90, 109].

6.6
Zusammenfassung

Die Anreicherung von Toxinen aus marinen Algen in Muscheln und anderen Meerestieren hat in den vergangenen Jahren zunehmend an Bedeutung gewonnen. Verantwortlich hierfür sind die Zunahme von Algenblüten, das Auftreten bislang unbekannter Vergiftungserscheinungen durch Algentoxine beim Menschen und die Entdeckung neuer hochpotenter Toxine. Die Algentoxine stellen eine chemisch sehr heterogene Gruppe von Substanzen dar, deren Toxizität in den meisten Fällen auf einer spezifischen Interaktion mit Ionenkanälen erregbarer Membranen oder einer Funktion als Neurotransmitter beruht. Neben diesen Neurotoxinen existieren Inhibitoren von Proteinphosphatasen. Entsprechend des klinischen Bildes werden Paralytic Shellfish Poisoning (verursacht durch Saxitoxine), Diarrhetic Shellfish Poisoning (Okadasäure und Dinophysistoxin), Amnesic Shellfish Poisoning (Domoinsäure) und Neurologic Shellfish Poisoning (Brevetoxine) unterschieden. Die Ciguatera-Vergiftung, ausgelöst durch Ciguatoxine, ist dagegen eine Fischvergiftung. Den Algentoxinen zugerechnet werden meist auch die hauptsächlich in Süßwasser vorkommenden Toxine aus Cyanobakterien. Diese hepatotoxisch oder neurotoxisch wirksamen Substanzen sind vor allem als mögliche Kontaminanten von Trinkwasser bedeutsam.

6.7
Literatur

1 Anderson DM (1994) Giftalgenblüten, *Spektrum der Wissenschaft*, Oktober 1994, 70–77.

2 Andrinolo D, Michea LF, Lagos N (1999) Toxic effects, pharmacokinetics and clearance of saxitoxin, a component of paralytic shellfish poison (PSP), in cats, *Toxicon* 37: 447–464.

3 Arakawa O, Nishio S, Noguchi T, Shida Y, Onoue Y (1995) A new saxitoxin analogue from a xanthid crab *Atergatis floridus*, *Toxicon* 33: 1577–1584.

4 Arena P, Levin B, Fleming LE, Friedman MA, Blythe D (2004) A pilot study of the cognitive and psychological correlates of chronic ciguatera poisoning, *Harmful Algae* 3: 51–60.

5 Aune T, Dahl E, Tangen K (1995) Algal monitoring, a useful tool in early warning of shellfish toxicity? in Lassus P, Erard E, Gentien P, Marcaillou C (Hrsg) Harmful marine algal blooms, Lavoisier, Paris u. a., 765–770.

6 Aune T, Sørby R, Yasumoto T, Ramstad H, Landsverk T (2002) Comparison of oral and intraperitoneal toxicity of yessotoxin towards mice, *Toxicon* 40: 77–82.

7 Azevedo S, Carmichael WW, Jochimsen EM, Rinehart KL, Lau S, Shaw GR, Eaglesham GK (2002) Human intoxication by microcystins during renal dialysis treatment in Caruaru-Brazil, *Toxicology* 181: 441–446.

8 Baden DG, Mende TJ, Trainer VL (1989) Derivatized brevetoxins and their use as quantitative tools in detection, in Natori S, Hashimoto K, Ueno Y (Hrsg) Mycotoxins and phycotoxins '88, A collection of invited papers at the seventh International IUPAC Symposium on Mycotoxins and Phycotoxins, Tokyo, Japan, Elsevier, Amsterdam, 343–350.

9 Baden DG, Fleming LE, Bean JA (1995) Marine toxins, in De Wolff FA (Hrsg) Handbook of clinical neurology, Elsevier, New York, 141–175.

10 Benson JM, Hahn FF, March TH, McDonald JD, Sopori ML, Seagrave JC, Gomez AP, Bourdelais AJ, Naar J, Zaias J, Bossart GD, Baden DG (2004) Inhalation toxicity of brevetoxin 3 in rats exposed for 5 days, *Journal of Toxicology and Environmental Health-Part A* 67: 1443–1456.

11 Berman FW, Murray TF (1999) Brevetoxins cause acute excitotoxicity in primary cultures of rat cerebellar granule neurons, *Journal of Pharmacology and Experimental Therapeutics* 290: 439–444.

12 Berman FW, Murray TF (2000) Brevetoxin-induced autocrine excitotoxicity is associated with manifold routes of Ca^{2+} influx, *Journal of Neurochemistry* 74: 1443–1451.

13 Berman FW, Lepage KT, Murray TF (2002) Domoic acid neurotoxicity in cultured cerebellar granule neurons is controlled preferentially by the NMDA receptor Ca^{2+} influx pathway, *Brain Research* 924: 20–29.

14 Bianchi C, Fato R, Angelin A, Trombetti F, Ventrella V, Borgatti AR, Fattorusso E, Ciminiello P, Bernardi P, Lenaz G, Castelli GP (2004) Yessotoxin, a shellfish biotoxin, is a potent inducer of the permeability transition in isolated mitochondria and intact cells, *Biochimica Et Biophysica Acta-Bioenergetics* 1656: 139–147.

15 Blume C, Rapp M, Rath J, Koller H, Arendt G, Bach D, Grabensee B (1999) Ciguatera intoxication – Growing importance for differential diagnosis in an area of long distance tourism, *Medizinische Klinik* 94: 45–49.

16 Börner T (2001) Die Toxine der Cyanobakterien, *Biologie in unserer Zeit* 31: 108–115.

17 Bossart GD, Baden DG, Ewing RY, Roberts B, Wright SD (1998) Brevetoxicosis in manatees (*Trichechus manatus latirostris*) from the (1996) epizootic: Gross, histologic, and immunohistochemical features, *Toxicologic Pathology* 26: 276–282.

18 Bourdeau P, Durand-Clement M, Ammar M, Fessard V (1995) Ecological and toxicological characteristics of benthic dinoflagellates in a ciguateric area, in Las-

sus P, Erard E, Gentien P, Marcaillou C (Hrsg) Harmful marine algal blooms, Lavoisier, Paris u. a., 133–137.

19 Bourdelais AJ, Tomas CR, Naar J, Kubanek J, Baden DG (2002) New fish-killing alga in coastal Delaware produces neurotoxins, *Environmental Health Perspectives* **110**: 465–470.

20 Bourdelais AJ, Campbell S, Jacocks H, Naar J, Wright JLC, Carsi J, Baden DG (2004) Brevenal is a natural inhibitor of brevetoxin action in sodium channel receptor binding assays, *Cellular and Molecular Neurobiology* **24**: 553–563.

21 Bumke-Vogt C, Mailahn W, Chorus I (1999) Anatoxin-a and neurotoxic cyanobacteria in German lakes and reservoirs, *Environmental Toxicology* **14**: 117–125.

22 Burgess V, Shaw G (2001) Pectenotoxins – an issue for public health – A review of their comparative toxicology and metabolism, *Environment International* **27**: 275–283.

23 Cabado AG, Leira F, Vieytes MR, Vieites JM, Botana LM (2004) Cytoskeletal disruption is the key factor that triggers apoptosis in okadaic acid-treated neuroblastoma cells, *Archives of Toxicology* **78**: 74–85.

24 Cattet M, Geraci JR (1993) Distribution and Elimination of Ingested Brevetoxin (Pbtx-3) in Rats, *Toxicon* **31**: 1483–1486.

25 Chorus I (2002) Cyanobacterial toxin research and its application in Germany: A review of the current status, *Environmental Toxicology* **17**: 358–360.

26 Chou H-N, Chung Y-C, Cho W-C, Chen C-Y (2003) Evidence of paralytic shellfish poisoning toxin in milkfish in South Taiwan, *Food Additives and Contaminants* **20**: 560–565.

27 Ciminiello P, Fattorusso E (2004) Shellfish toxins – Chemical studies on northern Adriatic mussels, *European Journal of Organic Chemistry* **12**: 2533–2551.

28 Costa PR, Rodrigues SM, Botelho MJ, Sampayo MAD (2003) A potential vector of domoic acid: the swimming crab *Polybius henslowii* Leach (*Decapoda-brachyura*), *Toxicon* **42**: 135–141.

29 Costa PR, Rosa R, Sampayo MAM (2004) Tissue distribution of the amnesic shellfish toxin, domoic acid, in *Octopus*

vulgaris from the Portuguese coast, *Marine Biology* **144**: 971–976.

30 Creppy EE, Traore A, Baudrimont I, Cascante M, Carratu MR (2002) Recent advances in the study of epigenetic effects induced by the phycotoxin okadaic acid, *Toxicology* **181**: 433–439.

31 Daranas AH, Norte M, Fernandez JJ (2001) Toxic marine microalgae, *Toxicon* **39**: 1101–1132.

32 Dechraoui MY, Naar J, Pauillac S, Legrand AM (1999) Ciguatoxins and brevetoxins, neurotoxic polyether compounds active on sodium channels, *Toxicon* **37**: 125–143.

33 De Haro L, Pommier P, Valli M (2003) Emergence of imported ciguatera in Europe: Report of 18 cases at the Poison Control Centre of Marseille, *Journal of Toxicology-Clinical Toxicology* **41**: 927–930.

34 De la Rosa LA, Alfonso A, VilariZo N, Vieytes MR, Botana LM (2001) Modulation of cytosolic calcium levels of human lymphocytes by yessotoxin, a novel marine phycotoxin, *Biochemical Pharmacology* **61**: 827–833.

35 De Magalhaes VF, Soares RM, Azevedo S (2001) Microcystin contamination in fish from the Jacarepagua Lagoon (Rio de Janeiro, Brazil): ecological implication and human health risk, *Toxicon* **39**: 1077–1085.

36 Falkoner IR, Smith JV, Jackson ARB, Jones A, Runnegar MTC 1988 Oral toxicity of a bloom of the cyanobacterium *Microcystis aeruginosa* administered to mice over periods up to 1 year, *Journal of Toxicology and Environmental Health* **24**: 291–305.

37 Ferrier M, Martin JL, Rooney-Vargal JN (2002) Stimulation of *Alexandrium fundyense* growth by bacterial assemblages from the Bay of Fundy, *Journal of Applied Microbiology* **92**: 706–716.

38 Frank CAP (2002) Microcystin-producing cyanobacteria in recreational waters in southwestern Germany, *Environmental Toxicology* **17**: 361–366.

39 Freudenthal AR (1990) Public health aspects of ciguatera poisoning contracted on tropical vacations by north American tourists, in Granéli E, Sundström B, Edler L, Anderson DM (Hrsg) Toxic marine

phytoplankton, Elsevier, New York, 463–468.

40 Fujiki H, Suganuma M, Suguri H, Yoshizawa S, Takagi K, Sassa T, Uda N, Wakamatsu K, Yamada K, Yasumoto T, Kato Y, Fusetani N, Hashimoto K, Sugimura T 1989 New tumor promoters from marine sources: The okadaic acid class, in Natori S, Hashimoto K, Ueno Y (Hrsg) Mycotoxins and phycotoxins '88, A collection of invited papers at the seventh International IUPAC Symposium on Mycotoxins and Phycotoxins, Tokyo, Japan, Elsevier, Amsterdam, 383–390.

41 Garcia C, Bravo MD, Lagos M, Lagos N (2004) Paralytic shellfish poisoning: postmortem analysis of tissue and body fluid samples from human victims in the Patagonia fjords, *Toxicon* **43**: 149–158.

42 Garthwaite I (2000) Keeping shellfish safe to eat: a brief review of shellfish toxins, and methods for their detection, *Trends in Food Science & Technology* **11**: 235–244.

43 Gawley RE, Rein KS, Jeglitsch G, Adams DJ, Theodorakis EA, Tiebes J, Nicolaou KC, Baden DG (1995) The relationship of brevetoxin length and a-ring functionality to binding and activity in neuronal sodium-channels, *Chemistry & Biology* **2**: 533–541.

44 Gehringer MM (2004) Microcystin-LR and okadaic acid-induced cellular effects: a dualistic response, *Febs Letters* **557**: 1–8.

45 Gessner BD, Bell P, Doucette GJ, Moczydlowski E, Poli MA, Van Dolah F, Hall S (1997) Hypertension and identification of toxin in human urine and serum following a cluster of mussel-associated paralytic shellfish poisoning outbreaks, *Toxicon* **35**: 711–722.

46 Gilroy DJ, Kauffman KW, Hall RA, Huang X, Chu FS (2000) Assessing potential health risks from microcystin toxins in blue-green algae dietary supplements, *Environmental Health Perspectives* **108**: 435–439

47 Glaziou P, Legrand A-M (1994) The epidemiology of ciguatera fish poisoning, *Toxicon* **32**: 863–873.

48 Gupta N, Pant SC, Vijayaraghavan R, Rao PVL (2003) Comparative toxicity

evaluation of cyanobacterial cyclic peptide toxin microcystin variants (LR, RR, YR) in mice, *Toxicology* **188**: 285–296.

49 Hall S, Strichartz G, Moczydlowski E, Ravindran A, Reichardt PB (1990) The saxitoxins. Sources, chemistry and pharmacology, in Hall S, Strichartz G (Hrsg) Marine toxins. Origin, structure and molecular pharmacology, American Chemical Society Washington, D.C., 29–65.

50 Hallegraeff GM (1993) A review of harmful algal blooms and their apparent global increase, *Phycologia* **32**: 79–99.

51 Hallegraeff GM, Bolch CJ, Bryan J, Koerbin B (1990) Microalgal spores in ship's ballast water: A danger to aquaculture, in Granéli E, Sundström B, Edler L, Anderson DM (Hrsg) Toxic marine phytoplankton, Elsevier, New York, 475–480.

52 Han TK, Derby M, Martin DF, Wright SD, Dao ML (2003) Effects of brevetoxins on murine myeloma SP2/O cells: Aberrant cellular division, *International Journal of Toxicology* **22**: 73–80.

53 Haque SM, Onoue Y (2002) Variation in toxin compositions of two harmful raphidophytes, *Chattonella antiqua* and *Chattonella marina*, at different salinities, *Environmental Toxicology* **17**: 113–118.

54 Hines HB, Nasreem SM, Wannemacher RW (1993) [³H]saxitoxinol metabolism in the rat, *Toxicon* **31**: 905–908.

55 Hoeger SJ, Shaw G, Hitzfeld BC, Dietrich DR (2004) Occurrence and elimination of cyanobacterial toxins in two Australian drinking water treatment plants, *Toxicon* **43**: 639–649.

56 Hogg RC, Lewis RJ, Adams DJ (2002) Ciguatoxin-induced oscillations in membrane potential and action potential firing in rat parasympathetic neurons, *European Journal of Neuroscience* **16**: 242–248.

57 Hold GL, Smith EA, Birkbeck TH, Gallacher S (2001) Comparison of paralytic shellfish toxin (PST) production by the dinoflagellates *Alexandrium lusitanicum* NEPCC 253 and *Alexandrium tamarense* NEPCC 407 in the presence and absence of bacteria, *FEMS Microbiology Ecology* **36**: 223–234.

58 International Council for the Exploration of the Sea (ICES) (1992) Effects of harm-

ful algal blooms on mariculture and marine fisheries. ICES Cooperative Research Report No 181, Kopenhagen.

59 Ishida H, Nozawa A, Nukaya H, Rhodes L, McNabb P, Holland PT, Tsuji K (2004) Confirmation of brevetoxin metabolism in cockle, *Austrovenus stutchburyi*, and greenshell mussel, *Perna canaliculus*, associated with New Zealand neurotoxic shellfish poisoning, by controlled exposure to *Karenia brevis* culture, *Toxicon* **43**: 701–712.

60 Ishida H, Nozawa A, Hamano H, Naoki H, Fujita T, Kaspar HF, Tsuji K (2004) Brevetoxin B5, a new brevetoxin analog isolated from cockle *Austrovenus stutchburyi* in New Zealand, the marker for monitoring shellfish neurotoxicity, *Tetrahedron Letters* **45**: 29–33.

61 Ito E, Terao K (1994) Injury and recovery process of intestine caused by okadaic acid and related compounds, *Natural Toxins* **2**: 371–377.

62 James KJ, Furey A, Lehane M, Ramstad H, Aune T, Hovgaard P, Morris S, Higman W, Satake M, Yasumoto M (2002) First evidence of an extensive northern European distribution of azaspirazid poisoning toxins in shellfish, *Toxicon* **40**: 909–915.

63 James KJ, Moroney C, Roden C, Satake M, Yasumoto T, Lehane M, Furey A (2003) Ubiquitous 'benign' alga emerges as the cause of shellfish contamination responsible for the human toxic syndrome, azaspiracid poisoning, *Toxicon* **41**: 145–151.

64 Jeffery B, Barlow T, Moizer K, Paul S, Boyle C (2004) Amnesic shellfish poison, *Food and Chemical Toxicology* **42**: 545–557.

65 Kerr DS, Razak A, Crawford N (2002) Age-related changes in tolerance to the marine algal excitotoxin domoic acid, *Neuropharmacology* **43**: 357–366.

66 Kirkpatrick B, Fleming LE, Squicciarini D, Backer LC, Clark R, Abraham W, Benson J, Cheng YS, Johnson D, Pierce R, Zaias J, Bossart GD, Baden DG (2004) Literature review of Florida red tide: implications for human health effects, *Harmful Algae* **3**: 99–115.

67 Kirsch GE, Alam M, Hartmann HA (1994) Differential effects of sulfhydryl-reagents on saxitoxin and tetrodotoxin block of voltage-dependent Na channels, *Biophysical Journal* **67**: 2305–2315.

68 Kommission der Europäischen Gemeinschaften 1991 Richtlinie des Rates vom 15. Juli 1991 zur Festlegung von Hygienevorschriften zur Erzeugung und Vermarktung lebender Muscheln (91/492/EWG), *Amtsblatt der EG* Nr. L **268**, 1–14.

69 Kommission der Europäischen Gemeinschaften (2002) Entscheidung 2002/225/EG der Kommission mit Durchführungsbestimmungen zur Richtlinie 91/492/EWG, *Amtsblatt der EG* Nr. L **75**, 62–64.

70 Kotaki Y, Lundholm N, Onodera H, Kobayashi K, Bajarias FFA, Furio EF, Iwataki M, Fukuyo Y, Kodama M (2004) Wide distribution of *Nitzschia navis-varingica*, a new domoic acid-producing benthic diatom found in Vietnam, *Fisheries Science* **70**: 28–32.

71 Krause G, Andersch-Borchert I, Diesfeld HJ (1994) Ciguatera. Neue Fälle von Fischvergiftungen bei deutschen Karibik-Urlaubern, *Deutsche Medizinische Wochenschrift* **119**: 975.

72 Kumagai M, Yanagi T, Murata M, Yasumoto T, Kat M, Lassus P, Rodriguez-Vazquez JA 1986 Okadaic acid as the causative toxin of diarrhetic shellfish poisoning in Europe, *Agricultural Biology and Chemistry* **50**: 2853–2857.

73 Lagos N, Onodera H, Zagatto PA, Andrinolo D, Azevedo SMFQ, Oshima Y (1999) The first evidence of paralytic shellfish toxins in the freshwater cyanobacterium *Cylindrospermopsis raciborskii*, isolated from Brazil, *Toxicon* **37**: 1359–1373.

74 Laycock MV, Thibault P, Ayer SW, Walter JA (1994) Isolation and purification procedures for the preparation of paralytic shellfish poisoning toxin standards, *Natural Toxins* **2**: 175–183.

75 Lefebvre KA, Silver MW, Coale SL, Tjeerdema RS (2002) Domoic acid in planktivorous fish in relation to toxic *Pseudo-nitzschia* cell densities, *Marine Biology* **140**: 625–631.

76 Legrand AM, Cruchet P, Bagnis R, Murata M, Ishibashi Y, Yasumoto T (1990) Chromatographic and spectral evidence for the presence of multiple ciguatera toxins, in Granéli E, Sundström B, Edler L, Anderson DM (Hrsg) Toxic marine phytoplankton, Elsevier, New York, 374–378.

77 Lehane L, Lewis RJ (2000) Ciguatera: recent advances but the risk remains, *International Journal of Food Microbiology* **61**: 91–125.

78 LePage KT, Baden DG, Murray TF (2003) Brevetoxin derivatives act as partial agonists at neurotoxin site 5 on the voltage-gated Na$^+$ channel, *Brain Research* **959**: 120–127.

79 Lewis RJ (2001) The changing face of ciguatera, *Toxicon* **39**: 97–106.

80 Llewellyn LE, Doyle J, Jellett J, Barrett R, Alison C, Bentz C, Quilliam M (2001) Measurement of paralytic shellfish toxins in molluscan extracts: comparison of the microtitre plate saxiphilin and sodium channel radioreceptor assays with mouse bioassay, HPLC analysis and a commercially available cell culture assay, *Food Additives and Contaminants* **18**: 970–980.

81 Llewellyn LE, Dodd M, Robertson A, Ericson G, de Koning C, Negri AP (2002) Post-mortem analysis of samples from a human victim of a fatal poisoning caused by the xanthid crab, *Zosimus aeneus*, *Toxicon* **40**: 1463–1469.

82 Mackintosh FH, Smith EA (2002) Evaluation of MIST Alert (TM) rapid test kits for the detection of paralytic and amnesic shellfish poisoning toxins in shellfish, *Journal of Shellfish Research* **21**: 455–460.

83 Maranda L, Wang R, Masuda K, Shimizu Y (1990) Investigation of the source of domoic acid in mussels, in Granéli E, Sundström B, Edler L, Anderson DM (Hrsg) Toxic marine phytoplankton, Elsevier, New York, 300–304.

84 Matias WG, Traore A, Bonini M, Sanni A, Creppy EE (1999) Oxygen reactive radicals production in cell culture by okadaic acid and their implication in protein synthesis inhibition, *Human & Experimental Toxicology* **18**: 634–639.

85 McCollum JPK, Pearson RCM, Ingham HR, Wood PC, Dewar HA 1968 An epidemic of mussel poisoning in North-East England, *The Lancet* **1968**: 767–770.

86 Mebs D 1977 Muschelvergiftungen, *Naturwissenschaftliche Rundschau* **30**: 367–369.

87 Morohashi A, Satake M, Naoki H, Kaspar HF, Oshima Y, Yasumoto T (1999) Brevetoxin B4 isolated from greenshell mussels *Perna canaliculus*, the major toxin involved in neurotoxic shellfish poisoning in New Zealand, *Natural Toxins* **7**: 45–48.

88 Murata K, Satake M, Naoki H, Kaspar HF, Yasumoto T (1998) Isolation and structure of a new brevetoxin analog, brevetoxin B2, from greenshell mussels from New Zealand, *Tetrahedron* **54**: 735–742.

89 Negri AP, Jones GJ, Hindmarsh M (1995) Sheep Mortality Associated with Paralytic Shellfish Poisons from the Cyanobacterium *Anabaena circinalis*, *Toxicon* **33**: 1321–1329.

90 Newcombe G, Nicholson B (2004) Water treatment options for dissolved cyanotoxins, *Journal of Water Supply Research and Technology – Aqua* **53**: 227–239.

91 Nijjar MS, Madhyastha MS (1997) Effect of pH on domoic acid toxicity in mice, *Molecular and Cellular Biochemistry* **167**: 179–185.

92 Nozawa A, Tsuji K, Ishida H (2003) Implication of brevetoxin B1 and PbTx-3 in neurotoxic shellfish poisoning in New Zealand by isolation and quantitative determination with liquid chromatography-tandem mass spectrometry, *Toxicon* **42**: 91–103.

93 NúZez PE, Scoging AC (1997) Comparison of a protein phosphatase inhibition assay, HPLC assay and enzyme-linked immunosorbent assay with the mouse bioassay for the detection of diarrhetic shellfish poisoning toxins in European shellfish, *International Journal of Food Microbiology* **36**: 39–48.

94 Onodera H, Satake M, Oshima Y, Yasumoto T, Carmichael WW (1997) New saxitoxin analogues from the freshwater filamentous cyanobacterium *Lyngbya wollei*, *Natural Toxins* **5**: 146–151.

95 Orsini L, Procaccini G, Sarno D, Montresor M (2004) Multiple rDNA ITS-types within the diatom *Pseudo-nitzschia delicatissima (Bacillariophyceae)* and their relative abundances across a spring bloom in the Gulf of Naples, *Marine Ecology-Progress Series* **271**: 87–98.

96 Oshima Y (1995) Chemical and enzymatic transformation of paralytic shellfish toxins in marine organisms, in Lassus P, Erard E, Gentien P, Marcaillou C (Hrsg) Harmful marine algal blooms, 475–480, Lavoisier, Paris u.a.

97 Pearl HW (1996) A comparison of cyanobacterial bloom dynamics in freshwater, estuarine and marine environments, *Phycologia* **35**, 6 Supplement: 25–35.

98 Perez-Gomez A, Garcia-Rodriguez A, James KJ, Ferrero-Gutierrez A, Novelli A, Fernandez-Sanchez MT (2004) The marine toxin dinophysistoxin-2 induces differential apoptotic death of rat cerebellar neurons and astrocytes, *Toxicological Sciences* **80**: 74–82.

99 Pierce RH, Henry MS, Proffitt LS, Hasbrouck PA (1990) Red tide toxin (brevetoxin) enrichment in marine aerosol, in Granéli E, Sundström B, Edler L, Anderson DM (Hrsg) Toxic marine phytoplankton, Elsevier, New York, 397–402.

100 Plakas SM, El Said KR, Jester ELE, Granade HR, Musser SM, Dickey RW (2002) Confirmation of brevetoxin metabolism in the Eastern oyster (*Crassostrea virginica*) by controlled exposures to pure toxins and to *Karenia brevis* cultures, *Toxicon* **40**: 721–729.

101 Poli MA, Musser SM, Dickey RW, Eilers PP, Hall S (2000) Neurotoxic shellfish poisoning and brevetoxin metabolites: a case study from Florida, *Toxicon* **38**: 981–993.

102 Purkerson SL, Baden DG, Fieber LA (1999) Brevetoxin modulates neuronal sodium channels in two cell lines derived from rat brain, *Neurotoxicology* **20**: 909–920.

103 Purkerson-Parker SL, Fieber LA, Rein KS, Podona T, Baden DG (2000) Brevetoxin derivatives that inhibit toxin activity, *Chemistry & Biology* **7**: 385–393.

104 Quod JP, Turquet J (1996) Ciguatera in Reunion Island (SW Indian Ocean): Epidemiology and clinical patterns, *Toxicon* **34**: 779–785.

105 Ramsdell J, Woofter R, Colman J, Dechraoui MYB, Dover S, Pandos B, Gordon CJ (2003) Protective effects of cholestyramine on oral exposure to the red tide toxin brevetoxin, *Faseb Journal* **17**: A613–A613.

106 Ramstad H, Shen JL, Larsen S, Aune T (2001) The validity of two HPLC methods and a colorimetric PP2A assay related to the mouse bioassay in quantification of diarrhetic toxins in blue mussels (*Mytilus edulis*), *Toxicon* **39**: 1387–1391.

107 Sato S, Ogata T, Kodama M (1993) Wide distribution of toxins with sodium channel blocking activity similar to tetrodotoxin and paralytic shellfish toxins in marine animals, in Granéli E, Sundström B, Edler L, Anderson DM (Hrsg) Toxic marine phytoplankton, 429–434, Elsevier, New York.

108 Schnorf H, Taurarii M, Cundy T (2002) Ciguatera fish poisoning – A double-blind randomized trial of mannitol therapy, *Neurology* **58**: 873–880.

109 Senogles-Derham PJ, Seawright A, Shaw G, Wickramisingh W, Shahin M (2003) Toxicological aspects of treatment to remove cyanobacterial toxins from drinking water determined using the heterozygous P53 transgenic mouse model, *Toxicon* **41**: 979–988.

110 Serres MH, Fladmark KE, Doskeland SO (2000) An ultrasensitive competitive binding assay for the detection of toxins affecting protein phosphatases, *Toxicon* **38**: 347–360.

111 Shimizu Y 1984 Paralytic shellfish poisons, in Herz W, Grisebach H, Kirby CW (Hrsg) Fortschritte in der Chemie organischer Naturstoffe, Vol. 45, Springer, Wien, 235–264.

112 Shimizu Y 1986 Chemistry and biochemistry of saxitoxin analogues and tetrodotoxin, *Annales of the New York Academy of Science* **47**: 24–31.

113 Shimizu Y (1996) Microalgal metabolites: a new perspective, *Annual Reviews in Microbiology* **50**: 431–465.

114 Sierra-Beltrán A, Palafox-Uribe M, Grajales-Montiel J, Cruz-Villacorta A, Ochoa JL (1997) Sea bird mortality at Cabo San Lucas, Mexico: Evidence that toxic diatom blooms are spreading, *Toxicon* **35**: 447–453.

115 Singh JN, Deshpande SB (2003) Involvement of the GABAergic system for *Ptychodiscus brevis* toxin-induced depression of synaptic transmission elicited in isolated spinal cord from neonatal rats, *Brain Research* **974**: 243–248.

116 Smayda TJ (1990) Novel and nuisance phytoplankton blooms in the sea: Evidence for a global epidemic, in Granéli E, Sundström B, Edler L, Anderson DM (Hrsg) Toxic marine phytoplankton, Elsevier New York, 29–40.

117 Smith JC, Cormier R, Worms J, Bird CJ, Quilliam MA, Pocklington R, Angus R, Hanic L (1990) Toxic blooms of the domoic acid containing diatom *Nitzschia pungens* in the Cardigan River, Prince Edward Island, in 1988, in Granéli E, Sundström B, Edler L, Anderson DM (Hrsg) Toxic marine phytoplankton, Elsevier, New York, 227–233.

118 Sournia A (1995) Red tide and toxic marine phytoplankton in the world ocean: an inquiry into biodiversity, in Lassus P, Erard E, Gentien P, Marcaillou C (Hrsg) Harmful marine algal blooms, 103–112, Lavoisier, Paris u. a.

119 Sullivan JJ, Iwaoka WT, Liston J (1983) Enzymatic transformation of PSP toxins in the littleneck clam (*Protothaca staminea*), *Biochemical and Biophysical Research Communications* **114**: 465–472.

120 Todd ECD (1990) Amnesic shellfish poisoning – A new seafood toxin syndrome, in Granéli E, Sundström B, Edler L, Anderson DM (Hrsg) Toxic marine phytoplankton, Elsevier, New York, 504–508.

121 Todd ECD (1993) Domoic acid and amnesic shellfish poisoning – a review, *Journal of Food Protection* **56**: 69–83.

122 Trainer VL, Baden DG, Catterall WA (1995) Localization of the brevetoxin binding domain on the voltage-sensitive sodium channel, in Lassus P, Erard E, Gentien P, Marcaillou C (Hrsg) Harmful marine algal blooms, 359–364, Lavoisier, Paris u. a.

123 Trainer VL, Baden DG (1999) High affinity binding of red tide neurotoxins to marine mammal brain, *Aquatic Toxicology* **46**: 139–148.

124 Tubaro A, Sosa S, Carbonatto M, Altinier G, Vita F, Melato M, Satake M, Yasumoto T (2003) Oral and intraperitoneal acute toxicity studies of yessotoxin and homoyessotoxins in mice, *Toxicon* **41**: 783–792.

125 Ueno Y, Nagata S, Tsutsumi T, Hasegawa A, Watanabe MF, Park H-D, Chen G-C, Chen G, Yu S-Z (1996) Detection of microcystins, a blue-green algal hepatotoxin, in drinking water sampled in Haimen and Fusui, endemic areas of primary liver cancer in China, by highly sensitive immunoassay, *Carcinogenesis* **17**: 1317–1321.

126 Umweltbundesamt (2003) Empfehlungen zum Schutz von Badenden vor Cyanobakterien-Toxinen, *Bundesgesundheitsblatt – Gesundheitsforschung – Gesundheitsschutz* **46**: 530–538.

127 Usleber E, Donald M, Straka M, Märtlbauer E (1997) Comparison of enzyme immunoassay and mouse bioassay for determining paralytic shellfish poisoning toxins in shellfish, *Food Additives and Contaminants* **14**: 193–198.

128 Vale P, Sampayo MAD (1999) Comparison between HPLC and a commercial immunoassay kit for detection of okadaic acid and esters in Portuguese bivalves, *Toxicon* **37**: 1565–1577.

129 Vale P, Sampayo MAD (2002) First confirmation of human diarrhoeic poisonings by okadaic acid esters after ingestion of razor clams (*Solen marginatus*) and green crabs (*Carcinus maenas*) in Aveiro lagoon, Portugal and detection of okadaic acid esters in phytoplankton, *Toxicon* **40**: 989–996.

130 Van Egmond HP, Aune T, Lassus P, Speijers GJA, Waldock M (1993) Paralytic and diarrhoeic shellfish poisons: occurrence in Europe, toxicity, analysis,

and regulations, *Natural Toxins* **2**: 41–83.

131 Viaggiu E, Melchiorre S, Volpi F, Di Corcia A, Mancini R, Garibaldi L, Crichigno G, Bruno M (2004) Anatoxin-A toxin in the cyanobacterium *Planktothrix rubescens* from a fishing pond in northern Italy, *Environmental Toxicology* **19**: 191–197.

132 Wekell JC, Gauglitz EJ Jr, Barnett HJ, Hatfield CL, Simons D, Ayres D (1994) Occurrence of domoic acid in Washington State razor clams (*Siliqua patula*) during 1991–1993, *Natural Toxins* **2**: 197–205.

133 World Health Organization WHO (1998) Guidelines for drinking water quality, World Health Organization, Geneva.

134 Wohlgeschaffen GD, Mann KH, Subba Rao DV, Pocklington R (1992) Dynamics of the phycotoxin domoic acid: accumulation and excretion of two commercially important bivalves, *Journal of Applied Phycology* **4**: 297–310.

135 Woofter R, Dechraoui MYB, Garthwaite I, Towers NR, Gordon CJ, Cordova J, Ramsdell JS (2003) Measurement of brevetoxin levels by radioimmunoassay of blood collection cards after acute, long-term, and low-dose exposure in mice, *Environmental Health Perspectives* **111**: 1595–1600.

136 Work TM, Beale AM, Fritz L, Quilliam MA, Silver M, Buck K, Wright JLC (1993) Domoic acid intoxication of brown pelicans and cormorants in Santa Cruz, California, in Smayda TJ, Shimizu Y (Hrsg) Toxic phytoplankton blooms in the sea, Elsevier Amsterdam, 643–649.

137 Wright JLC (1995) Dealing with seafood toxins: present approaches and future options, *Food Research International* **28**: 347–358.

138 Xi D, Peng Y-G, Ramsdell JS (1997) Domoic acid is a potent neurotoxin to neonatal rats, *Natural Toxins* **5**: 74–79.

139 Yasumoto T, Murata M (1993) Marine toxins, *Chem Rev* **93**: 1897–1909.

140 Yasumoto T, Satake M (1996) Chemistry, etiology and determination methods of ciguatera toxins, *J Toxicol Toxin Rev* **15**: 91–107.

141 Yoshida T, Makita Y, Nagata S, Tsutsumi T, Yoshida F, Sekijima M, Tamura S, Ueno Y (1997) Acute oral toxicity of microcystin-LR, a cyanobacterial hepatotoxin, in mice, *Natural Toxins* **5**: 91–95.

142 Zhou Z-H, Komiyama M, Terao K, Shimada Y (1994) Effects of pectenotoxin-1 on liver cells in vitro, *Natural Toxins* **2**: 132–135.

7
Prionen

Hans A. Kretzschmar

7.1
Einleitung

Das Auftreten der BSE in den 1980er Jahren stellte ein Schlüsselereignis in der Wahrnehmung von gesundheitlichen Risiken durch Lebensmittel dar, das hohen Entscheidungsdruck auf Politik und Wirtschaft verursachte. Nachdem die epidemiologischen und experimentellen Hinweise es höchst wahrscheinlich erscheinen ließen, dass der Erreger der BSE auf die Humanpopulation übertragen worden war und die Variante Creutzfeldt-Jakob Krankheit (vCJD), eine letale Erkrankung des Nervensystems, verursacht hatte, war die Besorgnis über die Folgen für die menschliche Gesundheit groß. Als Auslöser für die Erkrankung musste der Verzehr von erregerhaltigen Rindfleischprodukten angenommen werden. Eine Abschätzung des Ausmaßes der Epidemie war aufgrund der vielen wissenschaftlich ungeklärten Fragen zu den durch Prionen ausgelösten Erkrankungen nicht möglich.

7.2
Die Prionhypothese

Als Erklärung für die Entstehung der Prionkrankheiten, zu denen BSE und CJD zählen, wird von vielen die Prionhypothese angenommen, für deren Entwicklung Stanley Prusiner 1997 den Nobelpreis erhielt. Prionen (proteinaceous infectious particles), die als Auslöser dieser Erkrankungen gelten [32], bestehen aus PrP^{Sc}, der so genannten Scrapie-Isoform des Prionproteins. PrP^{Sc} ist ein fehlgefaltetes Eiweiß, das durch Konformationsänderung aus einem körpereigenen Eiweiß, der zellulären Form des Prionproteins (PrP^{C}), entsteht. Die Prionhypothese liefert eine Erklärung für die Ätiologie infektiöser, hereditärer und möglicherweise spontan entstehender Krankheiten durch die Konformationsänderung des physiologischen PrP^{C} in das infektiöse PrP^{Sc}. Zwei Modelle wurden für diesen Vorgang vorgeschlagen (Abb. 7.1). Im sog. Umfaltungsmodell

Handbuch der Lebensmitteltoxikologie. H. Dunkelberg, T. Gebel, A. Hartwig (Hrsg.)
Copyright © 2007 WILEY-VCH Verlag GmbH & Co. KGaA, Weinheim
ISBN: 978-3-527-31166-8

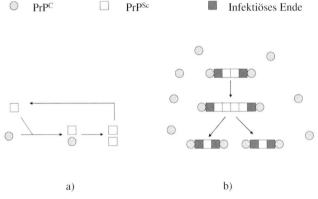

Abb. 7.1 Modelle der Prionreplikation. a) Das autokatalytische Umfaltungsmodell, b) das „Nukleationsmodell".

(refolding model) wird eine Interaktion zwischen einem infektiösen Scrapie-Prionprotein (PrP^{Sc}) und einem PrP^{C}-Molekül postuliert, bei der PrP^{C} dergestalt verändert wird, dass es die Konformation von PrP^{Sc} annimmt. Im „Nukleationsmodell" vermehren sich aus PrP^{Sc} bestehende Aggregate in zwei Schritten. Sie binden als „Nuclei" zunächst an ihren Enden PrP^{C}-Moleküle, welche dabei in PrP^{Sc}-Moleküle umgewandelt werden. Im zweiten Schritt zerfallen die PrP^{Sc} Aggregate in kleinere Untereinheiten, wodurch eine exponentielle Vermehrung von PrP^{Sc} erklärt werden kann.

7.3
PrP^{C} und PrP^{Sc}

Das humane PrP^{C} ist ein Glykoprotein von 253 Aminosäuren Länge vor der zellulären Prozessierung [23]. Das humane Prionproteingen (*PRNP*) ist auf dem kurzen Arm des Chromosoms 20 lokalisiert. Es hat eine relativ einfache genomische Struktur und besteht aus zwei Exons mit einem Intron von 13 kb Länge. Der gesamte proteincodierende Teil des Gens („open reading frame") ist auf dem Exon 2 lokalisiert. Alle bislang bei Säugetieren untersuchten PrP-Gene haben eine ähnliche genomische Struktur mit nur zwei oder drei Exons, wobei der proteincodierende Teil nie durch ein Intron unterbrochen wird [38]. Auf Aminosäurenebene findet sich eine ausgeprägte Homologie der Prionproteinsequenzen des Menschen und anderer Säugetierspezies (Primaten: 93–99%; Nagetiere: 91–92%; Wiederkäuer: 92–93%). PrP^{C} ist ein Membranprotein, das vorwiegend auf der Oberfläche von Neuronen, aber auch von Astrozyten und einer Vielzahl anderer Zellen exprimiert wird [22, 28]. NMR-strukturelle Untersuchungen haben gezeigt, dass die C-terminale Hälfte rekombinant hergestellter Prionproteine drei α-Helices (H1, H2, H3) und zwei sehr kurze β-Faltblattabschnitte (S1 und S2) besitzt [35].

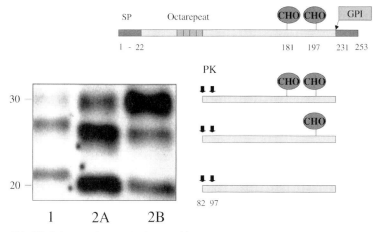

Abb. 7.2 Prionproteintypen im Westernblot.

Der N-terminale Anteil mit den Aminosäureresten 23–120 ist in wässriger Lösung ein flexibles „random-coil"-ähnliches Polypeptid ohne fest definierbare dreidimensionale Struktur [14], er enthält ein Octarepeat [(PHGGGWGQ)x4], das *in vitro* und *in vivo* Cu-Ionen bindende Eigenschaften hat [10, 15] und das vermutlich im synaptischen Spalt seine Funktion ausübt. Die Bindung von Kupferionen an den Octarepeat-Abschnitt des Prionproteins könnte dem N-terminalen Anteil eine definierte Struktur aufzwingen.

Im Gegensatz zu PrP^C, das durch die enzymatische Verdauung mit der Proteinase K (PK) vollständig abgebaut wird, erweist sich PrP^{Sc} proteaseresistent. Enzymatischer PK-Verdau des humanen PrP^{Sc} spaltet am N-terminalen Ende ein Segment von 60–75 Aminosäuren ab. Das verbleibende proteaseresistente PrP zeigt bei Untersuchung in der Gelelektrophorese ein typisches Wanderungsmuster mit drei Banden, die schnell wandernde Bande der unglykolisierten Form, die mittlere mit einer Glykosylgruppe und die am langsamsten wandernde Form mit zwei Glykosylgruppen (Abb. 7.2). Dieses Bandenmuster wird zusammen mit dem histopathologischen Läsionsprofil zur Diagnostik und Charakterisierung der verschiedenen Prionstämme genutzt.

7.3.1
PrP^{Sc} Eigenschaften und Dekontamination

PrP^{Sc} als Träger der Infektiosität bei Prionerkrankungen zeigt im Vergleich mit PrP^C dieselbe Primärstruktur (Aminosäuresequenz), die Unterschiede liegen in der räumlichen Struktur und in den physikalisch-chemischen Eigenschaften. PrP^{Sc} ist nicht wasserlöslich, es bildet Aggregate, ist protease- und hitzeresistent. Die tertiäre Struktur von PrP^{Sc} ist noch spekulativ. Nach bisherigen Untersuchungen hat es einen deutlich höheren Anteil an β-Faltblattstrukturen als PrP^C.

Durch ihre physikalisch-chemischen Eigenschaften erlangen Prionen eine extreme Widerstandsfähigkeit gegenüber den üblichen Sterilisations- und Dekontaminationsmaßnahmen [42]. Sie sind gegen eine Vielzahl von bakteriziden, viroziden und fungiziden Desinfektionsmitteln und gegen übliche Hitzebehandlung (z. B. trockene Hitze bei 180–200 °C) oder Dampfsterilisationsverfahren (z. B. gespannter gesättigter Wasserdampf bei 121 °C) weitgehend resistent; trockene Hitze und Aldehyde stabilisieren die Erreger und erschweren die Inaktivierung.

Zusätzlich haftet PrP^{Sc} mit besonderer Affinität an Oberflächen von Metallen [6].

Aufgrund der biochemischen Eigenschaften der Prione werden zur Sterilisation Verfahren empfohlen, die

a) zu einer mechanischen Reduzierung des infektiösen, organischen Materials und

b) zu einer Instabilisierung der Proteinstruktur führen.

In chemischen Inaktivierungsstudien zeigten sich vier Substanzen, nämlich Natronlauge (NaOH), Natriumhypochlorit (NaOCl), Guanidinium Thiocyanat (GdnSCN) und Natriumdodecylsulfat (SDS), mit einer Reduzierung des Erregertiters um mehr als 4 log-Stufen als wirksam und werden zur Desinfektion von Oberflächen und Instrumenten empfohlen [36, 48] und eingesetzt.

Untersuchungen zur Inaktivierung der TSE-Erreger durch Einwirkung von feuchter Hitze ergaben unterschiedliche Ergebnisse [36]. Abhängig von den Versuchsbedingungen zeigten die Studien eine Reduzierung des Erregertiters um > 5–7 log-Stufen [43] oder eine komplette Inaktivierung der Scrapie-Erreger [20]. Durch eine Kombination von chemischen Desinfektionsmaßnahmen mit Dampfsterilisation kann ein Höchstmaß an Sicherheit erreicht werden.

Tab. 7.1 Wirksamkeit verschiedener bei der Aufbereitung von Medizinprodukten eingesetzter Verfahren zur Dekontamination von Instrumenten bzw. Inaktivierung von Prionen.

Mindestens partiell wirksame Verfahren/Mittel	Unwirksame Verfahren/Mittel
Sorgfältige (insbesondere alkalische Reinigung)	Alkohol
1 M NaOH* mindestens 1 h, 20 °C	Aldehyde, Formaldehyd-Gas
2,5–5% NaOCl* mindestens 1 h; 20 °C (mindestens 20 000 ppm Chlorgehalt)	Ethylenoxid-Gas
≥4 M GdnSCN* mindestens 30 Minuten; 20 °C	H_2O_2
Dampfsterilisation	Phenole
	Iodophore
	HCl
	Trockene Hitze
	UV Strahlung
	Ionisierende Strahlung

So empfiehlt eine gemeinsame Kommission für Krankenhaushygiene und Infektionsprävention beim Robert Koch Institut und dem Bundesinstitut für Arzneimittel und Medizinprodukte von 2001 [21] für die Aufbereitung von chirurgischem bzw. medizinischem Instrumentarium wenigstens zwei für die Dekontamination/Inaktivierung von Prionen geeignete Verfahren zu kombinieren [41] (Tab. 7.1). Wenn das Material es erlaubt, wird in der Praxis die Kombination von Reinigung mit 1 M NaOH über eine Stunde mit anschließendem Autoklavieren bei 134 °C für 18 min angewandt, ein Verfahren das sich auch in den WHO Empfehlungen [48] für hitzestabile Instrumente findet.

7.4
Pathogenese der Prionkrankheiten

PrP^C wird in vielen Organen und Geweben exprimiert. Die Amplifikation von PrP^{Sc} findet jedoch fast ausschließlich im zentralen Nervensystem und in geringerem Ausmaß in lymphoretikulären Organen statt. Pathologische Veränderungen finden sich praktisch nur im ZNS (s. u.). Der Weg der Prionen nach oraler Aufnahme vom Gastrointestinaltrakt in das Zentralnervensystem ist noch nicht zufriedenstellend geklärt (Abb. 7.3). Vermutlich gibt es unterschiedliche Wege, die bei unterschiedlichen Spezies und Erregertypen (strains) eine unterschiedliche Rolle spielen [26]. Der erste Schritt, die Überwindung der Darmwand, ist noch am wenigsten gut verstanden, hier mögen Makrophagen, M-Zellen oder dendritische Zellen eine wichtige Rolle spielen. In manchen Modellsystemen vermehren sich Prionen dann zunächst im lymphoretikulären System. Beispielsweise ist PrP^{Sc} bei der vCJD in der Appendix schon vor Ausbruch der klinischen Krankheit nachweisbar [12]. Als Eintrittspforte in das ZNS ließen sich im Tierversuch nach oraler Verabreichung der dorsale Vaguskern und das Rückenmark in Höhe des Eintritts der Nervi splanchnici darstellen [27]. Das ist ein Hinweis darauf, dass Prionen das ZNS über die peripheren Nerven des Ver-

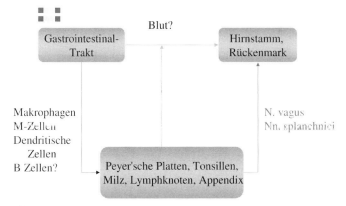

Abb. 7.3 BSE und vCJD.

dauungstraktes (sympathisch und parasympathisch) erreichen. Ein weiterer Weg direkt über das Blut oder bestimmte Blutzellen ist keineswegs ausgeschlossen. Während sich also manche Teilstationen des Ausbreitungsweges der Prionen vom Gastrointestinaltrakt in das ZNS in den letzten Jahren klären ließen, sind bestimmte Details wie etwa die Rolle der follikulär dendritischen Zellen (FDC) sowie alternative Ausbreitungswege noch wenig erforscht.

7.5
Das Infektionsrisiko

Das Infektionsrisiko für Prionkrankheiten hängt ab von der Infektionsquelle, der Infektionsdosis, der Speziesbarriere und der genetischen Prädisposition.

Infektionsquelle

Als Infektionsquelle für die vCJD werden mit Prionen kontaminierte Nahrungsmittel angenommen, die von Rindern stammen, bei denen zum Zeitpunkt der Schlachtung BSE-Erreger in ausreichendem Ausmaß gebildet werden, die aber noch nicht klinisch erkrankt sind. Diesem Risiko wurde durch die postmortale BSE-Testung aller Schlachtrinder, die älter als 30 Monate sind (das ist die europäische Norm, in Deutschland werden alle Rinder über 24 Monate getestet), und der Entfernung aller positiv getesteten Rinder aus der Nahrungskette sowie der Deklarierung der potenziell infektösen Gewebe als spezifiziertes Risikomaterial und dessen Verbot in menschlichen und tierischen Nahrungsmitteln Rechnung getragen (Einzelheiten s. Abschnitt 7.6 und Tab. 7.5).

Infektionsdosis

Über die minimale Erregermenge, die beim Menschen eine Infektion verursacht, gibt es keine Angaben. In die Erörterung der Frage nach der Infektionsdosis müssen folgende Gesichtspunkte mit einbezogen werden: Quelle und Dosis des infektiösen Materials, Speziesbarriere, potenzielle kumulative Effekte wiederholt aufgenommener niedriger Dosen von infektiösem Material, Infektionsweg und genetischer Hintergrund des Empfängers. Zur Einschätzung des Infektionstiters wird das Konzept der ID_{50} verwendet, d.h. eine ID_{50} ist die Dosis mit der 50% der inokulierten Tiere erkranken. Dabei geht man davon aus, dass die Sensitivität des Übertragungsversuches in der Maus für den BSE Erreger ca. 500–1000fach geringer ist als die Infektion von Rindern. Die größten Mengen an Infektiosität finden sich beim Rind in der terminalen Phase der Erkrankung im Gehirn, dort wiederum am meisten im Hirnstamm. In verschiedenen Arbeiten [8, 44], in denen die Gehirne von BSE-infizierten Rindern untersucht wurden, wurden als höchste Werte 10^3 bis 10^5 ID_{50}/g Rinderhirn gemessen (Infektionsversuch intracerebral mit Mäusen). Aus Infektionsversuchen im Tiermodell wird geschätzt, dass die orale Infektion 10^5fach, die intravenöse Infektion 10fach, die intraperitoneale Infektion 100fach weniger effektiv ist als die intracerebrale Infektion [19].

Speziesbarriere

Die Speziesbarriere ist definiert durch das Ausmaß der Resistenz einer Spezies gegenüber der Infektion mit Prionen einer anderen Spezies im Vergleich zu Prionen der eigenen Spezies. Ein Maß für die Speziesbarriere ist die Verlängerung der Inkubationszeit bei der Übertragung eines TSE-Erregers auf eine neue Spezies. Relativ hohe Erregermengen sind bei der Übertragung auf eine neue Spezies notwendig. Im Sinne der Prionhypothese liegt nahe zu vermuten, dass die Strukturhomologie der interagierenden Prionproteine die Speziesbarriere definiert. In der Tat zeigte sich bei in vitro-Studien [33, 34] eine deutlich geringere Konversionsrate von PrP^C zu PrP^{res} bei heterologen Prionproteinen (Prionproteine von zwei verschiedenen Spezies) als bei homologem Prionprotein. Auch Experimente mit transgenen Tieren zeigen, dass das Prionprotein der neuen Wirtsspezies eine entscheidende Rolle für die Speziesbarriere spielt [39].

Auf Aminosäureebene findet sich eine ausgeprägte Homologie der Prionproteinsequenzen des Menschen und anderer Säugetierspezies, z. B. bei Wiederkäuern: 92–93% [9]. Zwischen Mensch und Rind bedeutet das eine Differenz in ca. 20 Aminosäureresten. Um diese Barriere zu überwinden und ein Tiermodell zu haben, in dem die Übertragung untersucht werden kann, führte man bei Mäusen ein transgenes Prionproteingen ein, so dass diese transgenen Tiere entsprechend humanes oder bovines Prionprotein exprimieren. Studien mit transgenen Tieren haben gezeigt, dass die Speziesbarriere zum großen Teil jedoch nicht ausschließlich durch die primäre Sequenz des Prionproteins bestimmt wird, es stellt sich die Frage nach einem zusätzlichen für die Infektion wesentlichen Faktor (Protein X). Außerdem zeigte sich in Studien mit transgenen Mäusen der Einfluss von „Prionstämmen" auf die Übertragbarkeit, d. h. die Existenz unterschiedlicher Erregerstämme mit unterschiedlichen Übertragungseigenschaften bei identischer Abfolge der Aminosäurereste im Prionprotein [1, 3].

Genetische Disposition

Es ist bekannt, dass die Genetik für die Prionkrankheiten eine entscheidende Rolle spielt. Mutationen des Prionproteingens (PRNP) verursachen die erblichen Prionkrankheiten mit einer Häufigkeit von ca. einer Familie pro 2,5 Millionen Einwohner in Deutschland [53]. Aber auch bei der häufigsten humanen Prionkrankheit, der idiopathischen, sporadisch auftretenden CJD und bei den erworbenen Prionkrankheiten spielt die Genetik eine Rolle: Ein Polymorphismus des PRNP am Codon 129 definiert ganz wesentlich den klinischen und pathologischen Phänotyp der Erkrankung, beeinflusst die Länge der Inkubationszeit – sie ist bei Homozygoten kürzer – und bestimmt die Empfänglichkeit eines Individuums für Prionkrankheiten. Homozygotie für Methionin am Codon 129 beim Menschen erhöht die Empfänglichkeit für Prionkrankheiten. So ha-

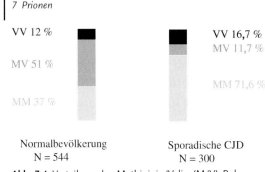

VV 12 %

MV 51 %

MM 37 %

VV 16,7 %
MV 11,7 %

MM 71,6 %

Normalbevölkerung
N = 544

Sporadische CJD
N = 300

Abb. 7.4 Verteilung des Methioinin/Valin (M/V) Polymorphismus am Codon 129 des Prionproteingens (*PRNP*) bei
sCJD und in der Normalbevölkerung.

ben mehrere Studien eine deutliche Überrepräsentation von Homozygoten (in
erster Linie Methionin) bei sporadischen CJD-Fällen im Vergleich zur normalen
Population beschrieben [24, 30, 33, 37, 52] (Abb. 7.4). Alle bisher an der vCJD
Erkrankten waren am Codon 129 homozygot für Methionin.

7.6
Prionkrankheiten bei Mensch und Tier

Die transmissiblen spongiformen Enzephalopathien (TSE) kommen sowohl im
Tierreich als auch beim Menschen vor.

Die bekanntesten Prionerkrankungen im Tierreich (Tab. 7.2) sind die Traberkrankheit der Schafe (engl. scrapie), die schon vor über 200 Jahren beschrieben
wurde, und die bovine spongiforme Enzephalopathie (BSE), eine Erkrankung
der Rinder, die 1985 im Vereinigten Königreich zum ersten Mal beobachtet wurde [47]. Das Auftreten der BSE nahm in Großbritannien in den folgenden Jahren mit ca. 180 000 gesicherten BSE-Fällen epidemische Ausmaße an, epidemiologische Modelle ergaben Schätzungen mit einer Million oder zwei Millionen
infizierter Rinder. Man geht davon aus, dass der BSE-Erreger über die Verfütterung von Tiermehl verbreitet wurde. Die Frage, ob die BSE eine Erkrankung
sui generis ist oder ob sie von scrapie-infizierten Schafen auf das Rind übertragen wurde, ist bis jetzt nicht schlüssig beantwortet. Eine Hypothese geht davon
aus, dass Scrapie durch die veränderte Verarbeitung von Tiermehlen, insbesondere niedrigere Verarbeitungstemperaturen, auf Rinder übertragen wurde und
dort die BSE auslöste. Die Suche nach dem Scrapie-Stamm, der die BSE verursacht haben könnte, war bislang allerdings erfolglos, d.h., dass man in
„strain-typing"-Experimenten in Mäusen keinen Scrapie-Stamm (strain) gefunden hat, der ähnliche Veränderungen hervorruft wie BSE [2]. Die BSE könnte
auch, ähnlich wie man das bei der sporadischen CJD annimmt, eine spontan
entstandene Krankheit sein, die sich erst durch die veränderte Tiermehlauf-
bereitung in Großbritannien ausbreiten konnte. Dieses Argument ist nicht
leicht von der Hand zu weisen – aber ebenso schwer zu beweisen.

Tab. 7.2 Prionkrankheiten im Tierreich.

Prionkrankheiten im Tierreich	
Scrapie (dt. „Traberkrankheit")	Schaf, Ziege
„Transmissible Mink Encephalopathy" (TME)	Mink (nordamerikanischer Nerz)
„Chronic Wasting Disease" (CWD)	Hirsche in den Rocky Mountains: „mule deer" (Langohrhirsch) und „elk" (Wapiti)
Bovine spongiforme Enzephalopathie (BSE)	Rind
Feline spongiforme Enzephalopathie (FSE)	Hauskatze (auch einzelne Fälle bei Puma und Gepard)
„Exotic ungulate encephalopathy"	Kudu, Nyala (aufgetreten in britischen Zoos)

Wo auch immer der Ursprung der BSE sein mag, es besteht kein Zweifel, dass sie sich durch die Verfütterung von unzureichend verarbeitetem Tiermehl über Großbritannien und Europa ausgebreitet hat. In den letzten Jahren hat sich gezeigt, dass die BSE ein nicht auf Europa beschränktes, sondern globales Problem ist.

7.6.1
BSE

An boviner spongiformer Enzephalopathie erkrankte Rinder zeigen als typische Symptome Schreckhaftigkeit, Ängstlichkeit, Nervosität, Sensibilitätsstörungen, Tremor und Ataxie. Die Tiere sind bei Auftreten der Erkrankung meist älter als 30 Monate, vereinzelte Fälle wurden zwischen 20 und 30 Monaten beobachtet (durchschnittliche Inkubationszeit der BSE 3–5 Jahre). Häufig jedoch zeigen die Tiere auch nicht BSE-typische, auf zentralnervöse Störungen hinweisende Symptome, sondern allgemeine klinische Krankheitsanzeichen, wie reduzierte Milchleistung, Abmagerung, Festliegen nach dem Abkalben, Klauenprobleme. Der klinische Verdacht wird nach Tötung der Tiere mit Hilfe eines BSE-Tests gesichert. Die BSE-Tests basieren auf dem immunologisch/biochemischen Nachweis von proteaseresistentem Prionprotein im Hirnstamm des Rindes. Ein Test am lebenden Tier zum Nachweis der Infektion steht bisher nicht zur Verfügung.

Das Auftreten einer neuen Variante der Creutzfeldt-Jakob Krankheit (vCJD) beim Menschen in Großbritannien 1995, ca. 10–12 Jahre nach dem ersten Auftreten der BSE, ließ den Verdacht eines ursächlichen Zusammenhangs der vCJD mit der BSE aufkommen [49, 50]. Dieser Verdacht wurde durch eine Reihe von Tierexperimenten erhärtet, die zeigten, dass sich die Erreger von BSE und vCJD nicht unterscheiden lassen [2]. Bei der Übertragung der BSE vom Rind auf den Menschen geht man von einem oralen Infektionsweg aus, kontaminierte Nahrungsmittel gelten als wahrscheinlichster Risikofaktor [4, 29], wenngleich andere Übertragungswege nicht wirklich ausgeschlossen sind. Ein

Tab. 7.3 Vorläufige Gewebeklassifikation beim Rind entsprechend der Infektiosität nach experimenteller oraler oder natürlicher Exposition für BSE, Tabelle aus [40].

	Experimentell (klinisch krank)				Natürlich (klinisch krank)
Monate nach Exposition	6–14	18	32	36–40	
Gehirn			B/C	C	A
Retina					?
Rückenmark			C	C	A
Dorsale Spinalganglien			C	C	C
Trigeminales Ganglion				C	
Ileum distal	B/C	C			C
Tonsillen	C[a]				
Lymphknoten retropharyngeal					D
Lymphknoten mestenterial					D
Lymphknoten popliteal					D

Infektionstiter:
A = hoch $10^{3,9}$–$10^{5,0}$ im Mausversuch $10^{5,7}$–$10^{7,7}$ im Rind.
B = mittel $10^{1,5}$–$10^{3,0}$ im Mausversuch $10^{3,3}$–$10^{5,6}$ im Rind.
C = niedrig $\leq 10^{1,5}$ im Mausversuch $\leq 10^{3,2}$ im Rind.
D = nicht nachweisbar.
? = keine Daten veröffentlicht.
a) vorläufige Einschätzung aus einem geschätzten Titer von $< 10^{1}$ im Rind.

Gesichtspunkt bei der Abschätzung des Infektionsrisikos durch tierische Nahrungsmittel ist die Verteilung von Infektiosität im Tier. Bei einer Pathogenesestudie in Großbritannien (VLA Pathogenesis Study) [46] wurde im Verlauf der Erkrankung von Rindern zu verschiedenen Zeitpunkten in verschiedenen Geweben Infektiosität gefunden [46]. Eine noch nicht endgültige Einschätzung der Gewebe findet sich in Tabelle 7.3. Da Infektionsversuche an Rindern aber extrem aufwändig sind (sehr lange Inkubationszeiten, hohe Kosten, sehr personalaufwändig), dienen in der Erforschung der Prionkrankheiten verschiedene (transgene) Mauslinien oder Hamster als Tiermodell, die auf verschiedenen Wegen (i.c. intracerebral, i.p. intraperitoneal, oral) infiziert werden. Die Inkubationszeit wird dabei maßgeblich durch die Erregerdosis bestimmt; je niedriger die Infektionsdosis desto länger die Inkubationszeit. Dieser Effekt kann zur Bestimmung des Erregergehalts in einem Gewebe verwendet werden (Incubation Time Assay).

Tabelle 7.4 zeigt die Ergebnisse aus Mausbioassays zur Verteilung und die Konzentration der Infektiosität in den Geweben BSE-kranker Rinder und Scrapie-infizierter Schafe und Ziegen und die Einteilung der Gewebe in vier Risikokategorien.

Die Ergebnisse aus den verschiedenen Studien und darüber hinaus die Einbeziehung möglicher Kontaminationsrisiken durch den Schlacht-/Zerlegepro-

Tab. 7.4 Erregertiter in Geweben von Schafen und Ziegen mit klinischen Scrapiesymptomen und Rindern mit bestätigter BSE. Die Titer sind als arithmetisches Mittel der $\log_{10}$ Maus – i.c. LD_{50}/g (mL) Gewebe dargestellt [9a].

Infektionskategorie Gewebe/Organe	Erregertiter mit Standardabweichung SEM von (n) Proben		
	Scrapie-infizierte Schafe	Scrapie-infizierte Ziegen	BSE-infizierte Rinder
Kategorie I (hohe Infektiosität)			
Hirn	5,6 ± 0,2 (51)	6,5 ± 0,2 (18)	5,3
Rückenmark	5,4 ± 0,3 (9)	6,1 ± 0,2 (6)	positiv
Augen (Retina)	na	na	positiv
Kategorie II (mittlere Infektiosität)			
Ileum	4,7 ± 0,1 (9)	4,6 ± 0,3 (3)	<2,0
Lymphknoten	4,2 ± 0,1 (45)	4,8 ± 0,1 (3)	<2,0
Proximales Kolon	4,5 ± 0,2 (9)	4,7 ± 0,2 (3)	<2,0
Milz	4,5 ± 0,3 (9)	4,5 ± 0,1 (3)	<2,0
Tonsillen	4,2 ± 0,4 (9)	5,1 ± 0,1 (3)	<2,0
Kategorie III (niedrige Infektiosität)			
Nervus ischiadicus	3,1 ± 0,3 (9)	3,6 ± 0,3 (3)	<2,0
Distales Kolon	<2,7 ± 0,2 (9)	3,3 ± 0,3 (3)	<2,0
Thymus	2,2 ± 0,2 (9)	<2,3 ± 0,2 (3)	nd
Knochenmark	<2,0 ±0,1 (9)	<2,0 (3)	<2,0
Leber	<2,0 ±0,1 (9)	nd	<2,0
Lunge	<2,0 (9)	<2,1 ± 0,1 (2)	<2,0
Pankreas	<2,1 ± 0,1 (9)	nd	<2,0
Kategorie IV (nicht messbare Infektiosität)			
Blutleukozyten	<1,0 (9)	<1,0 (3)	<1,0
Herzmuskel	<2,0 (9)	nd	<2,0
Niere	<2,0 (9)	<2,0 (3)	<2,0
Euter	<2,0 (7)	<2,0 (3)	<2,0
Milch	nd	<1,0 (3)	<2,0
Serum	nd	<1,0 (3)	<1,0
Skelettmuskel	<2,0 (9)	<2,0 (1)	<2,0
Hoden	<2,0 (1)	nd	<2,0

na = nicht angegeben.
nd = nicht durchgeführt.
positiv = Übertragung positiv, aber nicht titriert.
Anmerkung: Rindergewebe der Kategorie II und III und alle Gewebe der Kategorie IV zeigten keine Infektiosität, die hier angegebenen Werte sind Maxima, die auf der Nachweisgrenze des Bioassays basieren.

Tab. 7.5 SRM (spezifiziertes Risikogewebe).

Rind	
Bei Rindern über 12 Monate	– Schädel ohne Unterkiefer, einschließlich Gehirn und Augen – Wirbelsäule ohne Schwanzwirbel Querfortsätze der Lenden- und Brustwirbel sowie Kreuzbeinflügel, aber einschließlich der Spinalganglien und des Rückenmarks
Bei Rindern jeden Alters	– Darm von Duodenum bis Rektum – Mesenterium – Tonsillen
Schaf	
Bei Schafen und Ziegen über 12 Monate oder nach Durchbruch eines bleibenden Schneidezahns	– Schädel, einschließlich Gehirn und Augen – Tonsillen – Rückenmark
Bei Schafen und Ziegen jeden Alters	– Milz – Ileum

zess führten zur Einschätzung mancher Gewebe in SRM (specified risk material, spezifizierte Risikogewebe, Tab. 7.5) [40], die seit 2001 EU-weit aus der menschlichen Nahrungskette entfernt werden müssen. Diese Einschätzung basiert auf dem momentanen Stand des Wissens und muss entsprechend bei neuen Erkenntnissen zur Pathogenese und Verteilung der Infektiosität im Verlauf der Erkrankung angepasst werden.

7.6.2
Scrapie/BSE bei Schaf und Ziege

Scrapie (dt. Traberkrankheit), eine seit mehr als 200 Jahren bekannte transmissible spongiforme Enzephalopathie bei Schafen, gilt als nicht humanpathogen. Juckreiz, Bewegungsstörungen, Tremor, Ataxie, Schreckhaftigkeit und Abmagerung sind die auffälligsten Symptome bei Scrapie. Eine experimentelle Infektion von Schafen mit dem BSE-Erreger führt zu denselben Symptomen. Die BSE-Infektion bei Schafen ist somit von Scrapie klinisch nicht unterscheidbar, der Nachweis, ob es sich um Scrapie oder BSE handelt, ist nur durch den Tierversuch in Mäusen zu führen.

In einer Pathogenesestudie [7] konnten Schafe durch orale Applikation mit dem BSE-Erreger infiziert werden, bei Untersuchung der Gewebe im Verlauf der Infektion zeigte sich eine deutliche Beteiligung des lymphoretikulären Gewebes durch den Nachweis von PrP^{Sc} in diesen Geweben. Diese weite Verbreitung von Infektiosität außerhalb des ZNS bei Schafen spiegelt sich in der Einschätzung der tierischen Gewebe als spezifiziertes Risikomaterial wider (Tab. 7.5).

7.6.3
BSE bei anderen Nutztieren

Bei anderen Nutztieren, deren Gewebe vom Menschen verzehrt werden, wie Schweine oder Geflügel, gibt es derzeit keinen Hinweis für ein Auftreten von transmissiblen Enzephalopathien unter natürlichen Bedingungen. In Infektionsversuchen ließen sich Schweine bei parenteraler Applikation von BSE-Material infizieren und zeigten sich damit als empfänglich für BSE, nach oraler Verabreichung von hohen Dosen infektiösen Materials erkrankte bis 7 Jahre nach Infektion keines der Schweine und auch der Nachweis von Infektiosität in den Geweben war negativ [45].

Auch parenterale und orale Übertragungsversuche von BSE auf Hühner waren bisher negativ. Auch bei Fischen gibt es bisher keine Hinweise auf das Vorkommen von transmissiblen spongiformen Enzephalopathien.

7.6.4
Die Prionkrankheiten des Menschen

Spongiforme Enzephalopathien des Menschen (Tab. 7.6) wurden in den frühen 1920er Jahren als seltene neurodegenerative Krankheiten von Hans Gerhard Creutzfeldt und Alfons Jakob zum ersten Mal beschrieben. Bei einer der ersten Beschreibungen der Creutzfeldt-Jakob-Krankheit (CJD) handelte es sich um einen familiären Fall, bei dem später eine Mutation des Prionproteingens nachgewiesen werden konnte. Die spongiformen Enzephalopathien des Menschen galten von Anfang an und für eine lange Zeit als rein neurodegenerative und erbliche Leiden. Erst in den 1960er Jahren, nachdem William Hadlow Ähnlichkeiten zwischen Scrapie bei Schafen und Kuru, einer durch Kannibalismus übertragenen Krankheit bei einem Stamm in Neuguinea, diskutiert hatte und nachdem Kuru experimentell auf Primaten übertragen worden war, gelang es zu zeigen, dass auch die CJD, die in wesentlichen pathologischen Charakteristika der Kuru-Krankheit ähnelt, eine experimentell übertragbare Krankheit ist.

Die Prionkrankheiten des Menschen kommen als *hereditäre (familiäre) Krankheiten*, als *sporadische (vermutlich spontan entstandene) Erkrankungen* und als *übertragene Erkrankungen* vor. Zu den sehr seltenen vererbten Prionerkrankungen

Tab. 7.6 Prionkrankheiten des Menschen.

Idiopathisch	Sporadische Creutzfeldt-Jakob-Krankheit (sCJD) Sporadic Fatal Insomnia (SFI, „sporadische tödliche Insomnie")
Erworben	Iatrogene CJD (iCJD) (Neue) Variante der CJD (vCJD) Kuru
Hereditär	Familiäre CJD (fCJD) Gerstmann-Sträussler-Scheinker Syndrom (GSS) Fatal Familial Insomnia (FFI; „tödliche familiäre Insomnie")

zählen die familiäre Form der Creutzfeldt-Jakob-Krankheit (fCJK oder engl. fCJD Creutzfeldt-Jakob-Disease), das Gerstmann-Sträußler-Scheinker-Syndrom (GSS) und die tödliche familiäre Insomnie (FFI). Als Ursache für die hereditären Prionerkrankungen sind über 25 verschiedene Punkt- und Insertionsmutationen des Prionproteingens beschrieben, die mit einer hohen Penetranz zu familiären Prionkrankheiten führen.

Als vermutlich spontan entstandene Erkrankung findet man die sporadische CJD (sCJD) bei Menschen in höherem Lebensalter (> 60 Jahre) mit einer Häufigkeit von 1,0–1,5/1 Million Einwohner. Eine spontane Umfaltung des Prionproteins oder eine somatische Mutation im PrP-Gen (*PRNP*) werden dafür als mögliche Ursachen angenommen. Unter den Fällen der sporadischen CJD sind methioninhomozygote Individuen (M/M) am Codon 129 des Prionproteins im Vergleich zur Normalbevölkerung überrepräsentiert, wogegen Heterozygote (M/V) unterrepräsentiert sind (Abb. 7.4) [52]. Die sporadische CJD geht mit einer großen Zahl unterschiedlicher neurologischer Zeichen und Symptome einher, häufig steht eine rasch progrediente Demenz im Vordergrund (Tab. 7.7). Bei detaillierter Betrachtung lassen sich mehrere klinische und pathologische Subtypen klassifizieren, die durch den Methionin-Valin-Polymorphismus am Codon 129 des Prionproteingens und zwei unterschiedliche Formen von PrP^{Sc} determiniert werden. Die CJD führt nach kurzem klinischem Verlauf, häufig kürzer als 6 Monate, sehr selten länger als 2 Jahre, unaufhaltsam zum Tode.

Als erworbene (übertragene) Prionerkrankungen kennen wir Kuru, die iatrogene, durch ärztliche Eingriffe (wie Hornhauttransplantation, Duraimplantation und Therapie mit Wachstumshormon, das aus Leichenhypophysen gewonnen

---

Tab. 7.7 Diagnostische Kriterien der sporadischen CJD.

1. Die *definitive Diagnose „CJD"* kann derzeit nur durch Untersuchung des Hirngewebes erfolgen und zwar
   – durch eine neuropathologische Untersuchung einschließlich des Nachweises von PrP^{Sc} durch immunhistochemische Darstellung mit spezifischen Antikörpern oder
   – durch Nachweis des PrP^{Sc} im Western-Blot.

2. Die *Diagnose „wahrscheinliche CJD"* wird gestellt, wenn folgende Kriterien erfüllt sind: Progressive Demenz und mindestens zwei der folgenden vier Veränderungen:
   – Myoklonien
   – visuelle oder cerebelläre Veränderungen
   – pyramidale oder extrapyramidale Dysfunktion
   – akinetischer Mutismus und
   typische EEG-Veränderungen (periodische scharfe Wellen) unabhängig von der Dauer der klinischen Erkrankung und/oder Protein 14-3-3-Nachweis im Liquor bei einer klinischen Krankheitsdauer bis zum Tode von unter 2 Jahren

3. Die *Diagnose „mögliche CJD"* wird gestellt, wenn die folgenden Kriterien erfüllt sind: Progressive Demenz und atypisches oder nicht vorhandenes EEG und Verlauf unter 2 Jahren und mindestens zwei der folgenden vier klinischen Charakteristika: Myoklonie, visuelle oder cerebelläre Störung, pyramidale/extrapyramidale Dysfunktion, akinetischer Mutismus.

wurde) übertragene iCJD und die neue Variante der CJD (new variant CJD oder vCJD). Bei iatrogen übertragenen CJD-Fällen hatten am Codon 129 für Methionin Homozygote eine kürzere Inkubationszeit als Heterozygote [5].

Seit 1996 steht die vCJD, die mit hoher Wahrscheinlichkeit durch Nahrungsmittel vom Rind auf den Menschen übertragen wurde, im Brennpunkt des Interesses für die öffentliche Gesundheit. Diese Krankheit unterscheidet sich in der klinischen Symptomatik und auch in der Neuropathologie von der sporadischen CJD und wird vorwiegend bei jungen Leuten beobachtet. Das Durchschnittsalter zu Beginn der Erkrankung liegt um die 30 Jahre, die jüngste Patientin war 14, der älteste Patient war allerdings 74. Die Betroffenen sind anfangs depressiv und ziehen sich zurück, sie haben häufig Dysästhesien oder Parästhesien (Tab. 7.8). CJD-typische Symptome wie Myoklonien und Demenz treten erst später auf, CJD-typische EEG-Veränderungen werden nicht beobachtet, das MRI zeigt spezifische Veränderungen im Pulvinar [51]. An der vCJD sind bisher weltweit 182 Patienten verstorben, 154 davon im Vereinigten Königreich (1995: 3, 1996: 10, 1997: 10, 1998: 18, 1999: 15, 2000: 28, 2001: 20, 2002: 17, 2003: 18, 2004: 9, 2005: 5, 2006: 3) sowie 17 in Frankreich, 3 in Irland, 2 in den USA, je ein Fall in Italien, Spanien, Portugal, den Niederlanden, Kanada und Japan (Stand September 2006). Eine Studie in Großbritannien, in der retrospektiv rund 12 000 lymphatische Gewebeproben auf PrP^{Sc} untersucht wurden, ergab in drei Fällen einen immunhistochemisch PrP^{Sc} positiven Befund, entsprechend einer Prävalenz von 237/1 Million Einwohner [13].

Alle bislang untersuchten Erkrankungsfälle der vCJD waren methioninhomozygot (MM) an der Aminosäureposition 129 des *PRNP*. Es liegt die Vermutung nahe, dass Methionin/Valin heterozygote Individuen eine längere Inkubationszeit und eventuell eine reduzierte Suszeptibilität gegenüber dem Erreger der

Tab. 7.8 Diagnostische Kriterien für die Variante der CJD (vCJD).

I.	A. Progressive neuropsychiatrische Störung
	B. Krankheitsdauer >6 Monate
	C. Routineuntersuchungen legen keine alternative Diagnose nahe
	D. Kein Hinweis auf potentielle iatrogene Exposition
II.	A. Frühe psychiatrische Symptome
	B. Persistierende sensorische Symptome
	C. Ataxie
	D. Myoklonie oder Chorea oder Dystonie
	E. Demenz
III.	A. Das EEG zeigt nicht die für die sporadische CJD typischen Veränderungen (oder ein EEG wurde nicht durchgeführt)
	B. Das MRI zeigt bilateral hohe Signale im Pulvinar

Definitiv: IA (progressive neuropsychiatrische Störung) *und* neuropathologische Bestätigung einer vCJD

Wahrscheinlich: I *und* 4/5 von II *und* IIIA *und* IIIB

Möglich: I *und* 4/5 von II *und* IIIA

vCJD haben. Man nimmt an, dass die bis jetzt in Großbritannien Erkrankten sich durch den Verzehr von erregerhaltigem Gehirn und Rückenmark infiziert haben. Andere Übertragungswege sind nicht wirklich ausgeschlossen.

Bei der sCJD lässt sich PrP^{Sc}, der entscheidende Bestandteil des infektiösen Agens, des Prions, mit bisherigen Untersuchungsmethoden nur im Gehirn, im Rückenmark und im Auge nachweisen, im Spätstadium scheint es auch in der Muskulatur abgelagert zu werden. Ganz anders bei der vCJD: Hier finden sich PrP^{Sc}-Ablagerungen in den Tonsillen, in der Appendix und in anderen lympho-retikulären Organen [11]. Tierexperimentelle Befunde [16–18] deuten darauf hin, dass der Erreger der vCJD sehr wohl auch im Blut vorhanden sein kann. Ende 2003 wurde ein Fall von vCJD 6,5 Jahre nach einer Bluttransfusion beschrieben, dessen Spender drei Jahre nach der Spende an vCJD erkrankt war [25]. Im zweiten Fall wurde PrP^{Sc} in lymphatischen Geweben eines an einem Aortenaneurysma verstorbenen Patienten nachgewiesen, der fünf Jahre zuvor Erythrozyten von einem später an vCJD Erkrankten (18 Monate nach Spende) erhalten hatte [31]. Dieser Patient war MV heterozygot am Codon 129 des Prionproteingens und hatte keine CJD-typischen Krankheitssymptome gezeigt.

7.7
Diagnostik

7.7.1
Klinische Diagnose

Die klinische Diagnose der CJD stützt sich auf eine Reihe von Symptomen wie schnell fortschreitende Demenz, Myoklonien, Ataxie, visuelle oder zerebelläre Störungen, pyramidale oder extrapyramidale Symptome sowie den EEG-Befund, den Nachweis des 14-3-3 Proteins im Liquor und den MRT-Befund. Es hat sich die Bewertung besonders wichtiger Veränderungen nach einem einheitlichen Schema bewährt, das zu einer klinischen Klassifizierung in „wahrscheinliche", „mögliche" und „unwahrscheinliche" Fälle führt. Dies bildet die Grundlage für die Vergleichbarkeit epidemiologischer Untersuchungen (Tab. 7.7 und Tab. 7.8). Die sichere Diagnose kann derzeit nur durch die neuropathologische Untersuchung des Gehirns und den Nachweis von PrP^{Sc} gestellt werden.

7.7.2
Neuropathologie der Prionkrankheiten

Makroskopisch zeigen die Gehirne von Patienten, die an Prionkrankheiten verstorben sind, keine spezifischen Veränderungen, die eine Verdachtsdiagnose nahe legen würden. Mitunter findet sich eine stark ausgeprägte Atrophie des Gehirns. Spongiöse Veränderungen sind mit bloßem Auge nicht erkennbar.

In lichtmikroskopischen Routinefärbungen ist die Creutzfeldt-Jakob-Krankheit durch spongiöse Veränderungen, Nervenzellverlust, astrozytäre Gliose und in ca. 15% der Fälle durch sog. Kuruplaques gekennzeichnet. Außer einer mitunter ganz massiven Mikroglia- und Makrophagenaktivierung sind im typischen Fall keine zellulären immunologischen Reaktionen zu erkennen. Nervenzellverlust, astrozytäre Gliose und Mikrogliaaktivierung sind bei vielen Erkrankungen des Gehirns zu finden und spielen deshalb bei der Diagnosestellung bei Verdacht auf CJD eine untergeordnete Rolle. Bestimmte Formen der spongiösen Veränderungen haben einen Anspruch auf Spezifität für Prionkrankheiten, Kuruplaques sind pathognomonisch. Spongiforme Veränderungen sind kleine, mitunter opak erscheinende blasenartige Gebilde im Neuropil, etwa 2–10 µm im Durchmesser, die im Wesentlichen Hohlraumbildungen in Nervenzellfortsätzen entsprechen (Abb. 7.5). Sie liegen vereinzelt oder in Gruppen im Neuropil und sind mit unterschiedlicher Ausprägung bei allen Prionkrankheiten des Menschen anzutreffen. Als Status spongiosus bezeichnen wir ein Gewebsbild mit fast vollständigem Nervenzellverlust, ausgeprägter astrozytärer Gliose und Gewebsauflockerung mit großer perizellulärer Spaltraumbildung. Der Status spongiosus wird außer bei den Prionkrankheiten auch im Endstadium neurodegenerativer und metabolischer Erkrankungen beobachtet.

Kuruplaques sind in der HE-Färbung erkennbare, homogene, eosinophile PrP-Ablagerungen (Abb. 7.6). Die lichtmikroskopische Erkennbarkeit in Routinefärbungen wie der HE-Färbung unterscheidet sie von den „plaqueartigen Ablagerungen", die kleiner sind als Kuruplaques und die sich erst immunhistochemisch mit Antikörpern gegen PrP darstellen lassen. Kuruplaques sind pathognomonisch für die Prionkrankheiten, finden sich jedoch nur in einer geringen Anzahl idiopathischer oder sporadischer Fälle. Die vCJD zeigt als charakteristisches Bild sog. floride Plaques. Diese bestehen aus einem zentralen Kern, der von einem Ring spongiformer Veränderungen umgeben ist. Die Ähnlichkeit mit einer Blumenblüte hat diesen Plaques den Namen „floride Plaques" eingebracht. Das Zentrum der Plaques stellt sich weniger homogen als bei den Kuruplaques dar und hat ein fädiges oder strähniges Aussehen (Abb. 7.7).

Mit Antikörpern gegen das Prionprotein lässt sich unter Verwendung immunhistochemischer Methoden zeigen, dass PrP^{Sc} in Kuruplaques, auch in floriden Plaques vorhanden ist. Darüber hinaus lässt sich PrP^{Sc} bei Prionkrankheiten auch in anderen Strukturen und Lokalisationen nachweisen, nämlich in pla-

Abb. 7.5 Spongiforme Veränderungen im Gehirn eines verstorbenen CJD Patienten.

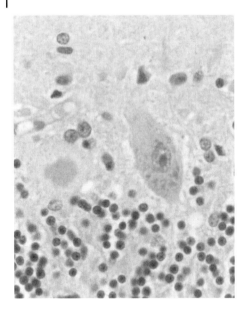

Abb. 7.6 Darstellung eines Kuruplaque, HE Färbung.

queartigen Ablagerungen, in synaptischer Ablagerungsform, perivakuolär und perineuronal.

Die immunhistochemische Darstellung von PrP^{Sc} ist in fast allen Fällen von humanen Prionkrankheiten positiv. Sie ist der beste und sicherste Nachweis einer Prionkrankheit im Hirngewebe und hat sich in zahlreichen Zweifelsfällen, bei denen mit lichtmikroskopischen Routinefärbungen keine sichere Diagnose gestellt werden konnte, bewährt. Die immunhistochemische Darstellung von PrP^{Sc} ist damit der Goldstandard in der neuropathologischen Diagnostik geworden.

Zur vollständigen Diagnostik der Prionkrankheiten gehört die biochemische Untersuchung des Prionproteins im Western Blot. Das spezifische Bandenmuster im Western Blot, zusammen mit dem Läsionsprofil, dem histologischen Bild, der Genetik des Prionproteins und der klinischen Symptomatik gewährleistet die Zuordnung zu den Subtypen der humanen Prionkrankheiten.

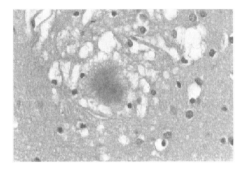

Abb. 7.7 Florider Plaque bei vCJD.

7.8
Literatur

1 Bruce, M.E., Chree, A., McConnell, I., Foster, J., Pearson, G.R., and Fraser, H. (1994) Transmission of bovine spongiform encephalopathy and scrapie to mice: strain variation and the species barrier. *Phil. Transact. Roy. Soc. London* **343**: 405–411.

2 Bruce, M.E., Will, R.G., Ironside, J.W., McConnell, I., Drummond, D., Suttie, A., McCardie, L., Chree, A., Hope, J., Birkett, C., Cousens, S., Fraser, H., and Bostock, C.J. (1997) Transmissions to mice indicate that 'new variant' CJD is caused by the BSE agent. *Nature* **389**: 489–501.

3 Collinge, J., Palmer, M.S., Sidle, K.C.L., Hill, A.F., Gowland, I., Meads, J., Asante, E., Bradley, R., Doey, L.J., and Lantos, P.L. (1995) Unaltered susceptibility to BSE in transgenic mice expressing human prion protein. *Nature* **378**: 779–783.

4 Cousens, S., Smith, P.G., Ward, H., Everington, D., Knight, R.S., Zeidler, M., Stewart, G., Smith-Bathgate, E.A., Macleod, M.A., Mackenzie, J., and Will, R.G. (2001) Geographical distribution of variant Creutzfeldt-Jakob disease in Great Britain, 1994–2000. *Lancet* **357**: 1002–1007.

5 Deslys, J.-P., Jaegly, A., d'Aignaux, J.H., Mouthon, F., De Villemeur, T.B., and Dormont, D. (1998) Genotype at codon 129 and susceptibility to Creutzfeldt-Jakob disease. *Lancet* **351**: 1251.

6 Flechsig, E., Hegyi, I., Enari, M., Schwarz, P., Collinge, J., and Weissmann, C. (2001) Transmission of Scrapie by Steel-surface-bound Prions. *Mol. Med.* **7**: 679–684.

7 Foster, J.D., Parnham, D., Chong, A., Goldmann, W., and Hunter, N. (2001) Clinical signs, histopathology and genetics of experimental transmission of BSE and natural scrapie to sheep and goats. *Vet. Rec.* **148**: 165–171.

8 Fraser, H., Bruce, M.E., Chree, A., McConnell, I., and Wells, G.A.H. (1992) Transmission of bovine spongiform encephalopathy and scrapie to mice. *J. Gen. Virol.* **73**: 1891–1898.

9 Goldmann, W., Hunter, N., Foster, J.D., Salbaum, J.M., Beyreuther, K., and Hope, J. (1990) Two alleles of a neural protein linked to scrapie in sheep. *Proc. Natl. Acad. Sci. USA* **87**: 2476–2480.

9a Groschup, M.H., Buschmann, A., Hörnlimann, B. (2001) Die experimentelle Übertragbarkeit der Prionkrankheiten, in: Prionen und Prionkrankheiten. Walter de Gruyter, Berlin, New York, S. 371.

10 Herms, J., Tings, T., Gall, S., Madlung, A., Giese, A., Siebert, H., Schurmann, P., Windl, O., Brose, N., and Kretzschmar, H. (1999) Evidence of presynaptic location and function of the prion protein. *J. Neurosci.* **19**: 8866–8875.

11 Hill, A.F., Zeidler, M., Ironside, J., and Collinge, J. (1997) Diagnosis of new variant Creutzfeldt-Jakob disease by tonsil biopsy. *Lancet* **349**: 99–100.

12 Hilton, D.A., Fathers, E., Edwards, P., Ironside, J.W., and Zajicek, J. (1998) Prion immunoreactivity in appendix before clinical onset of variant Creutzfeldt-Jakob disease. *Lancet* **352**: 703–704.

13 Hilton, D.A., Ghani, A.C., Conyers, L., Edwards, P., McCardle, L., Ritchie, D., Penney, M., Hegazy, D., and Ironside, J.W. (2004) Prevalence of lymphoreticular prion protein accumulation in UK tissue samples. *J. Pathol.* **203**: 733–739.

14 Hornemann, S., Korth, C., Oesch, B., Riek, R., Wider, G., Wüthrich, K., and Glockshuber, R. (1997) Recombinant full-length murine prion protein, mPrP(23-231): purification and spectroscopic characterization. *FEBS Lett.* **413**: 277–281.

15 Hornshaw, M.P., McDermott, J.R., and Candy, J.M. (1995) Copper binding to the N-terminal tandem repeat regions of mammalian and avian prion protein. *Biochem. Biophys. Res. Commun.* **207**, 621–629.

16 Houston, F., Foster, J.D., Chong, A., Hunter, N., and Bostock, C.J. (2000) Transmission of BSE by blood transfusion in sheep. *Lancet* **356**: 999–1000.

17 Hunter, N., Foster, J., Chong, A., McCutcheon, S., Parnham, D., Eaton, S., MacKenzie, C., and Houston, F. (2002) Transmission of prion diseases by blood transfusion. *J. Gen. Virol.* **83**: 2897–2905.

18 Hunter, N. and Houston, F. (2002) Can prion diseases be transmitted between individuals via blood transfusion: evidence from sheep experiments. *Dev. Biol. (Basel)* **108**: 93–98.

19 Kimberlin, R. H. and Walker, C. A. (1988) Incubation periods in six models of intraperitoneally injected scrapie depend mainly on the dynamics of agent replication within the nervous system and not the lymphoreticular system. *J. Gen. Virol.* **69**: 2953–2960.

20 Kimberlin, R. H., Walker, C. A., Millson, G. C., Taylor, D. M., Robertson, P. A., Tomlinson, A. H., and Dickinson, A. G. 1983 Disinfection studies with two strains of mouse-passaged scrapie agent. Guidelines for Creutzfeldt-Jakob and related agents. *J. Neurol. Sci.* **59**: 355–369.

21 Kommission für Krankenhaushygiene und Infektionsprävention beim Robert Koch-Institut (RKI) und des Bundesinstitutes für Arzneimittel und Medizinprodukte (BfArM) (2001) Anforderungen an die Hygiene bei der Aufbereitung von Medizinprodukten. Empfehlung der Kommission für Krankenhaushygiene und Infektionsprävention beim Robert Koch-Institut (RKI) und des Bundesinstitutes für Arzneimittel und Medizinprodukte (BfArM) zu den „Anforderungen an die Hygiene bei der Aufbereitung von Medizinprodukten". *Bundesgesundhbl.* 1115–1126.

22 Kretzschmar, H. A., Prusiner, S. B., Stowring, L. E., and DeArmond, S. J. (1986) Scrapie prion proteins are synthesized in neurons. *Am. J. Pathol.* **122**: 1–5.

23 Kretzschmar, H. A., Stowring, L. E., Westaway, D., Stubblebine, W. H., Prusiner, S. B., and DeArmond, S. J. 1986 Molecular cloning of a human prion protein cDNA. *DNA* **5**: 315–324.

24 Laplanche, J. L., Delasnerie-Lauprêtre, N., Brandel, J. P., Chatelain, J., Beaudry, P., Alperovitch, A., and Launay, J.-M. (1994) Molecular genetics of prion diseases in France. *Neurology* **44**: 2347–2351.

25 Llewelyn, C. A., Hewitt, P. E., Knight, R. S., Amar, K., Cousens, S., Mackenzie, J., and Will, R. G. (2004) Possible transmission of variant Creutzfeldt-Jakob disease by blood transfusion. *Lancet* **363**: 417–421.

26 Maignien, T., Lasmezas, C. I., Beringue, V., Dormont, D., and Deslys, J. P. (1999) Pathogenesis of the oral route of infection of mice with scrapie and bovine spongiform encephalopathy agents. *J. Gen. Virol.* **80 (Pt 11)**: 3035–3042.

27 McBride, P. A., Schulz-Schaeffer, W. J., Donaldson, M., Bruce, M., Diringer, H., Kretzschmar, H. A., and Beekes, M. (2001) Early spread of scrapie from the gastrointestinal tract to the central nervous system involves autonomic fibers of the splanchnic and vagus nerves. *J. Virol.* **75**: 9320–9327.

28 Moser, M., Colello, R. J., Pott, U., and Oesch, B. (1995) Developmental expression of the prion protein gene in glial cells. *Neuron* **14**: 509–517.

29 National Creutzfeldt-Jakob Disease Surveillance Unit. Tenth Annual Report, 2001.

30 Palmer, M. S., Dryden, A. J., Hughes, J. T., and Collinge, J. 1991 Homozygous prion protein genotype predisposes to sporadic Creutzfeldt-Jakob disease. *Nature* **352**: 340–342.

31 Peden, A. H., Head, M. W., Ritchie, D. L., Bell, J. E., and Ironside, J. W. (2004) Preclinical vCJD after blood transfusion in a PRNP codon 129 heterozygous patient. *Lancet* **364**: 527–529.

32 Prusiner, S. B. (1982) Novel proteinaceous infectious particles cause scrapie. *Science* **216**: 136–144.

33 Raymond, G. J., Bossers, A., Raymond, L. D., O'Rourke, K. I., McHolland, L. E., Bryant, I. I. I., Miller, M. W., Williams, E. S., Smits, M., and Caughey, B. (2000) Evidence of a molecular barrier limiting susceptibility of humans, cattle and sheep to chronic wasting disease. *EMBO J.* **19**: 4425–4430.

34 Raymond, G. J., Hope, J., Kocisko, D. A., Priola, S. A., Raymond, L. D., Bossers, A., Ironside, J., Will, R. G., Chen, S. G., Petersen, R. B., et al. (1997) Molecular assessment of the potential transmissibilities of BSE and scrapie to humans. *Nature* **388**: 285–288.

35 Riek, R., Hornemann, S., Wider, G., Billeter, M., Glockshuber, R., and Wüthrich, K. (1996) NMR structure of the mouse prion protein domain PrP (121–231). *Nature* **382**: 180–182.

36 Rutala, W. A. and Weber, D. J. (2001) Creutzfeldt-Jakob Disease: Recommendations for Disinfection and Sterilization. *Clin. Infect. Dis.* **32**: 1348–1356.

37 Salvatore, M., Genuardi, M., Petraroli, R., Masullo, C., DAlessandro, M., and Pocchiari, M. (1994) Polymorphisms of the prion protein gene in Italian patients with Creutzfeldt-Jakob disease. *Hum. Genetics* **94**: 375–379.

38 Schätzl, H. M., Da Costa, M., Taylor, L., Cohen, F. E., and Prusiner, S. B. (1995) Prion protein gene variation among primates. *J. Mol. Biol.* **245**: 362–374.

39 Scott, M., Foster, D., Mirenda, C., Serban, D., Coufal, F., Wälchli, M., Torchia, M., Groth, D., Carlson, G., DeArmond, S. J., Westaway, D., and Prusiner, S. B. (1989) Transgenic mice expressing hamster prion protein produce species-specific scrapie infectivity and amyloid plaques. *Cell* **59**: 847–857.

40 SSC and E. C. (European Commission) 11-1-2002. Opinion on TSE Infectivity Distribution in Ruminant Tissues (State of Knowledge, December 2001). Adopted by the Scientific Stearing Committee at its Meeting of January 2002.

41 Task Force 2002 Die Variante der Creutzfeldt-Jakob-Krankheit (vCJK). Die Epidemiologie, Erkennung, Diagnostik und Prävention unter besonderer Berücksichtigung der Risikominimierung einer iatrogenen Übertragung durch Medizinprodukte, insbesondere chirurgische Instrumente – Abschlussbericht der Task Force vCJK zu diesem Thema. *Bundesgesundhbl. Gesundheitsforsch. Gesundheitsschutz* **45**: 376–394.

42 Taylor, D. M. (1991) Decontamination of Creutzfeldt-Jakob disease agent. *Neuropathol. Appl. Neurobiol.* **17**: 231–236.

43 Taylor, D. M. (1999) Inactivation of prions by physical and chemical means. *J. Hosp. Infect.* **43** Suppl.: S69–S76.

44 Taylor, D. M., Fraser, H., McConnell, I., Brown, D. A., Brown, K. L., Lamza, K. A., and Smith, G. R. A. (1994) Decontamination studies with the agents of bovine spongiform encephalopathy and scrapie. *Arch. Virol.* **139**: 313–326.

45 Wells, G. A., Hawkins, S. A., Austin, A. R., Ryder, S. J., Done, S. H., Green, R. B., Dexter, I., Dawson, M., and Kimberlin, R. H. (2003) Studies of the transmissibility of the agent of bovine spongiform encephalopathy to pigs. *J. Gen. Virol.* **84**: 1021–1031.

46 Wells, G. A. H., Hawkins, S. A. C., Green, R. B., Austin, A. R., Dexter, I., Spencer, Y. I., Chaplin, M. J., Stack, M. J., and Dawson, M. (1998) Preliminary observations on the pathogenesis of experimental bovine spongiform encephalopathy (BSE:) an update. *Vet. Rec.* **142**: 103–106.

47 Wells, G. A. H., Scott, A. C., Johnson, C. T., Gunning, R. F., Hancock, R. D., Jeffrey, M., Dawson, M., and Bradley, R. 1987 A novel progressive spongiform encephalopathy. *Vet. Rec.* **121**: 419–420.

48 WHO (1999) WHO Infection Control Guidelines for Transmissible Spongiform Encephalopathies. Report of a WHO consultation 26-3-1999.

49 Will, R. G., Ironside, J. W., Zeidler, M., Cousens, S. N., Estibeiro, K., Alperovitch, A., Poser, S., Pocchiari, M., Hofman, A., and Smith, P. G. (1996) A new variant of Creutzfeldt-Jakob disease in the UK. *Lancet* **347**: 921–925.

50 Will, R. G., Knight, R. S. G., Zeidler, M., Stewart, G., Ironside, J. W., Cousens, S. N., and Smith, P. G. (1997) Reporting of suspect new variant Creutzfeldt-Jakob disease. *Lancet* **349**: 847–848.

51 Will, R. G., Zeidler, M., Stewart, G. E., Macleod, M. A., Ironside, J. W., Cousens, S. N., Mackenzie, J., Estibeiro, K., Green, A. J., and Knight, R. S. (2000) Diagnosis of new variant Creutzfeldt-Jakob disease. *Ann. Neurol.* **47**: 575–582.

52 Windl, O., Dempster, M., Estibeiro, J. P., Lathe, R., De Silva, R., Esmonde, T., Will, R., Springbett, A., Campbell, T. A., Sidle, K. C. L., Palmer, M. S., and Collinge, J. 1996 Genetic basis of Creutzfeldt-Jakob disease in the United Kingdom: a systematic analysis of predisposing mutations and allelic variations in the PRNP gene. *Hum. Genetics* **98**: 259–264.

53 Windl, O., Giese, A., Schulz-Schaeffer, W., Skworc, K., Arendt, S., Oberdieck, C., Bodemer, M., Zerr, I., Poser, S., and Kretzschmar, H. A. (1999) Molecular genetics of human prion diseases in Germany. *Hum. Genetics* **105**: 244–252.

8
Radionuklide

Gerhard Pröhl

8.1
Radioaktivität und ihre Eigenschaften

Radioaktivität ist eine Eigenschaft bestimmter Atomkerne ohne Anregung von außen zu zerfallen und dabei energiereiche Strahlung auszusenden. Der radioaktive Zerfall ist ein stochastischer Prozess; d.h. der Zerfallszeitpunkt eines radioaktiven Atoms ist absolut zufällig. Für jedes Radionuklid ist die Zerfallswahrscheinlichkeit eine charakteristische Größe, die durch dessen Zerfallskonstante (λ_r) angegeben wird. Aus dieser lässt sich die Halbwertszeit ableiten ($t_{1/2} = \ln(2)/\lambda_r$); dies ist der Zeitraum, nach dem durchschnittlich die Hälfte der Radionuklide zerfallen ist. Halbwertszeiten sind nuklidspezifisch, sie schwanken von Sekundenbruchteilen bis zu einigen Milliarden Jahren.

Im Wesentlichen unterscheidet man drei Strahlenarten, die man als α-, β- und γ-Strahlung bezeichnet. Beim α-Zerfall stößt das zerfallende Atom einen Heliumkern (2 Protonen, 2 Neutronen) aus; dabei steht ein neues Element mit einer um 2 verringerten Kernladungszahl und einer um 4 verringerten Massenzahl. Die Energie bzw. das Energiespektrums des emittierten α-Teilchens ist charakteristisch für das zerfallende Atom, α-Teilchen haben Energien von etwa 1–10 MeV (1 MeV $\approx$ 1,60 · 10^{-13}J). Beim β-Zerfall zerfällt ein Neutron des Atoms in ein Proton und ein Elektron, wobei das Elektron vom Atomkern emittiert wird; dabei entsteht ein Element mit einer um 1 erhöhten Kernladungszahl. Die emittierten Elektronen weisen Energien von wenigen keV bis etwa 10 MeV auf. Häufig sind α- und β-Zerfälle von der Emission von γ-Strahlung begleitet, wobei es sich um hochfrequente elektromagnetische Strahlung mit Energien von etwa 10 keV bis etwa 10 MeV handelt. γ-Strahlung wird auch emittiert, wenn ein Radionuklid in einem energetisch angeregten Zustand vor liegt und in einen Zustand mit niedriger Energie übergeht.

Handbuch der Lebensmitteltoxikologie. H. Dunkelberg, T. Gebel, A. Hartwig (Hrsg.)
Copyright © 2007 WILEY-VCH Verlag GmbH & Co. KGaA, Weinheim
ISBN: 978-3-527-31166-8

8.2
Radionuklide in der Umwelt

In der Umwelt findet man sowohl natürliche als auch künstliche Radionuklide, die durch menschliche Tätigkeiten erzeugt und freigesetzt wurden [23]. Natürliche Radionuklide sind seit jeher Bestandteil unserer Umwelt. Ihrem Ursprung nach unterscheidet man primordiale Radionuklide, d.h. Radionuklide, die seit der Entstehung der Erde vorliegen und solche, die ständig durch kosmische Strahlung erzeugt werden.

Primordiale Radionuklide haben Halbwertszeiten in der Größenordnung von Milliarden Jahren. Das wohl wichtigste primordiale Radionuklid ist Kalium-40, es kommt mit einer Häufigkeit von 0,0118% als Bestandteil des Elementes Kalium in der Natur vor, d.h. etwa eins von 8500 Kaliumatomen ist radioaktiv. Die Halbwertszeit von ^{40}K beträgt etwa $1,3 \cdot 10^9$ a, es zerfällt zum stabilen ^{40}Ca. Daneben sind eine Reihe weiterer primordialer Radionuklide bekannt, die zu stabilen Isotopen zerfallen, wie ^{87}Rb ($48 \cdot 10^9$ a), ^{138}La ($105 \cdot 10^9$ a), ^{147}Sm ($106 \cdot 10^9$ a) und ^{176}Lu ($37 \cdot 10^9$ a).

Zu den primordialen Radionukliden gehören auch die Radionuklide aus den natürlichen Zerfallsreihen, dabei unterscheidet man die

- Uran-Radium-Reihe mit dem Ausgangsnuklid ^{238}U ($t_{1/2} = 4,5 \cdot 10^9$ a), das über mehrere Zwischenschritte schließlich zum stabilen ^{206}Pb zerfällt,
- Uran-Actinium-Reihe mit dem Ausgangsnuklid ^{235}U ($t_{1/2} = 700 \cdot 10^6$ a) mit dem Endnuklid ^{207}Pb,
- Thorium-Reihe: Ausgangsnuklid ^{232}Th ($t_{1/2} = 14 \cdot 10^9$ a), das zum ^{208}Pb zerfällt.

Ferner existiert eine 4. Zerfallsreihe, die jedoch in der Natur wegen der relativ kurzen Halbwertszeit ihres längstlebigsten Nuklids ^{237}Np nicht mehr vorkommt. Die Neptuniumreihe beginnt beim ^{237}Np ($t_{1/2} = 2,1 \cdot 10^6$ a) und endet mit ^{209}Bi.

Beim Zerfall von Uran und Thorium entstehen u.a. Isotope des radioaktiven Edelgases Radon, die besonders mobil sind. Aus ^{238}U entsteht über ^{226}Ra (1600 a) ^{222}Rn (3,8 d), aus ^{232}Th über die Zwischenprodukte ^{228}Ra und ^{224}Ra entsteht das ^{220}Rn (55,6 s) und aus ^{235}U entsteht als Zwischenprodukt das ^{219}Ra (3,96 s). Wegen der größeren Halbwertszeit sind im Normalfall das ^{222}Rn und insbesondere seine kurzlebigen Zerfallsprodukte (^{218}Po, ^{214}Pb, ^{214}Bi, und ^{214}Po) für die Strahlenexposition von Bedeutung.

Es existiert eine Reihe von natürlichen Radionukliden, die ständig in der Atmosphäre durch kosmische Strahlung erzeugt werden. Die kosmische Strahlung besteht aus verschiedenen hochenergetischen Teilchen. Dabei überwiegen Protonen und a-Teilchen, sie enthält aber auch andere schwerere Atomkerne, die z.B. in solarer Materie vorkommen. Kosmogene Radionuklide entstehen durch Wechselwirkung dieser Teilchen mit Atomen in der oberen Atmosphäre. Ein wichtiges kosmogenes Radionuklid ist ^{14}C ($t_{1/2} = 5730$ a), das aus einer Kernreaktion von ^{14}N mit einem Neutron unter Aussendung eines Protons entsteht. Ein weiteres wichtiges kosmogenes Radionuklid ist Tritium (^{3}H, $t_{1/2}$ = 12,3 a), andere kosmogene Radionuklide wie ^{7}Be (53,3 d), ^{22}Na (2,6 a), ^{26}Al (74000 a), ^{32}Si (172 a), ^{35}S (87,5 d), ^{36}Cl (300 000 a), ^{41}Ar (269 a) und ^{81}Kr (230 000 a) sind aus radiologischer Sicht unbedeutend.

Der Gehalt an natürlichen Radionukliden in Böden wird durch die Gehalte in den Ursprungsgesteinen bestimmt. Kieselsäurereiche Magmagesteine weisen gewöhnlich höhere Aktivitäten primordialer Radionuklide auf als andere Gesteine. Somit finden sich in Böden mit hohen Anteilen an Verwitterungsprodukten der Magmagesteine auch höhere Werte dieser Nuklide. Typische Werte für Gehalte an natürlichen Radionukliden sind für einige Bodenarten in Tabelle 8.1 zusammengefasst. Die angegebenen globalen Mittelwerte sind auch typisch für Deutschland [5]. Die großen Schwankungsbreiten beinhalten Gebiete, in denen Uran abgebaut wird.

Tab. 8.1 Typische Aktivitätskonzentrationen von natürlichen Radionukliden in verschiedenen Bodenarten [5, 23].

Ort	Aktivitätskonzentration [Bq/kg Trockenmasse]			
	^{40}K	^{238}U	^{226}Ra	^{232}Th
Deutschland	40–1300	11–330	5–200	7–130
Weltweit (Median, Bereich)	400 (140–850)	35 (16–110)	35 (17–60)	30 (11–64)

Tab. 8.2 Kumulative Deposition von Radionukliden im Bereich des 50. Breitengrades der nördlichen Hemisphäre durch den Kernwaffen-Fallout [3].

Radionuklid	Kumulative Deposition [Bq/m^2]	Halbwertszeit
^{54}Mn	8000	312 d
^{55}Fe	5600	2,7 a
^{89}Sr	30000	50,5 d
^{90}Sr	3300	28,5 a
^{91}Y	42000	58,5 d
^{95}Zr	53000	64 d
^{103}Ru	53000	39 d
^{106}Ru	34000	368 d
^{125}Sb	3100	2,8 a
^{131}I	28000	8 d
^{137}Cs	4900	30 a
^{140}Ba	53000	12,7 d
^{141}Ce	42000	32,5 d
^{144}Ce	67000	285 d

Tab. 8.3 Deposition von Radionukliden durch den
Tschernobylunfall in München und Berlin [9, 19].

Radionuklid	Halbwertszeit	Abgelagerte Aktivität [Bq/m^2]	
		München	Berlin
^{90}Sr	28,5 a	210	76
^{99}Mo	60 h	9600	270
^{103}Ru	39,4 d	27 000	7800
^{106}Ru	368 d	6900	2000
^{129m}Te	33,6 d	30 000	2000
^{132}Te/^{132}I	76 h	123 000	4900
^{131}I	8 d	92 000	8500
^{133}I	21 h	3700	< NWG
^{134}Cs	2 a	10 400	1200
^{137}Cs	30 a	19 000	2300
^{140}Ba/^{140}La	13 d	12 000	1600
^{144}Ce	285 d	400	< NWG
^{238}Pu	88 a	0,014	< NWG
^{239}Pu	24 100 a	0,04	< NWG

In den Gebieten des Uran- und Kupferschieferbergbaus in Sachsen, Thüringen und Sachsen-Anhalt sind im Allgemeinen höhere Gehalte an natürlichen
Radionukliden zu beobachten. Der Mittelwert für ^{226}Ra in den Böden der genannten Bergbauregionen beträgt etwa 70 Bq/kg, während als mittlerer Wert
für das gesamte Bundesgebiet 40 Bq/kg genannt werden.

Künstliche Radionuklide wurden insbesondere in den Jahren 1945–1963 in
die Umwelt eingebracht, als zahlreiche Kernwaffentests in der Atmosphäre
durchgeführt wurden. Nach 1963 fanden nur noch vereinzelt oberirdische Kernwaffentests statt. Insgesamt wurden 543 Tests in der Atmosphäre durchgeführt.
Die kumulative mittlere Deposition im Zeitraum 1945–1999 für den Bereich
um den 50. Breitengrad der nördlichen Hemisphäre der verschiedenen Radionuklide ist in Tabelle 8.2 zusammengefasst. Viele dieser Radionuklide sind
kurzlebig, langfristig sind nur ^{90}Sr und ^{137}Cs von Bedeutung. Als Folge des Reaktorunfalls von Tschernobyl im Jahr 1986 wurden in großen Teilen Europas
Radionuklide abgelagert. Im Gegensatz zum Kernwaffen-Fallout war die Deposition durch den Tschernobyl-Unfall sehr inhomogen und schwankte allein
Deutschland um mehr als einen Faktor 10. Als Beispiel sind in Tabelle 8.3 die
Depositionen in München und Berlin zusammengefasst [9, 19].

8.3
Radionuklide in Nahrungsmitteln

8.3.1
Natürliche Radionuklide

Die Gehalte wichtiger natürlicher Radionuklide in Trinkwasser und Nahrungsmitteln für Deutschland [5] sind in Tabelle 8.4 zusammengefasst, wobei neben
den Durchschnittswerten auch die Bandbreiten angegeben sind. Ferner sind die

Tab. 8.4 Natürliche Radionuklide in Lebensmitteln [5, 23].

Produkt	Herkunft	Aktivitätskonzentration [Bq/kg, Bq/L]				
		^{40}K	^{238}U	^{226}Ra	^{210}Pb	^{210}Po
Trinkwasser	Deutschland	0,07	0,016	0,005	0,007	0,002
	(Bereich)	0,003–0,8	0,0005–0,3	0,0005–0,03	0,0002–0,17	0,0001–0,04
	Globaler Mittelwert	–	0,001	0,0005	0,01	0,005
Milch	Deutschland	50	–	0,025	0,04	0,024
	(Bereich)	35–65		0,001–0,13	0,004–0,26	0,003–0,07
	Globaler Mittelwert	50	0,001	0,005	0,015	0,015
Fleisch	Deutschland	90	0,01	0,1	0,5	2
	(Bereich)	60–120	0,001–0,02	0,03–0,18	0,1–1	0,2–4
	Globaler Mittelwert		0,002	0,015	0,08	0,06
Getreide	Deutschland	150	0,1	0,3	1,4	0,3
	(Bereich)	80–250	0,02–0,4	0,04–1,5	0,04–10	0,2–1,9
	Globaler Mittelwert		0,02	0,08	0,05	0,06
Kartoffeln	Deutschland	150	0,6	0,2	0,1	0,1
	(Bereich)	102–190	0,02–3	0,02–1,3	0,02–0,6	0,2–0,33
	Globaler Mittelwert		0,03	0,03	0,03	0,04
Pilze	Deutschland	120	1,3	1,2	1,2	1,3
	(Bereich)	8 230	0,2–5	0,01–16	0,1–4	0,1–5
Obst	Deutschland	50	0,6	0,2	0,2	0,1
	(Bereich)	23–160	0,02–2,9	0,005–2,1	0,02–2,3	0,02–1,1
	Globaler Mittelwert		0,03	0,03	0,03	0,04
Seefisch	Deutschland	100	4,1	1,5	0,8	1,1
	(Bereich)	80–120	0,5–7,4	0,05–7,8	0,02–4,4	0,05–5
	Globaler Mittelwert?		0,03	0,1	0,2	2

globalen Mittelwerte [23] angegeben, die in der gleichen Größenordnung liegen wie die in Deutschland beobachteten Werte.

8.3.2
Radionuklide in Nahrungsmitteln aus dem Kernwaffen-Fallout und dem Reaktorunfall von Tschernobyl

In den Abbildungen 8.1–8.3 sind die mittleren ^{137}Cs und ^{90}Sr-Gehalte in verschiedenen Nahrungsmitteln von 1960 bis 1999 in Deutschland dargestellt [4]. Dabei ist zu bemerken, dass die Aktivität während des Kernwaffen-Fallouts über mehrere Jahre eingetragen wurde, während es sich bei der Deposition als Folge des Tschernobyl-Unfalls um ein kurzfristiges Ereignis handelte, das zudem erhebliche örtliche Schwankungen aufwies. Den dargestellten Mittelwerten für das Jahr 1986 liegen daher Daten zugrunde, die insbesondere für ^{137}Cs erheblich schwanken. Spitzenwerte, die für ^{137}Cs im Mai 1986 beobachtet wurden, liegen teilweise um deutlich mehr als einen Faktor 10 über den hier dargestellten Werten [19]. Für ^{90}Sr trifft dies weniger zu, da dessen Eintrag während des Tschernobyl-Fallouts nur gering war.

Deutlich zu erkennen ist die Abnahme der Aktivitätsgehalte nach der Einstellung der Kernwaffentests in der Atmosphäre durch die UdSSR und die USA im Jahr 1963. Nach dieser Zeit nahmen die Aktivitätsgehalte kontinuierlich ab, um dann als Folge des Tschernobylunfalls im Jahr 1986 wieder anzusteigen. Für ^{90}Sr ist wegen dessen geringer Deposition nur eine geringe Erhöhung der Gehalte im Jahr 1986 zu beobachten.

Während des Kernwaffen-Fallouts und des Tschernobyl-Unfalls wurde ferner eine Reihe von kurzlebigen Isotopen deponiert, die zum Teil erhebliche Aktivi-

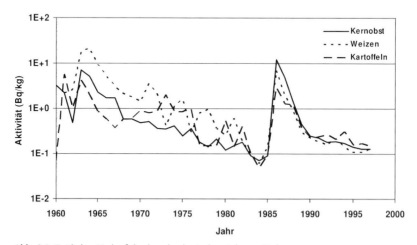

Abb. 8.1 Zeitlicher Verlauf der bundesdeutschen Jahresmittelwerte von ^{137}Cs in Weizen, Kartoffeln und Kernobst von 1960 bis 1999.

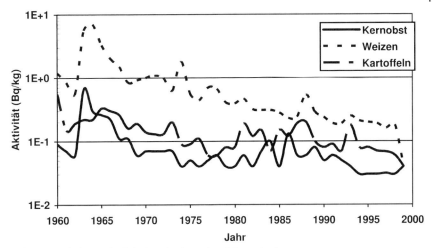

Abb. 8.2 Zeitlicher Verlauf der bundesdeutschen Jahresmittelwerte von ^{90}Sr in Weizen, Kartoffeln und Kernobst von 1960 bis 1999.

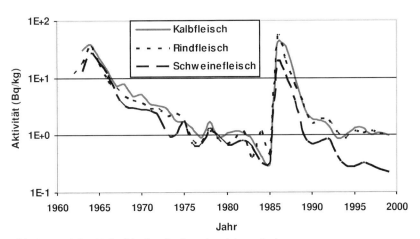

Abb. 8.3 Zeitlicher Verlauf der bundesdeutschen Jahresmittelwerte von ^{137}Cs in Rindfleisch, Schweinefleisch und Kalbfleisch von 1960 bis 1999.

täten in Nahrungsmitteln bedingten, die frisch verzehrt werden. Beispielsweise wurden in höher kontaminierten Gebieten Süddeutschlands im Jahr 1986 in Milch für kurze Zeit ^{131}I-Gehalte von mehr als 1000 Bq/L gemessen. In Blattgemüse wurden vereinzelt Gesamtaktivitäten von mehr als 10 000 Bq/kg bestimmt, wobei im Wesentlichen ^{131}I, $^{103/106}$Ru, ^{140}Ba/^{140}La, $^{134/137}$Cs und ^{132}Te/^{132}I zur Kontamination beitrugen. Derartig kontaminierte Lebensmittel wurden jedoch nicht zur Vermarktung freigegeben.

Bei einzelnen Nahrungsmitteln wie Waldbeeren, Fischen aus Binnenseen oder Blütenhonig werden auch derzeit in einigen Proben ^{137}Cs-Aktivitäten von bis zu einigen Hundert Bq/kg gefunden. In Waldpilzen und Wild beobachtet man vereinzelt Werte bis zu einigen Tausend Bq/kg und darüber, jeweils bezogen auf die Frischmasse [4]. Insbesondere Wildschweine aus den relativ hoch durch Tschernobyl kontaminierten Gebieten Süddeutschlands überschreiten häufig den Grenzwert von 600 Bq/kg für Radiocäsium und dürfen daher nicht vermarktet werden. Beispielsweise wurden im Jahr 2003 57 Wildschweinproben aus dem Bayerischen Wald analysiert, der zu den am höchsten kontaminierten Gebieten Deutschlands zählt [4]. Die Messungen ergaben mittlere ^{137}Cs-Aktivitäten im Muskelfleisch von 6400 Bq/kg bei einer Schwankungsbreite von 430–20000 Bq/kg. Neben der relativ hohen Deposition im Bayerischen Wald bedingen die saure Bodenreaktion, die Nährstoffarmut und der geringe Tongehalt dieser Standorte die persistent hohe Cäsiumverfügbarkeit und die daraus resultierenden hohen ^{137}Cs-Gehalte der Äsungspflanzen. Für die stellenweise außerordentlich hohen Gehalte von ^{137}Cs in Schwarzwild wird den Hirschtrüffeln eine besondere Rolle zugeschrieben; diese werden von Wildschweinen besonders gerne gefressen und sind sehr viel höher kontaminiert als Speisepilze. Ein weiterer Faktor, der hohe ^{137}Cs-Kontaminationen begünstigt, sind große geschlossene Waldflächen, da die Tiere hier weniger auf landwirtschaftliche Flächen ausweichen können, auf denen die Pflanzenkontamination nur unbedeutend ist. Landwirtschaftliche Nutztiere, die ausschließlich mit hofeigenen oder Handelsfuttermitteln gefüttert werden, weisen dagegen nur sehr geringe Kontaminationen auf [4, 5].

8.3.3
Aufnahme von radioaktiven Stoffen mit der Nahrung

Tabelle 8.5 zeigt die mittleren Gehalte von natürlichen Radionukliden in der Gesamtnahrung [5], die in der gemischten Kost unterschiedlicher Gemeinschaftseinrichtungen über einen längeren Zeitraum bestimmt wurden. Die Werte beruhen auf repräsentativen Erhebungen, die in den Jahren 2000 und 2001

Tab. 8.5 Mittlere Gehalte an natürlichen Radionukliden in der Gesamtnahrung.

Radionuklid	Aktivitätskonzentration in der Gesamtnahrung [mBq/kg]
^{238}U	8 (1–20)
^{234}U	12 (4–400)
^{230}Th	2 (1–4)
^{226}Ra	20 (6–40)
^{210}Pb	30 (10–100)
^{232}Th	1 (1–4)
^{228}Ra	30 (20–70)

Tab. 8.6 Mittleres Inventar an Radionukliden im Menschen.

Radionuklid	Mittleres Aktivitätsinventarim Menschen [Bq]
^{238}U	0,5
^{226}Ra	1,2
^{210}Pb	18
^{210}Po	15
^{232}Th	0,2
^{228}Ra	0,4
^{3}H	20
^{14}C	3500
^{40}K	4000
^{87}Rb	600

in der gesamten Bundesrepublik durchgeführt wurden. Die mittleren Aktivitäten natürlich radioaktiver Stoffe [5] im Menschen sind in Tabelle 8.6 zusammengefasst.

Die derzeitige mittlere Aufnahme beträgt etwa 0,25 (0,02–7) Bq/d für ^{137}Cs und etwa 0,1 (0,01–0,7) Bq/d für ^{90}Sr. Individuelle Verzehrsgewohnheiten und starke örtliche Schwankungen der ^{137}Cs-Aktivitäten können zu Abweichungen von der durchschnittlichen Aktivitätszufuhr durch Ingestion führen.

8.4
Abschätzung der Strahlendosis durch inkorporierte Radionuklide

Im Gegensatz zu chemischen Noxen ergibt sich bei Radionukliden die mögliche Schadwirkung nicht durch chemische Reaktionen des Radionuklids, sondern durch die Wechselwirkung von Strahlung mit Materie (Gewebe, Organe, Organismen). Daher können Radionuklide, die außerhalb des Körpers zerfallen und dabei ionisierende Strahlung emittieren ebenfalls zu einer Strahlenexposition des Menschen führen. Wegen der geringen Reichweiten von a-Strahlung (3–100 mm in Luft, 4–100 μm in Gewebe im Energiebereich von 1–10 MeV) und β-Strahlung (0,003–10 m in Luft, 0,003–2 mm in Gewebe im Energiebereich von 1 5 MeV), ist diese Möglichkeit weitgehend auf γ-Strahlung beschränkt.

Die zentrale Größe bei der Bestimmung der Strahlenexposition ist die Energiedosis, die sich als Quotient aus der in einem Volumenelement eines Organs oder Gewebes absorbierten Strahlungsenergie E und der Masse m dieses Volumenelements ergibt. Die Energiedosis wird in Gray [Gy] angegeben, ein Gray entspricht 1 J kg^{-1}; d.h. die Energie von einem Joule wird in einem Kilogramm Gewebe absorbiert. Die Energiedosis in einzelnen Organen kann nicht direkt gemessen werden, sondern wird mithilfe von Modellen abgeschätzt.

8.4.1
Modelle für die Berechnung von internen Strahlenexpositionen

Aus der Inkorporation eines radioaktiven Stoffes resultiert eine im Allgemeinen inhomogene, zeitlich variable Verteilung der Aktivität im Organismus. Die von der Aktivität in den einzelnen Körperbereichen ausgehende Strahlung führt dann zu einer Exposition dieser Bereiche selbst sowie anderer Teile des Organismus.

8.4.1.1 Berechnungsverfahren

Die Energiedosis-Leistung $D(T,t)$ [Gy/s] in einem Körperbereich T (target) zum Zeitpunkt t nach einer einmaligen Inkorporation eines Radionuklids ergibt sich aus der Summe

$$D(T,t) = \sum_{S} D/T, S, t) \tag{1}$$

der Beiträge zur Strahlenexposition aus allen Körperbereichen S (source), die das Radionuklid zum Zeitpunkt t enthalten. Diese Beiträge werden berechnet durch

$$D(T, S, t) = 1{,}6 \cdot 10^{-10} \cdot A(S, t) \cdot SEE(T, S) \tag{2}$$

wobei $A(S,t)$ die zum Zeitpunkt t in S vorhandene Aktivität [Bq] des betrachteten Radionuklids, $SEE(T,S)$ die so genannte spezifische effektive Energie [MeV/g] und $1{,}6 \cdot 10^{-10}$ den Umrechnungsfaktor von MeV/g in J/kg [Gy] bezeichnen. $SEE(T,S)$ ist proportional zur Dosis im Körperbereich T pro Zerfall im Körperbereich S.

Die bis zum Zeitpunkt t nach der Inkorporation in T akkumulierte Energiedosis $D(T,S,t)$ ergibt sich hieraus durch die Integration:

$$D(T, S, t) = 1{,}6 \cdot 10^{-10} \cdot \int_{0}^{t} A(S, t) \cdot SEE(T, s) \cdot \mathrm{d}t \tag{3}$$

Kann die Altersabhängigkeit von SEE für die Dauer des Integrationsintervalls oder des Aufenthaltes des Nuklids in S vernachlässigt werden, gilt:

$$D(T, S, t) = 1{,}6 \cdot 10^{-10} \cdot U(S, t) \cdot SEE(T, S) \tag{4}$$

mit

$$U(S, t) = \int_{0}^{t} A(S, t') \cdot SEE(T, S) \cdot \mathrm{d}t' \tag{5}$$

$U(S,t)$, auch als kumulierte Aktivität bezeichnet, ist die Zahl der in S bis zur Zeit t nach Inkorporation stattfindenden Kernumwandlungen. Manche Radionuklide zerfallen zu Radionukliden, die ihrerseits wieder radioaktiv sind und einen Beitrag zur Exposition liefern können. Diese werden bei der Berechnung der Dosis nach Gl. (4) durch die Verwendung der jeweiligen nuklidspezifischen Werte von *U* und *SEE* zu berücksichtigt.

Für von Kindern und Jugendlichen inkorporierte Radionuklide, die sich lange im Organismus aufhalten, ist die Integration in Gl. (3) in Zeitintervalle aufzuspalten, innerhalb derer die Werte von *SEE* in ausreichender Näherung als altersunabhängig angesehen werden können:

$$D(T, S, t) = 1{,}6 \cdot 10^{-10} \sum_{i=1}^{n} \int_{t_i}^{t_{i+1}} A(S, t) \cdot SEE(T, S) \cdot \mathrm{d}t \qquad (6)$$

8.4.1.2 Spezifische Effektive Energien

Der Parameter *SEE* (*T,S*) beschreibt den Transport und die Absorption der durch das betreffende Radionuklid emittierten Strahlung vom Ort der Emission *S* in den Körperbereich *T*. Er ist abhängig von

- der Strahlenart und -energie,
- der räumlichen Anordnung von *S* und *T* zueinander und von
- deren Masse.

Wegen dieser Abhängigkeit von der anatomischen Struktur des Organismus ist *SEE* auch stark abhängig vom Alter. Die Berechnung erfolgt mithilfe anthropomorpher Phantome, die den menschlichen Organismus mathematisch beschreiben. Solche Phantome stehen für sechs verschiedene Altersstufen zur Verfügung (Neugeborenes, 1, 5, 10, 15 und >20 Jahre) und werden in den Modellen der ICRP verwendet. Mit Hilfe dieser Phantome werden in der ICRP [10, 12, 14–18] die Berechnungen altersabhängiger *SEE*-Werte durchgeführt. Die kernphysikalischen Daten der Radionuklide wie Halbwertszeit, Zerfallsart, -energie und Emissionswahrscheinlichkeit sind in [11] zusammengefasst.

8.4.1.3
Stoffwechselmodelle der ICRP

Die nach Gl. (1) benötigten Werte für die kumulierten Aktivitäten *U*(*S,t*) geben die Zahl der Kernumwandlungen an, die im Integrationszeitraum im Körperbereich stattfinden. Sie hängen ab von

- dem Zufuhrweg (Inhalation, Ingestion),
- dem zeitlichen Zufuhrmodus (einmalige, wiederholte Zufuhr),
- der physikalischen Halbwertszeit des Radionuklids,
- dem Zerfallschema des Radionuklids,
- der Absorption der Substanz im Magen-Darm-Trakt bzw. dem Übergang aus der Lunge in das Blut,

- der Verteilung und dem zeitlichen Verhalten der Substanz im Organismus nach der Aufnahme ins Blut und damit von der physikalisch-chemischen Form der Substanz (z. B. chem. Verbindung, Aerosolgröße) und
- dem Alter der betroffenen Person.

Aufgrund der Vielzahl der Einflussgrößen und deren oft komplexen Wechselwirkungen, die nur zu einem Teil durch Messungen oder mathematische Zusammenhänge erfasst werden können, sind vereinfachende Beschreibungen, das heißt biokinetische Modelle, erforderlich. Diese beruhen auf den metabolischen Modellen der ICRP, die im Folgenden kurz beschrieben werden sollen.

In Abbildung 8.4 ist ein vereinfachtes Stoffwechselmodell skizziert, wie es in [10] angewandt wird. Radionuklide werden durch Ingestion oder Inhalation aufgenommen und gelangen über das Blut in die verschiedenen Organe und Gewebe des Körpers und werden schließlich wieder ausgeschieden. Dass die biokinetischen Vorgänge wesentlich komplexer sind, sei anhand des ICRP-Stoffwechselmodells für Blei veranschaulicht [20], in dem die am Blei-Stoffwechsel beteiligten Organe berücksichtigt sind (Abb. 8.5).

Die beteiligten Vorgänge werden mit Differentialgleichungen beschrieben, wobei in der Regel zeitlich konstante Übergangsraten zwischen den Kompartimenten angenommen werden. Die zeitabhängigen Konzentrationen ergeben sich demzufolge durch Linearkombinationen von Exponentialfunktionen. Die

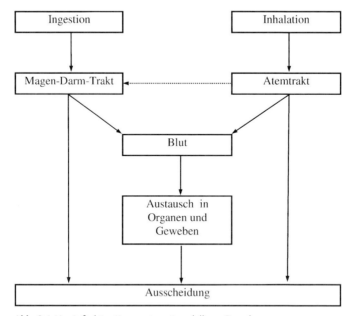

Abb. 8.4 Vereinfachtes Kompartmentmodell zur Berechnung der Strahlenexposition in Organen und Geweben nach Inkorporation von Radionukliden durch Ingestion und Inhalation.

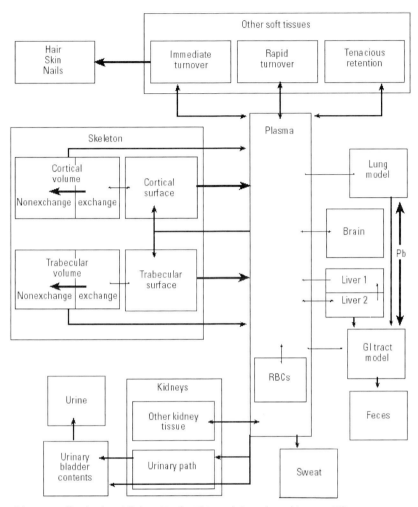

Abb. 8.5 Stoffwechselmodell der ICRP für Blei, nach Pounds und Leggett [20].

wichtigsten dafür benötigten Parameter sind die entsprechenden biologischen Halbwertszeiten eines Radionuklids im jeweiligen Kompartiment, die in verschiedenen Publikationen der ICRP [10, 12, 14–18] zusammengefasst sind.

Die Grundlage dieser Modellparameter sind meist Tierexperimente, die überwiegend an Nagern durchgeführt wurden. Für nur wenige Elemente bzw. Radionuklide stehen Daten zur Verfügung, die an Menschen gewonnen wurden. Beispiele für solche Radionuklide sind Cäsium (wegen seiner Bedeutung als Fallout-Nuklid) und Iod (wegen seiner Anwendung in der nuklearmedizinischen Diagnostik.

Die Verteilung eines Radionuklids im Organismus nach seiner Aufnahme aus dem Darm bzw. der Lunge und der zeitliche Verlauf der Radioaktivität in

Tab. 8.7 Berücksichtigte Organe und Gewebe bei der Berechnung von Dosiskoeffizienten.

Organ	Organ	Organ
Blase	Haut	Nieren
Brust	Hoden	Ovarien
Ösophagus	Knochenoberfläche	Pankreas
Magen	Leber	Rotes Knochenmark
Dünndarm	Obere Luftwege	Schilddrüse
Oberer Dünndarm	Lunge	Thymus
Unterer Dünndarm	Milz	Uterus
Dickdarm	Muskel	Effektivdosis
Gehirn	Nebennieren	

einzelnen Körperbereichen ergeben sich aus dem physiologischen Verhalten der inkorporierten Radionuklide.

Mithilfe derartiger Stoffwechselmodelle werden für eine Reihe von Organen Dosiskoeffizienten berechnet, die die Exposition pro dem Körper zugeführter Aktivitätseinheit angeben. Dosiskoeffizienten (Organdosis pro inkorporierter Aktivität) wurden für die in Tabelle 8.7 aufgeführten Organe bzw. Gewebe berechnet.

8.4.1.4 Strahlenqualität

Die biologische Wirksamkeit der verschiedenen Strahlenarten ist nicht gleich. Die Erfahrung zeigt, dass beispielsweise α-Strahlung bei gleicher Energiedosis größere Wirkungen hervorruft als β- oder γ-Strahlung. Dieser Effekt kann dadurch erklärt werden, dass die Spuren von α-Strahlen eine wesentlich größere Ionisationsdichte als jene von β- oder γ-Strahlen aufweisen.

Zur Berücksichtigung der unterschiedlichen biologischen Wirksamkeit wurden im Strahlenschutz Qualitätsfaktoren eingeführt. Diese geben für eine bestimmte Energiedosis an, um welchen Faktor bei gleicher Energiedosis eine bestimmte Strahlenart biologisch wirksamer ist als γ-Strahlung. Die Qualitätsfaktoren sind dimensionslos, für α-Strahlung wird ein Qualitätsfaktor von 20, für β- und γ-Strahlung wird ein Qualitätsfaktor von jeweils 1 zugrunde gelegt [13].

8.4.1.5 Äquivalentdosis

Um die biologischen Wirkungen verschiedener Energiedosen vergleichen zu können, wurde die Größe der Äquivalentdosis eingeführt. Die Äquivalentdosis H eines Gewebes oder Organs ergibt sich als Produkt aus der Energiedosis E und dem Qualitätsfaktor Q für die betreffende Strahlenart. Die Äquivalentdosis wird in Sievert (Sv) angegeben.

Die Einführung der Äquivalentdosis hat den Vorteil, dass bei Einwirkung verschiedener Strahlenarten (α-, β-, γ-Strahler) aus unterschiedlichen Quellen mit verschiedenen Qualitätsfaktoren eine Gesamtdosis des betreffenden Gewebes oder Organs angegeben werden kann.

8.4.1.6 Effektive Dosis

Zur Quantifizierung der Exposition eines Individuums bei inhomogener Bestrahlung des Körpers wurde die Größe der effektiven Dosis eingeführt. Diese ergibt sich aus der Summe gewichteter Äquivalentdosen der Gewebe und Organe. Die Wichtungsfaktoren geben die über alle Altersgruppen und beide Geschlechter gemittelte relative Strahlenempfindlichkeit in Bezug auf stochastische Effekte für die einzelnen Organe und Gewebe wieder. Die Summe der Wichtungsfaktoren ist eins. Die von der ICRP [13] empfohlenen Gewebewichtungsfaktoren sind in Tabelle 8.8 zusammengefasst.

Somit werden bei Inkorporation von Nuklidgemischen und bei gleichzeitigem Auftreten von interner und externer Exposition die Beiträge aller Organdosen zur Gesamtstrahlenexposition berücksichtigt. Außerdem ermöglicht das Konzept der effektiven Dosis den unmittelbaren, auf das Risiko bezogenen Vergleich der Exposition verschiedener Organe. Die effektive Dosis stellt damit ein risikorelevantes Maß zur Quantifizierung von Strahlenexpositionen dar, das über alle Strahlenarten und über alle Organe integriert.

Nach der Inkorporation von Radionukliden erfolgt die Bestrahlung nicht unmittelbar, sondern über einen Zeitraum, dessen Länge von der physikalischen Halbwertszeit sowie von der Ausscheidungskinetik des Radionuklids abhängt. Bei langlebigen Radionukliden mit langen biologischen Halbwertszeiten kann

Tab. 8.8 Gewebewichtungsfaktoren zur Berechnung der effektiven Dosis [13].

Gewebe, Organ	Gewebewichtungsfaktoren
Gonaden	0,20
Dickdarm	0,12
Lunge	0,12
Magen	0,12
Rotes Knochenmark	0,12
Blase	0,05
Brust	0,05
Leber	0,05
Schilddrüse	0,05
Speiseröhre	0,05
Haut	0,01
Knochenoberfläche	0,01
Rest[a]	0,05
Summe	1

a) Unter „Rest" werden die Organe Nebennieren, Gehirn, Dünndarm, Nieren, Muskeln, Bauchspeicheldrüse, Milz, Thymus und Uterus zusammengefasst.

Tab. 8.9 Dosiskoeffizienten für Säuglinge und Erwachsene für ausgewählte Radionuklide [3].

Radionuklid	Dosiskoeffizient [Sv/Bq]	
	Säuglinge (3 Monate)	Erwachsene (>17 a)
^{3}H	6,4E-11	1,8E-11
^{14}C	1,4E-9	5,8E-10
^{40}K	6,2E-8	6,2E-9
^{90}Sr	2,3E-7	2,8E-8
^{137}Cs	2,1E-8	1,3E-8
^{232}Th	4,6E-6	2,3E-7
^{239}Pu	4,2E-6	2,5E-7
Radionuklide der Uranzerfallsreihe		
^{238}U	3,4E-7	4,5E-8
^{226}Ra	4,7E-6	6,2E-7
^{210}Pb	8,4E-6	6,9E-7
^{210}Po	2,6E-5	1,2E-6

die Bestrahlung aufgrund einer einmaligen Inkorporation sogar mehrere Jahrzehnte andauern. Die zeitintegrierte Dosis in einem Gewebe oder Organ nach einmaliger Inkorporation eines Radionuklid wird als Folgedosis bezeichnet. Als Integrationszeiten werden 50 Jahre für Erwachsene und 70 Jahre für Kleinkinder angewandt. Die Folgedosis wird der Strahlenexposition im Jahr der Radioaktivitätsaufnahme zugeordnet. Wird die effektive Dosis betrachtet, so spricht man von effektiver Folgedosis.

In Tabelle 8.9 sind für einige ausgewählte Radionuklide Dosiskoeffizienten für die effektive Dosis angegeben, wobei hier nur die Altersgruppen „3 Monate" und Erwachsene berücksichtigt sind. Diese wurden nach den Modellen der ICRP berechnet und in die deutsche Strahlenschutzverordnung übernommen [3]. Die Dosiskoeffizienten für Säuglinge sind in der Regel höher, da die Resorptionen im Magen-Darm-Trakt häufig um etwa eine Größenordnung größer und die Organmassen kleiner sind als für Erwachsene. Die Dosiskoeffizienten für Cäsium sind nahezu altersunabhängig, da die Resorption keine Altersabhängigkeit aufweist und die geringeren Organmassen durch die kürzeren biologischen Halbwertszeiten bei Kleinkindern kompensiert werden.

8.4.2
Strahlenexposition

Die jährliche Strahlenexposition durch Aufnahme von Radionukliden mit der Nahrung ergibt sich aus der Aktivitätszufuhr und den entsprechenden Dosiskoeffizienten. Diese geben die Dosis in den Organen und die effektive Dosis pro zugeführter Aktivitätseinheit an.

Wegen der unterschiedlichen geologischen Bedingungen liegen die Gehalte natürlicher Radionuklide in den Umweltmedien und deshalb auch in den Nahrungsmitteln in einem großen Wertebereich (vgl. Tab. 8.4)

8.4.2.1 Natürliche Strahlenexposition

Für die mittleren Verhältnisse in Deutschland wird in Anlehnung an die Vorgehensweise in UNSCEAR [23] abgeschätzt, dass sich durch die Aufnahme natürlich radioaktiver Stoffe mit Nahrung und Trinkwasser eine jährliche effektive Dosis im Bereich von 0,3 mSv ergibt (Tab. 8.10). Die interne Strahlenexposition durch Kalium-40 wird durch den Kaliumgehalt des Körpers bestimmt, da 0,0118% des natürlichen Isotopengemisches von Kalium auf das Radionuklid ^{40}K entfallen. Der ^{40}K-Gehalt im Körper beträgt 4000 Bq (Tab. 8.6). Daraus ergibt sich eine jährliche effektive Dosis von ca. 0,17 mSv. Zur Vervollständigung sind in Tabelle 8.10 außerdem die Expositionen durch andere Strahlenquellen angegeben.

Neben der Aufnahme von Radionukliden mit der Nahrung sind dies die Inhalation von Radionukliden und die externe Exposition.

Tab. 8.10 Mittlere natürliche Strahlenexposition in der Bundesrepublik Deutschland.

Strahlenquelle	Jährliche effektive Dosis [mSv/a]	
	Durchschnitt in Deutschland (BfS, 2003)	Bandbreite (global) (UNSCEAR, 2000)
Ingestion		
^{40}K	0,17	
Radionuklide der U-Th-Zerfallsreihe	0,12	
kosmische Radionuklide	0,01	
Summe	0,3	0,2–0,8
Inhalation		
Radionuklide der U-Th-Zerfallsreihe	0,006	
Radon (^{222}Rn und Zerfallsprodukte)	1,1	
Summe	1,106	0,2–10
Externe Exposition		
kosmische Strahlung (Meereshöhe)	0,3	0,3–1,0 [a)]
sonstige natürliche Radionuklide	0,4	0,3–0,6 [a)]
Summe	0,7	
Gesamte natürliche Strahlenexposition	2,4	1–10

a) Schwankungsbereich ergibt sich durch die Höhe über dem Meeresspiegel.
b) Schwankungsbereich ergibt sich durch die verschiedenen Radionuklidgehalte in Böden und Baustoffen.

Der größte Beitrag ergibt sich durch die Inhalation von Radon (^{222}Rn, $t_{1/2} = 3{,}8$ d; ^{220}Rn $t_{1/2} = 56$ s), das als Zerfallsprodukt der Uran- bzw. Thorium-Zerfallsreihe entsteht. Bei Radon handelt es sich um ein Edelgas, das aus dem Boden und Baustoffen entweicht und in der Außenluft in Konzentrationen von etwa 10 Bq/m^3 zu finden ist. Die Gehalte in Innenräumen liegen im Mittel für Deutschland bei ca. 50 Bq/m^3, sie können in Abhängigkeit von Geologie, Baustoff und Ventilation jedoch auch weit über diesem Wert liegen. Die Inhalation von ^{222}Rn und den daraus entstehenden radioaktiven, kurzlebigen Tochternukliden verursacht etwa die Hälfte der natürlichen Strahlenexposition.

Die externe Exposition durch kosmische Strahlung und durch Radionuklide im Boden und in Baustoffen ergibt zusammen etwa 0,86 mSv/a, dies ist etwa ein Drittel der Strahlenexposition aus natürlichen Quellen [5, 23].

8.4.2.2 Strahlenexposition durch den Reaktorunfall von Tschernobyl

Derzeit liegt die jährliche mittlere effektive Dosis für die Bevölkerung der Bundesrepublik Deutschland durch Radionuklide aus dem Reaktorunfall von Tschernobyl bei weniger als 15 µSv. Diese Strahlenexposition wird zu mehr als 90% durch die Bodenstrahlung von abgelagertem ^{137}Cs verursacht. Die jährliche effektive Dosis für Erwachsene durch Ingestion von ^{90}Sr beträgt etwa 2 µSv/a, der Tschernobyl-Beitrag liegt bei ungefähr 0,2 µSv/a.

Unmittelbar nach dem Reaktorunfall waren die Expositionen jedoch höher, sie sind für verschiedene Zeiträume von 1986 bis 2005 in Tabelle 8.11 zusam-

Tab. 8.11 Mittlere Strahlenexposition in Deutschland durch den Reaktorunfall von Tschernobyl [4].

Zeitraum	Strahlenexposition [mSv/a]		
	Interne Exposition	Externe Exposition durch am Boden abgelagerte Radionuklide	Gesamte Exposition
1986	0,04 [a]	0,07 [b]	0,11
1987	0,04 [c]	0,03	0,07
1988	0,015	0,025	0,04
1989	<0,01	0,02	0,03
1990–1994	<0,01	0,02	0,02
1995–1999	<0,001	0,015	0,02
>2000	0,001	0,01	0,015

a) In Bayern 4-mal, in Südbayern 6-mal höher.
b) Im Raum München etwa 4-mal, im Raume Berchtesgaden etwa 10-mal höher.
c) In Bayern 3-mal, in Südbayern 6-mal höher.

mengefasst. Daraus ergibt sich eine gesamte mittlere Exposition im Zeitraum 1986–2005 von etwa 0,5 mSv.

8.4.2.3 Strahlenexposition durch Anwendungen in der Kerntechnik

Durch die Ableitung von Radionukliden aus Kernkraftwerken und sonstigen kerntechnischen Anlagen wird die mittlere Strahlenexposition der Bevölkerung nur geringfügig erhöht. Der Beitrag der kerntechnischen Anlagen im Inland sowie im angrenzenden Ausland zur mittleren effektiven Dosis der Bevölkerung der Bundesrepublik Deutschland lag 2002 unter 0,01 mSv/a [4].

8.5
Strahlenwirkungen

Bei den Strahlenwirkungen unterscheidet man zwischen deterministischen und stochastischen Wirkungen.

8.5.1
Deterministische Wirkungen

Unter deterministischen Effekten versteht man alle Wirkungen, deren Schwere mit der Strahlenexposition zunimmt. Dazu gehören z. B. das Hauterythem, Haarausfall, Veränderungen des Blutbildes und Katarakte. Charakteristisch für eine derartige Wirkung ist die Existenz eines Schwellenwerts, d. h. die Wirkung kann erst auftreten, wenn die Exposition einen von der Art der Erkrankung abhängigen Wert überschritten hat.

Tab. 8.12 Schwellendosiswerte für das Auftreten von deterministischen Effekten nach kurzzeitiger und einmaliger bzw. nach fraktionierter Bestrahlung, nach ICRP [13].

Gewebe	Wirkung	Schwellendosis [Sv]	
		Kurzzeitige Bestrahlung	Fraktionierte Bestrahlung
Hoden	vorübergehende Sterilität	0,15	NA*
	dauerhafte Sterilität	3,5–6	NA*
Ovarien	Sterilität	2,5–6	6,0
Augenlinse	erste Trübungen	0,5–2	5
	Katarakt	5	>8
Rotes Knochenmark	reduzierte Blutbildung	0,5	NA [a]

a) NA: Nicht anwendbar, da für die Wirkung vor allem die Dosisrate und weniger die Gesamtdosis ausschlaggebend ist.

Für deterministische Wirkungen spielt der zeitliche Verlauf der Bestrahlung eine nicht unbedeutende Rolle. Nachhaltige deterministische Strahlenwirkungen treten erst bei relativ hohen Expositionen von über 0,5 Sv (500 mSv) auf (Tab. 8.12). Daraus wird ferner deutlich, dass die Schwellenwerte für kurzzeitige, einmalige Bestrahlungen geringer sind als bei fraktionierten Bestrahlungen, die über einen längeren Zeitraum appliziert werden.

8.5.2
Teratogenität

Die Strahlenwirkungen auf ungeborenes Leben umfassen insbesondere die Letalität des Embryos, Fehlbildungen und andere Wachstums- und Entwicklungsstörungen sowie eine verzögerte geistige Entwicklung.

In Tierexperimenten konnte das Absterben des Embryos bereits durch Dosen von etwa 0,1 Gy hervorgerufen werden, wenn die Bestrahlung kurz vor oder kurz nach der Einnistung des befruchteten Eis in den Uterus erfolgte. Es wird vermutet, dass während der gesamten Schwangerschaft letale Wirkungen hervorgerufen werden können, auch wenn dies erst bei höheren Dosen als 0,1 Gy der Fall sein dürfte. Die Daten sind allerdings zu dürftig, um derzeit eine quantitative Beziehung zwischen dem Schwangerschaftsstadium und der Dosis, die zu einer Fehlgeburt führt, abzuleiten.

Ferner können Bestrahlungen während der Schwangerschaft Fehlbildungen an Organen bzw. am gesamten Organismus hervorrufen. Risiko, Art und Schwere der Schädigung hängen dabei von der Höhe der Exposition und deren Zeitpunkt während der Schwangerschaft ab. Erfahrungen aus Tierexperimenten zeigen, dass derartige Wirkungen mit einer Schwellendosis verbunden sind, die nicht unter 0,25 Gy liegt [24].

Strahlenexpositionen zwischen der 8. und der 25. Schwangerschaftswoche können durch Schädigung der sich entwickelnden Nervenzellen eine Verminderung der Intelligenz zur Folge haben. Dabei ist die Zeit zwischen der 8. und 15. Schwangerschaftswoche als besonders kritisch anzusehen. In [13] wird eine Verminderung des Intelligenzquotienten um 30 IQ Punkte pro Sv angegeben. Nach Expositionen während der 16. und 25. Woche treten ähnliche Wirkungen, allerdings in geringerem Umfang auf.

In enger Beziehung dazu stehen Beobachtungen, nach denen die Häufigkeit an geistig schwer zurückgebliebenen Kindern mit steigender In-utero-Exposition zunimmt. Besonders kritisch sind diesbezüglich wiederum Expositionen zwischen der 8. und 15. Woche nach Konzeption, in dieser Zeit wird in [13] ein Risikofaktor von $0,4\,\mathrm{Sv}^{-1}$ für schwere geistige Retardierung angegeben. Im weiteren Verlauf der Schwangerschaft geht diese Empfindlichkeit zurück, für die 16.–25. Woche beträgt nach ICRP [13] der Risikofaktor für geistige Retardierung $0,1\,\mathrm{Sv}^{-1}$.

8.5.3
Stochastische Strahlenwirkungen

Stochastische Wirkungen zeichnen sich dadurch aus, dass mit zunehmender Dosis nicht die Schwere der Erkrankung, sondern deren Eintrittswahrscheinlichkeit ansteigt. Man geht davon aus, dass stochastische Wirkungen keinen Schwellenwert aufweisen, d.h. auch sehr kleine Strahlendosen können, allerdings mit sehr geringer Wahrscheinlichkeit, stochastische Wirkungen hervorrufen. Zu den stochastischen Strahlenwirkungen zählen die Kanzerogenität und die Mutagenität.

8.5.3.1 Kanzerogenität

Die Kanzerogenität von ionisierender Strahlung ist bereits lange bekannt. Die quantitative Abschätzung ist jedoch schwierig, da epidemiologisch nachweisbare Erhöhungen von Krebsinzidenzen erst in einem Dosisbereich beobachtet werden können, dem nur relativ kleine Kollektive ausgesetzt sind bzw. waren. Ferner hängt die Krebsinduktion von Faktoren ab wie der Dosis, der Dosisrate (Dosis pro Zeiteinheit), dem Geschlecht und dem Alter bei Bestrahlung, so dass bei alters- und geschlechtsspezifischer Betrachtung der Krebsinzidenzen in den einzelnen Kollektivgruppen häufig nur wenige zusätzliche Fälle zu beobachten sind.

Die Abschätzung von Risikofaktoren stützt sich hauptsächlich auf die Atombomben-Überlebenden von Hiroshima und Nagasaki. Daneben sind hoch exponierte Patientengruppen und beruflich Strahlenexponierte, die durch ihre Tätigkeit im Uranbergbau oder in Nuklearanlagen relativ hohen Dosen ausgesetzt waren, wichtige Kollektive für epidemiologische Untersuchungen.

Das bedeutendste Kollektiv sind die Atombomben-Überlebenden, da beide Geschlechter und alle Altersgruppen relativ gleichmäßig durch externe Strahlung exponiert wurden. Allerdings waren die Dosen und Dosisraten hoch, während für die Fragestellung des Strahlenschutzes niedrige Dosen und Dosisraten von Interesse sind. In dieser Gruppe wurde für kleinere Dosen als 0,2 Sv keine signifikante Erhöhung der Krebsinzidenz festgestellt. Daher ist in diesen Untersuchungen die Extrapolation von hohen Dosen in den niedrigen Dosisbereich von entscheidender Bedeutung.

Die quantitative Abschätzung des Risikofaktors basiert auf der Annahme einer linearen Dosis-Wirkungsbeziehung. Aufgrund eingehender Analysen wird in ICRP [13] ein über alle Altersgruppen und beide Geschlechter gemitteltes Risiko von 0,05 tödlichen Krebsfällen je Sv für Expositionen kleiner als 0,2 Gy abgeleitet. Für Kinder unter 10 Jahren ist das Risiko für Leukämie um etwa einen Faktor 3, für solide Tumoren um einen Faktor 2–4 höher. Für beruflich Strahlenexponierte ergibt sich aufgrund der gegenüber der Allgemeinbevölkerung veränderten Altersstruktur ein Risikofaktor von 0,04 Sv^{-1}.

8.5.3.2
Mutagenität

Bisher existieren keine Daten für den Menschen, die eine quantitative Abschätzung des Auftretens von genetischen Schäden nach Exposition mit ionisierender Strahlung erlauben. Die vorliegenden Untersuchungen an Tieren legen jedoch nahe, dass auch beim Menschen ionisierende Strahlung Mutationen auslöst, die sich schließlich in Krankheiten manifestieren [24]. Alle Risikoabschätzungen für Mutagene beruhen daher auf Experimenten, die mit verschiedensten Organismen und Zellkulturen durchgeführt wurden. Dabei wird angenommen, dass für vergleichbare Expositionsbedingungen eine vergleichbare Anzahl von genetischen Schäden in menschlichen Keimzellen und denen der jeweiligen Testorganismen hervorgerufen werden. Für die Abschätzung des Risikos genetischer Schäden wird eine lineare Dosis-Wirkungsbeziehung unterstellt. Unter diesen Voraussetzungen wird in [13] für schwere genetische Schäden ein Risikofaktor von 0,01 Sv^{-1} für alle nachfolgenden Generationen abgeleitet.

8.6
Bewertung von Strahlenwirkungen

Als integrales Maß zur Quantifizierung von stochastischen Strahlenschäden wurde von der ICRP [13] der Begriff des „Detriment" (Schaden) eingeführt, der alle gesundheitlichen Wirkungen von Strahlenexpositionen in einer einzigen leicht handhabbaren Größe zusammenfassen soll. Im Schadensindex Detriment werden tödliche Krebserkrankungen, nicht tödliche Krebserkrankungen und genetische Schäden berücksichtigt:

$$D_{\text{gesamt}} = D_{\text{Krebs}} + D_{\text{genetische Schäden}} \tag{7}$$

Der Beitrag von Krebserkrankungen zum Detriment setzt sich aus der gewichteten Summe von tödlichen und nicht tödlichen Krebserkrankungen zusammen, die wiederum mit dem relativen Verlust an Lebenserwartung durch eine bestimmte Tumorart gewichtet wird:

$$D_{\text{Krebs}} = \sum \left\{ F_i + k_i \cdot \left[(1 - k_i) \cdot \frac{F_i}{k_i} \right] \right\} \cdot \frac{L_i}{L} \tag{8}$$

D_{Krebs} = Beitrag von Krebserkrankungen zum Detriment
F_i = Sterbewahrscheinlichkeit durch die Krebsart i [Sv^{-1}]
k_i = Anteil der tödlich verlaufenden Krebserkrankungen (Mortalität), F_i/k gibt die Wahrscheinlichkeit für eine Krebserkrankung, $(1–k) \cdot F_i/k$ die Wahrscheinlichkeit für nicht tödlich verlaufende Fälle wieder [Sv^{-1}]
L_i = mittlerer Verlust an Lebensjahren durch einen tödlichen Tumor im Organ i [a]

L = mittlerer Verlust an Lebenserwartung durch alle tödlichen Tumoren [a], L_i/L gibt den relativen Verlust an Lebenserwartung durch den Tumor im Organ i an

Nicht tödliche Erkrankungen werden demnach mit der Mortalität für die betreffende Krebsart gewichtet. Tumoren mit geringer Mortalität erhalten so ein geringes Gewicht, da angenommen wird, dass aufgrund der guten Heilungschancen die Lebensqualität des Erkrankten nicht nachhaltig negativ beeinflusst wird. Nicht tödliche Erkrankungen an Tumoren mit geringen Heilungschancen erhalten ein hohes Gewicht, da aufgrund der schlechten Heilungschancen eine schwierige und langwierige Behandlung und der damit verbundenen psychischen und physischen Belastung eine nachhaltige Beeinträchtigung der Lebensqualität unterstellt wird. Diese Annahme wurde seitens der ICRP mehr oder weniger willkürlich getroffen, da es ein objektives Maß für die Schwere einer Krankheit letztendlich nicht geben kann. Es ist allerdings konsistent mit der Auffassung, dass eine Krankheit als umso schwerer empfunden wird, je höher die Wahrscheinlichkeit ist, daran zu sterben. Die in [13] zugrunde gelegten organspezifischen Anteile an tödlichen Krebserkrankungen sind in Tabelle 8.13 zusammengefasst.

Der Beitrag von schweren genetischen Schäden zum Detriment $D_{\text{genetische Schäden}}$ wird in ähnlicher Weise berechnet wie der von Krebserkrankungen (Gl. (9)). In [13] wird die Übereinkunft getroffen, schwere genetische Schäden hinsichtlich der

Tab. 8.13 Anteil der tödlich verlaufenden Erkrankungen (Mortalität) für strahleninduzierte Tumoren in verschiedenen Organen nach ICRP [13].

Organ	Anteil der tödlichen Krebserkrankungen
Blase	0,5
Brust	0,5
Cervix	0,45
Dickdarm	0,55
Gehirn	0,8
Haut	0,002
Knochen	0,7
Leber	0,95
Knochenmark	0,99
Lunge, Bronchialtrakt	0,95
Magen	0,9
Niere	0,65
Ovarien	0,7
Pankreas	0,99
Prostata	0,55
Schilddrüse	0,1
Speiseröhre	0,95
Uterus	0,3

Schwere der Erkrankungen wie tödlich verlaufende Krebserkrankungen zu behandeln; d.h. der Sterbeanteil für schwere genetische Schäden k_{genet} wird deshalb gleich 1 gesetzt. Als Risikofaktor für schwere genetische Schäden wird in [13] ein Wert von 0,01 Sv^{-1} für alle nachfolgenden Generationen vorgeschlagen. Dann ergibt sich $D_{\text{genetische Schäden}}$ zu:

$$SD_{\text{genetische Schäden}} = F_{\text{genetische Schäden}} \cdot \frac{L_{\text{genetische Schäden}}}{L} \tag{9}$$

Zur Berechnung des Detriments werden die aufgetretenen Erkrankungen mit dem relativen Verlust an Lebenserwartung gewichtet. Dabei wird davon ausgegangen, dass im Mittel über alle strahleninduzierten Tumorarten der Verlust an Lebenserwartung durch eine tödliche Krebserkrankung 15 Jahre beträgt. Da für das Auftreten der einzelnen Tumorarten verschiedene Lebensalter typisch sind und die verschiedenen strahleninduzierten Tumoren unterschiedliche Latenzzeiten aufweisen, ist der mittlere Verlust an Lebenserwartung für die einzelnen Tumoren unterschiedlich.

Als Wichtungsfaktor für die einzelnen Tumorarten wird der relative Verlust an Lebenserwartung L_i/L durch einen Tumor im betreffenden Organ oder einen schweren genetischen Schaden herangezogen. Der durchschnittliche Verlust an Lebenserwartung für tödliche Tumoren in den einzelnen Organen und die da-

Tab. 8.14 Verluste an Lebenserwartung für verschiedene strahleninduzierte Tumoren und daraus abgeleitete Wichtungsfaktoren [13].

Organ	Verlust an Lebenserwartung durch einen tödlichen Tumor L_i [Jahre]	Wichtungsfaktor L_i/L [a]
Blase	9,8	0,65
Brust	18,2	1,21
Dickdarm	12,5	0,83
Haut	15,0	1
Knochenmark	30,9	2,06
Knochenoberfläche	15	1
Leber	15	1
Lunge	13,5	0,9
Magen	12,4	0,83
Ovarien	16,8	1,12
Schilddrüse	15	1
Speiseröhre	11,5	0,77
Sonstige Organe	13,7	0,91
Schwere genetische Schäden	20	1,33

a) Verhältnis aus dem Verlust an Lebenserwartung durch einen tödlichen Tumor in einem bestimmten Organ und dem mittleren Verlust an Lebenserwartung durch alle Tumoren (s. Gl. (8)).

Tab. 8.15 Inzidenz und Mortalität von strahleninduzierten Tumoren und Wahrscheinlichkeit von genetischen Schäden und dem daraus resultierenden Detriment für die Allgemein-bevölkerung nach ICRP [13].

Organ	Wahrscheinlichkeit von Tumoren (Inzidenz) [10^{-2} Sv^{-1}]	Wahrscheinlichkeit von tödlichen Tumoren bzw. schweren genetischen Schäden [10^{-2} Sv^{-1}]	Detriment je Einheitsdosis [10^{-2} Sv^{-1}]
Blase	0,6	0,3	0,29
Brust	0,4	0,2	0,36
Dickdarm	1,5	0,85	1,03
Haut	10	0,02	0,04
Knochenmark	0,51	0,5	1,04
Knochenoberfläche	0,071	0,05	0,07
Leber	0,16	0,15	0,16
Lunge	0,89	0,85	0,8
Magen	1,0	1,1	1,0
Ovarien	0,14	0,1	0,15
Schilddrüse	0,80	0,08	0,15
Speiseröhre	0,32	0,3	0,24
sonst. Organe	0,77 [a]	0,5	0,59
alle Tumoren	17	5,0	5,92
schwere genetische Schäden	–	1	1,33
Summe	–	–	7,3

a) abgeleitet aus einer mittleren Mortalität von 0,65.

raus abgeleiteten Wichtungsfaktoren sind in Tabelle 8.14 zusammengefasst. Daten für die Lebenszeitverkürzung durch schwere genetische Schäden liegen nicht vor. Daher wurde in [13] für schwere genetische Schäden die etwas willkürliche Übereinkunft getroffen, einen mittleren Verlust an Lebenserwartung $L_{\text{genetische Schäden}}$ von 20 Jahren anzunehmen.

Die Beiträge der verschiedenen Tumoren und der genetischen Schäden zum Detriment für die Gesamtbevölkerung und beruflich Strahlenexponierte sind in Tabelle 8.15 angegeben. Das Detriment ergibt sich aus den Gleichungen und unter Berücksichtigung der Mortalität für die einzelnen Tumorarten und dem damit verbundenen relativen Verlust an Lebenserwartung.

Für Strahlenexpositionen der Gesamtbevölkerung ergibt sich, dass bei gleichmäßiger Verteilung der Äquivalentdosis über den Körper Tumoren 82% und schwere genetische Schäden 18% zum Detriment beitragen. Für inhomogene Expositionen können sich diese Anteile aufgrund der organspezifischen Mortalität der einzelnen Tumoren und deren unterschiedlichen Wichtungsfaktoren für den Verlust an Lebenserwartung unterscheiden.

Aus dem Risikofaktor für stochastische Schäden von 0,073 Sv^{-1} (0,05 Sv^{-1} für Krebserkrankungen) ergibt sich ein rechnerisches Risiko durch die natürliche Strahlenexposition an Krebs zu sterben in der Größenordnung von 0,0001 pro Jahr. Bezieht man genetische Schäden mit ein, so ergibt sich ein rechnerisches Risiko von etwa 0,00015 pro Jahr.

8.7
Gesetzliche Bestimmungen und Empfehlungen zur Begrenzung von Strahlenexpositionen

8.7.1
Grenzwerte für die Allgemeinbevölkerung und beruflich Strahlenexponierte

Zur Begrenzung der beruflichen Strahlenexposition und der Strahlenexposition der Bevölkerung wurden Dosisgrenzwerte festgelegt. Die in [13] empfohlenen Grenzwerte sind in Tabelle 8.16 angegeben. Die genannten Grenzwerte limitieren die zusätzliche Strahlenexposition durch Ableitungen von Radionukliden mit der Abluft und dem Abwasser durch kerntechnische Einrichtungen für Planung, Errichtung, Betrieb und Stilllegung von kerntechnischen Einrichtungen.

Die Empfehlungen der ICRP [13] wurden in die EU-Grundnormen [8] übernommen, in denen der Strahlenschutz in der Europäischen Union festgelegt

Tab. 8.16 Empfohlene Dosisgrenzwerte nach ICRP [13].

Zielorgan	Dosisgrenzwert	
	Berufliche Exposition	Exposition der Bevölkerung
Effektivdosis	20 mSv a^{-1} als 5-Jahresdurchschnitt, nicht mehr als 50 mSv in einem Einzeljahr[a]	1 mSv a^{-1}, unter außergewöhnlichen Umständen in einem Einzeljahr 5 mSv[b]
Augenlinse	150 mSv a^{-1}	15 mSv a^{-1}
Haut[c]	500 mSv a^{-1}	50 mSv a^{-1}
Extremitäten	500 mSv a^{-1}	–

a) Für beruflich strahlenexponierte Schwangere wird eine Begrenzung der Exposition des Abdomens auf 2 mSv a^{-1} empfohlen.

b) Im 5-Jahres-Durchschnitt darf eine Dosis von 1 mSv a^{-1} nicht überschritten werden.

c) Prinzipiell ist der Grenzwert für die Effektivdosis ausreichend, um stochastische Hautschäden zu begrenzen; der hier für die Haut genannte Grenzwert dient zur Begrenzung deterministischer Hautschäden. Der Grenzwert gilt für eine Mittelungsfläche von 1 cm^2; er ist unabhängig von der Größe der betroffenen Hautfläche.

ist. Die EU-Grundnormen wurden mit der im Jahr 2001 veröffentlichten Strahlenschutzverordnung [3] in deutsches Strahlenschutzrecht umgesetzt.

Die Grenzwerte für die berufliche Strahlenexposition und die Strahlenexposition der Bevölkerung für die Bundesrepublik Deutschland sind in der Strahlenschutzverordnung (StrlSchV) [3] festgelegt (Tab. 8.17), die im Kern die Empfehlungen der ICRP nachvollziehen, bezüglich einiger Grenzwerte für Organdosen jedoch etwas restriktiver sind.

Die Bestimmung dieser Strahlenexposition erfolgt für sechs definierte Referenzpersonen unter Berücksichtigung aller radioaktiven Emittenten an einem Standort; d. h. die Vorbelastung durch bereits im Betrieb befindlichen Anlagen muss berücksichtigt werden. Zusätzlich wird in der Strahlenschutzverordnung die effektive Dosis durch Direktstrahlung aus einer Anlage begrenzt. Die gesamte effektive Dosis darf unter Einbeziehung der erwartenden Strahlenexposition durch Ableitung mit der Abluft oder dem Abwasser 1 mSv a^{-1} nicht überschreiten. Das Berechnungsverfahren zur Bestimmung von Strahlenexpositio-

Tab. 8.17 Dosisgrenzwerte nach Strahlenschutzverordnung [3] für berufliche Strahlenexposition und für die Strahlenexposition der Bevölkerung.

Zielorgan	Dosisgrenzwert [mSv a^{-1}]		
	Berufliche Exposition[a]	Exposition der Bevölkerung	
		Normale Umstände[b]	Außergewöhnliche Umstände[c]
Effektivdosis	20[d]	0,3[e]	50
Gonaden, Uterus, rotes Knochenmark	50	0,3	50
Knochenoberfläche, Haut	300	1,8	300
Schilddrüse	300	0,9	150
alle anderen Organe und Gewebe	150	0,9	150
Extremitäten	500	–	500

a) Für Personen über 18 Jahre, für Personen unter 18 Jahre gelten um einen Faktor 10 kleinere Werte.

b) Grenzwerte für die Strahlenexposition durch die geplante Ableitung von Radionukliden aus kerntechnischen Anlagen mit Abluft oder Abwasser im bestimmungsgemäßen Betrieb.

c) Grenzwerte für die Ableitung von Radionukliden aus kerntechnischen Anlagen mit Abluft oder Abwasser im nicht bestimmungsgemäßen Betrieb (Störfälle).

d) Für gebärfähige Frauen darf die Exposition des Uterus 5 mSv pro Monat nicht überschreiten.

e) Die gesamte effektive Dosis durch Direktstrahlung von einer Anlage und Ableitungen mit Abluft oder Abwasser aus einer Anlage ist auf 1 mSv a^{-1} begrenzt.

nen durch geplante kerntechnische Einrichtungen ist in der Allgemeinen Verwaltungsvorschrift zu § 47 Strahlenschutzverordnung geregelt [2].

Zusätzlich zu den Grenzwerten wird in der Strahlenschutzverordnung das von der ICRP [13] empfohlene Minimierungsgebot festgeschrieben, das besagt, dass die Strahlenexposition auch unterhalb der Grenzwerte so gering wie vernünftigerweise erreichbar („as low as reasonable achievable") zu halten ist. Demnach ist „jede Strahlenexposition oder Kontamination von Personen, Sachgütern oder der Umwelt unter Beachtung des Standes von Wissenschaft und Technik und unter Berücksichtigung aller Umstände des Einzelfalles auch unterhalb der in dieser Verordnung festgesetzten Grenzwerte so gering wie möglich zu halten" [3].

8.7.2
Grenzwerte für Radionuklide in Nahrungsmitteln

In der Strahlenschutzverordnung sind keine Grenzwerte für Radionuklidgehalte in Nahrungsmitteln angegeben, da die Strahlenschutzverordnung als primären Grenzwert die Dosis definiert.

Unmittelbar nach dem Reaktorunfall von Tschernobyl wurden jedoch von der Europäischen Union Grenzwerte [7] für die Cäsium-Kontamination für den Handel von Nahrungsmitteln zwuschen den Mitgliedsstaaten und für die Einfuhr von Lebensmitteln aus Drittländern erlassen (370 Bq/L für $^{134/137}$Cs in Milch, Milchprodukte und Kleinkindernahrung, 600 Bq/kg $^{134/137}$Cs in allen übrigen Lebensmitteln). Diese Grenzwerte wurden schließlich auch für den innerdeutschen Handel angewandt. Diese Werte galten zunächst bis zum 30. September 1986, wurden dann aber wegen der z.T. anhaltend hohen Cäsiumgehalte in Wild und Pilzen mehrmals verlängert, so dass sie auch heute noch Gültigkeit haben. Die Überwachung der Einhaltung dieser Grenzwerte obliegt den Landesuntersuchungsämtern.

Im Jahr 1987 wurden von der Europäischen Gemeinschaft daneben Grenzwerte (Tab. 8.18) eingeführt, die im Falle eines neuen Reaktorunfalls zunächst in Kraft treten und dann bei Kenntnis der spezifischen radiologischen Situation eventuell modifiziert werden, um die gesundheitlichen, wirtschaftlichen und sozialen Gegebenheiten angemessen und situationsangepasst zu berücksichtigen [6].

8.7.3
Grenzwert für Trinkwasser

Ein weiterer Grenzwert für die Limitierung der Strahlenexposition durch natürliche Radionuklide (ohne Tritium, ^{40}K, Radon und Radonzerfallsprodukte) ist in der Trinkwasserverordnung [1] festgeschrieben. Diese regelt, dass die jährliche Dosis durch den Verzehr von Trinkwasser 0,1 mSv nicht überschreiten darf.

Tab. 8.18 Grenzwert für Radionuklide in Lebensmitteln [6], die nach einer großflächigen radioaktiven Kontamination in Kraft gesetzt werden.

Radionuklid/Radionuklidgruppe	Nahrungsmittel[a]			
	Nahrungsmittel für Säuglinge[b]	Milcherzeugnisse[c]	Andere Nahrungsmittel[c]	Flüssige Nahrungsmittel[d]
Strontiumisotope, insbesondere ^{90}Sr	75	125	750	125
Iodisotope, insbesondere ^{131}I	150	500	2000	500
α-Strahlen emittierende Plutoniumisotope- und Transplutoniumelemente, insbesondere ^{239}Pu, ^{241}Am	1	20	80	20
alle übrigen Radionuklide mit einer Halbwertszeit 10 d, insbesondere ^{134}Cs und ^{137}Cs[e]	400	1000	1250	1000

a) Die für konzentrierte und getrocknete Erzeugnisse geltende Höchstgrenze wird anhand des zum unmittelbaren Verzehr bestimmten rekonstituierten Erzeugnisses errechnet. Die Mitgliedstaaten können Empfehlungen hinsichtlich der Verdünnungsbedingungen aussprechen, um die Einhaltung der in dieser Verordnung festgelegten Höchstwerte zu gewährleisten.

b) Als Nahrungsmittel für Säuglinge gelten Lebensmittel für die Ernährung speziell von Säuglingen während der ersten vier bis sechs Lebensmonate, die für sich genommen den Nahrungsbedarf dieses Personenkreises decken und in Packungen für den Einzelhandel dargeboten werden, die eindeutig als „Zubereitung für Säuglinge" gekennzeichnet und etikettiert sind.

c) außer Nahrungsmittel von geringer Bedeutung (z B. Gewürze).

d) Die Werte werden unter Berücksichtigung des Verbrauchs von Leitungswasser berechnet; für die Trinkwasserversorgungssysteme sollten nach dem Ermessen der zuständigen Behörden der Mitgliedstaaten identische Werte gelten.

e) Diese Gruppe umfasst nicht Kohlenstoff C-14, Tritium und Kalium-40.

8.7.4
Behandlung bestehender Kontaminationen

Für bereits bestehende Kontaminationen existieren keine verbindlichen Grenzwerte. Die Sicherstellung eines ausreichenden Schutzes der Bevölkerung vor ionisierender Strahlung erfolgt nach dem von der ICRP vorgeschlagenem Konzept der Intervention [13] und den abgeleiteten Interventionsrichtwerten. Dabei handelt es sich nicht um feste Grenzwerte, sondern um Orientierungswerte, bei deren Überschreiten Maßnahmen zur Reduzierung von Expositionen ins Auge gefasst werden sollten, wobei die sozialen und ökonomischen Kosten zu berücksichtigen sind.

Für die Sanierung von Altlasten aus dem Uranbergbau in Sachsen und Thüringen fand dieses Konzept Anwendung. Auf dessen Grundlage wurden von der Strahlenschutzkommission [21] Kriterien für die Nutzung abgeleitet, die sicherstellen, dass die zusätzliche Exposition 1 mSv a^{-1} nicht überschreitet, davon dürfen maximal 0,5 mSv a^{-1} durch die Aufnahme von Trinkwasser verursacht werden. Da der primäre Richtwert von 1 mSv a^{-1} für den praktischen Strahlenschutz eine etwas unpraktikable Größe darstellt, wurden daraus als sekundäre Richtwerte Radiumkonzentrationen des Bodens abgeleitet, die schließlich als Kriterium für die Freigabe von kontaminierten Flächen für bestimmte Nutzungen dienen [21].

8.8
Zusammenfassung

In der Umwelt liegen eine Reihe von natürlichen und vom Menschen erzeugte Radionuklide vor. Die natürliche Strahlenexposition des Menschen beträgt in der Bundesrepublik Deutschland etwa 2,1 mSv a^{-1}, davon werden etwa die Hälfte durch die Inhalation des Edelgases Radon und seiner Zerfallsprodukte, etwa ein Drittel durch externe Exposition und etwa ein Sechstel durch die Aufnahme von radioaktiven Stoffen mit der Nahrung hervorgerufen. Vom Menschen erzeugte, in der Umwelt vorliegende Radionuklide tragen derzeit nur in unbedeutender Weise zur Strahlenexposition bei. Aufgrund der guten Verfügbarkeit von Cäsium sind auf Waldstandorten zum Teil hohe ^{137}Cs-Gehalte in Beeren, Pilzen und Wild zu beobachten, deren Verzehr für bestimmte Bevölkerungsgruppen zu höheren Expositionen führen kann. Der Einfluss auf die mittlere Exposition der Bevölkerung ist jedoch unbedeutend.

Nach Exposition durch ionisierende Strahlen können deterministische und stochastische Wirkungen auftreten. Für deterministische Effekte wird die Existenz von Schwellenwerten unterstellt, bei stochastischen Effekten (z. B. Krebsentstehung) wird davon ausgegangen, dass kein Schwellenwert existiert, sondern nur ein Risiko für diese Effekte angegeben werden kann, das mit der Dosis ansteigt.

Deterministische Effekte durch ionisierende Strahlung treten erst bei hohen Strahlendosen auf und sind für natürlich bedingte Expositionen nicht von Bedeutung. Die Abschätzung von Risiken durch Radioaktivität in der Umwelt konzentriert sich daher auf stochastische Wirkungen. Dabei hat der Gesetzgeber für die Bundesrepublik Deutschland die Bewertungsgrundsätze der internationalen Gremien (ICRP) übernommen und verwendet das Detrimentkonzept. Das Detriment ergibt aus den verschiedenen stochastischen Wirkungen ionisierender Strahlen Krebsmortalitätsrisiko, Krebsinzidenzrisiko und Risiko für vererbbare genetische Schäden. Das Detriment ergibt sich als gewichtete Summe der einzelnen Risiken und wird als Risiko pro Strahlendosis mit der Einheit Sv^{-1} ausgedrückt.

Für das Risiko von stochastischen Schäden wird in ICRP ein Risikofaktor von $0,073\ Sv^{-1}$ ($0,05\ Sv^{-1}$ für Krebserkrankungen) abgeschätzt. Daraus ergibt sich ein rechnerisches Lebenszeitrisiko durch die natürliche Strahlenexposition an Krebs zu erkranken und zu sterben in der Größenordnung von 0,007 (0,7%); unter Einbeziehung genetischer Schäden ergibt sich Lebenszeitrisiko von etwa 0,01 (1%).

8.9
Literatur

1 BMJ (Bundesminister der Justiz) (2001) Verordnung über die Qualität von Wasser für den menschlichen Gebrauch (Trinkwasserverordnung – TrinkwV 2001), Bundesgesetzblatt, 24, Teil I, Bonn, 28. Mai 2001.

2 BMU (Bundesminister für Umwelt, Naturschutz und Reaktorsicherheit) (1990) Allgemeine Verwaltungsvorschrift zu § 47 Strahlenschutzverordnung, (Fortschreibung der Allgemeinen Verwaltungsvorschrift zu § 45 Strahlenschutzverordnung: Ermittlung der Strahlenexposition durch die Ableitung radioaktiver Stoffe aus kerntechnischen Anlagen oder Einrichtungen, *Bundesanzeiger* 42).

3 BMU (Bundesminster für Umwelt, Naturschutz und Reaktorsicherheit) (2001) Verordnung über den Schutz vor Schäden durch ionisierende Strahlen (Strahlenschutzverordnung – StrlSchV); *Bundesgesetzblatt* 38, S. 1714.

4 BMU (Bundesministerium für Umwelt, Naturschutz und Reaktorsicherheit) (2003) Umweltradioaktivität und Strahlenbelastung, Jahresbericht 2002, Bonn.

5 BMU (Bundesministerium für Umwelt, Naturschutz und Reaktorsicherheit) (2005) Umweltradioaktivität und Strahlenbelastung, Jahresbericht 2003, Bonn.

6 EG (Europäische Gemeinschaft): Verordnung (Euratom) Nr. 3954/87 des Rates vom 22. Dezember 1987 zur Festlegung von Höchstwerten an Radioaktivität in Nahrungsmitteln und Futtermitteln im Falle eines nuklearen Unfalls oder einer anderen radiologischen Notstandssituation (ABl. L 371 vom 30. 12. 1987, S. 11)

7 EG (Europäische Gemeinschaft): Verordnung des Rates der Europäischen Gemeinschaft über die Einfuhrbedingungen für landwirtschaftliche Erzeugnisse mit Ursprung in Drittländern nach dem Unfall im Kernkraftwerk Tschernobyl (Verordnung (EWG) Nr. 1707/86, ABl. Nr. L 152 vom 31. 5. 1986, bis zur Verordnung (EG) Nr. 1609/2000, ABl. Nr. L 185 vom 25. 7. 2000).

8 EU (Europäische Union) (1996) Richtlinie 96/29/Euratom des Rates vom 13. Mai 1996 zur Festlegung der grundlegenden Sicherheitsnormen für den Schutz der Gesundheit der Arbeitskräfte und der Bevölkerung gegen die Gefahren durch ionisierende Strahlungen; *Amtsblatt der Europäischen Gemeinschaften* 39.

9 Gans, I. (1986) Künstliche Radioaktivität in der Umwelt vor und nach dem Reaktorunfall, in: Sonderheft Tschernobyl, Forschung aktuell, *Zeitschrift der TU Berlin*, 32–37.

10 ICRP (International Commission on Radiological Protection). Limits of intakes of radionuclides by workers (Publication 30); Annals of the ICRP, Part 1–4 (with supplements), Annals of the ICRP, Volume 2/3–4, 1979; Volume 4/3–4, 1981; Volume 6/1–6, 1982, Volume 7 & 8, 1982.

11 ICRP (International Commission on Radiological Protection) (1983) Radionuclide Transformation: Energy and Intensity

of Emissions (Publication 38), Annals of the ICRP, Vol. 11–13.

12 ICRP (International Commission on Radiological Protection) (1990) Age-dependent doses to the members of the public from intake of radionuclides (Publication 56); Part 1; Annals of the ICRP, Volume 20/2.

13 ICRP (International Commission on Radiological Protection) (1991) Recommendations of the International Commission on Radiological Protection, (Publication 60); Annals of the ICRP, Volume 21/1–3.

14 ICRP (International Commission on Radiological Protection) (1994) Age-dependent doses to the members of the public from intake of radionuclides (Publication 67); Part 2, Ingestion dose coefficients; Annals of the ICRP, Volume 23/3–4.

15 ICRP (International Commission on Radiological Protection) (1995) Age-dependent doses to the members of the public from intake of radionuclides; Part 3 (Publication 69), Ingestion dose coefficients; Annals of the ICRP, Volume 25/1.

16 ICRP (International Commission on Radiological Protection) (1996) Age-dependent doses to the members of the public from intake of radionuclides; Part 4, Inhalation dose coefficients (Publication 71); Annals of the ICRP, Volume 25/3.

17 ICRP (1996) Age-dependent doses to the members of the public from intake of radionuclides; Part 5, Compilation of ingestion and inhalation dose coefficients (Publication 72); Annals of the ICRP, Volume 26/1.

18 ICRP (International Commission on Radiological Protection) (1997) Individual Monitoring for Internal Exposure of Workers (Publication 78); Annals of the ICRP, Volume 27/3–4.

19 ISS (Institut für Strahlenschutz) 1998): Umweltradioaktivität und Strahlenexposition in Südbayern durch den Tschernobyl-Unfall. GSF-Bericht 16/86,.

20 Pounds, JG, Leggett, RW (1998) The ICRP age-specific biokinetic model for lead: validations, empirical comparisons, and explorations. *Environ Health Perspect.* **106** Suppl. 6:18, 505–11.

21 SSK (Strahlenschutzkommission) (1992) Strahlenschutzgrundsätze für Verwahrung, Nutzung oder Freigabe von kontaminierten Materialien, Gebäuden, Flächen oder Halden aus dem Uranerzbergbau. Empfehlungen der Strahlenschutzkommission mit Erläuterungen; Veröffentlichungen der Strahlenschutzkommission, Band 23, Gustav Fischer, Stuttgart.

22 UNSCEAR (United Nations Scientific Committee on the Effects of Atomic Radiation) (1993) Sources and effects of ionizing radiation, UNSCEAR Report to the General Assembly with Scientific Annexes, United Nations, New York.

23 UNSCEAR (United Nations Scientific Committee on the Effects of Atomic Radiation) (2000) Volume I: Sources, United Nations, New York.

24 UNSCEAR (United Nations Scientific Committee on the Effects of Atomic Radiation) (2000) Volume II: Effects, United Nations, New York.

9
Folgeprodukte der Hochdruckbehandlung von Lebensmitteln

Peter Butz und Bernhard Tauscher

9.1
Einleitung

Die Hochdruckbehandlung von Lebensmitteln (HD-Pasteurisierung, HD-Sterili-
sation, UHP, HPP) ist ein neues Verfahren zur Haltbarmachung (Pasteurisierung) und Modifizierung von Lebensmitteln ohne Anwendung hoher Temperaturen [2, 10, 12, 19, 20, 27, 36, 83]. Dabei werden Lebensmittel bis zu einigen
Minuten hydrostatischen Drücken über 100 MPa ausgesetzt. Flüssige Lebensmittel können direkt in den Druckbehälter gegeben werden, während flexibel
verpacktes Lebensmittel über ein druckübertragendes Medium (i. d. R. Wasser)
behandelt werden muss. Durch die niedrigen Prozesstemperaturen können unerwünschte Veränderungen der Lebensmittel, wie z. B. Vitaminverluste, Verringerung der Bioverfügbarkeit essenzieller Aminosäuren, Farbveränderungen, Ge-
schmacks- und Aromaänderungen usw., vermindert werden. Es ist jedoch sicherzustellen, dass keine druckbeeinflussten chemischen Reaktionen oder physikalischen Einflüsse im Lebensmittel dessen Gesundheitswert und sensorische
Qualität beeinträchtigen. Zudem muss die mikrobiologisch-hygienische Sicherheit des Verfahrens gewährleistet sein. Die keimtötende Wirkung von hydrostatischem Hochdruck sowie die Fähigkeit zur Denaturierung von Proteinen wurde bereits vor mehr als hundert Jahren gezeigt [8, 41]. Hydrostatischer Hochdruck wirkt in erster Näherung unmittelbar und an allen Stellen des Produktes
gleich stark und ist damit unabhängig von der Geometrie des Produktes, folglich werden alle Komponenten stückiger Lebensmittelzubereitungen gleich behandelt. Im Gegensatz dazu ist die thermische Behandlung von Lebensmitteln
bei konventionellen Pasteurisationsverfahren immer mit großen Temperaturgra-
dienten verbunden. Diese können unerwünschte Veränderungen wie Denaturierung, Bräunung oder Filmbildung hervorrufen [72]. In Zeiten, wo Umwelt-
schutz und Nachhaltigkeit immer wichtiger werden, ist der sehr geringe Ener-
gieverbrauch ein wichtiges Argument für die Hochdruckmethode: Für eine
Druckerhöhung eines Kilogramms Wasser auf 800 MPa sind lediglich 55 kJ/kg
aufzubringen, die gleiche Masse Wasser kann durch diese Energiemenge jedoch

Handbuch der Lebensmitteltoxikologie. H. Dunkelberg, T. Gebel, A. Hartwig (Hrsg.)
Copyright © 2007 WILEY-VCH Verlag GmbH & Co. KGaA, Weinheim
ISBN: 978-3-527-31166-8

nur um etwa 13 Grad angewärmt werden. Die Wirksamkeit der Hochdruck-behandlung wird durch den Systemdruck und auch durch die Temperatur be-einflusst. Durch die bei der Kompression auftretende innere Reibung erhöht sich die Produkttemperatur unter adiabatischen Bedingungen (kein Wärmeaus-tausch mit der Umgebung) im Fall von stark wasserhaltigen Lebensmitteln z. B. um ca. 3–4 °C pro 100 MPa. Bei dem noch in der Entwicklung befindlichen, ei-gentlich thermischen Verfahren der „Hochdruck-Sterilisation" wird dieser Effekt zur sekundenschnellen Aufheizung und Abkühlung (beim Entspannen) aus-genutzt, wodurch die thermische Belastung stark verringert werden kann, was wiederum der Produktqualität zugute kommt [38]. In den letzten Jahrzehnten wurde die Verfahrensentwicklung der Hochdruckpasteurisierung so weit voran-getrieben [38, 71], dass sie industrielle Anwendung fand und seit einigen Jahren in Japan, den USA und seit 1996 in Europa (hier: Zitrussäfte, Apfelsaft, ge-schnittener gekochter Schinken) hochdruckbehandelte Lebensmittel erhältlich sind. Die Vorteile der Hochdruckbehandlung, wie etwa der Frischecharakter, Haltbarkeit, Sicherheit vor Lebensmittelvergiftung, konnten im Premiumbereich erfolgreich vermarktet werden. Zur Produktpalette gehören u. a. Konfitüren mit verbesserten Geleigenschaften, aromatische Fruchtsäfte, hypoallergener Reis, kontaminationssicherer Kochschinken und haltbare, sichere Austern mit Fri-schecharakter. Die Unterbindung unerwünschter Enzymreaktionen während der Lagerung ist ein weiteres Anwendungsgebiet der Hochdrucktechnik. So findet man inzwischen auf dem gesamten US-Markt eine sehr beliebte Avocadozube-reitung (Guacamole), die bei Luftkontakt keine Braunfärbung erleidet. Hier hat die Hochdruckbehandlung zur Inaktivierung der fruchteigenen Polyphenoloxi-dase geführt. In Europa können Produkte, bei deren Herstellung ein bisher nicht übliches Verfahren angewandt worden ist, seit dem Inkrafttreten der Ver-ordnung EG Nr. 258/97 am 15. Mai 1997 über neuartige Lebensmittel und neu-artige Lebensmittelzutaten nur dann ohne EU-weites Genehmigungsverfahren in den Verkehr gebracht werden, wenn vorher die zuständige Behörde des ent-sprechenden EU-Mitgliedstaates festgestellt hat, dass durch das Verfahren keine bedeutenden unerwünschten Veränderungen verursacht werden (Prinzip der substanziellen Äquivalenz). Die Etikettierung neuartiger Lebensmittel regelt die Richtlinie 2000/13/EG des Europäischen Parlaments und des Rates vom 20. März 2000 zur Angleichung der Rechtsvorschriften der Mitgliedstaaten über die Etikettierung und Aufmachung von Lebensmitteln sowie die Werbung hierfür [91]. Sie basiert auf der Grundregel, dass das Etikettieren und dessen Methoden die Verbraucher hinsichtlich der Produktion, des Aufbaus, des Nähr-wertes oder der Eigenschaften eines Nahrungsmittels nicht irreführen sollten. Zusätzliche Beschriftungsanforderungen für spezifische neuartige Lebensmittel werden fallweise betrachtet und sollen den Verbraucher über alle neuen Eigen-schaften informieren, die das Lebensmittel oder der Nahrungsmittelbestandteil besitzt.

9.2
Hochdruck, ein neuer thermodynamischer Parameter
der Lebensmittelwissenschaften

In den Labors der Lebensmittelwissenschaften wurden mit dem Einzug des Parameters Druck die Behandlungs- und Verarbeitungsmethoden für eine Vielzahl von Objekten um einen Freiheitsgrad, d.h. um eine neue Dimension, erweitert. Das entspricht z.B. dem Schritt von einer geraden Linie in eine fast unendlich große Fläche. Die Einstellung verschiedener Drücke im Normalbereich, Vakuum bis einige Hektopascal, Variation chemischer Parameter z.B. des pH-Wertes und der Temperatur waren bis dato Standard, jedoch über die Auswirkungen hoher hydrostatischer Drücke in Kombination mit den anderen erwähnten Parametern war und ist nur punktuelles Wissen vorhanden. Bei Biomolekülen, z.B. bei der Denaturierung von Proteinen, zeigen sich makroskopisch ähnliche Effekte durch Druck- oder Wärmeeinwirkung. Auf molekularer Ebene haben sich jedoch interessante Unterschiede gezeigt, die vielversprechende Anwendungen denkbar machen. So ist es z.B. für medizinische Anwendungen, etwa im Bereich der Organverpflanzung, äußerst interessant, dass bei Drücken bis 200 MPa empfindliches Organgewebe ohne Einfrieren bei –20 °C aufbewahrt werden kann [66]. Weiterhin ermöglichen druckinduzierte Veränderungen der Proteinstruktur die biologische Inaktivierung von infektiösen Prionen [9, 32], Bakterien und Viren, wobei sich neue Möglichkeiten zur Impfstoffherstellung ergeben [68]. Bei der Verarbeitung von Lebensmitteln wirken physikalische Größen wie Druck, Temperatur, Scherungskräfte, Sauerstoff-Partialdruck usw. ein und lassen chemische Reaktionen zwischen den einzelnen Lebensmittelinhaltsstoffen erwarten. Diese Reaktionen können erwünscht sein, beispielsweise die Denaturierung von Proteinen, Bräunungsreaktionen, oder die Bildung von Aromakomponenten beim Braten von Fleisch. Die gleichen Reaktionen sind jedoch bei der Haltbarmachung von Milch unerwünscht, und man versucht, sie durch Variation der Prozessparameter zu verringern. Die Lage eines chemischen Gleichgewichtes hängt von Temperatur, Druck und den Konzentrationen der beteiligten Reaktionspartner ab. Durch Veränderungen der Umgebungsbedingungen (Temperatur, Druck, pH-Wert usw.) ist es möglich, das Gleichgewicht chemischer Reaktionen zu verschieben. Nach dem Prinzip des kleinsten Zwanges (Prinzip von Le Chatelier und Braun) wird bei chemischen Reaktionen unter erhöhtem Druck das Gleichgewicht in die Richtung verschoben, in der die Reaktionspartner ein kleineres Volumen einnehmen. Unter Druck werden solche Reaktionen bevorzugt, die mit einer Volumenverringerung verbunden sind. Zwei einander sehr ähnliche Gleichungen beschreiben die Druckbehandlung thermodynamisch:

$$\Delta V = V_B - V_A = \left(\frac{\partial \Delta G}{\partial p}\right)_T = -RT \left(\frac{\partial \ln K}{\partial p}\right)_T \tag{1}$$

Gleichung (1) beschreibt die Abhängigkeit der Gleichgewichtskonstante K einer Reaktion zwischen den Reaktionspartnern A und B vom Druck p, wobei die Änderung des Volumens ΔV gleich der Differenz zwischen dem Endvolumen V_B und dem Anfangsvolumen V_A ist. ΔG ist die Änderung der freien Enthalpie, R bedeutet die allgemeine Gaskonstante ($R = 8{,}3414510$ J/mol K).

$$\Delta V^{\neq} = V^{\neq} - V_A = \left(\frac{\partial \Delta G^{\neq}}{\partial p}\right)_T = -RT\left(\frac{\partial \ln k}{\partial p}\right)_T \tag{2}$$

Bei druckabhängigen Reaktionen ist das Volumen des (labilen) aktivierten Übergangszustandes sehr wichtig, denn es entscheidet über die Reaktionsgeschwindigkeit unter Druck. Gleichung (2) beschreibt die Abhängigkeit der Geschwindigkeitskonstanten k einer Reaktion zwischen den Reaktionspartnern A und B vom Druck p. Hierbei stehen $\Delta G^{\neq}$ und $\Delta V^{\neq}$ für die Änderung der freien Aktivierungsenthalpie bzw. des Aktivierungsvolumens, $V^{\neq}$ kennzeichnet das Volumen des aktivierten Systems, V_A ist das Volumen vor der Aktivierung. Eine Volumenänderung von -16 cm^3/mol, bei einer Druckerhöhung von 100 MPa und Raumtemperatur (20 °C, 293 K) ergibt nach dieser Gleichung eine Verdoppelung der Reaktionsgeschwindigkeitskonstante k. In [50, 70, 87] werden zahlreiche Beispiele für Reaktionen mit negativen Reaktionsvolumina gegeben, in erster Linie Modellsysteme in Lösungsmitteln und unter definierten Reaktionsbedingungen. Die direkte Übertragung auf komplexe Reaktionssysteme, wie sie im Lebensmittel anzutreffen sind, ist schwierig, um jedoch Hinweise auf möglicherweise im Lebensmittel vorkommende kritische Reaktionen zu erhalten, sind diese Quellen wertvoll. Auch unter den bisher üblichen Bedingungen der in Haushalt und Industrie angewandten Bearbeitungsprozesse unterliegen Proteine und Kohlenhydrate vielfältigen Umsetzungen, bei denen sie z. B. mit sich selbst oder mit anderen Lebensmittelbestandteilen reagieren können. Dadurch kann es besonders bei Proteinen zu einer Nährwertminderung infolge Aminosäurezerstörung bzw. -modifizierung, zu verringerter Verdaulichkeit aber gelegentlich auch zur Bildung gesundheitsbeeinträchtigender Produkte kommen. Bei der Hochdruckbehandlung kommt hinzu, dass, wie man aus den Gl. (1) und (2) schließen kann, die möglichen Reaktionen je nach Vorzeichen der Volumenänderung beschleunigt, aber auch unterdrückt werden können. Kritisch ist das Volumen des Übergangszustandes, besonders beim Vorliegen diastereomerer Übergangszustände. Hier hat sich generell gezeigt, dass ein bei Normaldruck aus sterischen Gründen bevorzugter Reaktionsweg unter Hochdruck umgekehrt werden kann, also im Endeffekt unter Druck das andere Diastereomer gebildet wird, wie das Schema in Abbildung 9.1 zeigt [67].

Das hat Konsequenzen für die biologische Funktion: Stoffe mit physiologischer Funktion werden im Organismus von Enzymsystemen hergestellt, die streng stereoselektiv arbeiten, so haben z. B. alle physiologischen Aminosäuren L-Konfiguration. D-Aminosäuren behindern die enzymatische Proteolyse und auch toxische Effekte sind nicht auszuschließen. Oft ist die biologische Funktion von Proteinen auch an deren Konformation gebunden, ein Beispiel wären die „normalen" Prionen Prp^c und die infektiösen Prionen Prp^{sc} mit zwar identischer Aminosäuresequenz, aber geänderter Konformation. Konformationsände-

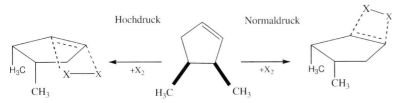

Abb. 9.1 Hochdruck kann Reaktionswege umkehren.

rung ist wiederum die Hauptauswirkung der Druckanwendung bei Proteinen. Wie später ausführlicher gezeigt wird, ist der Druck auch in der Lage, inaktive Vorstufen biologisch wirksamer Peptide, z. B. hormonähnlich wirkender, in die funktionsfähige Form zu überführen.

9.3
Mögliche Reaktionen in Lebensmitteln unter Hochdruck

Es ist eine allgemeine Erfahrung, dass Lebensmittel, wie alles biologische Material, nur begrenzt haltbar sind. Sowohl intern als auch extern sind sie einer großen Vielfalt physikalischer, chemischer, biologischer und biochemischer Einflüsse ausgesetzt, bei der Herstellung, Verarbeitung und auch während der Lagerung. Die Hochdruckbehandlung mit nur wenigen Minuten Einwirkungszeit stellt nur einen scheinbar vernachlässigbar kleinen Zeitraum in der „Laufzeit" des Lebensmittels dar, dennoch hat sie über chemische und biochemische Beeinflussung von Reaktionen im Lebensmittel und durch physikalische Wirkungen, wie z. B. Zerstörung der Trennfunktion von Membranen, ein entscheidendes, Weichen stellendes Potenzial hinsichtlich Qualität, Lebensmittelsicherheit und Lagerfähigkeit. Auf diesem Potenzial beruht einerseits ihre Nutzanwendung, falsch gewählte Verfahrensparameter können andererseits Qualitätseinbußen und sogar Risiken hervorrufen. Temperatur und Druck sind die wichtigsten Parameter, die den Zustand der Materie – auch den von Lebensmitteln – beeinflussen. Während die Einwirkung von Temperatur auf Lebensmittel seit langem Gegenstand von Untersuchungen ist, ist der Einfluss des Druckes, auch in Kombination mit Temperatur, auf Lebensmittel ein relativ junges Forschungsgebiet. Aufgrund ihrer Relevanz für Sicherheitsbetrachtungen sollten Vorgänge und Reaktionen in Lebensmitteln untersucht werden, die dem Prinzip von Le Chatelier unterliegen. Hierzu gehören spezielle chemische Reaktionen sowohl niedermolekularer als auch makromolekularer Verbindungen. Im Folgenden werden theoretisch mögliche und praktisch bereits untersuchte Beispiele für durch Druck beeinflusste Reaktionen im Lebensmittelbereich vorgestellt.

9.3.1
Ionisation von Wasser, Säuren, Phenolen und Aminen

Wasser, einer der wichtigsten Bestandteile von Lebensmitteln, insbesondere von Obst- und Gemüseprodukten, ist im Vergleich zu Gasen kaum komprimierbar, 4 Vol% bei 100 MPa und 22 °C und 15 Vol% bei 600 MPa ebenfalls bei 22 °C. Adiabatische Kompression (d.h. ohne Wärmeaustausch mit der Umgebung) von Wasser bewirkt eine Temperaturerhöhung von etwa 3–4 °C pro 100 MPa [63], abhängig von der Ausgangstemperatur. Auch die Phasenübergänge von Wasser sind druckabhängig. Wie bereits erwähnt, ist Wasser bei –22 °C und 210 MPa noch flüssig. Dass Wasser bei 0 °C unter Druck nicht gefriert, liegt daran, dass der Übergang von flüssiger Phase in die Eis-I-Phase mit einer Volumenzunahme verbunden ist, diese wirkt dem Druck entgegen [43]. Über 210 MPa steigt der Schmelzpunkt von Eis mit dem Druck, d.h. bei 20 °C und 880 MPa bzw. 30 °C und 1036 MPa wird das Wasser fest, es liegt also „warmes Eis" vor. Diese Effekte lassen sich im Lebensmittelbereich ausnutzen, indem unter Druck schneller aufgetaut werden kann, wobei allerdings die notwendige Umwandlungswärme zugeführt werden muss. Man könnte auch in bestimmten Fällen, beispielsweise bei biologischen Geweben, an ein Aufbewahren unter Druck bei Minustemperaturen im nichtgefrorenen Zustand denken. Die Selbstionisation des Wassers wird durch Druck gefördert. Das Ionisationsvolumen von Wasser in H_3O^+ und OH^- Ionen beträgt –22,2 cm^3 mol^{-1} bei 25 °C. Die Volumenkontraktion wird durch eine starke Elektrostriktion verursacht: Hierbei wird das Hydratwasser der gebildeten Ionen stärker geordnet, was zur Verringerung des Gesamtvolumens führt. Es ist kein Beispiel bekannt, in dem die Bildung von Ionen aus neutralen Molekülen nicht auch zu einer Volumenkontraktion führt. Bei großen Ionen ist die Kontraktion geringer, ebenso wenn die Ladung der Ionen delokalisiert vorliegt. Ein Beispiel sind die drei möglichen Ionisationsvolumina der Phosphorsäure: $\Delta_1 = -16{,}3 \cdot \Delta_2 = -25{,}9 \cdot \Delta_3 = -36$ cm^3 mol^{-1} bei 25 °C [53]. Das bedeutet, dass Druck die Ionisation der Phosphorsäure bis zum Phosphation fördert. Ein ebenso bemerkenswertes Beispiel ist die Dissoziation der Diphosphorsäure (Pyrophosphorsäure) unter Druck: $\Delta_1 = -16{,}0 \cdot \Delta_2 = -20{,}7 \cdot \Delta_3 = -28{,}9$ cm^3 mol^{-1} bei 25 °C [84]. Das Verhalten von Kohlensäure unter Druck zeichnet sich durch eine verstärkte Ionisation aus, was zugleich auf die Bildung einer kovalenten Bindung zwischen Wasser und CO_2 und die eigentliche Ionisation hindeutet: $\Delta_1 = -26{,}0 \cdot \Delta_2 = -29{,}2$ cm^3 mol^{-1} (25 °C) [3].

$$CO_2 + H_2O \rightarrow HCO_3^- + H_3O^+; \quad CHO_3^- - H^+ \rightarrow CO_3^{2-}$$

Ähnliches gilt für die Dissoziation der Borsäure mit einem Reaktionsvolumen von –35,5 cm^3 mol^{-1} bei 25 °C. Das Dissoziationsverhalten anorganischer und organischer Säuren unter Druck hat erheblichen Einfluss auf die Druckbehandlung von Lebensmitteln, denn hier finden sich in der Regel Puffersysteme, die unter Druck den pH-Wert ändern und so pH-bedingte Folgereaktionen, erwünschte wie z.B. Keiminaktivierung, aber auch unerwünschte, hervorrufen können. Als Konservierungsstoff zugesetzte organische Säuren können so auch Probleme bereiten. Monobasische Carbonsäuren nähern sich mit zunehmender Kohlenstoffzahl einem Ionisationsvolumen von ca. -14 cm^3 mol^{-1}. Die ersten beiden Ionisationsvolumina unverzweigter dibasischer Carbonsäuren liegen mit Werten von -13 bis -14 cm^3 mol^{-1} eng beieinander [42], während die beiden Ionisationsvolumina der Oxalsäure mit $-6,7$ bzw. $-11,9$ cm^3 mol^{-1} relativ weit auseinander liegen. Die Ionisationsvolumina der Citronensäure nehmen mit zunehmendem Dissoziationsgrad erwartungsgemäß zu: $\Delta_1 = -10{,}7 \cdot \Delta_2 = -12{,}3 \cdot \Delta_3 = -22{,}3$ cm^3 mol^{-1} (25 °C) [53]. Phenole haben ein größeres, negatives Ionisationsvolumen als Carbonsäuren. Phenol selbst liegt in seinem Ionisationsvolumen ähnlich wie Wasser. Substituenten am aromatischen Kern beeinflussen das Ionisationsvolumen der phenolischen OH-Gruppe. Ammoniak hat ein höheres Dissoziationsvolumen als Wasser: $\Delta = -28{,}8$ cm^3 mol^{-1} (25 °C) [74].

$$NH_3 + H_2O \rightarrow NH_4^+ + OH^-$$

Die Protonierung von Aminen ist ebenfalls druckbegünstigt. Der Übergang von NH$_3^+$-Glycin bzw. NH$_3^+$-Alanin in die zwitterionische Form ist druckbegünstigt mit ca. -10 cm^3 mol^{-1} [59]. Ein bisher wenig untersuchter Aspekt betrifft die Reaktivität der durch druckbegünstigte Reaktion dissoziierten Spezies. Toxikologisch relevant könnten z. B. unerwartete, schnelle Reaktionen sein, allerdings nur während der kurzen Zeitdauer der Druckbehandlung, denn Entspannung führt augenblicklich zur Reversion der Dissoziation. Hier besteht noch Forschungsbedarf.

9.3.2
Wasserstoffbrückenbildung

Bei der Bildung einer Wasserstoffbrücke sollte sich aufgrund des geringen Durchmessers eines kovalent gebundenen Wasserstoffatoms und der erheblichen Länge einer Wasserstoffbrückenbindung nur eine geringe Volumenabnahme ergeben. Dies ist für das acide Phenol als Wasserstoffdonor gezeigt und erklärt worden [78]. Die Volumenänderungen bewegen sich dabei nur bei wenigen cm^3 mol^{-1}. Für die Dimerisierung von Carbonsäuren erwartet man, infolge der doppelten H-Brückenbindung, eine etwas stärkere Volumenkontraktion bei Raumtemperatur. Die Dimerisierung von Carbonsäuren im wässrigen Medium bei 30 °C, ergibt Reaktionsvolumina, die in der Tat größer sind [85]. Mit zunehmendem Druck über 200–300 MPa wird die Assoziation mit zunehmender Kettenlänge unterdrückt. Grund hierfür sind hydrophobe Wechselwirkungen der Alkylgruppen im Dimeren. Bei Keto-Enol-Tautomeren favorisiert Druck leicht die Ketoform, d. h., die cyclische Struktur der Enolform nimmt ein etwas größeres Volumen ein als die Ketoform, wie an Acetoacetat gezeigt wurde [49]. Die Ausbildung einer Wasserstoffbrückenbindung ergibt also nicht immer eine Abnahme des molaren Volumens aufgrund einer leichten Verkürzung der Bin-

dungslängen, denn Kompensation bzw. Überkompensation dieser Volumenabnahme kann aus hydrophoben Wechselwirkungen oder volumenreicheren
cyclischen Strukturen herrühren.

9.3.3
Hydrophobe Effekte

Im polaren wässrigen Medium haben unpolare Verbindungen die Tendenz zu
aggregieren. Auch die Wassermoleküle binden lieber aneinander, als an unpolaren Kohlenwasserstoff. Die dadurch zustande kommende sog. hydrophobe Interaktion ist treibende Kraft für die Stabilität von, und Wechselwirkung zwischen, biologischen Makromolekülen wie Proteinen und Lipiden, und auch für
die Bindung von Substraten an Enzyme oder aber die Bildung von Mizellen.
Auch organische Reaktionen können hydrophobe Effekte zeigen, wenn sie in
wässriger Lösung stattfinden. Dieser hydrophobe Effekt kann durch einen Zusatz von Verbindungen wie Lithiumchlorid noch vergrößert werden, denn dadurch wird die Löslichkeit des Kohlenwasserstoffs in Wasser verringert. Andere
Salze, wie z. B. Guanidiniumchlorid, vergrößern die Löslichkeit des Kohlenwasserstoffs in Wasser. Von besonderem Interesse sind hydrophobe Effekte in Abhängigkeit anwesender Ionen auch bei Anwendung von Druck, denn hier ist
ebenfalls mit unerwarteten Folgen zwischenmolekularer Effekte zu rechnen [4,
7, 43].

9.3.4
Hochdruckeinfluss auf kovalente Bindungen

In der Literatur wird immer wieder darauf verwiesen, dass bei Anwendung des
Hochdruckverfahrens zur Pasteurisierung von Lebensmitteln der Druck allein
nicht in der Lage sei, kovalente Bindungen zu spalten, da die notwendige Bin-
dungsenergie nicht aufgebracht wird. Das ist im Prinzip richtig und stellt
gleichzeitig auch einen der Hauptvorteile des Hochdruckverfahrens dar, nämlich den im Vergleich zu thermischen Verfahren viel geringeren Energieeintrag.
Es darf dann jedoch nicht gefolgert werden, dass es beim Hochdruckverfahren
keine chemischen Stoffumsetzungen, d.h. keine Bildung oder Trennung kova-
lenter Bindungen gäbe: Nach den Gl. (1) und (2) beeinflusst nämlich der Druck
sowohl die Gleichgewichtslage als auch die Geschwindigkeit chemischer Reaktionen. Das trifft natürlich auch auf chemische Reaktionen zu, die im Lebensmittel ohnehin ablaufen! Die betreffenden Reaktionen sind sowohl chemischer
als auch biochemischer Natur und finden hauptsächlich während des natürlichen Verderbs und auch während der Be- und Verarbeitung und der ggf. anschließenden Lagerung statt. Kovalente Bindungen sind kürzer als Bindungen,
die durch Komplexbildung entstehen. Die Hydratation von Carbonylverbindungen unter hohen Drücken ergibt z. B. eine Volumenkontraktion von ca. -10 cm^3
mol^{-1} [60]. Werden zwei kovalente Bindungen, wie z. B. bei der im Folgenden
näher besprochenen Diels-Alder-Reaktion gebildet, so ist die Volumenabnahme

noch größer. Hier beträgt die Volumenverringerung 30–40 cm^3 mol^{-1}. Bei diesem Reaktionstyp ist der Druckeffekt besonders intensiv untersucht worden. Bei vielen Diels-Alder-Reaktionen sind die Aktivierungs- und Reaktionsvolumina von vergleichbarer Größe. Das bedeutet, dass der Volumenbedarf des Produktes und der Volumenbedarf des Übergangszustandes ähnlich sind. Die Reaktions- und Aktivierungsvolumina organischer Reaktionen können herangezogen werden, um nach möglichen Reaktionen von Lebensmittelinhaltsstoffen unter Hochdruckbedingungen Ausschau zu halten. Von einer gewissen Bedeutung könnten dabei u.a. sein: Reaktionen an C=C- und C=O-Bindungen, Solvolysen, Dissoziation organischer Säuren und von Aminen, Reaktivität der dissoziierten Spezies, Cyclisierungsreaktionen (Reaktionen chinoider Systeme mit Dienen (Diels-Alder) sowie [2+2]-Cycloadditionen), Bildung von Ammonium-, Sulfonium- und Phosphoniumsalzen, Reaktivität dieser, unter Druck gebildeten Ionen sowie Hydrolysereaktionen von Ethern, Estern, Acetalen und Ketalen. Die Aufzählung erhebt keinen Anspruch auf Vollzähligkeit, denn auch heutzutage werden immer wieder unerwartete Stoffe in Lebensmitteln entdeckt, deren Entstehungsmechanismen aufgeklärt werden müssen, wie z.B. Acrylamid. Ob und welche dieser Reaktionen in Lebensmitteln eine Rolle spielen, muss ebenfalls noch weiter geklärt werden.

9.3.5
Homolytische und ionische Reaktionen

Homolytische Bindungsspaltungen, wie sie bei radikalischen Zersetzungen vorkommen, sind mit Volumenzunahmen verbunden; sie haben in der Regel Aktivierungsvolumina von etwa +10 cm^3 mol^{-1} [89]. Druck inhibiert sie folglich. Auch andere Reaktionen, in denen aus neutralen Molekülen neutrale Fragmente entstehen, werden durch Druck inhibiert. Umgekehrt sollte die Bindungsbildung zwischen neutralen Teilchen zu neutralen Produkten mit einer Volumenkontraktion einhergehen und damit bei Druck beschleunigt ablaufen. So wird tatsächlich der Propagationsschritt bei der Polymerisation freier Radikale stark durch Druck beschleunigt, ebenso die Wasserstoffabstraktion aus einem Molekül durch freie Radikale in einem bimolekularen Prozess [89]. Terminierungsschritte bei Polymerisationen werden durch Druck inhibiert, was erstaunlich ist, da es sich eigentlich um die Dimerisation, also Absättigung von Radikalen handelt. Diese Prozesse stellen jedoch diffusionskontrollierte Prozesse dar, und da der Druck die Viskosität von Flüssigkeiten erhöht, wird hier die Diffusion unterdrückt.

9.3.6
Veränderungen von Proteinen unter Hochdruckeinfluss

Viele Untersuchungen über den Einfluss von hohem Druck auf Proteine und Enzyme wurden im Zusammenhang mit den Untersuchungen über den Mechanismus der Adaption von Leben in der Tiefsee durchgeführt [46]. Bemerkenswert ist, dass bei der Besiedelung der Tiefsee die Adaption an tiefe Temperaturen Vorrang gehabt haben dürfte, vor der Anpassung an hohe hydrostatische Drücke. Die Temperaturerniedrigung beim Übergang auf Tiefseebedingungen (Marianengraben) verursacht eine Verlangsamung chemischer Reaktionen um 400%, während die Druckerhöhung lediglich eine Änderung um 15% erwarten lässt [5]. Veränderungen von Proteinen/Enzymen bei Drücken >120 MPa sind seit langem Gegenstand von Untersuchungen. Proteine erleiden unter Druck Veränderungen ihrer Struktur. Dissoziationen oligomerer Proteine oder komplexer makromolekularer Systeme und Auffaltungsreaktionen der Proteinketten werden durch Druck gefördert. Ein Protein wird im nativen Zustand durch kovalente Bindungen, einschließlich Disulfidbrücken, elektrostatische Wechselwirkungen, wie Ionenpaare und polare Gruppen, Wasserstoffbrücken sowie hydrophobe Wechselwirkungen stabilisiert. Der Druck beeinflusst seinerseits die Quartärstruktur (z.B. über hydrophobe Wechselwirkungen), die Tertiärstruktur (z.B. über reversibles Auffalten) sowie die Sekundärstruktur (irreversibles Auffalten). Die Denaturierung von single-chain Proteinen kann als 2-Komponenten-System (nativ/denaturiert) betrachtet werden, mit einer Druck-Temperaturabhängigkeit wie dies am Beispiel des Chymotrypsinogens gezeigt wurde [37]. Unterschiede von temperatur- und druck-denaturierten Proteinen und derart gebildeter Gele sind für die potenzielle Anwendung in der Lebensmittelindustrie von Interesse. Die Denaturierungstemperatur nimmt mit zunehmendem Druck zunächst zu. Bei der maximal möglichen Übergangstemperatur wechselt die Volumenänderung das Vorzeichen. Von diesem Punkt an benötigt die Denaturierung des Proteins niedrigere Temperaturen bei gegebenem Druck. Bei dem maximal möglichen Übergangsdruck wechselt die Entropieänderung das Vorzeichen. Von diesem Punkt an geschieht die Denaturierung des Proteins bei niedrigeren Drucken bei sinkender Temperatur. Es ist also möglich, bei niedrigerer Temperatur Proteine durch Druck zu denaturieren. Dieser Aspekt verdient besondere Aufmerksamkeit, da Proteine z.B. in Fleisch und Fisch, bei genügend tiefen Temperaturen mit geringeren Drucken denaturiert werden können, wobei dann die Produkte besondere Konsistenzeigenschaften aufweisen können. In diesem Zusammenhang ist zu beachten, dass Wasser bei −20 °C und ca. 200 MPa noch flüssig ist. Die nativen Proteinformen sind nur in engen Grenzen stabil, wobei der Energieunterschied zwischen nativem und denaturiertem Zustand klein ist. Der Übergang in den denaturierten Zustand ist für kleine Proteine ein kooperativer Prozess ohne detektierbare Zwischenstufen, während er für oligomere Proteine oder solche mit Domänenstrukturen komplexer über viele Zwischenstufen verlaufen kann. Die Bestimmung kinetischer und thermodynamischer Parameter des Übergangs nativ/denaturiert gibt Informationen über innere und äußere Faktoren, die die Stabilität bewirken. Auch Renaturierungsvorgänge und die Bestimmung ihrer physikochemischen Parameter geben Einblick in die Faltungsvorgänge, z.B. zu aktiven Enzymen. Generell kann gesagt werden, dass die meisten Proteine bei Drucken oberhalb von 400 MPa denaturieren. Messungen der Volumenänderungen haben gezeigt, dass β-Faltblattstrukturen gegen Druck stabiler sind als α-Helixstrukturen. Die β-Faltblattstruktur ist nahezu inkompressibel, α-Helixstrukturen bilden sich schneller als β-Faltblattstrukturen. Kompakte Proteine mit geringer Flexibilität zeigen geringe Kompression und hohe Stabilität. Die Mechanismen der Proteindenaturierung durch hydrostatischen Druck sowie die Kompressibilität von Proteinen sind Gegenstand zahlreicher Übersichtsartikel, z. B. [35, 39, 88]. Oligomere Proteine dissoziieren in ihre Untereinheiten, wobei die Volumenänderung negativ ist. Nach der Dissoziation können Untereinheiten aggregieren oder denaturieren. Bei höheren Drücken >200 MPa beginnt die Auffaltung der Ketten und Reassoziierung von Untereinheiten aus dissoziierten Oligomeren. β-Casein wird z. B. bei Drucken >150 MPa depolymerisiert, bei höherem Druck dann aber reversibel und temperaturabhängig reassoziiert. Solche Vorgänge sind häufig von Hysteresisphänomenen begleitet [88]. Enzyme sind Proteine, die als Biokatalysatoren chemische Reaktionen des Stoffwechsels beschleunigen und zunehmend auch zur selektiven Stoffumwandlung außerhalb der lebenden Zelle herangezogen werden, gerade im Lebensmittelbereich. Neben den bereits erwähnten Druckeffekten auf Proteine kommt hier noch der Einfluss des Druckes auf Reaktionsgeschwindigkeit und Gleichgewichtslage hinzu. Auch hier gelten die grundlegenden Gesetzmäßigkeiten der Thermodynamik und Kinetik.

9.4
Beispiele für druckinduzierte Veränderungen

9.4.1
Zu Untersuchungen an Modellsystemen

In der Literatur finden sich sehr viele Arbeiten, die über druckbedingte chemische Veränderungen in einfachen Modellsystemen berichten. Bei der Bewertung des Effektes der Hochdruckbehandlung auf Lebensmittel während der Behandlung und der nachfolgenden Lagerung sind jedoch die Einflüsse der Lebensmittelmatrix zu beachten. Sowohl die chemische Zusammensetzung der Lebensmittel (Protein-, Kohlenhydrat- und Fettsäurespektrum, Wassergehalte, pH-Wert, Oxidationsgrade der Inhaltsstoffe vor der Behandlung, Gehalt an Pro- oder Antioxidantien) als auch physikalische Parameter wie Sauerstoffgehalt in der Verpackung, Temperatur des Lebensmittels usw. haben offensichtlich einen entscheidenden Einfluss auf die Veränderungen. Ein weiterer wichtiger Einflussfaktor sind auch strukturelle Veränderungen in der Lebensmittelmatrix. Durch druckinduzierte Schäden an den Zellmembranen erfolgt z. B. eine Dekompartimentierung des Zellinhaltes, d. h. es treten z. T. reaktive Zellinhaltsstoffe (Enzyme, Speicherstoffe, Organellen) nach außen. Die Auswirkungen einer Hochdruckbehandlung auf Lebensmittel können deshalb nur direkt an einzelnen Lebensmitteln beurteilt werden. Dabei sind Veränderungen, die während der Lagerung der Produkte auftreten, von den Vorgängen während der Hochdruckbehandlung abzugrenzen. Die Auswirkungen des hydrostatischen Druckes sind, je nach Art und Zusammensetzung des Lebensmittels, sehr unterschiedlich. Lebensmittel sind in ihrer Zusammensetzung sehr komplexe Systeme und die Wechselwirkungen der einzelnen Komponenten während einer Behandlung

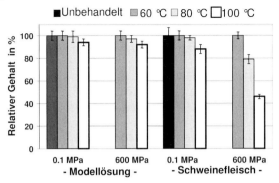

Abb. 9.2 Relativer Gehalt an Vitamin B₁ in Modelllösung und in Schweinefleisch nach 15-minütiger Druck- und Hitzebehandlung [14].

sind dementsprechend vielfältig. Die Ergebnisse aus Versuchen, die auf der Behandlung von isolierten Inhaltsstoffen oder einfachen Modellsystemen beruhen, sind hilfreich, um eine Vorstellung über mögliche Veränderungen zu erhalten, aber sie lassen sich nur bedingt auf Lebensmittel oder Lebensmittelzubereitungen übertragen. Zwei Beispiele sollen das veranschaulichen (Abb. 9.2): Modelllösungen von Vitamin B_1 (Thiamin) bleiben bei 15-minütiger Druckbehandlung bei Temperaturen bis 100 °C recht stabil (maximal 10% Verlust bei 100 °C). Anders sieht es aus in der Matrix Schweinefleisch – es wurde Hackfleisch vom Filet verwendet – wo unter gleichen Bedingungen bei 80 °C bereits etwa 20 und bei 100 °C sogar schon 50% des Vitamins verloren gehen [14]. Gerade umgekehrt liegen die Verhältnisse bei der Druckbehandlung von Vitamin A in Modelllösungen und in Milch: Während Vitamin A in einem einfachen alkoholischen Modellsystem bereits nach 10-minütiger Behandlung bei 60 °C und 600 MPa ca. 70% Verlust erlitt, war es in Milch bei noch höheren Temperaturen und längeren Behandlungszeiten (75 °C, 40 min) vollkommen stabil [12].

9.4.2
Autoxidation von Fettsäuren

Autoxidationsvorgänge spielen z. B. bei fetthaltigen Lebensmitteln hinsichtlich der Haltbarkeit und der sensorischen Eigenschaften eine wichtige Rolle. Es ist zu erwarten, dass die Startreaktion der Autoxidation, nämlich die Bildung von Radikalen aus neutralen Molekülen, z. B. ungesättigten Fettsäuren, während der Druckanwendung inhibiert wird, während Propagationsschritte durch Druckanwendung begünstigt werden sollten. Die Wirkung von hydrostatischem Hochdruck auf oxidative Vorgänge in fetthaltigen Lebensmitteln ist wenig untersucht. Es wurde gezeigt, dass die Oxidation von Sardinenlipiden durch Druck beschleunigt wird, abhängig von der Dauer der Druckbehandlung und der Druckhöhe [86]. Die Radikalchemie polyungesättigter Fettsäuren (PUFA) unter normalen Bedingungen ist vielfach untersucht worden [34]. Die Autoxidation von Linolensäure unter hohem Druck [56, 57] verläuft komplex. Im ersten Schritt der Oxidation unter Druck bei 350 MPa entstehen mehr primäre Oxidationsprodukte als unter atmosphärischem Druck, erkennbar an der Entstehung von konjugierten Dienen mit einem UV/VIS-Absorptionsmaximum bei 234 nm. Bei höheren Drucken ist diese Anfangsänderung wesentlich geringer. Noch höherer Druck (600 MPa) hat eher inhibierende Wirkung auf die Autoxidation der Linolensäure. Die Reaktionsprodukte der Folgereaktionen sind noch vollständig aufzuklären, ebenso wie die möglichen Veränderungen bei der Lagerung hochdruckbehandelter Produkte mit einem hohen Anteil an mehrfach ungesättigten Fettsäuren. In diesen Themenkreis gehört auch die Kuhmilch: 95% der Milchlipide sind Triacylglyceride, die mengenmäßig wichtigsten ungesättigten Fettsäuren der Milch sind Ölsäure (18:1 oder 9-Octadeconic acid; 25 Gew.%) und Linolsäure (18:2 oder 9,12-Octadeconic acid; 2,1 Gew.%). Es ist allgemein anerkannt, dass Autoxidation die Hauptursache des oxidativen Verderbs von Lipiden ist. Kritisch sind sensorisch unerwünschte Carbonylverbindungen, die von der Reaktion molekularen Sauerstoffs mit ungesättigten C_{18}-Ketten herrühren, die vorher durch Milchlipasen freigesetzt wurden. Der Einfluss von Hochdruck auf die Autoxidation von Ölsäuremethylester und Linolsäuremethylester wurde untersucht [13]. Die Reaktion wurde bei 0,1; 100; 350 und 600 MPa bei 40 °C beobachtet, wobei die Behandlungszeiten 1, 2, 3, 5 und 20 Stunden waren. Gaschromatographische Analyseergebnisse über die Abnahme von Ölsäure, als Maß für die Autoxidation, zeigten keinen Druckeinfluss. Im Gegensatz dazu wurde die Autoxidation von Linolsäure ab 350 MPa beschleunigt. Die primären Oxidationsprodukte wurden mittels reverse-phase HPLC aufgetrennt: Es wurde kein Druckeffekt auf die Isomerenverteilung gefunden.

9.4.3
Diels-Alder- und Menschutkin-Reaktionen

O. P. H. Diels und K. Alder beschrieben 1928 erstmals die „Dien-Synthese", eine verbreitete Methode zur Erzeugung eines Sechsrings [25]. Die Reaktion hat große Bedeutung in der synthetischen organischen Chemie erlangt, da sie ohne großen apparativen Aufwand durchführbar ist und eine Vielzahl cyclischer Ringsysteme zugänglich macht. Die Formeldarstellung dieser Reaktion zeigt Abbildung 9.3.

Bei der Diels-Alder-Reaktion handelt es sich um eine [2+4]-Cycloaddition. Die Edukte werden als Diene und Dienophile bezeichnet, das cyclische Produkt als Adduct. Das Dienophil ist bei einer Diels-Alder-Reaktion mit normalem Elektronenbedarf durch elektronenziehende Substituenten (hier mit R bezeichnet) aktiviert. Es sind auch Reaktionen möglich, bei denen der Kohlenstoff durch Sauerstoff oder Stickstoff ersetzt ist (Hetero-Diels-Alder-Reaktionen) [75]. Die Diels-Alder-Reaktion wird unter Druck beschleunigt. Da die druckinduzierte Beschleunigung bei dieser Reaktion normalerweise sehr groß ist, wurde sie unter Druck intensiv untersucht. Die Reaktion zwischen einem elektronenreichen Dien und

Abb. 9.3 Schematische Darstellung der Diels-Alder-Reaktion.

einem elektronenarmen Dienophil wird durch ein großes negatives Aktivierungsvolumen charakterisiert. In einigen Fällen ist das Aktivierungsvolumen sogar
größer als das Reaktionsvolumen. Der aktivierte Komplex hat demnach eine sehr
dichte Struktur. Ähnliches gilt auch für inverse Diels-Alder-Reaktionen. Durch
Druck lässt sich auch die Selektivität einer Diels-Alder-Reaktion steuern. Es wird
in der Regel dasjenige Produkt gebildet, das das negativere Reaktivierungsvolu-
men besitzt. Optimale Effekte lassen sich häufig durch gleichzeitige Variation
von Druck und Temperatur erreichen [54]. Diels-Alder-Reaktionen in wässrigem
Medium werden durch hydrophobe Interaktionen stark beeinflusst, insbesondere
ihre Chemo- und Endoselektivität [48, 61]. Diels-Alder-Produkte in Lebensmitteln
sind bekannt, und zwar als Reaktionsprodukte bei nur thermischer Behandlung.
So können beim Erhitzen aus ungesättigten Fettsäuren konjugierte Fettsäuren
entstehen, die dann Diels-Alder-Addukte ergeben können [21]. Petersilien-, Laven-
del- und Tagetesöl können ebenfalls Diels-Alder-Produkte beinhalten, bei deren
Entstehung terpenoide Verbindungen beteiligt sind [51, 82]. Auch Retinol kann
dimere Produkte bilden [11]. Chinone eignen sich ebenfalls als Dienophilkom-
ponenten und als Diene können konjugierte terpenoide Verbindungen fungieren
[62]. Cycloadditionsreaktionen können mit einer starken Volumenabnahme im
Übergangszustand verbunden sein, wenn sie einem dipolaren oder einem konzer-
tierten Mechanismus folgen, und werden dann durch Druck beschleunigt [79].

Vitamin K3 (1) mit $R_1 = CH_3$ reagiert unter Druck mit Myrcen (2) zu zwei
möglichen Diels-Alder-Addukten (3) im Verhältnis von etwa 1:1.

Die sterisch aufwändigeren Vitamine K_1 und K_2 mit voluminöseren Seiten-
gruppen reagieren unter den gleichen Bedingungen nur im geringen Ausmaß

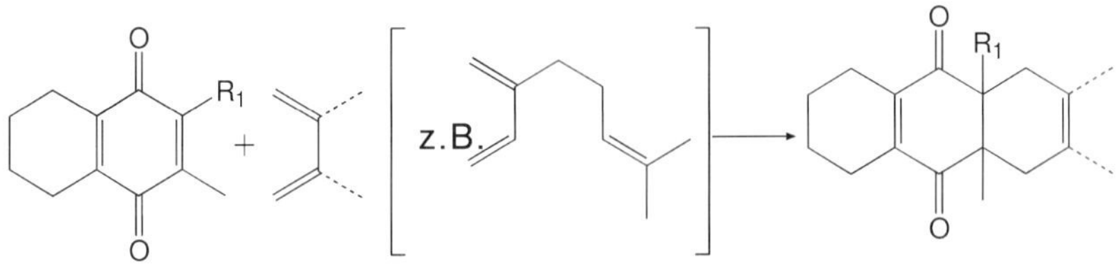

(1)   (2)   (3)

Abb. 9.4 Mögliche Produkte der Diels-Alder-Reaktion
zwischen Vitamin K_3 (1, mit $R_1 = CH_3$) unter Druck mit Myrcen (2).

mit Myrcen. Coenzym Q_0, das zweifach acetylierte Chinon, vermag mit (2) ebenfalls unter Druck zu reagieren, während die homologen Ubichinone unter den gleichen Bedingungen nicht abreagieren [58].

Der weit verbreitete Konservierungsstoff Sorbinsäure ist ebenfalls in der Lage, Diels-Alder-Reaktionen einzugehen. Sorbinsäure findet Anwendung in der Konservierung von Lebensmitteln, Arzneimitteln und Kosmetika. Sie ähnelt der in Pflanzenfetten und Butter vorkommenden Capronsäure. Die Einsatzmenge beträgt zwischen 0,05 und 0,2%. Sorbinsäure kann mit geeigneten Reaktionspartnern eine Diels-Alder-Reaktion eingehen. Um das Verhalten der Sorbinsäure mit einem solchen Reaktionspartner unter Druck zu untersuchen, wurde sie in äquimolarer Menge mit Coenzym Q_0 versetzt. Das Coenzym Q_0 zählt zur Gruppe der Ubichinone und kann bei Diels-Alder-Reaktionen die Rolle eines Dienophils einnehmen, welches mit einem Dien, hier der Sorbinsäure, reagieren kann. Abbildung 9.5 zeigt die vier möglichen Reaktionsprodukte.

Eine dreistündige Inkubation bei 25 °C und Normaldruck führte, wie Abbildung 9.6 zeigt, zu keinem nennenswerten Umsatz. Temperaturerhöhung auf 80 °C ergab ca. 10% Verlust an Sorbinsäure. Wurde gleichzeitig noch der Druck auf 900 MPa erhöht, stieg der Verlust rasant auf 90% an. Wie aus der zeitabhängigen Messkurve hervorgeht, ist dieser fast vollständige Umsatz bereits nach 20 Minuten erreicht und schon nach drei Minuten sind 75% der Sorbinsäure „verloren". Die Reaktion macht sich außerdem durch Entfärbung des ursprünglich orange-gelben Mediums bemerkbar, was eine Verwendung des Effekts als Druckbehandlungsindikator denkbar erscheinen lässt [16].

Neben den [2+4]- sind polare [2+2]-Cycloadditionen von Interesse. Druck kann das Verhältnis zwischen [2+2]- und [2+4]-Cycloaddukten in Reaktionen, in welchen beide auftreten können, beeinflussen. Die Reaktion mit dem größten negativen Aktivierungsvolumen wird dann zur Hauptreaktion. Polare [2+2]-Cycloadditionen, welche über ein dipolares Intermediat verlaufen, haben ein ebenso großes negatives Aktivierungsvolumen wie die Diels-Alder-Reaktionen. Über Produkte aus solchen Reaktionen im Lebensmittel ist bisher wenig bekannt. Es bleibt zu untersuchen, welche Diels-Alder-Produkte in Lebensmitteln bei der Anwendung von hydrostatischem Hochdruck in welchem Umfang entstehen und wie sie toxikologisch zu bewerten sind.

Hohe negative Aktivierungsvolumina haben Reaktionen, wenn Ladungen im Produkt erzeugt werden, wie z.B. bei der Quarternisierung von Stickstoff oder der Bildung von Sulfonium- sowie Phosphoniumsalzen. Diese Reaktion ist unter dem Namen Menschutkin Reaktion bekannt:

$$R_3N + R'-X \rightarrow R_3N^+ - R' + X \quad (\Delta V^{\ddagger} \text{ bis } -50 \text{ cm}^3 \text{ mol}^{-1})$$

Die entstandenen Ladungen führen zu erhöhter Ordnung der Wassermoleküle der Hydrathülle, was in starker Volumenabnahme resultiert. Diesen Effekt nennt man auch „Elektrostriktion". Bemerkenswert ist, dass unter Druck auch Dichloro- und Dibromomethane als alkylierende Agenzien eingesetzt werden können [1]. Dieser Reaktionstyp könnte von Relevanz sein, da die gebildeten alkylierten Stoffe

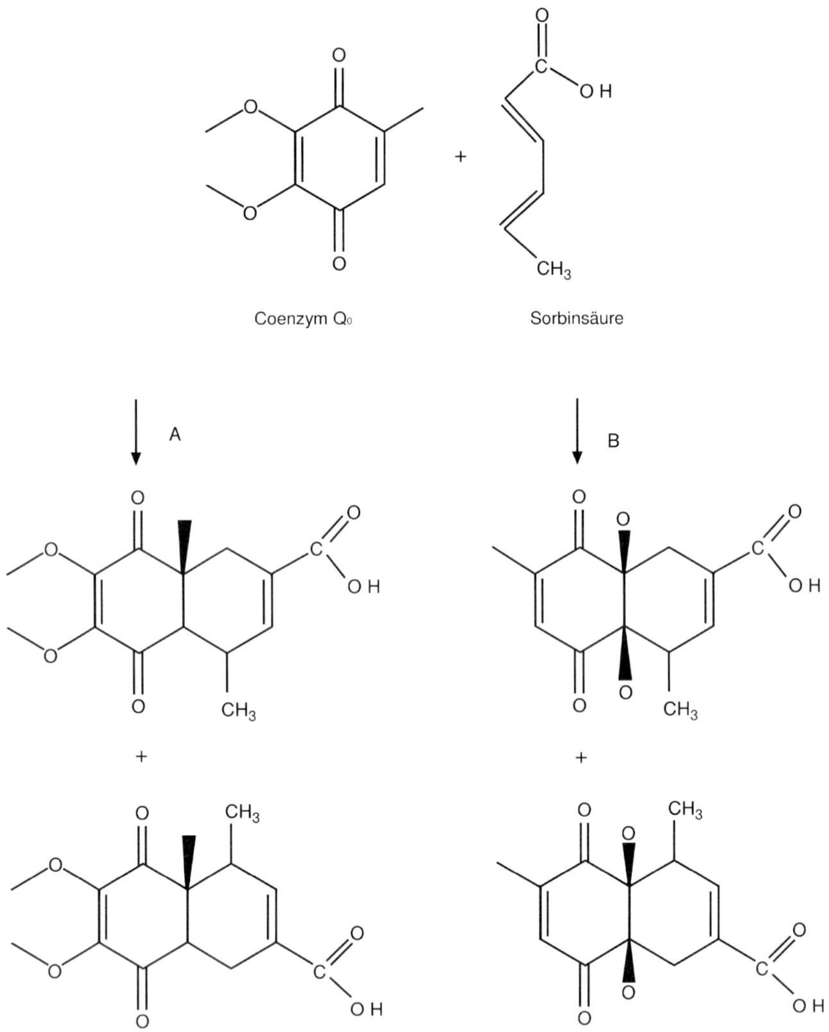

Abb. 9.5 Die 4 möglichen Reaktionsprodukte der Diels-Alder-Reaktion zwischen Sorbinsäure und Coenzym Q_0 auf den Reaktionswegen A und B.

ihrerseits alkylierende Wirkung haben können, wie z.B. *S*- Adenosyl-Methionin, das „aktive Methionin". Ob Menschutkin-Produkte im Lebensmittel bei Druckanwendung entstehen können, ist bisher nicht untersucht worden.

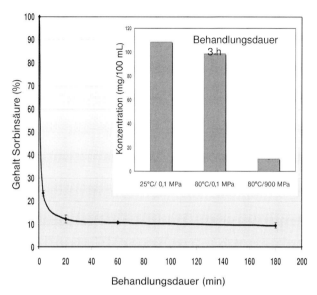

Abb. 9.6 Zeitlicher Verlauf der Abnahme von Sorbinsäure bei der Reaktion mit äquimolarer Menge von Coenzym Q_0 bei 900 MPa und 80 °C.

9.4.4
Reaktionen von Sorbinsäure unter Druck

Sorbinsäure hat sich in mehrfach anderer Weise als relativ druckempfindlich herausgestellt: Während eine dreistündige Inkubation ohne Reaktionspartner selbst bei 80 °C und Normaldruck zu keinem nennenswerten Umsatz führte, ergab die Druckerhöhung auf 900 MPa Verluste in Höhe von ca. 10%. Hier ist eine Diels-Alder-Reaktion mit sich selbst anzunehmen.

Bekannt sind weiter Reaktionen zwischen Sorbinsäure und Aminen, besonders bei hohen Temperaturen und Druck [90]. Amine, z. B. in Form von Aminosäuren, kommen in fast allen Lebensmitteln vor. So reagiert Sorbinsäure z. B. mit Glutaminsäure, deren Mononatriumsalz umfangreich als Geschmacksverstärker eingesetzt wird, zu Dehydro-2-Piperidinen. In vorläufigen Versuchen mit dreistündiger Behandlungszeit bei 80 °C und 900 MPa in Gegenwart äquimolarer Mengen Glutaminsäure ergab sich ein Sorbinsäureverlust von ca. 15% Untersucht wurden auch Reaktionen von Sorbinsäure mit Cystein unter Druck. Cystein enthält eine Thiolgruppe, die in ionischer Form in einer 1,6-Addition mit den konjugierten Doppelbindungen der Sorbinsäure reagieren kann. Diese Reaktion kann z. B. auch beim Backvorgang von Brot ablaufen. Nach dreistündiger Reaktion bei 900 MPa und 80 °C waren 30% der Sorbinsäure umgesetzt [16]. Zu klären wären hier noch die Reaktionsprodukte und deren toxikologische Relevanz sowie die Auswirkungen der Konzentrationsabnahme in mikrobiologischer Hinsicht. Sorbinsäure ist zwar nur ein dem Lebensmittel zugesetzter

Stoff, dessen Verwendung im Zusammenhang mit Druckbehandlung relativ leicht mittels anderer Zusatzstoffe umgangen werden kann. Relevant ist jedoch die chemische Ähnlichkeit zu nativen Lebensmittelinhaltsstoffen, wie z. B. der in Fetten vorkommenden Capronsäure, bei der ähnliches Verhalten unter Druck erwartet werden könnte. Entsprechende Untersuchungen laufen bereits.

9.4.5
Druckeinfluss auf Solvolysereaktionen

Hochdruck kann eine Reihe weiterer organischer Reaktionen und Reaktionstypen beeinflussen, wie z. B. nucleophile Substitutionsreaktionen oder Additionen an Doppelbindungen [40, 47]. Inwieweit derartige Reaktionen in Lebensmitteln von Bedeutung sein können, ist schwer abzuschätzen. Die Solvolysereaktionen, insbesondere säurekatalysierte Solvolysereaktionen, sind von Interesse. Bei Solvolysereaktionen übernimmt das Lösungsmittel die Rolle des Nucleophils (Lewisbase) bei der Substitution. Derartige solvolytische Reaktionen neutraler Substrate werden durch zunehmenden Druck beschleunigt, unabhängig von ihrem Reaktionsmechanismus. In S_N1-Reaktionen wird die Zunahme des intrinsischen Aktivierungsvolumens überkompensiert durch die Kontraktion des Lösungsmittels im Übergangszustand. In S_N2-Reaktionen liefern sowohl die Bildung einer kovalenten Bindung als auch die Elektrostriktion eine Volumenkontraktion im Aktivierungsschritt. Die normalerweise auftretenden Aktivierungsvolumina betragen zwischen -10 und -35 cm^3 mol^{-1}. Säurekatalysierte Hydrolysen von Ethern, Estern, Acetalen, Ketalen und Amiden können nach einem A-1- oder A-2-Mechanismus ablaufen. Grundsätzlich kann gesagt werden, dass A-2-Mechanismen durch hydrostatischen Druck beschleunigt werden, während A-1-Mechanismen inhibiert werden. Der korrekte Mechanismus für die meisten Ketale und Acetale dürfte der A-1-Prozess sein. Ether und einfache Ester solvolysieren unter Druck schneller (A-2), dagegen wird die Solvolyse bei z. B. Orthoestern unter Druck verzögert. Die Verzögerung rührt daher, dass die Substrate relativ stabile Carbeniumionen bilden können. Ein klassisches Beispiel einer A-1-Hydrolyse ist die Inversion der Saccharose [69], also die Bildung von D-Glucopyranose und D-Fructopyranose aus dem Disaccharid Saccharose, die mit einem Aktivierungsvolumen von $+6{,}0$ cm^3 mol^{-1} bei 25 °C verbunden ist. Die Hydrolyse einfacher Glykoside von Monosacchariden scheint davon abhängig zu sein, ob der Kohlenhydratteil in der furanosiden oder pyranosiden Form vorliegt. Die glykopyranoside Form wird durch Druck in ihrer Hydrolyse retardiert, während die glykofuranoside Form meist geringe negative Aktivierungsvolumina aufweist. Das würde bedeuten, dass die erstere nach einem A-1-Mechanismus verlaufen würde, während die Letztere nach A-2 abläuft [44]. Die gemessenen geringen Volumenkontraktionen an Modellsystemen dürften für entsprechende Reaktionen in Lebensmitteln, die mit hydrostatischem Hochdruck behandelt worden sind, nicht von Bedeutung sein.

9.4.6
Cyclisierungsreaktionen bei Aminosäuren und Peptiden

Bei der thermischen Behandlung von Lebensmitteln stellt die Bildung von Pyroglutaminsäure aus Glutamin ein bekanntes Problem dar, denn diese Reaktion
ist einer der Faktoren, die mit der Bildung von Fehlaromen bei hitzesterilisier-
ten Obst- und Gemüsekonserven verbunden sind. Der Einfluss von Hochdruck
auf diese Reaktion wurde in Modellsystemen untersucht [81]. Bei der Druckbehandlung von Glutamin in Tris/HCl-Puffer bei Drücken von 600 MPa und
Temperaturen von 50 °C, üblichen Bedingungen der Hochdruckpasteurisierung,
entsteht Pyroglutaminsäure. Unter Hochdruck ist die Cyclisierungsreaktion favorisiert, denn eine neue C–N-Bindung wird gebildet. Da für die Reaktion eine
freie Aminogruppe benötigt wird, verläuft die Reaktion schneller in mehr alkalischen als neutralen Medien. Das wird auch deutlich aus Abbildung 9.7, wo
5 mg Glutamin in 10 mL 0,2 M Tris/HCl-Puffer, pH 9 und 7 der Druckbehandlung ausgesetzt wurden.

Peptide können besonders in proteinreichen Lebensmitteln als Folgeprodukte
proteolytischer Vorgänge vorkommen. Im Hinblick auf eine mögliche Anwendung von Hochdruck zur Konservierung von Lebensmitteln muss sichergestellt
werden, dass unter den gewählten Prozessbedingungen aus ihnen keine bioaktiven Cyclopeptide entstehen. In Lebensmittelzubereitungen sind neben den
natürlichen Inhaltsstoffen von Lebensmitteln häufig technologisch notwendige
Hilfs- und Zusatzstoffe enthalten, die durch eine Hochdruckbehandlung ebenfalls verändert werden könnten. Der Süßstoff Aspartam ist ein typisches Beispiel für ein instabiles Dipeptid, das besonders druckempfindlich ist. Aspartam
cyclisiert schnell unter Druck, verliert dabei den süßen Geschmack, während
die Produkte aus der Reaktion niedrigere ADI-Werte aufweisen. Die Stabilität
von Aspartam in Milch, TRIS-Puffer und Wasser bei der Druckbehandlung

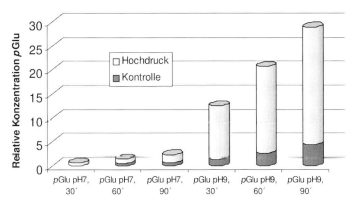

Abb. 9.7 Druckbehandlung der Aminosäure
Glutamin in Tris/HCl-Puffer bei 600 MPa
und 50 °C unter Variation des pH-Wertes
und der Behandlungsdauer. Darstellung der

Entstehung des cyclischen Reaktions-
produktes *p*-Glutaminsäure (*p*-Glu), dunkel
dargestellt jeweils die Kontrollprobe ohne
Druckbeaufschlagung.

(600 MPa, 60 °C, 3–30 min Druckhaltezeit) wurde untersucht. Bereits nach einer Haltezeit von 3 min waren in der Milch (pH 6,8) nur noch ca. 50% des ursprünglichen Gehaltes an aktivem Aspartam nachweisbar. Durch intramolekulare Cyclisierung unter Abspaltung von Methanol wurden die nichtsüßenden Komponenten Aspartylphenylalanin und ein Diketopiperazin gebildet [17]. Diese Komponenten entstehen auch bei der Lagerung nicht druckbehandelter Produkte, allerdings erst innerhalb mehrerer Monate. Der beobachtete Abbau innerhalb weniger Minuten ist vergleichbar mit Lagerungsverlusten von Diät-Cola bei einer Lagerzeit von mehr als 200 Tagen (20 °C). Die molare Summe dieser beiden Komponenten verläuft spiegelsymmetrisch zur Funktion der Aspartamabnahme (s. Abb. 9.8).

Außerdem sind zahlreiche cyclische Dipeptide mit Diketopiperazinstruktur bioaktiv bzw. hormonell wirksame Substanzen, d. h. sie können im Organismus spezifische Effekte hervorrufen. Es wurde gezeigt, dass die Diketopiperazine cyclo(Leu-Gly) und cyclo(Leu-Leu) druckabhängig aus Vorstufen, den Dipeptid-Methylestern Leu-GlyOMe und Leu-LeuOMe, gebildet werden können. Es entstehen die entsprechenden Diketopiperazine und als weitere Produkte die unveresterten Dipeptide Leu-GlyOH und Leu-LeuOH. Weiter wurden Druckversuche mit dem linearen Dipeptid Leu-GlyOtBu durchgeführt, das ebenfalls eine Vorstufe von cyclo(Leu-Gly) darstellt. Die Substanz trägt im Gegensatz zum Leu-GlyOMe anstelle des Methylrestes die sterisch aufwändigere tertiäre Butylgruppe. Es entsteht daher ausschließlich das lineare Dipeptid Leu-GlyOH [33]. Generell sind Peptide mit Pyroglutamat am N-Terminus resistenter gegen den Abbau durch Peptidasen. Solche Substanzen sind normalerweise bioaktiv bzw.

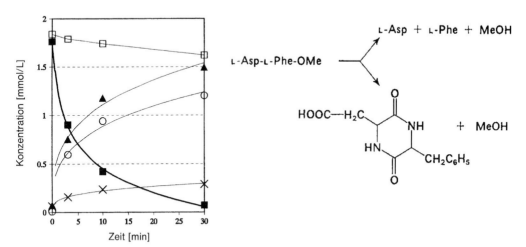

Abb. 9.8 Aspartam (1,7 mmol/L) in Vollmilch; Behandlung bei 600 MPa und 60 °C. ■ Aspartam, □ Aspartam Kontrolle bei 60 °C, △ molare Summe von Diketopiperazin und Aspartylphenylalanin, ○ Diketopiperazin, X Aspartylphenylalanin (aus [72]).

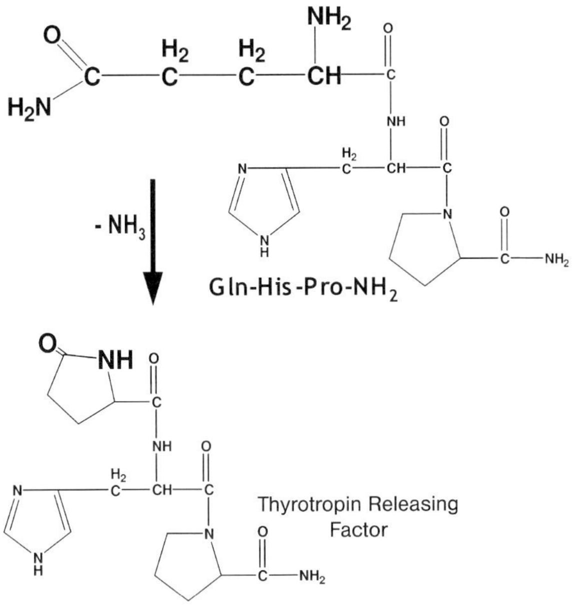

Abb. 9.9 Umwandlung von Gln-His-ProNH$_2$ zum cyclischen
pGlu-His-ProNH$_2$ (Thyrotropin Releasing Factor, TRH).

hormonwirksam. Sie passieren nach intravenöser Gabe die Blut/Hirn-Schranke und können so ihre pharmakologische Wirkung entfalteten. Es konnte gezeigt werden, dass Hochdruck die Umwandlung von Gln-His-ProNH$_2$ zum cyclischen pGlu-His-ProNH$_2$ (Thyrotropin Releasing Factor, TRH) begünstigt [29]. Unter Hochdruck-Sterilisationsbedingungen verlaufen diese Umsetzungen beeindruckend schnell, mit 99% Umsatz nach wenigen Minuten bei 80 °C/800 MPa. Infolgedessen sollten noch weitere Peptide mit Glutamin am N-Terminus untersucht werden, die durch Druckbehandlung zu bioaktiven Peptiden mit endständiger Pyroglutaminsäure umgewandelt werden könnten. Beispiele wären die verschiedenen TRH Analogen, Neurotensin, etc.

9.4.7
Auswirkungen des Hochdrucks bei Proteinen bzw. Enzymen

Hoher hydrostatischer Druck ist ein thermodynamischer Parameter, der, wie auch die Temperatur, Änderungen in der Konformation (i.e. Sekundär-, Tertiär- und Quartärstruktur) von Proteinen und Enzymen induziert bis hin zur Denaturierung [76]. Der erzielte Druckeffekt wird durch Volumenänderungen im Protein-Solvent-System bestimmt, die mit Konformationsänderungen, Proteinfaltung oder -umfaltung oder Aggregation verbunden sind. Hitze führt in der Regel zu unerwünschten Veränderungen in Lebensmitteln, wie Vitamin- und Nährstoffverlust, und Änderungen in Geschmack, Textur und Farbe [15, 77].

Druck kann eingesetzt werden, um die thermische Sterilisation durch Ausnutzung des einzigartigen Effektes der adiabatischen Erhitzung und Abkühlung schonender zu gestalten. Berichtet wurde z. B. über die schonendere Inaktivierung von Prionproteinen bei Temperaturen von 135–142 °C unter Hochdruck-Assistenz [9]. Eine beeindruckende Reduktion der Infektiosität von nativen Hamster-Prion^{SC}proteinen in PBS-Puffer wurde allerdings bei bedeutend niedrigeren Drücken und Temperaturen, die unter den üblichen Sterilisationsparametern liegen, festgestellt [32]. Trotz der bekannten Druckstabilität der β-Faltblattstrukturen verringert offenbar bereits eine Druckanwendung von mehreren hundert MPa die Proteolyseresistenz infektiöser Hamster-Prionproteine (Hirnhomogenisat). Tierversuche zeigten, dass die verringerte Proteolyseresistenz mit einer Verringerung der Infektiosität positiv korreliert: Der Ausbruch der Krankheit hatte sich durch die Druckbehandlung verzögert, erste Anzeichen der Krankheit traten erst nach 114–153 Tagen auf, gegenüber ca. 80 Tagen bei der Kontrollgruppe. 180 Tage nach der Inokulation gab es in der Gruppe von Hamstern, deren Inokulat mit sehr hohen Drücken behandelt worden war, immer noch Überlebende. Druck kann demnach einerseits zum besseren Verständnis von Vorgängen wie Prionfaltung, Umfaltung und Dissoziation von Fibrillen beitragen, ist aber andererseits auch geeignet, zur Produktion sicherer und hochwertiger Lebensmittel beizutragen. Eine zufriedenstellende Reduktion des Proteinase K-resistenten Materials ist schon bei relativ kurzen, technologisch realistischen Druckhaltezeiten beobachtet worden [30]. Die neueste Arbeit dieser Gruppe erhärtet die Proteinase K-Sensitivität des bei 60 °C und initial neutralen Konditionen druckbehandelten Materials und erlaubt die Hypothese eines Druckeffektes auf die Sekundärstruktur des Proteins [31].

Im Bereich der Enzymreaktionen wurde der Einfluss von drastisch erhöhtem Druck auf die Reaktionsgeschwindigkeit der Meerrettich-Peroxidase-Reaktion untersucht. Mittels einer Hochdruck-Sichtzelle, die Drücken bis 700 MPa standhält, wurde „on-line" der Einfluss von 500 MPa auf die Geschwindigkeit dieser Reaktion mit Guajakol und Guaethol als Wasserstoffdonatoren untersucht, durch Registrierung der Absorptionsänderung bei der Wellenlänge 435 nm. Während die Reaktion mit Guaethol druckunabhängig im verwendeten Druckbereich war – POD ist als druckstabiles Enzym bekannt – wurde mit Guajakol die Reaktion stark inhibiert, in Korrelation mit der Konzentration an Guajakol. Um die Reaktion irreversibel zu unterbinden, war eine simultane Inkubation mit Guajakol und Wasserstoffperoxid notwendig [28]. Dies war die erste Veröffentlichung eines reagenzspezifischen Effekts unter Hochdruck bei dem Enzym Meerrettichperoxidase. Lebensmittelkompatible Guajakolanaloge könnten also spekulativ in der Lage sein, die Aktivität dieses unerwünschten Enzyms bei Hochdruckbehandlung auszuschalten.

9.5
Einfluss der Hochdruckbehandlung auf die Allergenität von Lebensmitteln

Hochdruckbehandlung führt, wie auch die thermische Behandlung, zu mikroskopisch deutlich erkennbaren, drastischen Veränderungen der Lebensmittelstruktur. Theoretisch könnte daher die Allergenität durch technologische Verfahren verändert werden und zwar sowohl in Richtung Verminderung als auch durch Bildung neuer Epitope in Richtung Verstärkung. Im Bereich thermischer Verfahren ist Letzteres nur selten gefunden worden [6, 18, 22, 64, 65]. Für das Hochdruckverfahren gibt es bisher keine Hinweise darauf, allerdings auch nur wenige Untersuchungen. Die Allergenität von Sellerieextrakt konnte durch Behandeln bei 600 MPa um 50% reduziert werden [45]. Bei dem auf dem Japanischen Markt erhältlichen hypoallergenen Reis wurde durch eine Behandlung bei 500 MPa die Zellstruktur so verändert, dass die Hauptallergene ausgewaschen werden können [52]. In einer jüngeren Dissertation wurde die Wirkung von Hochdruck auf birkenpollenassoziierte Allergene untersucht, und zwar sowohl *in-vitro* als auch *in-vivo* an einem Patientenkollektiv [80]. Generell wurde abgeschwächte Allergenität gefunden, es gab nie stärkere Reaktionen auf das behandelte Lebensmittel als auf das unbehandelte. Es wurden auch keine Hinweise auf kreuzreaktive Neoallergene gefunden. Es besteht also die berechtigte Hoffnung, dass die Hochdruckbehandlung sogar zu einer gezielten Herabsetzung der Allergenität von Lebensmitteln einsetzbar ist.

9.6
Zusammenfassende Sicherheitsbewertung

Die in den vorausgehenden Abschnitten diskutierten möglichen und – teilweise nur unter sehr extremen Bedingungen – nachgewiesenen Auswirkungen von Hochdruckbehandlung unterstreichen die immer noch gültige Meinung der Fachleute, dass zur Sicherstellung der gesundheitlichen Unbedenklichkeit hochdruckbehandelter Lebensmittel, nicht zuletzt auch wegen der noch ungenügenden Datenlage, in jedem Fall eine Einzelfallbewertung erforderlich ist. Evident und unbestritten ist inzwischen, dass Hochdruckbehandlung in Lebensmitteln chemische Veränderungen beeinflussen kann, jedoch blieben z. B. bisher untersuchte Vitamine, Farb- und Aromastoffe im Vergleich zu konventionellen thermischen Prozessen während realistischer Behandlungszeiten und -bedingungen weitgehend unbeeinflusst. Auch in den bisher durchgeführten – immer noch zu wenigen – toxikologischen Untersuchungen derart behandelter Produkte wurden keine Beobachtungen gemacht, die auf ein höheres toxikologisches Potenzial hindeuten im Vergleich zu konventionell behandelten Lebensmitteln. Hinzu kommt, dass, obwohl weltweit im letzten Jahrzehnt viele hundert oder sogar tausend Tonnen hochdruckbehandelter Lebensmittel verzehrt wurden, kein einziger Fall von Unverträglichkeit berichtet wurde.

Die DFG-Senatskommission zur Beurteilung der gesundheitlichen Unbedenklichkeit von Lebensmitteln (SKLM) hatte sich bereits 1998 mit der Hochdruckbehandlung von Lebensmitteln beschäftigt und den Beschluss „Hochdruckbehandlung von Lebensmitteln, insbesondere Fruchtsäften" verabschiedet [23]. Es wurde konstatiert, dass erste mit der neuen Technologie hergestellte industrielle Produkte auf dem Markt seien, vorwiegend Lebensmittel mit niedrigem pH-Wert. Weiter deuteten Ergebnisse zur Hochdruckbehandlung von Rohmilch (Kuh, Ziege), Fleisch- und Fischprodukten und Flüssigei auf neue Möglichkeiten zur Konservierung, Modifizierung und Vorbehandlung von Lebensmitteln hin. Es wurde festgestellt, dass die gegebenen Möglichkeiten zur physikalischen Modifizierung von Proteinen und Polysacchariden sowie deren Kombinationen bis dato keine praktische Anwendung gefunden hatten. Es war die Einschätzung, dass es Ziel einer erfolgreichen Umsetzung der Hochdrucktechnologie sein müsse, potenzielle Vorteile der Technologie zu erfassen und sinnvoll einzusetzen. Optimierte konventionelle Prozesse durch Hochdrucktechnologie zu ersetzen erschien dagegen weniger zielführend. Es wurde festgestellt, dass zur Sicherstellung der gesundheitlichen Unbedenklichkeit hochdruckbehandelter Lebensmittel in jedem Fall eine Einzelfallbewertung erforderlich würde. Angesichts der Weiterentwicklung des Verfahrens, der Ausweitung der Produktpalette und neuer Forschungsarbeiten auf dem Gebiet hat die Arbeitsgruppe „Lebensmitteltechnologie und Sicherheit" der SKLM das Verfahren hinsichtlich apparativer, mikrobiologischer, chemischer, toxikologischer, allergologischer und rechtlicher Aspekte neu bewertet. Die SKLM hat zur Sicherheitsbewertung des Hochdruckverfahrens im November 2004 einen von ausgewählten Fachleuten erstellten Beschlussentwurf vorgelegt [24]: Er stellt fest, dass seit dem Inkrafttreten der Verordnung EG Nr. 258/97 über neuartige Lebensmittel und neuartige Lebensmittelzutaten am 15. Mai 1997 Produkte, bei deren Herstellung ein nicht übliches Verfahren angewandt worden ist (zu denen die Hochdruckbehandlung zählt), nur dann ohne Genehmigungsverfahren in den Verkehr gebracht werden können, wenn zuvor von der zuständigen Behörde eines EU-Mitgliedstaates festgestellt wurde, dass durch das Verfahren keine bedeutenden unerwünschten Veränderungen verursacht werden. Die Erkenntnisse aus Untersuchungen mit verkehrsfähigen Produkten hinsichtlich Auswirkungen des Hochdruckverfahrens auf Inhaltsstoffe und Kontaminanten reichen für eine generelle Sicherheitsbewertung des Verfahrens noch nicht aus. Derzeit ist daher immer eine Einzelfallprüfung hochdruckbehandelter Lebensmittel und Lebensmittelzutaten erforderlich. Hinweise zu Art und Umfang der für die Sicherheitsbewertung notwendigen Informationen und Untersuchungen von Lebensmitteln, die mit neuen Verfahren hergestellt wurden, lassen sich den entsprechenden Empfehlungen der Europäischen Kommission zu Anträgen auf Genehmigung des Inverkehrbringens entnehmen [26]. Als erforderlich erachtet werden Informationen zur Spezifikation des behandelten Lebensmittels, zum angewandten Verfahren und dessen Prozessparametern sowie zu den verwendeten Anlagen und Verpackungsmaterialien. Dazu gehört auch eine Beschreibung der Behandlung des Lebensmittels vor und nach der Anwendung des Verfahrens, z. B. in Bezug auf Lagerungsbedingungen. Unter Berücksichtigung aller in der wissenschaftlichen Literatur verfügbarer Informationen sollten die poten-

ziellen Auswirkungen des neuartigen Verfahrens auf die Struktur und Inhaltsstoffe der Lebensmittel im Vergleich zu bisher üblichen Verfahren beschrieben
werden. Anhand dessen kann beurteilt werden, ob verfahrensbedingte chemische oder biologische Veränderungen eintreten können, die sich auf die er-
nährungsrelevanten, toxikologischen und hygienischen Eigenschaften des Lebensmittels auswirken. Insbesondere ist zu belegen, dass eine ausreichende
Abtötung gesundheitlich relevanter Mikroorganismen erzielt wird. Mit geeigneten Methoden ist zu untersuchen, ob das Verfahren Veränderungen der
chemischen Zusammensetzung und/oder Struktur der Lebensmittelinhaltsstoffe
bewirkt. Als Vergleichsprodukte dienen dabei in der Regel die konventionell behandelten Erzeugnisse. Zusätzlich kann auf Inaktivierung natürlich vorkommender gesundheitlich bedenklicher Lebensmittelinhaltsstoffe geprüft und so
mögliche Vorteile der Hochdruckbehandlung gegenüber herkömmlichen Verfahren gezeigt werden. Bisherige Untersuchungen an kommerziellen hoch-
druckbehandelten Lebensmitteln haben keine Hinweise auf mikrobielle, toxikologische oder allergene Risiken als Folge einer Hochdruckbehandlung ergeben.
Jedoch sind diese an einigen wenigen bereits auf dem Markt befindlichen Produkten gewonnenen Erkenntnisse für eine generelle Bewertung noch nicht ausreichend. Derzeit ist daher immer eine Einzelfallprüfung hochdruckbehandelter
Lebensmittel erforderlich. Wünschenswert wäre langfristig die Erarbeitung pro-
dukt- bzw. prozessspezifischer Prüfparameter, anhand derer künftig die Sicherheitsbewertung hochdruckbehandelter Lebensmittel nach anerkannten Stan-
dardkriterien durchgeführt werden könnte.

9.7
Literatur

1 Almarzoqi B, George AV, Isaacs NS (1986) Quarternization of Tertiary Amines with Dihalomethane, *Tetrahedron* **42(2)**: 601–607.

2 Balny C, Masson P (1993) Effects of high Pressure on Proteins, *Food Reviews International* **9(4)**: 611–628.

3 Barbero JA, Hepler LG, McCurdy KG, Tremaine PR (1983) Thermodynamics of aqueous carbon-dioxide and sulfur-dioxide heat capacities, volumes and the temperature dependence of ionization, *Canadian Journal of Chemistry* **61**: 2509–2519.

4 Ben-Haim (1980) (Hrsg) Hydrophobic Interactions. Plenum Press, New York.

5 Bernhard G, Jaenicke R, Lüdemann HD, König H, Stetter KO (1988) High pressure enhances the growth rate of the *thermophilic archaebacterium methanococcus thermolythotrophicus* without extending its temperature range, *Applied and Environmental Microbiology* **54(5)**: 1258–1261.

6 Bleumink E, Berrens L (1966) Synthetic approaches to the biological activity of β-lactoglobulin in human allergy to cow's milk, *Nature* **212**: 541–543.

7 Breslow R (1991) Hydrophobic effects on simple organic reactions in water, *Accounts of Chemical Research* **24(6)**: 159–164.

8 Bridgman PW (1914) The coagulation of Albumen by pressure, *Journal of Biological Chemistry* **19**: 511–512.

9 Brown P, Meyer R, Cardone F, Pocchiari M (2003) Ultra-high-pressure inactivation of prion infectivity in processed meat: a practical method to prevent human infection. *Proceedings of the National Academy of Science USA* **100(10)**: 6093–6097.

10 Buchheim W, Prokopek D (1992) Die Hochdruckbehandlung, *Deutsche Milchwirtschaft* **43**(43): 1374–1375, 1378.

11 Burger BV, Garbers CF (1973) Diels-Alder reactions. 3. Condensation of methyl *trans*-formylcrotonate with retinol acetate, with a note on structure and stereochemistry of kitol, *Journal of the Chemical Society – Perkin Transactions* **1**(6): 590–595.

12 Butz P, Tauscher B (1998) Pasteurisierung von Lebensmittel mit hydrostatischem Hochdruck, *Fluessiges Obst* **65**(2): 72–75.

13 Butz P, Zielinski B, Ludwig H, Tauscher B (1998) The influence of high pressure on the autoxidation of major unsaturated fatty acid constituents of milk, In: "Advances in High Pressure Bioscience and Biotechnology"; (Hrsg) H Ludwig; Springer ISBN 3-540-65869-6: 367–370.

14 Butz P, Bognar A, Tauscher B (2005) unveröffentlicht.

15 Butz P, Edenharder R, Fernández García A, Fister H, Merkel C, Tauscher B (2002) Functional properties of vegetables induced by high pressure treatment, *Food Research International* **35**(2/3): 295–300.

16 Butz P, Müller I, Tauscher B (2005) unveröffentlicht.

17 Butz, P., et al. (1997) Influence of high hydrostatic pressure on aspartame: Instability at neutral pH. *Journal of Agricultural and Food Chemistry* **45**(2): 302–303.

18 Carrillo T, de Castro R, Cuevas M, Caminero J, Cabrera P (1991) Allergy to limpet, *Allergy* **46**: 515–519.

19 Cheftel JC (1995) Review: high-pressure microbial inactivation and food preservation, *Food Science and International* **1**(2/3): 75–90.

20 Cheftel JC, Culioli J (1997) Effects of high pressure on meat: A review, *Meat Science* **46**(3): 211–236.

21 Christopoulou CN, Perkins EG (1989) High performance size exclusion chromatography of monomer, dimer and trimer mixtures. *Journal of the American Oil Chemical Society* **66**: 1338–1360.

22 Chung SJ, Butts CL, Maleki SJ, Champagne ET (2003) Linking peanut allergenicity to the processes of maturation, curing, and roasting, *Journal of Agricultural and Food Chemistry* **51**: 4273–4277.

23 DFG-Senatskommission zur Beurteilung der gesundheitlichen Unbedenklichkeit von Lebensmitteln (SKLM), http://131.220.14.189/organisation/gremien/sklm/p18hd.html

24 DFG-Senatskommission zur Beurteilung der gesundheitlichen Unbedenklichkeit von Lebensmitteln (SKLM), http://131.220.14.189/organisation/gremien/sklm/

25 Diels O, Alder K (1928) Synthesen in der hydroaromatischen Reihe, *Liebigs Annalen der Chemie* **460**: 98–122.

26 Empfehlung 97/618/EG der Kommission vom 29. Juli 1997 zu den wissenschaftlichen Aspekten und zur Darbietung der für Anträge auf Genehmigung des Inverkehrbringens neuartiger Lebensmittel und Lebensmittelzutaten erforderlichen Informationen sowie der Erstellung der Berichte über die Erstprüfung gemäß der Verordnung (EG) Nr. 258/97 des Europäischen Parlaments und des Rates, *Amtsblatt der Europäischen Gemeinschaften* **L 253**: 1–36, 16.9.1997.

27 Farr D (1990) High pressure technology in the food industry, *Trends in Food Science & Technology* **(1)**: 14–16.

28 Fernández García A, Butz P, Tauscher B (2002) Mechanism-based irreversible inactivation of horseradish peroxidase at 500 MPa, *Biotechnology Progress* **18**(5): 1076–1081.

29 Fernández García A, Butz P, Trierweiler B, Zöller H, Stärke J, Pfaff E, Tauscher B (2003) Pressure/Temperature Combined Treatments of Precursors Yield Hormone-like Peptides with Pyroglutamate at the N-Terminus, *Journal of Agricultural and Food Chemistry* **51**: 8093–8097.

30 Fernández García A, Heindl P, Tauber N, Butz P, Voigt H, Büttner M, Tauscher B, Pfaff E (2004) High hydrostatic pressure treatments reduce infectivity of prion proteins. Proceedings of the International Conference on Engineering and Food, Montpellier, France, 303–306.

31 Fernández García A, Heindl P, Voigt H, Büttner M, Butz P, Tauscher B, Pfaff E (2005) Dual nature of the infectious

prion proteins revealed by high pressure, *Journal of Biological Chemistry* **280**(11): 9842–9847.

32 Fernández García A, Heindl P, Voigt H, Büttner M, Wienhold D, Butz P, Stärke J, Tauscher B, Pfaff E (2004) Reduced proteinase K resistance and infectivity of prions after pressure treatment at 60 °C, *Journal of General Virology* **85**: 261–264.

33 Fernández García A, Zöller H, Butz P, Stärke J, Tauscher B (2005) High pressure induced hydrolysis at C-terminus of peptide derivatives yielding bioactive peptides. *Food Chemistry* **95**(2): 301–306.

34 Frankel NE (1991) Recent advances in lipid oxidation, *Journal of the Science of Food and Agriculture* **54**: 495–511.

35 Gekko K, Hasegawa Y (1986) Compressibility structure relationship of globular proteins, *Biochemistry* **25**: 6563–6571.

36 Gross M, Jaenicke R (1994) Proteins under Pressure – The Influence of high hydrostatic-pressure on Structure, function and assembly of Proteins and Protein complexes, *European Journal of Biochemistry* **221**(2): 617–630.

37 Hawley SA (1971) Reversible pressure denaturation of chymotrypsinogen, *Biochemistry* **10**: 2436–2438.

38 Hendrickx MEG, Knorr D (2002) Ultra High Pressure Treatments of Foods, Kluwer Academic/Plenum Publishers, New York.

39 Heremans K (1982) High pressure effects on proteins and other biomolecules, *Annual Reviews of Biophysics and Bioengineering* **11**: 1–21.

40 Hill JS, Isaacs NS (1986) Functionalization of the Alpha-Position of Acrylate Systems by the Addition of Carbonyl Compounds – Highly Pressure dependent Reactions, *Tetrahedron Letters* **27**(41): 5007–5010.

41 Hite BH (1899) The effect of high pressure in the preservation of milk, *West Virginia Agricultural Experimental Station Bulletin* **58**: 15–35.

42 Høiland H (1975) Volumes of ionization of dicarboxylic acids in aqueous solutions from density measurements at 25 °C, *Journal of the chemical society – Faraday transactions I* **71**(4): 797–802.

43 Hvidt A (1983) Interactions of water with non-polar solutes, *Annual Review of Biophysics and Bioengineering* **12**: 1–20.

44 Isaacs NS, Javaid K, Capon B (1982) Reactions at high pressure. 8. The mechanisms of acid catalyzed Hydrolyses of Glycosides, *Journal of the Chemical Society – Perkin Transactions* **2**(1): 101–103.

45 Jankiewicz A, Baltes W, Bögl KW, Dehne LI, Jamin A, Hoffmann A, Haustein D, Vieths S (1997) Influence of food processing on the immunochemical stability of celery allergens, *Journal of the Science of Food and Agriculture* **75**: 359–370.

46 Jannasch HW (1987) In: Jannasch HW et al (Hrsg) Current perspectives in high pressure biology. Academic Press, London, 1–16.

47 Jenner G (1993) In: Jurczak J, Baranowski B (Hrsg) High pressure chemical synthesis. Elsevier, Amsterdam Oxford New York Tokyo, 345–366.

48 Jenner G (1994) Effect of Water on Chemo-Selectivity and Endo-Selectivity in High Pressure Furan Reactions – Hydrophobic or polar Effects, *Tetrahedron Letters* **35**(8): 1189–1192.

49 Jouanne JV, Heidberg J (1972) High-resolution NMR under increased hydrostatic pressure – keto-enol equilibrium of acetylacetone, *Journal of Magnetic Resonance* **7**(1): 1–8.

50 Jurczak J, Baranowski B (1989) High Pressure Chemical Synthesis, Elsevier Science Publishing B.V., Amsterdam Oxford_ New York Tokyo.

51 Kaiser R, Lamparsky D (1984) New Carbonyl Compounds in the High-Boiling Fraction of Lavender Oil. 3rd Communication, *Helvetica Chimica Acta* **67**: 1184.

52 Kato T, Katayama E, Matsubara S, Omi Y, Matsuda T (2000) Release of allergic proteins from rice grains induced by high hydrostatic pressure, *Journal of Agricultural and Food Chemistry* **48**: 3124–3129.

53 Kitamura Y, Itoh T (1987) Reaction volume of protonic ionization for buffering agent. Prediction of pressure dependence of pH and pOH. *Journal of Solution Chemistry* **16**: 715–725.

54 Klärner FG (1989) Chemie unter Hochdruck: Steuerung von organischen Reaktionen mit Hilfe von hohem Druck, *Chemie in unserer Zeit* **23**: 53–63.

55 Knorr D, Schlueter O, Heinz V (1998) Impact of High Hydrostatic Pressure on Phase Transitions of Foods – Understanding phase changes during pressure-assisted freezing and thawing of foods can aid food process and product development, *Food Technology* **52(90)**: 42–45.

56 Kowalski E 1995 Einfluß von hydrostatischem Hochdruck auf die Autoxidation von Linolensäure und auf Lipoxygenase-1, Dissertation, Universität Heidelberg.

57 Kowalski E, Tauscher B, Ludwig H (1994) Proceedings of the joint international association for research and advancement of high pressure science and technology, Colorado Springs, USA 1993, 1333–1336.

58 Kübel J, Ludwig H, Tauscher B (1988) Diels-Alder reactions of food-relevant compounds under high pressure: 2,3-Dimethoxy-5-methylbenzoquinone and myrcene, In: High pressure food science, bioscience and chemistry, Isaacs NS (Hrsg), RSA, London, 271–276.

59 Lepori L, Mollica V (1980) Volume changes in the proton ionization of omega-aminocarboxylic acids in aqueous solution, *Zeitschrift für Physikalische Chemie* **123**: 51–66.

60 Lewis CA, Wolfenden R (1973) Influence of pressure on equilibrium of hydration of aliphatic aldehydes, *Journal of the American Chemical Society* **95**: 6685–6688.

61 Li CJ (1993) Organic reactions in aqueous media – with a focus on carbon-carbon bond formation, *Chemical Reviews* **(6)**: 2023–2035.

62 Ludwig H, Marx H, Tauscher B (1994) Proceedings of the XXXII. Annual Meeting of the European High Pressure Research Group 29th August–1st September 1994, Technical University Brno, Czech Republic ISBN 80-85549-93-3.

63 Makita T, Hane H, Kanyama N, Shimizu K (1991) In: Hayashi R (Hrsg) High pressure science for food. Ed San-Ei Pub Co, Kyoto, 93–100.

64 Malainin K, Lundberg M, Johansson SGO (1995) Anaphylactic reaction caused by neoallergens in heated pecan nut, *Allergy* **50**: 988–991.

65 Maleki SJ, Chung S, Champagne ET, Raufman J P (2000) Effect of roasting on the allergenic properties of peanut protein. *Journal of Allergy and Clinical Imunology* **106**: 763–768.

66 Masson P, Tonello C (2000) Potential Applications of High Pressure in Pharmaceutical Science and Medicine, *High Pressure Research* **19**: 223–231.

67 Mengel A, Hillers S, Glos M, Bodmann K, Reiser O (1998) The Influence of High Pressure on Reactivity and Selectivity in Transition Metal Catalysed Reactions, In: Proceedings of the 35th Meeting EHPRG, Reading 7–11 Sept 1997, Royal Society of Chemistry 1998, Special Publication No. 222, Cambridge, UK.

68 Meyer E, Höhn G, Fischer S, Meyer-Pittroff R, Petry H, Lüke W (2001) High hydrostatic pressure: An inactivation procedure to produce a whole inactivated virus vaccine against HIV-1 retaining the native envelope glycoprotein complex. 6th European Conference on Experimental AIDS Research, Edinburgh, 23.–26. 6. 2001, 70.

69 Moriyoshi T (1971) Measurement of Reaction Rates under Pressure by Using a Manganin Pressure Gauge, *Bulletin of the Chemical Society of Japan* **44(10)**: 2582–2588.

70 Noble WJ. 1988 Organic High Pressure Chemistry. Studies in Organic Chemistry. Vol. 37., Elsevier Science Publishing B.V.: Amsterdam Oxford New York Tokyo.

71 Palou E, Lopet-Malo A, Barbosa-Canovas GV, Swanson BG (1999) High pressure treatment in food preservation, M.S. Rahman (Hrsg) Handbook of food preservation. Marcel Dekker, New York.

72 Pfister MKH, Butz P, Heinz V, Dehne LI, Knorr D, Tauscher B (2000) Der Einfluss der Hochdruckbehandlung auf chemische Veränderungen in Lebensmitteln. BgVV-Hefte 03/2000, 14195 Berlin (ISBN 3-931675-54-8).

73 Pfister MKH, Dehne LI (2001) High Pressure Processing – Ein Überblick

über chemische Veränderungen in Lebensmitteln, *Deutsche Lebensmittel-Rundschau* 97. Jahrgang, Heft **7**.

74 Read AJ (1982) Ionization-constants of aqueous ammonia from 25 degrees C to 250 degrees C and to 2000 bar, *Journal of Solution Chemistry* **11**: 644–664.

75 Römpp Chemie Lexikon (1989–1992) Georg Thieme, Stuttgart, 9. Aufl., 956–957.

76 Royer CA (2002) Revisiting volume changes in pressure-induced protein unfolding, *Biochimica et Biophysica Acta* **1595(1–2)**: 201–209.

77 San Martin MF, Barbosa-Canovas GV, Swanson BG (2002) Food processing by high hydrostatic pressure, *Critical Reviews in Food Science and Nutrition* **42**: 627–645.

78 Sawamura S, Taniguchi Y, Suzuki K (1988) Effect of pressure on the hydrogen-bond formation. 3. Phenol tertiary amines and phenol acetates in *n*-hexane, *Berichte der Bunsengesellschaft Physikalische Chemie* **92**: 880–884.

79 Scheeren JW (1989) In: Jurczak J, Baranowski B (Hrsg) High pressure chemical synthesis. Elsevier, Amsterdam Oxford New York Tokyo, 168–209.

80 Scheibenzuber M (2003) Molekulare und klinische Auswirkungen einer Hochdruckbehandlung von allergenen Lebensmitteln, Dissertation Technische Universität München, 20. 01. 2003.

81 Schneider T, Butz P, Ludwig H, Tauscher B (2003) Pressure-induced formation of pyroglutamic acid from glutamine in neutral and alkaline solutions, *Lebensmittel-Wissenschaft und -Technologie*: **36(3)**: 365–367.

82 Shaath NH, Griffin P, Dodeian S, Paloympis L (1986) In: Lawrence BM, Mookherjce BD, Willis BJ (Hrsg) Flavors and Fragrances: A world perspective. Proceedings of the 10th international Congress of Essent Oils, Fragrances and Flavors, Washington DC, USA 16–20 Nov, 715–729.

83 Smelt JPPM (1998) Recent advances in the microbiology of high pressure processing, *Trends in Food Science & Technology* **9**: 152–158.

84 Surdo AL, Bernstrom K, Jonsson CA, Millero FJ (1979) Molal volume and adiabatic compressibility of aqueous phosphate solutions at 25 °C, *Journal of Physical Chemistry* **83(10)**: 1255–1262.

85 Suzuki K, Taniguchi Y, Watanabe T (1973) Effect of pressure on dimerization of carboxylic acids in aqueous solution, *Journal of Physical Chemistry* **77**: 1918–1922.

86 Tanaka M, Zhuo XY, Nagashima Y, Taguchi T (1991) Effect of high pressure on the lipid oxidation in sardine meat, *Nippon Suisan Gakkaishi* **57**: 957–963.

87 Van Eldik R, Asano T, Le Noble WJ (1989) Activation and Reaction Volumes in Solution 2, *Chemical Review* **89(3)**: 549–688.

88 Weber G (1993) In: Winter R, Jonas J 1993 (Hrsg) High pressure chemistry, biochemistry and material science. Kluwer Academic Publishers, Dordrecht Boston London, 471–487.

89 Winter R, Jonas J (1993) (Hrsg) High pressure chemistry, biochemistry and material science. Kluwer Academic Publishers, Dordrecht Boston London.

90 www.chm.bris.ac.uk/webprojects 2001/ghumra/chemistry.htm (Zugriff 2004).

91 http://europa.eu.int/eur-lex/pri/de/oj/ dat/2000/l_109/l_10920000506 de00290042. pdf (Zugriff 4/2005).

10
Folgeprodukte der ionisierenden Bestrahlung von Lebensmitteln

Henry Delincée

10.1
Einleitung

Warum sollen Lebensmittel mit ionisierenden Strahlen behandelt werden? Seit jeher werden Lebensmittel zur Verlängerung der Haltbarkeit getrocknet, gesalzen, geräuchert, erhitzt. Eine der neueren Konservierungsmethoden ist die Behandlung von Lebensmitteln mit hochenergetischer Strahlung. Dies ist eine andere Art als z.B. das Erhitzen, dem Lebensmittel Energie zuzuführen. Diese Energie wird als Gamma-, Röntgen- oder Elektronenstrahlung übertragen und wirkt über die ausgelöste Ionisierung im Gut: Die Strahlungsenergie ist so hoch, dass sie aus den Elektronenhüllen der Atome und Moleküle Elektronen herausstoßen kann; dabei werden Ionen gebildet, daher der Name „ionisierende Strahlung". Die ionisierende Bestrahlung von Lebensmitteln bewirkt eine effiziente Abtötung von Kleinstlebewesen wie Mikroorganismen, Parasiten oder Insekten. Sie kann daher genutzt werden, um Gesundheitsrisiken, die durch gesundheitsschädliche Mikroorganismen (Salmonellen, Campylobacter, Shigellen, Listerien, etc.) oder Parasiten (Trichinen, Toxoplasmen, etc.) verursacht werden, bei bestimmten Lebensmitteln zu verringern. Durch die Minimierung von Verderbniskeimen wird auch die Haltbarkeit der Lebensmittel verbessert [42, 85, 100, 112, 186–188].

Auf den ersten Blick sind dies gute Gründe das Verfahren der Bestrahlung einzusetzen. Dabei soll es die traditionellen Konservierungsmethoden nicht ersetzen. Die Behandlung mit ionisierenden Strahlen ist meist aufwändiger und teurer – bietet jedoch Vorteile für bestimmte Produkte (Kräuter, Gewürze, Geflügel, Eiprodukte, Hackfleisch, etc.), besonders in Kombination mit anderen Verfahren, wie Erhitzen, Kühlen, Gefrieren und Verpacken. Durch die ionisierende Bestrahlung kann auch der Einsatz chemischer Konservierungsstoffe verringert werden.

Andererseits ist der Verbraucher verunsichert und akzeptiert nicht von vornherein neue Technologien im Lebensmittelbereich – sei es nun die Anwendung der Gentechnik oder eben die Behandlung von Lebensmitteln mit ionisierenden Strahlen.

Handbuch der Lebensmitteltoxikologie. H. Dunkelberg, T. Gebel, A. Hartwig (Hrsg.)
Copyright © 2007 WILEY-VCH Verlag GmbH & Co. KGaA, Weinheim
ISBN: 978-3-527-31166-8

Dieses Kapitel wird eine kurze Darstellung des Verfahrens geben, in der Hauptsache aber auf die Folgeprodukte der Bestrahlung eingehen und mögliche toxikologische Risiken bei der Anwendung der ionisierenden Bestrahlung beleuchten.

10.2
Anwendung

Für die Behandlung von Lebensmitteln dürfen nur nachstehende Arten ionisierender Strahlen eingesetzt werden [22, 48, 94]:

- Gammastrahlen aus den Radionukliden ^{60}Co oder ^{137}Cs,
- Röntgenstrahlen, die von Geräten erzeugt werden, die mit einer Nennenergie (maximale Quantenenergie) von 5 MeV [1]) oder darunter betrieben werden,
- Elektronen, die von Geräten erzeugt werden, die mit einer Nennenergie (maximale Quantenenergie) von 10 MeV oder darunter betrieben werden.

Gamma- und Röntgenstrahlung (ca. 10^{-9}–10^{-12} m) sind elektromagnetische Wellen wie das Licht ($\sim 5 \cdot 10^{-7}$ m) oder Mikrowellen (ca. 10^{-1}–10^{-3} m) bzw. Radiowellen (ca. 10^{-4}–10^{6} m), nur mit viel kürzerer Wellenlänge. Elektronenstrahlung ist eine Partikelstrahlung wie beim Fernseher, nur mit viel höherer Energie. Die Strahlungsenergie wird im Lebensmittel absorbiert, wenn dieses durch das Strahlenfeld transportiert wird. Dabei werden die Lebensmittel nicht radioaktiv [16]. Durch die Beschränkung auf Gammastrahlung von Cobalt-60 oder Cäsium-137 und auf Elektronen- (bis 10 MeV) oder Röntgenstrahlen (bis 5 MeV) ist dieses Risiko ausgeschlossen. Die Strahlungsenergie ist zu gering, als dass Reaktionen mit dem Atomkern auftreten könnten: Es wird keine Radioaktivität im Lebensmittel erzeugt. (Lebensmittel enthalten jedoch immer natürliche (primordiale) Radioaktivität; diese wird durch die Bestrahlung nicht verändert). Weiterhin sind die Gamma-Bestrahlungsanlagen so konzipiert, dass die Lebensmittel mit dem Radionuklid nicht in Berührung kommen. Eine Kontamination mit radioaktivem Material ist somit ausgeschlossen.

Bei den maschinell erzeugten Röntgen- und Elektronenstrahlen tritt auch keine radioaktive Kontamination der Lebensmittel auf. Die in diesen Anlagen entstehende Bremsstrahlung bzw. Streustrahlung wird sorgfältig abgeschirmt.

Ein großer Vorteil des Bestrahlungsverfahrens ist, dass beim Transport durch das Strahlenfeld das Lebensmittel nur geringfügig erwärmt wird, schädliche Organismen jedoch wirksam abgetötet werden. Daher kann die Bestrahlung hervorragend bei tiefgefrorenen Lebensmitteln eingesetzt werden. Das Verfahren wird deshalb auch als „cold pasteurization" bezeichnet [24]. Dabei verändert die Bestrahlung die Qualität (z. B. Nährwert), Beschaffenheit und Identität der Lebensmittel kaum.

---

1) MeV ist eine Energie-Einheit: 1 MeV = die von einem Elektron aufgenommene Energie beim Passieren einer Potentialdifferenz von 1 Million Volt; 1 MeV = 1,602 · 10^{-13} Joule.

Die Behandlung mit ionisierenden Strahlen kann jedoch auch biologische Effekte, wie Veränderungen im Stoffwechsel im pflanzlichen Lebensmittel hervorrufen. So kann die Keimung von Kartoffeln, Zwiebeln und Knoblauch gehemmt werden. Auch die Reifung von Obst und Gemüse kann verzögert werden.

In Tabelle 10.1 sind verschiedene Anwendungen der Lebensmittelbestrahlung zusammengefasst. Von diesen vielen möglichen Anwendungen werden in der Praxis jedoch nur wenige genutzt. In mehr als 60 Ländern sind viele verschiedene Arten von Lebensmitteln – von Gewürzen bis Getreide, von Obst und

Tab. 10.1 Anwendungsbereiche, Produktbeispiele und angewandte Energiedosisbereiche für die Lebensmittelbestrahlung.

Zweck der Bestrahlung	Dosis [kGy][a]	Beispiele für Produkte
Niedrige Dosis (bis 1 kGy)		
a. Hemmung der Keimung	0,02–0,15	Kartoffeln, Zwiebeln, Knoblauch, Ingwerwurzeln, Yams
b. Insekten- und Parasitenbekämpfung	0,15–1,0	Getreidekörner und Hülsenfrüchte, frische und getrocknete Früchte, Trockenfisch, Trockenfleisch, roher Fisch, frisches Schweinefleisch
c. Verzögerung physiologischer Prozesse (z. B. Reifung)	0,25–1,0	frische Früchte und Gemüse (Mangos, Papayas, Bananen, Champignons)
Mittlere Dosis (1–10 kGy)		
a. Haltbarkeitsverbesserung	1–3	Frischfisch, Erdbeeren
b. Ausschaltung von krankheitserregenden Mikroorganismen (Salmonella, Shigella, Listeria, Campylobacter, Vibrio, Yersinia)	1–5	frische und gefrorene Meeresfrüchte, rohes und gefrorenes Geflügel und Fleisch, Eiprodukte, Camembert
c. Ausschaltung von verderbniserregenden und pathogenen Mikroorganismen	3–10	Gewürze, Trockengemüse, Verdickungsmittel
d. Verbesserung technologischer Eigenschaften der Lebensmittel	2–7	Trauben (erhöhte Saftausbeute) Trockenfrüchte (verbesserte Rehydratisierung)
Hohe Dosis (10–100 kGy)		
a. Industrielle Sterilisation (in Kombination mit milder Erhitzung)	30–100	Fleisch, Geflügel, Meeresfrüchte, sterilisierte Krankenhausdiäten (z. B. für immungeschwächte Patienten) oder Fertiggerichte für Astronauten, Bergsteiger, Weltumsegler
b. Dekontamination bestimmter Lebensmittelzusatzstoffe und -bestandteile	10–50	Gewürze, Enzympräparate, Naturgummi

a) Gy: Gray = Einheit der Energiedosis, absorbierte Energie pro
Masse, 1 Gy = 1 Joule/kg.

Gemüse bis Fleisch und Fisch – für die Bestrahlung zugelassen (s. a. ICGFI Datenbank „List of Clearances of Irradiated Food" [79]), jedoch wird das Bestrahlungsverfahren in der Bundesrepublik Deutschland – und auch in einigen anderen Ländern – sehr kontrovers diskutiert. Bis vor kurzem war die Lebensmittelbestrahlung in Deutschland grundsätzlich verboten[2] (s. Abschnitt 10.5). Durch die EU-Gesetzgebung hat sich diese Situation heute grundlegend verändert (s. a. web-page der EU Kommission über Lebensmittelbestrahlung [55]).

Am 20. März 1999 trat die EG-Rahmenrichtlinie zur Lebensmittelbestrahlung in Kraft [48]. In einer zusätzlichen „Durchführungsrichtlinie" mit einer Positivliste [49] wurden in allen EU-Ländern als bisher einziges Lebensmittel getrocknete aromatische Kräuter und Gewürze für eine Bestrahlung zugelassen. Die Zulassung wurde damit begründet, dass bei Kräutern und Gewürzen häufig ein Befall von und/oder eine Kontaminierung mit Organismen und deren Stoffwechselprodukten festzustellen ist, die eine Gefahr für die öffentliche Gesundheit darstellen. Die Behandlung mit ionisierenden Strahlen liegt somit im Interesse des Schutzes der öffentlichen Gesundheit. Diese EG-Richtlinien sind seit 20. September 2000 wirksam geworden (weiteres zu „Gesetzliche Regelungen" s. Abschnitt 10.5). Weiterhin dürfen vorläufig im Rahmen einer Übergangsregelung außer Kräutern und Gewürzen in einigen EU-Ländern (Belgien, Frankreich, Italien, Niederlande und Vereinigtes Königreich) bestehende nationale Zulassungen aufrechterhalten und eine Reihe von zusätzlichen Lebensmitteln bestrahlt werden (Tab. 10.2, [54]).

Dass eine Zulassung in einzelnen EG-Mitgliedsländern ausgesprochen wurde, bedeutet jedoch nicht unbedingt, dass diese Erlaubnis auch genutzt wird. So ist z. B. aus wirtschaftlichen Gründen nicht damit zu rechnen, dass heute bestrahlte Kartoffeln, Zwiebeln oder Knoblauch aus Italien auf den Markt kommen. Eine nennenswerte gewerbsmäßige Lebensmittelbestrahlung findet heute im EU-Bereich nur in Belgien (Gewürze, tiefgefrorene Froschschenkel und Garnelen), Frankreich (Gewürze, Geflügelfleisch, Froschschenkel, Eiklar, Gummi arabicum, Trockenblut, Trockenobst, Garnelen, Caseinate) und den Niederlanden (Gewürze, Trockengemüse, Garnelen, Geflügelfleisch, Eiklar) statt. Die Mengen an Lebensmitteln, die in der EU bestrahlt werden, können den jährlichen Berichten entnommen werden [53, 56]. In den Jahren 2001 und 2002 betrug die Gesamtmenge etwa 20 000 t/a. Diese Menge ist gering; die Bedeutung der Lebensmittelbestrahlung sollte daher nicht überbewertet werden. Wenn z. B. innerhalb der EU die Bestrahlung heute allgemein zugelassen werden würde, geht man davon aus, dass der Anteil bestrahlter Lebensmittel in den nächsten Jahren nicht mehr als 1–2% betragen würde [42].

In einigen weiteren europäischen Ländern (Bulgarien, Kroatien, Norwegen, Rumänien, Russische Föderation, Serbien-Montenegro, Türkei, Ukraine) ist die Bestrahlung ebenfalls zugelassen (siehe u. a. [79]).

---

2) Das Bestrahlungsverbot wurde 1958 im Lebensmittelgesetz vorsorglich aufgenommen, da zum damaligen Zeitpunkt nur wenige toxikologische Kenntnisse zum Bestrahlungsverfahren vorlagen.

Tab. 10.2 Verzeichnis der in EU-Mitgliedsstaaten zur Behandlung mit ionisierenden Strahlen zusätzlich zugelassenen Lebensmittel und Lebensmittelzutaten [54]. (Gemäß Artikel 4 Absatz 6 der Richtlinie 1999/2/EG des Europäischen Parlaments und des Rates zur Angleichung der Rechtsvorschriften der Mitgliedstaaten über mit ionisierenden Strahlen behandelte Lebensmittel und Lebensmittelbestandteile) (2003/C 56/03).

Produkt[a)]	Zugelassen mit der maximalen durchschnittlichen absorbierten Gesamtdosis [kGy]				
	B	F	I	NL	UK
Tiefgefrorene Gewürzkräuter		10			
Kartoffeln	0,15		0,15		0,2
Süßkartoffeln					0,2
Zwiebeln	0,15	0,075	0,15		0,2
Knoblauch	0,15	0,075	0,15		0,2
Schalotten	0,15	0,075			0,2
Gemüse, einschl. Hülsenfrüchte	1				1
Hülsenfrüchte				1	
Obst (einschl. Pilze, Tomaten, Rhabarber)					2
Erdbeeren	2				
Getrocknete Gemüse und Früchte		1		1	
Getreide					1
Getreideflocken u. -keime für Milchprodukte		10			
Getreideflocken				1	
Reismehl		4			
Gummi arabicum	3	3		3	
Hühnerfleisch				7	
Geflügel		5			
Geflügel (Hausgeflügel, Gänse, Enten, Perlhühner, Tauben, Wachteln und Truthähne)					7
Mechanisch gewonnenes Geflügelfleisch	5	5			
Innereien von Geflügel		5			
Tiefgefrorene Froschschenkel	5	5		5	
Dehydriertes Blut, Plasma, Koagulate		10			
Fische und Muscheln (einschl. Aale, Krustentiere und Weichtiere)					3
Tiefgefrorene geschälte Garnelen	5	5			
Garnelen				3	
Eiklar	3	3		3	
Kasein, Kaseinate		6			

a) Eine Zulassung für ein Lebensmittel oder eine -zutat in einem Mitgliedsstaat kann nach der Rahmenrichtlinie nur erteilt werden, wenn eine befürwortende Stellungnahme des wissenschaftlichen Ausschusses „Lebensmittel" (Scientific Committee on Food, SCF) unter Angabe einer empfohlenen Höchstdosis vorliegt.

Außerhalb Europas werden in einer Reihe von weiteren Ländern Lebensmittel bestrahlt, so z.B. in den USA, China, Indien, Japan, Thailand, Brasilien, Südafrika [79]. Nach dem International Council on Food Irradiation (Stand 2004) [82] wurden in den letzten Jahren weltweit etwa 300 000 t/a bestrahlt, davon etwa je 100 000 t/a in den USA und China, während die übrigen 100 000 t/a sich größtenteils auf Länder wie Japan, Südafrika, Niederlande, Belgien und Frankreich verteilten. In Japan werden seit 1973 im Jahr etwa 15–20 000 t Kartoffeln zur Keimungshemmung bestrahlt. In den USA ist seit September 1993 bestrahltes Geflügel, zum Schutz des Verbrauchers vor Krankheitserregern, wie *Salmonella, Campylobacter* usw., auf dem Markt. Die Hauptmenge an bestrahlten Lebensmitteln in den USA mit mehr als 50 000 t/a dürften jedoch heute noch Gewürze darstellen [99]. Um den US-Bürger vor gefährlichen EHEC-Bakterien in Hamburgern zu schützen, wurde mit Wirkung vom 22. Februar 2000 die Bestrahlung von rohem oder gefrorenem Fleisch bzw. Fleischprodukten zugelassen. Es wird allgemein erwartet, dass diese Zulassung den Durchbruch der Lebensmittelbestrahlung als Beitrag zu größerer Lebensmittelsicherheit bringen wird. Bestrahlte Hamburger werden bereits in über 7000 Supermärkten (Stand März 2003) sowie in Restaurants und Tiefkühl-Heimdiensten erfolgreich verkauft [99]. Im Jahre 2003 wurden in den USA etwa 25 000 t Rinderhackfleisch bestrahlt, also in etwa so viel, wie insgesamt Lebensmittel in der EU. Auf der anderen Seite sind dies nur etwa 0,6% der Gesamtproduktion von 4,5 Millionen t Hackfleisch pro Jahr in den USA. Das Steigerungspotenzial ist also sehr hoch. Das US Department of Agriculture (USDA) hat ausgerechnet, dass es zu einem wirtschaftlichen Vorteil der Gesellschaft von etwa 100 Millionen Dollar führen würde, wenn 25% des Hackfleisches bestrahlt werden [66, 115]. Seit 2004 werden in den USA aus Gründen der Lebensmittelsicherheit (hauptsächlich Infektionsgefahr durch *E. coli* 0157:H7) bestrahlte Hamburger in der Schulverpflegung angeboten. Einige hundert Schulen haben bereits Kontrakte gezeichnet, um im Herbst 2004 ihre Schüler mit sicheren, bestrahlten Hamburgern zu versorgen [144] (s.a. [65]). Laut einer anderen Schätzung des USDA wird für jeden Dollar, der für die ionisierende Bestrahlung ausgegeben wird, der doppelte Ertrag durch verbesserte Produkthygiene und -haltbarkeit (u.a. Rückgang der Lebensmittelinfektionen) erwirtschaftet [99]. Die „Centers for Disease Control and Prevention" in den USA schätzen, dass 900 000 Lebensmittelinfektionen weniger auftreten würden, wenn nur 50% des konsumierten Fleisches und Geflügels mit ionisierenden Strahlen behandelt würden. Es würden auch 8500 Krankenhausaufenthalte, 6000 schwere Krankheitsfälle und 350 Todesfälle weniger auftreten [128, 163]. Die Lebensmittelbestrahlung sollte allerdings auch kein Ersatz für eine gute landwirtschaftliche Praxis und Lebensmittelverarbeitung sein. Diese sieht bei Lebensmitteln tierischer Herkunft vor, dass eine Kontamination mit Krankheitserregern vermieden und eine Keimvermehrung während der Weiterverarbeitung bis zur Verzehrsfähigkeit verhindert wird.

Aus den USA wird berichtet, dass sich die Verbraucherakzeptanz in den Jahren 1993–2003 erheblich gesteigert hat. Im Gegensatz zu 1993, wo nur 29% der Verbraucher bereit waren, bestrahlte Lebensmittel zu kaufen, waren es 2003 bereits über zwei Drittel (69%) [83]. Die Zukunft für die Lebensmittelbestrahlung in den USA wird positiv gesehen [127, 144, 166]. Obwohl also in den USA, in Südamerika und vielen asiatischen Ländern die Akzeptanz der Lebensmittelbestrahlung zunimmt, scheint dies in Europa nicht der Fall zu sein. Der Verbraucher bleibt hier skeptisch, vielleicht auch weil ihm – ebenso wie den Entscheidungsträgern in Lebensmittelindustrie, Verbraucher- und Gesundheitspolitik bzw. Ernährungswissenschaft – keine umfassende und ausgewogene Sachinformation zur Verfügung steht. Die Behandlung mit ionisierenden Strahlen ist allerdings in vielen anderen Bereichen ein sehr gängiges Verfahren. Die Bestrahlung von medizinischen Artikeln zur Sterilisierung oder die Vernetzung von Plastikmaterialien sind heute bewährte Einsatzbereiche, die in den weltweit insgesamt 200 Gamma-Bestrahlungsanlagen oder etwa 600 Elektronenbeschleunigern durchgeführt werden [42]. Mehr als 50% der medizinischen Wegwerfartikel in den USA werden durch Bestrahlung sterilisiert [99]. Viele Menschen sind sich vermutlich gar nicht bewusst, wie viele Alltagsartikel mit ionisierenden Strahlen behandelt werden, angefangen von Saugern für Babyflaschen, Hygieneartikeln, Kosmetika, Verbandsmaterial bis Isolierungen von Elektrokabeln (mit höherer Thermoresistenz z. B. für Bügeleisenzuleitungen) oder Plastikrohrleitungen, z. B. für Fußbodenheizungen. Allein in Deutschland lag 1998 der Wert der Waren, die von der Bestrahlungsindustrie bestrahlt wurden, bei etwa 5 Milliarden DM [193]. Erst bei der Anwendung auf Lebensmittel kommen beim Verbraucher Bedenken auf. Immerhin werden von den vielen Bestrahlungsanlagen weltweit etwa 90 auch für Lebensmittel eingesetzt [80].

10.3
Bildung von Folgeprodukten der Lebensmittelbestrahlung

Aus toxikologischer Sicht muss geklärt werden, welche Veränderungen durch die Behandlung von Lebensmitteln mit ionisierenden Strahlen auftreten. Welche Folgeprodukte werden gebildet? Ist der Nutzen der Bestrahlung wirklich größer als die Risiken, die durch die Behandlung hervorgerufen werden? Die Strahlenchemie lehrt uns, welche Verbindungen bevorzugt nach Bestrahlung auftreten [42, 50, 51, 62, 116, 126, 150, 178], und welche Faktoren ihre Bildung beeinflussen. Da die ionisierenden Strahlen so energiereich sind, dass sie chemische Bindungen aufbrechen, können prinzipiell neue – vielleicht unerwünschte – Verbindungen gebildet werden. Allerdings muss man sich vor Augen führen, dass jedes Verarbeitungsverfahren, ob es nun Erhitzung, Räuchern oder Bestrahlung ist, ja selbst die einfache Aufbewahrung unverarbeiteter Lebensmittel, ein charakteristisches Muster an chemischen Veränderungen verursacht. Durch herkömmliche Verfahren kommt es zum Teil zu erheblich stärkeren Veränderungen als durch die Bestrahlung mit praxisorientierter Dosis [95]. Dies lässt sich leicht durch den geringen Energieeintrag bei der Bestrahlung erklären. Eine Pasteurisierungsdosis von 10 kGy führt zu einer Temperaturerhöhung im Lebensmittel von nur 2,4 °C, wenn das Lebensmittel die gleiche spezifische Wärmekapazität (4184 J/kg K) wie Wasser hat. Dies entspricht nur etwa 3% der Energie, die benötigt wird, um Wasser von 20 °C auf 100 °C zu erhitzen. Die Bestrahlung ist demnach bezüglich des Energieeintrages ein besonders schonendes Verfahren.

Die Bestrahlung ist deshalb so wirksam, weil sie bevorzugt Makromoleküle inaktiviert. Die durch Bestrahlung hervorgerufenen Veränderungen in einem Molekül nehmen proportional zur Molekülgröße zu. Da die Träger der Erbsubstanz, die DNAs, außerordentlich große Moleküle darstellen (Molekulargewichte von $\sim 10^9$ Dalton und höher) werden die Nucleinsäuren vorrangig getroffen. Für die im Lebensmittel vorhandenen Kleinstlebewesen wie Mikroorganismen, Parasiten und Insekten ist dies fatal: Diese Lebewesen werden hoch wirksam abgetötet. Auch die im Lebensmittel vorhandenen Nucleinsäuren werden modifiziert. So kann bei noch stoffwechselaktiven bzw. vermehrungsfähigen pflanzlichen Lebensmitteln der Stoffwechsel beeinträchtigt werden. Bei tierischen Produkten spielt dies keine Rolle, da hier der Nucleinsäure-Abbau zusätzlich durch autolytische Enzyme bei der Lagerung forciert wird.

Auch bei der Verdauung werden die im Lebensmittel vorhandenen Nucleinsäuren durch Enzyme abgebaut. Da sie jedoch keine essenziellen Inhaltsstoffe für den menschlichen Organismus darstellen, ist der durch die Bestrahlung verursachte Nucleinsäureabbau für den Nährwert unerheblich.

Um die besondere Selektivität der Bestrahlung auf Lebewesen zu verdeutlichen, geben Deeble et al. [31] folgendes Beispiel: Die tödliche Strahlendosis für Menschen in Höhe von ~ 4 Gy entspricht in Form von zugeführter Energie etwa der Energiemenge, die erforderlich ist, um die Körpertemperatur um 1/1000 Grad ansteigen zu lassen. Dies ist weniger Energie, als die, die dem Körper durch das Trinken einer Tasse heißen Tees zugeführt wird. Dieses Beispiel verdeutlicht auch, dass die zugeführte Energiemenge als Maß für die toxische Wirkung eines physikalischen oder chemischen Verfahrens der Lebensmittelbehandlung völlig ungeeignet ist.

10.3.1
Einfluss von physikalischen Faktoren

Die Bildung von Folgeprodukten ist in erster Linie abhängig von der Strahlendosis, aber auch von der Dosisleistung, von der Bestrahlungstemperatur, von der Gegenwart von Sauerstoff sowie von der Zusammensetzung des Lebensmittels. Durch die ionisierende Strahlung werden im bestrahlten Gut Ionen, freie Radikale und Moleküle mit angeregten Elektronenzuständen (Excitationen) erzeugt. Ein freies Radikal verfügt über ein ungepaartes Elektron und ist im Allgemeinen sehr reaktionsfreudig. Diese meist kurzlebigen Spezies reagieren mit Inhaltsstoffen oder auch untereinander weiter, um letztlich zu bleibenden Veränderungen zu führen. Mittels spezieller Techniken, wie der Pulsradiolyse und der Elektronen-Spin-Resonanz-Spektroskopie, konnten viele dieser vorübergehenden Spezies identifiziert werden. Durch Analyse der Kinetiken konnten die Reaktionsgeschwindigkeiten bestimmt werden [62, 126, 150].

Je niedriger die Temperatur, desto weniger Radiolyseprodukte werden gebildet. Besonders bei Temperaturen unter dem Gefrierpunkt sind die Veränderungen erheblich geringer, weil auch die Ausbeute und Mobilität der primären Wasserradikale außerordentlich gesenkt und dadurch die chemischen Reaktionen gebremst werden [156, 159–161, 188]. Die Folge davon ist, dass gefrorene Lebensmittel bei gleicher Dosis viel weniger strahleninduzierte Veränderungen aufweisen als Lebensmittel, die nur gekühlt bzw. bei Zimmertemperatur behandelt werden. Diese Temperaturabhängigkeit macht man sich zu Nutze, wenn für ein Lebensmittel höhere Strahlendosen erforderlich sind, z. B. um es gänzlich zu sterilisieren (statt nur zu pasteurisieren). So werden strahlensterilisierte Krankenhausdiäten für immungeschwächte Patienten bei tiefen Temperaturen (–30 °C, –40 °C, –78 °C) und unter Sauerstoffausschluss hergestellt. Würden diese Diäten z. B. bei Raumtemperatur, mit Strahlendosen von 30–100 kGy behandelt, wären sie – durch den viel höheren chemischen Umsatz – ungenießbar.

Dieses Beispiel zeigt deutlich, dass es nicht nur auf die Strahlendosis ankommt. Abhängig von Temperatur und Gegenwart von Sauerstoff, können hochbestrahlte Lebensmittel weniger Veränderungen aufweisen als Lebensmittel, die nur mit geringen Dosen bestrahlt wurden.

10.3.2
Einfluss von chemischen Faktoren

Da die meisten Lebensmittel relativ große Mengen an Wasser enthalten – etwa 80–90% in Obst und Gemüse, etwa 60–70% in Fleisch, etwa 40% in Brot und immer noch etwa 10–15% in „trockenen" Lebensmitteln wie Weizenmehl oder Paprikapulver – ist die Wirkung der Bestrahlung auf Wasser von großer Bedeutung. Bei der Wasser-Radiolyse [3] kommt es zur Bildung von reaktiven Hydroxyl- und Wasserstoffradikalen ($OH^\bullet$ und $H^\bullet$) und solvatisierten Elektronen (e^-_{aq}). Durch Rekombination der Radikale werden auch Wasserstoffperoxid und molekularer Wasserstoff gebildet [62, 73].

Die entsprechende Gleichung (1) sieht in etwa so aus:

$$4,1\ H_2O \rightarrow 2,7\ OH^\bullet + 2,7\ e^-_{aq} + 0,6\ H^\bullet + 0,7\ H_2O_2 + 0,45\ H_2 + 2,7\ H^+, \quad (1)$$

dabei stellen die Koeffizienten die so genannten *G*-Werte [4] dar.

Diese primär gebildeten Wasserradikale reagieren entweder untereinander oder mit den vielen Inhaltsstoffen im Lebensmittel weiter. Das $OH^\bullet$ Radikal

---

3) Radiolyse: chemische Veränderungen, die durch ionisierende Strahlen hervorgerufen werden, Radiolyseprodukte: durch Radiolyse entstandene Substanzen.

4) *G*-Wert = Anzahl der veränderten Atome (Moleküle) per 100 eV absorbierter Energie. Neuerdings müssten die *G*-Werte in mol/J angegeben werden, was eine Multiplikation um $1{,}04 \cdot 10^{-7}$ erfordert; also *G*-Wert in mol/100 eV = 0,104 µmol/J. Da jedoch *G*-Werte überall noch in mol/100 eV angegeben werden, wird das auch hier so gehandhabt.

wirkt stark oxidierend, während H$^\bullet$ und e$_{aq}^-$ eine stark reduzierende Wirkung aufweisen. Deswegen können in bestrahlten Lebensmitteln sowohl Oxidations- als auch Reduktionsreaktionen vorkommen.

Die Gegenwart von Sauerstoff bei der Bestrahlung ist ein wichtiger Faktor, da die reduzierenden Wasserradikale e$_{aq}^-$ und H$^\bullet$ heftig mit O$_2$ reagieren und im Lebensmittel daher hauptsächlich die Oxidationsreaktionen mit dem OH$^\bullet$ Radikal zum Tragen kommen. Weiterhin kann sich Sauerstoff an den gebildeten Radikalen der Inhaltsstoffe, z. B. Fetten, anlagern und damit eine Rückkombination zu den ursprünglichen Substanzen verhindern. So werden z. B. bei den Fetten Peroxidverbindungen durch die Bestrahlung in Gegenwart von Sauerstoff gebildet, die dann – wie bei der Autoxidation – Anlass zu Kettenreaktionen unter Bildung von vielfältigen Zerfallsprodukten geben. Durch den Autoxidationsprozess wird eine erhebliche Verschlechterung der Qualität des Lebensmittels verursacht [102, 124]. Lebensmittel, die viel Fett enthalten, sollten deshalb unter Ausschluss von Sauerstoff, z. B. in Vakuumverpackung, mit ionisierenden Strahlen behandelt werden.

Modellversuche mit isolierten Lebensmittelbestandteilen haben gezeigt, dass die Veränderungen der reinen Inhaltsstoffe in verdünnter, wässriger Lösung sehr viel größer sind als wenn komplex zusammengesetzte Lebensmittel bestrahlt werden. Dieser gegenseitige Schutz der Inhaltsstoffe ist von großer Bedeutung und führt zu nur geringen Veränderungen im komplex zusammengesetzten Lebensmittel. Von Kritikern der Bestrahlung werden häufig Rückschlüsse auf Lebensmittel aus Versuchen mit z. B. verdünnten Vitaminlösungen gezogen, die zu völlig falschen Vorstellungen über den Vitaminverlust im komplexen Lebensmittel führen. Bei sachgemäßer Bestrahlung sind die Vitaminverluste im Lebensmittel, wie auch sonstige chemische Veränderungen, meistens gering [42].

Bereits in den 1940er Jahren wurde beobachtet [29], dass in einem großen Konzentrationsbereich gilt, dass eine Substanz prozentual leichter inaktiviert wird, wenn sie einer Verdünnung unterzogen wird. Es stehen sozusagen mehr primäre Wasserradikale pro Molekül Inhaltsstoff zur Verfügung, um dieses zu inaktivieren. Auf diese Konzentrationsabhängigkeit muss hingewiesen werden, da viele Studien zur Aufklärung der Reaktionsmechanismen der Lebensmittelinhaltsstoffe bei der Bestrahlung in verdünnten, wässrigen Lösungen durchgeführt wurden. So wird oft behauptet, diese oder jene Substanz sei sehr strahlenempfindlich, ohne jedoch ihre Konzentration in Betracht zu ziehen. So sind z. B. Proteine in verdünnten, wässrigen Lösungen sehr strahlenempfindlich und unterliegen vielfältigen Veränderungen. Im Lebensmittel findet man jedoch kaum Veränderungen. Dies ist bedingt durch die meist hohen Konzentrationen der Proteine im komplexen Lebensmittel und durch die Anwesenheit von vielen anderen Inhaltsstoffen, die ihren Anteil an den primär gebildeten Radikalen durch die Bestrahlung beanspruchen.

Alle Inhaltsstoffe im Lebensmittel konkurrieren mit den durch die Bestrahlung hervorgerufenen reaktiven Spezies. Jede Substanz wird entsprechend ihrer Reaktionsgeschwindigkeitkonstanten und ihrer Konzentration mit den anwesenden Radikalen reagieren. Deshalb gibt es eine gegenseitige Schutzwirkung, da andere vorhandene Komponenten einen Teil der Radikale abfangen. In reiner Weizenstärke sind daher die Veränderungen bei gleicher Strahlendosis größer als bei Weizenmehl, da hier die Proteine eine Schutzwirkung ausüben [44]. Ebenso verhindert der Zusatz von Zuckern den strahleninduzierten Abbau von Proteinen [44]. In einem komplexen Lebensmittel werden deswegen die strahleninduzierten Veränderungen in den einzelnen Inhaltsstoffen durch die Konkurrenzreaktionen der übrigen Komponenten minimiert.

Diese Erkenntnis macht verständlich, warum in komplexen Lebensmitteln die strahleninduzierten Veränderungen gemessen am Verhältnis veränderter Einzelstoffe zur Menge der unveränderten Stoffe so geringfügig sind, im Gegensatz zu Modellexperimenten mit einzelnen Inhaltsstoffen. Tatsächlich waren die Veränderungen in bestrahlten Lebensmitteln meist so gering, dass der Nachweis einer erfolgten Bestrahlung jahrzehntelang praktisch nicht möglich war. Erst in den letzten 20 Jahren wurde durch verbesserte Messempfindlichkeit und systematische Methodenentwicklung ein Nachweis ermöglicht (s. Kap. I-14).

10.3.3
Menge der Radiolyseprodukte

Mithilfe einer vereinfachten Gleichung kann die Menge der gebildeten Radiolyseprodukte abgeschätzt werden [176]:

$$\text{Menge (mmol/kg)} \cong 0{,}1D \cdot G\text{-Wert} \qquad (2)$$

wobei D = Strahlendosis in kGy,
G-Wert = Anzahl der gebildeten bzw. veränderten Moleküle per 100 eV absorbierter Energie.

Wenn ein G-Wert von 1 angenommen wird (viele G-Werte liegen zwischen 0,1 und 10, höhere Werte deuten auf eine Kettenreaktion hin), dann würde bei einer Strahlendosis von 10 kGy eine Menge von 1 mmol/kg gebildet werden. Angenommen, das gebildete Radiolyseprodukt hätte ein Molekulargewicht von 300, dann würde dies eine Bildung von 300 mg/kg bedeuten.

In Wirklichkeit sind die G-Werte meistens kleiner. In einer ausführlichen Arbeit über Radiolyseprodukte von Fetten in verschiedenen Fleischsorten [109] fanden die Autoren G-Werte von $0{,}4 \cdot 10^{-4}$ bis 10^{-1}. Flüchtige Radiolyseprodukte, wie Alkane und Alkene, werden in Mengen von 10–60 µg/kg gefunden, während nicht flüchtige Verbindungen, wie höhere Kohlenwasserstoffe, Alkanale und Diol-Diester-Verbindungen in Mengen von 1–10 mg/kg analysiert wurden. Diese strahleninduzierten Veränderungen sind jedoch als gering zu bezeichnen im Vergleich zu den chemischen Veränderungen in erhitzten Lebensmitteln [121]. Unabhängig davon, ob Veränderungen durch Erhitzen oder durch Bestrahlung hervorgerufen werden, müssen diese aus toxikologischer Sicht speziesbezogen im Einzelnen bewertet werden. So ist anzumerken, das die Erhitzung von Bohnen zur Inaktivierung toxischer Proteine (z. B. Phasin) führt und damit die Verzehrsfähigkeit erst ermöglicht, während die Bildung des Krebs erzeugenden Acrylamids durch Hitzebehandlung von Chips und Lebkuchen kritisch zu bewerten ist.

10.3.4
Art der Radiolyseprodukte

Zahlreiche Untersuchungen von bestrahlten Lebensmitteln haben gezeigt, dass die meisten Radiolyseprodukte entweder bereits natürlich – also originär – in Lebensmitteln vorkommen oder auch durch andere Lebensmittel verarbeitende Verfahren, z. B. Erhitzung, gebildet werden [187, 188]. Dies ist eigentlich nicht so verwunderlich, da die reaktiven Zwischenspezies, wie z. B. freie Radikale, auch bei vielen anderen Prozessen (Erhitzung, Photolyse, Katalyse, Mahlen, Ultraschall, etc.) gebildet werden [157]. Eine Scheibe frisch getoastetes Weißbrot wird z. B. an der Oberfläche einen viel höheren Gehalt an freien Radikalen aufweisen, als eine bestrahlte Scheibe Brot. Bei ähnlichen Zwischenprodukten werden viele Endprodukte ähnlich sein. So hat man für ultraschallbehandelte Kohlenhydratlösungen viele Produkte nachweisen können, die auch bei der Bestrahlung entstehen [76, 77]. Gleiches gilt für Proteine bzw. Nucleinsäuren [89, 117]. Gerade diese Ähnlichkeit der Produktbildung bietet eine Erklärung für die Schwierigkeit, einen spezifischen Nachweis für die erfolgte Bestrahlung zu etablieren. Wenn bei der Bestrahlung so „viele hochgiftige" Substanzen gebildet würden, wie manchmal in den Medien behauptet wurde, wäre es frühzeitig ein Leichtes gewesen, die Strahlenbehandlung nachzuweisen. Dem war jedoch nicht so. Die steigende Messempfindlichkeit wird es jedoch ermöglichen, dass mehr und mehr Radiolyseprodukte identifiziert werden. Auf der anderen Seite muss man sich vergegenwärtigen, dass ein Lebensmittel Hunderte von Inhaltsstoffen enthalten kann und diese alle durch Bestrahlung modifiziert werden können. Eine gänzliche analytische Charakterisierung aller Folgeprodukte der Lebensmittelbestrahlung ist daher nicht möglich.

Ob einige bei der Bestrahlung gebildete Substanzen strahlenspezifisch sind, also praktisch „einzigartige Radiolyseprodukte" (unique radiolytic products, URPs) darstellen, ist eine schwierige Frage, da es dabei auch auf die Messempfindlichkeit ankommt. Vor einigen Jahren hatte man geglaubt, in der veränderten Aminosäure *ortho*-Tyrosin (Addition eines OH• Radikals an den aromatischen Ring des Phenylalanins) ein „URP" entdeckt zu haben [145]. Inzwischen wurde *ortho*-Tyrosin jedoch auch in unbestrahlten Lebensmitteln gefunden [74, 75, 86].

Ein anderes Beispiel ist die Bildung von 2-Alkylcyclobutanonen (2-ACBs; chemische Formel s. Abb. 10.1), die bei der Bestrahlung von fetthaltigen Lebensmitteln aus den Triglyceriden oder Phospholipiden gebildet werden [72, 96, 152]. Diese 2-ACBs sind bis heute nur in bestrahlten Lebensmitteln, aber nicht in unbestrahlten Lebensmitteln gefunden worden [25, 26, 125, 151]. Vielleicht ermöglicht eine verbesserte Analytik – in der Zukunft – den Nachweis der

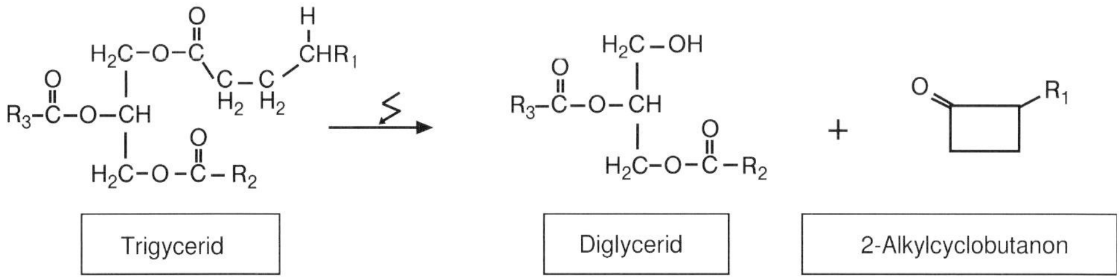

Abb. 10.1 Strahleninduzierte Bildung von 2-Alkylcyclobutanonen aus Triglyceriden.

2-ACBs auch in unbestrahlten Lebensmitteln. Heute müssen jedoch die 2-ACBs als „URPs" angesehen werden. Diese Eigenschaft ermöglicht auch den Einsatz von 2-ACBs als typische Bestrahlungsmarker. Eine der neueren Europäischen Normen (EN 1785:2003) basiert auf dem Nachweis von 2-ACBs, um ein Lebensmittel als bestrahlt zu identifizieren [46] (s. Kapitel I-14).

Trotzdem sollte nochmals darauf hingewiesen werden, dass fast alle Radiolyseprodukte ebenso in unbehandelten bzw. anders behandelten Lebensmitteln vorkommen. Jedes Verarbeitungsverfahren mag einige „einzigartige Produkte" aufweisen, ob es nun Bestrahlung, Erhitzung, Ultraschall, Hochdruck oder ein anderes Verfahren sei. Diesen Verbindungen sollte deshalb besondere Aufmerksamkeit bei der gesundheitlichen Bewertung gewidmet werden.

In den folgenden Abschnitten soll kurz auf die Radiolyseprodukte der Hauptbestandteile der Lebensmittel eingegangen werden. Besonders durch das „Internationale Projekt zur Lebensmittelbestrahlung" (an dem Projekt nahmen 24 Länder teil; der Hauptsitz war an der damaligen Bundesforschungsanstalt für Lebensmittelfrischhaltung, später „für Ernährung" in Karlsruhe), wurde in den Jahren 1970–1982 eine Reihe von Studien gefördert, die die chemischen Veränderungen der Lebensmittelinhaltsstoffe nach Bestrahlung untersuchten. Als Ergebnis dieser Arbeiten wurden zwei ausführliche Monographien veröffentlicht [50, 51].

10.3.5
Radiolyseprodukte der Proteine

Nach Bestrahlung von Lebensmitteln waren Veränderungen an den Proteinen kaum nachweisbar. Um jedoch mögliche strahlenchemische Umsetzungen zu identifizieren, wurden zunächst Modellversuche mit isolierten Proteinen oder deren Bausteinen – Aminosäuren und Peptiden – in verdünnten wässrigen Lösungen durchgeführt. Dabei wurde festgestellt, dass die chemischen Veränderungen in Proteinen durch Bestrahlung durch eine Vielzahl von Faktoren beeinflusst werden. Es kommt darauf an, welche Struktur das Protein hat: Ist es ein fibrilläres oder globuläres Protein, ist es im nativen Zustand oder bereits etwas entfaltet (denaturiert), welche Aminosäuren enthält es, welche Fett- oder Zuckeranteile, welche Begleitsubstanzen sind vorhanden, ist es in Lösung oder in trockenem Zustand und ist es bei Zimmertemperatur oder gefroren? Daneben spielen die Bestrahlungsbedingungen eine große Rolle: Strahlendosis, Dosisleistung, Bestrahlungstemperatur, Gegenwart von Sauerstoff, etc. Zahlreiche Modellversuche mit einzelnen Aminosäuren, Peptiden und Proteinen haben zu einem großen Basiswissen über die Strahlenchemie dieser Komponenten beigetragen [33, 42, 67–69, 98, 140, 141, 153, 172]. Wie bereits beschrieben, führt die Bestrahlung zu einer Vielzahl von reaktiven Zwischenspezies, die letztlich zu stabilen Endprodukten abreagieren.

Bei der Bestrahlung von Aminosäurelösungen konnte die Bildung der meisten Endprodukte wie Ammoniak, Ketosäuren, molekularem Wasserstoff, Fettsäuren, Kohlendioxid, Aldehyde, Amine durch Radikalreaktionen mit den primären Wasserradikalen, $OH^\bullet$, $H^\bullet$ und e_{aq}^- erklärt werden [42, 69, 153]. Besonders reaktionsfreudig sind dabei die schwefelhaltigen und aromatischen Aminosäuren. Bei der Bestrahlung von Cystein und Methionin werden u.a. Schwefelwasserstoff und Mercaptane gebildet. Gerade diese Produkte sind von besonderer Bedeutung für die Ausprägung von unerwünschten Geruchsveränderungen („off-flavours") z.B. bei Fleisch, wenn dieses bei Zimmertemperatur hochbestrahlt (>10 kGy) wird.

Bei Bestrahlung der aromatischen Aminosäuren werden die primären Wasser-Radikale hauptsächlich mit dem aromatischen Ring reagieren, z.B. reagiert das $OH^\bullet$ Radikal mit Phenylalanin unter Bildung von u.a. ortho-, meta- und para-Tyrosin [146].

Bei Peptiden und Proteinen verursacht die Bestrahlung neben den Reaktionen mit den einzelnen Aminosäureresten eine Spaltung und/oder Verknüpfung der Aminosäurekette. Die Veränderungen der Ketten sind auch von der Struktur des Proteins abhängig, so werden z.B. fibrilläre Proteine gespalten, während in globulären Proteinen meistens Vernetzungen stattfinden. Weitere Veränderungen der Proteine finden durch Desaminierung, Decarboxylierung, Reduktion von Disulfidgruppen, Oxidation von Sulfhydrylgruppen, Valenzänderung gebundener Metallionen, etc., statt. Die niedermolekularen Bruchstücke sind, wie bereits bei den Aminosäuren erwähnt, Wasserstoff, Kohlenmonoxid, Kohlendioxid, kurzkettige Fettsäuren und, wenn das Protein schwefelhaltige Aminosäuren enthält, die entsprechenden Mercaptane und Sulfide. Die niedermolekularen Produkte können nach Bestrahlung z.B. mit der Gaschromatographie nachgewiesen werden.

Die Abspaltung der Bruchstücke und die weiteren Veränderungen der Proteine können durch Bestrahlung bei Tiefkühltemperaturen wesentlich verringert werden, wodurch z.B. bei Fleischprodukten eine bessere sensorische Qualität erreicht werden kann. Bei den Quervernetzungen der Proteine nach Bestrahlung werden sowohl kovalente, z.B. Disulfidbrücken, Dityrosinverbindungen, als auch nicht kovalente, z.B. hydrophobe Bindungen beobachtet [191]. Allerdings sind Vernetzungen in der Art des Lysinoalanins, wie sie bei der Alkalibehandlung von Proteinen auftreten, bei bestrahlten Proteinen nicht beobachtet worden [91].

Ringbildungen zu heterocyclischen Aminen, wie bei der Pyrolyse von Aminosäuren und Proteinen, konnten ebenso wenig in bestrahlten Proteinen gefunden werden.

Die Vernetzung von bestrahlten Proteinen kann mittels Gelfiltration, HPLC oder SDS-Polyacrylamid-Gelelektrophorese festgestellt werden. So ist die strahleninduzierte Aggregation von Proteinen als Nachweismethode für bestrahltes Fleisch vorgeschlagen worden [130]. Leider war die Nachweisempfindlichkeit bei den in der Praxis eingesetzten Strahlendosen zu gering.

Auch dieses Ergebnis zeigt wieder, dass es einen großen Unterschied ausmacht, ob Modelllösungen oder reale Lebensmittel behandelt werden. Im komplexen Lebensmittel schützen sich die vielen Inhaltsstoffe gegenseitig: Veränderungen bei den Proteinen sind kaum nachzuweisen [162].

Die Zerstörung von Aminosäuren in bestrahlten Lebensmitteln ist daher im Allgemeinen sehr gering und die biologische Wertigkeit wird praktisch nicht verändert [42]. Auch bei hochbestrahltem Geflügelfleisch (46–68 kGy) wurden keine wesentlichen Veränderungen des Aminosäuremusters oder des Nährwerts in Fütterungsversuchen beobachtet [165, 167].

Ein Ausnahmefall ist flüssiges Eiklar, bei dem sich eine Fragmentierung der Proteine durch Bestrahlung bemerkbar macht. Die Bestrahlung dieses Eiproduktes (das einen hohen Wassergehalt von $\sim 88\%$ aufweist), führt zu einer deutlichen Abnahme der Viskosität [101].

Im Allgemeinen ist jedoch die Beeinflussung der Proteine in Lebensmitteln durch Bestrahlung vernachlässigbar, wenn man den großen unverändert bleibenden Anteil der Verbindungen zugrunde legt. Dies erkennt man auch daran, dass bestrahlte Lebensmittel immer noch Enzymaktivitäten aufweisen. Auch bei hochbestrahlten Fleischprodukten ist noch eine deutliche, z. B. proteolytische Aktivität vorhanden [162]. Falls die Enzyme nicht durch eine zusätzliche Erhitzung inaktiviert werden, verderben solche Lebensmittel bei Langzeitlagerung [190].

10.3.6
Radiolyseprodukte der Kohlenhydrate

Auch bei Kohlenhydraten wurde auf Modellversuche zurückgegriffen, um strahlenchemische Reaktionen zu erkennen [1, 30, 42, 44, 129, 139, 141, 153, 177, 178]. In wässriger Lösung reagieren Kohlenhydrate bevorzugt mit den OH$^\bullet$ Radikalen, die vornehmlich Wasserstoff an der C–H-Bindung abspalten. Das resultierende Kohlenstoffradikal reagiert weiter durch Dismutation, Dimerisierung oder Dehydrierung und es können eine Vielzahl von Verbindungen entstehen. Allein bei der Bestrahlung des Monosaccharids Glucose sind mehr als 30 Radiolyseprodukte identifiziert worden [178] (s. auch Tab. 10.3).

Radiolyseprodukte mit dem ursprünglichen Gerüst aus sechs Kohlenstoffatomen bilden die Mehrheit. Darüber hinaus konnten sowohl kleinere Fragmente als auch größere Polymere identifiziert werden. Die Bildung von Säuren führt zu einer pH-Abnahme in bestrahlten Zuckerlösungen, so kann z. B. der pH-Wert bei Bestrahlung einer Glucoselösung mit 25 kGy um drei pH-Einheiten

Tab. 10.3 Die wichtigsten Radiolyseprodukte von D-Glucose [178].

Produkt	G-Wert Bestrahlung in Gasatmosphäre	
	N$_2$O	N$_2$O/O$_2$ 4:1
D-Glucose Verbrauch	5,6	5,6
Säuren		
D-Gluconsäure	0,15	0,90
D-Arabinonsäure	nicht vorhanden	0,10[a]
Glycerinsäure	nicht vorhanden	0,13[b]
Glyoxylsäure/Glykolsäure	nicht bestimmt	0,4
Ameisensäure	nicht bestimmt	0,6
Desoxy-Säuren		
2-Desoxy-D-*arabino*-hexonsäure	0,95	nicht vorhanden
Keto-Zucker		
D-*arabino*-Hexos-2-ulose	0,15	0,90
D-*ribo*-Hexos-3-ulose	0,10	0,57
D-*xylo*-Hexos-4-ulose	0,075	0,50
D-*xylo*-Hexos-5-ulose	0,18	0,60
Desoxy-keto-Zucker		
3-Desoxy-D-*erythro*-hexos-4-ulose		
3-Desoxy-D-*erythro*-hexos-2-ulose	0,25	nicht vorhanden
4-Desoxy-D-*threo*-hexos-5-ulose		
Dialdosen		
D-*gluco*-Hexo-dialdose	0,22	1,55
L-*threo*-Tetro-dialdose	nicht vorhanden	0,20
Aldose		
D-Arabinose	0,01	0,10[c]
kleinere Carbonyl-Produkte		
D-Glycerinaldehyd	nicht vorhanden	0,13[d]
Glyoxal	nicht bestimmt	0,11
Formaldehyd	nicht bestimmt	0,12

a) Ausbeute zusammen mit D-Arabinose.
b) Ausbeute zusammen mit D-Glycerinaldehyd.
c) Ausbeute zusammen mit D-Arabinonsäure.
d) Ausbeute zusammen mit Glycerinsäure.

abnehmen. Auch werden viele Carbonylverbindungen gebildet. Da sie oft biologische Wirkungen aufweisen, sollten sie bei einer gesundheitlichen Bewertung besonders beachtet werden.

Bei Bestrahlung von Oligo- und Polysacchariden treten die gleichen chemischen Veränderungen wie bei Monosacchariden auf. Zusätzlich werden die glykosidischen Bindungen gespalten. Dies macht sich bei Bestrahlung von reiner Stärke durch Abnahme der Viskosität (Polymerisationsgrad) deutlich bemerkbar [138, 145]. Auch bei Bestrahlung von Obst und Gemüse kann der Abbau der

Zellwände zu einem Weichwerden („softening") führen. Wichtig ist auch die Erkenntnis, dass für Stärken unterschiedlicher Herkunft (Weizen, Reis, Mais, Kartoffel, etc.) die qualitativen Veränderungen praktisch gleich sind – also die gleichen chemischen Produkte gebildet werden – nur in etwas unterschiedlichen Mengen [131]. Das heißt, dass für ähnlich zusammengesetzte Lebensmittel auch ähnliche Folgeprodukte bei Bestrahlung gebildet werden und dass deshalb bei Kenntnis der Zusammensetzung des Lebensmittels die zu erwartenden Reaktionsprodukte – natürlich auch abhängig von den Bestrahlungsbedingungen – vorhergesagt werden können. Diese Erkenntnisse spielen bei der so genannten „Chemiclearance" (s. Abschnitt 10.4.1) eine große Rolle. Wenn also bei Bestrahlung von Weizenstärke keine gesundheitlich bedenklichen Substanzen gebildet werden, so ist auch nicht damit zu rechnen, dass bei Bestrahlung von Kartoffel- oder Maisstärke gesundheitlich bedenkliche Mengen an toxischen Folgeprodukten auftreten.

Bei Bestrahlung von Maisstärke wurde wie bei Glucose eine große Anzahl (über 30) von niedermolekularen Abbauprodukten identifiziert [30, 171]. Die neun Hauptprodukte sind in Tabelle 10.4 aufgeführt.

In einem wegweisenden Tierfütterungsversuch wurden die neun Hauptradiolyseprodukte in erhöhter Konzentration sechs Monate lang an Ratten verfüttert. Es wurden keine schädlichen Wirkungen beobachtet [171]. (Näheres zu diesem Tierfütterungsversuch s. Abschnitt 10.4.1).

Eine weitere interessante Arbeit stellt die Berechnung über das Ausmaß der strahleninduzierten Veränderungen in Obst von Basson und Mitarbeitern [11] dar. Für jeden Inhaltsstoff in Mangos wurden die Reaktionen der primären Wasserradikale mit Hilfe der Geschwindigkeitskonstanten und der Konzentration der Substanzen berechnet. Diese Berechnung ergab, dass hauptsächlich Folgeprodukte der Kohlenhydrate, wie Carbonylprodukte, gebildet werden. Dies steht in Übereinstimmung mit der nachträglich durchgeführten chemischen Analyse der Früchte (allerdings ist in unbestrahlten Mangos in Konserven die

Tab. 10.4 Die Hauptradiolyseprodukte von Maisstärke[a] [171].

Radiolyseprodukt	Konzentration [µg/g/kGy]
Formaldehyd	2
Acetaldehyd	4
Methanol	0,3
Malonaldehyd	0,2
Glykolaldehyd	0,86
Glyoxal	0,37
Glycerinaldehyd und/oder Dihydroxyaceton	0,47
Ameisensäure	12
Wasserstoffperoxid	5

a) Feuchtigkeitsgehalt der Maisstärke 12–13%; bestrahlt in Gegenwart von Sauerstoff.

Menge an gebildeten Carbonylverbindungen sechsmal so hoch wie nach Bestrahlung von frischen Mangos [9]). Mittels dieser Berechnungen wurden auch die Veränderungen durch Bestrahlung in einer Modelllösung mit Kohlenhydraten, in Mangosaft, in Mangofruchtfleisch und in einer realen Mangofrucht vorausberechnet. Wie erwartet, konnten die gegenseitigen Schutzwirkungen der Inhaltsstoffe im Rechenmodell gut beobachtet werden. Während z. B. in der reinen Zuckerlösung das relativ toxische D-Glucoson (D-*Arabino*-hexos-2-ulose) in nachweisbaren Mengen berechnet wurde, nahm die theoretische Konzentration in der realen Frucht enorm ab. Auch hier bestätigte die chemische Analyse die Berechnungen: In einer hochbestrahlten (20 kGy) Zuckerlösung wurde D-Glucoson im Bereich von ca. 650 ppm nachgewiesen – nicht jedoch bei einer Nachweisgrenze von 40 ppm in der bestrahlten Mangofrucht [38].

Ähnliche Berechnungen für Erdbeeren, Zitronen und Tomaten [11] ergaben, dass auch hier hauptsächlich Carbonylverbindungen als Folgeprodukte der Kohlenhydrate gebildet werden. Da ähnliche Radiolyseprodukte bei verschiedenen Obstsorten auftreten, müsste es möglich sein, Obst als eine Lebensmittelkategorie zu klassifizieren, für die ähnliche toxikologische Risiken bei Bestrahlung erwartet werden können. Somit können Ergebnisse aus Tierfütterungsversuchen von einer Obstsorte auf eine andere zuverlässig extrapoliert werden. Gerade dies ist eines der Prinzipien der Chemiclearance (s. Abschnitt 10.4.1).

10.3.7
Radiolyseprodukte der Lipide

Auch bei den Fetten spielt die Zusammensetzung eine Rolle (ob gesättigt oder ungesättigt, ob fest oder flüssig, ob andere Substanzen, z. B. Antioxidantien, Schutzwirkungen ausüben). Hinzu kommen wiederum die Bestrahlungsbedingungen (Dosis, Dosisleistung, Temperatur, Gasatmosphäre, wie Gegenwart von Sauerstoff, etc.). Besonders bei der Bestrahlung von Fetten sind auch die Lagerungsbedingungen (Temperatur, Gegenwart von Sauerstoff) nach der Behandlung von großer Bedeutung [32, 42, 102, 118–120, 122, 123, 153, 188].

Ein Hauptmerkmal bei Bestrahlung von Lipiden ist die Bildung einer Vielzahl von flüchtigen Abbauprodukten. Gerade diese Folgeprodukte sind für das Entstehen von unerwünschten Geruchsveränderungen („off-flavours") verantwortlich gemacht worden. Der oxidative Abbau von Fetten ist bereits gut erforscht und es ist bekannt, dass Kettenreaktionen zu einer großen Menge an Zerfallsprodukten, wie Aldehyden, Alkoholen, Ketonen, Kohlenwasserstoffen, Hydroxy- und Ketosäuren, etc., führen können [124]. Einige dieser Abbauprodukte sind sehr geruchsintensiv und führen zu einem typischen, unerwünschten Geruch nach ranzigem Fett. Da Bestrahlung in Gegenwart von Sauerstoff die Autoxidation von Fetten beschleunigt, wurde der Abbau von Lipiden im Lebensmittel als Verursacher für die Entstehung von „off-flavours" angesehen. Allerdings weiß man inzwischen, dass auch Abbauprodukte schwefelhaltiger Proteine (s. Abschnitt 10.3.5) zu unerwünschten sensorischen Veränderungen beitragen [108].

Bei Bestrahlung von gesättigten Fettsäuren werden – in Abwesenheit von Sauerstoff – hauptsächlich Kohlendioxid, molekularer Wasserstoff und Kohlenmonoxid gebildet sowie eine Reihe von Kohlenwasserstoffen. In größeren Mengen entsteht das C_{n-1}-Alkan – wobei *n* die Anzahl der Kohlenstoffatome in der Fettsäure sind – sowie weitere Alkane und Alkene und der C_n-Aldehyd.

Auch geringe Mengen an höhermolekularen Produkten werden z. B. durch Dimerisierung der Lipidradikale gebildet [120, 123, 156]. In Gegenwart von Sauerstoff findet die Bildung von Peroxidradikalen statt und damit gleichzeitig auch der bekannte oxidative Abbau.

Bei Bestrahlung von ungesättigten Fettsäuren werden die entsprechenden ungesättigten Kohlenwasserstoffe, aber auch viele polymere Verbindungen gebildet. Da jedoch im Lebensmittel die Mengen an freien Fettsäuren relativ gering sind, fällt die Menge an Radiolyseprodukten dieser Fettsäuren nur wenig ins Gewicht.

Wichtiger sind hingegen die strahleninduzierten Veränderungen in den Triglyceriden, da das meiste Fett in Lebensmitteln in dieser Form vorliegt. Reaktionen mit den primären Wasserradikalen spielen bei Bestrahlung von Triglyceriden wegen deren Wasserunlöslichkeit nur eine untergeordnete Rolle. Die ionisierende Bestrahlung führt hier hauptsächlich zu Kohlenstoffradikalen, die dann bevorzugt in der Nähe der Esterbindung zu einer Spaltung führen. Diese Spaltung resultiert – wie bei den einfachen Fettsäuren – in Kohlendioxid, molekularem Wasserstoff und einer Reihe von Kohlenwasserstoffen. Dabei entstehen vorrangig Kohlenwasserstoffe, die nur ein oder zwei C-Atome weniger als die Vorläufer-Fettsäuren aufweisen.

Weitere Radiolyseprodukte der Triglyceride sind abgespaltene Fettsäuren, verbleibende Propen- oder Propan-Dioldiester, abgespaltene Aldehyde und durch Ringschluss gebildete 2-Alkylcyclobutanone (2-ACBs) [96]. Letztere Verbindungen sind bis heute noch nicht in unbestrahlten Triglyceriden beobachtet worden (s. auch die Abschnitte 10.3.4 und 10.4.2.6). Insgesamt kann eine große Anzahl von Radiolyseprodukten – je nachdem, welche Bindung gespalten wird – gebildet werden (Tab. 10.5) [32, 119, 120, 122, 123].

Viele dieser Verbindungen sind bereits in Untersuchungen mit Modell-Triglyceriden identifiziert worden [122, 123, 173, 175].

Auch bei Bestrahlung von reinen Ölen und Fetten finden die gleichen Mechanismen statt. Dabei sind die Hauptprodukte, wie C_{n-1} und C_{n-2} Kohlenwasserstoffe oder abgespaltene C_n-Fettsäuren, identifiziert worden [123]. Wie zu erwarten, entstehen die gleichen Radiolyseprodukte bei der Bestrahlung von Fleisch. Viele der Folgeprodukte wurden in verschiedenen Fleischsorten nachgewiesen [107, 123, 174, 188]

In Übereinstimmung mit dem Chemiclearance-Prinzip (s. auch Abschnitt 10.4.1) bestimmt die Zusammensetzung des Lebensmittels und u. a. die Strahlendosis die Ausbeute an Folgeprodukten. Je nach Fettgehalt und enthaltenen Fettsäuren können Art und Menge der strahleninduzierten Kohlenwasserstoffe im Lebensmittel vorausgesagt werden. Diese typische Bildung der Kohlenwasserstoffe wird heute auch als Nachweis für eine erfolgte Bestrahlung

Tab. 10.5 Mögliche Radiolyseprodukte von Triglyceriden [32].

Mögliche Bruchstellen	Bruchstelle	Primärprodukte	Kombinationsprodukte
$H_2C+O+\overset{\overset{O}{\|\|}}{C}+C+C+C+R$ e $\|$ $HC+O+\overset{\overset{O}{\|\|}}{C}+C+C+C+R$ e $\|$ $H_2C+O+\overset{\overset{O}{\|\|}}{C}+C+C+C+R$ a b c d f$_1$ f$_2$	a	C_n-Fettsäure Propan-Diol-Diester Propen-Diol-Diester	C_n-Fettsäure-Ester Alkan-Diol-Diester 2-Alkyl-1,2-Propan-Diol-Diester Butan-Triol-Triester
	b	C_n-Aldehyd Diglyceride Oxo-Propan-Diol-Diester 2-Alkylcyclobutanone (C_n)	Ketone Diketone Oxo-Alkyl-Ester Glycerin-Ether-Diester Glycerin-Ether-Tetraester
	c	C_{n-1}-Alkane C_{n-1}-1-Alkene Formyl-Diglyceride	höhere Kohlenwasserstoffe Triglyceride mit kürzeren Fettsäuren
	d	C_{n-2}-Alkane C_{n-2}-1-Alkene Acetyl-Diglyceride	Kohlenwasserstoffe Triglyceride mit kürzeren oder längeren Fettsäuren
	e	C_n-Fettsäure-Methylester Ethan-Diol-Diester	C_n-Fettsäure-Ester Alkan-Diol-Diester Erythrit-Tetraester
* $i = 1, 2, \ldots, n-3$ ** $x = 3, 4, \ldots, n-1$	f$_i$*	C_{n-x}**-Kohlenwasserstoffe Triglyceride mit kürzeren Fettsäuren	Kohlenwasserstoffe Triglyceride mit längeren Fettsäuren

bei fetthaltigen Lebensmitteln genutzt [45]. Ebenso wird die spezifische Bildung der 2-ACBs als Nachweis einer Strahlenbehandlung eingesetzt [46] (s. Kapitel I-14).

Obwohl also die Veränderungen von den Fetten bei bestrahlten Lebensmitteln als Nachweis dienen können, sollte darauf hingewiesen werden, dass die Mengen dieser Produkte sehr gering sind. Beim Erhitzen von Fetten entstehen viele gleiche Produkte wie bei der Bestrahlung – manche jedoch in viel größeren Mengen als durch Bestrahlung – aber das Abbaumuster bestrahlter Fette ist spezifisch für die Bestrahlung. So findet, verglichen mit der Bildung von Benzpyren bei der Erhitzung, keine Bildung von aromatischen Ringen oder Ringkondensation statt. Bei Bestrahlung werden Fettsäuren nur in sehr geringem Umfang zerstört. Bei praxisorientierter Dosis können bei den Messungen zur Fettsäurebestimmung kaum Veränderungen festgestellt werden – auch nicht bei ungesättigten Fettsäuren. Erst bei höheren Dosen (z. B. 10 kGy) wurde bei Geflügel eine geringfügige Abnahme – an der Nachweisgrenze der Methode – von Linol- und Linolensäure beobachtet [111].

Wenn, wie bei der Sterilisierung, höhere Dosen eingesetzt werden sollen, wird auch der Schutz durch Tiefkühltemperaturen genutzt. Das Ausmaß der chemischen Veränderungen wird hierdurch drastisch gesenkt. Um eine beschleunigte Fettoxidation zu verhindern, wird bei hohen Strahlendosen zusätzlich für die Abwesenheit von Sauerstoff, z. B. durch Vakuumverpackung mit sauerstoff-undurchlässigen Folien, gesorgt.

10.3.8
Radiolyseprodukte der Vitamine

Obwohl viele Untersuchungen durchgeführt worden sind, um strahlungsbedingte Vitaminverluste nachzuweisen, liegen nur relativ wenige Informationen darüber vor, zu welchen Radiolyseprodukten Vitamine abgebaut werden [10, 42, 88, 141, 153, 168, 170, 178, 188]. Meistens sind nur Modellversuche in wässrigen oder unpolaren Lösungen durchgeführt worden. Wiederum sollte darauf hingewiesen werden, dass die Veränderungen im realen, komplexen Lebensmittel viel geringer sind als in Modellversuchen mit reinen Lösungen. So wird Thiamin (Vitamin B_1) in wässriger Lösung (0,25 mg/100 mL) durch eine Strahlendosis von 0,5 kGy zu 50% abgebaut, während die gleiche Dosis bei Trockeneipulver (Thiamingehalt 0,39 mg/100 g) nur zu einem Verlust von weniger als 5% führt [41]. Im Allgemeinen sind die Vitaminverluste bei praxisorientierter Dosis gering [40, 42, 88, 168]. Mit zunehmender Strahlendosis nehmen natürlich auch die Vitaminverluste zu. Diese können jedoch durch Schutzmaßnahmen, z. B. Bestrahlung bei tieferen Temperaturen oder Ausschluss von Sauerstoff, eingedämmt werden. Durch die geringen Vitaminverluste ist auch die Menge an Radiolyseprodukten gering.

Bei den wasserlöslichen Vitaminen finden die bekannten Reaktionen mit den primären Wasserradikalen statt, so z. B. die Hydroxylierung des B-Vitamins Niacin (Preventive Pellagra Factor, Vitamin PP, Vitamin B_5) am aromatischen Pyridin-Ring [147]. Die Ascorbinsäure (Vitamin C) wird hauptsächlich zu Dehydro-Ascorbinsäure oxidiert, wovon ein Teil zu Diketogluconsäure weiteroxidiert wird. Es ist erwähnenswert, dass auch Dehydro-Ascorbinsäure für den Vitamin C-Bedarf des Menschen genutzt wird, d. h. dass für Vitamin C-Bestimmungen in Lebensmitteln sowohl Ascorbinsäure als auch Dehydro-Ascorbinsäure bestimmt werden müssen.

Schließlich sei darauf hingewiesen, dass im Tierversuch die strahleninduzierte Bildung von Antimetaboliten zu Thiamin und Pyridoxin nicht bestätigt werden konnte [143].

10.3.9
Radiolyseprodukte der weiteren Inhaltsstoffe

Weitere Lebensmittelinhaltsstoffe sind Nucleinsäuren, Steroide, Aromakomponenten, phenolische Verbindungen, Pigmente, Mineralstoffe und Spurenelemente, etc., aber auch Lebensmittelzusatzstoffe und -Kontaminanten.

Da die Mengen dieser Inhaltsstoffe im Lebensmittel sehr begrenzt sind, werden ihre Radiolyseprodukte ebenfalls nur in sehr geringem Maßstab gebildet. Strahlenchemisch sind vor allem die Veränderungen der Nucleinsäuren wegen ihrer biologischen Auswirkungen auf Lebewesen interessant. Viele Radiolyseprodukte sind hier beschrieben worden [178]. Strahleninduzierte Veränderungen an den Nucleinsäuren sind auch für den Nachweis einer erfolgten Bestrahlung vorgeschlagen worden [35]. Als Screening-Methode erfolgreich ist hier der Comet-Assay [47], der eine Fragmentierung der DNA nachweist (s. auch Kapitel I-14).

Modellversuche mit Pflanzenschutz- oder Schädlingsbekämpfungsmitteln in reiner Lösung zeigen einen Abbau durch Bestrahlung. Im realen Lebensmittel sorgen jedoch die gegenseitigen Schutzwirkungen der Inhaltsstoffe, die in viel größeren Mengen vorkommen, für einen nur sehr geringen strahleninduzierten Umsatz der Pestizide. Die Wahrscheinlichkeit, dass die Radiolyseprodukte der Pestizide eine höhere Toxizität aufweisen als die ursprünglichen Stoffe ist sehr gering und damit auch das Risiko einer gesundheitlichen Relevanz dieser extrem kleinen Mengen von eventuell entstandenen Radiolyseprodukten [42]. Der nur geringfügige Abbau bedeutet in der Praxis aber auch, dass toxische Substanzen im Lebensmittel – seien es Pestizide oder z. B. Mycotoxine – durch Bestrahlung kaum reduziert werden können. Das Nichtvorhandensein solcher Stoffe muss daher bei den Lebensmitteln durch eine gute Herstellungspraxis gesichert werden.

Letztlich sollte noch erwähnt werden, dass eine Migration von Radiolyseprodukten aus dem Verpackungsmaterial in das Lebensmittel stattfinden kann [188]. Flüchtige Substanzen aus der Verpackung können dabei „off-flavours" verursachen. Es sollten deshalb nur geprüfte, empfohlene Verpackungsmaterialien bei der Lebensmittelbestrahlung eingesetzt werden (siehe auch Datenbank „Packaging Materials" [81]).

10.4
Toxikologische Wirkungen der Radiolyseprodukte und deren Bewertung

Die vorherigen Abschnitte haben gezeigt, dass es bei der Bestrahlung von Lebensmitteln mit ionisierenden Strahlen zu einer großen Vielfalt an Radiolyseprodukten in sehr unterschiedlichen Mengen kommen kann. Die Kenntnisse über die chemischen Veränderungen sind – nach jahrzehntelanger Forschung – besser als bei vielen anderen Lebensmittel verarbeitenden Verfahren. Aufgrund dieser Kenntnisse kann heute weitgehend vorausgesagt werden, welche Radiolyseprodukte bei Bestrahlung irgendeines Lebensmittels gebildet werden. Die toxikologische Bewertung der bis heute identifizierten Radiolyseprodukte kann zum Teil anhand der chemischen Struktur und Vergleiche mit der Toxizität ähnlicher Substanzen vorgenommen werden. Meistens ist jedoch der biologische Versuch durch Tierfütterungsversuche oder in vitro-Studien an Zellkulturen zusätzlich erforderlich. Weitere Informationen wurden erhalten durch Verzehrsstudien an freiwilligen gesunden Versuchspersonen, aber auch an Patienten mit Immunschwäche, welche strahlensterilisierte Krankenhausdiäten erhielten.

Eine Schwierigkeit bei der Beurteilung des Bestrahlungsverfahrens ist die Bildung einer ganzen Reihe neuer Substanzen, deren Vorhandensein in einer äußerst komplexen Matrix, nämlich dem Lebensmittel, zu bewerten ist. Um die gesundheitliche Bewertung der Lebensmittelbestrahlung besser verstehen zu können, ist ein kurzer geschichtlicher Rückblick hilfreich.

10.4.1
Geschichtlicher Rückblick zur gesundheitlichen Bewertung der Radiolyseprodukte

Von geschichtlicher Bedeutung ist die Einstufung des Verfahrens als „Lebensmittelzusatzstoff" im Jahre 1958 durch die US-amerikanische Gesetzgebung (Food, Drug and Cosmetic Act). Danach sind bei der Lebensmittelbestrahlung zur Beurteilung des Gesundheitsrisikos die gleichen Kriterien anzuwenden, wie sie auch für Lebensmittelzusatzstoffe gelten [42, 114].

Diese Einstufung führte zu den bekannten Überlegungen, dass man nur bestrahlte Lebensmittel in steigender Menge an Tiere verfüttern müsste, um den „No Effect Level" zu bestimmen – also die Menge an bestrahlten Lebensmitteln, die gerade keine erkennbare Wirkung ausübten. Dabei wurden das Wachstum der Tiere, ihr Verhalten, Futter- und Wasseraufnahme sowie eine Reihe von hämatologischen, klinisch-chemischen, harnanalytischen und Reproduktionsparametern untersucht, ergänzt durch eine makroskopische und histopathologische Prüfung aller Organe. Durch die Anwendung des üblichen Sicherheitsfaktors von 100 könnte dann davon ausgegangen werden, dass bei Einnahme von weniger als 1% der Menge des „No Effect Levels" diese gesundheitlich unbedenklich sei. (Dabei muss natürlich betont werden, dass es eine absolute Sicherheit nicht gibt. Die absolute Unschädlichkeit einer chemischen Substanz kann nicht bewiesen werden. Sicherheit kann nur relativ gesehen werden; daher müssen Dosis-Wirkungsbeziehungen genutzt werden, um Risiken abschätzen zu können).

Die Anwendung dieses Konzeptes auf bestrahlte Lebensmittel führte zu vielen Fragen. Wenn es keinerlei schädliche Wirkung durch Verfütterung bestrahlter Lebensmittel gibt, wie sollte man dann einen „No Effect Level" überhaupt festlegen? Reichte vielleicht die verabreichte Menge gerade eben nicht aus oder war sie noch immer weit von einer Wirkung entfernt? Um den Sicherheitsfaktor von 100 zu berücksichtigen, würde das heißen, das 100fache des normalen Anteils des bestrahlten Lebensmittels (Fleisch, Zwiebeln, Kartoffeln oder Obst) in der Versuchsdiät für Tiere einzubauen? Wie müsste man vorgehen, wenn der Anteil mehr als 1% der Nahrung ausmacht? Oder müsste man nur die Bestrahlungsdosis um das 100fache steigern, um Sicherheit zu erlangen? Eine 100fache Strahlendosis könnte jedoch das Lebensmittel ungenießbar machen – man denke nur an die Parallele bei der Erhitzung.

Interessanterweise wurden in der Vergangenheit viele dieser Gedankenansätze ausprobiert. Um den Anteil der bestrahlten Lebensmittel in der Nahrung zu erhöhen, wurden z. B. Ratten mit Diäten gefüttert, die ~30% Zwiebeln enthielten. Nicht verwunderlich, dass die Ratten krank wurden – unabhängig davon, ob unbestrahlte oder bestrahlte Zwiebeln verfüttert wurden [183].

Die Erhöhung der Dosis wurde in Tierversuchen gewählt, in denen Ratten mit Sojaöl gefüttert wurden, welches mit bis zu 1000 kGy bestrahlt wurde [92]. Bedingt durch die hohe Dosis war das Öl bereits verklumpt und schwarz verfärbt. Bei diesem Versuch wurde eine akute Toxizität beobachtet; viele Ratten überlebten den Versuch nicht. Offensichtlich war dies also nicht der richtige Weg, um eine gesundheitliche Risikobeurteilung von niedrig bestrahlten Lebensmitteln vorzunehmen. Dennoch wurden durch viele dieser „trial-and-error"-Verfahren in der Vergangenheit neue Erkenntnisse gesammelt, die dazu beitragen konnten, nachfolgende Versuche besser zu planen.

Man machte sich auch bald Gedanken darüber, dass dies zu einem unendlichen Ausufern der Tierfütterungsversuche und den damit verbundenen Kosten führen würde, wenn jedes Lebensmittel nach Bestrahlung wie ein neuer Zusatzstoff behandelt werden solle. Wenn z. B. bestrahlter Weizen geprüft wurde, wäre es dann notwendig, auch anderes Getreide, wie Roggen oder Gerste in langwierigen Fütterungsversuchen zu testen? Wenn bestrahltes Rindfleisch getestet wurde, müssten dann die Tests auch für Schweinefleisch, Lamm, Ziege usw. durchgeführt werden?

Alle diese Überlegungen führten zu der Ansicht, dass internationale Anstrengungen und Kooperationen notwendig wären, um die Sicherheit bestrahlter Lebensmittel zu untersuchen. Wenn die positiven Wirkungen der Bestrahlung – wie die Abtötung von schädlichen Mikroorganismen im Lebensmittel – genutzt werden sollten, dann müsste sichergestellt werden, dass negative Wirkungen vernachlässigbar sind. Die großen internationalen Organisationen FAO, IAEA und WHO, die den Nutzen der Bestrahlung erkannten, begannen deshalb bereits ab 1961 zu kooperieren, um sich mit nötigen Rechts- und Sicherheitsaspekten der Lebensmittelbestrahlung auseinander zu setzen [61]. Dies führte zur Etablierung eines gemeinsamen FAO/IAEA/WHO-Expertenkomitees (JECFI: Joint Expert Committee on Food Irradiation), das erstmals 1964 tagte – später auch 1969, 1976 und 1980. Besonders wichtig war beim ersten Treffen, welche Tests und Untersuchungen erforderlich wären, um die gesundheitliche Unbedenklichkeit beim Verzehr von bestrahlten Lebensmitteln sicherzustellen. Zunächst einigte man sich darauf, dass jedes einzelne Lebensmittel getestet werden müsse, bis mehr Wissen über die Verträglichkeit bestrahlter Lebensmittel vorläge. In Analogie mit den Tests für Zusatzstoffe wäre hierfür aus toxikologischer Sicht ein Langzeit-Tierfütterungsversuch erforderlich: Prüfung der chronischen Toxizität mit mindestens zwei, besser drei Tierspezies, z. B. Ratte, Hund und Huhn, für eine Dauer von zwei Jahren. Wenn Ergebnisse von Langzeitversuchen vorlagen, könnten möglicherweise bei sehr ähnlichen Lebensmitteln kürzere Untersuchungen ausreichen, wie eine Prüfung der subchronischen Toxizität: Fütterungsversuch mit zwei Tierspezies, z. B. Ratte und Hund, für eine Dauer von 90 Tagen. Zusätzlich zu den toxikologischen Aspekten sollten auch eine mögliche induzierte Radioaktivität, mikrobiologische Risiken und Einflüsse auf den Nährwert untersucht werden [182].

Im Jahre 1969 nahm JECFI zur Bestrahlung von Weizen, Kartoffeln und Zwiebeln Stellung, da hier bereits Tierfütterungsversuche vorlagen [183]. Es wurde erkannt, dass ein gewisses Maß an Extrapolation erforderlich ist, da die geprüften bestrahlten Lebensmittel in den Tierfütterungsversuchen z. B. in anderer Zubereitungsform verabreicht wurden, als sie von Menschen verzehrt werden. Die Extrapolation dürfte jedoch nicht zu weit gehen: So wurde davor gewarnt, dass Ergebnisse mit hochbestrahlten Lebensmitteln als Maßstab für niedrig bestrahlte Lebensmittel angewandt werden, da bei zu hoher Dosis unerwünschte Veränderungen auftreten könnten. Andererseits könnte davon ausgegangen werden, dass die Hauptzusammensetzung der Ernteprodukte in etwa gleich wäre für verschiedene Sorten oder Anbaugebiete, so dass Ergebnisse für z. B. eine Weizensorte auch für andere Weizensorten Gültigkeit besäßen. Auch Ergebnisse für unterschiedliche Formen des Produktes, z. B. Weizenmehl oder Weizenkörner, sollten bezüglich des Sicherheitsaspektes gleichgestellt werden.

Im Jahre 1970 wurde das „Internationale Projekt für Lebensmittelbestrahlung" etabliert, um die internationale Zusammenarbeit zu intensivieren. Am Anfang nahmen 19, später 24 Länder an diesem Projekt teil, welches seinen Hauptsitz an der damaligen Bundesforschungsanstalt für Lebensmittelfrischhaltung, später „... für Ernährung" in Karlsruhe hatte. Dieses „Karlsruher Projekt" endete 1982, nachdem es seine Aufgaben erfüllt hatte. Die Hauptaufgabe dieses Projektes war, die toxikologischen Untersuchungen mittels längerfristiger Tierversuche von verschiedenen Lebensmitteln zu koordinieren, aber auch z. B. durch Kurzzeit-Tests neue ergänzende Prüfmethoden zu etablieren. So eröffnete die Entwicklung von neuen In-vitro- und In-vivo-Methoden zur Erfassung mutagener und genotoxischer Wirkungen von Substanzen eine weitere Möglichkeit zur Absicherung der gesundheitlichen Zuträglichkeit bestrahlter Lebensmittel. Das „Karlsruher Projekt" unterstützte auch chemische Untersuchungen der bestrahlten Lebensmittel, um die Art und Menge der Radiolyseprodukte besser charakterisieren zu können. Da die meisten Anwendungen der Lebensmittelbestrahlung eine Strahlendosis unterhalb 10 kGy erfordern und nur in speziellen Fällen, wie bei der Herstellung strahlensterilisierter Diäten (für Patienten oder Astronauten) höhere Strahlendosen erforderlich sind, einigte man sich im „Karlsruher Projekt" darauf, nur Anwendungen unterhalb von 10 kGy zu untersuchen.

Im Jahre 1976 forderte JECFI, die Bestrahlung nicht als einen Zusatzstoff, sondern als ein Verfahren – wie auch Erhitzung oder Tiefkühlung – zu betrachten. Damit wäre eine Extrapolation innerhalb von Lebensmittelklassen erlaubt. Für ein neues Lebensmittel wären nur geringe toxikologische Prüfungen notwendig, wenn ausreichend Daten für ein ähnliches Lebensmittel vorlägen. Dieser Argumentation lag die wachsende Erkenntnis zu Grunde, dass ähnliche Lebensmittel auch ähnliche Radiolyseprodukte aufweisen. Aber nicht nur das Nichtvorhandensein von möglichen toxischen Radiolyseprodukten, sondern auch die Einflüsse auf den Nährwert und die mikrobiologischen Risiken sollten berücksichtigt werden. JECFI verwies darauf, dass die Sicherheitsbewertung eines bestrahlten Lebensmittels auch beinhalten muss, dass der Nährwert im

Kontext zur Gesamtdiät gesehen wird und dass keine schädlichen Mikroorganismen oder Toxine vorhanden sind [184].

Unter diesen Gesichtspunkten schlussfolgerte JECFI 1976, dass ausreichend Daten vorlagen, um die Bestrahlung von Weizen und Weizenmehl zur Entwesung von Insekten bis zu einer Strahlendosis von 1 kGy zuzulassen. Ebenso wurden Kartoffeln zur Keimungshemmung bis zu 0,15 kGy zugelassen; Hähnchen bis zu 7 kGy, um krankheits- und verderbniserregende Mikroorganismen zu inaktivieren; Papayas bis zu 1 kGy zur Insektenbekämpfung und Erdbeeren bis zu 3 kGy zur Haltbarkeitsverlängerung (Reduzierung des Schimmels). Für andere Lebensmittel wurden vorläufige Zulassungen ausgesprochen: Zwiebeln zur Keimungshemmung bis zu 0,15 kGy, Kabeljau und Rotbarsch bis zu 2,2 kGy zur Inaktivierung sowohl von krankheitserregenden als auch Verderb verursachenden Mikroorganismen und Reis bis zu 1 kGy zur Insektenbekämpfung [184].

Die schnell wachsenden Erkenntnisse der Strahlenchemie führten zu der Ansicht, dass die chemischen Veränderungen in Lebensmitteln bei der toxikologischen Prüfung mehr berücksichtigt werden müssten [43, 155, 158]. Besonders Diehl (s. a. [42]) wies darauf hin, dass der immense Aufwand für Langzeit-Tierfütterungsversuche für jedes Lebensmittel eine Verschwendung von Ressourcen darstelle. Wenn die Bestrahlung von Lebensmitteln für einzelne Inhaltsstoffe immer zu bestimmten Radiolyseprodukten führt, dann müsste es möglich sein, die Bildung dieser Produkte sicher vorherzusagen, falls die Zusammensetzung des Lebensmittels bekannt und die Bestrahlungsbedingungen definiert sind. Somit könne man von einem Lebensmittel zu einem ähnlichen anderen, bezüglich der toxikologischen Eigenschaften der Radiolyseprodukte, extrapolieren. Wenn Unsicherheiten bestünden, könnten toxikologische Prüfverfahren besser entworfen und geplant werden.

Diese vermehrte Einbeziehung der chemischen Erkenntnisse für eine toxikologische Bewertung wurde von Basson [8] als „Chemiclearance" bezeichnet. Allerdings kann sich die Bewertung natürlich nicht nur auf die Chemie verlassen, da viele Radiolyseprodukte – nämlich die, die nur in geringer Menge vorkommen – noch nicht identifiziert sind. Auch liegen noch keineswegs für jedes identifizierte Radiolyseprodukt toxikologische Prüfungen vor. Deshalb müssen geeignete Kombinationen von biologischen Prüfverfahren und chemischer Bewertung vorgenommen werden [42].

Ein erster Ansatz zur toxikologischen Bewertung aufgrund der Radiolyseprodukte wurde zwischen 1977 und 1979 von der „Federation of American Societies for Experimental Biology" (FASEB) vorgenommen. Deren „Select Committee on Health Aspects on Irradiated Beef" überprüfte die toxikologische Relevanz von über 100 strahleninduzierten Substanzen in Rindfleisch. Das Komitee kam zu dem Schluss, dass es wegen der geringen Mengen an flüchtigen Radiolyseprodukten (µg/kg) in bestrahltem Rindfleisch keine Gründe für eine Gesundheitsgefährdung gäbe [18–20]. Es wurde jedoch auch betont, dass diese Bewertung nicht ausreichend sein kann, sondern mit biologischen Tests kombiniert werden muss. Auf der anderen Seite erhob sich die Frage, wie eine solch geringe Menge an Radiolyseprodukten im bestrahlten Lebensmittel zu einem zuverlässigen Ergebnis bei den üblichen Tierfütterungsversuchen führen solle. Nur eine äußerst sorgfältige Verknüpfung von chemischen und biologischen Erkenntnissen könnte zu einer aussagekräftigen Sicherheitsbewertung führen.

Ein zweiter Ansatz war der bereits erwähnte Fütterungsversuch mit den neun wichtigsten Radiolyseprodukten von Stärke (s. Abschnitt 10.3.6), der von einer französischen Gruppe durchgeführt wurde [171]. Hier wurden im ersten Versuch die neun Hauptradiolyseprodukte (s. Tab. 10.4) in einer Gesamtkonzentration von 300 mg/kg Körpergewicht /Tag sechs Monate lang an Ratten verfüttert. Diese Einnahme der Radiolyseprodukte wäre mehr als das 800fache dessen, was ein Säugling beim Verzehr von ~ 30 g bestrahlter Stärke (3 kGy) pro Tag zu sich nehmen würde. In diesem ersten Versuch wurden keinerlei schädliche Wirkungen beobachtet. In einem zweiten Versuch wurde – um auch bisher nicht identifizierte Radiolyseprodukte zu prüfen – direkt die bestrahlte Stärke (3 bzw. 6 kGy) an die Versuchstiere verabreicht (24 Monate an Ratten, 18 Monate an Mäuse). Auch in diesem zweiten Versuch ließen sich keine Schadwirkungen feststellen.

Im Tierversuch getestet wurden auch Radiolyseprodukte der Fette: *n*-Alkane und 1-Alkene wurden in unterschiedlichen Mengen an Mäuse verfüttert. Nur wenn extrem hohe Mengen dieser Kohlenwasserstoffe in der Diät enthalten waren, traten Schadwirkungen auf. Wenn jedoch die Menge der Radiolyseprodukte auf das 100fache derer begrenzt wurde, welche bei Bestrahlung von Rinderfett mit 60 kGy (im Vakuum, aber bei Zimmertemperatur) gebildet wird, konnten keine schädlichen Effekte mehr festgestellt werden [104].

In einer überzeugenden Arbeit zeigten Merrit und Taub [107], dass die Übergangsspezies und die letztendlich gebildeten Radiolyseprodukte in verschiedenen Fleischsorten ähnlich sind und – abhängig von der Fleischzusammensetzung – zuverlässig vorausgesagt werden können. Bei geringen Abweichungen in der Zusammensetzung können daher die toxikologischen Daten aus einem Tierfütterungsversuch einer Fleischsorte auf andere Fleischsorten extrapoliert werden. Diese Argumentation ist nochmals im WHO Bericht zur Hochdosisbestrahlung dargelegt [188].

Im Jahr 1980 schlussfolgerte JECFI [185] aufgrund der vielen vorliegenden Studien (u. a. der vielen Untersuchungen für Anwendungen unterhalb von 10 kGy, die durch das „Karlsruher Projekt" koordiniert wurden):

- *Die Bestrahlung jeglicher Lebensmittel bis zu einer durchschnittlich absorbierten Gesamtdosis von 10 kGy ist toxikologisch unbedenklich.*
- *Folglich sind weitere toxikologische Prüfungen für solch behandelte Lebensmittel nicht mehr erforderlich.*

Mit bis zu 10 kGy bestrahlte Lebensmittel stellten auch keine speziellen Probleme bezüglich Nährwert oder mikrobiologischer Risiken dar [185]. JECFI bezog sich bei dieser Bewertung ausdrücklich auch auf die vielen chemischen Erkenntnisse, dass in den verschiedenen Lebensmittelinhaltsstoffen (Proteine, Fett, Kohlenhydrate, etc.) durch Bestrahlung immer die gleichen – in Art und

Menge vorhersagbaren – Radiolyseprodukte gebildet werden. Als Weiterführung der Auffassung von JECFI 1976 kam das Prinzip der „Chemiclearance" voll zur Geltung. JECFI betonte allerdings, dass diese Schlussfolgerung nur gültig sei bis zu einer durchschnittlich absorbierten Gesamtdosis von 10 kGy. Hiermit sei nicht gesagt, dass höhere Strahlendosen in Lebensmitteln toxische Effekte auslösen. JECFI hob hervor, dass für mit höheren Strahlendosen behandelte Lebensmittel wegen bisher unzureichender Daten eine toxikologische Bewertung nicht durchgeführt wurde. Für solch hochbestrahlte Lebensmittel wären weitere Studien erforderlich.

Diese außerordentlich bedeutsame Schlussfolgerung von JECFI 1980 wurde von verschiedenen nationalen und internationalen Gremien unterstützt, u.a. 1981 von der Fremdstoffkommission der Deutschen Forschungsgemeinschaft [39] und 1986 vom wissenschaftlichen Lebensmittelausschuss der Europäischen Gemeinschaft (SCF, Scientific Committee on Food) [136]. Der SCF betonte jedoch, dass für eine Gesamtbewertung der Verträglichkeit strahlenbehandelter Lebensmittel nur jene spezifischen Strahlendosen und Lebensmittelklassen zu berücksichtigen sind, die nicht nur unter streng toxikologischen Gesichtspunkten, sondern auch aus chemischer, mikrobiologischer, ernährungsphysiologischer und technologischer Sicht für geeignet befunden wurden.

Als Folge der positiven Bewertung durch JECFI im Jahre 1980 wurden 1983 durch Codex Alimentarius zwei Standards angenommen: ein „General Standard for Irradiated Foods" und ein „Recommended International Code of Practice for the Operation of Radiation Facilities used for the Treatment of Foods" [21]. Es wurde darauf hingewiesen, dass die durchschnittlich absorbierte Gesamtdosis 10 kGy nicht überschreiten sollte. Weiterhin darf die Bestrahlung nur eingesetzt werden, wenn sie einen technologischen Bedarf oder einen lebensmittelhygienischen Zweck erfüllt. Sie darf jedoch nicht als Ersatz für gute Herstellungspraxis verwendet werden.

Die Anerkennung durch Codex Alimentarius 1983 führte in verschiedenen Ländern zu einer Zunahme der Zulassungen für bestrahlte Lebensmittel (siehe auch Datenbank „List of Clearances of Irradiated Food" [79]).

Die Weltgesundheitsorganisation berief 1992 ein Sachverständigengremium ein, um – auf Bitten der australischen Regierung – eine erneute Stellungnahme zur Lebensmittelbestrahlung abzugeben. Dabei sollten neuere Studien, aber auch die vor 1980 durchgeführten Untersuchungen, nochmals evaluiert werden. Die Ergebnisse dieser Beratung sind in einem ausführlichen Bericht veröffentlicht [187]. Dieser Bericht ist eine „Fundgrube", insbesondere um die toxikologischen Aspekte zu beleuchten. Die Zusammenstellung von ausführlichen Tabellen über die durchgeführten Studien (Prüfung der chronischen und subchronischen Toxizität, Reproduktionstoxizität einschl. Teratogenität, Mutagenitätstests) helfen, einen Überblick zu gewinnen.

Die Tabellen informieren auch darüber, ob die Autoren der einzelnen Studien eine schädliche Wirkung der Bestrahlung feststellen konnten. Bei Durchsicht der Tabellen fällt auf, dass einer überwiegende Zahl von Studien, in denen keine besonderen Effekte auftraten, eine kleinere Anzahl gegenüber steht, wo sehr wohl Unterschiede zwischen bestrahlten und unbestrahlten Lebensmitteln gefunden wurden. Das war Grund genug, um diese Effekte sorgfältig nachzuprüfen. Nun reicht jedoch ein einzelner Versuch zum Nachweis eines Effektes nicht aus – unabhängig davon, ob dieser „positiv" oder „negativ" ist. Effekte müssen konsistent in einer ausreichenden Anzahl statistisch bewertbar angelegter Studien, unter ähnlichen Bedingungen auftreten, um sie anschließend abgesichert bewerten zu können. Nach einer sorgfältigen Evaluierung der Studien mit schädlichen Effekten (von unzureichender Gewichtszunahme bis hin zu Toxizität) zeigte sich, dass keine der in diesen Studien beobachteten Schadwirkungen der Behandlung mit ionisierenden Strahlen zugeordnet werden konnte. Stattdessen war z.B. eine unzureichende Diät mit teilweisem Vitaminmangel die Ursache für die beobachteten Schadwirkungen [187].

Das WHO-Sachverständigengremium kam letztlich zu der Auffassung, dass keine der toxikologischen Daten darauf hindeuten, dass irgendwelche Radiolyseprodukte – in den Mengen, in welchen sie in bestrahlten Lebensmitteln gefunden werden – ein toxikologisches Risiko darstellen. Außerdem sei die Zuverlässigkeit der toxikologischen Daten ausreichend, da in vielen Untersuchungen die Versuchstiere größere Mengen an Radiolyseprodukten erhalten hätten, als die Mengen, die in der menschlichen Ernährung erwartet werden könnten. Insgesamt kam das Gremium [187] zu nachstehenden Schlussfolgerungen:

Bestrahlte Lebensmittel, die in Übereinstimmung mit guter Herstellungspraxis (GMP) hergestellt wurden, können als sicher und für die Ernährung geeignet gelten, weil das Bestrahlungsverfahren:

- *nicht zu Veränderungen in der Zusammensetzung der Lebensmittel führt, die vom toxikologischen Standpunkt, irgendeine nachteilige Auswirkung auf die menschliche Gesundheit haben könnten.*
- *nicht zu Veränderungen der Mikroflora des Lebensmittels führt, die das mikrobiologische Risiko für die Verbraucher erhöhen könnten.*
- *nicht zu Verlusten beim Nährwert in einem Ausmaß führt, das eine nachteilige Auswirkung auf den Ernährungsstatus von Einzelpersonen oder Bevölkerungsgruppen haben könnte.*

Die WHO hat zuletzt 1997 eine Expertengruppe zusammengerufen, die alle relevanten Untersuchungen bezüglich der toxikologischen, mikrobiologischen, ernährungsphysiologischen, strahlenchemischen und physikalischen Aspekte evaluieren sollte, welche sich mit der Bestrahlung von Lebensmitteln oberhalb der bisherigen Dosisobergrenze von 10 kGy befassten. Können Lebensmittel, die mit mehr als 10 kGy bestrahlt wurden, auch als gesundheitlich unbedenklich gelten? Die bisherigen Empfehlungen der Expertenkomitees waren ja nur gültig für Lebensmittel, die bis zu 10 kGy bestrahlt waren – auch im Codex Standard [21] waren 10 kGy als Obergrenze der durchschnittlich absorbierten Gesamtdosis festgeschrieben.

Auch dieser Band der gemeinsamen FAO/IAEA/WHO Arbeitsgruppe [188] ist eine „Fundgrube"; wiederum insbesondere wegen der toxikologischen Experimente, die mit bestrahlten Lebensmitteln durchgeführt worden sind. Die überwiegende Mehrheit der Untersuchungen konnte keine Schadwirkungen der Bestrahlung erkennen lassen, jedoch gab es wieder eine geringe Zahl abweichender Ergebnisse, die gründlich diskutiert wurden. Es zeigte sich erneut, dass die Ursache der Schadwirkungen nicht die Bestrahlung, sondern meist eine nicht adäquate Tierdiät war. In anderen Fällen konnten Wiederholungsexperimente die ursprünglich beobachteten Schadwirkungen nicht bestätigen. Nach Evaluierung der vielen Studien äußerte die Arbeitsgruppe [188] die Auffassung:

- *Die Lebensmittelbestrahlung ist wohl so umfassend untersucht worden wie kein anderes lebensmittelbearbeitendes Verfahren.*
- *Die große Zahl der toxikologischen Studien, einschließlich der Prüfungen auf Karzinogenität und Reproduktionstoxizität haben keinerlei Kurzzeit- oder Langzeittoxizität bestrahlter Lebensmittel erkennen lassen.*

Deshalb hat die Arbeitsgruppe die frühere Dosisobergrenze von 10 kGy, die auch im Codex Alimentarius festgeschrieben war [21], als nicht mehr notwendig erachtet:

- *Bei guter Herstellungspraxis, und so lange schädliche Mikroorganismen eliminiert werden sowie die sensorischen Eigenschaften erhalten bleiben, sind auch Lebensmittel, die mit Strahlendosen oberhalb 10 kGy behandelt werden, gesundheitlich unbedenklich – sowohl unter toxikologischen als auch mikrobiologischen Aspekten – und sie weisen keine wesentlichen Nährwertverluste auf.*

Im Prinzip setzt nämlich das Bestrahlungsverfahren selbst seine Dosisgrenzen, d. h. es ist „selbst-limitierend". Die Dosis muss einerseits hoch genug sein, um den gewünschten Effekt, z. B. Abtötung von Salmonellen, zu erzielen. Andererseits darf die Dosis nicht so hoch sein, dass die sensorischen Eigenschaften des Lebensmittels beeinträchtigt werden.

Die Expertengruppe empfahl der WHO, sich für eine vermehrte Anwendung der Lebensmittelbestrahlung einzusetzen. Die WHO erhofft sich von den Schlussfolgerungen der Expertengruppe eine größere Akzeptanz dieses Verfahrens, damit die Bestrahlung zu einer verbesserten Lebensmittelsicherheit beitragen kann [5].

Als direkte Folge der Ergebnisse der gemeinsamen FAO/IAEA/WHO-Arbeitsgruppe über Hochdosisbestrahlung 1997 wurde angeregt, die Codex Standards für bestrahlte Lebensmittel zu überarbeiten. Im Jahr 2003 wurden die revidierten Standards von der Codex Alimentarius Kommission angenommen, siehe Codex STAN 106-1983, Rev. 1-2003 [22] und CAC/RCP 19-1979, Rev. 1-2003 [23].

Im Wesentlichen ist im revidierten Codex „General Standard for Irradiated Foods" [22] die Begrenzung auf eine Dosisobergrenze weggefallen, jedoch durch

---

5) Ein Land hat bereits die Empfehlungen der Arbeitsgruppe [188] umgesetzt: Brasilien hat mit Dekret vom Januar 2001 die Bestrahlung von Lebensmitteln generell zugelassen – sofern die Mindestdosis ausreicht, um den technologischen Zweck zu erreichen und die maximale Dosis niedriger ist, als diejenige, welche die funktionellen oder sensorischen Eigenschaften des Lebensmittel beeinträchtigt.

eine sorgfältige Formulierung ersetzt. Statt früher (1983): *Die durchschnittlich absorbierte Gesamtdosis soll 10 kGy nicht überschreiten*, heißt es jetzt (2003): *Für die Bestrahlung eines jeglichen Lebensmittels sollte die mindest absorbierte Strahlendosis ausreichend sein, um den technologischen Zweck zu erreichen und die maximal absorbierte Dosis sollte niedriger sein als diejenige, welche die Sicherheit des Verbrauchers, bzw. die gesundheitliche Zuträglichkeit beeinträchtigt oder die strukturelle Integrität, funktionelle oder sensorische Eigenschaften des Lebensmittels negativ beeinflusst. Die maximal absorbierte Strahlendosis für Lebensmittel sollte 10 kGy nicht überschreiten, außer es ist für den technologischen Zweck notwendig.*

Bei der Hygiene wird in der revidierten Fassung auf die HACCP-Prinzipien verwiesen. Im Standard wird jetzt auch auf die Möglichkeit hingewiesen, analytische Nachweismethoden für eine erfolgte Bestrahlung einzusetzen, um die Zulassung, bzw. Kennzeichnung zu kontrollieren (s. a. Kapitel I-14).

Der Codex „Recommended International Code of Practice for Radiation Processing of Food" wurde gründlich überarbeitet [23]. Hier wird u. a. festgehalten, dass Lebensmittel, die bestrahlt werden, auch in Übereinstimmung mit den allgemein gültigen Hygienevorschriften, oder auch für spezielle Lebensmittel geltenden rechtlichen Vorgaben, behandelt werden. Dies soll gewährleisten, dass sichere und gesunde Lebensmittel produziert werden. Weiterhin sollen bestrahlte Lebensmittel korrekt gekennzeichnet sein.

In einer revidierten Stellungnahme [137] bekräftigt der wissenschaftliche Ausschuss „Lebensmittel" der Europäischen Gemeinschaft (SCF) seine Ansichten von 1986 [136], dass nur die spezifischen Bestrahlungsdosen und Lebensmittel bzw. Lebensmittelkategorien zugelassen werden sollten, für die ausreichende toxikologische, ernährungsphysiologische, mikrobiologische und technologische Daten vorhanden sind.

Bisher hat der SCF in den Jahren 1986, 1992 und 1998 befürwortende Stellungnahmen zur Bestrahlung von Lebensmitteln abgegeben (s. a. [55] sowie Tab. 10.6). Er hat immer wieder betont, dass die Lebensmittelbestrahlung nicht dazu dienen darf, Nachlässigkeit beim Umgang mit Lebensmitteln bzw. die Untauglichkeit zum Verzehr als Lebensmittel zu verdecken.

Der SCF macht deutlich, dass er nicht die allgemeine Zulassung eines jeglichen Lebensmittels unterstützt, sei es unterhalb oder oberhalb der früheren Dosisobergrenze von 10 kGy. Er macht geltend, dass Untersuchungen fehlen über neuere exotische oder ungewöhnliche Lebensmittel, sowie manche „Convenience"-Produkte, die ungewöhnliche oder neue Ingredienzien enthalten. Der SCF akzeptiert ebenfalls nicht die Aufgabe der früheren Dosisobergrenze von 10 kGy. Er findet die Menge der toxikologischen Studien über hochbestrahlte Lebensmittel nicht ausreichend.

Die – seiner Meinung nach – einzigen Produkte, bei denen eine Überschreitung von 10 kGy technologisch in Frage käme, wäre die Dekontamination von Gewürzen, getrockneten Kräutern und pflanzlichen Würzen, wo möglicherweise Strahlendosen bis zu 30 kGy erforderlich wären.

Der SCF vertritt die Auffassung, dass weiterhin jedes einzelne Lebensmittel, bzw. jede Lebensmittelklasse geprüft werden muss. Dies gilt insbesondere für

Tab. 10.6 Lebensmittel und Höchst-Strahlendosen, die vom SCF (EU) befürwortet werden [55, 136, 137].

Jahr der Befürwortung	Lebensmittel oder Lebensmittelklasse	Maximale absorbierte durchschnittliche Gesamtdosis [kGy]
1986	Obst	2
1986	Gemüse	1
1986	Getreide	1
1986	stärkehaltige Knollen	0,2
1986	Gewürze und Gewürzstoffe	10
1986	Fisch und Schalentiere	3
1986	Frischfleisch	2
1986	Geflügel	7
1992	Rohmilch-Camembert Käse	2,5
1998	tiefgefrorene Froschschenkel	5
1998	tiefgefrorene, geschälte Garnelen	5
1998	Gummi arabicum	3
1998	Kasein/Kaseinate	6
1998	Eiklar	3
1998	Getreideflocken und -keime für Milchprodukte	10
1998	Reismehl	4
1998	dehydriertes Blut, Plasma, Koagulate	10

die Aspekte technologische Notwendigkeit und gesundheitliche Zuträglichkeit. Zusätzlich sollte für jede Anwendung eine Maximaldosis spezifiziert werden.

Damit stellt sich der SCF gegen die Stellungnahme der FAO/IAEA/WHO-Arbeitsgruppe 1997, die eine allgemeine Zulassung befürwortet. Allerdings ist hier zu vermerken, dass die meisten Länder die Zulassung der Bestrahlung nur für einzelne Lebensmittel oder Lebensmittelklassen erteilen, u. a. USA, China und Indien. Brasilien ist bisher das einzige Land, in welchem die Lebensmittelbestrahlung allgemein zugelassen ist [79].

10.4.2
Aktueller Stand der toxikologischen Bewertung bestrahlter Lebensmittel

Wie bereits der geschichtliche Überblick verdeutlicht, sind in den vergangenen Jahrzehnten zahlreiche Tierfütterungsversuche mit bestrahlten Lebensmitteln durchgeführt worden. So hat Barna bereits 1979 eine Zusammenstellung 1223 biologischer Studien zur gesundheitlichen Bewertung bestrahlter Lebensmittel veröffentlicht. Dabei wurden 278 unterschiedliche Lebensmittel, einschließlich verschiedener Diäten, im Zeitraum von 1925 bis 1978, untersucht [7]. In dieser Übersichtsarbeit wurde aufgelistet, ob die Strahlenbehandlung bei den vielen untersuchten Parametern entweder zu keinem Effekt oder einem negativen bzw. positiven Effekt führte. Barna wies hier auf viele Möglichkeiten einer Fehlinterpretation hin: z. B. auf eine unausgewogene Zusammensetzung der Versuchsdiäten, zu hohe Strahlendosen, Vitaminmangel, ungeeignete Lagerung, aber auch schlechte Tierhaltung, zu wenig Tiere sowie keine statistische Signifikanz, Unstimmigkeit der Ergebnisse, keine Bestätigung in Folgeexperimenten. Insgesamt konnte Barna keine Schadwirkungen der Bestrahlung feststellen, da viele der beobachteten Effekte nicht beständig auftraten oder sich nicht reproduzieren ließen.

Im Bericht der WHO Beratung 1992 [187] sind in den Tabellen nur toxikologische Arbeiten aufgezählt, die bereits von der US-amerikanischen FDA evaluiert und als akzeptabel oder nur mit kleineren Mängeln klassifiziert wurden. Insgesamt 119 Fütterungsversuche zur subchronischen und chronischen Toxizität sowie Prüfung der Reproduktionstoxizität und Teratogenität an verschiedenen Versuchstieren (Ratte, Maus, Hund u.a.) sind hier aufgezählt. 60 Versuche zur Mutagenitätsprüfung, überwiegend *in vivo*, wurden von der WHO-Beratung näher evaluiert. Die gemeinsame FAO/IAEA/WHO-Arbeitsgruppe 1997 führt in ihren Tabellen [188] 68 Tierfütterungsversuche (Ratte, Maus, Hund u.a.) mit hochbestrahlten Lebensmitteln auf, sowie 14 In-vitro- und 33 In-vivo-Versuche zur Mutagenität.

Diese große Zahl von Untersuchungen hat zu einem fundierten Basiswissen möglicher Toxizität bestrahlter Lebensmittel geführt. Die überwiegende Mehrzahl dieser Versuche hat keine Schäden durch den Verzehr bestrahlter Lebensmittel ergeben. Obwohl einige Studien Mängel aufwiesen, ist doch die allgemeine Abwesenheit von toxischen Effekten beeindruckend. Dennoch ist in einzelnen Studien auch über schädliche Wirkungen berichtet worden. Diese Befunde wurden sehr ernst genommen und durch weitere Untersuchungen überprüft. Einige Studien sollen hier besonders erwähnt werden, um die Probleme bei der Bewertung von bestrahlten Lebensmitteln zu verdeutlichen.

10.4.2.1 Studien mit scheinbar schädlichen Wirkungen

Ein Beispiel ist die so genannte „Monsen-Studie" aus dem Jahr 1960, in der über Herzmuskelläsionen bei Mäusen ($n=800$) berichtet wurde. Die Tiere wurden in einem Langzeitversuch über 19 Monate gefüttert mit einer mit 56 kGy bestrahlten Mischung aus Schweinefleisch, Geflügelfleisch, Milchpulver, Karotten und einem Zusatz von Kartoffeln, die zur Keimungshemmung mit 0,1 kGy bestrahlt waren [113]. Die Studie wurde daraufhin mit einer viel größeren Tierzahl (~ 5000 Mäuse) wiederholt, ohne dass jedoch der frühere Befund bestätigt werden konnte. Obwohl $\sim 800\,000$ Schnitte vom Herzgewebe angefertigt und mikroskopiert wurden, ließen sich keine Herzschäden feststellen [169]. Möglicherweise war im ersten Versuch ein Mineralstoffmangel (Kupfer, Eisen) für die beobachteten Herzschäden verantwortlich [188].

Eine andere Studie, die Aufsehen erregte, war die Beobachtung von inneren Blutungen bei Ratten, die strahlensterilisiertes Rindfleisch (35% in der Diät) in einem Langzeitversuch erhalten hatten [110]. Spätere Versuche zeigten, dass die eingesetzte Diät mit einem so hohen Prozentsatz an Rindfleisch für Ratten ungeeignet war. Der hohe Fleischanteil hätte eine höhere Gabe an Vitamin K erfordert,

welches aber nicht extra zugesetzt wurde. Da die Versuchsplaner nicht damit gerechnet hatten, dass der von vorneherein niedrige Vitamin K-Gehalt im Fleisch
durch die hohe Strahlendosis weiter abgesenkt werden würde, konnte der erhöhte
Bedarf nicht gedeckt werden. Als Mangelerscheinung traten dann bei den Tieren
innere Blutungen auf. Unter ähnlichen Versuchsbedingungen verursachte auch
ein nur erhitztes Rindfleisch (35% im Futter) innere Blutungen bei den Ratten.
Durch zusätzliche Gabe von Vitamin K zur Versuchsdiät konnten diese Blutungen
gänzlich vermieden werden [84, 105]. Diese Ergebnisse zeigen deutlich, dass nur
der Vitamin K-Mangel und nicht irgendwelche toxischen Substanzen im bestrahlten Rindfleisch die inneren Blutungen verursachten.

Zu immer wieder vorgetragenen Kontroversen führten Untersuchungen im
Jahr 1975 an unterernährten indischen Kindern: Nachdem diese wiederholt
über 4–6 Wochen frisch bestrahlten Weizen (0,75 kGy, Lagerzeit < 3 Wochen)
verzehrt hatten, wurde in ihrem Blut (Lymphozyten) angeblich eine höhere
Zahl anomaler Zellen (durch Vervielfältigung des Chromosomensatzes sog. po-
lyploide Zellen) gefunden [13]. Diese erhöhte Polyploidie wurde jedoch nicht beobachtet, wenn der Weizen nach der Bestrahlung zwölf Wochen lang gelagert
wurde. Diese indische Arbeitsgruppe berichtete über ähnliche Ergebnisse mit
Mäusen, Ratten und Affen, die alle erhöhte Polyploidie nach Verzehr von frisch
bestrahltem Weizen aufwiesen [179–181]. Obwohl man argumentieren kann,
dass Weizen bestrahlt wird, um ihn länger zu lagern und in der Praxis niemand
frisch bestrahlten Weizen verzehren würde, gaben diese Ergebnisse doch Anlass
zur Besorgnis. Versuchsaufbau und -bewertung wurden deshalb einer kritischen
Analyse einer Expertengruppe des indischen Gesundheitsministeriums unterzogen [87]. Diese kam zu dem Schluss, dass u. a. die Versuchsauswertung fehler-
haft und die Anzahl der untersuchten Zellen zu gering war, um fundierte Aussagen zu ermöglichen (siehe detaillierte Diskussion in [42, 187]). Ein entscheidender Mangel der „Polyploidie-Versuche" der indischen Arbeitsgruppe um Vijayalaxmi ist jedoch, dass keine andere Arbeitsgruppe diesen Polyploidie-Effekt
in ähnlichen Tierversuchen beobachten konnte [70, 133, 164]. Der Versuch an
unterernährten Kindern konnte aus ethischen Gründen nicht wiederholt werden, aber freiwillige, gesunde chinesische Probanden verzehrten über einen längeren Zeitraum (7–15 Wochen) Diäten mit einem großen Anteil bestrahlter
Lebensmittel [5, 27, 28, 71]. Ein erhöhtes Vorkommen von polyploiden Zellen
wurde auch hier nicht beobachtet [15, 187]. Neuere Arbeiten über Versuche mit
Verfütterung von frisch bestrahltem Weizen an Ratten [103, 154], wobei eine
große Zahl von Zellen überprüft wurden, zeigten ebenfalls keine erhöhte Menge polyploider Zellen. Die Schweizer Autoren [103] schlussfolgerten, dass der
Verzehr von frisch bestrahltem Weizen kein gesundheitliches Risiko für den
Menschen darstellt.

Schadwirkungen durch Bestrahlung wurden auch bei einigen In-vitro-Versuchen berichtet. So z. B. bei der Inkubation von bestrahlten Zuckerlösungen
mit Zellkulturen, im Ames-Salmonellen-Test oder im Mutationstest mit *Drosophila melanogaster* [42, 187]. Wenn jedoch keine Modell-Lösungen, sondern reale
Lebensmittel getestet wurden, konnten in den In-vitro-Versuchen keine mutage-

nen bzw. toxischen Effekte beobachtet werden. Die gegenseitigen Schutzwirkungen der vielen Lebensmittelinhaltsstoffe kommen hier zum Tragen. Wie bereits in Abschnitt 10.4.2 beschrieben, treten z. B. bei reinen Glucoselösungen nach Bestrahlung messbare Mengen an D-Glucoson auf, die jedoch in bestrahlten Früchten nicht nachweisbar sind. Dies spiegelte sich wieder im Ames-Salmonellen-Test: In der bestrahlten Zuckerlösung wurden mutagene Wirkungen beobachtet, nicht jedoch in bestrahlten Mangos [12, 38].

Was noch wichtiger sein mag, ist die Tatsache, dass diese mutagenen Effekte bei In-vivo-Versuchen weder bei Prüfung von Modell-Lösungen noch bei realen Lebensmitteln auftraten [42, 187].

Kritiker der Lebensmittelbestrahlung haben immer wieder darauf verwiesen, dass bei der Bestrahlung genotoxische Substanzen wie Wasserstoffperoxid und Benzol gebildet werden. Dies ist zwar korrekt, doch die Mengen dieser gebildeten Stoffe sind äußerst gering; sie sind vergleichbar, oder sogar geringer, mit den bei den herkömmlichen Lebensmittel verarbeitenden Verfahren auftretenden Mengen [42].

10.4.2.2 Wirkung von freien Radikalen

Häufig wird auf eine mögliche gesundheitsschädliche Wirkung der durch Bestrahlung gebildeten freien Radikale verwiesen [34]. Nun werden aber nicht nur bei Bestrahlung freie Radikale gebildet, sondern auch bei Erhitzung, Gefriertrocknung, Ultraschall und vielen anderen Verfahren (s. a. Abschnitt 10.3.4). An der Bundesforschungsanstalt für Lebensmittelfrischhaltung, später „... für Ernährung" in Karlsruhe wurde ein Tierfütterungsversuch an Ratten mit hochbestrahltem (45 kGy) Milchpulver durchgeführt, welches einen hohen Gehalt an freien Radikalen aufwies. Bei diesem Versuch über neun Generationen von Ratten wurden keine toxischen Effekte festgestellt. Es wurde weder erhöhte Tumorbildung noch Mutagenität beobachtet [42, 134, 135].

10.4.2.3 Die Raltech-Studie

Die wohl umfangreichste Studie, die je zur Beurteilung eines Lebensmittel verarbeitenden Verfahrens durchgeführt wurde, ist die so genannte Raltech-Studie (1976–1984) mit hochbestrahltem Hühnerfleisch [42, 187]. Nachfolgend einige Zahlen, um den Aufwand zu verdeutlichen: In dieser Studie wurden insgesamt etwa 134 Tonnen Hühnerfleisch – das entspricht mehr als 230 000 Brathähnchen – an Versuchstiere verfüttert. Die Untersuchung dauerte etwa 7 Jahre und verursachte Kosten in Höhe von ~8 Millionen US Dollar (bezogen auf den Wert des Dollars in den 1980er Jahren).

In den Tierfütterungsversuchen wurde mit fünf Gruppen gearbeitet, wobei vier Gruppen eine Diät mit einem Anteil von 35% Hühnerfleisch erhielten. Die fünfte Gruppe bekam eine standardisierte Labortierdiät. Die Gruppen 1–4 erhielten entweder elektronen-bestrahltes (58 kGy), gammabestrahltes (58 kGy), hitzesterilisiertes oder gefrorenes (vorher blanchiertes) Hühnerfleisch. Die Langzeitversuche fanden über mehrere Generationen von Mäusen und Hunden statt. Zusätzlich wurden ernährungsphysiologische, teratologische und genotoxische Untersuchungen an verschiedenen Tierspezies durchgeführt.

Obwohl die Mehrheit der untersuchten Parameter keine Bestrahlungseffekte erkennen ließ, deutete sich – bei der Langzeitprüfung an Mäusen, die bestrahltes Hühnerfleisch erhalten hatten – eine schädliche Wirkung durch eine erhöhte Hodentumorrate, ein vermehrtes Auftreten von Nierenschäden, sowie eine verkürzte Überlebenszeit an. Diese mögliche Schadwirkung ließ sich jedoch nach einer sorgfältigen Überprüfung durch die FDA und dem „Board of Scientific Counsellors of the US National Toxicology Program" nicht bestätigen. Die FDA-Pathologen konnten bei der erneuten Bewertung der Gewebeschnitte keine statistische Signifikanz bei den vermeintlich vermehrten Hodentumoren erkennen. Die verkürzte Lebenszeit war marginal und trat nur bei weiblichen Tieren auf. Die Nierenschäden traten durchgängig in allen Versuchsgruppen mit 35% Hühnerfleisch auf – und waren sogar in der Gruppe mit gefrorenem, unbestrahltem Hühnerfleisch am häufigsten. Sie wurden auf den für Mäuse sehr hohen Fleischkonsum zurückgeführt. Die Evaluierung dieser möglichen Schadwirkungen wurde in einer öffentlichen Sitzung dargelegt und diskutiert. Letztlich wurde als Gesamtergebnis dieser riesig angelegten Studie festgestellt, dass keinerlei schädliche Wirkungen aufgetreten waren, die auf die Strahlenbehandlung von Hühnerfleisch hätten zurückgeführt werden können [14, 64, 167, 188].

10.4.2.4 Langzeitwirkungen

In vielen Tierfütterungsversuchen wurden mehrere Generationen von Versuchstieren mit bestrahlten Lebensmitteln gefüttert und – wie die vorstehende Übersicht zeigt – ohne nachteilige Wirkungen. Weiterhin wurden für die Aufzucht von Labortieren (Ratten, Mäuse u.a.) häufig durch Bestrahlung sterilisierte Tierdiäten eingesetzt [97], ohne dass schädliche Effekte durch Bestrahlung festgestellt worden sind [42, 185]. Trotzdem werden immer wieder Stimmen laut, dass mögliche Langzeitwirkungen nicht ausreichend untersucht wären [34] und Studien mit Hunderten oder Tausenden von Menschen über einen Zeitraum von 20–30 Jahren erforderlich seien, bevor die gesundheitliche Unbedenklichkeit der Lebensmittelbestrahlung erwiesen wäre. Die US-amerikanische FDA hat dagegen argumentiert, dass ein solcher Versuch jedoch ungeeignet wäre [63]. Da die vielen bereits durchgeführten Untersuchungen nur äußerst geringe Unterschiede in den Inhaltsstoffen (im Bereich der natürlichen Schwankungen in der Nahrung) zwischen bestrahlten und unbestrahlten Lebensmitteln haben erkennen lassen, ist zu erwarten, dass kein gesundheitsschädigender Effekt beobachtet werden kann. Zudem sollte man sich vergegenwärtigen, dass nie mit absoluter Sicherheit behauptet werden kann, dass irgendein Lebensmittel – bestrahlt oder nicht – absolut ohne Gesundheitsrisiko für jedermann unter allen möglichen Bedingungen ist.

10.4.2.5 **Verzehrsstudien**

Der Einwand, dass Ergebnisse von Tierfütterungsversuchen nicht auf den Menschen übertragen werden könnten, da in Mensch und Tier unterschiedliche physiologische Mechanismen ablaufen, wird häufig vorgebracht. Alle diese Studien an Tieren können keine absolute Sicherheit garantieren – auch nicht Studien an einer begrenzten Zahl von Human-Probanden. Was erreicht werden kann, ist eine relative Wahrscheinlichkeit, d. h. dass nur mit einer gewissen Sicherheit behauptet werden kann, dass der Verzehr von bestrahlten Lebensmitteln gesundheitlich unbedenklich ist. Das heißt jedoch nicht, dass unter allen Umständen ein Gesundheitsrisiko völlig ausgeschlossen werden kann. Letzteres ist einfach nicht beweisbar.

Die Erfahrungen in der Toxikologie haben jedoch gezeigt, dass sorgfältige Langzeit-Fütterungsversuche an verschiedenen Versuchstieren eine gute Grundlage für die gesundheitliche Bewertung beim Menschen bieten. Studien an Menschen können das Bild vervollständigen – solche Studien sind jedoch sehr kompliziert und aufwändig. Genau kontrollierte Versuchsbedingungen können meist nur mit einer geringen Zahl an Probanden realisiert werden, wobei die statistische Auswertung wegen der geringen Probandenzahl zweifelhaft ist. Da bei größeren Gruppen nicht alle Versuchsbedingungen genau kontrolliert werden können, ist eben dieses wieder der Kritikpunkt. Kontrollierte Studien mit großen Gruppen können auch nur über einen begrenzten Zeitraum durchgeführt werden. Dennoch sind einige klinische Studien an Human-Probanden, die bestrahlte Lebensmittel verzehrt haben, dokumentiert. Chinesische Studien wurden bereits bei der Diskussion um einen Polyploidie-Effekt erwähnt (s. Abschnitt 10.4.2.1). In diversen gut kontrollierten Studien (Doppel-Blind, randomisiert, placebokontrolliert) haben mehrere hundert gesunde freiwillige Probanden über einen Zeitraum von 7–15 Wochen Diäten verzehrt, die verschiedene bestrahlte Lebensmittel enthielten (u. a. Fleisch, Hülsenfrüchte, Reis, Weizen, Obst, Gemüse, Kartoffeln, Erdnüsse, Pilze). Es konnten keine signifikanten klinischen oder hämatologischen Abnormitäten festgestellt werden [5, 15, 27, 28, 71].

Eine weitere Informationsquelle ist der Einsatz von strahlensterilisierten Patientendiäten für Personen mit Immunschwäche, z. B. nach Knochenmark-Transplantationen [2]. So wurde am „Fred Hutchinson Cancer Research Center" in Seattle eine Reihe von Lebensmitteln mit ionisierenden Strahlen behandelt, um – anstelle von autoklaviertem Essen – attraktivere Menüs anbieten zu können. Die Patienten zeigten eine deutliche Präferenz für die strahlensterilisierten Lebensmittel.

Unter den früheren Untersuchungen der US-amerikanischen Armee zur Lebensmittelbestrahlung (aus den 1950er Jahren) findet man auch einige wenige Human-Studien mit freiwilligen gesunden jungen Männern. Obwohl die Zahl der Probanden (9–10) und die Versuchsdauer (jeweils ∼ 15 Tage) immer sehr gering waren, hätten – wenn vorhanden – schwerwiegende toxische Effekte durchaus beobachtet werden müssen. Sowohl während des Verzehrs von bestrahlten Lebensmitteln als auch ein Jahr danach zeigten die klinischen Untersuchungen bei keinem der Probanden eine schädliche Wirkung der bestrahlten Lebensmittel [188].

Keine der durchgeführten Humanstudien war als Langzeitversuch ausgelegt und deshalb können keine Aussagen über chronische Toxizität bzw. Karzinogenität getroffen werden. Man muss sich bis heute auf die vielen Langzeit-Tierfütterungsstudien verlassen. Vielleicht können zukünftig in Ländern, in welchen vermehrt bestrahlte Lebensmittel verzehrt werden, epidemiologische Untersuchungen Anhaltspunkte über positive oder negative Effekte geben.

10.4.2.6 Neuere toxikologische Arbeiten über 2-Alkylcyclobutanone

Die Erforschung von Nachweismethoden für bestrahlte Lebensmittel hat zu einer intensiven Suche nach strahlenspezifischen Substanzen geführt. Obwohl bereits 1972 über die strahleninduzierte Bildung von 2-Alkylcyclobutanonen (2-ACBs) aus Triglyceriden berichtet wurde [96], wurden die 2-ACBs erst 1990 in einem realen bestrahlten Lebensmittel nachgewiesen [152]. Diese Substanzen sind die einzigen strahlenspezifischen Verbindungen, die heute für den Nachweis einer Strahlenbehandlung herangezogen werden [46] (s. a. Kapitel I-14). Es ist nicht verwunderlich, dass die Frage aufkam, ob diese Carbonylverbindungen mit einem 4-Kohlenstoff-Ring (chemische Formel, s. Abschnitt 10.3.4) irgendein toxisches Potenzial aufweisen.

Neuere Untersuchungen zur Mutagenität bzw. Genotoxizität haben unterschiedliche Ergebnisse hervorgebracht. Durch 2-Dodecylcyclobutanon (Folgeprodukt bei Bestrahlung von Triglyceriden, die Palmitinsäure enthalten) wurden keine mutagenen Effekte beobachtet – weder im Ames-Salmonellen-Test [17, 149], noch im *E. coli* Tryptophan Rückmutationstest [148] sowie im DEL-Assay bei Hefe (interchromosomale Rekombination bei *Saccharomyces cerevisiae*) [149]. Leichte genotoxische Effekte konnten mit Comet Assay nachgewiesen werden, wenn primäre Ratten-Kolon-Zellen bzw. Human-Kolon-Zellen mit 2-Dodecylcyclobutanon inkubiert wurden [36] oder wenn dieses *in vivo* an Ratten verabreicht wurde [37].

In einer größer angelegten Studie mit mehreren 2-ACBs [17] wurde gezeigt, dass 2-ACBs unter bestimmten Versuchsbedingungen cytotoxische und genotoxische Eigenschaften aufweisen. Die Induktion oxidativer DNA-Schäden wurde für alle untersuchten 2-ACBs durch Einsatz der Formamidopyrimidin-DNA-Glykosylase (Fpg-Protein) in Kombination mit der Technik des „Alkaline Unwinding" nachgewiesen.

Bei den 2-ACBs, die sich von der Stearinsäure bzw. Ölsäure ableiten lassen, traten diese oxidativen DNA-Läsionen jedoch erst bei Konzentrationen auf (≥ 50 µg/mL), die schon stark cytotoxisch waren, so dass die eingesetzten Zellen (entweder HeLa- oder HT29 Kolontumor-Zellen) nicht mehr lebensfähig waren. Bei den kürzeren 2-ACBs (2-Dodecyl- und 2-Decyl-cyclobutanon) traten die oxidativen DNA-Schäden schon bei nicht cytotoxischen Konzentrationen auf (~ 25 µg/mL).

Bei HT-29 Zellen wurde durch 2-Dodecylcyclobutanon mittels Comet Assay in Abwesenheit von DNA-Reparatur-Enzymen keine erhöhte DNA-Fragmentierung beobachtet [17]. Dagegen konnten in Gegenwart des Fpg-Proteins oxidative

DNA-Schäden gemessen werden. Diese oxidativen Schäden traten beim Comet Assay bereits bei nicht cytotoxischen Konzentrationen auf ($\sim 25\,\mu g/mL$), so dass die früheren Ergebnisse des „Alkaline Unwinding" bestätigt wurden [Hartwig et al., in Vorbereitung].

In einem Tierversuch mit Ratten, die zusätzlich mit einem spezifischen Kolonkarzinogen behandelt waren, zeigten 2-Tetradecyl- und 2-Tetradecenyl-cyclobutanon (tägliche Aufnahme $\sim 1,6$ mg 2-ACB, 6 Monate lang) Promotoreffekte auf die Entwicklung von Darmtumoren [132]. In diesem Versuch wurde eine höhere Gesamtzahl von aberranten Krypten und eine Entwicklung von mehr und größeren Tumoren in den Tieren gefunden, die 2-ACB in Kombination mit dem karzinogenen Azoxymethan erhalten hatten. Eine Initiation der Krebsentstehung durch die 2-ACB allein wurde jedoch nicht nachgewiesen.

Eine weitere Analyse zeigte, dass in den Ratten ein sehr geringer Teil der verabreichten 2-ACBs im Fettgewebe wiedergefunden werden kann. Ein ähnlich geringer Teil wurde im Faeces ausgeschieden [78]. Wie die Verstoffwechselung der 2-ACBs abläuft, muss noch geklärt werden.

Man muss sich jedoch darüber im Klaren sein, dass diese neuen Untersuchungen nur mit hochreinen Substanzen und nicht mit bestrahlten, realen Lebensmitteln durchgeführt wurden. Die hier eingesetzten Konzentrationen werden beim Verzehr von bestrahlten Lebensmitteln nie erreicht. Bei den ersten in vitro-Versuchen [36] wurden 300–1250 $\mu g/mL$ 2-Dodecylcyclobutanon eingesetzt, während beim in vivo-Versuch [37] die Ratten 1,12 mg 2-Dodecylcyclobutanon/kg Körpergewicht (ohne Effekt) oder 14,9 mg 2-Dodecylcyclobutanon/kg Körpergewicht (leichte genotoxische Wirkung) erhielten. Wenn z. B. 200 g bestrahlte (3 kGy) Hähnchen von einem Erwachsenen (70 kg) täglich verzehrt würden, entspräche dies einer Menge von $\sim 1\,\mu g$ 2-ACBs/kg Körpergewicht [17]. Dies wäre um einen Faktor 15 000 weniger als die Mengen, die im Rattenversuch einen leichten genotoxischen Effekt zeigten, bzw. ein Faktor 4000 weniger als die Menge, die einen Promotoreffekt zeigte. Um die Versuchsergebnisse zu bestätigen oder zu widerlegen, sind weitere Untersuchungen erforderlich. Abhängig davon, wie oft der Verbraucher bestrahlte Lebensmittel verzehrt und mit welcher Dosis diese behandelt sind, könnte die Menge an 2-ACBs jedoch den Grenzwert von $1,5\,\mu g$/Person/Tag überschreiten. Diese Menge wird als Grenzwert im Lebensmittel für toxikologische Bedenken (threshold of toxicological concern, TTC) diskutiert [6]. Neuere Überlegungen schlagen für genotoxische und karzinogene Stoffe einen TTC von $0,15\,\mu g$/Person/Tag vor [90].

Es mag interessant sein, die Mengen von 2-ACBs, die durch den Verzehr bestrahlter Lebensmittel aufgenommen würden, mit der Menge Acrylamid, die durch den Verzehr von z. B. frittierten Lebensmitteln in Europa täglich aufgenommen wird, zu vergleichen. Beim Verzehr von bestrahltem Hähnchenfleisch oder Hamburgern würde, wie oben berechnet, etwa $1\,\mu g$ 2-ACBs/kg Körpergewicht aufgenommen [17]. Die Menge an aufgenommenem Acrylamid beträgt $\sim 0,3$–$0,8\,\mu g$/kg Körpergewicht [189]. Unser Wissen über Acrylamid ist jedoch ungleich höher als über 2-ACBs. Bei der früher bereits in Abschnitt 10.4.1 erwähnten FASEB-Auswertung ist zu lesen, dass über die toxischen Eigenschaften von 2-ACBs keine Kenntnisse vorliegen und dass Studien über deren Metabolismus und toxische Eigenschaften wünschenswert wären [20]. Über die Toxikodynamik und Toxikokinetik von 2-ACBs ist bis heute wenig bekannt. Möglicherweise schützen auch andere Lebensmittel-Inhaltsstoffe, wie Antioxidantien, gegen potenzielle genotoxische Effekte. Weitere Untersuchungen sollten durchgeführt werden, um das Wissen über die 2-ACBs zu ergänzen.

Andererseits muss erneut darauf verwiesen werden, dass viele Tierfütterungsstudien, u.a. die Raltech-Studie, mit Lebensmitteln durchgeführt wurden, welche 2-ACBs enthielten. Keine dieser Studien hat einen toxischen Effekt erkennen lassen. Folglich wären mögliche Schadwirkungen der 2-ACBs vernachlässigbar. Ob geringe toxische Auswirkungen überhaupt bei diesen Studien erkannt werden könnten und ab welcher Konzentration eine Substanz vernachlässigbar ist, wird immer für Diskussionen sorgen. Wie bereits angemerkt, ist absolute Sicherheit nicht beweisbar.

Jedoch könnte man bei besserer Kenntnis der 2-ACBs (Stoffwechsel, Wechselwirkungen mit anderen Inhaltsstoffen, etc.) mit Hilfe geeigneter Tests dazu beitragen, ein mögliches Risiko zu quantifizieren und dann eventuell durch geeignete Maßnahmen zu minimieren.

10.5
Gesetzliche Regelungen

In den 1950er Jahren standen – vor allem in den USA – vermehrt geeignete Bestrahlungsquellen zur Verfügung und die Erforschung und Anwendung der Lebensmittelbestrahlung wurde überall verstärkt vorangetrieben. Die weltweit erste kommerzielle Anwendung fand allerdings in Deutschland statt. 1957 wurde in Stuttgart ein Van de Graaff-Elektronenbeschleuniger errichtet, um Gewürze mit ionisierenden Strahlen zu entkeimen [106]. Diese Anwendung wurde jedoch durch die Novellierung des Lebensmittelgesetzes vom 21.12.1958 gestoppt, in dem vorsorglich ein Bestrahlungsverbot ausgesprochen wurde, nachdem zuvor keinerlei Regelung bestanden hatte. Danach durften Lebensmittel mit ionisierenden oder ultravioletten Strahlen nur behandelt werden, wenn dies ausdrücklich zugelassen war. Mit der Lebensmittel-Bestrahlungs-Verordnung vom 19.12.1959 [93] wurde lediglich die Verwendung von bestimmten ionisierenden Strahlen zu Mess- und Kontrollzwecken sowie die Behandlung von bestimmten Lebensmitteln mit ultravioletten Strahlen zugelassen.

Das Bestrahlungsverbot (mit Zulassungsermächtigung) wurde damit begründet, dass „... noch nicht abschließend geklärt wurde, inwieweit so behandelte Lebensmittel nachteilige Eigenschaften annehmen können. Bei dieser Sachlage ist es erforderlich, die Verwendung solcher Strahlen zunächst vorsorglich einem Verbot zu unterwerfen" [192]. Dieses Verbot der Anwendung von Bestrahlungsverfahren wurde dann 1974 im derzeit noch gültigen § 13 Lebensmittel- und Bedarfsgegenständegesetz (LMBG) fortgeschrieben.

Nach § 47 LMBG ist auch die Einfuhr bestrahlter Lebensmittel verboten, während lt. § 50 LMBG der Export von bestrahlten Lebensmitteln aus Deutschland unter bestimmten Bedingungen möglich ist. Nach Etablierung des gemeinsamen Binnenmarktes der Europäischen Gemeinschaft zum 1. 1. 1993 wurde in das LMBG § 47a eingefügt, der ermöglicht – abweichend von § 47 LMBG – bestrahlte Lebensmittel aus anderen EU-Mitgliedsländern in Deutschland in den Verkehr zu bringen. Voraussetzung ist u. a., dass das Lebensmittel in dem Mitgliedsland rechtmäßig hergestellt und in den Verkehr gebracht wird und eine „Allgemeinverfügung" vorliegt. So wurde 1997 für bestimmte Gewürze, die in Frankreich rechtmäßig bestrahlt wurden und zur Weiterverarbeitung bestimmt waren, eine Zulassung ausgesprochen [3]. Ebenso wurde 1999 das Inverkehrbringen einer Frischkäsezubereitung mit bestimmten bestrahlten Gewürzen erlaubt [4].

Durch die Harmonisierung der EG-Gesetzgebung trat am 20. März 1999 die EG-Rahmenrichtlinie zur Lebensmittelbestrahlung in Kraft [48]. In einer zusätzlichen „Durchführungsrichtlinie" mit einer Positivliste [49] wurden in allen EU-Ländern als bisher einziges Lebensmittel getrocknete aromatische Kräuter und Gewürze für eine Bestrahlung zugelassen. Diese EG-Richtlinien sind seit 20. September 2000 wirksam geworden. Seit dem 1. Mai 2004 gelten diese Richtlinien auch für die neu hinzu gekommenen EU-Mitgliedstaaten.

Die Rahmenrichtlinie legt fest, dass

a) die Behandlung eines bestimmten Lebensmittelproduktes mit ionisierender Strahlung nur zugelassen werden kann, wenn
   1) sie technologisch sinnvoll und notwendig ist,
   2) gesundheitlich unbedenklich ist,
   3) für den Verbraucher nützlich ist,
   4) nicht als Ersatz für Hygiene- und Gesundheitsmaßnahmen oder für gute Herstellungs- oder Landwirtschaftsverfahren verwendet wird.
b) alle Lebensmittel, die als solche bestrahlt sind oder bestrahlte Bestandteile enthalten, einen Hinweis tragen müssen, dass eine Bestrahlung stattgefunden hat.
c) eine Zulassung der Bestrahlung eines bestimmten Lebensmittels nur dann ausgesprochen werden kann, wenn dies vom Wissenschaftlichen Lebensmittelausschuss (SCF) befürwortet wird (s. Tab. 10.6).

Die Rahmenrichtlinie sieht ebenso ein Zulassungs- und Inspektionssystem der Lebensmittelbestrahlungsanlagen vor. Weiterhin müssen die Mitgliedsstaaten der EU-Kommission jährlich mitteilen, welche Mengen und mit welcher Dosis Lebensmittel bestrahlt worden sind. Auch soll über Kontrollergebnisse auf der Stufe des Inverkehrbringens berichtet werden. Hierzu soll die Entwicklung von weiteren Nachweisverfahren für Bestrahlung gefördert werden (s. auch Kapitel I-14).

Die beiden o.g. EG-Richtlinien [48, 49] wurden durch die neue Lebensmittelbestrahlungsverordnung vom 14. 12. 2000, die am 21. 12. 2000 in Kraft trat, in deutsches Recht umgesetzt [94]. Die neue Verordnung löste die alte Lebensmittelbestrahlungsverordnung vom 19.12.1959 ab. Somit ist die Bestrahlung von getrockneten, aromatischen Kräutern und Gewürzen auch in Deutschland – bei entsprechender Kenntlichmachung – zulässig. Die bestrahlten Produkte müssen den Hinweis „bestrahlt" oder „mit ionisierenden Strahlen behandelt" tragen, und zwar auch dann, wenn sie als Zutaten in einem anderen Lebensmittel enthalten sind. Eine Kenntlichmachung muss unabhängig vom Prozentsatz der bestrahlten Zutat erfolgen, d.h. selbst wenn weniger als 1% des Gesamtproduktes bestrahlt ist, muss dieses angegeben werden.

Die Bestrahlung von Lebensmitteln darf nur in hierfür zugelassenen Anlagen erfolgen und unterliegt ausführlichen Aufzeichnungspflichten. Aus anderen Staaten dürfen bestrahlte, getrocknete aromatische Kräuter und Gewürze sowie Lebensmittel, die solche Zutaten enthalten, nur nach Deutschland importiert und in Verkehr gebracht werden, wenn die Bestrahlung in einer von der EU zugelassenen Bestrahlungsanlage durchgeführt worden ist. Mit Stand vom 03.09. 2004 [57] sind in der EU insgesamt 23 Anlagen (5 in Deutschland) zugelassen. In Drittländern sind mit Stand vom 13.10.2004 [58] 5 Anlagen (Südafrika 3, Schweiz 1, Türkei 1) zugelassen.

Die EG-Rahmenrichtlinie 1999 hat weiterhin vorgesehen, dass die Kommission bis zum 31.12.2000 Vorschläge zur Ergänzung der Positivliste vorlegt. Bis zum Inkrafttreten der ergänzten gemeinschaftlichen Positivliste können jedoch bestehende nationale Verbote bzw. Zulassungen aufrechterhalten werden. So ist in der EU die Lebensmittelbestrahlung für einzelne, weitere Produkte in Belgien, Frankreich, Italien, den Niederlanden und Großbritannien zugelassen (Tab. 10.2) [54]. Diese bestrahlten Produkte dürfen jedoch momentan in Deutschland nicht in den Verkehr gebracht werden, es sei denn, dass eine Allgemeinverfügung nach § 47a LMBG erteilt wurde.

In einer Diskussion der EU-Kommission mit Verbraucherorganisationen, Industrieverbänden und anderen Beteiligten über die Erweiterung der Positivliste wurde keine Einigung erzielt, sondern eindeutig befürwortende bzw. ablehnende Standpunkte zum Ausdruck gebracht. Aufgrund der Komplexität dieses Themas ist die Kommission der Auffassung, dass eine breiter angelegte Debatte angebracht ist [52]. In einem Entschließungsantrag des Ausschusses für Umweltfragen, Volksgesundheit und Verbraucherpolitik (ENVI) des Europäischen Parlaments vom 8. November 2002 wurde eine sehr zurückhaltende Position zur Erweiterung der Positivliste eingenommen [59]. Das Europäische Parlament hat diese Entschließung am 17.12.2002 angenommen und sich damit gegen eine Ausweitung von Zulassungen für die Bestrahlung ausgesprochen. Die EU-Kommission wurde vom Parlament aufgerufen, die Liste der zugelassenen Lebensmittel nur unter strengsten Bedingungen zu erweitern [60]. In nächster Zeit dürfte daher kaum eine Einigung im Mitentscheidungsverfahren über die Erweiterung der Positivliste zwischen EU-Kommission, Rat der EU und Europa-Parlament zu erwarten sein.

Außer in den 25 EU-Ländern ist die Bestrahlung von – zumeist nur einzeln aufgelisteten – Lebensmitteln in mehr als 35 anderen Ländern – sowohl in Europa als auch weltweit – zugelassen (siehe u.a. [79]). So ist in den USA, im

Gegensatz zur EU, die Bestrahlung von Fleisch bzw. Fleischprodukten zur Eliminierung von Krankheitserregern erlaubt [114, 144] (s. auch Abschnitt 10.2).

10.6
Kurze Zusammenfassung

Die Behandlung von Lebensmitteln mit ionisierenden Strahlen kann dazu verwendet werden, die Haltbarkeit von Lebensmitteln zu verlängern und/oder Gesundheitsrisiken zu verringern, die mit bestimmten Lebensmitteln wegen des Vorhandenseins gesundheitsschädlicher Mikroorganismen verbunden sind. In der Praxis ist die Nutzung dieser Technik jedoch sehr begrenzt, obwohl sie in mehr als 60 Ländern genehmigt ist. Von Gewürzen bis Getreide, von Obst und Gemüse bis Fleisch und Fisch sind viele verschiedene Arten von Lebensmitteln für eine Bestrahlung zugelassen. Weltweit werden etwa 300 000 t/a bestrahlt, davon nur etwa 20 000 t/a in der EU.

Die Lebensmittelbestrahlung ist wohl so umfassend untersucht worden wie kein anderes Lebensmittel verarbeitendes Verfahren. Nach jahrzehntelanger Forschung existiert ein großes Basiswissen, welche Folgeprodukte bei der ionisierenden Bestrahlung von Lebensmitteln unter den verschiedensten Bedingungen gebildet werden. Wenn die Zusammensetzung des Lebensmittels bekannt ist, kann mit hoher Wahrscheinlichkeit die Bildung der Radiolyseprodukte, z.B. aus Proteinen, Kohlenhydraten und Fetten, vorausgesagt werden.

Hunderte von toxikologischen Untersuchungen haben an bestrahlten Lebensmitteln, ihren Bestandteilen und bestimmten Inhaltsstoffen bzw. Folgeprodukten, stattgefunden. Die überwiegende Mehrzahl dieser Versuche hat keine Schäden durch den Verzehr bestrahlter Lebensmittel ergeben. Die geringe Zahl abweichender Ergebnisse konnte meistens durch nicht adäquate Versuchsbedingungen, z.B. unausgewogene Zusammensetzung der Versuchsdiäten, ungeeignete Tierhaltung, zu wenig Tiere, fehlende statistische Signifikanz, Unstimmigkeit der Ergebnisse, erklärt werden. In anderen Fällen konnten Wiederholungsexperimente die ursprünglich beobachteten Schadwirkungen nicht bestätigen.

Nach Ansicht der Expertengruppen der WHO hat die große Zahl der toxikologischen Studien keine Kurzzeit- oder Langzeittoxizität bestrahlter Lebensmittel erkennen lassen. Die WHO sieht in der Lebensmittelbestrahlung ein Verfahren, das dazu beitragen kann, die Lebensmittelsicherheit zu erhöhen. Der wissenschaftliche Ausschuss „Lebensmittel" der Europäischen Gemeinschaft (SCF) unterstützt keine allgemeine Zulassung der Bestrahlung – wie sie z.B. in Brasilien erfolgt ist – sondern ist der Auffassung, dass weiterhin jedes einzelne Lebensmittel bzw. Lebensmittelklasse geprüft werden muss. Dies gilt insbesondere für die Aspekte technologischer Notwendigkeit und gesundheitlicher Zuträglichkeit.

Durch die restriktive Gesetzgebung in vielen Ländern – auch in der EU – ist die Anwendung des Verfahrens sehr begrenzt. Es wird jedoch erwartet, dass ein verstärkter Einsatz der Lebensmittelbestrahlung in den USA und Asien auch auf Europa übergreifen wird. Es soll nochmals betont werden, dass die Lebensmittelbestrahlung nur eine unter verschiedenen Konservierungsmethoden ist. Hersteller und auch Verbraucher müssen weiterhin auf Hygiene achten, um eine nachträgliche Kontamination der Lebensmittel zu verhindern. Das Verfahren kann und soll die traditionellen Konservierungsmethoden nicht ersetzen, bietet aber für bestimmte Risikoprodukte Vorteile. Die Nische für die Bestrahlung mag relativ klein sein, doch könnte sie einen wesentlichen Beitrag zu einer Verbesserung der öffentlichen Gesundheit leisten.

Offensichtlich sind die früheren Bedenken gegen die Lebensmittelbestrahlung, die 1958 noch zu einem Verbot in der Bundesrepublik Deutschland geführt hatten, so nicht mehr aufrecht zu erhalten. Das Risiko des Verbrauchers durch infizierte Lebensmittel zu erkranken, ist ungleich höher als das Risiko durch den Verzehr von bestrahlten Lebensmitteln.

10.7
Literatur

1 Adam S (1983) Recent developments in radiation chemistry of carbohydrates, in Elias PS, Cohen AJ (Hrsg) Recent Advances in Food Irradiation, Elsevier Amsterdam, 149–170.

2 Aker SN (1984) On the cutting edge of dietetic science, *Nutrition Today* **19(4)**: 24–27.

3 Allgemeinverfügung (1997) Bekanntmachung einer Allgemeinverfügung gemäß § 47a des Lebensmittel- und Bedarfsgegenständegesetzes über die Einfuhr und das Inverkehrbringen von bestimmten mit ionisierenden Strahlen behandelten Gewürzen, die zur Weiterverarbeitung bestimmt sind, *Bundesanzeiger* 49 Nr. **54**: 3454.

4 Allgemeinverfügung (1999) Bekanntmachung einer Allgemeinverfügung gemäß § 47a des Lebensmittel- und Bedarfsgegenständegesetzes für das Inverkehrbringen einer Frischkäsezubereitung mit bestrahlten Gewürzen, *Bundesanzeiger* 51 Nr. **227**: 19558.

5 Anon (1987) Safety evaluation of 35 kinds of irradiated human foods, *Chinese Medical Journal* **100**: 715–718.

6 Barlow SM, Kozianowski G, Würtzen G, Schlatter J (2001) Threshold of toxicological concern for chemical substances present in the diet, *Food and Chemical Toxicology* **39**: 893–905.

7 Barna J (1979) Compilation of bioassay data on the wholesomeness of irradiated food items, *Acta Alimentaria* 8: 205–315.

8 Basson RA 1977 Chemiclearance, *Nuclear Active (Pretoria)* **17**: 3–7.

9 Basson RA (1983) Advances in radiation chemistry of food and food components – an overview, in Elias PS, Cohen AJ (Hrsg) Recent Advances in Food Irradiation, Elsevier Amsterdam, 7–25.

10 Basson RA (1983) Recent advances in radiation chemistry of vitamins, in Elias PS, Cohen AJ (Hrsg) Recent Advances in Food Irradiation, Elsevier Amsterdam, 189–201.

11 Basson RA, Beyers M, Ehlermann DAE, van der Linde HJ (1983) Chemiclearance approach to evaluation of safety of irradiated fruits, in Elias PS, Cohen AJ (Hrsg) Recent Advances in Food Irradiation, Elsevier Amsterdam, 59–77.

12 Beyers M, den Drijver L, Holzapfel CW, Niemand JG, Pretorius I, van der Linde HJ (1983) Chemical consequences of irradiation of subtropical fruits, in Elias PS, Cohen AJ (Hrsg) Recent Advances in Food Irradiation, Elsevier Amsterdam, 171–188.

13 Bhaskaram C, Sadasivan G (1975) Effects of feeding irradiated wheat to malnourished children, *American Journal of Clinical Nutrition* 28: 130–135.

14 Brynjolfsson A 1985 Wholesomeness of irradiated foods: a review, *Journal of Food Safety* **7**: 107–126.

15 Brynjolfsson A (1987) Results of feeding studies of irradiated diets in human volunteers: summary of the Chinese studies, *Food Irradiation Newsletter* **11**: 33–41.

16 Brynjolfsson A (2002) Natural and induced radioactivity in food, IAEA-TECDOC-1287, IAEA Vienna.

17 Burnouf D, Delincée H, Hartwig A, Marchioni E, Miesch M, Raul F, Werner D (2002) Etude toxicologique transfrontalière destinée á évaluer le risque encouru lors de la consommation d'aliments gras ionisés. Toxikologische Untersuchung zur Risikobewertung beim Verzehr von bestrahlten fetthaltigen Lebensmitteln. Eine französisch-deutsche Studie im Grenzraum Oberrhein. Rapport final/ Schlussbericht INTERREG II, Projet/ Projekt No 3.171 in Marchioni E, Delincée H (Hrsg) Berichte der Bundesforschungsanstalt für Ernährung Karlsruhe, BFE-R–02-02, 198 p.

18 Chinn HI (1977) Evaluation of the health aspects of certain compounds found in irradiated beef, FASEB Bethesda.

19 Chinn HI (1979) Evaluation of the health aspects of certain compounds found in irradiated beef. Supplement I. Further toxicological considerations of volatile compounds, FASEB Bethesda.

20 Chinn HI (1979) Evaluation of the health aspects of certain compounds found in irradiated beef. Supplement II. Possible radiolytic compounds, FASEB Bethesda.

21 Codex Alimentarius Commission (1984) Codex general standard for irradiated foods and recommended international code of practice for the operation of radiation facilities used for the treatment of food, CAC/Vol. XV-Ed. 1, FAO Rome.

22 Codex Alimentarius Commission (2003) Codex general standard for irradiated foods, Codex STAN 106-1983, Rev. 1-2003, www.codexalimentarius.net/web/standard_list.do?lang=en

23 Codex Alimentarius Commission (2003) Codex recommended international code of practice for the operation of radiation facilities used for the treatment of food, CAC/RCP 19-1979, Rev. 1-2003, www.codexalimentarius.net/web/standard_list.do?lang=en

24 Crawford LM, Ruff EH (1996) A review of the safety of cold pasteurization through irradiation, *Food Control* **7**: 87–97.

25 Crone AVJ, Hamilton JTG, Stevenson MH (1992) Effect of storage and cooking on the dose response of 2-dodecylcyclobutanone, a potential marker for irradiated chicken, *Journal of the Science of Food and Agriculture* **58**: 249–252.

26 Crone AVJ, Hand MV, Hamilton JTG, Sharma ND, Boyd DR, Stevenson MH (1993) Synthesis, characterisation and use of 2-tetradecylcyclobutanone together with other cyclobutanones as markers for irradiated liquid whole egg, *Journal of the Science of Food and Agriculture*, **62**: 361–367.

27 Dai Y 1988 Safety evaluation of irradiated foods in China, in Proceedings of an FAO/IAEA Seminar on Practical Application of Food Irradiation in Asia and the Pacific, IAEA-TECDOC-452, IAEA Vienna, 162.

28 Dai Y (1989) Safety evaluation of irradiated foods in China: a condensed report, *Biomedical and Environmental Sciences* **2**: 1–6.

29 Dale W, Gray LH, Meredith WJ (1949) The inactivation of an enzyme (carboxypeptidase) by X- and α-radiation, *Philosophical Transactions A* **242 (840)**: 33–62.

30 Dauphin JF, Saint-Lèbe LR (1977) Radiation chemistry of carbohydrates, in Elias PS, Cohen AJ (Hrsg) Radiation Chemistry of Major Food Components, Elsevier Amsterdam, 131–185.

31 Deeble DJ, Jabir AW, Parsons BJ, Smith CJ, Wheatley P (1990) Changes in DNA as a possible means of detecting irradiated food, in Johnston DE, Stevenson MH (Hrsg) Food Irradiation and the Chemist, Royal Society of Chemistry Cambridge UK, 57–79.

32 Delincée H (1983) Recent advances in radiation chemistry of lipids, in Elias PS, Cohen AJ (Hrsg) Recent Advances in Food Irradiation, Elsevier Amsterdam, 89–114.

33 Delincée H (1983) Recent advances in radiation chemistry of proteins, in Elias PS, Cohen AJ (Hrsg) Recent Advances in Food Irradiation, Elsevier Amsterdam, 129–147.

34 Delincée H (1994) Verbraucherinformation oder -desinformation der Stiftung Warentest? in Brockmann A, Erning D, Helle N, Schreiber GA (Hrsg) Lebensmittelbestrahlung – 4. Deutsche Tagung, Bundesgesundheitsamt Berlin, SozEp-Hefte 5/1994: 17–49.

35 Delincée H, Marchioni E, Hasselmann C (Hrsg) (1993) Changes in DNA for the detection of irradiated food, Proceedings of a Workshop, Strasbourg, 25–26 May 1992, Commission of the European Communities Luxembourg, EUR 15012.

36 Delincée H, Pool-Zobel BL (1998) Genotoxic properties of 2-dodecylcyclobutanone, a compound formed on irradiation of food containing fat, *Radiation Physics and Chemistry* **52**: 39–42.

37 Delincée H, Pool-Zobel BL, Rechkemmer G (1999) Genotoxität von 2-Dodecyl-cyclobutanon, in Knörr M, Ehlermann DAE, Delincée H (Hrsg) Lebensmittel-bestrahlung – 5. Deutsche Tagung, Karlsruhe, 11–12 November 1998, Bundesforschungsanstalt für Ernährung Karlsruhe, BFE-R–99-01: 262–269.

38 Den Drijver L, Holzapfel CW, van der Linde H (1986) High-Performance Liquid Chromatographic Determination of D-arabino-Hexos-2-ulose (D-Glucosone) in Irradiated Sugar Solutions: Application of the Method to Irradiated Mango, *Journal of the Agricultural and Food Chemistry* **34**: 758–762.

39 DFG (1985) Strahlenbehandlung von Lebensmitteln. Beschluß der Fremdstoffkommission der Deutschen Forschungsgemeinschaft vom 12./13. 05. 1981, in Bewertung von Lebensmittelzusatz- und -inhaltsstoffen, Sammlung der Beschlüsse der fachlich zuständigen Senatskommission der DFG, VCH Weinheim, 87.

40 Diehl JF, Hasselmann C, Kilcast D (1991) Regulation of food irradiation in the European community: is nutrition an issue? *Food Control* **2**: 212–219.

41 Diehl JF (1975) Thiamin in bestrahlten Lebensmitteln. II. Kombinierter Einfluß von Bestrahlung, Lagerung und Erhitzen auf den Thiamingehalt, *Zeitschrift für Lebensmittel-Untersuchung und Forschung* **158**: 83–86.

42 Diehl JF (1995) Safety of irradiated foods (2. Ausg.), Marcel Dekker New York.

43 Diehl JF, Scherz H (1975) Estimation of radiolytic products as a basis for evaluating the wholesomeness of irradiated foods, *International Journal of Applied Radiation and Isotopes* **26**: 499–507.

44 Diehl JF, Adam S, Delincée H, Jakubick V (1978) Radiolysis of carbohydrates and of carbohydrate-containing foodstuffs, *Journal of Agricultural and Food Chemistry* **26**: 15–20.

45 DIN EN 1784 (2003) Lebensmittel – Nachweis von bestrahlten fetthaltigen Lebensmitteln – Gaschromatographische Untersuchung auf Kohlenwasserstoffe, Beuth Berlin.

46 DIN EN 1785 (2003) Lebensmittel – Nachweis von bestrahlten fetthaltigen Lebensmitteln – Gaschromatographisch/massenspektrometrische Untersuchung auf 2-Alkylcyclobutanone, Beuth Berlin.

47 DIN EN 13784 (2002) Lebensmittel – DNA-Kometentest zum Nachweis von bestrahlten Lebensmitteln – Screeningverfahren, Beuth Berlin.

48 EG (1999) Richtlinie 1999/2/EG des Europäischen Parlaments und des Rates vom 22. Februar 1999 zur Angleichung der Rechtsvorschriften der Mitgliedsstaaten über mit ionisierenden Strahlen behandelte Lebensmittel und Lebensmittelbestandteile, Amtsblatt der Europäischen Gemeinschaften L66: 16–23 (13. 3. 1999).

49 EG (1999) Richtlinie 1999/3/EG des Europäischen Parlaments und des Rates vom 22. Februar 1999 über die Festlegung einer Gemeinschaftsliste von mit ionisierenden Strahlen behandelten Lebensmitteln und Lebensmittelbestandteilen, Amtsblatt der Europäischen Gemeinschaften L66: 24–25 (13. 3. 1999).

50 Elias P, Cohen AJ (Hrsg) (1977) Radiation Chemistry of Major Food Components, Elsevier Amsterdam.

51 Elias PS, Cohen AJ (Hrsg) (1983) Recent Advances in Food Irradiation, Elsevier Amsterdam.

52 EU Kommission (2001) Mitteilung der Kommission über Lebensmittel und Lebensmittelzutaten, die für die Behandlung mit ionisierenden Strahlen in der Gemeinschaft zugelassen sind, Amtsblatt der Europäischen Gemeinschaften C241: 6–11 (29. 8. 2001).

53 EU Kommission (2002) Bericht der Kommission über die Bestrahlung von Lebensmitteln im Zeitraum von September 2000 bis Dezember 2001, Amtsblatt der Europäischen Gemeinschaften C255: 2–12 (23. 10. 2002).

54 EU Kommission (2003) Verzeichnis der in Mitgliedsstaaten zur Behandlung mit ionisierenden Strahlen zugelassenen Lebensmittel und Lebensmittelzutaten, Amtsblatt der Europäischen Union C 56: 5 (11. 3. 2003).

55 EU Kommission (2004) Lebensmittelbestrahlung http://europa.eu.int/comm/food/food/biosafety/irradiation/index_de.htm

56 EU Kommission (2004) Bericht der Kommission über die Bestrahlung von Lebensmitteln für das Jahr 2002, KOM (2004) 69 endgültig.

57 EU Kommission (2004) Verzeichnis der zugelassenen Anlagen zur Behandlung von Lebensmitteln und Lebensmittelbestandteilen mit ionisierenden Strahlung in den Mitgliedsstaaten, SANCO/1332/2000 – rev 14 (3. Sept. 2004).

58 EU Kommission (2004) Entscheidung der Kommission vom 7. Oktober 2004 zur Änderung der Entscheidung 2002/840/EG zur Festlegung der Liste der in Drittländern für die Bestrahlung von Lebensmitteln zugelassenen Anlagen, Amtsblatt der Europäischen Union L 314: 14–15 (13. 10. 2004).

59 EU Parlament (2002) Bericht über die Mitteilung der Kommission über Lebensmittel und Lebensmittelzutaten, die für die Behandlung mit ionisierenden Strahlen in der Gemeinschaft zugelassen sind, Ausschuss für Umweltfragen, Volksgesundheit und Verbraucherpolitik, Berichterstatterin: Hiltrud Breyer, A5-0384/2002 endgültig.

60 EU Parlament (2004) Behandlung von Lebensmitteln mit ionisierenden Strahlen, Amtsblatt der Europäischen Union C 31 E: 134–136 (5. 2. 2004).

61 FAO (1963) Report of the FAO/WHO/IAEA Meeting on the Wholesomeness of Irradiated Foods, 23–30 Oct. 1961, Brussels, Food and Agriculture Organization of the United Nations Rome.

62 Farhataziz, Rodgers MAJ (Hrsg) (1987) Radiation Chemistry, Principles and Applications, VCH Publishers Weinheim.

63 FDA (1986) Irradiation in the Production, Processing, and Handling of Food; Final rule, *Federal Register* **51**: 13376–13399.

64 FDA (1988) Irradiation in the Production, Producing, and Handling of Food; Final Rule; Denial of Request for Hearing and Response to Objection, *Federal Register* **53**: 53176–53209.

65 Food Irradiation Update 2004, 200 schools this fall will serve irradiated meat for lunch (July 30, 2004) siehe www.mn.beef.org

66 FSIS (1999) Irradiation of Meat and Meat Products. Proposed Rule, *Federal Register* **64(36)**: 9089–9105.

67 Garrison WM 1972 Radiation-induced reactions of amino acids and peptides, *Radiation Research Reviews* **3**: 305–326.

68 Garrison WM (1981) The radiation chemistry of amino acids, peptides and proteins in relation to the radiation sterilization of high-protein foods, *Radiation Effects* **54**: 29–39.

69 Garrison WM (1987) Reaction mechanisms in the radiolysis of peptides, polypeptides, and proteins, *Chemistry Reviews* **87**: 381–398.

70 George KP, Chaubey RC, Sundarman K, Gopal-Ayengar AR (1976) Frequency of polyploid cells in the bone marrow of rats fed irradiated wheat, *Food and Cosmetics Toxicology* **14**: 289–291.

71 Han C, Guo S, Wang M, Liu Z, Cui W, Dai Y (1988) Feeding trial of diet mainly composed of irradiated foods in human volunteers, In Proceedings of an FAO/IAEA Seminar on Practical Application of Food Irradiation in Asia and the Pacific, IAEA-TECDOC-452, IAEA Vienna, 202.

72 Handel AP, Nawar WW (1981) Radiolysis of saturated phospholipids, *Radiation Research* **86**: 437–444.

73 Hart EJ (1972) Radiation chemistry of aqueous solutions, *Radiation Research Reviews* **3**: 285–304.

74 Hart RJ, White JA, Reid WJ (1988) Technical note: Occurrence of o-tyrosine in non-irradiated foods, *International Journal of Food Science and Technology* **23**: 643–647.

75 Hein WG, Simat TJ, Steinhart H (2000) Detection of irradiated food. Determination of non-protein bound o-tyrosine as a marker for the detection of irradiated shrimps, *European Food Research and Technology* **210**: 299–304.

76 Heusinger H (1987) A comparison of the product formation induced by ultrasonic waves and gamma rays in aqueous D-glucose solution, *Zeitschrift für Lebensmittel-Untersuchung und Forschung* **185**: 106–110.

77 Heusinger H (1987) A comparison of the degradation products formed in aerated, aqueous alpha-D-glucose solutions by ultrasound and gamma rays, *Zeitschrift für Lebensmittel-Untersuchung und Forschung* **185**: 447–456.

78 Horvatovich P, Raul F, Miesch M, Burnouf D, Delincée H, Hartwig A, Werner D, Marchioni E (2002) Detection of 2-alkylcyclobutanones, markers for irradiated foods, in adipose tissues of animals fed with these substances, *Journal of Food Protection* **65**: 1610–1613.

79 ICGFI (2003) Clearance Database: www.iaea.org/icgfi/data.htm

80 ICGFI (2003) Authorized Facilities Database: www.iaea.org/icgfi/data.htm

81 ICGFI (2003) Packaging Materials Database: www.iaea.org/icgfi/data.htm

82 ICFI (2004) International Council on Food Irradiation www.icfi.org/foodtrade.php

83 Johnson AM, Estes Reynolds IA, Jinru Chen, Resurreccioni AVA (2004) Consumer attitudes towards irradiated food: 2003 vs. 1993, *Food Protection Trends* **24**: 408–418.

84 Johnson BC, Mameesh MS, Metta VC, Rama Rao PB (1960) Vitamin K nutrition and irradiation sterilization, *Federation Proceedings* **19**: 1038–1044.

85 Josephson ES, Peterson MS (Hrsg) (1983) Preservation of Food by Ionizing Radiation, CRC Press Boca Raton USA, Vol. I–III.

86 Karam LR, Simic MG (1990) Formation of *ortho*-tyrosine by radiation and organic solvents in chicken tissue, *Journal of Biology and Chemistry* **265**: 11581–11585.

87 Kesavan PC (1978) Indirect effects of radiation in relation to food preservation: facts and fallacies, *Journal of Nuclear Agriculture and Biology* **7**: 93–07.

88 Kilcast D (1994) Effect of irradiation on vitamins, *Food Chemistry* **49**: 157–164.

89 Kondo T, Murali Krishna C, Riesz P (1988) Free radical generation by ultrasound in aqueous solutions of nucleic acid bases and nucleosides: an ESR and spin-trapping study, *International Journal of Radiation Biology* **53**: 331–342.

90 Kroes R, Renwick AG, Cheeseman M, Kleiner J, Mangelsdorf I, Piersma A, Schilter B, Schlatter J, van Schothorst F, Vos JG, Wurtzen G (2004) European branch of the International Life Sciences Institute. Structure-based thresholds of toxicological concern (TTC): guidance for application to substances present at low levels in the diet. *Food and Chemical Toxicology* **42**: 65–83.

91 Kume T, Takehisa M (1984) Effect of gamma-irradiation on lysinoalanine in various feedstuffs and model systems, *Journal of Agricultural and Food Chemistry* **32**: 656–658.

92 Lang K, Bässler K (1966) Biological effects of irradiated fats, in Food Irradiation, Proceedings of an International Symposium on Food Irradiation, 6–10 June 1966, Karlsruhe, IAEA Vienna, 147–158.

93 Lebensmittelbestrahlungsverordnung (1959) Verordnung über die Behandlung von Lebensmitteln mit Elektronen-, Gamma- und Röntgenstrahlen oder ultravioletten Strahlen, *Bundesgesetzblatt* Teil I **52**: 761 (22. 12. 1959).

94 Lebensmittelbestrahlungsverordnung (2000) Verordnung über die Behandlung von Lebensmitteln mit Elektronen-, Gamma- und Röntgenstrahlen, Neutronen oder ultravioletten Strahlen (Lebensmittelbestrahlungsverordnung – LMBestrV), *Bundesgesetzblatt* Teil I **55**:

1730–1733 (20. 12. 2000) ergänzt durch Artikel 312, siebente Zuständigkeits-anpassungsVO vom 29. 10. 2001, *Bundesgesetzblatt* (2001) Teil I **55**: 2853 (6. 11. 2001).

95 Leister W, Bögl KW (1987) Der Einfluß ionisierender Strahlen im Vergleich zu konventionellen Behandlungsverfahren auf Veränderungen in Lebensmitteln, Bundesgesundheitsamt Berlin, ISH-Heft 118.

96 LeTellier PR, Nawar WW (1972) 2-Alkylcyclobutanones from the radiolysis of triglycerides, *Lipids* **7**: 75–76.

97 Ley FJ (1979) Radiation processing of laboratory animal diets, *Radiation Physics and Chemistry* **14**: 677–682.

98 Liebster J, Kopoldova J 1964 The radiation chemistry of amino acids, *Advances in Radiation Biology* **1**: 157–226.

99 Loaharanu P (2003) Irradiated Foods (5. Aufl.), American Council on Science and Health New York.

100 Loaharanu P, Thomas P (Hrsg) (2001) Irradiation for food safety and quality, Technomic Lancaster Pa.

101 Ma C-Y (1996) Effects of gamma irradiation on physicochemical and functional properties of eggs and egg products, *Radiation Physics and Chemistry* **48**: 375.

102 Maerker G (1996) Irradiation of foods and its effect on lipids, in Padley FB (Hrsg) Advances in applied lipid research, JAI Press Greenwich, Vol. 2: 95–141.

103 Maier P, Wenk-Siefert I, Schawalder HP, Zehnder H, Schlattner J (1993) Cell-cycle and ploidy analysis in bone marrow and liver cells of rats after long-term consumption of irradiated wheat, *Food and Chemical Toxicology* **31**: 395–405.

104 Mafarachisi BA (1974) Growth, fertility and tissue studies of mice fed radiolytic products arising from gamma irradiated beef fat, PhD Thesis, University of Massachusetts.

105 Matschiner JT, Doisy EA (Jr) (1966) Vitamin K content of ground beef, *Journal of Nutrition* **90**: 331–334.

106 Maurer KF (1958) Zur Keimfreimachung von Gewürzen, *Die Ernährungswirtschaft* **5(3)**: 45–47.

107 Merritt C (Jr), Taub IA (1983) Commonality and predictability of radiolytic products in irradiated meats, in Elias PS, Cohen AJ (Hrsg) Recent Advances in Food Irradiation, Elsevier Amsterdam, 27–57.

108 Merritt C (Jr), Angelini P, Graham RA (1978) Effects of radiation parameters on the formation of radiolysis products in meat and meat substances, *Journal of Agricultural and Food Chemistry* **26**: 29–35.

109 Merritt C (Jr), Vajdi M, Angelini P (1985) A quantitative comparison of the yields of radiolysis products in various meats and their relationship to precursors, *Journal of the American Oil Chemists Society* **62**. 708–713.

110 Metta VC, Mameesh MS, Johnson BC (1959) Vitamin K deficiency in rats induced by the feeding of irradiated beef, *Journal of Nutrition* **69**: 18–22.

111 Mörsel JTh, Koswig S, Sprinz H (1991) Veränderungen der Lipide von strahlenbehandelten Broilern, Bundesgesundheitsamt Berlin, *SozEp-Hefte* **2/1991**: 181–205.

112 Molins RA (Hrsg) (2001) Food Irradiation: Principles and Applications, Wiley & Sons New York.

113 Monsen H (1960) Heart lesions in mice by feeding irradiated foods, *Federation Proceedings* **19**: 1031–1034.

114 Morehouse KM (2002) Food irradiation – US regulatory considerations, *Radiation Physics and Chemistry* **63**: 281–284.

115 Morrison RM, Buzby JC, Jordan Lin C-T (1997) Irradiating ground beef to enhance food safety, Food Safety January–April 1997: 33–37.

116 Mozumder A (1999) Fundamentals of radiation chemistry, Academic Press San Diego Calif. USA.

117 Murali Krishna C, Kondo T, Riesz P (1988) Sonochemistry of aqueous solutions of amino acids and peptides. A spin trapping study, *Radiation Physics and Chemistry* **32**: 121–128.

118 Nawar WW (1972) Radiolytic changes in fats, *Radiation Research Reviews* **3**: 327–334.

119 Nawar WW (1977) Radiation chemistry of lipids, in Elias PS, Cohen AJ (Hrsg) Radiation Chemistry of Major Food Components, Elsevier Amsterdam, 21–61.

120 Nawar WW (1978) Reaction mechanisms in the radiolysis of fats: a review, *Journal of Agricultural and Food Chemistry* **26**: 21–25.

121 Nawar WW (1983) Comparison of chemical consequences of heat and irradiation treatment of lipids, in Elias PS, Cohen AJ (Hrsg) Recent Advances in Food Irradiation, Elsevier Amsterdam, 115–127.

122 Nawar WW (1983) Radiolysis on non-aqueous components of foods, in Josephson ES, Peterson MS (Hrsg) Preservation of Food by Ionizing Radiation, CRC Press Boca Raton USA, Vol. II: 75–124.

123 Nawar WW (1986) Volatiles from food irradiation, *Food Reviews International* **21**: 45–78.

124 Nawar WW (1996) Lipids, in Fennema O (Hrsg) Food chemistry (3. Aufl.), Marcel Dekker New York, 225–319.

125 Ndiyae B, Jamet G, Miesch M, Hasselmann C, Marchioni E (1999) 2-Alkylcyclobutanones as markers for irradiated foodstuffs. II. The CEN (European Committee for Standardization) method: field of application and limit of utilization, *Radiation Physics and Chemistry* **55**: 437–445.

126 O'Donnell JH, Sangster DF (1970) Principles of radiation chemistry, Edward Arnold (Publishers) London.

127 Olson DG (2004) Food irradiation future still bright, *Food Technology* **58(7)**: 112.

128 Osterholm MT, Norgan AP (2004) The role of irradiation in food safety, *New England Journal of Medicine* **350(18)**: 1898–1901.

129 Phillips GO (1972) Effects of ionizing radiations on carbohydrate systems, *Radiation Research Reviews* **3**: 335–351.

130 Radola BJ (1974) Identification of irradiated meat by thin-layer gel chromatography and thin-layer isoelectric focusing, in The identification of irradiated foodstuffs. Proceedings International Colloquium, Karlsruhe, 24–25 Oct. 1973, Commission of the European Communities Luxembourg, EUR 5126: 27–44.

131 Raffi JJ, Agnel J-PL, Thiery CJ, Fréjaville CM, Saint-Lèbe LR (1981) Study of gamma-irradiated starches derived from different foodstuffs: a way for extrapolating wholesomeness data, *Journal of Agricultural and Food Chemistry* **29**: 1227–1232.

132 Raul F, Gossé F, Delincée H, Hartwig A, Marchioni E, Miesch M, Werner D, Burnouf D (2002) Food-borne radiolytic compounds promote experimental colon carcinogenesis, *Nutrition and Cancer* **44**: 189–191.

133 Reddi OS, Reddy PP, Ebenezer DN, Naidu NV (1977) Lack of genetic and cytogenetic effects in mice fed on irradiated wheat, *International Journal of Radiation Biology* **31**: 589–601.

134 Renner HW, Reichelt D 1973 Zur Frage der gesundheitlichen Unbedenklichkeit hoher Konzentrationen von freien Radikalen in bestrahlten Lebensmitteln, *Zentralblatt für Veterinärmedizin* **B 20**: 648–660.

135 Renner HW 1974 Langzeit-Tierfütterungsversuche zur Prüfung der gesundheitlichen Unbedenklichkeit einer bestrahlten Diät mit hohem Gehalt an freien Radikalen. 2. Bericht, Berichte der Bundesforschungsanstalt für Lebensmittelfrischhaltung Karlsruhe, 1974/1.

136 SCF (1986) Bericht des wissenschaftlichen Lebensmittelausschusses (eighteenth series), Commission of the European Communities Luxembourg, EUR 10840 (ISBN-92-825-6981-0). Siehe auch http://europa.eu.int/comm/food/fs/sc/scf/reports_en.html

137 SCF (2003) Revision of the opinion of the Scientific Committee on Food on the irradiation of food (expressed on April 2003), European Commission, Health and Consumer Protection Directorate-General, SCF/CS/NF/IRR/24 Final (24 April 2003). Siehe auch

http://europa.eu.int/comm/food/fs/sc/scf/outcome_en.html

138 Scherz H (1974) Some theoretical considerations on the chemical mechanism of the radiation-induced depolymerization of high molecular carbohydrates, in Improvement of Food Quality by Irradiation, Proceedings of a Panel, Vienna 18–22 Juni 1973, IAEA Vienna, 1–38.

139 Schubert J (1974) Irradiation of food and food constituents: chemical and hygienic consequences, in Improvement of food quality by irradiation. Proceeding of a Panel, Vienna, 18–22 June 1973, IAEA Vienna, 1–38.

140 Simic MG (1978) Radiation chemistry of amino acids and peptides in aqueous solutions, *Journal of Agricultural and Food Chemistry* **26**: 6–14.

141 Simic MG (1983) Radiation chemistry of water-soluble food components, in: Josephson ES, Peterson MS (Hrsg) Preservation of Food by Ionizing Radiation, CRC Press Boca Raton Florida USA, Vol. II: 1–73.

142 Simic MG, Dizdaroglu M, DeGraff E (1983) Radiation chemistry – extravaganza or an integral component of radiation processing of food, *Radiation Physics and Chemistry* **22**: 233–239.

143 Skala JH, McGown EL, Waring PP (1987) Wholesomeness of irradiated foods, *Journal of Food Protection* **50**: 150–160.

144 Smith JS, Pillai S (2004) Scientific Status Summary: Irradiation and Food Safety, *Food Technology* **58**(11): 48–55.

145 Sokhey AS, Hanna MA (1993) Properties of irradiated starches, *Food Structure* **12**: 397–410.

146 Solar S (1985) Reaction of OH with phenylalanine in neutral aqueous solution, *Radiation Physics and Chemistry* **26**: 103–108.

147 Solar S, Solar W, Getoff N, Holeman J, Sehested K (1988) Reactivity of H, OH and e_{aq}^- with nicotinic acid: A pulse radiolysis study, *Radiation Physics and Chemistry* **32**: 585–592.

148 Sommers CH (2003) 2-Dodecylcyclobutanone does not induce mutations in the *Escherichia coli* tryptophan reverse

mutation assay, *Journal of Agricultural and Food Chemistry* **51**: 6367–6370.

149 Sommers CH, Schiestl RH (2004) 2-Dodecylcyclobutanone does not induce mutations in the *Salmonella* mutagenicity test or intrachromosomal recombination in *Saccharomyces cerevisiae*, *Journal of Food Protection* **67**: 1293–1298.

150 Spinks JW, Woods RJ (1990) Introduction to radiation chemistry (3. Aufl.), John Wiley & Sons New York.

151 Stevenson MH (1996) Validation of the cyclobutanone protocol for detection of irradiated lipid containing foods by interlaboratory trial, in McMurray CH, Stewart EM, Gray R, Pearce J (Hrsg) Detection Methods for Irradiated Foods – Current Status, Royal Society of Chemistry Cambridge UK, 269–284.

152 Stevenson MH, Crone AVJ, Hamilton JTG 1990 Irradiation detection, *Nature* **344**: 202–203.

153 Stewart EM (2001) Food Irradiation Chemistry, in Molins RA (Hrsg) Food Irradiation: Principles and Applications, John Wiley & Sons New York, 37–76.

154 Tanaka N, Yamakage K, Izumi J, Wakuri S, Kusakabe H (1992) Induction of polyploids in bone marrow cells and micronuclei in reticulocytes in Chinese hamsters and rats fed with an irradiated wheat flour diet, in: The Final Report of the Food Irradiation Research Committee for 1986–1991, The Japan Radioisotope Association Tokyo, 212–220.

155 Taub IA (1981) Radiation chemistry and the radiation preservation of food, *Journal of Chemical Education* **58**: 162–167.

156 Taub IA (1983) Reaction mechanisms, irradiation parameters, and product formation, in Josephson ES, Peterson MS (Hrsg) Preservation of Food by Ionizing Radiation, CRC Press Boca Raton Florida USA, Vol. II: 125–166.

157 Taub IA (1984) Free radical reactions in food, *Journal of Chemical Education* **61**: 313–324.

158 Taub IA, Angelini P, Merritt C (Jr) (1976) Irradiated food: validity of extra-

polating wholesomeness data, *Journal of Food Science* **41**: 942–944.

159 Taub IA, Kaprielian RA, Halliday JW (1978) Radiation chemistry of high protein foods irradiated at low temperature, in: Food Preservation by irradiation. Proceedings of an International Symposium on Food Preservation by Irradiation, Wageningen, 21–25. Nov. 1977, IAEA Vienna, Vol. 1: 371–383.

160 Taub IA, Kaprielian RA, Halliday JW, Walker JE, Angelini P, Merritt C (Jr) (1979) Factors influencing radiolytic effects in food, *Radiation Physics and Chemistry* **14**: 639–653.

161 Taub IA, Halliday JW, Sevilla MD (1979) Chemical reactions in proteins irradiated at subfreezing temperatures, *Advances in Chemistry Series* **180**: 109–140.

162 Taub IA, Robbins FM, Simic MG, Walker JE, Wierbicki E (1979) Effect of irradiation on meat proteins, *Food Technology* **33**: 184–193.

163 Tauxe RV (2001) Food safety and irradiation: protecting the public from foodborne infections, *Emerging Infectious Diseases* **7(3)** Supplement: 516–521.

164 Tesh JM, Davidson ES, Walker S, Palmer AK, Cozens DD, Richardson JC (1977) Studies in Rats Fed a Diet Incorporating Irradiated Wheat, International Project in the Field of Food Irradiation. Technical Report Series Karlsruhe, IFIP-R 45.

165 Thayer DW 1990 Food irradiation: benefits and concerns, *Journal of Food Quality* **13**: 147–169.

166 Thayer DW (2004) Irradiation of food – Helping to ensure food safety, *New England Journal of Medicine* **350(18)**: 1811–1812.

167 Thayer DW, Christopher JP, Campbell LA, Ronning DC, Dahlgren RR, Thomson GM, Wierbicki E (1987) Toxicology studies of irradiation-sterilized chicken, *Journal of Food Protection* **50**: 278–288.

168 Thayer DW, Fox JB (Jr), Lakritz L (1991) Effects of ionizing radiation on vitamins, in Thorne S (Hrsg) Food Irradiation, Elsevier London, 285–325.

169 Thompson SW, Hunt RD, Ferrel J, Jenkins ED, Monsen H (1965) Histopathology of mice fed irradiated foods, *Journal of Nutrition* **87**: 274–284.

170 Tobback PP (1977) Radiation chemistry of vitamins, in Elias PS, Cohen AJ (Hrsg) Radiation Chemistry of Major Food Components, Elsevier Amsterdam, 187–220.

171 Truhaut R, Saint-Lèbe L (1978) Differentes voies d'approch pour l'evaluation toxicologique de l'amidon irradié, in Food Preservation by Irradiation, Proceedings of an International Symposium on Food Preservation by Irradiation, Wageningen, 21–25. Nov. 1977, IAEA Vienna, Vol. II: 31–40.

172 Urbain WM (1977) Radiation chemistry of proteins, in Elias PS, Cohen AJ (Hrsg) Radiation Chemistry of Major Food Components, Elsevier Amsterdam, 63–130.

173 Vajdi M, Nawar WW, Merritt C (Jr) (1978) Comparison of radiolytic compounds from saturated and unsaturated triglycerides and fatty acids, *Journal of the American Oil Chemists Society* **55**: 849–850.

174 Vajdi M, Nawar WW, Merritt C (Jr) (1979) Identification of radiolytic compounds from beef, *Journal of the American Oil Chemists Society* **56**: 611–615.

175 Vajdi M, Nawar WW, Merritt C (Jr) (1982) Effects of various parameters on the formation of radiolysis products in model systems, *Journal of the American Oil Chemists Society* **59**: 38–42.

176 Vas K (1983) Estimated radiation chemical changes in irradiated food, in Elias PS, Cohen AJ (Hrsg) Recent Advances in Food Irradiation, Elsevier Amsterdam, 315–318.

177 von Sonntag C (1980) Free-radical reactions of carbohydrates as studied by radiation techniques, *Advances in Carbohydrate Chemistry and Biochemistry* **37**: 7–77.

178 von Sonntag C (1987) The Chemical Basis of Radiation Biology, Taylor and Francis, London Great Britain.

179 Vijayalaxmi (1976) Genetic effects of feeding irradiated wheat to mice, *Cana-*

dian Journal of Genetics and Cytology **18**: 231–238.

180 Vijayalaxmi (1978) Cytogenetic studies in monkeys fed irradiated wheat, *Toxicology* **9**: 181–184.

181 Vijayalaxmi, Sadasivan G (1975) Chromosomal aberration in rats fed irradiated wheat, *International Journal of Radiation Biology* **27**: 135–142.

182 WHO (1966) The technical basis for legislations on irradiated food, Report of a Joint FAO/IAEA/WHO Expert Committee. WHO Geneva, Technical Report Series No. 316.

183 WHO (1970) Wholesomeness of irradiated food with special reference to wheat, potatoes and onions, Report of a Joint FAO/IAEA/WHO Expert Committee. WHO Geneva, Technical Report Series No. 451.

184 WHO (1977) Wholesomeness of irradiated food, Report of a Joint FAO/IAEA/WHO Expert Committee. WHO Geneva, Technical Report Series No. 604.

185 WHO (1981) Wholesomeness of Irradiated Food, WHO Geneva, Technical Report Series No. 659.

186 WHO 1988 Food irradiation: A technique for preserving and improving the safety of food, WHO Geneva.

187 WHO (1994) Safety and nutritional adequacy of irradiated food, WHO Geneva.

188 WHO (1999) High-dose irradiation: wholesomeness of food irradiated with doses above 10 kGy, Report of a Joint FAO/IAEA/WHO Study Group, WHO Geneva, Technical Report Series No. 890.

189 WHO (2002) Health implications of acrylamide in food. Joint FAO/WHO Consultation, Geneva, 25–27 June 2002, WHO Geneva.

190 Wierbicki E (1981) Technological feasibility of preserving meat, poultry and fish products by using a combination of conventional additives, mild heat treatment and irradiation, in Combination processes on food irradiation. Proceedings of an International Symposium, Colombo Sri Lanka, 24–28 Nov. 1980, IAEA Vienna, 181–203.

191 Yamamoto O (1977) Ionizing radiation-induced crosslinking in proteins, in Friedman M (Hrsg) Protein crosslinking, biochemical and molecular aspects, Plenum Press, New York, 509–547.

192 Zipfel W (2004) Lebensmittelrecht, C. Kommentar, C 100 § 13 LMBG, C.H. Beck München.

193 Zyball A (1999) Hat die industrielle Bestrahlungstechnik in Deutschland eine Zukunft? in Knörr M, Ehlermann DAE, Delincée H (Hrsg) Lebensmittelbestrahlung – 5. Deutsche Tagung, Karlsruhe, 11–12 November 1998, Bundesforschungsanstalt für Ernährung Karlsruhe, BFE-R–99-01: 5–15.

11
Arsen

Tanja Schwerdtle und Andrea Hartwig

11.1
Allgemeine Substanzbeschreibung

Obwohl das reine Element unter physiologischen Bedingungen nahezu inert ist, war die Giftigkeit von Arsenverbindungen bereits im Altertum bekannt. Im Mittelalter und der Renaissance war Arsen (vor allem Arsenik, As_2O_3) ein populäres Mordgift, wodurch Arsen quasi zum Synonym für Gift wurde. Erst durch den um 1830 entwickelten und sehr empfindlichen Nachweis nach Marsh [78], durch den auch geringste Spuren von Arsen in Körpergeweben und Flüssigkeiten nachgewiesen werden konnten, verlor das Gift zunächst an Attraktivität. Im 20. Jahrhundert jedoch wurden hoch effiziente arsenorganische Kampfstoffe (Phenylarsin- und Arsenchloridderivate) synthetisiert. Bereits im 1. Weltkrieg wurde Lewisit, der wirksamste arsenhaltige Kampfstoff, eingesetzt und bis zum Ende des 2. Weltkrieges wurden z. B. in Deutschland ca. 300 000 t Kampfstoffe mit Produktnamen wie Pfiffikus, ClarkI/II oder Adamsit hergestellt. Diese kamen aber nie zum Einsatz, sondern wurden größtenteils verbrannt oder in der Nord- und Ostsee versenkt. Nahezu gleichbedeutend seiner Rolle als Gift war die Anwendung von Arsen als Medikament. Arsen wurde bereits vor über 2400 Jahren als Medikament eingesetzt und erlebte im 19. und frühen 20. Jahrhundert als Fowler'sche Lösung (1%ige K_2AsO_3) zur Behandlung von Leukämie, Psoriasis und Tuberkulose sowie in Form von Salvarsan (Arsphenamin) als damals einzig wirksames Therapeutikum gegen die Syphilis, aber auch als allgemeines Kräftigungsmittel (Roborans), einen enormen Aufschwung. Auf der Suche nach neuen, noch wirksameren Medikamenten wurden in der Folgezeit über 30 000 Arsenverbindungen synthetisiert, die jedoch sehr schnell durch Antibiotika nahezu vollständig abgelöst wurden. Aktuell werden weltweit nur noch wenige Präparate eingesetzt, z. B. Melarsoprol zur Therapie der Schlafkrankheit und Arsenik zur Behandlung der akuten promyeloischen Leukämie [33, 115].

Im Periodensystem steht Arsen mit der Ordnungszahl 33 in der 4. Periode/V. Hauptgruppe und befindet sich damit im Übergangsbereich von den Metallen

Handbuch der Lebensmitteltoxikologie. H. Dunkelberg, T. Gebel, A. Hartwig (Hrsg.)
Copyright © 2007 WILEY-VCH Verlag GmbH & Co. KGaA, Weinheim
ISBN: 978-3-527-31166-8

Tab. 11.1 Einige wichtige Arsenverbindungen und ihre Nomenklatur.

Name, Abkürzung	Oxidationszahl	Formel
Arsin	−3	AsH_3
Arsentrioxid, Arsenik	+3	As_2O_3
Arsentrisulfid, Auripigment	+3	As_2S_3
Arsentrichlorid	+3	$AsCl_3$
Arsenit, As(III) Arsenat, As(V)	+3 +5	
monomethylarsonige Säure, MMA(III) dimethylarsinige Säure, DMA(III)	+3 +3	
Monomethylarsonsäure, MMA(V) Dimethylarsinsäure, DMA(V)	+5 +5	
Trimethylarsinoxid, TMAO Trimethylarsoniumion, TETRA	+5 +5	
Arsenobetain	+5	
Arsenocholin	+5	
Phenylarsonsäure	+5	
p-Arsenilsäure	+5	
Roxarson	+5	

Tab. 11.1 (Fortsetzung)

Name, Abkürzung	Oxidationszahl	Formel
trimethylierter Arsenozucker[a]	+5	
dimethylierte Arsenozucker[a]	+5	
Arsenozucker 1 (Glycerolzucker)		
Arsenozucker 2 (Phosphatzucker)		
Arsenozucker 3, 4 (Sulfonat-/Sulfatzucker)		

a) Bislang wurden 15 Arsenozucker und zahlreiche Abbauprodukte identifiziert, dargestellt sind die fünf häufigsten Vertreter.

zu den Nichtmetallen. Sein halbmetallartiger Charakter äußert sich in der umfangreichen und komplizierten Chemie seiner Verbindungen. So tritt es nicht nur wie ein Nichtmetall anionisch (in Form von Metallarseniden), sondern auch wie ein Metall kationisch polarisiert (in Form von Arsensulfiden und -oxiden) auf. Arsen besitzt fünf Außenelektronen und kann in den Oxidationsstufen –III, 0, +III oder +V vorliegen. Arsenverbindungen werden in anorganische (ohne Kohlenstoff) und organische Verbindungen eingeteilt. Zudem unterscheidet man Arsenverbindungen mit drei, vier oder fünf Bindungen (Tab. 11.1).

11.2
Vorkommen

Arsen ist ein überwiegend aus natürlichen Quellen ubiquitär verbreiteter Bestandteil unserer Umwelt, der einem immerwährenden biogeochemischen Kreislauf unterliegt. Das größte Arsenvorkommen der Erde befindet sich in sulfidischer

Form gebunden in der Erdkruste. Hier wird die mittlere Arsenkonzentration auf 1–2 mg/kg geschätzt, woraus sich eine Gesamtmasse von 40,1 Billionen Tonnen errechnen lässt [81]. Durch Verwitterung und Vulkanismus gelangt Arsen in die Böden, das Wasser und die Luft, in denen oxidische Bindungsformen vorherrschen. Zusätzlich erreicht Arsen auch über die Methylierung durch Mikroorganismen in Form von gasförmigen Arsenverbindungen die Atmosphäre. Über den Staubniederschlag gelangt Arsen letztendlich aus der Luft wiederum in die Böden, auf Pflanzen und ins Wasser. Neben diesen geogenen Expositionsquellen resultiert die heutige weltweite Arsenbelastung auch aus anthropogenen Quellen, v. a. aus der Förderung und Verarbeitung arsenhaltiger Bodenschätze (Bergbau, Erzverhüttung, Kohleverbrennung). Andere Applikationen, welche die Giftigkeit der Arsenverbindungen nutzen, sind zwar größtenteils stark rückläufig, spielen jedoch aufgrund ihrer teilweise recht langen Halbwertszeiten immer noch eine bedeutende Rolle. So wurde Arsentrioxid in Deutschland bis Ende der 1930er Jahre in Gerbereien als Konservierungsmittel und roter Arsenik (AsS_2/As_2S_3) als Enthaarungsmittel eingesetzt. Während die Verwendung von Monomethylarson- und Dimethylarsinsäure als Unkrautvertilgungs- und Entlaubungsmittel, von Arsensäure als Trocknungsmittel bei der maschinellen Baumwollernte und der Einsatz von Blei- und Calciumarsenat als Insekten- und Nagervernichtungsmittel weltweit immer mehr abnimmt und in Deutschland seit 1974 arsenhaltige Pestizide sogar verboten sind, hat die Bedeutung von chromiertem Kupferarsenat (chromated copper arsenate; CCA) zur Druckimprägnierung von Bauholz v. a. in den USA stark zugenommen. Nach neueren Schätzungen fällt in den USA hierbei eine jährliche Entsorgung von ca. $5 \cdot 10^6$ t derart behandeltem Holz mit bis zu 10 500 mg Arsen/kg an. Aber auch in Deutschland werden mit CCA pro Jahr etwa $4 \cdot 10^6$ m^3 Holz vor Fäulnis geschützt [19, 90].

Weitere wichtige Anwendungsgebiete für Arsen liegen heute in der Metall- (Legierungsbestandteil), Elektro- (Halbleitertechnik) und Glasindustrie (Läuterungsmittel). Zunehmende Bedeutung erlangen hierbei vor allem die in der Halbleitertechnik zum Einsatz kommenden Gallium- und Indiumarsenide. Als wichtigste Arsenverbindung gilt das Arsenik, das v. a. durch Rösten aus arsenhaltigen Mineralien gewonnen wird und industriell der Ausgangsstoff für die meisten Arsenverbindungen ist.

Die Einträge von Arsen in die Atmosphäre setzen sich im Wesentlichen aus mikrobieller Volatilation aus Böden (ca. 26 000 t/a), anthropogenen Emissionen (ca. 25 000 t/a aus Erzverhüttung, Kohleverbrennung und Pestizideinsatz) und Vulkanismus (ca. 17 000 t/a) zusammen [90]. In der Luft treten über 90% des Arsens partikelgebunden, v. a. in Form von Arsenik, auf. Im Wasser kommt Arsen fast ausschließlich als anorganisches Arsenit und Arsenat vor, wobei das Verhältnis zwischen drei- und fünfwertigem Arsen v. a. durch die Redoxbedingungen bestimmt wird; bei hohem Sauerstoffgehalt dominiert Arsenat, bei niedrigem (z. B. in sauerstoffarmen Flüssen oder im Grundwasser) Arsenit. Im Gegensatz hierzu findet man in arsenreichen Lebensmitteln wie z. B. Fisch oder anderen Meeresorganismen vor allem organische Arsenverbindungen, wie Arsenocholin, Trimethylarsoniumpropionat (TMAP) und Arsenobetain (Fischarsen) oder Arsenozucker; anorganisches Arsen macht hierbei in der Regel weniger als 10% des Gesamtgehaltes aus.

11.3
Verbreitung und Nachweis

In Deutschland beträgt der Arsengehalt der Außenluft in wenig belasteten Gebieten 0,5–1 ng/m^3, im Emittentennahbereich 15 ng/m^3 [99], in der Umgebung von Kupferhütten und Kohlekraftwerken können sogar Konzentrationen von bis zu 160 000 ng/m^3 erreicht werden [47]. Die Innenraumbelastung kann durch Rauchen von durchschnittlich 8 ng/m^3 auf 50 ng/m^3 erhöht werden [109].

Während die Arsenkonzentrationen in den Weltmeeren nur geringe Schwankungen aufweisen und durchschnittlich 1,5–1,7 µg/L betragen, reichen die gemessenen Werte in den Grundwässern weltweit von nicht nachweisbar bis 800 µg/L [81, 90]. Die Arsenkonzentrationen der Grundwässer lassen sich hierbei zumeist auf die geologischen Gegebenheiten zurückführen. So werden in Gebieten mit geothermischer Aktivität extrem hohe Grundwasserkonzentrationen erreicht. Wird dieses Wasser dann wie z. B. in West Bengalen und Bangladesch lediglich über bis zu 100 m tiefe Handpumpenbrunnen gefördert und auf eine weitere Aufarbeitung verzichtet, können im Trinkwasser Arsenhöchstwerte von bis zu 9000 µg/L erreicht werden [62]. Regionen mit stark belastetem Trinkwasser befinden sich zudem in Indien, Thailand, Taiwan, Chile, Argentinien, Mexiko, Kanada und in den USA. Weltweit sind vermutlich über 200 Millionen Menschen erhöhten Arsentrinkwasserkonzentrationen ausgesetzt. In Deutschland überschreiten die Oberflächen-, Grund- und Trinkwassergehalte nur selten 10 µg/L. Laut Umweltsurvey von 1998 liegt der Gehalt von Arsen im Trinkwasser (Stagnationsprobe) im Mittel bei 0,4 µg/L [10]. Vereinzelt finden sich jedoch auch in Deutschland hohe Arsenkonzentrationen in Heilquellen, als Extrembeispiel gilt die Maxquelle von Bad Dürkheim mit 13 700 µg/mL [100]. In Getränken liegen die Arsengehalte zumeist unter 10 µg/L [93], in einigen Mineralwässern konnten aber auch Konzentrationen von bis zu 45 µg/L nachgewiesen werden [146].

Der Hauptteil des über die Nahrung aufgenommenen Arsens stammt in Deutschland aus Fisch und Fischprodukten, wobei Salzwasserfische sowie Krusten- und Schalentiere durchschnittlich höhere Arsenkonzentrationen aufweisen als Süßwasserfische. Aber auch Produkte aus stark arsenozuckerbelasteten Braunalgen werden zunehmend konsumiert. Tabelle 11.2 gibt eine Übersicht über die Arsengehalte und vorkommenden Arsenspezies einiger wichtiger mariner arsenreicher Lebensmittel. Nichtmarine pflanzliche und tierische Lebensmittel enthalten in der Regel nur geringe Arsengehalte von weniger als 10 µg/kg. Nach heutigem Kenntnisstand dominiert hierbei in Fleisch, Geflügel und Zerealien anorganisches Arsen, in Früchten und Gemüse organisches Arsen [145]. Mit Fischmehl gefütterte Schweine und Geflügel können jedoch erhöhte Arsengehalte aufweisen und auch pflanzliche Lebensmittel können erheblich

Tab. 11.2 Arsengehalt und Hauptarsenspezies in einigen marinen Lebensmitteln. Die Angaben beziehen sich bei tierischen Lebensmitteln, wenn nicht anders angegeben, auf rohes Muskelfleisch. Während in marinen Tieren Arsenobetain dominiert, gefolgt von DMA(V), TMAP, Arsenocholin und Arsenozuckern sowie Spuren von As(V), As(III), MMA(V), TMAO, TETRA, finden sich in Meeresalgen in erster Linie Arsenozucker, gefolgt von As(V) und Spuren von MMA(V) und DMA(V).

Lebensmittel	Gesamtarsengehalt (mg/kg TG bzw. NG)	Hauptarsenspezies (mg/kg TG bzw.%)	Literatur
Thunfisch	4,05–4,9 TG	Arsenobetain (3,79–4,07 mg/kg)	[110]
Lachs	0,31–4,8 NG	Arsenobetain (48%)	[35, 111]
Nordseescholle, gedünstet	57 TG	Arsenobetain	[71]
Heilbutt	2,3 NG	Arsenobetain (74%)	[35]
Hering	1,1 NG	Arsenobetain (89%)	[35]
Oktopus	49 TG	Arsenobetain (>90%)	[35]
Krabben	3,5–8,6 NG	Arsenobetain (79–90%)	[35, 36]
Garnelen	5,5–19 NG	Arsenobetain (66% bis > 94%)	[35]
Hummer	4,7–26 NG	Arsenobetain (77% bis >95%)	[35, 36]
Muscheln	5,85–6,10 TG	Arsenobetain (1,2–3,6 mg/kg), DMA(V) (0,38–0,59 mg/kg)	[110]
Braunalgen	2–179 TG	Arsenozucker	[37]
Rotalgen	0,4–52,4 TG	Arsenozucker	[37]

TG, Trockengewicht; NG, Nassgewicht.

zur Arsenaufnahme beitragen, wenn sie auf arsenbelasteten Böden wachsen. So wurden in Pilzen aus der Umgebung von ehemaligen Arsenschmelzen bis zu 50 mg/kg Arsen in der Trockensubstanz [68] und in Pilzen auf Arsenhalden sogar bis zu 4 g/kg nachgewiesen [65].

Grundlage der heutigen Arsenanalytik mittels Hydridtechnik ist die von Marsh entwickelte Marsh'sche Probe [78]. Hierbei wird durch Lösen von Zink in Schwefelsäure naszierender Wasserstoff hergestellt, der sich mit dem nachzuweisenden Arsen zu gasförmigem Arsenhydrid verbindet. Durch die anschließende thermische Zersetzung scheidet sich das entstehende elementare Arsen an einem in den Gasstrom gehaltenen Stück Porzellan als schwarzer Spiegel ab. Später wurde der bei der Marsh'schen Probe entstehende Arsenwasserstoff mittels Flammen-Atomabsorptionsspektroskopie (AAS) quantifiziert. Nach zahlreichen Weiterentwicklungen wie z. B. dem Einsatz der weitaus empfindlicheren Graphitrohr-AAS oder der automatisierten Hydridgenerierung (HG) in einem Fließinjektionssystem (FIAS) stellte diese Methode lange Zeit die reproduzierbarste und empfindlichste Messmethode zur Arsenbestimmung dar. Als nachteilig stellte sich jedoch heraus, dass mittels Hydrid-AAS zwar anorganische Arsenverbindungen sowie einige methylierte Arsenmetabolite quantifiziert werden können, jedoch nicht Arsenobetain und Arsenocholin, da diese keine Hydride bilden. Zudem wurden zahlreiche neue Arsenverbindungen vor allem in biologischen Matrizes entdeckt und die Frage nach der gesundheitlichen Bedenklichkeit dieser unbekannten Arsenverbindungen vor allem in maritimen Lebensmitteln verdeutlichte, dass es nicht länger ausreichte, den Arsengesamtgehalt einer Probe zu bestimmen, sondern eine Arsenspeziation nötig wurde. Das Zentrum der heutigen Arsenspeziation ist die Messung des ^{75}As$^+$-Ions mittels Massenspektrometrie mit induktiv gekoppelter Plasmaanregung (ICPMS) und vorgeschalteter Trennung der Arsenspezies über Hochdruckflüssigkeitschromatographie (HPLC). Die Nachweisgrenze liegt für die einzelnen Spezies hierbei bei 1 µg/L. In Wasser- oder Urinproben kommt die noch empfindlichere HPLC-HG-ICPMS zum Einsatz. Zur Identifizierung unbekannter Verbindungen sowie zur Verifizierung der mittels ICPMS detektierten und quantifizierten Peaks hat in den letzten drei Jahren die Elektronenspray-Tandemmassenspektrometrie (ESI-MS/MS) zunehmend an Bedeutung gewonnen. Da zahlreiche Arsenverbindungen hochreaktiv sind, ist jedoch neben der Verfügbarkeit hoch spezifischer und empfindlicher Analysenmethoden die wichtigste Voraussetzung für eine korrekte Arsenspeziation eine geeignete Probennahme, -lagerung und -vorbereitung, welche die Verteilung der Arsenspezies in der Probe nicht verändert [38].

Die innere Arsenbelastung des Menschen erfasst man heute zumeist durch Bestimmung des Gesamtarsengehalts und Arsenspeziation im Urin [16]. Die Arsenbestimmung im Blut hat als Biomarker praktisch keine Bedeutung, da die Halbwertszeiten von Arsen im Blut kurz und damit die Konzentrationen im Blut gering sind [145]. Haar- und Nagelanalysen hingegen haben einen hohen Stellenwert in der Forensik und in epidemiologischen Untersuchungen zur Abschätzung einer chronischen oder auch weiter zurückliegenden Arsenaufnahme.

11.4
Kinetik und innere Exposition

Eine große Studie zur Untersuchung der Gesamtexposition der deutschen Allgemeinbevölkerung ergab Arsenkonzentrationen in Urin von 10,52 µg/L im arithmetischen Mittel. Geht man von einer täglichen Harnausscheidung von 1,5 L aus, sowie einer etwa 90%igen Ausscheidung des aufgenommenen Arsens über die Nieren, ergäbe sich somit eine Gesamtarsenbelastung von 17,5 µg/Tag [67]. Bei beruflich nicht exponierten Personen erfolgt die Aufnahme von Arsen hierbei in erster Linie über die Nahrung. Enthält das Trinkwasser wie z. B. in Deutschland nur geringe Arsenmengen, trägt die Nahrungsaufnahme zu über 90% zur Gesamtarsenaufnahme bei, wobei hiervon 90% auf marine Lebensmittel entfallen und der Anteil an anorganischem Arsen auf 25% geschätzt wird. Amerikanische Studien gehen bei Erwachsenen von einer täglichen Gesamtarsenaufnahme über die Nahrung von etwa 27–92 µg, bei einem durchschnittlichen Anteil von anorganischem Arsen von 4–14 µg aus [85, 145].

Über die Nahrung und das Trinkwasser aufgenommene lösliche anorganische und organische Arsenverbindungen aus maritimen Lebensmitteln werden über den Magen-Darm-Trakt effektiv zu über 90% resorbiert [4]. Bei der inhalativen Arsenaufnahme erfolgt zunächst die Deposition der Partikel und anschließend die Resorption. Eine genaue Quantifizierung der Resorption ist nicht möglich, Schätzwerte liegen bei 30–90% [4, 140]. Die Resorption über die Haut spielt eine eher untergeordnete Rolle und liegt zwischen weniger als einem Prozent bei anorganischen und wenigen Prozent bei organischen Arsenverbindungen [55, 98, 139].

Anorganisches Arsen wird nach Aufnahme über das Blut sehr schnell in praktisch alle Gewebe und Organe verteilt. Hierbei weisen Leber, Nieren, Milz und Lunge zunächst akut hohe Gewebespiegel auf, eine langfristige Anreicherung erfolgt aufgrund des hohen Phosphat-, Keratin- und Sulfhydrylgruppengehaltes vor allem im Skelett, in Haaren, Nägeln und der Haut. Zur Verteilung organischer Arsenverbindungen im Blut und in den Organen liegen gegenwärtig keine gesicherten Daten vor. Arsen passiert die Plazentaschranke, mit Ausnahme von dreiwertigen lipophilen organischen Verbindungen überwindet es jedoch die Blut-Gehirn-Schranke nur in geringem Maße [145].

Während die über Meerestiere aufgenommenen organischen Arsenverbindungen nicht bzw. nur schwach verstoffwechselt werden, werden anorganische Arsenverbindungen vom Menschen metabolisiert. Hierbei wird zunächst im Plasma ein Teil des fünfwertigen Arsenats zum Arsenit reduziert, welches anschließend in der Leber durch abwechselnde Methylierung und Reduktion zu seinen methylierten Metaboliten verstoffwechselt wird. Abbildung 11.1 zeigt eine schematische Darstellung des Metabolismus von Arsen beim Menschen. Hierbei muss betont werden, dass zahlreiche Punkte nicht vollständig geklärt sind. So konnten beim Menschen bislang nicht alle am Arsenmetabolismus beteiligten Enzyme identifiziert und isoliert werden, neben S-Adenosylmethionin könnten auch andere Methylgruppendonatoren wie Cyanocobalamin (Vitamin B$_{12}$) oder Methylcobalamin beteiligt sein [14, 124] und insgesamt ist unklar, ob einige Schritte auch nichtenzymatisch ablaufen können. Während analytisch gesichert ist, dass neben 10–20% anorganischem Arsen die Hauptmetaboliten im menschlichen Urin DMA(V) (60–80%) und MMA(V) (10–20%) sind [124], ist die Menge der kürzlich im menschlichen Urin nachgewiesenen dreiwertigen Metabolite MMA(III) und DMA(III) nach wie vor umstritten. Einige Autoren gehen davon aus, dass es sich hierbei eher um in biologischen Systemen auftretende reaktive Zwischenprodukte handelt. Zudem wird diskutiert, ob es noch weitere u.a. GSH-konjugierte [48] oder auch schwefelhaltige Arsenmetabolite [43] gibt. Hinsichtlich der Fähigkeit zur Metabolisierung von Arsen besteht ein ausgeprägter Polymorphismus und eine Speziesabhängigkeit. So sind Primaten wie Schimpansen und Krallenaffen z.B. nicht in der Lage, Arsenverbindungen zu methylieren [125, 126]. In den Anden wohnende, indigene Frauen eliminieren nur 2% des aufgenommenen Arsens renal als MMA(V), was auf einen Polymorphismus in der Aktivität der Methyltransferase hindeuten könnte [127].

Die Ausscheidung von Arsen erfolgt in erster Linie über die Nieren, bei starker Exposition auch über die Galle. Tiere mit Ausnahme der Ratte, die Arsen in den Erythrozyten akkumuliert, scheiden Arsen schneller aus als der Mensch. Die Elimination erfolgt aufgrund der vielen Kompartimente und metabolischen

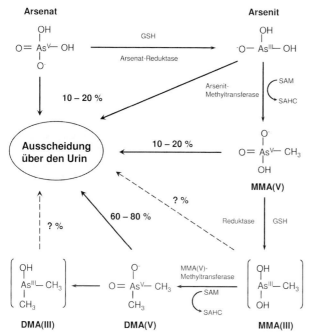

Abb. 11.1 Schematische Darstellung des Arsenmetabolismus beim Menschen. SAM, S-Adenosylmethionin; SAHC, S-Adenosylhomocystein [97, 116, 118, 128].

Formen in mehreren Phasen. Je nach Arsenverbindung wird der überwiegende Teil mit einer Halbwertszeit von einem bis zu wenigen Tagen ausgeschieden, ein weiterer Teil innerhalb etwa einer Woche, und ein sehr kleiner Teil mit einer Halbwertszeit von bis zu einem Monat. Dreiwertiges Arsen wird hierbei aufgrund seiner Bindung an Proteinthiolgruppen langsamer ausgeschieden als fünfwertiges Arsen, organische Arsenverbindungen werden schneller als anorganische eliminiert [50].

11.5
Wirkungen

Obwohl zu physiologischen Wirkungen von Arsen beim Menschen keine Angaben vorliegen, wird Arsen von zahlreichen Autoren als Ultraspurenelement eingestuft, da in verschiedenen Tierspezies eine arsenarme Ernährung (<1 µg/Tag) zu Wachstums- und Funktionseinschränkungen führte. Falls Arsen für den Menschen essenziell sein sollte, kann davon ausgegangen werden, dass der tägliche hypothetische Bedarf durch die übliche Zufuhr mit der Nahrung gedeckt wird [119].

Weitaus mehr als über seine potenzielle Essentialität ist heutzutage über die toxische Wirkung der verschiedenen Arsenverbindungen bekannt. Zu den historisch gesehen wohl bekanntesten arsenbedingten Krankheiten zählen die Reichensteiner Krankheit, welche auf arsenkontaminiertes Wasser aus den Abraumhalden der Arsen-Gold-Lagerstätten von Reichenstein zurückzuführen war, und die Winzerkrankheit im Kaiserstuhl, welche durch die Verwendung arsenhaltiger Insektizide verursacht wurde. Als Wirkungsmechanismus der Toxizität auf molekularer Ebene wird für dreiwertige Arsenverbindungen u. a. eine Bindung an Sulfhydrylgruppen von Enzymen und eine damit verbundene Enzymhemmung diskutiert. Arsenit zeigt hierbei eine besonders hohe Affinität zu vicinalen Dithiolen, weswegen Arsenantidota, die bei akuten Arsenvergiftungen eingesetzt werden, ausnahmslos eine vicinale Dithiolgruppierung enthalten. Arsenat zeigt im Körper nach Reduktion zu Arsenit dieselben Wirkungen, kann aber auch aufgrund seiner Ähnlichkeit zu Phosphat dieses in biochemischen Prozessen kompetitiv substituieren [54, 117].

11.5.1
Wirkungen auf den Menschen

11.5.1.1 Toxizität

Akute Arsenvergiftungen haben heutzutage kaum umweltmedizinische, aber noch forensische und arbeitsmedizinische Bedeutung. Die größte Gefahr beim Umgang mit Arsenverbindungen ist die Arsinbildung durch Reaktion anorganischer arsenhaltiger Lösungen mit Metallen wie Zink oder Aluminium [50]. Das Vergiftungsbild des gasförmigen Arsins unterscheidet sich von dem anderer Arsenverbindungen. Bereits Konzentrationen von 3–10 mg/m^3 führen nach wenigen Stunden zu Vergiftungserscheinungen, die tödliche Dosis beträgt 250 mg/m^3 nach 30-minütiger Exposition [77]. Arsin bewirkt im Körper eine massive Hämolyse. Typische Zeichen einer Arsinvergiftung sind Magenschmerzen, Übelkeit, Brechreiz, Parästhesien der Extremitäten, Hämaturie und Proteinurie.

Im Gegensatz zum Arsin sind für die Inhalation anderer anorganischer Arsenverbindungen keine akuten Todesfälle dokumentiert. Akute Effekte inhalativer Exposition beim Menschen sind in erster Linie Reizungen der Schleimhäute der Atemwege. Reizeffekte wurden hierbei bereits ab 0,1 mg/m^3 beobachtet [4]. Die wichtigsten systemischen Wirkungen einer akuten oralen Vergiftung mit anorganischem Arsen sind gastrointestinale, kardiovaskuläre, neurologische und hämatologische Wirkungen. Schädigungen der Schleimhäute im oberen Gastrointestinaltrakt führen meist innerhalb einer Stunde zu heftigen Schmerzen und Erbrechen, gefolgt von einer Lähmung der Kapillaren und Beeinträchtigung der Herz-Kreislauffunktion und des peripheren Nervensystems. Wässrige Durchfälle, schwere Störungen der Elektrolyte und eine allgemeine Gefäßlähmung können binnen 48 Stunden zum Tod im Kreislaufschock führen [9]. Als minimale tödliche orale Dosis für Arsenik lässt sich für den Menschen ein Bereich von 70–180 mg abschätzen, entsprechend in etwa 1–3 mg/kg Körperge-

Tab. 11.3 Chronische Toxizität von Arsen beim Menschen [85, 86, 104, 116, 117, 123, 145, 149].

Organ/System	Effekte/Symptome
Haut	Hyperpigmentierung, Hypopigmentierung, Hyperkeratose, Bowen-Krankheit, Melanose
Nervensystem	Sensibilitätsstörungen, Kopfschmerzen, Reduktion der Nervenleitgeschwindigkeit, Enzephalopathie, periphere Neuropathie
Atmungsorgane	Husten, Atemnot, Lungenfibrose
Leber	Hepatomegalie, Gelbsucht, Zirrhosen
Gastrointestinaltrakt	Übelkeit, Erbrechen, Diarrhö, Appetitlosigkeit, Gewichtsverlust
kardiovaskuläres System	Herz-Kreislaufschwäche, Bluthochdruck, Arrhythmie, Perikarditis, Acrozyanose
peripher vaskuläres System	Schädigung der Blutgefäße, Durchblutungsstörungen, Blackfood Disease, Gangränbildung, periphere Vasokonstriktion (Raynaud-Syndrom)
hämatopoetisches System	Störung der Häm-Biosynthese, Rückenmarkinsuffizienz, Anämie, Leukozytopenie, Thrombozytopenie, Eosinophilie
renales System	Nierenentzündung, Degeneration der proximalen Tubuli, Proteinurie
endokrines System	Diabetes mellitus

wicht. Unterhalb einer Dosis von 0,01 mg/kg Körpergewicht und Tag werden keine akuten Wirkungen erwartet.

Bei langfristiger chronischer Arsenexposition kann Arsen nahezu alle Organe schädigen (Tab. 11.3). Bei der chronischen Toxizität nach Inhalation dominieren zunächst Symptome der oberen und unteren Atemwege, bei der oralen Aufnahme kommt es vor allem zu Hautveränderungen. Prinzipiell treten aber letztendlich dieselben Vergiftungsbilder auf. Besonders ausführlich dokumentiert sind die auftretenden Symptome nach erhöhter Arsenexposition über belastetes Trinkwasser [85, 86]. Eine Zunahme von Hautläsionen konnte hierbei bereits ab Konzentrationen von 0,005–0,01 mg/L gezeigt werden [149].

11.5.1.2 Reproduktionstoxizität

Zahlreiche epidemiologische Studien geben Hinweise darauf, dass eine inhalative oder chronische Exposition gegenüber anorganischen Arsenverbindungen die Häufigkeit der Spontanaborte, Totgeburten sowie einzelner und multipler Missbildungen signifikant erhöht [3, 13, 51, 58, 114]. Studien über den Einfluss von Arsen auf die Fertilität beim Menschen liegen nicht vor [5, 23].

11.5.1.3 Genotoxizität

Untersuchungen zur Genotoxizität von Arsen wurden in erster Linie bei Personen durchgeführt, die chronisch gegenüber erhöhten Arsentrinkwassergehalten exponiert sind. Zahlreiche Studien belegen hierbei eine klastogene, einige auch eine gewisse aneugene Wirkung von Arsen. In Lymphozyten, Wangen-, Blasenepithel- und Urothelzellen wurde eine erhöhte Inzidenz an Mikrokernen nachgewiesen, in Lymphozyten zusätzlich eine Zunahme an Schwesterchromatidaustauschen und Chromosomenaberationen (Tab. 11.4).

11.5.1.4 Kanzerogenität

Eine chronische Exposition gegenüber Arsenverbindungen geht mit einem deutlich erhöhten Krebsrisiko einher (Tab. 11.5). Die inhalative Aufnahme anorganischer Arsenverbindungen wird hierbei primär mit Lungenkrebs, die orale

Tab. 11.4 Genotoxizität von Arsen beim Menschen nach Exposition übers Trinkwasser.

Probandenzahl (Alter), Land	Arsentrinkwassergehalt	Effekte in Exponierten	Literatur
282 (27–82), Argentinien	Kontrollen: 20 µg/L Exponierte: 130 µg/L	LZ: SCE ↑	[72]
22 (8–66), Argentinien	Kontrollen: 8,4 µg/L Exponierte: 205 µg/L	LZ: MN ↑, CA negativ, SCE negativ	[27]
317 (8–66), West Bengalen, Indien	Kontrollen: 9,2 µg/L Exponierte: 214,7 µg/L	LZ,WZ,UZ: MN ↑	[7]
320 (15–70), West Bengalen, Indien	Kontrollen: 9,1 µg/L Exponierte: 215 µg/L	LZ: CA ↑, SCE ↑	[75]
11 (21–62), Mexiko	Kontrollen: 26 µg/L Exponierte: 390 µg/L	LZ: CA (↑), SCE negativ, Mutationen HPRT-Locus ↑	[92]
35 (39), Mexiko	Kontrollen: 30 µg/L Exponierte: 408 µg/L	LZ: CA (↑), WZ,UZ: MN (↑)	[42]
32 (15–83), Finnland	Kontrollen: 7 µg/L Exponierte: 410 µg/L	LZ: CA sign. Korrelation zu Arsengehalt im Urin	[76]
19 (38±15), Innere Mongolei	Kontrollen: 4,5 µg/L Exponierte: 527,5 µg/L	WZ,UZ: MN ↑	[120]
70 (42), Chile	Kontrollen: 15 µg/L Exponierte: 600 µg/L	BZ: MN (↑)	[84]
18 (37,5), Nevada, USA	Kontrollen: 16 µg/L Exponierte: 1313 µg/L	BZ: MN (↑)	[136]

BZ, Blasenepithelzellen; CA, Chromosomenaberationen; LZ, Lymphozyten; MN, Mikronuklei; SCE, Schwesterchromatidaustausche; UZ, Urothelzellen; WZ, Wangenepithelzellen; ↑, signifikante Erhöhung; (↑), tendenzielle, nicht signifikante Erhöhung.

Tab. 11.5 Kanzerogenität von Arsen beim Menschen.

Exposition	Erhöhte Tumorinzidenz	Literatur
Vorwiegend orale Aufnahme		
Trinkwasser	Haut	[19, 34, 85, 86, 116, 145, 149]
	Lunge	
	Blase	
	Niere	
	Leber	
	Darm	
Medizinische Anwendung	Haut	[21, 22, 57, 112]
	Lunge	
	Blase	
	Leberangiosarkom	
	Meningiom	
Vorwiegend inhalative Aufnahme		
berufliche Exposition: Metallverhüttung	Lunge	[28–30, 59, 70, 131, 145]
berufliche Exposition: Bergbau, Raffinerie	Lunge	[145]
berufliche Exposition: Pestizide	Lunge	[57, 145]
	Haut	
	Lymphome	

Aufnahme in erster Linie mit Hautkrebs in Verbindung gebracht. Heutzutage stellt die chronische Exposition gegenüber arsenbelastetem Trinkwasser eines unserer größten Umweltprobleme dar. Zahlreiche epidemiologische Studien ergaben einen Zusammenhang zwischen erhöhten Arsentrinkwassergehalten und dem vermehrten Auftreten von Haut-, Lungen-, Nieren-, Blasen- und Lebertumoren, wobei sich deutliche Korrelationen bereits bei Trinkwassergehalten von 50 µg/L zeigen [85, 86, 149]. Obwohl die kanzerogene Wirkung von Arsen folglich ausführlich belegt ist und Arsen als Humankanzerogen eingestuft ist (Abschnitt 11.6), sind die grundlegenden Mechanismen der arseninduzierten Kanzerogenese nach wie vor unklar, zumal Arsenverbindungen nur schwach mutagen sind und insbesondere für die orale Aufnahme lange Zeit kein adäquates Tiermodell zur Verfügung zu stehen schien.

11.5.2
Wirkungen auf Versuchstiere

11.5.2.1 Toxizität
Die akute Toxizität von dreiwertigen Arsenverbindungen ist aufgrund ihrer besseren Bioverfügbarkeit wesentlich höher als die der fünfwertigen, was auch durch die ermittelten LD_{50}-Werte verdeutlicht wird (Tab. 11.6). So ist z. B. Arsenit 2–10-mal toxischer als Arsenat [66]. Da die fünfwertigen methylierten Meta-

Tab. 11.6 Akute Toxizität der Arsenverbindungen im Versuchstier.

Verbindung	Versuchstier	Aufnahme	LD$_{50}$ [mg As/kg KG]	Literatur
MMA(III)	Hamster	ip	2	[94]
Natriumarsenit	Hamster	ip	8	[94]
	Maus	im	8	[11]
	Maus	oral	6	[103]
	Ratte	oral	6–24	[26, 103]
Arsentrioxid	Ratte	oral	15–293	[25, 26, 44]
	Maus	oral	26–39	[44, 61]
Natriumarsenat	Maus	im	22	[11]
	Maus	oral	40	[103]
	Ratte	oral	40	[103]
Calciumarsenat	Ratte	oral	53	[39]
Roxarson	Ratte	oral	23	[89]
	Maus	oral	70	
DMA(V)	Maus	oral	648	[61]
MMA(V)	Maus	oral	916	[61]
TMAO	Maus	oral	5500	[61]
Arsenobetain [a]	Maus	oral	>4260	[60]

a) keine erhöhte Sterblichkeitsrate festgestellt.

bolite MMA(V) und DMA(V) eine geringere Reaktivität gegenüber zellulären Makromolekülen aufweisen, schneller ausgeschieden werden und im Vergleich mit anorganischem Arsen höhere LD$_{50}$-Werte zeigen, ist man lange davon ausgegangen, dass es sich bei der Methylierung von anorganischem Arsen um eine Detoxifizierung handelt. Die bis dahin geltende Aussage, dass organische Arsenverbindungen eine geringere Toxizität zeigen als anorganische, wurde u.a. durch den Nachweis der höheren Toxizität von MMA(III) im Vergleich zu Arsenit aufgehoben. Gleichzeitig wurde hiermit auch die Rolle der Biomethylierung von anorganischem Arsen als Detoxifizierungsmechanismus infrage gestellt.

11.5.2.2 Reproduktionstoxizität
Anorganische Arsenverbindungen sind nach inhalativer, oraler oder parenteraler Applikation fetotoxisch und embryotoxisch bei Mäusen und Hamstern, wobei Arsenit um den Faktor 3–10 toxischer ist als Arsenat. Galliumarsenid und Indiumarsenid reduzierten nach intratrachealer Gabe bei Hamstern und/oder Ratten die Spermienzahl, Arsentrioxid zeigte keine Effekte. Bei weiblichen Ratten hatte eine tägliche Dosis von Arsentrioxid von 8 mg Arsen/kg KG keinen Einfluss auf die Paarungsrate und Fertilität [5, 23, 145].

11.5.2.3 Genotoxizität

Zahlreiche tierexperimentelle Studien zeigen eine genotoxische Wirkung von anorganischen Arsenverbindungen in Mäusen. Beobachtet wurde eine erhöhte Anzahl an DNA-Strangbrüchen, Chromosomenaberrationen und Mikronuklei in verschiedenen Organen und Zelltypen. DMA(V) verursachte in Mäusen bei sehr hoher Dosierung aneuploide Knochenmarkszellen und DNA-Strangbrüche in der Lunge. In Keimzellen sind genotoxische Effekte von Arsenverbindungen bislang nur unzureichend untersucht. Aufgrund der fehlenden Datenlage, der mutagenen Wirkung in Somazellen, der Bildung genotoxischer und systemisch wirksamer Metabolite und der Bioverfügbarkeit in den Gonaden wurden Arsen und anorganische Arsenverbindungen als Keimzellmutagene eingestuft [23].

11.5.2.4 Kanzerogenität

Einige Studien der 1980er Jahre berichten von einer kanzerogenen Wirkung von anorganischen Arsenverbindungen nach intratrachealer Instillation bei Hamstern, eine Applikationsform welche als Simulation einer inhalativen Aufnahme dienen sollte. Während Arsenik hierbei die stärkste Mortalitätsrate aufwies, induzierte Calciumarsenat die größte Anzahl an Tumoren im Atmungstrakt. Als weitaus problematischer erwies sich die Suche nach einem geeigneten Tiermodell zur Untersuchung der Kanzerogenität von anorganischen Arsenverbindungen nach oraler Applikation. Zahlreiche Studien an Affen, Hunden, Ratten und Mäusen zeigten keine kanzerogenen Effekte von anorganischen Arsenverbindungen nach oraler Aufnahme über das Trinkwasser, die Nahrung oder nach oraler Intubation. Als Ursache hierfür machte man u. a. Unterschiede der einzelnen Arsenspezies im Arsenmetabolismus verantwortlich, zu hohe Applikationsdosen, die zu hohen Mortalitätsraten vor Tumorentstehung führten, sowie den Einsatz von Labortieren mit zu hohen Spontantumorinzidenzen [54, 63, 130, 132, 135]. Unter Berücksichtigung dieser Parameter und/oder dem Einsatz von transgenen Versuchstieren gelang es in den letzten fünf Jahren, für die orale Aufnahme von anorganischem Arsen kanzerogene, cokanzerogene und promovierende Eigenschaften nachzuweisen. DMA(V) wirkt in zahlreichen Studien in der Maus und der Ratte als Promotor oder komplettes Kanzerogen (Tab. 11.7).

11.5.3
Wirkungen auf andere biologische Systeme

Anorganische Arsenverbindungen zeigen in bakteriellen Testsystemen und Säugerzellen zumeist kein bzw. nur ein schwaches mutagenes Potenzial, wohingegen sie eindeutig comutagen und klastogen wirken. Als grundlegende Mechanismen der Kanzerogenität von Arsen diskutiert man heute in erster Linie die Induktion von oxidativem Stress und oxidativen DNA-Schäden, eine Hemmung verschiedener DNA-Reparaturprozesse, Einflüsse auf die Signaltransduktion und eine veränderte Genexpression. In neuerer Zeit vermuten zudem zahlreiche Studien, dass

Tab. 11.7 Kanzerogene Wirkung von Arsen im Tierversuch nach oraler Aufnahme.

Versuchstier	Dosierung	Exposition	Tumore	Wirkung	Literatur
Arsenit					
Maus Tg.AC	200 ppm + TPA 22 Wochen	Trinkwasser	Haut, Blase	Promotor	[41]
Maus p53$^{+/-}$	50 ppm + p-Cresidin 26 Wochen	Nahrung	Blase	cokanzerogen	[96]
Maus Skh1	10 mg/L + UV 26 Wochen	Trinkwasser	Haut	cokanzerogen	[101]
Maus Skh1	1,25–10 mg/L + UV 26 Wochen	Trinkwasser	Haut	cokanzerogen	[15]
Maus C3H trächtig	42,5/85 ppm, 8.–18. Trächtigkeitstag	Trinkwasser	Leber, Lunge Ovarien Nebennieren	kanzerogen	[130]
Maus K6/ODC	10 ppm 5 Monate	Trinkwasser	Haut	kanzerogen	[18]
Arsenat					
Maus C57BL/6J, MT$^-$	500 µg/L, bis zu 26 Monaten	Trinkwasser	Magen-Darm-Trakt, Lunge, Leber, u. a.	kanzerogen	[88]
DMA(V)					
Maus ddY	200/400 ppm + NQO 25 Wochen	Trinkwasser	Lunge	Promotor	[148]
Maus Hos:HR-1	400/1000 ppm + UV 25 Wochen	Trinkwasser	Haut	Promotor	[147]
Ratte F344	2–100 ppm + BBN 32 Wochen	Trinkwasser	Blase	Promotor	[134, 135]
Maus A/J	50–400 ppm 25–50 Wochen	Trinkwasser	Lunge	kanzerogen	[49]
Maus K6/ODC	10/100 ppm 5 Monate	Trinkwasser	Haut	kanzerogen	[18]
Ratte F344/DuCry	50/200 ppm 104 Wochen	Trinkwasser	Blase	kanzerogen	[138]
Ratte F344	100 ppm 24 Monate	Nahrung	Blase	kanzerogen	[63]

BBN, *N*-butyl-*N*-(4-hydroxybutyl)nitrosamin; MT$^-$, Metallothionein knock-out;
NQO, 4-Nitroquinolin-I-oxid; ODC, Ornithindecarboxylase; TPA, 12-O-Tetradecanoyl-phorbol-13-acetat; DEN, Diethyl-nitrosamin; UV, UV-Strahlung.

die Biomethylierung von Arsen beim Menschen zur Genotoxizität und Kanzerogenität von anorganischem Arsen beitragen könnte (Abb. 11.2).

In verschiedenen menschlichen und tierischen kultivierten Zellen induziert Arsenit reaktive Sauerstoff- und Stickstoffspezies, und zwar vor allem Superoxidradikalanionen und Stickstoffmonoxid, welche nach Weiterreaktion zu hoch reaktiven Spezies wie den Hydroxylradikalen oder Peroxynitrit zelluläre Makromoleküle schädigen können (zusammengefasst in [53, 107, 145]). Zur in vitro-Genotoxizität von Arsen liegen umfangreiche Daten vor. Arsenit generierte DNA-Strangbrüche, oxidative DNA-Basenmodifikationen, DNA-Protein-Vernetzungen, Schwesterchromatidaustausche, Mikrokerne, Hyperploidien sowie Chromosomenaberrationen. Arsenat zeigte meist keine genotoxischen Effekte oder erst in weitaus höheren bereits zytotoxischen Konzentrationen. Weitere Studien belegen in zellulären und subzellulären Systemen eine Hemmung verschiedener DNA-Reparaturprozesse durch Arsenit. So interferiert Arsenit mit der Reparatur von oxidativen DNA-Schäden und inhibiert effizient die Reparatur von UV- und Benzo[a]pyren-induzierten DNA-Schäden [8, 40, 53, 63, 105].

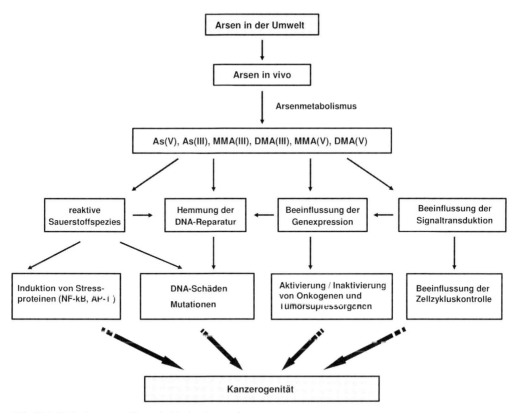

Abb. 11.2 Diskutierte grundlegende Mechanismen der arsenvermittelten Kanzerogenese [6, 46, 53, 54, 63, 107].

Als bislang empfindlichster Parameter gilt hierbei die bereits durch nanomolare Konzentrationen an Arsenit inhibierte Poly(ADP-Ribosyl)ierung, eine der ersten zellulären Reaktionen auf DNA-Strangbrüche und Signal zum Aufbau von DNA-Reparaturkomplexen [45]. Als potenzielle molekulare Targets wurden so genannte Zinkfinger-Reparaturproteine identifiziert, in denen Zink durch vier Cystein- oder Histidinreste komplexiert wird. Dreiwertige Arsenverbindungen sind aufgrund ihrer hohen Affinität zu Thiolgruppen in der Lage, Zink aus diesen Strukturen freizusetzen und damit die Funktion des jeweiligen Proteins zu zerstören [46]. Vergleicht man das zytotoxische, genotoxische und mutagene Potenzial von Arsenit und seinen drei- und fünfwertigen Metaboliten, so zeigen MMA(V) und DMA(V) zumeist erst in höheren Konzentrationen als Arsenit Effekte; MMA(III) und DMA(III) sind aber in zahlreichen zellulären und subzellulären Systemen oftmals toxischer als Arsenit selbst [2, 64, 80, 87, 95, 106, 113, 133]. Anorganische Arsenverbindungen können zudem die Zellproliferation steigern und die Zelldifferenzierung hemmen und damit evtl. zu einem Ungleichgewicht der zellulären Kontrolle führen [41, 102, 122, 137]. Eine Inkubation mit anorganischen Arsenverbindungen führt zudem zur Induktion von Stressproteinen, zur Stimulation verschiedener Hormon- und Wachstumsfaktoren, zu gestörter Cytokinproduktion und Signaltransduktion sowie zur Expression von verschiedenen Onkogenen [12, 17, 73, 74]. Eine Interferenz anorganischer Arsenverbindungen mit der DNA-Methylierung, deren genauer Mechanismus bislang unbekannt ist, könnte zu einer veränderten Genexpression des Tumorsuppressorgens *p53* und des Onkogens *c-myc* führen [52, 79, 82, 102, 129].

11.6
Bewertung des Gefährdungspotenzials

Arsen und anorganische Arsenverbindungen, mit Ausnahme von AsH_3, wurden von der IARC, der ACGIH, der EPA und der Senatskommission zur Prüfung gesundheitsschädlicher Arbeitsstoffe der DFG als Humankanzerogene eingestuft [1, 23, 56, 57, 86]. Hierbei belegen zahlreiche epidemiologische Studien nach inhalativer Aufnahme in erster Linie eine erhöhte Inzidenz von Lungenkrebs, wohingegen die orale Aufnahme mit einer Zunahme von Haut-, Nieren-, Blasen- und Lungenkrebs korreliert. Nach Einschätzung der Senatskommission zur Prüfung gesundheitsschädlicher Arbeitsstoffe der DFG („MAK-Kommission") kann aus den epidemiologischen Studien gegenwärtig weder für die inhalative noch für die orale Arsenexposition ein NOAEL für die Kanzerogenität abgeleitet werden und somit für Arsen und anorganische Arsenverbindungen auch kein MAK-Wert aufgestellt werden.

Arsen zählt in Deutschland zu den wichtigsten Außenluftkanzerogenen [69]. Im Rahmen einer Risikoabschätzung der Gefahrenbeurteilung von Altlasten ergab sich für die quantitative Risikoabschätzung ein Lungenkrebsrisiko von 10^{-5} bereits bei chronischer Exposition gegenüber Arsenkonzentrationen von 1,8 ng/m^3 in der Atemluft, also Konzentrationen wie sie in ländlichen Gebieten in

Deutschland auftreten. Bezüglich der oralen Aufnahme von Arsen kann das Gefährdungspotenzial gegenwärtig lediglich für die Aufnahme über das Trinkwasser abgeschätzt werden. So zählt die weltweite Arsenexposition über belastetes Trinkwasser heutzutage sicherlich zu unseren größten Umweltproblemen. Weltweit sind vermutlich über 200 Millionen Menschen erhöhten Arsenkonzentrationen im Trinkwasser ausgesetzt. Eine Zunahme von Hautläsionen trat hierbei bereits ab Arsenkonzentrationen von 5 µg/L auf [149], deutliche Korrelationen zu erhöhten Tumorinzidenzen in erster Linie von Haut und Lunge zeigten sich bereits bei Trinkwassergehalten von 50 µg/L [86]. Betrachtet man die aktuelle Lage in Deutschland, so werden die Grenzwerte für Trinkwasser und Mineralwässer (Tab. 11.8) selten überschritten. Eine Abschätzung tatsächlicher Krebsrisiken durch die Arsenexposition in Deutschland ist dennoch gegenwärtig nicht möglich, da diese durch zahlreiche Punkte erschwert wird. So konzentriert sich die epidemiologische Forschung vor allem auf die Arsenkonzentration im Trinkwasser, während die gleichzeitige Belastung über Lebensmittel und die Außenluft kaum berücksichtigt wird. So ist bislang nicht bekannt, ob die Gesamtbelastung durch Ingestion und Inhalation das Krebsrisiko beeinflusst. Darüber hinaus wurde dem Arsen in marinen Lebensmitteln bislang zu wenig Beachtung geschenkt; es konnten weder alle Arsenspezies in diesen Lebensmitteln identifiziert werden noch kann man gesicherte Aussagen über ihre Veränderung während der Lebensmittelzubereitung, der Aufnahme und Verstoffwechselung beim Menschen oder gar ihre gesundheitliche oder toxikologische Relevanz treffen. Gesichert ist lediglich die Tatsache, dass marine Organismen wie Fische, Krustentiere und Algen Arsen im Vergleich zu ihrer Umgebung bis um den Faktor 100 000 akkumulieren [20] und es teilweise verstoffwechseln. Während Arsenobetain, die Hauptarsenspezies in Fisch, nach heutigem Kenntnisstand eine relative geringe Toxizität zeigt, gibt es nahezu keine toxikologischen Daten zu Arsenozuckern, den Hauptarsenspezies der Algen, obwohl man annimmt, dass sie vom Menschen abgebaut und verstoffwechselt werden können. Vor allem die asiatische Bevölkerung konsumiert hohe Mengen an Meeresalgen, z. B. in Form des Sushibestandteils Nori, der sich auch in Deutschland immer größerer Beliebtheit erfreut. In Japan werden durch den Verzehr von Algen bis zu 1 mg Arsenozucker pro Tag aufgenommen [108], ein Wert der den PTWI der WHO für anorganisches Arsen von 15 µg/kg KG und Woche (Tab. 11.8) bereits allein durch die Aufnahme der organischen Arsenverbindungen überschreitet.

11.7
Grenzwerte, Richtwerte, Empfehlungen

In Tabelle 11.8 sind wichtige geltende Grenzwerte, Richtwerte und Empfehlungen zum Schutz des Menschen vor Arsen aufgelistet.

Tab. 11.8 Wichtige Grenzwerte, -Richtwerte und Empfehlungen für Arsen.

Trinkwasser		
WHO-Leitwert	10 µg/L Gesamtarsen	[144]
Trinkwasserverordnung Deutschland	10 µg/L Gesamtarsen	[121]
EPA Trinkwasserrichtlinie	10 µg/L Gesamtarsen	[31]
Mineral-, Quell-, Tafelwässer		
natürliche Mineral- und Tafelwässer	50 µg/L, 1.1. 2006: 10 µg/L	[83]
Wasser zur Zubereitung	Gesamtarsen	[83]
von Säuglingsnahrung	5 µg/L Gesamtarsen	
Luft	$\leq$0,05 mg/m^3, $\leq$0,15 g/h (Klasse I)	[32]
TA Luft	0,1 mg/m^3 Gesamtarsen	[24]
TRK	10 µg/m^3 anorg. Arsen	[91]
PEL-TWA	500 µg/m^3 org. Arsen	
Gesamtbelastung		
ADI	2 µg/kg KG/Tag anorg. Arsen	[142, 143]
PTWI	15 µg/kg KG/Woche anorg. Arsen	[141, 142]

EPA, Environmental Protection Agency; TRK, Technische Richt-
konzentration in der Luft am Arbeitsplatz; PEL-TWA, permissi-
ble exposure limit – total weighted average; ADI, acceptable daily
intake; PTWI, provisional tolerable weekly intake.

11.8
Vorsorgemaßnahmen

Als ubiquitär natürlich vorkommender Stoff ist es nicht möglich, Arsen aus der Umwelt vollständig zu entfernen und auch eine geringe anthropogene Belastung ist in Industrieländern wie Deutschland nahezu unvermeidbar. Wie bei allen Krebs erzeugenden Stoffen gilt jedoch auch für Arsen und seine Verbindungen das Minimierungsgebot, d.h. die Belastung sollte so gering wie möglich gehalten werden. Um die Außenluftkonzentrationen zu minimieren, bedarf es in der Industrie der Entwicklung neuer technischer Prozesse, verbesserter Filtertechniken und dem konsequenten Ersatz von Arsen durch andere Werkstoffe. Durch den 1996 in Kraft getretenen Arsentrinkwassergrenzwert von 10 µg/L wurde bereits ein wichtiger Schritt zur Senkung der oralen Aufnahme von anorganischem Arsen geleistet. Die zulässige Arsenbelastung von Mineralwässern wird 2006 an den Trinkwassergrenzwert angepasst. Aufgrund der dargelegten Problematik von Arsen in Meeresalgen und anderen exotischen marinen Spezialitäten erscheint es dringend nötig, Untersuchungen zum Metabolismus und zur toxikologischen Relevanz der Arsenspezies durchzuführen, ein Gefährdungspotenzial für den Verbraucher abzuschätzen und wenn nötig Grenzwerte festzulegen. Bis zur endgültigen Klärung sollte von einem übermäßigen Verzehr dieser Lebensmittel abgeraten werden.

Betrachtet man die weltweite Lage, so erscheinen in den stark durch Arsentrinkwasser belasteten Gebieten in erster Linie eine Aufklärung der Bevölkerung sowie eine effiziente Trinkwasseraufbereitung dringend erforderlich. Eine stärkere Einschränkung v. a. arsenhaltiger Pestizide, CCA und arsenhaltiger Wachstumsförderer wie beispielsweise Roxarson und Arsenilsäure würde zudem zu einer enormen Reduzierung der anthropogenen Arsenbelastung führen.

11.9
Zusammenfassung

Die Toxikologie des Halbmetalls Arsen ist aufgrund seines ubiquitären Vorkommens sowohl in der Umwelt als auch am Arbeitsplatz von großer Bedeutung. Die heutige Arsenbelastung resultiert größtenteils aus natürlichen, aber auch anthropogenen Quellen und stellt sicherlich, vor allem bezogen auf kontaminiertes Trinkwasser, gegenwärtig eines unserer größten Umweltprobleme dar. Arsenverbindungen zeigen eine ausgeprägte akute und chronische Toxizität, wobei nach chronisch inhalativer Aufnahme zunächst Symptome der oberen und unteren Atemwege dominieren; bei der oralen Aufnahme kommt es vor allem zu Hautveränderungen. Die Toxizität von dreiwertigen Arsenverbindungen ist hierbei aufgrund ihrer besseren Bioverfügbarkeit wesentlich höher als die der fünfwertigen. Arsen und anorganische Arsenverbindungen sind als Humankanzerogene eingestuft, obwohl die grundlegenden Mechanismen hierzu nach wie vor nicht geklärt sind. Diskutiert wird in diesem Zusammenhang die Induktion von oxidativem Stress, eine Hemmung verschiedener DNA-Reparaturmechanismen, eine Beeinflussung der Genexpression sowie eine Beteiligung der Biomethylierung, welche lange Zeit ausschließlich als Detoxifizierungsmechanismus beim Menschen angesehen wurde. Sowohl für die endgültige Klärung des genauen Arsenmetabolismus beim Menschen und seiner Bedeutung, wie auch die gesundheitliche Bewertung verschiedener organoarsenhaltiger Lebensmittel, wie z. B. Algenprodukte oder auch verschiedenste Meerestiere, ist eine aussagekräftige Arsenanalytik inklusive Arsenspeziation und geeigneter Probenaufarbeitung die Grundlage. So wurden in den letzten fünf Jahren zahlreiche neue Arsenspezies in Lebensmitteln, u. a. verschiedene Arsenolipide und Arsenozucker identifiziert, deren toxikologische Bedeutung nach wie vor unklar ist.

11.10
Literatur

1 ACGIH Arsenic and inorganic compounds, Documentation on TLVs and BEIs, Cincinnati, 1999.

2 Ahmad S, Kitchin KT, Cullen WR (2002) Plasmid DNA damage caused by methylated arsenicals, ascorbic acid and human liver ferritin, *Toxicol Lett* **133**: 47–57.

3 Ahmad SA, Sayed MH, Barua S, Khan MH, Faruquee MH, Jalil A, Hadi SA, Talukder HK (2001) Arsenic in drinking water and pregnancy outcomes, *Environ Health Perspect* **109**: 629–631.

4 ATSDR (Agency for Toxic Substances and Disease Registry) 1993 Toxicological profile for arsenic, update, US Department of Health and Human Services, Public Health Service.

5 ATSDR (Agency for Toxic Substances and Disease Registry) (2000) Toxicological profile for arsenic, US Department of Health and Human Services, Public Health Service, Atlanta, Georgia.

6 Basu A, Mahata J, Gupta S, Giri AK (2001) Genetic toxicology of a paradoxical human carcinogen, arsenic: a review, *Mutat Res* **488**: 171–194.

7 Basu A, Ghosh P, Das JK, Banerjee A, Ray K, Giri AK (2004) Micronuclei as biomarkers of carcinogen exposure in populations exposed to arsenic through drinking water in West Bengal, India: a comparative study in three cell types, *Cancer Epidemiol Biomarkers Prev* **13**: 820–827.

8 Bau DT, Gurr JR, Jan KY (2001) Nitric oxide is involved in arsenite inhibition of pyrimidine dimer excision, *Carcinogenesis* **22**: 709–716.

9 Becher H, Wahrendorf J (1992) Metalle/ Arsen, in: H.E. Wichmann, H.W. Schlipköter and G. Füllgraff (Hrsg) Handbuch der Umweltmedizin, ecomed, Landsberg/Lech.

10 Becker K, Kaus S, Helm D Umwelt-Survey (1998) Band IV: Trinkwasser. Elementgehalte in Stagnationsproben des häuslichen Trinkwassers der Bevölkerung in Deutschland, Umweltbundesamt, Eigenverlag Wasser Boden Luft Heft, Berlin, 2001.

11 Bencko V, Rossner P, Havrankova H, Puzanova A, Tucek M 1978 Effects of the combined action of selenium and arsenic on mice versus suspension culture of mice fibroblasts, in: J.R. Fouts and I. Gut (Hrsg) Industrial and environmental xenobiotics. In vitro versus in vivo biotransformation and toxicity, Excerpta Medica, Oxford: 312–316.

12 Bernstam L, Nriagu J (2000) Molecular aspects of arsenic stress, *J Toxicol Environ Health B Crit Rev* **3**: 293–322.

13 Borzsonyi M, Bereczky A, Rudnai P, Csanady M, Horvath A (1992) Epidemiological studies on human subjects exposed to arsenic in drinking water in southeast Hungary, *Arch Toxicol* **66**: 77–78.

14 Buchet JP, Lauwerys R (1985) Study of inorganic arsenic methylation by rat liver in vitro: relevance for the interpretation of observations in man, *Arch Toxicol* **57**: 125–129.

15 Burns FJ, Uddin AN, Wu F, Nadas A, Rossman TG (2004) Arsenic-induced enhancement of ultraviolet radiation carcinogenesis in mouse skin: a dose-response study, *Environ Health Perspect* **112**: 599–603.

16 Calderon RL, Hudgens E, Le XC, Schreinemachers D, Thomas DJ (1999) Excretion of arsenic in urine as a function of exposure to arsenic in drinking water, *Environ Health Perspect* **107**: 663–667.

17 Chen H, Liu J, Merrick BA, Waalkes MP (2001) Genetic events associated with arsenic-induced malignant transformation: applications of cDNA microarray technology, *Mol Carcinog* **30**: 79–87.

18 Chen Y, Megosh LC, Gilmour SK, Sawicki JA, O'Brien TG (2000) K6/ODC transgenic mice as a sensitive model for carcinogen identification, *Toxicol Lett* **116**: 27–35.

19 Chou CH, De Rosa CT (2003) Case studies – arsenic, *Int J Hyg Environ Health* **206**: 381–386.

20 Cullen WR, Reimer KJ (1989) Arsenic speciation in the environment, *Chemical Reviews (Washington, DC, United States)* **89**: 713–764.

21 Cuzick J, Sasieni P, Evans S (1992) Ingested arsenic, keratoses, and bladder cancer, *Am J Epidemiol* **136**: 417–421.

22 Cuzick J, Evans S, Gillman M, Price Evans DA (1982) Medicinal arsenic and internal malignancies, *Br J Cancer* **45**: 904–911.

23 DFG (Deutsche Forschungsgemeinschaft) (2004) Arsen und anorganische Arsenverbindungen, in: H. Greim (Hrsg) Gesundheitsschädliche Arbeitsstoffe. Toxikologisch-arbeitsmedizinische Begründung von MAK-Werten. Deutsche Forschungsgemeinschaft, Weinheim: 1–50.

24 DFG (Deutsche Forschungsgemeinschaft) (2004) Maximale Arbeitsplatzkonzentration und Biologische Arbeitsstofftoleranzwerte 2004. VCH Verlagsgesellschaft mbH, Weinheim.

25 Dieke SH, Richter CP (1946) Comparative assays of rodenticides on wild Norway rats. *Public Health Report* **61**: 672–679.

26 Done AK, Peart AJ 1971 Acute toxicities of arsenical herbicides, *Clin Toxicol* 4: 343–355.

27 Dulout FN, Grillo CA, Seoane AI, Maderna CR, Nilsson R, Vahter M, Darroudi F, Natarajan AT (1996) Chromosomal aberrations in peripheral blood lymphocytes from native Andean women and children from northwestern Argentina exposed to arsenic in drinking water, *Mutat Res* 370: 151–158.

28 Enterline PE, Henderson VL, Marsh GM (1987) Exposure to arsenic and respiratory cancer. A reanalysis, *Am J Epidemiol* 125: 929–938.

29 Enterline PE, Day R, Marsh GM (1995) Cancers related to exposure to arsenic at a copper smelter, *Occup Environ Med* 52: 28–32.

30 Enterline PE, Marsh GM, Esmen NA, Henderson VL, Callahan CM, Paik M 1987 Some effects of cigarette smoking, arsenic, and SO_2 on mortality among US copper smelter workers, *J Occup Med* 29: 831–838.

31 EPA (2002) National primary drinking water regulations. US Environmental Protection Agency. Office of Water. *www.epa.gov/safewater/mcl.html*

32 Erste Allgemeine Verwaltungsvorschrift zum Bundes-Immissionsschutzgesetz (Technische Anleitung zur Reinhaltung der Luft – TA Luft) vom 24. 7. 2002, *Gemeinsames Ministerialblatt* 37: 95–144.

33 Evens AM, Tallman MS, Gartenhaus RB (2004) The potential of arsenic trioxide in the treatment of malignant disease: past, present, and future, *Leuk Res* 28: 891–900.

34 Ferreccio C, Gonzalez C, Milosavjlevic V, Marshall G, Sancha AM, Smith AH (2000) Lung cancer and arsenic concentrations in drinking water in Chile, *Epidemiology* 11: 673–679.

35 Francesconi KA (1993) Arsenic in the sea, *Oceanogr Mar Biol Ann Rev* 31: 111–151.

36 Francesconi KA, Edmonds JS (1997) Arsenic and marine organisms, *Advances in Inorganic Chemistry* 44: 147–189.

37 Francesconi KA, Kuehnelt D (2002) Arsenic compounds in the environment, in: F.J. WT (Hrsg) Environmental Chemistry of Arsenic, Marcel Dekker Inc., New York.

38 Francesconi KA, Kuehnelt D (2004) Determination of arsenic species: a critical review of methods and applications, 2000–2003, *Analyst* 129: 373–395.

39 Gaines TB 1960 The acute toxicity of pesticides to rats, *Toxicol Appl Pharmacol* 2: 88–99.

40 Gebel TW (2001) Genotoxicity of arsenical compounds, *Int J Hyg Environ Health* 203: 249–262.

41 Germolec DR, Spalding J, Yu HS, Chen GS, Simeonova PP, Humble MC, Bruccoleri A, Boorman GA, Foley JF, Yoshida T, Luster MI (1998) Arsenic enhancement of skin neoplasia by chronic stimulation of growth factors, *Am J Pathol* 153: 1775–1785.

42 Gonsebatt ME, Vega L, Salazar AM, Montero R, Guzman P, Blas J, Del Razo LM, Garcia-Vargas G, Albores A, Cebrian ME, Kelsh M, Ostrosky-Wegman P (1997) Cytogenetic effects in human exposure to arsenic, *Mutat Res* 386: 219–228.

43 Hansen HR, Raab A, Jaspars M, Milne BF, Feldmann J (2004) Sulfur-containing arsenical mistaken for dimethylarsinous acid [DMA(III)] and identified as a natural metabolite in urine: major implications for studies on arsenic metabolism and toxicity, *Chem Res Toxicol* 17: 1086–1091.

44 Harrison JWE, Packman EW, Abbott DD (1958) Acute and oral toxicity and chemical and physical properties of arsenic trioxides, *American Medical Association Archives of Industrial Health* 17: 118–123.

45 Hartwig A, Pelzer A, Asmuss M, Burkle A (2003) Very low concentrations of arsenite suppress poly(ADP-ribosyl)ation in mammalian cells, *Int J Cancer* 104: 1–6.

46 Hartwig A, Blessing H, Schwerdtle T, Walter I (2003) Modulation of DNA repair processes by arsenic and selenium compounds, *Toxicology* 193: 161–169.

47 Hassauer M, Kalberlah F (1999) Arsen und Verbindungen, in: Gefährungsabschätzung von Umweltschadstoffen 1–28.

48 Hayakawa T, Kobayashi Y, Cui X, Hirano S (2004) A new metabolic pathway of arsenite: arsenic-glutathione complexes are

substrates for human arsenic methyl-transferase Cyt19, *Arch Toxicol* **79**: 183–191.

49 Hayashi H, Kanisawa M, Yamanaka K, Ito T, Udaka N, Ohji H, Okudela K, Okada S, Kitamura H (1998) Dimethylarsinic acid, a main metabolite of inorganic arsenics, has tumorigenicity and progression effects in the pulmonary tumors of A/J mice, *Cancer Lett* **125**: 83–88.

50 Hirner A, Rehage H, Sukkowski M (2000) Umweltgeochemie: Herkunft, Mobilität und Analyse von Schadstoffen in der Pedosphäre, Steinkopff, Darmstadt.

51 Hopenhayn-Rich C, Browning SR, Hertz-Picciotto I, Ferreccio C, Peralta C, Gibb H (2000) Chronic arsenic exposure and risk of infant mortality in two areas of Chile, *Environ Health Perspect* **108**: 667–673.

52 Hsu CH, Yang SA, Wang JY, Yu HS, Lin SR (1999) Mutational spectrum of p53 gene in arsenic-related skin cancers from the blackfoot disease endemic area of Taiwan, *Br J Cancer* **80**: 1080–1086.

53 Huang C, Ke Q, Costa M, Shi X (2004) Molecular mechanisms of arsenic carcinogenesis, *Mol Cell Biochem* **255**: 57–66.

54 Hughes MF (2002) Arsenic toxicity and potential mechanisms of action, *Toxicol Lett* **133**: 1–16.

55 Hughes MF, Mitchell CT, Edwards BC, Rahman MS (1995) In vitro percutaneous absorption of dimethylarsinic acid in mice, *J Toxicol Environ Health* **45**: 279–290.

56 IARC (2004) Some drinking-water disinfectants and contaminants, including arsenic, IARC Band 84, Lyon.

57 IARC (1987) Arsenic and Arsenic compounds (Group 1). IARC monographs, Suppl 7, 100–107.

58 Ihrig MM, Shalat SL, Baynes C (1998) A hospital-based case-control study of stillbirths and environmental exposure to arsenic using an atmospheric dispersion model linked to a geographical information system, *Epidemiology* **9**: 290–294.

59 Jarup L, Pershagen G, Wall S (1989) Cumulative arsenic exposure and lung cancer in smelter workers: a dose-response study, *Am J Ind Med* **15**: 31–41.

60 Kaise T, Watanabe S, Itoh K (1985) The acute toxicity of arsenobetaine, *Chemosphere* **14**: 1327–1332.

61 Kaise T, Yamauchi H, Horiguchi Y, Tani T, Watanabe S, Hirayama T, Fukui S (1989) A comparative study on acute toxicity of methylarsonic acid, dimethylarsinic acid and trimethylarsine oxide in mice, *Applied Organometallic Chemistry* **14**: 1327–1332.

62 Karim M (2000) Arsenic in groundwater and health problems in Bangladesh, *Water Research* **34**: 304–310.

63 Kitchin KT (2001) Recent advances in arsenic carcinogenesis: modes of action, animal model systems, and methylated arsenic metabolites, *Toxicol Appl Pharmacol* **172**: 249–261.

64 Kligerman AD, Doerr CL, Tennant AH, Harrington-Brock K, Allen JW, Winkfield E, Poorman-Allen P, Kundu B, Funasaka K, Roop BC, Mass MJ, DeMarini DM (2003) Methylated trivalent arsenicals as candidate ultimate genotoxic forms of arsenic: induction of chromosomal mutations but not gene mutations, *Environ Mol Mutagen* **42**: 192–205.

65 Kosmus W, Stattegger K, Böchzelt B, Puri BK, Irgolic KJ (1990) Arsenic fluxes from an old mining complex in Austria, in: H. Lieth and B. Markert (Hrsg) Element Concentration Cadasters in Ecosystems, VCH, Weinheim.

66 Kosnett MJ (1994) Arsenic, in: K. K. Olson (Hrsg) Poisoning and Drug Overdose, Appleton & Lange, Norwalk, Connecticut: 87–89.

67 Krause C, Babisch W, Becker K, Bernigau W, Hoffmann K, Nöllke P, Schulz C, Schwabe R, Seiwert M, Thefeld W (1990/92) Umwelt-Survey Band Ia: Studienbeschreibung und Human Biomonitoring, Institut für Wasser-, Boden- und Umwelthygiene des Umweltbundesamtes, 1996.

68 Kuehnelt D, Goessler W, Irgolic KJ (1997) Arsenic compounds in terrestrial organisms. 1. Collybia maculata, Collybia butyracea and Amanita muscaria from arsenic smelter sites in Austria, *Appl Organomet Chem* **11**: 289–296.

69 LAI (Länderausschuss für Immissionsschutz) (1993) Krebsrisiko durch Luftver-

unreinigungen. Band I und II, Raumordnung und Landwirtschaft des Landes Nordrhein-Westfalen, Länderausschuss für Emissionsschutz.

70 Lee-Feldstein A (1986) Cumulative exposure to arsenic and its relationship to respiratory cancer among copper smelter employees, *J Occup Med* **28**: 296–302.

71 Lehmann B, Ebeling E, Alsen-Hinrichs C (2001) Kinetics of arsenic in human blood after a fish meal, *Gesundheitswesen* **63**: 42–48.

72 Lerda D (1994) Sister-chromatid exchange (SCE) among individuals chronically exposed to arsenic in drinking water, *Mutat Res* **312**: 111–120.

73 Liu SX, Athar M, Lippai I, Waldren C, Hei TK (2001) Induction of oxyradicals by arsenic: implication for mechanism of genotoxicity, *Proc Natl Acad Sci USA* **98**: 1643–1648.

74 Liu YC, Huang H (1997) Involvement of calcium-dependent protein kinase C in arsenite-induced genotoxicity in Chinese hamster ovary cells, *J Cell Biochem* **64**: 423–433.

75 Mahata J, Chaki M, Ghosh P, Das LK, Baidya K, Ray K, Natarajan AT, Giri AK (2004) Chromosomal aberrations in arsenic-exposed human populations: a review with special reference to a comprehensive study in West Bengal, India, *Cytogenet Genome Res* **104**: 359–364.

76 Maki-Paakkanen J, Kurttio P, Paldy A, Pekkanen J (1998) Association between the clastogenic effect in peripheral lymphocytes and human exposure to arsenic through drinking water, *Environ Mol Mutagen* **32**: 301–313.

77 Marquardt H, Schäfer S (2004) Lehrbuch der Toxikologie, in Wissenschaftliche Verlags Gesellschaft, Stuttgart, 768–773.

78 Marsh J 1836 *The Edinburgh New Philosophy Journal* **21**: 229–236.

79 Mass MJ, Wang L (1997) Arsenic alters cytosine methylation patterns of the promoter of the tumor suppressor gene p53 in human lung cells: a model for a mechanism of carcinogenesis, *Mutat Res* **386**: 263–277.

80 Mass MJ, Tennant A, Roop BC, Cullen WR, Styblo M, Thomas DJ, Kligerman AD (2001) Methylated trivalent arsenic

species are genotoxic, *Chem Res Toxicol* **14**: 355–361.

81 Matschullat J (1999) Arsen in der Geosphäre, *Schriftenreihe Deutsche Geologische Gesellschaft* **6**: 5–20.

82 Menendez D, Mora G, Salazar AM, Ostrosky-Wegman P (2001) ATM status confers sensitivity to arsenic cytotoxic effects, *Mutagenesis* **16**: 443–448.

83 Mineral- und Tafelwasserverordnung vom 1. August 1984 (Bundesgesetzblatt I, S. 1036) geändert durch Art. 1 dritte Mineral- und Tafelwasser-VOÄndVO vom 24. 5. 2004 (Bundesgesetzblatt I, S. 1030).

84 Moore LE, Smith AH, Hopenhayn-Rich C, Biggs ML, Kalman DA, Smith MT (1997) Micronuclei in exfoliated bladder cells among individuals chronically exposed to arsenic in drinking water, *Cancer Epidemiol Biomarkers Prev* **6**: 31–36.

85 National Research Council (1999) Arsenic in drinking water, National Academy Press, Washington, D.C.

86 National Research Council (2001) Arsenic in drinking water 2001 update, National Academy Press, Washington, D.C.

87 Nesnow S, Roop BC, Lambert G, Kadiiska M, Mason RP, Cullen WR, Mass MJ (2002) DNA damage induced by methylated trivalent arsenicals is mediated by reactive oxygen species, *Chem Res Toxicol* **15**: 1627–1634.

88 Ng JC, Seawright AA, Qi L, Garnett CM, Chiswell B, Moore MR (1999) Tumours in mice induced by exposure to sodium arsenate in drinking water., in: C.O. Abernathy, Caldron, R., Chapell, W. (Hrsg) Arsenic exposure and Health Effects, Oxford Elsevier Science.

89 NTP (1989) Toxicology and Carcinogenesis Studies of Roxarsone (CAS No. 121-19-7) in F344/N Rats and B6C3F1 Mice (Feed Studies), *Natl Toxicol Program Tech Rep Ser* **345**: 1–198.

90 Oberacker F, Maier D, Maier M (2002) Arsen und Trinkwasser, Teil 1 Ein Überblick über Vorkommen, Verteilung und Verhalten von Arsen in der Umwelt, *Vom Wasser* **99**: 79–110.

91 OSHA (Occupational Safety and Health Administration) (1989) Fed. Reg. 54: 2332–2335.

92 Ostrosky-Wegman P, Gonsebatt ME, Montero R, Vega L, Barba H, Espinosa J, Palao A, Cortinas C, Garcia-Vargas G, del Razo LM, et al. (1991) Lymphocyte proliferation kinetics and genotoxic findings in a pilot study on individuals chronically exposed to arsenic in Mexico, *Mutat Res* **250**: 477–482.

93 Pedersen GA, Mortensen GK, Larsen EH 1994 Beverages as a source of toxic trace element intake, *Food Addit Contam* **11**: 351–363.

94 Petrick JS, Jagadish B, Mash EA, Aposhian HV (2001) Monomethylarsonous acid (MMA(III)) and arsenite: LD(50) in hamsters and in vitro inhibition of pyruvate dehydrogenase, *Chem Res Toxicol* **14**: 651–656.

95 Petrick JS, Ayala-Fierro F, Cullen WR, Carter DE, Vasken Aposhian H (2000) Monomethylarsonous acid (MMA(III)) is more toxic than arsenite in Chang human hepatocytes, *Toxicol Appl Pharmacol* **163**: 203–207.

96 Popovicova J, Moser GJ, Goldsworthy TL, Tice RR (2000) Carcinogenicity and co-carcinogenicity of sodium arsenite in p53$^{+/-}$ male mice, *Toxicologist* **54**: 134.

97 Pott WA, Benjamin SA, Yang SH (2001) Pharmacokinetics, Metabolism, and Carcinogenicity of Arsenic, *Rev Environ Contam Toxicol* **169**: 165–214.

98 Rahman MS, Hall LL, Hughes MF (1994) In vitro percutaneous absorption of sodium arsenate in B6C3F1 mice, *Toxicology in Vitro* **8**: 441–448.

99 Reimann C, de Cariat P (1998) Chemical elements in the environment, Springer, Berlin Heidelberg New York Tokyo.

100 Riedel F, Michels S 1987 Zum natürlichen Vorkommen von Arsen im Wasser, *Wissenschaft Umwelt* **4**: 210–215.

101 Rossman TG, Uddin AN, Burns FJ, Bosland MC (2001) Arsenite is a cocarcinogen with solar ultraviolet radiation for mouse skin: an animal model for arsenic carcinogenesis, *Toxicol Appl Pharmacol* **176**: 64–71.

102 Salnikow K, Cohen MD (2002) Backing into cancer: effects of arsenic on cell differentiation, *Toxicol Sci* **65**: 161–163.

103 Schroeder HA, Balassa JJ 1966 Abnormal trace metals in man: arsenic, *J Chronic Dis* **19**: 85–106.

104 Schweinsberg F, Schweizer E, Kosmus W (2002) Toxikologische Bewertung der Arsen-Aufnahme mit Trinkwasser, *Vom Wasser* **99**: 1–20.

105 Schwerdtle T, Walter I, Hartwig A (2003) Arsenite and its biomethylated metabolites interfere with the formation and repair of stable BPDE-induced DNA adducts in human cells and impair XPAzf and Fpg, *DNA Repair (Amst)* **2**: 1449–1463.

106 Schwerdtle T, Walter I, Mackiw I, Hartwig A (2003) Induction of oxidative DNA damage by arsenite and its trivalent and pentavalent methylated metabolites in cultured human cells and isolated DNA, *Carcinogenesis* **24**: 967–974.

107 Shi H, Shi X, Liu KJ (2004) Oxidative mechanism of arsenic toxicity and carcinogenesis, *Mol Cell Biochem* **255**: 67–78.

108 Shimbo S, Hayase A, Murakami M, Hatai I, Higashikawa K, Moon CS, Zhang ZW, Watanabe T, Iguchi H, Ikeda M (1996) Use of a food composition database to estimate daily dietary intake of nutrient or trace elements in Japan, with reference to its limitation, *Food Addit Contam* **13**: 775–786.

109 Slooff W, Haring BJA, Hesse JM, Janus JA, Thomas R (1990) Integrated Criteria Document Arsenic, RIVM Rijksinstituut voor Volksgezondheid en Milieuhygiene, Bilthoven Holland.

110 Sloth JJ (2004) Speciation analysis of arsenic. Development of selective methodologies for assessment of seafood safety, Department of Biology, University of Bergen, Bergen: 43–46.

111 Sloth JJ (2004) Speciation analysis of arsenic. Development of selective methodologies for assessment of seafood safety, Department of Biology, University of Bergen, Bergen: 15.

112 Sommers SC, McManus RG (1953) Multiple arsenical cancers of skin and internal organs, *Cancer* **6**: 347–359.

113 Styblo M, Del Razo LM, Vega L, Germolec DR, LeCluyse EL, Hamilton GA,

Reed W, Wang C, Cullen WR, Thomas DJ (2000) Comparative toxicity of trivalent and pentavalent inorganic and methylated arsenicals in rat and human cells, *Arch Toxicol* **74**: 289–299.

114 Tabacova S, Hunter ES (Hrsg) (1995) Pathogenic role of peroxidation in prenatal toxicity of arsenic.

115 Tallman MS, Nabhan C, Feusner JH, Rowe JM (2002) Acute promyelocytic leukemia: evolving therapeutic strategies, *Blood* **99**: 759–767.

116 Tchounwou PB, Patlolla AK, Centeno JA (2003) Carcinogenic and systemic health effects associated with arsenic exposure – a critical review, *Toxicol Pathol* **31**: 575–588.

117 Tchounwou PB, Centeno JA, Patlolla AK (2004) Arsenic toxicity, mutagenesis, and carcinogenesis – a health risk assessment and management approach, *Mol Cell Biochem* **255**: 47–55.

118 Thomas DJ, Waters SB, Styblo M (2004) Elucidating the pathway for arsenic methylation, *Toxicol Appl Pharmacol* **198**: 319–326.

119 Thornton I (1999) Arsenic in the global environment: Looking towards the millenium, in: W. R. Chappell, C. O. Abernathy and R. L. Calderon (Hrsg) Arsenic exposure and health effects, Elsevier, Oxford: 1–7.

120 Tian D, Ma H, Feng Z, Xia Y, Le XC, Ni Z, Allen J, Collins B, Schreinemachers D, Mumford JL (2001) Analyses of micronuclei in exfoliated epithelial cells from individuals chronically exposed to arsenic via drinking water in inner Mongolia, China, *J Toxicol Environ Health A* **64**: 473–484.

121 Trinkwasserverordnung vom 21. Mai (2001) (Bundesgesetzblatt I, S. 959) geändert durch Art. 263 achte Zuständigkeitsanpassung VO vom 25. 11. (2003) (Bundesgesetzblatt I, S. 2304).

122 Trouba KJ, Wauson EM, Vorce RL (2000) Sodium arsenite-induced dysregulation of proteins involved in proliferative signaling, *Toxicol Appl Pharmacol* **164**: 161–170.

123 Tseng CH (2004) The potential biological mechanisms of arsenic-induced diabetes mellitus, *Toxicol Appl Pharmacol* **197**: 67–83.

124 Vahter M (1999) Methylation of inorganic arsenic in different mammalian species and population groups, *Sci Prog* **82** (Pt 1): 69–88.

125 Vahter M, Marafante E 1985 Reduction and binding of arsenate in marmoset monkeys, *Arch Toxicol* **57**: 119–124.

126 Vahter M, Couch R, Nermell B, Nilsson R (1995) Lack of methylation of inorganic arsenic in the chimpanzee, *Toxicol Appl Pharmacol* 133: 262–268.

127 Vahter M, Concha G, Nermell B, Nilsson R, Dulout F, Natarajan AT (1995) A unique metabolism of inorganic arsenic in native Andean women, *Eur J Pharmacol* **293**: 455–462.

128 Vasken Aposhian H, Zakharyan RA, Avram MD, Sampayo-Reyes A, Wollenberg ML (2004) A review of the enzymology of arsenic metabolism and a new potential role of hydrogen peroxide in the detoxication of the trivalent arsenic species, *Toxicol Appl Pharmacol* **198**: 327–335.

129 Vogt BL, Rossman TG (2001) Effects of arsenite on p53, p21 and cyclin D expression in normal human fibroblasts – a possible mechanism for arsenite's comutagenicity, *Mutat Res* **478**: 159–168.

130 Waalkes MP, Liu J, Ward JM, Diwan BA (2004) Animal models for arsenic carcinogenesis: inorganic arsenic is a transplacental carcinogen in mice, *Toxicol Appl Pharmacol* **198**: 377–384.

131 Wahrendorf J, Becher H (1990) Quantitative Risikoabschätzung für ausgewählte Umweltkanzerogene, in: U. Berlin (Hrsg) UBA-Bericht 1/90, E. Schmidt , Berlin, pp. 1–205.

132 Wang JP, Qi L, Moore MR, Ng JC (2002) A review of animal models for the study of arsenic carcinogenesis, *Toxicol Lett* **133**: 17–31.

133 Wang TS, Chung CH, Wang AS, Bau DT, Samikkannu T, Jan KY, Cheng YM, Lee TC (2002) Endonuclease III, formamidopyrimidine-DNA glycosylase, and proteinase K additively enhance arsenic-induced DNA strand

breaks in human cells, *Chem Res Toxicol* **15**: 1254–1258.

134 Wanibuchi H, Yamamoto S, Chen H, Yoshida K, Endo G, Hori T, Fukushima S (1996) Promoting effects of dimethylarsinic acid on *N*-butyl-*N*-(4-hydroxybutyl)nitrosamine-induced urinary bladder carcinogenesis in rats, *Carcinogenesis* **17**: 2435–2439.

135 Wanibuchi H, Salim EI, Kinoshita A, Shen J, Wei M, Morimura K, Yoshida K, Kuroda K, Endo G, Fukushima S (2004) Understanding arsenic carcinogenicity by the use of animal models, *Toxicol Appl Pharmacol* **198**: 366–376.

136 Warner ML, Moore LE, Smith MT, Kalman DA, Fanning E, Smith AH (1994) Increased micronuclei in exfoliated bladder cells of individuals who chronically ingest arsenic-contaminated water in Nevada, *Cancer Epidemiol Biomarkers Prev* **3**: 583–590.

137 Wauson EM, Langan AS, Vorce RL (2002) Sodium arsenite inhibits and reverses expression of adipogenic and fat cell-specific genes during in vitro adipogenesis, *Toxicol Sci* **65**: 211–219.

138 Wei M, Wanibuchi H, Yamamoto S, Li W, Fukushima S (1999) Urinary bladder carcinogenicity of dimethylarsinic acid in male F344 rats, *Carcinogenesis* **20**: 1873–1876.

139 Wester RC, Maibach HI, Sedik L, Melendres J, Wade M (1993) In vivo and in vitro percutaneous absorption and skin decontamination of arsenic from water and soil, *Fundam Appl Toxicol* **20**: 336–340.

140 WHO 1987 Air quality guidelines for Europe, WHO Regional Publications European Series No. 23, Kopenhagen.

141 WHO 1988 Food Additives Series No. 24, Food and Additives Organisation, Geneva, Switzerland.

142 WHO 1989 Evaluation of certain food additives and contaminants. Thirty-third Report of the joint FAO/WHO expert committee on food additives, Technical Report Series No. 776, Geneva, Switzerland.

143 WHO (1993) Guidelines for drinking water quality: Vol. 1 Recommendations, Geneva.

144 WHO (1996) Guidelines for drinking water quality: Vol. 2 – Health Criteria and other supporting information.

145 WHO (2001) Arsenic and arsenic compounds, IPCS, International Programme on Chemical Safety Environmental Health Criteria 224, Geneva.

146 Wilke O (1991) Spurenanalytische Untersuchung von 154 natürlichen Mineralwässern und 7 Heilwässern auf Gehalt und Oxidationszustand von Mangen, Arsen und Chrom, *Wasser Boden Luft* Heft 6.

147 Yamanaka K, Katsumata K, Ikuma K, Hasegawa A, Nakano M, Okada S (2000) The role of orally administered dimethylarsinic acid, a main metabolite of inorganic arsenics, in the promotion and progression of UVB-induced skin tumorigenesis in hairless mice, *Cancer Lett* **152**: 79–85.

148 Yamanaka K, Ohtsubo K, Hasegawa A, Hayashi H, Ohji H, Kanisawa M, Okada S (1996) Exposure to dimethylarsinic acid, a main metabolite of inorganic arsenics, strongly promotes tumorigenesis initiated by 4-nitroquinoline 1-oxide in the lungs of mice, *Carcinogenesis* **17**: 767–770.

149 Yoshida T, Yamauchi H, Fan Sun G (2004) Chronic health effects in people exposed to arsenic via the drinking water: dose-response relationships in review, *Toxicol Appl Pharmacol* **198**: 243–252.

12
Blei

Marc Brulport, Alexander Bauer und Jan G. Hengstler

12.1
Allgemeine Substanzbeschreibung

Blei (Pb) ist das chemische Element mit der Ordnungszahl 82. Das Symbol Pb stammt vom lateinischen *plumbum*, stumpf, schwer. Die Bleiisotope Pb206, 207 und 208 stellen die schwersten stabilen Atomkerne überhaupt dar (Tab. 12.1). Das weiche, silbriggraue Metall (Abb. 12.1 a) kommt in den Oxidationsstufen 0, +2 und +4 vor. Blei ist leicht formbar, resistent gegen Korrosion und ein schlechter Leiter. Das englische Wort „plumber" (Klempner) weist auf den

Abb. 12.1 (a) Natürlich auftretendes Bleisulfid (PbS), das zur Herstellung von metallischem Blei eingesetzt wird (aus Wikipedia – die freie Enzyklopädie, http://de.wikipedia.org/wiki/Blei). (b) Bleirohr im antiken Pompeji (aus [23]).

Handbuch der Lebensmitteltoxikologie. H. Dunkelberg, T. Gebel, A. Hartwig (Hrsg.)
Copyright © 2007 WILEY-VCH Verlag GmbH & Co. KGaA, Weinheim
ISBN: 978-3-527-31166-8

Tab. 12.1 Substanzeigenschaften von Blei (Pb)
(aus: Wikipedia – die freie Enzyklopädie, 2006).

Name, Symbol	Blei, Pb
Ordnungszahl	82
Atommasse	207,2
Atomradius	180 pm
Gruppe, Periode, Block	14, 6, p
Elektronen pro Energieniveau	2, 8, 18, 32, 18, 4
Spezifische Dichte	11,3 g/cm^3
Schmelzpunkt	327,46 °C
Siedepunkt	1749 °C
Molares Volumen	18,26 · 10^{-3} m^3/mol
Geschätzter Bleigehalt der Erdkruste	3,1 · 10^{14} t

Isotope	Isotop	Prozent	$t_{1/2}$
	^{202}Pb	syn	52 500 a
	^{203}Pb	syn	51 873 a
	^{204}Pb	1,4%	>1,4 · 10^{17} a
	^{205}Pb	syn	1,53 · 10^7 a
	^{206}Pb	24,1%	stabil mit 124 Neutronen
	^{207}Pb	22,1%	stabil mit 125 Neutronen
	^{208}Pb	52,4%	stabil mit 126 Neutronen
	^{209}Pb	syn	3,253 h
	^{210}Pb	syn	22,3 a

Syn: synthetisches Radioisotop

früheren Einsatz von Blei zur Herstellung von Wasserrohren hin. Die meisten Bleiverbindungen enthalten zweiwertiges Blei (+2). In dieser Form verhält sich Blei im Organismus ähnlich wie Ca^{2+}.

12.2
Vorkommen und Verwendung

12.2.1
Herstellung

Der bedeutendste Rohstoff für die Herstellung von neuem Blei ist Bleisulfid (PbS), auch Bleiglanz genannt (Abb. 12.1 a). Die größten Mengen Bleisulfid werden zurzeit in Australien, China und den USA gefördert. Aus Bleisulfid wird in einem zweistufigen Verfahren metallisches Blei gewonnen (Schema 12.1). In den letzten Jahren wird auch ein einstufiges Verfahren eingesetzt. Auf diese Weise entsteht Rohblei, das noch 2–5% Verunreinigungen enthält. Durch weitere Aufreinigung entstehen die handelsgängigen Produkte Hüttenblei (Rein-

Zweistufig a) „Rösten": $2\,PbS + 3\,O_2 \rightarrow 2\,PbO + 2\,SO_2$
         b) „Reduktion": $PbO + CO \rightarrow Pb + CO_2$

Einstufig $PbS + 2\,PbO \rightarrow 3\,Pb + SO_2$

Schema 12.1 Herstellung von metallischem Blei im zwei- oder einstufigen Verfahren

heit >99,9%) und Feinblei (Reinheit >99,985%). Eine bedeutende Quelle für Blei ist heute auch das Recycling von bleihaltigen Produkten, z.B. Autobatterien.

12.2.2
Verwendung

Im Jahr 2003 wurden weltweit etwa $6 \cdot 10^6$ t Blei verbraucht. Hiervon wurden etwa $3 \cdot 10^6$ t aus Bleisulfid neu hergestellt. Weitere $3 \cdot 10^6$ t kommen aus dem Recycling bleihaltiger Produkte. In Europa stammen ca. 60–70% des Bleiverbrauchs aus dem Recycling bereits verwendeten Bleis.

Die vielfältigen Verwendungsmöglichkeiten sind in Tabelle 12.2 zusammengestellt. Quantitativ dominiert der Einsatz in Batterien, insbesondere in Autobatterien (Abb. 12.2). Zurzeit werden im Jahr weltweit 5–10 Milliarden Euro für Autobatterien ausgegeben und 70 000–90 000 Beschäftigte arbeiten auf diesem Sektor.

Neben den Batterien ist der Einsatz von Blei als Tetraethylblei von besonderer toxikologischer Bedeutung. Tetraethylblei wird seit 1923 als Antiklopfmittel in „verbleitem" Benzin eingesetzt. In Europa ist verbleites Benzin seit 2000 verboten. Allerdings wird Tetraethylblei in vielen Ländern, z.B. in Afrika und Asien, noch eingesetzt. Ein großer Teil des Eintrags von Blei in die Atmosphäre erfolgt durch die Verbrennung bleihaltiger Kraftstoffe. Durch Verbrennung entstehende Partikel mit Bleioxid, -carbonat und -chlorid werden über die Atmosphäre global verteilt. Dies führte im Grönlandeis seit 1925 zu einer starken Zunahme von Blei [11]. Durch das Verbot von verbleitem Benzin in vielen Ländern ist die Bleikonzentration der Luft stark zurückgegangen (s.a. Abschnitt 12.6.2).

Ein weiterer toxikologisch hochrelevanter Eintrag von Blei in die Umwelt wird durch Bleifarben verursacht, besonders durch Bleiweiß $[Pb(OH)_2 \cdot 2\,PbCO_3]$. Das weiße Pigment erfreute sich aufgrund seiner ausgezeichneten Deckkraft großer Beliebtheit. Der Einsatz von Bleiweiß in Wohnhäusern ist inzwischen verboten. Doch viele vor 1978 errichtete Häuser sind mit Bleiweiß kontaminiert. Dies betrifft besonders die USA mit mehr als 20 Millionen unsanierten mit Bleiweiß kontaminierten Häusern [20]. Sobald Bleiweiß zum Beispiel von den Hauswänden abblättert und sich als Staub um die Häuser verteilt, stellt es eine relevante Exposition insbesondere für Kinder dar.

Tab. 12.2 Verwendung von Blei.

Metall
- Bleiakkumulatoren (Batterien, besonders Autobatterien) als chemische Energiespeicher
- Geschosse
- Abschirmen hochenergetischer Strahlung (Röntgengeräte, Computer, Fernsehgeräte)
- Korrosionsschutz, Isolierung (z. B. als Kabelmantel)
- Schwingungsdämpfer, z. B. in Autos
- Gewichte: Stabilisierung von Schiffen, Taucher, Bleikette in Gardinen, Auswuchten von Autorädern (Letzteres seit Juli 2005 bei PKWs verboten)
- Bleirohre für Wasserleitungen: seit den 1970er Jahren nicht mehr eingesetzt

Verbindungen
- Bleiakkumulatoren (Batterien): bei Energieabgabe entstehen aus Blei Bleisulfat und Bleidioxid
- Tetraethylblei: $Pb(C_2H_5)_4$: als Antiklopfmittel in verbleitem Benzin. Seit 2000 in Europa verboten
- Farbpigmente: Bleiweiß $[Pb(OH)_2 \cdot 2\,PbCO_3]$, Mennige $[Pb_3O_4]$: rotes Pigment als Rostschutz
- Kristallglasherstellung: PbO als Zusatz zur Glasschmelze; Glasuren von Töpferware
- Löttechnik: Blei in Legierungen zum Löten (ab Juli 2006 weitgehend verboten)

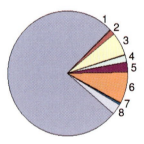

1: Batterien
2: Kabelmantel
3: Gerolltes oder gepresstes Blei
4: Munition
5: Legierungen
6: Pigmente
7: Benzinzusatz
8: Weiteres

Abb. 12.2 Verwendung von Blei im Jahr 2003 (aus [15]).

12.2.3
Bleiverwendung: Vergiftungen von Rom bis in die Gegenwart

Schon in der frühen Bronzezeit wurde Blei verwendet, bis sich später für die Herstellung von Bronzen Zinn durchsetzte. Bleigefäße waren bereits in der Hochkultur der Sumerer (ca. 2000 v. Chr.) auf dem Gebiet des heutigen Irak weit verbreitet. Ein hoher Bleibedarf ist von den Römern bekannt, die das Schwermetall besonders für Wasserleitungen und die Herstellung von Gefäßen benötigten (Abb. 12.1 b). Ein weiteres Einsatzgebiet war die Verklammerung von Quadersteinen. Für den Bau der Porta Nigra in Trier wurden beispielsweise $7 \cdot 10^6$ t Blei benötigt. Die relativ hohe Nachfrage nach Blei war einer der Gründe für römische Eroberungskriege, z. B. die römische Besatzung Britanniens unter anderem wegen Bleivorkommen in der südwestlichen Region (Cornwall). Bis zur Varus-schlacht (9 n. Chr.) bauten die Römer auch in Westfalen Blei ab. Die akute toxi-sche Wirkung des Bleis (Koliken und Lähmungen) war den Griechen und Römern bekannt, beschrieben z. B. von dem griechischen Arzt Nikander. Eine von den Römern eingeführte Spezialität bestand im Süßen der Weine mit Blei („Bleizucker": Blei-(II)acetat). Diese antiken Qualitätsweine enthielten bis zu 20 mg/L Blei und trugen gemeinsam mit den Bleileitungen zu den durch Psychosen, Unfruchtbarkeit und Koliken bekannten Bleivergiftungen in der der römischen Aristokratie bei. Das Süßen von Wein mit Blei wurde bis in die Neuzeit prakti-ziert, bis schließlich der Ulmer Arzt Eberhard Gockel 1669 den Zusammenhang zwischen „Bauchgrimmen" und dem „Süßen von saurem Wein mit Bleiweiß" be-obachtete. Daraufhin verbot Herzog Eberhard Ludwig von Württemberg die Süßung mit Blei bei Todesstrafe. Trotzdem blieb die (meist undiagnostizierte) Bleivergiftung in vielen Teilen Deutschlands weit verbreitet. So entdeckte man z. B. bei der Untersuchung von Haarproben und dem Schädel Ludwig van Beetho-vens deutlich erhöhte Bleikonzentrationen.

Gerne wird die antike römische Kultur in besonderer Weise mit Blei assozi-iert. Doch verglichen mit unserer Zeit ist das nicht zutreffend. Der durch-schnittliche Bleiverbrauch eines antiken Römers betrug nur etwa 500 g/Jahr verglichen mit 5200 g/Jahr für den durchschnittlichen Amerikaner 1980. Das „moderne Bleizeitalter" begann 1923 mit dem Zusatz von Tetraethylblei zum Benzin und der Freisetzung von Blei in die Atmosphäre im Millionen-Tonnen-Maßstab [27]. Erfreulicherweise sind akute Bleivergiftungen in der Gegenwart selten geworden. Allerdings haben aktuelle Studien gezeigt, dass selbst sehr niedrige Konzentrationen die mentale Entwicklung im Kindesalter beeinträchti-gen können. Daher beschäftigt sich die moderne Toxikologie ganz überwiegend mit den Folgen der leider sehr häufigen Bleiexpositionen im Niedrigdosis-bereich. Es ist davon auszugehen, dass auch in der Gegenwart eine erhebliche Zahl an Kindern von den Folgen einer chronischen Bleivergiftung betroffen ist.

12.3
Verbreitung in Lebensmitteln

Um einen repräsentativen Eindruck von der Belastung von Lebensmitteln mit Schadstoffen, Schwermetallen und Kontaminanten zu erhalten, werden so ge-nannte Warenkorbanalysen durchgeführt. Dieser Warenkorb wird ausgehend vom Ernährungsverhalten der Bevölkerung zusammengestellt und enthält eine Auswahl tierischer und pflanzlicher Lebensmittel [23]. Entsprechend Lebensmit-telmonitoring-Bericht 2004 gibt es kein generelles Kontaminationsproblem mit Blei. Überschreitungen traten nur vereinzelt auf (Tab. 12.3). Bei Erdnüssen und ebenso bei Getreide sind die Gehalte verglichen mit den Vorjahren rückläufig. Vergleichsweise stark belastet sind Muscheln, bei denen in 98% aller untersuch-ten Proben Blei nachgewiesen werden konnte, wenn auch eine Überschreitung der Höchstmenge nur in einer von 203 untersuchten Proben auftrat. Eine

Tab. 12.3 Blei in Lebensmitteln (aus [16]; Zentrale Erfassungs-
und Bewertungsstelle für Umweltchemikalien).

Lebensmittel	Mittelwert [mg/kg]	Maximalwert [mg/kg]
Brühwürste	0,020	0,160
Roggen	0,032	0,204
Kopfsalat	0,017 [a]	
Feldsalat	0,033 [a]	
Eisbergsalat	0,010 [a]	
Rucola	0,041 [a]	
Erdbeeren	0,013	0,090
Ananas	0,011	0,150
Orangensaft	0,013	0,053
Muscheln	0,032	1,690
Hering	0,01 [a]	0,053
Milch		0,02
Rindfleisch	0,02 [a]	
Rinderleber	0,24 [a]	
Rinderniere	0,27 [a]	
Schweinefleisch	0,005 [a]	
Schweineleber	0,08 [a]	
Schweineniere	0,05 [a]	
Hühnerfleisch	0,025 [a]	
Eier	0,1	
Schafskäse, Frischkäse		0,25

a) Median.

höhere Belastung mit Blei wurde bei Muscheln nachgewiesen, in deren Lebensraum starker Schiffsverkehr herrscht oder wo Industrieabwässer eingeleitet werden. Pflanzen nehmen über ihre Wurzeln nur wenig Blei aus dem Boden auf, daher erfolgt die Kontamination hauptsächlich über Staubdeposition. Deshalb sind großblättrige Pflanzen wie Salate am meisten betroffen.

Typische Bleikonzentrationen in Nahrungsmitteln liegen zwischen 10 und 200 µg/kg (Tab. 12.3). Der Kontaminationsweg über die Luft erklärt auch die (in Tabelle 12.3 nicht wiedergegebenen) großen regionalen Unterschiede der Bleikonzentration in Lebensmitteln. So wurden in industrialisierten Regionen Europas z. B. Bleikonzentrationen von 124 µg/kg im Schweinefleisch gemessen [8], also deutlich höhere Werte als die in Tabelle 12.3 angegebenen Werte für Wurst.

Eine weitere Möglichkeit der Kontamination von Lebensmitteln besteht in der Abgabe von Blei aus Keramik-Gebrauchsgegenständen [5]. Die farbige Glasur von Keramikgegenständen kann in Abhängigkeit von der Temperatur des Brennens und der Art der darin gelagerten Lebensmittel Blei abgeben. Die europäische Richtlinie aus dem Jahr 1984 schreibt einen Grenzwert von 1500 µg/L für die Freisetzung von Blei aus Koch- und Backgeräten sowie Verpackungen vor. Legt man die maximale Ausschöpfung dieses Grenzwerts zugrunde, dann ist ein Szenario nicht ausgeschlossen, bei dem der derzeit gültige (PTWI)-Wert (provisional tolerable intake) von 25 µg/kg Körpergewicht je Woche überschritten wird. Daher wird zurzeit eine Absenkung des Grenzwerts für Keramiken diskutiert [5].

Eine historische Kontaminationsquelle waren Konservendosen, falls diese mit Blei verlötet waren und die Lötnähte im Inneren der Dosen mit den Lebensmitteln in Kontakt kamen. Ein spektakuläres und tragisches Beispiel ist der Untergang der Franklin-Expedition zur Erforschung der Nord-West-Passage im Jahr 1845. Die damals hochmodernen bleiverlöteten Konservendosen führten zur massiven Bleivergiftung der gesamten Besatzung, wie aus der Untersuchung später gefundener Leichen hervorging. Hinweise auf unangemessenes Verhalten der in Not geratenen Seeleute weisen darauf hin, dass typische Bleisymptome (Psychosen, Reizbarkeit, die Unfähigkeit klare Entscheidungen zu treffen) zum Untergang der Teilnehmer der Expedition beigetragen haben. Heute hat der Einsatz neuer Konserventechnologien in den Industrieländern das Risiko von Bleivergiftungen aufgrund dieser Quelle sehr unwahrscheinlich gemacht.

Es kann davon ausgegangen werden, dass in der europäischen Durchschnittsbevölkerung etwa 40% der Bleiaufnahme über Lebensmittel und Trinkwasser erfolgen. Allerdings sind Lebensmittel als Ursache von akuten und chronischen Bleivergiftungen heute sehr selten. Typischerweise finden Bleiintoxikationen gegenwärtig im beruflichen Umfeld statt oder durch die orale Aufnahme von bleikontaminiertem Staub durch kleine Kinder.

12.4
Kinetik und innere Exposition

12.4.1
Aktuelle Zufuhr

Durchschnittlich werden etwa 60% des Bleis inhalativ als Partikel und 40% oral durch Lebensmittel und Getränke aufgenommen. Doch in Abhängigkeit von den individuellen Lebensumständen sind hiervon große Abweichungen möglich. Die Bleizufuhr in den Industriestaaten wurde in den vergangenen Jahrzehnten erheblich reduziert. Vor 1995 trugen mit Blei verlötete Lebensmittelkonserven erheblich zur Blutbleiexposition bei [10, 28]. Durch die Abschaffung des Bleilötens von Konserven wurde die durchschnittliche Bleiaufnahme zweijähriger Kinder von etwa 30 µg/Tag im Jahr 1982 auf 2 µg/Tag gesenkt.

Auch die Menge des inhalierten Bleis ist stark zurückgegangen. Hierzu hat die schrittweise Abschaffung von verbleitem Benzin entscheidend beigetragen. Dies wird durch den weitgehend parallelen Verlauf der Kurven für die in Benzin verbrauchte Menge an Blei und die durchschnittliche Konzentration im Blut eindrucksvoll belegt (Abb. 12.3). Die Verbrennung von verbleitem Benzin trug vor der schrittweisen Abschaffung zu etwa 90% zum gesamten Blei in der Atmosphäre bei. Für bestimmte berufliche Expositionen, z. B. beim Recycling von

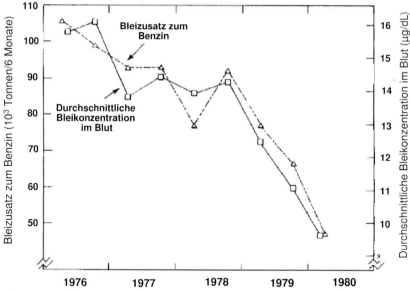

Abb. 12.3 Korrelation der Menge an Blei, die dem Benzin zwischen 1976 und 1980 zuge-setzt wurde, mit der durchschnittlichen Kon-zentration an Blei im Blut. Die parallele Abnahme der Kurven zeigt, dass verbleites Benzin für die Durchschnittsbevölkerung im gezeigten Zeitraum eine relevante Expositionsquelle darstellte (aus [19], mit freundlicher Genehmigung).

Blei, stellt die Absorption über den Respirationstrakt nach wie vor den relevan-testen Aufnahmeweg dar.

Nach der Entfernung von Blei im Benzin (zumindest in den meisten Indus-triestaaten) verbleibt für die Bevölkerung noch eine größere Expositionsquelle: die Bleifarben. Diese stellen besonders für die USA ein größeres Problem dar. Obwohl bleihaltige Farben für Wohnhäuser schon 1971 verboten wurden, haben in den USA etwa 80% der vor 1950 errichteten Häuser Anstriche mit Bleifar-ben. In den USA sind etwa 23 000 000 Wohneinheiten davon betroffen. Wie spä-ter noch ausgeführt wird, ist diese Expositionsquelle toxikologisch hoch rele-vant. Kleine Kinder nehmen in der abgeblätterten Farbe mit dem Staub Blei oral auf. Durch diese Bleiexposition im frühen Kindesalter kann nachweislich die mentale Entwicklung irreversibel beeinträchtigt werden [19]. Im Gegensatz zu den USA stellen Bleifarben in der Wohnung in den meisten Ländern West-europas kein Problem mehr dar.

Eine weitere Expositionsquelle stellt das Trinkwasser dar. Trinkwasser kann dann mit Blei kontaminiert sein, wenn das Wasser noch in Bleirohren geleitet wird. Bleirohre werden zwar schon lange nicht mehr bei Neubauten verwendet, aber in älteren Gebäuden sind sie in manchen Regionen Deutschlands noch in Gebrauch (Abb. 12.4). Besonders wenn das Wasser für längere Zeit in der Lei-tung steht, können kritische Bleikonzentrationen erreicht werden.

Abb. 12.4 Blei im Trinkwasser. In den hell-grau eingezeichneten Regionen ergaben sich allenfalls vereinzelt erhöhte Bleikonzentrationen. In den dunkelgrau eingezeichneten Gebieten wurden bei mehr als 5% der unter-suchten Proben Bleikonzentrationen von mehr als 25 g/L gemessen. Die Unter-suchung beruht auf der Analyse von 23 700 Trinkwasserproben (Stagnationswasser) zwischen 1994 und 2004 (aus [25]).

12.4.2
Resorption

Inhalierte bleihaltige Partikel mit kleinem Durchmesser (<5 μm) gelangen bis in die Alveolen. Etwa 30–50% des inhalierten Bleis werden in das Blut resor-biert [11, 18]. Oral aufgenommenes Blei wird bei Erwachsenen zu etwa 10% re-sorbiert. Bei Kindern ist die intestinale Resorption effizienter als bei Erwachse-nen. Bis zu 50% des oral aufgenommenen Bleis können resorbiert werden. Die Bleiresorption ist vom Ernährungszustand abhängig. Calcium-, Eisen- und Zinkmangel steigern die intestinale Resorption von Blei. Die dermale Aufnah-me von metallischem Blei ist gering. Anders verhält es sich mit Tetraethylblei, das gut über die Haut resorbiert wird.

12.4.3
Verteilung

Nach der Aufnahme in das Blut werden etwa 99% des Bleis von Erythrozyten aufgenommen, nur etwa 1% verbleibt im Plasma [2, 19]. Im Erythrozyten liegt Blei hauptsächlich an Hämoglobin gebunden vor. Aus dem niedrigeren Hämoglobingehalt erklären sich auch die niedrigeren Blutbleiwerte bei Frauen. Aus dem Blut folgt dann die Weiterverteilung von Blei in die Weichgewebe, wie z.B. Gehirn, Leber und Niere. Die Kinetik dieser Umverteilung ist langsam und erfordert etwa 4–6 Wochen. In den Organen liegt Blei überwiegend an Mitochondrien und Zellmembranen gebunden vor. Im Laufe der weiteren Umverteilung wird Blei in Knochen und Zähnen abgelagert oder ausgeschieden. Daher nimmt der Bleigehalt der Knochen altersabhängig zu. Der in den Knochen abgelagerte Bleianteil macht 70–90% des gesamten Bleis im Organismus aus. Im Falle eines Abbaus der Knochensubstanz, etwa im Rahmen schwerer Erkrankungen oder in der Menopause, kann es zur Bleifreisetzung aus den Knochen und zum Anstieg der Bleikonzentration im Blut kommen. Unter Umständen kann dies zu Symptomen einer akuten Bleivergiftung, der so genannten Bleikrise, führen.

Blei ist plazentagängig. Die Bleikonzentrationen im Nabelschnurblut betragen 80–100% der Konzentrationen des periphervenösen Bluts der Mutter.

12.4.4
Elimination

Blei wird zu etwa 76% glomerulär und zu 16% über die Galle eliminiert. Etwa 8% werden mit Haaren, Nägeln und Schweiß ausgeschieden. Die Halbwertszeit von Blei im Blut beträgt etwa 35 Tage, in den Weichteilen etwa 40 Tage [21]. Im Knochen hingegen beträgt die Halbwertszeit 5–30 Jahre. Anorganisches Blei wird nicht metabolisiert. Anders verhält es sich mit Tetraethylblei. Letzteres wird durch eine Cytochrom P450 vermittelte Reaktion zu Triethylblei degradiert [28].

12.5
Wirkungen

12.5.1
Akute Bleivergiftung

Die akute Bleivergiftung ist relativ selten geworden [11, 18]. Sie tritt hauptsächlich infolge beruflicher Expositionen in Minen, bei der Verarbeitung oder beim Recycling auf. Weitere akute Fälle aufgrund bleihaltiger Keramiken, geschmuggeltem Schnaps und Naturheilmitteln werden von Zeit zu Zeit berichtet. Typischerweise liegen die Bleikonzentrationen im Blut bei akuter Vergiftung zwischen 800 und 3000 µg/L. Die akute Vergiftung ist gekennzeichnet durch a) schwere Koliken („Bleikolik"), die mit Appetitlosigkeit, Verstopfungen und Verdauungsstörungen einhergehen, b) die akute Bleienzephalopathie mit Schlaflosigkeit, Desorientierung, Koordinationsstörungen, Aggressivität bis hin zu Koma und Kreislaufversagen. Es kommt c) zur Kontraktion der glatten Muskulatur mit dermalen Kapillarspasmen, welche zur typischen aschgrauen Blässe der Patienten („Bleikolorit") führen und d) zur Schädigung der Nieren. Der Übergang zwischen akuter und chronischer Bleivergiftung kann fließend sein, so dass die unten beschriebenen Symptome der chronischen Bleivergiftung hinzukommen können.

12.5.2
Chronische Bleivergiftung

Noch vor wenigen Jahren wurde davon ausgegangen, dass Bleikonzentrationen, die bei chronischer Exposition keine klinischen Symptome verursachen, als sicher angesehen werden können. Störungen der Blutbildung, periphere Nervenschäden und Nephrotoxizität treten unterhalb von 10 µg Blei/dL Blut nicht auf. Doch in den letzten Jahren haben Studien Hinweise geliefert, dass auch im asymptomatischen Konzentrationsbereich (<100 µg/L) bei Kindern bereits eine Störung der mentalen Entwicklung auftreten kann. Daher werden die Toxizität im klinisch manifesten Konzentrationsbereich (Abschnitt 12.5.2.1) und die Neurotoxizität im asymptomatischen Konzentrationsbereich (Abschnitt 12.5.2.2) separat behandelt. Einen Überblick über die Konzentrationsabhängigkeit der Bleitoxizität liefert Tabelle 12.4.

12.5.2.1 Toxizität im klinisch manifesten Konzentrationsbereich
Heute sind Kinder in stärkerem Maße gefährdet als Erwachsene [20]. Dies liegt an der höheren intestinalen Resorption, der größeren Suszeptibilität des sich entwickelnden ZNS und an dem altersgemäßen Bedürfnis, die Umwelt mit

Tab. 12.4 Konzentrationsabhängigkeit der Symptome bei Bleivergiftung (nach [18]).

Bleikonzentration im Blut [µg/L]	Symptome
< 100	Störung der mentalen Entwicklung bei Kindern?
> 100	Störung der Intelligenzentwicklung bei Kindern
> 150	Hemmung der δ-Aminolaevulinsäure-Dehydratase (ALAD)
> 200	Akkumulation von Protoporphyrin IX im Erythrozyten
> 400	Steigerung der δ-Aminolaevulinsäure im Blut
> 500	ausgeprägte Enzephalopathie bei Kindern
> 600	periphere Neuropathie
> 700	Nephropathie
> 800	akute Vergiftungssymptomatik

dem Mund zu erkunden. Hierdurch kommt es bei kleinen Kindern zur oralen Aufnahme von durchschnittlich 0,5 g Staub/Tag. Dies wirkt sich dann kritisch auf die Kinder aus, wenn der Staub oder die Erde mit abgeblätterten Bleifarben aus alten Anstrichen kontaminiert ist.

Die chronische Bleivergiftung betrifft das hämatopoetische System, Magen-Darm-Trakt, das zentrale und periphere Nervensystem und die Niere.

- Hämatopoetisches System

Blei hemmt mehrere für die Hämsynthese (Abb. 12.5) verantwortlichen Enzyme. Pathophysiologisch am wichtigsten ist die Hemmung der δ-Aminolaevulinsäure-Dehydratase (ALAD). Dadurch wird weniger Häm gebildet. Physiologischerweise hemmt Häm durch einen negativen Rückkopplungsmechanismus die δ-Aminolaevulinsäuresynthetase (ALAS), das geschwindigkeitsbestimmende Enzym der Hämsynthese. Blei hemmt demnach die weitere Nutzung von δ-Aminolaevulinsäure (durch Hemmung von ALAD) und steigert gleichzeitig seine Synthese (durch Hemmung der negativen Rückkopplung). So kommt es zum Anstieg der Konzentration von δ-Aminolaevulinsäure in Blut und Urin, der diagnostisch genutzt wird. Allerdings sollte berücksichtigt werden, dass die Konzentration von δ-Aminolaevulinsäure erst ab Konzentrationen von ca. 400 µg Pb/L Blut ansteigt. Die ALAD-Aktivität im Erythrozyten wird bereits ab 150 µg/L gehemmt und stellt daher das empfindlichere diagnostische Werkzeug dar. Von der Vielzahl durch Blei gehemmter Enzyme ist die Ferrochelatase von besonderer diagnostischer Bedeutung (Abb. 12.5). Ihre Hemmung führt zur Akkumulation von Protoporphyrin IX in Erythrozyten. Protoporphyrin IX in den Erythrozyten steigt im Konzentrationsbereich zwischen 20 und 60 µg Pb/dL linear an und stellt daher ein ausgezeichnetes diagnostisches Werkzeug dar. Die Diagnostik wird durch den Nachweis der „basophilen Tüpfelung" der Erythrozyten abgerundet (Abb. 12.6). Diese kommt durch die bleivermittelte Hemmung der Pyrimidin-5'-Nucleotidase zustande. Pyrimidin-5'-Nucleotidase defiziente Erythrozyten können Pyrimidin-5'-Nucleosid-Monophosphate nicht mehr dephosphorylieren. Die akkumulierten Pyrimidin-5'-Nucleosid-Monophosphate hemmen ihrerseits den Abbau ribosomaler RNA. Es wird angenommen, dass Zusammenballungen von ribosomaler RNA und Ribosomen zur Erscheinung der „basophilen Tüpfelung" führen. Für die verkürzte Lebensdauer der Erythrozyten und die daraus resultierende „Bleianämie" ist besonders die Hemmung der Na^+/K^+-ATPase verantwortlich.

- Peripheres Nervensystem

Die periphere Bleineuropathie tritt ab Bleikonzentrationen von 600 µg/L Blut auf (Abb. 12.7). Besonders betroffen ist die Innervation der Streckmuskeln des Arms. Durch Schädigung des N. radialis kommt es zur „Fallhand" (Abb. 12.7a), einer typischen Erscheinung bei chronischer Bleiintoxikation.

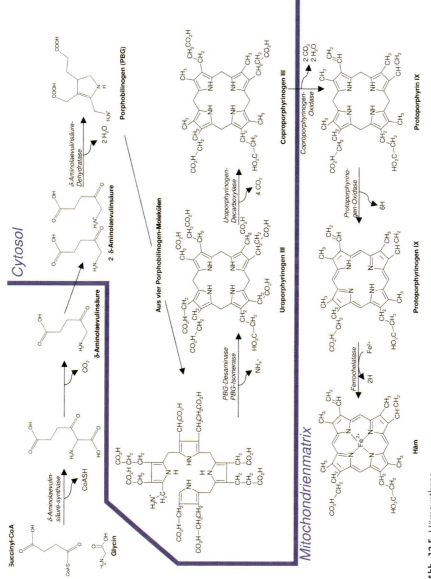

Abb. 12.5 Hämsynthese.

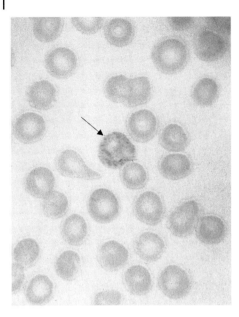

Abb. 12.6 Basophile Tüpfelung von Erythrozyten: ein typisches Symptom bei chronischer Bleivergiftung (aus [26] mit freundlicher Genehmigung).

- Zentrales Nervensystem

Kinder. Noch 1960 wurden Bleikonzentrationen von bis zu 600 µg/L Blut bei Kindern als akzeptabel angesehen [20]. Etwa 20% der Kinder in Großstädten hatten damals Bleiblutkonzentrationen von mehr als 400 µg/L. Inzwischen haben mehrere Studien gezeigt, dass in diesem Konzentrationsbereich eine Assoziation zwischen Bleiexposition und gestörter Intelligenzentwicklung sowie Verhaltensanomalien vorliegen (Übersicht: [19]). Der Zusammenhang zwischen Schulversagen und dem Bleigehalt der Milchzähne wird in Abbildung 12.8 verdeutlicht. Die inzwischen akzeptierte Assoziation zwischen Bleiexposition von Kindern und gestörter Intelligenzentwicklung war aus mehreren Gründen lange umstritten. Die Bleikonzentration ist im Blut von Kindern um 2 Jahre besonders hoch (wegen des oralen Erkundens der Umwelt). Falls nun erst im Alter von 6 Jahren Blutbleikonzentrationen bestimmt werden (wie in manchen Studien geschehen), gibt dies wegen der kurzen Halbwertszeit von Blei im Blut nicht unbedingt die Werte aus der früheren Kindheit wieder. Daher wurde in manchen Studien die Bleikonzentration in Zähnen bestimmt und damit ein Maß für langfristigere Exposition erhalten. Eine weitere Schwierigkeit besteht darin, dass die Intelligenzentwicklung durch viele Parameter beeinflusst wird. Eine Einflussgröße ist die Förderung, die ein Kind erhält, und damit verbunden die soziale Schicht. Es ist bekannt, dass Kinder, deren Eltern geringere Einkommen haben, höhere Blutbleikonzentrationen aufweisen als die Kinder einkommensstarker Eltern. Wissenschaftlich besteht das Problem nun darin, zu differenzieren ob wirklich das Blei oder vielmehr die soziale Schicht ursächlich ist. Diese Frage konnte inzwischen u. a. durch statistische Verfahren, welche mögliche

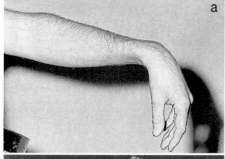

Abb. 12.7 (a) Periphere Neuropathie bei chronischer Bleivergiftung. Durch Schädigung des N. radialis kommt es zur Fallhand (aus [7]). (b) Bleivergiftung bei einem Maler, der mit Bleifarben gearbeitet hat. Aufgrund der peripheren Neuropathie ist es bereits zu einer Atrophie der Muskulatur des Schultergürtels gekommen. Typisch ist auch die Abmagerung des Patienten (aus [4]).

Störgrößen berücksichtigen (z. B. multivariate Analysen adjustiert auf die soziale Schicht) und Studien mit angemessenen Fallzahlen ($n > 2000$) gelöst werden. Diese Studien haben den Zusammenhang zwischen Bleiexposition und Störung der mentalen Entwicklung von Kindern zweifelsfrei bewiesen. Dies ist besonders schwerwiegend, zumal die Störungen irreversibel sind. Daher wurden die als akzeptabel angesehenen Blutbleikonzentrationen bei Kindern schrittweise von 600 µg/L um 1970 auf inzwischen 100 µg/L im Jahr 2006 abgesenkt. Allerdings existieren Hinweise, dass auch die Konzentration von 100 µg/L noch nicht sicher ist. Dies wird in Abschnitt 12.5.2.2 diskutiert.

Erwachsene. Typische Störungen sind Kopfschmerzen, Verhaltens- und Wesensveränderungen, Bewusstseinsstörungen, motorische Unbeholfenheit, Aggressivität und Angstzustände. Kunsthistoriker diskutieren, ob Francisco de

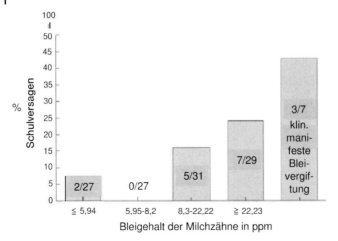

Abb. 12.8 Chronische Bleivergiftung stört die mentale Entwicklung von Kindern. Das Beispiel zeigt die Korrelation des Bleigehaltes in Milchzähnen mit der Häufigkeit des Schulversagens (aus [19], mit freundlicher Genehmigung).

Goya wegen seiner Exposition gegenüber Bleifarben an ZNS-Störungen durch chronische Bleivergiftung litt. Unabhängig vom Wahrheitsgehalt dieser Vermutungen dürfte Abbildung 12.9 die düstere Stimmungslage bei Bleivergiftung treffend wiedergeben.

• Niere
Bei lang andauernder Bleiexposition mit Konzentrationen über 700 µg/L kann es zu tubulären Nierenschäden kommen, welche zu erhöhten Harnstoff- und Kreatininkonzentrationen im Blut führen.

• Reproduktionstoxizität
Bleiexposition kann sowohl zu Totgeburten als auch zu reduzierten Spermienzahlen und zu deformierten Spermien führen [19].

• Bluthochdruck
Bluthochdruck tritt wahrscheinlich als Folge der Nierenschädigung auf.
Diese Ausführungen gelten für anorganisches Blei. Davon ist die Toxizität durch organische Bleiverbindungen, z. B. durch Tetraethylblei, zu unterscheiden. Tetraethylblei ist fettlöslich, kann durch die Haut absorbiert werden und passiert rasch die Blut-Hirn-Schranke. Aufgrund seiner ausgeprägten Neurotoxizität kam es bei der frühen Produktion von Tetraethylblei um 1925 bei ungenügenden Arbeitsschutzmaßnahmen zu mehreren Todesfällen.

Abb. 12.9 Francisco de Goya (1819): Saturn frisst seine Kinder. Es wird diskutiert, dass Goya wegen des Einsatzes von Bleifarben möglicherweise an chronischer Bleivergiftung litt. Dies könnte die einem Teil seiner Bilder zugrunde liegende düstere Stimmungslage erklären (aus: Wikipedia – die freie Enzyklopädie, http://de.wikipedia.org/wiki/Francisco_de_Goya, 2006).

12.5.2.2 Neurotoxizität im asymptomatischen Konzentrationsbereich

Die zurzeit am intensivsten erforschte Frage zur Bleitoxizität besteht darin, ob auch im „asymptomatischen Konzentrationsbereich" unter 100 µg/L Blut, also bei Konzentrationen, die zu keinen Schäden außerhalb des ZNS führen, eine Störung der mentalen Entwicklung von Kindern zu erwarten ist. Diese Frage ist hoch relevant, denn auch nach der Abschaffung von verbleitem Benzin haben noch viele Kinder Blutbleikonzentrationen von mehr als 1 µg/dL. Kürzlich wurden zwei Arbeiten veröffentlicht, die auf einen Einfluss von Blei noch unter 100 µg/L hinweisen [6, 14]. Zum Beispiel wurde bei der Untersuchung von 4853 Kindern eine Korrelation zwischen der Blutbleikonzentration und schlechteren Leistungen bei Rechen- und Lesetests noch bei 25 µg/L nachgewiesen [14]. Eine Schwellenkonzentration, bei der sicher keine Störungen der intellektuellen Entwicklung auftreten, konnte bis heute noch nicht gezeigt werden. Die Klärung der Bedeutung niedriger Bleiexpositionen wird eine der vordringlichen Aufgaben der künftigen toxikologischen Forschung auf diesem Gebiet sein.

12.5.3
Molekulare Mechanismen der Bleitoxizität

Ein erheblicher Teil der Toxizität von Blei ist auf seine Ähnlichkeit mit Calcium zurückzuführen, wodurch unter anderem die Calciumhomöostase gestört wird. Darüber hinaus kann Blei die Funktion von Proteinen stören, welche physiologischerweise Calcium oder Zink binden. Hieraus können die folgenden Störungen resultieren:

• Induktion von Apoptose
Schon im nanomolaren Konzentrationsbereich kann Blei die Freisetzung von Calcium aus Mitochondrien verursachen [18]. Bekanntlich ist der dadurch verursachte Anstieg der intrazellulären Calciumkonzentration ein Auslöser von Apoptose. Diese Störung der mitochondrialen Funktion wird durch den Umstand begünstigt, dass Blei in Mitochondrien angereichert wird. Die durch Blei induzierte Apoptose führt zum Untergang von Neuronen und von Gliazellen (besonders von Oligodendroglia-Zellen) und trägt so zur Enzephalopathie und auch zur peripheren Neuropathie bei.

• Blei stört die Neurotransmission
Durch Blei wird die Ca^{2+}-getriggerte Freisetzung von Neurotransmittern wie Acetylcholin und Dopamin gehemmt [18]. Gleichzeitig steigert Blei die basale Freisetzung von Transmittern. Letzteres könnte (gemeinsam mit der Störung der Calciumhomöostase) auch die Kontraktion glatter Muskulatur und somit die als typische Folge der Bleivergiftung bekannten Gefäßspasmen (Kontraktion der glatten Muskulatur des Darms) erklären.

• Blei stört die Kollagensynthese
Dies kann die Gefäßpermeabilität erhöhen und zu einem Hirnödem beitragen.

• Störung der intrazellulären Signaltransduktion
Blei interagiert mit mehreren Schlüsselfaktoren der intrazellulären Signaltransduktion (Tab. 12.5). Doch in welcher Weise diese Einflüsse zur Bleitoxizität *in vivo* beitragen, muss im Einzelnen noch geklärt werden.

• Mutagenität und Karzinogenität
Im Tierversuch ist Blei krebserzeugend [1]. Epidemiologische Studien am Menschen liefern zwar Hinweise auf eine mögliche Assoziation der Bleiexposition mit dem Krebsrisiko [24], doch die Datenlage wird für eine abschließende Bewertung als nicht ausreichend beurteilt [19]. Die International Agency for Research on Cancer (IARC) hat Blei und Bleiverbindungen als karzinogen beim Menschen eingestuft [13]. So wurden anorganische Bleiverbindungen in die Gruppe 2A eingeteilt (Stoffe welche im Menschen wahrscheinlich karzinogen wirken). Organische Bleiverbindungen hingegen wurden als nicht klassifizierbar in Hinsicht auf die Karzinogenität im Menschen in Gruppe 3 eingestuft. Jedoch

Tab. 12.5 Signaltransduktionswege, die *in vitro* durch Blei beeinflusst werden.

Proteinkinase A (PKA)	Hemmung
Adenylatcyclase	Hemmung
Phosphodiesterase	Aktivierung
ERK1/2 (MAP-Kinase)	Phosphorylierung (und dadurch Aktivierung)
CREB	Abnahme der Phosphorylierung
Proteinkinase C	Aktivierung

können organische Bleiverbindungen im Körper zu ionischen Bleiverbindungen metabolisiert werden. Diese können dann wiederum das toxische Wirkspektrum anorganischer Bleiverbindungen aufweisen.

In sehr hohen cytotoxischen Konzentrationen bindet Blei an DNA und kann zu DNA-Strangbrüchen führen. Doch für die *in vivo*-Situation sind diese Mechanismen von untergeordneter Relevanz, da sie in einem Konzentrationsbereich stattfinden, der zur akuten (bis letalen) Bleitoxizität führt. Doch bereits in nicht toxischen Konzentrationen führt Blei zu DNA-Proteinvernetzungen, Schwesterchromatidaustauschen und Micronuclei. Ein ungewöhnlicher Mechanismus der Interaktion von Blei mit Nucleinsäuren besteht im Brechen des Ribosephosphat-Rückgrats von RNA. Blei bindet an spezifische RNA-Motive und induziert an definierten Stellen RNA-Brüche [3]. Dieser Mechanismus findet bereits im mikromolaren Konzentrationsbereich statt. In welcher Weise er *in vivo* zur Bleitoxizität beiträgt, muss noch geklärt werden.

Ein relevanter Mechanismus besteht darin, dass Blei in bereits sehr niedrigen Konzentrationen DNA-Reparaturenzyme hemmt. Dadurch wirkt Blei zwar nicht selbst karzinogen, kann jedoch die krebserzeugende Wirkung anderer Karzinogene verstärken. Für derartige Interaktionen wurden zahlreiche Hinweise beobachtet [24]. Ein Beispiel stammt aus einer Biomonitoring-Studie in der gegenüber Blei, Cadmium und Cobalt exponierte Arbeiter bezüglich ihrer DNA-Strangbrüche in mononukleären Blutzellen untersucht wurden [12]. Bleiexposition alleine führte hierbei zu keiner Induktion von DNA-Strangbrüchen. Falls jedoch zur Exposition gegenüber Cadmium und Cobalt zusätzlich noch Blei hinzukam, wurde ein deutlich höheres Niveau an DNA-Strangbrüchen beobachtet als bei alleiniger Exposition gegenüber Cadmium und Cobalt [12].

Zusammenfassend ist zu der noch umstrittenen Frage der Karzinogenität von Blei festzustellen, dass möglicherweise auch im Menschen mit einer krebserzeugenden oder zumindest mit einem den Effekt anderer Karzinogene verstärkenden Wirkung zu rechnen ist. Weil aber bei schon sehr niedrigen Bleikonzentrationen bereits andere schwerwiegende toxische Wirkungen (z.B. die besprochene Neurotoxizität) auftreten, steht die Karzinogenität nicht im Mittelpunkt des toxischen Wirkspektrums.

12.6
Bewertung des Gefährdungspotenzials

12.6.1
Keine Schwelle für Kinder

Die Gefährdung durch Bleiexposition ist nach wie vor als relevant einzustufen. Dies liegt zum einen an der hohen Bleiproduktion (ca. $6 \cdot 10^6$ t/Jahr) und zum anderen an der besonderen Empfindlichkeit von Kindern. Zwar tritt die klinisch manifeste Bleivergiftung bei geeigneten Vorsichtsmaßnahmen heute sehr selten auf, doch kritischer ist die Gefährdung durch niedrige Expositionen (<100 µg/L Blut) bei Kindern, zumal Expositionen in diesem Bereich häufig auftreten. Eine „tolerable Zufuhrmenge" für Blei, bei der eine Störung der mentalen Entwicklung von Kindern ausgeschlossen ist, kann zurzeit noch nicht angegeben werden. Hier sind weitere Studien zur Identifikation einer möglichen „Schwellenkonzentration" dringend erforderlich. Anders verhält es sich für die klinisch manifeste Bleivergiftung mit der oben beschriebenen Symptomatik. Diese kann unterhalb einer Bleiblutkonzentration von 100 µg/L mit Sicherheit ausgeschlossen werden.

12.6.2
Ende des Bleizeitalters?

Wenn Archäologen in ferner Zukunft auf unser Jahrhundert zurückblicken werden, bietet es sich an, unsere Epoche als Bleizeit zu klassifizieren. Mit der Verbrennung von verbleitem Benzin (Zusatz: Tetraethylblei) wurden seit 1923 mehrere Millionen Tonnen Blei in die Atmosphäre freigesetzt [28]. Die globale Verteilung des Bleis wird auch dadurch verdeutlicht, dass ab 1923 sogar im Grönlandeis ein starker Anstieg der Bleikonzentrationen gemessen wurde. Es ist ein großer Verdienst der toxikologischen Forschung des 20. Jahrhunderts, den Einfluss der Bleiexposition auf die mentale Entwicklung von Kindern zweifelsfrei belegt zu haben. Dies war wegen der Komplexität des Parameters „Intelligenzentwicklung" nicht trivial. Durch diese Erkenntnisse wurde die stufenweise Abschaffung der Bleizusätze zum Benzin eingeleitet. Die Folge war eine drastische Abnahme der durchschnittlichen Bleikonzentrationen im Blut (Abb. 12.3). Das Ende des Bleizeitalters ist in Sicht. Dies wird zu Recht als einer der großen gesellschaftlichen Erfolge der toxikologischen Wissenschaften gewertet.

12.7
Grenzwerte

Die Höchstgehalte von Schwermetallen in Lebensmitteln wurden von der Europäischen Gemeinschaft im Jahr 2001 für den gemeinsamen Markt festgelegt (Tab. 12.6; Verordnung EG Nr. 466/2001 vom 8. März 2001). Grundsätzlich for-

Tab. 12.6 Höchstgehalte von Blei in ausgewählten Lebensmitteln entsprechend Verordnung EG Nr. 466/2001 vom 8. März 2001.

Lebensmittel	Höchstgehalte für Blei [µg/kg]
Milch	20
Fleisch	100
Fisch	200
Muscheln	1500
Getreide	200
Gemüse	100
Blattgemüse	300
Obst	100
Fruchtsäfte	50

dert die Kommission, dass die Höchstgehalte so niedrig sein sollten, wie dies vernünftigerweise zu erreichen ist. Die genannten Grenzwerte gelten seit dem 5. April 2002.

Die MAK-Kommission der DFG, welche Vorschläge für maximale Arbeitsplatzkonzentrationen (MAK-Werte) erarbeitet und regelmäßig entsprechend der wissenschaftlichen Erkenntnisse aktualisiert, legte 2005 neue Biologische Leitwerte (BLW) für Blei vor. Diese betragen 400 µg/L Blut. Für Frauen unter 45 Jahren wurde ein niedrigerer BLW von 100 µg/L festgelegt. Dies berücksichtigt, dass Blei gut plazentagängig ist. Wichtig ist, dass die MAK-Kommission für Blei keinen MAK- (oder BAT-) Wert, sondern einen BLW festgelegt hat. Die Einhaltung des BLW schließt eine Beeinträchtigung der Gesundheit (im Gegensatz zum MAK-Wert) nicht aus. BLWs werden nur für solche gefährlichen Stoffe benannt, für die keine arbeitsmedizinisch-toxikologisch begründeten BAT-Werte aufgestellt werden können. Der BLW orientiert sich an den arbeitsmedizinischen und arbeitshygienischen Erfahrungen im Umgang mit dem gefährlichen Stoff unter Heranziehung toxikologischer Erkenntnisse. Durch Schutzmaßnahmen sind Konzentrationen anzustreben, die möglichst weit unterhalb des BLW liegen.

Die zulässigen Grenzwerte in der Luft werden durch das Bundes-Immissionsschutzgesetz geregelt. Seit dem 1. 1. 2005 gilt der über ein Kalenderjahr gemittelte Immissionsgrenzwert von 0,5 µg Pb/m^3 Luft. In der Nachbarschaft bestimmter industrieller Quellen an Standorten, die durch jahrzehntelange industrielle Tätigkeit belastet worden sind, beträgt der Immissionsgrenzwert ab 1. 1. 2005 1,0 µg/m^3. Bis zum 1. 1. 2010 müssen auch diese Werte auf 0,5 µg/m^3 reduziert werden.

Die Grenzwerte im Boden werden durch die Bundes-Bodenschutz- und Altlastenverordnung geregelt. Der Grenzwert für den Bleigehalt auf Kinderspielflächen beträgt 200 mg Blei pro kg Boden, in Wohngebieten liegt er bei 400 mg/kg [20].

Für Trinkwasser wurden die Grenzwerte in den letzten Jahren mehrmals nach unten korrigiert. Bis 2002 galten 40 µg/L, 2003 wurde der Wert auf 25 µg/L gesenkt und bis 2013 ist eine weitere Absenkung auf 10 µg/L vorgesehen.

Die tägliche Bleiaufnahme für Kleinkinder und Säuglinge soll nach einer Empfehlung des Umweltbundesamts 1 µg/kg Körpergewicht am Tag nicht überschreiten [20]. Doch wie bereits ausgeführt, kann für Kinder zurzeit kein wissenschaftlich fundierter Grenzwert empfohlen werden, unterhalb dessen eine Störung der mentalen Entwicklung ausgeschlossen ist.

12.8
Individuelle Maßnahmen

Wie generell beim Schutz vor toxischen Substanzen gilt auch für Blei, dass die Prävention eine kollektive Aufgabe darstellt, die von geeigneten Institutionen sichergestellt werden muss. Doch speziell im Fall des Blei sind auch einige Maßnahmen sinnvoll, die von Einzelpersonen geleistet werden können. Die wichtigste besteht darin, die Bleiexposition kleiner Kinder (besonders unter fünf Jahren) zu verhindern. Falls Bleifarben eingesetzt wurden, besteht die Möglichkeit, dass Kinder Blei durch den Boden außerhalb des Hauses oder durch Hausstaub oral aufnehmen. Die Kontamination der Böden in der Umgebung von Wohnhäusern unterliegt großen regionalen Unterschieden. In den USA ist das Vorkommen von Bleifarben in alten Häusern sehr häufig. Glücklicherweise spielen bleihaltige Farben in Deutschland nur noch eine untergeordnete Rolle. Sowohl Farbproben als auch Stäube und Böden können im Labor auf ihren Bleigehalt getestet werden. Gängige Verfahren zur Bestimmung des Bleigehalts in Umweltproben und in Körperflüssigkeiten sind die Atomabsorptionsspektrometrie und die inverse Voltammetrie.

Eine weitere individuelle Maßnahme besteht darin, eine Bleikontamination des Trinkwassers auszuschließen. Abbildung 12.4 zeigt die Regionen Deutschlands, in denen noch Bleileitungen in alten Häusern vorkommen können. Besonders in Berlin ist dies relevant, wo noch etwa 2100 Zubringerleitungen aus Blei gefertigt sind. Zahlreiche Labors bieten Trinkwasseranalysen auf Schwermetalle an. Die im Trinkwasser zulässige Bleikonzentration wurde im Jahr 2003 auf 0,025 µg/L abgesenkt. Bis spätestens 2013 soll der Grenzwert weiter auf 0,01 µg/L abgesenkt werden. Falls keine bleihaltigen Wasserleitungen eingesetzt werden, sind die Bleikonzentrationen im Trinkwasser bereits heute meist deutlich niedriger als diese Werte.

Falls eine berufliche Exposition gegenüber Blei vorliegt, sollte die Berufskleidung vor Betreten der Wohnräume unbedingt abgelegt werden. Selbstverständlich besteht eine wichtige Arbeitsschutzmaßnahme im beruflichen Umfeld mit möglicher Bleiexposition im strengen Verbot von Essen und Trinken am Arbeitsplatz.

Blei wird im Vergleich zu anderen Schwermetallen verhältnismäßig wenig von Pflanzen aus dem Boden aufgenommen. Pflanzen, besonders solche mit großen Blättern, werden vielmehr durch bleihaltigen Staub kontaminiert. Der Bleigehalt von Salat, Obst und Gemüse kann durch gründliches Waschen reduziert, aber nicht vollständig eliminiert werden.

12.9
Zusammenfassung

Weltweit werden jährlich etwa $6 \cdot 10^6$ t Blei produziert. Das meiste Blei wird für Batterien (besonders Autobatterien) benötigt. Weitere häufige Einsatzgebiete sind Pigmente und Kabelmaterial. Der Zusatz von Blei zum Benzin als Antiklopfmittel ist in Europa seit 2000 verboten. Dies führte zu einer starken Reduktion des Bleieintrags in die Atmosphäre und zu einer Abnahme der durchschnittlichen Blutbleikonzentration der Bevölkerung. Blei wird inhalativ sowie über Lebensmittel und Getränke aufgenommen. Einen relativ hohen Bleigehalt können Salate und Muscheln aufweisen. Inhaliertes Blei wird zu 30–50% resorbiert, oral aufgenommenes Blei zu etwa 10%. Bei Kindern ist die intestinale Resorption effizienter als bei Erwachsenen. Nach der Resorption werden etwa 99% des Bleis von Erythrozyten aufgenommen. Vom Blut erfolgt eine Umverteilung zunächst in die Weichgewebe und später in die Knochen. Die chronische Bleivergiftung ist durch folgende Symptome charakterisiert: Anämie, periphere Neuropathie (z. B. Fallhand), Enzephalopathie (z. B. Verhaltensänderungen und Bewusstseinsstörungen), Nierenschäden, Reproduktionstoxizität und Bluthochdruck. Eine besonders kritische chronisch-toxische Wirkung besteht darin, dass die Intelligenzentwicklung von Kindern gestört werden kann. Zurzeit ist keine wissenschaftlich fundierte Schwellenkonzentration bekannt, unterhalb derer diese Störung ausgeschlossen ist. Die akute Bleivergiftung ist heute relativ selten. Sie ist gekennzeichnet durch Bleikoliken, Bleienzephalopathie, Kapillarspasmen (Blässe) und Nierenschädigung. Der Bleitoxizität liegt eine Störung der Calciumhomöostase aufgrund der Ähnlichkeit von Blei und Calcium zugrunde. Hierdurch kommt es zur Induktion von Apoptose, Störung der Neurotransmission, Collagensynthese und intrazellulären Signaltransduktion. Weiterhin induziert Blei DNA-Schäden und ist im Tierversuch karzinogen. Die Karzinogenität beim Menschen ist noch nicht abschließend geklärt. Von der EU wurden einheitliche Höchstgehalte von Blei in Lebensmitteln festgelegt. Für Trinkwasser gilt 25 µg/L als Grenzwert. Die MAK-Kommission hat 400 µg/L Blut als Biologischen Leitwert (BLW) festgelegt. Für Frauen unter 45 Jahren gilt ein niedrigerer Wert (100 µg/L). Der Grenzwert in der Luft beträgt 0,5 µg/m^3.

12.10
Literatur

1 ATSDR (1999) Toxicological Profile for Lead, US DHHS, PHS, Agency for Toxic Substances and Disease Registry.

2 Ballantyne B, Marrs T, Syversen T (1999) General and Applied Toxicology (Hrsg) Metal Toxicity, Macmillan Reference LTD, London, 2054–2057.

3 Barciszewska MZ, Szymanski M, Wyszko E, Pas J, Rychlewski L, Barciszewski J (2005) Lead toxicity through the lead-zyme. *Mutat Res.* **589(2)**: 103–110.

4 Baxter P et al. (1999) Hunter's Diseases of Occupations, Hodder & Stoughton Educational.

5 BfR, Bundesamt für Risikobewertung (2004). http://www.bfr.bund.de/cm/216/blei_und_cadmium_aus_keramik.pdf.

6 Canfield RL, Henderson CR Jr, Cory-Slechta DA, Cox C, Jusko TA, Lanphear BP (2003) Intellectual impairment in children with blood lead concentrations below 10 microg per deciliter. *N Engl J Med.*, Apr 17; **348(16)**: 1517–1526.

7 Classen M et al. (1997) Differentialdiagnose. Innere Medizin, Urban & Schwarzenberg, München.

8 Dorea JG, Donangelo CM (2006) Early (in utero and infant) exposure to mercury and lead. *Clinical Nutrition* Jun; **25(3)**: 369–376.

9 Godwin HA (2001, The biological chemistry of lead. *Curr Opin Chem Biol.* Apr; **5(2)**: 223–227.

10 Goyer RA (1996) Results of lead research: prenatal exposure and neurological consequences. *Environ Health Perspect.* Oct; **104(10)**: 1050–1054.

11 Greim H, Demel E (1995) Toxikologie, Blei. Weinheim, 471–474.

12 Hengstler JG, Bolm-Audorff U, Faldum A, Janssen K, Reifenrath M, Gotte W, Jung D, Mayer-Popken O, Fuchs J, Gebhard S, Bienfait HG, Schlink K, Dietrich C, Faust D, Epe B, Oesch F (2003) Occupational exposure to heavy metals: DNA damage induction and DNA repair inhibition prove co-exposures to cadmium, cobalt and lead as more dangerous than hitherto expected. *Carcinogenesis* Jan; **24(1)**: 63–73.

13 IARC (2004) Lead compounds, inorganic. Volume 87.

14 Lanphear BP, Dietrich K, Auinger P, Cox C (2000) Cognitive deficits associated with blood lead concentrations <10 microg/dL in US children and adolescents. *Public Health Rep.* Nov–Dec; **115(6)**: 521–529.

15 Ldai, Lead Development Association International (2003) London.

16 Lebensmittel-Monitoring (2004, Bundesamt für Verbraucherschutz und Lebensmittelsicherheit (BVL).

17 Lidsky TI, Schneider JS (2003) Lead neurotoxicity in children: basic mechanisms and clinical correlates. *Brain* Jan; **126** (Pt 1): 5–19.

18 Marquardt H, Schäfer S (2004) Lehrbuch der Toxikologie, Blei. Stuttgart, 773–780.

19 Needleman H (2004) Lead poisoning. *Annu Rev Med* **55**: 209–222.

20 Otto M, von Mühlendahl KE (2005) Blei (http://www.allum.de/index.php?mod=noxe&lang=true&n_id=75).

21 Papanikolaou NC, Hatzidaki EG, Belivanis S, Tzanakakis GN, Tsatsakis AM (2005) Lead toxicity update. A brief review. *Medical Science Monitor* **11(10)**: RA329.

22 Pinkall. http://heide-pinkall.de/Pompeji-Details.htm.

23 Schroeter A, Sommerfeld G, Klein H, Hübner D (1999) Warenkorb für das Lebensmittel-Monitoring in der Bundesrepublik Deutschland. *Bundesgesundheitsblatt* **1**: 77–83.

24 Silbergeld EK (2003) Facilitative mechanisms of lead as a carcinogen. *Mutat Res.* Dec 10; **533(1/2)**: 121–33.

25 Stiftung Warentest (2004) http://www. stiftung-warentest.de/filestore/public/d5/4d/df3d4268-ca65-4ffe-9232-ebd2efoe782a0-file.pdf.

26 Tait PA, Vora A, James S, Fitzgerald DJ, Pester BA (2002) Severe congenital lead poisoning in a preterm infant due to a herbal remedy. *Med J Aust.* Aug 19; **177(4)**: 193–195.

27 Toscano CD, Guilarte TR (2005) Lead neurotoxicity: from exposure to molecular effects. *Brain Res Brain Res Rev.* Nov; **49(3)**: 529–554.

28 Zhang W, Zhang GG, He HZ, Bolt HM (1994) Early health effects and biological monitoring in persons occupationally exposed to tetraethyl lead. *Int Arch Occup Environ Health* **65(6)**: 395–399.

13
Cadmium

Gerd Crößmann und Ulrich Ewers

13.1
Allgemeine Substanzbeschreibung

Cadmium (Cd) ist ein metallisches Element mit einer Reihe von physikalischen und chemischen Eigenschaften, die eine relativ breite Anwendung dieses Metalls in Industrie- und Konsumgütern ermöglichen. Cadmium gehört im Periodischen System der Elemente mit der Ordnungszahl 48 zur sog. Zinkgruppe (2. Nebengruppe). Am häufigsten sind Verbindungen der Oxidationsstufe +2. Unterschiedliche Schmelz- und Siedepunkte der einzelnen Verbindungen haben unterschiedliche stoffliche Eigenschaften und somit auch verschiedene Anwendungsfelder zur Folge.

Die meisten anorganischen Verbindungen des Cadmiums wie Sulfat, Nitrat oder Chlorid sind gut wasserlöslich, andere wie Sulfid, Carbonat, Oxid und Hydroxid hingegen schwer- bis unlöslich. In biologischen Materialien liegt Cadmium in proteingebundener Form als Metallothionein vor.

Cadmium, das in biologischen Systemen keine essenzielle Funktion hat, wurde 1817 von Stromeyer und von Hermann zeitgleich entdeckt und nach dem griechischen Begriff kadmia = Zinkspat benannt.

Neben den stofflichen Eigenschaften sind im Hinblick auf relevante öko- und humantoxische Wirkungen die kumulierenden und toxischen Eigenschaften von Cadmium in der belebten Umwelt hervorzuheben.

Cadmium kommt in Umweltmedien und Organismen nur in gebundener Form vor. Aus Gründen der Vereinfachung wird im Folgenden hierfür stets der Begriff „Cadmium" verwendet.

13.2
Vorkommen und Verwendung

Cadmium ist ein natürlicher und ubiquitärer Bestandteil der Lithosphäre. Je nach Art des Muttergesteins variieren die Cd-Konzentrationen zwischen 0,1 und 0,2 mg/kg [11]. Das Schwermetall ist in wesentlich höheren Konzentrationen in

Handbuch der Lebensmitteltoxikologie. H. Dunkelberg, T. Gebel, A. Hartwig (Hrsg.)
Copyright © 2007 WILEY-VCH Verlag GmbH & Co. KGaA, Weinheim
ISBN: 978-3-527-31166-8

zinkführenden Gesteinen und Erzen enthalten. Bei der Erzaufbereitung sowie bei der Zinkgewinnung und -verarbeitung fällt Cadmium als industriell verwertbares Nebenprodukt an.

Erst Mitte des letzten Jahrhunderts erkannte man die technologische Bedeutung von Cadmium für die Herstellung von Industrie- und Konsumgütern. So fand und finden noch heute, allerdings mit stark rückläufiger Tendenz in den meisten Anwendungsbereichen, Cadmiumverbindungen wesentliche Anwendung als

- Bestandteile von Industrie- und Gerätebatterien (Ni/Cd-Batterien),
- Stabilisatoren in spezifischen PVC-Erzeugnissen (z. B. Hart-PVC),
- spezifischer Korrosionsschutz für Metalle (Cadmierung),
- Pigmentträger in der Farb-, Glas-, Keramik- oder Emailherstellung.

Aufgrund des hohen Gefährdungspotenzials von Cadmium für die Umwelt und für die menschliche Gesundheit wurden sowohl der Verbrauch als auch die technischen Anwendungsbereiche durch gesetzliche und technologische Maßnahmen wesentlich eingeschränkt bzw. verboten. Lediglich bei Ni/Cd-Akkumulatoren zeigt Cadmium gegenwärtig eine zunehmende Verwendungstendenz. Hier ist allerdings der Grad des Recyclings relativ hoch [1, 18].

Cadmium ist aber auch als technisch kaum eliminierbare Spurenverunreinigung in verschiedenen Industrierohstoffen und -produkten anzutreffen, so in Zement (~ 2 mg/kg), fossilen Brennstoffen ($\sim 0{,}1$–$1{,}5$ mg/kg), Holz, Nichteisenmetallen (<0,1%), Stahl sowie in Rohphosphaten (10–200 mg/kg), die u. a. der Herstellung von Düngemitteln dienen [12].

Böden spielen beim Eingang und Transfer von Cadmium in menschliche wie in ökologische Nahrungsketten eine Schlüsselrolle. Sie sind „Senken" und „Quellen" zugleich. Senken, weil sie das über verschiedenen Medien (Luft, Wasser) und auf unterschiedlichen Transportwegen (Luft, Dünger, Abfallstoffe u. a.) in Böden eingetragene Cadmium aufnehmen und überwiegend in der oberflächennahen Bodenschicht (Oberboden) binden. Verantwortlich hierfür sind verschiedene chemische, physikalische und biologische Bodeneigenschaften sowie standörtliche Bodenverhältnisse.

Wesentliche Eintragsquellen sind zum einen Cd-haltige Staubimmissionen aus Industrie- und Gewerbeanlagen, industriellen und kommunalen Verbrennungsanlagen, dem Straßenverkehr sowie aus vielen diffusen Kleinquellen. Diese Eintragsmengen sind allerdings geringer als die Cd-Einträge aus der Landbewirtschaftung, zu denen wesentlich Phosphatdünger, kommunale Klärschlämme, Bioabfallkomposte sowie auch Ablagerungen von Cd-kontaminiertem Bodenmaterial und von Sedimenten und Baggergut gehören.

Für alle diesen Quellen gibt es inzwischen gesetzliche Regelungen, z. B. Immissions-Grenzwerte der TA Luft für Stäube [17], Grenzwerte und Mengenbeschränkungen für die in der Landbewirtschaftung eingesetzten Dünge- und Abfallstoffe bzw. auch Verbote. Diese dienen der nachhaltigen Vermeidung von schädlichen Bodenveränderungen (Vorsorge) wie auch der Gefahrenabwehr.

Die natürlichen geogenen und pedogenen Cadmiumgehalte in Böden sind im Laufe der Zeit durch anthropogen verursachte diffuse, aber auch punktuelle, Einträge kontinuierlich aufgestockt worden, wobei es erhebliche räumliche, siedlungs- und industriell bedingte Unterschiede gibt. Cadmiumgehalte zwischen 0,25 und 1 mg/kg Boden sind heute in Abhängigkeit von den jeweiligen Gebietsstrukturen wie industriellen und städtischen Ballungsgebieten oder ländlichen Räumen weit verbreitet [14].

Böden sind aber auch „Quellen" für den Transfer von Cadmium in andere Umweltkompartimente, insbesondere in Pflanzen und in die Nahrungskette. Aus dem Gesamtvorrat an Cadmium im Boden wird in Abhängigkeit von den Löslichkeitsbedingungen ein geringer, aber stets nachfließender Cadmiumanteil von etwa 5–10% von Pflanzen über die Wurzeln aufgenommen (Abschnitt 13.5.2).

Die Bodenpassage des gelösten Cadmiums mit dem Sickerwasser aus dem Oberboden in tiefere Bodenschichten verläuft in der Regel sehr langsam. Grundwasserverunreinigungen durch Cadmium über diesen Transportpfad sind bisher kausal nicht nachgewiesen geworden.

In der Bilanz von Einträgen zu Austrägen liegen die gegenwärtigen Cadmiumeinträge wesentlich über den Austrägen, so dass ein sehr langsamer Anstieg der Cd-Gehalte in den Böden um 0,1 mg Cadmium/kg Boden in etwa 20–40 Jahren geschätzt wird [14].

Umweltrelevante gesetzliche, administrative wie auch technische Maßnahmen dienen einer weiteren Reduzierung bzw. der Vermeidung von Cadmiumeinträgen in die Umwelt und damit auch in menschliche und ökologische Nahrungsketten.

13.3
Verbreitung in Lebensmitteln

Aufgrund seines ubiquitären Vorkommens in Böden ist Cadmium zwangsläufig auch in allen pflanzlichen Lebensmitteln sowie in Futtermitteln pflanzlicher Herkunft mit unterschiedlichen Gehalten anzutreffen. Gleiches gilt für Lebensmittel tierischer Herkunft, deren Cadmiumgehalte im Wesentlichen von den Cadmiumgehalten der verabreichten Futtermittel bestimmt werden.

Das Transfer- und Akkumulationsverhalten von Cadmium wird neben den dominierenden Bodenfaktoren auch von der Pflanzenart beeinflusst. Bevorzugte Anreicherungsorgane sind die Blätter, gefolgt vom Stängel sowie von der Wurzel. Demgegenüber reichern Früchte (Obst) im Allgemeinen wenig Cadmium an. Zu den pflanzlichen Lebensmitteln mit höheren natürlichen Cadmiumgehalten gehören nach [3] einige Blatt- und Wurzelgemüsearten wie z. B. Blattsalate, Spinat und Mohrrüben mit mittelgradigen Höchstmengenüberschreitungen zwischen 3 und 5% der untersuchten Proben sowie Knollensellerie mit 10% Überschreitungen. Auch bei einigen Wildpilzarten können höhere Cadmiumgehalte vorkommen.

Kritisch zu bewerten sind allerdings die relativ hohen Cadmiumgehalte mit erheblichen Höchstmengenüberschreitungen in Erdnüssen (54–25% der untersuchten Proben>HM), Leinsamen (45% >HM) und Sonnenblumenkernen (16%>HM) [3].

In Tabelle 13.1 sind Cadmiumgehalte von einigen Lebensmittelgruppen pflanzlicher Herkunft zusammengestellt.

Trotz der relativ geringen Cadmiumgehalte der meisten in Deutschland verzehrten Gemüsearten und Getreide- bzw. Getreideprodukten ist die Cadmiumzufuhr mit pflanzlichen Lebensmitteln infolge ihrer mengenmäßig hohen Anteile an der Gesamtnahrung nicht unerheblich. Bei Personen mit einem überdurchschnittlich hohen Verzehr von Gemüse und Getreideprodukten ist deshalb auch mit einer höheren Zufuhr von Cadmium zu rechnen.

Cadmiumgehalte in Lebensmitteln tierischer Herkunft resultieren überwiegend aus der Cadmiumaufnahme über das Futter, dem Übergang (carry over) in den tierischen Organismus sowie der organspezifischen Akkumulation. Während Fleisch, Milch und Eier sehr geringe Cadmiumgehalte aufweisen, sind besonders Niere und Leber als bevorzugte Anreicherungsorgane höher kontaminiert. Nach [3] bewegen sich hier die Überschreitungen der zulässigen Höchstmengen von Cadmium z. B. in verkehrsfähigen Nieren derzeit zwischen 3 und 4%. Diese Überschreitungen werden als mittelgradig bezeichnet.

Fische weisen im Allgemeinen sehr geringe Cadmiumgehalte auf. Demgegenüber sind Meeresfrüchte wie z. B. Krebstiere deutlich höher kontaminiert. Nach [3] konnten in ca. 7% der untersuchten Proben Höchstmengenüberschreitungen festgestellt werden.

Tabelle 13.2 enthält Daten über Cadmiumgehalte in ausgewählten Lebensmittelgruppen tierischer Herkunft.

Die variierenden Cadmiumgehalte in Lebensmitteln tierischer Herkunft basieren auf unterschiedlichen Cadmiumgehalten in den Futtermitteln (i. Allg. <1 mg/kg Trockenmasse) sowie auf individuellen Haltungs- und Fütterungsbedingungen. Sie sind des Weiteren auch von Art und Alter der Tiere abhängig. Aufgrund der allgemein höheren Cadmiumgehalte in Nieren und Lebern wer-

Tab. 13.1 Cadmiumgehalte in Lebensmittelgruppen pflanzlicher Herkunft[a] [3] (mg Cd/kg Frischware).

Lebensmittelgruppe	Anzahl Proben	Arithmetischer Mittelwert	Minimalwert	Maximalwert
Gemüse	3050	0,029	<0,002	4,23
Obst	1894	0,005	<0,002	0,21
Getreide[b]	1462	0,029	<0,002	0,86
Nüsse, Kerne, Samen	1712	0,198	<0,0004	1,96

a) Bundesrepublik Deutschland, Untersuchungszeitraum 1997–2002, Handelsware.
b) Getreide, Getreideprodukte, Backwaren.

Tab. 13.2 Cadmiumgehalte in Lebensmitteln tierischer Herkunft[a] (mg Cadmium/kg Frischware), Bundesrepublik Deutschland, Untersuchungszeitraum 1997–2002, Handelsware [4].

Lebensmittelgruppe	Anzahl Proben	Arithmetischer Mittelwert	Minimalwert	Maximalwert
Milch	151	0,006	>0,0006	0,21
Fleisch	1211	0,016	<0,004	0,79
Innereien	3089	0,102	0,002	2,9
Wild	383	0,005	<0,0006	0,12
Fisch	2778	0,011	<0,0006	0,83
Krebstiere[a]	718	0,116	<0,0006	4,8
Eier	46	0,003	<0,0004	0,03
Honig	133	0,007	<0,0004	0,06

a) Inkl. Austern, Tintenfische.

den in Deutschland Innereien von Tieren, die älter als zwei Jahre sind, nicht mehr in den Verkehr gebracht bzw. auch nicht zu Fleischprodukten verarbeitet [9, 15]. Die teilweise hohen Cadmiumgehalte in einigen Meeresfrüchten sind bei andauerndem und hohem Verzehr kritisch zu bewerten.

Trinkwasser enthält in Abhängigkeit vom Grundwasser bzw. vom aufbereiteten Oberflächenwasser Cadmiumgehalte zwischen 0,1 und 0,6 µg/L.

Die Untersuchung von Lebensmitteln auf Cadmium wird aus rechtlichen Gründen sowie hinsichtlich der Vergleichbarkeit der Daten aus verschiedenen Labors nach amtlichen Methoden durchgeführt, die in der EU-Richtlinie 2001/22/EG von 2001/2005 festgelegt sind (s. Tab. 13.4, Fußnote 3). Probenvorbehandlung, Probenvorbereitung (Mineralisierung) und Messung (GF-AAS bzw. ICP-OES) sind wichtige Teilschritte des Verfahrens im Labor. Hierzu gehört besonders auch die Probennahme (Handelsware, Feldproben), die einen nicht zu unterschätzenden Einfluss auf das Endergebnis hat. Qualitätssichernde interne und externe Labormaßnahmen und -kontrollen sind notwendige, integrale Bestandteile für zuverlässige Untersuchungsergebnisse.

13.4
Kinetik und innere Exposition

Aktuelle Zufuhr

Die Nahrung ist die wichtigste Quelle für die Cadmiumaufnahme beim Menschen. Die Aufnahme mit dem Trinkwasser ist im Allgemeinen vernachlässigbar. Die Cadmiumaufnahme über die Atemluft in Verbindung mit luftbürtigen Fein- und Grobstäuben wird bei der Allgemeinbevölkerung derzeit als gering eingeschätzt. In Einzelfällen können kontaminierte Stäube oder Bodenmaterial z. B. auf Spielplätzen bzw. Spielflächen für Kinder relevant sein.

Die Angaben über die tägliche Zufuhr von Cadmium über die Nahrung variieren in weiten Grenzen. Das gilt für nationale und besonders auch für internationale Berechnungen von Cadmiumaufnahmen [5, 21].

Die Ursachen hierfür sind vielfältig [22]. Individuelle, regional, national wie auch international unterschiedliche Lebens- und Ernährungsgewohnheiten, altersspezifisches Ernährungsverhalten, extreme und einseitige Ernährungsgewohnheiten, die für Berechnungen oder Schätzungen herangezogenen Cadmiumgehalte (Qualität der Daten), Methodiken der Probenahmen, Laboruntersuchungen und Befundauswertungen sowie unterschiedliche Berechnungsmodelle erlauben letztlich nur eine orientierende Vergleichbarkeit der Ergebnisse.

Für Erwachsene werden 7–12 µg Cd/Tag (das sind 0,1–0,2 µg/kg Körpergewicht (KG)/Tag) angegeben. Kinder nehmen aufgrund ihres altersbedingt geringeren Körpergewichtes mit 0,3 µg/kg KG/Tag mehr Cadmium auf [8].

Im Lebensmittel-Monitoring des Bundesamtes für Verbraucherschutz und Lebensmittelsicherheit (BVL) [3] werden differenziertere Daten genannt. Danach beträgt die durchschnittliche Cadmiumaufnahme für erwachsene Frauen und Männer gleichermaßen 0,17 µg/kg KG/Tag. Für Kinder werden 0,36 µg (4–6 Jahre) bzw. 0,29 µg Cadmium/kg KG/Tag (7–10 Jahre) berechnet.

Eine neuere Studie der EU zur Aufnahme von anorganischen Schadstoffen über die Nahrung [5] nennt für Deutschland eine mittlere Cadmiumaufnahme bei Erwachsenen von 0,27 µg/kg KG/Tag. Für Kinder werden 0,65 µg (4–6 Jahre) bzw. 0,42 µg/kg KG/Tag (10–12 Jahre) angegeben.

Bei den Erwachsenen stammen allein ca. 75% des Cadmiums aus dem Verzehr von Gemüse und Getreideprodukten. Bei Kindern erhöht sich dieser Anteil durch einen höheren Getränkekonsum auf ca. 80%.

Das Risiko einer erhöhten Cadmiumaufnahme bei Kindern über die Ingestion von kontaminierten Böden oder Stäuben sowie durch orale Kontakte mit Spielzeug und Spielmaterialien wird allgemein als gering eingeschätzt.

Bei Tabakrauchern stellt neben der Cd-Zufuhr über die Nahrung die Inhalation von Tabakrauch eine wesentliche Quelle der Cd-Belastung dar. Diese resultiert aus dem im Tabak enthaltenen Cadmium, das in der Glut teilweise verdampft und in den Tabakrauch gelangt. Die Bedeutung des Tabakrauchens zeigt sich daran, dass Raucher im Mittel 3–4fach höhere Cd-Konzentrationen im Blut aufweisen als Nichtraucher. Langjährige Raucher haben eine Cd-Körperlast, die 1,5–2 fach höher ist als diejenige vergleichbarer Nichtraucher [8].

Resorption

Ca. 5% des mit der Nahrung aufgenommenen Cadmiums wird im Darm resorbiert [25]. Mangel an Eisen, Calcium sowie an Protein begünstigt die enterale Aufnahme von Cadmium. Inhalativ nimmt der Mensch ca. 10–20 ng Cadmium/Tag auf (Nichtraucher sowie nicht besonders exponierte Personen). Bei Rauchern kann die inhalative Cadmiumaufnahme die alimentäre Aufnahme übersteigen [8].

Verteilung

Cadmium wird im Blut bevorzugt an Erythrozyten und Lymphozyten gebunden. Über den Blutkreislauf wird Cadmium in die Hauptspeicherorgane Leber und Niere transportiert. Etwa 50% der gesamten Cd-Menge im Organismus werden in den Nieren (Cortex) und ca. 20% in der Leber deponiert. Weitere Speicherorgane sind Schilddrüse, Pankreas und Speicheldrüsen. Die Plazenta stellt offensichtlich eine wirksame Barriere bezüglich des Übergangs von Cadmium vom maternalen Blut in den Blutkreislauf des Fetus dar [25].

Metabolismus

Cadmium liegt im Organismus vorwiegend in gebundener Form vor. Speicherprotein ist insbesondere das niedermolekulare, cysteinreiche Protein Metallothionein (MT). Cadmium, aber auch Zink und Kupfer induzieren die Synthese dieses Proteins. Zunächst wird Cadmium in der Leber durch cytoplasmatisches Metallothionein gebunden. Durch Austausch von MT-Cadmium wird es mit dem Blut von der Leber zu den Nieren umverteilt. Dort wird es globulär filtriert, in den proximalen Tubulusabschnitten reabsorbiert und in den Tubuluszellen gespeichert [8]. Durch den ständigen Abbau von MT wird Cadmium frei gesetzt und in neu synthetisiertes MT eingebaut. Durch die erneute Bindung resultiert die relativ lange Halbwertszeit des Cadmiums, insbesondere in den Nieren.

Elimination

Das nicht resorbierte Cadmium, das sind 90–95% des oral aufgenommenen Cadmiums, wird überwiegend mit den Faeces wieder ausgeschieden. Mit dem Harn wird ein geringerer Teil des resorbierten Cadmiums eliminiert. Untergeordnete Eliminationswege sind Schweiß, Nägel, Haare und Milch bei stillenden Frauen.

Die Eliminations-Halbwertszeit für Cadmium ist im Darm sehr kurz und beträgt im Blut ca. 50–100 Tage. Die biologische Halbwertszeit von Cadmium in der Leber beträgt etwa 5–10 Jahre, diejenige in den Nieren zwischen 10 und 30 Jahren [7, 10, 25]. Dies führt dazu, dass die Cadmium-Körperlast selbst bei nicht besonders exponierten Personenkreisen mit der Lebenszeit kontinuierlich ansteigt.

Innere Exposition

Die im Organismus vorhandene Cadmiummenge beträgt bei Erwachsenen im Mittel ca. 10–15 mg/Person. Bei Rauchern liegt diese Menge etwa 1,5–1,8 fach höher.

80% der sog. Cd-Körperlast befinden sich in Leber, Nieren, Pankreas und Schilddrüse. Die jährliche Zunahme dieser Körperlast des Menschen wird auf ca. 0,13 mg Cadmium geschätzt [8, 25].

Bedeutsame Indikatoren für die innere Belastung sind die Cadmiumkonzentrationen im Blut. Sie spiegeln die aktuelle Cadmiumexposition wider. Demgegenüber zeigen die Cadmiumgehalte im Urin die altersabhängige kumulative Langzeitbelastung an.

Zur Beurteilung der im Blut und Urin gemessenen Cd-Konzentrationen können die Referenz- und Human-Biomonitoring-(HBM)-Werte des Umweltbundesamtes herangezogen werden [19].

Eine tabellarische Zusammenstellung von medianen Cd-Gehalten in verschiedenen Humanproben findet sich bei [2].

13.5
Wirkungen

13.5.1
Wirkungen auf den Menschen

13.5.1.1 Akute Wirkungen
Akute Intoxikationen sind sehr selten. Im Zusammenhang mit der Aufnahme von Cadmium über die Nahrung sind bisher keine akuten Intoxikationen bekannt geworden.

13.5.1.2 Chronische Wirkungen
Bei für die Allgemeinbevölkerung charakteristischen Expositionsbedingungen sind in Bezug auf die Cadmiumaufnahme mit der Nahrung folgende chronische Wirkungen denkbar:
- Nierenfunktionsstörungen (Nephropathie),
- Wirkungen auf das Gefäßsystem (Blutdruckerhöhung),
- Wirkungen auf das Knochensystem (Osteoporose).

Nach [25] kann nicht ausgeschlossen werden, dass auch bei einer normalen Cadmiumaufnahme über die Nahrung bei einem kleinen Teil der Bevölkerung diskrete Beeinträchtigungen der Nierenfunktionen auftreten können. Dies betrifft insbesondere Risikogruppen, wie ältere Personen, starke Raucher, Personen mit überdurchschnittlich intensivem Verzehr von Lebensmitteln mit hohen Cd-Gehalten, Personen mit Ca-, Fe- und Vitamin D-Mangel sowie beruflich exponierte Personen [8].

Kausale Zusammenhänge zwischen alimentärer Cadmiumaufnahme und einer erhöhten Inzidenz von Tumorerkrankungen konnten bisher nicht nachgewiesen werden.

Nephrotoxizität
Durch Cadmium induzierte Nierenfunktionsstörungen sind durch eine vermehrte Ausscheidung von Proteinen mit niedrigem Molekulargewicht, Amino-

säuren und anderen niedermolekularen Harnbestandteilen gekennzeichnet. Diese Parameter gelten als frühe diagnostische Kriterien für cadmiumbedingte Beeinträchtigungen der Nierenfunktion [19].

Cadmiumbedingte Nierenfunktionsstörungen treten auf, wenn in der Nierenrinde Cd-Konzentrationen von etwa 200 µg/g erreicht werden. Aufgrund interindividueller Empfindlichkeitsunterschiede scheint es eine gewisse Varianz der individuellen kritischen Cd-Konzentration in der Nierenrinde zu geben. Nach den Ergebnissen der Cadmibel-Studie können bei empfindlichen Personen Nierenfunktionsstörungen schon bei Cd-Konzentrationen im Bereich von 50 µg/g auftreten. Cadmium wird bei Vorliegen einer Cd-Nephropathie in größeren Mengen mit dem Harn ausgeschieden. Dies führt zu einer „Entleerung" des Cd-Depots in den Nieren. Demgegenüber verändern sich die Cd-Konzentrationen in der Leber kaum.

Nierenfunktionsstörungen, die in Zusammenhang mit der Aufnahme von hoch mit Cadmium belastetem Reis entstanden sind, wurden in den 1960er Jahren aus Japan berichtet (Itai-Itai-Krankheit). Untersuchungen im Umfeld von industriellen Cd-Emittenten ergaben Hinweise auf ein vermehrtes Vorkommen diskreter Nierenfunktionsstörungen bei Personen, die über viele Jahre in diesen Gebieten gelebt hatten [25].

Wirkungen auf das Gefäßsystem

Während in Tierversuchen ein Zusammenhang zwischen einer chronischen Zufuhr von Cadmium über das Trinkwasser und einem Anstieg des arteriellen Blutdruckes nachgewiesen werden konnte, steht die Beweisführung beim Menschen aus. Es kann davon ausgegangen werden, dass Cadmium im Vergleich zu anderen Einfluss- und Risikofaktoren der Hypertonie wahrscheinlich nur eine sehr geringe Rolle spielt [8].

Wirkungen auf das Knochensystem

Cadmiuminduzierte Wirkungen auf das Knochensystem sind bisher mit Ausnahme der japanischen Untersuchungen in Verbindung mit der sog. Itai-Itai-Krankheit bislang nicht beschrieben worden. Wichtiger auslösender Cofaktor für die Itai-Itai-Krankheit in Japan in den 1950er Jahren war hier vor allem die schlechte Ernährungslage (Protein-, Ca-Mangel) der Bevölkerung in den ländlichen Gebieten nach dem Zweiten Weltkrieg [16]. Wesentlich betroffen davon waren ältere Frauen.

Kanzerogenität

Tierexperimentelle Untersuchungen ergaben, dass verschiedene Cadmiumverbindungen bei Versuchstieren Tumoren erzeugen können. Bei inhalativer Aufnahme und intratrachealer Instillation stehen Lungentumoren im Vordergrund, bei oraler Zufuhr traten Tumoren an verschiedenen Organen auf (u. a. Prostata), bei subkutaner und intramuskulärer Applikation vorwiegend lokale Sarkome an der Injektionsstelle. Die International Agency for Research on Cancer (IARC) stufte die Evidenz für die Kanzerogenität von Cadmium und Cadmiumverbindungen bei Versuchstieren als „sufficient" ein.

Untersuchungen am Menschen ergaben, dass vorwiegend inhalativ gegenüber Cadmium exponierte Arbeiter in Metallhütten und Schmelzen überdurchschnittlich häufig an Lungenkrebs erkranken. Vermutungen, dass eine erhöhte Cadmiumbelastung (inhalativ oder auf oralem Wege) mit einem erhöhten Prostatakrebsrisiko verbunden ist, konnten nicht bestätigt werden.

In vitro-Untersuchungen ergaben, dass ionische Cadmiumverbindungen in eukaryotischen Zellen, darunter auch in humanen Zelllinien, genotoxische Effekte induzieren können.

Die Gesamtbewertung der Kanzerogenität von Cadmium durch die IARC lautet: „Cadmium and cadmium compounds are *carcinogenic to humans* (Group 1)".

Gemäß EU-Richtlinie 2003/34/EC und 2004/73/EC wurden Cadmiumfluorid, Cadmiumchlorid und Cadmiumsulfat jeweils in die Kategorie 2 der kanzerogenen, mutagenen und reproduktionstoxischen Gefahrstoffe eingestuft. Cadmiumsulfid wurde in Kategorie 2 der kanzerogenen Gefahrstoffe und in Kategorie 3 der mutagenen und reproduktionstoxischen Gefahrstoffe eingestuft.

Zusammenfassend ist festzustellen, dass bestimmte Cadmiumverbindungen bei inhalativer Aufnahme und bei bestimmten Applikationsarten wie i. p. oder i. m. Injektion Tumoren induzieren können. Die Aufnahme von Cadmium mit der Nahrung stellt nach derzeitigem Kenntnisstand jedoch kein Krebsrisiko dar.

13.5.2
Wirkungen auf Tiere

In der wissenschaftlichen Literatur finden sich Tausende von Studien über die Wirkungen von Cadmium auf Versuchstiere, frei lebende Tiere und Nutztiere sowie auf Zellen *in vitro*. In der Literaturdatenbank der US-amerikanischen Library of Medicine findet man unter dem Suchwort Cadmium mehr als 20 000 Publikationen! Die Studien befassen sich mit toxikokinetischen Fragen, mit biochemischen und zytotoxischen Wirkungen von Cadmium auf zellulärer Ebene, mit den Wirkungen von Cadmium auf verschiedene Organe und Organsysteme sowie mit den genotoxischen, kanzerogenen, embryotoxischen, fetotoxischen und teratogenen Wirkungen von Cadmium. Gegenstand zahlreicher Studien ist auch die Interaktion von Cadmium mit Calciumionen und mit anderen Spurenelementen wie Zink- und Kupferionen. Das Gesamtbild wird dadurch außerordentlich komplex, dass bei den Untersuchungen sowohl unterschiedliche Applikationsschemata (akute, subakute, subchronische und chronische Exposition) als auch unterschiedliche Applikationsarten eingesetzt wurden (Inhalation, orale Applikation, i. p.-, i. v.-, s. c.- und i. m.-Injektionen).

Generell kann festgestellt werden, dass bei genügend hohen Dosen zahlreiche toxische Effekte an verschiedenen Organen und Organsystemen auftreten. Bereits bei relativ niedrigen Dosen wurden nierentoxische, lebertoxische, immuntoxische und fruchtschädigende Wirkungen sowie Blutdruckerhöhungen festgestellt.

Auf der Basis der vorliegenden Daten lassen sich für verschiedene Effekte quantitative Dosis-Wirkungsbeziehungen für Cadmium bei langfristiger oraler

Zufuhr ableiten. Hieraus können dann Schwellendosen für verschiedene Effekte ermittelt werden (LOEL=lowest observed effect level), welche als Grundlage für die Ableitung tolerabler Körperdosen dienen können (s. Abschnitt 13.6.3). Unter Berücksichtigung der üblichen Verzehrsmengen lassen sich daraus dann toxikologisch begründete Höchstmengen für bestimmte Lebensmittel ableiten.

Biologische Wirkungen von Cadmium bei landwirtschaftlichen Nutztieren beziehen sich auf der Grundlage von Fütterungsversuchen mit oraler Zufuhr von anorganischen Cadmiumverbindungen überwiegend auf die Anreicherung von Cadmium in der Niere und in der Leber. Bestimmende Größen sind der Cadmiumgehalt im Futter sowie die Dauer der Exposition. Auch gibt es deutliche Abhängigkeiten von Art und Alter der Tiere. In der landwirtschaftlichen Praxis sind allerdings weder Gesundheitsbeeinträchtigungen noch Leistungsminderungen beobachtet worden, die sich kausal auf überhöhte Cadmiumzufuhren zurückführen lassen. Die gesetzlichen Höchstgehalte für Cadmium in Futtermitteln basieren auf Fütterungsexperimenten mit Cadmiumverbindungen und sind auf die zulässigen Höchstgehalte für Cadmium in Lebensmitteln tierischer Herkunft abgestimmt (Abschnitt 13.7.1).

13.5.3
Wirkungen auf Pflanzen

Der Cadmiumgehalt in Pflanzen – im Allgemeinen <0,5 mg/kg Trockenmasse – wird von internen Faktoren, wie Art, Sorte, Reifegrad, Verteilung in der Pflanze, wie auch von externen Faktoren, wie Witterung, Boden, Anbauverfahren, bestimmt.

Cadmium wird von Pflanzen bevorzugt über die Wurzeln aufgenommen, wobei eine ausgeprägte Abhängigkeit des Transferverhaltens zum mobilen bioverfügbaren Cadmiumgehalt im Boden besteht. Bei Pflanzen übernehmen ähnliche, als pflanzliche Chelatbildner fungierende Verbindungen (Phytochelatine) die Bindung divalenter Metalle wie Cadmium in physiologisch inaktive Formen.

Schädigungssymptome (Chlorosen, Nekrosen) sowie Ertragseinbußen treten nur bei sehr hohen mobilen Cadmiumgehalten im Boden auf. Im Vordergrund steht aber auch bei Pflanzen (Nahrungs- und Futterpflanzen) das Akkumulationsverhalten von Cadmium. Bevorzugte Anreicherungsorgane sind die Blätter, gefolgt vom Stängel und Wurzeln. Früchte und Samen neigen weniger zu einer Akkumulation. Es gibt deutliche Unterschiede zwischen den Pflanzenarten und -sorten. So enthalten z. B. Erbsen, Bohnen, Kopfkohl, Kartoffeln, Fruchtgemüsearten und Obst weniger Cadmium als Sellerieknollen, Möhren, Spinat, Grünkohl oder Salat. Bei Getreide weisen Körner von Weizen und Hafer mehr Cadmium auf als solche von Roggen oder Gerste. Cadmium wird im Getreidekorn bevorzugt in der Epidermis eingelagert, sodass z. B. in Kleien höhere Gehalte als im Mehl gefunden werden.

Infolge der Ubiquität in allen Böden ist Cadmium auch in ökologisch erzeugten pflanzlichen Lebensmitteln nachweisbar. Die ökologischen Anbauregeln untersagen allerdings die Düngung mit Klärschlämmen und mineralischen Düngestoffen, die Cadmium enthalten.

13.5.4
Zusammenfassung der relevanten Wirkungsmechanismen

Die Cd-bedingte Nephropathie entwickelt sich auf der Grundlage einer starken Cd-Anreicherung in den Nieren, bedingt durch die Bindung von Cadmium an das Protein Metallothionein (MT). Bei sehr hohen Cd-Anreicherungen ist die Bindungskapazität für MT erschöpft. Freie, toxisch wirkende Cd-Ionen können dann zur Schädigung von Tubuluszellen führen [8, 23].

Typisch für die cadmiuminduzierte Nephropathie ist die vermehrte Ausscheidung von niedermolekularen Harnbestandteilen (Aminosäuren, Glucose, Calcium, Phosphat). Diese resultiert aus einer Störung der Rückresorption dieser Stoffe aus dem Primärharn.

Für den Einfluss von Cadmium auf den Bluthochdruck können eine erhöhte Salzretention in der Niere, eine gefäßverengende Wirkung oder eine Stimulierung der Ausschüttung von Renin, und damit eine Aktivierung des Renin-Angiotensin-Systems, infrage kommen.

Wirkungen einer hohen Cadmiumzufuhr auf das Knochensystem (Calcium- bzw. Vitamin D-Stoffwechsel) korrespondieren mit der altersbedingten Demineralisierung der Knochensubstanz.

Ein Zusammenhang zwischen Cadmiumzufuhr über die Nahrung und erhöhtem Tumorrisiko ist beim Menschen bisher nicht nachgewiesen worden.

13.6
Bewertung des Gefährdungspotenzials

13.6.1
Qualitative Bewertung

Aus ernährungsphysiologischer und umweltmedizinischer Sicht steht die Nephrotoxizität von oral aufgenommenem Cadmium im Vordergrund der Bewertung. Inhaliertes Cadmium mit der Atemluft spielt bei der nicht rauchenden Allgemeinbevölkerung eine untergeordnete Rolle.

Ein Einfluss von Cadmium auf Blutdruck bzw. auf die Entstehung von Osteomalazie wird im Allgemeinen als unwahrscheinlich angesehen.

13.6.2
Quantitative Bewertung

Im Vergleich mit der normalen Cadmiumzufuhr über die Nahrung ist die Elimination über Faeces und Harn geringer. Folglich kommt es altersabhängig zur Bildung eines Cadmiumdepots. Allerdings führt nach bisherigen Erkenntnissen diese Bilanz im Allgemeinen nicht zum Auftreten von Cd-induzierten tubulären Proteinurien. Bei hoher täglicher Zufuhr an Cadmium, verstärkt durch inhalative Aufnahmen, kann jedoch ein Depot entstehen, welches mit dem Auftreten von Nierenfunktionsstörungen korreliert.

13.6.3
Tolerable Zufuhrmenge

Bezugsgröße für die gesundheitliche Bewertung der alimentären Zufuhr von Cadmium ist der sog. „provisional tolerable weekly intake" – PTWI. Der PTWI-Wert bezeichnet die Aufnahmemenge, die unter Berücksichtigung der Kumulationsneigung des Cadmiums nach heutigem Erkenntnisstand auch bei lebenslanger Zufuhr nicht zu Gesundheitsbeeinträchtigungen oder -schädigungen führt. Eine sporadische oder kurzzeitige Überschreitung des PTWI-Wertes stellt kein gesundheitliches Risiko dar.

Der vom Joint FAO/WHO Expert Committee on Food Additives (JEFCA) empfohlene und international anerkannte PTWI-Wert für Cadmium beträgt 7 µg/kg Körpergewicht (KG)/Woche.

Die amerikanische Umweltschutzbehörde (EPA) gibt für Cadmium einen RfD-Wert (reference dose) von 0,5–1,0 µg/kg und Tag an. Dieser Wert entspricht etwa dem oben genannten PTWI-Wert.

Aus den Ergebnissen des deutschen Lebensmittel-Monitorings 1995–2002 [3] lässt sich ableiten, dass die alimentäre Cadmiumzufuhr bei Erwachsenen im Mittel etwa 17% des PTWI-Wertes beträgt, bei Kindern je nach Alter 30–36%. Höhere Ausschöpfungsgrade sind bei Personen mit besonderen Verzehrsgewohnheiten (häufiger Verzehr von Innereien wie Leber und Nieren und pflanzlichen Lebensmitteln mit erhöhtem Cadmiumgehalt) zu erwarten.

Zu höheren Cadmiumaufnahmemengen kommt ein EU-Bericht über die Schätzung der alimentären Cadmiumaufnahme in verschiedenen Staaten der EU [5]. Dieser Bericht, der auch die Schadstoffe Arsen, Blei und Quecksilber behandelt, stellt die wissenschaftliche Grundlage für die offensichtlich notwendige Überprüfung der geltenden PTWI-Werte dar.

Diesem Bericht sind die in Tabelle 13.3 aufgeführten Daten für Deutschland entnommen.

Für Deutschland wird danach ein Ausschöpfungsgrad des PTWI-Wertes für Erwachsene von 27% berechnet. Für Kinder mit 4–6 Jahren werden 65%, für Kinder mit 10–12 Jahren 42% Ausschöpfung angegeben. Der Bericht weist im Detail aus, dass bei Erwachsenen Gemüse und Früchte mit 46%, Getreide/Backwaren mit 28% sowie Fleisch mit 11% Anteil an der Gesamtaufnahme beteiligt sind. Bei Kindern (10–12 Jahre) sind die Lebensmittelgruppenanteile in etwa gleich. Getränke inkl. Milch bringen hier aber eine höhere Aufnahme mit 15%.

Die Ausschöpfungsgrade des PTWI-Wertes in den einzelnen EU-Ländern variieren erheblich. Auf die vielfältigen Ursachen (Datenlücken, Datenunsicherheiten, methodologische Unterschiede u.a.) ist bereits in Abschnitt 13.4 eingegangen worden. So werden in diesem Bericht z.B. für erwachsene Finnen 12%, für Franzosen 16%, für Italiener 29% sowie für erwachsene Niederländer hingegen 38% Ausschöpfung des PTWI-Wertes angegeben. Insgesamt kommt diese

Tab. 13.3 Mittlere alimentäre Cadmiumzufuhr bei Erwachsenen und Kindern in Deutschland, berechnet nach der Warenkorbmethode [5] [a, b].

Gruppe	Tägliche Aufnahme		Wöchentliche Aufnahme	PTWI [d]
	[µg/Tag]	[µg/kg KG/Tag]	[µg]	[%]
Erwachsene (70 kg KG) [c]	19	0,3	133	27
Kinder 4–6 Jahre (21 kg KG)	14	0,7	98	65
Kinder 10–12 Jahre (41 kg KG)	17	0,4	119	42

a)   Daten 1997–2002, gerundet.
b)   berücksichtigt 13 Lebensmittelgruppen.
c)   KG = Körpergewicht.
d)   „provisional tolerable weekly intake"/prozentuale Ausschöpfung des PTWI-Wertes.

Schätzung zu dem Ergebnis, dass die durchschnittliche Cadmiumaufnahme in den beteiligten EU-Ländern mit Ausnahme der Niederlande weniger als 30% des PTWI-Wertes beträgt.

Nach einer neueren Schätzung der WHO [26] werden von der europäischen Bevölkerung über die Nahrung im Mittel zwischen 2,8 und 4,2 µg Cadmium/kg KG und Woche aufgenommen, was eine 40–60%ige Ausschöpfung des PTWI-Wertes bedeuten würde.

Eine zusätzliche Aufnahme von Cadmium, z.B. aus Bedarfsgegenständen wie farbigen Keramik- und Glasgefäßen, wird vor dem Hintergrund der Annahme, dass von einem nicht unerheblichen Teil der Gesamtbevölkerung (Risikogruppen) der PTWI-Wert durchaus erreicht bzw. überschritten werden kann, neuerdings in kausalen Zusammenhang mit denkbaren gesundheitlichen Risiken gebracht [4].

13.7
Grenzwerte, Richtwerte, Empfehlungen

13.7.1
Lebensmittel und Bedarfsgegenstände

Um den Schutz des Verbrauchers vor gesundheitlichen Gefährdungen durch unerwünschte Stoffe (Kontaminanten) wie Cadmium auf hohem Niveau zu gewährleisten, sind bei Lebensmitteln und in vorgelagerten Bereichen wie Boden,

Abfallstoffe, Wasser und Futtermittel in Gesetzen und Verordnungen eine Reihe von Vorschriften auf EU- und nationaler Ebene erlassen worden. Zweck dieser Regelungen ist es, die Quellen unerwünschter Stoffe zu erkennen, Stoffeinträge zu vermindern bzw. ganz zu vermeiden, sowie lediglich unvermeidliche Rückstandsbildungen zuzulassen. Höchstgehalte für Cadmium in Lebensmitteln werden für die Länder der EU in der sog. Kontaminantenverordnung geregelt (Tab. 13.4).

Die für alle EU-Staaten geltenden Höchstgehalte werden aus dem TDI-Wert (Tolerable Daily Intake), dem durchschnittlichen Körpergewicht eines Erwachsenen sowie dem üblichen Tagesverzehr eines Lebensmittels berechnet. Bei Anwendung der Höchstgehalte ergibt sich eine Cadmiumzufuhr unterhalb des TDI-Wertes.

Um gesundheitliche Beeinträchtigungen des Menschen über eine Cadmiumaufnahme mit Trinkwasser zu vermeiden, gibt die Trinkwasser-Verordnung für Cadmium den Grenzwert von 5 µg/L vor.

In Bedarfsgegenständen wie z. B. in Gefäßen aus Keramik kann Cadmium enthalten sein, das je nach Art der Keramikherstellung bzw. Art und Lagerungszeit von Lebensmitteln herausgelöst werden kann. Um eine gesundheitliche Ge-

Tab. 13.4 Höchstgehalte für Cadmium in bestimmten Lebensmitteln [a, b, c] (Angaben in mg Cadmium/ kg Frischgewicht).

Fleisch	0,1
	0,2 Pferd
Innereien	0,5 Leber
	1,0 Niere
Fische allgemein	0,05
Fischspezies Sonderregelung	0,1
Krebstiere	0,5
Muscheln, Tintenfische	1,0
Getreide	0,05
	0,2 Weizen, Kleie, Keime, Reis
Sojabohnen	0,2
Gemüse und Obst	0,05
	0,2 Blattgemüse, Kräuter, Knollensellerie, Kulturpilze
	0,1 Stängelgemüse, Wurzelgemüse, Kartoffeln

a) Verordnung (EG) Nr. 466/2001 der Kommission vom 8. März 2001 zur Festsetzung der Höchstgehalte für bestimmte Kontaminanten in Lebensmitteln, Amtsblatt Nr. L 77 vom 16. 3. 2001, S. 1–13.
b) Lebensmitteldefinitionen und Fischspezies s. genannte VO.
c) Richtlinie 2001/22/EG der Kommission vom 8. März 2001, geändert durch Richtlinie 2005/4/EG der Kommission vom 19. Januar 2005 zur Festlegung von Probenahmeverfahren und Analysenmethoden für die amtliche Kontrolle auf Einhaltung der Höchstgehalte für Blei, Cadmium, Quecksilber und MCPD in Lebensmitteln. Amtsblatt Nr. L 77 vom 16. 3. 2001, S. 14–21.

fährdung der Verbraucher, insbesondere von Kindern zu vermeiden, gibt es seit 1984 EU-Grenzwerte für die Abgabe von Cadmium (auch von Blei) aus Keramik-Bedarfsgegenständen. Das Bundesinstitut für Risikobewertung (BfR) hat hierzu eine im Jahr 2005 aktualisierte Stellungnahme veröffentlicht [28].

13.7.2
Vorgelagerte Rechtsbereiche

Hinsichtlich des Transfers von Cadmium in die menschliche Nahrungskette sind zwei Kompartimente und deren rechtliche Regelungen zur Vermeidung unerwünschter Einträge, auch von Cadmium, von Bedeutung: a) Boden und b) Futtermittel.

Gesetzliche Regelungen auf nationaler wie auch auf EU-Ebene gibt es auch für Materialien wie kommunale Klärschlämme, Biokomposte, Sedimente (Baggergut) und kontaminierten Fremdboden, die auf landwirtschaftlich und gärtnerisch genutzte Böden aufgebracht werden sollen. Diese verbindlichen Regelungen enthalten Wertestandards sowie Einschränkungen (z. B. Konzentrations- und Mengenbegrenzungen) und Verbote (z. B. Klärschlammaufbringung auf Grünland).

In diesem Kontext stehen auch die Depositionsgrenzwerte für Cadmium in luftgetragenen Stäuben (5 µg/m²/Tag) aus punktuellen und diffusen Immissionen, zumal Depositionen von schwermetallhaltigen, d.h. auch Cd-haltigen Stäuben nach wie vor nicht unerheblich an den Gesamteinträgen von Schadstoffen in die Umwelt beteiligt sind [17].

Tab. 13.5 Vorsorge-, Prüf- und Maßnahmenwerte für Cadmium in Böden bezüglich Wirkungspfad Boden–Mensch und Boden–Nutzpflanze [a].

Wertestandard	Bodenart, -nutzung	mg/kg Boden	Untersuchungsmethodik
Vorsorgewerte	Ton	1,5	DIN ISO 11466 [b]
	Lehm/Schluff	1,0	(Königswasserextrakt)
	Sand	0,4	
Prüfwerte (Auswahl)	Kinderspielplätze	10	DIN ISO 11466
	Wohngebiete	20	(Königswasserextrakt)
	Haus-, Kleingärten	2	
Maßnahmenwerte	Acker, Nutzgarten (inkl. Weizenanbau, spezifische Gemüsearten)	0,04	DIN 19730 [c] (Ammoniumnitratextrakt)
	sonstige Nutzungen	0,1	

a) BBodSchV Anhang 1 und 2, dort auch Begriffsdefinitionen und Handlungsanleitungen.
b) Gesamtgehalt.
c) Pflanzenverfügbarer (mobiler) Gehalt.

Tab. 13.6 Höchstgehalte für Cadmium in Wirtschafts- und Handelsfuttermitteln[a] (Angaben in mg/kg, bezogen auf 88% Trockenmasse).

Futtermittelart	Höchstgehalt
Einzelfuttermittel pflanzlichen Ursprungs	1
Einzelfuttermittel tierischen Ursprungs	1
Einzelfuttermittel mit mehr als 8% Phosphor	0,5[b]
Mineralfuttermittel	0,75[2]
Alleinfuttermittel für Wiederkäuer (z. B. Rinder)	1
andere Alleinfuttermittel (z. B. für Schweine, Geflügel)	0,5

a) Futtermittelverordnung von 2002.
b) Je Prozent Phosphor des Futtermittels.

Zum Schutz landwirtschaftlicher Nutztiere vor Beeinträchtigungen von Gesundheit und Leistung sowie vor Rückstandsbildung durch cadmiumhaltige Luftverunreinigungen gibt es des Weiteren Maximale Immissionsdosen (MID) bezogen auf kg Körpergewicht und Tag, die in Abhängigkeit von Tierarten und Altersstufen auf die im Futtermittelrecht verankerten Höchstgehalte für Cadmium in Futtermitteln abgestimmt sind [20].

Das Bundes-Bodenschutz-Gesetz (BBodSchG) und die Bundes-Bodenschutz-Verordnung (BBodSchV) enthalten zum Schutz des Bodens bodenart- und nutzungsabhängige Wertekategorien (Vorsorgewerte, Prüf- und Maßnahmenwerte zur Gefahrenabwehr) sowie auch Anforderungen an Untersuchungsverfahren für eine Reihe von anorganischen wie auch organischen Substanzen, so auch für Cadmium. Diese Standards sollen die natürlichen Bodenfunktionen wie Filter-, Puffer- und Umwandlungsvermögen erhalten bzw. wieder herstellen. Tabelle 13.5 enthält einige Standards für Cadmium, die für den Transfer von Cadmium vom Boden aus von Bedeutung sind.

Die geltende Futtermittel-Verordnung (FMV) begrenzt die Cadmiumgehalte in Wirtschafts- und Handelsfuttermitteln mit entsprechenden Höchstgehalten. Deren Ableitung basiert im Wesentlichen auf zahlreichen Fütterungsversuchen mit verschiedenen Tierarten sowie auf durchschnittlichen Cadmiumgehalten in Futtermitteln. Sie orientieren sich an den zulässigen Höchstgehalten in Lebensmitteln tierischer Herkunft. Es handelt sich um Wertestandards, die die Gesundheit und Leistung der Tiere nicht beeinträchtigen und nicht zu unerwünschten Rückstandsbildungen führen. Tabelle 13.6 gibt einen Auszug aus der Futtermittelverordnung (FMV).

13.8
Weitere Vorsorgemaßnahmen

13.8.1
Überwachungsmaßnahmen (Lebensmittel-Monitoring)

Neben den gesetzlichen Regelungen und Kontrollen zur Verminderung bzw. Vermeidung von Cadmiumeinträgen in die Umwelt im Allgemeinen und in die menschliche Nahrungskette im Besonderen in den Rechtsbereichen Luft, Wasser, Boden, Abfallstoffe, Pflanzen und Lebensmittel gibt es eine Reihe von zusätzlichen Instrumentarien zur Verbesserung des vorbeugenden Verbraucherschutzes. Dazu gehört das dem vorsorgenden gesundheitlichen Verbraucherschutz dienende, seit 1994 in § 46d LMBG verankerte jährliche Lebensmittel-Monitoring von Bund und Ländern, das ständige Beobachtungen, Messungen und Bewertungen, u. a. auch von Umweltkontaminanten wie Cadmium, besonders in solchen Lebensmitteln vorgibt, die eine hohe Affinität zu Cadmium haben [3]. Die dadurch gegebene frühzeitige Erkennung von Kontaminationstrends ermöglicht gezielte Maßnahmen zur Verminderung oder Vermeidung des Inverkehrbringens kontaminierter Lebensmittel.

Die nationale Anpassung an den EU-einheitlichen Rechtsrahmen (EG Nr. 178/2002) wird in der Neuordnung des Lebens- und Futtermittelrechts in Form des nunmehr vorliegenden Lebensmittel- und Futtermittelgesetzbuches erfolgen [27]. Darin sollen künftig alle Produktions-, Verarbeitungs- und Vertriebsstufen von Lebensmitteln und von Futtermitteln, am Vorsorgeprinzip ausgerichtet, geregelt werden.

Die darin vorgesehene EU-weite amtliche Lebensmittel- und Futtermittelüberwachung soll sicher stellen, dass die Kontrolle der Lebensmittels und Futtermittel auch über nationale Grenzen hinaus funktioniert.

13.8.2
Qualitätssicherung in der Land- und Ernährungswirtschaft

Ergänzend zu den rechtlichen Instrumentarien sind verschiedene freiwillige Qualitätssicherungssysteme in der Land- und Ernährungswirtschaft entwickelt worden [13]. Diese sollen auf der Basis von Standards (z. B. auch für Kontaminanten wie Cadmium) gewährleisten, dass der vorsorgende Gesundheitsschutz auf allen Ebenen, von der landwirtschaftlichen Produktion, über die Verarbeitung, bis hin zum Handel durch Rückverfolgbarkeit, Dokumentation und Transparenz eine zunehmende Priorität gewinnt. Diesen Zielen dienen u. a. der Codex Alimentarius, das betriebliche Eigenkontrollsystem HACCP sowie die „Gute Landwirtschaftliche Praxis-GAP".

13.8.3
Individuelle Maßnahmen

Während heute für die Allgemeinbevölkerung das Risiko einer durch alimentäre Cadmiumzufuhr bedingten Gesundheitsbeeinträchtigung sehr gering ist, gibt es Risikogruppen, bei denen eine erhöhte Zufuhr von Cadmium bei langfristiger Exposition über die Nahrung nachteilig wirken kann. Hierzu gehören ältere Menschen, Personen mit eingeschränkten Nierenfunktionen, langjährig beruflich exponierte Personen, Raucher sowie Personen mit einseitigem Ernährungsverhalten (hoher Verzehr von Innereien, Krebstieren und anderen Meeresfrüchten, aber auch von Getreide und Gemüse).

Der Verbraucher von Lebensmitteln hat auch eigenständige und eigenverantwortliche Möglichkeiten in der Hand, gesundheitliche Risiken durch eine erhöhte Cadmiumaufnahme zu minimieren bzw. zu vermeiden. Dazu bedarf es objektiver, sachlicher und geeigneter Informationen seitens der Fachbehörden und Verbraucherorganisationen, die besonders über die verschiedenen Medien transportiert werden könnten. Derartige Empfehlungen sollten auf solche Lebensmittel mit höheren Cadmiumgehalten und deren Bedeutung für eine cadmiumarme Ernährung aufmerksam machen.

Bis zu 35% des verzehrten Gemüses stammen heute aus dem Anbau in Haus- und Kleingärten. Oft weisen diese Böden standort- und auch nutzungsbedingt, vor allem in Ballungsräumen mit hoher Siedlungs- und Industriedichte, höhere Cadmiumgehalte im Boden auf, mithin können auch die Gemüsepflanzen Cadmium in unerwünschten Mengen akkumulieren. Kontrolluntersuchungen von Boden und Pflanze sowie evtl. geänderte Nutzungsweisen der Gärten oder Verzicht auf den Anbau überhaupt sind dann geeignet, in solchen Situationen gesundheitliche Risiken für den Verbraucher zu vermindern bzw. zu vermeiden.

Die sorgfältige küchenmäßige Aufbereitung von Obst und Gemüse sowohl aus dem Garten wie aus dem Handel gehört zur „Guten Küchen-Praxis" eines jeden Haushaltes. Allerdings spielen diese Behandlungen bezüglich einer Reduzierung des Cadmiums allenfalls dort eine Rolle, wo oberflächige Verschmutzungen mit cadmiumhaltigen Stäuben oder Böden vorkommen.

13.9
Zusammenfassung

Cadmium ist in der Umwelt in relativ geringen Konzentrationen weit verbreitet. Böden sind einerseits „Senken" für Einträge aus Luft, Abfallstoffen und Düngemitteln, andererseits auch „Quellen" bezüglich des Transfers über Pflanzen in menschliche wie auch ökologische Nahrungsketten. Cadmium hat keine essenzielle Funktion in Organismen und kann langfristig infolge seiner kumulierenden und toxischen Eigenschaften in Abhängigkeit von Dosis und Exposition zu gesundheitlichen Beeinträchtigungen und Schädigungen führen (besonders

Nierenfunktionsstörungen, aber auch Hypertonie und Osteoporose). Cadmium wird überwiegend über die Nahrung aufgenommen. Insofern sind die Cadmiumgehalte in Lebensmitteln pflanzlicher wie auch tierischer Herkunft von grundlegender Bedeutung.

Das aufgenommene Cadmium wird in nur geringen Raten resorbiert. Über 90% werden rasch wieder ausgeschieden. Vorrangige Anreicherungsorgane beim Menschen wie auch bei Tieren sind Nieren und Leber. Infolge der kumulierenden Eigenschaft des Cadmiums ergeben sich relativ lange Halbwertszeiten zwischen 10 und 30 Jahren.

Gegenwärtig wird von der WHO ein PTWI-Wert von 7 µg Cadmium/kg Körpergewicht und Woche empfohlen. Angaben über die Ausschöpfung dieses PTWI in Deutschland und in anderen Staaten der EU sind infolge der zahlreichen Variablen für die Berechnung der Aufnahmemengen allerdings sehr unterschiedlich. Der mittlere Ausschöpfungsgrad des PTWI-Wertes für erwachsene Deutsche wird derzeit auf 27% geschätzt.

Gesetzliche Höchstgehalte in Lebensmitteln geben den Überwachungsbehörden die Möglichkeit, mit Cadmium kontaminierte Lebensmittel zu erfassen und bei Überschreitung aus dem Handel zu nehmen.

Gesetzliche Regelungen zur Minimierung von Cadmiumeinträgen gibt es auch für die vorgelagerten Rechtsbereiche Luft, Boden, Futtermittel und Düngemittel. Zur Entlastung tragen auch freiwillige Kontrollen im Rahmen von Qualitätssicherungssystemen der Land- und Ernährungswirtschaft bei. Eigenverantwortliche Vorsorgemaßnahmen für den Verbraucher bedürfen allerdings fachlich fundierter und sachlich-objektiver Anregungen und Hinweise, z.B. von den Verbraucherorganisationen wie auch von den Medien.

13.10
Literatur

1 Bätcher, K. (1995) Cadmium – Auswirkung gesetzlicher Beschränkungen auf den Einsatz in Produkten. *Z. Umweltchem. Ökotox.* **7 (2)**, 102–109.

2 Becker, K., Kaus, S., Krause, C., Lepom, P., Schulz, G., Seiwert, M., Seifert, B. (1998) Human-Biomonitoring Stoffgehalte in Blut und Urin der Bevölkerung in Deutschland, Umwelt-Survey Band III, WaBoLu-Hefte 1/02 Umweltbundesamt.

3 Bundesamt für Verbraucherschutz und Lebensmittelsicherheit (BVL) (2004) Lebensmittel-Monitoring, Ergebnisse des bundesweiten Lebensmittel-Monitoring der Jahre 1995–2002, www.bvl-bund.de

4 Bundesinstitut für Risikobewertung (BfR) (2005) Blei und Cadmium aus Keramik, Stellungnahme Nr. 007/2005 vom 26. März 2005, www.bgvv.de

5 EC (2004) Assessment of the dietary exposure to arsenic, cadmium, lead and mercury of the population of the EU-Member States, SCOOP – Task 3.2.11, European Commission, Directorate General Health and Consumer Protection, Reports on Tasks for Scientific Cooperation, March.

6 Elmadfa, I., Burger, P. (1999) Expertengutachten zur Lebensmittelsicherheit Cadmium, Institut für Ernährungswissenschaften der Universität Wien, i.A. Bundeskanzleramt Österreich.

7 European Food Safety Agency (EFSA) (2004) Opinion of the Scientific Panel on Contaminants in the Food chain on a request from the Commission related to Cadmium as undesirable substance in

animal feed, *The EFSA Journal* **72**, 1–24, www.efsa.eu.int

8 Ewers, U. und Wilhelm, M. (1995) Umweltschadstoffe, VI-3 Metalle/Cadmium, in: Wichmann, Schlipkötter, Fülgraff, Handbuch der Umweltmedizin, ecomed Landsberg.

9 Hecht, H. (1989) Rückstände und ihre Ursachen – Umweltbedingte Rückstände in tierischen Geweben, Kulmbacher Schriftenreihe Band 9, 62, Bundesanstalt für Fleischforschung Kulmbach.

10 Institute for Health and Consumer Protection (IHCB) (2003) Risk assessment Cadmium oxide and cadmium metal, Final draft report July 2003, EU Chemical Bureau Bruxelles.

11 Merian, E. (1993) Umweltchemie, biologische Wirkungen und Risiken von Cadmiumverbindungen – eine Übersicht, Verhandlungen der Naturforschenden Gesellschaft Basel 103: 1–46, Birkhäuser Basel.

12 Merian, E., Anke, M., Ihnat, M., Stoeppler, M. (Hrsg) (2004) Elements and their compounds in the environment, Vol. 2, Metals and their compounds, Wiley-VCH, Weinheim.

13 Roters, B. (2004) Qualitätsmanagement und Qualitätssicherungssysteme in der Land- und Ernährungswirtschaft, Bayrische Landesanstalt für Landwirtschaft, www.lfl.bayern.de

14 Scheffer, F. und Schachtschabel, P. (2002) Lehrbuch der Bodenkunde, 15. Auflage, Spektrum Akademischer Verlag Heidelberg – Berlin.

15 Schwind, K.-H. (2004) Umweltkontaminanten im Lebensmittel Fleisch: Wieviel und woher?, *Mitteilungsblatt der Bundesanstalt für Fleischforschung* (BAFF), **43 (163)**, 39–50.

16 Seidel, H. J., Krefeldt, T. (1998) Umweltmedizinische Katastrophen – Welche medizinischen Erkenntnisse bringt ihre Analyse? Teil II: Itai-Itai-Byo (Schmerzkrankheit), *Umweltmed Forsch Prax* **3 (5)**, 313–318.

17 TA Luft (2002) Technische Anleitung zur Reinhaltung der Luft (TA Luft) v. 30. Juli 2002, GMBl. 2002, Heft 25–29, 511–605.

18 Tötsch, W. (1990) Cadmium – Anwendung, Recycling und Ersatzprodukte, *Z. Umweltchem. Ökotox.* **2 (4)**, 226–230.

19 Umweltbundesamt (UBA) (1998) Stoffmonographie Cadmium – Referenz- und Human-Biomonitoring-(HBM)-Werte, *Bundesgesundheitsblatt* **41 (5)**, 218–226.

20 VDI (1996) Maximale Immissionswerte für Cadmium zum Schutze landwirtschaftlicher Nutztiere, VDI 2310, Blatt 28, Beuth Berlin.

21 WHO (1989) Toxicological evaluation of certain food additives and contaminants, 33rd Report of the Joint FAO/WHO Expert Committee on Food Additives (JECFA), Technical Report Series 776, Geneva.

22 WHO (2000) Joint FAO/WHO Workshop Methodology for exposure assessment of contaminants and toxins in food, WHO Geneva, www.who.int/foodsafety

23 WHO (2001) Cadmium, in: Safety evaluation of certain food additives and contaminants. Joint FAO/WHO Expert Committee on Food Additives (JEFCA), Food Additives Series 46, WHO Geneva, www.who.int/foodsafety

24 WHO (2003) Summary and conclusion of the sixty-first meeting of the Joint FAO/WHO Expert Committee on Food Additives (JECFA), WHO, Geneva.

25 WHO (2004) Cadmium in: Safety evaluation of certain food additives and contaminants, Sixty-first meeting of JEFCA, WHO Food Additives Series 52, p. 506–556, WHO Geneva, www.who.int/ipcs/food/jecfa

26 WHO (2005) Summary and Conclusions, Sixty-fourth meeting of Joint FAO/WHO Expert Committee on Food Additives (JECFA), p. 17–19, www.fao.org/es/esn/jecfa oder www.who.int/ipcs/food/jecfa

27 „Lebensmittel-, Bedarfsgegenstände- und Futtermittelgesetzbuch" vom 7. September 2005, BGBl. S. 2618 (3007) und in der Bekanntmachung vom 26. April 2006, BGBl. S. 945, www.gesetze-im-internet-de/bundesrecht/lfgb.

28 Blei und Cadmium aus Keramik, aktualisierte Stellungnahme vom 7. Juni 2005, Nr. 023/2005 des Bundesinstituts für Risikobewertung (BfR), www.bfr.bund.de/cm/216/blei und cadmium aus keramik.pdf.

14
Quecksilber

Abdel-Rahman Wageeh Torky und Heidi Foth

14.1
Allgemeine Substanzbeschreibung

Quecksilber (chemisches Symbol Hg) ist das 80. Element und steht in der 2. Nebengruppe (Zinkgruppe) im Periodensystem.

Quecksilber hat eine Dichte von 13,59 g/cm^3, einen Erstarrungspunkt bei $-38,85\,°C$ und einen Siedepunkt bei $357\,°C$. Es ist ein silberweiß glänzendes Schwermetall und als einziges Metall bei Raumtemperatur flüssig. Da Quecksilber einen hohen Dampfdruck hat (0,0002 Pa bei 234 K), verdampft es bereits bei Raumtemperaturen substantiell in die Luft. Es werden dadurch toxikologisch relevante Konzentrationen erreicht. Elementares Quecksilber geht in flüssiger wie auch in Dampfform mit vielen Metallen, wie Pb, Zn, Sn, Au, Ag, Cu, eine Legierung ein (Amalgamierung). Durch Erhitzen des Amalgams kann Quecksilber aus den Legierungen wieder ausgetrieben werden, und man erhält wieder die Ausgangsverbindungen. In seinen chemischen Eigenschaften ähnelt es den Edelmetallen. Reines Quecksilber ist daher an der Luft sehr beständig.

Quecksilber kommt in ein- oder zweiwertiger Oxidationsstufe vor. Die zweiwertige Oxidationsstufe ist die häufigere und stabilere Form. Bei Erhitzen von elementarem Quecksilber oberhalb von $300\,°C$ bildet sich Quecksilber(II)-oxid, das bei weiterer Zunahme der Temperatur wieder in Quecksilber und Sauerstoff zerfällt. Wichtige Quecksilberverbindungen sind Quecksilber(I)-chlorid und -(II)-chlorid, Quecksilber(I)-nitrat und -(II)-nitrat, sowie Quecksilber(II)-oxid und Quecksilber(II)-sulfid. Quecksilber(II)-chlorid ($HgCl_2$, Sublimat), ist eine feste weiße kristalline Masse, die gut in Alkohol und Ether, aber schlecht in Wasser löslich ist. Hg_2Cl_2 (Kalomel) ist eine weiße kristalline Masse, die, zusammen mit Wasserdampf erhitzt (Dampfkalomel, englisches Kalomel), das reine Quecksilberchlorid als weißes Pulver abscheidet, welches dann zu medizinischen Zwecken verwendet wurde. Kalomel ist in Wasser, Ether und Alkohol nahezu unlöslich.

Handbuch der Lebensmitteltoxikologie. H. Dunkelberg, T. Gebel, A. Hartwig (Hrsg.)
Copyright © 2007 WILEY-VCH Verlag GmbH & Co. KGaA, Weinheim
ISBN: 978-3-527-31166-8

14.2
Vorkommen und Verwendung

14.2.1
Vorkommen

Quecksilber ist ein relativ seltenes Element, es steht in der Elementhäufigkeit an 62. Stelle. Der Quecksilberanteil an der Erdkruste beträgt ca. 0,00005% (Quecksilber z. B. im Meerwasser, in den Gasen von Vulkanen). Es wird in beträchtlichem Umfang bei Vulkantätigkeiten in die Anthroposphäre freigesetzt. Seit Tausenden von Jahren wird Quecksilber durch den Menschen aus natürlichen Lagerstätten abgebaut und genutzt. Insbesondere mit Beginn der Industrialisierung ist der Quecksilberbedarf enorm gewachsen und der durch anthropogene Aktivität in Umlauf gebrachte Quecksilberanteil beträgt inzwischen das 3–6 fache der natürlichen Freisetzung.

In der Natur kommt Quecksilber gediegen in silberweißer Tröpfchenform in erdgeschichtlich alten Gesteinen als Jungfernquecksilber, das bereits den Römern bekannt war, vor. Solche Lagerstätten fand man in Bayern, Kärnten, Tirol, Tschechien („Böhmen"), Ungarn oder Spanien. Die spanische Mine Alamadén wurde beispielsweise schon von den Phöniziern und den Römern genutzt und ist auch heute noch eine Mine mit bergmännischer Gewinnung von Quecksilber. Von weitaus größerer Bedeutung als gediegenes Quecksilber sind seine natürlichen Verbindungen, das rote Zinnober (Hg(II)S), und Quecksilberhornerz (Kalomel, Hg_2Cl_2), eine weiße kristalline Masse.

Die Gewinnung von Quecksilber aus dem Gestein wurde zumeist durch Vermahlen und Erhitzen vorgenommen – die Notwendigkeit einer weitgehend geschlossenen Rauchgassammlung war schon lange bekannt. Das reine Quecksilber wurde aus dem Dampf gewonnen, wiederholt destilliert, filtriert und in feuchten Ledergefäßen gelagert.

Dampfförmiges Quecksilber wird im Zusammenhang mit Erdgas gefördert. Das aus der Nordsee geförderte Erdgas hat vergleichsweise hohe Quecksilberkonzentrationen. Die höchsten Konzentrationen wurden mit 4400 μg/m³ im deutschen Erdgas gemessen. Begleitkomponenten im Erdgas, wie Schwefel, binden Quecksilber. Weltweit gesehen ist deshalb die Konzentration von Quecksilber im Erdgas sehr variabel.

Quecksilber kann wie andere Metalle auch oxidiert werden, mit anderen Elementen Verbindungen eingehen oder einem biogenen Metabolismus zu organischen Verbindungen (s. Abschnitt 14.4) unterliegen. Quecksilber kann aber nicht durch Spaltung in unwirksame Formen degradiert werden. Der anthropogen beschleunigte Stoffkreislauf von Quecksilber und seinen Verbindungen (s. Abschnitt 14.3) kann daher nur auf dem Wege der Überführung in wasserunlösliche stabile Sulfide, der nachfolgenden Sedimentation und Einbringung in Endlagerstätten abgefangen werden.

14.2.2
Technische Verwendung

Flüssiges Quecksilber hat bereits seit dem Altertum eine große Rolle zur Gewinnung oder Rückgewinnung von dispers verteiltem Gold und Silber gespielt. Dazu wird es nach wie vor noch in großen Mengen, vor allem in Südamerika, genutzt. Bei den Römern stand die technische Verwendung von Quecksilber zur Rückgewinnung von fein dispers verteiltem Gold aus dem Wasser der Goldminen wie auch seine Verwendung als Bestandteil der Feuervergoldung sowie Feuerversilberung im Vordergrund. Die Alchimisten knüpften an Quecksilber viele Hoffnungen auf ihrer Suche nach Verfahren zur Goldherstellung.

Das leicht lösliche Ammoniumquecksilbersalz – auch als Salz der Wissenschaft bezeichnet – verwittert an der Luft und ergibt dann einen goldenen Farbton. Es wurde daher auch zum Vergolden genutzt. Ebenfalls historisch belegt ist seine Nutzung zur Verspiegelung von Glas und zur Herstellung von Spiegeln. Kalomel wurde auf Papier aufgezogen oder das Papier sogar durchtränkt. Mit Hilfe einer Alaun-Gummi-Natronlösung wurden auf dem Kalomelpapier schwarze, unlöschbare Schriftzüge erzeugt. Kalomel ergibt mit Baryt (Schwerspat), Schwefel und Schellack vermischt eine dunkelgrün brennende bengalische Flamme. Mischungen aus Kalomel und Goldfeilung werden in der Porzellanmalerei gebraucht, weil die Komponenten zusammen in Wasser angemischt, dünn und präzise aufgetragen werden können und nach dem Brand des Porzellans eine Vergoldung ergeben.

Die Hauptmenge des gewonnenen, flüssigen Quecksilbers dient als Kathodenmaterial bei der Chloralkalielektrolyse im Amalgamverfahren. Die Verwendung von Quecksilber als Füllmaterial für Thermometer, Barometer oder Blutdruckmesser wird heute aufgrund der Giftigkeit des Quecksilbers nur noch im wissenschaftlichen Bereich eingesetzt, wenn sehr genaue standardisierte Messungen vorgenommen werden sollen. Kalomel benötigt man auch zur Herstellung von Elektroden. Der Gesamtverbrauch von Quecksilber und seinen Verbindungen in der EU liegt für den Sektor Messtechnik bei 26 t/a. Regulierende Beschränkungen sind für diesen Bereich derzeit in Diskussion, aber noch nicht wirksam. Quecksilber ist auch nach wie vor in elektrischen und elektronischen Schaltern und Sicherungen in Gebrauch. Für diesen Sektor werden die meisten Anwendungen bis 2006 zu ersetzen sein. Quecksilberdampflampen bestehen aus einem luftdichten Quarzrohr, das eine geringe Menge eines Edelgases und etwas Quecksilber enthält. Nach Anlegen einer Hochspannung entsteht zunächst ein Lichtbogen im Edelgas und gleichzeitig Quecksilberdampf. Hierbei findet eine Gasentladung über den Quecksilberdampf statt, wobei vor allem UV-Licht ausgestrahlt wird. Diese Lampen finden in Straßenlampen, Solarien und UV-Lampen Anwendung.

Neben Röhren wurden Kompaktfluoreszenzlampen entwickelt, die, verglichen mit technischen Alternativen, eine wesentlich bessere Energiebilanz haben. Daher ist für diesen Zweck die Verwendung von Quecksilber insgesamt umweltverträglich. Weiterhin war Quecksilber für lange Zeit ein wesentlicher Bestand-

Vorkommen und Verwendung von Quecksilber

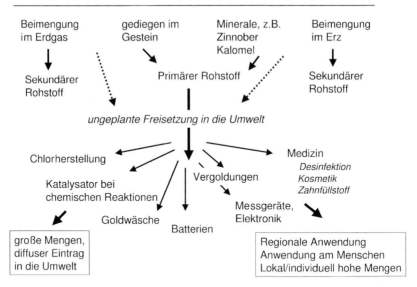

Abb. 14.1 Quecksilbereintrag in die Umwelt durch anthropogene Aktivitäten und Erfahrungs-
hintergrund zur Quecksilberwirkung aus Nutzungsprofilen.

teil in Batterien, weil es ein Auslaufen und die Explosionsneigung der Batterien
weitgehend verhindert hat. Dieser technische Einsatz war eine der quantitativ
bedeutsamsten Verwendungen. In der Zwischenzeit ist die Verwendung von
Quecksilber in kleinen Batterien weitgehend verboten. Es werden nur noch geringe Beimengungen von weniger als 0,0005% in kleinen Batterien und als
Ausnahme weniger als 2% bei Knopfbatterien geduldet.

Die Eigenschaft von Quecksilber, sich wie eine nichtbenetzte Flüssigkeit zu
verhalten, ist die Grundlage für die Quecksilber-Porosimetrie. Hierbei wird
Quecksilber unter Druck (0–4000 bar) in Poren unterschiedlicher Größe ge-
presst, wobei der dazu aufgewendete Druck und das dabei „verbrauchte" Quecksilber Aussagen über die Beschaffenheit, Form, Verteilung und Größe von Poren und Hohlräumen ermöglichen. Diese Methode findet in der Mineralogie
und Pharmazie Anwendung.

14.2.3
Verwendung in der Medizin

In der Medizin wurde Quecksilber in Salben bereits von arabischen Ärzten zur
äußerlichen Anwendung bei der Zahnbehandlung benutzt. Wesentlich später
wurden auch Quecksilberpräparate zur innerlichen Anwendung über eine längere Zeit wichtige Arzneimittel. Metallisches Quecksilber wurde beispielsweise
in Dosen bis 500 g per os appliziert, um durch das hohe Gewicht Darmver-
schlingungen wieder in die richtige Lage zu bringen. In feiner Verteilung mit

Kreide verrieben wurde es als mildes Abführmittel verwendet (so genannte englische *blue pills*). Mit Fett verriebenes Quecksilber wurde als graue Salbe auf die
Haut gegeben, um Parasiten abzutöten. Seine wichtigste Bedeutung hatte die
graue Salbe zur lokalen Behandlung der Syphilis. Metallisches Quecksilber wurde in Pflaster eingebracht und zur Behandlung von Kondylomen, Sklerose und
eitrigen Formen der Syphilis verwendet.

Unter den Quecksilberverbindungen war vor allem Hg_2Cl_2 (Kalomel) zur Sy-
philisbehandlung – auch als intramuskuläre Gabe – als Arzneimittel bekannt.
Verwendet wurde diese Quecksilberverbindung auch zur Behandlung von Ruhr,
Typhus, Cholera, als harntreibendes Mittel bei generalisierten Ödemen, bei Gal-
lensteinkolik und Leberzirrhose, sowie örtlich zur Warzenbehandlung und bei
Hornhauttrübungen. Quecksilberchlorid, $HgCl_2$ (Sublimat) wurde in Form von
Salbe gegen parasitäre Hauterkrankungen, Ekzeme und gegen Kopfläuse eingesetzt. Sublimat wurde auch zur Einspritzung in die Haut bei Hautausschlägen,
Gonorrhö, aber auch zur Aufhellung von Sommersprossen genutzt. Für die Ein-
spitzung in die Haut wurde, um die starke Ätzwirkung abzumildern, Hühnerei-
weiß zugemischt und das $HgCl_2$ zum Quecksilberalbuminat umgesetzt. Dadurch wurde die lokale Verträglichkeit erheblich verbessert.

Sublimatverdünnungen im Wasser ($1:20\,000$ für bakteriostatische und $1:1000$
für bakterizide Wirkungen) waren in ihrer antiseptischen Wirkung bekannt und
wurden verbreitet in der Chirurgie verwendet. Die organische Quecksilberverbindung Thiomersal wurde seit vielen Jahrzehnten zur Konservierung von in
Ampullen abgefüllten Impfstoffen verwendet. Seit einigen Jahren werden diese
Impfstoffe, zumindest in Europa und in den westlichen Industrieländern, syste-
matisch auf quecksilberfreie Impfstoffe umgestellt. Gesetzliche Regelungen zur
medizinischen und kosmetischen Verwendung von quecksilberhaltigen Auf-
bereitungen führten größtenteils zum Ersatz durch quecksilberfreie Verbindungen. Nach wie vor bedeutsam ist die Verwendung von Quecksilber im Zahnamalgam, das als plastischer Füllwerkstoff eine Reihe werkstoffseitiger Vorteile
besitzt (s. a. Abschnitte 14.5, 14.6 und 14.8).

14.3
Verbreitung und Verbleib in der Umwelt

14.3.1
Mengen und Märkte

Die Frage nach der gegenwärtigen und zukünftigen Bedeutung einer Belastung
von Ökosystemen mit Quecksilber auch für die menschliche Gesundheit kann
nicht ohne quantitativen Bezug zur Umgangsmenge und Verteilung in der Umwelt gesehen werden. Quecksilber wurde beziehungsweise wird in den verschiedensten Bereichen der Technik, der Landwirtschaft und der Medizin angewandt.
Obwohl sein Gebrauch und auch seine Gewinnung bereits in der Antike dokumentiert sind, wurde die Nutzung von Quecksilber vor allem im industriellen

Zeitalter erheblich gesteigert. Die durch anthropogene Aktivität in Umlauf gebrachte Quecksilbermenge überschreitet ein Mehrfaches der aus natürlichen
Quellen freigesetzten Menge. Quecksilber unterliegt in der Umwelt allmählich
einer Transformation: durch mikrobielle Aktivität; vorwiegend zu Methylquecksilber, welches zu massiven Schadwirkungen an Mensch und Umwelt geführt
hat. Quecksilber und seine Verbindungen sind dadurch als problematische Stoffe im Abfallpfad bekannt. Da Quecksilber, wie andere Metalle auch, nicht degradiert werden kann, ist für die Risikoabschätzungen der über Umweltmedien
und Lebensmittel auf den Menschen einwirkenden Quecksilbermengen entscheidend, die Menge des inzwischen im Umlauf befindlichen Quecksilbers,
seine Verteilung und insbesondere seinen Verbleib zu beurteilen. Außerdem
sind die Optionen zu klären, wie sichere Lagerstätten für die vorübergehende
und auch für die endgültige Lagerung beschaffen sein müssen, und wie dies
umgesetzt werden kann.

Mengen

Im Jahr 2000 wurden in Europa 303 t Quecksilber als Rohstoff in technische
Prozesse eingebracht, wobei 70 t auf die Herstellung des zahnärztlichen Werk-
stoffs Amalgam entfielen und somit am Menschen angewandt wurden. Der globale Quecksilberbedarf betrug im gleichen Jahr 3386 t; davon entfielen 272 t
Quecksilber auf die Verwendung als Zahnamalgam [71, 94]. Tabelle 14.1 vermittelt anhand der Jahresverbrauchszahlen von 2000 und 2003 einen Eindruck von
der nach wie vor großen Menge an Quecksilber, welches in Umlauf gebracht
wird. In Europa beträgt das Verhältnis von Gebrauch für technische Zwecke zu
Einsatz in Zahnamalgam 77% zu 23%. Global liegt das Verhältnis bei 92% für
technische Zwecke gegenüber 8% für Zahnamalgam. Die wesentlichen industriellen Bereiche, in denen Quecksilber genutzt wird, sind die Amalgamierung
bei der Gold- und Silbergewinnung, die Chlorherstellung mittels Chloralkalielektrolyse sowie die Herstellung von elektrischen/elektronischen Geräten.

Quecksilber wird im Wesentlichen aus primären Quellen, z. B. Bergbau, be-
reitgestellt. Die Jahresproduktionszahlen des einzigen in Europa aktiven Berg-
werks in Alamadén, Spanien betrugen bis 1990 mehr als 6000 t/a, die bis 2000
auf weniger als 3000 t/a reduziert wurden. Quecksilber fällt zudem als Sekundärrohstoff bei der Erdgasförderung sowie bei der Gewinnung von Gold, Silber,
Kupfer und Zink an. Von einer finnischen Produktionsanlage ist beispielsweise
bekannt, dass bei der Erzeugung von Zink jährlich 50–70 t Quecksilber als Beimengungen gewonnen werden.

In natürlichem Erdgas kommen neben Methan und anderen Kohlenwasserstoffen weitere Komponenten vor, die die Zuordnung der natürlichen Erdgase
in die Gruppen „süße" und „saure" Erdgase ermöglichen. Saure Erdgase haben
hohe Anteile an Schwefelwasserstoff, die vor Verbrennung des Gases entfernt
werden müssen. Für süße Erdgase sind hohe Quecksilberbeimengungen zu erwähnen, die insbesondere die Lagerstätten des Nordseegases kennzeichnen.
Das im Erdgas enthaltene Quecksilber liegt vorwiegend in elementarer Form

Tab. 14.1 Europäischer und globaler Quecksilberverbrauch nach Nutzungsbereichen.

Zweck	Europäischer Verbrauch [t/a]		Globaler Verbrauch [t/a]	
	2000	2003	2000	2003
Chloralkaliindustrie	95	120	797	800
Messgeräte	26	26	166	150
Elektronik	25	25	154	150
Beleuchtung	21	21	91	95
Batterien	15	15	1081	1000
Goldwaschen	–	–	650	1000
Zahnamalgam	70	70	272	270
Sonstiges	50	25	175	150

vor, aber es gibt auch geringe Mengen an Methylquecksilber und Dimethylquecksilber. Die höchsten Quecksilberkonzentrationen sind mit 700–4400 $\mu g/m^3$ für deutsches Erdgas gemessen worden, die in diesen Mengen bereits verheerende Auswirkungen auf technische Anlagen haben würden, weil Hg besonders auf Aluminium korrosiv wirkt. Aluminium wird allerdings aufgrund seiner guten Wärmeleitfähigkeit als Material für die Wärmetauscher geschätzt. Die Möglichkeiten zur Förderung und Vermarktung des Erdgases sind daher unmittelbar davon abhängig, dass eine Abscheidung von Hg gelingt, das dann als Sekundärrohstoff anfällt. Die zulässigen Restkonzentrationen von Quecksilber im Erdgas betragen weniger als 30 $\mu g/m^3$. Daher muss eine quantitativ erhebliche Verminderung des Quecksilbergehaltes erreicht werden. Aus den Aufbereitungsanlagen, Fördereinrichtungen oder Probeentnahmestellen kann es immer wieder zu Leckagen und damit verbunden auch zu Quecksilberemissionen kommen, die engmaschige arbeitsmedizinische Kontrollen des Personals erforderlich machen. Letztendlich wird das verbleibende Quecksilber bei der Verbrennung des Erdgases in die Atmosphäre freigesetzt. Eine detaillierte Übersicht der für Europa aufsummierten Sekundärquellen liegt nicht vor.

Märkte

Quecksilber spielt zum Teil immer noch eine herausragende Rolle in der Herstellung von Chlor soweit das Elektrolyseverfahren verwendet wird, bei dem aus Natriumchlorid unter Generierung von Alkalilauge Chlor erzeugt wird. In diesem Verfahren wird flüssiges Quecksilber in den Elektrolysezellen als Kathode eingesetzt. Diese Technologie wurde bereits am Ende des 19. Jahrhunderts eingeführt und spielt(e) vorwiegend in Westeuropa eine Rolle, die wiederum etwa 54% der globalen Chlorproduktionskapazität umfasst. Etwa zeitgleich mit der Quecksilbertechnologie wurde alternativ das Diaphragmaverfahren etabliert, welches in Mittel- und Osteuropa vorherrscht. Wesentlich später wurde mit der Membrantechnologie ein drittes Verfahren entwickelt, das die in Japan vorherrschende Methode ist.

Grundsätzlich bezeichnet Amalgamieren die Eigenschaft des flüssigen Quecksilbers mit den unterschiedlichsten Metallen Legierungen eingehen zu können, wodurch in der Regel der Aggregatzustand von Quecksilber von der flüssigen Phase zur festen Phase verschoben wird. Quecksilber kann aus der Legierung durch Erhitzen wieder ausgetrieben werden, so dass diese Eigenschaft technisch zur Gewinnung von dispers verteilten Metallen, z. B. Goldgewinnung aus Wasser, genutzt wird.

Als (Zahn-)Amalgam wird ein plastischer Füllungswerkstoff bezeichnet, der in der Zahnmedizin zur Versorgung von Kavitäten in der harten Zahnsubstanz verwendet wird. Amalgam besteht in der gebrauchsfertigen Anmischung zu 44–51% (w/v) aus elementarem Quecksilber und im Wesentlichen aus den Metallen Silber, Kupfer und Zinn. In der Regel kommt so genanntes non γ_2-freies Amalgam zur Anwendung, das gegenüber älteren Mischungen eine korrosionsanfällige Kristallstruktur nicht ausbildet, die andernfalls die Liegedauer der Füllung verkürzt, zu unerwünschten Randspaltbildungen beiträgt und die Freisetzung von im Kristallgefüge enthaltenem Quecksilber fördert. Seit mehreren Jahrzehnten wird Amalgam mit dem so genannten Kapselverfahren angemischt, wodurch die Freisetzung von Quecksilberdämpfen aus dem angemischten und nur teilweise verbrauchten Material drastisch reduziert wurde. In Abhängigkeit von der Größe der Kavität werden pro Füllung etwa 0,4–1,0 g Quecksilber verwendet, das im Mittel zu etwa 0,35 g in der Kavität verbleibt, während der Rest im Rahmen der Ausarbeitung der Füllung als Abfall oder nicht verbrauchte Restmenge anfällt.

Amalgam trägt nachweislich zur Belastung des Organismus mit Quecksilber bei und die Diskussionen wurden vor allem zu der Frage geführt, ob diese Aufnahmeraten gesundheitliche Relevanz in der Pathogenese oder der Verschlimmerung von Erkrankungen haben (nähere Ausführungen zur Exposition und zum Evidenzgrad der gesundheitlichen Relevanz s. Abschnitte 14.4 und 14.5). Zur Frage der Notwendigkeit Amalgam auch weiterhin als Zahnfüllmaterial in der Zahnmedizin zu verwenden, haben intensive Diskussionen stattgefunden. In einigen Ländern der EU wurden Restriktionen ausgesprochen, um dem Grundsatz des vorbeugenden Gesundheitsschutzes zu folgen. Allerdings hat Amalgam als zahnärztlicher Werkstoff einige Vorzüge, dazu gehören die Kaustabilität, Abrasionsfestigkeit, die plastische Eigenschaft nach Anmischen und das schnelle Erhärten. Bei einer lege artis Versorgung der Kavität, d. h. hohe Kondensation, Ausarbeitung der Oberfläche und abschließende Politur, wird ein guter Randschluss und auch ein dauerhafter Schutz der Kavität vor Sekundärkaries erreicht. Die Alternativmaterialien sind in verschiedenen Aspekten gleichwertig oder sogar überlegen, z. B. hinsichtlich der Farbe, aber keines der Materialien erfüllt in vergleichbarer Weise die Breite der Anforderung im Vorsorgungsaufwand, dem Langzeitverhalten, der Kaufestigkeit und dem geringen Preis.

In der Präferenz zugunsten der Verwendung von Amalgam gibt es deutliche Unterschiede zwischen den EU-Ländern. In Frankreich oder England ist der Einsatz von Amalgam in den letzten Jahren gestiegen, während er in den Skandinavischen Ländern gesunken ist. Für die USA wurden im Mittel 40 t für 2000 gegenüber 44 t 1990 elementares Quecksilber in Amalgamfüllungen verwendet, ohne dass der Rückgang anhand alternativer Versorgungen oder besserer Prophylaxe erklärbar wäre [82, 94].

14.3.2
Einträge von Quecksilber in die Umwelt

Einträge in die Luft

Der globale Kreislauf von Quecksilber beginnt mit der Freisetzung von der Oberfläche von Land und Meeren in die Atmosphäre. Vulkanaktivitäten sind eine weitere nennenswerte natürliche Quelle [28, 80]. Die Verbrennung fossiler Energieträger, vor allem Kohle, sowie die Hausmüllverbrennung sind wichtige anthropogene Quellen für die Belastung der Luft. Der Quecksilbergehalt der europäischen Kohle kann bis zu 1 mg/kg betragen, damit ist sie im internationalen Vergleich stark belastet.

Quecksilber wird hauptsächlich als monoatomiges Gas aus den genannten Quellen freigesetzt und hat in der Atmosphäre eine Verweildauer von etwa einem Jahr [25]. In der Atmosphäre wird gasförmiges Quecksilber über nicht näher bekannte Prozesse oxidiert und gelangt über den Regen zurück auf das Land oder in das Meer. Aufgrund der relativ langen Verweildauer und dem Stoffkreislauf wirken sich auch punktförmige regionale Quecksilberquellen insgesamt global aus.

Die Gesamtemissionen von Quecksilber in Europa konnten zwischen 1990 und 2000 um 60% gesenkt werden [92]. Seither sind die Minderungsraten pro Jahr deutlich vermindert. Für die einzelnen Länder in Europa werden variable Entwicklungen der Quecksilberemissionen vorhergesagt, d.h. es werden sowohl Anstiege wie auch Abfälle prognostiziert. Die Hintergrundkonzentration von Quecksilber in der Außenluft liegt in Deutschland bei 2–4 ng/m^3. In der Stadtluft steigen die Werte bis 10 ng/m^3. In der Nähe von Industrieanlagen zur Produktion quecksilberhaltiger Fungizide wurden Konzentrationen bis 20 µg/m^3 gemessen. An Arbeitsplätzen der quecksilberverarbeitenden Industrie wurden früher Werte auch über dem MAK-Wert von 0,1 mg/m^3 festgestellt [36]. Im Innenraumbereich können durch Unfälle, z.B. durch zerbrochene quecksilberhaltige Barometer und unsachgemäße Entsorgung durchaus gesundheitsrelevante Emissionen verursacht werden. Dennoch liegt die Belastung der Luft mit Quecksilber in Europa generell unterhalb eines Wertes, für den gesundheitsrelevante Effekte zu erwarten sind. Dementsprechend wird Quecksilber in der Tochterrichtlinie der Direktive 96/62/EC zur Reinhaltung der Luft nicht reguliert. Dennoch hat es bis in die 1990er Jahre hinein hohe regionale Quecksilberbelastungen der Außenluft gegeben.

Einträge in das Wasser

Der weitverbreitete Einsatz von Quecksilber in der Technik, als Konservierungs-mittel in Forst- und Landwirtschaft oder als Antiseptikum in der Medizin hat dazu geführt, dass Quecksilber im Umweltmedium Wasser weit verbreitet vorkommt. Trotz aller Bemühungen die Freisetzungsraten zu minimieren, haben die in der Vergangenheit freigesetzten Mengen den globalen Stofffluss von Quecksilber verstärkt. Es ist daher nicht weiter verwunderlich, dass Quecksilber in seinen unterschiedlichen Formen überall im Wasserkörper gefunden wird [89]. Einige Industriebereiche wirkten bzw. wirken bis heute noch als regionale Emissionsquellen, u.a. beim Chloralkalielektrolyse-Verfahren oder bei der Verarbeitung von Cellulose aus Holz zu Papier [44].

Ein weltweit bedeutender Quecksilbereintrag ins Wasser findet beim Gebrauch von elementarem Quecksilber zur Extraktion von dispers verteiltem Gold aus Wasser und Schlämmen aus Goldbergwerken mittels Amalgamierungsverfahren statt. Dabei ist nicht nur die hohe inhalative Belastung der Goldwäscher mit Quecksilberdampf relevant, sondern auch die weiträumige Belastung des Ökosystems. So ist beispielsweise das Sediment des Amazonas stark durch die jährliche Eintragsmenge von 130 t Quecksilber belastet [28]. Die weiter stromabwärts und im Amazonasbecken gefangenen Fische haben hohe Quecksilberwerte, die zur entsprechenden Exposition der Bevölkerung führen. Für das Sediment der Elbe wurden bis zu 120 mg elementares Quecksilber/kg Sediment und 130 µg Methylquecksilber/kg Sediment gefunden [37].

In einer Bestandsaufnahme hat die Europäische Umweltagentur (EEA) eine indikatorbasierte Beurteilung der Wassergüte veröffentlicht [77]. Zwischen 1990 und 1999 sind der direkte und indirekte Eintrag von Quecksilber in den Nord-Ost-Atlantik sowie der Niederschlag von Quecksilber in die Nordsee über die Luft zwischen 1987 und 1995 jeweils um mehr als 50% gefallen. Für einige Flüsse in sechs europäischen Ländern stehen zwischen 1977 und 1995 Zeitreihen der Quecksilberbelastung im Wasser zur Verfügung. Die Daten belegen eine deutliche Verminderung der Belastung von durchschnittlich 0,25 pg/L für 1977 auf weniger als 0,1 pg/L für 1995. Überschreitungen der derzeit gültigen Umweltqualitätsstandards für Quecksilber sind relativ selten geworden und zeigen die Wirksamkeit von Bemühungen zur Verminderung der Emissionen. Von insgesamt 2281 Monitoringstellen wiesen nur 32 eine Überschreitung der zulässigen Gesamtquecksilberwerte in der Beobachtungszeit zwischen 1994 und 1998 auf.

In dem EEA Bericht [77] wurden auch Bioindikatoren für die Quecksilberbelastung überprüft. Der Quecksilbergehalt in Muscheln war für den Nord-Ost-Atlantik rückläufig, während die Belastung des Herings aus der Ostsee und des Kabeljaus aus dem Nordatlantik zwischen 1994 und 1998 konstant blieb. Für einige nordeuropäische Länder wurden noch vergleichsweise hohe Belastungen von Inlandseen notiert, die im Wesentlichen auf den früher gebräuchlichen Einsatz von organischen Quecksilberverbindungen als Fungizid für im Winter geschlagenes Holz vor dem Flößen im Frühjahr/Sommer zurückzuführen sind. Die Quecksilberbelastung der Ostsee hat sich einem Bericht der HELCOM Convention, 2001 [53] zufolge seit 1990 nicht wesentlich verändert und liegt für viele Schwermetalle mehrfach über den Werten im Nordatlantik. Die Depositionsraten aus der Luft wurden für 2001 mit etwa 3,2 t berechnet und damit war der Eintrag gegenüber 1996 um etwa 14% gestiegen, trotz der Verringerung der Emission in die Luft in den HELCOM-Ländern um 15% im gleichen Zeitraum.

In unkontaminierten Gewässern in Deutschland wurden Quecksilberkonzentrationen <0,02 µg/L gemessen und dementsprechend kommen Überschreitungen des Grenzwerts der Trinkwasserverordnung [17] von 1 µg/L extrem selten vor. Die Belastung der Flüsse ist insbesondere anhand der Schwebstofffraktion zu erkennen. In Reihenuntersuchungen von Flusssediment wurden noch 1990 Belastungen zwischen 0,2 und 2 mg Quecksilber/kg in der Feinkornfraktion (<20 µm) der Sedimentproben im Bereich der Flussmündungen von Elbe und Weser sowie im Rhein gefunden, mit inzwischen fallender Tendenz. Der mittlere Quecksilbergehalt von Klärschlämmen aus städtischen Kläranlagen, die auf landwirtschaftlich oder gärtnerisch genutzte Flächen aufgebracht werden sollen, verringerte sich von 2,1 mg/kg Trockenmasse (1991/94) auf 1,0 mg/kg Trockenmasse (1997) [91].

Einträge in den Boden

Methyl- und Ethylquecksilber-Verbindungen wurden etwa 1860 synthetisiert [79] und circa 20 Jahre später als antibakteriell wirksame Medikamente am Menschen angewandt, um die Syphilis zu behandeln. Diese Praxis wurde später wegen der schwerwiegenden und oftmals nicht steuerbaren Begleitwirkungen aufgegeben. Im frühen zwanzigsten Jahrhundert wurde die fungizide Wirkung der kurzkettigen Alkylquecksilber-Verbindungen entdeckt. Dem folgte der weit verbreitete Einsatz in der Forst- und Landwirtschaft. Diese Verbindungen sind hoch wirksam in der Behandlung und Vorbeugung der Wurzelfäule durch *Telletia triticia* und wurden daher über viele Jahrzehnte zur Vorbehandlung von Saatgetreide für die Winterlagerung eingesetzt [24, 100]. Diese Maßnahmen waren wirksam und im Grunde auch sicher. Allerdings waren Ethylquecksilber-Fungizide die Ursache verschiedener Massenvergiftungen aufgrund der Verwendung von Saatgetreide als Brotgetreide. Die am detailliertesten dokumentierten Vorfälle ereigneten sich 1971/72 im Irak. Aus diesen humantoxikologischen Untersuchungen entstammen viele richtungsweisende Daten zur inneren Exposition, dem Vergiftungsbild und dem klinischen Verlauf [60].

Im Bericht des United Nations Environment Programme [94] zur globalen Situation der Quecksilberbelastung wurde konstatiert, dass die mikrobielle Aktivität im Boden sehr sensitiv auf Quecksilber reagiert. In der Humusschicht der Wälder wurde ein zehnfacher Anstieg der Quecksilberbelastung über normale Hintergrundwerte für Tschechien, ein vierfacher Anstieg für Süd-Schweden und eine Verdopplung für die Arktis gemeldet [11]. Es wird davon ausgegangen, dass die vorliegende Quecksilberbelastung sich bereits nachhaltig auf degradierende Organismen im Waldboden auswirkt. Ein für die Aufrechterhaltung z. B. der Stoffflüsse möglichst nicht zu überschreitender kritischer Wert von 0,5 mg/

kg wurde vorgeschlagen [72], der von den meisten Ländern in Mitteleuropa offenbar überschritten wird. Derzeit beschäftigt sich das UNECE CLRTAP Programm intensiver mit der Frage der kritischen Belastung [93]. In einer länderübergreifenden Aufstellung der Hintergrundwerte von 1998 lag das 90. Perzentil der Werteverteilung im ländlichen Raum in Deutschland im Bereich zwischen 0,1 und 0,3 mg/kg (luftgetrocknete Probe, max. 40 °C) [91]. Der Tongehalt der Böden ist ein bekannter Einflussfaktor für höhere Quecksilberwerte in den Beprobungen.

14.3.3
Verbleib von Quecksilber in der Umwelt

Quecksilber wird sowohl in Luft und Wasser emittiert und über die Luft sowie im Wasserkörper global verteilt, da es praktisch nicht degradierbar ist. Die Belastung der Umweltmedien Luft, Wasser und Boden mit Quecksilber hängt daher entscheidend von der Wasserlöslichkeit und der Flüchtigkeit seiner Verbindungen ab. Elementares Quecksilber erlangt durch Oxidation zu ein- oder zweiwertig ionischem Quecksilber Wasserlöslichkeit und unterliegt im Wasser einer allmählichen Umsetzung zu organischen Quecksilberverbindungen. Die Toxizität von Quecksilber wird durch diese (Bio-)Methylierung und (Bio-)Akkumulation in Krustentieren und Fisch erheblich gesteigert [20, 24]. Vergleichbare biochemische Modifikationen von Metallen und Metalloiden sind auch für Zinn, Arsen, Antimon, Wismut, Selen und Tellur bekannt. Daraus können flüchtige Metallhydride oder flüchtige wie nicht flüchtige alkylierte Formen hervorgehen, die letztendlich für die Transmission über weite Distanzen eine entscheidende Bedeutung haben. In den meisten Fällen wird dadurch die Mobilität in der Umwelt gesteigert und die Anreicherung im Nahrungsnetz gefördert.

Im stark quecksilberbelasteten Sediment der Elbe wurden bis zu 120 mg/kg elementares Quecksilber und bis zu 130 µg/kg Monomethylquecksilber gefunden [37]. Die Bildung von Organometallverbindungen wie Methyl-, Ethyl- oder Phenylquecksilber findet in Flüssen durch mikrobielle Aktivität unter vorwiegend anaeroben Bedingungen bei Vorhandensein von mobilisierbaren Metallen statt. Diese Bedingungen sind in Feuchtgebieten wie auch in Mülldeponien oder Kläranlagen erfüllt. Methylierungen von Quecksilber können offensichtlich auch im aeroben System stattfinden [37].

Flechten wurden als Bioindikator für Belastungen mit flüchtigem Quecksilber in der Nähe der Emissionsquellen sowohl für Depositionen über die Luft als auch den Wasserpfad eingesetzt [9, 80]. Flechten können relativ schnell bemerkenswerte Quecksilbermengen aufnehmen und erreichen Gleichgewichtskonzentrationen innerhalb von 8–16 Wochen [9]. Saisonale Faktoren wie Temperatur oder Windstärke und -richtung sowie regionale Faktoren wie Abstand zur Emissionsquelle, z. B. Industrieareale mit Chloralkalielektrolyse-Verfahren, haben einen direkten Einfluss auf die Belastungswerte [10]. An gering belasteten Standorten erreichen die Flechten höhere Quecksilberkonzentration als der Boden, während an hoch belasteten Standorten, z. B. aufgrund von geogenen

Zinnobervorkommen, die Konzentration in den Flechten geringer als diejenige in den Böden ist und zudem auch von der Flechtenart abhängt [10]. Daraus ist zu folgern, dass die Luft die wesentliche Quecksilberquelle für Flechten ist. Epiphytisch wachsende Organismen wie Flechten sind in der Regel stärker belastet als Moose oder andere Organismen [66].

Im maritimen System ist die vorherrschende Eintragsquelle die atmosphärische Deposition von ionischem Quecksilber, das danach allmählich durch Mikroorganismen methyliert wird. Dabei verliert Quecksilber seine Flüchtigkeit, gewinnt Lipophilität und erlangt so Eingang in das Nahrungsnetz. Organisches Quecksilber wird auf den verschiedenen trophischen Stufen immer stärker konzentriert und erreicht seine höchsten Konzentrationen in langlebigen Raubfischen oder carnivoren Meeressäugern [33]. Mittels Autometallographie wurde aufgezeigt, dass Meeressäuger auch anorganisches Quecksilber im Gewebe aufnehmen und akkumulieren [102]. Es ist anzunehmen, dass auch dieser Expositionsweg zur Belastung mit organischem Quecksilber beiträgt, weil eine Methylierung auch endogen zu erwarten ist und die Elimination erheblich verzögern dürfte.

Für den Menschen ist daher die Belastung von Fischen und Krustentieren der maßgebliche Expositionspfad gegenüber Methylquecksilber durch Lebensmittel und stellt einen bedeutenden Risikofaktor für die Gesundheit dar [88], denn Methylquecksilber hat im Vergleich mit anorganischem Quecksilber eine erheblich größere chronisch toxische Potenz vor allem auf neuronalen Strukturen. Die Belastung der Fische hängt stark von der Spezies und damit von ihrem Habitat ab. In Süßwasserfischen aus dem St. Clair See, Kanada wurden 1935 Konzentrationen von 0,07–0,11 µg/g und 1970 Konzentrationen von 0,2–7,0 µg/g Gesamtgewicht gemessen. Im Vergleich dazu wurde für den Salzwasser-Raubfisch Thunfisch 1970 eine mittlere Quecksilberkonzentration von 0,13 und 0,25 µg/g Gesamtgewicht gemessen [32, 51]. Weitere Ausführungen zur Belastung von Fisch und Krustentieren folgen in Abschnitt 14.4.1.

14.3.4
Anstrengungen zur Verminderung der Freisetzung

Wie bereits ausführlich dargestellt, wurde und wird durch anthropogene Aktivität Quecksilber aus seinen natürlichen Lagerstätten herausgelöst, um als Primärrohstoff aber auch als Sekundärmaterial Anwendung zu finden. Die physikalisch-chemischen Eigenschaften, insbesondere die leichte Verdunstung von flüssigem Quecksilber, bedingen in Verbindung mit seinen relativ unedlen Eigenschaften, dass dieses Schwermetall in unterschiedlicher Form in Stoffkreisläufen vorkommt und dort Schadeffekte auslöst. Eine Verbesserung der Situation ist auf lange Sicht nur möglich, wenn der Einsatz auf Notwendiges beschränkt wird und gleichzeitig die Emission gesteuert und das Abfallproblem gelöst werden. So wurde der Quecksilbereinsatz bereits in der Elektronik, in der Messgeräteherstellung (Thermometer, Sphyngomanometer) und in der Batterieherstellung beschränkt. Eine Umstellung der Verfahren zur Chlorgewinnung erfolgt derzeit.

Hinsichtlich der Notwendigkeit zur weiteren Verwendung von flüssigem Quecksilber bei der Chlorherstellung bieten sich Alternativen an, so dass die beste verfügbare Technik (BVT) gefordert werden kann. Dementsprechend hat sich in der europäischen Union im Rahmen der integrierten Vermeidung und Verminderung der Umweltverschmutzung der Ersatz der Quecksilbertechnologie durchgesetzt (siehe IVU-Richtlinie bzw. BVT Merkblätter). Es wird geschätzt, dass durch die Umstellung in den nächsten Jahren allerdings 10 000–12 000 t flüssiges Quecksilber aus den Elektrolysezellen entfernt werden müssen und weitere 3000 t flüssiges Quecksilber sich in Anlagen, in Gebäuden und in dabei erzeugten Abfällen befinden. Beispielsweise waren Standorte mit jahrelanger Aktivität in Quecksilberelektrolyse-Verfahren bekannt für regionale Belastungen der Firmengelände und der unmittelbaren Umgebung mit flüssigem Quecksilber im großen Ausmaß. Die aktuelle Diskussion richtet sich daher sowohl auf Sanierungsbemühungen als auch auf die Frage, ob das freiwerdende Quecksilber als Rohstoff dem Markt zugeführt werden kann und somit eine zukünftige Emissionsquelle darstellen könnte oder ob dieses Quecksilber als Abfall zu deklarieren ist, um es dem Markt zu entziehen.

Global wird der Einsatz von Quecksilber als Bestandteil von Zahnfüllmaterial mit etwa 272 t/a angegeben. Diese Menge hat vor allem deshalb Relevanz, weil sie durch Austausch der Füllungen wieder freigesetzt wird, während des Tragens abgekaut und als Partikel freigesetzt wird oder in den Abrauch von Krematorien gelangt und somit grundsätzlich dem Abfallpfad zufällt. Die Möglichkeiten, diese Freisetzungen zu verhindern oder zu lenken, sind ungleich stark. Der Eintrag von abgekauten Partikeln ist zu diffus, so dass eine Abgabe in das Abwassersystem nicht vermeidbar ist. Der Abrauch von Krematorien kann der Rauchgasreinigung unterworfen werden. Seit Jahren gibt es für zahnärztliche Praxen die Auflage, den diffusen Eintrag von Quecksilber in das Abwasser durch Amalgamabscheider zu mindern. Dadurch kann zumindest der partikuläre Anteil abgetrennt werden, aber nicht der bei der Entfernung der Füllung freiwerdende dampfförmige Anteil.

Die Begründung für den Einsatz von Amalgamabscheidern ist daher die berechtigte Einstufung des Abfalls als Gefahrgut, welches nicht in das Abwasser gelangen sollte. Für zahnärztliches Personal wie für Patienten ist es insgesamt schwer vermittelbar, dass ein Stoff, der zur zahnärztlichen Versorgung an Patienten eingesetzt wird und jahrzehntelang getragen werden soll, gleichzeitig für die Umwelt als zu gefährlich gilt. Dieser scheinbare Widerspruch ist nur zu klären, indem die Bedeutung von Umweltmedien als Schadstoffsenke und die biogene Transformation von anorganischem Quecksilber zu organischen Verbindungen und die Folgen des Eintrags in Nahrungsnetze transparent gemacht werden. Die verschiedenen Quecksilberspezies und insbesondere die organischen Verbindungsformen haben ein unterschiedliches Risikopotenzial.

14.4
Exposition und Kinetik im Menschen

14.4.1
Nicht berufliche Belastung des Menschen mit Quecksilber

Jede Person ist im gewissen Ausmaß quecksilberexponiert, wobei die lebensumfeldbedingten Variabilitäten ausgeprägt sein können und zu bedenken sind. Die wesentlichen Expositionsquellen für Quecksilber für die nicht beruflich belastete Normalbevölkerung sind Lebensmittel und der individuelle Versorgungsstatus mit Amalgamfüllungen (vgl. Tab. 14.2). Die Aufnahme über Kosmetikprodukte (z. B. Bleichcremes oder Seifen) oder über Arzneimittel (z. B. in Ampullen abgefüllte sterile Präparate) ist aufgrund regulativer Beschränkungen für derartige Produkte für die Normalbevölkerung in der Regel unbedeutend geworden, obwohl Hautcremes mit 6–10% Quecksilberchlorid (Kalomel) in einigen Ländern noch verwendet werden [42, 48].

Eine Übersicht über die durchschnittliche Quecksilberbelastung von Lebensmitteln ist in Tabelle 14.2 zusammengefasst. Die relevanten Quellen für eine unbeabsichtigte Quecksilberaufnahme stellen vor allem Fisch und Krustentieren dar, weil sie gegenüber Gemüse, Milch, Eiern, Fleisch oder Getreideprodukten wesentlich stärker belastet sind. Quecksilber findet zwar seinen Eintrag in die Atmosphäre vor allem als monoatomiges Gas, es gelangt aber über Biomethylierung in das Nahrungsnetz, wo es aufgrund seiner Persistenz nicht degradiert, sondern unterschiedlich stark in den Organismen angereichert werden kann. Über Lebensmittel, und hier vor allem durch Fisch und Krustentiere, wird daher vor allem Methylquecksilber aufgenommen, das den hauptsächlichen Anteil der Gesamtquecksilbermenge in Fisch und Meeresfrüchten umfasst.

Die durchschnittliche Exposition für Methylquecksilber der europäischen Bevölkerung liegt zwischen 1,3 und 97,3 µg/Woche, dies entspricht einer Menge zwischen <0,1 und 1,6 µg/kg Körpergewicht pro Woche für eine 60 kg schwere Person [29]. Diese Werte werden von den bevorzugt verzehrten Fischarten beeinflusst, weil es hinsichtlich der Quecksilberbelastung von Fischen und Krustentieren ausgesprochene Standort- und Speziesabhängigkeiten gibt. Herbivoren/Detrivoren hatten einer brasilianischen Studie zufolge 0,1–0,15 mg/kg Gesamtquecksilber. In Planktonfressern/Omnivoren der niederen trophischen Stufe lag der mittlere Gesamtquecksilbergehalt bei 0,21–0,36 mg/kg, während in den im Nahrungsnetz höher stehenden Omnivoren/Piscuvoren Gehalte von 0,55–0,64 mg/kg gemessen wurden. So ist Salzwasserfisch aus den Nordmeeren in der Regel wesentlich höher belastet als Süßwasserfisch aus großen Inlandseen. Die Ostsee ist aufgrund der hohen Eintragsraten für Quecksilber aus Verbrennungen in den Anrainerstaaten vergleichsweise stark belastet. Im Atlantik gefangene Fische sind meist wesentlich geringer belastet als Spezies aus dem Mittelmeer. Für Meeraal wurden Gesamtquecksilberbelastungen von 1,2 gegenüber 4,5 mg/kg; für Seehecht von 0,4 gegenüber 3,2 mg/kg und für Katzenhai Gehalte von 2,0 gegenüber 9,4 mg/kg gemessen. Friedfische sind ihrer Stel-

Tab. 14.2 Gesamt-Quecksilberaufnahme für nicht beruflich exponierte Normalbevölkerung.

Beitrag verschiedener Umweltmedien

Außenluft	$0,01\ \mu g/m^3$	$0,2\ \mu g/Tag$
Wasser	1 μg/L (zulässiger Gesamtwert)	2 μg/Tag
Kosmetikprodukte	Zugabe nicht zulässig	nahe Null
Arzneimittel[a]	Zugabe nicht zulässig	nahe Null
Ernährung[b]	1,3–97,3 μg/Tag	25 μg/Tag (mittel)
Amalgamfüllungen [c]	0–17 μg/Tag	14 μg/Tag (mittel)

Belastung von Lebensmitteln

geringe Belastung

0–0,02 mg/kg	Getreideprodukte, Eier, Milch, Fleisch, Kartoffeln, Gemüse	relativ unbedeutender Beitrag zur Gesamtbelastung

mittlere Belastung

0,02–0,05 mg/kg	Innereien	

hohe Belastung

0,05–1,4 mg/kg Frischgewicht	Krusten- und Weichtiere, Fische	
Krabben	0,07 mg/kg	
Shrimps	0,05 mg/kg	
Hummer	0,23 mg/kg	
Muscheln	0,02 mg/kg	
Tintenfische	0,03 mg/kg	

Süßwasserfische

Kanalwels	0,09 mg/kg	Fried-, Raubfisch
Walley (amerik. Zander)	0,52 mg/kg	Raubfisch, Kaltwasser-
Barsch	0,38 mg/kg	Raubfisch
Karpfen	0,11 mg/kg	Friedfisch, sedimentnahe
Forelle	0,14 mg/kg	Raubfisch

Meeresfische

Pollack	0,15 mg/kg	Raubfisch
Barsch	0,13 mg/kg	Raubfisch
Schwarzbarsch	0,34 mg/kg	Raubfisch
Forellenbarsch	0,46 mg/kg	Raubfisch
Meeräsche	0,11 mg/kg	Friedfisch
großer Thunfisch	0,13–0,25 mg/kg	Raubfisch
Lachs	0,03 mg/kg	Raubfisch
Schnapper	0,25 mg/kg	Raubfisch, kurzlebig
Flunder	0,1 mg/kg	Friedfisch, sedimentnahe
Sardinen	0,1 mg/kg	Friedfisch, kurzlebig
Kabeljau	0,12 mg/kg	Raubfisch (laichreifer Dorsch)
Schwertfisch	0,95 mg/kg	Raubfisch, langlebig
Hai	1,33 mg/kg	Raubfisch, langlebig

Tab. 14.2 (Fortsetzung)

a) Die Verwendung quecksilberhaltiger Desinfektionsmittel für die topische Anwendung sowie Vorbehandlung von Glasampullen ist zugunsten verträglicher Alternativen in vielen Ländern untersagt.

b) In Lebensmitteln dominieren organische Quecksilberverbindungen, die durch Biomethylierung aus anorganischem Primäreintrag hervorgegangen sind.

c) In einer großflächigen Zahnfüllung sind im Mittel 0,35 g elementares Quecksilber enthalten. Beim Kauen werden vorwiegend schlecht resorbierbare Metallpartikel abgerieben. Quecksilberoxide und elementares Quecksilber machen den geringeren Anteil der Gesamtfreisetzung aus. Beim Kauen und Schlucken ist zudem die Mundatmung weitgehend ausgeschaltet. Die hier angegebenen Mengen beziehen sich auf Abschätzung aus Provokationstests mit Analyse der Ausatemluft und sie stellen daher eine konservative Annahme zugunsten von Sicherheitsabschätzungen dar.

Literatur:

United Nations Environment Programme, „Global mercury Assessment", Kapitel 4 (http:\www.chem.unep\mercury).

Mahaffey et al., (2004) *Environmental Health Perspectives* **112**, 562–570.

EPA Fact sheet, Mercury update: Impact on fish advisories 2001, EPA-823-F-01-011.

lung im Nahrungsnetz entsprechend ebenfalls weniger stark belastet als Raubfische, z. B. Thunfisch und Schwertfisch. Langlebige Spezies wie Hai, Merlin oder Thunfisch weisen höhere Quecksilberkonzentrationen im Gewebe auf als kurzlebige Spezies wie Seelachs. Für großen Thunfisch bestimmter Fanggebiete wurden Werte bis zu 10 mg/kg berichtet. Diese Bereiche werden unter Umständen auch vom Merlin erreicht. Krustentiere sind häufig weniger belastet als Fisch aus vergleichbaren Lebensräumen, aber auch hier sind ausgesprochene Standortabhängigkeiten festzustellen, so z. B. verfügt die Muschel als Strudelorganismus über eine ausgesprochene gute Metall-Bindefähigkeit und bildet daher Standortfaktoren in der Kontamination deutlich ab.

Die Verteilung der höchsten nationalen Expositionswerte wurde für Europa zwischen 0,4 und 2,2 µg/kg pro Woche für Methylquecksilber angegeben. In einer probabilistischen Studie der EFSA wurde auf der Basis des Fischverzehrs für Frankreich und der Belastungswerte der Fischarten errechnet, dass für etwa 11% einer Gruppe von 293 Kindern in der Altersgruppe zwischen 3 und 6 Jahren die von der JECFA empfohlenen maximalen wöchentlichen Aufnahmeraten für Methylquecksilber überschritten werden und für 44% über den vom US NRC empfohlenen Werten der wöchentlichen Aufnahme liegen. Die Vergleichswerte in einer Gruppe von 248 Erwachsenen lagen nur für 1,2% über dem vom JECFA und für 17% über dem vom US NRC empfohlenen Wert [78]. Die Schätzungen sind für kleine Kinder vermutlich überzeichnet, denn diese Altersgruppe isst in der Regel bevorzugt Fischprodukte (z. B. Fischstäbchen) aus Fischarten wie Kabeljau, Rotbarsch, Seelachs, die meist wenig methylquecksilberbelastet sind.

Die im SCOOP Bericht aufgeführten Daten zeigen weiterhin, dass in Bevölkerungen mit hohem Fischkonsum wie Norwegen dennoch niedrigere Aufnahmeraten im Vergleich zu südlichen Ländern resultieren können, weil die bevorzugt verzehrten Fischarten landestypisch unterschiedlich sind. In Norwegen dominieren eher Kabeljau und Seelachs und in Südeuropa Thunfisch und Schwertfisch. Die Europäische Gemeinschaft hat maximale Belastungen für Fisch und Fischprodukte von 0,5 mg Gesamtquecksilber/kg Gewicht festgelegt und Ausnahmen für einige Fischarten gestattet, die 1 mg Gesamtquecksilber/kg Gewicht aufweisen dürfen. Es ist bei durchschnittlichen Verzehrsgewohnheiten nicht anzunehmen, dass Verbraucher in der EU gegenüber gesundheitlich bedenklichen Methylquecksilberwerten exponiert sind. Die Quecksilber-Gesamtbelastung aus der Ernährung liegt für die Normalbevölkerung im Bereich von 25 µg/Tag. Allerdings variieren die Daten zwischen Einzelpersonen erheblich, sind aber dennoch insgesamt unbedenklich soweit keine zusätzlichen und relevanten Quellen durch Unfall, Hobby oder Beruf dazukommen (s. Abschnitt 14.5).

Die geschätzte tägliche Aufnahme von Quecksilber aus der Luft beträgt 0,2 µg bei einem Atemvolumen von 20 m^3/Tag unter körperlicher Arbeit und einer mittleren Quecksilberbelastung der Stadtluft von 0,01 µg/m^3. Das Atemvolumen unter Ruhe beträgt 10 m^3/Tag. In der Luft dominieren das elementare Quecksilber und die ionischen (oxidierten) Formen. Im Innenraum werden quecksilberhaltige Messgeräte, z. B. Barometer, Thermometer, Blutdruckmessgeräte (Sphyngomanometer) genutzt, die bei Instrumentenbruch zu Emittenten werden können. Aus quecksilberhaltigen Fieberthermometern können dabei nur vergleichsweise geringe Mengen austreten (0,5–2 g) während Barometer eine substantielle Quecksilbermenge enthalten, die den Innenraum toxikologisch relevant belasten kann. Grundsätzlich muss jede erkannte Freisetzung von elementarem Quecksilber im Innenraum sachlich angemessen, z. B. durch Bindemittel, entfernt werden [2, 30, 48, 56–58, 90, 97, 101].

Die tägliche Aufnahme über Trinkwasser beträgt bis zu 2 µg/Tag unter der Annahme einer vollständigen Ausschöpfung der insgesamt nach der Trinkwasserverordnung (Stand 2005) zulässigen Belastung von 1 µg/L Gesamtquecksilber. Dabei handelt es sich sowohl um ein- und zweiwertig ionisches Quecksilber als auch um organische Quecksilberverbindungen.

Die quantitativ bedeutendste Expositionsquelle gegenüber anorganischem Quecksilber für die Normalbevölkerung ist allerdings der Versorgungsstatus mit Amalgamfüllungen. Die Aufnahmeraten der anorganischen Quecksilberformen über Amalgamfüllungen können in Abhängigkeit der Füllungsoberflächen bis zu 14 µg/Tag betragen [26, 83]. Elementares Quecksilber wird durch intensives Kaugummikauen oder Zähneknirschen (Bruxismus) verstärkt freigesetzt und ist dann in der Ausatemluft nachweisbar [12, 83]. Die hier angegebenen Mengen beziehen sich auf Abschätzung aus Provokationstests mit Analyse der Ausatemluft, sie stellen daher eine konservative Annahme zugunsten von Sicherheitsabschätzungen dar. In einer großflächigen Zahnfüllung sind im Mittel 0,35 g elementares Quecksilber enthalten. Von der Oberfläche der Füllungen werden beim Kauen Partikel freigesetzt, die schlecht resorbierbar sind. Quecksilberoxide und elementares Quecksilber machen den geringeren Anteil der Gesamtfreisetzung aus. Beim Kauen und Schlucken ist zudem die Mundatmung weitgehend ausgeschaltet.

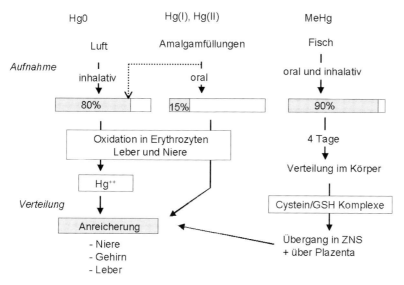

Abb. 14.2 Übersicht über Aufnahme und Verteilung verschiedener Quecksilberverbindungen und Targetorgane möglicher Toxizität.

14.4.2
Aufnahme und Verteilung von Quecksilber im Körper

Aufnahme

Methyl-Hg hat eine hohe Lipophilität und wird demzufolge bei Aufnahme aus Lebensmitteln aus der biologischen Matrix gut resorbiert und hat eine fast vollständige biologische Verfügbarkeit nach Gabe per os. Ein Hautkontakt ist ebenfalls eine toxikologisch relevante Eintrittspforte – wie Kasuistiken aus der Arbeitsmedizin belegen. Ähnliche Risiken für gute Hautresorption und gute Aufnahme per os gelten auch für andere organische Hg-Verbindungen, wie z. B. Ethyl-Hg. Die als Desinfektionsmittel früher gebräuchlichen organischen Verbindungen wie Mercurochrom, eine brom- und quecksilberhaltige Fluoresceinverbindung, weisen eine wesentlich geringere Aufnahmerate auf. Diese gut wirksamen Präparate wurden weitgehend durch besser verträgliche, ebenso gut wirkende, Verbindungen ersetzt.

Metallisches Quecksilber wird aufgrund seines hohen Dampfdrucks über die Atemluft aufgenommen, weil die Penetrationsfähigkeit über das Lungenepithel sehr gut ist. Die Resorptionsquote liegt insgesamt bei 80%. Bei Aufnahme per os ist elementares Quecksilber kaum systemisch verfügbar, weil seine Resorptionsquote aus dem Magen-Darmtrakt lediglich 0,1% beträgt [70]. Ionisches Quecksilber hat hingegen praktisch keinen Dampfdruck – wegen seiner guten Wasserlöslichkeit liegt es vor allem in Lösung vor und kann z. B. akzidentell verschluckt werden. Die gastrointestinalen Resorptionsquoten liegen zwischen 10–15%. Damit wird der größere Anteil nach oraler Zufuhr zwar nicht primär resorbiert, in Abhängigkeit von der aufgenommenen Menge kommt es jedoch häufig zu schweren Gesundheitsschäden.

Verteilung

Im Organismus wird Methylquecksilber weit verteilt, penetriert gut über die Bluthirnschranke und erreicht insbesondere auch das ZNS, wo es dementsprechend eine ausgeprägte neurotoxische Wirkung entfaltet [5]. Die gute Mobilität von Methylquecksilber wird offenbar weniger durch seine vorhandene gute Lipophilität getragen als durch seine Eigenschaft, im Plasma wasserlösliche Komplexe zu bilden und bevorzugt an Sulfhydrylgruppen zu binden [19, 20]. Methylquecksilber tritt in Endothelzellen der Bluthirnschranke als Komplex mit L-Cystein über. Dieser Vorgang ist offenbar relativ spezifisch, denn D-Cystein ist in dieser Hinsicht nicht aktiv. Strukturell ist der L-Cystein-Methylquecksilber-Komplex der großen neutralen Aminosäure L-Methionin ähnlich, so dass der Aminosäurecarrier vermutlich als Transporter fungiert [61].

Methylquecksilber tritt durch die Plazenta in den Fetus über und ist im fetalen Blut sowie Gehirn und anderen Geweben nachweisbar. Die Belastung des Fetus korreliert mit der Belastung der Mutter. Im embryonalen Gewebe, das aus Schwangerschaftsabbrüchen sowie aus Fehlgeburten/Totgeburten gewonnen wurde, ist Quecksilber nachweisbar und die Menge korreliert mit der Expositionssituation der Mutter, z. B. der Anzahl der Amalgamfüllungen [38]. Im Nabelschnurblut ist die Gesamtquecksilberkonzentration mit derjenigen des mütterlichen Kreislaufs assoziiert und während der Laktationszeit nimmt die Konzentration im mütterlichen Blut ab. Daraus wird geschlussfolgert, dass Quecksilber auch über die Muttermilch abgegeben wird und so das Neugeborene bzw. den Säugling erreicht [95].

Die Verteilung von anorganischem Quecksilber im Organismus findet vermutlich in Form des monoatomigen Gases statt, welches unter anderem auch das ZNS erreicht. In Erythrozyten wird elementares Quecksilber durch den Katalase-Wasserstoffperoxid-Stoffwechselweg über die einwertige Stufe zu zweiwertig ionischem Quecksilber oxidiert ($Hg^0 \rightarrow Hg^+ \rightarrow Hg^{2+}$) [50], welches intrazellulär bevorzugt an Thiolgruppen bindet und dadurch eine große Palette verschiedener Targetproteine findet. Das Quecksilber(I)ion disproportioniert im Plasma spontan zu zweiwertig ionischem sowie elementarem Quecksilber, die beide für die weitere Verteilung und toxische Wirkung verantwortlich sind. Expositionsquellen für einwertig ionisches Quecksilber sind verschiedene gewerbliche Situationen. Für nicht speziell beruflich Exponierte sind die oxidierten Oberflächen von Amalgamfüllungen die hauptsächliche Quelle für eine Aufnahme. Dies ist insbesondere dann zu erwarten, wenn die Füllungen nicht oberflächenpoliert sind.

Ionische Quecksilberformen überwinden in geringerem Ausmaß als die anderen Quecksilberspezies biologische Membranen und verbleiben daher vorwiegend in der Peripherie. Dennoch wird oxidiertes (ionisches) Quecksilber nicht nur in Leber und Cortex der Nieren, sondern auch im Gehirn gefunden. Es wird über Zellmembranen aufgenommen und ist die eigentliche intrazellulär toxisch wirkende Form.

14.4.3
Verweildauer, Metabolismus und Elimination

Verweildauer im Gewebe

Im wässrigen Milieu wird Methylquecksilber als wasserlöslicher Komplex transportiert und allmählich durch phagozytierende Zellen zu zweiwertig ionischem Quecksilber transformiert. Neuronales Gewebe selbst ist offenbar nicht fähig, Methylquecksilber zu oxidieren. Der Gesamtprozess läuft im ZNS langsam ab. Dies ist ein Erklärungsansatz für die lange Wirkungslatenz der neurotoxischen Wirkung von Methylquecksilber. Für das ZNS ist anzunehmen, dass auch elementares Quecksilber nach Überwinden der Bluthirnschranke partiell im Gehirn durch Oxidation zu zweiwertigem ionischem Quecksilber metabolisiert wird. Quecksilber wird durch diesen Prozess, der in nahezu allen Zellen des Organismus stattfinden kann, bevorzugt intrazellulär retiniert, weil zweiwertig ionisches Quecksilber eine schlechte Rückverteilungstendenz aus dem Gewebe hat. Die wahrscheinlichste Form der intrazellulären Speicherung ist das Quecksilberselenid [100].

Aufgrund experimenteller und humantoxikologischer Daten ist allgemein akzeptiert, dass die kinetischen Voraussetzungen dafür sprechen, dass Quecksilber schlecht aus dem Gehirn wieder eliminiert werden kann. Soweit Autopsiedaten aus arbeitsmedizinischen Untersuchungen zur Verfügung stehen, ist bestätigt worden, dass Quecksilber im Hirngewebe auch Jahre nach Beendigung der Exposition in deutlich höherer Konzentration vorliegt als aufgrund der korrespondierenden Plasmakonzentrationen zu vermuten war. Intrazellulär werden Quecksilberionen mit Metallothionein oder in Bindung an Glutathion komplexiert. Ein Metallothionein-Mangel erhöht demzufolge die Sensitivität des Gewebes gegenüber Quecksilber. Andererseits führt die Komplexierung auch zu einer lang andauernden intrazellulären Präsenz von Quecksilber.

Methylquecksilber wird aus Säugerzellen als Komplex mit reduziertem Glutathion durch Transporter, möglicherweise MRP-Transporter, gepumpt und ist unter anderem in der Galle nachweisbar. Der Glutathionrest wird in der Gallenblase enzymatisch zu Dipeptiden und letztendlich L-Cystein degradiert. Vermutlich wird dieser L-Cystein-Quecksilberkomplex wieder resorbiert und unterliegt somit in gewissem Umfang einem enterohepatischen Kreislauf [6, 39, 40]. Thiolgruppen enthaltende Komplexbildner sind in Vergiftungsfällen mit Methylquecksilber erfolgreich zur Beschleunigung der Elimination eingesetzt worden, z. B. in Fällen der endemischen Intoxikationen durch kontaminiertes Brot im Irak [27]. Zu den Kandidaten einer aussichtsreichen Therapie gehören *N*-Acetylcystein sowie Thiolgruppen präsentierende nicht resorptionsfähige Harze, die den enterohepatischen Kreislauf unterbrechen können [7].

Die Detailprozesse in der intrazellulären Kinetik sind schwer zu fassen und so bedürfen die Abweichungen zwischen *in vivo* bekannter Toxizität und vorhergesagter Toxizität noch einer Erklärung. Beispielsweise verläuft die Konversion von Ethylquecksilber zu zweiwertig ionischem Quecksilber schneller als für Methylquecksilber. Methylquecksilber ist allerdings im Vergleich mit Ethylquecksilber toxischer am ZNS und entfaltet daher direkt, vermutlich als Methylquecksilber-Radikal, toxische Effekte.

Metabolismus

Quecksilber wird im endogenen Stoffwechsel des Menschen metabolisiert und dabei in verschiedene Oxidationsstufen transformiert. Dabei ist entscheidend, dass die verschiedenen toxikologisch relevanten Spezies ineinander überführt werden können. Die Kinetik ist dabei zwischen den Quecksilberspezies unterschiedlich und ebenso sind die beteiligten Organe variabel. Da die Quecksilberspezies unterschiedlich gut Zellmembranen und Organbarrieren durchdringen können, werden durch den Metabolismus sowohl die Verteilung im Organismus, die Verweildauer im Gewebe als auch das toxische Bild beeinflusst.

Methylquecksilber wird durch die Darmflora relativ langsam zu anorganischen Formen umgesetzt. Die Metabolisierungsrate wird mit 1% der Gesamtkörperbelastung pro Tag eingeordnet. Demethylierungen können auch in phagozytierenden Zellen stattfinden. Der dabei ablaufende biochemische Prozess und die beteiligten Enzyme sind nicht näher bekannt.

Die Biotransformation von elementarem Quecksilber zu ionischem Quecksilber im Gehirn trägt wesentlich zur Retention und Anreicherung von Quecksilber im Cortex und Cerebellum bei. Sie dürfte ebenso ein Schlüsselereignis für die Neurotoxizität von Methylquecksilber darstellen. In der Leber werden sowohl elementares wie organisches Quecksilber zu ionischem Quecksilber über den Stoffwechselweg der Hydroxylradikal-Produktion katalysiert. Auch für die intestinale Flora ist die Überführung von organischem Quecksilber zu ionischem Quecksilber bestätigt [87].

Tierexperimentell ist für intraperitoneal mit zweiwertigem Quecksilberchlorid ($HgCl_2$) behandelte Ratten und Mäuse belegt, dass elementares Quecksilber exhaliert wird [51, 81]. Die Resorptionsquote für Quecksilbersalze aus dem Magen-Darm-Trakt beträgt lediglich 10%, und dennoch werden dosisabhängig zytotoxische Effekte bis hin zu Nekrosen sowohl am Darmepithel als auch am Nierenepithel beobachtet.

Elimination

Die Eliminationskinetik von Quecksilber nähert sich einer Einphasenkinetik mit Eliminationshalbwertszeiten zwischen 45–70 Tagen. Die Halbwertszeit nach primärer Exposition gegenüber Methylquecksilber beträgt ebenfalls im Mittel 50 Tage bei einem Bereich von 20–70 Tagen. Die Präsenz im Gewebe kann davon substantiell abweichen, wobei allerdings nicht übersehen werden darf, dass die Datenlage zur Ableitung dieses Parameters eingeschränkt und die Unsicherheit aus der Extrapolation entsprechend groß ist. Personen mit regelmäßiger Exposition gegenüber Quecksilber erreichen die Gleichgewichtsbedingung der Gesamtkörperbelastung somit etwa innerhalb eines Jahres [25]. Aus der Untersuchung von Haarproben im Rahmen von Biomonitoring-Programmen ist bekannt, dass nach kurzzeitig höherer Exposition gegenüber Methylquecksilber die Halbwertszeit im Haar bei einem Bereich von 30–100 Tagen und im Mittel bei 65 Tagen liegt [23, 100].

Modellierungen der Eliminationskurven in einem Zweiphasen-Kompartimentsystem haben diese Daten im Wesentlichen bestätigen können. Dort ist für die Elimination von inhaliertem Quecksilberdampf eine kurze initiale Halbwertszeit von einer Halbwertszeit der zweiten Phase zu unterscheiden, die im Mittel 60 Tage mit einem Bereich von 31–100 Tagen beträgt. Im Erwachsenen liegt die Halbwertszeit nach oraler Exposition gegenüber Quecksilbersalzen auch bei etwa 40 Tagen. Die Ausscheidung erfolgt vorwiegend über die Faeces, vermutlich im Zusammenhang mit abgeschilfertem Darmepithel. Die Ausscheidung über den Harn ist mit etwa 10% der Aufnahmemenge von Quecksilbersalzen quantitativ eher unbedeutend [25]. Dennoch stellt dieser Ausscheidungsweg eine wichtige physiologische Grundlage dar, um durch Biomonitoring eine Aussage über die Höhe der inneren Belastung mit Quecksilber auch für die chronische Exposition zu treffen [32, 88]. Ein geringer Anteil von elementarem Quecksilber wird auch durch Exhalation, über Schweiß und Speichel eliminiert [3, 4, 32, 48, 55, 88].

Die Ausscheidungsraten von Quecksilber im Urin korrelieren gut mit der Exposition gegenüber anorganischen Verbindungen, während zur Erfassung der inneren Belastung mit Methylquecksilber auch die Analyse von Blutproben gehören sollte. Die Gesamtausscheidungsrate von Quecksilber im Urin spiegelt recht gut den Versorgungsstatus mit Amalgamfüllung wieder [101]. Die Möglichkeiten, Haarproben als Grundlage für Biomonitoring-Programme und Erkennung der Langzeitexpositionssituation zu nutzen, scheitert oftmals an der Schwierigkeit im Haarschaft gebundenes von extern aufgelagertem Quecksilber zu unterscheiden [14, 59].

14.5
Wirkungen von Quecksilber

14.5.1
Wirkmechanismen

Methylquecksilber hat gegenüber elementarem und anorganischem Quecksilber eine Sonderstellung, weil – gemessen an Dosis-Wirkungszusammenhängen und verglichen mit den anderen Quecksilberverbindungen – eine höhere Toxizität vorliegt, die Neurotoxizität betont ist und zwischen Aufnahme und Wirkung eine auffallend lange Latenzzeit festzustellen ist. Das proximale toxische Agens für die neurotoxische Wirkung ist offenbar Methylquecksilber selbst bzw. sein Radikal und nicht nur der Metabolit zweiwertig ionisches Quecksilber (Hg(II)). Methylquecksilber ist in Testsystemen stärker wirksam als Ethylquecksilber, welches allerdings schneller zu zweiwertigem Quecksilber (Hg(II)) oxidiert wird.

Ein entscheidender Einfluss auf das resultierende Bild nach (sub)chronischer Aufnahme von Methylquecksilber wird der Lipidlöslichkeit und vor allem der Bindungsaffinität zu Thiolgruppen enthaltenden Liganden zugeschrieben. Dadurch entsteht ein wasserlöslicher Komplex, z. B. in Verbindung mit L-Cystein, der mithilfe der Carrier für große neutrale Aminosäuren gut die Bluthirnschranke überwindet [61]. Es wird vermutet, dass im neuronalen Gewebe phagozytierende Zellen in geringem Umfang Methylquecksilber zum anorganischen Hg(II) umsetzen, das dort vermutlich in Form von unlöslichem Quecksilberselenid allmählich akkumuliert [100].

Methylquecksilber, aber auch inhaliertes elementares Quecksilber, erzeugen bereits in niedrigen Konzentrationen im Gehirn eine Schädigung der Mikrotubuli neuronaler Zellen [86]. Für den Mechanismus gilt es als wahrscheinlich, dass Methylquecksilber an SH-Gruppen des Tubulin-Monomers bindet und dabei die Bindung von GTP an die β-Untereinheit von Tubulin und so die Polymerisation hemmt. Die GTP-Bindung ist eine essenzielle Phase für die Polymerisation von Tubulin. Dadurch wird das physiologische Gleichgewicht zwischen der Polymerisation der Tubulin-Monomere an der einen und der Depolymerisation an der anderen Seite der Mikrotubuli gestört. Es kommt zur Tubulin-Verkürzung mit gestörter Ausbildung und Funktion (Migration und gestörtes Gliding-Phänomen) von Mikrotubuli, die Schlüsselkomponenten des Zytoskeletts sind. Damit sind Dysfunktionen und Auswirkungen auf verschiedene Endpunkte zu erwarten, z. B. beim axonalen Transport von Neurotransmittern, bei der Zellmigration oder der Zellteilung. Auf zellulärer Ebene ist die Mitose gestört und die neuronale Migration beeinträchtigt. Die Störung der Zytoarchitektur ist bereits bei sehr niedrigen Konzentrationen in vitro nachweisbar und stellt vermutlich den sensitivsten Parameter im Wirkungsmechanismus von Methylquecksilber dar. Vergleichbare Effekte mit Störung der Funktion des Zytoskeletts werden inzwischen nicht nur für neuronale Zellen, sondern auch für Zelltypen verschiedenster Provenienz bestätigt. Methylquecksilber hemmt außerdem in vitro die Proteinsynthese, stört die Funktion der Zellmembran und hemmt die DNA-Synthese [49].

Für metallisches wie für ionisches Quecksilber ist das zweiwertige Quecksilber, Hg(II), die eigentlich wirksame toxische Form. Hg(I) disproportioniert im Plasma spontan zu Hg^0 und Hg(II), während elementares Quecksilber (Hg^0) nach Penetration des Lungenepithels und Abstrom in den Körperkreislauf in den Erythrozyten oder im Gewebe, z. B. in der Leber, durch das antioxidative Enzym Katalase in Verbindung mit Wasserstoffperoxid zu Hg(II) oxidiert wird. Anorganisches Hg(II) ist für seine hohe Affinität zur Bindung an SH-Gruppen und Hemmung funktioneller Gruppen von Proteinen bekannt. Auch hier ist der sensitivste Endpunkt in der Dosis-Wirkungsbeziehung die Hemmung der Funktion der Zytoskelett-Proteine Tubulin und Kinesin, die in die Prozesse der Zellbewegung, der Zellteilung und Zentromerbildung eingebunden sind, und letztendlich resultiert eine klastogene und aneugene Wirkung. Der Wirkungsmechanismus wird auf Hemmung der GTP-Bindung bei der Tubulin-Polymerisation sowie Hemmung der ATP-Ribosylierung von Funktionsproteinen, zu denen u. a. auch DNA-Reparaturproteine wie das PARP System gehören, zurückgeführt [34–36, 84].

Quecksilber(II)-Salze sind im bakteriellen System mit sowie ohne metabolisches Aktivierungssystem nicht mutagen und in Säugerzellen nur schwach mutagen wirksam [15, 52]. In durch transgene Modifikation besonders sensitiven (hprt/gpt+) V79-Zellen wirkte Quecksilber(II) nicht mutagen, während in (gpt+)-transgenen CHO-Zellen ein schwacher Effekt festgestellt wurde. In vielen in vitro-Säugerzellsystemen wirkt Hg(II) allerdings klastogen und aneugen. Diese Genotoxizität ist mit einer Hemmung der Tubulin-Kinesin-Interaktion direkt verbunden. Quecksilber(II)chlorid erzeugt *in vitro* DNA-Strangbrüche und ist gleichzeitig ein Inhibitor der DNA-Reparatur. Allerdings wirkt Quecksilber(II) in den für DNA-Strangbrüche erforderlichen Konzentrationen toxisch. An kultivierten Humanlymphozyten wurden Schädigungen des Spindelapparates festgestellt. Der intrazelluläre Glutathiongehalt sowie die Aktivität von Metallothioneinen wirken protektiv auf die Genotoxizität, die an die intrazelluläre Verfügbarkeit von freiem Quecksilber(II) gebunden ist. Auch in in vivo-Testsystemen am Versuchstier konnte eine erhöhte Mikrokernrate nach Exposition mit Quecksilber(II)chlorid bestätigt werden [35–37, 84].

An kultivierten menschlichen Lymphozyten wurden nach Methylquecksilberchlorid-Gabe Chromosomenaberrationen (CA), Schwesterchromatidaustausche (SCE), Mikronuclei sowie Spindelanomalien festgestellt, und übereinstimmende Befunde wurden auch an anderen Zelllinien erhoben. An durch hohen Fischkonsum oder Verzehr von Robbenfleisch ungewöhnlich hoch gegenüber Methylquecksilber exponierten Personen wurden durch zytogenetische Untersuchungen der peripheren Lymphozyten ebenfalls Auffälligkeiten bei der Chromosomenstruktur belegt. Die Effekte waren gering ausgeprägt und die Studien konnten Zweifel hinsichtlich methodischer Mängel, die die Schlussfolgerungen zur Ursache tangierten, nicht ausräumen. An gegenüber Quecksilberdampf exponierten Arbeitern wurden bei zytogenetischen Untersuchungen der peripheren Lymphozyten sowohl negative als auch positive Ergebnisse zur Genotoxizität (Schwesterchromatidaustausche, Aneuploidien, azentrische Fragmente, Mikronuclei) erhalten. Eine abschließende Bewertung scheiterte an methodischen Mängeln der Studien [35, 36].

14.5.2
Toxische Wirkungen von Methyl-Hg am Menschen

Das konkrete klinische Bild nach Methylquecksilber-Exposition ist von den Umständen zum Aufnahmeweg, zur Dosis und zum Alter der betroffenen Person abhängig. Eine frühzeitig symptomatische Vergiftung tritt nach ungewöhnlich hohen Expositionen oder nach suizidalen Anwendungen auf. Zu den schnell eintretenden Effekten gehören gastrointestinale Ulzerationen, Perforationen und Hämorrhagien, gefolgt von einem Kreislaufkollaps. Der Verlust der intestinalen Epithelbarriere erhöht die systemische Verfügbarkeit und die Aufnahmerate in die Nieren mit nachfolgend schweren Nierenschäden.

Das hauptsächlich von Methylquecksilberwirkungen betroffene Organsystem ist allerdings das Zentralnervensystem. Aus Untersuchungen zur Folge der Methylquecksilber-Exposition über Fische im Minimatakollektiv sowie aus der Exposition über Brot aus methylquecksilbergebeiztem Getreide im Irak ist bekannt, dass zwischen Exposition und klinischer Wirkung eine lange Latenz von mehreren Wochen bis Monaten und unter Umständen sogar Jahren liegen kann. In einer Kasuistik mit einmaligem Kontakt gegenüber Dimethylquecksilber über die Haut konnten etwa 20 Tage nach der Exposition steigende Methylquecksilberkonzentrationen im Haar festgestellt werden, die nach 40 Tagen post ingestionem einen Höchstwert von etwa 1000 ppm (μg/g) Methylquecksilber erreichten und dann mit einer Halbwertszeit von etwa 74 Tagen monophasisch abfielen. Die klinische Situation war zunächst unauffällig. Es entwickelten sich aber nach einer Latenzperiode von 150 Tagen die ersten neuronalen Symptome, die innerhalb von Wochen zum Vollbild einer Methylquecksilberintoxikation führten und ohne substantielle Änderung in der Symptomatik nach zwei Wochen schließlich tödlich endeten [98].

Bei einer im Irak bekannt gewordenen subakuten Exposition einer Bevölkerungsgruppe gegenüber Methylquecksilber im Brot über einen Zeitraum von 40–60 Tagen zwischen 1971 und 1972 wurden mittlere Latenzperioden von 16–32 Tagen zwischen Stopp des Konsums und Auftreten neurologischer Symptome registriert. Hier korrelierten die maximalen Methylquecksilberkonzentrationen im Haar zeitlich gut mit dem Beginn neurologischer Auffälligkeiten und mit steigenden Werten war ein größerer Anteil der Exponierten klinisch auffällig. Als Frühsymptome wurden Parästhesien registriert, die in Ataxien übergingen, gefolgt von Sprachstörungen und Taubheit. Bei maximalen Belastungswerten im Haar oberhalb von etwa 800 ppm verliefen die Fälle fatal.

Bei der Exposition der Bevölkerung an der Yatsushiro See gegenüber mit Methylquecksilber kontaminiertem Fisch der Minamata-Bucht waren zuvor über mehrere Jahre Reaktionsgemische mit Quecksilber(II) als Produktionsabfall der Acetylenproduktion in die Meeresbucht eingeleitet worden. Die ersten Verdachtsfälle wurden 1960 registriert und neue Erkrankungsfälle bis zumindest 1975 notiert. Die jüngsten Anerkennungen als Betroffene erfolgten noch im Jahre 1997. Ingesamt waren hier mehr als 10 000 Anwohner direkt von sensorischen Dysfunktionen betroffen, etwa 3000 Personen wurden aufgrund des schweren klinischen Bildes als Vergiftungsfälle offiziell registriert. Ewa 1800 Todesfälle wurden registriert [80, 89, 95].

Die ersten Zeichen einer neurologischen Beeinträchtigung sind Taubheitsgefühl oder Hyperästhesie. Die Zeichen entwickeln sich weiter zu cerebellärer Ataxie, Dysarthrie, Visusstörung, Sprechstörung und Gehöreinschränkung. Die Symptome werden durch den Untergang betroffener Zellen in denen korrespondierenden Hirnregion des Cerebellums oder der corticalen Regionen hervorgerufen. Die Ursachen der fokalen Zerstörung von Hirngewebe sind noch nicht vollständig bekannt, aber verschiedene Indizien deuten auf einen zweiphasigen Prozess hin. Dieser wird in der ersten Phase von der Gesamtdosis und einem früh eintretenden Zelluntergang bestimmt und kann zunächst zumindest teilweise kompensiert werden. In einer zweiten Phase kommt es möglicherweise aufgrund von altersbedingtem Zelluntergang, einer weiterhin stattfindenden

Konversion von Methylquecksilber zu Hg(II) und einer Erschöpfung protektiver Prozesse zu einer Demaskierung des neuronalen Zelluntergangs mit der Folge einer dauerhaften fokalen Schädigung des Gehirns oder des tödlichen Ausgangs. In tierexperimentellen Studien wurde gezeigt, dass einzelne Zellformen, z. B. die Purkinjezellen, relativ robust sind und der Zelluntergang in diesen Regionen oder in Zellformen mit einer wiederkehrenden Proteinsynthese ausblieb. Die Einzelheiten vor allem zur Wirkungslatenz und zur protektiven Wirkung einer nur in einigen neuronalen Zellformen erhaltenen Proteinsynthese deuten darauf hin, dass der endgültig eintretende Organschaden nicht nur vom Maß der initialen Schädigung, sondern wesentlich von den Abwehrmechanismen oder der Reparaturfähigkeit abhängt. Unter den Abwehrmechanismen kommt der Verfügbarkeit von Thiolgruppen enthaltenden Liganden eine Schlüsselfunktion zu.

14.5.3
Toxische Wirkungen von elementarem Quecksilber am Menschen

Dampfförmiges elementares Quecksilber stellt die hauptsächliche Expositionsquelle des Menschen am Arbeitsplatz dar. Aufgrund der breiten Wissensbasis aus dem arbeitsmedizinischen Kontext sind die Dosis-Wirkungsbeziehungen sowie die nach akuter oder chronischer Exposition zu befürchtenden Schäden am Menschen und der weitere Verlauf auch nach langjähriger Beobachtung detailliert bekannt [24, 34, 35, 94, 101].

Der allgemeine Wirkungscharakter von dampfförmigem Quecksilber ist bei einmalig inhalativer Aufnahme hoher Konzentration von akuten Wirkungen an Lunge sowie den inneren Organen Darm und Niere geprägt. Histologische Untersuchungen haben als Korrelat der Schädigung erosive Bronchitiden, Bronchiolitis mit interstitieller Pneumonie, Gastroenteritis und Kolitis sowie Nierenschäden belegt. Die Symptome beginnen mit Lethargie und Ruhelosigkeit und werden gefolgt von Übelkeit, Diarrhö, Metallgeschmack, Husten, Tachypnoe und gegebenenfalls Atemstillstand [34].

Bei chronischer Exposition gegenüber dampfförmigem Quecksilber ist das Hauptmanifestationsorgan das ZNS, während toxische Schädigung oder Dysfunktionen der Nieren oder des Darms selten sind. Die neurologischen Zeichen sind gekennzeichnet durch Tremor, abnorme Erregbarkeit (Erethismus), Sprachstörungen oder Konzentrationsschwäche. Außerdem werden vermehrter Speichelfluss (Ptyalismus) oder Gingivitis berichtet. Die Diagnostik einer Vergiftung ist immer durch Nachweis einer externen Quecksilberquelle und einer inneren Exposition durch erhöhte Hg-Konzentrationen im Blut oder im Urin möglich (vgl. Tab. 14.3). Aus der Bewertung der Dosis-Wirkungsbeziehungen aus humantoxikologischen und tierexperimentellen Untersuchungen wurden die maximale Arbeitsplatzkonzentration von Quecksilberdampf in der Luft (MAK-Wert für Quecksilberdampf) festgelegt [34] (s. a. Abschnitt 14.7) und die biologischen Arbeitsstofftoleranzwerte in Blut und Urin (BAT-Werte 1998) [35] abgeleitet.

In niedrigen, nicht akut toxischen Konzentrationen wird elementares Queck-silber nach seiner Aufnahme in den Kreislauf vorwiegend an Erythrozyten ge-bunden und durch endogenen Stoffwechsel zu ionischem Quecksilber oxidiert, wobei die einwertige Form Hg(I) instabil ist und spontan zu Hg^0 und Hg(II) disproportioniert. Das eigentlich wirksam toxische Agens von Hg^0 ist seine oxi-

Tab. 14.3 Diagnose chronischer Quecksilbervergiftungen am Menschen.

Quecksilberform	Organisches Quecksilber	Metallisches und anorganisches Quecksilber
Situationen	Beruf, kontaminierte Lebensmittel	Beruf, Haushalt, Hobby
Expositionspfade	cutan, per os	per inhalationem, per os
Symptome	Sensibilitätsstörungen Ataxie Dysarthrie Asthenie Sehstörungen Hörverlust Reproduktionstoxizität	Tremor gestörte Feinmotorik Abgeschlagenheit Müdigkeit Schlafstörungen Gewichtsverlust Schwindel Kopfschmerzen Konzentrationsschwäche
Diagnostik	Exposition Anamnese Bestimmung von Quecksilber in Blut und Urin Suche nach Quellen Klinik Neurologie Bewegungsabläufe Nervenleitgeschwindigkeit Tremor Elektroenzephalographie evozierte Potentiale neuropsychologische Test- batterie (WHO) Innere Medizin Ausscheidung von β_2-Mikro- globulin, retinolbindendes Protein, Bürstensaum- Antigene, N-Acetyl-β-Galac- tosidase Tamm-Horsfall-Glykoprotein Leberfunktionstest	

dierte Form Hg(II), die eine hohe Affinität zur Reaktion mit SH-Gruppen tragenden Liganden hat, während Hg^0 vergleichsweise reaktionsträge ist. Aus tierexperimentellen Studien, die nach Inhalation einer 10 fach über dem MAK-Wert liegenden Konzentration die Verteilung im Organismus untersucht hat, wurde der in das ZNS abströmende Anteil auf bis zu 1% der absorbierten Dosis geschätzt. Dennoch ist das ZNS das empfindlichste Targetorgan bei chronischer Exposition gegenüber nichttoxischen Konzentrationen. Die Symptome können unspezifische Zeichen wie Schlaflosigkeit, Vergesslichkeit, Appetitlosigkeit und geringfügig ausgeprägten Tremor umfassen. Eine genaue Abgrenzung gegenüber Erkrankungen anderer Ursachen und eine zweifelsfreie Zuschreibung der neurologischen Auffälligkeiten zur Exposition gegenüber dampfförmigem Quecksilber ist dementsprechend schwierig. Andererseits sind die Situationen eines gewerblichen und industriellen Umgangs mit dampfförmigem Quecksilber weitgehend bekannt und eine substantielle Belastung ist vermeidbar und anhand der inneren Exposition auch individuell kontrollierbar. Neben den erwähnten neurologischen Auffälligkeiten gehören Auffälligkeiten seitens der Nierenfunktion, wie Albuminurie, sowie die erhöhte Ausscheidung von retinolbindendem Protein, einem Protein mit niedrigem Molekulargewicht, ebenfalls zu den frühzeitig feststellbaren, sensitiven diagnostischen Hinweisen auf eine chronische Quecksilberschädigung.

Akute Quecksilbervergiftungen des Menschen

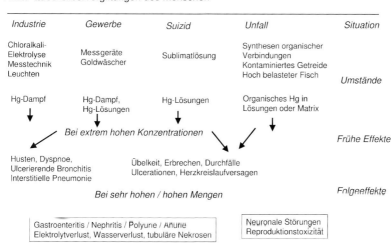

Abb. 14.3 Wesentliche Umstände und Leitsymptome einer akuten Quecksilbervergiftung.

14.5.4
Wirkung von Quecksilber bei unterschiedlichen Aufnahmewegen

Die individuelle Quecksilberexposition hat aufgrund der verschiedenen Faktoren seitens der regionalen Hintergrundbelastung, der Ernährungsgepflogenheiten und dem Status der Versorgung mit Amalgamfüllungen eine große Varianz. Angesichts der hohen Toxizität von Quecksilber für den Menschen und der bei chronischer Exposition dominierenden Auswirkung auf das Gehirn stellt sich die Frage nach den Wirkungen niedriger langzeitiger Expositionen gegenüber Quecksilber und den möglichen sensitiven Untergruppen in der Normalbevölkerung [84].

Die Bewertung ist durch die interindividuelle sowie intraindividuelle Varianz in der Exposition, die mögliche altersabhängige Sensitivität und die Mischexposition aus organischem und anorganischem Quecksilber sowie die wenig spezifischen und in der Regel diskret ausgeprägten Zeichen der Schädigung erschwert. Grundsätzlich ist aber davon auszugehen, dass die in der Arbeitsmedizin für Kollektive mit jahrelangem Kontakt gegenüber dampfförmigen Quecksilber und die in der Nachbeobachtung der mit Methylquecksilber Exponierten (Minimata-, Irak-Studien) gemachten Erfahrungen zur Toxikodynamik (empfindlichstes Organsystem und vorherrschender Mechanismus) auch für umweltmedizinische Fragestellungen gelten. Damit sind besonders Wirkungen am ZNS wie Tremor oder auffällige Befunde in psychomotorischen Tests zu erwarten.

In großen, z.T. prospektiv und doppelblind angelegten Longitudinal-Studien an Bevölkerungsgruppen mit einem hohen Anteil an Fisch in der Ernährung (Finnland, Norwegen, Grönland, Neuseeland, Amazonasbecken) oder Verzehr von hoch belasteten Spezies z.B. Wal- oder Robbenfleisch (Faeroer-Inseln, Seychellen) wurden sowohl die Frage nach Wirkungen wie die Frage nach der unteren Grenze zum Auftreten subklinischer Effekte bearbeitet. Die meisten Studien haben bestätigt, dass nach Methylquecksilberaufnahme durch Ernährung die Frühzeichen einer Schädigung neurologische Störungen sind und in Verbindung mit Biomonitoring-Daten zur Ableitung duldbarer Aufnahmeraten (s. Abschnitt 14.7) herangezogen werden können [18, 73, 76, 94, 100]. Mehrere Studien haben weiterhin Indizien ergeben, dass auch das Herz-Kreislaufsystem zu den betroffenen Organsystemen gehören kann, da eine erhöhte Rate an kardiovaskulären Erkrankungen sowie ein erhöhtes Risiko zur Atherosklerose der Arteria carotis festgestellt wurden. Andererseits können für die Interpretation der Studienergebnisse derzeit die Relevanz wichtiger Einflussfaktoren für Herzkreislauferkrankungen nicht ausgeschlossen werden und daher sind die Schlussfolgerungen zunächst noch nicht belastbar und bedürfen weiterhin der kritischen Beobachtung.

Bereits die Untersuchungen der Folgen der chronischen beziehungsweise episodisch hohen Methylquecksilberbelastung der Bevölkerung im Minimata- und Irak-Fall haben klare Hinweise auf eine besondere Empfindlichkeit des fetalen Gehirns gegenüber Methylquecksilber ergeben. Die Rate an schwer hirngeschädigten Neugeborenen bei wenig beeinträchtigtem Gesundheitsstatus der exponierten Mütter war deutlich erhöht. Als mildere Form der pränatalen Schädigung ist bereits aus den Irakstudien bekannt, dass die Kinder Entwicklungsstörungen haben und die als Entwicklungsmeilensteine bezeichneten Schlüsselfertigkeiten verzögert gegenüber dem Normalverlauf unbelasteter Kinder erreichen [35, 46, 63, 84, 94]. Die Autopsiebefunde bei Totgeburten haben fokale Läsionen und geringere Zellzahl im histologischen Bild erbracht und damit ist als Mechanismus die Hemmung des Neuronenwachstums, der Zellmigration bei der Gehirnentwicklung sowie der Ausbildung von Neuriten wahrscheinlich gemacht, wie sie auch aus anderen Informationsquellen bekannt ist. Gleichzeitig haben sie den Beleg erbracht, dass die Quecksilberbelastung im Haar der Mutter mit der Quecksilber-Gewebekonzentration im Hirngewebe der verstorbenen Kinder korreliert.

Die Faeroer-Studie sowie eine Neuseeland-Studie zu Schwangerschaftsverlauf und postnataler Entwicklung der Kinder von vielen Mutter-Kind-Paaren haben Anhaltspunkte geliefert, dass die pränatale Exposition gegenüber Methylquecksilber die spätere geistige Entwicklung verzögert und sich auch negativ auf die intellektuellen Fähigkeiten auswirkt. Die große Studie auf den Seychellen hat die negative Beeinflussung der intellektuellen Entwicklung nicht bestätigt, wobei Unsicherheiten zur statistischen Aussagekraft der Studie nicht beseitigt werden konnten [94]. Diese Ernährungsstudien sind in der Interpretation dadurch erschwert, dass nicht nur Methylquecksilber, sondern auch andere Umweltschadstoffe, wie z. B. PCP im Walspeck, in substantiellen Mengen enthalten waren und zum Gesamteffekt beitragen konnten.

In einer großen Längsschnittstudie zur gesundheitlichen Auswirkung von Amalgam an mehr als 1400 schwedischen Frauen, die zwischen 1968 und 1993 insgesamt 4-mal nachuntersucht wurden, haben sich keine Korrelationen zwischen Quecksilberbelastung aus Amalgamfüllungen und dem Risiko an Diabetes, Myokardinfarkt, Schlaganfall oder Krebs zu erkranken, ergeben [1]. In zwei epidemiologischen Studien an Zwillingen mit dem mittleren Alter von 66 Jahren oder an katholischen Nonnen im Alter von 75–102 Jahren wurde gezeigt, dass auch die umfangreiche Versorgung mit Amalgamfüllungen langfristig keine Auswirkung auf den mentalen Status und die Leistungsfähigkeit auch im Alter hat. Weiterhin sind die Belege, dass eine immunogen vermittelte, besondere Empfindlichkeit gegenüber Quecksilber aus Amalgamfüllungen zur Ausbildung eines oralen Lichen planus beitragen kann, bislang nicht schlüssig.

14.5.5
Wirkung von Quecksilber auf besondere Krankheitsbilder

Quecksilber wirkt am Menschen neurotoxisch, wird aus verschiedenen Quellen von jedem Menschen aufgenommen und wird zudem aus pharmakokinetischen Gründen im Gehirn besonders retiniert. Es ist vielfach vermutet worden, dass auch umweltgetragenes Quecksilber an der Entstehung oder Verschlimmerung von neurodegenerativen Erkrankungen beteiligt ist. Der Verdacht wurde für amyotrope Lateralsklerose, Multiple Sklerose und Alzheimer-Erkrankung geäußert, wobei die Argumente für einen Zusammenhang zumeist aus der zeitlichen Korrelation zwischen dem Erkrankungsbeginn und dem Zeitpunkt und dem Umfang einer Versorgung mit Amalgamfüllungen unter Hinweis auf das neurotoxische Potenzial und der betroffenen Organstruktur abgeleitet wurden [74].

Unterstützende Argumente für einen Kausalzusammenhang werden z. B. für Alzheimer-Erkrankung aus Autopsiebefunden abgeleitet, die eine höhere Quecksilber-Gewebekonzentration im Hirngewebe von an dieser Erkrankung Verstorbenen verglichen mit Autopsiebefunden von Kontrollgruppen festgestellt hatten. Dieser Befund konnte in mehreren Nachfolgestudien, die sowohl positive wie negative Korrelationen aufzeigten, nicht eindeutig bestätigt werden. Ebenso blieb die Überprüfung eines möglichen Zusammenhangs zwischen Quecksilber-Blutkonzentration, dem Quecksilber-zu-Selen-Verhältnis und Alzheimer-Erkrankung widersprüchlich und ohne eindeutige Zuordnung. Seitens biochemischer Wirkmechanismen wird dem oxidativen Stress eine potenzielle Rolle zugeschrieben, ohne allerdings bislang eine schlüssige Bewertung zu ermöglichen, die Alternativerklärungen weitgehend ausschließt [19, 24, 27, 30, 31, 33, 44, 78, 98].

In einer Untersuchung an Arbeitern, die zwischen 1953 und 1966 in der Atomindustrie nachweislich gegenüber dampfförmigem Quecksilber exponiert waren und Quecksilberkonzentrationen im Urin mehrfach oberhalb des BAT-Wertes aufwiesen, hatten auch mehrere Jahrzehnte nach Beendigung der Exposition kein erhöhtes Risiko an Alzheimer zu erkranken, obwohl sie gegenüber Kontrollgruppen in Tests auf periphere Nervenfunktionen Auffälligkeiten aufwiesen. Aufgrund dieser Daten ist ein Sachzusammenhang derzeit wenig wahrscheinlich [34, 36, 94].

Der Kausalzusammenhang wird aber oftmals bereits auf der Basis einer Korrelation festgestellt und mangels alternativer Erklärungen wird geschlussfolgert, dass eine Entfernung von Amalgamfüllung und forcierte Ausscheidung von Quecksilber durch chronische Behandlung mit Chelatbildnern (DMPS) sowie weitere invasive Maßnahmen zur „Entgiftungstherapie" einen positiven Einfluss auf den Verlauf der Erkrankungen im Sinne einer Heilung oder zumindest im Sinne einer partiellen Verbesserung hätten. Diese Hoffnung vermag nicht den Widerspruch zu den diagnostischen Befunden aufzulösen, dass bei diesen Erkrankungen die krankheitskennzeichnenden degenerativen Veränderungen der neuronalen Strukturen ohne Aussicht auf Regenerationsfähigkeit bekannt und vielfach dokumentiert sind. Zudem ist die Pathogenese bei den meisten neurodegenerativen Erkrankungen weitgehend ungeklärt und für jegliche therapeutische Intervention muss der Beleg für die Sinnhaftigkeit der Maßnahmen und das Nutzen-Risiko-Verhältnis objektivierbar und wissenschaftlich fundiert dargelegt werden können.

14.6
Bewertung des Gefährdungspotenzials

14.6.1
Bewertung zu Methylquecksilber

Aus Arbeitsplätzen

Die DFG-Senatskommission zur Bewertung von Arbeitsstoffen (MAK Kommission) hat in ihrer Bewertung zu organischen Quecksilberverbindungen [35] Methylquecksilber als „H" penetrationsfähig durch die Haut (seit 1966), „Sh" sensibilisierend an der Haut am Menschen (seit 1969) und krebserzeugend Kategorie 3B eingestuft. Eine Kategorie-3B-Einstufung wird vorgenommen, sobald tierexperimentelle Daten und Kenntnisse zum Wirkmechanismus eine krebserzeugende Wirkung belegen, deren Relevanz für den Menschen, z.B. aufgrund der Differenz zwischen realer Expositionssituation und experimentellen Rahmenbedingungen, nicht abschließend zu beurteilen ist und keine höhere Einstufung als 3B rechtfertigt. Der Bewertung lagen umfangreiche Erfahrungen zur Wirkung am Menschen und Daten zur Wirkung *in vitro* zugrunde, die in ausführlichen Zusammenstellungen internationaler Expertenkommissionen diskutiert und bewertet wurden, z.B. ATSDR, EPA, IARC und WHO [35].

Die kontaktallergene Wirkung wurde für Methylquecksilber nicht in Fallstudien direkt belegt, sondern aus Erfahrungen zu Thiomersal und unter Berücksichtigung der Strukturähnlichkeiten abgeleitet und insgesamt als wahrscheinlich angesehen. Eine Bewertung von Methylquecksilber als atemwegssensibilisierend ist aufgrund der weitgehend fehlenden Indizien, die dafür sprechen würden, nicht vorgenommen worden.

Die krebserregende Wirkung ist auf der Basis tierexperimenteller Studien, die eine nephrokanzerogene Wirkung von Methylquecksilberchlorid an männlichen Mäusen belegen, und der auch in Säugerzellkultursystemen nachgewiesenen gentoxischen und klastogenen Wirkung nachgewiesen. Hinsichtlich des biochemischen Wirkungsmechanismus ist eine Beteiligung reaktiver Sauerstoffspezies nicht ausgeschlossen. Aus den Untersuchungen zu den über Ernährung hoch Methylquecksilber exponierten Kollektiven aus Minimata und Irak fehlen schlüssige Belege zur krebserzeugenden Wirkung am Menschen weitgehend und auch die gentoxischen Wirkungen nach oraler Belastung sind nicht sicher nachgewiesen. In einer Untersuchung aus einer kleinen Region der Minimataprätektur in Japan wurde ein erhöhtes Risiko mit einer SMR von 2,07 für Leberkrebs (SMR von 2,5 für Männer, SMR für Frauen nicht erhöht) für dieses hoch methylquecksilberexponierte Kollektiv nachgewiesen. In dieser Studie sind allerdings wichtige Confounder für ein primäres Leberzellkarzinom, wie Alkoholkonsum, nicht angemessen berücksichtigt, daher fand diese Studie bei der Bewertung keine Berücksichtigung [35].

Aus der Umwelt

Methylquecksilberbelastungen über die Ernährung, die nachweislich zu toxischen Effekten am Menschen geführt haben, sind glücklicherweise Ausnahmefälle. Die beiden großen Ereignisse, aus denen die Erfahrungen zur Wirkung von oral aufgenommenem Methylquecksilber am Menschen stammen, sind in Abschnitt 14.5.2 dargestellt. Bei den über Fisch oder Brot exponierten Personengruppen traten die klinischen Effekte, letal abgelaufene Intoxikationen, schwere episodisch verlaufende Erkrankungen sowie Fälle mit lediglich milden Symptomen mit zeitlicher Verzögerung auf.

Im Minimatafall sind die Umstände durch eine über Jahre abgelaufene chronische Exposition durch mit Methylquecksilber belastete Fische gekennzeichnet. Der primäre Eintrag in das maritime System war hier Quecksilber(II)chlorid, das durch mikrobielle Umsetzung zu Methylquecksilber den Eingang in das Nahrungsnetz fand. Die Gesamtzusammenhänge waren zum damaligen Zeitpunkt weitgehend unbekannt, und entsprechend lange hat die Aufklärung der Erkrankungsursache und die Entwicklung von Managementmaßnahmen gedauert. Am Minimatakollektiv wurde in besonderer Weise die lange Latenz bis zur Ausprägung des vollen klinischen Bildes erkannt, die mit bis zu 15 Jahren dokumentiert ist. Weiterhin hat sich auch hier anhand der Untersuchungen zu Schwangerschaftsverläufen und der postnatalen Entwicklung bestätigt, dass das sich entwickelnde Gehirn besonders empfindlich reagiert. Kindliche Schädigungen wurden auch in solchen Fällen registriert, in denen die Mutter keine klinischen Auffälligkeiten zeigte, die auf Methylquecksilberwirkung schließen lassen.

Einige der Kollektive aus dem Irak und Minimata konnten detaillierter nachuntersucht werden, so dass eine wichtige Datenbasis über den Zusammenhang zwischen einer Methylquecksilberkonzentration im Haar, den neurologischen Symptomen und der zeitlichen Entwicklung zwischen beiden Parametern zur Verfügung steht. Methylquecksilber wurde hier eindeutig als am Menschen neurotoxisch mit besonderer Empfindlichkeit bei pränataler Exposition erkannt. Diese Kollektive lieferten die Basis für Biomonitoring-Verfahren zur Eingrenzung von Bereichen innerer Belastung, die den Übergang zu subklinischen Symptomen kennzeichnen. Bei der Ermittlung der Benchmark-Dosis, die entsprechend dem LOAEL, den Bereich (sub)klinischer Effekte bezeichnet, wurde eine Methylquecksilber-Konzentration im Haar von 14 µg/g sowie eine Blutkonzentration im Nabelschnurblut von 58 µg/L als Indikatorwert abgeleitet, auf die sich weiterführende Entscheidungen zur akzeptierbaren Aufnahme von Methylquecksilber mit der Ernährung beziehen.

14.6.2
Einflüsse durch Ernährung

Der Einfluss der Ernährung auf die Wirkung von Quecksilber muss auf zwei unterschiedlichen Zugangswegen geprüft werden, die beide für das Zustandekommen von Gesundheitsstörungen bedeutsam sind: Welchen Einfluss haben

Nährstoffe auf die Aufnahme und den Metabolismus von Quecksilber und, umgekehrt, welche Wirkung hat Quecksilber auf die Verfügbarkeit von (Mikro-)Nährstoffen?

Spurenelemente

Selen (Se) ist ein bekannter Schutzstoff gegen die Wirkung von Methylquecksilber, weil eine ausgeglichene Aufnahmemenge von Selen und Zink [47] das toxische Bild nach Methylquecksilber abfangen kann. Ähnliche Effekte sind auch für andere toxische Metalle wie Cadmium, Thallium oder Silber bekannt. Die Bedeutung dieses Effektes für die Beurteilung der Methylquecksilberbelastung für Verbraucher ist von Seiten epidemiologischer Befunde hinterfragt worden, vor allem weil Fische und Meeressäuger als Hauptträger für Methylquecksilber in Lebensmitteln gleichzeitig auch eine substantielle Quelle für Selen sind und die mögliche Schutzfunktion von Selen damit vermutlich bereits ausgeschöpft ist [31, 68, 75, 88].

Der biochemische Wirkmechanismus basiert auf der Bildung von Quecksilber-Selen-, Quecksilber-Selen-Glutathion- oder Methylquecksilber-Selen-Komplexen, durch die es mehr zu einer Verzögerung der toxischen Wirkung als zu einer Verhinderung kommt. Selen setzt Methylquecksilber offensichtlich auch aus seinen Proteinbindungen im Blut frei und kann somit die Verteilungsprozesse teilweise abfangen oder verzögern. Zink bewirkt auf dem Weg einer verringerten Lipidperoxidation aufgrund gesteigerter antioxidativer Aktivität, z. B. der Glutathionperoxidase, eine verringerte Neurotoxizität nach Methylquecksilber. In Selenmangelsituationen wirkte die gleichzeitige Gabe von Vitamin E und Selen synergistisch protektiv gegenüber Methylquecksilberwirkungen. Bei der Behandlung mit Methylquecksilber vergifteter Personen werden 200–400 ng Selen/Tag empfohlen, um den Vergiftungsverlauf abzumildern [54, 62, 65, 75].

Die Verfügbarkeit von Eisen scheint die Generierung von radikalen Sauerstoffspezies nach Methylquecksilber zu fördern und die Toxizität insgesamt zu erhöhen. Desferroxamin bietet zumindest *in vitro* einen wirksamen Schutz durch Komplexierung von Eisen und nicht durch eine Komplexierung von Methylquecksilber oder ionischem Quecksilber [45, 46, 64, 69].

Vitamine

Vitamin C, Vitamin B_{12} und Vitamin E wurden ebenso wie Selen als mögliche Modulatoren der Methylquecksilbertoxizität beschrieben, weil sie auf den Ebenen der Absorption, des Metabolismus, der Bioverfügbarkeit und Verteilung der Quecksilberformen innerhalb der Organe wirken. Dennoch ist ihre Nützlichkeit für das Abfangen toxischer Effekte durch Quecksilberaufnahme über Lebensmittel bislang nicht schlüssig belegt [13, 22, 66, 67, 85, 103].

Vitamin E und C sind antioxidative Cofaktoren und können dadurch die Bildung reaktiver Sauerstoffspezies abfangen, die beim Metabolismus von Methylquecksilber generiert werden. Vitamin E schützt im Tierexperiment gegenüber der Neurotoxizität (Störungen der Bewegungskoordination (Ataxie), Lähmungen der hinteren Extremität, Nekrose im Gehirngewebe) von Methylquecksilber. Eine vergleichbar protektive Wirkung von Vitamin E wird aber nicht gegenüber der Toxizität nach Gabe von zweiwertig ionischem Quecksilber festgestellt. Die protektive Wirkung von Vitamin E erstreckt sich auch auf die Nachkommen behandelter Elterntiere. In der Behandlung von mit Methylquecksilber vergifteten Personen wird die tägliche Gabe von 400 IU Vitamin E empfohlen, um die Ausprägung neurotoxischer Wirkungen zu mildern [13, 21, 41, 99].

Die Wirkungen von Vitamin C gegen die Toxizität von Methylquecksilber sind nicht einheitlich. In methylquecksilberexponierten Mäusen bewirkte Vitamin C eine unvollständige Normalisierung in der α- und β-Galactosidase mit unterschiedlicher Antwort im Vergleich zwischen den Organen. Die Toxizität an der Niere scheint unter Vitamin C insgesamt vermindert zu sein, während die Neurotoxizität ansteigt. Für Vitamin A konnte im Experiment an Ratten keine Schutzwirkung festgestellt werden, sondern es gibt Hinweise auf eine gesteigerte Toxizität nach in vivo-Exposition gegenüber Methylquecksilber [8, 96].

Andere Faktoren

Verschiedene Nährstoffe wurden als mögliche Einflussfaktoren auf die Bioverfügbarkeit von Methylquecksilber identifiziert. Dabei findet vermutlich weniger eine Interaktion bei der primären Resorption statt, sondern die Rückresorption des im enterohepatischen Kreislauf befindlichen Anteils wird gesteigert und somit die Präsenzdauer von Methylquecksilber verlängert. Zu den Einflussfaktoren gehört z. B. Milch. Unter alkalischen Bedingungen ist die Resorptionsquote für zweiwertig ionisches Quecksilber gesteigert.

Ethanol ist ein bekannter fördernder Faktor hinsichtlich der Erhöhung der Bioverfügbarkeit von Methylquecksilber und hat eine synergistische Wirkung auf dessen Toxizität. Das Risiko eines letalen Intoxikationsverlaufs ist bei gleichzeitiger Einwirkung von Methylquecksilber und Ethanol erhöht. Unter der Einwirkung von Ethanol ist zudem auch die Pathogenese der Nierenschädigung gesteigert und z. B. einige Enzymaktivitäten (Aminosäuren-Transferasen, Creatinin Phosphokinase) sind gehemmt.

Die Aminosäuren L-Leucin und L-Methionin sowie 2-Amino-2-norboran-carboxylsäure hemmen die Aufnahme von Methylquecksilber in die Zellen, z. B. in Erythrozyten und Organe. Durch L-Cystein kann die Hemmung des Zucker-Natrium-Phlorizin-sensitiven Cotransportsystems an der Niere durch Quecksilber(II) vermindert und die quecksilberinduzierte Hemmung des Galactosetransports teilweise wieder hergestellt werden. Allerdings gibt es Hinweise auf eine Verstärkung der Neurotoxizität durch Methylquecksilber nach Cysteingabe.

Calciumkanalblocker vermindern im Tierexperiment das Ausmaß der Gewichtsabnahme und der neurologischen Symptome und führen offenbar über eine Blockade der Elektrolyte Natrium und Kalium zur Abschwächung der Methylquecksilbertoxizität, die zumindest teilweise über erhöhte Natrium- und Kaliumserumspiegel unterstützt wird.

14.7
Grenz- und Richtwerte für Quecksilber

14.7.1
Luft

Die erlaubte Quecksilberkonzentration an Arbeitsplätzen in Industrie und Gewerbe ist geregelt. Der derzeit gültige MAK-Wert für Quecksilber gesamt beträgt 0,1 mg/m^3 (100 µg/m^3) Luft. Für Methylquecksilber und andere organische Verbindungen wurde aufgrund geringer Flüchtigkeit und fehlender Relevanz einer inhalativen Aufnahme kein MAK-Wert festgelegt [34, 35].

Die durchschnittliche Belastung über Außenluft in den meisten europäischen Ländern liegt bei 0,01 µg/m^3 und ergibt eine mittlere tägliche Aufnahme von bis zu 0,2 µg bei einem angenommenen Atemvolumen bei mäßiger körperlicher Aktivität von 20 m^3. Die Freisetzung von Quecksilber in die Außenluft hat in Europa zwischen 1990 und 2000 um etwa 60% abgenommen, so dass für die vorliegende Situation nicht erwartet wird, dass die Gesundheit des Menschen durch diese Quelle beeinträchtigt wird.

14.7.2
Wasser

Die Einträge von Quecksilber über die Flüsse und die Luft in den Atlantik und die Nordsee sind zwischen 1987 und 1995 um 50% gefallen. 1975 wurden an Messstationen der Flüsse Werte um 0,25 µg/L und 1995 um 0,1 µg/L Gesamtquecksilber registriert. Überschreitungen der derzeit gültigen Umweltqualitätsstandards für Wasser werden selten berichtet (zwei Proben von mehr als 2200 zwischen 1994 und 1998). Allerdings wird eine Revision des Umweltqualitätsstandards, der sich an den Freisetzungsraten der Chloralkali-Industrie ausrichtete, für Wasser in der Directive 2000/60/EC angestrebt. Bei Ausschöpfen des gültigen Trinkwasserwertes von 1 µg/L und einem Tageskonsum von 2 L würden über das Trinkwasser 2 µg/Tag aufgenommen. Dieser Aufnahmewert für Quecksilber ist angesichts der durchschnittlichen Belastung der Flüsse vielfach zu hoch geschätzt.

Andererseits sind die Einträge von anorganischem und elementarem Quecksilber in das Oberflächenwasser, das Grundwasser und die Meere die Eintrittspforte für mikrobielle Methylierung und damit Übergang in das Nahrungsnetz mit Biokonservierung und Biomagnifikation. Ein dauerhafter Entzug von Quecksilber aus Ökosystemen ist nur nach Überführung in unlösliche mineralische Verbindungen und Ablagerung zu erwarten.

14.7.3
Lebensmittel

Die hauptsächliche Aufnahmequelle für Quecksilber der nicht beruflich exponierten Bevölkerung ist das Methylquecksilber in Fisch und Krustentieren. Die
Quecksilberbelastung wird durch Standortfaktoren, Art der Nahrung, Stellung
der Spezies in der Nahrungskette, Lebensspanne der Spezies und Fettgehalt beeinflusst. Daher ist die Varianz mit einer fast 1000 fachen Differenz zwischen
geringstem und größtem Wert beträchtlich. Die meisten Werte für die Quecksilberbelastung in Fisch lagen zwischen 0,05 und 1,4 mg/kg, wobei der Quecksilbergehalt vorwiegend bzw. nahezu vollständig als Methylquecksilber nachgewiesen wurde [94].

In den meisten Ländern sind die maximal duldbaren Quecksilberbelastungen
in Fisch und Krustentieren festgelegt. In Europa sind für Fisch/Fischprodukte
maximal 0,5 mg Gesamtquecksilber/kg Produkt gestattet, mit speziesbezogenen
Ausnahmen für Raubfische (wie Schwertfisch, Thunfisch, Hai) von 1 mg Ge-
samtquecksilber/kg Produkt. Die duldbaren wöchentlichen Aufnahmeraten für
Quecksilber und Methylquecksilber wurden durch die *European Food Safety Authority*, EFSA, 2003 von 3,3 auf 1,6 μg/kg Körpergewicht herabgesetzt. Damit
werden die Anregungen der FAO/WHO *Joint Expert Committee on Food Additives*, JEFCA, umgesetzt. Der entsprechende Wert des US *National Research
Council* (NRC) die *reference dose*, RfD, beträgt 0,7 μg/kg Körpergewicht/Woche
[78]. Die Unterschiede in der Ableitung der *provisionally tolerable weekly intake*-
(PTWI-)Werte erklären sich aus geringfügig unterschiedlichen Sicherheits-
abständen der kalkulierten PTWI-Werte von der unteren Benchmark-Dosis. Die
Benchmark-Dosis orientiert sich an der für die Auslösung eines subklinischen
Effekts, des sensitivsten Parameters, erforderlichen Dosis und entspricht daher
eher dem LOAEL als dem NOAEL. Die NRC-Berechnungen gingen von einem
Limit der Benchmark-Dosis von 58 μg/L im Nabelschnurblut aus und setzten
einen Sicherheitsfaktor von 10 an. Die JEFCA legte ein Limit der Benchmark-
Dosis von 14 μg/g im Haar zugrunde und setzte einen Sicherheitsabstand von
6,4 an. Bei Ausschöpfen der *reference dose*, RfD, würden sich Quecksilberwerte
im Haar zwischen 1 und 2 μg/g, Belastungen im Nabelschnurblut von 5–6 μg/L
und 4–5 μg/L im Blut ergeben [43].

Für die europäische erwachsene Bevölkerung wurde abgeschätzt, dass 1–5%
mit ihrer Ernährung oberhalb der RfD liegen. Probabilistische Studien aus
Frankreich zur Belastung von Kindern im Alter von 3–6 Jahren mit Quecksilber
aus Lebensmitteln haben ermittelt, dass etwa 11% bei Zugrundelegung der
JEFCA-RfD und etwa 44% bei Zugrundelegung der NRC-RfD in der Ernährung
oberhalb dieser RfDs liegen. Es wird allerdings auf eine systematische Über-
schätzung der Aufnahmeraten verwiesen, da Kinder in der Altersgruppe bei
Fisch bestimmte dorschartige Fische bevorzugen, die in der Regel sehr geringe
Belastungswerte mit Methylquecksilber aufweisen.

14.8
Zusammenfassung

Verwendung

Quecksilber ist ein für Menschen und Umwelt höchst problematisches Schwermetall mit hohem toxischen Potenzial. In der Natur kommt Quecksilber gediegen als Jungfernquecksilber oder in Form seiner natürlichen Verbindungen, dem roten Zinnober ($Hg(II)S$) oder dem Quecksilberhornerz (Kalomel, Hg_2Cl_2) vor. Quecksilber wurde bereits seit dem Altertum aus seinen natürlichen Lagerstätten abgebaut und für verschiedene Technologien gezielt verwendet, z. B. die Feuervergoldung. Auch heute ist Quecksilber ein für Chemie und Technik unverzichtbarer Bestandteil verschiedener Prozesse. Quecksilber, Quecksilbersalze und organische Verbindungen wurden lange Zeit auch medizinisch genutzt. Aus diesen Anwendungen und den Erfahrungen aus Arbeitsplätzen wurden die humantoxikologischen Grundlagen zur Wirkung von Quecksilber und den Möglichkeiten der Behandlung gelegt.

Insbesondere seit der Industrialisierung ist die in die Umwelt abgegebene und im Umlauf befindliche Quecksilbermenge etwa 3 fach gegenüber den natürlichen Freisetzungen angestiegen. Die regionalen Unterschiede sind dabei unter Umständen beträchtlich, so dass eine teilweise mehr als 20 fache Steigerung der regionalen Umweltbelastung mit Quecksilber gegenüber dem natürlichen Hintergrund eingetreten ist. Wie andere toxische Metalle auch, kann Quecksilber nicht durch Degradation entgiftet, sondern nur in Form mineralischer Verbindungen vorübergehend oder dauerhaft aus den Stoffströmen entfernt werden. Durch Technologieentwicklung, insbesondere bei der Chloralkalielektrolyse, werden in Europa in den kommenden Jahren große Mengen an elementarem Quecksilber nicht mehr benötigt. Es stellt sich daher die konkrete Frage, ob dieses Quecksilber eher als Rohstoff oder als Abfallstoff angesehen werden muss und ob die im Umlauf befindlichen Mengen regulativ verringert werden sollten.

Verbreitung in der Umwelt

Quecksilber wird in die Luft und das Wasser freigesetzt und erfährt eine globale Verbreitung. Regionale Freisetzungen können daher nicht regional bleiben. In der Umwelt wird Quecksilber oxidiert und danach vor allem im aquatischen Ökosystem zu Methylquecksilber umgesetzt, welches eine ausgeprägte Persistenz und Biokonzentrierung im Nahrungsnetz hat. Jede Person ist daher in gewissem Ausmaß quecksilberexponiert, wobei die lebensumfeldbedingten Variabilitäten ausgeprägt sein können und zu bedenken sind. Die wesentlichen Expositionsquellen für Quecksilber für die nicht beruflich belastete Normalbevölkerung sind Lebensmittel und der individuelle Versorgungsstatus mit Amalgamfüllungen.

Exposition

Die geschätzte tägliche Aufnahme von Quecksilber aus der Luft beträgt 0,2 µg bei einem Atemvolumen von 20 m³/Tag unter körperlicher Arbeit und einer mittleren Quecksilberbelastung der Stadtluft von 0,01 µg/m³. In die Luft gelangt Quecksilber zumeist als Gas aus der Verbrennung von Erdgas oder Kohle beziehungsweise aus Ausgasungen aus Gestein oder durch Vulkanaktivität. Die tägliche Aufnahme über Trinkwasser kann bis zu 2 µg/Tag betragen, wenn eine vollständige Ausschöpfung der insgesamt nach der Trinkwasserverordnung zulässigen Belastungen von 1 µg/L Gesamtquecksilber angenommen wird. Im Wasser kommen sowohl ein- und zweiwertig ionisches Quecksilber wie auch organische Quecksilberverbindungen vor.

Der Versorgungsstatus mit Amalgamfüllungen ist der quantitativ bedeutendste Aufnahmepfad für anorganisches Quecksilber in der Normalbevölkerung. In Abhängigkeit von Füllungsoberflächen können dabei 14 µg/Tag aufgenommen werden. Die Aufnahmeraten werden aus Provokationstests mit Analyse der Ausatemluft abgeleitet, und sie stellen daher eine konservative Annahme zugunsten von Sicherheitsannahmen dar. Von der Oberfläche der Füllungen werden beim Kauen Partikel freigesetzt, die schlecht resorbierbar sind. Quecksilberoxide und elementares Quecksilber machen den geringeren Anteil der Gesamtfreisetzung aus ausgehärtetem Amalgam aus. Der Aufnahmepfad ist hauptsächlich per os, weil beim Kauen und Schlucken die Mundatmung weitgehend ausgeschaltet ist.

Über Lebensmittel wird vor allem Methylquecksilber aufgenommen, das den hauptsächlichen Anteil der Gesamtquecksilbermenge in Fisch, Krustentieren und Muscheln darstellt. Die durchschnittliche Exposition für Methylquecksilber der europäischen Bevölkerung liegt zwischen 1,3 und 97,3 µg/Woche, dies entspricht einer Menge zwischen <0,1 und 1,6 µg/kg Körpergewicht pro Woche für eine 60 kg schwere Person. Die Verteilung der höchsten nationalen Expositionswerte wurde für Europa zwischen 0,4 und 2,2 µg/kg pro Woche für Methylquecksilber angegeben. Diese Werte werden maßgeblich von den bevorzugt verzehrten Fischarten bestimmt, weil die Quecksilberbelastung von Fischen und Krustentieren ausgesprochen stark vom Fanggebiet und der Spezies abhängt.

Aufnahme, Verteilung und Elimination

Metallisches Quecksilber wird mit einer Resorptionsquote von etwa 80% über das Lungenepithel aufgenommen. Bei einer Aufnahme per os ist elementares Quecksilber hingegen kaum systemisch verfügbar. Ionisches Quecksilber(I) und -(II) werden mit gastrointestinalen Resorptionsquoten zwischen 10–15% systemisch verfügbar. Methyl-Hg und andere organische Hg-Verbindungen, wie z. B. Ethyl-Hg, haben eine hohe Lipophilität. Sie werden daher aus der biologischen Matrix gut resorbiert und erreichen eine fast vollständige biologische Verfügbarkeit. Ein Hautkontakt ist für diese Verbindungen ebenfalls eine toxikologisch relevante Eintrittspforte.

Elementares Quecksilber ist hinreichend lipophil und erreicht im Organismus unter anderem auch das ZNS. Im Blut wird elementares Quecksilber allerdings enzymatisch zu zweiwertig ionischem Quecksilber oxidiert. Ionische Quecksilberformen überwinden in geringerem Ausmaß als die anderen Quecksilberspezies biologische Membranen und verbleiben daher vorwiegend in der Peripherie. Dennoch wird oxidiertes (ionisches) Quecksilber nicht nur in Leber und Cortex der Nieren, sondern auch im Gehirn gefunden. Es wird über Zellmembranen aufgenommen und ist die eigentliche intrazellulär toxisch wirkende Spezies. Quecksilber(I)ion disproportioniert im Plasma spontan zu zweiwertig ionischem Quecksilber und elementarem Quecksilber, die beide für die weitere Verteilung und toxische Wirkung verantwortlich sind. Methylquecksilber wird im Organismus weit verteilt und erreicht insbesondere auch das ZNS. Dabei sind offenbar auch L-Cystein-Methylquecksilber-Komplexe beteiligt, die über Aminosäurecarrier transportiert werden.

Quecksilberverbindungen treten durch die Plazenta in den Fetus über. Die Belastung des Fetus korreliert daher mit der Quecksilbergesamtbelastung der Mutter. Im Nabelschnurblut ist die Gesamtquecksilberkonzentration mit derjenigen des mütterlichen Kreislaufs assoziiert und auch die Muttermilch ist ein Transferpfad für Quecksilber zwischen Mutter und Säugling.

Für die Elimination von inhaliertem Quecksilberdampf ist eine schnelle initiale Phase von einer zweiten Phase zu unterscheiden, die eine Halbwertszeit von im Mittel 60 Tagen mit einem Bereich von 31–100 Tagen hat. Nach akuter Belastung wird Quecksilber im Erwachsenen einer Einphasenkinetik vergleichbar mit Eliminationshalbwertszeiten zwischen 45–70 Tagen ausgeschieden. Die Halbwertszeit nach primärer Exposition gegenüber Methylquecksilber beträgt ebenfalls im Mittel 50 Tage bei einem Bereich von 20–70 Tagen. Personen mit regelmäßiger Exposition gegenüber Quecksilber erreichen Gleichgewichtsbedingung der Gesamtkörperbelastung somit innerhalb 5 mal 2 Monaten, d. h. innerhalb etwa eines Jahres. Die Präsenz im Gewebe kann von den Blut- beziehungsweise Plasma-Halbwertszeiten substantiell abweichen, wobei allerdings nicht übersehen werden darf, dass die Datenlage zur Ableitung dieses Parameters eingeschränkt und die Unsicherheit der Abschätzung aus der Extrapolation der verfügbaren Daten entsprechend groß ist.

Die Ausscheidung erfolgt vorwiegend über die Faeces, vermutlich im Zusammenhang mit abgeschilfertem Darmepithel. Die Ausscheidung über den Harn ist mit etwa 10% der Aufnahmemenge von Quecksilbersalzen quantitativ eher unbedeutend. Dennoch stellt dieser Ausscheidungsweg eine wichtige physiologische Grundlage dar, um durch Biomonitoring eine Aussage über die Höhe der inneren Belastung mit Quecksilber auch für die chronische Exposition zu treffen. Die Möglichkeiten, Haarproben als Grundlage für Biomonitoring-Programme und Erkennung der Langzeitexpositionssituation zu nutzen, scheitert oftmals an der Schwierigkeit im Haarschaft gebundenes von extern aufgelagertem Quecksilber zu unterscheiden. Für die Beurteilung einer Vergiftung mit Methylquecksilber hat sich das Biomonitoring von Haarproben als wertvoller prognostischer Indikator für die weitere klinische Entwicklung herausgestellt.

Wirkungen

Der allgemeine Wirkungscharakter einer Vergiftung mit dampfförmigem Quecksilber ist bei einmalig inhalativer Aufnahme hoher Konzentration durch Schädigungen des Kontaktgewebes wie erosive Bronchitiden, Bronchiolitis mit interstitieller Pneumonie, Gastroenteritis und Kolitis sowie Nierenschäden gekennzeichnet. Die orale Aufnahme hoher Mengen von Quecksilbersalzen löst Gastroenteritis und Kolitis sowie nachfolgend Nierenschäden aus. Bei chronischer Exposition gegenüber dampfförmigem Quecksilber ist das Hauptmanifestationsorgan das ZNS, während toxische Schädigung oder Dysfunktionen der Nieren oder des Darms selten auftreten. Die neurologischen Zeichen sind gekennzeichnet durch Tremor, abnorme Erregbarkeit (Erethismus), Sprachstörungen oder Konzentrationsschwäche. Außerdem werden vermehrter Speichelfluss (Ptyalismus) oder Gingivitis berichtet. Die Diagnostik einer Vergiftung ist immer durch den Nachweis einer externen Quecksilberquelle sowie durch erhöhte Hg-Konzentrationen im Blut oder im Urin als Zeichen einer inneren Exposition, möglich.

Für Quecksilberdampf wie für ionisches Quecksilber ist das zweiwertige Quecksilber, Hg(II), die eigentlich wirksame toxische Form. Anorganisches Hg(II) ist für seine hohe Affinität zur Bindung an SH-Gruppen und Hemmung funktioneller Gruppen von Proteinen bekannt. Auch hier ist der sensitivste Endpunkt in der Dosis-Wirkungsbeziehung die Hemmung der Funktion der Zytoskelett-Proteine Tubulin und Kinesin. Letztendlich resultiert eine klastogene und aneugene Wirkung. Der Wirkungsmechanismus wird auf Hemmung der GTP-Bindung bei der Tubulin-Polymerisation sowie Hemmung der ATP-Ribosylierung von Funktionsproteinen, zu denen u. a. auch DNA-Reparaturproteine gehören, zurückgeführt.

Das konkrete klinische Bild nach Methylquecksilber-Exposition ist von den Umständen zum Aufnahmeweg, zur Dosis und zum Alter der betroffenen Person abhängig. Eine frühzeitig symptomatische Vergiftung tritt nach ungewöhnlich hohen Expositionen oder nach suizidaler Anwendung auf. Zu den schnell eintretenden Effekten gehören gastrointestinale Ulzerationen, Perforationen und Hämorrhagien, gefolgt von einem Kreislaufkollaps. Der Verlust der intestinalen Epithelbarriere erhöht die systemische Verfügbarkeit und die Aufnahmerate in die Nieren mit nachfolgend schweren Nierenschäden. Das chronisch und bei niedrigeren Aufnahmeraten von Methylquecksilberwirkungen hauptsächlich betroffene Organsystem ist das Zentralnervensystem. Aus Untersuchungen zur Folge der Methylquecksilber-Exposition über Fische im Minimatakollektiv sowie aus der Exposition über Brot aus mit Methylquecksilber gebeiztem Getreide im Irak, ist zudem bekannt, dass zwischen Exposition und klinischer Wirkung eine lange Latenz von mehreren Wochen bis Monaten und unter Umständen sogar Jahre liegen kann.

Methylquecksilber, aber auch inhaliertes elementares Quecksilber, erzeugen bereits in niedrigen Konzentrationen im Gehirn eine Schädigung der Mikrotubuli neuronaler Zellen. Für den Mechanismus gilt es als wahrscheinlich, dass

Methylquecksilber an SH-Gruppen des Tubulin-Monomers bindet und dabei die Bindung von GTP an die β-Untereinheit von Tubulin und so die Polymerisation hemmt. Damit sind Dysfunktionen und Auswirkungen auf verschiedene Endpunkte zu erwarten, z.B. beim axonalen Transport von Neurotransmittern, bei der Zellmigration oder der Zellteilung. Auf zellulärer Ebene ist die Mitose gestört und die neuronale Migration beeinträchtigt. Die Störung der Zytoarchitektur ist bereits bei sehr niedrigen Konzentrationen *in vitro* nachweisbar und stellt vermutlich den sensitivsten Parameter im Wirkungsmechanismus von Methylquecksilber dar.

Bewertung

Methylquecksilber ist als „H" penetrationsfähig durch die Haut (seit 1966), „Sh" sensibilisierend an der Haut am Menschen (seit 1969) und krebserzeugend Kategorie 3B eingestuft. Eine Kategorie 3B Einstufung wird vorgenommen, sobald tierexperimentelle Daten und Kenntnisse zum Wirkmechanismus eine krebserzeugende Wirkung belegen, deren Relevanz für den Menschen, z.B. aufgrund der Differenz zwischen realer Expositionssituation und experimentellen Rahmenbedingungen, nicht abschließend zu beurteilen ist und keine höhere Einstufung als 3B rechtfertigt.

Belastungen mit Methylquecksilber aus der Ernährung, die nachweislich zu toxischen Effekten am Menschen geführt haben, sind glücklicherweise Raritäten. Am Minimatakollektiv wurde in besonderer Weise die lange Latenz bis zur Ausprägung des vollen klinischen Bildes erkannt, die mit bis zu 15 Jahren dokumentiert ist. Weiterhin hat sich auch hier anhand der Untersuchungen zu Schwangerschaftsverläufen und der postnatalen Entwicklung bestätigt, dass Methylquecksilber eindeutig am Menschen neurotoxisch wirkt, mit besonderer Empfindlichkeit bei pränataler Exposition. Bei der Ermittlung der Benchmark-Dosis, die entsprechend dem LOAEL den Bereich (sub)klinischer Effekte bezeichnet, wurden eine Methylquecksilber-Konzentration im Haar von 14 µg/g sowie eine Blutkonzentration im Nabelschnurblut von 58 µg/L als Indikatorwert abgeleitet. Auf diesen Wert beziehen sich weiterführende Entscheidung zur akzeptierbaren Aufnahme von Methylquecksilber mit der Ernährung. Die Risiken für neuronale Schädigung mit besonderer Berücksichtigung des sich entwickelnden Gehirns wurden bewertet und als Schlussfolgerung wurde die *Reference Dose* RfD für die Aufnahme von Quecksilber über die Lebensmittel aktualisiert. Die duldbaren wöchentlichen Aufnahmeraten für Quecksilber und Methylquecksilber wurden durch die *European Food Safety Authority*, EFSA, 2003 von 3,3 auf 1,6 µg/kg Körpergewicht herabgesetzt. Die entsprechenden Werte des US *National Research Council* (NRC) einer *reference dose*, RfD, liegen bei 0,7 µg/kg Körpergewicht pro Woche. Für die europäische erwachsene Bevölkerung wurde abgeschätzt, dass 1–5% mit ihrer Ernährung oberhalb der RfD liegen.

Es wäre nun zu prüfen, welche international abgestimmten Aktionen zu einer weiteren Entfernung von Quecksilber aus den primären und sekundären Rohstoffströmen beitragen können.

14.9
Literatur

1 Ahlqwist M, Bengtsson C, Lapidus L (1993) Number of amalgam fillings in relation to cardiovascular disease, diabetes, cancer and early death in Swedish women, *Community dentistry and oral epidemiology* **21**: 40–44.

2 American Family Physician 1992 Mercury toxicity: Agency for toxic substance and disease registry. *American Family Physician* **46**: 1731–1741.

3 Aschner M, Lorscheider FL, Cowan KS, Conklin DR, Vimy MJ, Lash LH 1997 Metallothionein induction in fetal rat brain and neonatal primary astrocyte cultures by in utero exposure to elemental mercury vapor (Hg0), *Brain Research* **778**: 222–232.

4 ATSDR (Agency for Toxic Substances and Disease Registry) (1992) US Dept, Public Health, Atlanta, GA.

5 ATSDR (Agency for Toxic Substances and Disease Registry) (1999) US Dept, Public Health, Atlanta, GA.

6 Ballatori N, Clarkson TW 1985 Biliary secretion of glutathione and of glutathione-metal complexes, *Fundamental Applied Toxicology* **5**: 816–831.

7 Ballatori N, Lieberman MW, Wang W (1998) *N*-acetylcysteine as an antidote in methylmercury poisoning, *Environmental Health Perspectives* **106**: 267–271.

8 Bapu C, Vijaylakshmi K, Sood PP (1994) Comparison of monothiols and vitamin therapy administered alone or in combinations during methyl mercury poisoning, *Bulletin of Environmental Contamination and Toxicology* **52**: 182–189.

9 Bargagli R, Iosco FP, Barghigiani C (1987) Assessment of mercury dispersal in an abandoned mining area by soil and lichen analysis, *Water, Air & Soil Pollution* **36**: 219–225.

10 Barghigiani C, Bargagli R, Siegel BZ, Siegel SM (1990) A comparative study of mercury distribution on the Aeolian volcanoes, volcano and stromboli, *Water, Air & Soil Pollution* **53**: 179–188.

11 Barregård L (2005) Exposure to mercury in the general population of Europe and the arctic circle, chapter in dynamics of mercury pollution on regional and global scales – atmospheric processes and human exposures around the world (Hrsg Pirrone and Mahaffey), Kluwer Academic Publishers.

12 Barregård L, Sallsten G, Jarvholm B (1995) People with high mercury intake from their own dental amalgam fillings, *Occupational and Environmental Medicine* **52**: 124–128.

13 Bender DA 1984 B-vitamins in the nervous system, *Neurochemistry International* **6**: 297–321.

14 Betrieb einer Umweltprobenbank für Humanproben und Datenbank Münster 2004, im Auftrag des Umweltbundesamtes 2005.

15 Beyersmann D, Hartwig A (1994) Genotoxic effects of metal compounds, *Archives of Toxicology* **16**: 192–198.

16 Bonacker D, Stoiber T, Wang M, Böhm K, Prots, Unger E, Thier R, Bolt HM, Degen G (2004) Genotoxity of inorganic mercury salts based on disturbed microtubule function, *Arch Toxicol* **78**: 575–583.

17 Bundesgesetzblatt (2001) Verordnung zur Novellierung der Trinkwasserverordnung. Teil L: 959–980 vom 21. 5. 2001.

18 Carta P, Flore C, Alinova R, Ibba A, Tocco MG, Aru G, Carta R, Girei E, Mutti A, Lucchini R, Randaccio FS (2003) Subclinical neurobehavioral abnormalities associated with low level of mercury exposure through fish consumption, *Neurotoxicology* **24**: 617–623.

19 Castoldi AF, Coccini T, Ceccatelli S, Manzo L (2001) Neurotoxicity and molecular effects of methylmercury, *Brain Research Bulletin* **55**: 197–203.

20 CHA (Child Health Alert) (2001) The problem of mercury-contaminated fish, *Child Health Alert* **19**: 3–5.

21 Chang SW, Gilbert M, Sprecher J (1978) Modification of methylmercury neurotoxicity by vitamin E, *Environmental Research* **17**: 356–366.

22 Chowdhury BA, Chandra RK (1987) Biological and health implication of toxic

heavy metal and essential trace element interactions, *Progress in Food & Nutrition Science* **11**: 55–113.

23 Clarkson TW (1993) Mercury, major issues in environmental health, *Environmental Health Perspectives* **100**: 31–38.

24 Clarkson TW 1997 The toxicology of mercury, *Critical Reviews in Clinical Laboratory Sciences* **34**: 369–403.

25 Clarkson TW (2002) The three modern faces of mercury, *Environmental Health Perspectives* **110**: 11–24.

26 Clarkson TW, Hursh JB, Sager PR, Syversen TLM (1988) Mercury, in Clarkson TW, Friberg L, Nordberg GF, Sager PR (Hrsg.) Biological Monitoring of Toxic Metals, NY Plenum Press, New York, 199–246.

27 Clarkson TW, Magos L, Cox C, Greenwood MR, Amin-Zaki L, Majeed MA, Al-Damluji SF (1981) Tests of efficacy of antidotes for removal of methylmercury in human poisoning during the Iraq outbreak, *The Journal of Pharmacology and Experimental Therapeutics* **218**: 74–83.

28 Cleary D (1990) Anatomy of the Amazon gold rush. University of Iowa Press, Iowa City, IA.

29 Commission of the European Communities (2005) An overview of the mercury problem in commission staff working paper, annex to the communication from the commission to the council and the European parliament on community strategy concerning mercury.

30 Cranmer M, Gilbert S, Cranmer J (1996) Neurotoxicity of mercury – indicators and effects of low-level exposure: overview, *Neurotoxicology* **17**: 9–14.

31 Cuvin-Aralar MLA, Fumess RW (1991) Mercury and selenium interaction: a review, *Ecotoxicol Environ Saf* **21**: 348–364.

32 Dales L, Kahn E, Wei E (1971) Methylmercury poisoning, An assessment of the sportfish hazard in California, *California Medicine* **114**: 13–15.

33 Davidson PW, Myers GJ, Weiss B (2004) Mercury exposure and child development outcomes. *Pediatrics* **113**: 1023–1029.

34 DFG (Deutsche Forschungsgemeinschaft) Senatskommission zur Prüfung gesundheitsschädlicher Arbeitsstoffe (1980) Quecksilber, MAK-Werte Allgemeiner Wirkungscharakter, 8. Lieferung, 1980, Wiley-VCH, Weinheim.

35 DFG (Deutsche Forschungsgemeinschaft) Senatskommission zur Prüfung gesundheitsschädlicher Arbeitsstoffe (1998) Quecksilberverbindungen, organische, MAK, 27. Lieferung, 1998, 1–14, Wiley-VCH, Weinheim.

36 DFG (Deutsche Forschungsgemeinschaft) Senatskommission zur Prüfung gesundheitsschädlicher Arbeitsstoffe (1999) Quecksilber und anorganische Quecksilberverbindungen MAK, 28. Lieferung, 1999, 1–42, Wiley-VCH, Weinheim.

37 Dopp E, Hartmann LM, Florea AM, Rettenmeier AW, Hirner AV (2004) Environmental distribution, analysis, and toxicity of organometal(loid) compounds, *Critical Reviews in Toxicology* **34**: 301–333.

38 Drasch G, Schupp I, Hofl H, Reinke R, Roider G (1994) Mercury burden of human fetal and infant tissues, *European Journal of Pediatrics* **153**: 607–610.

39 Dutczak WJ, Ballatori N (1992) gamma-Glutamyltransferase-dependent biliary-hepatic recycling of methyl mercury in the guinea pig, *The Journal of Pharmacology and Experimental Therapeutics* **262**: 619–623.

40 Dutczak WJ, Ballatori N (1994) Transport of the glutathione-methylmercury complex across liver canalicular membranes on reduced glutathione carriers, *The Journal of Biological Chemistry* **269**: 9746–9751.

41 El-Begearmi MM, Ganther HE, Sunde ML (1976) Vitamin E decreases methylmercury toxicity, *Poultry Science* **55**: 2033–2042.

42 Eley BM (1997) The future of dental amalgam: a review of the literature, Part 5: Mercury in urine, blood and body organs from amalgam fillings, *British Dental Journal* **182**: 413–417.

43 EPA (2001) Water quality criterion for the protection of human health: Methylmercury, US Environmental Protection Agency, Washington DC.

44 Fitzgerald WF, Clarkson TW (1991) Mercury and monomethyl mercury: present and future concerns, *Environmental Health Perspectives* **96**: 159–166.

45 Fukino H, Hirai M, Hsueh YM, Moriyasu S, Yamane Y (1986) Mechanism of protection by zinc against mercuric chloride toxicity in rats: effects of zinc and mercury on glutathione metabolism, *Journal of Toxicology and Environmental Health* **19**: 75–89.

46 Futatsuka M, Kitano, T, Shono M, Nagano M, Wakymiya J, Miyamoto K, Ushijima K, Inaoka T, Fukuda Y, Nakagawa M, Arimura K, Osame M (2005) Long-term follow-up study of health status in population living in mercury-polluted area, *Environ Sci* **12**: 239–282.

47 Gale TF (1984) The amelioration of mercury-induced embryotoxicity effects by simultaneous treatment with zinc. *Environmental Research* **35**: 405–412.

48 Goldman LR, Shannon MW (2001) Technical report: mercury in the environment: implications for pediatricians, *Pediatrics* **108**: 197–205.

49 Goyer RA (1996) Toxic effects of metals, in Klaassen CD (Hrsg) Casseret and Doull's Toxicology, The Basic science of poisons, 5th ed, McGraw Hill New York, 691–736.

50 Halbach S, Clarkson TW (1978) Enzymatic oxidation of mercury vapor by erythrocytes, *Biochimica et Biophysica Acta* **523**: 522–531.

51 Hammond A (1971) Mercury in the environment: natural and human factors, *Science* **171**: 788–794.

52 Hartwig A (1995) Current aspects in metal genotoxicity, *Biometals* **8**: 3–11.

53 HELCOM (2001) Manual for marine monitoring in the COMBINE programme of HELCOM, Part C.– Internet, updated 2001: http://www.helcom.fi/Monas/CombineManual2/CombineHome.htm

54 Hirsch F, Couderc J, Sapin C, Fournie G, Druet P (1982) Polyclonal effect of $HgCl_2$ in the rat, its possible role in an experimental autoimmune disease, *European Journal of Immunology* **12**: 620–631.

55 Houeto P, Sandouk P, Baud FJ, Levillain P (1994) Elemental mercury vapour toxicity: treatment and levels in plasma and urine, *Human and Experimental Toxicology* **13**: 848–852.

56 Hu H (2000) Exposure to metals, *Journal of Occupational and Environmental Medicine* **27**: 983–996.

57 Hudson PJ, Vogt RL, Brondum J, Witherell L, Myers G, Paschal DC (1987) Elemental mercury exposure among children of thermometer plant workers, *Pediatrics* **79**: 935–938.

58 Isselbacher KJ, Braunwald E, Wilson JD, Martin JB, Fauci AS, Kasper DL (Hrsg) (1994) Harrison Principles of Internal Medicine (13th ed.), McGraw Hill, New York.

59 Jarup L (2003) Hazards of heavy metal contamination, *British Medical Bulletin* **68**: 167–182.

60 Jelili MA, Abbasi AH (1981) Poisoning by ethyl mercury toluene sulfonanilide, *British Journal of Industrial Medicine* **16**: 303–308.

61 Kerper LE, Ballatori N, Clarkson TW (1992) Methylmercury transport across the blood–brain barrier by an amino acid carrier, *American Journal of Physiology* **262**: R761–R765.

62 King LJ, Soares JH (1981) The effect of vitamin E and dietary linoleic acid on mercury toxicity, *Nutrition Reports International* **24**: 39–45.

63 Kurland LT, Faro SN, Siedler H (1960) Minimata disease. The outbreak of a neurological disorder in Minimata, Japan, and its relationship to the ingestion of seafood contaminated by mercury compounds, *World Neurol* **1**: 370–390.

64 LeBel CP, Ali SF, Bondy SC (1992) Deferoxamine inhibits methyl-mercury induced increases in reactive oxygen species formation in rat brain, *Toxicology and Applied Pharmacology* **112**: 161–165.

65 Levander OA, Cheng L (1980) Micronutrient interactions, vitamins, minerals, and hazardous elements, *Annals of the New York Academy of Sciences* **355**: 1–372.

66 Loppi S, Bonini I (2000) Lichens and mosses as biomonitors of trace elements in areas with thermal springs and fumarole activity (Mt. Amiata, central Italy), *Chemosphere* **41**: 1333–1336.

67 Lugea A, Barber A, Ponz F (1994) Inhibition of D-galactose and L-phenylalanine transport by $HgCl_2$ in rat intestine in vi-

tro, *Revista Espanola de Fisiologia* **50**: 167–173.

68 Magos L (1991) Overview on the protection given by selenium against mercurials. In: Suzuki T, Imura N, Clarkson TW (Hrsg) Advances in mercury toxicology, Plenum Press, New York.

69 Magos L, Clarkson TW, Hudson AR (1984) Differences in the effects of selenite and biological selenium on the chemical form and distribution of mercury after the simultaneous administration of $HgCl_2$ and selenium to rats, *The Journal of Pharmacology and Experimental Therapeutics* **228**: 478–483.

70 Matheson DS, Clarkson TW, Gelfand EW (1980) Mercury toxicity (acrodynia) induced by long-term injection of gamma globulin. *Journal of Pediatrics* **97**: 153–155.

71 Maxson P (2004) Mercury flows in Europe and the world: The impact of decommissioned chlor-alkali plants, Report by Concorde East/West Sprl for DG Environment of the European Commission.

72 Meili M, Bishop K, Bringmark L, Johansson K, Munthe J, Sverdrup H, de Vries W (2003) Critical levels of atmospheric pollution: criteria and concepts for operational modelling of mercury in forest and lake ecosystems. *The Science of the Total Environment* **304**: 83–106.

73 Murata K, Weihe P, Renzoni A, Debes F, Vasconcelos R, Zino F, Araki S, Jorgensen P, White R, Grandjean P (1999) Delayed evoked potentials in children exposed to methylmercury from seafood, *Neurotoxicology and Teratology* **21**: 343–348.

74 Mutter J, Naumann J, Walach H, Daschner F (2005) Amalgam: eine Risikobewertung unter Berücksichtigung der neuen Literatur bis 2005, *Gesundheitswesen* **67**. 204–216.

75 Mykkanen HM, Metsanitty L (1987) Selenium-mercury interaction during intestinal absorption of 75Se compounds in chicks, *The Journal of Nutrition* **117**: 1453–1458.

76 Naturvårdsverket (2003) Hur påverkar miljön människors hälsa? Mått och resultat från miljöövervakningen, Naturvårdsverket Report 5325.

77 Nixon S, Trent Z, Marcuello C, Lallana C (2003) Europe's water: an indicator based assessment. European Environment Agency, Copenhagen.

78 NRC (2000) Toxicological effects of methylmercury. Committee on the Toxicological Effects of Methylmercury, National Research Council, National Academy Press, Washington DC.

79 Nriagu JO, Pacyna J (1988) Quantitative assessment of worldwide contamination of air, water and soils by trace metals, *Nature* **333**: 134–139.

80 Richardson DHS (1992) Pollution monitoring with lichens, Richmond Publishing, Slough VA.

81 Rowland I, Davies M, Evans J (1980) Tissue content of mercury in rats given methyl mercury chloride orally: influence of intestinal flora, *Archives of Environmental Health* **25**: 155–160.

82 RPA (2002) Risk to health and the environment related to the use of mercury Products, Report by Risk and Policy Analysts Ltd for DG Enterprise of the European Commission.

83 Sallsten G, Thoren J, Barregard L, Schutz A, Skarping G (1996) Long-term use of nicotine chewing gum and mercury exposure from dental amalgam fillings, *Journal of Dental Research* **75**: 594–598.

84 Schweinsberg F (2002) Symposium "Methylmercury contamination in fish: human exposure and case reports", Burlington, Vermont, October 19–20, 2002, *International Journal of Hygiene and Environmental Health* **206**: 237–239.

85 Solomons NW, Viteri FE (1982) Biological interaction of ascorbic acid and mineral nutrients iron, selenium, copper, nickel, manganese, zinc, cobalt, cadmium, mercury, vitamin C, *Advances in Chemistry Series* **200**: 551–569.

86 Stoiber T, Degen G, Bolt HM, Unger E (2004) Interaction of mercury(II) with microtubule cytoskeleton in IMR-32 neuroblastoma cells, *Toxicol Lett* **151**: 99–104.

87 Suda I, Hirayama K (1992) Degradation of methyl and ethyl mercury not inorganic mercury by hydroxyl radical pro-

duced from rat liver microsomes, *Archives of Toxicology* **66**: 34–41.

88 Tan M, Parkin JE (2000) Route of decomposition of thiomerosal (thimerosal), *International Journal of Pharmaceutics* **208**: 23–34.

89 Tchounwou PB, Ayensu WK, Ninashvili N, Sutton D (2003) Environmental exposure to mercury and its toxicopathologic implications for public health, *Environmental Toxicology* **18**: 149–175.

90 Tominack R, Weber J, Blume C, Madhok M, Murphy T, Thompson M (2002) Elemental mercury as an attractive nuisance: multiple exposures from a pilfered school supply with severe consequences, *Pediatric Emergency Care* **18**: 97–100.

91 UBA (Umweltbundesamt) (2001) Daten zur Umwelt 2000, Erich Schmitt Berlin,.

92 UNECE (2003) Present state of emission data, EB AIR/GE 1/2003/6.

93 UNECE (2004) Critical loads for heavy metals. Chapter 5.5 in: Manual on Methodologies and Criteria for Mapping Critical Pollutant Levels/Loads and Geographical Areas where they are exceeded. UNECE CLRTAP, International Cooperative Programme for Modelling and Mapping Critical Loads and Levels and their Exceedances.

94 UNEP Chemicals (2002) Global Mercury Assessment, UNEP Chemicals, Geneva (http:\www.chem.unep.chem\mercury).

95 Vahter M, Akesson A, Lind B, Bjors U, Schutz A, Berglund M (2001) Longitudinal study of methylmercury and inorganic mercury in blood and urine of pregnant and lactating women, as well as in umbilical cord blood, *Environmental Research* **84**: 186–194.

96 Vijayalakshmi K, Apu C, Sood PP (1992) Differential effects of methylmercury, thiols and vitamins on galactosidases of nervous and non-nervous tissues, *Bulletin of Environmental Contamination and Toxicology* **49**: 71–77.

97 Vroom FQ, Greer M 1972 Mercury vapor intoxication, *Brain* **95**: 305–318.

98 Weiss B, Clarkson TW, Simon W (2002) Silent latency periods in methylmercury poisoning and in neurodegenerative disease. *Environmental Health Perspectives* **110**: 851–854.

99 Welsh SO, Soares JH (1975) Effects of selenium and vitamin E on methyl mercury toxicity in the Japanese quail, *Federation Proceedings* **34**: 913–919.

100 (WHO) World Health Organization (1990) Methylmercury. International Program on Chemical Safety, Geneva, Switzerland, *Environmental Health Criteria* **101**: 1–144.

101 (WHO) World Health Organization (1991) Inorganic mercury, *Environ Health Criteria* **118**: 1–168 (CIS/91/01271).

102 Woshner VM, O'Hara TM, Eurell JA, Wallig MA, Bratton GR, Suydam RS, Beasley VR (2002) Distribution of inorganic mercury in liver and kidney of beluga and bowhead whales through autometallographic development of light microscope tissue sections, *Toxicologic Pathology* **30**: 209–215.

103 Zorn NE, Smith JT (1990) A relationship between vitamin B_{12}, folic acid, ascorbic acid, and mercury uptake and methylation, *Life Sciences* **47(2)**: 167–173.

15
Nitrat, Nitrit

Marianne Borneff-Lipp und Matthias Dürr

15.1
Einleitung

Die Diskussion, ob die Anwendung von Nitrit im Pökelsalz bei der Herstellung von Fleischerzeugnissen zu einer Gesundheitsgefährdung führt, hat sich unlängst neu entzündet an der Frage, ob eine ökologische Lebensmittelerzeugung mit der Anwendung von Nitritpökelsalz vereinbar ist [93]. Die politische und öffentliche Diskussion erfolgt dabei keinesfalls immer mit der gebotenen Objektivität und selbst bei der Interpretation wissenschaftlicher Befunde werden nicht selten falsche Schlüsse gezogen. Umso notwendiger ist es aus Sicht der Hygiene, eine objektive Beschreibung der Erkenntnisse und Fragestellungen mit entsprechenden Hintergrundinformationen zu geben.

15.2
Vorkommen in Lebensmitteln

Das Salzen von Lebensmitteln zur Haltbarmachung stellt wohl eines der ältesten Konservierungsverfahren dar. Das Salzen mit Natriumchlorid (Kochsalz) hat eine lange Tradition und wird heute noch bei der Konservierung, z.B. von Speck, angewendet. Aus dem Jahre 1787 stammen erste Literaturhinweise auf die bewusste Beimischung von Salpeter zum Kochsalz, um dessen Konservierungsleistung zu steigern (vgl. [96]).

Gemische aus Kochsalz und Salpetersäure (Nitrat=NO_3^-) bzw. der salpetrigen Säure (Nitrit=NO_2^-), respektive deren Salze, nämlich Kaliumnitrit (KNO_2) und Kaliumnitrat (KNO_3) bzw. Natriumnitrit ($NaNO_2$) und Natriumnitrat ($NaNO_3$), werden im allgemeinen Sprachgebrauch als „Pökelsalze" bezeichnet. Das Verfahren zur Haltbarmachung unter Anwendung solcher Pökelsalze nennt man Pökeln.

Noch bis in das 19. Jahrhundert hinein enthielten Pökelsalzgemische Beimengungen von 2–10% Salpetersäure (Nitrat), bis zu Beginn des 19. Jahrhun-

Handbuch der Lebensmitteltoxikologie. H. Dunkelberg, T. Gebel, A. Hartwig (Hrsg.)
Copyright © 2007 WILEY-VCH Verlag GmbH & Co. KGaA, Weinheim
ISBN: 978-3-527-31166-8

derts Nitrit als der eigentlich wirksame Pökelstoff erkannt wurde. In der Folge wurden Pökelsalze mit einem Nitritgehalt von bis zu 5% eingesetzt, was jedoch zu Nitritvergiftungen führt.

Wegen der akuten Toxizität von Nitritsalzen wurde durch das damalige Reichsgesundheitsamt 1928 vorgegeben, eine Vormischung von Kochsalz mit einem Zusatz an Nitrit in Mengen von 0,5–0,6% in Form des Nitritpökelsalzes anzuwenden. Im Jahr 1934 wurde schließlich mit dem „Gesetz über die Verwendung salpetersaurer Salze im Lebensmittelverkehr" die Herstellung und Verwendung von Pökelsalzgemischen rechtlich verankert. Danach durfte die Produktion von Pökelsalzgemischen nur in zugelassenen Betrieben erfolgen. Das Pökelsalz musste besonders gekennzeichnet werden, um Verwechslungen zu vermeiden. Mit dieser Vormischung (reines Nitrit durfte in den Betrieben nicht mehr verwendet werden) konnte die technologisch erforderliche Menge an Nitrit mit der maximal sensorisch vertretbaren Salzmenge im Produkt so weit in Einklang gebracht werden, dass akute Vergiftungen ausgeschlossen werden konnten. Nachdem die krebserregende Wirkung der *N*-Nitrosamine, welche im menschlichen Organismus aus zugeführten Nitriten gebildet werden können, erkannt worden war (vgl. [59]), kam es zu einer weiteren Herabsetzung des Nitritgehalts im Pökelsalz auf 0,4–0,5%.

Heute wird Natriumnitrit in Vermischung mit Kochsalz als so genanntes „Nitritpökelsalz" verwendet. Auch die Anwendung von Nitratsalzen wurde eingeschränkt. Kaliumnitrit (E 249), Natriumnitrit/„Nitritpökelsalz" (E 250), Natriumnitrat (E 251) und Kaliumnitrat (E 252) werden derzeit als Konservierungs- und Umrötungsmittel im Bereich der Haltbarmachung von Fleisch- und Käseprodukten eingesetzt [96].

Bei der Lebensmittelbearbeitung wird Nitrat gelegentlich noch zum Pökeln von Fleischerzeugnissen eingesetzt, gebräuchlicher ist die Verwendung von Nitritpökelsalz, das 99,5–99,6% Kochsalz und 0,5–0,4% Natriumnitrit enthält.

Bezüglich dessen Verwendung ist zu erwähnen, dass es zum Pökeln von Fleisch und Fleischerzeugnissen zwar benutzt werden darf, ausgenommen sind jedoch Erzeugnisse, die traditionell ohne Pökelstoffe hergestellt werden müssen; z. B. darf Hackfleisch nicht behandelt werden, da eine frische Qualität vorgetäuscht würde.

Das Nitrit bewirkt eine Umrötung, wobei das Myoglobin in das rote, kochbeständige Nitroso-Myoglobin umgesetzt wird, ferner sind eine Aromagebung (Pökelaroma) und eine besondere Textur des Produktes sowie ein antioxidativer Effekt zu erzielen, der zu einer Verlängerung der Haltbarkeit führt. Schließlich kommt es in Konzentrationen ab 100 ppm zu einer Hemmung des Wachstums von Lebensmittelvergiftern, vor allem von *Clostridium botulinum*. Dieser Effekt wird durch Säurezugabe oder Erhitzung noch verstärkt (Perigo-Effekt).

Für den Umrötungseffekt, die Erzeugung des typischen Pökelgeschmacks und die Erzielung der typischen Textur sind allerdings Nitritkonzentrationen von 50–100 mg/kg Fleisch notwendig. Wird das gepökelte Fleisch nachfolgend erhitzt – also gegrillt oder gebraten bei Temperaturen von 120 °C oder mehr – entstehen kanzerogene Nitrosamine im ppb-Bereich (parts per billion). Diese

Erkenntnis führte dazu, dass Nitritpökelsalze in Bratwürsten nicht zugelassen sind. Grundsätzlich wird dem Verbraucher vom Grillen oder Braten gepökelter Ware abgeraten [96].

Aus Gründen der Zeitersparnis wendet man heute vielfach die Schnellpökelung an. Dabei wird Lake entweder von Hand oder maschinell in die Muskulatur injiziert. Die Fleischstücke können dann noch in schärfere Lake eingelegt, trockengesalzen oder, wie bei manchen gegarten Erzeugnissen (Kassler), sogleich weiter verarbeitet werden, z.B. durch Räuchern oder andere Hitzebehandlung (Sinell).

Neben der durch tierische Produkte erzeugten Nitrat-/Nitritzufuhr erfolgt auch eine Aufnahme mit vegetabilischen Erzeugnissen. Diese liefern den größten Beitrag hinsichtlich der Nitratzufuhr, gefolgt von Trinkwasser, Getreide und Obst sowie bestimmten Fleisch-, Käse- und Fischprodukten [94].

Generationen von Säuglingen, Kleinkindern und größeren Kindern sind gezwungen worden, Spinat in größeren Mengen zu essen, weil er wegen seines angeblich (jedoch nicht wirklich) hohen Eisengehaltes als besonders gesund galt. Eine Überfütterung ist aber abzulehnen, weil Spinat in gleicher Weise wie nitrathaltiges Brunnenwasser gefährlich werden kann, wenn der Erzeuger die Anbauflächen entweder mit Jauche, Fäkalien oder mit stickstoffhaltigem Kunstdünger überdüngt. Frommberger [27] hat die in Tabelle 15.1 auszugsweise wiedergegebenen Untersuchungsbefunde veröffentlicht.

Amtliche Kontrollen auf Nitratbelastung der Lebensmittel können auf der Grundlage der Diätverordnung [12, 85] erfolgen, z.B. darf eine Gemüsezubereitung zur Säuglingsernährung nicht mehr als 250 mg/kg Nitrat enthalten, bei höheren Konzentrationen ist das Produkt nicht verkehrsfähig.

Tab. 15.1 Nitratgehalte in Salat/Gemüse/Obst in mg/kg (nach [27]).

Produkt	Mittelwert [mg/kg]	Minimum [mg/kg]	Maximum [mg/kg]
Rettiche	2251	n. n.	6684
Rote Rüben	2104	n. n.	6798
Kopfsalat	1786	19	5300
Radieschen	1749	68	3865
Spinat	872	n. n.	3894
Lauch	369	n. n.	2400
Rotkohl	299	n. n.	1448
Karotten	195	n. n.	1311
Kartoffeln	132	n. n.	1200
Zwiebeln	50	n. n.	1134
Erdbeeren	161	20	425
Äpfel	16	n. n.	688
Zwetschgen	12	n. n.	140
Apfelsinen	11	n. n.	42
Weintrauben	6	n. n.	61

15.3
Abbauvorgänge in Lebensmitteln

Nach den Untersuchungen von Selenka [66] und Selenka und Brand-Grimm [67] nimmt die exogen aus Nitrat in Nahrungsmitteln gebildete relativ hohe Nitritmenge mit steigender Keimzahl des Lebensmittels zu (Abb. 15.1).

Dabei hängt das Ausmaß der Umsetzung von den Umgebungsbedingungen, wie z. B. Temperatur, pH-Wert, Sauerstoffgehalt, Nitratgehalt und der fermentativen Ausstattung der beteiligten Mikroorganismen ab. Die Nitritkonzentration erreicht nach 20 Stunden ein Maximum und nimmt wieder ab. Die Mikroorganismen wandeln das gebildete Nitrit in N_2O bzw. in molekularen Stickstoff um. Eine exogene Nitritintoxikation ist also nur unter bestimmten Bedingungen und innerhalb eines begrenzten Zeitraumes möglich.

Die exogene Nitritbildung erlangt bei der Zubereitung von Säuglingsnahrung praktische Bedeutung. Unsachgemäße Handhabung bzw. Lagerung von Milchpulverprodukten kann zur bakteriellen Verunreinigung führen; werden diese

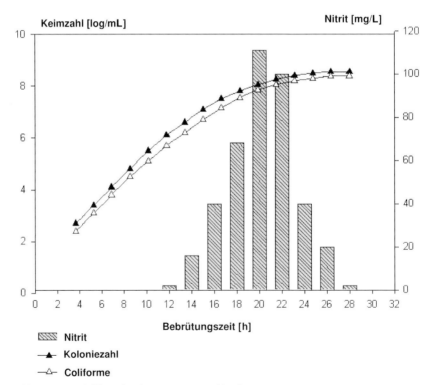

Abb. 15.1 Nitritbildung durch Keime einer Stuhlaufschwemmung in ungesäuerter Säuglingsnahrung bei 25 °C. Nitratgehalt 150 mg/L (nach [66]).

Produkte dann mit nitrathaltigem Trinkwasser angesetzt, so sind notwendige Voraussetzungen für die Bildung von Nitrit gegeben (vgl. Borneff et al. [8]).

Allerdings müssen, wie das Selenka [68] formuliert hat, „relativ hohe Nitratmengen und Keimzahlen von $>1 \cdot 10^6$/mL vorhanden sein, um zu nennenswerter Nitritbildung zu führen. In Gemüse mit primär hohem Nitratgehalt, wie z. B. Spinat, Roten Rüben oder Kohl [53], können unter den vorgenannten Bedingungen vergleichbare Prozesse ablaufen. Nach den Ergebnissen von Schuphan und Harnisch [64] erfolgt eine Umsetzung des Nitrates in Spinat allerdings erst nach einer 3-tägigen Lagerung bei 16 °C.

15.4
Aufnahme durch Nahrungsmittel und Trinkwasser

Über Nahrungsmittel und Trinkwasser kann sowohl Nitrit als auch Nitrat in den menschlichen Organismus gelangen; mengenmäßig steht Nitrat im Vordergrund.

Die WHO hat im Zusammenhang mit einer globalen Abschätzung der alimentären Nitrataufnahme für den europäischen Verbraucher eine mittlere Pro-Kopf-Aufnahme von täglich 155 mg ermittelt. Davon entfallen 90% auf Gemüse, je 5% auf Wasser und Obst und weniger als 5% auf Getreideprodukte [91].

Die direkte Aufnahme von Nitrit ist mit ca. 2 mg/Kopf und Tag anzusetzen; sie erfolgt nach White [90] vornehmlich durch gepökelte Fleischprodukte. Abgesehen von akzidentellen Mehrbelastungen wird nach Möhler [53] diese Menge nur unwesentlich durch Trinkwasser erhöht. Nach den Untersuchungen von Reichert und Lochtmann [61] sowie von Aurand et al. [1] wird in der Bundesrepublik Deutschland bei der überwiegenden Mehrzahl der gezogenen Wasserproben der in der Trinkwasserverordnung [82] enthaltene Grenzwert (siehe Tab. 15.7) unterschritten [8].

Der jährliche Pro-Kopf-Verbrauch an Fleisch in Deutschland hatte seit dem Jahre 1967 bis zum Beginn der 1990er Jahre stark zugenommen, ist aber seit dieser Zeit u. a. wegen diverser Lebensmittelskandale rückläufig.

Seit Mitte der 1990er Jahre stieg der Pro-Kopf-Verbrauch von Fisch von ca. 8% im Jahre 1997 im Vergleich zu Verbrauchszahlen des Jahres 1990 leicht an, kompensierte den Rückgang beim Fleischkonsum aber kaum. Seit langem findet zusätzlich eine Veränderung der Konsumgewohnheiten im Bereich der pflanzlichen Lebensmittel statt (s. Tab. 15.2), welche sich durch einen beständig steigenden Pro-Kopf-Verbrauch an Gemüse, Getreide, Schalen und Zitrusfrüchten auszeichnete, während der Trockenobstkonsum mit kleinen Schwankungen konstant und der Kartoffelkonsum eher rückläufig ist (vgl. [96]).

Nach Angaben der Bundesanstalt für Fleischforschung werden etwa 50% des in der Bundesrepublik verzehrten Fleisches in Form von Fleischerzeugnissen angeboten, was einem jährlichen Pro-Kopf-Verbrauch von 45 kg entsprechen würde. 90% dieser Fleischprodukte wird herstellerseitig Nitrit zugesetzt, so dass von einem jährlichen Pro-Kopf-Konsum von etwa 40 kg nitritgepökelten Fleischprodukten in der BRD ausgegangen werden muss [93].

Tab. 15.2 Durchschnittliche Nitrataufnahme pro Person in Deutschland [94].

Lebensmittel	Nitrataufnahme pro Tag [mg NO_3^-/Tag]	Prozentualer Anteil [%]
Gemüse	52,1	61,7
Trinkwasser	22,2	26,3
Getreideprodukte	3,4	4,0
Obst	3,3	3,9
Fleischprodukte, Wurstwaren	2,2	2,6
Milch und Milchprodukte	0,7	0,8
Frischfleisch	0,6	0,7
Summe	84,5	100

Für Deutschland wird die alimentäre (nahrungsbedingte) durchschnittliche Nitrataufnahme auf etwa 80 bis 100 mg pro Person und Tag geschätzt. Dabei entfallen mit 61,7% bzw. 26,3% die größten prozentualen Anteile auf Gemüse und Trinkwasser (Tab. 15.2).

15.5
Endogene Prozesse

Neben der exogenen Bildung von Nitrit aus Nitrat ist die endogene Umsetzung in Rechnung zu stellen. Drei Möglichkeiten sind zu beachten:

- Das mit bestimmten Nahrungsmitteln und Trinkwasser in den Magen-Darm-trakt gelangende Nitrat wird in den oberen Darmabschnitten resorbiert; ein Teil erreicht jedoch durch einen Nebenkreislauf über das Blut den Speichel und damit erneut die Mundhöhle. Nach Sander et al. [62] ist die dortige Standortflora bei dieser zweiten Mundhöhlenpassage durch die nun relativ lange Verweilzeit in der Lage, einen Teil des Nitrates in Nitrit umzuwandeln. Darüber hinaus haben Spiegelhalder et al. [72] nachgewiesen, dass zwischen Nitrataufnahme, Nitratgehalt des Speichels und Nitritproduktion in der Mundhöhle lineare Beziehungen bestehen.
- Die Möglichkeit einer endogenen Nitritbildung ist auch bei einer unphysiologischen Besiedlung der oberen Darmabschnitte mit nitratreduzierenden Bakterien gegeben. Dies kann im Rahmen bakterieller oder viraler Allgemein- oder Darminfekte vorkommen. Da der Säugling nach Knotek et al. [44] während der ersten Monate noch geringe Magenacidität sowie eine ausgesprochene Neigung zu Durchfallerkrankungen besitzt, ist von einer relativ höheren Risikowahrscheinlichkeit der endogenen Nitritbildung auszugehen [76].
- Nach den Ergebnissen von Müller et al. [54] ist aber nicht nur in der Mundhöhle, sondern auch im Magen mit einer laufenden Nitratreduktion zu rechnen.

Stoffwechseluntersuchungen haben schon vor 75 Jahren nahe gelegt, dass im menschlichen Organismus Nitrat synthetisiert wird [51]. Der Beweis ist von Tannenbaum und Mitarbeitern [75] geführt worden; in Fütterungsversuchen zeigte sich, dass die Individuen tatsächlich mehr Nitrat mit dem Urin ausschieden als zugeführt wurde.

In keimfreien Ratten ergaben sich identische Resultate, d.h. die Darmflora ist an der Synthese nicht beteiligt [35, 36]. Von Bedeutung war die Beobachtung, wonach während einer Fieberreaktion die Nitratausscheidung deutlich anstieg; als Ursache wurde die Immunstimulation erkannt. Schließlich konnte Marletta [48] bestätigen, dass in Makrophagen N=O als normaler Metabolit entsteht, der zur Bildung von Nitrosaminen führt.

Das in der Mundhöhle gebildete oder mit der Nahrung aufgenommene Nitrit gelangt mit dem Speichel und der Nahrung in den Magen und kann dort mit nitrosierbaren Aminen zu Nitrosaminen reagieren. Es erfolgt somit im Organismus eine Synthese von potenziell krebserzeugenden Stoffen aus Vorstufen, die selbst nicht krebserzeugend sind. Im sauren Magenmilieu wird dabei aus Nitrit salpetrige Säure frei, zwei Moleküle salpetriger Säure reagieren dann unter Wasserabspaltung zu N_2O_3, dem eigentlichen nitrosierenden Agens. Der Chemismus der Nitrosierungsreaktion ist aus den beiden Formeln ersichtlich:

$$2\,NO_2^- \xrightarrow{\;H^-\;} 2\,HNO_2 \longrightarrow N_2O_3 + H_2O$$

$$\begin{array}{c} R \\ \diagdown \\ NH \\ \diagup \\ R \end{array} + N_2O_3 \longrightarrow \begin{array}{c} R \qquad O \\ \diagdown \quad \parallel \\ N-N \\ \diagup \\ R \end{array} + HNO_2 \tag{1}$$

Die Nitrosierung verläuft somit als eine Reaktion zweiter Ordnung, d.h. die Konzentration an Nitrit geht im Quadrat in die Reaktionskinetik ein. Wie aus der folgenden kinetischen Gleichung hervorgeht, ist die Bildungsgeschwindigkeit des Nitrosamins von der Konzentration des Amins und dem Quadrat der Konzentration von Nitrit abhängig.

$$\frac{d\,[\text{Nitrosamin}]}{dt} = [\text{Amin}] \cdot [\text{Nitrit}]^2 \tag{2}$$

Graphisch ist der Reaktionsverlauf in Abbildung 15.2 dargestellt (vgl. [60]).

Die obere Kurve stellt den Verlauf einer Reaktion zweiter Ordnung dar. Dabei zeigt sich, dass die Nitrosierungsreaktion bei niedrigen bis sehr niedrigen Konzentrationen an Nitrit und an salpetriger Säure zu einer vernachlässigbar kleinen Nitrosaminbildung führt. Bei höheren Konzentrationen an Nitrit und an salpetriger Säure, z.B. bei der Konzentration C' der Abbildung 15.2, wird die Bildungsgeschwindigkeit und somit das Risiko durch weitere zusätzliche Mengen an Nitrit überproportional zunehmen, wie aus der Tangente mit dem Neigungswinkel *a* hervorgeht.

Bei niedrigen bis sehr niedrigen Nitritkonzentrationen ist also die Bildung von Nitrosaminen praktisch zu vernachlässigen. Bei höheren Konzentrationen

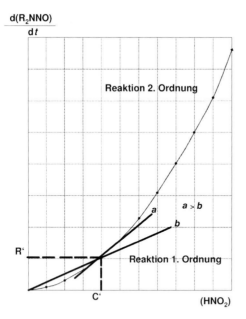

Abb. 15.2 Geschwindigkeit der Nitrosierung (nach [60]).

führt sie zu einem überproportional erhöhten Risiko durch vermehrte Nitrosaminbildung im Vergleich zu einer Reaktion erster Ordnung, die in dem Bild durch den Neigungswinkel *b* dargestellt ist, der linear durch den Nullpunkt geht. Es verlaufen jedoch nicht alle Nitrosierungsreaktionen nach der 2. Ordnung: Zum Beispiel erfolgt die Nitrosierung von Amiden, wie Methylharnstoff, nach einer Reaktion I. Ordnung; Katalysatoren können ebenfalls die Reaktionsordnung verändern [8].

Für die Nitrosierung von Aminen gibt es einen optimalen pH-Bereich; dieser liegt z. B. für Dimethylamin zwischen pH 3 und 4. Daraus folgt, dass bei sehr niedrigem pH-Wert nur eine geringe Nitrosaminbildung eintritt, ebenso wie im neutralen alkalischen Bereich. Dies erklärt sich zwanglos daraus, dass im stark sauren Medium das Amin weitgehend protoniert, d. h. als Salz vorliegt, wobei das freie Elektronenpaar am Stickstoff besetzt ist und nicht mit dem Nitrosierungsagens reagieren kann. Im neutralen oder alkalischen Bereich wird aus Nitrit keine salpetrige Säure und somit kein Nitrosierungsmittel freigesetzt. Es folgt weiterhin daraus, dass bei gegebenem pH die Nitrosierungsgeschwindigkeit verschiedener Amine von deren Basizität abhängt; je weniger basisch das Amin desto leichter wird es nitrosierbar sein.

Wie andere chemische Reaktionen kann auch die Nitrosaminbildung aus Vorstufen sowohl beschleunigt, als auch inhibiert werden [60].

Thiocyanat ist ein normaler Bestandteil des Speichels und insbesondere bei Rauchern in stark erhöhten Konzentrationen vorhanden. Formaldehyd ist insofern bemerkenswert, als es eine Nitrosierungsreaktion bei neutralem beziehungsweise auch stark alkalischem pH gestattet, wobei der Wirkungsmechanismus der Nitrosierungsreaktion hier anders abläuft. Phenole reagieren als Katalysatoren, wenn ein Nitrosierungsmittel im Überschuss vorhanden ist. Auch dieses Beispiel zeigt, um welch komplexe Vorgänge es sich bei Nitrosierungsreaktionen im Magen handeln kann.

Einer der wichtigsten Hemmer der Nitrosierungsreaktion ist die Ascorbinsäure. Um eine vollständige Hemmung der Nitrosierungsreaktion durch Vitamin C zu erreichen, muss es in relativ hohen Konzentrationen vorhanden sein. Da Ascorbinsäure nur sehr wenig über die Speicheldrüsen in die Mundhöhle wieder ausgeschieden wird, kann eine einmalig hohe Ascorbinsäureaufnahme mit der Nahrung die lang andauernde Nitritbildung im Speichel durch die Rezirkulation des Nitrates nicht völlig ausgleichen.

In den Tabellen 15.3 und 15.4 sind die Nitrosierungsmittel und nitrosierbaren Aminosubstrate in der menschlichen Umwelt zusammengefasst [57].

Obwohl viele komplexe Interaktionen bei der endogenen Entstehung von N-Nitrosoverbindungen inzwischen aufgeklärt werden konnten, ist deren kausale Mitwirkung bei der menschlichen Kanzerogenese im Grunde noch immer eine, wenn auch gut begründete Hypothese. Insbesondere trifft das für die Magenkrebsentstehung zu; schließlich fehlen noch systematische Studien über den quantitativen, kausalen Zusammenhang mit der Krebsentstehung, genauere Kenntnisse über die Verfügbarkeit von nitrosierbaren Aminen im menschlichen Magen sowie das Vorkommen von nitrosierbaren Aminen in der Nahrung.

Die Frage, in welchem Ausmaß die Aufnahme von Nitrat aus Lebensmitteln zur endogenen Bildung kanzerogener N-Nitrosoverbindungen führt und in welchem Verhältnis dies zur ohnehin vorhandenen Belastung mit derartigen Verbindungen steht, ist nach wie vor nicht ausreichend geklärt [71]. Auch ist die Bedeutung der endogenen Nitritbildung für die endogene Nitrosaminbildung und somit für eine mögliche Krebsinduktion noch weitgehend unklar. In Anbetracht der Komplexität der Vorgänge bei der Aufnahme, Metabolisierung und endogenen Bildung von Nitrat, Nitrit und Nitrosaminen und der Vielzahl von Einflussfaktoren ist es fraglich, ob neue epidemiologische Studien hier mehr Klarheit schaffen könnten [11].

Tab. 15.3 Nitrosierungsmittel in der Umwelt [8].

Nitrat	Nitrit	NO$_x$
Nahrungsmittel, Pharmaka, Kosmetika		
Gemüse	Speichel	Tabakrauch
Trinkwasser	Pökelwaren	Luftverunreinigungen
Speichel	Gemüse	
Pökelwaren	Pharmaka	
Technik, Landwirtschaft, Beruf		
Kunstdünger	Pökelsalz	Verbrennungsgase
Dung	Korrosionshemmer	
Pökelsubstanzen	andere industrielle Anwendungen	

Tab. 15.4 Nitrosierbare Aminosubstanzen in der Umwelt [8].

Nahrungsmittel, Pharmaka, Kosmetika	Technik, Landwirtschaft, Beruf
Malz	Schneideöle
Fisch	Pestizide
Tabakrauch	
Fleisch	
Gewürze	
Pharmaka	
Kosmetika	
Pestizide	

15.6
Rechtsvorschriften

15.6.1
Begrenzung der Zusatzmengen von Nitrat und Nitrit zu Fleischerzeugnissen

Die Erkenntnisse über mögliche gesundheitliche Risiken durch Verwendung von Pökelsalzen bei Fleisch und Fleischerzeugnissen, aber auch Gründe des vorbeugenden Verbraucherschutzes, haben dazu geführt, dass 1980 der Gehalt an Nitrit im Nitritpökelsalz um 20% auf 0,4–0,5% reduziert wurde [8].

Eine neue Situation ergab sich im Zusammenhang mit der Harmonisierung des innereuropäischen Lebensmittelrechts. Durch die Richtlinie (95/2/EG [22]) vom 20.02.1995 über andere Lebensmittelzusatzstoffe als Farbstoffe und Süßungsmittel ist der Gehalt an Nitrit im Nitritpökelsalz nicht mehr rechtlich limitiert. Lediglich die im Lebensmittel zum Zeitpunkt der Abgabe an den Endverbraucher zulässige Konzentration (Höchstmenge: je nach Produkt 50–175 mg/kg) ist festgelegt.

Die Verwendung von Nitriten und Nitraten in Fleischwaren wurde in Dänemark bereits 1996 durch die Festlegung nationaler Höchstmengen stärker beschränkt, als das in der Richtlinie 95/2/EG vorgesehen ist. Die europäische Richtlinie gibt zwar Höchstwerte für Nitrit-Restmengen im Lebensmittel vor, für die zugesetzten Mengen werden aber nur Richtwerte genannt. Damit könnten im Rahmen der Richtlinie Nitritmengen zugesetzt werden, die technologisch nicht notwendig, unter Umständen aber gesundheitsgefährdend sind. Die Europäische Kommission hatte den abweichenden dänischen Vorschriften nicht zugestimmt. Gegen diese Entscheidung hatte Dänemark vor dem Europäischen Gerichtshof Klage eingereicht. Mit dem Urteil in der Rechtssache C-3/00 vom 20. März 2003 hat der Europäische Gerichtshof (EuGH) der dänischen Regierung nun Recht gegeben. Dies wurde begründet mit der Unsicherheit, die untrennbar mit der Bewertung von Gefahren für die öffentliche Gesundheit verbunden sei. Dies erlaube abweichende Bewertungen, ohne dass sie unbedingt auf andere oder neue wissenschaftliche Daten gestützt werden müssten [14].

Tab. 15.5 Höchstmenge für Lebensmittelzusatzstoffe: Natrium- und Kaliumnitrat (E251, E252) [22, 84].

Lebensmittel	Zugesetzte Nitratmenge (Richtwert)	Höchstmenge
Gepökelte Fleischerzeugnisse	300 mg/kg	250 mg/kg
Fleischerzeugnisse in luftdicht verschlossenen Behältnissen		
Hart- und Schnittkäse sowie halbfester Schnittkäse		50 mg/kg
Käseanaloge auf Milchbasis		
Eingelegte Heringe und Sprotten		200 mg/kg
Foie gras, foie gras entier, blocs de foie gras		50 mg/kg

Basierend auf einer Stellungnahme der Europäischen Lebensmittelbehörde (EFSA [21]) vom 26.11.2003 hat die EU-Kommission am 11.10.2004 dem Europäischen Parlament sowie dem Rat einen Vorschlag zur Änderung der Richtlinie 95/2/EG unterbreitet. Sollte es zu einer Änderung der Richtlinie 95/2/EG kommen, müssten die nationalen Gesetze entsprechend angepasst werden. In Deutschland wäre insbesondere die Zusatzstoff-Zulassungsverordnung betroffen [14].

Als Lebensmittelzusatzstoff darf Nitrat den in Tabelle 15.5 aufgezeigten Lebensmitteln in den dort angegebenen Mengen zugesetzt werden [84].

15.6.2
Nitrat und Nitrit in Gemüse

Der Verbraucher kann Nitrat über verschiedene Quellen aufnehmen. Dazu gehören pflanzliche Lebensmittel, die den größten Beitrag liefern, gefolgt von Trinkwasser, Getreide und Obst sowie bestimmten Fleisch-, Käse- und Fischprodukten.

Verschiedene Gemüsesorten wie Blattsalate, Spinat, Weißkohl, Grünkohl, Rote Rüben, Radieschen und Rettich können je nach Jahreszeit und Anbaugebiet natürlicherweise hohe Gehalte an Nitrat aufweisen. Die Verordnung (EG) Nr. 466/2001 nennt in Anhang I, Abschnitt 1 differenziert die Höchstgehalte für Nitrat in verschiedenen Gemüsen (2000 mg/kg für haltbar gemachten Spinat bis zu 4500 mg/kg für vom 1. Oktober bis zum 31. März unter Glas angebauten frischen Salat). Höchstgehalte für Rucola werden nicht genannt (Tab. 15.6). Rucola scheint Nitrat jedoch in besonderem Maße anzureichern. Dies belegen Untersuchungen der Überwachungsbehörden der Bundesländer, die in fast der Hälfte der untersuchten Rucolaproben sehr hohe Nitratgehalte (>5000 mg/kg) ermittelten [2, 3].

Aufgrund der noch nicht geklärten Fragen über das von einer hohen Nitrataufnahme ausgehende mögliche gesundheitliche Risiko empfiehlt das BfR, die Nitratzufuhr zu reduzieren. Aus Sicht des BfR spräche nichts dagegen, aus Vor-

Tab. 15.6 Höchstgehalte für Nitrat in Gemüse [23].

Erzeugnis	Höchstgehalt	(mg NO$_3^-$/kg)
Frischer Spinat	Ernte vom 1. November bis 31. März	3000
(*Spinacia oleracea*)	Ernte vom 1. April bis 31. Oktober	2500
Haltbar gemachter, tiefgefrorener oder gefrorener Spinat	unabhängig vom Erntezeitpunkt	2000
Frischer Salat	Ernte vom 1. Oktober bis 31. März:	
(*Lactuca sativa L.*)	• unter Glas angebauter Salat	4500
(unter Glas angebauter Salat und	• Freilandsalat	4000
Freilandsalat), ausgenommen	Ernte vom 1. April bis 30. September:	
Eissalat	• unter Glas angebauter Salat	3500
	• Freilandsalat	2500
Eissalat	• unter Glas angebauter Salat	2500
	• Freilandsalat	2000

sorgegründen auch für Nitrat in Rucola eine Höchstmenge zu etablieren. Angesichts des geringeren Verzehrs von Rucola im Vergleich zum Kopfsalat wäre es vertretbar, diese gleich hoch oder etwas höher als für Kopfsalat festzulegen [13].

15.6.3
Nitrat und Nitrit in Trinkwasser

Der Nitrat- und Nitritgehalt des Trinkwassers unterliegt dem Verschlechterungsverbot der europäischen Wasserrahmenrichtlinie nach Artikel 7 § 3 und dem Minimierungsgebot des § 6 Abs. 3 TrinkwV 2001 [86]. Danach ist alles zu tun, was vernünftigerweise möglich und zumutbar ist, um den Nitratgehalt der Gewässer nicht zu erhöhen und womöglich zu senken. Für das Trinkwasser gilt sogar, dass eine Absenkung des Nitratgehaltes dann vorgenommen werden muss, wenn das nach dem Stand der Technik und mit vertretbarem Aufwand möglich ist, auch dann, wenn der geltende Grenzwert noch eingehalten ist. Dabei ist sorgfältig abzuwägen, welche Mittel eingesetzt werden, um das Ziel der Senkung der Nitratkonzentration im Trinkwasser zu erreichen. Nicht nur nach den Maßstäben des Umweltschutzes, sondern ebenso nach dem Grundanliegen und den Vorschriften der Trinkwasserverordnung hat der Schutz der Ressourcen und, wenn nötig, die Absenkung des Nitratgehaltes in den Gewässern, die der Trinkwassergewinnung dienen, eindeutig den Vorrang vor allen Verfahren, mit deren Hilfe Nitrat im Zuge der Trinkwasseraufbereitung aus dem Wasser entfernt wird.

Die TrinkwV 2001 enthält für Nitrat und Nitrit einen gemeinsamen Grenzwert, der von einem aus beiden Konzentrationen gebildeten Wert nicht überschritten werden darf. Als Ausgangspunkt dient wie in der EG-Richtlinie [23] und in den WHO-Leitlinien [92] ein Wert für Nitrat von 50 mg/L und für Nitrit von 3 mg/L. Enthält das Trinkwasser nur Nitrat oder nur Nitrit, gelten die

Tab. 15.7 Grenzwerte für Nitrat im Wasser in verschiedenen Rechtsvorschriften [41].

Substanz	TrinkwV 1990	TrinkwV 2001	EG-Richtlinie 98/83 EG	WHO-Guidelines	M&T-WasserV[a]
Nitrat	50	50	50	50	10
Nitrit	0,1	0,5 0,1 [b]	0,5 0,1 [b]	3	0,02
Nitrat und Nitrit	[Nitrat]/50+[Nitrit]/3 = 1				

Einheit: mg/L; die TrinkwV enthält ein Minimierungsgebot.

a) Mineral- und Tafelwasser-Verordnung, hier: natürliches Mineralwasser sowie Quell- und Tafelwasser mit dem Zusatz „Geeignet für die Zubereitung von Säuglingsnahrung".

b) Ausgang Wasserwerk.

Grenzwerte von 50 mg/L und 0,5 mg/L am Zapfhahn und 0,1 mg/L am Wasserwerk. Wenn die Nitratkonzentration kleiner als 42 mg/L und die Nitritkonzentration kleiner als 0,5 mg/L ist, kann der gemeinsame Grenzwert nicht überschritten sein. Gegenüber der TrinkwV alter Fassung sind diese Werte für Nitrat unverändert und für Nitrit am Zapfhahn 5fach höher.

In Tabelle 15.7 sind Grenzwertfestlegungen für Nitrat und Nitrit in Trinkwasser sowie Mineral-, Tafel- und Quellwasser dargestellt, wie sie in verschiedenen Rechtsvorschriften enthalten sind, die für Deutschland maßgeblich oder verbindlich sind [41].

Neu in die TrinkwV 2001 kam die Regel, nach der zu verfahren ist, wenn Nitrat und Nitrit zugleich im Trinkwasser vorkommen. Damit wird der Tatsache Rechnung getragen, dass ein Teil der gesundheitlichen Risiken, die vom Nitrat ausgehen, erst durch dessen Umwandlung zu Nitrit zustande kommen und deshalb von einem Synergismus der Wirkungen ausgegangen werden muss. Liegen beide im Trinkwasser vor, darf die Summe der auf den Grenzwert bezogenen Anteile bzw. die Summe der Quotienten aus der jeweiligen Konzentration und dem zugehörigen Grenzwert nicht über 1 bzw. über 100% liegen.

Der entsprechende Text in der TrinkwV 2001 lautet: „Die Summe aus Nitratkonzentration in mg/L geteilt durch 50 und Nitritkonzentration in mg/L geteilt durch 3 darf nicht höher als 1 mg/L sein. Am Ausgang des Wasserwerks darf der Wert von 0,1 mg/L für Nitrit nicht überschritten werden" (TrinkwV 2001, Anlage 2 (zu § 6 Abs. 2) Teil 1, lfd. Nr. 9 und Teil II, lfd. Nr. 9). Da der Faktor 3 aus den WHO-Leitlinien [92] übernommen worden ist, der Nitritgrenzwert jedoch bei 0,5 mg liegt, muss nur dann nachgerechnet werden, wenn der Nitritgrenzwert überschritten ist oder der Nitratwert über 42 mg/L liegt [41].

15.7
Gesundheitliche Wirkungen

Nitrat selbst ist wenig giftig. Da aus Nitrat jedoch im Körper (endogen) Nitrit gebildet werden kann und daraus wiederum N-Nitrosoverbindungen entstehen, sollte auch für Nitrat die Aufnahmemenge beschränkt werden.

Die Weltgesundheitsorganisation [91] leitet eine duldbare tägliche Aufnahmemenge (ADI-Wert, acceptable daily intake) von 0 bis 3,65 mg pro Kilogramm Körpergewicht ab (ein erwachsener Mann (70 kg) kann ein Leben lang täglich bis zu 256 mg Nitrat, eine erwachsene Frau (58 kg) bis zu 212 mg und ein Kind (25 kg) bis zu 93 mg aufnehmen).

Für Kleinkinder unter 3 Monaten gilt der Nitrat-ADI-Wert nicht, weil diese besonders empfindlich auf das sich endogen aus Nitrat bildende Nitrit reagieren (s. a. Abschnitt 15.7.2, Methämoglobinämie, Blausucht).

15.7.1
Iodmangel-Folgeschäden

Weil Nitrat im Organismus mit Iodid z. B. in der Schilddrüse konkurriert, wurde auch diskutiert, ob Nitrat trotz ausreichender Iodversorgung sekundär zu einem Iodmangelkropf führen kann. Nach heutiger Ansicht ist jedoch bei normaler Iodidzufuhr, wie sie in Deutschland beispielsweise auch durch die freiwillige Verwendung von iodiertem Speisesalz erfolgt, nicht damit zu rechnen [11].

Bei Iodmangel und gleichzeitig hoher Nitratanwesenheit kann es in der Schilddrüse allerdings zu einer Vergrößerung und Neubildung thyroxinbildender Zellen kommen, die den durch Nitrat künstlich verstärkten Iodmangel ausgleichen sollen. Gelingt dieser Ausgleich nicht, können sich Iodmangel-Folgeschäden ausbilden [83].

Da der alimentäre Iodmangel infolge der Iodprophylaxe in Deutschland weitgehend überwunden ist und die Nitratbelastung, über einen längeren Zeitraum betrachtet, nicht andauernd stark überhöht zu sein scheint, hat die strumigene (kropfbildende) Potenz von Nitrat zwar individuelle, aber keine epidemiologische Bedeutung [38].

15.7.2
Methämoglobinämie

Seitdem der ursächliche Zusammenhang zwischen der Aufnahme von nitrathaltigem Trinkwasser und der Entstehung der Methämoglobinämie oder „Blausucht" des Säuglings erstmals im Jahre 1945 von Comly [15] beschrieben wurde, ist die Frage der kritischen Nitratmenge in Trinkwasser und Nahrung bis heute Gegenstand vielfach kontrovers geführter wissenschaftlicher Diskussionen.

In seiner chemischen Struktur besteht der rote Blutfarbstoff, das Hämoglobin, aus einem Proteinanteil, dem Globin, und der prosthetischen Gruppe Häm mit einem zentralen zweiwertigen Eisenatom. In dieser Form ist das Hämoglobin in der Lage, Sauerstoff reversibel zu binden und im Gewebe abzugeben. In jedem Erythrozyten ist noch eine weitere Form des Hämoglobins, das Methämoglobin oder Hämiglobin vorhanden. Dieses Methämoglobin vermag Sauerstoff nur irreversibel zu binden, es ist demzufolge als „Transportvehikel" für Sauerstoff ungeeignet.

Zum anderen ist die Diaphoraseaktivität entscheidend. Waller und Löhr [89] konnten 1962 nachweisen, dass durch dieses Enzym das Methämoglobin bis auf einen Restwert abgebaut wird, so dass sich ein ständiger Anteil von 0,5–2,0% am Gesamthämoglobin findet [9]. Eine Aktivitätsminderung der Diaphorase führt nach Gibson [31] zu einer verringerten Rückreduktion des Methämoglobins zu Hämoglobin. Sie erfolgt bei Anwesenheit von Nicotinsäureamid-Adenosindiphosphat (NADH), das bei der Umsetzung von Glycerin-Aldehyd-3-Phosphat zu 1,3-Diphosphoglycerinsäure unter der Einwirkung einer Dehydrogenase entsteht.

Neugeborene und Säuglinge im ersten Trimenon zeigen eine gegenüber dem Erwachsenen um ca. ein Drittel verminderte Diaphoraseaktivität [29, 43].

Auch die Glutathion-Peroxidase, die reduziertes Glutathion zu oxidieren vermag, ist in Neugeborenenerythrozyten vermindert aktiv, mit der Folge, dass oxidierende Substanzen nicht wie beim Erwachsenen auf das reduzierte Glutathion abgelenkt werden können.

Außerdem ist zu beachten, dass neben dem regulären Hämoglobin auch abnorme Formen in den verschiedensten Varianten vorkommen, wobei die Anlage zu deren Produktion meist vererbbar ist. Sie unterscheiden sich häufig von dem normalen Hb nur durch den Ersatz einer Aminosäure innerhalb eines bestimmten Globinkettentyps durch eine andere: Beispielsweise wird Arginin anstelle von Glycin oder Lysin anstelle von Glutaminsäure eingebaut. Wichtig sind besonders die sog. M-Typen von Hb, die spontan zur Oxidation von Fe^{2+} zu Fe^{3+} neigen. Bei ihnen ist an definierter Stelle der Globinkette Histidin durch Tyrosin ersetzt. Bei Kontakt mit verschiedenen Chemikalien, z. B. Sulfonamiden, entwickelt sich zusätzlich eine schwere hämolytische Anämie.

Nach dem von Fischbach (zit. n. [56]) angegebenen Grenzwert entsteht das klinische Bild einer Methämoglobinämie bei einer Vermehrung des Methämoglobins über 1,1–2,4 g%; Leitsymptom ist die Zyanose, d. h. eine grau-bläuliche Verfärbung der Haut- und Schleimhäute. Bei >40% Anteil am Gesamt-Hämoglobin kommt es zusätzlich zu Übelkeit, Schwindel und Somnolenz, bei 70–80% zum Exitus letalis [77, 78].

Die Methämoglobin-Zyanose muss differentialdiagnostisch von primär-zyanotischen, angeborenen Herzfehlern abgegrenzt werden.

Die Methämoglobinämien lassen sich nach der Ätiologie in zwei große Gruppen einteilen, die angeborenen und die erworbenen Formen (Tab. 15.8). Als Sonderform gilt die alimentär bedingte Form bei den Säuglingen, die von Schwartz und Rector [65] 1940 erstmals beschrieben und von Comly [15] 1945 ohne Kenntnis der toxikologischen Zusammenhänge auf eine Brunnenwasservergiftung zurückgeführt wurde.

Nach dem heutigen Kenntnisstand muss für die Entstehung der alimentären Methämoglobinämie als wirksames und wesentliches Agens das Nitrit ange-

Tab. 15.8 Methämoglobinämien [78].

Angeborene Formen
  Hämoglobinpatholog. Methämoglobinämie: HB-M
  Enzympatholog. Methämoglobinämie (Diaphorasemangel)
Erworbene Formen
  Toxische Methämoglobinämie
  (Nitrite, Oxidationsmittel, Nitro- und Aminoverbindungen)
  Sonderform: alimentäre Methämoglobinämie
  („Brunnenwasser"- Methämoglobinämie)

---

nommen werden. Nitrit kann dabei primär zugeführt oder sekundär aus Nitrat entstanden sein. Vorhandenes Nitrit wirkt nach folgender Reaktion als Methämoglobinbildner:

$$4\ HNO_2 + 4\ Hb^{II}O_2 + 2\ H_2O \rightarrow 4\ HNO_3 + 4\ Methb^{II}OH + O_2$$

Weiterhin nicht eindeutig ist die Frage der Nitrittoleranz geklärt. Moeschlin [52] gibt an, dass 0,5 g beim Erwachsenen leichte und 1,0–2,0 g schwere Vergiftungen auslösen würden; die Dosis letalis betrüge 4 g. Die Gefährdung des Erwachsenen ist – von versehentlichen Überdosierungen abgesehen – als gering einzuschätzen. Für den Säugling liegen bisher keine Daten vor. Aus akuten Krankheitsbildern, die eine Rückrechnung auf die resorbierte Nitritmenge gestatten [40], ist zu schließen, dass 10–20 mg/kg KG Nitrit Erkrankungen auslösen.

Die dargestellten Tatbestände lassen aufgrund der besonderen physiologischen Gegebenheiten beim Säugling eine höhere Eintrittswahrscheinlichkeit der Erkrankung an Methämoglobinämie durch Einfluss von Nitrat bzw. Nitrit erwarten; andere Voraussetzungen der Methämoglobinämie bleiben hier außer Betracht. Wesentlich ist, dass ein linearer Zusammenhang zwischen der durch Nahrungsmittel bzw. Trinkwasser zugeführten Nitratmenge und der Entstehung von Methämoglobinämien nicht existiert. Monokausale Erklärungskonzepte scheiden daher aus. Seit längerem empirisch hinreichend gesichert ist allerdings die Erkenntnis, dass die Risikowahrscheinlichkeit der Erkrankung unter den folgenden Bedingungen ansteigt (vgl. [6, 16]):

- Vorhandensein von fetalem Hämoglobin,
- relativer Hämoglobinmangel,
- Diaphorasemangel,
- Subacidität des Magensaftes,
- Disposition zu Dyspepsien,
- Aufnahme von Nitrat durch Nahrungsmittel und Trinkwasser,
- Aufnahme von exogen in der Nahrung gebildetem Nitrit,

- Aszension von Keimen aus den unteren Dünndarmabschnitten in den Magen, um exogen zugeführtes Nitrat vor der Resorption in Nitrit umzuwandeln,
- Vermehrung mit der Nahrung aufgenommener Keime während der Verweildauer des Speisebreis und anschließender Nitritbildung.

Die Diskussion über die kritische Nitratmenge als Auslöser pathologischer Prozesse, die zu einer Methämoglobinämie führen, ist noch zu keinem eindeutigen Ergebnis gekommen. Aus den erwähnten Untersuchungen von Selenka [68] ergibt sich aber mit Wahrscheinlichkeit, dass es hierzu relativ hoher Nitratmengen bedarf. Geht man davon aus, dass die Trinkmenge eines Säuglings in den ersten drei Monaten maximal 850–1000 g/Tag beträgt, müssten bei Pulvermilchernährung mindestens 70–80 mg Nitrat/L zu Nitrit reduziert werden.

An dieser Stelle scheint auch der Hinweis notwendig, dass das Krankheitsbild der Säuglings-methämoglobinämie, gleich welcher Genese, bereits seit den 1970er Jahren in der Bundesrepublik Deutschland nur noch sehr selten beobachtet wurde [68].

Würkert [95] war zu der Schlussfolgerung gekommen, dass es im Raum Rheinhessen zwar nicht zu manifesten Erkrankungen kommt, dass aber die normalerweise vorliegenden Methämoglobinspiegel bei Aufnahme von Trinkwasser mit einem Nitratgehalt ab 20 mg/L und mehr eine Erhöhung um 1–4% am Gesamthämoglobin erfahren können. Eine im gleichen Raum durchgeführte Studie [5, 6] konnte diese Annahme nicht bestätigen; bei isolierter Betrachtung der Mittelwerte ließ sich zwar ein Anstieg des Methämoglobinspiegels mit Erhöhung des Nitratgehaltes beobachten (vgl. Abb. 15.3), die Streuung der Einzeldaten, die ca. das Eineinhalbfache der Mittelwerte betrug, erlaubte jedoch keine weitergehende statistische Auswertung oder gar eine Interpretation im Sinne der Annahme von Würkert [95].

Da sich außerdem bei einer Kontrollgruppe aus der Kinderklinik der Johannes-Gutenberg Universität Mainz, die mit Wasser geringen Nitratwertes

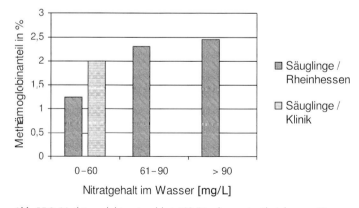

Abb. 15.3 Methämoglobinspiegel bei 100 Säuglingen in Rheinhessen [6].

(<50 mg/L) ernährt wurde, keine statistisch gesicherten Unterschiede zu der Stichprobe aus Rheinhessen ergaben, sind auch unter diesem Aspekt keine weiteren Schlussfolgerungen möglich.

Für eine relativ hohe Toleranzgrenze in Bezug auf die kritischen Nitratwerte sprechen schließlich noch weitere Untersuchungen [70, 79], die erst ab einem Nitratgehalt von >100 mg/L einen Methämoglobinspiegel-Anstieg im Mittel um 2,9% bzw. 3% ergaben, ohne dass klinisch fassbare Veränderungen zu bemerken waren.

Welche Bedeutung subklinische Methämoglobinspiegel-Erhöhungen in der frühkindlichen Entwicklungsphase haben, ist nicht bekannt. Shuval und Gruener sowie Toussaint und Selenka [69, 79] vermuteten eine verminderte Gewichtszunahme bei Kindern mit erhöhten Methämoglobinwerten, konnten aber die Behauptung statistisch nicht belegen. Wir fanden bei der Rheinhessen-Studie trotz teilweise hoher Nitratwerte im Trinkwasser bis 180 mg/L keinen entsprechenden Hinweis.

Das Strumarisiko war ebenfalls Gegenstand epidemiologischer Untersuchungen [41], die Wertung der positiven Korrelation von Nitratgehalt des Trinkwassers und Struma als Beweis für die Kausalität, dürfte aber kaum Anerkennung finden. Eine Teratogenität von Nitrat ließ sich bisher nicht einwandfrei sichern.

Bei dem derzeitigen Erkenntnisstand bieten bereits die alten Grenzwerte von 50 mg/L Nitrat und von 0,1 mg Nitrit pro Liter im Trinkwasser (TrinkwV 1990 [82]) hinreichende Sicherheit, wenn entsprechende Vorsichtsmaßnahmen bei der Ernährung der Säuglinge entsprechend dem damaligen Bundesgesundheitsamt (BGA) vorgenommen werden [1, 5, 18, 46, 47, 61].

So empfahl das BGA bereits 1986 für die Zubereitung von Säuglingsnahrung immer dann abgepacktes nitratarmes Wasser zu verwenden, wenn der Nitratgehalt des aus Leitungen oder Brunnen verfügbaren Trinkwassers 50 mg/L überschreitet [10].

Das Krankheitsbild der Brunnenwasser-Methämoglobinämie wird in Deutschland praktisch nicht mehr beobachtet. Nach neueren wissenschaftlichen Erkenntnissen beziehen sich die gesundheitlichen Bedenken gegen eine überhöhte Nitrataufnahme aus der Nahrung in erster Linie auf die mögliche Reaktionskette Nitrat-Nitrit-Nitrosamine [12].

15.7.3
Kanzerogenität

Das Nitrat-Anion selbst, NO_3^-, ist onkologisch offenbar als unbedenklich zu bewerten. Die toxikologische Relevanz der alimentären Nitrataufnahme bezieht sich auf die endogenen Reduktions- und Nitrosierungsprozesse. Etwa 25% des resorbierten Nitrats werden aktiv in den Speichel sezerniert, bis zu 7% werden in der Mundhöhle, überwiegend durch mikrobielle Reduktasen, innerhalb von 24 Stunden zu Nitrit reduziert und mit dem Speichel in den Magen transportiert. Etwa 90% des gesamten Nitrits im Magen resultieren aus der Nitratreduktion [50, 71]. Es gilt generell, dass nach dem Verzehr eines nitratreichen Lebensmittels die Gehalte an Nitrat und Nitrit im Körper schlagartig ansteigen und über mehrere Stunden erhöht bleiben. Bei Anwesenheit verschiedener nitrosierbarer Verbindungen (Amine und Amide), wie sie sowohl in Lebensmitteln vorkommen als auch physiologischerweise in Körperflüssigkeiten vorhanden sind, kann es zur endogenen Bildung von *N*-Nitrosoverbindungen kommen, von denen sich die meisten im Tierversuch als potente Kanzerogene erwiesen haben.

Über die Kanzerogenität von *N*-Nitrosoverhindungen beim Menschen liegen nur sehr wenige Daten vor [55]. Einige Fallstudien zeigen, dass Krebspatienten, die mit Nitrosoharnstoffen zur Therapie behandelt wurden, später an sog. Zweittumoren erkrankten. Dies sind zumindest indikative Daten direkt am Menschen. Eine große Anzahl von indirekten Hinweisen für eine Humankanzerogenität liegt in Form von vergleichenden Stoffwechseluntersuchungen vor. Sie zeigen, dass der Metabolismus von Nitrosaminen in menschlichem und tierischem Gewebe zumindest qualitativ identisch abläuft. Daraus ist zu folgern, dass auch die biologischen Wirkungen gleich oder wenigstens ähnlich sind. Für die Beurteilung ist ferner wichtig, dass die Wirkung der Nitrosamine eine metabolische Aktivierung voraussetzt.

Die Beurteilung der kanzerogenen Folgeprodukte von Nitrat gestaltet sich weitaus schwieriger als diejenige des Methämoglobin erzeugenden Nitrites. Die Ergebnisse von Tierversuchen sprechen für ein bestehendes Krebsrisiko bei erhöhten Nitrat/Nitritzufuhren; die Ergebnisse epidemiologischer Untersuchungen sind da gegen widersprüchlich. Während Studien aus Italien, Ungarn, Dänemark, Kolumbien und Spanien [32, 42, 43, 63] einen Zusammenhang zwischen dem Nitratgehalt des Trinkwassers und dem Magenkrebsrisiko ergaben, wurde über fehlende Beziehungen aus den USA und Frankreich [30, 88] berichtet. Forman et al. [25] schließen sogar aus ihrer epidemiologischen Studie in England „our results indicate quite clearly that the higher nitrate and nitrite levels in the saliva are associated with living in the low cancer risk area. This difference, which is quite large and statistically highly significant, remains after correcting for possible confounding factors such as age, smoking, and recent intake of food." In diesem Zusammenhang sei ferner Correa [17] zitiert, der die Ergebnisse eines Symposiums über „Gastric Carcinogenesis" 1988 sinngemäß zusammenfasste: Im Laufe der Jahre scheint nun eine angemessene Einschätzung der Rolle des Nitrates in der Umwelt erreicht zu sein. Nitrat ist sicher nicht der limitierende Faktor hinsichtlich der Magenkarzinom-Inzidenz in Ländern wie in England, aber zweifellos ist das Nitrat eine wichtige Quelle für gastrisches Nitrit, besonders bei Personen mit chronischer atrophischer Gastritis. Eine gesundheitliche Bedeutung dieser Vorgänge existiere auch unabhängig von den Untersuchungen zur in vivo-Nitrosierung.

In der Bundesrepublik gab es ebenfalls zwei Versuchsansätze (Nitratgehalt des Trinkwassers und Krebsmortalität in Baden-Württemberg sowie eine Untersuchung an Vegetariern [26, 39]). Keine der Studien vermochte den Beweis zu führen, dass nitratkontaminiertes Trinkwasser beim Menschen Krebs auslösen kann. Die Schwierigkeiten einer solchen Beweisführung liegen auf der Hand. Retrospektive Studien bei Krankheiten mit Latenzzeiten von mindestens 15–20 Jahren sind wegen der Unmöglichkeit einer Erfassung der langfristigen Exposition wenig Erfolg versprechend, prospektive Untersuchungen bieten größere Chancen, aber auch hier sind die Schwierigkeiten beträchtlich. Während z. B. bei der Studie der American Cancer Society (Hammond [37]) zur Ätiologie des Lungenkrebses der Vergleich der statistischen Zwillinge nach Rauchern und Nichtrauchern eindeutig erfolgen konnte, ist dies bei der Nitratexposition nach dem Prinzip ja/nein nicht möglich. Außerdem sind die zahlreichen Parameter hinsichtlich der Hemmung bzw. Förderung bei der Entstehung des eigentlichen Kanzerogens nur mit einem Aufwand zu erfassen, der jenseits der Realisierbarkeit liegt.

Die Epidemiologie war also bisher in der Beweisführung von ätiologischen Zusammenhängen zwischen Nitrat/Nitrit/Nitrosaminexposition und Krebs wenig hilfreich, es bedarf offensichtlich anderer Ansätze.

Nitrit bildet mit nitrosierbaren Substanzen *N*-Nitroso-Verbindungen. Für eine Reihe dieser Stoffe wurde eine Assoziation zu verschiedenen Krebstypen nachgewiesen, vor allem, wenn die Exposition in frühen Lebensjahren beginnt und über einen langen Zeitraum anhält [58].

Die simultane Belastung mit den Vorläufern Nitrat und Nitrit sowie mit nitrosierbaren Substanzen führt dosisabhängig zu einer vermehrten Bildung von *N*-Nitrosaminen im Magen. Diese chemische Reaktion wird durch verschiedene Faktoren beeinflusst. Die Vitamine C und E wirken der Nitrosaminbildung entgegen. Vorerkrankungen des Magens mit verminderter Säureproduktion und bakterieller Besiedelung können die Nitrosaminbildung begünstigen. Die gesteigerte Nitrosaminbildung zeigt sich unter anderem in einer erhöhten Nitrosaminausscheidung mit dem Urin. Die bakterielle Besiedelung der ableitenden Harnwege fördert die Nitrosaminbildung dort [80, 81].

Es wird vermutet, dass die Ausbeute bei der Bildung von *N*-Nitroso-Verbindungen aus einem nitrosierbaren Vorläufer und Nitrit mit dem Anstieg der Nitratkonzentration im Blut und der damit ansteigenden, im Speichel ausgeschiedenen Nitritmenge überproportional zunimmt. Begründet wird die Hypothese damit, dass Faktoren, die der Nitrosierungsreaktion entgegen stehen, beim Überschreiten einer bestimmten Dosis an Präkursoren nicht mehr wirksam sind. So wirkt Vitamin C der Nitrosaminbildung entgegen, wenn es im Magen vorhanden ist. Das kann bedeuten, dass die Wirksamkeit in Einzeldosen aufgeteilter äquivalenter Nitratbelastungen mit der Höhe der größten Einzeldosis steigt. Weiter hängt diese Ausbeute *in vivo* vom Säuregehalt des Magens ab. Vergleichsweise hohe Konzentrationen an *N*-Nitroso-Verbindungen waren mit geringer Acidität und hohen Nitratkonzentrationen assoziiert.

Im Gegensatz zu diesen gut verstandenen und bewiesenen Vorgängen kann jedoch aus den bis heute vorliegenden epidemiologischen Studien ein Zusammenhang zwischen der exogenen Belastung von Menschen mit Nitrat und nitrosierbaren Substanzen und der Entstehung bestimmter Geschwulstarten nicht unbedingt vermutet werden [74].

Auch beim Prostatakarzinom, dessen Karzinomrisiko durch Genuss von Pökelfleisch um das 1,37 fache angehoben werden soll, kann als noch nicht valide abgesichert gelten.

Dass Nitrit im Pökelfleisch ein Kanzerogen darstellt, kann allgemein als gesichert gelten. Wie stark jedoch sein Einfluss bei ausgewählten Tumoren ist, ist derzeit nicht genau abschätzbar. In den USA wird von Seiten der Fleischindustrie zur Rechtfertigung des Nitriteinsatzes angeführt, dass gepökeltes Fleisch lediglich für 9% der Nitritzufuhr im menschlichen Organismus verantwortlich sei [34]. Dies alleine mag richtig sein, jedoch ist dies nicht der alleinige Faktor bei der Bewertung der Gefährdungslage, denn es ist zu berücksichtigen, dass sowohl Nitrat als auch Nitrit über Fleischprodukte aufgenommen werden. Deren gemeinsame Menge liegt nach Mersch-Sundermann [49] bei etwa 25% der täglichen Gesamtaufnahme.

In einigen Studien wurde sogar ein schützender Effekt des Nitrates gefunden. Eine naheliegende Erklärung für diesen vermutlich nur scheinbaren Widerspruch könnte darin liegen, dass in den Studien eine hohe Nitratbelastung vor allem mit einem hohen Gemüsekonsum verbunden war. Gemüse hat jedoch einen großen Ballaststoffanteil und schützt nach heutiger Auffassung auch aufgrund weiterer Inhaltsstoffe vor der Krebsentstehung. Verantwortlich dafür sind nach heutiger Meinung Vitamine (A, C, E), Carotinoide, weitere Phytochemikalien und Selen [19, 73]. Weiter ist zu bedenken, dass Krebserkrankungen auf multikausalem Weg zustande kommen und Menschen, die viel Gemüse verzehren, meist besonders gesundheitsbewusst leben, so dass auch weitere Voraussetzungen für die Krebsentstehung verändert sind.

Epidemiologische Studien an Menschen, die beruflich bedingt einer überdurchschnittlichen Belastung mit Nitrat ausgesetzt waren, haben eben falls keine Assoziation zu einem erhöhten Krebsrisiko nachgewiesen. Dabei ist zu bedenken, dass der Personenkreis, der einer beruflichen Belastung ausgesetzt ist, sich deutlich von der Normalbevölkerung unterscheidet. Bei der Untersuchung anderer chemischer Noxen führt das gelegentlich sogar dazu, dass die beruflich hoch belastete Gruppe gesünder ist als die Kontrollgruppe. Das Phänomen ist als „healthy worker effect" bekannt. Deutlicher scheint ein Kanzerogenitätsrisiko in Verbindung mit der Exposition gegen Nitrat im Trinkwasser und in der Nahrung für Menschen mit verminderter oder fehlender Magensäurebildung zu sein. Dafür sprechen die Resultate epidemiologischer Studien [20, 41].

In einer spanischen Studie [33], die in den Provinzen Zaragoza (Aragon), Soria (Castilien), Lugo (Galicien) und den Städten Barcelona und La Coruna durchgeführt worden war und die eine Untersuchungsgruppe von 354 Magenkarzinompatienten mit einer alters-, geschlechts- und wohnortgematchten Kontrollgruppe verglich, zeigte sich hingegen kein signifikanter Unterschied der täglichen Nitritzufuhr zwischen beiden Vergleichsgruppen. Überraschenderweise lag die tägliche Nitratzufuhr bei den Magenkarzinompatienten signifikant niedriger im Vergleich zur Kontrollgruppe. Lediglich die Zufuhr von Nitrosaminen war bei den Magenkarzinompatienten signifikant um 10% höher als bei gesunden Kontrollpersonen (s. Tab. 15.9).

Gonzalez et al. [33] berechneten zusätzlich noch das relative Risiko für die Magenkarzinomentwicklung bei erhöhter Nitrosaminaufnahme, wobei sie als Vergleichsmaß das relative Risiko bei jenen Personen mit der niedrigsten Auf-

Tab. 15.9 Tägliche Zufuhr von Nitrit [mg], Nitrat [mg] und Nitrosaminen [ng] bei Magenkarzinompatienten und Kontroll-personen [33].

Kanzerogen	Tägliche Zufuhr des Kanzerogens in der jeweiligen Gruppe								*p*-Wert
	Karzinomkollektiv				Kontrollgruppe				
	0	Med.	25. P.	75. P.	0	Med.	25. P.	75. P.	
Nitrite	2	1,8	1,4	2,5	1,9	1,8	1,3	2,4	0,23
Nitrate	156,7	130,0	71,8	202,3	175,0	146,4	83,6	234,9	<0,01
Nitrosamine	0,20	0,18	0,13	0,26	0,18	0,16	0,11	0,23	<0,01

0 = Mittelwert; Med. = Median; 25./75. P. = 25ste bzw. 75ste Perzentile.

nahme zu 1,0 setzten. Sie konnten zeigen, dass das relative Erkrankungsrisiko bei jenen 25% der beobachteten Personen, die die höchste Aufnahme von Nitrosaminen hatte, signifikant ($p=0,007$) auf das 2,09 fache angestiegen war.

Gangolli et al. [28] und Blot et al. [4] kommen zu dem Schluss, dass mit den bewerteten epidemiologischen Studien ein Zusammenhang zwischen der Tumorinzidenz und der Aufnahme von Nitrat, Nitrit bzw. Nitrosaminen weder eindeutig belegt noch widerlegt werden kann. Gleichwohl deuten einige Daten darauf hin, dass eine hohe Exposition von *N*-Nitrosoverbindungen mit einem erhöhten Risiko für das Auftreten verschiedener Tumoren assoziiert ist.

Da Nitrat, Nitrit und Nitrosamine jeweils auch endogen gebildet werden können (z.B. aus der Umwandlung von Arginin in Stickoxid, das über mehrere Zwischenstufen zu Nitrit und Nitrat metabolisiert werden kann), ist ein möglicher Zusammenhang zwischen einer exogenen Exposition und der Tumorinzidenz nicht ohne Berücksichtigung der endogenen Bildung dieser Stoffe zu beurteilen.

15.8
Bewertung des Gefährdungspotenzials

Nitrosamine sind im Tierversuch krebserzeugende Substanzen, sie gehören ohne Zweifel zu den potentesten und vielseitigsten chemischen Kanzerogenen, die derzeit bekannt sind. Die außerordentlich umfangreichen Erkenntnisse seien wie folgt zusammengefasst [8]:

- Hunderte verschiedener *N*-Nitrosoverbindungen wurden bisher im Tierversuch auf krebserzeugende Wirkungen untersucht.
- Etwa 90% aller untersuchten *N*-Nitrosoverbindungen erwiesen sich als mehr oder minder stark krebserzeugend.
- Dimethyl- bzw. Diethylnitrosamin als die einfachsten Vertreter dieser Stoffklasse wurden an etwa 40 verschiedenen Tierspezies auf krebserzeugende

Wirkung geprüft. Es sind bis jetzt keine Spezies bekannt, die resistent gegenüber dieser biologischen Wirkung wären.

- Charakteristisch für kanzerogene N-Nitrosoverbindungen ist die sog. Organotropie, d.h. die Organspezifität der kanzerogenen Wirkung. Sie hängt hauptsächlich von der chemischen Struktur der jeweiligen Verbindung ab. Andere Faktoren, die die Organspezifität beeinflussen, sind Dosierung, Applikationsart, Expositionsdauer und verwendete Tierart.
- Die Organspezifität der Wirkung kann von Tierart zu Tierart verschieden sein.
- Mit verschiedenen N-Nitrosoverbindungen wurden in den folgenden Organen maligne Tumoren erzeugt: Gehirn- und Nervensystem, Mundhöhle, Speiseröhre, Magen-Darm-Trakt, Leber, Niere, Harnblase, Pankreas, blutbildendes System, Herz und Haut. Die im Experiment erzeugten Tumoren gleichen oft auffällig den entsprechenden Tumorformen, wie sie aus der menschlichen Klinik bekannt sind.
- Die im Tierversuch zur Tumorerzeugung notwendigen Dosierungen sind niedrig bis sehr niedrig. So erzeugte zum Beispiel eine einmalige Dosis von 1,25 mg/kg KG, entsprechend einer Dosis von 0,3 mg/Tier, an der Ratte noch eindeutig Tumoren, die auf diese Behandlung zurückzuführen waren.
- Die in chronischen Fütterungsversuchen an Ratte und Maus mit bis heute bekannten niedrigsten, noch aktiven Konzentrationen an Nitrosaminen im Futter zeigen die außerordentliche Potenz dieser Verbindungen in Bezug auf Tumorerzeugung. Sie zeigen aber auch, dass unterschiedliche Vertreter dieser Stoffklasse unterschiedlich starke Wirkung haben können.

Nitrat ist grundsätzlich ein in den Stickstoffkreislauf der Natur eingebundener Stoff, der wie viele andere Substanzen (Beispiel: Kochsalz) nur in Überdosis für Mensch und Tier gefährlich wird. Die primäre Toxizität ist gekennzeichnet durch eine LD_{50} von ≥ 200 mg/kg; die für den Menschen tödliche Dosis beträgt ca. 15 g (zum Vergleich Kochsalz > 100 g).

10 000 mg/L Nitrat im Trinkwasser wären daher Voraussetzung für eine akute Vergiftung, eine Intoxikation könnte ferner nach dem Verzehr von etwa 7 kg Spinat entstehen. Während solche Zahlen unrealistisch sind, ist eine geringere Zufuhr dann nicht mehr so unbedenklich, wenn das Nitrat durch eine bakterielle Reduktase vollständig in Nitrit umgesetzt wurde (vgl. Abb. 15.4).

Nitrit ist etwa 4fach toxischer als Nitrat, aber auch unter dieser Voraussetzung ist die primäre Toxizität noch relativ gering.

Das eigentliche Risiko existiert in der Reaktion des Nitrits mit dem fetalen Hämoglobin, wobei dessen 2-bindiges Eisen in die 3-bindige Form überführt wird. Die resultierende Methämoglobinämie kann zu einer ernsthaften Erkrankung führen, sobald ein wesentlicher Teil des Hämoglobins für den Sauerstofftransport nicht mehr zur Verfügung steht. Eine der Vorbedingungen für diesen Prozess ist die Überschreitung des Nitratgrenzwertes im Trinkwasser um ein Mehrfaches oder die Verfütterung von Gemüse mit extrem hoher Nirtatkontamination. Das Risiko steigt beträchtlich, sofern abnorme, genetisch fixierte

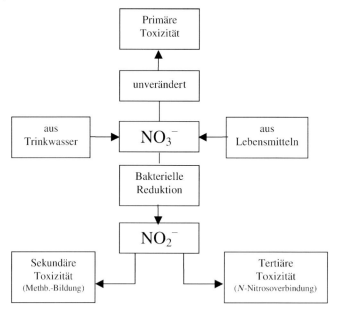

Abb. 15.4 Pfad zur Wirkung der Toxizität von Nitrat [8].

Hämoglobinformen vorliegen. Die extreme Seltenheit der Erkrankung beruht auf der Tatsache, dass eine ganze Reihe von Prämissen erfüllt sein muss, damit eine zur Vergiftung ausreichende Nitritmenge resultiert. Die Therapie besteht in der i.v.-Gabe von reduzierenden Substanzen (Methylenblau, Ascorbinsäure), gegebenenfalls in einer Austauschtransfusion.

Für die Entstehung von Entwicklungsstörungen aufgrund einer leichteren, aber permanenten Methämoglobinämie liegen keine gesicherten Erkenntnisse vor.

Ein schwerwiegendes Problem stellt die Tertiärtoxizität dar. Nach Tierversuchen führt die Verabfolgung von Aminen und Amiden zusammen mit Nitrit im Magen zur Bildung von N-Nitrosoverbindungen, also hoch kanzerogenen Substanzen. Diese chemische Reaktion unterliegt jedoch in der Praxis verschiedenen fördernden und hemmenden Einflüssen, sodass eine Prognose über die Eintrittswahrscheinlichkeit einer Tumorentstehung bisher nicht möglich war. Die epidemiologischen Forschungsergebnisse haben zudem die Hoffnungen auf eine Aufklärung des tatsächlichen Krebsrisikos nicht erfüllt, zumindest ist kein sicherer Zusammenhang zwischen der Nitratzufuhr über das Trinkwasser und der Krebsentstehung nachgewiesen worden.

Eine akute Gefährdung der erwachsenen Bevölkerung durch Nitrat aus Trinkwasser oder Lebensmitteln existiert nicht, auch durch Nitrit entstehen keine akuten Vergiftungen bzw. Methämoglobinämien. Säuglinge sind dagegen wegen des noch nicht voll ausgebildeten Diaphorasesystems potenziell gefährdet. Die Größe des Risikos wurde allerdings in früheren Jahren zu hoch eingeschätzt.

Die prophylaktischen Maßnahmen in der Trinkwasser- und Lebensmittelhygiene waren erfolgreich, es gibt keine „Brunnenwasser-Methämoglobinämien" mehr.

Das onkologische Risiko wird sehr unterschiedlich eingeschätzt, je nachdem ob man den Ergebnissen der Tierversuche oder denjenigen der epidemiologischen Studien den Vorrang einräumt. Eine sinnvolle quantitative Risikoabschätzung ist derzeit nicht möglich. Es wäre aber bedenklich, bei der erwiesenen Gefährlichkeit der *N*-Nitrosoverbindungen unter Bezug auf fehlende statistische „Beweise" prophylaktische Maßnahmen zu vernachlässigen.

15.9
Zusammenfassung

Nitrat und Nitrit weisen ein Gefährdungspotenzial für Säuglinge und Erwachsene auf, über dessen Ausmaß sehr verschiedene Ansichten vertreten werden. Es besteht aber Übereinstimmung, dass grundsätzlich prophylaktische Maßnahmen zur Vermeidung von Gesundheitsschäden erforderlich sind. Das dabei im Vordergrund stehende Problem liegt darin, dass Nitrat essenziell für die Synthese des pflanzlichen Eiweißes ist und damit auch indirekt für Mensch und Tier einen nicht ersetzbaren Stoff darstellt. Auf der anderen Seite ist ein Zuviel gleichbedeutend mit Gesundheitsschäden. Die wichtigsten Belastungspfade sind pflanzliche Lebensmittel und Trinkwasser, während inhalative und Kontaktschäden praktisch nicht existieren. Für Nitrit besteht ein Pfad über Lebensmittelzusatzstoffe (gepökelte Fleisch- und Fischwaren).

Nahrungspflanzen erhalten Nitrat über den N-Pool der oberen Erdschichten, über Mineral- und Wirtschaftsdünger sowie die Niederschläge. Es ist heute bewiesen, dass der Düngemittelaustrag kalkuliert werden muss, wofür sich die N_g anbietet. Werden diese Gesichtspunkte nicht hinreichend beachtet, speichern die Kulturpflanzen, besonders Gemüse und Salate das im Überschuss aufgenommene Nitrat, und das auf den Boden zuviel aufgebrachte NO wird in das Grundwasser ausgewaschen. Toxikologisch ist Nitrat weniger wichtig als Nitrit, das für den Menschen als Methämoglobinbildner und als Vorstufe für *N*-Nitrosoverbindungen gefährlich sein kann. Das Methämoglobinrisiko besteht aber nur in den ersten Lebensmonaten (arbeitsmedizinische Probleme bleiben hier außer Betracht). Die oft zitierte „Brunnenwasser-Methämoglobinämie" entstand tatsächlich nur bei Brunnenwasser und nicht durch Leitungswasser aus zentralen Versorgungen. Seit vielen Jahren wurde zumindest in Europa keine Intoxikation mehr beschrieben. Bei Verwendung von Trinkwasser, das der Trinkwasserverordnung entspricht und von Gemüsebeikost, die den Nitratgrenzwert der Diätverordnung einhält, sind Nitrit-/Nitratschäden beim Säugling nicht zu befürchten. Personen mit genetisch fixierten, abnormen Hämoglobinformen bedürfen ärztlicher Beratung.

Nach den Tierversuchen steht außer Zweifel, dass bei Verabfolgung von Nitrit und sekundären Aminen im Magen Nitrosamine gebildet werden können und dass die Tiere typische Tumoren entwickeln, wie sie bei der direkten Verabfolgung von *N*-Nitrosoverbindungen zu beobachten sind. Es hat sich aber gezeigt, dass die Größe des Risikos sehr stark von den Versuchsbedingungen abhängt und dass fördernde und hemmende Begleitfaktoren beachtet werden müssen. Die Übertragung der Tierversuchsresultate auf den Menschen ist nicht zuletzt deshalb schwierig, weil die Reparatursysteme für die genetische Substanz sehr verschieden entwickelt sind.

Dass Nitrit im Pökelfleisch ein Kanzerogen darstellt, kann allgemein als gesichert gelten. Wie stark jedoch sein Einfluss bei ausgewählten Tumoren ist, ist derzeit nicht genau abschätzbar. In den USA wird von Seiten der Fleischindustrie zur Rechtfertigung des Nitriteinsatzes angeführt, dass gepökeltes Fleisch lediglich für 9% der Nitritzufuhr im menschlichen Organismus verantwortlich sei. Dies mag richtig sein, jedoch nicht der alleinige Faktor bei der Bewertung der Gefährdungslage. Es ist zu berücksichtigen, dass sowohl Nitrat als auch Nitrit über Fleischprodukte aufgenommen werden, wobei die gemeinsame Menge bei etwa 25% der täglichen Gesamtaufnahme liegt.

Ein Verzicht auf Nitrit beim Pökeln von Fleisch und Fleischerzeugnissen konnte bisher nicht durchgesetzt werden, da Ersatzstoffe fehlen. Ein Grund dafür ist u.a., dass die bakterizide Wirkung des Nitrits – z.B. im Hinblick auf die Unterdrückung des Botulismus-Erregers *Clostridium botulinum* – bisher nicht abgedeckt werden konnte. Es ist angesichts des Risikopotenzials von Pökelsalzen demzufolge eine sorgfältige Güterabwägung zwischen den Risiken einer schweren bakteriellen Lebensmittelvergiftung einerseits (bei Nitritverzicht) und des Krebsrisikos durch Nitrosierungsreaktionen andererseits (bei Nitriteinsatz) notwendig.

15.10
Literatur

1 Aurand K, Haesselbarth U, Wolter R (1982) Nitrat- und Nitritgehalte in Trinkwässern in der Bundesrepublik Deutschland. In: Selenka F (Bearb) Nitrat-Nitrit-Nitrosamine in Gewässern. DFG-Kommission für Wasserforschung, Mitteilungen 3, Chemie, Weinheim.

2 Bayerisches Landesamt für Gesundheit und Lebensmittelsicherheit (2004) Nitratgehalt in Rucola. *http://www.vis-ernaehrung. bayern.de*

3 Bayerisches Landesamt für Gesundheit und Lebensmittelsicherheit (2004) Nitratgehalt in Lebensmitteln. *http://www.vis-ernaehrung. bayern.de*

4 Blot WJ, Henderson BE, Boice JD (1999) Childhood cancer in relation to cured meat intake: review of the epidemiological evidence, *Nutrition and Cancer* 34: 111–118.

5 Borneff J, Borneff M (1991) Hygiene, 5. Auflage, G. Thieme, Stuttgart New York.

6 Borneff M (1980) Untersuchungen an Säuglingen in Gegenden mit nitrathaltigem Trinkwasser, *Zentralblatt für Bakteriologie und Hygiene*, I. Abt. Orig. B, **172**: 59–66.

7 Borneff M (1986) Der Nitratgehalt des Wassers und das Krankheitsbild der Methämoglobinämie – kritische Analyse einer Kontroverse, Pro aqua – pro Vita 10 c, Goepfert & Duerr AG, Basel.

8 Borneff M, Borneff J, Preussmann R, Rohmann U (1992) Nitrat und Nitrit. In: Wichmann, Schilpköter, Fülgraff: Handbuch der Umweltmedizin, Ecome, Landsberg, VI–5: 1–24.

9 Buddecke E (1985) Grundriss der Biochemie, 7. Auflage, Walter de Gruyter, Berlin – New York.

10 Bundesgesundheitsamt (BGA) (1986) Nitrat im Trinkwasser. Ausnahmeregelungen gemäß § 4 TrinkwV., *Bundesgesundheitsblatt* **29**: 192–193.

11 Bundesinstitut für gesundheitlichen Verbraucherschutz und Veterinärmedizin (BgVV) (2001) Verzehr von nitrit-/nitratgepökelten Fleischwaren – Bewertung eines Gutachtens zur Beurteilung der Gefährdungslage beim Menschen, Aktualisierte Stellungnahme des BgVV vom 23. Oktober 2001.

12 Bundesinstitut für Risikobewertung (BfR) (2003) Nitrat in diätischen Lebensmitteln für Säuglinge oder Kleinkinder – Neufestsetzung der Höchstmenge, Stellungnahme der BfR vom 26. Februar 2003.

13 Bundesinstitut für Risikobewertung (BfR) (2004) Nitrat in Rucola, Stellungnahme der Nr. 004/2005 des BfR vom 8. Dezember 2004.

14 Bundesinstitut für Risikobewertung (BfR) (2004) Verwendung von Nitrat und Nitrit als Lebensmittelzusätze – Urteil des Europäischen Gerichtshofes, Stellungnahme der BfR vom 27. März 2003, aktualisiert am 9. Dezember 2004.

15 Comly HH (1945) Cyanosis in infants caused by nitrates in well-water, *Journal of the American Medical Association* **129**: 112–116.

16 Cornblath M, Hartmann AF (1948) Methemoglobinemia in Young Infants, *Journal of Pediatrics* **33**: 421–425.

17 Correa P (1988) Gastric Carcinogenesis. In: Reed PI, Hill MJ (Hrsg) Gastric Carcinogenesis, Excerpta Medica, Amsterdam – New York – Oxford.

18 Droese W, Stolley H (1979) Die künstliche Ernährung des Säuglings, *Deutsches Ärzteblatt* **76**: 1379–1383.

19 Eastwood MA (1999) Interaction of dietary antioxidants in vivo: how fruit and vegetables prevent disease? *QJM-Monthly Journal of the Association of Physicians* **92**: 527–530.

20 ECETOC (1988) Nitrate and drinking water, Brüssel, European Chemical Industry Ecology and Toxicology Centre (Technical Report No. 27).

21 EFSA (2003) Opinion of the Scientific Panel on Biological Hazards on the request from the Commission related to the effect of Nitrites/Nitrates on the Microbiological Safety of Meat Products., Adopted on 26. November 2003, updated on 11. March 2004.

22 EG-Richtlinie (1995) Richtlinie Nr. 95/2/EG des Europäischen Parlaments und des Rates vom 20. Februar 1995 über andere Lebensmittelzusatzstoffe als Farbstoffe und Süßungsmittel, Anhang III, Teil C Andere Konservierungsmittel. Amtsblatt der Europäischen Gemeinschaften Nr. L 61/1 vom 18. 3. 1995.

23 EG-VO (2001) Verordnung (EG) Nr. 466/2001 der Kommission vom 8. März 2001 zur Festsetzung der Höchstgehalte für bestimmte Kontaminanten in Lebensmitteln.

24 EG-Wasserrahmenrichtline (2000) Richtlinie 2000/60/EG des Europäischen Parlaments und des Rates vom 23. Oktober 2000 zur Schaffung eines Ordnungsrahmens für Maßnahmen der Gemeinschaft im Bereich der Wasserpolitik. Amtsblatt der Europäischen Gemeinschaften Nr. L 327 vom 22. 12. 2000

25 Forman D, Al-Dabbagh S, Knight T, Doll R (1988) Nitrate Exposure and the Carcinogenic Process, *Annals of the New York Academy of Sciences (1998)* **534**: 597–603.

26 Frentzel-Beyme R, Claude J, Eilber U (1988) Mortality among German vegetarians: First results after five years of follow-up, *Nutrition and Cancer* **11**: 117–126.

27 Frommberger R (1985) Nitrat, Nitrit, Nitrosamine in Lebensmitteln pflanzlicher Herkunft, *Ernährungsumschau* **32**: 47–50.

28 Gangolli SD, van den Brandt PA, Feron VJ, Janzkowsky C, Koeman JH, Speijers GJA, Spiegelhalder B, Walker R, Wishnok JS (1994) Assessment: Nitrate, nitrite and N-nitroso compounds, *European Journal of Pharmacology Environmental Toxicology and Pharmacology Section* **292**: 1–38.

29 Gärtner Ch (1966) Geringe Aktivität der DPN-abhängigen Methämoglobinreduk-

tase im Neugeborenenerythrocyten als Ursache der Minderleistung bei der Met-hämoglobin- reduktion, *Zeitschrift für Kinderheilkunde* **96**: 163–171.

30 Gelperin A, Moses VJ, Fox G (1976) Nitrate in water supplies and cancer, *Illinois Medical Journal* **149**: 251–253.

31 Gibson QH (1948) The reduction of methemoglobin in red blood cells and studies on the cause of idiopathic methemoglobinemia, *Biochemical Journal* **42**: 13–23.

32 Gilli G, Correo G, Favilli S (1984) Concentrations of nitrates in drinking water and incidence of gastric carcinomas: First descriptive study of the Piemonte region: Italy, *Science of the Total Environment* **34**: 35–48.

33 Gonzalez CA, Riboli E, Badosa J, Batiste E, Cardona T, Pita S, Sanz JM, Torrent M, Agudo A (1994) Nutritional factors and gastric cancer in Spain, *American Journal of Epidemiology* **139**: 288–299.

34 Graham PP (1998) Virginia Cooperative Extension, *Meat Matters* **4**, Nr. 1.

35 Green LC, Tannenbaum SR, Goldman R (1981 Nitrate Synthesis in the Germfree and Conventional Rat, *Science* **212**: 56–58.

36 Green LC, Ruiz de Luzuriaga K, Wagner DA, Rand W, Istfan N, Young VR, Tannenbaum SR (1981) Nitrate biosynthesis in man, *Proceedings of the National Academy of Sciences of the United States of America* **78**: 7764–7768.

37 Hammond EC (1969) Prospektive epidemiologische Untersuchungen, *Arch. Hyg.* **153**: 483–489.

38 Hampel R, Zöllner H, Glass A, Schönebeck R (2003) Kein relevanter Zusammenhang zwischen Nitraturie und Strumaendemie in Deutschland, *Medizinische Klinik* **98** (10): 547–551. Urban & Vogel Medien & Medizin.

39 Hengstler J, Roske M (1983) Nitratgehalt des Trinkwassers und Krebsmortalität. Seminararbeit, Fachhochschule Heilbronn/Univ. Heidelberg.

40 Hölscher PM, Natzschka J (1964) Methämoglobinämie bei jungen Säuglingen durch nitrathaltigen Spinat, *Deutsche Medizinische Wochenschrift* **89**: 1794–1797.

41 Höring H (2001) Nitrat und Nitrit, N-Nitroso-Verbindungen im Trinkwasser. In: Grohmann, Hässelbarth, Schwerdtfeger (Hrsg) Die Trinkwasserverordnung. Einführung und Erläuterung für Wasserversorgungsunternehmen und Überwachungsbehörden, 4., n. bearb. Aufl., Erich Schmidt, 337–355.

42 Jensen OM (1982) Nitrat im Trinkwasser und Krebs in Nord-Jütland, Dänemark, mit besonderer Bezugnahme auf Magenkrebs, *Ecotoxicology and Environmental Safety* **6**: 258–267.

43 Juhasz L, Hill MJ, Nagy G (1980) Possible relationship between nitrate in drinking water and incidence of stomach cancer. In: Walker EA, Castegnaro M, Griciute L, Borzsonyi M (Hrsg) Nitroso compounds: Analysis, formation and occurence, *IARC Scientific Publications* **31**: 619–623.

44 Knotek Z, Raska B, Schmid P, Svejcar J (1964) Über die Entstehung, Pathophysiologie und Prophylaxe der alimentären Methämoglobinämie bei künstlich ernährten Säuglingen. Verhandlungs-Bericht des 10. Weimarer Therapietags 1964, Bibliographische Berichte der Deutschen Staatsbibliothek (DDR).

45 Kröger W (1968) Methämoglobinreduktase beim Neugeborenen und Säugling, *Pädiatrie und Pädologie* **4**: 280–291.

46 Kübler W (1958) Die Bedeutung des Nitratgehaltes von Gemüse in der Ernährung des Säuglings, *Zeitschrift für Kinderheilkunde* **81**: 405–416.

47 Kübler W (1984) Die Qualität des Trinkwassers – Nitrate, Forum der Kinderheilkunde 1, Hessischer Verlagskontor, Jahrestagung der Kinderärzte.

48 Marletta MA (1988) Mammalian Synthesis of Nitrite, Nitrate, Nitric Oxide, and N-Nitrosating Agents, *Chemical Research in Toxicology* **1**: 249–257.

49 Mersch-Sundermann V (1999) Nitrat, Nitrit und Nitrosamine. In: Mersch-Sundermann V (Hrsg) Umweltmedizin. Grundlagen der Umweltmedizin, klinische Umweltmedizin, ökologische Medizin, Thieme, Stuttgart.

50 Mirvish SS (1994) Experimental evidence for inhibition of N-Nitroso Compound

Formation as a factor in the negative correlation between Vitamin C consumption and the incidence of certain cancers, *Cancer Research* (Suppl) **54**: 1948s–1921s.

51 Mitchell HH, Shonle HA, Grindley HS (1916) The origin of the nitrates in the urine, *Journal of Bioligal Chemistry* **24**: 461–490.

52 Moeschlin S (1980) Klinik und Therapie der Vergiftungen. 6. Auflage. G. Thieme, Stuttgart – New York.

53 Möhler K (1982) Nitrat- und Nitritaufnahme durch den Menschen, In: Selenka F (Bearb) Nitrat–Nitrit–Nitrosamine in Gewässern, Mitteilung III der DFG-Kommission für Wasserforschung. Chemie, Weinheim.

54 Mueller RL, Hagel HJ, Greim G, Ruppin H, Domschke W (1983) Die endogene Synthese kanzerogener N-Nitrosoverbindungen: Bakterienflora und Nitritbildung im gesunden menschlichen Magen. *Zentralblatt für Bakteriologie, Mikrobiologie und Hygiene*, I Abteilung, Originale B **178**: 297–315.

55 Ohshima H, Bartsch H (1981) Quantitative estimation of endogenous nitrosation in humans by monitoring N-nitrosopoline excreted in urine, *Cancer Resarch* **41**: 3658–3662.

56 Pailer R, Sterz H (1961) Zur Langzeittherapie angeborener Methämoglobinämien, *Wiener klinische Wochenschrift* **73**: 903–905.

57 Pfundstein B (1991) Inaugural-Dissertation, Kaiserslautern.

58 Preussmann R, Stewart BW (1984) N-Nitrosocarcinogens, *American Chemical Society Monographs* **182**: 643–828.

59 Preussmann R (1985) Die cancerogene Wirkung der Nitrosamine, DVGW-Schriftenreihe Wasser Nr. 46, ZfGW-Verlag, Frankfurt/M.

60 Preussmann R, Tricker AR (1988) Endogenous nitrosamine formation and nitrate burden in relation to gastric cancer epidemiology, In: Reed PI, Hill MJ (Hrsg) Gastric Carcinogenesis, Excerpta Medica, Amsterdam – New York – Oxford.

61 Reichert K, Lochtmann J (1984) Auftreten von Nitrit in Wasserversorgungen, *gwf – Wasser/Abwasser* **125**: 442–446.

62 Sander J, Schweinberg F, Menz HP (1968) Untersuchungen über die Entstehung kanzerogener Nitrosamine im Magen, *Hoppe-Seylers Zeitschrift für Physiologische Chemie* **349**: 1691–1697.

63 Sanz-Aquela JM, Munoz-Gonzales ML, Ruiz-Liso JM, Rodriguez-Manzanilla L, Alfaro-Torres J (1989) Correlation of the risk of gastric cancer in the province of Soria and the nitrate content of drinking water, *Revista Española de las Enfermedades del Aparato Digestivo* **75**: 561–565.

64 Schwartz AS, Rector EJ (1940) Methemoglobinemia of unknown origin in a two week old infant, *American Journal of Diseases of Children* **60**: 142–147.

65 Schuphan W, Harnisch S (1965) Über die Ursache einer Anreicherung von Spinat (Spinace oleracea) mit Nitrat und Nitrit in Beziehung zum Methämoglobinanteil bei Ratten, *Zeitschrift für Kinderheilkunde* **93**: 142–147.

66 Selenka F (1970) Entstehung und Abbau von Nitrit in nitrathaltiger Säuglingsnahrung, *Archiv für Hygiene I Mitt* **154**: 336–348.

67 Selenka F, Brand-Grimm D (1976) Nitrat und Nitrit in der Ernährung des Menschen. Kalkulation der mittleren Tagesaufnahme und Abschätzung der Schwankungsbreite, *Zentralblatt für Bakteriologie und Hygiene* Orig. B **162**: 449–466.

68 Selenka F (1983) Gesundheitliche Bedeutung des Nitrats in der Nahrung, DVGW-Schriftenreihe Wasser Nr. 38, DLG-Verlag Frankfurt/M.

69 Shuval HI, Gruener N (1977) Infant Methemoglobinemia and other Health Effects of Nitrates in Drinking Water, *Progress in Water Technology* **8**: 183–193.

70 Simon C, Manzke H, Kay H, Mrowetz G (1964) Über Vorkommen, Pathogenese und Möglichkeiten zur Prophylaxe der durch Nitrit verursachten Methämoglobinämie, *Zeitschrift für Kinderheilkunde* **91**: 124–138.

71 SKLM (2000) Tagesordnungen und Beschlüsse der 1. bis 22. Plenarsitzung von 1990–2000. Senatskommission der Deutschen Forschungsgemeinschaft zur Beurteilung der gesundheitlichen Unbedenklichkeit von Lebensmitteln.

72 Spiegelhalder B, Eisenbrand G, Preussmann R (1976) Influence of Dietary Nitrate on Nitrite Content of Human Saliva: Possible Relevance to in vivo Formation of N-Nitroso-Compounds, *Food and Cosmetics Toxicology* **14**: 545–548.

73 Sreter L (1999) The role of nutrition in the pathogenesis and prevention of oncologic diseases, *Orvosi hetilap* **140**: 2275–2283.

74 Steindorf K, Schlehofer B, Becher H, Hornig G, Wahrendorf J (1994) Nitrate in drinking water. A case-control study on primary brain tumors with an embedded drinking water survey in Germany, *International Journal of Epidemiology* **23**: 451–457.

75 Tannenbaum SR (1972) Proceedings of the 25th Reciprocal Meat Conference of the American Meat Science Association 96.

76 Teerhag L, Eyer H (1958) Nitrate im Trinkwasser, *Öffentlicher Gesundheitsdienst* **20**: 1–12.

77 Thal W, Lachhein L, Martinek M (1961) Welche Hämoglobinkonzentrationen sind bei der Brunnenwasser-Methämoglobinämie noch mit dem Leben vereinbar? *Archiv für Toxikologie* **19**: 25–33.

78 Thiele G (1980) Handlexikon der Medizin, Urban und Schwarzenberg, München – Wien – Baltimore.

79 Toussaint W, Selenka F (1970) Methämoglobinbildung beim jungen Säugling. Ein Beitrag zur Trinkwasserhygiene in Rheinhessen, *Monatsschrift Kinderheilkunde* **118**: 282–284.

80 Tricker AR, Mostafa MH, Spiegelhalder B, Preussmann R (1989) Urinary excretion of nitrate, nitrite and N-nitroso compounds in Schistosomiasis and bilharzia bladder cancer patients, *Carcinogenesis* **10**: 547–552.

81 Tricker AR, Kälble T, Preussmann R (1989) Increased urinary nitrosamine excretion in patients with urinary diversions, *Carcinogenesis* **10**: 2379–2382.

82 Trinkwasserverordnung in der Fassung vom 05. 12. 1990 Bundesgesundheitsblatt I, S. 2613.

83 Umweltbundesamt (2004) Nitrat im Trinkwasser. Maßnahmen gemäß $ 9 TrinkwV 2001 bei Nichteinhaltung von Grenzwerten und Anforderungen für Nitrat und Nitrit im Trinkwasser, *Bundesgesundheitsblatt-Gesundheitsforschung* **10**: 1018–1020.

84 Verordnung über Anforderungen an Zusatzstoffe und das Inverkehrbringen von Zusatzstoffen für technologische Zwecke 1998.

85 Verordnung über diätische Lebensmittel (1963) Bundesgesetzblatt I 1963, 415.

86 Verordnung über die Qualität von Wasser für den menschlichen Gebrauch (Trinkwasserverordnung – TrinkwV 2001) vom 21. 05. 2001. Bundesgesetzblatt I S. 959.

87 Verordnung über natürliches Mineralwasser (1984) Bundesgesetzblatt I 1998, 230, 269.

88 Vincent P, Dubois G, Leclerc H (1983) Nitrates dans l'eau de boisson et mortalité par cancer, *Revue d Epidemiologie et de Santé Publique* **31**: 199–207.

89 Waller HD, Löhr GW (1962) Erythrocytenfermente. In: Blutbildung beim Föten und Neugeborenen. Ferdinand Enke, Stuttgart.

90 White JW (1975) Relative significance of dietary sources of nitrate and nitrite, *Journal of Agriculture and Food Chemistry* **23**: 886–891.

91 WHO (2003) Safety evaluation of certain food additives. WHO Food Additives Series **50**: 109–134.

92 WHO (1998) (Hrsg) Guidelines for drinking-water quality, addendum to volume 2. Health criteria and other supporting information, Geneva 1998.

93 Wild D (2004) Krebs durch Konsum nitritgepökelter Fleischerzeugnisse? *Bundesanstalt für Fleischforschung BAFF* **162**: 361–366.

94 Wirth F (1990) *AID Verbraucherdienst* **35**: 135–142.

95 Würkert K (1977) Die Methämoglobinkonzentration bei Säuglingen des 1. Trimenoms. Feldstudie über Einflüsse methämoglobinbildender Faktoren. Inaugural Dissertation Mainz.

96 Ziegler R (2000) Gutachten zur Beurteilung der Gefährdungslage durch den Verzehr von nitrit-/nitratgepökelten Fleischwaren beim Menschen, rz-consult.

16
Nitroaromaten

Volker Manfred Arlt und Heinz H. Schmeiser

16.1
Allgemeine Substanzbeschreibung

Als Nitroaromaten bezeichnet man organische Verbindungen, die eine oder mehrere –NO$_2$-gruppen (Nitrogruppen) an einem aromatischen Ringsystem tragen. Das aromatische Ringsystem kann auch Nicht-Kohlenstoffatome, beispielsweise Stickstoff- oder Sauerstoffatome (z.B. Nitroimidazole oder Nitrofurane) enthalten, d.h. heterocyclisch sein, oder, im Falle der nitropolycyclischen aromatischen Kohlenwasserstoffe (Nitro-PAKs), aus mehreren kondensierten aromatischen Ringen aufgebaut sein.

Die meisten Nitroaromaten, die eine toxikologische Relevanz für Lebensmittel besitzen, sind in Tabelle 16.1 aufgelistet und lassen sich zumeist den Verunreinigungen oder Rückständen zuordnen. Zu den Nitroaromaten, die als Rückstände in Lebensmitteln auftreten können und in den entsprechenden Kapiteln besprochen werden, gehören 1. Tierarzneimittel: Chloramphenicol, die Nitroimidazole (Ronidazol, Metronidazol) und Nitrofurane, 2. Herbizide: Nitrofen, Bifenox und Trifluralin sowie 3. Kontaktinsektizide aus der Gruppe der Dialkylphosphate: Parathion und Methylparathion.

Die Anwesenheit von Nitro-PAKs in Lebensmitteln lässt sich auf verschiedene Ursachen zurückführen: 1. atmosphärische Verunreinigungen (Luftverschmutzung), 2. die Aufnahme durch Pflanzen aufgrund verunreinigter Böden, und 3. technische Prozesse wie sie in der Lebensmittel verarbeitenden Industrie angewendet werden (Trocknen, Rösten und Räuchern).

Die ubiquitär in der Umwelt vorkommenden Nitro-PAKs entstehen aus polycyclischen aromatischen Kohlenwasserstoffen (PAKs), die beide während unvollständiger Verbrennungsprozesse, insbesondere beim Straßenverkehr, entstehen. Nitro-PAKs werden jedoch auch indirekt durch Nitrierung von PAKs in der Atmosphäre gebildet. Daher kommen Nitro-PAKs immer als Bestandteile komplexer Gemische zusammen mit ihren entsprechenden PAKs und Hunderten von anderen organischen Verbindungen vor. Üblicherweise ist in Umweltproben der Gehalt an Nitro-PAKs deutlich geringer (zwei Größenordnungen) als der der entsprechenden PAKs.

Handbuch der Lebensmitteltoxikologie. H. Dunkelberg, T. Gebel, A. Hartwig (Hrsg.)
Copyright © 2007 WILEY-VCH Verlag GmbH & Co. KGaA, Weinheim
ISBN: 978-3-527-31166-8

Tab. 16.1 Nitroaromaten als mögliche Verunreinigungen und Rückstände in Lebensmitteln und Kosmetika.

Chemische Bezeichnung	Abkürzung
Umweltverunreinigungen:	
1-Nitronaphthalin	1-NN
2-Nitronaphthalin	2-NN
1-Nitrofluoren	1-NF
2-Nitrofluoren	2-NF
9-Nitroanthracen	9-NA
9-Nitrophenanthren	9-NPA
2-Nitrofluoranthen	2-NFA
3-Nitrofluoranthen	3-NFA
1-Nitropyren	1-NP
2-Nitropyren	2-NP
4-Nitropyren	4-NP
1,3-Dinitropyren	1,3-DNP
1,6-Dinitropyren	1,6-DNP
1,8-Dinitropyren	1,8-DNP
7-Nitrobenz[*a*]anthracen	7-NB[*a*]A
6-Nitrochrysen	6-NC
6-Nitrobenzo[*a*]pyren	6-NB[*a*]P
3-Nitroperylen	3-NPL
2-Nitrobenzanthron	2-NBA
3-Nitrobenzanthron	3-NBA
Rückstände:	
Chloramphenicol	
Nitrofen	
Nitroimidazole (Metronidazol)	
Bifenox	
Nitrofurane	
Trifluralin	
Parathion, Methylparathion	
Natürliche Lebensmittelinhaltsstoffe mit toxikologischer Relevanz:	
Aristolochiasäure (Pflanzenextrakt)	AA
Aristolochiasäure I [a]	AAI [a]
Aristolochiasäure II [b]	AAII [b]
Nitroaromaten in Kosmetika (Nitromoschusverbindungen):	
Moschus Xylol [c]	MX
Moschus Keton [d]	MK
Moschus Ambrette [e]	
Moschus Tibeten [f]	
Moschus Mosken [g]	

a)   8-Methoxy-6-nitrophenanthro-[3,4-d]-1,3-dioxolo-5-carbonsäure,
b)   6-Nitrophenanthro-[3,4-d]-1,3-dioxolo-5-carbonsäure,
c)   2,4,6-Trinitro-5-*tert*.butyl-1,3-xylol,
d)   4-*tert*.Butyl-3,5-dinitro-2,6-dimethylacetophenon,
e)   4-*tert*.Butyl-2,6-dinitro-3-methoxytoluol,
f)   1-*tert*.Butyl-3,4,5-trimethyl-2,6-dinitrobenzol,
g)   1,1,3,3,5-Pentamethyl-4,6-dinitroindan.

In der Umwelt kommen Nitro-PAKs in Abhängigkeit von ihrem Dampfdruck sowohl in der Gasphase als auch adsorbiert an Partikel vor. So findet man 1-Nitronaphthalin bevorzugt in der Gasphase während 2-Nitrofluoren sowohl in der Gasphase als auch partikelgebunden, 1-Nitropyren jedoch ausschließlich partikelgebunden vorkommt. Nitro-PAKs sind unlöslich oder nur schwer löslich in Wasser.

Anfang der 1980er Jahre erregte die Gruppe der Nitro-PAKs zum ersten Mal Aufsehen, als ein Zusammenhang zwischen ihrer Präsenz in Dieselabgasen bzw. Luftstaubextrakten und einer hohen mutagenen Aktivität im Ames-Test festgestellt wurde. Die Konzentration der Nitro-PAKs in der Stadtluft ist abhängig von der Jahreszeit, der Art der verwendeten Hausbeheizung und vor allem von der Straßenverkehrsdichte und den gesetzlichen Regelungen für Kraftfahrzeuge. Grundsätzlich sind die Konzentrationen der Nitro-PAKs in Dieselabgasen höher als in Benzinabgasen. Nitro-PAKs werden in der Umwelt nur langsam abgebaut, persistieren im Boden und in Sedimenten und stehen im Verdacht zu akkumulieren. Der Hauptabbau erfolgt während des Tages durch Photolyse, während nachts die Oxidation durch Ozon zum Abbau führt. Die gemessenen Luftkonzentrationen an Nitro-PAKs übersteigen normalerweise 1 ng/m^3 nicht, obwohl Maximalwerte von 13 ng/m^3 erreicht werden können.

In Lebensmitteln liegen die Konzentrationen an Nitro-PAKs unter 5 µg/kg mit Ausnahme von Gewürzen, geräucherten, gebratenen oder gerösteten Nahrungsmitteln und Erdnüssen. Insbesondere Mate Tee kann Nitro-PAKs in großen Mengen (maximal 128 µg/kg) enthalten, da er geröstet wird. Aber auch in Gemüse und in Früchten wurden Nitro-PAKs, sehr wahrscheinlich als Folge der Umweltverschmutzung, nachgewiesen. Viele Nitro-PAKs besitzen nach reduktiver Aktivierung ein hohes genotoxisches Potenzial und einige sind auch kanzerogen im Tierexperiment. Allerdings gibt es bisher keine Langzeit-Tierstudien, in denen die Wirkung von Nitro-PAKs nach Verabreichung über Inhalation, dem Hauptbelastungspfad für den Menschen, untersucht wurde.

Der Pflanzenextrakt Aristolochiasäure, der bis heute in der Volksmedizin Verwendung findet, besteht aus einem Gemisch homologer Nitrophenanthrencarbonsäuren und ist daher formal der Gruppe der Nitroaromaten zuzuordnen. Die Hauptbestandteile dieses Extraktes aus Pflanzen der Gattung *Aristolochia*, in Mitteleuropa ist die Osterluzei heimisch, sind Aristolochiasäure I und -II. Als 1982 die Kanzerogenität von Aristolochiasäure in der Ratte bekannt wurde, wurde die Zulassung für aristolochiasäurehaltige Arzneimittel in Deutschland sofort widerrufen. Allerdings werden *Aristolochia*-Arten in anderen Ländern weiterhin in der Volksmedizin eingesetzt. In den 1990er Jahren wurde Aristolochiasäure als der hauptsächliche Auslöser einer Nierenerkrankung (Chinesische-Heilkräuter Nephropathie oder später Aristolochiasäure-Nephropathie genannt), in deren Folge viele Patienten auch an Harnleiterkrebs erkranken, identifiziert. In den meisten Fällen waren Pflanzenbestandteile von *Aristolochia*-Arten, wie in der Chinesischen Medizin üblich im Rahmen einer Schlankheitskur eingenommen worden. Daraufhin haben zahlreiche Länder alle Produkte, die Pflanzenmaterial von *Aristolochia*- oder *Asarum*-Arten enthalten vom Markt genommen.

Ebenso wie für andere Nitroaromaten (Chloramphenicol, Metronidazol, Ronidazol, Nitrofurane) sind auch Anwendungen von *Aristolochia spp.* und deren Zubereitungen bei Tieren, die der Lebensmittelgewinnung dienen, seit 1990 in Deutschland verboten. Bisher wurde Aristolochiasäure nicht in Lebensmitteln nachgewiesen. Allerdings zeigen Untersuchungen an Patienten, die an einer ähnlichen Nierenerkrankung, der endemischen Balkan-Nephropathie, leiden, dass sie mit Aristolochiasäure exponiert wurden. Daher vermutet man, dass mit Aristolochiasäure kontaminiertes Mehl zu einer chronischen Belastung der Bevölkerung in den endemischen Gebieten geführt hat.

Nitromoschusverbindungen sind Nitroaromaten mit moschusähnlichen Dufteigenschaften, die aber weder chemisch noch strukturell mit dem natürlichen Moschus verwandt sind. Hinsichtlich ihrer Herstellungsmengen sind die folgenden fünf Nitromoschusverbindungen bedeutsam: Moschus Xylol, Moschus Keton, Moschus Ambrette, Moschus Tibeten und Moschus Mosken. Es handelt sich um nahezu vollständig substituierte Tri- und Dinitrobenzolverbindungen, die in großen Mengen Waschmitteln, Seifen, Cremes und Lotions zugesetzt werden.

1981 fand man erstmals Nitromoschusverbindungen in der Umwelt; Moschus Xylol und Moschus Keton wurden in Biota und Wasserproben aus einem japanischen Fluss massenspektroskopisch identifiziert und quantitativ bestimmt. Erst zehn Jahre später wurden Nitromoschusverbindungen in Fischen und anderen Meerestieren sowie in Humanfett und Frauenmilch nachgewiesen, was eine weltweite Diskussion über die Verbreitung und die Toxikologie dieser Duftstoffe auslöste. Heute weiß man, dass diese lipophilen Stoffe in der Umwelt persistieren und ein Bioakkumulationspotenzial besitzen.

Bisher konnten Nitromoschusverbindungen nur in Lebensmitteln aus aquatischen Nahrungsketten festgestellt werden. Diese besonders in Süßwasserfischen auftretende Verunreinigung ist in Europa rückläufig. Der Grund hierfür ist eine gesetzliche Regelung zur Verwendung von Nitromoschusverbindungen in kosmetischen Mitteln. Die Verwendung von Moschus Ambrette, Moschus Tibeten und Moschus Mosken ist verboten, Moschus Xylol und Moschus Keton dürfen nur in einzelnen kosmetischen Mitteln und dort nur zeitlich befristet in festgelegten Höchstmengen eingesetzt werden.

16.2
Vorkommen

In der Umwelt kommen Nitro-PAKs im Gemisch zusammen mit den entsprechenden PAKs und einer Vielzahl von anderen organischen Verbindungen entweder in der Gasphase oder adsorbiert an Partikel vor [106, 113, 248]. Sie entstehen in erster Linie als direkte oder indirekte Produkte unvollständiger Verbrennungsprozesse. In Umweltproben sind die Mengen an Nitro-PAKs gewöhnlich weitaus geringer als die der PAKs. Nur wenige Nitro-PAKs werden im Industriemaßstab produziert (z. B. Nitronaphthalin als reaktive chemische Zwischenstufe) [28].

Nitro-PAKs werden aus PAKs durch unterschiedliche Prozesse gebildet: 1. durch Nitrierung während Verbrennungsvorgängen (z. B. Automobilabgase, insbesondere Dieselabgase; Industrieemissionen; Haushaltsemissionen beim Heizen/Kochen; Holzverbrennung) [106, 216], und 2. durch Bildung in der Atmosphäre durch Gasphasenreaktionen oder heterogene Gas-Partikel-Wechselwirkungen der jeweiligen PAKs mit nitrierenden Agenzien [19, 80, 197].

Die Zusammensetzung der Nitro-PAK-Isomere in Luftstaubproben ist anders als in Stäuben, die direkt bei Verbrennungsvorgängen gewonnen werden [43]. 2-Nitrofluoranthen und 2-Nitropyren sind ubiquitäre Komponenten des Luftstaubs, obwohl sie von den meisten Verbrennungsquellen nicht emittiert werden. Daher kann die Zusammensetzung der Nitro-PAK-Fraktion dazu benutzt werden, den Ort der Entstehung zu ermitteln. In Dieselruß findet man vor allem 1-Nitropyren, 2-Nitrofluoren und 3-Nitrofluoranthen, wobei über radikalische Reaktionen auch weitere Isomere wie 2-Nitropyren, 3-Nitrofluoren und 2-Nitrofluoranthen gebildet werden können (s. Abb. 16.1).

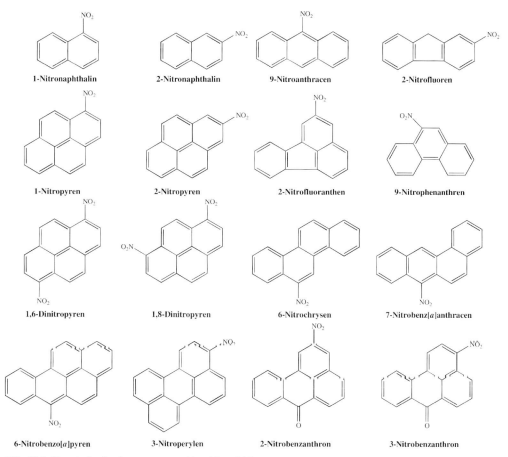

Abb. 16.1 Chemische Strukturen ausgewählter Nitro-PAKs.

Viele Mono- und einige Di- und Trinitro-PAK-Isomere (1- und 2-Nitronaph-thalin, 2-Nitrofluoren, 9-Nitrophenanthren, 2-, 3- und 8-Nitrofluoranthen, 1-Nit-ropyren, 1,3-, 1,6- und 1,8-Dinitropyren, 6-Nitrochrysen und 7-Nitrobenz[a]-anthracen) konnten im Dieselruß identifiziert und quantifiziert werden (s. Abb. 16.1) [99, 175, 186, 226, 227, 267]. Da 1-Nitropyren gewöhnlich die höchste Konzentration aufweist [142], wird es als Markersubstanz für Nitro-PAKs in Dieselruß benutzt, und der Nachweis von 1-Nitropyren in Luftstaub-proben wird als Anzeichen für eine Kontamination durch Dieselfahrzeuge ge-wertet. Ein neuer Marker für Nitro-PAKs in Dieselruß ist auch 3-Nitrobenzan-thron [7, 228]. Dieseltreibstoff, Motorentypen und Automobilkatalysatoren wer-den ständig verändert, so dass viele Analysen von Nitro-PAKs in Dieselruß häufig nur schwer miteinander vergleichbar sind [142]. Allgemein lässt sich feststellen, dass der Partikelausstoß und somit die Emissionen von partikel-gebundenen PAKs und Nitro-PAKs durch die Einführung von Partikelfiltern oder Katalysatoren abnimmt [121]. Trotzdem stellt die Belastung mit PAKs und Nitro-PAKs aufgrund des steigenden Automobilverkehrs weiterhin ein großes Umweltproblem dar [263].

Heute geht man davon aus, dass die Mehrzahl der in der Atmosphäre vor-kommenden Nitro-PAKs durch Gasphasenreaktionen von PAKs mit vier oder weniger Ringen entsteht [20]. Zu den Nitro-PAKs, die in Luftstaub vorkommen, zählen 1- und 2-Nitronaphthalin, 2-Nitrofluoren, 9-Nitrophenanthren, 2-, 3- und 8-Nitrofluoranthen, 1- und 2-Nitropyren, 1,3-, 1,6- und 1,8-Dinitropyren, 6-Nitro-chrysen, 7-Nitrobenz[a]anthracen und 1- und 2-Nitrotriphenylen sowie 2- und 3-Nitrobenzanthron (s. Abb. 16.1) [5, 20, 42, 76, 77, 116, 117, 195].

Nitro-PAKs sind auch in Emissionen von Kerosinöfen sowie Benzin- und Petroleumgaskochern, die in vielen Ländern zum Heizen oder Kochen verwen-det werden, enthalten [132, 246, 251]. Nitro-PAKs lassen sich auch in Abgasen von Flugzeugen [151] sowie im Boden, in Sedimenten und Regenwasser nach-weisen [150, 168, 169, 261, 262].

Während PAKs oft als Verunreinigungen in Lebensmitteln gefunden werden und eingehend untersucht wurden [193], gibt es nur wenige Untersuchungen zum Nachweis von Nitro-PAKs in Lebensmitteln (s. Tab. 16.2 und 16.3).

Aristolochiasäure ist der Pflanzenextrakt, der aus den Wurzeln der Gattung *Aristolochia* gewonnen wird [108]. Weltweit sind von dieser Pflanzenfamilie etwa 180 Arten bekannt, von denen etwa zwanzig in Europa, vornehmlich im Mittel-meerraum heimisch sind [183]. In Mitteleuropa ist die häufigste Art die Oster-luzei (*Aristolochia clematitis* L.). Der Pflanzenextrakt Aristolochiasäure besteht aus einer Vielzahl homologer Nitrophenanthrencarbonsäuren, insbesondere Aristolochiasäure I (~60–70%) und -II (~30–40%) (s. Abb. 16.2) [184, 185]. Die Heilwirkung von Extrakten aus *Aristolochia*-Pflanzen ist schon seit dem Alter-tum bekannt. So empfahl man die Osterluzei in der Volksmedizin zur Heilung von Wunden und Geschwulsterkrankungen oder in der Geburtshilfe [92]. Bis 1982 war Aristolochiasäure Bestandteil von mehr als 300 pharmazeutischen Präparaten in Deutschland, bis deren kanzerogene Eigenschaften entdeckt wur-de [155]. Daraufhin wurde noch im selben Jahr vom damaligen Bundesgesund-

Tab. 16.2 Nitro-PAK-Gehalte in ausgewählten Speiseproben (in µg/kg Probe).

Speiseprobe	1-NN	2-NN	2-NF	1-NP	Literatur
Gemüse, Früchte, Nüsse:					
Kopfsalat	–	<0,2	1,6	<0,2	[219]
Petersilie	–	<0,2	0,8	1,7	[219]
Karotte	–	nm (0,2)	0,9	0,4	[219]
Apfel	–	nm (0,2)	0,8	0,2	[219]
Erdnuss	–	nm (0,2)	16,6	<0,5	[219]
Gewürze:					
Paprika	–	7,8	26,4	9,3	[219]
Majoran	–	3,6	23,1	14,1	[219]
Kümmel	–	3,1	350,7	10,9	[219]
Öle:					
Olivenöl	–	<0,2	0,8	0,6	[219]
Milchprodukte:					
Alpenkäse I	nn	–	1,1	nm	[218]
Alpenkäse II	nm	–	0,3	nm	[218]
Räucherkäse	0,6	–	0,5	–	[218]
Fisch:					
Fisch, gegrillt	0,2	–	0,3	nm	[218]
Makrele, gegrillt	–	–	–	0,5	[218]
Fisch, geräuchert	0,3	–	0,2	nm	[218]
Fisch:					
Schweinefleisch, gegrillt	–	0,1	2,0	1,0	[219]
Bratwurst I, gegrillt	–	<0,2	0,2	0,8	[219]
Bratwurst II, gegrillt	nm	–	0,1	–	[218]
Fleisch, geräuchert	–	10,2	2,0	2,2	[219]
Bratwurst, geräuchert	–	8,4	19,6	4,2	[219]
Schweinefleisch, geröstet	nm	–	0,5	0,3	[218]
Truthahn, geröstet	nm	–	0,3	nm	[218]
Huhn, gegrillt	–	–	–	0,4–11	[218]
Huhn, gegrillt	–	–	–	bis zu 43	[218]

nm: nicht messbar (Detektionslimit angegeben, wenn verfügbar).
–: keine Daten vorhanden.

heitsamt die Zulassung für aristolochiasäurehaltige Arzneimittel widerrufen. Aber selbst heute werden *Aristolochia*-Arten noch weltweit in der Volksmedizin eingesetzt [6, 88]. Im Jahre 1993 fand man, dass Aristolochiasäure für das endemische Auftreten einer neuartigen interstitiellen Nierenfibrose in Belgien, die zuerst als Chinesische-Heilkräuter-Nephropathie, später als Aristolochiasäure-Nephropathie bezeichnet wurde, verantwortlich ist [44, 255]. In jüngster Zeit wird weltweit immer häufiger von neuen Fällen der Aristolochiasäure-Nephropathie berichtet [8, 139, 146, 147]. In den meisten Fällen wurde Aristolochiasäure versehentlich in Form von pflanzlichen Pillen als Schlankheitsmittel oder als

Tab. 16.3 Nitro-PAK-Gehalte in Tee und Kaffee (in μg/kg Probe).

Probe	1-NN	2-NN	2-NF	9-NA	3-NFA	1-NP	Gesamter Nitro-PAK-Gehalt	Gesamter PAK-Gehalt	Literatur
Assam Tee	nm	0,6	6,5	5,2	4,4	2,3	18,9	28,6	[220]
Earl Grey Tee	0,9	1,4	9,8	4,2	1,4	7,8	25,4	313,8	[220]
Ceylon Tee	0,4	0,7	0,6	16,6	1,7	1,5	21,6	79,7	[220]
Darjeeling Tee	13,1	1,4	nm	2,5	1,0	4,0	22,0	775,7	[220]
Mate Tee, geröstet	0,5	4,1	20,0	22,2	43,0	37,9	127,7	7536,3	[220]
grüner Mate Tee	nm	1,5	5,3	1,8	1,2	0,8	10,7	6475,9	[220]
Nesseltee	0,3	0,2	10,0	12,6	3,7	2,0	28,7	97,8	[220]
Pfefferminztee	0,5	0,9	16,4	3,9	1,6	3,8	27,3	140,4	[220]
Fencheltee	nm	0,4	0,1	0,5	nm	nm	1,0	13,4	[220]
Früchtetee	0,8	0,2	0,6	0,6	0,3	0,6	3,0	17,5	[220]
Tee	1,5	5,3	nm	–	–	–	–	–	[218]
Kaffeebohnen	4,0	30,1	2,4	–	–	–	–	–	[218]

nm: nicht messbar.
–: keine Daten vorhanden.

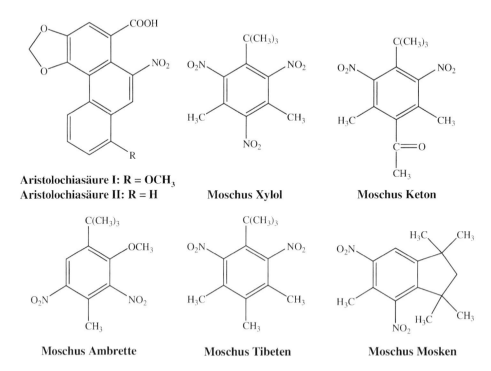

Abb. 16.2 Chemische Strukturen von Aristolochiasäure und Nitromoschusverbindungen.

Nahrungsergänzungsmittel eingenommen, in wenigen Fällen aber auch als Tee-zubereitung [6, 189]. Neue Untersuchungen deuten an, dass Aristolochiasäure ein Risikofaktor für das Auftreten der endemischen Balkan-Nephropathie ist [10, 46, 89, 105, 118, 244]. Es konnte gezeigt werden, dass die Osterluzei in den endemischen Gebieten weit verbreitet ist, häufig in reifen Kornfelder beobachtet wird und die Samen der Osterluzei eine ähnliche Größe und Form besitzen wie ein Weizenkorn [105]. Daher vermutet man, dass es über kontaminiertes Mehl zu einer chronischen Belastung der Bevölkerung mit Aristolochiasäure in ende-mischen Gebieten kommen kann [105].

Nitromoschusverbindungen werden bis heute in großem Maßstab als Ersatz-stoffe für den echten Moschus industriell hergestellt und Kosmetika, Detergen-tien, Körperlotionen, Duschgelen, Weichspülern und Parfüms zugesetzt (s. Abb. 16.2) [182, 205, 223]. Eine umfassende Beschreibung des Vorkommens, der Bio-akkumulation, Toxikologie und Risikobewertung von Nitromoschusverbindun-gen findet sich in [245]. Seit geraumer Zeit ist die Verwendung von Moschus Tibeten, Moschus Mosken und Moschus Ambrette, welches allergieauslösend und neurotoxisch wirkt, durch die Kosmetikverordnung verboten [32, 187]. Mo-schus Xylol und Moschus Keton sind für den Einsatz in allen kosmetischen Mitteln, außer den Zahnpflegemitteln, nur bis zu bestimmten Gehalten weiter zugelassen. Als Konsequenz daraus hat der jährliche Verbrauch an Nitromo-schusverbindungen in der EU seit 1992 stetig abgenommen und lag im Jahr 2000 bei 100 t, wovon Moschus Xylol und Moschus Keton den Hauptanteil aus-machten [182].

Aufgrund ihrer guten Fettlöslichkeit, geringen Flüchtigkeit und hohen biolo-gischen Persistenz in der Umwelt wurden Moschus Xylol und Moschus Keton in Fluss-, Meer- und Abwasserproben sowie in Sedimenten und Klärschlamm nachgewiesen [26, 201, 245]. In Flusswasser liegen die Konzentrationen im Be-reich von wenigen ng/L, während sehr viel höhere Werte im Abwasser von Klär-anlagen festgestellt wurden (maximal µg/L). Die geringe Differenz der Konzen-trationen zwischen den Zu- und Abläufen der Kläranlagen lässt nur einen ge-ringen Abbau bzw. geringe Sorption am Schlamm vermuten [31, 85].

Zusammenfassend lässt sich sagen, dass von den Nitromoschusverbindun-gen, die bedingt durch ihre weltweite Produktion und Verwendung über die Ab-wässer in aquatischen Ökosystemen ubiquitär verbreitet werden, nur noch Mo-schus Xylol und Moschus Keton für die Umwelt von Bedeutung sind. In Deutschland sind ihre Gehalte in Umweltkompartimenten aber rückläufig [182].

16.3
Verbreitung und Nachweis

In einer Studie aus Österreich wurden verschiedene Speiseproben auf die An-wesenheit von 2-Nitronaphthalin, 2-Nitrofluoren und 1-Nitropyren untersucht [219]. Die Ergebnisse dieser Studie sind in Tabelle 16.2 zusammengefasst. Alle drei Nitro-PAKs wurden in den meisten Proben nachgewiesen. Die höchsten Konzentrationen wurden in Gewürzen und geräucherten Lebensmitteln festgestellt, aber auch in Gemüse und Früchten, hier vermutlich bedingt durch Luftverschmutzung, konnten Nitro-PAKs nachgewiesen werden. In einer anderen Studie dieser Autoren wurden Käse- wie auch Fleisch- und Fischproben auf Nitro-PAKs untersucht [218]. Nur in gegrillten und geräucherten Fleisch- und Fischproben wurden Nitro-PAKs nachgewiesen (s. Tab. 16.2).

1-Nitropyren wurde in gegrilltem Mais, Makrelen und in beträchtlichen Konzentrationen in gegrilltem Schweinefleisch und japanischen Hähnchenspießen („Yakitori") mit Soße bis zu 43 µg/kg nachgewiesen [130, 180]. Die Autoren dieser Studie erklärten die Präsenz von 1-Nitropyren durch die Bildung von Pyren während der unvollständigen Verbrennung von Fett im Hühnchen und einigen Bestandteilen der Marinade. Anschließende Nitrierung von Pyren unter sauren Bedingungen durch Stickstoffdioxid, welches beim Kochen mit Gas gebildet wird, führt dann zur Bildung von 1-Nitropyren [130].

In einer englischen Studie wurden verschiedene Speiseproben auf die Anwesenheit von 9-Nitrophenanthren und 1-Nitropyren untersucht [55]. In nur 10% der untersuchten Proben (insgesamt wurden 28 Proben untersucht) konnten Nitro-PAKs festgestellt werden. 9-Nitrophenanthren konnte in Malz mit 0,9 µg/kg und 1-Nitropyren in zwei Teeproben im Bereich von 0,17-1,7 µg/kg identifiziert werden. In einer anderen Studie [271] wurden ausschließlich Obst und Gemüse (Apfel, Weintrauben, roter Paprika, Brokkoli, Kohlrabi und Blumenkohl) untersucht. In allen Obst- und Gemüseproben lagen die Gehalte an 1- und 2-Nitronaphthalin sowie an 2-Nitrofluoren unterhalb der Nachweisgrenze (5 µg/kg).

Eine Reihe von Nitro-PAKs (1- und 2-Nitronaphthalin, 2-Nitrofluoren und 1-Nitropyren) wurden in geräucherten Lebensmitteln vom Markt ($N=92$) bestimmt [50]. Es konnte gezeigt werden, dass Nitro-PAKs vor allem in Fischen ($N=69$) und Fleischwaren ($N=14$) enthalten sind. In verschiedenen geräucherten Käsesorten ($N=9$) sind nach Entfernung der Rinde keine Nitro-PAK-Rückstände nachweisbar.

Um den Einfluss des Kochens auf Nitro-PAKs zu untersuchen, wurde Blumenkohl- und Brokkoliproben künstlich ein Gemisch aus 1- und 2-Nitronaphthalin sowie 2-Nitrofluoren zugemischt und für 20 Minuten gekocht [271]. Nicht mehr als 4% der Nitro-PAK-Menge blieben im Kochwasser zurück. Während sich die Nitronaphthaline zum größten Teil verflüchtigten, verblieb 2-Nitrofluoren fast vollständig auf dem Gemüse. 1- und 2-Nitronaphthalin sowie 2-Nitrofluoren wurde auch auf die Schale von Äpfeln aufgetropft [271]. Nach 18 Stunden verblieb nahezu die gesamte Menge in der Schalenfraktion, nur eine geringe Menge der Nitronaphthaline war im essbaren inneren Fruchtteil zu finden. Auch durch Waschen der kontaminierten Äpfel in heißem Wasser konnten die Nitro-PAKs nicht von der Schale entfernt werden. Ähnliche Ergebnisse wurden auch mit Kohlrabi erzielt. Zusammenfassend lässt sich sagen, dass Nitro-PAKs auf der Oberfläche von Obst und Gemüse verbleiben. In der Umwelt sind jedoch Nitro-PAKs an Partikel gebunden und kommen damit nicht alleine mit der Oberfläche von Pflanzen in Kontakt. Waschen von Obst mit heißem Wasser sollte Stäube und damit auch Nitro-PAKs entfernen [271].

Die Untersuchung einer breiten Palette von Lebensmitteln ergab, dass Tee und Kaffee erhebliche Konzentrationen an Nitro-PAKs enthalten [219]. In einer Folgestudie wurde eine große Anzahl verschiedener Teesorten auf ihren Gehalt an Nitro-PAKs und PAKs untersucht [220]. Sechs Nitro-PAKs (1- und 2-Nitronaphthalin, 2-Nitrofluoren, 9-Nitrophenanthren, 3-Nitrofluoranthen und 1-Nitropyren) wurden bestimmt (s. Tab. 16.3). Hohe Konzentrationen an Nitro-PAKs (gesamt 128 µg/kg) und PAKs (gesamt 7536 µg/kg) wurden in geröstetem Mate Tee nachgewiesen. In anderen Teearten wurden Nitro-PAKs in Konzentration um 20 µg/kg gemessen, mit den höchsten Werten für 2-Nitrofluoren und 9-Nitrophenanthren. Obwohl Nitro-PAKs gewöhnlich wenig wasserlöslich sind, fanden die Autoren bis zu 25% des Nitro-PAK-Gehaltes auch im Teewasser. Es ist möglich, dass andere Komponenten im Tee als Lösungsvermittler wirken und damit die Löslichkeit der Nitro-PAKs im Teewasser erhöht wird. In allen Teeproben war der PAK-Gehalt immer höher als der der Nitro-PAKs. Das Vorkommen von Nitro-PAKs und PAKs im Tee lässt sich auf verschiedene Weise erklären. Zum einen durch technische Prozesse während der Verarbeitung wie Trocknen und Rösten, zum anderen durch atmosphärische Verschmutzung. Nitro-PAKs wurden auch in Kaffeebohnen gefunden (s. Tab. 16.3), wobei im Filterkaffee Nitro-PAKs allerdings aufgrund ihrer geringen Löslichkeit nicht in den gleichen Gehalten zu erwarten wären. Die Verwendung von Instantkaffee würde dagegen zu einer direkten Aufnahme der Nitro-PAKs führen [219].

Nitro-PAKs lassen sich im Rauch von kommerziellen Speiseölen nachweisen. In Rauchproben von drei Speiseölen die häufig in Taiwan zum Kochen eingesetzt werden, wurden neben einigen PAKs (Benzo[*a*]pyren, Benz[*a*]anthracen und Dibenz[*a,h*]anthracen) auch zwei Nitro-PAKs festgestellt [266]. Die Konzentrationen von 1-Nitropyren und 1,3-Dinitropyren im Rauchgas betrugen 1,1 und 0,9 µg/m^3 für Schweineschmalz, 2,9 und 3,4 µg/m^3 für Sojaöl, und 1,5 und 0,4 µg/m^3 für Erdnussöl. In diesem Zusammenhang ist es wichtig zu erwähnen, dass chinesische Nichtraucherinnen eine erhöhte Inzidenz für Lungenkrebs besitzen, was mit der in Taiwan vorherrschenden Kochweise in Zusammenhang stehen könnte [135].

1981 untersuchten Yamagishi und Kollegen Fische und Muscheln aus einem Fluss in Japan und aus der Bucht von Tokio [268, 269]. Mittels Massenspektroskopie fanden sie in Fischen Moschus Xylol (mittlere Konzentrationen von 0,016 mg/kg Frischgewicht) und Moschus Keton (0,0078 mg/kg Frischgewicht), in Muscheln waren die Gehalte etwas geringer. Moschus Xylol und Moschus Keton konnten in den 1990er Jahren in verschiedenen Süßwasserfischen aus zahlreichen deutschen, schweizerischen und holländischen Flüssen und Seen in unterschiedlichen Konzentrationen nachgewiesen werden [93, 201]. Besonders hohe Gehalte wurden in Aalen aus den Schönungsteichen von Kläranlagen erhalten (Moschus Xylol maximale Konzentration 0,75 mg/kg Frischgewicht; Moschus Keton maximale Konzentration 1,6 mg/kg Frischgewicht) [85]. Interessanterweise enthielten die Fische aus den Schönungsteichen der Kläranlagen deutlich höhere Gehalte am Hauptmetaboliten von Moschus Xylol, 4-Amino-Moschus Xylol als an der Ausgangsverbindung [85]. Dagegen waren Muscheln und Krabben aus der Nordsee nur geringfügig mit Moschus Xylol (0,01–0,04 mg/kg Fett) und Moschus Keton (0,01–0,05 mg/kg Fett) belastet [201].

Bis Ende der 1990er Jahre wurden Moschus Xylol und Moschus Keton regelmäßig in Fischen aus deutschen Gewässern wie Rhein, Main, Donau, Elbe, Havel und Spree detektiert [245]. Neben Moschus Xylol und Moschus Keton wurden nur vereinzelt geringe Konzentrationen an Moschus Ambrette und Moschus Mosken in denselben Proben festgestellt. In Übereinstimmung mit den Wasseruntersuchungen gingen die in aquatischen Lebensmitteln gemessenen Gehalte an Nitromoschusverbindungen über die Jahre bis 2004 zurück. Dies belegen unter anderem GC-MS-Messungen, die den Gehalt von Nitromoschusverbindungen in Forellen von dänischen Fischfarmen aus dem Jahr 1999 mit 2004 verglichen haben [60]. Nitromoschusverbindungen gelangen als Inhaltsstoffe von Wasch- und Pflegemitteln über das Abwasser in die Gewässer, wo sie sich bedingt durch ihre hohen Biokonzentrationsfaktoren in Fischen, Muscheln und Krabben anreichern [85].

1993 identifizierten Rimkus und Wolf erstmalig Nitromoschusverbindungen im Menschen, nämlich in Frauenmilch- und Humanfettproben (Nachweisgrenze 10 µg/kg Fett) aus Deutschland [203]. Hierbei wurden Maximalgehalte für Moschus Xylol und Moschus Keton von 0,22 mg/kg Fett nachgewiesen. Diese Ergebnisse wurden durch andere Autoren für Deutschland und auch für die Schweiz bestätigt [167]. Die Mittelwerte lagen zwischen 0,05–0,1 mg/kg Fett Moschus Xylol und 0,02–0,04 mg/kg Fett Moschus Keton in Milch und 0,05–0,09 mg/kg Fett Moschus Xylol und 0,02–0,04 mg/kg Fett im Fettgewebe. In einigen Humanproben konnten auch sehr geringe Konzentrationen an Moschus Ambrette und Moschus Mosken, aber niemals Moschus Tibeten detektiert werden. Ferner gelang auch der Nachweis von Moschus Xylol in Humanblut (Nachweisgrenze 0,1 µg/L Plasma) [200]. Den Jahresberichten mehrerer staatlicher Lebensmitteluntersuchungsämter zufolge, ist der Nachweis von Moschus Xylol und Moschus Keton in der Muttermilch rückläufig [245]. 2004 konnten nur noch in wenigen Milchproben Moschus Xylol und Moschus Keton im Mittel mit Gehalten von 0,011 mg/kg Moschus Xylol und 0,006 mg/kg Moschus Keton im Milchfett nachgewiesen werden. Moschus Ambrette war in keiner der Proben aufzufinden.

Eine direkte Analyse von Nitro-PAKs in Lebensmitteln ist nicht möglich, da sie in komplexen Gemischen auftreten. Die Proben enthalten oft Hunderte von anderen organischen Verbindungen, insbesondere auch PAKs und engverwandte Derivate, welche häufig mit Nitro-PAKs unter den Trennbedingungen der Flüssig- und Gaschromatographie koeluieren. Da diese die Mengen der Nitroverbindungen um ein bis zwei Größenordnungen übersteigen, ist eine eindeutige Trennung oft schwierig. Für eine empfindliche Spurenanalytik ist daher eine aufwändige Aufreinigung und Vorfraktionierung der Proben erforderlich. Die spezifische Identifizierung von Isomeren ist notwendig, da die biologische Aktivität stark von der Position des Nitrosubstituenten abhängt [113, 198]. Eine Viel-

zahl verschiedener Methoden wurde zum Nachweis von Nitro-PAKs in komplexen Gemischen entwickelt [256]. In Lebensmitteln lassen sich Nitro-PAKs mithilfe der Gaschromatographie (GC) mit TEA- („thermal energy analyser"), Mas-
senspektroskopie- (MS-Detektor) oder Stickstoff-Phosphor-Detektor (NPD-Detek-
tor), oder mit Hochdruckflüssigchromatographie (HPLC) kombiniert mit Fluo-
reszenzdetektion bestimmen [50, 55, 218, 219, 230].

16.4
Kinetik und innere Exposition

Die Toxikokinetik vieler Nitro-PAKs ist bis heute nur unvollständig verstanden.
Einzelne Nitro-PAKs können sich in ihrem Metabolismus deutlich voneinander
unterscheiden [83, 198]. Aus den umfangreichen Daten einiger gut untersuchter
Nitro-PAKs (z. B. 1-Nitropyren, 6-Nitrochrysen und Aristolochiasäure) lässt sich
generell ableiten, dass diese über mehrere Aufnahmewege schnell absorbiert
und metabolisiert werden. Hauptmetabolismuspfade sind Nitroreduktion und/
oder Ringoxidation, gefolgt von Konjugation und Exkretion der gebildeten Metabolite in erster Linie über den Kot und/oder Urin. Für bestimmte Nitro-PAKs
kann es unterschiedliche metabolische Aktivierungswege geben, häufig abhängig vom Expositions- bzw. Behandlungsweg [83, 198]. Die Mikroflora des Dünn-
darms kann eine wichtige Rolle im Metabolismus der Nitrogruppe und/oder
der Konjugation spielen [73].

Im Gegensatz zum Metabolismus der PAKs (Ringoxidationen und anschließende Spaltung und/oder Konjugationsreaktionen) [21], ist der Metabolismus der Nitro-PAKs sogar komplexer. Prinzipiell lassen sich mindestens fünf verschiedene
Aktivierungswege unterscheiden durch welche Nitro-PAKs an die DNA binden
und/oder Mutationen in Bakterien und Säugersystemen auslösen können: 1. Nitroreduktion, 2. Nitroreduktion gefolgt von Esterbildung (insbesondere Acetylierung), 3. Ringoxidation, 4. Ringoxidation und Nitroreduktion, und 5. Ringoxidation und Nitroreduktion gefolgt von Esterbildung (s. Abb. 16.3) [83].

Untersuchungen zur Rolle einzelner Enzyme in der metabolischen Aktivierung und Detoxifizierung haben gezeigt, dass verschiedene Cytochrom-P450-En-
zyme am Metabolismus einzelner Nitro-PAKs beteiligt sind und dass dieser für
verwandte Isomere unterschiedlich sein kann. Eine vergleichende Metabolis-
musstudie über 1-, 2- und 4-Nitropyren mit humanen Leber- und Lungenmikro-
somen offenbarte einige Unterschiede [39]. Metabolite der Ringoxidation (Phenole und *trans*-Dihydrodiole) wurden für alle drei Isomere beobachtet. Ein reduktiver Metabolismus zur Bildung von Aminopyren, konnte jedoch nur für
4-Nitropyren nachgewiesen werden. 4-Nitropyren weist das höchste kanzerogene
Potenz dieser drei Isomere auf [109]. Während in Lebermikrosomen die metabolische Aktivierung von 1- und 4-Nitropyren dem Enzym Cytochrom-P450 3A4
zugeordnet werden konnte, spielte dagegen keines der getesteten Cytochrom-
P450-Enzyme eine Rolle für die Umsetzung von 2-Nitropyren [39]. Damit kann
der Einfluss spezifischer humaner Cytochrom-P450-Enzyme stark von der Stel-

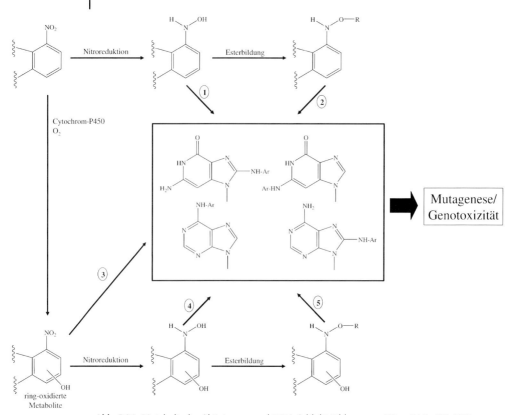

Abb. 16.3 Metabolische Aktivierung und DNA-Addukt-Bildung von Nitro-PAKs [83, 198].

lung der Nitrogruppe am aromatischen Ringsystem abhängen. Auf der anderen Seite können Cytochrom-P450-Enzyme, die für den Metabolismus einzelner Nitro-PAKs verantwortlich sind, eventuell Speziesunterschiede und auch eine Organspezifität aufweisen [91, 100, 231].

Die Nitroreduktion von Nitro-PAKs kann über 1- und 2-Elektronenübertragungen, zur Bildung der entsprechenden Nitroso-PAKs, eine weitere Reduktion zum N-Hydroxylamin-PAK und eine letzte Reduktion zum Amino-PAK, verlaufen. Von diesen reduzierten Metaboliten sind die Nitroso- und N-Hydroxyamin-Verbindungen potenzielle Elektrophile, jedoch scheinen nur Letztere an die DNA zu binden [83]. Damit haben Nitro-PAKs gleiche gemeinsame elektrophile Zwischenstufen wie die aromatischen Amine mit der Ausnahme, dass Nitro--PAKs diese nach Reduktion und aromatische Amine durch N-Oxidation bilden. Da aromatische Amine eine weitere Klasse chemischer Kanzerogene darstellen [122], führt ihre Bildung aus Nitro-PAKs nicht immer zur Entgiftung.

Sowohl Bakterien wie auch Säugerzellen haben Enzymsysteme, die in der Lage sind, Nitro-PAKs unter anaeroben oder sauerstoffarmen Bedingungen reduktiv zu metabolisieren [37]. *In vivo* erfolgt die Nitroreduktion von Nitro-PAKs hauptsächlich durch Bakterien im Verdauungstrakt [73]. In Säugerzellen wird die Nitroreduktion durch eine Vielzahl von Enzymen katalysiert, dazu gehören zytosolische Nitroreduktasen wie Aldehyd-Oxidase [243], Xanthin-Oxidase [23, 24, 101] und DT-Diaphorase [17, 237] oder mikrosomale Enzyme wie die NADPH:Cytochrom-P450-Oxidoreduktase [18, 57, 236]. Aber auch Cytochrom-P450-Enzyme können an der reduktiven Aktivierung von Nitro-PAKs beteiligt sein [39, 236, 238].

Der oxidative Metabolismus von Nitro-PAKs führt schrittweise zur Bildung von primären Metaboliten wie Epoxiden, Phenolen und Dihydrodiolen, und dann zu sekundären Metaboliten wie Diolepoxiden, Tetrahydrotetrolen und Phenolepoxiden [83]. In Säugerzellsystemen werden die Phase-I-Metabolite dann mit Glutathion, Sulfat oder Glucuronsäure konjugiert. Diese Phase-II-Metabolite besitzen eine stärkere Polarität und Wasserlöslichkeit als die Ausgangsverbindungen. Wenn die konjugierten Metabolite den Darm erreichen, können diese dort durch die Mikroflora dekonjugiert und wieder absorbiert werden, und damit dem enterohepatischen Kreislauf unterliegen. Ein Beispiel für Nitroreduktion gefolgt von *N*-Acetylierung ist die Bildung von Acetylaminopyrenol nach der Gabe von 1-Nitropyren, was die Ausscheidung solcher Metabolite im Urin und Kot ermöglicht [22].

O-Acetylierung und *O*-Sulfonierung sind wichtige Konjugationsreaktionen wodurch *N*-Hydroxylamin-PAKs weiter aktiviert werden können [86, 97]. *N,O*-Acetyltransferasen und Sulfotransferasen kommen in der Leber und im Darm vor. Arylhydroxylamine können entweder an der –NH oder –OH des –NHOH-Substituenten acetyliert werden, was entweder zur Bildung von Arylhydroxamsäuren oder zu Acetoxyarylaminen führt. *N,O*-Acetyltransferasen sind auch in der Lage, intramolekulare *N,O*-Acylübertragungen zu katalysieren. Die *O*-Acetylierung spielt zum Beispiel in der mutagenen Aktivierung von 1,6- und 1,8-Dinitropyren eine wichtige Rolle [78]. Auch die mutagene Aktivität von 3-Nitrobenzanthron wird durch *O*-Acetylierung stark erhöht [12, 76]. Wie für Aristolochiasäure gezeigt, kann auch eine intramolekulare Acetylierung zur metabolischen Aktivierung beitragen [6]. Bei all diesen Reaktionen kommt es zur Bildung von elektrophilen Nitreniumionen, welche dann an die DNA binden können. Auch nach *O*-Sulfonierung kommt es zur Bildung dieser äußerst reaktiven Nitreniumionen, allerdings ist dieser Aktivierungsweg nur für wenige Nitro-PAKs untersucht worden [11, 12, 17].

Die DNA-Addukte, wie sie *in vitro* und *in vivo* durch Nitro-PAKs gebildet werden, sind hauptsächlich Desoxyguanosin-Addukte, die über die C8-Position des Desoxyguanosin an das N-Atom des Nitro-PAK-Metaboliten gebunden sind; weniger häufig findet man, dass die N2-Aminogruppe des Desoxyguanosins an ein aromatisches C-Atom gebunden ist [25]. Die Bildung von C8- und N^6-substituierten Desoxyadenosin-Derivaten hat man ebenfalls beobachtet (z. B. Aristolochiasäure und 3-Nitrobenzo[*a*]pyrene). Vermutlich durch die hohe Elektronendefizienz im aromatischen Ringsystem, die durch die Anwesenheit zweier Nitrogruppen verursacht wird, werden DNA-Addukte von Dinitropyrenen nur nach Nitroreduktion gebildet.

In diesem Kapitel ist es nicht möglich, den Metabolismus aller Nitroaromaten genau darzustellen. Im Folgenden wird versucht, einen kurzen Überblick für einige wichtige Nitroaromaten zu geben.

16.4.1
1-Nitropyren

In Bakterien ist die Nitroreduktion von 1-Nitropyren ein kritischer Schritt auf dem Weg zur Mutagenese (s. Abb. 16.4) [104]. In *Salmonella typhimurium* wird 1-Nitropyren langsam zu 1-Aminopyren umgewandelt. Im Säuger geht man davon aus, dass N-Hydroxy-1-aminopyren oder sein, durch enzymatische Konjugation gebildetes, O-acetyliertes Derivat, das ultimative Kanzerogen darstellt. Das Haupt-DNA-Addukt welches durch 1-Nitropyren nach reduktiver Aktivierung sowohl *in vitro* als auch *in vivo* gebildet wird, ist N-(Desoxyguanosin-8-yl)-1-aminopyren. In Säugetieren wird 1-Nitropyren aber auch durch oxidativen Metabolismus verstoffwechselt (s. Abb. 16.4). Viele Metaboliten von 1-Nitropyren sind hochgradig konjugiert, so dass sie noch nicht identifiziert sind [22]. Zu den Hauptmetaboliten die man im Allgemeinen in Ratten und Mäusen nachweisen kann, gehören 1-Nitropyren-3-ol, 1-Nitropyren-6-ol, N-Acetyl-1-aminopyren-3-ol, N-Acetyl-1-aminopyren-6-ol und *trans*-4,5-Dihydro-4,5-dihydroxy-1-nitropyren (s. Abb. 16.4) [22, 102, 103, 131]. In allen Studien, die mit Ratten durchgeführt wurden, hat man im Urin N-Acetyl-1-aminopyren-6-ol nach der Gabe von radioaktiv markiertem 1-Nitropyren als Hauptmetabolit (20% der Gesamtradioaktivität) gefunden [22]. 1-Aminopyren war im Urin kaum nachweisbar, wurde aber als Hauptmetabolit im Kot festgestellt [22, 131]. Zu den Hauptmetaboliten in der Galle gehörten 1-Nitropyren-3-ol, 1-Nitropyren-6-ol und *trans*-4,5-Dihydro-4,5-dihydroxy-1-nitropyren (s. Abb. 16.4) [131]. Der C-oxidative Metabolismus von 1-Nitropyren wird speziesabhängig durch unterschiedliche Cytochrom-P450-Enzyme katalysiert. Während in der Ratte Cytochrom-P450 2B1 und -2C beteiligt sind [232], scheinen für den humanen Metabolismus von 1-Nitropyren insbesondere Cytochrom-P450 3A3 und -3A4 verantwortlich zu sein [39, 100, 231]. Der reduktive Metabolismus von 1-Nitropyren wurde auch *in vitro* untersucht. Während in Rattenlebermikrosomen 1-Aminopyren der einzige Metabolit war [208], wurden in humanen Lebermikrosomen nur oxidierte Metabolite gefunden [39, 231]. In Inkubationen mit Lebermikrosomen von Meerschweinchen wurden noch zwei weitere Metaboliten identifiziert, 1-Nitropyren-4,5-oxid und 1-Nitropyren-9,10-oxid (s. Abb. 16.4) [79]. Obwohl beide Epoxide starke Mutagene im Ames-Test sind, ist bisher nicht geklärt, ob der oxidative Metabolismus zur Mutagenität und Tumorbildung in Säugetieren beiträgt. 1,6- und 1,8-Dinitropyren werden, ähnlich wie 1-Nitropyren, durch reduktiven Metabolismus aktiviert. Anders als für 1-Nitropyren ist für 1,6- und 1,8-Dinitropyren allerdings die Expression von O-Acetyltransferasen in *Salmonella* entscheidend für die hohe mutagene Aktivität [78]. Die Haupt-DNA-Addukte, die nach reduktiver Aktivierung *in vitro* und *in vivo* gebildet werden, sind 1-N-(Desoxyguanosin-8-yl)-amino-6-nitropyren bzw. 1-N-(Desoxyguanosin-8-yl)-amino-8-nitropyren [2, 56, 95].

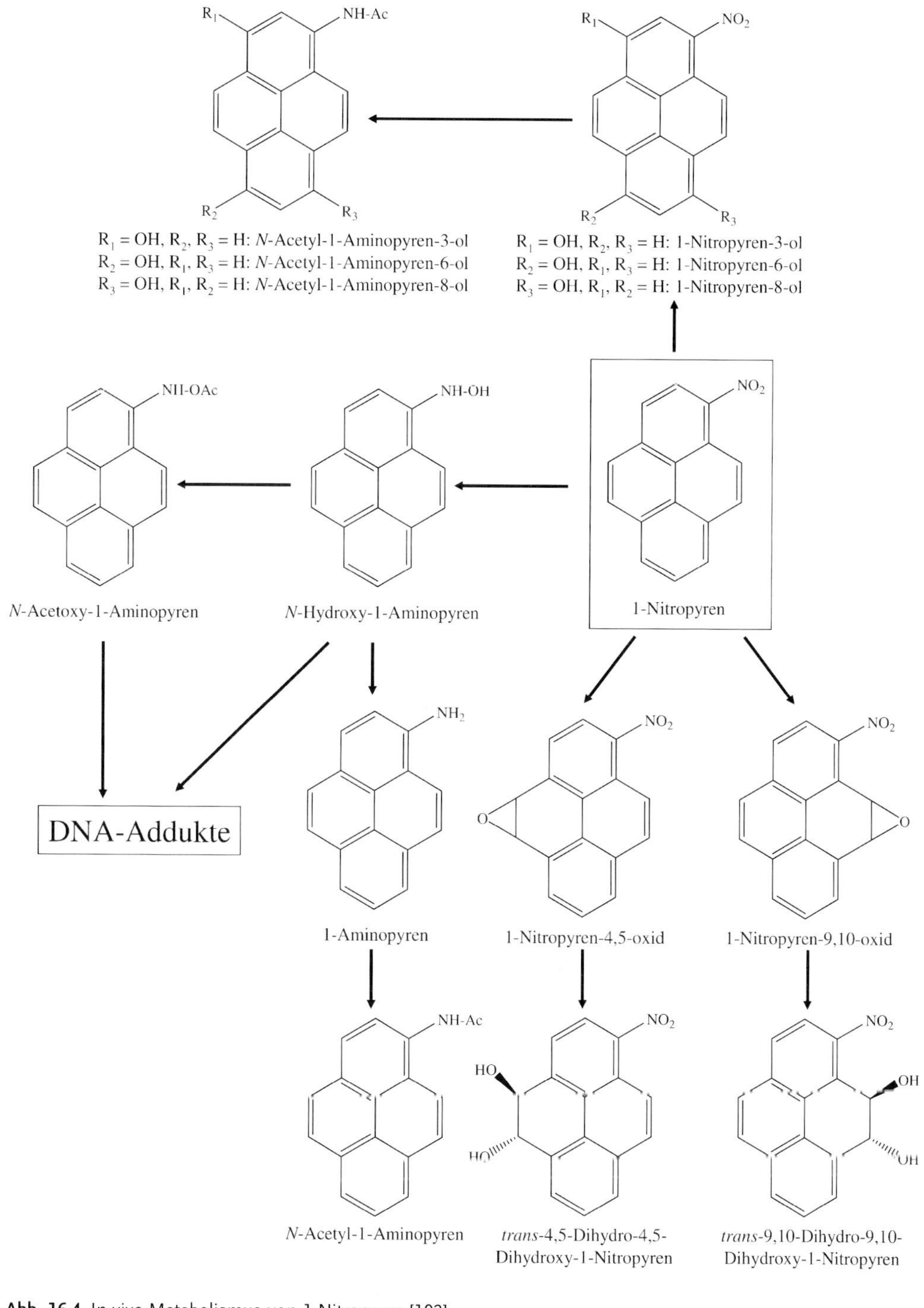

NH-Ac
NO2
R1 = OH, R2, R3 = H: N-Acetyl-1-Aminopyren-3-ol
R2 = OH, R1, R3 = H: N-Acetyl-1-Aminopyren-6-ol
R3 = OH, R1, R2 = H: N-Acetyl-1-Aminopyren-8-ol
R1 = OH, R2, R3 = H: 1-Nitropyren-3-ol
R2 = OH, R1, R3 = H: 1-Nitropyren-6-ol
R3 = OH, R1, R2 = H: 1-Nitropyren-8-ol
NH-OAc
NH-OH
N-Acetoxy-1-Aminopyren
N-Hydroxy-1-Aminopyren
1-Nitropyren
DNA-Addukte
NH2
1-Aminopyren
1-Nitropyren-4,5-oxid
1-Nitropyren-9,10-oxid
N-Acetyl-1-Aminopyren
trans-4,5-Dihydro-4,5-Dihydroxy-1-Nitropyren
trans-9,10-Dihydro-9,10-Dihydroxy-1-Nitropyren

Abb. 16.4 In-vivo-Metabolismus von 1-Nitropyren [102].

16.4.2
2-Nitrofluoren

Obwohl frühere Studien andeuteten, dass Metabolismus und Ausscheidung von 2-Nitrofluoren ganz anders verlaufen als für 1-Nitropyren, gehen neuere Daten davon aus, dass viele Übereinstimmungen vorliegen. Während man früher davon ausging, dass 2-Nitrofluoren *in vivo* durch Reduktion zu 2-Aminofluoren im Darm (und in der Leber) gefolgt von Acetylierung zu N-Acetyl-2-aminofluoren und anschließender Hydroxylierung metabolisiert wird, scheint dieser Stoffwechselweg nur nach oraler Gabe gültig zu sein [163]. Nach Inhalation von 2-Nitrofluoren oder in einer anderen Studie mit keimfreien Ratten zeigte sich dagegen, dass die metabolische Umsetzung zu hydroxylierten Nitrofluorenen ähnlich abläuft wie von 1-Nitropyren bekannt [162, 164]. Nach oraler Gabe wurde in der Leber als Haupt-DNA-Addukt N-(Desoxyguanosin-8-yl)-2-aminofluoren identifiziert; als Nebenaddukt wurde auch noch N-(Desoxyguanosin-8-yl)-2-acetylaminofluoren nachgewiesen [165]. In einer Folgestudie mit Langzeitgabe von 2-Nitrofluoren wurden vier DNA-Addukte gefunden [48]; zwei dieser DNA-Addukte wurden als N-(Desoxyguanosin-8-yl)-2-aminofluoren und C3-(Desoxyguanosin-N^2-yl)-2-acetylaminofluoren identifiziert.

16.4.3
6-Nitrochrysen

Der Metabolismus von 6-Nitrochrysen ist im Vergleich zu den anderen Nitro-PAKs einzigartig. Zahlreiche in vitro- und in vivo-Untersuchungen haben gezeigt, dass 6-Nitrochrysen durch zwei Stoffwechselwege aktiviert werden kann [144]. Der erste Weg führt über die Bildung von N-Hydroxy-6-aminochrysen durch einfache Nitroreduktion zur Bildung von drei Haupt-DNA-Addukten, nämlich N-(Desoxyguanosin-8-yl)-6-aminochrysen, N-(Desoxyinosin-8-yl)-6-aminochrysen, und 5-(Desoxyguanosin-N^2-yl)-6-aminochrysen [54]. Das Desoxyinosin-Addukt wird vermutlich durch oxidative Desaminierung des entsprechenden Adenosin-Addukts gebildet. Es zeigte sich jedoch, dass keines dieser drei DNA-Addukte mit dem Hauptaddukt, welches in Geweben der Maus oder Ratte detektiert wurde, übereinstimmt [38, 53]. Bei der metabolischen Aktivierung von 6-Nitrochrysen in der Maus und Ratte kommt es zu einer Kombination von Ringoxidation und Nitroreduktion unter Bildung des proximalen Kanzerogens *trans*-1,2-Dihydro-1,2-dihydroxy-6-aminochrysen. Die Oxidation zu *trans*-1,2-Dihydro-1,2-dihydroxy-6-aminochrysen wird in der humanen Leber durch Cytochrom-P450 1A2 und in der humanen Lunge durch Cytochrom-P450 1A1 katalysiert; die Reduktion zum Aminochrysen wird durch Cytochrom-P450 3A4 katalysiert [40]. Das Haupt-DNA-Addukt welches in der Maus und Ratte gefunden wird, wurde kürzlich als 5-(Desoxyguanosin-N^2-yl)-1,2-dihydroxy-1,2-dihydro-6-aminochrysen identifiziert [72].

16.4.4
3-Nitrobenzanthron

Das polycyclische aromatische Nitroketon 3-Nitrobenzanthron ist im Ames-Test eines der bislang stärksten Mutagene [76]. Durch die Überexpression von bakterieller *O*-Acetyltransferase kann die mutagene Aktivität von 3-Nitrobenzanthron um das 30fache gesteigert werden [76]. In humanen Lungenzellen wurde in erster Linie 3-Aminobenzanthron, und in geringem Ausmaß *N*-Acetyl-3-aminobenzanthron, als Metabolit identifiziert [29]. 3-Aminobenzanthron ist auch der Hauptmetabolit, der im Urin von dieselabgasexponierten Arbeitern nachgewiesen wurde [228]. 3-Nitrobenzanthron bildet *in vitro* und *in vivo* nach reduktiver Aktivierung DNA-Addukte [15, 75, 181]. *In vivo* wurden bislang drei Haupt-DNA-Addukte identifiziert, *N*-(Desoxyguanosin-8-yl)-3-aminobenzanthron, 2-(Desoxyguanosin-N^2-yl)-3-aminobenzanthron und 2-(Desoxyadenosin-N^6-yl)-3-aminobenzanthron. In humanem Leberzytosol wird 3-Nitrobenzanthron vornehmlich durch DT-Diaphorase reduziert [17], während in humanen Lebermikrosomen die Nitroreduktion durch NADPH:Cytochrom-P450-Oxidoreduktase katalysiert wird [18]. *In vivo* steht die Aktivierung von 3-Nitrobenzanthron durch zytosolische Nitroreduktasen wie DT-Diaphorase im Vordergrund [17]. Ringoxidationen oder eine Reduktion der Ketogruppe wurden bislang nicht beobachtet. *O*-Acetylierung und *O*-Sulfonierung spielen eine wichtige Rolle in der metabolischen Aktivierung von 3-Nitrobenzanthron und werden durch humanes NAT1 und NAT2 sowie SULT1A1 und SULT1A2 katalysiert [11, 12, 17]. Der humane Hauptmetabolit 3-Aminobenzanthron wird in humanen Lebermikrosomen durch Cytochrom-P450 1A1 und −1A2 aktiviert und bildet *in vivo* die selben DNA-Addukte wie 3-Nitrobenzanthron [13, 14, 16].

16.4.5
Aristolochiasäure

Der Metabolismus von Aristolochiasäure I und -II wurde in zahlreichen Spezies, darunter auch im Menschen, untersucht. Wie zuerst *in vitro* gezeigt [225], kommt es *in vivo* vornehmlich zur Bildung der entsprechenden Aristolactame, die auf die Reduktion der Nitrogruppe zurückzuführen sind [138]. Die Reduktion der Nitrogruppe kann durch eine Vielzahl verschiedener humaner Enzyme, die organspezifisch exprimiert werden, katalysiert werden [6]. Aristolochiasäure kann sowohl durch zytosolische Nitroreduktasen wie humane DT-Diaphorase, humane mikrosomale Enzyme wie Cytochrom-P450 1A1 und -1A2 und NADPH:Cytochrom-P450-Oxidoreduktase, als auch durch verschiedene Peroxidasen, wie z. B. Prostaglandin-II-Synthase, durch einfache Nitroreduktion aktiviert werden [222, 235–238]. Beide Aristolochiasäuren bilden nach reduktiver Aktivierung ein einzigartiges cyclisches *N*-Acylnitreniumion mit delokalisierter positiver Ladung. Mit den exocyclischen Aminogruppen von Adenin und Guanin der DNA bilden beide Aristolochiasäuren DNA-Addukte [191, 192]. Zu den DNA-Addukten, die sowohl in Nagern als auch im Menschen nachgewiesen werden konnten, zählen 7-(Desoxyadenosin-N^6-yl)-aristolactam I, 7-(Desoxygua-nosin-N^2-yl)-aristolactam I und 7-(Desoxyadenosin-N^6-yl)-aristolactam II [10, 27, 221, 234]. Das Addukt, 7-(Desoxyadenosin-N^6-yl)-aristolactam I, wird bei Patien-ten mit Aristolochiasäure-Nephropathie und endemischer Balkan-Nephropathie zum Nachweis der inneren Exposition mit Aristolochiasäure eingesetzt.

16.4.6
Nitromoschusverbindungen

Obwohl der Nachweis von Moschus Xylol und Moschus Keton in Muttermilch [145] und Humanfettproben [202, 203] zeigte, dass die Bevölkerung ständig ge-genüber Moschus Xylol und Moschus Keton exponiert ist, ist die Datenlage zur Kinetik und inneren Exposition von Nitromoschusverbindungen unvollständig [124]. Berechnungen von Kokot-Helbling und Kollegen [137], die auf der Grund-lage der im Körperfett gemessenen Moschus Xylolkonzentrationen beruhen, ge-hen von einer täglichen Aufnahme von 11 µg Moschus Xylol pro Person aus.

Welcher humane Belastungspfad für Nitromoschusverbindungen von Rele-vanz ist, ist zurzeit nicht abschließend geklärt. Bisher wurden relevante Mengen an Moschus Xylol und Moschus Keton ausschließlich in Süßwasserfischen ge-funden [204, 205], während in Hochseefischen, aus denen der Fischverzehr der deutschen Bevölkerung hauptsächlich gedeckt wird, keine Nitromoschusverbin-dungen zu finden waren. Daher besteht die Vermutung, dass für Nitromoschus-verbindungen die Aufnahme hauptsächlich über die Haut durch Kosmetika und Textilien, die mit Nitromoschusverbindungen enthaltenden Seifen oder Detergentien behandelt wurden, erfolgt. Dies stimmt mit der Beobachtung überein, dass trotz relativ hoher Konzentrationen an Nitromoschusverbindun-gen in der Muttermilch kein signifikanter Zusammenhang zwischen der Still-dauer und der Konzentration an Nitromoschusverbindungen im Fettgewebe des Säuglings festgestellt wurde [98].

Die Aufnahme von Moschus Xylol wurde in in vitro-Systemen an Meer-schweinchenhaut und Menschenhaut untersucht. Nach 24 Stunden betrug die durch Menschenhaut diffundierte Menge an Moschus Xylol weniger als 5% der applizierten Dosis [81, 245]. Nach dermaler Applikation von Moschus Xylol und Moschus Keton wurden für beide ähnliche Gewebekonzentrationen in der Ratte erreicht [94]. Die höchsten Konzentrationen wurden in der Leber und im Fett-gewebe gemessen (0,2 µg Nitromoschusverbindung/g). Moschus Xylol wird in der Ratte bevorzugt über den Kot via Galle ausgeschieden. Nach wiederholter täglicher Applikation über 14 Tage zeigten beide Nitromoschusverbindungen ei-ne nur geringe Neigung zur Bioakkumulation [94].

Zur Verteilung und Eliminierung von Nitromoschusverbindungen im Men-schen liegen nur Daten für Moschus Xylol vor. Nach dermaler oder oraler Gabe von Moschus Xylol an Freiwillige erreichte der Plasmaspiegel nach sechs Stun-den seinen Höchstand. Die Ausscheidung erfolgte hauptsächlich über den Urin mit einer Halbwertszeit von 70 Tagen und einer Wiederfindungsrate von 0,12–0,53% nach oraler und 0,02–0,16% nach dermaler Gabe [199]. Allerdings fehlen weitere Angaben zur genauen Quantifizierung der entstandenen Moschus-Xylol-Metabolite. Nach oraler Gabe an Ratten wird Moschus Xylol hauptsächlich an der *para*-Position zum Amin reduziert. Weitere Metabolite, die durch Hydroxylierung der Methylgruppen entstehen, wurden in Kot, Galle und Urin nachgewiesen [161]. Neuere Studien an der Ratte zeigen, dass nach dermaler Applikation von Moschus Xylol oder Moschus Keton, der Hauptteil der aufgenommenen Dosis über die Galle als polare Konjugate, zumeist Glucuronide, ausgeschieden wird. Metabolite, die über den Urin ausgeschieden wurden, waren zumeist Glucuronid- und Sulfatkonjugate, die allerdings nicht identifiziert wurden [94]. Durch den Nachweis von Moschus-Xylol-Hämoglobin-Addukten im Blut von zehn freiwilligen Personen, die nicht wissentlich mit Moschus Xylol exponiert worden waren, konnte bewiesen werden, dass Moschus Xylol im Menschen bioverfügbar ist [199]. Ferner wurde bestätigt, dass Moschus Xylol im Menschen einem ähnlichen Metabolismus wie in der Ratte unterliegt, nämlich Reduktion der Nitrogruppe zum Nitrosoderivat, welches an Hämoglobin bindet. Durch weitere Reduktion entsteht dann der 4-Amino-Metabolit, 1-*tert*.Butyl-3,5-dimethyl-4-amino-2,6-dinitrobenzol, welcher über den Urin ausgeschieden wird [204]. Aufgrund der hohen Hämoglobin-Adduktierung schließen die Autoren, dass die Nitroreduktion von Moschus Xylol im Menschen relativ effektiv abläuft und verweisen auf das durch Addukt bildende Substanzen bekannte potenzielle Krebsrisiko [174]. Für Moschus Keton und die anderen Nitromoschusverbindungen sind keine Studien zur Toxikokinetik im Menschen bekannt.

16.5
Wirkungen

16.5.1
Wirkungen auf den Menschen

Für die überwiegende Mehrzahl von Nitro-PAKs, wie man sie sowohl in Lebensmitteln als auch in der Luft nachweisen kann, gibt es keine Berichte über Wirkungen auf den Menschen. Generell sind die in Lebensmitteln bestimmten Gehalte an Nitro-PAKs vergleichsweise gering. Da Nitro-PAKs immer als Bestandteile von komplexen Gemischen in der Umwelt vorkommen, kann der Beitrag, den einzelne Nitro-PAKs zur Schädigung der menschlichen Gesundheit beisteuern, nur abgeschätzt werden [113]. Ein erhöhtes Krebsrisiko durch Luftverschmutzung und durch Exposition gegenüber Dieselemissionen ist durch epidemiologische Studien gesichert [96, 112, 113, 253, 257]. Der Beitrag der Nitro-PAKs zu diesem Krebsrisiko im Vergleich zu den PAKs ist bislang nicht geklärt [217]. Allgemein lässt sich jedoch feststellen, dass obwohl die Konzentrationen an Nitro-PAKs wesentlich geringer sind als die der PAKs, die mutagene und kanzerogene Potenz bestimmter Nitro-PAKs im Tierversuch und anderen Testsystemen die Potenz vieler PAKs weit übersteigen kann. Dieselruß kann auch zu akuten Irritationen (z. B. Augen-, Hals- und Bronchialirritationen), zu Atemwegsproblemen (Husten) und zu neuro-physiologischen Störungen (z. B. Übelkeit) führen. Es gibt auch Hinweise für Effekte auf das Immunsystem [96, 112, 253].

Im Rahmen von Biomonitoring-Studien gibt es zur Zeit Bestrebungen Nitro-PAK-spezifische Biomarker der inneren Exposition, in erster Linie Urinmetabolite, DNA- und Protein-Addukte zu etablieren [68, 69, 207, 254, 272]. Eine Reihe von Studien hat gezeigt, dass 1-Nitropyren als Biomarker der berufsbedingten Exposition gegenüber Dieselabgasen eingesetzt werden kann [30, 254]. In Urinproben von Salzbergwerksarbeitern wurde neben 1-Aminopyren auch 3-Aminobenzanthron, Hauptmetabolit von 3-Nitrobenzanthron, als Biomarker der Exposition gegenüber Dieselemissionen herangezogen [228]. Mehrere Studien konzentrieren sich auf die Messung von Hämoglobin- und Plasma-Addukten des 1-Nitropyrens und anderer Nitro-PAKs, um sie in zukünftigen molekularepidemiologischen Untersuchungen einsetzen zu können [173, 207]. Ein Biomonitoring bestimmter Nitro-PAKs in Form ihrer spezifischen DNA-Addukte mithilfe des ^{32}P-Postlabelling-Verfahrens [194] hat sich als schwierig herausgestellt, da viele Aktivierungswege möglich sind und die Menge der gebildeten DNA-Addukte gering ist [67, 69, 254].

Nitro-PAKs konnten in operativ entferntem Lungengewebe von japanischen Patienten nachgewiesen werden [250, 252]. In dieser Studie, die sowohl Raucher wie Nichtraucher enthielt, wurden Gewebeproben von 293 Patienten mit Lungenkarzinomen und 63 Patienten mit Tuberkulose ohne Karzinome (Kontrolle) untersucht. Die Proben wurden im Zeitraum von 1961–1962, einer Zeit mit hoher Luftverschmutzung, und 1991–1996, einer Zeit mit verminderter Luftverschmutzung aufgrund gesetzlicher Kontrollmaßnahmen, gesammelt. Gehalte von 1-Nitropyren im Bereich von 18,7–30,8 pg/g Trockengewicht und von Benzo[a]pyren im Bereich von 178–341 pg/g Trockengewicht wurden gefunden. Aufgrund der Verbesserung der Luftqualität nahm der Gehalt an 1-Nitropyren sowie Benzo[a]pyren im Zeitraum 1991–1996 gegenüber 1961–1962 ab. Für 112 Patienten dieser Studie mit Lungenkarzinomen wurde in Abhängigkeit des Nitro-PAK-Gehalts im Lungengewebe eine 5-jährige Überlebensrate ermittelt. Nach Einteilung in zwei Patientengruppen mit höherer bzw. niedrigerer Nitro-PAK-Konzentration (Grenzkonzentration 18 pg/g für 1-Nitropyren, 15 pg/g für 1,3-Dinitropyren und 35 pg/g für 3-Nitrofluoranthen) im Lungengewebe, war die 5-jährige Überlebensrate in der Patientengruppe mit hohem Nitro-PAK-Gehalt geringer, wenn die statistische Auswertung auf Alter, Geschlecht, Raucherstatus und Zelltyp angepasst wurde [247, 249].

Aristolochiasäure ist der auslösende Faktor einer neuartigen, charakteristischen, schnell voranschreitenden Nierenfibrose, Chinesische-Heilkräuter-Nephropathie, die erstmals an belgischen Frauen beobachtet wurde, die alle zwischen 1990 und 1992 an einer Schlankheitskur in einer Privatklinik in Brüssel teilgenommen hatten [44, 255]. Während dieser Schlankheitskur hatten die Patienten chinesische Heilkräuter, darunter auch *Aristolochia fangchi*, in Form von Kräuterkapseln eingenommen, wodurch in der Folge schwerste Nierenkomplikationen bis hin zum Nierenversagen auftraten. Von den nahezu 2000 Patienten, die in dieser Klinik so behandelt wurden, sind bislang 5% an Chinesische-

Heilkräuter-Nephropathie erkrankt [6]. Diese Chinesische-Heilkräuter-Nephropathie-Patienten erkrankten mit hoher Häufigkeit auch an Harnleiterkrebs (Prävalenz etwa 50% bei terminaler Chinesische-Heilkräuter-Nephropathie) [47, 177]. Die Latenzzeit nach Absetzen der Schlankheitspillen bis zur Tumorentstehung betrug dabei häufig nur wenige Jahre (~2–8 Jahre). Die kumulative *Aristolochia*-Dosis war ein signifikanter Risikofakor an Harnleiterkrebs zu erkranken, wobei Gesamtdosen von über 200 g mit einem 2fach höheren Risiko verbunden waren [177]. Das DNA-Adduktmuster im Nierengewebe dieser Patienten entsprach demjenigen, das in Tieren, die nach Aristolochiasäure-Behandlung Tumoren entwickelt hatten, beobachtet wurde [27, 177, 221]. Insbesondere das von Aristolochiasäure I hauptsächlich gebildete Addukt, 7-(Desoxyadenosin-N^6-yl)-aristolactam I, wurde in der Nieren- und Harnleiter-DNA aller belgischer Chinesische-Heilkräuter-Nephropathie-Patienten detektiert, selbst wenn die Exposition mit Aristolochiasäure durch die Schlankheitskur bereits zehn Jahre zurücklag [177]. Des Weiteren zeigen ^{32}P-Postlabelling Analysen von Chinesischer-Heilkräuter-Nephropathie-Fällen aus anderen europäischen Ländern, z.B. aus England und Frankreich, die nicht aus der belgischen Kohorte stammen, eindeutig das charakteristische 7-(Desoxyadenosin-N^6-yl)-aristolactam I in der Nieren- und Harnleiter-DNA [8, 147]. In beiden Gruppen war die Einnahme von Aristolochiasäure enthaltenden Pflanzenbestandteilen durch analytische Untersuchungen belegt und in einzelnen Fällen wurde ebenfalls Harnleiterkrebs diagnostiziert. In jüngster Zeit wurden vermehrt Aristolochiasäure-Nephropathie-Fälle aus Asien berichtet [146]. Nachdem Chinesische-Heilkräuter-Nephropathie eindeutig auf die Exposition mit Aristolochiasäure zurückgeführt werden kann, bezeichnet man heute Chinesische-Heilkräuter-Nephropathie besser als Aristolochiasäure-Nephropathie [6]. Die International Agency for Research on Cancer (IARC) hat pflanzliche Präparate, die Pflanzenteile der Familie *Aristolochia* enthalten, als „kanzerogen für den Menschen (Gruppe 1) eingestuft [108].

Schätzungsweise 20 000–30 000 Patienten leiden an endemischer Balkan-Nephropathie und Berechnungen gehen davon aus, dass 100 000 Menschen ein erhöhtes Risiko besitzen an endemischer Balkan-Nephropathie zu erkranken [244]. Viele Studien belegen, dass das Mykotoxin Ochratoxin A durch den Verzehr von verschimmelten Nahrungsmitteln an der Auslösung der endemischen Balkan-Nephropathie beteiligt ist [233, 244]. Es bestehen viele histologische Ähnlichkeiten zwischen Aristolochiasäure-Nephropathie und der endemischen Balkan-Nephropathie [10, 44, 46]. Auch in Patienten mit endemischer Balkan-Nephropathie werden vermehrt Urothelialkarzinome diagnostiziert [41, 176]. Neue Studien belegen, dass Aristolochiasäure auch ein Risikofaktor für endemische Balkan-Nephropathie und der damit verbundenen hohen Häufigkeit an Harnleiterkrebs zu erkranken, ist [10, 89, 105].

Als Bestandteil von Rasierwässern ist Moschus Ambrette in der Lage, in einzelnen Fällen Photodermatosen auszulösen, während die anderen Nitromoschusverbindungen für den Menschen nicht phototoxisch sind [187].

Ein Metabolit des Moschus Xylols, welcher an Hämoglobin bindet, konnte in den Blutproben von zehn Personen als Addukt nachgewiesen werden [199].

Weitere Wirkungen von Nitromoschusverbindungen auf den Menschen sind nicht bekannt.

16.5.2
Wirkungen auf Versuchstiere

Durch das International Programme on Chemical Safety (IPCS) wurden 2003 die publizierten Kanzerogenitätsdaten über Nitro-PAKs zusammengetragen [113]. Als eindeutig kanzerogen wurden folgende Nitro-PAKs aus Tabelle 16.1 eingestuft: 2-Nitrofluoren, 3-Nitrofluoranthen, 1- und 4-Nitropyren, 1,3-, 1,6- und 1,8-Dinitropyren und 6-Nitrochrysen. Mittlerweile konnte auch gezeigt werden, dass 3-Nitrobenzanthron kanzerogen in der Ratte ist [170]. Eine Auswahl dieser Kanzerogenitätsstudien ist in Tabelle 16.4 zusammengestellt. Auch für 2-Nitropyren, 7-Nitrobenz[*a*]anthracen, 6-Nitrobenzo[*a*]pyren und 3-Nitroperylen sind Hinweise auf kanzerogene Wirkungen bekannt [113].

Nitro-PAKs induzieren eine Vielzahl von Tumoren in Abhängigkeit von der Art der Behandlung. Neben lokalen Effekten am Applikationsort induzieren Nitro-PAKs hauptsächlich systemische Tumoren im Brustgewebe, in der Lunge, der Leber und im blutbildenden System (s. Tab. 16.4). Von den oben aufgezählten Nitro-PAKs scheint 6-Nitrochrysen das stärkste kanzerogene Potenzial zu besitzen [35, 258, 259, 265]. Da kanzerogene Nitro-PAKs aus der Umwelt (Verbrennungsprozessen, Luft, Nahrung) möglicherweise an der Entstehung von Brustkrebs beteiligt sind [64], sollte man betonen, dass einige Nitro-PAKs, z. B. 1- und 4-Nitropyren, 1,3- und 1,8-Dinitropyren und 6-Nitrochrysen, in der Ratte eine erhöhte Inzidenz von Brusttumoren verursachen [71, 111, 129]. Eine Reihe von Nitro-PAKs, darunter auch 2-Nitrofluoren und 1-Nitropyren, erzeugen systemische Tumore in der Leber [49, 160, 265]. Mononitrierte Pyrene sowie 1,6- und 1,8-Dinitropyren induzieren nach intraperitonealer Gabe systemische Effekte im blutbildenden System (Leukämien) [129]; 1-Nitropyren induziert diese Effekte auch nach oraler Gabe [179]. Andere systemisch induzierte Tumore wie in der Niere findet man nach oraler Exposition gegenüber 2-Nitrofluoren [49].

Exposition von 1,6-Dinitropyren über die Bronchien führt zur lokalen Bildung von Lungentumoren [148, 242]. Auch 3-Nitrobenzanthron induziert Lungentumore nach intrachealer Instillation [170]. Systemische Effekte in der Lunge wurden nach oraler Gabe von 1-Nitropyren und intraperitonealer Gabe von 3-Nitrofluoranthen, 4-Nitropyren und 6-Nitrochrysen beobachtet [35, 70, 258, 265]. Tumore der Haut wurden nach dermaler Gabe von 6-Nitrochrysen und 3-Nitroperylen beobachtet [66]. Diese lokalen Effekte deuten auf eine metabolische Aktivierung der Nitro-PAKs am Applikationsort hin.

Die Einführung von Nitrogruppen in PAKs kann sowohl zu einer Stärkung als auch zu einer Schwächung der kanzerogen Wirkung führen [35, 66, 265]. Nitrierte Benzo[*a*]pyrene sind im Allgemeinen weniger kanzerogen als Benzo[*a*]pyren [65]. Im Gegensatz dazu sind mono- und dinitrierte Pyrene stärker kanzerogen als Pyren [265]. 6-Nitrochrysen zeigt eine stärkere Kanzerogenität als Chry-

Tab. 16.4 Kanzerogene Wirkung ausgewählter Nitro-PAKs in Nagetieren.

Nitro-PAK	Tierart; Stamm; Anzahl der Tiere pro Gruppe	Behandlungsart; Dosis	Behandlungsdauer; Studiendauer	Befallene Organe; Tumorinzidenz in männlichen und weiblichen Tieren	Literatur
2-NF	Ratte; Holtzmann; M 10 (Kontrolle), M 20 (behandelt)	Futter; 0; 342 mg/kg Futter (~17 mg/kg KG pro Tag)	12 Monate; 12 Monate	Vormagen: M 0/10, 17/18 Leber: M 0/10, 14/18 Gehörgang: M 0/10, 4/18 Dünndarm: M 0/10, 2/18	[160]
	Ratte; Wistar; M 18–20	Futter; 0; 0,24; 0,95; 2,37 mmol/kg Futter (~ 2,5; 10; 25 mg/kg KG pro Tag)	11 Monate; 24 Monate	Leber: M 0/20, 2/18, 15/19, 20/20 Vormagen: M 0/20, 10/18, 16/19, 10/20 Niere: M 0/20, 1/18, 15/19, 11/20	[49]
3-NFA	Ratte; F344/DuCrj; M 20 (Kontrolle), M 10 (behandelt)	s.c.; 0, 2 mg/Ratte zweimal pro Woche	7,5 Wochen; lebenslang	Tumore an Injektionsstelle: M 0/20, 4/10 (P < 0,05)	[179]
	Maus; BLU:Ha; M 91 (Kontrolle), M 25–29 (behandelt), F 101 (Kontrolle), F 24–27 (behandelt)	i.p.; Gesamtdosis 0; 63; 315 μg/Maus	3 Behandlungen: 1/7, 2/7 und 4/7 der Gesamtdosis an Tagen 1, 8 und 15 injiziert; 26 Wochen	Lunge: 10/192, 15/53 (P < 0,001), 16/52 (P < 0,01)	[35]
1-NP	Ratte; CD; F 30	Oral; 0; 50 μmol/ Ratte (42–125 mg/kg KG) einmal pro Woche	8 Wochen; 49 Wochen	Brust: F 0/30, 10/30 (P < 0,01)	[70]
	Ratte; F344; F 55	s.c.; 0; 100 μmol (25 mg)/kg KG, einmal pro Woche	8 Wochen; 86 Wochen	Leukämie: F 0/55, 4/55 (P < 0,05)	[110, 129]
	Ratte; CD; F 47 (Kontrolle) F 48 (behandelt)	s.c.; 0; 100 μmol (25 mg)/kg KG, einmal pro Woche	8 Wochen; 86 Wochen	Brust: F 3/47, 10/48 (P < 0,05)	[110, 129]
	Maus; CD-1; M 28–45, F 26–50	i.p.; Gesamtdosis 0; 700; 2800 nmol/Maus	3 Behandlungen: 1/7, 2/7 und 4/7 der Gesamtdosis an Tagen 1, 8 und 15 injiziert; 12 Monate	Leber: M 0/28, 0/45 (2. Kontrolle), 3/34 (P <0,05), 5/29 (P <0,05); keine Tumore in weiblichen Mäusen	[265]
	Ratte; CD; F 36	i.p.; 0; 10 μmol/kg KG (2,5 mg/kg KG), dreimal pro Woche	4 Wochen; 76–78 Wochen	Brust: F 7/31, 25/36 (P < 0,001)	[111, 129]

sen nach intraperitonealer Gabe [35], ist aber weniger aktiv in Bezug auf lokale Effekte nach dermaler Applikation [66].

Obwohl 1- und 2-Nitronaphthalin nicht als eindeutig kanzerogen eingestuft wurden [113], beobachteten Johnson und Kollegen nach einmaliger intraperitonealer Injektion von 1-Nitronaphthalin eine Lungen- und Lebertoxizität [120]. Im Vergleich dazu zeigt das Isomer 2-Nitronaphthalin unter gleichen experimentellen Bedingungen keine Toxizität in der Lunge oder Leber. Die Ergebnisse mit 1-Nitronaphthalin wurden in weiteren Studien an Ratten nach intraperitonealer Injektion von 100 mg/kg KG bestätigt [214, 215]. Dagegen scheint 1-Nitronaphthalin nach oraler Gabe weniger toxisch zu wirken als nach intraperitonealer Gabe; bei einer täglichen Gabe von bis zu 160 mg/kg KG über das Futter wurden keine klinischen Anomalien in Ratten und Mäusen beobachtet [172].

Der Pflanzenextrakt Aristolochiasäure ist ein starkes Kanzerogen in Ratten [152, 155]. In Wistar-Ratten die oral mit 0,1; 1,0 oder 10 mg/kg KG/Tag über drei Monate behandelt wurden, wurden in mehreren Organen nach kurzer Latenzzeit, drei Monate, Tumore festgestellt. Man fand eine hohe Inzidenz an Vormagentumoren für die hohen Dosierungen, aber auch primäre Tumore in der Niere, Nierenbecken und Blase. Mit der niedrigen Dosierung wurden nach zwölf Monaten nur Tumore im Vormagen, keine Tumore im Urogenitaltrakt erzeugt. Allerdings wurden im Nierenbecken Hyperplasien beobachtet, was vermuten lässt, dass bei einer Verlängerung der Beobachtungszeit Tumore aufgetreten wären. Aristolochiasäure ist auch ein potentes Kanzerogen in der Maus [154]. Die orale Gabe von 5 mg/kg KG/Tag über drei Wochen erzeugte Tumore in Vormagen, Lunge, Uterus und Lymphsystem. Neben den kanzerogenen Wirkungen wurde nach oraler Gabe von Aristolochiasäure auch eine akute tubuläre Nekrose und Nierenversagen beobachtet [153, 156]. Chronische interstitielle Nierenfibrose wurde in Ratten und Kaninchen nach intraperitonealer Injektion erzeugt und wird daher als Tiermodel für Aristolochiasäure-Nephropathie eingesetzt [45, 52].

Akute orale und dermale Toxizitäten der Nitromoschusverbindungen Moschus Xylol, Moschus Keton, Moschus Tibeten und Moschus Mosken sind vergleichsweise gering [81, 114, 115] (s. Tab. 16.5). Moschus Ambrette war nach oraler Gabe akut toxisch in der Ratte (LD$_{50}$ 339 mg/kg Körpergewicht) [51].

In einer 90-Tage-Studie zeigten die Nitromoschusverbindungen nach täglicher Applikation auf die Haut von Ratten keine toxischen Effekte (s. Tab. 16.5) mit Ausnahme von Moschus Ambrette, welches neurotoxisch wirkte [82].

Ein Langzeitfütterungsversuch (80 Wochen) mit Moschus Xylol (100–200 mg/kg KG/Tag) mit männlichen und weiblichen B6C3F1 Mäusen ergab einen Anstieg an Lebertumoren (hepatozelluläre Adenome und Karzinome) [149]. Die höhere Inzidenz an Lebertumoren war allerdings nicht dosisabhängig und steht wahrscheinlich in Zusammenhang mit der Induzierbarkeit von Leberenzymen (Cytochrom-P450 2B) [123]. Andere Nitromoschusverbindungen wurden bisher nicht auf Kanzerogenität im Tierversuch getestet.

Moschus Xylol und Moschus Keton induzierten in der Leber der Maus und Ratte Cytochrom-P450-Monooxygenasen (s. Tab. 16.5) [31, 119, 125, 141, 239].

Tab. 16.5 In-vivo- und In-vitro-Untersuchungen zur Toxizität von Moschus Keton und Moschus Xylol.

Testsystem	Bedingungen		Literatur
	MK	**MX**	
Akute Toxizität	LD_{50} (oral) Ratte >10 g/kg KG; LD_{50} (dermal); Kaninchen >10 g/kg KG	LD_{50} (oral) Ratte >10 g/kg KG; LD_{50} (dermal); Kaninchen >15 g/kg KG	[81, 114, 115]
Ergebnis:	*Niedrige akute Toxizität*	*Niedrige akute Toxizität*	
Subchronische Toxizität	Dermale Applikation täglich für 90 Tage an Ratten; NOAEL: 75 mg/kg KG	Dermale Applikation täglich für 90 Tage an Ratten; NOAEL: 24 mg/kg KG	[82]
Ergebnis:	*Niedrige subchronische Toxizität*	*Niedrige subchronische Toxizität*	
Ames-Test	Konzentrationen bis 500 µg/Platte; mit und ohne metabolischer Aktivierung (S9); TA97, TA98, T100, TA102, TA1535	Konzentrationen bis 500 µg/Platte; mit und ohne metabolischer Aktivierung (S9); TA97, TA98, T100, TA102, TA1535	[74, 158]
Ergebnis:	*Nicht mutagen*	*Nicht mutagen*	
SOS-Chromo-test	Konzentrationen von 0,8–100 µg/Assay; mit und ohne metabolische Aktivierung (S9); *E. coli* PQ37	Konzentrationen von 0,8–100 µg/Assay; mit und ohne metabolische Aktivierung (S9); *E. coli* PQ37	[74, 126]
Ergebnis:	*Nicht genotoxisch*	*Nicht genotoxisch*	
Mikronukleus-Test			
in vitro	Humane Lymphozyten 0,014–135 µM Hep G2 Zellen 8,5–250 µM bis zytotoxisch Hep G2 Zellen 5–5000 ng/mL	Humane Lymphozyten 0,014–135 µM Hep G2 Zellen 8,5–250 µM bis zytotoxischHep G2 Zellen 5–5000 ng/mL	[128, 159]
in vivo	Männliche und weibliche Mäuse behandelt mit einmaliger i.p Dosis von 250–1000 mg/kg KG.	–	[3]
Ergebnis:	*Nicht genotoxisch*	*Nicht genotoxisch*	
Maus-Lym-phom-Assay	700–4000 µg/mL ohne S9; 2,0–35 µg/mL mit S9	–	[4]
Ergebnis:	*Nicht mutagen*		
UDS-Test	Primäre Rattenhepatozyten 0,5–50 µg/mL	–	[4]
Ergebnis:	*Nicht genotoxisch*		
Chromoso-men-Abbera-tionen	CHO-Zellen 4,3–34 µg/mL ohne S9 1,25–10 µg/mL mit S9	–	[4]
Ergebnis:	*Nicht genotoxisch*		
Schwester-chromatid-austausch	Humane Lymphozyten Mit und ohne metabolische Aktivierung (S9); 0,068–68 µM	Humane Lymphozyten Mit und ohne metabolische Aktivierung (S9); 0,068–68 µM	[126]
Ergebnis:	*Nicht genotoxisch*	*Nicht genotoxisch*	
Enzyminduk-tion (Maus/Ratte)	Bestimmung der Aktivität mikrosomaler Leberenzyme nach Behandlung mit bis zu 200 mg/kg KG/Tag für mehrere Tage; Maus: CYP2B stark erhöht, CYP1A und CYP3A schwach erhöht; Ratte: CYP1A stark und CYP2B erhöht	Bestimmung der Aktivität mikrosomaler Leberenzyme nach Behandlung mit bis zu 500 mg/kg KG/Tag; Maus: CYP2B keine Aktivität aber Protein und mRNA-Menge stark erhöht; Ratte: CYP1A, CYP2B, CYP3A leicht erhöht	[141]
Ergebnis:	*Enzyminduktion*	*Enzyminduktion*	

–: keine Daten vorhanden.

Eine Moschus Xylol-Behandlung erzeugte sowohl in der Maus als auch in der Ratte eine starke Induktion der Cytochrom-P450 2B Enzyme (erhöhte Enzym- und mRNA-Menge), welche jedoch nicht mehr funktionell aktiv sind. Im Gegensatz dazu führt die Moschus Keton-Behandlung zu einer speziesspezifischen Enzyminduktion. In der Ratte wurde eine starke Induktion von Cytochrom-P450 1A1, -1A2 und -2B festgestellt, während in der Maus ebenso wie für Moschus Xylol die Cytochrom-P450 2B Enzyme stark induziert wurden, allerdings nun mit entsprechender erhöhter Enzymaktivität [141]. Neben Phase-I-Enzymen induzieren Moschus Keton und Moschus Xylol auch einige Phase-II-Enzyme [245].

16.5.3
Wirkungen auf andere biologische Systeme

Aufgrund seiner Einfachheit wurden viele Nitro-PAKs im *Salmonella* Ames-Test zur Bestimmung der Mutationsfrequenz und des Mutationstyp untersucht [198]. Außerdem wurden *Salmonella* Ames-Test-Stämme eingesetzt, um den Einfluss von metabolischen Enzymen wie Nitroreduktasen und Acetyltransferasen zu bestimmen. Die Mutationsfrequenzen ausgewählter Nitro-PAKs im Ames-Test sind in Tabelle 16.6 zusammengefasst.

Während einige der bicyclischen Verbindungen erhöhte Mutationsfrequenzen in den Basenpaar-Substitutions-Stämmen wie TA100 aufweisen, sind die Mutationsfrequenzen von Nitroaromaten mit drei und mehr Ringsystemen in den Rasterschub-Stämmen wie TA98 erhöht [198]. Für die meisten dieser Verbindungen spielt die Nitroreduktion eine entscheidende Rolle für ihre Mutagenität. Alle Mono- und Dinitropyrene sind starke direkte Mutagene in TA98, allerdings fällt die Mutationsfrequenz der Mononitropyrene in TA98NR, einem Stamm

Tab. 16.6 Mutagenität ausgewählter Nitro-PAKs im *Salmonella* Ames-Test [198].

Nitro-PAK	Revertanten pro nanomol				
	TA100	TA98	TA98NR	TA98/1,8-DNP$_6$	Literatur
2-NF	13	18	0,8	–	[133]
1-NP	148	237	11	285	[59, 79]
2-NP	741	2223	–	–	[84]
1,6-DNP	12 303	255 000	209 000	32 000	[59]
1,8-DNP	54 954	734 000	401 000	8000	[59]
6-NC	166	269	–	–	[59, 134]
3-NBA	29 700	208 000	–	–	[76]
AA[a]	0,60	–	–	–	[224]
AAI	0,81	–	–	–	[224]

a) Pflanzenextrakt besteht aus 32 % AAI und 68 % AAII.
–: keine Daten vorhanden.

dem die klassische Niktroreduktase fehlt, stark ab (s. Tab. 16.6). Im Gegensatz dazu ist die Mutationsfrequenz von 1,6- und 1,8-Dinitropyren in TA98NR nur wenig erniedrigt, diese fällt dafür im Stamm TA98/1,8-DNP$_6$ stark ab (s. Tab. 16.6). Im Vergleich zu TA98 zeigt 1-Nitropyren in TA98NR eine niedrigere mutagene Aktivität (etwa 5% der in TA98), die mutagene Aktivität in Stamm TA98/1,8-DNP$_6$ ist dagegen gleich. Es scheint daher, dass in TA98NR und TA98/1,8-DNP$_6$ unterschiedliche metabolische Aktivierungswege blockiert sind. Es konnte gezeigt werden, dass TA98/1,8-DNP$_6$ an einer speziellen O-Acetyltransferase defizient ist und die Expression dieses Enzyms für die Mutagenität der Dinitropyrene wie auch für 2-Nitrofluoren erforderlich ist, nicht aber für 1-Nitropyren. Die Rolle der O-Acetyltransferase wurde näher untersucht, indem dieses Enzym in Abkömmlingen der Stämme TA98 und TA100 überexprimiert wurde [260]; die Mutationsfrequenzen von 2-Nitrofluoren, 1-Nitropyren und 1,8-Dinitropyren waren in diesen Stämmen erhöht. Auf der anderen Seite gibt es auch Nitroaromaten, die in TA98, TA98NR und TA98/1,8-DNP$_6$ die gleiche mutagene Aktivität besitzen, was darauf hindeutet, dass auch andere Nitroreduktasen an deren Metabolismus beteiligt sein können [198].

Man vermutet, dass an der Mutagenese von Nitro-PAKs auch die Bildung reaktiver Sauerstoffspezies (z. B. 8-oxo-Desoxyguanosin entstanden durch Redox-Cycling) beteiligt sein könnte. Um den Beitrag oxidativer DNA-Schäden an der Mutagenität von Nitro-PAKs zu untersuchen, wurden die Teststämme YG3001 und YG3002, in denen die Bildung der 8-Hydroxyguanin-DNA-Glykosylase gestört ist, entwickelt. Im Vergleich zum Wildtypstamm wurde in diesen Stämmen für 2-Nitrofluoren eine erhöhte Mutationsfrequenz gemessen, die auf die Bildung von 8-oxo-Desoxyguanosin zurückzuführen ist [241].

Im Vergleich zu den Studien in Bakterien, wurden relativ wenige Untersuchungen zur Mutagenese bzw. Genotoxizität in humanen Zellen durchgeführt (s. Tab. 16.7). Untersuchungen in humanen Zellen haben gezeigt, dass die Befunde aus Bakterien aufgrund der hohen Empfindlichkeit des Tests das genotoxische Potenzial einiger Nitro-PAKs vielleicht überschätzen. Im Vorwärts-Mutations-Test in humanen B-lymphoblastoiden Zellen (Zelllinie h1A1v2; Zellen exprimieren konstitutiv Cytochrom-P450 1A1, welches für den Metabolismus vieler Promutagene notwendig ist), zeigte sich dass die Gruppe der Nitro-PAKs weniger mutagen ist als die Gruppe der PAKs [113]. Der aktivste Nitro-PAK der untersucht wurde, 1,6-Dinitropyren, war allerdings noch bei einer 3fach geringeren Konzentration als Benzo[a]pyren mutagen [61]. Bei der Testung einiger Mono- und Dinitropyrene in einer anderen lymphoblastoiden Zelllinie (Zelllinie MCL-5; Zellen exprimieren konstitutiv Cytochrom-P450 1A1 und als cDNAs Cytochrom-P450 1A2, -2A6, -2E1 und -3A4) zeigte sich ein 11facher Unterschied zwischen der aktivsten Verbindung, 1,6-Dinitropyren, und 1-Nitropyren [33]. Diese zum Teil großen Empfindlichkeitsunterschiede der Nitro-PAKs zwischen pro- und eukaryotischen Zellen lassen sich mit der Verschiedenheit der Zelltypen, dem Expressionsniveau metabolischer Enzyme sowie Unterschieden in der DNA-Reparatur erklären oder hängen vielleicht auch von anderen Faktoren wie der Behandlungszeit ab [61].

Tab. 16.7 In-vitro-Genotoxizität ausgewählter Nitro-PAKs in menschlichen Zellen [113].

Nitro-PAK	Genmutation		Schwesterchromatidaustausch		UDS-Test		Chromosomen-aberration		Mikronucleus-Test		Literatur
	-MA[a]	+MA	-MA	+MA	-MA	+MA	-MA	+MA	-MA	+MA	
1-NN		−	−	k.A.			+	k.A.[b]		−	[90, 210–212, 229]
2-NN		+								+	[90, 210–212,]
2-NF		−								+	[61, 87]
9-NA		+									[61]
2-NFA		+									[34, 61]
3-NFA		+				−					[61, 270]
1-NP	+	+			+	+					[33, 61–63, 188, 232, 240, 270]
1,6-DNP		+			+	+	k.A.	+		−	[36, 58, 61, 206, 232, 240, 264 270]
1,8-DNP	+	+				±	k.A.	+	−	k.A.	[33, 61, 209, 232, 264, 270]
6-NC		+									[166]
3-NBA		+							+	+	[9, 140, 196]
AA			+				+			+	[1, 127]

a) Metabolische Aktivierung; externes Aktivierungssystem (z. B. Lebermikrosomen) oder metabolische kompetente Zellen.

b) k.A.: keine Angabe.

Die Mutagenität von 1- und 2-Nitronaphthalin wurde ebenfalls in MCL-5- und h1A1v2-Zellen im Vergleich zu Benzo[a]pyren untersucht [90]. Die Mutationsfrequenzen wurden im heterozygoten *tk*-Locus und dem hemizygoten *hprt*-Locus bestimmt. Während für Benzo[a]pyren ein signifikanter Anstieg der Mutationsfrequenz sowohl im *tk*- als auch *hprt*-Locus festgestellt wurde, zeigte 2-Nitronaphthalin nur einen signifikanten Anstieg der Mutationsfrequenz im *tk*-Locus; 1-Nitronaphthalin zeigte keinen Effekt. In einer weiteren Studie wurde 2-Nitronaphthalin in L3-Zellen, welche isogenetisch zu MCL-5-Zellen sind, aber keine transfizierten Plasmide enthalten, untersucht [213]. In dieser Studie war 2-Nitronaphthalin nicht mutagen. Diese Ergebnisse deuten darauf hin, dass in humanen Zellen die Genotoxizität einiger Nitro-PAKs einen oxidativen Metabolismus erfordert. So wurde die fehlende Mutagenität von 2-Nitrofluoranthen in MCL-5-Zellen damit erklärt, dass 2-Nitrofluoranthen nicht in der Lage ist, Cytochrom-P450 1A1 in dieser Zelllinie zu induzieren [34].

Das aromatische Nitroketon 3-Nitrobenzanthron, welches zusammen mit 1,8-Dinitropyren eines der stärksten Mutagene ist, die bislang im Ames-Test untersucht wurden, war auch in MCL-5- und h1A1v2-Zellen ein potentes Mutagen [196]. Eine signifikante Erhöhung der Mutationsfrequenz wurde sowohl im *tk*- als auch *hprt*-Locus erhalten.

Ganz im Gegensatz zu seiner starken kanzerogenen Wirkung in Nagetieren und im Menschen [47, 152, 154, 155, 177], ist Aristolochiasäure im Ames-Test nur ein schwaches Mutagen (s. Tab. 16.6) [224]. Mutagenitätsdaten in humanen Zellen liegen nicht vor, dafür aber in transgenen Tieren und anderen Säugerzellsystemen [6, 136, 190].

Alle Nitromoschusverbindungen, außer Moschus Ambrette sind nicht mutagen im Ames-Test, gleich ob mit oder ohne Zusatz von metabolisierendem System (s. Tab. 16.5) [74, 158, 171]. Moschus Keton ist auch im Maus-Lymphom-Test negativ [4]. Wie Tabelle 16.5 für Moschus Keton und Moschus Xylol zeigt, sind die Nitromoschusverbindungen auch in mehreren anderen Kurzzeittests weder genotoxisch noch mutagen [3, 4, 74, 126, 128].

Moschus Keton und Moschus Xylol sind aufgrund ihrer Eigenschaft Metabolismusenzyme zu induzieren in der Lage, die Genotoxizität von bekannten Kanzerogenen zu verstärken [157]. Dieser Effekt ist für Moschus Keton ausgeprägter als für Moschus Xylol und war auch im Niedrigdosisbereich (50 ng Moschus Keton/mL Medium) feststellbar [159].

16.6
Bewertung des Gefährdungspotenzials

Trotz der ubiquitären Verbreitung von Nitroaromaten wurde nur eine geringe Anzahl an Verbindungen aus dieser Stoffklasse eingehend auf ihre mutagenen und kanzerogen Eigenschaften untersucht. Die vorangehende Übersicht lässt keinen Zweifeln daran, dass die Nitro-PAKs aus Tabelle 16.1 genotoxisch sind. Abbildung 16.3 gibt einen Überblick über die Aktivierungswege die zur Mutagenität und Genotoxizität der Nitro-PAKs führen können. Viele Nitro-PAKs sind kanzerogen im Tierversuch und induzieren Tumoren in zahlreichen Organen der Versuchtiere; in verschiedenen Spezies. Humane Biomonitoring-Studien an dieselabgasexponierten Arbeitern zeigen deutlich, dass Nitro-PAKs im Menschen dem gleichen Metabolismus unterliegen wie in Versuchstieren. Auch wenn für die überwiegende Mehrzahl von Nitro-PAKs, wie man sie als Verunreinigungen in Lebensmitteln findet, keine Berichte über schädigende Wirkungen auf den Menschen vorliegen, muss man annehmen, dass Nitro-PAKs prinzipiell auch beim Menschen kanzerogen wirken können. Die IARC hat daher zahlreiche Nitro-PAKs aus Tabelle 16.1 als „möglicherweise kanzerogen für den Menschen" (Gruppe 2B) eingestuft [106]: 2-Nitrofluoren, 1- und 4-Nitropyren, 1,6- und 1,8-Dinitropyren und 6-Nitrochrysen. Die bislang publizierten Studien belegen allerdings, dass die Konzentrationen an Nitro-PAKs in vielen Lebensmitteln gering sind, so dass der Beitrag der Nitro-PAK-Kontamination zum gesamten Krebsrisiko daher wahrscheinlich sehr gering ist. Aufgrund der fragmentarischen Datenlage ist es aber schwierig, für die Belastung des Menschen mit Nitro-PAKs aus Lebensmitteln eine verlässliche Risikoabschätzung abzugeben.

Die IARC hat pflanzliche Präparate, die Pflanzenteile der Familie *Aristolochia* enthalten, als „kanzerogen für den Menschen (Gruppe 1) eingestuft [108]. Der Pflanzenextrakt Aristolochiasäure wurde als „wahrscheinlich kanzerogen für den Menschen (Gruppe 2A) eingestuft [108]. Aufgrund der Tatsache, dass Aristolochiasäure ein starkes Nephrotoxin und ein genotoxisches Kanzerogen ohne Schwellenwert ist, sollten alle Produkte, die Pflanzen beinhalten, die Aristolochiasäure enthalten, weltweit vom Markt verbannt werden. In vielen Ländern, darunter Deutschland, Frankreich, England, Kanada, Australien und Japan, wurde die Anwendung von aristolochiasäurehaltigen Pflanzen, verboten. Auch die Food and Drug Administration (FDA) hat Verbraucher vor pflanzlichen Produkten, die Aristolochiasäure enthalten, gewarnt [143].

Auch wenn Aristolochiasäure bislang nicht in Lebensmitteln nachgewiesen wurde, zeigen neue Studien, dass Aristolochiasäure ein Risikofaktor für das Auftreten der endemischen Balkan-Nephropathie und der damit verbundenen hohen Inzidenz für Harnleiterkrebs ist. Man geht davon aus, dass es in den endemischen Gebieten zu einer chronischen Belastung der Bevölkerung durch aristolochiasäurehaltige Getreideprodukte gekommen ist.

Bisher waren Nitromoschusverbindungen nur in Lebensmitteln aus aquatischen Nahrungsketten zu finden. Nennenswerte Mengen an Nitromoschusverbindungen wurden nur in Süßwasserfischen nachgewiesen und betreffen ausschließlich Moschus Xylol und Moschus Keton. Moschus Xylol ist von der IARC in Gruppe 3 eingestuft („unzureichende Hinweise auf Kanzerogenität in Versuchstieren und nicht klassifizierbar in Bezug auf Kanzerogenität im Menschen") [107]. Daten zur Kanzerogenität der anderen Nitromoschusverbindungen liegen nicht vor. Nach Berechnungen von Käfferlein und Mitarbeitern beträgt die durchschnittliche tägliche Aufnahmemenge an Moschus Xylol $8{,}1 \cdot 10^{-5}$ mg/kg KG [123] und liegt damit weit unter den Konzentrationen, die toxische Effekte im Tierversuch erzeugen. Auch ein Vergleich mit der Dosis an Moschus Keton, die in der Maus Tumoren erzeugt (100–200 mg/kg KG/Tag) und der Menge, die über die Nahrung aufgenommen werden kann, zeigt ein vernachlässigbares Risiko für den Menschen [245]. Nach Ford [81] wird durch täglichen Verzehr von 110 g Fisch, der mit 10 µg/kg Frischgewicht an Moschus Xylol kontaminiert ist, eine tägliche Aufnahme von 1,1 µg Moschus Xylol erreicht, was einer Dosis von 0,018 µg/kg KG entspricht. Für Säuglinge, die über mit Moschus Xylol and Moschus Keton belastete Muttermilch exponiert werden, schätzt Slanina [245] die tägliche Dosis auf maximal 6,3 µg/kg KG, was hinsichtlich der erhöhten Suszeptibilität des Neugeborenen gesundheitlich bedenklich ist.

Die fragmentarische toxikologische Datenlage zu den anderen Nitromoschusverbindungen erlaubt gegenwärtig keine aussagekräftige und verlässliche Analyse des Verbraucherrisikos [245].

16.7
Grenzwerte, Richtwerte, Empfehlungen

Für Nitro-PAKs liegen in Deutschland keine Grenz- oder Richtwerte vor. Dies findet seine Begründung zum einen darin, dass viele Nitro-PAKs zur Klasse der genotoxischen Kanzerogene zählen, für die sich keine begründeten Grenzwerte angeben lassen.

Aristolochia spp. und deren Zubereitungen sind gemäß der Verordnung 2377/90 (EWG) für die Anwendung bei Tieren, die der Lebensmittelgewinnung dienen, verboten.

In Deutschland liegen keine Einstufungen oder Richtwerte für Nitromoschus-verbindungen vor, auch nicht für Moschus Xylol.

16.8
Vorsorgemaßnahmen

Aus präventivmedizinischen Überlegungen sollte die Belastung des Menschen mit Nitromoschusverbindungen möglichst vermieden werden. Daher sollten Ni-tromoschusverbindungen entweder den Wasch- und Pflegemitteln nicht mehr zugesetzt oder möglichst schnell durch leicht abbaubare sowie human- und ökotoxikologisch unbedenkliche Stoffe ersetzt werden.

16.9
Zusammenfassung

Die ubiquitär in der Umwelt vorkommenden Nitro-PAKs entstehen aus PAKs, die beide während unvollständiger Verbrennungsprozesse, insbesondere beim Straßenverkehr, entstehen.

Die Anwesenheit von Nitro-PAKs in Lebensmitteln lässt sich auf verschiedene Ursachen zurückführen: 1.) atmosphärische Verunreinigungen (Luftverschmut-zung), 2.) die Aufnahme durch Pflanzen aufgrund verunreinigter Böden und 3.) technische Prozesse, wie sie in der Lebensmittel verarbeitenden Industrie angewendet werden (Trocknen, Rösten und Räuchern).

In Lebensmitteln liegen die Konzentrationen an Nitro-PAKs unter 5 µg/kg mit Ausnahme von Gewürzen, geräucherten, gebratenen oder gerösteten Nah-rungsmitteln und Erdnüssen. Insbesondere Mate Tee kann Nitro-PAKs in gro-ßen Mengen (maximal 128 µg/kg) enthalten, da er geröstet wird. Aber auch in Gemüse und in Früchten wurden Nitro-PAKs, sehr wahrscheinlich als Folge der Umweltverschmutzung, nachgewiesen.

Eine direkte Analyse von Nitro-PAKs in Lebensmitteln ist nicht möglich, da sie in komplexen Gemischen auftreten. Die Toxikokinetik vieler Nitro-PAKs ist bis heute nur unvollständig verstanden, jedoch lässt sich generell ableiten, dass Nitro-PAKs schnell absorbiert und metabolisiert werden, wobei die Nitroreduk-tion und/oder Ringoxidation, gefolgt von Konjugation und Exkretion die Haupt-metabolismuspfade darstellen.

Ein erhöhtes Krebsrisiko durch Luftverschmutzung und durch Exposition ge-genüber Dieselemissionen ist durch epidemiologische Studien gesichert, aller-dings ist der Beitrag der Nitro-PAKs zu diesem Risiko im Unterschied zu den PAKs bislang nicht geklärt.

Trotz der ubiquitären Verbreitung der Nitro-PAKs wurden nur wenige Verbindungen dieser Stoffklasse eingehend auf Mutagenität und Kanzerogenität untersucht. Zweifellos besitzen viele Nitro-PAKs nach reduktiver Aktivierung ein hohes genotoxisches Potenzial und einige sind auch kanzerogen im Tierexperiment. Auch wenn für die überwiegende Mehrzahl von Nitro-PAKs, wie man sie als Verunreinigungen in Lebensmitteln findet, keine Berichte über schädigende Wirkungen auf den Menschen vorliegen, muss man annehmen, dass Nitro-PAKs prinzipiell auch beim Menschen nach dem selben genotoxischen Mechanismus kanzerogen wirken können. Die bislang publizierten Studien belegen allerdings, dass die Konzentrationen an Nitro-PAKs in vielen Lebensmitteln gering sind, so dass der Beitrag der Nitro-PAK-Kontamination zum gesamten Krebsrisiko wahrscheinlich sehr gering ist.

Es gibt eindeutige Belege, dass der Pflanzenextrakt Aristolochiasäure nicht nur der auslösende Faktor für das Auftreten der Aristolochiasäure-Nephropathie, sondern, wesentlich wichtiger, auch die Ursache für die hohe Inzidenz von Harnleiterkrebs in Aristolochiasäure-Nephropathie-Patienten, ist. Immer mehr neue Fälle von Aristolochiasäure-Nephropathie werden weltweit beobachtet und man muss befürchten, dass diese Nierenerkrankung und das damit verbundene Krebsleiden in Zukunft durch die breite Verfügbarkeit an pflanzlichen Produkten (Schlankheitspräparate, Nahrungsergänzungsmittel), die Aristolochiasäure enthalten, noch häufiger auftreten werden. Es ist beunruhigend, dass auch die Patienten die gegenüber Aristolochiasäure exponiert waren, aber bislang keine Nierenprobleme hatten, Urothelialkarzinome entwickeln können [178].

In Aristolochiasäure-Nephropathie-Patienten wurden im Urothelialgewebe hohe DNA-Addukt-Level im Bereich von 0,1 bis 50 Addukte/10^8 normalen Nukleotiden gefunden, was eindeutig belegt, dass diese Patienten einer hohen Exposition gegenüber Aristolochiasäure ausgesetzt waren. Diese Aristolochiasäure-DNA-Addukte zeigen dazu eine lange Persistenz im Nierengewebe; die DNA-Addukte waren in einigen Aristolochiasäure-Nephropathie-Patienten auch noch zehn Jahre nach Ende der Exposition in erheblichen Mengen nachweisbar.

Aristolochiasäure ist ein äußerst potentes Tier- und Humankanzerogen mit genotoxischem Wirkmechanismus. Im Vergleich zu anderen Kanzerogenen ist die Latenzzeit sehr kurz (im Durchschnitt beträgt die Latenzzeit für Aristolochiasäure-Nephropathie-Patienten mit terminalem Nierenversagen 2–8 Jahren). Nachdem Aristolochiasäure im Tierversuch Tumore in verschiedenen Organen induziert, bleibt abzuwarten, ob in Aristolochiasäure-Nephropathie-Patienten neben Tumoren im Urogenitalbereich auch noch Tumore in anderen Organen auftreten werden.

Nitromoschusverbindungen gelangen als Inhaltsstoffe von Wasch- und Pflegemitteln über das Abwasser in die Gewässer, wo sie sich in Fischen, Muscheln und Krabben anreichern. Zwei Vertreter dieser Verbindungsklasse, Moschus Xylol und Moschus Keton, wurden aufgrund ihrer Lipophilie und Persistenz auch in Humanfett und Muttermilch nachgewiesen. Diese Befunde sowie der Nachweis von Moschus Xylol im Blut und als Hämoglobin-Addukt in freiwilligen

Testpersonen belegen sowohl eine konstante Belastung des Verbrauchers mit Moschus Xylol als auch die Bioverfügbarkeit und die Biotransformation von Moschus Xylol im Menschen.

Süßwasserfische sind die einzigen Nahrungsmittel, in denen bisher relevante Mengen an Nitromoschusverbindungen, und zwar ausschließlich Moschus Xylol und Moschus Keton, nachgewiesen wurden. Die Aufnahme dieser Nitromoschusverbindungen mit der Nahrung trägt aber nur zu einem geringen Teil zur Belastung der Verbraucher bei. Quantitativ bedeutsamer ist die Resorption über die Haut, sie führt wahrscheinlich auch zur Kontamination der Muttermilch mit Moschus Xylol und Moschus Keton.

Außer für Moschus Xylol erlaubt die derzeitige Datenbasis keine humantoxikologische Bewertung der Nitromoschusverbindungen. Moschus Xylol hat sich im Tierversuch bei hohen Dosierungen zwar als krebserzeugend erwiesen, das Fehlen von positiven Befunden in einer Reihe von Genotoxizitäts- und Mutagenitätstests deutet allerdings auf einen nicht genotoxischen Mechanismus mit Schwellenwert hin. Auch Moschus Keton ist weder genotoxisch noch mutagen in zahlreichen Testsystemen wurde aber bisher noch nicht auf Kanzerogenität im Tierversuch untersucht. Ebenso wie Moschus Xylol induziert Moschus Keton Enzyme des Fremdstoffmetabolismus, so dass synergistische Wirkungen mit Kanzerogenen auch im Menschen möglich erscheinen.

Im Sinne eines vorbeugenden Verbraucherschutzes sollten alle Anstrengungen unternommen werden, Kontaminationen von Lebensmitteln mit Nitromoschusverbindungen zu vermeiden.

16.10
Literatur

1 Abel G, Schimmer O (1983) Induction of structural chromosome aberrations and sister chromatid exchanges in human lymphocytes *in-vitro* by aristolochic acid, *Human Genetics* **64**: 131–133.

2 Andrews PJ, Quilliam MA, McCarry BE, Bryant DW, McCalla DR (1986) Identification of the DNA adduct formed by metabolism of 1,8-dinitropyrene in *Salmonella typhimurium*, *Carcinogenesis* **7**: 105–110.

3 Api AM, Gudi R (2000) An in vivo mouse micronucleus assay on musk ketone, *Mutation Research* **464**: 263–267.

4 Api AM, Pfitzer EA, San RHC (1996) An evaluation of genotoxicity tests with musk ketone, *Food Chemistry and Toxicology* **34**: 633–638.

5 Arey J, Zielinska B, Atkinson R, Winer AM (1987) Polycyclic aromatic hydrocarbon and nitroarene concentrations in ambient air during a wintertime high-NO_2 episode in the Los Angeles basin, *Atmospheric Environment* **21**: 1437–1444.

6 Arlt VM (2002) Aristolochic acid as a probable human cancer hazard in herbal remedies: a review, *Mutagenesis* **17**: 265–277.

7 Arlt VM (2005) 3-Nitrobenzanthrone, a potential human cancer hazard in diesel exhaust and urban air pollution: a review of the evidence, *Mutagenesis* **20**: 399–410.

8 Arlt VM, Alunni-Perret V, Quartrehomme G, Ohayon P, Albano L, Gaid H, Michiels JF, Meyrier A, Cassuto E, Wiessler M, Schmeiser HH, Cosyns JP (2004) Aristolochic acid (AA)-DNA adduct as marker of AA exposure and risk factor for AA nephropathy-associated cancer,

International Journal of Cancer **111**: 977–980.

9 Arlt VM, Cole KJ, Phillips DH (2004) Activation of 3-nitrobenzanthrone and its metabolites to DNA-damaging species in human B lymphoblastoid MCL-5 cells, *Mutagenesis* **19**: 149–156.

10 Arlt VM, Ferluga D, Stiborova M, Pfohl-Leszkowicz A, Vukelic M, Ceovic S, Schmeiser HH, Cosyns JP (2002) Is aristolochic acid a risk factor for Balkan endemic nephropathy-associated urothelial cancer? *International Journal of Cancer* **101**: 500–502.

11 Arlt VM, Glatt H, Muckel E, Pabel U, Sorg BL, Seidel A, Frank H, Schmeiser HH, Phillips DH (2003) Activation of 3-nitrobenzanthrone and its metabolites by human acetyltransferases, sulfotransferases and cytochrome P450 expressed in Chinese hamster V79 cells, *International Journal of Cancer* **105**: 583–592.

12 Arlt VM, Glatt HR, Muckel E, Pabel U, Sorg BL, Schmeiser HH, Phillips DH (2002) Metabolic activation of the environmental contaminant 3-nitrobenzanthrone by human acetyltransferases and sulfotransferase, *Carcinogenesis* **23**: 1937–1945.

13 Arlt VM, Henderson CJ, Wolf CR, Schmeiser HH, Phillips DH, Stiborova M (2005) Bioactivation of 3-aminobenzanthrone, a human metabolite of the environmental pollutant 3-nitrobenzanthrone: evidence for DNA adduct formation mediated by cytochrome P450 enzymes and peroxidases, *Cancer Letter* **234**: 220–231.

14 Arlt VM, Hewer A, Sorg BL, Schmeiser HH, Phillips DH, Stiborova M (2004) 3-Aminobenzanthrone, a human metabolite of the environmental pollutant 3-nitrobenzanthrone, forms DNA adducts after metabolic activation by human and rat liver microsomes: evidence for activation by cytochrome P450 1A1 and P450 1A2, *Chemical Research in Toxicology* **17**: 1092–1101.

15 Arlt VM, Schmeiser HH, Osborne MR, Kawanishi M, Kanno T, Yagi T, Phillips DH, Takamura-Enya T (2005) Identification of three major DNA adducts formed by the carcinogenic air pollutant 3-nitro-

benzanthrone in rat lung at the C8 and N^2 position of guanine and at the N^6 position of adenine, *International Journal of Cancer* **118**: 2139–2146.

16 Arlt VM, Sorg BL, Osborne M, Hewer A, Seidel A, Schmeiser HH, Phillips DH (2003) DNA adduct formation by the ubiquitous environmental pollutant 3-nitrobenzanthrone and its metabolites in rats, *Biochemical and Biophysical Research Communications* **300**: 107–114.

17 Arlt VM, Stiborova M, Henderson CJ, Osborne MR, Bieler CA, Frei E, Martinek V, Sopko B, Wolf CR, Schmeiser HH, Phillips DH (2005) The environmental pollutant and potent mutagen 3-nitrobenzanthrone forms DNA adducts after reduction by NAD(P)H:quinone oxidoreductase and conjugation by acetyltransferases and sulfotransferases in human hepatic cytosols, *Cancer Research* **65**, 2644–2652.

18 Arlt VM, Stiborova M, Hewer A, Schmeiser HH, Phillips DH (2003) Human enzymes involved in the metabolic activation of the environmental contaminant 3-nitrobenzanthrone: evidence for reductive activation by human NADPH:cytochrome P450 reductase, *Cancer Research* **63**: 2752–2761.

19 Atkinson R, Arey J (1994) Atmospheric chemistry of gas-phase polycyclic aromatic hydrocarbons: formation of atmospheric mutagens, *Environmental Health Perspective* **102** (Anhang 4): 117–126.

20 Atkinson R, Arey J, Zielinska B, Winer AM, Pitts JN Jr (1987) The formation of nitropolycyclic hydrocarbons and their contribution to the mutagenicity of ambient air, in: Sandhu SS, DeMarini DM, Mass MJ, Moore MM, Mumford JS (Hrsg) Short-term bioassays in the analysis of complex environmental mixtures, V, Plenum Press, New York, 291–309.

21 Baird WM, Hooven LA, Mahadevan B (2005) Carcinogenic polycyclic aromatic hydrocarbon-DNA adducts and mechanism of action, *Environmental and Molecular Mutagenesis* **45**: 106–114.

22 Ball LM, Kohan MJ, Inmon JP, Claxton LD, Lewtas J (1984) Metabolism of 1-nitro[^{14}C]pyrene *in vivo* in the rat and mu-

tagenicity of urinary metabolites, *Carcinogenesis* **5**: 1557–1564.

23 Bauer SL, Howard PC (1990) The kinetics of 1-nitropyrene and 3-nitrofluoranthene metabolism using bovine liver xanthine oxidase, *Cancer Letters* **54**: 37–42.

24 Bauer SL, Howard PC (1991) Kinetics and cofactor requirements for the nitroreductive metabolism of 1-nitropyrene and 3-nitrofluoranthene by rabbit liver aldehyde oxidase, *Carcinogenesis* **12**: 1545–1549.

25 Beland FA, Marques MM (1994) DNA adducts of nitropolycyclic aromatic hydrocarbons, in Hemminki K, Dipple A, Shuker DEG, Kadlubar FF, Segerbäck D, Bartsch H (Hrsg) DNA Adducts, Identification and Biological Significance. IARC Science Publication No. 125, Lyon, 229–244.

26 Berset JD, Bigler P, Herren D (2000) analysis of nito musk compounds and their amino metabolites in liquid sewage sludges using NMR and mass spectrometry, *Analytical Chemistry* **72**: 2124–2131.

27 Bieler CA, Stiborova M, Wiessler M, Cosyns JP, van Ypersele de Strihou C, Schmeiser HH (1997) ^{32}P-post-labelling analysis of DNA adducts formed by aristolochic acid in tissues from patients with Chinese herbs nephropathy, *Carcinogenesis* **18**: 1063–1067.

28 Booth G (1991) Nitro compounds, aromatic, in Elvers B, Hawkins S, Schulz G (Hrsg) Ullmann's encyclopedia of industrial chemistry, VCH Weinheim, 411–455.

29 Borlak J, Hansen T, Yuan Z, Sikka HC, Kumar S, Schmidbauer S, Frank H, Jacob J, Seidel A (2000) Metabolism and DNA-binding of 3-nitrobenzanthrone in primary rat alveolar type II cells, in human fetal bronchial, rat epithelial and mesenchymal cell lines, *Polycyclic Aromatic Compounds* **21**: 73–86.

30 Bos RP, van Bekkum YM, Scheepers PTJ (2000) Biomonitoring of diesel exhaust in exposed workers, in Anderson D, Karakaya AE, Sram RJ (Hrsg) Human monitoring after environmental and occupational exposure to chemical and physical agents, IOS Press, Amsterdam, 319–329.

31 Brunn H, Rimkus G (1997) Synthetische Moschusduftstoffe – Anwendung, Anreicherung in der Umwelt und Toxikologie, Teil 2 Toxikologie der synthetischen Moschusduftstoffe und Schlußfolgerungen, *Ernährungs-Umschau* **44**: 4–9.

32 Bundestagsdrucksache 13/487 vom 13. 02. (1995).

33 Busby WF, Penman BW, Crespi CL (1994) Human cell mutagenicity of mono- and dinitropyrenes in metabolically competent MCL-5 cells, *Mutation Research* **322**: 233–242.

34 Busby WF, Smith H, Crespi CL, Penman BW, Lafleur AL (1997 Mutagenicity of the atmospheric transformation products 2-nitrofluoranthene and 2-nitrodibenzopyranone in *Salmonella* and human cell forward mutation assays, *Mutation Research* **389**: 261–270.

35 Busby WF, Stevens EK, Martin CN, Chow FL, Garner RC (1989) Comparative lung tumorigenicity of parent and mononitro-polynuclear aromatic hydrocarbons in the BLU:Ha newborn mouse assay, *Toxicology and Applied Pharmacology* **99**: 555–563.

36 Butterworth BE, Earle LL, Strom D, Jirtle R, Michalopoulos G (1983) Induction of DNA repair in human and rat hepatocytes by 1,6-dinitropyrene, *Mutation Research* **122**: 73–80.

37 Cerniglia CE, Somerville CC (1995) Reductive metabolism of nitroaromatic and nitropolycyclic aromatic hydrocarbons, in Spain JC (Hrsg) Biodegradation of nitroaromatic compounds, Plenum Press, New York, 99–115.

38 Chae YH, Delclos KB, Blaydes B, El-Bayoumy K (1996) Metabolism and DNA binding of the environmental colon carcinogen 6-nitrochrysene in rats, *Cancer Research* **56**: 2052–2058.

39 Chae YH, Thomas T, Guengerich FP, Fu PP, El-Bayoumy K (1999) Comparative metabolism of 1-, 2-, and 4-nitropyrene by human hepatic and pulmonary microsomes, *Cancer Research* **59**: 1473–1480.

40 Chae YH, Yun C-H, Guengerich FP, Kadlubar FF, El-Bayoumy K (1993) Roles of human hepatic and pulmonary cytochrome P450 enzymes in the metabolism of the environmental carcinogen

6-nitrochrysene, *Cancer Research* **53**: 2028–2034.

41 Chernozemsky IN, Stoyanov IS, Petkova-Bocharova TK, Nicolov IG, Draganov IV, Stoichev II, Tanchev Y, Naidenov D, Kalcheva ND (1977) Geographic correlation between the occurrence of endemic nephropathy and urinary tract tumours in vratza district, Bulgaria, *International Journal of Cancer* **19**: 1–11.

42 Ciccioli P, Cecinato A, Brancaleoni E, Draisci R, Liberti A (1989) Evaluation of nitrated polycyclic aromatic hydrocarbons in anthropogenic emission and air samples, *Aerosol Science and Technology* **10**: 296–310.

43 Ciccioli P, Cecinato A, Brancaleoni E, Frattoni M, Zacchei P, Miguel AH, de Castro Vasconcellos P (1996) Formation and transport of 2-nitrofluoranthene and 2-nitropyrene of photochemical origin in the troposphere, *Journal of Geophysical Research* **101**: 19567–19581.

44 Cosyns JP (2003) Aristolochic acid and 'Chinese herbs nephropathy': a review of the evidence to date, *Drug Safety* **26**: 33–48.

45 Cosyns JP, Dehoux JP, Guiot Y, Goebbels RM, Robert A, Bernard AM, van Ypersele de Strihou C (2001) Chronic aristolochic acid toxicity in rabbits: a model of Chinese herbs nephropathy? *Kidney International* **59**: 2164–2173.

46 Cosyns JP, Jadoul M, Squifflet JP, De Plaen JF, Ferluga D, van Ypersele de Strihou C (1994) Chinese herbs nephropathy: a clue to Balkan endemic nephropathy?, *Kidney International* **45**: 1680–1688.

47 Cosyns JP, Jadoul M, Squifflet JP, Wese FX, van Ypersele de Strihou C (1999) Urothelial lesions in Chinese-herb nephropathy, *American Journal of Kidney Disease* **33**: 1011–1017.

48 Cui XS, Erikkson LC, Möller L (1999) Formation and persistence of DNA adducts during and after a long-term administration of 2-nitrofluorene, *Mutation Research* **442**: 9–18.

49 Cui XS, Torndal UB, Eriksson LC, Möller L (1995) Early formation of DNA adducts compared with tumor formation in a long-term tumor study in rats after administration of 2-nitrofluorene, *Carcinogenesis* **16**: 2135–2141.

50 Dafflon O, Scheurer L, Koch H, Bosset JO (2000) Quantitation of nitrated polycyclic aromatic hydrocarbons in fish, meat products and cheese using liquid chromatography, *Mitteilungen aus dem Gebiete der Lebensmitteluntersuchung und Hygiene* **91**: 158–171.

51 Davis DA, Taylor JM, Jones WI (1967) Toxicity of musk ambrette, *Toxicology and Applied Pharmacology* **10**: 405.

52 Debelle FD, Nortier JL, de Prez EG, Garbar CH, Vienne AR, Salmon IJ, Deschodt-Lanckman MM, Vanherweghem JL (2002) Aristolochic acid induce chronic renal failure with interstitial fibrosis in salt-depleted rats, *Journal of the American Society of Nephrology* **13**: 431–436.

53 Delclos KB, El-Bayoumy K, Hecht SS, Walker RP, Kadlubar FF (1988) Metabolism of the carcinogen [^{3}H]6-nitrochrysene in the preweanling mouse: identification of 6-aminochrysene-1,2-dihydrodiol as the probable proximate carcinogenic metabolite, *Carcinogenesis* **9**: 1875–1884.

54 Delclos KB, Miller DW, Lay JO Jr, Casciano DA, Walker RP, Fu PP, Kadlubar FF (1987) Identification of C8-modified deoxyinosine and N2- and C8-modified deoxyguanosine as major products of the *in vitro* reaction of N-hydroxy-6-aminochrysene and 6-aminochrysene with DNA and the formation of these adducts in isolated rat hepatocytes treated with 6-nitrochrysene and 6-aminochrysene, *Carcinogenesis* **8**: 1703–1709.

55 Dennis MJ, Massey RC, McWeeny DJ, Knowles ME (1984) Estimation of nitro-polycyclic aromatic hydrocarbons in foods, *Food Additives and Contaminants* **1**: 29–37.

56 Djuric Z, Fifer EK, Yamazoe Y, Beland FA (1988) DNA binding by 1-nitropyrene and 1,6-dinitropyrene *in vitro* and *in vivo*: effects of nitroreductase induction, *Carcinogenesis* **9**: 357–364.

57 Djuric Z, Potter DW, Heflich RH, Beland FA (1986) Aerobic and anaerobic reduction of nitrated pyrenes *in vitro*, *Chemico-Biological Interactions* **59**: 309–324.

58 Doolittle DJ, Furlong JW, Butterworth BE 1985 Assessment of chemically-indu-

ced DNA repair in primary cultures of human bronchial epithelial cells, *Toxicology and Applied Pharmacology* **79**: 28–38.

59 Draper WM, Casida JE (1983) Dipenyl Ether Herbicides: Mutagenic metabolites and photoproducts of Nitrofen, *Journal of Agricultural and Food Chemistry* **31**: 227–231.

60 Duedahl-Olesen L, Cederberg T, Pedersen KH, Hojgard A (2005) synthetic musk fragrances in trout from Danish farms and human milk, *Chemosphere* **61**: 422–431.

61 Durant JL, Busby WF, Lafleur AL, Penman BW, Crespi CL (1996) Human cell mutagenicity of oxygenated, nitrated and unsubstituted polycyclic aromatic hydrocarbons associated with urban aerosols, *Mutation Research* **371**: 123–157.

62 Eddy EP, Howard PC, McCoy EC, Rosenkranz HS (1987) Mutagenicity, unscheduled DNA synthesis, and metabolism of 1-nitropyrene in the human hepatoma cell line HepG2, *Cancer Research* **47**: 3163–3168.

63 Eddy EP, Howard PC, Rosenkranz HS (1985) Metabolism, DNA repair and mutagenicity of 1-nitropyrene in the human hepatoma cell line HepG2, *Proceedings of the American Association for Cancer Research* **26**: 96.

64 El-Bayoumy K (1992) Environmental carcinogens that may be involved in human breast cancer etiology, *Chemical Research in Toxicology* **5**: 585–590.

65 El-Bayoumy K, Chae Y-H, Upadhyaya P, Rivenson A, Kurtzke C, Reddy B, Hecht SS (1995) Comparative tumorigenicity of benzo[*a*]pyrene, 1-nitropyrene and 2-amino-1-methyl-6-phenylimidazo-[4,5-*b*]pyridine administered by gavage to female CD rats, *Carcinogenesis* **16**: 431–434.

66 El-Bayoumy K, Hecht SS, Hoffmann D (1982) Comparative tumor initiating activity on mouse skin of 6-nitrobenzo[*a*]pyrene, 6-nitrochrysene, 3-nitroperylene, 1-nitropyrene and their parent hydrocarbons, *Cancer Letters* **16**: 333–337.

67 El-Bayoumy K, Johnson B, Partian S, Upadhyaya P, Hecht SS (1994) *In vivo* binding of 1-nitropyrene to albumin in the rat, *Carcinogenesis* **15**: 119–123.

68 El-Bayoumy K, Johnson B, Roy AK, Upadhyaya P, Partian S, Hecht SS (1994) Development of methods to monitor exposure to 1-nitropyrene, *Environmental Health Perspective* **102** (Anhang 6): 31–37.

69 El-Bayoumy K, Johnson BE, Roy AK, Upadhyaya P, Partian SJ (1994) Biomonitoring of nitropolynuclear aromatic hydrocarbons via protein and DNA adducts, Health Effects Institute, Cambridge, Massachusetts, 1-39 (Research Report No. 64).

70 El-Bayoumy K, Rivenson A, Johnson B, DiBello J, Little P, Hecht SS (1988) Comparative tumorigenicity of 1-nitropyrene, 1-nitrosopyrene, and 1-aminopyrene administered by gavage to Sprague-Dawley rats, *Cancer Research* **48**: 4256–4260.

71 El-Bayoumy K, Rivenson A, Upadhyaya P, Chae YH, Hecht SS (1993) Induction of mammary cancer by 6-nitrochrysene in female CD rats, *Cancer Research* **53**: 3719–3722.

72 El-Bayoumy K, Sharma AK, Lin JM, Krzeminski J, Boyiri T, King LC, Lambert G, Padgett W, Nesnow S, Amin S (2004) Identification of 5-(deoxyguanosin-N2-yl)-1,2-dihydroxy-1,2-dihydro-6-aminochrysene as the major DNA lesion in the mammary gland of rats treated with the environmental pollutant 6-nitrochrysene, *Chemical Research in Toxicology* **17**: 1591–1599.

73 El-Bayoumy K, Sharma C, Louis YM, Reddy B, Hecht SS (1983) The role of intestinal microflora in the metabolic reduction of 1-nitropyrene to 1-aminopyrene in conventional and germfree rats and in humans, *Cancer Letters* **19**: 311–316.

74 Emig M, Reinhardt A, Mersch-Sundermann V (1996) A comparative study of five nitro musk compounds for genotoxicity in the SOS chromotest and Salmonella mutagenicity, *Toxicology Letters* **85**: 151–156.

75 Enya T, Kawanishi M, Suzuki H, Matsui S, Hisamatsu Y (1998) An unusual DNA adduct derived from the powerfully mutagenic environmental contaminant 3-nitrobenzanthrone, *Chemical Research in Toxicology* **11**: 1460–1467.

76 Enya T, Suzuki H, Watanabe T, Hisamatsu Y, Hisamatsu Y (1997) 3-Nitrobenzanthrone, a powerful bacterial mutagen and suspected human carcinogen found in diesel exhaust and airborne particulates, *Environmental Science Technology* **31**: 2772–2776.

77 Feilberg A, Poulsen MB, Nielsen T, Skow H (2001) Occurrence and sources of particulate nitro-polycyclic aromatic hydrocarbons in ambient air in Denmark, *Atmospheric Environment* **35**: 353–366.

78 Fifer EK, Heflich RH, Djuric Z, Howard PC, Beland FA (1986) Synthesis and mutagenicity of 1-nitro-6-nitrosopyrene and 1-nitro-8-nitrosopyrene, potential intermediates in the metabolic activation of 1,6- and 1,8-dinitropyrene, *Carcinogenesis* **7**: 65–70.

79 Fifer EK, Howard PC, Heflich RH, Beland FA (1986) Synthesis and mutagenicity of 1-nitropyrene 4,5-oxide and 1-nitropyrene 9,10-oxide, microsomal metabolites of 1-nitropyrene, *Mutagenesis* **1**: 433–438.

80 Finlayson-Pitts BJ, Pitts JN Jr. (1997) Tropospheric air pollution: ozone, airborne toxics, polycyclic aromatic hydrocarbons, and particles, *Science* **276**: 1045–1051.

81 Ford RA (1998) The safety of nitromusks in fragrances – a review, *Deutsche Lebensmittel-Rundschau* **6**: 192–200.

82 Ford RA, Api AM, Newberne PM (1990) 90-day dermal toxicity study and neurotoxicity evaluation of nitromusks in the albino rat, *Food, Chemistry and Toxicology* **28**: 55–61.

83 Fu PP (1990) Metabolism of nitro-polycyclic aromatic hydrocarbons, *Drug Metabolism Reviews* **22**: 209–268.

84 Fu PP, Chou MW, Miller DW, White GL, Helflich RH, Beland FA (1985) The orientation of the nitro substituent predicts the direct-acting bacterial mutagenicity of nitrated polycyclic aromatic hydrocarbons, *Mutation Research* **143**: 173–181.

85 Gatermann R, Biselli S, Huhnerfuss H, Rimkus GG, Hecker M, Karbe L (2002) Synthetic musks in the environment. Part 1: Species-dependent bioaccumulation of polycyclic and nitro musk fragrances in freshwater fish and mussels, *Archives of Environmental Contamination and Toxicology* **42**: 437–446.

86 Glatt H, Boeing H, Engelke CE, Ma L, Kuhlow A, Pabel U, Pomplun D, Teubner W, Meinl W (2001) Human cytosolic sulphotransferases: genetics, characteristics, toxicological aspects, *Mutation Research* **482**: 27–40.

87 Glatt H, Gemperlein I, Setiabudi F, Platt KL, Oesch F (1990) Expression of xenobiotic-metabolizing enzymes in propagatable cell cultures and induction of micronuclei by 13 compounds, *Mutagenesis* **5**: 241–249.

88 Gold LS, Slone TH (2003) Aristolochic acid, an herbal carcinogen, sold on the Web after FDA alert, *New England Journal of Medicine* **349**: 1576–1577.

89 Grollman AP, Chen JJ, Jelakovic B, Shibutani S (2005) Toxicogenomics of endemic nephropathy, an environmental disease, *Mutation Research* **576** (Anhang 1): e202.

90 Grosovsky AJ, Sasaki JC, Arey J, Eastmond DA, Parks KK, Atkinson R (1999) Evaluation of the potential health effects of the atmospheric reaction products of polycyclic aromatic hydrocarbons, Research Report (Health Effects Institute) **84**: 1–29.

91 Guengerich FP, Parikh A, Turesky RJ, Josephy PD (1999) Inter-individual differences in the metabolism of environmental toxicants: cytochrome P450 1a2 as a prototype, *Mutation Research* **428**: 115–124.

92 Hahn G (1979) Die Osterluzei – *Aristolochia clematitis* – eine alte Medizinal-Pflanze, *Dr. Med.* (Verlag Dr. Med., Fachverlag GmbH, A-3002) Purkesdorf) **8**: 41–43.

93 Hahn J (1993) Untersuchungen zum Vorkommen von Xylol-Moschus in Fischen, *Deutsche Lebensmittel-Rundschau* **89**: 175–177.

94 Hawkins DR, Ford RA (1999) Dermal absorption and disposition of musk ambrette, musk ketone and musk xylene in rats, *Toxicology Letters* **111**: 95–103.

95 Heflich RH, Djuric Z, Fifer EK, Cerniglia CE, Beland FA (1986) Metabolism of dinitropyrenes to DNA-binding derivatives *in vitro* and *in vivo*, in Ishinishi N,

Koizumi A, McClellan RO, Stöber W (Hrsg) Carcinogenic and mutagenic effects of diesel engine exhaust, Elsevier, Amsterdam, 185–197.

96 HEI (1995 Executive summary (1995) Diesel exhaust: Critical analysis of emissions, exposure, and health effects, Health Effects Institute, Boston, Massachusetts, www.healtheffects.org

97 Hein DW, Doll MA, Fretland AJ, Leff MA, Webb SJ, Xiao GH, Devanaboyina US, Nangju NA, Feng Y (2000) Molecular genetics and epidemiology of the NAT1 and NAT2 acetylation polymorphisms. *Cancer Epidemiology, Biomarkers and Prevention* **9**: 29–42.

98 Helbich HM (1995) Gaschromatographisch-massenspektrometrische Untersuchungen zur Analytik und zum Vorkommen von mono- und non-ortho-koplanaren PCB-Kongeneren sowie Moschus Xylol im Fettgewebe von Kindern, Dissertationsschrift, Fakultät für Klinische Medizin Mannheim der Ruprecht-Karls-Universität zu Heidelberg.

99 Henderson TR, Sun JD, Royer RE, Clark CR, Li AP, Harvey TM, Hunt DF, Fulford JE, Lovette AM, Davidson WR (1983) Triple-quadrupole mass spectrometry studies of nitroaromatic emissions from different diesel engines, *Environmental Science & Technology* **17**: 443–449.

100 Howard PC, Aoyama T, Bauer SL, Gelboin HV, Gonzalez FJ (1990) The metabolism of 1-nitropyrene by human cytochromes P450, *Carcinogenesis* **11**: 1539–1542.

101 Howard PC, Beland FA (1982) Xanthine oxidase catalyzed binding of 1-nitropyrene to DNA, *Biochemical and Biophysical Research Communications* **104**: 727–732.

102 Howard PC, Consolo MC, Dooley KL, Beland FA (1995) Metabolism of 1-nitropyrene in mice: Transport across the placenta and mammary tissues, *Chemico-Biological Interactions* **3**: 309–325.

103 Howard PC, Flammang TJ, Beland FA (1985) Comparison of the *in vitro* and the *in vivo* hepatic metabolism of the carcinogen 1-nitropyrene, *Carcinogenesis* **6**: 243–249.

104 Howard PC, Heflich RH, Evans FE, Beland FA (1983) Formation of DNA adducts *in vitro* and in *Salmonella typhimurium* upon metabolic reduction of the environmental mutagen 1-nitropyrene, *Cancer Research* **43**: 2052–2058.

105 Hranjec T, Kovac A, Kos J, Mao W, Chen JJ, Grollman AP, Jelakovic B (2005) Endemic nephropathy: the case for chronic poisoning by aristolochia, *Croatian Medical Journal* **46**: 116–125.

106 IARC (1989) Diesel and gasoline exhausts and some nitro-compounds, Monographs on the Evaluation of the Carcinogenic Risk of Chemicals to Humans, Vol. 46, IARC, Lyon.

107 IARC (1996) Musk ambrette and musk xylene, in IARC Monographs on the Evaluation of Carcinogenic Risks to Humans **65**: 477–495.

108 IARC (2002) Some traditional herbal medicines, some mycotoxins, naphthalene and styrene, IARC Science Publication 82, Lyon.

109 Imaida K, Hirose M, Tay L, Lee MS, Wang CY, King CM (1991) Cooperative carcinogenicities of 1-, 2-, and 4-nitropyrene and structurally related compounds in the female CD rat, *Cancer Research* **51**: 2902–2907.

110 Imaida K, Lee M-S, Land SJ, Wang CY, King CM (1995) Carcinogenicity of nitropyrenes in the newborn female rat, *Carcinogenesis* **16**: 3027–3030.

111 Imaida K, Lee MS, Wang CY, King CM (1991) Carcinogenicity of dinitropyrenes in the weanling female CD rat, *Carcinogenesis* **12**: 1187–1191.

112 IPCS (1996) Diesel fuel and exhaust emissions, International Programme on Chemical Safety, Environmental Health Criteria 171, World Health Organization, Geneva.

113 IPCS (2003) Selected nitro- and nitro-oxy polycyclic aromatic hydrocarbons, International Programme on Chemical Safety, Environmental Health Criteria 229, World Health Organization, Geneva.

114 Ippen H (1994) Nitromoschus, 1. *Mitteilung Bundesgesundheitsblatt* **94**: 255–260.

115 Ippen H (1994) Nitromoschus, 2. *Mitteilung Bundesgesundheitsblatt* **94**: 291–294.

116 Ishii S, Hisamatsu Y, Inazu K, Aika K (2001) Environmental occurrence of nitrotriphenylene observed in airborne particulate matter, *Chemosphere* **44**: 681–690.

117 Ishii S, Hisamatsu Y, Inazu K, Kadoi M, Aika K (2000) Ambient measurement of nitrotriphenylenes and possibility of nitrotriphenylene formation by atmospheric reaction, *Environmental Technology* **34**: 1893–1899.

118 Ivic M (1970) The problem of etiology of endemic nephropathy, *Acta. Fac. Med. Naiss.* **1**: 29–37.

119 Iwata N, Suzuki K, Minegishi K, Kawanish, T, Hara S, Endo T, Takahashi A (1993) Induction of cytochrome P450 1A1 by musk analogues and other inducing agents in rat liver, *European Journal of Pharmacology* **248**: 243–250.

120 Johnson DE, Riley MGI, Cornish HH 1984 Acute target organ toxicity of 1-nitronaphthalene in the rat, *Journal of Applied Toxicology* **4**: 253–257.

121 Johnson JH, Bagley ST, Gratz LD, Leddy DG (1994) A review of diesel particulate control technology and emissions effects – (1992) Horning memorial lecture, Warrendale, Pennsylvania, Society of Automotive Engineers (SAE Paper [SP-1020940233).

122 Kadlubar FF (1994) DNA adducts of carcinogenic aromatic amines, in Hemminki K, Dipple A, Shuker DEG, Kadlubar FF, Segerbäck D, Bartsch H (Hrsg) DNA Adducts, Identification and Biological Significance. IARC Science Publication No. 125, Lyon, (199–216.

123 Käfferlein HU, Angerer J (2000) Zur Frage der Kanzerogenität und Kogenotoxizität von Moschus-Xylol und Moschus-Keton, *Umweltmedizische Forschung und Praxis* **5**: 22–26.

124 Käfferlein HU, Göen T, Angerer J (1998) Musk Xylene: Analysis, Occurrence, Kinetics, and Toxicology, *Critical. Reviews in Toxicology* **28**: 431–476.

125 Kevekordes S, Dunkelberg H, Mersch-Sundermann V (1999) Bewertung gesundheitlicher Risiken durch Nitromoschus, *Umweltmedizinische Forschung und Praxis* **4**: 107–112.

126 Kevekordes S, Grahl K, Zaulig A, Dunkelberg H (1996) Genotoxicity testing of nitro musks with the SOS-chromotest and the sister-chromatid exchange test, *Environmental Science and Pollution Research* **3**: 189–192.

127 Kevekordes S, Spielberger J, Burghaus CM, Birkenkamp P, Zietz B, Paufler P, Diez M, Bolten C, Dunkelberg H (2001) Micronucleus formation in human lymphocytes and in the metabolically competent human hepatoma cell line Hep-G2: results with 15 naturally occurring substances, *Anticancer Research* **21**: 461–469.

128 Kevekordes S, Zaulig A, Dunkelberg H (1997) Genotoxicity of nitro musks in the micronucleus test with human lymphocytes in vitro and the human hepatoma cell line Hep G2, *Toxicology Letters* **91**: 13–17.

129 King CM (1988) Metabolism and biological effects of nitropyrene and related compounds, *Research Report (Health Effects Institute)* **16**: 1–22.

130 Kinouchi T, Hideshi T, Ohnishi Y 1986 Detection of 1-nitropyrene in Yakatori (grilled chicken), *Mutation Research* **171**: 105–113.

131 Kinouchi T, Morotomi M, Mutai M, Fifer EK, Beland FA, Ohnishi Y (1986) Metabolism of 1-nitropyrene in germ-free and conventional rats, *Japanese Journal of Cancer Research* **77**: 356–369.

132 Kinouchi T, Nishifuji K, Tsutsui H, Hoare SL, Ohnishi Y (1988) Mutagenicity and nitropyrene concentration of indoor air particulates exhausted from a kerosene heater, *Japanese Journal of Cancer Research* **79**: 32–41.

133 Kitchin RM, Bechtold WE, Brooks AL (1988) The structure-function relationships of nitrofluorenes and nitrofluorenones in the Salmonella mutagenicity and CHO sister-chromatid exchange assays, *Mutation Research* **206**: 367–377.

134 Klopman G, Rosenkranz HS (1984) Structural requirements for the mutagenicity of environmental nitroarenes, *Mutation Research* **126**: 227–238.

135 Ko YC, Lee CH, Chen MJ, Huang CC, Chang WY, Lin HJ, Wang HZ, Chang PY (1997) Risk factors for primary lung

cancer among non-smoking women in Taiwan, *International Journal of Epidemiology* **26**: 24–31.

136 Kohara A, Suzuki T, Honma M, Ohwada T, Hayashi M (2002) Mutagenicity of aristolochic acid in the lambda/lacZ transgenic mouse (MutaMouse), *Mutation Research* **251**: 63–72.

137 Kokot-Helbling K, Schmid P, Schlatter C (1995) Die Belastung der Menschen mit Moschus-Xylol – Aufnahmewege, Pharmakokinetik und toxikologische Bedeutung, *Mitteilungen aus dem Gebiete der Lebensmitteluntersuchung und Hygiene* **86**: 1–13.

138 Krumbiegel G, Hallensleben J, Mennicke WH, Rittmann N (1987) Studies on the metabolism of aristolochic acids I and II, *Xenobiotica* **17**: 981–991.

139 Krumme B, Endmeir R, Vanhaelen M, Walb D (2001) Reversible Fanconi syndrome after ingestion of a Chinese herbal 'remedy' containing aristolochic acid, *Nephrology Dialyse and Transplantation* **16**: 400–402.

140 Lamy E, Kassie F, Gminski R, Schmeiser HH, Mersch-Sundermann V (2004) 3-Nitrobenzanthrone (3-NBA) induced micronucleus formation and DNA damage in human hepatoma (HepG2) cells, *Toxicology Letters* **15**: 103–109.

141 Lehman-McKeeman L, Caudill D, Vasallo JD, Pearce RE, Madan A, Parkinson A (1999) Effects of musk xylene and musk ketone on rat hepatic cytochrome P450 enzymes, *Toxicology Letters* **111**: 105–115.

142 Levsen K (1988) The analysis of diesel particulate, *Fresenius' Journal of Analytical Chemistry* **331**: 467–478.

143 Lewes CJ, Alpert S (2000) Letter to Health Care Pofessionals on FDA concerned about botanical products, including dietry supplements, containing aristolochic acids, US Food and Drug Administration, Center for Food Safety and Applied Nutrition, Office of Nutritional Products, Labeling and Dietary Supplements, 31 May (2000).

144 Li EE, Heflich RH, Bucci TJ, Manjanatha MG, Blaydes BS, Delclos KB (1994) Relationships of DNA adduct formation, K-*ras* activating mutations and tumorigenic activities of 6-nitrochrysene and its metabolites in the lungs of CD-1 mice, *Carcinogenesis* **15**: 1377–1385.

145 Liebl B, Ehrenstorfer S (1993) Nitro musks in human milk, *Chemosphere* **27**: 2253–2255.

146 Lo SH, Wong K, Mo K, Arlt VM, Phillips DH, Lai C, Poon W, Chan C, Chan A (2005) Detection of Herba Aristolochia Mollissemae in a patient with unexplained nephropathy, *American Journal of Kidney Disease* **45**: 407–410.

147 Lord GM, Cook T, Arlt VM, Schmeiser HH, Williams G, Pusey CD (2001) Urothelial malignancy and Chinese herbal nephropathy, *Lancet* **358**: 1515–1516.

148 Maeda T, Izumi T, Otsuka H, Manabe Y, Kinouchi T, Ohnishi Y (1986) Induction of squamous cell carcinoma in the rat lung by 1,6-dinitropyrene, *Journal of the National Cancer Institute* **76**: 693–701.

149 Maekawa A, Matsushima Y, Onodera H, Shibutani M, Ogasawara H, Kodama Y, Kurokawa Y, Hayashi Y (1990) Long-term toxicity/carcinogenicity of musk xylol in B6C3F$_1$ mice, *Food and Chemical Toxicology* **28**: 581–586.

150 Manabe Y, Kinouchi T, Wakisaka K, Tahara I, Ohnishi Y (1984) Mutagenic 1-nitropyrene in wastewater from oil–water separating tanks of gasoline stations and in used crankcase oil, *Environmental Mutagenesis* **6**: 669–681.

151 McCartney MA, Chatterjee BF, McCoy EC, Mortimer EAJ, Rosenkranz HS (1986) Airplane emissions: A source of mutagenic nitrated polycyclic aromatic hydrocarbons, *Mutation Research* **171**: 99–104.

152 Mengs U (1983) On the histopathogenesis of rat forestomach carcinoma caused by aristolochic acid, *Archives in Toxicology* **52**: 209–220.

153 Mengs U (1987) Acute toxicity of aristolochic acid in rodents, *Archives in Toxicology* **59**: 328–331.

154 Mengs U 1988 Tumor induction in mice following exposure to aristolochic acid, *Archives in Toxicology* **61**: 504–505.

155 Mengs U, Lang W, Poch JA (1982) The carcinogenic action of aristolochic acid in rats, *Archives in Toxicology* **51**: 107–119.

156 Mengs U, Stotzem CD (1993) Renal toxicity of aristolochic acid in rats as an example of nephrotoxicity testing in routine toxicology, *Archives in Toxicology* **87**: 307–311.

157 Mersch-Sundermann V, Emig M, Reinhardt A (1996) Nitro musks are cogenotoxicants by inducing toxifying enzymes in the rat, *Mutation Research* **356**: 237–245.

158 Mersch-Sundermann V, Reinhardt A, Emig M (1996) Untersuchungen zur Mutagenität, Genotoxizität und Kogenotoxizität umweltrelevanter Nitromoschusverbindungen, *Zentralblatt für Hygiene* **198**: 429–442.

159 Mersch-Sundermann V, Schneider H, Freywald C, Jenter C, Parzefall W, Knasmüller S (2001) Musk ketone enhances benzo(a)pyrene induced mutagenicity in human derived Hep G2 cells, *Mutation Research* **495**: 89–96.

160 Miller JA, Sandin RB, Miller EC, Rusch HP (1955) The carcinogenicity of compounds related to 2-acetylaminofluorene. II. Variations in the bridges and the 2-substituent, *Cancer Research* **15**: 188–199.

161 Minegishi KI, Nambaru S, Fukuoka M (1991) Distribution, metabolism and excretion of musk xylene in rats, *Archives in Toxicology* **65**: 273–282.

162 Möller L, Corrie M, Midtvedt T, Rafter J, Gustafsson JA (1988) The role of the intestinal microflora in the formation of mutagenic metabolites from the carcinogenic air pollutant 2-nitrofluorene, *Carcinogenesis* **9**: 823–830.

163 Möller L, Nilsson L, Gustafsson JA, Rafter J (1985) Formation of mutagenic metabolites from 2-nitrofluorene, an air-pollutant, in the rat, *Environment International* **11**: 363–368.

164 Möller L, Rafter J, Gustafsson JA (1987) Metabolism of the carcinogenic air pollutant 2-nitrofluorene in the rat, *Carcinogenesis* **8**: 637–645.

165 Möller L, Zeisig M (1993) DNA adduct formation after oral administration of 2-nitrofluorene and *N*-acetyl-2-aminofluorene, analysed by ^{32}P-TLC and ^{32}P-HPLC, *Carcinogenesis* **14**: 153–159.

166 Morris SM, Domon OE, Delclos KB, Chen JJ, Casciano DA (1994) Induction of mutations at the hypoxanthine phosphoribosyl transferase (HPRT) locus in AHH–1 human lymphoblastoid cells, *Mutation Research* **310**: 45–54.

167 Muller S, Schmid P, Schlatter C (1996) Occurrence of nitro and non-nitro benzenoid musk compounds in human adipose tissue, *Chemosphere* **33**: 17–28.

168 Murahashi T, Iwanaga E, Watanabe T, Hirayama T (2003) Determination of the mutagen 3-nitrobenzanthrone in rainwater collected in Kyoto, *Japan. Journal of Health Science* **49**: 386–390.

169 Nagai A, Kano Y, Funasaka R, Nakamuro K (1999) A fundamental study on the characteristics of concentration using a blue chitin column for polycyclic aromatic hydrocarbons in water, *Journal of Health Science* **45**: 111–118.

170 Nagy E, Zeisig M, Kawamura K, Hisamatsu Y, Sugeta A, Adachi S, Moller L (2005) DNA adduct and tumor formations in rats after intratracheal administration of the urban air pollutant 3-nitrobenzanthrone, *Carcinogenesis* **26**: 1821–1826.

171 Nair J, Ohshima H, Malaveille C, Friesen M, ÓNeill IK, Hautefeuille A, Bartsch H (1986) Identification, occurrence and mutagenicity in *Salmonella typhimurium* of two synthetic nitroarenes, musk ambrette and musk xylene, in indian chewing tobacco and betel quid, *Food Chemistry and Toxicology* **24**: 27–31.

172 NCI (1978) Bioassay of 1-nitronaphthalene for possible carcinogenicity, NCI-CG-TR 64; NIH 78-1314, National Cancer Institute, Bethesda, Maryland.

173 Neumann H-G, Albrecht O, van Dorp C, Zwirner-Baier I (1995) Macromolecular adducts caused by environmental chemicals, *Clinical Chemistry* **41**: 1835–1840.

174 Neumann HG, Birner G, Kowallik P, Schutze D, Zwirner-Baier I (1993) Hemoglobin adducts of N-substituted aryl compounds in exposure control and

risk assessment, *Environmental Health Perspectives* **99**: 65–69.

175 Newton DL, Erickson MD, Tomer KB, Pellizzari ED, Gentry P, Zweidinger RB (1982) Identification of nitro-aromatics in diesel exhaust particulate using gas chromatography/negative ion chemical ionization mass spectrometry and other techniques, *Environmental Science & Technology* **16**: 206–213.

176 Nicolov IG, Chernozemsky IN, Petkova-Bocharova T, Stoyanov IS, Stoichev II (1978) Epidemiologic characteristics of urinary system tumors and Balkan nephropathy in an endemic region of Bulgaria, *European Journal of Cancer* **14**: 1237–1242.

177 Nortier JL, Muniz MC, Schmeiser HH, Arlt VM, Bieler CA, Petein M, Depierreux MF, de Pauw L, Abramowicz D, Vereerstraeten P, Vanherweghem JL (2000) Urothelial carcinoma associated with the use of a Chinese herbs (*Aristolochia species*), *New England Journal of Medicine* **342**: 1686–1692.

178 Nortier JL, Schmeiser HH, Muniz Martinez MC, Arlt VM, Vervaet C, Garbar CH, Daelemans P, Vanherweghem JL (2003) Invasive urothelial carcinoma after exposure to Chinese herbal medicine containing aristolochic acid may occur without severe renal failure, *Nephrology, Dialysis and Transplantation* **18**: 426–428.

179 Odagiri Y, Adachi S, Katayama H, Matsushita H, Takemoto K (1986) Carcinogenic effects of a mixture of nitropyrenes in F344 rats following its repeated oral administrations, in Ishinishi N, Koizumi A, McClellan RO, Stöber W (Hrsg) Carcinogenic and mutagenic effects of diesel engine exhaust, Elsevier Science Publishers, Amsterdam, 291–307.

180 Ohnishi Y, Kinouchi T, Tsutsui H, Uejima M, Nishifuji K (1986) Mutagenic nitropyrenes in foods, in Hayashi Y, Nagao M, Sugimura T, Takayama S, Tomatis L, Wattenberg LW, Wogan GN (Hrsg) Diet, nutrition and cancer, Japan Scientific Societies Press, Tokyo, 107–118.

181 Osborne MR, Arlt VM, Kliem C, Hull WE, Mirza A, Bieler CA, Schmeiser HH, Phillips DH (2005) Synthesis, characterization and ^{32}P-postlabeling analysis of DNA adducts derived from the environmental contaminant 3-nitrobenzanthrone, *Chemical Research in Toxicology* **18**: 1056–1070.

182 OSPAR Commission (2004) OSPAR background document on musk xylene and other musks.

183 Pailer M, Belohlav L, Simonitsch E (1956) Pflanzliche Naturstoffe mit einer Nitrogruppe. I. Die Konsitution der Aristlochiasäure, *Monatshefte für Chemie* **87**: 249–268.

184 Pailer M, Schleppnik A (1957) Pflanzliche Naturstoffe mit einer Nitrogruppe. II. Die Konsitution der Aristolochiasäure II, *Monatshefte für Chemie* **88**: 367–387.

185 Pailer ML, Belohlav L, Simonitsch E (1955) Zur Konstitution der Aristolochiasäuren, *Monatshefte für Chemie* **86**: 676–680.

186 Paputa-Peck MC, Marano RS, Schuetzle D, Riley TL, Hampton CV, Prater TJ, Skewes LM, Jensen TE, Ruehle PH, Bosch LC, Duncan WP (1983) Determination of nitrated polynuclear aromatic hydrocarbons in particulate extracts by capillary column gas chromatography with nitrogen selective detection, *Analytical Chemistry* **55**: 1946–1954.

187 Parker RD, Buehler EV, Newman EA (1986) Phototoxicity, photoallergy, and contact sensitization of nitro musk perfume raw materials, *Contact Dermatitis* **14**: 103–109.

188 Patton JD, Maher VM, McCormick JJ 1986 Cytotoxic and mutagenic effects of 1-nitropyrene and 1-nitrosopyrene in diploid human fibroblasts, *Carcinogenesis* **7**: 89–93.

189 Pena JM, Borrao M, Ramos J, Montoliu J (1996) Rapidly progressive interstitial renal fibrosis due to chronic intake of a herb (*Aristolochia pistolochia*) infusion, *Nephrology Dialyse and Transplantation* **11**: 1459–1460.

190 Pezutto JM, Swanson SM, Woongchon M, Che C, Cordell GA, Fong HHS (1988) Evaluation of the mutagenic and

cytostatic potential of aristolochic acid (3,4-methylenedioxy-8-methoxy-10-nitro-phenanthrene-1-carboxylic acid) and several of its derivatives, *Mutation Research* **206**: 447–454.

191 Pfau W, Schmeiser HH, Wiessler M (1990) Aristolochic acid binds covalently to the exocyclic amino group of purine nucleotides in DNA, *Carcinogenesis* **11**: 313–319.

192 Pfau W, Schmeiser HH, Wiessler M (1991) N^6-Adenyl arylation of DNA by aristolochic acid II and a synthetic model for the putative proximate carcinogen, *Chemical Research in Toxicology* **4**: 581–586.

193 Phillips DH (1999) Polycyclic aromatic hydrocarbons in the diet, *Mutation Research* **443**: 139–147.

194 Phillips DH, Hewer A, Arlt VM (2005) 32P-postlabeling analysis of DNA adducts, *Methods in Molecular Biology* **291**: 3–12.

195 Phousongphouang PT, Arey J (2003) Sources of the atmospheric contaminants, 2-nitrobenzanthrone and 3-nitrobenzanthrone, *Atmospheric Environment* **37**: 3189–3199.

196 Phousongphouang PT, Grosovsky AJ, Eastmond DA, Covarrubias M, Arey J (2000) The genotoxicity of 3-nitrobenzanthrone and the nitropyrene lactones in human lymphoblasts, *Mutation Research* **472**: 93–103.

197 Pitts JN Jr, van Cauwenberghe KA, Grosjean D, Schmid JP, Fitz DR, Belser WLJ, Knudson GB, Hynds PM (1978) Atmospheric reactions of polycyclic aromatic hydrocarbons: Facile formation of mutagenic nitro derivatives, *Science* **202**: 515–519.

198 Purohit V, Basu AK (2000) Mutagenicity of nitroaromatic compounds, *Chemical Research in Toxicology* **13**: 673–692.

199 Riedel J, Birner G, van Dorp C, Neumann HG, Dekant W (1999) Haemoglobin binding of a musk xylene metabolite in man, *Xenobiotica* **29**: 573–582.

200 Riedel J, Dekant W (1999) Biotransformation and toxicokinetics of musk xylene in humans, *Toxicology and Applied Pharmacology* **157**: 145–155.

201 Rimkus G, Brunn H (1996) Synthetische Moschusduftstoffe – Anwendung, Anreicherung in der Umwelt und Toxikologie, Teil 1, *Ernährungs-Umschau* **43**: 442–449.

202 Rimkus G, Rimkus B, Wolf M (1994) Nitro musks in human adipose tissue and breast milk, *Chemosphere* **28**: 421–432.

203 Rimkus G, Wolf M (1993) Nachweis von Nitromoschusverbindungen in Frauenmilch und Humanfett, *Deutsche Lebensmittel-Rundschau* **4**: 103–107.

204 Rimkus G, Wolf M (1993) Rückstände und Verunreinigungen in Fischen aus Aquakultur, *Deutsche Lebensmittel-Rundschau* **89**: 171–175.

205 Rimkus GG, Gatermann R, Huhnerfuss H (1999) Musk xylene and musk ketone amino metabolites in the aquatic environment, *Toxicology Letters* **111**: 5–15.

206 Roscher E, Wiebel FJ (1992) Genotoxicity of 1,3- and 1,6-dinitropyrene: induction of micronuclei in a panel of mammalian test cell lines, *Mutation Research* **278**: 11–17.

207 Sabbioni G, Jones CR (2002) Biomonitoring of aryamines and niroarenes, *Biomarkers* **7**: 347–421.

208 Saito K, Kamataki T, Kato R (1984) Participation of cytochrome P-450 in reductive metabolism of 1-nitropyrene by rat liver microsomes, *Cancer Research* **44**: 3169–3173.

209 Sanders DR, Temcharoen P, Thilly WG (1983) 1,8-Dinitropyrene mutagenicity in bacteria and human cells, *Environmental Mutagenesis* **5**: 457.

210 Sasaki J, Arey J, Atkinson DA (1996) Gene specific mutagenicity induced in human lymphoblasts by atmospheric reaction products of naphthalene, *Environmental Molecular Mutagenesis* **27** (Anhang): 57.

211 Sasaki JC, Arey J, Eastmond DA, Parks KK, Grosovsky AJ (1997) Evidence for oxidative metabolism in the genotoxicity of 2-nitronaphthalene and 2-nitrodibenzopyranone, *Environmental Molecular Mutagenesis* **28** (Anhang): 44.

212 Sasaki JC, Arey J, Eastmond DA, Parks KK, Grosovsky AJ (1997) Genotoxicity induced in human lymphoblasts by atmospheric reaction products of naphthalene and phenanthrene, *Mutation Research* **393**: 23–35.

213 Sasaki JC, Arey J, Eastmond DA, Parks KK, Phousongphouang PT, Grosovsky AJ (1999) Evidence for oxidative metabolism in the genotoxicity of the atmospheric reaction product 2-nitronaphthalene in human lymphoblastoid cell lines, *Mutation Research* **445**: 113–125.

214 Sauer JM, Eversole RR, Lehmann CL, Johnson DE, Beuving LJ (1997) An ultrastructural evaluation of acute 1-nitronaphthalene induced hepatic and pulmonary toxicity in the rat, *Toxicology Letters* **90**: 19–27.

215 Sauer JM, Hooser SB, Sipes IG (1995) All-*trans*-retinol alteration of 1-nitronaphthalene induced pulmonary and hepatic injury by modulation of associated inflammatory responses in the male Sprague-Dawley rat, *Toxicology Applied Pharmacology* **133**: 139–149.

216 Scheepers PTJ, Bos RP (1992) Combustion of diesel fuel from a toxicological perspective. I. Origin of incomplete combustion products, *International Archives of Occupational and Environmental Health* **64**: 149–161.

217 Scheepers PTJ, Bos RP (1992) Combustion of diesel fuel from a toxicological perspective, II. Toxicity, *International Archives of Occupational and Environmental Health* **64**: 163–177.

218 Schlemitz S, Pfannhauser W (1996) Analysis of nitro-PAHs in food matrices by on-line reduction and high performance liquid chromatography, *Food Additives and Contaminants* **13**: 969–977.

219 Schlemitz S, Pfannhauser W (1996) Monitoring of nitropolycyclic aromatic hydrocarbons in food using gas chromatography, *Zeitung für Lebensmitteluntersuchung und -forschung* **203**: 61–64.

220 Schlemitz S, Pfannhauser W (1997) Supercritical fluid extraction of mononitrated polycyclic aromatic hydrocarbons from tea — correlation with the PAH concentration, *Zeitung für Lebensmitteluntersuchung und -forschung* **205**: 305–310.

221 Schmeiser HH, Bieler CA, Wiessler M, van Ypersele de Strihou C, Cosyns JP (1996) Detection of DNA adducts formed by aristolochic acid in renal tissue from patients with Chinese herbs nephropathy, *Cancer Research* **56**: 2025–2028.

222 Schmeiser HH, Frei E, Wiessler M, Stiborova M (1997) Comparison of DNA adduct formation by aristolochic acids in various *in vitro* activation systems by ^{32}P-post-labelling: evidence for reductive activation by peroxidases, *Carcinogenesis* **18**: 1055–1062.

223 Schmeiser HH, Gminski R, Mersch-Sundermann V (2001) Evaluation of health risks caused by musk ketone, *International Journal of Hygiene and Environmental Health* **203**: 293–299.

224 Schmeiser HH, Pool BL, Wiessler M (1984) Mutagenicity of the two main components of commercially available carcinogenic aristolochic acid in *Salmonella typhimurium*, *Cancer Letters* **23**: 97–98.

225 Schmeiser HH, Pool BL, Wiessler M (1986) Identification and mutagenicity of metabolites of aristolochic acid formed by rat liver, *Carcinogenesis* **7**: 59–63.

226 Schuetzle D, Lee FSC, Prater TJ, Tejada SB (1981) The identification of polynuclear aromatic hydrocarbons (PAHs) derivatives in mutagenic fractions of diesel particulate extracts, *International Journal of Environmental Analytical Chemistry* **9**: 93–144.

227 Schuetzle D, Riley TL, Prater TJ, Harvey TM, Hunt DF (1982) Analysis of nitrated polycyclic aromatic hydrocarbons in diesel particulates, *Analytical Chemistry* **54**: 265–271.

228 Seidel A, Dahmann D, Krekeler H, Jacob J (2002) Biomonitoring of polycyclic aromatic compounds in the urine of mining workers occupationally exposed to diesel exhaust, *International Journal of Hygiene and Environmental Health* **204**: 333–338.

229 Shelby MD, Stasiewicz S (1984) Chemicals showing no evidence of carcinogenicity in long-term, two-species rodent studies: The need for short-term

test data, *Environmental Mutagenesis* **6**: 871–878.

230 Siegmund B, Weiss R, Pfannhauser W (2003) Sensitive methode for the determination of nitrated polycyclic aromatic hydrocarbosn in the human diet, *Analytical and Bioanalytikal Chemistry* **375**: 175–181.

231 Silvers KJ, Chazinski T, McManus ME, Bauer SL, Gonzalez FJ, Gelboin HV, Maurel P, Howard PC (1992) Cytochrome P 450 3A4 (nifedipine oxidase) is responsible for the C-oxidative metabolism of 1-nitropyrene in human liver microsomal samples, *Cancer Research* **52**: 6237–6243.

232 Silvers KJ, Eddy EP, McCoy EC, Rosenkranz HS, Howard PC (1994) Pathways for the mutagenesis of 1-nitropyrene and dinitropyrenes in the human hepatoma cell line HepG2, *Environmental Health Perspectives* **102** (Anhang 6): 195–200.

233 Stefanovic V (1998) Balkan endemic nephropathy: a need for novel aetiological approaches, *The Quarterly Journal of Medicine* **91**: 457–463.

234 Stiborova M, Fernando RC, Schmeiser HH, Frei E, Pfau W, Wiessler M (1994) Characterization of DNA adducts formed by aristolochic acids in the target organ (forestomach) of rats by ^{32}P-postlabelling analysis using different chromatographic procedures, *Carcinogenesis* **15**: 1187–1192.

235 Stiborova M, Frei E, Breuer A, Wiessler M, Schmeiser HH (2001) Evidence for reductive activation of carcinogenic aristolochic acids by prostaglandin H synthase – ^{32}P-postlabeling analysis of DNA adduct formation, *Mutation Research* **493**: 149–160.

236 Stiborova M, Frei E, Hodek P, Wiessler M, Schmeiser HH (2005) Human hepatic and renal microsomes, cytochromes P450 1A1/2, NADPH:cytochrome P450 reductase and prostaglandin H synthase mediate the formation of aristolochic acid-DNA adducts found in patients with urothelial cancer, *International Journal of Cancer* **113**: 189–197.

237 Stiborova M, Frei E, Sopko B, Sopkova K, Markova V, Lankova M, Kumstyrova

T, Wiessler M, Schmeiser HH (2003) Human cytosolic enzymes involved in the metabolic activation of carcinogenic aristolochic acid: evidence for reductive activation by human NAD(P)H:quinone oxidoreductase, *Carcinogenesis* **24**: 1695–1703.

238 Stiborova M, Frei E, Wiessler M, Schmeiser HH (2001) Human enzymes involved in the metabolic activation of carcinogenic aristolochic acids: evidence for reductive activation by cytochromes P450 1A1 and 1A2, *Chemical Research in Toxicology* **14**: 1128–1137.

239 Stuard SB, Caudill D, Lehman-McKeeman LD (1997) Characterization of effects of musketone on mouse hepatic cytochrome P450 enzymes, *Fundamental and Applied Toxicology* **40**: 264–271.

240 Sugimura T, Takayama S 1983 Biological actions of nitroarenes in short-term tests on *Salmonella*, cultured mammalian cells and cultured human tracheal tissues: possible basis for regulatory control, *Environmental Health Perspectives* **47**: 171–176.

241 Suzuki M, Matsui K, Yamada M, Kasai H, Sofuni T, Nohmi T (1997) Construction of mutants of *Salmonella typhimurium* deficient in 8-hydroxyguanine DNA glycosylase and their sensitivities to oxidative mutagens and nitro compounds, *Mutation Research* **393**: 233–246.

242 Takayama S, Ishikawa T, Nakajima H, Sato S (1985) Lung carcinoma induction in Syrian golden hamsters by intratracheal instillation of 1,6-dinitropyrene. *Japanese Journal of Cancer Research* **76**: 457–461.

243 Tatsumi K, Kitamura S, Narai N (1986) Reductive metabolism of aromatic nitro compounds including carcinogens by rabbit liver preparations, *Cancer Research* **46**: 1089–1093.

244 Tatu CA, Oren WH, Finkelman RB, Feder GL (1998) The etiology of Balkan endemic nephropathy: still more questions than answers, *Environmental Health Perspective* **106**: 689–700.

245 The Handbook of environmental chemistry volume 3X/2004, in GG Rimkus

(Hrsg) Series anthropogenic compounds: synthetic musk fragrances in the environment, ISBN: 3-540-43706-1.

246 Tokiwa H, Nakagawa R, Horikawa K 1985 Mutagenic/carcinogenic agents in indoor pollutants: The dinitropyrenes generated by kerosene heaters and fuel gas and liquified petroleum gas burners, *Mutation Research* **157**: 39–47.

247 Tokiwa H, Nakanishi Y, Sera N, Hara N, Inuzuka S (1998) Analysis of environmental carcinogens associated with the incidence of lung cancer, *Toxicology Letters* **99**: 33–41.

248 Tokiwa H, Ohnishi Y (1986) Mutagenicity and carcinogenicity of nitroarenes and their sources in the environment, *CRC Critical Reviews in Toxicology* **17**: 23–60.

249 Tokiwa H, Sera N (2000) Contribution of nitrated polycyclic aromatic hydrocarbons in diesel particles to human cancer induction, *Polycyclic Aromatic Compounds* **21**: 231–245.

250 Tokiwa H, Sera N, Horikawa K, Nakanishi Y, Shigematu N (1993) The presence of mutagens/carcinogens in the excised lung and analysis of lung cancer induction, *Carcinogenesis* **14**: 1933–1938.

251 Tokiwa H, Sera N, Kai M, Horikawa K, Ohnishi Y (1990) The role of nitroarenes in the mutagenicity of airborne particles indoors and outdoors, in Waters MD, Daniel FB, Lewtas J, Moore MM, Nesnow S (Hrsg) Genetic toxicology of complex mixtures, Plenum Press, New York, 165–172.

252 Tokiwa H, Sera N, Nakanishi Y (1998) Biological action of environmental carcinogens associated with the incidence of lung cancer, *Human and Experimental Toxicology* **17**: 51.

253 US EPA (2000) Health assessment document for diesel exhaust, Washington, DC, US Environmental Protection Agency, National Center for Environmental Assessment, July (EPA 600/8-90/057E).

254 van Bekkum YM, van den Broek PHH, Scheepers PTJ, Noordhoek J, Bos RP (1999) Biological fate of [^{14}C]-1-nitropyrene in rats following intragastric ad-

ministration, *Chemico-Biological Interactions* **117**: 15–33.

255 Vanherweghem JL, Depierreux M, Tielemans C, Abramowicz D, Dratwa M, Jadoul M, Richard C, Vandervelde D, Verbeelen D, Vanhaelen-Fastre R, Vanhaelen M (1993) Rapidly progressive interstitial renal fibrosis in young women: association with slimming regimen including Chinese herbs, *Lancet* **341**: 387–391.

256 Vincenti M, Minero C, Pelizzetti E, Fontana M, De Maria R (1996) Sub-parts-per-billion determination of nitro-substituted polynuclear aromatic hydrocarbons in airborne particulate matter and soil by electron capture–tandem mass spectrometry, *Journal of the American Society for Mass Spectrometry* **7**: 1255–1265.

257 Vineis P, Forastiere F, Hoek G, Lipsett M (2004) Outdoor air pollution and lung cancer: recent epidemiologic evidence, *International Journal of Cancer* **111**: 647–652.

258 von Tungeln LS, Ewing DG, Weitkamp R, Cheng E, Herreno-Saenz D, Evans FE, Fu PP (1994) Metabolic activation of the potent mutagen and tumorigen 2-nitrobenzo[a]pyrene, *Polycyclic Aromatic Compounds* **7**: 91–98.

259 von Tungeln LS, Xia Q, Herreno-Saenz D, Bucci T, Heflich R, Fu P (1999) Tumorigenicity of nitropolycyclic aromatic hydrocarbons in the neonatal B6C3F1 mouse bioassay and characterization of rash mutations in liver tumors from treated mice, *Cancer Letters* **146**: 1–7.

260 Watanabe M, Ishidate M Jr, Nohmi T (1990) Sensitive method for the detection of mutagenic nitroarenes and aromatic amines: new derivatives of *Salmonella typhimurium* tester strains possessing elevated O-acetyltransferase levels, *Mutation Research* **234**: 337–348.

261 Watanabe T, Hasei T, Takahashi T, Asanoma M, Murahashi T, Hirayama T, Wakabayashi K (2005) Detection of a novel mutagen, 3,6-dinitrobenzo[e]pyrene, as a major contaminant in surface soil in Osaka and Aichi Prefectures, Japan, *Chemical Research in Toxicology* **18**: 283–289.

262 Watanabe T, Hasei T, Yoshifumi T, Otake S, Murahashi T, Takamura T, Hirayama T, Wakabayashi K (2003) Mutagenic activity and quantification of nitroarenes in surface soil in the Kinki region of Japan, *Mutation Research* **538**: 121–131.

263 WHO (2003) World Cancer Report, IARC Press, Lyon.

264 Wilcox P, Danford N, Parry JM (1982) The genetic activity and metabolism of dinitropyrenes in eucaryotic cells, in Sorsa M, Vainio H (Hrsg) Mutagens in our environment, Alan R. Liss, New York, 249–258.

265 Wislocki PG, Bagan ES, Lu AYH, Dooley KL, Fu PP, Han-Hsu H, Beland FA, Kadlubar FF (1986) Tumorigenicity of nitrated derivatives of pyrene, benz(*a*)anthracene, chrysene and benzo(*a*)pyrene in the newborn mouse assay, *Carcinogenesis* **7**: 1317–1322.

266 Wu PF, Chiang TA, Wang LF, Chang CS, Ko YC (1998) Nitro-polycyclic aromatic hydrocarbon contents of fumes from heated cooking oils and prevention of mutagenicity by catechin, *Mutation Research* **403**: 29–34.

267 Xu XB, Nachtman JP, Jin ZL, Wei ET, Rappaport SM (1982) Isolation and identification of mutagenic nitro-PAH in diesel-exhaust particulates, *Analytica Chimica Acta* **136**: 163–174.

268 Yamagishi T, Miyazaki T, Horii S, Akiyama K (1983) Synthetic musk residues in biota and water from Tama River and Tokyo Bay (Japan), *Archives of Environmental Contamination and Toxicology* **12**: 83–89.

269 Yamagishi T, Miyazaki T, Horii S, Kaneko S (1981) Identification of musk ketone in freshwater fish collected from the Tama River, Tokyo, *Bulletin of Environmental Contamination and Toxicology* **26**: 656–662.

270 Yoshimi N, Mori H, Sugie S, Iwata H, Kinouchi T, Ohnishi Y (1987) Genotoxicity of a variety of nitroarenes in DNA repair tests with human hepatocytes, *Japanese Journal of Cancer* **78**: 807–813.

271 Ziegler W, Penalver LG, Preiss U, Wallnöfer PR (1999) Fate of nitropolycyclic aromatic hydrocarbons in artificially contaminated fruits and vegetables during food processing, *Advances in Food Sciences* **21**: 54–57.

272 Zwirner-Baier I, Neumann HG (1999) Polycyclic nitroarenes (nitro-PAHs) as biomarkers of exposure to diesel exhaust, *Mutation Research* **441**: 135–144.

17
Nitrosamine

Beate Pfundstein und Bertold Spiegelhalder

17.1
Allgemeine Substanzbeschreibung

Nitrosamine sind *N*-Nitrosoderivate (N-N=O) von sekundären Aminen, bei denen R₁ und R₂ Alkyl- oder Arylreste sind (Abb. 17.1). Die meisten Nitrosamine sind flüchtig und lassen sich leicht aus den entsprechenden Vorläuferaminen und Nitrit synthetisieren.

Toxische Wirkungen von Nitrosaminen wurden zunächst in industriellen Laboratorien als akute und subakute Vergiftungserscheinungen beim Umgang mit *N*-Nitrosodimethylamin (NDMA), dem einfachsten Nitrosamin, beobachtet. Die akute Toxizität konnte im Tierversuch durch Barnes and Magee 1954 [4] bestätigt werden. Darauf folgende Langzeittierversuche zeigten starke leberkarzinogene Wirkungen von NDMA sowie dem nächst höheren Homologen *N*-Nitrosodiethylamin (NDEA) [58, 94]. Damit war der Grundstein zur Erforschung eines neuen Gebietes der chemischen Karzinogenese gelegt.

Die Struktur-Wirkungsbeziehungen von 65 verschiedenen *N*-Nitrosoverbindungen wurden 1967 in einer der ausführlichsten Karzinogenitätsstudien beschrieben [17]. Bis heute sind über 300 Nitrosoverbindungen im Tierversuch unter-

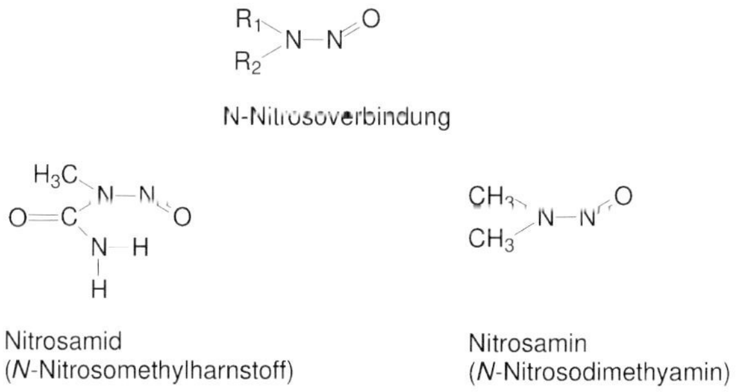

Abb. 17.1 Strukturen von *N*-Nitrosoverbindungen.

Handbuch der Lebensmitteltoxikologie. H. Dunkelberg, T. Gebel, A. Hartwig (Hrsg.)
Copyright © 2007 WILEY-VCH Verlag GmbH & Co. KGaA, Weinheim
ISBN: 978-3-527-31166-8

sucht. Etwa 90% zeigten neben den wichtigen krebserzeugenden Wirkungen auch mutagene und teratogene Effekte, letztere insbesondere bei Nitrosoharnstoffen. Eine Untergruppe dieser Substanzen, die 2-Chlorethyl-substituierten Nitrosoharnstoffe, sind als Chemotherapeutika maligner Tumoren im Einsatz.

Man unterscheidet bei den *N*-Nitrosoverbindungen zwei Hauptgruppen: die Nitrosamide und die Nitrosamine. Nitrosamide sind Verbindungen, bei denen R_2 einen Acylrest darstellt (Abb. 17.1). Sie sind meist sehr instabil und zerfallen im Alkalischen in der Regel zu Diazoalkanen. Die in diesem Kapitel für die Nitrosamine verwendeten Abkürzungen und die chemischen Bezeichnungen sind in Tabelle 17.1 zusammengestellt.

Im Gegensatz zu den Nitrosamiden sind die Nitrosamine bei Raumtemperatur stabil. Sie können im Vakuum destilliert werden. Bei einer Temperatur über 200 °C zerfallen sie unter Freisetzung von NO. Manche Nitrosamine, besonders solche von schwach basischen Aminen wie z. B. Diphenylamin, verlieren NO bei Raumtemperatur und stellen gute nitrosierende Agenzien dar. *N*-Nitrosoverbindungen von basischen sekundären Aminen sind sehr stabil und können in organischen Lösungsmitteln, in wässrigem Alkali und in neutralen wässrigen Lösungen im Dunkeln mehrere Jahre gelagert werden. In saurem Milieu hydrolysieren Nitrosamine langsam.

Die unterschiedliche chemische Reaktivität der beiden Verbindungsklassen verursacht große Unterschiede in der biologischen Aktivität. Nitrosamine stellen so

Tab. 17.1 Nitrosamine.

Abkürzung	Chemische Bezeichnung
Flüchtige Nitrosamine	
NDMA	*N*-Nitrosodimethylamin
NDEA	*N*-Nitrosodiethylamin
NDBA	*N*-Nitrosodibutylamin
NMOR	*N*-Nitrosomorpholin
NPIP	*N*-Nitrosopiperidin
NPYR	*N*-Nitrosopyrrolidin
Nichtflüchtige Nitrosamine	
NMOCA	*N*-Nitroso-5-methyloxazolidin-4-carbonsäure
NMTCA	*N*-Nitroso-2-methylthiazolidin-4-carbonsäure
NHMTCA	*N*-Nitroso-2-(hydroxymethyl)-thiazolidin-4-carbonsäure
NMTHZ	*N*-Nitroso-2-methylthiazolidin
NHMTHZ	*N*-Nitroso-2-(hydroxymethyl)-thiazolidin
NOCA	*N*-Nitrosooxazolidin-4-carbonsäure
NPRO	*N*-Nitrosoprolin
NHPRO	*N*-Nitrosohydroxyprolin
NHPYR	*N*-Nitrosohydroxypyrrolidin
NSAR	*N*-Nitrososarcosin
NTCA	*N*-Nitrosothiazolidin-4-carbonsäure
NTHZ	*N*-Nitrosothiazolidin

genannte Präkarzinogene dar, die erst durch eine metabolische Aktivierung (in diesem Fall durch α-Hydroxylierung) zu den proximalen Karzinogenen überführt werden. Die α-hydroxylierten Produkte zerfallen in die ultimalen, elektrophilen Wirkformen Alkyldiazohydroxid bzw. Alkylcarbeniumion. Im Gegensatz hierzu zerfallen die Nitrosamide im Organismus spontan zu den alkylierenden Agenzien. Sie wirken im Organismus systemisch, aber auch lokal an der Applikationsstelle, während die Nitrosamine demzufolge nicht lokal, sondern nach metabolischer Aktivierung, systemisch wirken.

17.2
Bildung von Nitrosaminen in Lebensmitteln

Die Umsetzung sekundärer Amine mit Natriumnitrit in wässrig saurer Lösung führt mit hohen Ausbeuten zu den entsprechenden Nitrosaminen. Die Reaktion zwischen Nitritionen und Protonen (H^+ oder H_3O^+), die zur salpetrigen Säure bzw. protonierten Form führt, ist abhängig vom pH-Wert der wässrigen Lösung. Weder Nitrit noch die salpetrige Säure (HONO) per se sind nitrosierende Agenzien. Die Zwischenprodukte wie Distickstofftrioxid (N_2O_3), Distickstofftetroxid (N_2O_4) und die protonierte salpetrige Säure (H_2O^+NO) sind jedoch besonders wirksame Nitrosierungsmittel (Abb. 17.2).

Da nur das freie, aber nicht das protonierte Amin nitrosiert wird, beeinflussen nicht nur der pH-Wert, sondern auch die Basizität des Amins die Nitrosaminbildung. Dies bedeutet, dass bei niedrigen pH-Werten die Bildung nitrosierender Agenzien gefördert wird, während die Konzentration an unprotoniertem Amin abnimmt. Schwach basische Amine wie Morpholin ($pK_a = 8,7$) werden deshalb bei gleichem pH-Wert schneller nitrosiert als stark basische Amine wie Dimethylamin ($pK_a = 10,7$). Die maximale Ausbeute bei der Nitrosierung mit Nitrit liegt je nach Amin bei einem pH-Wert zwischen 3 und 4.

Die aus der Reaktion primärer Amine mit Nitrosierungsmitteln gebildeten primären Nitrosamine sind instabile Verbindungen, die über Diazoniumionen oder als Carbeniumionen alkylierende Reaktionen eingehen. Die Nitrosierung von Methylamin führt zu einer komplexen Mischung verschiedener Produkte einschließlich NDMA, komplexere primäre aliphatische Amine führen zu Eliminations-, Substitutions- und Umlagerungsprodukten [67].

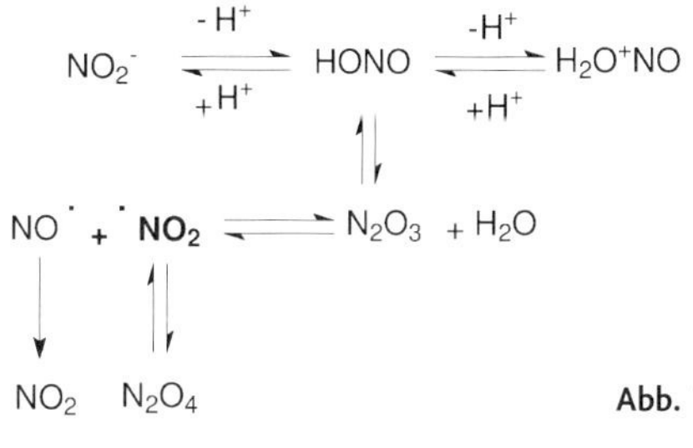

Abb. 17.2 Nitritgleichgewicht im wässrigen Medium.

Einfache tertiäre Amine reagieren mit einer wesentlich niedrigeren Reaktions-geschwindigkeit mit salpetriger Säure als sekundäre Amine.

Komplexere tertiäre Amine (wie z. B. Gramin und Hordenin im Malz) werden schnell nitrosiert.

Die Reaktion der Aminosäuren Cystein, Serin, Threonin und Tryptophan mit einfachen Aldehyden führt zur Bildung von heterocyclischen Carbonsäuren, die leicht nitrosiert werden. So entsteht aus Cystein und Formaldehyd Thiazolidin-4-carbonsäure als Vorstufe von *N*-Nitrosothiazolidin-4-carbonsäure (NTCA) (auch *N*-Nitrosothioprolin = NTPRO genannt). Cystein und Glycolaldehyd bilden *N*-Nitroso-2-(hydroxymethyl)thiazolidin-4-carbonsäure (NHMTCA) [63]. Dieses Nitrosamin wird in Hitze zu *N*-Nitroso-2-(hydroxymethyl)thiazolidin (NHMTHZ) decarboxyliert. Die Kondensation and anschließende Nitrosierung von Cystein mit Acetaldehyd führt zu *N*-Nitroso-2-methylthiazolidin-4-carbonsäure (NMTCA). *N*-Nitrosooxazolidin-4-carbonsäure (NOCA) und *N*-Nitroso-5-methyloxazolidin-4-carbonsäure (NMOCA) entstehen bei der Nitrosierung des Reaktionsprodukts von Formaldehyd mit Serin und Threonin.

Gasförmige Stickoxide sind bedeutende nitrosierende Agenzien in der menschlichen Umgebung. Sie wirken nitrosierend in neutralen und basischen Lösungen, wobei die Reaktion mit Aminen unabhängig von deren Basizität ist und nicht durch OH^--Ionen gehemmt wird [11].

Die Hauptbelastung der Atmosphäre mit Stickoxiden stammt aus Feuerungs-anlagen und Motoren. Dabei wird hauptsächlich Stickstoffmonoxid freigesetzt, das mit Luftsauerstoff langsam zu Stickstoffdioxid reagiert. Stickstoffmonoxid und Stickstoffdioxid stehen im Gleichgewicht mit N_2O_3. In Innenräumen kann unter anderem durch Rauchen eine erhöhte Stickoxidkonzentration auftreten. In Bezug auf *N*-Nitrosierungen *in vivo* sind Nitritester besonders interessant, da sie schnell durch Reaktion von Alkoholen mit salpetriger Säure gebildet werden. Das Gleichgewicht liegt im Basischen auf der Seite der Nitritester, wodurch eine Nitrosierung ohne Säurekatalyse ermöglicht wird [35].

17.2.1
Katalysatoren

Zahlreiche Stoffe gelten als Katalysatoren oder Inhibitoren der Nitrosaminbildung. Formaldehyd dient als Katalysator der Nitrosierung von Aminen im Alkalischen. Ebenso können Alkohole durch die Bildung von Nitritestern im Alkalischen als Katalysatoren wirken. Halogenid- (Cl^-, Br^-, I^-) und Pseudohalogenidionen (SCN^-) stellen gute Katalysatoren in wässrig sauren Lösungen dar. Sie beschleunigen die Reaktion durch Bildung von Nitrosylhalogeniden NOX ($X = Cl^-$, Br^- usw.), die reaktiver sind als N_2O_3. Die Reihenfolge der katalytischen Aktivität lautet $I^- > SCN^- > Br^- > Cl^-$.

Phenole und Polyphenolverbindungen zeigen je nach Struktur der Verbindung, der Konzentration des phenolischen sowie nitrosierenden Agens und dem pH-Wert einen katalytischen oder inhibierenden Effekt [10].

In Gegenwart von Mizellen kann eine Erhöhung der Nitrosierungsrate stattfinden. Okun und Archer [74] konnten eine katalytische Wirkung von Decyltrimethylammoniumbromid (kationisches Tensid) auf die Nitrosierung von Dimethylamin und Dihexylamin mit Natriumnitrit nachweisen. Der Effekt wird auf elektrostatische Wechselwirkungen zwischen der kationischen Mizelloberfläche und dem Amin zurückgeführt, wodurch die Konzentration an freiem Amin in der Mizellphase erhöht wird. Ähnliche Effekte konnten bei Mizellen aus konjugierten Gallensäuren beobachtet werden [44].

17.2.2
Inhibitoren

Prinzipiell sind alle Substanzen, die mit salpetriger Säure schneller reagieren als Amine, als potenzielle Inhibitoren der Nitrosaminbildung anzusehen. L-Ascorbinsäure bzw. L-Ascorbat wurden von Mirvish et al. [70] als sehr wirksame Hemmstoffe der Nitrosaminbildung beschrieben. Dabei spielt der pH-Wert der Lösung eine entscheidende Rolle. Bei einem pH-Wert zwischen 3 und 4 liegt die Ascorbinsäure ($pK_a = 4,29$) zum größten Teil als Ascorbat vor, das durch seine größere Nucleophilie ca. 200-mal schneller mit dem Nitrosierungsmittel reagieren kann als die freie Säure. Bei der Reaktion mit Nitrit bildet ein Mol Ascorbinsäure zwei Mol NO und durch Oxidation Dehydroascorbinsäure. NO kann bei Anwesenheit von Sauerstoff zu Stickstoffdioxid oxidiert werden, welches im Gleichgewicht mit N_2O_3 oder N_2O_4 vorliegt, die stark nitrosierende Agenzien darstellen. Um eine effektive Hemmung in Gegenwart von Sauerstoff zu erreichen, sollte deshalb ein Überschuss an Ascorbinsäure verwendet werden. Ein weiterer Effekt von Sauerstoff ist die Oxidation von Ascorbat zu Dehydroascorbat, das keine inhibierende Wirkung mehr besitzt.

In Deutschland sind Natrium- und Calciumascorbat bei der Herstellung von Fleischerzeugnissen als Pökel- und Umrötehilfsmittel zugelassen [119].

In lipophilen Medien kann Ascorbinsäure als Palmitinester eingesetzt werden. Der wichtigste lipophile Hemmstoff der Nitrosierung ist *a*-Tocopherol [68]. Es reagiert in derselben Weise wie Ascorbinsäure durch Oxidation zu *a*-Tocochinon.

Natürlich vorkommende Thiole wie Cystein und Glutathion zeigten in *in vitro*-Systemen eine inhibierende Wirkung auf die Nitrosaminbildung.

Sulfamat wird durch Nitrit zu Sulfat oxidiert. Schwefeldioxid kann Nitrit über Stickstoffmonoxid zu Distickstoffmonoxid reduzieren. Alkohole wie Ethanol, Methanol oder *n*-Propanol hemmen in hohen Konzentrationen die Bildung von Nitrosaminen bei pH = 3, zeigen jedoch katalytische Aktivität bei pH = 5 [48]. Die inhibitorische Wirkung im Sauren wird auf die Bildung von Nitritestern zurückgeführt. Primäre Amine reagieren mit Nitrosierungsmitteln zu alkylierenden Agenzien, die sofort mit Nucleophilen in der Reaktionsmischung abreagieren. Ihre inhibierende Wirkung beruht somit auf dem Entzug der nitrosierenden Agenzien aus der Reaktionsmischung, wodurch ihr Einsatz als Nitrosierungsinhibitoren in Bedarfsgegenständen wie Kosmetika möglich ist.

17.3
Analytik von Nitrosaminen in Lebensmitteln

Bei der Analytik von Nitrosaminen in Lebensmitteln unterscheidet man zwischen den flüchtigen und nichtflüchtigen Nitrosaminen. Erstere sind Verbindungen, die sich durch Destillation mit Wasser unzersetzt vom Probenmaterial abtrennen lassen, während nichtflüchtige Verbindungen durch ihren niedrigen Dampfdruck oder ihre geringere Stabilität einen solch effektiven Aufreinigungsschritt nicht erlauben.

Die Nachweismethoden für Nitrosamine lassen sich in direkte Erfassungsmethoden und Nachweisverfahren nach Bildung von Derivaten einteilen.

Bei dem Nitrosaminnachweis über Derivatbildung gibt es verschiedene Möglichkeiten:
- Reduktion zum Hydrazin oder Spaltung zum Amin und Nachweis der Folgeprodukte durch Umsetzung zu stark absorbierenden, fluoreszierenden oder elektronenaffinen Derivaten mittels Dünnschicht-, Säulen- und Gaschromatographie,
- Oxidation zum stark elektronenaffinen Nitramin und Nachweis mittels Gaschromatographie und Elektroneneinfangdetektion,
- Bildung von Addukten durch Reaktion mit perfluorierten Säureanhydriden und Nachweis mittels Gaschromatographie und Elektroneneinfangdetektion.

Zwei Derivatisierungsmethoden haben breitere analytische Anwendung erfahren und sich in Serienuntersuchungen bewährt:
- die Bildung von Heptafluorbuttersäureamiden nach Denitrosierung der Nitrosamine (HFB-Methode). Der Nachweis der Derivate erfolgt nach gaschromatographischer Trennung über Elektroneneinfangdetektion oder Massenfragmentographie;
- die Oxidation zu Nitraminen und deren Nachweis nach gaschromatographischer Trennung mittels Elektroneneinfangdetektor.

Die Entwicklung hochspezifischer Detektoren, insbesondere des TEA-Detektors, ermöglichte die direkte Bestimmung der Nitrosamine und erlangte für Serien- und Reihenuntersuchungen die höchste Bedeutung.

17.3.1
Bestimmung von flüchtigen Nitrosaminen

Flüchtige Nitrosamine werden durch eine Vakuumdestillation aus wässrig alkalischem Milieu unter Zusatz von Glycerin zum Destillationsgut gewonnen. Glycerin wirkt als Wärmeüberträger und begünstigt das Übertreiben des Wassers und der Nitrosamine [21]. Die Destillate werden anschließend über eine Festphasenextraktion aufgearbeitet, eingeengt und zur Gaschromatographie verwendet.

In neueren Untersuchungen wird zur Isolierung der Nitrosamine aus Lebensmitteln eine überkritische Kohlendioxidextraktion eingesetzt. Der Vorteil liegt im geringeren Lösungsmittelverbrauch, in guter Reproduzierbarkeit, guter Wiederfindungsrate und Schnelligkeit der Methode [25, 80].

Das Detektionsverfahren, das die größte Bedeutung in der Nitrosaminanalytik erlangt hat, ist die Detektion mit dem Chemilumineszenz-Detektor (Thermal Energy Analyzer, TEA-Detektor), der durch Fine et al. [27] eingeführt wurde. Dabei werden die Nitrosamine nach gaschromatographischer Trennung pyrolytisch gespalten. Die Pyrolyseprodukte gelangen mit dem Trägergas in eine Reaktionskammer, wo die abgespaltenen $NO^{\bullet}$-Radikale mit Ozon zu angeregtem NO_2^{*} reagieren. Das beim Übergang von NO_2^{*} zum unangeregten Grundzustand emittierte Licht (Lumineszenz) wird als analytisches Signal genutzt. Der Detektor hat eine sehr hohe Spezifität für Nitrosamine bei sehr guter Nachweisempfindlichkeit von $<0,1$ µg/kg Lebensmittel. Ein systematischer Vergleich von Resultaten des TEA Detektors mit Ergebnissen aus GC/hochauflösender Massenspektrometrie zeigte eine gute Übereinstimmung beider Detektionsmethoden. Da der TEA-Detektor auch auf C-Nitrosoverbindungen und manche Nitroverbindung anspricht, die NO freisetzt, kann eine massenspektrometrische Absicherung positiver Resultate erforderlich sein.

Der elektrolytische Mikroleitfähigkeitsdetektor (Coulson Detektor CECD, Hall Detektor) ist ebenfalls ein N-spezifischer Detektor, bei welchem Nitrosamine nach Auftrennung auf einer GC-Säule in einem auf 400–800 °C beheizten Quarzrohr im Wasserstoffstrom zu Ammoniak reduziert oder im Heliumstrom zu Aminen pyrolisiert werden. Die entstandenen alkalischen Spaltprodukte werden in einer Kontaktzelle mit sehr geringem Totvolumen in Wasser gelöst und über die Änderung der Leitfähigkeit des Wassers quantitativ bestimmt.

Das bisher sicherste Verfahren des direkten Nachweises von Nitrosaminen ist die Kombination von GC mit hochauflösender Massenspektrometrie.

17.3.2
Bestimmung von nichtflüchtigen Nitrosaminen

Nichtflüchtige Nitrosamine werden durch Derivatisierung und GC oder über HPLC-TEA-Detektor identifiziert.

17.3.2.1 Bestimmung der Gesamtnitrosoverbindungen

1978 haben Walters et al. [121] einen Test entwickelt, der auf der säurekatalysierten Spaltung von Nitrosoverbindungen mittels Bromwasserstoff/Eisessig zu Stickoxidradikalen basiert und dem anschließenden Nachweis von $NO^{\bullet}$ mit dem TEA-Detektor. Hierbei werden Stickoxidradikale auch aus S-, C- oder O-Nitrosospezies nachgewiesen. Modifizierungen der Walters-Methode zum Nachweis der „apparent total N-nitroso-compounds" (ATNC) wurden entwickelt [9, 66, 86]. Mit diesen neuen Methoden wurden ATNC-Gehalte in geräuchertem Hammel, Schinken, gekochtem Fleisch, Bier, Malz und fermentierten Lebensmitteln in viel höheren Konzentrationen als die Konzentration von identifizierten flüchtigen und nichtflüchtigen Nitrosaminen nachgewiesen. Mittlere ATNC-Konzentrationen in μmol/kg Produkt sind 5,5–27 000 für Frankfurter Würstchen, 0,5–660 für Fleisch und 5,8–5800 für gesalzenen Trockenfisch [33]. Man geht davon aus, dass ca. 16% der ATNC aus nicht karzinogenen nitrosierten Aminosäuren bestehen (mit Ausnahme von NSAR), die übrige Zusammensetzung ist unbekannt [34]. Aus diesem Grund hat die Bestimmung der ATNC keine toxikologische Relevanz.

17.4
Belastung und Vorkommen

17.4.1
Belastung mit *N*-Nitrosoverbindungen

Die Belastung des Menschen mit *N*-Nitrosoverbindungen gliedert sich in endogene und exogene Exposition (s. Schema in Abb. 17.3). Die exogene Belastung resultiert aus dem Vorkommen dieser Verbindungen in Lebensmitteln, Tabak und Tabakrauch, in Arzneimitteln, Kosmetika und Bedarfsgegenständen. Zu dieser durch den persönlichen Lifestyle bedingten exogenen Belastung kann eine berufsbedingte Nitrosaminexposition hinzukommen. Hierbei sind insbesondere die Metall, Gummi und Leder verarbeitende Industrie, chemische Betriebe, die Pestizide oder Detergentien produzieren, sowie die Fischindustrie zu erwähnen.

Zusätzlich zu dieser exogenen Belastung durch Nitrosamine muss eine endogene Belastung durch eine in vivo-Bildung von Nitrosaminen berücksichtigt werden. Die Bildung von Nitrosaminen aus sekundären Aminen und nitrosierenden Agenzien im sauren Milieu des Magens konnte in zahlreichen Tierversuchen bestätigt werden [49].

Kein Zweifel über die endogene Nitrosierung, auch beim Menschen, besteht seit dem Nitrosoprolintest von Oshima und Bartsch [75]. Hierbei wurden Prolin

Abb. 17.3 Exposition des Menschen mit *N*-Nitrosoverbindungen.

und Nitrat Probanden verabreicht und die Menge an gebildetem Nitrosoprolin im Urin bestimmt. Nitrosoprolin ist weder karzinogen noch mutagen und wird annähernd quantitativ im Urin ausgeschieden. Es konnte gezeigt werden, dass die endogene Bildung von Nitrosoprolin im Menschen vom Nitratgehalt des Trinkwassers abhängig ist [69].

Prinzipiell kann bei der endogenen Belastung zwischen der endogenen Bildung der Nitrosierungspräkursoren und der Aufnahme der Vorläufer unterschieden werden. Die Exposition mit nitrosierenden Agenzien, die in der Nahrung hauptsächlich als Nitrat/Nitrit vorliegen, ist in zahlreichen Studien beschrieben [28, 95, 96]. Die Untersuchung der Aufnahme von primären, sekundären und tertiären Aminen aus der Nahrung zeigte, dass hauptsächlich (über 85% der Gesamtexposition) stark basische Amine aufgenommen werden, die nur zu geringem Teil in freier, unprotonierter und somit nitrosierbarer Form vorliegen [83]. Trotzdem führt eine an Nitrat und Aminvorstufen reiche Ernährung zur erhöhten Ausscheidung von NDMA im Urin des Menschen [12, 117, 118].

Die Bildung von nitrosierbaren Aminvorstufen im Körper selbst manifestiert sich durch die hohen Ausscheidungsraten im Vergleich zur mittleren täglichen Aufnahme aus der Nahrung [84, 114].

17.4.2
Vorkommen von Nitrosaminen in Lebensmitteln

Im Folgenden soll die exogene Belastung durch präformierte Nitrosamine, d. h. die Exposition mit bereits in Lebensmitteln vorhandenen Nitrosaminen, an einzelnen Lebensmittelgruppen aufgezeigt werden.

Die Kontamination von Lebensmitteln kann im Wesentlichen durch die Bildung von Nitrosaminen in den Lebensmitteln selbst verursacht werden oder durch Migration von Nitrosaminen aus Verpackungsmaterialen.

Für die Entstehung von Nitrosaminen in Lebensmitteln sind verschiedene Faktoren von Bedeutung; zum einen der Gehalt an nitrosierbaren Aminvorstufen und zum anderen die Gegenwart nitrosierender Agenzien und Inhibitoren bzw. Katalysatoren der Nitrosierungsreaktion.

Bedeutende nitrosierende Agenzien in Lebensmitteln sind unter anderem das Nitritpökelsalz, das zur Konservierung eingesetzt wird und Stickoxide, die insbesondere bei Trocknungsprozessen eine Rolle spielen. Der Nitrosamingehalt wird außerdem entscheidend von Lagerungsbedingungen, mikrobiellen Reaktionen oder Zubereitungsarten des Lebensmittels beeinflusst.

Bei den Nitrosaminen unterscheidet man aufgrund der Analysenmethoden zwischen flüchtigen und nichtflüchtigen Verbindungen. Flüchtige Nitrosamine, die in Lebensmitteln vorkommen, sind NDMA, NPYR, und NPIP (Tab. 17.1, Abb. 17.4). Lebensmittelgruppen, in denen diese Nitrosamine nachgewiesen wurden, sind in Tabelle 17.3 zusammengestellt.

Nichtflüchtige Nitrosamine sind NSAR, NPRO, NHPRO, NTCA, NMTCA, NHMTCA, NOMA, NMOCA, NHPYR, NHMTHZ (Tab. 17.1, Abb. 17.4).

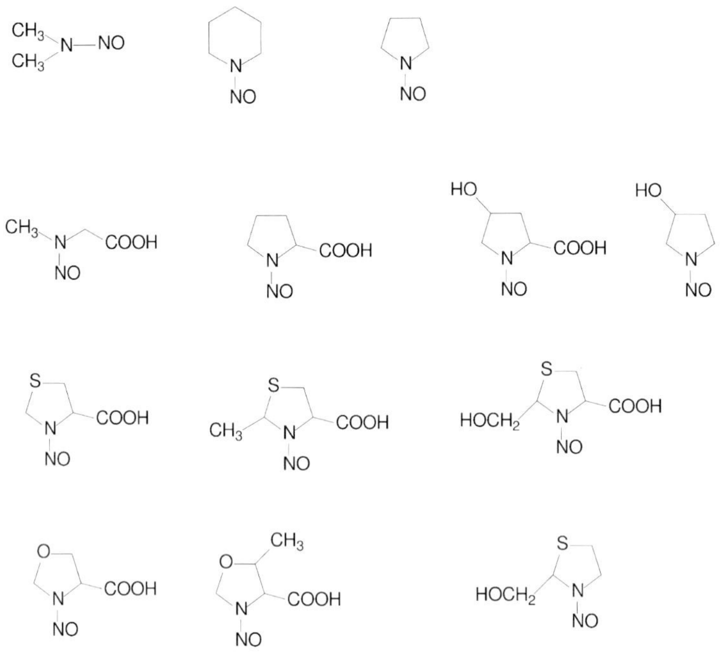

N-Nitrosodimethylamin (NDMA)	N-Nitrosopiperidin (NPIP)	N-Nitrosopyrrolidin (NPYR)	
N-Nitrososarcosin (NSAR)	N-Nitrosoprolin (NPRO)	N-Nitrosohydroxyprolin (NHPRO)	N-Nitroso-hydroxypyrrolidin (NHRYR)
N-Nitrosothiazolidin-4-carbonsäure (NTCA)	N-Nitroso-2-methyl-thiazolidin-4-carbonsäure (NMTCA)	N-Nitroso-2-hydroxymethylthiazolidin-4-carbonsäure (NHMTCA)	
N-Nitrosooxazolidin-4-carbonsäure (NOCA)	N-Nitroso-5-methyl-oxazolidin-4-carbonsäure (NMOCA)	N-Nitroso-2-hydroxymethylthiazolidin (NHMTHZ)	

Abb. 17.4 Strukturen der Nitrosamine in Lebensmitteln.

Von diesen nichtflüchtigen Nitrosaminen kommen in Lebensmitteln hauptsächlich die *N*-nitrosierten Aminosäuren NPRO, NSAR, NHPRO sowie dessen decarboxyliertes Produkt NHPYR vor.

Weitere *N*-Nitrosoprodukte, die wahrscheinlich in Lebensmitteln vorkommen, sind *N*-nitrosierte Dipeptide oder Polypeptide mit *N*-terminalem Prolin [112] oder mit Hydroxyprolinresten, *N*-nitrosierte 3-substituierte Indole [1], *N*-nitrosierte Derivate von Pestiziden [42] oder Herbiziden [43], nichtflüchtige hydroxylierte Nitrosamine von der Nitrosierung von Spermidin [37] und *N*-nitrosierte Glycoxylamine und Amadori-Produkte [92]. Einige Strukturen der Verbindungen, die in Lebensmitteln vorkommen, sind in Abbildung 17.4 dargestellt.

17.4.2.1 Fleischprodukte

Die nichtflüchtigen Nitrosamine können in wesentlich höheren Konzentrationen in Lebensmitteln nachgewiesen werden als die flüchtigen. Sie sind aber von geringerem toxikologischen Interesse, da sie keine oder zum Teil nur schwach karzinogene Wirkungen zeigen. NPRO, NHPRO, Nitrosopipecolinsäure, Nitrosothioprolin und Nitroso-4-methylthioprolin sind nicht karzinogen. Nitrosothiazolincarbonsäure (NTCA) ist nicht mutagen und zeigte in einer Langzeiternährungsstudie an Ratten keine karzinogene Wirkung [51]. Die nichtflüchtigen Nitrosamine wurden hauptsächlich untersucht, da sie die Fähigkeit besitzen als nitrosierende Agenzien oder als Transnitrosierer zu agieren und da sie beim Erhitzen der Fleischprodukte, d. h. während des Bratprozesses, decarboxylieren und damit Nitrosamine produzieren können, die potente Karzinogene darstellen. So werden die *N*-nitrosierten Aminosäuren zu den entsprechenden flüchtigen Nitrosaminen umgesetzt. NPRO, NHPRO, NSAR decarboxylieren zu NPYR, NHPYR und NDMA [41].

Nichtflüchtige Nitrosamine, die in gekochten Fleischprodukten nachgewiesen werden, sind hauptsächlich NPRO, NHPRO, NTCA und NHMTCA in Konzentrationen zwischen 0 und 250 µg/kg [111]. Gekochte Fleischprodukte, die zudem einem Räucherungsprozess unterlagen, weisen höhere Konzentrationen auf. In geräuchertem gebratenen Schinken können bis zu 2100 µg/kg NHMTCA und in Schwarzwälder Schinken 1620 µg/kg NTCA nachgewiesen werden. In den geräucherten gekochten Fleischprodukten ist die Bildung von NTCA auf die Gegenwart von Formaldehyd im Holzrauch in Verbindung mit Cystein und Nitrit zurückzuführen.

Der Gehalt von NTCA und seinem decarboxylierten Analog NTHZ wurde in gekochten Fleischprodukten ausführlich untersucht [38, 65, 79, 97, 100]. Dabei konnte nicht gezeigt werden, ob die hitzekatalysierte Decarboxylierung von NTCA oder die Nitrosierung von Thiazolidin der bedeutendere Mechanismus ist. Das Vorhandensein der Vorstufen war der limitierende Faktor in der NTHZ-Bildung.

Ebenso wurde der Einfluss verschiedener Räuchermethoden auf die Bildung von NTCA untersucht. Traditionell geräucherter Schinken enthält 68–113 µg/kg NTCA, während Schinken in vernebelter Flüssigrauch- und Flüssigrauch/Salzlaken-Berieselung geringere Mengen aufweist (30–53 µg/kg bzw. 11–108 µg/kg). Einige Studien zeigen hohe Gehalte von NHMTCA in gekochtem Fleisch [64].

Unter den flüchtigen Nitrosaminen in Fleisch und Fleischprodukten, die potente Karzinogene darstellen, kann hauptsächlich NDMA und teilweise NPYR nachgewiesen werden. Frühere Untersuchungen des deutschen Marktes zeigten eine Belastung zwischen <0,5–12 µg/kg NDMA bzw. <0,5–45 µg/kg NPYR [106]. Durch Reduktion der Zugabe von Nitrit ins Pökelsalz konnten diese Werte erheblich gesenkt werden, so dass in einer Studie zwischen 1989 und 1990 nur noch <0,5–2,5 µg/kg NDMA und kein NPYR detektiert werden konnten [115]. Dabei wurden die Lebensmittel verzehrsfertig zubereitet. Dies ist von Bedeutung, da NPYR bei Fleischprodukten hauptsächlich in gebratenem Speck, aber nicht im rohem Speck nachgewiesen wird. Es entsteht hier hauptsächlich durch die Nitrosierung und Decarboxylierung von Prolin während des Bratprozesses [113]. Die Menge von NPYR, die in gekochtem Schinken gebildet wird, ist von der Dauer und der Temperatur während des Bratens abhängig, wobei bei höheren Temperaturen mehr, aber nur sehr wenig bei Zubereitung in einer Mikrowelle gebildet wird. In gebratenem Schinken konnten NPYR und NDMA in Konzentrationen zwischen 0,7–20 µg/kg und 0–2,4 µg/kg nachgewiesen werden [25]. In diesem Zusammenhang wurde in der Presse immer wieder von der Zubereitung von Hawaiitoast (Kochschinken mit Käse auf Ananas) gewarnt. Wegen der nicht zu vergleichenden Zubereitungsart (die Temperatur des Schinkens ist beim Überbacken deutlich niedriger als beim Anbraten) ist eine Nitrosaminbildung im Hawaiitoast nicht zu befürchten.

NPIP kann nur in stark gewürzten Proben nachgewiesen werden, da es hauptsächlich in Pfeffer vorkommt. In 33 Rohwurst- und 48 Rohschinkenproben wurden in 91% NPYR bzw. 87% NPIP unter 1 µg/kg detektiert [47].

Der Nachweis von Spuren der flüchtigen Nitrosamine N-Nitrosodiethylamin (NDEA) und N-Nitrosodibutylamin (NDBA) sowie dem nichtflüchtigen Nitrosamin N-Nitrosodibenzylamin in Fleischerzeugnissen war auf die Migration dieser Nitrosamine aus als Packungsmaterial verwendeten Gumminetzen zurückzuführen [98]. Sie entstehen durch die Reaktion des Nitrits mit den Aminen aus dem Gummi [99] oder während der Herstellung der Gummiprodukte selbst und gehen langsam in die Lebensmittel über. In einer kürzlich veröffentlichten Studie von Fiddler et al. [26], in der Schinken und die dazugehörenden Gummiverpackungen untersucht wurden, konnte allerdings keine Korrelation zwischen den Gehalten von N-Nitrosodibenzylamin in den äußeren Schichten der Schinken und in den Gumminetzen gefunden werden.

In diesem Zusammenhang ist auf die rechtliche Regelung vom Übergang von Nitrosaminen aus Gummiprodukten in Lebensmittel zu verweisen, wobei es bisher keine Regelung für Verpackungsmaterialien gibt.

In Bezug auf den Einsatz von Nitritpökelsalz als Vorläufer zur Bildung von Nitrosaminen in Fleischprodukten ist anzumerken, dass durch die Erkenntnis über mögliche gesundheitliche Risiken und aus Gründen des vorbeugenden Verbraucherschutzes der Gehalt von Nitrit im Pökelsalz 1980 um 20% auf 0,4–0,5% reduziert wurde. Durch die Harmonisierung des innereuropäischen Lebensmittelrechts in Bezug auf Lebensmittelzusatzstoffe ist der Gehalt an Nitrit im Nitritpökelsalz nicht mehr rechtlich limitiert [7]. Lediglich die im Lebensmittel zum Zeitpunkt der Abgabe an den Endverbraucher zulässige Konzentration ist festgelegt.

17.4.2.2 Fisch- und Fischprodukte

Die höchsten Gehalte von NDMA können in Fisch und Fischwaren festgestellt werden, wobei frische gebratene Fische höhere Mengen aufweisen (0,5–8 µg/kg) als geräucherte Fische (0,6–2,6 µg/kg) und Fischkonserven (0,7–5,3 µg/kg) [115]. Die Zubereitungsart zeigt in verschiedenen Studien einen Einfluss auf den Gehalt an präformierten Nitrosaminen. So konnten Yamamoto und Mitarbeiter einen höheren Gehalt von NDMA in gekochtem gegenüber rohem Fisch feststellen [123]. Bei Fischen, die über einer Gasflamme (hoher NO_x-Gehalt) zubereitet werden, konnten Maki und Mitarbeiter einen 30fach erhöhten Gehalt an NDMA feststellen, während das Kochen über einer elektrischen Heizplatte keine Auswirkung auf den NDMA-Gehalt zeigte [60]. In asiatischen Produkten sind die NDMA-Gehalte der Fischprodukte höher. So wiesen Mitacek und Mitarbeiter in fermentiertem thailändischem Fisch im Mittel zwischen 3,7–7,95 µg/kg NDMA, 1,0–8,7 µg/kg NPIP und 5,6–18,1 µg/kg NPYR nach [71].

Nichtflüchtige Nitrosamine in Fischprodukten wurden weniger intensiv untersucht. Eine Prüfung von 63 verschiedenen Fischen, bei denen 14 geräucherte Proben enthalten waren, zeigte bei acht Proben Spuren von NPRO (im Mittel 6 µg/kg) und bei sechs Proben Werte zwischen 27–344 µg/kg NTCA [101].

17.4.2.3 Alkoholische Getränke

Über Nitrosamine in Bier wurden seit dem ersten Nachweis von NDMA in Konzentrationen bis 68 µg/kg in Bierproben (im Mittel 2,5 µg/kg, $n = 199$) sehr viele Studien, auch über die Herkunft der Kontamination, durchgeführt [105]. Die Untersuchung der Ausgangsstoffe ergab, dass die Nitrosamine im Bier praktisch ausschließlich aus dem Malz stammen. Die Vorläuferverbindungen im Malz sind Dimethylamin, Trimethylamin, Hordenin und Gramin. Letztere sind Alkaloide, die während des Keimens der Gerste gebildet werden. Beide können zu NDMA nitrosiert werden, wobei Gramin, das in geringerer Konzentration als Hordenin vorkommt, eine größere Reaktionsrate aufweist [61].

Zudem wurde entdeckt, dass die beim Darren des Malzes verwendete Heiztechnik entscheidenden Einfluss auf den Nitrosamingehalt hat. Direkte Verfahren beim Darren des Malzes ergaben wesentlich höhere NDMA-Konzentrationen als indirekte Heiztechniken, die zu NDMA-Werten <1 µg/kg führten [107]. Mit Ölbrennern beheizte Darren ergaben Werte von 0,5–10 µg/kg, Gasbrenner Werte bis zu 1080 µg/kg. Die geringeren Konzentrationen bei Ölbrennern lassen sich auf den Schwefelgehalt des Erdöls zurückführen, da das Verbrennen von Schwefel die Bildung von NDMA vermindert. Da die NDMA-Bildung durch die bei hohen Verbrennungstemperaturen entstehenden Stickoxide verursacht wird, konnte durch eine Reduktion der Verbrennungstemperatur eine Verringerung der NDMA-Konzentrationen erreicht werden. Mit der Einführung verbesserter Mälz- und Darrtechniken konnte der NDMA-Gehalt im Bier deutlich gesenkt werden [89]. Tabelle 17.2 zeigt einen Vergleich von zwei Untersuchungsserien vor und nach Umstellung von Malz-Trocknungsverfahren.

In der Verzehrsstudie zwischen 1989 und 1990 wurden auch 13 Bierproben des deutschen Marktes untersucht. Der mittlere NDMA-Gehalt lag bei 0,15 µg/kg, mit Werten zwischen 0,2–0,6 µg/kg [115]. Auch eine kurzlich veröffentlichte Studie spanischer Biere zeigt bei den 21 untersuchten Bieren im Mittel nur 0,11 µg/kg (0–0,6 µg/kg) NDMA [40]. Aus dem Jahresbericht des Landesamts für Gesundheit und Lebensmittelsicherheit (LGL) Bayern des Jahres 2003 geht hervor, dass in vier von 47 untersuchten Bierproben erhöhte NDMA-Gehalte (bis 1,1 µg/kg) und in drei von 24 Malzproben (bis 21 µg/kg) NDMA-Gehalte

Tab. 17.2 NDMA in Bier: Vergleich der Nitrosamingehalte (µg/kg) in Bier vor und nach Einführung verbesserter Mälzverfahren. Pos. % = Prozent positive Proben (>0,5 µg/kg).

Biertyp	1978/1979				1981			
	N	Pos. %	MW	Max	N	Pos %	MW	Max
Pils	54	65	1,2	7	169	24	0,4	6,5
Lager	42	67	1,2	7	179	26	0,4	2,0
Starkbier hell	25	76	1,9	8	38	26	0,4	1,6
Obergärig hell	22	23	1,0	6	19	5	0,3	0,7
Obergärig dunkel	25	76	2,7	11	21	24	1,0	7,0
Starkbier dunkel	22	68	6	47	25	32	0,5	4,0
Rauchbier	9	100	18	68	3	100	1,5	2,0
Gesamt	**199**	**66**	**2,5**	**68**	**454**	**24**	**0,4**	**7,0**

detektiert wurden. Die entsprechenden Erzeugnisse waren wegen Richtwertüberschreitung nicht verkehrsfähig [36].

Die Nitrosaminkontamination von Bier ist von Interesse, wenn man den durchschnittlichen Konsum von 619,4 g Bier/Tag für Männer und 185 g Bier/Tag für Frauen auf Basis des Deutschen Ernährungsberichtes von 1988 zugrunde legt [15]. Damit ergibt sich allein aus dem Bierkonsum für Männer eine mittlere tägliche Nitrosaminbelastung von 92,9 ng NDMA/Tag (Frauen 27,8 ng NDMA/Tag) [115].

Von den nichtflüchtigen Nitrosaminen kommt hauptsächlich das nicht karzinogene NPRO in Bier vor. So wurden in 14 Bierproben 0,5–3,6 µg/kg NPRO und in vier verschiedenen Malzproben 4,3–15,3 µg/kg NPRO detektiert [116].

Ein weiteres alkoholisches Getränk, das unter Verwendung von Malz hergestellt wird, ist Whisky. Frühere Studien zeigten in sieben von 14 Proben einen NDMA-Gehalt von 0,3–2 µg/kg [30], während in der Studie von 1989/90 kein NDMA festgestellt werden konnte [115].

17.4.2.4 Käse und Milchprodukte

Gelegentlich sind Käse und Milchprodukte mit dem flüchtigen Nitrosamin NDMA kontaminiert. In zwei von acht Käseproben konnten Mengen von 0,8–1,1 µg/kg NDMA nachgewiesen werden. In italienischem Käse zeigte sich in drei von neun Proben NDMA in Konzentrationen zwischen 0,4–0,8 µg/kg [14]. In dieser Studie wurde auch in 5 der 9 Proben NDBA in Konzentrationen zwischen 0,6–0,9 µg/kg nachgewiesen. Nitrat wird zu manchen Käsesorten zugegeben, vor allem zu Schnittkäse wie Gouda und Edamer, um das Wachstum von Clostridien zu vermeiden, die durch Gasproduktion die Käsereifung beeinträchtigen. Es konnte jedoch bisher keine Korrelation zwischen dem Einsatz von Nitrat und der Bildung von Nitrosaminen in Käse aufgezeigt werden [22].

Unter den nichtflüchtigen Nitrosaminen wurden in Schweizer Käse, der mit Flüssigrauch behandelt wurde, 18 µg/kg NPRO nachgewiesen, drei Proben von geräuchertem Käse enthielten 5–24 µg/kg NTCA [39].

Milchpulver sind gelegentlich mit NDMA belastet (0,6 µg/kg). Ebenso konnte in Suppenpulver (0,4 bzw. 0,1 µg/kg) NDMA nachgewiesen werden. Man geht davon aus, dass der geringe Nitrosamingehalt der Trockenprodukte im Vergleich zum Malz zum einen auf schonendere Trocknungsbedingungen und zum anderen auf einen geringeren Amingehalt zurückzuführen ist. Letzteres konnte in einer Studie über den Amingehalt von Lebensmitteln bestätigt werden [85].

17.4.2.5 Gemüse, Gewürze und sonstige Lebensmittel

Gewürze zählen ebenfalls zu den getrockneten Lebensmitteln, die Trocknungsprozessen ausgesetzt sind, die zur Nitrosaminbildung führen können. In zehn von 23 untersuchten Proben konnten NDMA (bis 1,4 µg/kg), NPYR (bis 29 µg/kg) und NPIP (bis 23 µg/kg) nachgewiesen werden. Die relativ hohen Gehalte von NPIP wurden in drei von vier Proben von schwarzem und weißem Pfeffer detektiert, der große Mengen von Piperidin als Vorläuferamin enthält. NPYR wurde in allen Pfefferproben (3–29 µg/kg) sowie in Paprika (2 µg/kg) entdeckt. Auch hier besteht ein enger Zusammenhang mit dem Gehalt an Pyrrolidin als Vorläuferamin [85].

Gemüse und Gewürze sind in Bezug auf die nichtflüchtigen Nitrosamine nicht gut untersucht. Eine Studie zeigt Gehalte von NPRO (24,1 µg/kg) und NTCA (1,8 µg/kg) in getrocknetem Gemüse und etwas höhere Gehalte von NSAR (36 µg/kg), NPRO (17,8 µg/kg) und NTCA (16 µg/kg) in in Essig eingelegtem Gemüse auf [102].

NDMA kann nur in Spuren in Frischgemüse, Gemüseprodukten sowie Nährmitteln nachgewiesen werden [115].

N-Nitrosodiphenylamin wurde in Äpfeln nachgewiesen, die mit Diphenylamin behandelt wurden, um ihr vorzeitiges Altern zu verhindern. Die Konzentration betrug 2–6 µg/kg, wobei höhere Werte in der Schale gefunden wurden [55]. *N*-Nitrosodiphenylamin ist ein schwaches Karzinogen, das in Ratten Blasentumore erzeugen kann [8].

Zusammenfassend sind die in diesem Kapitel beschriebenen Gehalte der toxikologisch bedeutsamen flüchtigen Nitrosamine in einzelnen Lebensmittelgruppen in Tabelle 17.3 zusammengestellt. Die Erforschung dieses Gebietes der chemischen Karzinogene zeigt über die Jahre eine deutliche Reduktion der Belastung durch flüchtige Nitrosamine aus Lebensmitteln.

Tab. 17.3 Flüchtige Nitrosamine in µg/kg in Lebensmitteln
und Erscheinungsjahr der Studien.

Lebensmittel	NDMA	NPYR	NPIP	Jahr	Literatur
Fleisch und Fleischwaren	<0,5–12	<0,5–45		1980	[106]
	<0,5–2,5	n.n.		1991	[115]
gebratener Schinken	0–2,4	0,7–20		1996	[25]
Fisch und Fischwaren					
frische Fische	0,5–8			1991	[115]
geräucherte Fische	0,6–2,6			1991	[115]
Fischkonserven	0,7–5,3			1991	[115]
fermentierter thailändischer Fisch	3,7–8	5,6–18,1	1,0–8,7	1999	[71]
Milchprodukte					
Milch, Käse	n.n.–1,1			1991	[115]
Käse	0,4–0,8			1996	[14]
Milchpulver	0,6			1991	[115]
Gemüse, Gemüseprodukte	n.n.–0,45			1991	[115]
Alkoholische Getränke					
Bier Herkunftland: Deutschland	0,5–68			1979	[105]
Herkunftland: Deutschland	0,5–7			1981	[89]
Herkunftland: Deutschland	n.n.–0,6			1991	[115]
Herkunftland: Spanien	0–0,6			1996	[40]
Wiskey	0,3–2			1979	[30]
	n.n.			1991	[115]
Andere Lebensmittel					
Suppenpulver	0,1–0,4			1991	[115]
Gewürze	n.n.–1,4	n.n.–29	n.n.–23	1991	[115]

n.n.: nicht nachweisbar.

17.5
Wirkungen

17.5.1
Akute und subakute Toxizität

Die akute Toxizität von Nitrosodimethylamin beim Menschen zeigte sich bei einem Laborunfall in Form einer schweren Nekrose und einer starken regenerativen Proliferation der Leber. Ähnliche Effekte konnten in Nagetieren beschrieben werden [4, 17]. Andere Organe sind weniger betroffen.

Die subakute Toxizität von NDMA beim Menschen (aufgezeigt durch ein Vergiftungsverbrechen an einer 44 Jahre alten Frau mit kleineren Dosen von *N*-Nitrosodimethylamin) äußert sich in einer starken Leberzirrhose mit zahlreichen Blutungen, die zum Tode führten. Andauernde Exposition von Nagetieren mit Nitrosaminen induziert Tumoren (siehe Karzinogenität). Effekte chronischer Toxizität werden hauptsächlich in der Leber gefunden (biliäre und parenchymale Hyperplasie und Fibrose). Akute und chronische Leberveränderungen durch NMOR sind im Detail in einer Studie von Bannasch und Mitarbeitern beschrieben [3]. Die akuten LD_{50} Werte in Nagetieren variieren enorm. Bei oraler Gabe von Nitrosaminen an BD-Ratten wurden für die in Lebensmitteln vorkommenden Nitrosamine folgende Werte festgestellt: NDMA 40 mg/kg, NPYR 900 mg/kg und NPIP 200 mg/kg [17]. Dabei existiert keine Korrelation zwischen den LD_{50} und der karzinogenen Potenz der Verbindungen.

17.5.2
Karzinogenität

N-Nitrosoverbindungen gehören zu den potentesten bekannten Karzinogenen. Von den bis heute untersuchten 300 verschiedenen *N*-Nitrosoverbindungen erzeugen 90% im Versuchstier Tumoren. Keine der bisher untersuchten 39 Tierarten erwies sich als resistent [6].

Während die Nitrosamide, wie oben erwähnt, meist lokale Wirkungen zeigen, zeichnen sich Nitrosamine durch eine ausgeprägte Organspezifität aus. Durch entsprechende Auswahl von Substanz, Dosierung und Applikationsart lassen sich bestimmte Zielorgane selektiv und reproduzierbar treffen. Beispiele sind Speiseröhre, Vormagen, Drüsenmagen, Pankreas, Leber, Niere, Dünndarm, Dickdarm, Harnblase, Lunge, Nasenhöhle, Gehirn und Nervensystem.

Einige verallgemeinernde Aussagen über Struktur-Wirkungsbeziehungen sind möglich. Bei symmetrischen, aliphatisch-offenkettigen oder cyclischen Nitrosaminen nimmt die karzinogene Potenz mit zunehmendem Molekulargewicht innerhalb homologer Reihen ab. Symmetrisch substituierte Nitrosamine (Abb. 17.1, $R_1 = R_2$) induzieren in der Ratte meist Lebertumoren, seltener Nieren- und Nasentumoren. Im Gegensatz hierzu verursachen unsymmetrisch substituierte Nitrosamine (Abb. 17.1, $R_1 \neq R_2$) im Tierversuch auch bei parenteraler Gabe überwiegend Speiseröhrentumoren. Die Leber, das hauptsächliche Zielorgan der symmetrischen Nitrosamine, wird kaum betroffen. Die ausführliche systematische Struktur-Wirkungs-Beziehungsstudie von Lijinsky et al. [54] zeigte, dass Verbindungen mit einer Alkylseitenkette von bis zu sechs Kohlenstoffatomen Ösophagustumoren erzeugen. Methylalkylnitrosamine mit einer ungeraden Anzahl zwischen sieben und elf Kohlenstoffatomen in der Seitenkette erzeugen Leber- und Lungentumoren, solche mit einer geraden Anzahl zwischen acht und 14 Kohlenstoffatomen in der Seitenkette initiieren fast ausschließlich Blasentumoren. Dieser letzte Effekt wird durch eine metabolische Kettenkürzung erklärt, die zu einem Carboxypropylrest führt, wie er auch als Metabolit aus der Blasenkrebskarzinogenese von *N*-Nitrosodibutylamin (NDBA) bekannt ist.

Cyclische Nitrosamine besitzen kein bevorzugtes gemeinsames Wirkspektrum. Die einzelnen Verbindungen weisen zwar jeweils eine organspezifische Wirkung auf, als Gruppe erzeugen sie jedoch Tumoren in einem breiten Organspektrum, so dass sich kein strukturabhängiges Wirkungsmuster ableiten lässt.

Die metabolische Aktivierung der Nitrosamine erfolgt durch eine mikrosomale Cytochrom P-450-abhängig katalysierte *α*-C-Hydroxylierung (Abb. 17.5). Das entstandene *α*-Hydroxynitrosamin ist als proximales Karzinogen chemisch instabil und zerfällt unter Bildung des entsprechenden Aldehyds und des Nitrosomonoalkylamines, welches mit seiner tautomeren Form mit dem Diazohydroxid im Gleichgewicht liegt [52]. Das Diazohydroxid seinerseits kann zum einen über einen S$_N$2-Mechanismus direkt an ein nucleophiles Zentrum binden, und auf diese Weise genotoxische Effekte auslösen [87], zum anderen aber auch spontan unter Abspaltung von Stickstoff und einem Hydroxylanion in das ent-

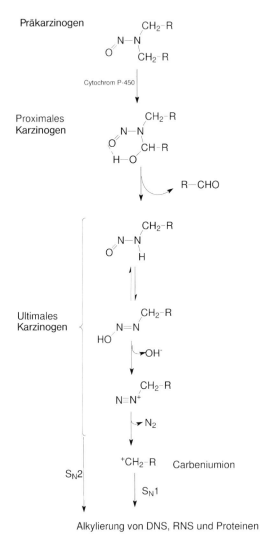

Abb. 17.5 Metabolischer Aktivierungsmechanismus von *N*-Nitrosodialkylnitrosaminen.

sprechende Carbeniumion zerfallen. Molekularer Stickstoff gehört wegen seiner hohen Stabilität und Bildungstendenz zu den besten heute bekannten Abgangsgruppen. Das gebildete Elektrophil ist in der Lage, nucleophile Zentren zellulärer Makromoleküle (DNS, RNS, Proteinen) zu alkylieren [59]. In den meisten Fällen reagiert das Carbeniumion jedoch mit dem in der Zelle vorhandenen Wasser zu den entsprechenden Alkoholen [108] oder stabilisiert sich durch Protoneneliminierung zu dem analogen Alken [16]. Die Alkylierung von Nucleinsäuren oder Proteinen ist wahrscheinlich der auslösende Schritt in der Karzinogenese der Nitrosamine.

Komplexe Nitrosoverbindungen, wie z. B. Methylalkylnitrosamine mit einer sehr langen Seitenkette, werden zunächst über eine β-Oxidation ähnlich dem Fettsäureabbau metabolisiert und führen zu Nitrosaminsäuren oder Nitrosaminketonen, welche ein eigenes Muster von Tumoren erzeugen. Dies erklärt zum Teil die Induktion von Blasentumoren durch Nitrosomethylalkylamine mit einer Kohlenstoffkette >C6 [50]. Der Metabolismus von cyclischen Nitrosaminen folgt dem der Dialkylnitrosamine. Zunächst findet eine α-Oxidation statt, gefolgt von einer Ringöffnung und der Bildung eines Diazoniumions oder Diazohydroxides. Dieses kann mit zellulären Komponenten reagieren oder unter Stickstoffabgabe ein Hemiacetal bilden, das zur Hydroxysäure oxidiert wird [50].

17.5.3
Mutagenität

Bei der Untersuchung der Mutagenität verschiedener Nitrosoverbindungen zeigt sich der große Unterschied zwischen Nitrosamiden und Nitrosaminen. Nitrosamide sind aufgrund ihrer nicht enzymatischen Bildung von reaktiven alkylierenden Spezies mutagen. Nitrosamine, die sich durch ihre hohe karzinogene Potenz auszeichnen, zeigen zunächst keine mutagenen Effekte in Bakterien, Hefen und Pilzen, aber in höheren Organismen wie z. B. *Drosophila melanogaster* [24, 77, 78]. Nitrosamine wirken als Promutagene und Präkarzinogene. Sie brauchen eine metabolische Aktivierung, um eine aktive Gruppe, ein elektrophiles, alkylierendes Agens zu bilden. Dies erklärt, dass sie keine mutagenen Effekte in Mikroorganismen zeigen, denen metabolisierende Enzyme fehlen [62]. Diese metabolisierenden Enzyme stellen eine oder mehrere Cytochrom P-450-abhängige mischfunktionelle Oxigenasen dar, die in der mikrosomalen Zellfraktion vorliegen [32]. So konnten in dem Genotoxizitätstest mit der menschlichen Leberzelllinie HepG2 mit den eingesetzten karzinogenen Nitrosaminen (NDMA, NPYR) nur geringfügige oder negative Ergebnisse erzielt werden, da der Zelllinie das zur Aktivierung der Nitrosamine unter anderem benötigte Cytochrom P-450-2E1 fehlt [45].

Beim Einsatz metabolisierender Enzymsysteme gibt es ebenfalls Unterschiede in der mutagenen Potenz. Hamsterleberenzyme zeigten sich effektiver als Rattenleberenzyme, wenn man die Zahl der Revertanten im Vergleich zu einer bestimmten Menge eingesetztem Nitrosamin und einer standardisierten Menge mikrosomalem Protein betrachtet (Ames-Test). Die Kapazität von Leberenzymen ist je nach ihrer Induktion verschieden. Bei den Nitrosomethylalkylaminen (Alkyl $\geq$ C2) zeigt sich mit zunehmender Länge der Kohlenstoffkette eine ansteigende Mutagenität.

In der Beziehung zwischen mutagener und karzinogener Potenz einer Nitrosoverbindung zeichnet sich kein einheitliches Muster ab. Karzinogene Nitrosamine sind teilweise nicht mutagen (*N*-Nitrosodiethanolamin), mutagene Verbindungen sind nicht karzinogen (z. B. *N*-Nitrosohydroxyprolin) [50].

Eine Möglichkeit zur Erfassung ernährungsbedingter Mutagene wie Nitrosamine ist die Messung alkylierter DNA-Addukte. Ein Biomarker für die Exposition mit NDMA ist O^6-Methylguanin [31]. O^6-Methylguanin führt zu GC $\rightarrow$ AT Transitionen in Zellkulturen und im Tierversuch, wenn es nicht durch die O^6-Methylguanintransferasen repariert wird [91, 93, 103]. Technisch einfacher ist die Messung von O^7-Methylguanin, das in 10fach höherer Konzentration vorkommt.

17.5.4
Embryotoxizität und Teratogenität

Bei Gabe von hohen, toxischen Dosen von Nitrosaminen an ein schwangeres Elternteil der Nagetiere zeigt sich eine erhöhte Sterblichkeit der Feten [73]. Dosierungen, die nicht toxisch sind, führen gewöhnlich nicht zu teratogenen Effekten.

Hier zeigt sich ein deutlicher Unterschied zu den Alkylnitrosoharnstoffen. Bei Letzteren zeigen vor allem die Methyl- und Ethylderivate teratogene Effekte in verschiedenen Tierarten wie Ratte, Maus, Hamster und Schwein [46, 19, 73].

17.5.5
Epidemiologische Studien

Verschiedene epidemiologische Studien versuchen, erhöhte Krebsinzidenzien mit einer erhöhten Aufnahme von Nitrosaminen aus der Nahrung zu korrelieren. Es gibt einige neuere Studien aus asiatischen Ländern wie Thailand und China, in denen die mittlere tägliche Nitrosaminaufnahme (durch den hohen Konsum an Fischwaren) wesentlich höher als im Westen ist. So wird die Nitrit- und Nitrosaminaufnahme während der Kindheit mit einem erhöhten Risiko für Nasopharyngealkrebs in Verbindung gebracht [122] bzw. ein erhöhtes Risiko von Ösophaguskrebs mit einer in vivo-Bildung von Nitrosaminen korreliert [56]. Übersichtsarbeiten auf diesem Gebiet von Gangolli [28], Eichholzer [20] und Blot [5] kommen zu dem Schluss, dass ein Zusammenhang zwischen einer Tumorinzidenz und der Aufnahme von Nitrit, Nitrat und Nitrosaminen weder eindeutig belegt noch widerlegt werden kann. Die Daten deuten darauf hin, dass eine hohe Exposition von *N*-Nitrosoverbindungen mit einem erhöhten Risiko für das Auftreten verschiedener Tumoren assoziiert ist. Wir gehen davon aus, dass die Epidemiologie kein geeignetes Instrument ist, um das geringe zusätzliche Risiko, das aus der Nahrung aufgenommene Nitrosamine darstellen, zu erfassen.

17.6
Bewertung des Gefährdungspotenzials, Risikoabschätzung

Zur Risikoabschätzung durch die Aufnahme präformierter Nitrosamine aus der Nahrung ist die Abschätzung der mittleren täglichen Aufnahme aus der Nahrung notwendig. Während die Daten von Spiegelhalder et al. [106], die zwischen 1979 und 1980 auf dem bundesdeutschen Markt erhoben wurden, eine mittlere tägliche Belastung von 1015 ng/Tag NDMA (568 ng/Tag), 11 ng/Tag NPIP (9 ng/Tag), und 149 ng/Tag NPYR (113 ng/Tag) für Männer (Daten für Frauen in Klammern) errechneten, zeigten die ein Jahrzehnt später aufgenommenen Daten eine deutliche Reduzierung der Belastung. So wurde in der Studie von Tricker et al. [115] (1989/90) nur noch 286 ng/Tag NDMA (176 ng/Tag), 15 ng/Tag NPIP (15 ng/Tag), 11 ng/Tag NPYR (11 ng/Tag) aufgezeigt. Der enorm große Unterschied in der NDMA-Belastung zwischen Männern und Frauen ergibt sich hierbei aus dem unterschiedlichen Bierkonsum. Nach den hierbei aus dem Ernährungsbericht 1988 [15] zugrunde gelegten Ernährungsdaten konsumieren Männer im Mittel 619,4 g Bier pro Tag, Frauen jedoch nur 185 g/Tag.

Die Reduktion der Belastung durch präformierte Nitrosamine wurde durch die intensive Erforschung der Bildungsursachen (Verbesserung der Technologien bei der Lebensmittelherstellung, z. B. Trocknungsprozessen) und der Reduktion der Nitrat/Nitritbelastung bedingt. Im Vergleich mit dem bundesdeutschen Markt zeigt die Belastung mit NDMA aus anderen Ländern ähnliche Werte, z. B. England 0,6 µg/Tag [110], Niederlande 0,1 µg/Tag [23] und Finnland 0,08 µg/Tag [81]. In Schweden wird die mittlere tägliche Aufnahme von Nitrosaminen auf 0,29 µg/Tag berechnet [76]. Asiatische Länder haben meist eine etwas höhere mittlere tägliche Belastung über präformierte Nitrosamine, was mit dem relativ hohen Fischkonsum und den darin enthaltenen Mengen von NDMA, NPIP und NPYR zusammenhängt (s. Abschnitt 17.4.2). So berechnen japanische Studien eine mittlere tägliche Aufnahme von 1,8 µg/Tag NDMA, zu 91% aus getrocknetem Fisch [60] bzw. 0,5 µg NDMA/Tag, wobei die hauptsächlichen Quellen Bier (30%) und Fisch (68%) darstellen [123]. Ein sehr hohe mittlere tägliche Nitrosaminaufnahme von 186,5 µg/Tag wird in einer Studie aus China ermittelt [57].

Neben dieser Belastung des Menschen über präformierte Nitrosamine aus Lebensmitteln muss die Belastung aus endogen gebildeten Nitrosaminen berücksichtigt werden. In einer Studie von Vermeer et al. [118] wurde die Bildung von flüchtigen Nitrosaminen nach Aufnahme von Nitrat (im Bereich des „acceptable daily intake") und einer aminreichen Fischmahlzeit untersucht. Danach steigt die mittlere tägliche Ausscheidung von NDMA im Urin von 287 ng/24 h in der Kontrollwoche zu 871 ng/24 h in der Testwoche und sinkt auf 383 ng/24 h in der 2. Kontrollwoche. Die Ausscheidung von NPIP korrelierte nicht mit der Nitrateinnahme und der Nahrungskomposition. Eine Abschätzung der Menge an endogen gebildeten Nitrosaminen ist sehr schwer. Daten einer Nitrosierung von Lebensmitteln unter simulierten Magenbedingungen und die Verzehrsdaten des Ernährungsberichtes 1988 ergaben unter der Annahme einer Nitritkonzentration von 10 mg/kg bei der gesamten täglichen Nahrungsaufnahme eine mittlere tägliche Exposition von endogen gebildeten Nitrosaminen von 4,4 µg/Tag für Männer bzw. 2,5 µg Nitrosamin/Tag für Frauen (im Vergleich zu 0,32 µg präformiertem Nitrosamin/Tag für Männer bzw. 0,22 µg/Tag für Frauen) [82]. Dabei wurden bei diesen Berechnungen die endogenen Synthesen von Nitrit und sekundären Aminen im Körper nicht berücksichtigt. Eine wichtige endogene Quelle von Nitrit ist das im Körper gebildete NO. Es besitzt wichtige Aufgaben, wie z.B. die Wirkung auf die Muskeln der Blutgefäße, dient der Steuerung des Blutdrucks, ist ein Neurotransmitter und dient dem Immunsystem des Körpers als chemischer Abwehrstoff. Ein gesunder Erwachsener produziert täglich 20–30 mg NO [72], bei Infektionen und entzündlichen Erkrankungen ist der NO-Bedarf des Körpers für die Immunabwehr erhöht. NO ist im Körper kurzlebig und wird zunächst zu Nitrit und schließlich zu Nitrat umgewandelt. Die für die Nitrosaminbildung notwendigen Amine sind ubiquitär vorhanden. Die mittlere tägliche Aufnahme der drei in größeren Mengen vorkommenden sekundären Amine aus der Nahrung für Männer beträgt für Dimethylamin 4,4 mg/Tag, für Pyrrolidin 1,5 mg/Tag und für Piperidin 1,3 mg/Tag [85]. Die mittlere tägliche Ausscheidung dieser Amine im Urin von Männern beträgt dagegen für Dimethylamin 40,4 mg/Tag, für Pyrrolidin 20,4 mg/Tag und für Piperidin 26,1 mg/Tag [114]. Damit werden um Größenordnungen höhere Mengen an sekundären Aminen mit dem Urin ausgeschieden als über die Nahrung aufgenommen. Dies lässt darauf schließen, dass Amine endogen gebildet werden, z.B. als Stoffwechselprodukte anderer Nahrungsinhaltsstoffe wie z.B. Proteine. Mit der endogenen Synthese von Nitrit bzw. Aminen im Körper und der Aufnahme von Nitrat/Nitrit bzw. Aminen aus der Nahrung sollte eine endogene Synthese von Nitrosaminen in verschiedenen Körperkompartimenten nicht ausgeschlossen werden.

Zur Abschätzung des relativen Gesundheitsrisikos über präformierte Nitrosamine aus der Nahrung sind die niedrigsten effektiven karzinogenen Dosen aus verschiedenen Dosis-Wirkungsstudien der Ratte in Tabelle 17.4 zusammengestellt.

Die in Tabelle 17.4 aufgeführten unterschiedlichen Daten zeigen die Schwierigkeiten, die mit der Bestimmung der niedrigsten effektiven Dosis verbunden sind. Faktoren, die eine Rolle spielen, sind unter anderem Spezies- und Artunterschiede, Dosierung, Anzahl der Tiere, histologische und statistische Auswertung. Zudem muss darauf hingewiesen werden, dass trotz dieser im Tierversuch ermittelten niedrigsten effektiven Dosen, für die hier aufgeführten karzinogenen Verbindungen kein Schwellenwert angegeben werden kann. In Beziehung zu den oben aufgeführten Belastungsdaten des Menschen, die je nach individuellen Ernährungsgewohnheiten höher oder niedriger ausfallen können (ca. Faktor 10), ist die tägliche Exposition des Menschen mit präformierten Nitrosaminen aus der Nahrung als relativ gering einzustufen.

Da es sich aber bei den Nitrosaminen um karzinogene, genotoxische Stoffe handelt, für die ein Grenzwert toxikologisch nicht hergeleitet werden kann, sollte immer das Minimierungsprinzip verfolgt werden.

Tab. 17.4 Niedrigste effektive karzinogene Dosis aus
verschiedenen Dosis-Wirkungsstudien an der Ratte.

Nitrosamin	Konzentration im Futter oder Trinkwasser [µg/kg]	Literatur
NDMA	30	[13]
	130	[13]
	1000	[2]
	2000	[109]
NDEA	130	[13]
	450	[53]
	700	[18]
NPYR	5000	[13]
	10 000	[88]
NPIP	350	[13]
	1000	[90]

17.7
Grenzwerte, Richtlinien, Empfehlungen, gesetzliche Regelungen

Die aus der Nitrosaminproblematik in Lebensmitteln resultierenden gesetzlichen Regelungen beziehen sich hauptsächlich auf die Beschränkungen des Nitrat/Nitrit-Gehaltes von Lebensmitteln als Vorläufer in der Reaktionskette Nitrat – Nitrit – Nitrosamin. Ein Teil des mit der Nahrung aufgenommenen Nitrats wird mit dem Speichel in der Mundhöhle ausgeschieden und dort durch die Bakterienflora zu Nitrit reduziert. Etwa 5% der Nitrataufnahme gelangen auf diesem Weg als Nitrit in den Magen, dessen saures Milieu eine gute Grundlage zur Nitrosaminbildung darstellt [104].

In Bezug auf Fleischprodukte ist der Einsatz von Nitritpökelsalz von Bedeutung. Hierbei ist in der BRD 1980 der Gehalt von Nitrit im Nitritpökelsalz um 20% auf 0,4–0,5% reduziert worden. Durch die Harmonisierung des innereuropäischen Lebensmittelrechts in Bezug auf Lebensmittelzusatzstoffe ist der Gehalt an Nitrit im Nitritpökelsatz nicht mehr rechtlich limitiert [7]. Lediglich die im Lebensmittel zum Zeitpunkt der Abgabe an den Endverbraucher zulässige Konzentration an Nitrit (Höchstmenge: je nach Produkt 50–175 mg/kg) ist festgelegt. Somit ist nicht mehr sichergestellt, dass die technologisch notwendigen Mengen von Nitrit nicht überschritten werden. Da es keinen Zusammenhang zwischen der Menge der hinzugefügten Nitrite und Nitrate und den festgestellten Restmengen im verzehrsfertigen Lebensmittel gibt, jedoch ein eindeutiger Zusammenhang zwischen den zugeführten Mengen und der Bildung von Nitrosaminen besteht, ist eine Änderung der Richtlinie wünschenswert. Das Bundesinstitut für Risikobewertung (BfR) unterstützt eine solche Änderung, wobei die Zusatzmenge von Nitrit und Nitrat zu Fleischerzeugnissen auf das technologische erforderliche Maß zu begrenzen wäre, insbesondere da der dänischen

Regierung eine nationale Beschränkung der Verwendung von Nitrat/Nitrit durch den europäischen Gerichtshof gestattet wurde [7]. Eine Änderung der Richtlinie des Europäischen Parlaments ist inzwischen von der Kommission der Europäischen Lebensmittelbehörde unterbreitet worden.

Ebenso kommt das BfR zu dem Ergebnis, dass eine Absenkung der Höchstmenge von Nitrat in diätetischen Lebensmitteln für Säuglinge und Kleinkinder sinnvoll ist, wobei hierbei möglichst nicht mehr als 100 mg/kg, maximal aber 150 mg/kg Nitrat enthalten sein sollten. Im Trinkwasser ist der Nitratgehalt auf 50 mg/L beschränkt.

Der Übergang von Nitrosaminen aus Gummiprodukten in Lebensmittel (s. Abschnitt 17.4.2.1) ist bisher nur für Sauger gesetzlich geregelt. Hierbei gilt für Sauger ein Grenzwert von 10 µg/kg Elastomer bezüglich der Migration von Nitrosaminen sowie von 100 µg/kg Elastomer bezüglich der Migration von nitrosierbaren Stoffen. Geht man von einem Gewicht von 10 g für einen Sauger aus, können hieraus maximal 0,1 µg an Nitrosaminen sowie 1 µg an nitrosierbaren Stoffen aufgenommen werden.

Es liegt eine Empfehlung des BfR für flächenbezogene Höchstwerte für Luftballons von 0,0005 mg/cm^2 bzw. 0,2 mg/kg für Nitrosamine und von 0,005 mg/dm^2 bzw. 2 mg/kg für nitrosierbare Stoffe vor.

Seit 1979 existiert ein technischer Richtwert für den NDMA-Gehalt in Bier von 0,5 µg/kg und Malz von 2,5 µg/kg [36]. Dieser Richtwert basiert auf einer freiwilligen Vereinbarung zwischen deutschen Brauern und Mälzern und dem Bundesgesundheitsamt.

17.8
Vorsorgemaßnahmen

Die exogene Belastung des Menschen durch präformierte Nitrosamine aus Lebensmitteln ist als relativ gering einzustufen (s. Abschnitt 17.6). Präventivmaßnahmen, wie z. B. die technologischen Veränderungen bei der Bier- und Malzproduktion führten zu einer enormen Reduktion der Belastung in den vergangenen Jahrzehnten. Der Zusatz von Nitrit und Nitrat zu Fleischwaren wird auf nationaler Ebene minimiert.

Präventivmaßnahmen zur Verringerung einer möglichen endogenen Belastung müssen sich im Wesentlichen auf die Absenkung der Aufnahme an Vorläuferverbindungen beschränken. Hier kommt der Verringerung der Nitrataufnahme über die Nahrung und das Trinkwasser die größte Bedeutung zu. Die Hemmung der endogenen Nitrosaminbildung über die Aufnahme von Nitrosierungshemmern wie Ascorbinsäure und a-Tocopherol (Vitamin E) konnte nicht aufgezeigt werden [29, 120].

17.9
Zusammenfassung

Die nahrungsbedingte Belastung mit Nitrosaminen erfolgt hauptsächlich durch Lebensmittel, die einen hohen Amingehalt aufweisen, mit Nitrit und/oder Nitrat konserviert werden und bei deren Herstellung die Einwirkung von Stickoxiden möglich ist. Von den karzinogen bedeutsamen flüchtigen Nitrosaminen können in Lebensmitteln hauptsächlich *N*-Nitrosodimethylamin, *N*-Nitrosopyrrolidin und *N*-Nitrosopiperidin nachgewiesen werden. Die geschätzte mittlere tägliche Aufnahme dieser Nitrosamine über eine westlich orientierte Nahrung beträgt 0,2 μg/Tag für Frauen und 0,32 μg/Tag für Männer. Diese Daten zeigen im Vergleich zu älteren Studien eine enorme Reduktion der Belastung. Da es sich aber bei den Nitrosaminen um extrem potente karzinogene Stoffe handelt, ist die Erhöhung des Krebsrisikos für den Mensch durch über die Nahrung aufgenommene Nitrosamine nicht auszuschließen und es sollte stets das Minimierungsprinzip verfolgt werden.

17.10
Literatur

1 Ahmad MU, Libbey LM, Barbour JF, Scanlan RA (1985) Isolation and characterization of products from the nitrosation of the alkaloid gramine, *Food and Chemical Toxicology* **23**: 841–847.

2 Arai M, Aoki Y, Nakanishi K, Miyata Y, Mori T, Ito N (1979) Long-term experiment of maximal non-carcinogenic dose of dimethylnitrosamine for carcinogenesis in rats, *Gann* **70**: 549–558.

3 Bannasch P (1968) The cytoplasm of hepatocytes during carcinogenesis. Electron and light microscopical investigations of the nitrosomorpholine- intoxicated rat liver, *Recent Results in Cancer Research* **19**: 1–100.

4 Barnes JE, Magee PN (1954) Some toxic properties of dimethylnitrosamine, *British Journal of Industrial Medicine* **11**: 167–174.

5 Blot WJ, Henderson BE, Boice JD Jr (1999) Childhood cancer in relation to cured meat intake: review of the epidemiological evidence, *Nutrition and Cancer* **34**: 111–118.

6 [Bogovski P, Bogovski S (1981) Animal Species in which *N*-nitroso compounds induce cancer, *International Journal of Cancer* **27**: 471–474.

7 Bundesinstitut für Risikobewertung (2004) Verwendung von Nitrat und Nitrit als Lebensmittelzusätze – Urteil des Europäischen Gerichtshofes, www.bgvv.de

8 Cardy RH, Lijinsky W, Hildebrandt PK (1979) Neoplastic and nonneoplastic urinary bladder lesions induced in Fischer 344 rats and B6C3F1 hybrid mice by *N*-nitrosodiphenylamine, *Ecotoxicology and Environmental Safety* **3**: 29–35.

9 Castegnaro M, Massey RC, Walters CL (1987) The collaborative evaluation of a procedure for the determination of *N*-nitroso compounds as a group, *Food Additives and Contaminants* **4**: 37–43.

10 Challis BC (1973) Rapid nitrosation of phenols and its implications for health hazards from dietary nitrites, *Nature* **244**: 466.

11 Challis BC, Shuker DE, Fine DH, Goff EU, Hoffman GA (1982) Amine nitration and nitrosation by gaseous nitrogen dioxide, *IARC Scientific Publications* **41**: 11–20.

12 Choi SY, Chung MJ, Sung NJ (2002) Volatile *N*-nitrosamine inhibition after inta-

ke Korean green tea and Maesil (Prunus mume SIEB. et ZACC.) extracts with an amine-rich diet in subjects ingesting nitrate, *Food and Chemical Toxicology* **40**: 949–957.

13 Crampton RF (1980) Carcinogenic dose-related response to nitrosamines, *Oncology* **37**: 251–254.

14 Dellisanti A, Cerutti G, Airoldi L (1996) Volatile *N*-nitrosamines in selected Italian cheeses, *Bulletin of Environmental Contamination and Toxicology* **57**: 16–21.

15 Deutsche Gesellschaft für Ernährung (1989) Ernährungsbericht 1988, Deutsche Gesellschaft für Ernährung e.V. Frankfurt a. M.

16 Ding XX, Coon MJ (1988) Cytochrome P-450-dependent formation of ethylene from *N*-nitrosoethylamines, Drug Metabolism and Disposition: *The Biological Fate of Chemicals* **16**: 265–269.

17 Druckrey H, Preussmann R, Ivankovic S, Schmähl D (1967) Organotrope carcinogene Wirkungen bei 65 verschiedenen *N*-Nitroso-Verbindungen an BD-Ratten, *Zeitschrift für Krebsforschung* **69**: 103–201.

18 Druckrey H, Schildbach A, Schmähl D, Preussmann R, Ivankovic S (1963) Quantitative Analyse der carcinogenen Wirkung von Diäthylnitrosamin, *Arzneimittel-Forschung* **13**: 841–851.

19 Ehrentraut W, Juhls H, Kupfer G, Kupfer M, Zintzsch J, Rommel P, Wahmer M, Schnurrbusch U, Mockel P (1969) Experimental malformations in swine fetuses caused by intravenous administration of *N*-ethyl-*N*-nitroso-urea, *Archiv für Geschwulstforschung* **33**: 31–38.

20 Eichholzer M, Gutzwiller F (1998) Dietary nitrates, nitrites, and *N*-nitroso compounds and cancer risk: a review of the epidemiologic evidence, *Nutrition Reviews* **56**: 95–105.

21 Eisenbrand G, Ellen G, Preussmann R, Schuller PL, Spiegelhalder B, Stephany RW, Webb KS (1983) II.4.b Determination of volatile nitrosamines in food, animal feed and other biological materials by low-temperature vacuum distillation and chemiluminescence detection, *IARC Scientific Publications* **45**: 181–203.

22 Elgersma RHC, Sen NP, Stephany RW, Schuller PJ, Webb KS, Gough TA (1978) A collaborative examination of some Dutch cheeses for the presence of volatile nitrosamines, *Journal of Netherlands Milk Dairy* **32**: 125–130.

23 Ellen G, Egmond E, Van Loon JW, Sahertian ET, Tolsma K (1990) Dietary intakes of some essential and non-essential trace elements, nitrate, nitrite and *N*-nitrosamines, by Dutch adults: estimated via a 24-hour duplicate portion study, *Food Additives and Contaminants* **7**: 207–221.

24 Fahmy OG, Fahmy MJ, Massasso J, Ondrej M (1966) Differential mutagenicity of the amine and amide derivatives of nitroso compounds in Drosophila melanogaster, *Mutation Research* **3**: 201–217.

25 Fiddler W, Pensabene JW (1996) Supercritical fluid extraction of volatile *N*-nitrosamines in fried bacon and its drippings: method comparison, *Journal of AOAC International* **79**: 895–901.

26 Fiddler W, Pensabene JW, Gates RA, Custer C, Yoffe A, Phillipo T (1997) *N*-nitrosodibenzylamine in boneless hams processed in elastic rubber nettings, *Journal of AOAC International* **80**: 353–358.

27 Fine DH, Rounbehler DP, Oettinger PE (1975) A rapid method for the determination of sub-part per billion amounts of *N*-nitroso compounds in foodstuffs, *Analytica Chimica Acta* **78**: 383–389.

28 Gangolli SD, van den Brandt PA, Feron VJ, Janzowsky C, Koeman JH, Speijers GJ, Spiegelhalder B, Walker R, Wisnok JS (1994) Nitrate, nitrite and *N*-nitroso compounds, *European Journal of Pharmacology* **292**: 1–38.

29 Garland WA, Kuenzig W, Rubio F, Kornychuk H, Norkus EP, Conney AH (1986) Urinary excretion of nitrosodimethylamine and nitrosoproline in humans: interindividual and intraindividual differences and the effect of administered ascorbic acid and alpha-tocopherol, *Cancer Research* **46**: 5392–5400.

30 Goff EU, Fine DH (1979) Analysis of volatile *N*-nitrosamines in alcoholic beverages, *Food and Cosmetics Toxicology* **17**: 569–573.

31 Goldman R, Shields PG (2003) Food mutagens, *Journal of Nutrition* **133** Suppl 3: 965S–973S.

32 Guttenplan JB (1987) *N*-nitrosamines: bacterial mutagenesis and in vitro metabolism, *Mutation Research* **186**: 81–134.

33 Haorah J, Zhou L, Wang X, Xu G, Mirvish SS (2001) Determination of total *N*-nitroso compounds and their precursors in frankfurters, fresh meat, dried salted fish, sauces, tobacco, and tobacco smoke particulates, *Journal of Agricultural and Food Chemistry* **49**: 6068–6078.

34 Hecht SS, Hoffmann D (1998) *N*-nitroso compounds and man: sources of exposure, endogenous formation and occurrence in body fluids, *European Journal of Cancer Prevention* **7**: 165–166.

35 Hill MJ (1988) Ellis Horwood Series in Food Science and Technology: Nitrosamines: Toxicology and Microbiology, VCH Publishers, Inc. New York, pp 142–162.

36 Hingst V (2004) LGL Jahresbericht (2003, Bayerisches Landesamt für Gesundheit und Lebensmittelsicherheit Erlangen, S. 142.

37 Hotchkiss JH, Scanlan RA, Libbey LM (1977) Formation of bis(hydroxyalkyl)-*N*-nitrosamines as products of the nitrosation of spermidine, *Journal of Agricultural and Food Chemistry* **25**: 1183–1189.

38 Ikins WG, Gray JI, Mandagere AK, Booren AM, Pearson AM, Stachiw MA (1986) *N*-Nitrosamine formation in fried bacon processed with liquid smoke preparations, *Journal of Agricultural and Food Chemistry* **34**: 980–985.

39 Ikins WG, Gray JI, Mandagere AK, Booren AM, Pearson AM, Stachiw MA, Buckley DJ (1988) Contribution of wood smoke to in vivo formation of *N*-nitroso-thiazolidine-4-carboxylic acid: initial studies, *Food and Chemical Toxicology* **26**: 15–21.

40 Izquierdo-Pulido M, Barbour JF, Scanlan RA (1996) *N*-nitrosodimethylamine in Spanish beers, *Food and Chemical Toxicology* **34**: 297–299.

41 Janzowski C, Eisenbrand G, Preussmann R (1978) Occurrence of *N*-nitrosamino acids in cured meat products and their efffect on formation of *N*-nitrosamines during heating, *Food and Cosmetics Toxicology* **16**: 343–348.

42 Janzowski C, Klein R, Preussmann R (1980) Formation of *N*-nitroso compounds of the pesticides atrazine, simazine and carbaryl with nitrogen oxides, *IARC Scientific Publications* **31**: 329–339.

43 Khan SV, Young JC (1977) *N*-Nitrosamine formation in soil from the herbicide glyphosate, *Journal of Agricultural and Food Chemistry* **25**: 1430–1432.

44 Kim YK, Tannenbaum SR, Wishnok JS (1980) Nitrosation of dialkylamines in the presence of bile acid conjugates, *IARC Scientific Publications* **31**: 207–214.

45 Knasmuller S, Mersch-Sundermann V, Kevekordes S, Darroudi F, Huber WW, Hoelzl C, Bichler J, Majer BJ (2004) Use of human-derived liver cell lines for the detection of environmental and dietary genotoxicants; current state of knowledge, *Toxicology* **198**: 315–328.

46 Koyama T, Handa J, Handa H, Matsumoto S (1970) Methylnitrosourea-induced malformations of brain in SD-JCL rat, *Archives of Neurology* **22**: 342–347.

47 Kühne D (1995) Nitrosamine in Fleischerzeugnissen – derzeitiger Stand, *Mitteilungsblatt der Bundesanstalt für Fleischforschung* **34**: 220.

48 Kurechi T, Kikugawa K, Kato T (1980) Effect of alcohols on nitrosamine formation, *Food and Cosmetics Toxicology* **18**: 591–595.

49 Lijinsky W (1984) Induction of tumours in rats by feeding nitrosatable amines together with sodium nitrite, *Food and Chemical Toxicology* **22**: 715–720.

50 Lijinsky W (1992) Chemistry and biology of *N*-nitroso compounds, executive Editor: Baxter, H., Cambridge. Monographs on Cancer Research, Cambridge University Press, Cambridge.

51 Lijinsky W, Kovatch RM, Keefer LK, Saavedra JE, Hansen TJ, Miller AJ, Fiddler W (1988) Carcinogenesis in rats by cyclic *N*-nitrosamines containing sulphur, *Food and Chemical Toxicology* **26**: 3–7.

52 Lijinsky W, Loo J, Ross AE (1968) Mechanism of alkylation of nucleic acids by nitrosodimethylamine, *Nature* **218**: 1174–1175.

53 Lijinsky W, Reuber MD, Riggs CW (1981) Dose response studies of carcinogenesis in rats by nitrosodiethylamine, *Cancer Research* **41**: 4997–5003.

54 Lijinsky W (1984) Structure-activity relations in carcinogenesis by *N*-nitrosocompounds. In: Rao TK, Lijinsky W, Epler JL (Hrsg) Genotoxicology of *N*-nitroso compounds, Plenum Press, New York, 189–231.

55 Lillard TJ, Hotchkiss JH (1994) *N*-Nitrosodiphenylamine in diphenylamine-treated apples. In: Loeppky RN, Michejda CJ (Hrsg) Nitrosamines and related *N*-nitroso compounds: Chemistry and Biochemistry, American Chemical Society, Washington, 358–360.

56 Lin K, Shen W, Shen Z, Cai S, Wu Y (2003) Estimation of the potential for nitrosation and its inhibition in subjects from high- and low-risk areas for esophageal cancer in southern China, *International Journal of Cancer* 107: 891–895.

57 Lin K, Shen ZY, Lu SH, Wu YN (2002) Intake of volatile *N*-nitrosamines and their ability to exogenously synthesize in the diet of inhabitants from high-risk area of esophageal cancer in southern China, *Biomedical and Environmental Sciences* 15: 277–282.

58 Magee PN, Barnes JE (1956) The production of malignant primary hepatic tumours in the rat by feeding dimethylnitrosamine, *British Journal of Cancer* 10: 114–122.

59 Magee PN, Jensen DE, Henderson EE (1981) Mechanisms of nitrosamine carcinogenesis – an overview and some recent studies on nitrosocimetidine. In: Gibson GG, Ioannides C (Hrsg) Safety Evaluation of nitrosatable drugs and chemicals, Taylor and Francis, London, 118–140.

60 Maki T, Tamura Y, Shimamura Y, Naoi Y (1980) Estimate of the volatile nitrosamine content of Japanese food, *Bulletin of Environmental Contamination and Toxicology* 25: 257–261.

61 Mangino MM, Scanlan RA (1985) Nitrosation of the alkaloids hordenine and gramine, potential precursors of *N*-nitrosodimethylamin in barley malt, *Journal of Agricultural and Food Chemistry* 33: 699–705.

62 Marquard H, Zimmermann FK, Schwaier R (1964) The effect of carcinogenic nitrosamine and nitrosamide on the adenine-6-45 reverse mutation system of saccharomyces cerevisiae, *Zeitschrift für Vererbungslehre* 95: 82–96.

63 Massey C, Crews C, Dennis MJ, McWeeny DJ, Startin JR, Knowles ME (1985) Identification of a major new involatile *N*-nitroso compound in smoked bacon, *Analytica Chimica Acta* 174: 327–330.

64 Massey C, Crews C, Dennis MJ, McWeeny DJ, Startin JR, Knowles ME (1985) Identification of a major new involatile *N*-nitroso compound in smoked bacon, *Analytica Chimica Acta* 174: 327–330.

65 Massey RC, Key PE, Jones RA, Logan GL (1991) Volatile, non-volatile and total *N*-nitroso compounds in bacon, *Food Additives and Contaminants* 8: 585–598.

66 Massey RC, Key PE, McWeeny DJ, Knowles ME (1984) The application of a chemical denitrosation and chemiluminescence detection procedure for estimation of the apparent concentration of total *N*-nitroso compounds in foods and beverages, *Food Additives and Contaminants* 1: 11–16.

67 Mende P, Spiegelhalder B, Wacker CD, Preussmann R (1989) Trapping of reactive intermediates from the nitrosation of primary amines by a new type of scavenger reagent, *Food and Chemical Toxicology* 27: 469–473.

68 Mergens WJ, Chau J, Newmark HL (1980) The influence of ascorbic acid and DL-alpha-tocopherol on the formation of nitrosamines in an in vitro gastrointestinal model system, *IARC Scientific Publications* 31: 259–269.

69 Mirvish SS, Grandjean AC, Moller H, Fike S, Maynard T, Jones L, Rosinsky S, Nie G (1992) *N*-nitrosoproline excretion by rural Nebraskans drinking water of varied nitrate content, *Cancer Epidemiology, Biomarkers and Prevention* 1: 455–461.

70 Mirvish SS, Wallcave L, Eagen M, Shubik P (1972) Ascorbate-nitrite reaction: possible means of blocking the formation of carcinogenic *N*-nitroso compounds, *Science* 177: 65–68.

71 Mitacek EJ, Brunnemann KD, Suttajit M, Martin N, Limsila T, Ohshima H, Caplan LS (1999) Exposure to *N*-nitroso compounds in a population of high liver

cancer regions in Thailand: volatile nitro-samine (VNA) levels in Thai food, *Food and Chemical Toxicology* **37**: 297–305.

72 Mochizuki S, Toyota E, Hiramatsu O, Kajita T, Shigeto F, Takemoto M, Tanaka Y, Kawahara K, Kajiya F (2000) Effect of dietary control on plasma nitrate level and estimation of basal systemic nitric oxide production rate in humans, *Heart and Vessels* **15**: 274–279.

73 Napalkov NP, Alexandrov VA (1968) On the effects of blastomogenic substances on the organism during embryogenesis, *Zeitschrift für Krebsforschung* **71**: 32–50.

74 Okun JD, Archer MC (1977) Kinetics of nitrosamine formation in the presence of micelle-forming surfactants, *Journal of the National Cancer Institute* **58**: 409–411.

75 Oshima H, Bartsch H (1981) Quantitative estimation of endogenous nitrosation in humans by monitoring *N*-nitrosoproline excreted in the urine, *Cancer Research* **41**: 3658–3662.

76 Osterdahl BG (1991) Occurrence of and exposure to *N*-nitrosamines in Sweden: a review, *IARC Scientific Publications* **105**: 235–237.

77 Pasternak L (1963) Studies on the mutagenic effect of nitrosamines and nitroso-methylurea, *Acta Biologica et Medica Germanica* **10**: 436–438

78 Pasternak L (1964) Studies on the mutagenic effect of various nitrosamine and nitrosamide compounds, *Arzneimittel-Forschung* **14**: 802–804.

79 Pensabene JW, Fiddler W, Gates RA, Hale M, Jahncke M, Gooch J (1991) *N*-Nitrosothiazolidine and its 4-carboxylic acid in frankfurters containing Alaska pollack, *Journal of Food Science* **56**: 1108–1110.

80 Pensabene JW, Fiddler W, Maxwell RJ, Lightfield AR, Hampson JW (1995) Supercritical fluid extraction of *N*-nitrosamines in hams processed in elastic rubber nettings, *Journal of AOAC International* **78**: 744–748.

81 Penttila PL, Rasanen L, Kimppa S (1990) Nitrate, nitrite, and *N*-nitroso compounds in Finnish foods and the estimation of the dietary intakes, *Zeitschrift für Lebensmittel-Untersuchung und -Forschung* **190**: 336–340.

82 Pfundstein B (1993) Nitrosierbare primäre und sekundäre Amine in der Nahrung als Reaktionspartner zur Bildung kanzerogener *N*-Nitrosoverbindungen – Projektbericht, Bundesgesundheitsamt Berlin.

83 Pfundstein B, Spiegelhalder B, Tricker AR, Preussmann R (1991) Dietary amines, volatile *N*-nitrosamines and the potential for endogenous nitrosation, *Journal of Cancer Research and Clinical Oncology* **117**: 15.

84 Pfundstein B, Tricker AR, Preussmann R, Spiegelhalder B (1992) Secondary amine exposure in relation to endogenous nitrosamine formation. In: O'Neill IK, Bartsch H (Hrsg) Nitroso compounds: Biological mechanisms, exposures and cancer etiology, IARC, Technical Report Lyon, P-14.

85 Pfundstein B, Tricker AR, Theobald E, Spiegelhalder B, Preussmann R (1991) Mean daily intake of primary and secondary amines from foods and beverages in West Germany in 1989–1990, *Food and Chemical Toxicology* **29**: 733–739.

86 Pignatelli B, Richard I, Bourgade MC, Bartsch H (1987) Improved group determination of total *N*-nitroso compounds in human gastric juice by chemical denitrosation and thermal energy analysis, *Analyst* **112**: 945–949.

87 Pool BL, Wiessler M (1981) Investigations on the mutagenicity of primary and secondary alpha-acetoxynitrosamines with Salmonella typhimurium: activation and deactivation of structurally related compounds by S-9, *Carcinogenesis* **2**: 991–997.

88 Preussmann R, Schmähl D, Eisenbrand G (1977) Carcinogenicity of *N*-nitrosopyrrolidine: dose-response study in rats, *Zeitschrift für Krebsforschung* **90**: 161–166.

89 Preussmann R, Spiegelhalder B, Eisenbrand G (1981) Reduction of human exposure to environmental *N*-nitroso compounds. In: Scanlan RA, Tannenbaum SR (Hrsg) *N*-Nitroso Compounds, American Chemical Society, Washington, D.C., 217–228.

90 Preussmann R, Stewart BW (1984) *N*-Nitroso Carcinogens. In: Searle CE (Hrsg) Chemical Carcinogens, American Chemical Society Washington, DC, 643–828.

91 Romach E, Moore J, Rummel S, Richie E (1994) Influence of sex and carcinogen treatment protocol on tumor latency and frequency of K-ras mutations in *N*-methyl-*N*-nitrosourea-induced lymphomas, *Carcinogenesis* **15**: 2275–2280.

92 Röper H, Röper S, Heyns K, Meyer B (1982) *N*-Nitroso sugar amino acids, *IARC Scientific Publications* **41**: 87–98.

93 Rydberg B, Spurr N, Karran P (1990) cDNA cloning and chromosomal assignment of the human O6-methylguanine-DNA methyltransferase. cDNA expression in Escherichia coli and gene expression in human cells, *Journal of Biological Chemistry* **265**: 9563–9569.

94 Schmähl D, Preussmann R, Hamperl H (1960) Leberkrebserzeugende Wirkung von Diethylnitrosamin nach oraler Gabe bei Ratten, *Naturwissenschaften* **46**: 89–93.

95 Schulz C (1998) Umwelt-Survey – Belastung der deutschen Wohnbevölkerung durch Umweltschadstoffe, *Bundesgesundheitsblatt* **41**: 118–124.

96 Selenka F, Brand-Grimm D (1976) Nitrat und Nitrit in der Ernährung des Menschen – Kalkulation der mittleren Tagesaufnahme und Abschätzung der Schwankungsbreite, *Zentralblatt für Bakteriologie. 1. Abt. Originale. B: Hygiene, Krankenhaushygiene, Betriebshygiene, Präventive Medizin* **162**: 449–466.

97 Sen NP (1991) Recent studies in Canada on the occurrence and formation of *N*-nitroso compounds in foods and food contact materials, *IARC Scientific Publications* **105**: 232–234.

98 Sen NP (1991) Recent studies in Canada on the occurrence and formation of *N*-nitroso compounds in foods and food contact materials, *IARC Scientific Publications* **105**: 232–234.

99 Sen NP, Baddoo P, Seaman SW (1987) Volatile nitrosamines in cured meats packaged in elastic rubber nettings, *Journal of Agricultural and Food Chemistry* **35**: 346–350.

100 Sen NP, Baddoo P, Weber D, Helgason T (1990) Detection of a new nitrosamine, *N*-nitroso-*N*-methylaniline and other nitrosamines in icelandic smoked mutton, *Journal of Agricultural and Food Chemistry* **38**: 1007–1011.

101 Sen NP, Tessier L, Seaman SW, Baddoo P (1985) Volatile and non-volatile nitrosamines in fish and the effect of deliberate nitrosation under simulated gastric conditions, *Journal of Agricultural and Food Chemistry* **33**: 264–268.

102 Siddiqi MA, Tricker AR, Preussmann R (1988) The occurrence of *N*-nitroso compounds in food samples from a high risk area of esophageal cancer in Kashmir, India, *Cancer Letters* **39**: 37–43.

103 Singer B, Essigmann JM (1991) Site-specific mutagenesis: retrospective and prospective, *Carcinogenesis* **12**: 949–955.

104 Spiegelhalder B, Eisenbrand G, Preussmann R (1976) Influence of dietary nitrate on nitrite content in human saliva: possible relevance to in vivo formation of *N*-nitroso compounds, *Food and Cosmetics Toxicology* **14**: 545–548.

105 Spiegelhalder B, Eisenbrand G, Preussmann R (1979) Contamination of beer with trace quantities of *N*-nitrosodimethylamine, *Food and Cosmetics Toxicology* **17**: 29–31.

106 Spiegelhalder B, Eisenbrand G, Preussmann R (1980) Occurrence of volatile nitrosamines in food: a survey of the West German market, *IARC Scientific Publications* **31**: 467–479.

107 Spiegelhalder B (1983) Vorkommen von Nitrosaminen in der Umwelt. In: Preussmann R (Hrsg) Das Nitrosaminproblem, Chemie, Weinheim, 27–40.

108 Suzuki E, Mochizuki M, Wakabayashi Y, Okada M (1983) In vitro metabolic activation of *N,N*-dibutylnitrosamine in mutagenesis, *Gann* **74**: 51–59

109 Terracini B, Magee PN, Barnes JM (1967) Hepatic pathology in rats on low dietary levels of dimethylnitrosamine, *British Journal of Cancer* **21**: 559–565.

110 The Steering Group on Food Surveillance MAFF (1987) Nitrate, nitrite and *N*-nitroso compounds in foods, Her Majesty's Stationary Office London, Food Surveillance Paper Nr. 20.

111 Tricker AR, Kubacki SJ (1992) Review of the occurrence and formation of non-volatile *N*-nitroso compounds in foods, *Food Additives and Contaminants* **9**: 39–69.

112 Tricker AR, Perkins MJ, Massey RC, McWeeny DJ (1984) Synthesis of three *N*-nitroso dipeptides *N*-terminal in proline and a method for their determination in food, *Food Additives and Contaminants* **1**: 307–312.

113 Tricker AR, Perkins MJ, Massey RC, McWeeny DJ (1985) *N*-Nitrosopyrrolidine formation in bacon, *Food Additives and Contaminants* **2**: 247–252.

114 Tricker AR, Pfundstein B, Kalble T, Preussmann R (1992) Secondary amine precursors to nitrosamines in human saliva, gastric juice, blood, urine and faeces, *Carcinogenesis* **13**: 563–568.

115 Tricker AR, Pfundstein B, Theobald E, Preussmann R, Spiegelhalder B (1991) Mean daily intake of volatile *N*-nitrosamines from foods and beverages in West Germany in 1989–1990, *Food and Chemical Toxicology* **29**: 729–732.

116 Tricker AR, Preussmann R (1991) Volatile and nonvolatile nitrosamines in beer, *Journal of Cancer Research and Clinical Oncology* **117**: 130–132.

117 Van Maanen JM, Pachen DM, Dallinga JW, Kleinjans JC (1998) Formation of nitrosamines during consumption of nitrate- and amine-rich foods, and the influence of the use of mouthwashes, *Cancer Detection and Prevention* **22**: 204–212.

118 Vermeer IT, Pachen DM, Dallinga JW, Kleinjans JC, Van Maanen JM (1998) Volatile *N*-nitrosamine formation after intake of nitrate at the ADI level in combination with an amine-rich diet, *Environmental Health Perspectives* **106**: 459–463.

119 Verordnung zur Neuordnung lebensmittelrechtlicher Vorschriften über Zusatzstoffe, Bundesgesetzblatt Teil 1 Nr. 8 1998: 230–309.

120 Wagner DA, Shuker DE, Bilmazes C, Obiedzinski M, Baker I, Young VR, Tannenbaum SR (1985) Effect of vitamins C and E on endogenous synthesis of *N*-nitrosamino acids in humans: precursor-product studies with [^{15}N]nitrate, *Cancer Research* **45**: 6519–6522.

121 Walters CL, Downes MJ, Edwards MW, Smith PL (1978) Determination of a non-volatile *N*-nitrosamine on a food matrix, *Analyst* **103**: 1127–1133.

122 Ward MH, Pan WH, Cheng YJ, Li FH, Brinton LA, Chen CJ, Hsu MM, Chen IH, Levine PH, Yang CS, Hildesheim A (2000) Dietary exposure to nitrite and nitrosamines and risk of nasopharyngeal carcinoma in Taiwan, *International Journal of Cancer* **86**: 603–609.

123 Yamamoto M, Iwata R, Ishiwata H, Yamada T, Tanimura A (1984) Determination of volatile nitrosamine levels in foods and estimation of their daily intake in Japan, *Food and Chemical Toxicology* **22**: 61–64.

18
Heterocyclische aromatische Amine

Dieter Wild

18.1
Allgemeine Substanzbeschreibung

Auf der Suche nach Stoffen, vor allem in der täglichen Nahrung, die für Krebserkrankungen des Menschen verantwortlich sein könnten, fanden Wissenschaftler in den 1980er Jahren im japanischen Krebsforschungszentrum in Tokio in
den dunklen Krusten von gegrilltem und gebratenem Fisch und Rindfleisch einen bis dahin unbekannten Stoff. Dieser fiel besonders durch seine Fähigkeit
auf, die Erbanlagen bestimmter Salmonella-Bakterien zu verändern, d.h. mutagen zu wirken [68, 132]. Zahlreiche mutagene Stoffe waren dafür bekannt, dass
sie auch Krebs erzeugen können. Die Entdeckung des neuen, ‚IQ' (Imidazochi-
nolin, engl. imidazoquinoline) genannten Stoffes war daher der Anstoß zu intensiven Untersuchungen des IQ, weiterer verwandter Stoffe, ihrer Wirkungen
und des von ihnen möglicherweise ausgehenden Krebsrisikos.

Nach IQ wurden weitere mutagene Verbindungen mit ähnlichen chemischen
Strukturen gefunden. Diese Stoffe werden heute als „heterocyclische aromati-
sche Amine" bezeichnet, da alle typischen Vertreter eine NH_2-Gruppe (primäre
Aminogruppe) an einem aromatischen Ringgerüst tragen und die Ringe auch
Nicht-Kohlenstoffatome, z.B. Stickstoff-Atome tragen, d.h. heterocyclisch sind.
Vom Standpunkt der Chemie aus umfasst diese Gruppenbezeichnung zwar
auch viele andere Verbindungen, trotzdem ist die Bezeichnung „heterocyclische
aromatische Amine" (HAA) im engeren Sinn für die hauptsächlich in erhitztem
Fleisch gefundenen gebräuchlich. Die derzeit bekannten Vertreter sind in Tabel-
le 18.1 zusammengestellt, Abbildung 18.1 zeigt ihre chemischen Strukturen.
Die größte und meistuntersuchte Untergruppe der HAA, die Aminoimidazo-
HAA, besitzen zusätzlich zu den schon genannten Strukturelementen eine Imi-
dazo-Ringstruktur (5-gliedriger Ring mit zwei Stickstoffatomen), die mit ihrer
Entstehung aus Muskelfleisch zusammenhängt. Einige weitere HAA sind Car-
bolinderivate. Harman und Norharman sind gewissermaßen untypisch, sie besitzen keine NH_2-Gruppe und unterscheiden sich auch toxikologisch deutlich
von den übrigen HAA. Außer den genannten kennt man eine Reihe von HAA,

Handbuch der Lebensmitteltoxikologie. H. Dunkelberg, T. Gebel, A. Hartwig (Hrsg.)
Copyright © 2007 WILEY-VCH Verlag GmbH & Co. KGaA, Weinheim
ISBN: 978-3-527-31166-8

Tab. 18.1 Heterocyclische aromatische Amine.

Abkürzung	Chemische Bezeichnung
HAA mit Aminoimidazo-Strukturen:	
IQ	2-Amino-3-methylimidazo[4,5-*f*]chinolin
MeIQ	2-Amino-3,4-dimethylimidazo[4,5-*f*]chinolin
IQx	2-Amino-3-methylimidazo[4,5-*f*]chinoxalin
MeIQx	2-Amino-3,8-dimethylimidazo[4,5-*f*]chinoxalin
4,8-DiMeIQx	2-Amino-3,4,8-trimethylimidazo[4,5-*f*]chinoxalin
7,8-DiMeIQx	2-Amino-3,7,8-trimethylimidazo[4,5-*f*]chinoxalin
4,7,8-TriMeIQx[a]	2-Amino-3,4,7,8-tetramethylimidazo[4,5-*f*]chinoxalin
7,9-DiMeIgQx	2-Amino-1,7,9-trimethylimidazo[4,5-*g*]chinoxalin
PhIP	2-Amino-1-methyl-6-phenylimidazo[4,5-*b*]pyridin
DMIP	2-Amino-1,6-dimethylimidazo[4,5-*b*]pyridin
TMIP	2-Amino-1,5,6-trimethylimidazo[4,5-*b*]pyridin
IFP	2-Amino-(1,6-dimethylfuro[3,2-*e*])imidazo[4,5-*b*]pyridin
HAA mit Aminocarbolin-Strukturen:	
AαC	2-Amino-α-carbolin; 2-Amino-9H-pyrido[2,3-*b*]indol
MeAαC	2-Amino-3-methyl-α-carbolin
HAA ohne Aminogruppe	
Harman	2-Methyl-β-carbolin; 1-Methyl-9H-pyrido[4,3-*b*]indol
Norharman	β-Carbolin; 9H-pyrido[4,3-*b*]indol

a) Bisher nur in Modellreaktionsgemischen gefunden [62].

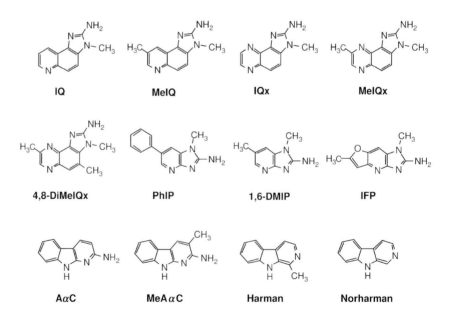

Abb. 18.1 Chemische Strukturen heterocyclischer aromatischer Amine; vollständige Namen siehe Tabelle 18.1.

die beim Pyrolysieren von Aminosäuren, z. B. Tryptophan und Glutaminsäure, entstehen können und als Trp-P-1, Trp-P-2, Glu-P-1, Glu-P-2 bezeichnet werden. Diese spielen jedoch in der Nahrung kaum eine Rolle und werden daher hier nicht betrachtet.

Von den HAA der Tabelle 18.1 sind IQ, MeIQx und PhIP am gründlichsten untersucht. PhIP und MeIQx werden in küchenmäßig erhitztem Fleisch, Fleischerzeugnissen und Fisch am häufigsten gefunden. Bis in die Gegenwart werden auch neue HAA entdeckt, zuletzt IFP beim Erhitzen eines Modellreaktionsgemisches aus Aminosäuren, Kreatin und Glucose und in stark durchgebratenen Steaks [106].

18.2
Vorkommen

HAA sind nicht von Natur aus Bestandteile von Nahrungsmitteln, sie können vielmehr bei der Zubereitung, hauptsächlich von Fleisch einschließlich Geflügel und Fisch in der Hitze entstehen. Da Fleisch eine große Zahl von Stoffen natürlicher Herkunft enthält und deren Reaktionen beim Erhitzen sehr unübersichtlich sind, wurde die Entstehungsweise der HAA anstatt in Fleisch in einfachen Modellgemischen untersucht. Zu diesem Zweck wurden Gemische ausgewählter Fleischinhaltsstoffe in Wasser oder einem anderen, hoch siedenden Lösungsmittel erhitzt und danach Art und Menge der gebildeten HAA untersucht. In dieser Weise wurden nicht nur die Vorläufer-Substanzen der HAA ermittelt, sondern auch die Abhängigkeit der HAA-Entstehung von der Temperatur und der Dauer des Erhitzens [61, 62, 64].

Als Vorläufer der Aminoimidazo-HAA erwiesen sich verschiedene freie Aminosäuren, Glucose oder andere Hexosen und Kreatin. Aus Glucose und Aminosäuren entstehen im Verlauf von komplexen Maillard-Reaktionen Pyridine, Pyrazine und einfache Aldehyde; diese reagieren mit Kreatin bzw. dem beim Erhitzen von Kreatin entstehenden Kreatinin zu den Aminoimidazo-HAA, wobei Kreatinin den Aminoimidazo-Teil des Moleküls liefert. Die verschiedenen Aminosäuren sind als HAA-Vorläufer unterschiedlich geeignet; Phenylalanin begünstigt besonders die Entstehung von PhIP [64]. Das Ausmaß der HAA-Bildung hängt von den Konzentrationen der beteiligten Stoffe sowie von weiteren Faktoren, z. B. Wasseraktivität, pH-Wert, fördernde und hemmende Stoffe ab. Anders als die Aminoimidazo-HAA entstehen die HAA vom Aminocarbolin-Typ, AαC und MeAαC, bei der Pyrolyse von Aminosäuren, z. B. Tryptophan, Glutaminsäure oder von Protein, unabhängig von Kreatin und Kreatinin. Sie können daher aus Material tierischer wie pflanzlicher Herkunft entstehen. Entdeckt wurden sie bei der Pyrolyse von Sojaprotein [172] und sie sind auch Bestandteil von Zigarettenrauchkondensaten [171]. Für ihre Bildung werden radikalische Mechanismen angenommen [62].

Die wichtigsten physikalischen Einflussgrößen sind die Temperatur und Dauer der Erhitzung. In Modellreaktionen ist die Bildung der Aminoimidazo-HAA etwa ab 130 °C gerade messbar, im Bereich von etwa 160–230 °C nimmt sie deutlich zu. Mit der Zeit steigen die HAA-Konzentrationen in Modellreaktionen langsam an und erreichen schließlich, nach ca. 10–40 min, Sättigungswerte. Die individuellen HAA unterscheiden sich bezüglich ihrer Bildungsgeschwindigkeit und ihrer Temperaturabhängigkeit sehr deutlich voneinander. Das komplexe Zusammenspiel chemischer und physikalischer Faktoren macht Prognosen der HAA-Bildung in erhitztem Fleisch im Einzelfall sehr schwierig.

18.3
Verbreitung und Nachweis

Analysenergebnisse über die Konzentrationen von HAA in Fleisch, Fisch und Fleischextrakten sind – abhängig von der Zubereitungsweise durch Sieden, Braten, Backen, Grillen sowie bei verschiedenen Temperaturen und unterschiedlicher Erhitzungsdauer – mehrfach in Übersichten zusammengefasst worden [28, 80, 128]. Tabelle 18.2 gibt für die wichtigsten HAA typische Bereiche der in Lebensmittelzubereitungen gefundenen Werte.

Die Werte gelten für küchenüblich zubereitete und essbare Proben. Wie die Tabelle zeigt, liegen die HAA-Konzentrationen meist im unteren ppb-Bereich (1 ppb = 1 ng/g). Früher publizierte, deutlich höhere Werte als hier angegeben wurden wahrscheinlich von übermäßig erhitzten und ungenießbaren Proben erhalten. Die Bereiche der HAA-Gehalte spiegeln die unterschiedlichen Zubereitungsbedingungen wider. Durch schonende Zubereitung können demnach bei den meisten Speisen HAA vermieden oder wenigstens sehr niedrig gehalten werden. Niedrige HAA-Gehalte wurden z. B. in den USA in Hamburgern, gebackenem Hühnerfleisch, Hühnerbrust-Sandwiches und Fisch-Sandwiches einer großen Schnellrestaurant-Kette festgestellt: IQ und MeIQ waren in keiner Probe

Tab. 18.2 Typische Bereiche von HAA-Gehalten ausgewählter Gerichte (in ng HAA/g Probe, gerundet) [62, 128, 134].

Speise	IQ	MeIQ	MeIQx	DiMeIQx	PhIP	AC	Harman
Rinderhackfleisch, angebraten	nm–1	nm–2	nm–16	nm–5	nm–67	nm–20	nm–20
Schweinefilet, gebraten	nm	nm	nm–5	nm–3	nm–13	k. A.	k. A.
Schinken, gebraten	nm–10	nm–2	nm–27	nm–3	nm–53	k. A.	k. A.
Fleischextrakt	nm–15	nm–6	nm–30	nm	nm–10	nm–3	nm–120
Fleischkäse	nm	nm–6	nm–14	k. A.	nm–9	k. A.	1–30
Grillhähnchen	k. A.	k. A.	nm–6	1–3	20–300	nm–1	k. A.
Fisch, gebraten oder gegrillt	1–53	nm–1	nm–6	nm–0,2	nm–12	k. A.	k. A.

nm: nicht messbar, k. A. keine Angaben.

nachweisbar, dagegen in einigen der Proben MeIQx (maximal 0,3 ng/g), PhIP (maximal 0,6 ng/g) und 4,8-DiMeIQx in einer Probe mit 0,1 ng/g [73].

Gebratenes und gegrilltes Geflügelfleisch kann im Vergleich mit anderen Fleischarten relativ große Mengen PhIP enthalten. Hühnerbrustfleisch (ohne Haut), in einer Teflonpfanne mit etwas Öl bei einer Pfannentemperatur von 211 °C 36 min dunkelbraun gebraten, enthielt 70 ng PhIP/g. Bei kürzerer Bratzeit von 14 min und niedrigerer Temperatur von 197 °C war die Oberfläche noch nicht gebräunt, der PhIP-Gehalt mit 12 ng/g relativ niedrig. Eine Hühnerbrust, die gegrillt wurde, bis die Oberfläche verkohlt war, enthielt dagegen 480 ng PhIP/g. In Brühe bei Siedetemperatur zubereitetes Hühnerfleisch enthielt keinerlei HAA [122]. In gebratener Truthahnbrust wurden außer PhIP auch AaC und MeAaC gefunden [13]. Diese Befunde an gebratenem Geflügelfleisch zeigen, dass HAA nicht nur im so genannten „roten Fleisch" (z. B. Rind- und Schweinefleisch) entstehen können. IQ, MeIQ, MeIQx und PhIP wurden auch in handelsüblichen Fleischextrakten nachgewiesen [128].

Die Voraussetzungen für die HAA-Bildung beim Braten, Grillen und Backen sind an der Fleischoberfläche am besten erfüllt. Hier herrschen höhere Temperaturen als im Inneren, und infolge des Wasserverlustes durch Verdampfung werden die Vorläufersubstanzen angereichert. Dementsprechend enthält die Kruste z. B. von Frikadellen wesentlich höhere Mengen mutagener HAA als der Kern [8, 164]. Hohe HAA-Mengen wurden im Bratrückstand in der Pfanne gefunden, der häufig als Soßengrundlage dient. So enthielt nach dem Braten von Rindfleisch und Fisch der Rückstand in der Pfanne 144 ng PhIP, 29 ng MeIQx und 77 ng AaC pro Gramm [50]. Das Kochen im Mikrowellenherd könnte vorteilhaft sein: Frikadellen enthielten nach solcher Zubereitung keine nachweisbaren Mutagene, damit auch keine HAA, und sollen annehmbar geschmeckt haben. Allerdings war ihnen eine Aromenmischung zugesetzt worden [17]. Für einige HAA liegen kaum Messwerte vor: IQx und 7,9-DiMeIgQx wurden in Fleischextrakten und gebratenem Fleisch identifiziert, jedoch nicht quantitativ bestimmt [51]. DMIP, TMIP wurden in Modellreaktionen gefunden [33], in durchgebratenem Fleisch aus Restaurants dagegen meist nicht. Die Hälfte dieser Proben enthielt IFP in Mengen von 1–46 ng/g Fleisch [106]. Da Kreatin oder sein Abbauprodukt Kreatinin für die Bildung der Aminoimidazo-HAA notwendig und hauptsächlich im Muskelfleisch vorhanden sind, werden in Nicht-Muskelfleisch, z. B. Leber und Niere, beim Erhitzen in der Regel keine Aminoimidazo-HAA gebildet [79].

In Einzelfällen wurde die Bildung von HAA bei Temperaturen auch unter 100 °C festgestellt. So enthielten Lachs und Flunder, die bei 80–85 °C geräuchert wurden, ca. 1 ng MeIQx/g. Die geringe Wasseraktivität an der Fischoberfläche und die im Vergleich zum Backen und Braten relativ lange Zeit des Räucherns könnten hier die HAA-Bildung begünstigen [63]. PhIP ist auch in Bier und Wein unterschiedlicher Herkunft nachgewiesen worden, dabei wurden Konzentrationen im Bereich von 10–40 ng/L festgestellt. Die Entstehungsweise ist hier unklar [85, 110]. In Zigarettenrauchkondensat wurde PhIP gefunden, in einer Konzentration entsprechend ca. 20 ng pro Zigarette [14, 86]. Industriell hergestellte Fleischaromen bieten wegen ihrer sehr komplexen Zusammensetzung bei der Analyse auf HAA erhebliche Schwierigkeiten [48, 107, 120]. In drei von 14 untersuchten Fleischaromen war MeIQx nachweisbar [60]. Das meistbenutzte Verfahren zur quantitativen Bestimmung der HAA wurde in einem Labor der Firma Nestle entwickelt [47–50]. Dabei werden die HAA aus einer homogenisierten Probe des zu untersuchenden Materials durch eine mehrstufige Festphasenextraktion extrahiert, zunächst an Kieselgel (Extrelut), danach an Minisäulen mit einem Kationenaustauscher-Material und schließlich an einem C18-Reversphasen-Material. Die HAA werden in zwei Fraktionen, die der polareren und die der weniger polaren getrennt und durch Gradienten-HPLC mit Dioden-Array- und Fluoreszenz-Detektor analysiert. Dieses Verfahren wurde für die Ermittlung der meisten publizierten Angaben über den HAA-Gehalt von Speisen benutzt. Bei einem Einsatz von 4 g Probe können mehrere HAA nebeneinander quantitativ bestimmt werden, die Bestimmungsgrenzen liegen je nach Probenmaterial und HAA bei 0,1 bis 0,5 ppb (ng HAA/g Probe) [50, 73]. Mit massenspektrometrischer Detektion kann eine Bestimmungsgrenze von 0,05 ppb erreicht werden [51]. Die mehrstufige Extraktionsmethode kann auch vereinfacht werden [156]. Auch andere Analysenmethoden wurden angewandt: HPLC/MS-MS [111], HPLC mit elektrochemischer Detektion [75, 92, 139, 154], Gaschromatographie kombiniert mit Massenspektrometrie [94, 143], immunchemische Methoden mithilfe HAA-spezifischer Antikörper [152, 153]. Wegen der großen Bedeutung zuverlässiger Analysenergebnisse wurde im Rahmen der EU ein Programm eingeleitet, welches das Ziel verfolgt, die Analytik der HAA zu harmonisieren und zu standardisieren [21].

18.4
Kinetik und innere Exposition

Die Toxikokinetik der HAA wurde hauptsächlich an IQ, MeIQx und PhIP untersucht [37, 126, 151, 161], neuerdings auch an AαC und MeAαC [35, 36]. Danach werden sie nach oraler Zufuhr aus dem Verdauungstrakt schnell aufgenommen und im Körper verteilt. Sie werden teilweise in unveränderter Form, hauptsächlich aber als Metaboliten mit Faeces und Urin ausgeschieden, wobei der Anteil der unveränderten Substanz und der beiden Ausscheidungswege von der Dosis und Tierart abhängen kann. So schieden Ratten nach einer hohen Dosis (3 mg/ kg Körpergewicht) von ^{14}C-markiertem PhIP 78% der ^{14}C-Aktivität mit den Faeces aus, davon die Hälfte als unverändertes PhIP [161]. Mäuse schieden nach einer sehr viel niedrigeren Dosis (41 ng/kg Körpergewicht) dagegen 90% mit dem Urin aus [151]. Die schnelle Aufnahme aus dem Verdauungstrakt und die schnelle Ausscheidung zeigen sich dadurch, dass bei den Mäusen schon nach einer Stunde die höchsten ^{14}C-Konzentrationen im Urin auftraten und nach 68 min die Hälfte der PhIP-Dosis wieder ausgeschieden war [151]. Säugende Ratten scheiden PhIP und PhIP-Metaboliten auch mit der Milch aus [88]. Kleine Mengen PhIP werden bei der Maus und beim Menschen in Haare eingelagert

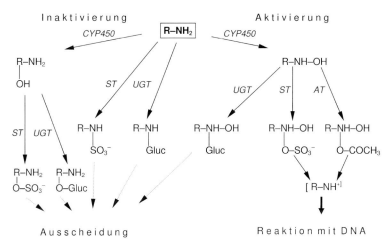

Abb. 18.2 Metabolismus heterocyclischer aromatischer Amine.
R: das jeweilige aromatische Ringsystem; *CYP450*: Cytochrom
P450; *ST*: Sulfotransferase; *UGT*: UDP-Glucuronosyltransferase;
AT: Acetyltransferase; *Gluc*: Glucuronosyl-Rest.

[52, 53]. Ein DNA-Addukt von PhIP wurde im Rattenurin nach oraler Verabreichung von PhIP nachgewiesen [30].

Der Metabolismus der HAA zeigt bei Ratte, Affe und Mensch Gemeinsamkeiten, jedoch auch Unterschiede [10, 77, 130, 133, 135, 136, 147, 148]. Das gemeinsame Grundmuster ist vereinfacht in Abbildung 18.2 zusammen mit den beteiligten Enzymen dargestellt. Diese Umwandlungen der HAA werden unter toxikologischen Gesichtspunkten in „aktivierende" und „inaktivierende" unterteilt, d.h. solche, bei denen die Produkte stärker bzw. weniger stark bis nicht toxisch wirken. Die Produkte der Inaktivierung oder Entgiftung reagieren kaum mit Zellbestandteilen und sind leicht wasserlöslich, sie werden infolgedessen relativ schnell mit dem Urin aus dem Körper ausgeschieden. Im Einzelnen handelt es sich um Oxidationsreaktionen am aromatischen Ring unter Einführung einer Hydroxylgruppe durch Enzyme der Cytochrom P450-Familie („Phase I-Metabolismus") und anschließende Konjugationsreaktionen zu Sulfaten und *O*-Glucuroniden, vermittelt durch Sulfotransferasen und Glucuronosyltransferasen („Phase II-Metabolismus"). Auch Umwandlungen der Aminogruppe führen zu nicht-toxischen Metaboliten, Sulfamaten und *N*-Glucuroniden.

Bei der Aktivierung dagegen entstehen Metaboliten, die entweder selbst oder nach einer weiteren Umwandlung mit Proteinen und Nucleinsäuren reagieren und diese so schädigen. Besonders kritisch ist die Reaktion mit der Erbsubstanz DNA. Die dabei zunächst entstehenden „DNA-Addukte" können, falls sie nicht rechtzeitig repariert werden, bei der DNA-Replikation zu Lesefehlern und schließlich zu Mutationen führen und auch die Tumorentwicklung einleiten. Der erste Schritt des aktivierenden Weges ist die hauptsächlich in der Leber stattfindende *N*-Hydroxylierung durch das Cytochrom P4501A2. Das gebildete

N-Hydroxy-HAA kann – ebenfalls in der Leber, aber nach Zirkulierung mit dem Blut auch in anderen Organen – durch Sulfotransferasen oder Acetyltransferasen zu Sulfooxy- oder Acetoxyverbindungen weiter aktiviert werden. Diese können Sulfat- oder Acetationen abspalten, wobei wahrscheinlich als ultimale reaktive Spezies Arylnitreniumionen entstehen. Diese sind instabil und reagieren leicht mit DNA, ihre jeweilige vom HAA abhängige Reaktivität hängt eng mit der mutagenen Potenz in Salmonella (s. Tab. 18.5) zusammen [72, 168]. Die Bindung der Nitreniumionen an DNA erfolgt hauptsächlich am C-Atom 8 sowie an der Aminogruppe von Guaninbasen; die Addukte des IQ, MeIQ, MeIQx und PhIP sind isoliert worden, ihre Strukturen sind bekannt. Sie sind sowohl in HAA-behandelten Salmonella-Bakterien als auch in Säugerzellen in Kultur und in vielen Organen behandelter Mäuse, Hamster, Ratten und Affen nachgewiesen worden [108, 119, 131]. Bei Affen wurden lediglich in Knochenmark und Fettgewebe nach einer PhIP-Dosis keine PhIP-Addukte gefunden [129]. Offenbar können dort die entsprechenden Nitreniumionen nicht gebildet werden.

Im Ames-Test zur Erfassung einer mutagenen Wirkung in Salmonella-Bakterien findet die *N*-Hydroxylierung *in vitro* durch die Verwendung des S9-Mix aus Leber statt, die weitere Aktivierung erfolgt durch Acetyltransferasen der Salmonellen. Die *N*-Hydroxylierung kann außer in der Leber durch Cytochrom P450 auch leberunabhängig durch Prostaglandin-H-Synthase erfolgen [91, 165, 169], möglicherweise über radikalische Zwischenstufen [90]. Bei Makaken wird MeIQx, anders als IQ, vom Cytochrom P4501A2 nur sehr wenig zur entsprechenden *N*-Hydroxy-Verbindung aktiviert. Dementsprechend kommen in den Organen der Makaken auch nur relativ wenige MeIQx-Addukte vor [18]. Diese Besonderheit gilt als wahrscheinliche Ursache für das Fehlen der kanzerogenen Wirkung von MeIQx bei diesen Tieren [130]. Beim Menschen dagegen wird, wie bei der Ratte, MeIQx aktiviert (siehe unten). Bei der Ratte erschienen nach einer MeIQx-Gabe etwa 1–2% des MeIQx in unveränderter Form im Urin, daneben wurden in der Gallenflüssigkeit und im Urin fünf Metaboliten gefunden, die Produkte der Inaktivierung. Die Anteile der einzelnen Metaboliten waren von der MeIQx-Dosis und von einer etwaigen Vorbehandlung der Ratten mit Arochlor 1254, einem Gemisch polychlorierter Biphenyle, welches fremdstoffmetabolisierende Cytochrom P450-Enzyme induziert, abhängig [148]. Auch bei Versuchspersonen wurden nach dem Verzehr eines Fleischgerichtes mit bekanntem HAA-Gehalt 1–4% des aufgenommenen MeIQx und 0,5–3% des PhIP innerhalb von 24 h unverändert im Urin ausgeschieden. Dieselbe Arbeit zeigt, dass auch beim Menschen das Cytochrom P4501A2 für die *N*-Hydroxylierung von MeIQx verantwortlich ist [10, 42]. In einer weiteren Untersuchung mit 66 Freiwilligen, die mit einer Mahlzeit MeIQx aufnahmen, wurde im Urin der Versuchspersonen ein MeIQx-Metabolit, das N^2-Glucuronid des *N*-Hydroxy-MeIQx, in einer Menge entsprechend etwa 9% des aufgenommenen MeIQx gefunden. Die Werte der einzelnen Personen lagen zwischen 2 und 17%; diese großen interindividuellen Unterschiede könnten aus unterschiedlicher Ausstattung der Personen mit Cytochrom P4501A2 und glucuronidierenden Enzymen resultieren [135, 136]. Auch bei sechs weiteren Personen fielen große Unterschiede des

MeIQx-Metabolitenmusters auf; fünf Metaboliten wurden im Urin gefunden, wobei der Hauptmetabolit bei allen Personen von früheren Untersuchungen her nicht bekannt war [149]. Bei einer Reihe von Personen wurde festgestellt, dass – anders als bei der Ratte – die Inaktivierung von MeIQx und PhIP durch Hydroxylierung am aromatischen Ringsystem kaum stattfindet, so dass die *N*-Hydroxylierung überwiegt [42]. Die *N*-Hydroxy-Verbindungen werden jedoch zu einem großen Teil glucuronidiert, d.h. inaktiviert: Als Hauptmetabolit von PhIP wurde in menschlichem Urin das N^2-Glucuronid identifiziert [77, 84]. In Kulturen menschlicher Hepatozyten sowie in menschlichem Urin wurde ein MeIQx-Metabolit gefunden, der in der Position 8 anstelle der Methylgruppe eine Carboxylgruppe (Säuregruppe) trägt und als Entgiftungsprodukt aufzufassen ist. Bei der Ratte wurde dieser Metabolit nicht gefunden [78].

Nicht nur ausgeschiedene Metaboliten, d.h. die Ergebnisse der Entgiftung wurden beim Menschen nachgewiesen, sondern auch die Produkte des aktivierenden Stoffwechsels, die DNA-Addukte der HAA. Bei fünf Darmkrebspatienten, die vor einer Operation 70–80 µg PhIP erhalten hatten, wurden in DNA aus dem Darm mittels einer hoch empfindlichen massenspektrometrischen Methode PhIP-Addukte gefunden, und zwar ca. 30–130 Addukte in 10^{12} DNA-Basen [25]. Auch andere Autoren berichteten über PhIP-DNA-Addukte in menschlichem Darmgewebe [38]. In Brustgewebe wurden nach einer Dosis von 20 µg PhIP 30–500 Addukte in 10^{12} Basen gemessen [81]. Diese PhIP-Dosen liegen mehr als hundertfach über der in Schweden ermittelten durchschnittlichen und mehr als zehnfach über der höchsten täglichen HAA-Aufnahme [5]. Eine Untersuchung von 38 menschlichen Gewebeproben aus unterschiedlichen Organen ergab in drei dieser Proben, je einer aus Dickdarm, Enddarm und Niere, messbare Mengen von MeIQx-DNA-Addukten, im Bereich von 2–20 Addukten in 10^{10} DNA-Basen; die Nachweisgrenze war in diesem Fall ein Addukt in 10^{10} Basen [144]. Die Ergebnisse der Metabolismus-Untersuchungen machen deutlich, dass die toxische Wirkung eines HAA in einem betrachteten Organ entscheidend vom Verhältnis der metabolischen Aktivierung zur Entgiftung abhängt. Ungenügende oder fehlende metabolische Aktivierung ist wahrscheinlich eine Ursache der in verschiedenen Tests in Zellkultur und auch *in vivo* beobachteten geringen oder fehlenden mutagenen Wirkung. Bei aller grundsätzlichen Gemeinsamkeit bestehen doch auch Unterschiede zwischen Zelltypen, Organen, Spezies und innerhalb einer Spezies auch zwischen Individuen bezüglich der Ausstattung mit aktivierenden Enzymen. Erwähnt werden soll der lange bekannte Polymorphismus der *N*-Acetyltransferasen des Menschen. Diese Enzyme spielen bei der Aktivierung der HAA eine wichtige Rolle (s. Abb. 18.2) [45, 54], sie kommen – vererbungsbedingt – in verschiedenen Formen mit unterschiedlichen Aktivitäten vor. Schnelle Acetylierer besitzen ein leistungsfähigeres Aktivierungssystem als langsame Acetylierer. Welche Rolle diese Unterschiede für das Krebsrisiko durch HAA tatsächlich spielen, ist noch Gegenstand von Untersuchungen. Es gibt Hinweise dafür, dass das Darmkrebsrisiko schneller Acetylierer höher ist als das langsamer Acetylierer, bei mutmaßlich gleicher HAA-Aufnahme [76], andere Ergebnisse sprechen nicht für einen solchen Zusammenhang [7]. Das Brustkrebsrisiko scheint vom Acetyliererstatus nicht beeinflusst zu werden [3, 19, 40]. Auch Polymorphismen der Cytochrom P450-Enzyme und der Sulfotransferasen sind bekannt und tragen möglicherweise zu unterschiedlicher Suszeptibilität gegenüber HAA bei [66, 150].

18.5
Wirkungen

Die toxische Wirkung der HAA beruht auf ihrer Fähigkeit, nach Metabolisierung in höheren Organismen mit der Zell-DNA zu reagieren, dadurch die in der DNA enthaltene Information zu verändern, Mutationen auszulösen und zusammen mit zusätzlichen Veränderungen die Entwicklung von Tumoren einzuleiten. Diese treten gegebenenfalls nach lange andauernder oder häufig wiederholter Aufnahme dieser Stoffe in Erscheinung.

Da diese Wirkungen im Vordergrund stehen, liegen zur akuten Toxizität, Reproduktionstoxizität und Teratogenität kaum Daten vor. Die LD_{50} von IQ bei der Maus nach intraperitonealer Injektion liegt bei etwa 600 mg/kg, d. h. die akute Toxizität ist gering [167]. Nach Fütterung weiblicher trächtiger Ratten mit Futter, welches 200 ppm PhIP enthielt, fand sich bei bis zu 50% der Jungtiere Anophthalmie, d. h. Fehlen oder mangelhafte Entwicklung eines Auges. Bei zwei gleichartigen Versuchen waren die Ergebnisse jedoch sehr unterschiedlich und bei der halben PhIP-Dosis trat Anophthalmie nur bei 1% der Jungtiere auf. Da die Muttertiere während der PhIP-Behandlung ungewöhnlicherweise Gewicht verloren, d. h. mangelhaft ernährt waren, diskutieren die Autoren die Möglichkeit, dass die Missbildungen eine Folge der Mangelernährung, also nicht für PhIP spezifisch waren; somit ist insgesamt die Aussagekraft dieser Ergebnisse fraglich [57].

18.5.1
Wirkungen auf den Menschen

Da die Wirkungen auf den Menschen sinnvollerweise im Zusammenhang mit der durchschnittlichen HAA-Aufnahme betrachtet werden, seien Arbeiten zu dieser Fragestellung vorangestellt. Die Pro-Kopf-Aufnahme eines Individuums an HAA hängt von seiner Auswahl aus dem Fleisch- und Fischsortiment, der Häufigkeit des Verzehrs, den Verzehrsmengen und vom jeweiligen HAA-Gehalt ab. Dieser wird von der Zubereitungsweise und dem Bräunungs- oder Schwärzungsgrad beeinflusst. Wegen der Variabilität dieser Faktoren ist mit großen individuellen, darüber hinaus mit regionalen und nationalen Unterschieden der gesamten HAA-Aufnahme sowie des HAA-Spektrums zu rechnen.

Eine erste Schätzung 1985 vermutete eine tägliche Aufnahme von ca. 100 µg pro Person [137], sie wurde mit verfeinerter Analytik korrigiert, einige Jahre später wurde in Japan ein Wert von ca. 3,5 µg angegeben [105]. Eine weitere japanische Untersuchung ermittelte unter der Annahme eines täglichen Konsums von 200 g gebratenem Fleisch oder Fisch eine tägliche Aufnahme von 0,1–1,3 µg MeIQx und 0,1–13,8 µg PhIP [158]. Autoren aus den USA kommen auf der Grundlage von dortigen Koch- und Verzehrsgewohnheiten zu einem mittleren Wert der täglichen Aufnahme von ca. 2 µg HAA (insgesamt) [80]. Eine detaillierte Untersuchung in Schweden an einer Gruppe von mehr als 500 50–75jährigen Einwohnern von Stockholm ergab große Unterschiede der HAA-Aufnahme mit Werten von unter der Nachweisgrenze bis zu einem Höchstwert von 1,8 µg/d. Der Mittelwert lag bei einer täglichen HAA-Aufnahme von 0,16 µg. Davon entfielen je etwa 45% auf PhIP und MeIQx [5]. Diese Werte liegen somit deutlich niedriger als die in USA und in Japan. Mögliche Ursachen sind der im Vergleich mit der Bevölkerung der USA geringere Fleischverzehr der schwedischen Gruppe und eine schonendere Zubereitung. Eine Pilotuntersuchung in Deutschland mittels Fragebogen ergab eine mediane tägliche HAA-Aufnahme von 0,1 µg, wovon etwa 60% auf PhIP entfallen [112].

Verschiedene Untersuchungen zeigen Wege zum Biomonitoring der HAA-Exposition eines Individuums. Im Urin können MeIQx und MeIQx-Metaboliten analysiert werden [93, 135, 158], ebenso PhIP und seine Metaboliten, z. B. nach einer Mahlzeit mit durchgebratener Hühnerbrust [74]. PhIP wird teilweise in menschliche Haare eingelagert und kann dort bestimmt werden [53]. In Zellen aus menschlicher Brust, die aus Muttermilch isoliert wurden, konnten PhIP-DNA-Addukte nachgewiesen werden [43].

Zur Frage eines Zusammenhangs von Krebserkrankungen mit der HAA-Aufnahme wurde eine Reihe von Fall-Kontroll-Studien durchgeführt. Bei dieser Art epidemiologischer Untersuchung muss die HAA-Aufnahme von Personen mit einer Krebserkrankung („Fälle") und von Personen ohne eine solche Erkrankung („Kontrollen") ermittelt werden. Da nicht die aktuelle HAA-Aufnahme einer Person für eine diagnostizierte Krebserkrankung relevant ist, sondern die gesamte HAA-Aufnahme in der Vergangenheit, müsste diese ermittelt werden. Wegen der offensichtlichen Schwierigkeiten dieser Ermittlung werden ersatzweise leichter bestimmbare Größen von den Probanden durch Interview und/ oder Fragebogen erfragt, z. B. die in neuerer Zeit vor der Erkrankung konsumierte Menge Fleisch insgesamt, die konsumierten Mengen der verschiedenen Arten von Fleisch, Fleischerzeugnissen und Fisch und die Art der Zubereitung, z. B. die Art der Erhitzung und die Dunkelfärbung der Oberfläche. Die letzteren Größen hängen mit der HAA-Aufnahme zusammen. Wenn untersuchte Fallgruppe und Kontrollgruppe sich in einem oder mehreren der genannten Parameter unterscheiden und wenn ein solcher Unterschied statistisch aussagekräftig, also wahrscheinlich nicht zufällig ist, ist dies ein Hinweis auf eine Assoziation von Exposition und Erkrankung, jedoch kein Beweis eines kausalen Zusammenhangs. Das Ergebnis kann auch durch andere Faktoren beeinflusst werden, z. B. Alter, Rauchen, Übergewicht, Alkoholkonsum und die Rolle der Patientenauswahl. Verfälschungen des Ergebnisses durch diese Faktoren müssen soweit möglich ausgeschlossen werden. Erschwerend hinzu kommen mangelhafte Erinnerungsfähigkeit der Befragten, unterschiedliche Zubereitungsweisen und damit unterschiedliche HAA-Gehalte in scheinbar gleichen

Produkten, unterschiedlicher Konsum von Schutzstoffen, möglicherweise auch genetisch bedingte individuelle Unterschiede der Suszeptibilität gegen HAA, z. B. im Zusammenhang mit Enzympolymorphismen (siehe oben).

Tabelle 18.3 gibt eine Übersicht über die publizierten Fall-Kontrollstudien. Krebserkrankungen in verschiedenen Organen wurden untersucht. Einige der Untersuchungen zeigen bei Darm-, Brust-, Lungen- und Prostatakrebs Assoziationen mit den jeweils untersuchten Parametern, andere Untersuchungen finden keine Assoziation. Aus den oben genannten Gründen müssen die Asso-

Tab. 18.3 Epidemiologische Untersuchungen zu kanzerogenen Wirkungen von HAA.

Fälle/Kontrollen	Land	+,–[a)]	Parameter	Literatur
Darmkrebs				
246/484 (c+r)	USA	–	Fleisch, gebraten und gegrillt	[83, 118]
559/505 (c+r)	Schweden	+	Fleisch, gesamt; dunkle Bratensoße; sehr dunkle Fleischkruste	[39]
511/500 (c+r)	USA	–	Durcherhitzungsgrad von Fleisch	[95]
488/488 (1)	USA	+	häufig rotes Fleisch, dunkel gebraten	[109]
250/500 (c+r)	Uruguay	+	rotes Fleisch, stark gebraten, HAA-Gehalt	[23]
146/228 (1)	USA	+	rotes Fleisch, stark bis sehr stark gebraten	[123]
352/553 (c)	Schweden	–	gesamte HAA-Aufnahme	[4]
249/553 (r)	Schweden	–	gesamte HAA-Aufnahme	[4]
620/1038 (c)	USA	+	DiMeIQx	[15]
		–	MeIQx, PhIP	
Brustkrebs				
169/253	Uruguay	+	Fleisch, gesamt; Fleisch, rot; Fleisch, gebraten	[113]
352/382	Uruguay	+	Fleisch, gesamt; Fleisch gebraten (inkl. Rind, Lamm, Geflügel, Fisch, Schinken); IQ, MeIQx, PhIP	[24]
740/810	USA	–	Fleisch (Rind, Schwein, Geflügel, Fisch)	[3]
273/657	USA	+	Fleisch, ganz durchgebraten (Hamburger, Beefsteak, Schinken)	[173]
273/657	USA	+	PhIP (in Hamburger, Beefsteak, Schinken);	[124]
		–	MeIQx, DiMeIQx	
466/466	USA	–	Fleischverzehr, Zubereitungsweise	[40]
114/280	USA	–	Fleischverzehr, Zubereitungsweise, MeIQx, DiMeIQx, PhIP	[19]
Magenkrebs				
176/502	USA	–	Fleisch, gebraten (Rind, Schwein, Geflügel)	[159]
Speiseröhrenkrebs				
143/502	USA	–	Fleisch, gebraten (Rind, Schwein, Geflügel)	[159]

Tab. 18.3 (Fortsetzung)

Fälle/Kontrollen	Land	+, −[a)]	Parameter	Literatur
Lungenkrebs				
256/284	Uruguay	+	Fleisch, gebraten	[22]
(nur Männer)		−	Fleisch, gegrillt	
593/623	USA	+	MeIQx	[125]
		−	PhIP, DiMeIQx	
Prostatakrebs				
317/480	Neuseeland	−	Durcherhitzungsgrad und HAA-Gehalt von Fleisch	[98]
464/459	USA	+	Verzehr von durchgebratenem Fleisch, Sulfotransferase-Enzymaktivität	[97]
Nierenkrebs				
138/553	Schweden	−	gesamte HAA-Aufnahme	[4]
Blasenkrebs				
273/553	Schweden	−	gesamte HAA-Aufnahme	[4]

a) + signifikanter Zusammenhang, − kein signifikanter Zusammenhang; (1) kolorektale Adenome; (c) Kolon-Krebs; (r) Rektum-Krebs.

ziationen zurückhaltend interpretiert werden. So fällt z. B. auf, dass eine Assoziation von Lungenkrebs mit gebratenem, aber nicht mit gegrilltem Fleisch berichtet wird. Die Brat- und Grillbedingungen und die HAA-Gehalte der betreffenden Fleischgerichte wurden nicht bestimmt. Die untersuchten an Lungenkrebs erkrankten Männer waren zu 93% Raucher, bei den Kontrollen betrug dagegen der Anteil der Raucher nur 46%. Die Daten zeigen erwartungsgemäß eine hoch signifikante Assoziation von Rauchen und Lungenkrebs. Zwar haben die Autoren versucht, den „störenden" Einfluss des Rauchens herauszurechnen; die Zuverlässigkeit dieser Berechnungen ist jedoch bei dem sehr großen Unterschied der beiden Gruppen ungewiss. Vor diesem Hintergrund schließen die Autoren selbst vorsichtig auf eine „mögliche Rolle" der HAA bei Lungenkrebs [22].

Schwierig zu bewerten ist auch die Assoziation von Brustkrebs mit PhIP bei gleichzeitigem Fehlen einer Assoziation mit MeIQx und DiMeIQx [124]; diese HAA werden in der Regel zusammen aufgenommen. Insgesamt ist aus den in der Tabelle zusammengestellten Untersuchungsergebnissen nicht mehr als ein schwacher Verdacht auf einen Zusammenhang von Darmkrebs und Brustkrebs mit HAA beim Menschen abzuleiten. Eine Literaturauswertung kommt zu dem Schluss, dass zwar Fleischverzehr mit einem geringfügig höheren Darmkrebsrisiko assoziiert sein könnte, dass aber die Ergebnisse der Untersuchungen über Zubereitungsweisen und Darmkrebs widersprüchlich sind und keine Zusammenhänge von Darmkrebs mit einer bestimmten Zubereitungsweise erkennen lassen [96].

18.5.2
Wirkungen auf Versuchstiere

Untersuchungen auf kanzerogene Wirkung wurden mit Mäusen, Ratten und Affen durchgeführt. Die Mäuse und Ratten erhielten die HAA über 1–2 Jahre im Futter. Die Ergebnisse sind in Tabelle 18.4 zusammengefasst; eine Ergebniszusammenfassung liegt auch publiziert vor [105].

Alle sechs HAA erzeugten bei Mäusen und Ratten Tumoren; betroffen waren mehrere Organe, am häufigsten die Leber, bei Mäusen außerdem Lunge, Vormagen und das blutbildende System, bei Ratten Zymbaldrüse (Ohrtalgdrüse), Dünn- und Dickdarm, Haut, Klitoraldrüse, Mundhöhle und Brustdrüse. Die Stärke der kanzerogenen Wirkung z. B. der MeIQx-Dosis zeigt sich daran, dass alle 20 behandelten männlichen und zehn von 19 behandelten weiblichen Ratten Lebertumoren entwickelten, aber keines der je 20 normal gefütterten Tiere [69].

Der Zusammenhang von HAA-Dosis und Tumoren der Brustdrüse wurde bei Ratten nach PhIP-Behandlung ausführlich untersucht [58]. In einer Reihe von fünf Konzentrationen nahm mit der Konzentration von PhIP auch die Häufigkeit der Brustdrüsentumoren ab. Bei der höchsten Konzentration von 0,02% PhIP im Futter entwickelten 13 von 18 Ratten (72%) Tumoren, bei der halben Konzentration (0,01%) waren es fünf von 20 (25%), bei 0,005% sieben von 20 (35%). Bei den beiden niedrigsten Konzentrationen von 0,0025 und 0,00125% wurde bei einer von 21 bzw. bei zwei von 20 Ratten ein Tumor gefunden, in einer ohne PhIP gefütterten Gruppe von 20 Ratten traten keine Tumoren auf. Trotz der höheren Zahlenwerte bei den beiden niedrigsten Konzentrationen sind diese Werte von denen der Kontrolltiere nicht statistisch signifikant verschieden. Unter diesen Umständen kann nicht mit Sicherheit entschieden werden, ob die festgestellten Tumoren eine Folge der PhIP-Behandlung oder „spontane" Tumoren sind, die zufällig bei PhIP-behandelten Ratten auftraten, aber genauso hätten bei unbehandelten Ratten vorkommen können [58]. Dieses Beispiel zeigt die Schwierigkeit, in Tierversuchen bei niedrigen, für die menschliche Situation annähernd realistischen Dosierungen kleine Zunahmen des Tumorrisikos zu erkennen.

In dem beschriebenen Versuch nahmen die Ratten bei der eindeutig kanzerogenen Konzentration von 0,005% PhIP im Futter täglich ca. 0,8 mg PhIP auf, entsprechend ca. 2,3 mg/kg Körpergewicht. Im Vergleich zu einer mittleren täglichen Aufnahme des Menschen von 0,1–1 μg PhIP [5] nahm eine Ratte damit insgesamt 800–8000-mal mehr auf oder, bezogen auf das Körpergewicht, 5–6 Größenordnungen mal mehr. Trotzdem wird diskutiert, ob PhIP auch beim Menschen für Brustkrebs verantwortlich sein könnte. Es ist nicht nur mengenmäßig das gewichtigste HAA, sondern kann auch in menschlichem Brustgewebe aktiviert werden [115].

An Affen (Makaken) wurden IQ, MeIQx und PhIP untersucht, bei wöchentlich fünfmaliger Verabreichung von je 10 oder 20 mg/kg Körpergewicht. Nach sieben Jahren hatten sich bei 30 der 40 mit IQ behandelten Makaken Lebertu-

Tab. 18.4 Kanzerogene Wirkung der HAA.

HAA	Tierart, Stamm, HAA-Gehalt des Futters in %, Behandlungs-dauer	Anzahl der Tiere (behandelt/ Kontrolle)	Organe mit signifikant erhöhter Tumorinzidenz (% Tiere mit Tumor bei behandelten/Kontrolltieren)	Literatur
IQ	Maus CDF$_1$ 0,03; 1,85 Jahre	M 39/33 W 36/33	Leber (M 41/9; W 75/8) Lunge (M 69/21; W 42/18), Vormagen (M 41/3; W 31/0)	[101]
	Ratte F344 0,03; 1,38 Jahre	M 40/50 W 40/50	Leber (M 68/2; W45/0), Darm (M 93/0; W 25/0) Zymbaldrüse (M 90/0; W 68/0) Klitoraldrüse (M –; W 50/0), Haut (M 43/0; W 8/0)	[105, 140]
MeIQ	Maus CDF$_1$			[103]
	0,04; 1,75 Jahre	M 38/29 W 38/40	Leber (M ns; W 71/0) Vormagen (M 92/0; W 89/0)	
	0,01; 1,75 Jahre	M 38/29 W 36/40	Leber (M ns; W 11/0) Vormagen (M 18/0; W 53/0)	
	Ratte F344 0,03; 0,78 Jahre	M 20/20 W 20/20	Zymbaldrüse (M 95/0; W 85/0) Haut (M 50/0; W ns) Darm (M 35/0; W 25/0) Mundhöhle (M 35/0; W 35/0) Brustdrüse (M ns; W 25/0)	[70]
MeIQx	Maus CDF$_1$ 0,06; 1,62 Jahre	M 37/36 W 35/39	Leber (M 43/17; W 91/0) Lunge (M ns; W 43/10)	[104]
	Ratte F344 0,04; 1,18 Jahre	M 20/19 W 19/20	Leber (M 100/0; W 53/0) Zymbaldrüse (M 75/0; W 53/0) Klitoraldrüse (M –; W 63/0) Haut (M 35/0; W ns)	[69]
PhIP	Maus CDF$_1$ 0,04; 1,59 Jahre	M 35/36 W 38/40	Lymphgewebe (M 31/6; W 68/15)	[29]
	Ratte F344 0,04; 1,0 Jahr	M 29/40 W 30/40	Darm (M 55/0; W ns) Brustdrüse (M ns; W 47/0)	[59]
	Ratte SD 0,02; 0,92 Jahre 0,01; 0,92 Jahre	W 15/20 W 20/20	Brustdrüse (W 72/0) Brustdrüse (W 25/0)	[58]
AαC	Maus CDF$_1$ 0,08; 1,9 Jahre	M 38/39 W 34/40	Leber (M 39/0; W 97/0) Blutgefäße (M 53/0; W 18/0)	[102]
MeAαC	Maus CDF$_1$ 0,08; 1,9 Jahre	M 37/39 W 33/40	Leber (M 57/0; W 85/0) Blutgefäße (M 95/0; W 85/0)	[102]
	Ratte F344			[141]
	0,01; 1,92 Jahre	M 20/20	Leber (M 25/0) Bauchspeicheldrüse (M 30/0)	
	0,02; 1,92 Jahre	M 20/20	Leber (M 30/0) Bauchspeicheldrüse (40/0)	

M: männliche, W: weibliche Tiere; ns: kein signifikanter Unterschied der Tumorinzidenzen bei behandelten und Kontrolltieren.

moren entwickelt [1]. MeIQx erzeugte dagegen bei gleicher Dosierung in sieben Jahren bei 19 Affen keine Tumoren [99]. Dieser Unterschied zwischen IQ und MeIQx wird durch Unterschiede im Metabolismus der beiden HAA bei den Makaken erklärt. Auch PhIP zeigte bei Makaken nach 5-jähriger Behandlung keine Zeichen einer kanzerogenen Wirkung [130].

18.5.3
Wirkungen auf andere biologische Systeme

IQ und die anderen HAA wurden wegen ihrer extrem hohen mutagenen Wirkung in Versuchen mit Mikroorganismen und besonders mit Salmonella-Bakterien im „Ames-Test" entdeckt (s. Abschn. 18.3).

Aus den Untersuchungen mit Hilfe des Ames-Tests ergibt sich folgendes Bild: Alle HAA, die eine Aminogruppe tragen, zeigen eine mutagene Wirkung, jedoch nur in Versuchsansätzen mit einem Zusatz des metabolisierenden S9-Mix. Dies bedeutet, dass die mutagene Wirkung von einem (oder mehreren) HAA-Metaboliten ausgeht (s. hierzu Abschn. 18.4). Von den meist gebrauchten Salmonella-Teststämmen zeigen die Stämme TA1538 und TA98 die mutagene Wirkung der HAA am empfindlichsten an. Bezüglich der Stärke der mutagenen Wirkung, gemessen im Stamm TA98, rangieren MeIQ und IQ unter den stärksten überhaupt bekannten Mutagenen, ihnen folgen MeIQx und IQx. PhIP ist unter denselben Bedingungen um etwa zwei Zehnerpotenzen schwächer mutagen (Tab. 18.5) [31, 138].

Harman und Norharman sind unter denselben Bedingungen nicht mutagen. Sie besitzen eine mutagene Wirkung nur in Verbindung mit einem anderen nicht mutagenen aromatischen Amin wie z. B. Anilin [20]. Diese Wirkung beruht auf einer Reaktion von Harman oder Norharman mit Anilin unter Bildung eines neuen und nun mutagenen HAA [145]. Diese Reaktion erscheint jedoch für die Verhältnisse bei der Zubereitung von Speisen wenig bedeutsam.

Tab. 18.5 Die mutagene Wirkung von HAA im Stamm TA98 von *Salmonella typhimurium*, nach Sugimura [138].

Heterocyclisches aromatisches Amin	Wirkungsstärke [Revertanten/µg]
MeIQ	661 000
IQ	433 000
4,8-DiMeIQx	183 000
7,8-DiMeIQx	163 000
MeIQx	145 000
IQx	75 000
PhIP	1 800
7,9-DiMeIgQx	670
AaC	300
MeAaC	200

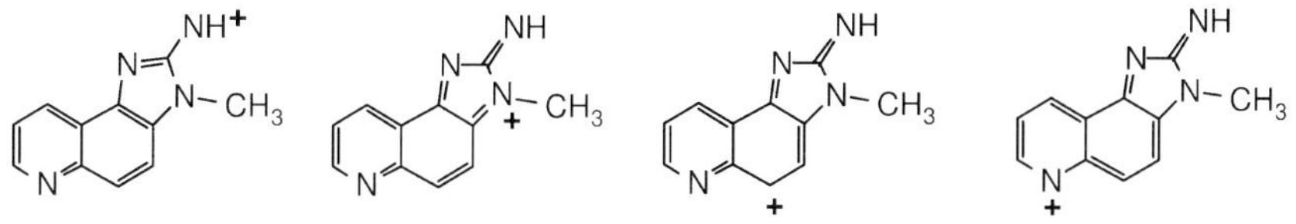

Abb. 18.3 Einige der Grenzstrukturen, die das Nitreniumion von IQ und die Delokalisierung der positiven Ladung des Ions darstellen.

Das Fehlen einer mutagenen Wirkung von Harman und Norharman deutet an, dass die Aminogruppe eine wesentliche Voraussetzung der mutagenen Wirkung der HAA ist. Untersuchungen über den Zusammenhang von chemischer Struktur und mutagener Wirkung der HAA zeigten, dass und wie die Aminogruppe, die heterocyclische Struktur, die Art und Größe des aromatischen Ringsystems und die Substitution durch Methylgruppen im Imidazolring die hohe mutagene Potenz bewirken [46, 67, 155, 166, 168]. Die Aminogruppe ist unerlässlich, da sie die Voraussetzung für die Bildung der reaktiven, an DNA bindenden Nitreniumionen ist (Abb. 18.3). Deren Stabilität kann – abhängig von den genannten Merkmalen Art und Größe des Ringsystems, Substitution, Heteroatome – erhöht werden. Damit wird ihre Lebensdauer verlängert und ihre Reaktivität mit DNA begünstigt. Diese Stabilisierung kommt durch eine Umverteilung oder „Delokalisierung" der positiven Ladung des Nitreniumions zustande. Die Delokalisierung wird in Formelbildern näherungsweise durch Grenzstrukturen beschrieben, die gemeinsam das Nitreniumion darstellen (Abb. 18.3).

Die Ladungsdichte an Nitreniumgruppen und die Stabilität von Nitreniumionen können durch Rechenverfahren quantitativ bestimmt werden, die so ermittelten Parameter korrelieren i.a. sehr gut mit der mutagenen Wirkungsstärke [16, 34, 114, 168].

Mutagene Wirkungen der HAA wurden auch in Säugerzellen in Kultur vielfach untersucht; frühe Versuche mit der Zelllinie CHO zeigten allerdings bei Tests auf Genmutationen, Chromosomenaberrationen und Schwesterchromatidaustausch (SCE) nur eine sehr schwache bis fehlende Wirkung von IQ, MeIQ und MeIQx, und dies trotz der Zugabe von Leber-S9-Mix zur metabolischen Aktivierung. PhIP dagegen war unter entsprechenden Bedingungen stärker wirksam [142]. Dieses Ergebnis gilt jedoch nicht für Säugerzellen allgemein, es war durch das Fehlen geeigneter Acetyltransferasen in den benutzten CHO-Zellen verursacht. In diesen Zellen werden die HAA nicht zu den reaktiven Nitreniumionen metabolisiert (s. dazu Abschn. 18.4). In Zellen, die von Natur aus oder infolge gentechnischer Veränderungen geeignete Acetyltransferasen oder Sulfotransferasen besitzen, wirken die HAA in Gegenwart von Leber-S9-Mix stark mutagen [160, 170]. Auch wenn reaktive Nitreniumionen der HAA nicht enzymatisch, sondern photochemisch erzeugt werden, bestätigt sich ihre starke Wirksamkeit in Säugerzellen, z.B. bei der Bindung an Desoxyguanosinphosphat, Induktion von HPRT-Genmutationen und Schwesterchromatidaustausch [72, 163, 168].

Zahlreiche Veränderungen an DNA und andere genotoxische Effekte, wie z. B. HAA-DNA-Addukte, DNA-Strangbrüche, Genmutationen, Chromosomenaberrationen, Mikrokerne, Schwesterchromatidaustausch wurden durch HAA induziert. Übersichten über diese Untersuchungen finden sich bei [2, 28, 108]. Insgesamt kann kein Zweifel daran bestehen, dass die HAA auch in Säugerzellen stark genotoxisch wirken können.

Mutagenitätsuntersuchungen *in vivo* zeichnen ein weniger klares Bild. IQ wirkt bei der Fruchtfliege *Drosophila melanogaster* stark mutagen [44], erzeugt aber in Knochenmarkszellen von Mäusen keine Chromosomenaberrationen [89] und keine Mikrokerne, die ein Zeichen von Chromosomenaberrationen sind [167]. Ebenso war im Knochenmark und in Blutzellen von Mäusen nach bis zu 6-monatiger Fütterung mit MeIQx-haltigem Futter keine Zunahme von Zellen mit abnormalen Chromosomen und mit Mikrokernen zu sehen, jedoch eine leichte Zunahme von Zellen mit Schwesterchromatidaustauschen [11]. Auch PhIP induzierte bei hohen Dosierungen bis 100 mg/kg Körpergewicht im Knochenmark keine Chromosomenaberrationen, aber Schwesterchromatidaustausche [146].

Dagegen wurden mit dem „Comet-Assay", einem Elektrophoresetest an Einzelzellen, DNA-Schädigungen durch IQ, MeIQ, MeIQx und PhIP an Zellen von Magen, Leber, Niere, Lunge und Hirn von Mäusen nachgewiesen; im Knochenmark dagegen war keines der HAA wirksam [117]. PhIP (oral einmalig 20 mg/kg Körpergewicht) rief bei transgenen Mäusen (Muta^{TM}-Mouse) eine 5,9 fache Zunahme von Mutationen in einem lacZ-Reporter-Gen im Dickdarm hervor, eine 4,2 fache im Dünndarm, jedoch eine nur 1,6 fache in der Leber. In der Niere waren diese Mutationen nicht vermehrt. Bei niedrigeren Dosierungen von PhIP, 2,0 und 0,2 mg/kg Körpergewicht, war eine mutagene Wirkung nicht mehr feststellbar [82]. Dagegen wurden bei transgenen Ratten (Big Blue^{TM}) nach wiederholter Behandlung mit IQ (5-malig 20 mg/kg Körpergewicht) Mutationen hauptsächlich in der Leber vermehrt gefunden, weniger in Darm und Niere. Die genauere Mutationsanalyse ergab, dass in der Leber vor allem Basenpaaraustausch-Mutationen (GC-Transversionen) sowie Basenpaarverlust-Mutationen (-1 Deletionen) vorlagen [9]. Weitere Ergebnisse sind in Übersichtsartikeln zu finden [108, 119]. Die *in vivo* teilweise zum Ausdruck kommenden Unterschiede der Wirkungsstärken von HAA in verschiedenen Organismen und Organen sind im Zusammenhang mit ihrer Toxikokinetik und ihrem Wirkungsmechanismus zumindest teilweise erklärbar [108, 119].

18.6
Bewertung des Gefährdungspotentials

Die vorangehende Übersicht lässt keinen Zweifel daran, dass die hohen in den Tierversuchen eingesetzten Dosierungen der HAA kanzerogen wirken; Tumoren wurden bei Mäusen, Ratten und im Fall des IQ auch bei Affen beobachtet. Wesentlich für die Beurteilung der HAA als Kanzerogene ist auch, dass die Tumoren in zahlreichen Organen der Versuchstiere auftreten. Die kanzerogene

Wirkung hängt eng mit dem Metabolismus der HAA zusammen, der sowohl zu einer Inaktivierung (Entgiftung), als auch zu einer Aktivierung führen kann. Aktive Metaboliten reagieren mit DNA; die dabei entstehenden DNA-Addukte sind die direkte Ursache der mutagenen Wirkung, die in Mikroorganismen und in Säugern beobachtet wird.

Der Metabolismus der HAA beim Menschen stimmt in den Grundzügen mit dem bei Maus, Ratte und Affe überein. Bei Mensch und Tier wurden die gleichen DNA-Addukte nachgewiesen; die Anzahl der Addukte in einer bestimmten DNA-Menge hängt direkt mit der HAA-Dosis zusammen. Nach einer einmaligen relativ hohen Dosis betrug ihre Häufigkeit in menschlicher DNA ca. 30–500 in 10^{12} DNA-Basen. Mit der metabolischen Aktivierung und Bildung von DNA-Addukten sind somit zwei wesentliche Voraussetzungen der kanzerogenen Wirkung auch beim Menschen erfüllt. Daher ist anzunehmen, dass HAA prinzipiell auch beim Menschen kanzerogen wirken können. Die Internationale Agentur für Krebsforschung (IARC, International Agency for Research on Cancer) hat IQ als „probably carcinogenic to humans" und AaC, MeAaC, MeIQ, MeIQx und PhIP als „possibly carcinogenic to humans" eingestuft [56]. IQ, MeIQ, MeIQx und PhIP sind gemäß der derzeit neuesten, 11. Ausgabe des vom National Toxicology Program der USA herausgegebenen „Report on Carcinogens" „reasonably anticipated to be a human carcinogen".

Das tatsächliche Ausmaß der kanzerogenen Wirkung jedoch ist von der Dosis abhängig. Die durchschnittliche tägliche Aufnahme von MeIQx und PhIP zusammen beim Menschen liegt im Bereich von 0,1–2 µg. Dies entspricht ca. 0,0017–0,03 µg HAA/kg Körpergewicht. Dagegen erhielten die Mäuse ein Futter mit 0,06% MeIQx (s. Tab. 18.4) und nahmen täglich ca. 60 mg MeIQx/kg Körpergewicht auf. Dies ist 2–40 Millionen Mal mehr als die Tagesdosis des Menschen. Welches Risiko aus derartig kleinen HAA-Expositionen resultiert, kann durch Tierversuche nicht ermittelt werden, da das zu erwartende Krebsrisiko unmessbar klein ist. Auch die Messung der HAA-DNA-Addukte erlaubt keine quantitative Ableitung des Krebsrisikos, da zwischen den beiden keine einfache Beziehung besteht, d. h. Adduktähäufigkeiten nicht in Krebswahrscheinlichkeiten umgerechnet werden können.

Das Risiko für Darmkrebs wurde von Layton et al. [80] berechnet. Diese Autoren benutzen die aus den Tierversuchen abgeleitete kanzerogene Potenz der HAA und die Pro-Kopf-HAA-Aufnahmewerte unter US-Bedingungen. Die Rechnungen ergeben, dass maximal 0,25% der in USA auftretenden Darmkrebserkrankungen durch HAA verursacht sein können. Dieser geringe Anteil könnte durch übliche epidemiologische Untersuchungen nicht erkannt werden. Tatsächlich haben die epidemiologischen Untersuchungen bisher den Verdacht auf kanzerogene Wirkung von HAA teils unterstützt, teils zerstreut und insgesamt kein eindeutiges Bild ergeben. Der angesehene englische Epidemiologe Sir Richard Doll stellte 1996 mit Blick auf HAA und andere in sehr kleinen Mengen in der Nahrung enthaltene kanzerogene Stoffe wie z. B. polycyclische aromatische Kohlenwasserstoffe und Nitrosamine fest: „Die derzeit einzig sicheren Mittel, das Krebsrisiko durch Ernährungsmaßnahmen im Vereinigten

Königreich zu senken, sind die Restriktion der Verzehrsmengen, um Übergewicht zu vermeiden, und eine vermehrte Aufnahme von Obst und gelbem und
grünem Gemüse" [26]. Diese Aussage gilt gewiss ebenso in anderen Ländern
Europas, sie leugnet nicht die in Tierversuchen festgestellte kanzerogene Wirkung der HAA und anderer kanzerogener Spurenbestandteile der Nahrung, sie
ignoriert auch nicht die aus den Kenntnissen des HAA-Metabolismus beim
Menschen abgeleiteten Folgerungen; aber sie relativiert ihre Wertigkeit unter
den Bedingungen der Exposition des Menschen.

Auch wenn der Beitrag der HAA zum gesamten Krebsrisiko wahrscheinlich
sehr gering ist, sollten trotzdem die Möglichkeiten der Prävention, vor allem
durch geeignete Kochverfahren, genutzt werden. Zudem sollten die Kenntnisse
von Begleitfaktoren, die die Wirkung der HAA verstärken oder abschwächen,
wie z.B. Enzympolymorphismen und in der Nahrung enthaltene Schutzstoffe,
in Zukunft verbessert werden. Es sollte auch möglich sein, Individuen zu identifizieren, deren Risiko niedriger oder höher ist als das der Durchschnittsbevölkerung. Unter diesen Umständen wäre es auch denkbar, das von den HAA ausgehende Risiko in Zahlenwerten anzugeben.

18.7
Grenzwerte, Richtwerte, Empfehlungen

Quantitative Daten zur Risikoabschätzung für einzelne HAA wie Angaben zur
kanzerogenen Wirkpotenz, wie z.B. zum unit risk, liegen bisher nicht vor. Weiter liegen keine Grenz- oder Richtwerte zur Aufnahme von HAA vor. Dies findet seine Begründung zum einen darin, dass die HAA zur Gruppe der genotoxischen Kanzerogene zählen, für die sich toxikologisch begründete Grenzwerte
nicht angeben lassen. Zum anderen ist eine Einhaltung oder gar Kontrolle dieser Werte aufgrund der nahezu ubiquitären Entstehung der HAA, großenteils
in Haushalten, nicht möglich. Empfehlungen zur Prävention gibt Abschnitt
18.8.

18.8
Vorsorgemaßnahmen

Präventionsversuche zielen einerseits auf die Hemmung der Entstehung, andererseits auf die Hemmung der toxischen Wirkung der HAA. Am wirksamsten
ist zweifellos die Prävention der HAA-Bildung durch Vermeidung starker Bräunung beim Braten, Backen, Rösten und Grillen entsprechender Gerichte. Aber
auch eine 1–3-minütige Mikrowellen-Vorbehandlung von Hackfleisch-"patties"
soll die HAA-Bildung beim anschließenden Braten stark hemmen, weil beim
ersten Schritt HAA-Vorläufersubstanzen mit dem Fleischsaft austreten [32].
Durch eine Marinade aus Zucker, Olivenöl, Essig, Gewürzen und Salz wurde

die Bildung von PhIP in Grillhähnchen stark vermindert, gleichzeitig wurde jedoch die Bildung von MeIQx verstärkt [116].

Zahlreiche Zusatzstoffe können in Modellsystemen oder in Frikadellen die HAA-Bildung hemmen [100], vermutlich durch eine Beeinflussung der komplexen Maillard-Reaktionen. Solche Wirkungen wurden von Stoffen oder Gemischen mit antioxidativen Eigenschaften wie zum Beispiel phenolischen Pflanzeninhaltsstoffen berichtet, speziell von Extrakten aus grünem und schwarzem Tee und Polyphenolen daraus [100, 162], Rosmarinöl und Vitamin E [6] oder Kirschenmus [12]. Die Hemmwirkung von Zwiebeln beruht wahrscheinlich auf ihrem Zuckergehalt [71]; auch ein Zusatz von Glucose, Lactose oder Milchpulver zu Frikadellen hemmte merklich die Bildung mutagener HAA beim Braten [127]. Die Wirkung von Knoblauch könnte von seinem Gehalt an flüchtigen Schwefelverbindungen herrühren [121].

Die Anwendung derartiger Hemmstoffe in der Küchenpraxis erscheint allerdings noch fraglich im Licht von Ergebnissen, wonach Zusatzstoffe zwar ein HAA vermindert, ein anderes aber vermehrt entstehen lassen können [100].

Ein zweiter Ansatz zur Prävention zielt darauf, die toxischen Wirkungen der HAA zu reduzieren, indem man Enzymaktivitäten hemmt, die für die metabolische Aktivierung und damit für die Toxizität der HAA verantwortlich sind, oder indem man Enzymaktivitäten steigert, die die HAA inaktivieren (s. hierzu Abschn. 18.4). Viele Substanzen pflanzlicher Herkunft hemmen zumindest *in vitro* nachweisbar den ersten Schritt der metabolischen Aktivierung der HAA, die *N*-Oxidation der Aminogruppe [27]. Auch in Tierversuchen wurden Wirkungen von HAA gesenkt. Ratten, die anstatt Trinkwasser starken Schwarztee erhielten, hatten nach einer PhIP-Behandlung weniger DNA-Schäden in Zellen des Dickdarms als solche, die reines Trinkwasser erhielten. Diese Wirkung beruht vermutlich auf der Induktion von Glutathion-*S*-transferase [55]. CLA (konjugierte Linolsäuren), eine Gruppe ungesättigter Fettsäuren aus Rinderfett und Milz, hemmten die DNA-Schäden durch PhIP im Darm von Ratten, aber sie erhöhten die durch IQ; in der Leber waren die HAA-Schäden durch CLA nicht verändert. Offensichtlich ist die Wirkung der CLA in verschiedenen Organen und gegen verschiedene HAA unterschiedlich, die Wirkungsweise ist nicht geklärt [65]. Ferner konnten Milchsäurebakterien bei Ratten die Bildung von DNA-Schäden nach einer HAA-Behandlung vermindern [174]. Die Untersuchungen zur Modulation der HAA-Wirkungen sind zusammenfassend dargestellt worden [119, 157]. Bei den meisten dieser Untersuchungen wurden hohe Dosen der HAA sowie der Hemmstoffe eingesetzt. Da auch mit unerwünschten Nebenwirkungen von Hemmstoffen gerechnet werden muss, wären Empfehlungen für den gezielten Einsatz von Hemmstoffen im Alltag als „HAA-Antidot" verfrüht. Es ist jedoch denkbar, dass auch schon gewöhnliche Bestandteile einer normalen „gemischten Kost" Wirkungen der HAA hemmen können.

18.9
Zusammenfassung

Die vorangehende Übersicht zeigt deutlich, dass die hohen in den Tierversuchen eingesetzten Dosierungen der HAA kanzerogen wirken. Die kanzerogene Wirkung hängt eng mit dem Metabolismus der HAA zusammen, der sowohl zu einer Inaktivierung (Entgiftung) als auch zu einer Aktivierung führen kann. Es ist anzunehmen, dass HAA prinzipiell auch beim Menschen kanzerogen wirken können. Das tatsächliche Ausmaß der Wirkung jedoch ist von der Dosis abhängig. Die durchschnittliche tägliche Aufnahme von MeIQx und PhIP zusammen liegt beim Menschen im Bereich von 0,1–2 µg. Im Tierversuch führten, bezogen auf das Körpergewicht, 2–40 Millionen Mal höhere Tagesdosen zu Tumoren. Welches Risiko aus den geringen HAA-Expositionen des Menschen resultiert, kann durch Tierversuche auch nicht näherungsweise ermittelt werden, da das zu erwartende Krebsrisiko unmessbar klein ist. Das Risiko für Darmkrebs wurde von Layton et al. [80] rechnerisch geschätzt. Diese Autoren benutzen die aus den Tierversuchen abgeleitete kanzerogene Potenz der HAA und die Pro-Kopf-HAA-Aufnahmewerte unter US-Bedingungen. Die Rechnungen ergeben, dass maximal 0,25% der in USA auftretenden Darmkrebserkrankungen durch HAA verursacht sein können. Dieser geringe Anteil könnte durch übliche epidemiologische Untersuchungen nicht erkannt werden. Tatsächlich haben die epidemiologischen Untersuchungen bisher den Verdacht auf kanzerogene Wirkung von HAA teils unterstützt, teils zerstreut und insgesamt kein eindeutiges Bild ergeben. Diese Ergebnisse widersprechen nicht der in Tierversuchen festgestellten kanzerogenen Wirkung der HAA; sie zeigen aber die entscheidende Bedeutung der Dosis und relativieren die Ergebnisse des Tierversuchs für die Bedingungen der Exposition des Menschen.

Auch wenn der Beitrag der HAA zum gesamten Krebsrisiko wahrscheinlich sehr gering ist, sollten trotzdem die Möglichkeiten der Prävention, vor allem durch geeignete Kochverfahren, genutzt werden. Zudem sollten die Kenntnisse von Begleitfaktoren, die die Wirkung der HAA verstärken oder abschwächen, wie z. B. Enzympolymorphismen und in der Nahrung enthaltene Schutzstoffe in Zukunft verbessert werden.

18.10
Literatur

1 Adamson RH, Takayama S, Sugimura T, Thorgeirsson UP (1994) Induction of hepatocellular carcinoma in nonhuman primates by the food mutagen 2-amino-3-methylimidazo[4,5-*f*]quinoline, *Environmental Health Perspectives* **102**: 190–193.

2 Aeschbacher HU, Turesky RJ (1991) Mammalian cell mutagenicity and metabolism of heterocyclic aromatic amines, *Mutation Research* **259**: 235–250.

3 Ambrosone CB, Freudenheim JL, Sinha R, Graham S, Marshall JR, Vena JE, Laughlin R, Nemoto T, Shields PG (1998) Breast cancer risk, meat consumption and *N*-acetyltransferase (NAT2) genetic polymorphisms, *International Journal of Cancer* **75**: 825–830.

4 Augustsson K, Skog K, Jägerstad M, Dickman PW, Steineck G (1999) Dietary heterocyclic amines and cancer of the colon, rectum, bladder, and kidney: a population based study, *Lancet* **353**, 703–707.

5 Augustsson K, Skog K, Jägerstad M, Steineck G (1997) Assessment of the human exposure to heterocyclic amines, *Carcinogenesis* **18**: 1931–1935.

6 Balogh Z, Gray JI, Gomaa EA, Booren AM (2000) Formation and inhibition of heterocyclic aromatic amines in fried ground beef patties, *Food and Chemical Toxicology* **38**: 395–401.

7 Barrett JH, Smith G, Waxman R, Gooderham N, Lightfoot T, Garner RC, Augustsson K, Wolf CR, Bishop DT, Forman D (2003) Investigation of interaction between *N*-acetyltransferase 2 and heterocyclic amines as potential risk factors for colorectal cancer, *Carcinogenesis* **24**: 275–282.

8 Berg I, Övervik E, Gustafsson J-A (1990) Effect of cooking time on mutagen formation in smoke, crust and pan-residue from pan-broiled pork, *Food and Chemical Toxicology* **28**: 421–426.

9 Bol SAM, Horlbeck J, Markovic J, deBoer JG, Turesky RJ, Constable A (2000) Mutational analysis of the liver, colon and kidney of Big Blue^R rats treated with 2-amino-3-methylimidazo[4,5-*f*]-quinoline, *Carcinogenesis* **21**: 1–6.

10 Boobis AR, Lynch AM, Murray S, de la Torre R, Solans A, Farre M, Segura J, Gooderham NJ, Davies DS (1994) CYP1A2-catalyzed conversion of dietary heterocyclic amines to their proximate carcinogens is their major route of metabolism in humans, *Cancer Research* **54**: 89–94.

11 Breneman JW, Briner JF, Ramsey MJ, Director A, Tucker JD (1996) Cytogenetic results from a chronic feeding study of MeIQx in mice, *Food and Chemical Toxicology* **34**: 717–724.

12 Britt C, Gomaa EA, Gray JI, Booren AM (1998) Influence of cherry tissue on lipid oxidation and heterocyclic aromatic amine formation in ground beef patties, *Journal of Agricultural and Food Chemistry* **46**: 4891–4897.

13 Brockstedt U, Pfau W (1998) Formation of 2-amino–carbolines in pan-fried poultry and ^32P-postlabelling analysis of DNA adducts, *Zeitschrift für Lebensmitteluntersuchung und -forschung* A **207**: 472–476.

14 Bross Ch, Springer S, Sontag G (1997) Determination of 2-amino-1-methyl-6-phenylimidazo[4,5-*b*]pyridine in a cigarette smoke condensate by HPLC with an electrode array detector, *Deutsche Lebensmittel-Rundschau* **93**: 384–386.

15 Butler LM, Sinha R, Millikan RC, Martin CF, Newman B, Gammon MD, Ammerman AS, Sandler RS (2003) Heterocyclic amines, meat intake, and association with colon cancer in a population-based study, *Am J Epidemiol* **157**: 434–445.

16 Colvin ME, Hatch FT, Felton JS (1998) Chemical and biological factors affecting mutagen potency, *Mutation Research* **400**: 479–492.

17 Davies JE, Chipman JK, Cooke MA (1993) Mutagen formation in beefburgers processed by frying or microwave with use of flavoring and browning agents, *Journal of Food Science* **58**: 1216–1223.

18 Davis CD, Schut HAJ, Adamson RH, Thorgeirsson UO, Thorgeirsson SS, Snyderwine ES (1993) Mutagenic activation of IQ, PhIP and MeIQx by hepatic microsomes from rat, monkey and man: low mutagenic activation of MeIQx in cynomolgus monkeys *in vitro* reflects low DNA adduct levels *in vivo*, *Carcinogenesis* **14**: 61–65.

19 Delfino RJ, Sinha R, Smith C, West J, Lin HJ, Liao SY, Gim JS, Ma HL, Butler J, Anton-Culver H (2000) Breast cancer, heterocyclic aromatic amines from meat and *N*-acetyltransferase 2 genotype, *Carcinogenesis* **21**: 607–615.

20 deMeester C (1995) Genotoxic potential of β-carbolines – a review, *Mutation Research* **339**: 139–153.

21 deMeester C (1998) Chemical analysis of heterocyclic aromatic amines: the results of two European projects compared, *Zeitschrift für Lebensmitteluntersuchung und -forschung* **207**: 441–447.

22 Deneo-Pellegrini H, DeStefani E, Ronco A, Mendilaharsu M, Carzoglio JC (1996)

Meat consumption and risk of lung cancer; a case-control study from Uruguay, *Lung Cancer* **14**: 195–205.

23 DeStefani E, Deneo-Pellegrini H, Mendilaharsu M, Ronco A (1997) Meat intake, heterocyclic amines and risk of colorectal cancer – A case-control study in Uruguay, *International Journal of Oncology* **10**: 573–580.

24 DeStefani E, Ronco A, Mendilaharsu M, Guidobono M, Deneo-Pellegrini H (1997) Meat intake, heterocyclic amines and risk of breast cancer – A case-control study in Uruguay, *Cancer Epidemiology, Biomarkers & Prevention* **6**: 573–581.

25 Dingley KH, Curtis KD, Nowell S, Felton JS, Lang NP, Turteltaub KW (1999) DNA and protein adduct formation in the colon and blood of humans after exposure to a dietary-relevant dose of 2-amino-1-methyl-6-phenylimidazo[4,5-*b*]pyridine, *Cancer Epidemiology, Biomarkers & Prevention* **8**: 507–512.

26 Doll R (1996) Nature and nurture: possibilities for cancer control, *Carcinogenesis* **17**: 177–184.

27 Edenharder R, Speth C, Decker M, Platt KL (1998) The inhibition by naphthoquinones and anthraquinones of 2-amino-3-methylimidazo[4,5-*f*]quinoline metabolic activation to a mutagen: a structure-activity relationship study, *Zeitschrift für Lebensmitteluntersuchung und -forschung* A **207**: 464–471.

28 Eisenbrand G, Tang W (1993) Food-borne heterocyclic amines. Chemistry, formation, occurrence and biological activities. A literature review, *Toxicology* **84**: 1–82.

29 Esumi H, Ohgaki H, Kohzen E, Takayama S, Sugimura T (1989) Induction of lymphoma in CDF1 mice by the food mutagen, 2-amino-1-methyl-6-phenylimidazo[4,5-*b*]pyridine, *Japanese Journal of Cancer Research* **80**: 1176–1178.

30 Fang M, Edwards RJ, Bartlet-Jones M, Taylor GW, Murray S, Boobis AR (2004) Urinary N2-(2′-deoxyguanosin-8-yl)PhIP as a biomarker for PhIP exposure, *Carcinogenesis* **25**: 1063–1062.

31 Felton JS, Knize MG (1990) Heterocyclic Amine Mutagens/Carcinogens, in: Cooper CS & Grover PL (Hrsg) Handbook of Experimental Pharmacology, vol 94/I, Springer, Berlin, 471–502.

32 Felton JS, Fultz E, Dolbeare FA, Knize MG (1994) Effect of microwave pretreatment on heterocyclic aromatic amine mutagens/carcinogens in fried beef patties, *Food and Chemical Toxicology* **32**: 897–903.

33 Felton JS, Pais P, Salmon CP, Knize MG (1998) Chemical analysis and significance of heterocyclic aromatic amines, *Zeitschrift für Lebensmitteluntersuchung und -forschung* A **207**: 434–440.

34 Ford GP, Griffin GR (1992) Relative stabilities of nitrenium ions derived from heterocyclic amine food carcinogens: relationship to mutagenicity, *Chemico-Biological Interactions* **81**: 19–33.

35 Frederiksen H, Frandsen H (2004) Identification of metabolites in urine and feces from rats dosed with the heterocyclic amine, 2-amino-3-methyl-9H-pyrido[2,3-*b*]indole (MeA*a*C), *Drug Metab Dispos* **32**: 661–665.

36 Frederiksen H, Frandsen H (2004) Excretion of metabolites in urine and feces from rats dosed with the heterocyclic amine, 2-amino-9H-pyrido[2,3-*b*]indole (A*a*C), *Food and Chemical Toxicology* **42**: 879–885.

37 Friesen MD, Garren L, Bereziat J-C, Kadlubar FF, Dongxin Lin (1993) Gas chromatography-mass spectrometry analysis of 2-amino-1-methyl-6-phenylimidazo[4,5-*b*]pyridine in urine and feces, *Environmental Health Perspectives* **99**: 179–181.

38 Friesen MD, Kaderlik K, Lin D, Garren L, Bartsch H, Lang NP, Kadlubar FF (1994) Analysis of DNA adducts of 2-amino-1-methyl-6-phenylimidazo[4,5-*b*]pyridine in rat and human tissues by alkaline hydrolysis and gas chromatography/electron capture mass spectrometry: validation by comparison with ^{32}P-postlabeling, *Chemical Research in Toxicology* **7**: 733–739.

39 Gerhardsson de Verdier M, Hagman U, Peters KK, Steineck G, Övervik E (1991) Meat, cooking methods and colorectal cancer: a case-referent study in Stockholm, *International Journal of Cancer* **49**: 520–525.

40 Gertig DM, Hankinson SE, Hough H, Spiegelman D, Colditz GA, Willett WC, Kelsey KT, Hunter DJ (1999) *N*-Acetyl-transferase 2 genotypes, meat intake and breast cancer risk, *International Journal of Cancer* **80**: 13–17.

41 Glatt H, Pabel U, Meinl W, Frederiksen H, Frandsen H, Muckel E (2004) Bio-activation of the heterocyclic aromatic amine 2-amino-3-methyl-9H-pyrido-[2,3-*b*]indole (MeA*a*C) in recombinant test systems expressing human xenobio-tic-metabolizing enzymes, *Carcinogenesis* **25**: 801–807.

42 Gooderham NJ, Murray S, Lynch AM, Yadollahi-Farsani M, Zhao K, Rich K, Boobis AR, Davies DS (1997) Assessing human risk to heterocyclic amines, *Mutation Research* **376**: 53–60.

43 Gorlewska-Roberts K, Green B, Fares M, Ambrosone CB, Kadlubar FF (2002) Carcinogen-DNA adducts in human breast epithelial cells, *Environ Mol Mutagenesis* **39**: 184–192.

44 Graf U, Wild D, Würgler FE (1992) Genotoxicity of 2-amino-3-methylimida-zo[4,5-*f*]quinoline (IQ) and related compounds in Drosophila, *Mutagenesis* **7**: 145–149.

45 Grant DM, Hughes NC, Janezic SA, GH Goodfellow, Chen HJ, Gaedigk A, Yu VL, Grewal R (1997) Human acetyltransfera-se polymorphisms, *Mutation Research* **376**: 61–70.

46 Grivas S, Jägerstad M (1984) Mutagenici-ty of some synthetic quinolines and quinoxalines related to IQ, MeIQ or MeIQx in Ames test, *Mutation Research* **137**: 29–32.

47 Gross GA (1990) Simple methods for quantifying mutagenic heterocyclic aro-matic amines in food products, *Carcino-genesis* **11**: 1597–1603.

48 Gross GA, Grüter A (1992) Quantitation of mutagenic/carcinogenic heterocyclic aromatic amines in food products, *Jour-nal of Chromatography* **592**: 271–278.

49 Gross GA, Grüter A, Heyland S (1992) Optimization of the sensitivity of high-performance liquid chromatography in the detection of heterocyclic aromatic amine mutagens, *Food and Chemical To-xicology* **30**: 491–498.

50 Gross GA, Turesky RJ, Fay LB, Stillwell WG, Skipper P, Tannenbaum SR (1993) Heterocyclic aromatic amine formation in grilled bacon, beef and fish and in grill scrapings, *Carcinogenesis* **14**: 2313–2318.

51 Guy PA, Gremaud E, Richoz J, Turesky (2000) Quantitative analysis of mutage-nic heterocyclic aromatic amines in cooked meat using liquid chromatogra-phy-atmospheric pressure chemical ioni-sation tandem mass spectrometry, *Jour-nal of Chromatography A*, **883**: 89–102.

52 Hegstad S, Ingebrigtsen K, Reistad R, Paulsen JE, Alexander J (2000) Incorpo-ration of the food mutagen 2-amino-1-methyl-6-phenylimidazo[4,5-*b*]pyridine (PhIP) into hair of mice, *Biomarkers* **5**: 24–32.

53 Hegstad S, Lundanes E, Reistad R, Haug LS, Becher G, Alexander J (2000) Deter-mination of the food carcinogen 2-ami-no-1-methyl-6-phenylimidazo[4,5-*b*]pyridi-ne (PhIP) in human hair by solid-phase extraction and gas chromatography-mass spectrometry, *Chromatographia* **52**: 499–504.

54 Hein DW (2000) *N*-acetyltransferase ge-netics and their role in predisposition to aromatic and heterocyclic amine-induced carcinogenesis, *Toxicology Letters* **112–113**: 349–356.

55 Huber WW, McDaniel LP, Kaderlik KR, Teitel CD, Lang NP, Kadlubar FF (1997) Chemoprotection against the formation of colon DNA adducts from the food-bor-ne carcinogen 2-amino-1-methyl-6-pheny-limidazo[4,5-*b*]pyridine (PhIP) in the rat, *Mutation Research* **376**: 115–122.

56 IARC (International Agency for Research on Cancer) (1993) IARC Monographs on the Evaluation of Carcinogenic Risks to Humans, vol 56, IQ, MeIQ, MeIQx, PhIP, 165–242, IARC, Lyon, Frankreich.

57 Ikeda Y, Takahashi S, Kimura J, Cho YM, Imaida K, Shirai S, Shirai T (1999) Anophthalmia in litters of female rats treated with the food-derived carcinogen, 2-amino-1-methyl-6-phenylimidazo[4,5-*b*]pyridine, *Toxicological Pathology* **27**: 628–631.

58 Imaida K, Hagiwara A, Yada H, Masui T, Hasegawa R, Hirose M, Sugimura T, Ito

N, Shirai T (1996) Dose-dependent induction of mammary carcinomas in female Sprague-Dawley rats with 2-amino-1-methyl-6-phenylimidazo[4,5-*b*]pyridine, *Japanese Journal of Cancer Research* **87**: 1116–1120.

59 Ito N, Hasegawa R, Sano M, Tamano S, Esumi H, Takayama S, Sugimura T (1991) A new colon and mammary carcinogen in cooked food, 2-amino-1-methyl-6-phenylimidazo[4,5-*b*]pyridine (PhIP), *Carcinogenesis* **12**: 1503–1506.

60 Jackson LS, Hargraves WA, Stroup WH, Diachenko GW (1994) Heterocyclic aromatic amine content of selected beef flavors, *Mutation Research* **320**: 113–124.

61 Jägerstad M, Skog K, Grivas S, Olsson K (1991) Formation of heterocyclic amines using model systems, *Mutation Research* **259**: 219–233.

62 Jägerstad M, Skog K, Arvidsson P, Solyakov A (1998) Chemistry, formation and occurrence of genotoxic heterocyclic amines identified in model systems and cooked foods, *Zeitschrift für Lebensmitteluntersuchung und -forschung A*, **207**: 419–427.

63 Johansson M, Jägerstad M (1994) Occurrence of mutagenic/carcinogenic heterocyclic amines in meat and fish products, including pan residues, prepared under domestic conditions, *Carcinogenesis* **15**: 1511–1518.

64 Johansson MAE, Fay LB, Gross GA, Olsson K, Jägerstad M (1995) Influence of amino acids on the formation of mutagenic/carcinogenic heterocyclic amines in a model system, *Carcinogenesis* **16**: 2553–2560.

65 Josyula S, Schut HA (1998) Effects of dietary conjugated linoleic acid on DNA adduct formation of PhIP and IQ after bolus administration to female F344 rats, *Nutrition and Cancer* **32**: 139–145.

66 Kadlubar FF (1994) Biochemical individuality and its implications for drug and carcinogen metabolism: recent insights from acetyltransferase and cytochrome P4501A2 phenotyping and genotyping in humans, *Drug Metabolism Reviews* **26**: 37–46.

67 Kaiser G, Harnasch D, King MT, Wild D (1986) Chemical structure and mutage-

nic activity of aminoimidazoquinolines and aminonaphthimidazoles related to IQ (2-amino-3-methylimidazo[4,5-*f*]quinoline), *Chemico-Biological Interactions* **57**: 97–106.

68 Kasai H, Nishimura S, Wakabayashi K, Nagao M, Sugimura T (1980) Chemical synthesis of 2-amino-3-methylimidazo[4,5-*f*]quinoline, a potent mutagen isolated from broiled fish, *Proceedings of the Japanese Academy* **56 (B)**: 382–384.

69 Kato T, Ohgaki H, Hasegawa H, Sato S, Takayama S, Sugimura T (1988) Carcinogenicity in rats of a mutagenic compound, 2-amino-3,8-dimethylimidazo[4,5-*f*]quinoxaline, *Carcinogenesis* **9**: 71–73.

70 Kato T, Migita H, Ohgaki H, Sato S, Takayama S, Sugimura T (1989) Induction of tumors in the Zymbal gland, oral cavity, colon, skin and mammary gland of F344 rats by a mutagenic compound, 2-amino-3,4-dimethylimidazo[4,5-*f*]quinoline, *Carcinogenesis* **10**: 601–603.

71 Kato T, Michikoshi K, Minowa Y, Maeda Y, Kikugawa K (1998) Mutagenicity of hamburger is reduced by addition of onion to ground beef, *Mutation Research* **420**: 109–114.

72 Kerdar RS, Dehner D, Wild D (1993) Reactivity and genotoxicity of arylnitrenium ions in bacterial and mammalian cells, *Toxicology Letters* **67**: 73–85.

73 Knize MG, Sinha R, Rothman N, Brown ED, Salmon CP, Levander OA, Cunningham PL, Felton JS (1995) Heterocyclic amine content in fast-food meat products, *Food and Chemical Toxicology* **33**: 545–551.

74 Knize MG, Kulp KS, Malfatti MA, Salmon CP, Felton JS (2001) Liquid chromatography-tandem mass spectrometry method of urine analysis for determining human variation in carcinogen metabolism, *Journal of Chromatography A*, **914**: 95–103.

75 Krach C, Sontag G (2000) Determination of some heterocyclic aromatic amines in soup cubes by ion-pair chromatography with colometric electrode array detection, *Anal Chim Acta* **417**: 77–83.

76 Lang NP, Butler MA, Massengill J, Lawson M, Stotts RC, Hauer-Jensen M, Kad-

lubar FF (1994) Rapid metabolic pheno-types for acetyltransferase and cytochro-me P4501A2 and putative exposure to food-borne heterocyclic amines increase the risk for colorectal cancer or polyps, *Cancer Epidemiology, Biomarkers & Prevention* **3**: 675–682.

77 Lang NP, Nowell S, Malfatti MA, Kulp KS, Knize MG, Davis C, Massengill J, Williams S, MacLeod S, Dingley KH, Felton JS, Turteltaub KW (1999) In vivo human metabolism of [2-14C]2-amino-1-methyl-6-phenylimidazo[4,5-b]pyridine (PhIP), *Cancer Letters* **143**: 135–138.

78 Langouet S, Welti DH, Kerriguy N, Fay LB, Huynh-BaT, Markovic J, Guengerich FP, Guillouzo A, Turesky RJ (2001) Me-tabolism of 2-amino-3,8-dimethylimida-zo[4,5-*f*]quinoxaline in human hepatocy-tes: 2-amino-3-methylimidazo[4,5-*f*]quino-xaline-8-carboxylic acid is a major detoxi-cation pathway catalyzed by cytochrome P450 1A2, *Chemical Research in Toxicolo-gy* **14**: 211–221.

79 Laser Reuterswärd A, Skog K, Jägerstad M (1987) Mutagenicity of pan-fried bovi-ne tissues in relation to their content of creatine, creatinine, monosaccharides and free amino acids, *Food and Chemical Toxicology* **25**: 755–762.

80 Layton DW, Bogen KT, Knize MG, Hatch FT, Johnson VM, Felton JS (1995) Can-cer risk of heterocyclic amines in cooked foods: an analysis and implications for research, *Carcinogenesis* **16**: 39–52.

81 Lightfoot TJ, Coxhead JM, Cupid BC, Ni-cholson S, Garner RC (2000) Analysis of DNA adducts by accelerator mass spect-rometry in human breast tissue after ad-ministration of 2-amino-1-methyl-6-phe-nylimidazo[4,5-b]pyridine and benzo[a]py-rene, *Mutation Research* **472**: 119–127.

82 Lynch AM, Gooderham NJ, Boobis AR (1996) Organ distinctive mutagenicity in Muta(TM) Mouse after short-term exposu-re to PhIP, *Mutagenesis* **11**: 505–509.

83 Lyon JL, Mahoney AW (1988) Fried foods and the risk of colon cancer, *Am J Epi-demiol* **128**: 1000–1006.

84 Malfatti MA, Kulp KS, Knize MG, Davis C, Massengill JP, Williams S, Nowell S, MacLeod S, Dingley KH, Turteltaub KW, Lang NP, Felton JS (1999) The identifica-tion of [2-(14)C]2-amino-1-methyl-6-phe-nylimidazo[4,5-*b*]pyridine metabolites in humans, *Carcinogenesis* **20**: 705–713.

85 Manabe S, Suzuki H, Wada O, Ueki A (1993) Detection of the carcinogen 2-amino-1-methyl-6-phenylimidazo[4,5-b]-pyridine (PhIP) in beer and wine, *Carci-nogenesis* **14**: 899–901.

86 Manabe S, Tohyama K, Wada O, Arama-ki T (1991) Detection of a carcinogen, 2-amino-1-methyl-6-phenylimidazo[4,5-*b*]-pyridine (PhIP) in cigarette smoke con-densate, *Carcinogenesis* **12**: 1945–1946.

87 Maron DM, Ames BN (1983) Revised methods for the Salmonella mutagenici-ty test, *Mutation Research* **113**: 173–215.

88 Mauthe RJ, Snyderwine EG, Ghoshal A, Freeman SP, Turteltaub KW (1998) Dis-tribution and metabolism of 2-amino-1-methyl-6-phenylimidazo[4,5-*b*]pyridine (PhIP) in female rats and their pups at dietary doses, *Carcinogenesis* **19**: 919–924.

89 Minkler JL, Carrano AV (1984) In vivo cytogenetic effects of the cooked-food re-lated mutagens Trp-P-2 and IQ in mouse bone marrow, *Mutation Research* **140**: 49–53.

90 Moonen HJ, Briede JJ, van Maanen JM, Kleinjans JC, de Kok TM (2002) Genera-tion of free radicals and induction of DNA adducts by activation of heterocy-clic aromatic amines via different meta-bolic pathways in vitro, *Molecular Carci-nogenesis* **35**: 196–203.

91 Morrison LD, Eling TR, Josephy PD (1993) Prostaglandin H synthase-depen-dent formation of the direct-acting muta-gen 2-nitro-3-methylimidazo[4,5-*f*]quinoli-ne (nitro-IQ) from IQ, *Mutation Research* **302**: 45–52.

92 Murkovic M, Friedrich M, Pfannhauser W (1997) Heterocyclic aromatic amines in fried poultry meat, *Zeitschrift für Le-bensmitteluntersuchung und -forschung A* **205**: 347–350.

93 Murray S, Gooderham NJ, Boobis AR, Davies DS (1989) Detection and measu-rement of MeIQx in human urine after ingestion of a cooked meat meal, *Carci-nogenesis* **10**: 763–765.

94 Murray S, Lynch AM, Knize MG, Goo-derham NJ (1993) Quantification of the carcinogens 2-amino-3,8-dimethyl- and

2-amino-3,4,8-trimethylimidazo[4,5-*f*]-quinoxaline and 2-amino-1-methyl-6-phenylimidazo[4,5-*b*]pyridine in food using a combined assay based on gas chromatography-negative ion mass spectrometry, *Journal of Chromatography* **616**: 211–219.

95 Muscat JE, Wynder EL (1994) The consumption of well-done red meat and the risk of colorectal cancer, *American Journal of Public Health* **84**: 856–858.

96 Norat T, Riboli E (2001) Meat consumption and colorectal cancer: a review of epidemiologic evidence, *Nutrition Reviews* **59**(2): 37–47.

97 Nowell S, Ratnasinghe DL, Ambrosone CB, Williams S, Teague-Ross T, Trimble L, Runnels G, Carrol A, Green B, Stone A, Johnson D, Greene G, Kadlubar FF, Lang NP (2004) Association of SULT1A1 phenotype and genotype with prostate cancer risk in African-Americans and Caucasians, *Cancer Epidemiology, Biomarkers & Prevention* **13**: 270–276.

98 Norrish AE, Ferguson LR, Knize MG, Felton JS, Sharpe SJ, Jackson RT (1999) Heterocyclic amine content of cooked meat and risk of prostate cancer, *Journal of the National Cancer Institute* **91**: 2038–2044.

99 Ogawa K, Tsuda H, Shirai T, Ogiso T, Wakabayashi K, Dalgard DW, Thorgeirsson UP, Thorgeirsson SS, Adamson RH, Sugimura T (1999) Lack of carcinogenicity of 2-amino-3-methylimidazo[4,5-*f*]quinoxaline (MeIQx) in cynomolgus monkeys, *Japanese Journal of Cancer Research* **90**: 622–628.

100 Oguri A, Suda M, Totsuka Y, Sugimura T, Wakabayashi K (1998) Inhibitory effects of antioxidants on formation of heterocyclic amines, *Mutation Research* **402**: 237–245.

101 Ohgaki H, Kusama K, Matsukura N, Morino K, Hasegawa H, Sato S, Takayama S, Sugimura T (1984) Carcinogenicity in mice of a mutagenic compound, 2-amino-3-methylimidazo[4,5-*f*]-quinoline, from broiled sardine, cooked beef and beef extract, *Carcinogenesis* **5**: 921–924.

102 Ohgaki H, Matsukura N, Morino K, Kawachi T, Sugimura T, Takayama S (1984) Carcinogenicity in mice of mutagenic compounds from glutamic acid and soy bean globulin pyrolysates, *Carcinogenesis* **5**: 815–819.

103 Ohgaki H, Hasegawa M, Kato T, Sato S, Takayama S, Sugimura T (1986) Induction of hepatocellular carcinoma and highly metastatic squamous cell carcinomas in the forestomach of mice by feeding 2-amino-3,4-dimethylimidazo[4,5-*f*]quinoline, *Carcinogenesis* **7**: 1889–1893.

104 Ohgaki H, Hasegawa H, Suenaga M, Sato S, Takayama S, Sugimura T (1987) Carcinogenicity in mice of a mutagenic compound, 2-amino-3,8-dimethylimidazo[4,5-*f*]quinoxaline (MeIQx) from cooked foods, *Carcinogenesis* **8**: 665–668.

105 Ohgaki H, Takayama S and Sugimura T (1991) Carcinogenicities of heterocyclic amines in cooked food, *Mutation Research* **259**: 399–410.

106 Pais P, Tanga MJ, Salmon CP, Knize MG (2000) Formation of the mutagen IFP in model systems and detection in restaurant meats, *Journal of Agricultural and Food Chemistry* **48**: 1721–1726.

107 Perfetti GA (1996) Determination of heterocyclic aromatic amines in process flavors by a modified liquid chromatography method, *Journal of AOAC International* **79**: 813–816.

108 Pfau W (2000) Heterocyclic aromatic amines: genotoxicity and DNA adduct formation, in: Carcinogenic and Anticarcinogenic Factors in Food, Eisenbrand G, Dayan AD, Elias PS, Grunow W, Schlatter J (Hrsg), Wiley-VCH, Weinheim, 138–168.

109 Probst-Hensch NM, Sinha R, Longnecker MP, Witte JS, Ingles SA, Fankl HD, Lee ER, Haile RW (1997) Meat preparation and colorectal adenomas in a large sigmoidoscopy based case-control study in California (United States), *Cancer Causes & Control* **8**: 175–183.

110 Richling E, Decker C, Häring D, Herderich M, Schreier P (1997) Analysis of heterocyclic aromatic amines (HAA) in wine by high performance liquid chromatography-electrospray tandem mass

spectrometry, *Journal of Chromatography A* **791**:71–77.

111 Richling E, Häring D, Herderich M, Schreier P (1998) Determination of heterocyclic aromatic amines (HAA) in commercially available meat products and fish by high performance liquid chromatography-electrospray tandem mass spectrometry (HPLC-ESI-MS-MS), *Chromatographia* **48**: 258–262.

112 Rohrmann S, Becker N (2002) Development of a short questionnaire to assess the dietary intake of heterocyclic amines, *Public Health Nutr* **5**: 699–705.

113 Ronco A, De Stefani E, Mendilaharsu M, Deneo- Pellegrini H (1996) Meat, fat and risk of breast-cancer: a case-control study from Uruguay, *International Journal of Cancer* **65**: 328–331.

114 Sabbioni G, Wild D (1992) Quantitative structure-activity relationships of mutagenic aromatic and heteroaromatic azides and amines, *Carcinogenesis* **13**: 709–713.

115 Sadrieh N, Davis CD, Snyderwine EG (1996) *N*-Acetyltransferase expression and metabolic activation of the food derived heterocyclic amines in the human mammary gland, *Cancer Research* **56**: 2683–2687.

116 Salmon CP, Knize MG, Felton JS (1997) Effects of marinating on heterocyclic amine carcinogen formation in grilled chicken, *Food and Chemical Toxicology* **35**: 433–441.

117 Sasaki YF, Saga A, Akasaka M, Nishidate E, Watanabe-Akanuma M, Ohta T, Matsusaka N, Tsuda S (1997) In vivo genotoxicity of heterocyclic amines detected by a modified alkaline single cell gel electrophoresis assay in a multiple organ study in the mouse, *Mutation Research* **395**: 57–73.

118 Schiffmann MH, Felton JS (1990) Re: „Fried foods and the risk of colon cancer", *American Journal of Epidemiology* **131**: 376–378.

119 Schut HAJ, Snyderwine EG (1999) DNA adducts of heterocyclic amine food mutagens: implications for mutagenesis and carcinogenesis, *Carcinogenesis* **20**: 353–368.

120 Schwarzenbach R, Gubler D (1992) Detection of heterocyclic aromatic amines in food flavours, *Journal of Chromatography* **624**: 491–495.

121 Shin IS, Rodgers WJ, Gomaa EA, Strasburg GM, Gray JI (2002) Inhibition of heterocyclic aromatic amine formation in fried ground beef patties by garlic and selected garlic-related sulfur compounds, *J Food Prot* **65**: 1766–1770.

122 Sinha R, Rothman N, Brown ED, Salmon CP, Knize MG, Swanson CA, Rossi SC, Mark SD, Levander OA, Felton JS (1995) High concentrations of the carcinogen 2-amino-1-methyl-6-phenylimidazo[4,5-*b*]pyridine (PhIP) occur in chicken but are dependent on the cooking method, *Cancer Research* **55**: 4516–4519.

123 Sinha R, Chow WH, Kulldorff M, Denobile M, Butler J, Garcia-Closas M, Weil R, Hoover RN, Rothman N (1999) Well-done, grilled red meat increases the risk of colorectal adenomas, *Cancer Research* **59**: 4320–4324.

124 Sinha R, Gustafsson DR, Kulldorff M, Wen WQ, Cerhan JR, Zheng W (2000) 2-Amino-1-methyl-6-phenylimidazo[4,5-*b*]pyridine, a carcinogen in high-temperature-cooked meat, and breast cancer risk, *Journal of the National Cancer Institute* **9**: 1352–1354.

125 Sinha R, Kulldorff M, Swanson CA, Curtin J, Brownson RC, Alavanja MCR (2000) Dietary heterocyclic amines and the risk of lung cancer among Missouri women, *Cancer Research* **60**: 3753–3756.

126 Sjödin P, Wallin H, Alexander J, Jägerstad M (1989) Disposition and metabolism of the food mutagen 2-amino-3,8-dimethylimidazo[4,5-f]quinoxaline (MeIQx) in rats, *Carcinogenesis* **10**: 1269–1275.

127 Skog KI, Jägerstad M, Reuterswärd AL (1992) Inhibitory effect of carbohydrates on the formation of mutagens in fried beef patties, *Food and Chemical Toxicology* **30**: 681–688.

128 Skog KI, Johansson MAE, Jägerstad MI (1998) Carcinogenic heterocyclic amines in model systems and cooked foods: a review on formation, occurren-

ce and intake, *Food and Chemical Toxicology* **36**: 879–896.

129 Snyderwine EG, Schut HA, Sugimura T, Nagao M, Adamson RH (1994) DNA adduct levels of 2-amino-1-methyl-6-phenylimidazo[4,5-*b*]pyridine (PhIP) in tissues of cynomolgus monkeys after single or multiple dosing, *Carcinogenesis* **15**: 2757–2761.

130 Snyderwine EG, Turesky RJ, Turteltaub KW, Davis CD, Sadrieh N, Schut HAJ, Nagao M, Sugimura T, Thorgeirsson UP, Adamson RH, Thorgeirsson SS (1997) Metabolism of food-derived heterocyclic amines in nonhuman primates, *Mutation Research* **376**: 203–210.

131 Snyderwine EG, Yu M, Schut HA, Knight-Jones L, Kimura S (2002) Effect of CYP1A2 deficiency on heterocyclic amine DNA adduct levels in mice. *Food and Chemical Toxicology* **40**: 1529–1533.

132 Spingarn NE, Kasai H, Vuolo LL, Nishimura S, Yamaizumi Z, Sugimura T, Matsushima T, Weisburger JH (1980) Formation of mutagens in cooked foods. III. Isolation of a potent mutagen from beef, *Cancer Letters* **9**: 177–183.

133 Stavric B (1994) Biological significance of trace levels of mutagenic heterocyclic aromatic amines in human diet: a critical review, *Food and Chemical Toxicology* **32**: 977–994.

134 Steinmann R, Fischer A (2000) Heterocyclische aromatische Amine (HAA) in Fleischkäse, *Fleischwirtschaft* **80**(5): 93–98.

135 Stillwell WG, Turesky RJ, Sinha R, Skipper PL, Tannenbaum SR (1999) Biomonitoring of heterocyclic aromatic amine metabolites in human urine, *Cancer Letters* **143**: 145–148.

136 Stillwell WG, Turesky RJ, Sinha R, Tannenbaum SR (1999) N-oxidative metabolism of 2-amino-3,8-dimethylimidazo[4,5-*f*]quinoxaline (MeIQx) in humans: excretion of the N2-glucuronide conjugate of 2-hydroxyamino-MeIQx in urine, *Cancer Research* **59**: 5154–5159.

137 Sugimura T (1985) Carcinogenicity of mutagenic heterocyclic amines formed

138 Sugimura T (1997) Overview of carcinogenic heterocyclic amines, *Mutation Research* **376**: 211–219.

139 Takahashi M, Wakabayashi K, Nagao M, Yamamoto M, Masui T, Goto T, Kinae N, Tomita I, Sugimura T (1985) Quantification of 2-amino-3-methylimidazo[4,5-*f*]quinoxaline (MeIQx) in beef extracts by liquid chromatography with electrochemical detection (LCEC), *Carcinogenesis* **6**: 1195–1199.

140 Takayama S, Nakatsuru Y, Masuda M, Ohgaki H, Sato S, Sugimura T (1984) Demonstration of carcinogenicity in F344 rats of 2-amino-3-methylimidazo[4,5-*f*]quinoline from broiled sardine, fried beef and beef extract, *Jpn J Cancer Research* **75**: 467–470.

141 Tamano S, Hasegawa R, Hagiwara A, Nagao M, Sugimura T, Ito N (1994) Carcinogenicity of a mutagenic compound from food, 2-amino-3-methyl-9H-pyrido[2,3-*b*]indole (MeA*a*C), in male F344 rats, *Carcinogenesis* **15**: 2009–2015.

142 Thompson LH, Tucker JD, Stewart SA, Christensen ML, Salazar EP, Carrano AV, Felton JS (1987) Genotoxicity of compounds from cooked beef in repair-deficient CHO cells versus Salmonella mutagenicity, *Mutagenesis* **2**: 483–487.

143 Tikkanen LM, Sauri TM, Latva-Kala KJ (1993) Screening of heat-processed finnish foods for the mutagens 2-amino-3,8-dimethylimidazo[4,5-*f*]quinoxaline, 2-amino-3,4,8-trimethylimidazo[4,5-*f*]quinoxaline and 2-amino-1-methyl-6-phenylimidazo[4,5-*b*]pyridine, *Food and Chemical Toxicology* **31**: 717–721.

144 Totsuka Y, Fukutome K, Takahashi M, Takahashi S, Tada A, Sugimura T, Wakabayashi K (1996) Presence of N²-(deoxyguanosin-8-yl)-2-amino-3,8-dimethylimidazo[4,5-*f*]quinoxaline (dG-C8-MeIQx) in human tissues, *Carcinogenesis* **17**: 1029–1034.

145 Totsuka Y, Hada N, Matsumoto K, Kawahara N, Murakami Y, Yokoyama Y, Sugimura T, Wakabayashi K (1998) Structural determination of a mutage-

nic aminophenylnorharman produced by the co-mutagen norharman with aniline, *Carcinogenesis* **19**: 1995–2000.

146 Tucker JD, Carrano AV, Allen NA, Christensen ML, Knize MG, Strout CL, Felton JS (1989) In vivo cytogenetic effects of cooked food mutagens, *Mutation Research* **224**: 105–113.

147 Turesky RJ, Stillwell SR, Skipper PL, Tannenbaum SR (1993) Metabolism of the food-borne carcinogen 2-amino-3-methylimidazo[4,5-*f*]quinoline and 2-amino-3,8-dimethylimidazo[4,5-*f*]quinoxaline in the rat as a model for human biomonitoring, *Environmental Health Perspectives* **99**: 123–128.

148 Turesky RJ, Gross GA, Stillwell SR, Skipper PL, Tannenbaum SR (1994) Species differences in metabolism of heterocyclic aromatic amines, human exposure, and biomonitoring, *Environmental Health Perspectives* **102** Suppl 6: 47–55.

149 Turesky RJ, Garner RC, Welti DH, Richoz J, Leveson SH, Dingley KH, Turteltaub KW, Fay LB (1998) Metabolism of the food-borne mutagen 2-amino-3,8-dimethylimidazo[4,5-*f*]quinoxaline in humans, *Chemical Research in Toxicology* **11**: 217–225.

150 Turesky RJ (2004) The role of genetic polymorphisms in metabolism of carcinogenic heterocyclic aromatic amines, *Curr Drug Metab* **5**: 169–180.

151 Turteltaub KW, Vogel JS, Frantz CE, Shen N (1992) Fate and distribution of 2-amino-1-methyl-6-phenylimidazo[4,5-*b*]pyridine in mice at a human dietary equivalent dose, *Cancer Research* **52**: 4682–4687.

152 Vanderlaan M, Watkins BE, Hwang M, Knize MG, Felton JS (1988) Monoclonal antibodies for the immunoassay of mutagenic compounds produced by cooking beef, *Carcinogenesis* **9**: 153–160.

153 Vanderlaan M, Hwang M, Djanegara T (1993) Immunoaffinity purification of dietary heterocyclic amine carcinogens, *Environmental Health Perspectives* **99**: 285–287.

154 van Dyck MMC, Rollmann B, de Meester C (1995) Quantitative estimation of heterocyclic aromatic amines by ion exchange chromatography and electrochemical detection, *Journal of Chromatography A* **697**: 377–382.

155 Vikse R, Hatch FT, Winter NW, Knize MG, Grivas S, Felton JS (1995) Structure-mutagenicity relationships of four amino-imidazonaphthyridines and imidazoquinolines, *Environmental and Molecular Mutagenesis* **26**: 79–85.

156 Vollenbröker M, Eichner K (2000) A new quick solid-phase extraction method for the quantification of heterocyclic aromatic amines, *European Food Research and Technology* **212**: 122–125.

157 Wakabayashi K, Sugimura T (1998) Heterocyclic amines formed in the diet: carcinogenicity and its modulation by dietary factors, *Journal of Nutritional Biochemistry* **9**: 604–612.

158 Wakabayashi K, Ushiyama H, Takahashi M, Nukaya H, Kim S-B, Hirose M, Ochiai M, Sugimura T, Nagao M (1993) Exposure to heterocyclic amines, *Environmental Health Perspectives* **99**: 129–133.

159 Ward MH, Sinha R, Heineman EF, Rothman N, Markin R, Weisenburger DD, Correa P, Zahm SH (1997) Risk of adenocarcinoma of the stomach and esophagus with meat cooking method and doneness preference, *International Journal of Cancer* **71**: 14–19.

160 Watanabe M, Matsuoka A, Yamazaki N, Hayashi M, Deguchi T, Nohmi T, Sofuni T (1994) New sublines of Chinese Hamster CHL stably expressing human NAT1 or NAT2 N-Acetyltransferases or *Salmonella typhimurium* O-Acetyltransferase: comparison of the sensitivity to nitroarenes and aromatic amines using the *in vitro* micronucleus test, *Cancer Research* **54**: 1672–1677.

161 Watkins BE, Esumi H, Wakabayashi K, Nagao M, Sugimura T (1991) Fate and distribution of 2-amino-1-methyl-6-phenylimidazo[4,5-*b*]pyridine (PhIP) in rats, *Carcinogenesis* **12**: 1073–1078.

162 Weisburger JH, Nagao M, Wakabayashi K, Oguri A (1994) Prevention of heterocyclic amine formation by tea and tea polyphenols, *Cancer Lett* **83**: 143–147.

163 Wild D (1992) Mutagenic activity of arylnitrenium ions from arylazides – Induction of sister chromatid exchange in mammalian (V79 Chinese Hamster) cells, *Chemico-Biological Interactions* **82**: 123–132.

164 Wild D (1995) Verbesserte mikrobiologische Bestimmung heterocyclischer aromatischer Amine in erhitzten Nahrungsmitteln, *Zeitschrift für Ernährungswissenschaften* **34**: 22–26.

165 Wild D, Degen GH (1987) Prostaglandin H synthase-dependent mutagenic activation of heterocyclic aromatic amines of the IQ-type, *Carcinogenesis* **8**: 541–545.

166 Wild D, Dirr A (1989) Mutagenic nitrenes/nitrenium ions from azido-imidazoarenes and their structure-activity relationships, *Mutagenesis* **4**: 446–452.

167 Wild D, Gocke E, Harnasch D, Kaiser G, King M-T (1985) Differential mutagenic activity of IQ (2-amino-3-methyl-imidazo[4,5-*f*]quinoline in *Salmonella typhimurium* strains in vitro and in vivo, in Drosophila, and in mice, *Mutation Research* **156**: 93–102.

168 Wild D, Kerdar RS (1998) The inherent genotoxic potency of food mutagens and other heterocyclic and carbocyclic aromatic amines and corresponding azides, *Zeitschrift für Lebensmitteluntersuchung und -forschung A* **207**: 428–433.

169 Wolz E, Pfau W, Degen GH (2000) Bioactivation of the food mutagen 2-amino-3-methylimidazo[4,5-*f*]quinoline (IQ) by prostaglandin-H synthase and by monooxygenases: DNA adduct analysis, *Food and Chemical Toxicology* **38**: 513–522.

170 Wu RW, Tucker JD, Sorensen KJ, Thompson LH, Felton JS (1997) Differential effect of acetyltransferase expression on the genotoxicity of heterocyclic amines in CHO cells, *Mutation Research* **390**: 93–103.

171 Yoshida D, Matsumoto T (1980) Amino-*a*-carbolines as mutagenic agents in cigarette smoke condensate, *Cancer Letters* **10**: 141–149.

172 Yoshida D, Matsumoto T, Yoshimura R, Matsuzaki T (1978) Mutagenicity of amino-*a*-carbolines in pyrolysis products of soybean globulin, *Biochemical and Biophysical Research Communications* **83**: 915–920.

173 Zheng W, Gustafson DR, Sinha R, Cerhan JR, Moore D, Hong CP, Anderson KE, Kushi LH, Sellers TA, Folsom AR (1998) Well-done meat intake and the risk of breast cancer, *Journal of the National Cancer Institute* **90**: 1724–1729.

174 Zsivkovits M, Fekadu K, Sontag G, Nabinger U, Huber WW, Kundi M, Chakraborty A, Foissy H, Knasmüller S (2003) Prevention of heterocyclic amine-induced DNA damage in colon and liver of rats by different lactobacillus strains, *Carcinogenesis* **24**: 1913–1918.

19
Polyhalogenierte Dibenzodioxine und -furane

Detlef Wölfle

19.1
Allgemeine Substanzbeschreibung

Polychlorierte Dibenzo-*para*-dioxine (PCDD) und Dibenzofurane (PCDF) tragen als weit verbreitete Umweltkontaminanten zu einer unerwünschten Belastung von Lebens- und Futtermitteln bei. Beiden Substanzgruppen liegt eine verwandte molekulare Struktur zugrunde (Abb. 19.1), die sich in ähnlicher Form auch in anderen Verbindungen aus der Klasse der polyhalogenierten aromatischen Kohlenwasserstoffe wiederfindet, insbesondere bei polychlorierten Biphenylen (PCB). Die physikalische, chemische und biochemische Stabilität der höher chlorierten Verbindungen trägt zu ihrer allgemeinen Verbreitung in der Umwelt bei. Aufgrund ihrer Persistenz und Lipophilie reichern sich diese Substanzen in aquatischen und terrestrischen Nahrungsketten sehr stark an. Wegen ihres Umweltverhaltens und ihrer Toxizität sind PCDD, PCDF und PCB – neben chlororganischen Pestiziden – durch eine internationale Konvention unter Federführung der UNEP (United Nations Environment Programme) als persistente organische Schadstoffe („Persistent Organic Pollutants, POPs") deklariert worden. Die Konvention, die im Mai 2004 in Kraft getreten ist, hat zum Ziel, die menschliche Gesundheit und die Umwelt durch Einschränkung oder Einstellung der Produktion, des Ex- und Imports sowie des Gebrauchs solcher Stoffe zu schützen [110]. Obwohl die Freisetzung von polychlorierten Dioxinen, Furanen und Biphenylen in die Umwelt schon seit Anfang der 1980er Jahre deutlich abgenommen hat, sind diese Substanzen noch immer für die Regulation und Überwachung von Lebens- und Futtermitteln von großer Bedeutung.

PCDD, PCDF und PCB sind seit Jahrzehnten Gegenstand intensiver Forschung, um durch Aufklärung ihrer Verbreitung, Toxizität und Wirkungsmechanismen gesundheitliche Risiken besser beschreiben und adäquate Maßnahmen zur Minimierung in der Umwelt und in den Lebensmitteln festlegen zu können. Tetrachlorierte Dioxine (als Verunreinigung von Trichlorphenol) wurden bereits 1957 in den grundlegenden Arbeiten von Kimmig und Schulz [55] als Ursache der Chlorakne von beruflich exponierten Chemiearbeitern beschrieben.

Handbuch der Lebensmitteltoxikologie. H. Dunkelberg, T. Gebel, A. Hartwig (Hrsg.)
Copyright © 2007 WILEY-VCH Verlag GmbH & Co. KGaA, Weinheim
ISBN: 978-3-527-31166-8

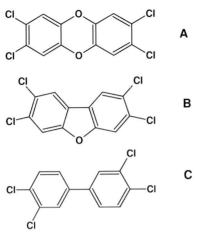

Abb. 19.1 Dioxinartige Modellverbindungen mit jeweils vier Chlorsubstituenten in lateraler Stellung: 2,3,7,8-Tetrachlordibenzo-*p*-dioxin (A), 2,3,7,8-Tetrachlordibenzofuran (B), 3,4,3′,4′-Tetrachlorbiphenyl (C).

Eine besondere Herausforderung stellte die Analytik von Dioxinen in Gewebe- und Umweltproben dar. Während in den 1960er Jahren Dioxine hauptsächlich über Gaschromatographie (GC) mit Elektroneneinfang-Detektion (ECD) nur im ppm-Bereich nachgewiesen werden konnten, werden seit den 1970er Jahren die Vorteile der Massenspektrometrie (MS) genutzt. Weiterhin wurden Probenaufarbeitung, Extraktion und matrixspezifische Clean-up-Methoden optimiert, um mit der Hilfe von GC-MS-Systemen eine Detektion im ppb-Bereich zu erreichen [49]. Die Bestimmung von PCDD- und PCDF-Kongeneren in Muttermilch erfolgt seit den 1980er Jahren nach Abtrennung von Fett und PCB mit hochauflösender GC gekoppelt mit hochauflösender MS im unteren ppt-Bereich [121]. Gesundheitliche Bewertungen für PCDD und PCDF liegen u. a. von der International Agency for Research on Cancer (IARC, 1997) [49], der Weltgesundheitsorganisation [120], dem Wissenschaftlichen Ausschuss für Lebensmittel der EU [95, 96] und dem WHO/FAO Joint Expert Committee on Food Additives (JECFA) [52] vor. Von der Europäischen Behörde für Lebensmittelsicherheit (EFSA) werden weitere Anstrengungen unternommen, um eine akzeptable tägliche Aufnahmemenge und noch ausstehenden Forschungsbedarf für PCDD, PCDF und dioxinartige PCB zu definieren [27].

Der Begriff „Dioxine" bezieht sich im Allgemeinen auf eine Gruppe von 210 Chlorverbindungen: 75 PCDD und 135 PCDF. Die einzelnen Kongenere dieser Gruppen zeichnen sich durch ein unterschiedliches Halogenierungsmuster an den aromatischen Ringen aus. Dampfdruck und Wasserlöslichkeit nehmen mit zunehmendem Chlorierungsgrad ab, während die Lipophilie zunimmt. Außer Chlor kommen auch andere Halogene, vor allem Brom, als Substitutionspartner infrage und führen zu Verbindungen mit ähnlichen Eigenschaften. 2,3,7,8-Tetrachlordibenzo-*p*-dioxin (TCDD) stellt den Prototyp für die Gruppe von poly-halogenierten Dioxinen, Furanen und dioxinartigen, co-planaren Biphenylen dar und gilt als die am stärksten toxische Verbindung der Chlorchemie (Abb. 19.1). Die toxische Potenz der Kongeneren variiert erheblich und ist abhängig von der Anzahl und Position der Chlorsubstituenten: Die 17 toxikologisch bedeutsamen Kongenere der PCDD und PCDF sind in 2,3,7,8-Stellung substituiert. Sie erzeugen in Versuchstieren ein charakteristisches Spektrum von biochemischen und toxischen Reaktionen. Dioxine und Furane mit weniger oder nicht lateralen (2,3,7,8-Stellung) Chlor- oder Bromsubstituenten sind deutlich weniger toxisch als 2,3,7,8-TCDD. Ein Rangschema für die toxische Potenz der Kongeneren im Vergleich zum 2,3,7,8-TCDD führte zum System der Toxizitätsäquivalenzfaktoren (TEF), wobei dem 2,3,7,8-TCDD der TEF-Wert 1 zugeordnet wird. Auch einigen dioxinartig wirkenden, polychlorierten Biphenylen (PCB) sind von der WHO TEF-Werte zugeordnet worden [112]. Dioxine treten in der Umwelt als hoch komplexe Gemische von Kongeneren auf oft zusammen mit anderen persistenten Chlorchemikalien. Um die aus vielen Kongeneren bestehende Dioxinbelastung von Lebensmitteln, Gewebe- oder Umweltproben mit einem Parameter zu erfassen, werden die gemessenen Kongenerkonzentrationen mit dem jeweiligen TEF multipliziert; die so erhaltenen Werte werden addiert und zu der so genannten Dioxinäquivalent-Konzentration (Gesamt-TEQ) zusammengefasst (Tab. 19.1). Die Berechnung erfolgt entweder auf der Grundlage der Internationalen TEF (I-TEF; ohne Berücksichtigung von PCB), die 1988 von einem wissenschaftlichen Gremium der NATO entwickelt wurden, oder nach dem WHO-Modell, das 1997 auf einem Expertentreffen der WHO festgelegt und 2005 einer Neubewertung (neue WHO-TEF: 1,2,3,7,8-PeCDD: 1,0; 1,2,3,7,8- PeCDF: 0,03; 2,3,4,7,8-PeCDF: 0,3; OCDD/F: 0,0003; WHO-TEF für *non-ortho* und *mono-rtho* substituierte PCB sind zusätzlich enthalten) unterzogen wurde [112]. Der Einschluss einer Substanz in das TEF-Konzept ist an folgende Bedingungen geknüpft:

- strukturelle Verwandtschaft mit 2,3,7,8-TCDD,
- Bindung an den Dioxinrezeptor (Ah-Rezeptor),
- Ah-Rezeptor vermittelte biochemische und toxische Wirkungen,
- Persistenz und Akkumulation in der Nahrungskette.

Die Gültigkeit des TEF-Konzepts beruht auf der Annahme der Additivität, die für viele biochemische und toxische Wirkungen von Dioxinkongeneren experimentell belegt wurde [27, 52, 95, 96, 112].

19.2
Vorkommen

Dioxine haben keine industrielle oder kommerzielle Verwendung. Sie entstehen bei thermischen Prozessen als unerwünschte Kontaminanten entweder durch natürliche Ereignisse (z. B. Waldbrände) oder durch industrielle Verfahren. In der Chlorchemie fielen sie vor allem als Verunreinigungen bei der Synthese

Tab. 19.1 PCDD/F-Gehalte in Muttermilchproben aus Deutschland (1995).

Kongener	I-TEF	pg/g Fett[a]	I-TEQ
2,3,7,8-TCDD	1	2,1	2,1
1,2,3,7,8-penta-CDD	0,5	5,7	2,9
1,2,3,4,7,8-hexa-CDD	0,1	4,8	0,5
1,2,3,6,7,8-hexa-CDD	0,1	21,8	2,18
1,2,3,7,8,9-hexa-CDD	0,1	2,9	0,3
1,2,3,4,6,7,8-hepta-CDD	0,01	21,9	0,2
1,2,3,4,6,7,8,9-octa-CDD	0,001	121,8	0,1
2,3,7,8-TCDF	0,1	0,6	0,06
1,2,3,7,8-penta-CDF	0,05	0,3	0,02
2,3,4,7,8-penta-CDF	0,5	13,5	6,8
1,2,3,4,7,8-hexa-CDF	0,1	4,9	0,5
1,2,3,6,7,8-hexa-CDF	0,1	3,7	0,4
2,3,4,6,7,8-hexa-CDF	0,1	1,7	0,2
1,2,3,4,6,7,8-hepta-CDF	0,01	2,8	0,03
1,2,3,4,6,7,8,9-octa-CDF	0,001	0,7	0,001
Total PCDD		181	8
Total PCDF		28,2	7,9
Total PCDD/PCDF		209	16,9

a) Mittelwerte aus [93].

von Bioziden und Pflanzenschutzmitteln (z. B. 2,4,5-Trichlorphenoxyessigsäure) auf Chlorphenolbasis an, außerdem bei der Chlorbleiche in der Papierherstellung oder bei metallurgischen Prozessen (Sinteranlagen, Eisen-, Stahl- und übrige Metallproduktion) [109]. Wichtige Quellen von Dioxinemissionen sind Verbrennungsprozesse (z. B. Müll, Holz, PVC, Elektrokabel, Metallrecycling), wobei Kupfer und Chrom die Dioxinbildung katalysieren. Furane wurden auch als Nebenprodukte bei der Herstellung und dem Gebrauch von PCB gebildet. Aromatische Chlorkohlenwasserstoffe aus der Atmosphäre kontaminieren durch Anlagerung an mineralische und organische Partikel als hoch komplexe Gemische von Isomeren und Kongeneren Boden, Vegetation und Oberflächenwasser. Außer durch Ablagerungen aus der Luft können Böden und Gewässer auch durch Klärschlamm, Kompost sowie durch Überschwemmungen oder Erosion aus nahe gelegenen kontaminierten Gebieten mit Dioxinen belastet werden. Über verschiedene Nahrungsketten werden die Dioxine dann von Tieren (Fische, Weidetiere, Geflügel) und Menschen aufgenommen und vor allem in fettreichen Geweben und in Milch(fett) akkumuliert [61]. Für die Dioxinaufnahme aus der Umwelt spielt die bindende Matrix eine entscheidende Rolle, z. B. werden PCDD und PCDF sehr schlecht aus Flugasche oder von Bodenpartikeln resorbiert. Die tetra- bis octachlorierten Dioxine und Furane werden kaum metabolisiert: Die 2,3,7,8-substituierten Kongenere sind daher in biologischen Systemen sehr persistent.

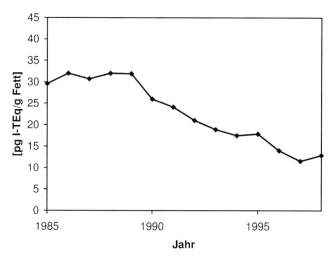

Abb. 19.2 Zeitlicher Trend der mittleren Gehalte an PCDD/
PCDF in Frauenmilch aus der Bundesrepublik Deutschland für
die Jahre 1985–1998 ($N=2438$) [13].

Verschiedene Maßnahmen haben vor allem seit Anfang der 1980er Jahre zur
deutlichen Reduzierung bzw. Beseitigung von Dioxinquellen geführt [109]: Veränderungen in der Papierherstellung, technologische Verbesserungen der Müll-
verbrennungsanlagen, das Verbot von Holzschutzmitteln auf Pentachlorphen-
olbasis und der Verzicht auf bleihaltiges Benzin mit halogenierten Zusätzen.
Diese Maßnahmen haben im folgenden Jahrzehnt zur Halbierung der Dioxinbelastung im menschlichen Körperfett und in den Lebensmittelproben vieler Industrienationen beigetragen. In Deutschland ist in den Jahren 1985 bis 1998
ein Rückgang des mittleren PCDD/PCDF-Gehalts in Muttermilch um ca. 60%
festgestellt worden (Abb. 19.2) [13]. In den folgenden fünf Jahren ist eine leichte, weitere Abnahme erfolgt (auf 5–10 pg I-TEQ/g Fett) [19, 121]. Umfangreiche
Daten zur Belastung von Lebensmitteln und Muttermilch sind in der IARC-Mo-
nographie zu Dioxinen (1997) [49] und in Zusammenstellungen aus den Mitgliedstaaten der EU (2000, 2004) [35, 95] enthalten.

19.3
Verbreitung

Die menschliche Exposition gegenüber Dioxinen erfolgt ganz überwiegend
durch die Nahrungsaufnahme (>90%), wobei mehr als 80% aus Lebensmitteln
tierischen Ursprungs stammen (Milch, Milchprodukte, Fisch, Fleisch und Eier)
[61, 95, 109]. Die Belastung dieser Lebensmittel wird entscheidend durch die
Dioxinkonzentration in der Umwelt und in den Futtermitteln bestimmt. Nach
Ansicht des Wissenschaftlichen Ausschusses für Futtermittel der EU (SCAN)

stellen europäisches Fischöl und Fischmehl die am stärksten dioxinkontaminierten Futtermittel-Ausgangserzeugnisse dar [94]. Auch andere tierische Fette können erheblich, jedoch in geringerer Konzentration als Fisch mit Dioxinen belastet sein. Sonstige Futtermittel-Ausgangserzeugnisse, wie Getreide und Saatgut, Nebenprodukte der Milcherzeugung und Tiermehl, sind als Dioxinquellen von geringerer Bedeutung. Ende der 1990er Jahre und danach kam es in Europa immer wieder zu erhöhten Dioxingehalten in Lebensmitteln aufgrund von Kontaminationen in der Umwelt und von Futtermitteln [94, 121]:

- über dioxinkontaminierte Böden (Geflügelhaltung) oder Gewässer (Fischprodukte);
- durch Kontaminationen über Futtermittelzusätze, z. B. von rezykliertem Frittieröl (Geflügel in Belgien, 1999) oder verunreinigtem Cholinchlorid (Spanien, 2000);
- durch Kontaminationen in der Futtermittelproduktion, z. B. durch belastete Hilfsstoffe wie Tonerde (Kartoffelprodukte in den Niederlanden, 2000, 2004) und Kalk (Zitruspulpe aus Brasilien, 1998) oder durch Trocknungsprozesse mit Abgasen (Brandenburg/Deutschland, 1999).

Messungen von Dioxingehalten in tierischen Lebensmitteln aus den Jahren 2000–2003 in Deutschland ergaben mittlere Konzentrationen von <1 pg TEQ/g Fett (Tab. 19.2); zusätzlich ist von einer TEQ-Belastung durch dioxinähnliche PCB in etwa gleicher Größenordnung auszugehen [109]. Im Vergleich zu den tierischen Lebensmitteln sind die Dioxingehalte in Früchten, Gemüse und Getreide relativ niedrig.

In der europäischen Bevölkerung beträgt die tägliche Aufnahme von PCDD, PCDF und dioxinähnlichen PCB durchschnittlich 1–3 pg TEQ/kg Körperge-

Tab. 19.2 PCDD/F-Gehalte in tierischen Lebensmitteln und Aufnahmemengen in Deutschland (2000–2003) [1].

	PCDD/F-Gehalte WHO-TEQ [pg/g Fett]	Tägliche PCDD/F-Aufnahme WHO-TEQ [pg/Tag]	Anteil an der täglichen Exposition [%] [2]
Fleisch:			
Schwein	0,2	4,8	10
Rind	0,6	4,9	10
Geflügel	0,6	2,2	5
Milch	0,5	17,0	35
Eier	0,9	4,5	9
Fisch	0,3 [3]	6,0	13

1) Quelle: Mathar, Bundesinstitut für Risikobewertung, 2003 [pers. Mitteilung].
2) Der Anteil an pflanzlichen Lebensmitteln beträgt ca. 19% (Fette, 11%; Obst/Gemüse, 8%).
3) bezogen auf Frischgewicht.

wicht [61, 95, 109]. Diese Exposition führt im Laufe des Lebens zu steigenden Gewebekonzentrationen an PCDD/PCDF (für die Zeit nach 1995: 5–19 pg I-TEQ/g Fett; unter Einbeziehung dioxinähnlicher PCB liegt der Wert etwa doppelt so hoch). Veganer, die keine Lebensmittel tierischen Ursprungs zu sich nehmen, haben eine geringere PCDD/PCDF-Belastung [92], während andere Gruppen der Bevölkerung wie Menschen mit überdurchschnittlichem Fischkonsum [26] oder gestillte Säuglinge deutlich stärker exponiert sein können.

Für gestillte Säuglinge liegt die mittlere tägliche Aufnahme an PCDD und PCDF (40–90 pg I-TEQ/kg Körpergewicht) eine bis zwei Größenordnungen über der durchschnittlichen Dioxinexposition von Erwachsenen [61]. Aufgrund der relativ kurzen Stillzeit und der Körpergewichtszunahme der Kinder ist die Körperlast der gestillten Kinder nur zwei- bis viermal höher als die der Mütter. Offenbar tragen die überproportionale Zunahme des Körperfetts in den ersten Lebensmonaten (Verdünnung) sowie eine schnellere Dioxinelimination in den ersten Lebensjahren dazu bei, dass das Stillen insgesamt nicht zu einer Erhöhung der (berechneten) Dioxinbelastung über die Lebenszeit führt [8, 60].

19.4
Kinetik und innere Exposition

Die Toxikokinetik von Dioxinen und Furanen wird wesentlich von ihrer Lipophilität bestimmt und ist kongener- und dosisspezifisch. Die dermale Exposition mit einer niedrigen TCDD-Einzeldosis führt bei männlichen Ratten zu einer Resorption von 40%, oral oder pulmonal werden 50–90% resorbiert [23, 52]. Für die Resorption von Dioxinen aus dem Gastrointestinaltrakt wurden keine Speziesunterschiede beobachtet; die orale Resorption beim Menschen entspricht derjenigen bei der Ratte. Tetra- und pentachlorierte Kongenere werden gut aus dem Gastrointestinaltrakt resorbiert, bei hepta- und octachlorierten Kongeneren sind die Molekülgröße und die geringere Wasserlöslichkeit limitierende Faktoren.

Dioxine werden im Körper zunächst an Chylomikronen, Lipoproteine und andere Serumproteine gebunden und transportiert. Für die zelluläre Aufnahme kommt neben der passiven Diffusion auch ein Transport über Zellmembran-Rezeptoren (u. a. für „low density" Lipoproteine oder Albumin) in Frage. Die Verteilung der Dioxine in verschiedene Gewebe ist hauptsächlich von der Lipophilie und Gewebeaffinität abhängig; die wichtigsten Speicherorgane sind Fettgewebe und Leber. In Versuchstieren (Nagern, Marmoset-Affen) werden TCDD und TCDF stärker in der Leber als im Fett angereichert. Für die Bindung dieser Substanzen in der Nagetierleber sind die CYP1A2-Proteine entscheidend, deren Bildung durch dioxinartige Substanzen induziert wird [111]. Nach experimenteller Exposition von Nagetieren werden Dioxine vorwiegend in der Leber nachgewiesen, während dioxinartige Substanzen beim Menschen vor allem im Fettgewebe gespeichert und nur zu etwa 1% der Körperlast in der Leber lokalisiert sind [60, 95]. Bei sehr hohen Dioxinexpositionen findet auch beim Menschen eine hepatische Anreicherung statt. Die generelle Problematik der Extrapolation zu niedrigen Dosen wurde für den transplazentaren Transfer von einem Dioxin/PCB-Gemisch an der Ratte untersucht, mit dem Resultat, dass für niedrige Dosen die Gefahr einer Unterschätzung der fetalen Belastung besteht [15]. Auch beim Menschen ist der transplazentare Dioxintransfer belegt: In humanen Feten im Alter von 8–14 Wochen wurden etwa 30% der in Muttermilch vorhandenen I-TEQ-Konzentration nachgewiesen [95].

Die Ausscheidung von Dioxinen über die Galle und in geringem Ausmaß über Urin hängt vom Metabolismus der unterschiedlich chlorierten Verbindungen ab [113]. Während nicht lateral substituierte Kongenere schneller metabolisiert und ausgeschieden werden, ist TCDD sehr resistent gegenüber der Biotransformation und es sind nur geringe Mengen an TCDD-Metaboliten in Ratte und Hund identifiziert worden [113]. Die hydroxylierten Metabolite und Glucuronsäure-Konjugate werden schnell über Galle und Faeces eliminiert; beim Menschen wird eine Ausscheidungskinetik erster Ordnung über Galle und Faeces angenommen. In Säugetieren ist die Laktation ein weiterer effektiver Eliminationsweg: Die Mobilisation von Fettspeichern während des Stillens trägt zur deutlichen Reduktion der mütterlichen Dioxinbelastung bei [3]. Als ursächliche Faktoren für verschiedene Halbwertszeiten von Dioxinen in einzelnen Individuen sowie zwischen Versuchstier und Mensch spielen neben dem Körperfettanteil auch dosis- und speziesabhängige Unterschiede in der Verteilung (Leber/Fettgewebe) und der Induktion von metabolisierenden Enzymen bzw. dioxinbindenden Proteinen (CYP1A1, CYP1A2) eine Rolle: Während die TCDD-Halbwertszeit in Ratten im Bereich von 12–31 Tagen liegt [113], wurden für den Menschen Halbwertszeiten zwischen 5 und 11 Jahren errechnet [65]. Die Halbwertszeit ist bei Kindern kürzer und steigt mit dem Alter offenbar in Abhängigkeit von der Zunahme des Fettgewebes an [20]. Für penta- bis octachlorierte Kongeneren sind Halbwertszeiten zwischen 0,8 und 20 Jahren beim Menschen berechnet worden. Aufgrund der Unterschiede in der Toxikokinetik werden beim Menschen schon bei geringen täglichen Dioxinaufnahmen dieselben Gewebespiegel erreicht wie bei Nagetieren nach (100- bis 200fach) höheren Dosen [111]. Für einen Interspezies-Vergleich eignen sich daher die Gewebekonzentrationen besser als die täglichen Aufnahmen von Dioxinen.

19.5
Wirkungen

19.5.1
Wirkungen auf den Menschen

Bei der Auswertung epidemiologischer Daten nach Dioxinunfällen oder von beruflich exponierten Gruppen tritt eine Reihe von Problemen (z. B. kleine Fallzahlen, unklare Expositionshöhe) auf. Ein Hauptproblem besteht darin, dass die gemessenen TCDD-Blutspiegel von Personen, die offenbar derselben Exposition ausgesetzt waren, sehr unterschiedlich sein können, so dass man nicht allein aus den Expositionsangaben auf die innere Belastung schließen kann. Da erhöhte Dioxinbelastungen in der Regel auch mit einer erhöhten Belastung mit anderen Chlorchemikalien, z. B. nicht dioxinähnlichen PCB, verbunden sind, ist die Ermittlung des „reinen" PCDD/PCDF-Effekts aus epidemiologischen Daten schwierig.

Seit den 1970er Jahren wurden viele epidemiologische Studien zur Dioxin-exposition durchgeführt: an Arbeitern aus der Herbizid- und Papierproduktion, Herbizidanwendern sowie Arbeitern und Bevölkerungsgruppen nach Unfällen in Chemiefabriken [49, 57, 82, 99, 100, 104]. Hohe Expositionen gegenüber PCDF sind in Japan (Yusho-Vergiftung) und Taiwan (Yu-Cheng-Vergiftung) durch PCB-/PCDF-kontaminiertes Reisöl aufgetreten [62].

Die umfangreichste, bekannte TCDD-Kontamination fand im Vietnam-Krieg zwischen 1962 und 1970 statt, als ein mit TCDD verunreinigtes Entlaubungs-mittel, „Agent Orange" (ca. 3 mg TCDD/kg), versprüht wurde. Epidemiologi-sche Studien konzentrierten sich bisher vor allem auf US-Kriegsveteranen, die Agent Orange ausgebracht haben und bei denen erhöhte TCDD-Konzentratio-nen gemessen wurden; in „Operation Ranch Hand"-Studien wurden Vietnamve-teranen untersucht, bei denen 20 Jahre nach der Exposition noch 5- bis 10fach höherere TCDD-Blutspiegel gemessen wurden als in der Allgemeinbevölkerung. In kontaminierten Gebieten in Südvietnam wurden 1970 die höchsten TCDD-Konzentrationen in der Milch von stillenden Müttern festgestellt (>1800 pg/g Fett) [91].

Sehr hohe Dioxinbelastungen (1000–2000 pg/g Blutfett) wurden auch bei In-dustriearbeitern gemessen [99]. In einer retrospektiven Kohortenstudie vom US National Institute of Occupational Safety and Health (NIOSH) wurden mehr als 5000 dioxinexponierte Chemiearbeiter untersucht; eine Follow-up-Studie wurde zur Inzidenz von Krebs, Herzerkrankungen und Diabetes veröffentlicht [100]. In einer historischen Kohortenstudie zur Ermittlung der Krebsinzidenz wurden nahezu 22000 Arbeiter und Arbeiterinnen aus zwölf Ländern zusammenge-fasst, die gegenüber dioxinkontaminerten Phenoxyherbiziden und Chlorpheno-len exponiert wurden [57].

Einer der bekanntesten Chemieunfälle mit Dioxin hat sich 1976 in einer Pflanzenschutzmittelfabrik in Seveso (Italien) ereignet, als Tausende von Be-wohnern dieser Gegend mit TCDD belastet wurden. Nach dem Unfall wurden die Vergiftungserscheinungen und die TCDD-Serumkonzentrationen von Ein-wohnern in drei verschiedenen Expositionszonen um die Anlage, aus der TCDD entwichen war, untersucht. Bereits 1976 und in den Folgejahren wurden Serumproben eingefroren, die später für die Bestimmungen der TCDD-Konzen-tration herangezogen werden konnten. TCDD-Konzentrationen von stark belas-teten Seveso-Kindern waren bis zu vier Größenordnungen höher (56000 pg/g Serumfett) als in der nicht exponierten Bevölkerung. In etwa 200 Fällen, vorwie-gend bei Kindern, wurde eine gravierende Hautveränderung in Form der so ge-nannten Chlorakne beschrieben [70].

Chlorakne ist ein typisches Symptom nach Exposition mit hohen Dosen chlorhaltiger Chemikalien bei Menschen, Affen, Kaninchen und Nacktmäusen.

Diese persistente Dermatose ist durch Komedonen und Zysten gekennzeichnet. In schweren Fällen treten Pusteln, Hyperpigmentierung, Abszesse und große Zysten auf, die noch Monate oder sogar Jahre nach der Exposition vorhanden sein können. Chlorakne-Fälle bei Chemiearbeitern, z.B. aus der Trichlorphenol (TCP)-Produktion [125] oder in der Bevölkerung von Seveso [69] weisen keine strikte Korrelation zwischen den TCDD-Konzentrationen im Serumfett und der Entwicklung einer Chlorakne auf. Während Chlorakne-Patienten aus Seveso TCDD-Konzentrationen im Serumfett von 820 pg/g und höher aufwiesen, hatten Personen ohne Chlorakne Werte bis zu 10400 pg/g. Für die Entwicklung von Hautläsionen kann der Expositionspfad (dermal, oral) eine Rolle spielen: Kinder in Seveso könnten stärker über die Haut mit TCDD belastet worden sein. Weitere Hauterscheinungen wie Hyperpigmentierung und Hypertrichose wurden bei PCDD-belasteten Chemiearbeitern beobachtet [104].

Beim Menschen ist die aus experimentellen Tierstudien bekannte Lebervergrößerung nur selten beschrieben worden, z.B. bei einigen Arbeitern aus der Chlorphenolproduktion und bei Seveso-Patienten mit schwerer Chlorakne. Vorübergehend erhöhte Serumspiegel an γ-Glutamyltransferase wurden in Kindern aus Seveso und in Arbeitern aus der TCP-Produktion beobachtet [95]. Veränderungen im Porphyrinmetabolismus zeigten sich im Isomerenverhältnis von Coporphyrinen im Urin bei Arbeitern, die in der Herbizidproduktion mit TCDD belastetet wurden.

Während tierexperimentelle Daten erhöhte Serumspiegel an Triglyceriden und Cholesterin nach TCDD-Exposition belegen, existieren beim Menschen zu diesen Effekten widersprüchliche Daten. Bei stark TCDD exponierten Personen wurde ein Anstieg von HDL-Cholesterinwerten (Vietnamveteranen) und von Triglyceridspiegeln (Chemiearbeiter, Vietnamveteranen) beobachtet, wohingegen in den Seveso-Studien keine erhöhten Gesamtcholesterin- oder Triglyceridkonzentrationen nachgewiesen wurden [69]. Bei einer geringen Zahl von hoch belasteten Männern aus Seveso kam es zu einem Mortalitätsanstieg durch chronisch ischämische Herzerkrankungen [82]. Als möglicher relevanter Faktor wird hierfür auch der psychosoziale Stress nach dem Unfall angeführt. In Studien mit TCP-Arbeitern (TCDD-Konzentration >1500 pg/g Fett) und Vietnam-Kriegsveteranen (>94 pg/g Fett) wurde eine Assoziation von hoher TCDD-Exposition und Diabetes sowie bei Frauen aus Seveso eine erhöhte Mortalität aufgrund von Diabetes festgestellt.

In den meisten Studien lagen die Schilddrüsenparameter nach TCDD-Exposition im normalen Bereich [104]. Eine Abnahme der Schilddrüsenhormon-(T4) und eine Anstieg der TSH-Spiegel wurden aber bei Kindern einer höher belasteten Gruppe (Exposition über Muttermilch) aus einer Industriegegend in den Niederlanden beobachtet [59].

Die kanzerogene/tumorpromovierende Potenz von TCDD ist in tierexperimentellen Studien gut belegt, wird aber beim Menschen aufgrund unklarer Dosis-Wirkungsbeziehungen besonders für niedrige (umweltrelevante) Dioxinkonzentrationen weiterhin kontrovers diskutiert [16]. Epidemiologische Studien an Arbeitern, die gegenüber dioxinkontaminierten Herbiziden exponiert waren, haben einen leichten Anstieg der Mortalitätsrate basierend auf der Summe aller Krebsarten sowie aufgrund einzelner Krebsarten ergeben [57]. In der am höchsten belasteten Gruppe aus der NIOSH-Studie (100- bis 1000-mal höher im Vergleich zur Allgemeinbevölkerung) wurde ein Anstieg der Gesamt-Krebssterblichkeit um 60% beobachtet (standardisierte Mortalitätsrate = 1,60; CI = 1,15–1,82) [100]. Für eine Subkohorte von 1520 Männern, die länger als ein Jahr gegenüber TCDD exponiert waren, wurde nach einer Latenzzeit von mehr als 20 Jahren ein Anstieg für alle Krebsarten zusammen (RR = 1,46; 95% CI = 1,21–1,76) sowie für Weichteilsarkome (RR = 9,22; CI = 1,90–26,95) und Krebs des Respirationstraktes (RR = 1,42; CI = 1,03–1,92) berichtet [33]. Signifikant erhöhte Krebsinzidenzen für verschiedene Organe (z. B. Respirationstrakt, hämatopoietisches System, Bindegewebe) werden zwar in einzelnen Studien angegeben, insgesamt kann aber keine schlüssige Aussage zu den Zielorganen in allen Studien gemacht werden. Bei dem Befund eines erhöhten Lungenkrebsrisikos an TCDD-exponierten Chemiearbeitern ließen sich Tabakrauch und andere Arbeitsplatzkanzerogene als Störfaktoren nicht völlig ausschließen. Die Exposition gegenüber dioxin- bzw. furanhaltigen Phenoxyessigsäuren und Chlorphenolen ist offenbar ein Risikofaktor für Weichteilsarkome und Non-Hodgkińs Lymphom [44]; allerdings kann das Risiko für diese Tumoren auch durch dioxinfreie Phenoxy-Herbizide und Chlorphenole erhöht sein. Aus Auswertungen der Seveso-Daten nach 15 Jahren lässt sich eine erhöhte Krebsinzidenz für den Gastrointestinaltrakt sowie lymphatische und hämatopoietische Gewebe ableiten, nicht aber für Lungenkrebs [10]. Eine Verringerung östrogenabhängiger Tumorarten durch TCDD aufgrund des anti-östrogenen Effekts bei Ratten findet eine Parallele in der geringeren Inzidenz von Brust- und Gebärmutterkrebs bei Frauen aus Seveso. Seit 1997 liegt eine Beurteilung der „International Agency for Research on Cancer" (IARC) vor, wonach TCDD als krebserregend für den Menschen (Gruppe 1) eingestuft ist, während andere PCDD- und PCDF-Kongenere nicht klassifizierbar hinsichtlich ihrer Humankanzerogenität sind (Gruppe 3) [49]. Die Klassifizierung von TCDD beruht auf begrenzten Humandaten, ausreichenden tierexperimentellen Daten sowie mechanistischen Erwägungen zur TCDD-Bindung an Dioxinrezeptoren (so genannten Ah-Rezeptoren), die in Menschen und Versuchstieren nachweisbar sind. Aufgrund von quantitativen Risikoabschätzungen errechneten Steenland et al. [99] bei einer Verdopplung der Hintergrundsbelastung durch TCDD eine geringfügig erhöhte Krebsmortalitätsrate; d. h. bei einer im Alter von 75 Jahren üblichen Krebsmortalität von 12% würde sich das Risiko durch TCDD auf etwa 13% erhöhen.

Mit Ausnahme von Unfällen mit PCB/PCDF-kontaminiertem Reisöl (Yusho und Yu Cheng) haben epidemiologische Studien – einschließlich der Seveso-Daten – bisher keinen gesicherten Zusammenhang zwischen der Exposition gegenüber dioxinartigen Verbindungen und Geburtsfehlern oder perinataler Mortalität belegen können. Eine ektodermale Dysplasie mit Veränderungen in Zähnen und Nägeln tritt bei Primaten nach hoher Dioxinexposition auf. Auch bei Kindern von Müttern, die vom Yusho- und Yu Cheng-Unfall betroffen waren, wurden ektodermale Effekte an Haut, Nägeln und Meibom-Drüsen sowie beschleunigter Zahnausfall als Zeichen fetaler und neonataler Toxizität gefunden [62]. Eine erhöhte Inzidenz von dentalen Effekten (Hypomineralisation von Backenzähnen) wurde in Finnland bei Kindern (im Alter von 6–7 Jahren) nach erhöhter Dioxinbelastung durch Stillen beobachtet [4]; diese Daten bedürfen weiterer Bestätigung.

Studien an Chemiearbeitern haben sich überwiegend mit paternalen Reproduktionsstörungen befasst. In Übereinstimmung mit den Tierstudien wurden dabei hormonelle Veränderungen (niedrige Testosteron-, hohe Gonadotropinspiegel) nach Exposition am Arbeitsplatz beschrieben [28]. Die Auswertung epidemiologischer Studien wird durch eine hohe Zahl von Aborten (30–50%) und Missklassifikationen bei den Expositionsangaben (40–50%) erschwert, so dass der Einfluss der Dioxinexposition auf die frühe Schwangerschaft unklar bleibt. Seveso-Studien haben keinen konkreten Hinweis auf teratogene oder embryotoxische Dioxinwirkungen erbracht. Signifikant war dagegen eine Verschiebung im Geschlechterverhältnis bei Geburten (weniger männliche Nachkommen) in den Jahren nach dem Seveso-Unfall; dieser Effekt war mit der Dioxinbelastung der Väter (etwa 20fach erhöht im Vergleich zum Durchschnitt der Industrieländern) assoziiert [68].

Einige Fall-Kontrollstudien zur Endometriose, einer gynäkologischen Erkrankung, die bei etwa 7–10% der Frauen im reproduktiven Alter vorkommt und oft mit Infertilität verbunden ist, deuten auf eine erhöhte Inzidenz nach Dioxinexposition hin. Aufgrund der limitierten Datenbasis liegt noch keine statistisch gesicherte Evidenz für einen Kausalzusammenhang zur Dioxinexposition vor [30].

Die bisher vorliegenden epidemiologischen Daten ergeben keine eindeutige Evidenz für eine Dysfunktion des menschlichen Immunsystems durch Dioxine. In Probanden mit leicht erhöhten TCDD-Konzentrationen waren Globuline, IgG und CD8$^+$-Zellen signifikant erhöht, Anzeichen einer klinischen Immunsuppression lagen nicht vor. 20 Jahre nach dem Seveso-Unfall zeigte sich bei exponierten Personen eine signifikant negative Korrelation von Immunglobulin G mit den aktuell gemessenen TCDD-Werten (maximal noch 90 pg/g Blutfett) [7]. In Umweltstudien wurde an gestillten Kindern in den Niederlanden keine Korrelation zwischen der prä- und postnatalen Dioxin-/PCB-Exposition und respiratorischen Symptomen oder der Antikörperproduktion gefunden; es wurden lediglich Veränderungen in T-Zellpopulationen und eine vorrübergehende Verringerung der Monozyten- und Granulozytenzahl bei Kindern mit höherer TCDD-Belastung beobachtet [118]. In einer Studie an elf Arbeitern 20 Jahre nach TCDD-Exposition in der Trichlorphenolproduktion wurden eine Beeinträchtigung der T-Helferzell-Funktion beschrieben [108].

Fallberichte und epidemiologische Studien ergeben, dass signifikante TCDD-Expositionen mit psychischen Symptomen assoziiert sein können, einschließlich Müdigkeit, Nervosität, Angst und verringerter Libido. Die neurologischen Effekte treten kurz nach der TCDD-Exposition auf und persistieren in manchen Fällen über viele Jahre. Andere Untersuchungen bei dioxinexponierten TCP-Arbeitern oder Vietnamveteranen ergaben keine Anzeichen für Veränderungen im neurologischen Status [5]. Bei Kindern aus einer stark und einer weniger stark industrialisierten Region der Niederlande, die vor allem pränatal unterschiedlich gegenüber PCDD-/PCB exponiert wurden, ergaben sich im Alter von 42 Monaten geringfügige Effekte hinsichtlich der kognitiven Entwicklung [81]. Wegen der gleichzeitigen Exposition gegenüber nicht dioxinartigen PCB, für die neurologische Effekte beschrieben sind, ist es schwierig, Störfaktoren auszuschließen und die Kausalität zur Dioxinexposition zu belegen.

19.5.2
Wirkungen auf Versuchstiere

Das Spektrum der Dioxinwirkungen ist in Abhängigkeit von der Dosis und der Tierspezies außerordentlich breit [42, 84]. Bei relativ hohen TCDD-Dosen sind vor allem Letalität, dermale und hepatische Toxizität sowie Thymus- und Gonaden-Atropie beschrieben worden [11]. Sehr empfindlich auf TCDD reagieren das sich entwickelnde Immun- und das Reproduktionssystem [38, 43].

Als akute Symptome von hohen Dosen dioxinartiger Substanzen treten eine Abnahme der Nährstoffaufnahme (Appetitverlust) sowie Veränderungen im Kohlenhydrat- (Abnahme der hepatischen Glykogenspeicherung) und Lipidstoffwechsel (erhöhte Fettmobilisation) auf, die den Verlust von Fett- und Muskelgewebe zur Folge haben können. Die schweren Formen von Körpergewichtsverlust bei Versuchstieren werden als „wasting syndrome" beschrieben. Dieses Syndrom entwickelt sich über mehrere Wochen und endet tödlich. Der dabei auftretende Körpergewichtsverlust (bis zu 50%) ist nicht allein auf den Mangel an Nahrungsaufnahme zurückzuführen [84]. Die letalen TCDD-Dosen verschiedener Spezies (Meerschweinchen, Hamster) unterscheiden sich um mehrere Größenordnungen (Tab. 19.3). Interessanterweise korreliert der Fettgehalt am Körpergewicht der verschiedenen Spezies mit der Letalität durch TCDD [39]. Sogar zwischen Stämmen derselben Spezies gibt es in der Sensitivität hinsichtlich der TCDD-induzierten Letalität große Unterschiede, z.B. bei Ratten (LD_{50} 0,01 bis >10 mg/kg Körpergewicht). Die Unterschiede in der Wirkungsstärke von TCDD sind teilweise mit Unterschieden in der Konzentration und der mo-

Tab. 19.3 Akute orale LD_{50} von TCDD in verschiedenen Tierspezies.

Spezies	[µg/kg]
Meerschweinchen	0,6–2,5
Mink	1
Sprague-Dawley Ratte (m)	22
Rhesusaffe	<70
C57BL/6 Maus (m)	114–280
Hund	> 300
Syrischer Hamster (f, m)	1150–5000

lekularen Struktur des Dioxin (Ah)-Rezeptors zu erklären, eine vollständige Aufklärung der molekularen Ursachen ist aber bisher nicht erfolgt [85].

Haut und Leber sind gemeinsame Zielorgane der TCDD-Toxizität bei Mensch und Tier [11]. Neben der unter den Humandaten beschriebenen Chlorakne sind bei Mäusen auch ein Verlust von Talgdrüsen und die Atrophie von Haarfollikeln beschrieben worden [46].

Ein typisches Symptom der Dioxinwirkung in der Leber von Versuchstieren ist die Hepatomegalie, die durch Hypertrophie und Hyperplasie der Leberparenchymzellen entsteht. Als weitere speziesspezifische Anzeichen der Dioxinwirkung in der Leber können Nekrosen (Kaninchen), zentrilobuläre Läsionen (Maus), Fettakkumulation, Pigmentablagerungen, Infiltration inflammatorischer Zellen und eine fibröse Proliferation in nekrotischen Bereichen (Ratte) auftreten [11]. Die Leberschädigung durch TCDD ist assoziiert mit einem Anstieg der Aktivitäten von γ-Glutamyltransferse (GGT), alkalischer Phosphatase und Glutamat-Pyruvattransaminase im Serum. In Ratten und Mäusen induzieren subletale TCDD-Dosen Veränderungen in der Porphyrinsynthese, einschließlich einer Abnahme der Uroporphyrinogen-Decarboxylase-Aktivität und einem Anstieg der δ-Aminolävulinsäure-Synthetase, und eine Porphyrin-Akkumulation in der Leber [86]. Eine essentielle Rolle von CYP1A2 für die durch TCDD induzierten Effekte auf die hepatischen Porphyrin-Spiegel und die Leberschädigung wurde in Experimenten mit *Cyp1a2*-defekten Mäusen nachgewiesen [98].

Verschiedene toxische TCDD-Wirkungen u. a. auf den Fett- und Kohlenhydratstoffwechsel könnten mit Veränderungen der Schilddrüsenfunktion in Zusammenhang stehen. TCDD reduziert bereits in geringen Dosen (2–4 µg/kg Körpergewicht als orale Einzeldosis an weiblichen Wistar-Ratten) die Konzentration des Schilddrüsenhormons Thyroxin (als Gesamt-Serumkonzentration, TT4, und freie Konzentration, FT4) über eine verstärkte Glucuronidierung (Induktion der UDP-Glucuronosyltransferase-1) [75]. Dies hat über einen negativen Rückkopplungsmechanismus in der Hypophyse eine erhöhte Sekretion des Thyreoideastimulierenden Hormons (TSH) zur Folge. Bei chronischer TCDD-Behandlung von Nagern führen die langfristig erhöhten TSH-Spiegel zur Hypertrophie und Hyperplasie von Schilddrüsenfollikelzellen und schließlich zu Schilddrüsenadenomen und -karzinomen, die als sensitive Endpunkte der TCDD-Wirkung in Kanzerogenitätstests mit Nagetieren gelten [97].

Charakteristische TCDD-Effekte in einigen Organen und Zelltypen, z.B. Hepatozyten und Keratinozyten, bestehen in einer veränderten Expression von Rezeptoren für Hormone und Wachstumsfaktoren oder einer erniedrigten Ligandenbindung an diese Rezeptoren (Tab. 19.4) [11]. Derartige Effekte korrelieren mit einer veränderten Regulation von Zellwachstum und Differenzierung durch dioxinartige Verbindungen und werden als grundlegende biochemische Mechanismen für die komplexen Prozesse der kanzerogenen und reproduktionstoxischen TCDD-Wirkungen diskutiert. In verschiedenen gegenüber Dioxin exponierten Geweben äußert sich die Unterbrechung der normalen Homöostase von Wachstums- und Differenzierungsprozessen in hyper-, hypo-, meta- und dysplastischen Reaktionen. TCDD induziert eine Hyperplasie in der Magen-

Tab. 19.4 Beispiele für TCDD-Effekte auf die biochemische Signalübertragung.

TCDD-Effekte	Spezies, Gewebe, Zellen
Hormone und Wachstumsfaktoren	
Abnahme von Hormonspiegeln (Thyroxin, Insulin, Östrogene, Androgene, Melantoin)	Ratte
Abnahme der Rezeptorbindung (Insulin, EGF)	Maus-, Rattenleber
Phosphorylierung und/oder „down-Regulation" der Rezeptoren (Insulin, Östrogen)	Rattenleber, Keratinozyten, Brustkrebszellen, Uterus
Zunahme der EGF-Rezeptoren	Gaumenentwicklung bei der Maus, Harntrakt
Abnahme der Glucocorticoid-Rezeptoren	Maus-, Rattenleber, Maus-Plazenta, Rattenmuskel
Zunahme der Glucocorticoid-Rezeptoren	Gaumenentwicklung bei der Maus
Hemmung der hormonabhängigen Genexpression (Östrogen, Testosteron)	Brust-, Prostatakrebsszellen
Posttranskriptionale Stabilisierung (TGFα-mRNA)	humane Keratinozyten
Transkriptionale „down-Regulation" (TGF)	humane Keratinozyten, Hepatomzellen
Signaltransduktionsproteine	
Aktivierung von Proteinkinasen, PK (c-Src, PKC, MAPK)	Maus-, Rattenleber
Protein-Phosphorylierungen (p34^{cdc2}-Kinase, p53, Mdm2)	Maus-, Rattenleber
Modulation von Zellzyklusproteinen (Cyclin D1, p53, p21^{WAF1})	Mausleber, Zelllinien
Induktion von Protoonkogenen (c-fos, junB) und Transkriptionsfaktoren (AP-1)	Maushepatomzellen
Entzündungsmediatoren	
Induktion von Cyclooxygenase-2, Plasminogenaktivator-Inhibitor Typ 2	Hundenierenzellen, Rattenhepatozyten, humane Keratinozyten, Monozyten
Expression von Interleukin-1β-mRNA	humane Keratinozyten, Mausleber, -lunge, -thymus
Sekretion des Tumornecrosefaktors α (TNFα), Induktion der TNFα-mRNA	Mausmakrophagen, humane Brustkrebszellen

schleimhaut und in Gallekanälen von Affen, in der Harnblase von Meerschweinchen sowie in Leber und Haut verschiedener Spezies [20, 97]. Die Komplexität dieser Regulationsmechanismen zeigt sich beispielsweise in der Rattenleber, in der TCDD nur die Proliferation der periportalen Hepatozyten, die höheren Hormon- und Sauerstoffspiegeln ausgesetzt sind, stimuliert, während die Induktion von P450-abhängigen Proteinen vorwiegend in den zentrilobulären Zellen erfolgt [34]. Im Lymphgewebe tritt in allen Spezies nach TCDD-Exposition eine Hypoplasie auf. Eine schuppige Metaplasie induziert TCDD in den Talgdrüsen der Augenlider mit der Folge einer Blepharitis und in den Ceruminaldrüsen der Ohren, was zu wachsartigen Exsudaten führt [64]. Dysplasien von ektodermalem Gewebe, die zu Veränderungen in Zähnen und Nägeln führen, sind für Mensch und andere Primaten beschrieben [62].

Mutagenität

TCDD zeigt in den meisten Mutagenitätstests *in vitro* und *in vivo* keine Effekte. Einige positive Befunde zum mutagenen Potential von TCDD wurden mit einzelnen bakteriellen Teststämmen (z. B. *Salmonella typhimurium* TA1532) und in Mauslymphomzellen sowie zum klastogenen Potential in Leukozyten und Knochenmarkszellen berichtet [41]. In Ratten wurden nach Dioxinbehandlung keine Addukte an die DNA gefunden. Auch nach 6-wöchiger TCDD-Exposition (2 µg/ kg) wurde in transgenen Ratten weder eine erhöhte Mutationshäufigkeit noch eine Veränderung des Mutationsspektrums gefunden [107]. Das weist darauf hin, dass TCDD (in Dosen < LD_{50}) weder direkt noch indirekt genotoxisch wirkt. Daher wird 2,3,7,8-TCDD von der International Agency for Research on Cancer als nichtgenotoxische Substanz angesehen [49]. Allerdings führen sehr hohe TCDD-Dosen (50–100 µg/kg) – wahrscheinlich aufgrund einer erhöhten Lipidperoxidation – zu DNA-Einzelstrangbrüchen in Ratten [45].

Kanzerogenität

TCDD hat sich in Experimenten mit Ratten, Mäusen, Hamstern und Fischen als kanzerogen erwiesen und verursacht bei beiden Geschlechtern Tumoren in verschiedenen Geweben (Haut, Leber, Schilddrüse, Lunge) in einer Dosierung, die unterhalb der maximal tolerierten Dosis liegt [24]. In chronischen Fütterungsstudien an Sprague-Dawley Ratten mit Dosisgruppen von 1, 10 und 100 ng TCDD/kg Körpergewicht/Tag wurde eine erhöhte Zahl von Karzinomen in Leber, Lunge, hartem Gaumen und Nase gefunden; für die Lebertumoren (Adenome und Karzinome) wurde ein Anstieg der Inzidenz in der mittleren und oberen Dosisgruppe sowie für Lungentumoren in der oberen Dosisgruppe festgestellt [56]. Auch ein Gemisch aus zwei hexachlorierten Dioxinkongeneren (1,2,3,6,7,8- und 1,2,3,7,8,9-HexaCDD) war im Kanzerogenesetest mit Nagern positiv [72]. Mehrstufige Kanzerogenitätstests (Initiation – Promotion) zeigen, dass TCDD in Leber und Haut ein außerordentlich potenter Tumorpromotor und möglicherweise sehr schwacher Initiator ist [24]. Die tumorpromovierende Wirkung steht im Einklang mit dem Fehlen von genotoxischen TCDD-Effekten und könnte über Dioxin-(Ah-)Rezeptorabhängige Wirkungen auf Differenzierungs- und Wachstumsprozesse beruhen. Tumorpromotion in der Rattenleber wurde auch mit 1,2,3,7,8-PentaCDD, 1,2,3,4,6,7,8-HeptaCDD, 2,3,4,7,8-PentaCDF und 1,2,3,4,7,8-HexaCDF sowie einem definierten Gemisch aus 49 PCDD-Kongeneren nachgewiesen [24]. In Lebern von weiblichen Ratten ist die TCDD-Wirkung assoziiert mit erhöhtem hepatozellulärem Wachstum und einer Unterdrückung der Apoptose in den Leberfoci [101]. Wie Experimente mit ovariektomierten Ratten zeigen, ist Östrogen ein entscheidender Stimulus für die

Wachstums- und Tumorpromotion durch TCDD in der Rattenleber [48]. Im Gegensatz dazu fördert die Ovariektomie die Tumorpromotion in der Rattenlunge. Als frühen Hinweis auf die antiöstrogene Wirkung von TCDD ist die dosisabhängige Hemmung von spontan auftretenden Brust- und Uterustumoren in weiblichen Ratten durch chronische TCDD-Gabe zu nennen. In Mäusen tritt die TCDD-Tumorpromotion in den Lebern von beiden Geschlechtern auf, aber nur in Ah-responsiven Mäusen [9]. In der Mäusehaut hat TCDD bereits eine tumorpromovierende Wirkung bei 1% der Dosis des Standard-Hauttumorpromotors 12-O-Tetradecanoylphorbolacetat [83]. Weitere kanzerogene TCDD-Wirkungen in Mäusen treten in der Schilddrüse, der Lunge und dem lymphopoietischen System auf. In Hamstern führt TCDD zu Schuppenzell-Karzinomen der Gesichtshaut [24]. Überraschenderweise hatte die Gabe von extrem niedrigen TCDD-Dosen (0,0001–0,001 μg/kg) eine offenbar antikanzerogene Wirkung zur Folge, d.h. die Bildung und das Wachstum präneoplastischer Läsionen in Rattenlebern, die mit einem Kanzerogen vorbehandelt waren, wurde gehemmt [83].

Reproduktionstoxizität

Im Allgemeinen ist der Embryo oder Fetus empfindlicher gegenüber Dioxinwirkungen als der erwachsene Organismus. Tierexperimentell wurde eine Reihe von charakteristischen Entwicklungs- und Reproduktionsstörungen durch PCDD- und PCDF-Verbindungen nachgewiesen, die vorwiegend schon in Dosierungen auftreten, die maternal nicht toxisch sind [105]. TCDD-Dosen, die zur pränatalen Mortalität führen, sind dagegen meistens mit einer maternalen Toxizität verbunden und liegen bei Hamster, Ratte und Rhesusaffe ein bis zwei Größenordnungen unter der LD_{50} im erwachsenen Tier. Fetotoxische TCDD-Dosen sind in Meerschweinchen, Mäusen, Ratten und Hamstern ähnlich, obwohl zwischen diesen Spezies in den letalen Dosen für die adulten Tiere große Unterschiede bestehen [11, 105]. In den meisten Labortieren treten fetotoxische Dioxinwirkungen in Form von Thymus- und Milzatrophien, subkutanen Ödemen, pränataler Mortalität und verringertem Fetalwachstum auf. Gastrointestinale Hämorrhagie wurde bei Ratten und Meerschweinchen, Embryonalblut-Hämorrhagie in den mütterlichen Kreislauf bei Mäusen nach pränataler Exposition gegenüber TCDD und 2,3,4,7,8-PentaCDF beobachtet.

Strukturelle Fehlentwicklungen, die bei dioxinbehandelten Mäusen und Ratten beobachtet wurden, sind Gaumenspalten und Hydronephrosen. Studien mit Dioxin-(Ah-)Rezeptor-defizienten Mäusen ergaben, dass das Auftreten dieser TCDD-Effekte vom Ah-Rezeptor abhängig ist [67]. TCDD induziert Hydronephrosen über eine Harnleiterepithel-Hyperplasie, die zur Obstruktion des Harnleiters führt. Die exzessive Proliferation von Harnleiterzellen ist mit einer erhöhten Expression eines Wachstumsfaktors (EGF)-Rezeptors assoziiert [1].

Hinweise auf einen Zusammenhang zwischen Endometriose und Exposition gegenüber TCDD/dioxinartigen PCB ergaben sich aus Studien an Rhesusaffen und aus Endometriose-Modellen an Nagern [87]; diese Beobachtungen an Affen, die zehn Jahre nach der Exposition (5–25 ppt TCDD im Futter/Tag über vier

Jahre) gemacht wurden, sind allerdings mit einigen Unklarheiten behaftet [27]. TCDD erniedrigt in Nagern die weibliche Fertilität und die Wurfgröße [105]. Einige Studien belegen, dass die anti-östrogene TCDD-Wirkung mit Zyklusstörungen und reduzierten Uterusgewichten einhergeht. In weiblichen Ratten und Hamstern, die pränatal gegenüber TCDD exponiert wurden, war die Vaginalöffnung verzögert und es traten strukturelle Abnormitäten der externen Genitalien auf. Antiandrogene Effekte (z. B. Verringerung der Hodengewichte und der Spermatogenese) nach hohen TCDD-Dosen waren mit niedrigen Testosteronkonzentrationen in männlichen Ratten assoziiert. Das männliche Reproduktionssystem reagiert bei Ratten sehr empfindlich auf TCDD-Expositionen *in utero*. Bereits die einmalige Applikation von niedrigen TCDD-Dosen an weiblichen Ratten (50–64 ng/kg Körpergewicht über Schlundsonde) hatte bei männlichen Nachkommen eine verringerte Spermienbildung/-zahl, ein verändertes Sexualverhalten und eine beschleunigte Augenöffnung zur Folge [31, 43, 96]. Als weitere Effekte in TCDD-behandelten Ratten wurden ein geringeres Gewicht der ventralen Prostata und ein geringerer anogenitaler Abstand bei den männlichen Nachkommen beschrieben. Bereits die Einmalgabe von 12,5 ng TCDD/kg Körpergewicht (am Tag 15 der Trächtigkeit) verursachte eine Abnahme der Expression des Androgenrezeptors in der ventralen Prostata der Nachkommen (am Tag 49 nach der Geburt) [79]. Aus dieser Dosis, bei der sich kein pathologischer Befund ergab (NOAEL), wurde eine maternale steady-state-Körperlast von 20 ng TCDD/kg Körpergewicht berechnet; dieser Wert entspricht beim Menschen einer geschätzten täglichen Aufnahme von nur 10 pg TCDD/kg Körpergewicht [96].

Als weiterer sensitiver Endpunkt nach TCDD-Exposition von Ratten *in utero* und über die Milch wurde eine Beeinträchtigung der Zahnentwicklung identifiziert (ab 30 ng/kg Körpergewicht, appliziert am 15. Tag der Trächtigkeit) [53]. Höhere perinatale TCDD-Expositionen (200 oder 800 ng/kg Körpergewicht als orale Einzeldosis am 15. Tag der Trächtigkeit) führten bei den Nachkommen zu Effekten auf Schilddrüsenparameter, d.h. zu einer Reduktion des Thyroxinspiegels im Serum (Gesamt-T4), zu einem Anstieg des TSH-Spiegels sowie zu einer Induktion der UDP-Glucuronosyltransferase-1; die höhere Dosis (800 ng) hatte auch eine Hyperplasie der Schilddrüse in den Nachkommen zur Folge [76]. Mit TCDD-Dosen von 100 ng und höher (am 14. Tag der Trächtigkeit) wurden in Rattenstudien permanente Effekte auf das Immunsystem (Suppression des verzögerten Typs der Hypersensitivität) der männlichen Nachkommen beobachtet [38].

Immuntoxizität

Die am häufigsten beschriebene immuntoxische Wirkung von TCDD ist die Induktion der Thymus-Atrophie [84], die mit einem Verlust von kortikalen Lymphozyten einhergeht. In toxischen Dosen, die zur Thymus-Atrophie führen, unterdrückt TCDD die Aktivität von zytotoxischen T-Lymphozyten nach Alloantigen-Reiz. Veränderungen der Thymozyten-Differenzierung wurden in Ratten schon in relativ niedrigen TCDD-Dosen (1–2 µg/kg Körpergewicht) hervor-gerufen [78]. In jungen Tieren (Ratte, Maus, Meerschweinchen) ist die Thymus-Atrophie mit einer Suppression der Immunreaktion verbunden. Diese Beein-trächtigung kann sich in einer erhöhten Anfälligkeit gegenüber infektiösen und neoplastischen Erkrankungen äußern. Viele tierexperimentelle Studien zur Wirtsresistenz ergaben, dass TCDD die Anfälligkeit gegenüber Bakterien (*Salmonella*), Viren (*Herpes*), Parasiten (*Plasmodium*) und Tumorzellen erhöht; eine erhöhte Mortalität von Mäusen nach Infektion mit Influenzaviren wurde bereits nach Einmalgabe von 10 ng/kg Körpergewicht (allerdings mit unklarer Dosis-Wirkungbeziehung [77]) berichtet [14]. Die Immunreaktion gegenüber Influen-zaviren ist von der Aktivierung von CD4$^+$ und CD8$^+$ T-Lymphozyten abhängig; diese T-Zell-Subpopulationen sind Zielzellen von TCDD [54]. Die genauen zellu-lären Wirkmechanismen, die zur Immunsuppression durch TCDD über die zellvermittelte sowie die humorale Immunreaktion führen, sind aber im We-sentlichen noch unklar [117]. Mechanistische Studien zur Beeinträchtigung der Antikörperproduktion haben ergeben, dass neben der Möglichkeit der direkten TCDD-Wirkung auf B-Zellen [17] auch die T-Helferzell-abhängige Zytokinbil-dung durch TCDD (1 µg/kg Körpergewicht in Mäusen) unterdrückt werden kann [50]. TCDD interferiert in Nagetieren mit der B-Zellreifung [17], verringert die Expression von Oberflächenproteinen auf B-Zellen und Makrophagen der Milz nach einem Tumorzellreiz; TCDD hemmt auch die B-Zellproliferation, die durch Immunglobulin-Cross-linking auf der Zelloberfläche induziert wird. Nach Behandlung von Marmosett-Affen mit niedrigen TCDD-Dosen war die Zahl von B-Zellen, „natural killer"-Zellen und T-Zell-Subpopulationen im venösen Blut verändert. Bei einigen Zelltypen der CD4$^+$-Untergruppe traten in dieser Spezies signifikante TCDD-Effekte bereits bei einer Dosis von 10 ng/kg Körpergewicht auf; bei noch niedrigeren TCDD-Dosen (0,3 ng/kg Körpergewicht) wurde aber der entgegengesetzte Effekt, d. h. eine Zunahme der entsprechenden Zellpopu-lation (CD4$^+$-CDw29$^+$) beobachtet [73]. Diese Ergebnisse zeigen, welche Schwie-rigkeiten bei der Extrapolation von hohen experimentellen TCDD-Dosen auf ei-ne niedrige (umweltrelevante) Exposition auftreten.

Neurotoxizität

Dioxineffekte auf das Nervensystem, z. B. in Form von Verhaltensstörungen treten in adulten Tieren in hohen Dosen auf, aber ihr Entstehungsmechanis-mus ist unklar [36]. Allerdings wurden nach perinataler TCDD-Exposition von Wistar-Ratten schon in niedrigen Dosen (0,3 µg/kg am Tag 19 der Trächtigkeit) bei den Nachkommen neurologische Effekte, einschließlich Hörstörungen be-schrieben [106]. Bei Nachkommen von Rhesusaffen wurden nach perinataler TCDD-Exposition leichte, nicht persistente Veränderungen im Lernverhalten be-obachtet [89]. Interessanterweise unterschieden sich die Wirkungen nicht di-oxinartiger PCB und die von TCDD bzw. dioxinartiger PCB auf das Lernverhal-ten von Ratten nach perinataler Exposition [90].

19.5.3
Wirkungsmechanismen

TCDD induziert mit ungewöhnlich hoher Potenz Fremdstoff metabolisierende Enzyme, vor allem Cytochrom P450-abhängige Proteine, z. B. die Arylhydrocarbon-Hydroxylase (CYP1A1 und CYP1A2). Studien zur Arylhydrocarbon-Hydroxylase-Induktion an Mäusen aus Inzuchtstämmen mit hoher (C57BL/6) und geringer (DBA/2) Empfindlichkeit gegenüber aromatischen Kohlenwasserstoffen führten bereits 1976 zur Entdeckung eines zytosolischen Bindeproteins, des Arylhydrocarbon- oder Ah-Rezeptors [86]. Die molekulare Basis für die unterschiedliche Sensitivität der Mausstämme ist mit einem Polymorphismus des Ah-Rezeptors assoziiert [29]. Auch in Ratten wird die stammspezifische TCDD-Empfindlichkeit zumindest teilweise auf Unterschiede in der Struktur oder der Expression des Ah-Rezeptors zurückgeführt [85]. Der Ah-Rezeptor wird in fast allen Geweben (in höchster Konzentration in Plazenta, Lunge, Leber, Pankreas und Herz) von Mensch und Tier (Nagern, Fischen und Vögeln) exprimiert. Aufgrund von In-vitro- und In-vivo-Daten (Maus-Modell mit humanem Ah-Rezeptor) ist die Ligandenbindungsaffinität des Ah-Rezeptors des Menschen und der TCDD-unempfindlicheren DBA/2-Maus etwa gleich groß [29, 71].

Außer PCDD- und PCDF-Kongeneren binden an den Ah-Rezeptor auch andere coplanare Liganden wie non-*ortho*- und mono-*ortho*chlorierte PCB, nicht halogenierte aromatische Kohlenwasserstoffe (Benz[*a*]pyren, Methylcholanthren) und heterocyclische aromatische Verbindungen (Indol-3-Carbinol, Flavone und Benzocumarine) [40]. Mit besonders hoher Affinität bindet TCDD (K_D <1 nM). In der unterschiedlichen Rezeptor-Affinität von PCDD, PCDF und coplanaren PCB wird die molekulare Basis für das TEF-Konzept gesehen [112]. Der Ah-Rezeptor fungiert als ein ligandenaktivierter Transkriptionsfaktor, über den fast alle biochemischen und pathologischen Wirkungen von Ah-Rezeptoragonisten induziert werden. Experimente an Mäusen mit inaktiviertem Ah-Rezeptor ($AHR^{-/-}$) ergaben, dass diese Tiere gegenüber den meisten toxischen Effekten (z. B. in Thymus und Leber) von Dioxinen sogar in hohen Dosen (2000 µg TCDD/kg Körpergewicht) resistent waren [32]; auch eine Resistenz gegenüber teratogenen [67], immunologischen [116] und anti-östrogenen [88] TCDD-Wirkungen wurde beobachtet. Mäuse mit defizientem Ah-Rezeptor haben höhere Gehalte an Retinoiden [6], die als Hemmstoffe der TCDD-Toxizität gelten, während eine Dioxinbehandlung in Tieren mit intaktem Ah-Rezeptor zu einer Verringerung der Retinoidspeicherung in der Leber und zu einem erhöhten Vitamin-A-Metabolismus führt [21]. Offenbar gibt es aber auch vom Ah-Rezeptor unabhängige Wirkmechanismen der Dioxine, da in Lunge und Leber von Ah-Rezeptor-defizienten Mäusen durch hohe TCDD-Dosen Vasculitis und Zellnekrosen hervorgerufen werden [32]. Für die Ausprägung der Toxizität von Dioxinen ist auch eine vom Ah-Rezeptor bei der Ligandenbindung freigesetzte Proteinkinase (c-Src) von Bedeutung: In c-*src*-defizienten Mäusen ist die TCDD-Toxizität (z. B. Letalität, Abnahme von Körper- und Thymusgewicht) gegenüber normalen Mäusen reduziert [25].

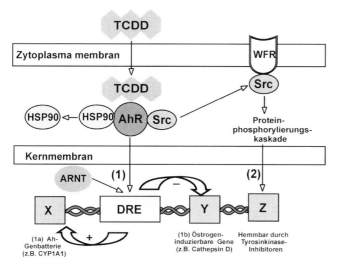

Abb. 19.3 Einfluss von TCDD auf den zellu-lären Signaltransfer. Nach der TCDD-Bin-dung an den Ah-Rezeptor (AhR) werden „heat shock"-Proteine (HSP 90) und die Tyrosin-Proteinkinase Src aus dem Rezep-torkomplex freigesetzt. Der Ah-Rezeptor bil-det dann mit dem ARNT-Protein ein Hetero-dimer und induziert die Genexpression über die Bindung an Promotorregionen mit Di-oxin-responsiven Elementen (DRE) (1). Über inhibierende Dioxin-responsive Elemente kann TCDD die Transkription von Genen, die durch andere Faktoren wie Östrogene indu-ziert werden, hemmen (1b). Außerdem kann TCDD die Gentranskription über Protein-Phosphorylierungsreaktionen modulieren (2) – z.B. über Tyrosin-Phosphorylierungskaska-den und über einen an Wachstumsfaktor-Re-zeptoren (WFR) gekoppelten Signaltransfer, der zur Phosphorylierung von Transkriptions-faktoren (z.B. AP-1) führt.

Über den Ah-Rezeptor werden hauptsächlich zwei Signalwege induziert: Der eine führt zur Transkription dioxinresponsiver Gene [103, 119], der andere zur Aktivierung von Proteinkinasen [63, 114]. Der Ah-Rezeptor bildet in der laten-ten Form im Zytoplasma einen Multiproteinkomplex mit dem „heat-shock"-Pro-tein hsp90 und anderen Proteinen, einschließlich der Proteinkinase c-Src (Abb. 19.3). Nach der Ligandenbindung dissoziiert der Ah-Rezeptor von den übrigen Proteinen und transloziert vom Zytoplasma in den Zellkern; dort dime-risiert er mit einem strukturell ähnlichen Protein, dem „Ah-receptor nuclear translocator"-Protein (ARNT). Beide Proteine gehören zur selben Familie von Transkriptionsfaktoren; sie enthalten analoge Bereiche, die für die Erkennung von spezifischen DNA-Sequenzen und für die Protein-Protein-Dimerisierung notwendig sind (basische Helix-Loop-Helix-Domäne, PAS-Domäne). Der hetero-dimere Ah-Rezeptor-ARNT-Komplex fungiert als ein transkriptionaler Enhancer durch Bindung an spezifische DNA-Sequenzen, den „Dioxin (oder Xenobiotika) responsiven Elementen" (DRE oder XRE), die in einer oder mehreren Kopien in der Promotorregion von dioxininduzierbaren Genen vorhanden sind. Der Prototyp dieser Gene ist das *cyp1a1*-Gen (Tab. 19.5). Die durch TCDD induzierte

Tab. 19.5 Proteine der Ah-Genbatterie der Maus.

Cytochrom P450 1A1 und 1A2 (CYP1A1/ CYP1A2)
Cytochrom P450 1B1 (CYP1B1)
NAD(P)H:Chinon-Oxidoreductase
Aldehyd-3-Dehydrogenase
UDP-Glucuronosyltransferase (UGT1a6)
Glutathion-S-Transferase Ya (GSTa1, Ya)
AhR-Repressor (AhRR)

transkriptionale Aktivität kann durch die Interaktion des Ah-Rezeptor-ARNT-Komplexes mit einer Reihe von Coaktivator- oder Suppressorproteinen moduliert werden. Über die gewebespezifische Expression eines Ah-Rezeptor-Repressorproteins kann die Aktivität der Ah-Rezptorkaskade durch einen „feedback"-Mechanismus gesteuert werden [66].

Der Ah-Rezeptor-Komplex kann auch an nicht funktionelle, inhibierende responsive Elemente (iDRE) binden und so zu einer Hemmung der Gentranskription führen [88]. Solche Interaktionen führen zu einem „cross-talk" zwischen den Signalwegen von Ah-Rezeptorliganden und Östrogen: Der Ah-Rezeptor hemmt durch direkte Interaktion mit iDRE die östrogenabhängige Transkription von Genen. Einige durch Östrogene induzierbare Gene werden aber auch über andere Mechanismen durch Ah-Rezeptorliganden gehemmt. TCDD verursacht eine Reihe von anti-östrogenen Wirkungen einschließlich der „down-Regulation" des Östrogen-Rezeptors und der Hemmung des östrogenabhängigen Anstiegs von Uterusgewichten in Ratte und Maus [12] und blockiert das östrogenabhängige Wachstum in humanen Brustkrebszellen [47]. Neben den anti-östrogenen Dioxineffekten (in Gegenwart von Östrogenen) wurde auch eine östrogene Wirkung von Ah-Rezeptoragonisten (in Abwesenheit von Östrogenen) über eine direkte Bindung von Ah-Rezeptor/ARNT-Heterodimeren an Östrogen-Rezeptoren beobachtet [80]. TCDD interferiert außerdem mit testosteroninduzierten Signalwegen, z.B. in Androgen-Rezeptor positiven Prostatakrebszellen, indem TCDD testosteronabhängige Wirkungen wie Wachstum und transkriptionale Aktivität hemmt [51]. Weitere Interaktionen von Ah-Rezeptor/ARNT mit anderen Signaltransferwegen sind für Sauerstoff- [37], Retinsäure- [74] und Schilddrüsenhormon-(T3)-induzierte [123] Regulationsmechanismen beschrieben worden.

Die zell- und gewebespezifische Expression von dioxininduzierbaren Genen (z.B. *cyp1a1*) wird durch verschiedene Faktoren wie Hormone (Östrogen, Insulin, T3), Wachstumsfaktoren (epidermaler Wachstumsfaktor, EGF) und Zytokine (Interleukin 1) beeinflusst [2]. Auch Regulatoren der Proteinphosphorylierung (Proteinkinase-Hemmstoffe), des oxidativen Status (Antioxidantien) oder der Arachidonsäurekaskade (Cyclooxygenase-, Lipoxygenase-Inhibitoren) modulieren die Ausprägung von TCDD-Effekten (verändertes Zellwachstum, maligne Zelltransformation) [122].

19.6
Bewertung des Gefährdungspotentials

Für die Risikobewertung von Dioxinen sind eine Fülle von biochemischen und toxischen (einschließlich letaler) Wirkungen zu berücksichtigen, die in Abhängigkeit von Spezies, Gewebe, Geschlecht und Alter qualitativ wie quantitativ unterschiedlich ausgeprägt sein können. Dioxine induzieren über eine differentielle Regulation von Hormonen, Wachstumsfaktoren und Zytokinen spezifische Wirkungen auf Wachstum und Differenzierung von Zellen. Für die gesundheitliche Bewertung von dioxinartigen Verbindungen ist aber entscheidend, dass die meisten Wirkungen über den Ah-Rezeptor vermittelt werden, wobei die relative toxische Potenz der einzelnen Kongenere mit der jeweiligen Rezeptoraffinität korreliert. Die Ah-Rezeptorbindung stellt die molekulare Basis für das TEQ-Konzept zur Abschätzung der Toxizität von Dioxingemischen dar. Die meisten experimentellen Studien mit definierten Gemischen bestätigten die Additivität der Wirkungen von Ah-Rezeptoragonisten. Da Dioxinkontaminationen in der Regel auch mit Belastungen durch andere chlorierte Kohlenwasserstoffe verbunden sind, ist eine toxikologische Bewertung ohne Einbeziehung der dioxinähnlichen PCB unvollständig. Nicht dioxinartige, di-*ortho*substituierte PCB, die z.T. in hohen Konzentrationen in Lebensmitteln (z.B. Fisch) vorkommen, können dagegen mit Ah-Rezeptoragonisten interferieren und deren tumorpromovierende [18], immun- [102] und reproduktionstoxischen [124] Wirkungen abschwächen.

Die speziesspezifischen Unterschiede hinsichtlich des Ah-Rezeptors (zelluläre Konzentration, Ligandenaffinität) sind für die gesundheitliche Bewertung der Dioxine von essentieller Bedeutung. *In-vitro*-Studien ergaben zwar eine geringere TCDD-Affinität zum humanen Ah-Rezeptor im Vergleich mit Nagern, andererseits sind die große Variabilität in der interindividuellen Rezeptoraffinität beim Menschen sowie der Einfluss gewebespezifischer Faktoren auf die Dioxinwirkung zu berücksichtigen. Die weite Verbreitung des Ah-Rezeptors im menschlichen Fetus (bereits ab einem frühen Stadium) ist für die Auswahl sensitiver entwicklungstoxischer Endpunkte aus Rattenstudien nach *in utero*-Exposition wichtig [27].

Ein weiteres Problem in der Risikobewertung stellt die Extrapolation von hohen, experimentellen Dioxindosen zu umweltrelevanten, niedrigen Konzentrationen dar. Die Unterschiede in der Toxikokinetik (Verteilung Leber/Fett, Halbwertszeiten), in den Dosis-Wirkungsbeziehung verschiedener Endpunkte und in der Exposition von Versuchstieren (definierte Substanzen) und Menschen (komplexe Gemische) erschweren die Extrapolation. Während für biochemische Dioxinwirkungen (z.B. Rezeptorbindung, Enzyminduktion) eine lineare Dosisbeziehung angenommen wird, sehen WHO und SCF für die kritischen, toxischen Endpunkte die wissenschaftliche Evidenz für einen Schwellenwert als ausreichend an und legen NOAEL/LOAEL-Werte für die Ableitung von Grenzwerten (TDI) zugrunde. Allerdings bestehen nach wie vor Unsicherheiten bezüglich der Interpretation von Bolus-Gaben, die in den reproduktionstoxikologischen

Studien zu einer hohen Dioxinkonzentration im kritischen Zeitfenster für Entwicklungsstörungen führen können [95, 96]. Nach chronischer Exposition mit einer geringen TCDD-Dosis werden dagegen unter steady-state-Bedingungen beim Menschen viel höhere Konzentrationen akkumuliert als in der Ratte. Für die Ableitung von TDI-Werten wurden daher die maternalen und fetalen Gewebekonzentrationen herangezogen, um die Körperlast bei Versuchstier und Mensch vergleichen zu können. Die berechnete niedrigste mütterliche steady-state-Körperlast, bei der in Versuchstieren die sensitiven TCDD-Effekte auf die Zahnentwicklung und das männliche Reproduktionssystem beobachtet wurden, lagen bei etwa 40–100 ng/kg Körpergewicht; das entspricht beim Menschen einer täglichen Dioxinaufnahme von 20–50 pg/kg Körpergewicht [96]. Biochemische TCDD-Effekte (Enzyminduktion [102, 124], veränderte Expression von Wachstumsfaktoren [58], erhöhter oxidativer Stress [45] und reduzierte Androgenrezeptorspiegel [79]) wurden experimentell schon mit sehr geringen Dosen erzielt (Tab. 19.6). Die entsprechende Körperlast der Versuchstiere bei diesen Dosierungen liegt im Bereich von Werten, die in der Bevölkerung von Industrieländern beobachtet wird.

Für die kanzerogene Wirkung von TCDD kann aufgrund des nicht genotoxischen Wirkungsmechanismus ebenfalls ein Schwellenwert angenommen werden. Die stärkste Evidenz für eine erhöhte Krebs-Mortalitätsrate nach TCDD-Exposition ergibt sich aus Daten von hoch belasteten Industriearbeitern (2–3 Größenordnungen über der Belastung von Kontrollgruppen). Viele andere im Tierversuch beobachtete Dioxineffekte (veränderte Schilddrüsenparameter, Immunsuppression, neurologische Befunde, veränderte Lipidspiegel, Effekte auf

Tab. 19.6 Sensitive biochemische und immunologische TCDD-Effekte.

Dosis [ng/kg/ Tag]	Induktion	Referenz
	Maus	
0,1	CYP1A1 mRNA	[22]
0,3	CYP1A2 mRNA	[115]
	7-Ethoxyresorufin-O-Deethylase (EROD)-Aktivität, 7-Methoxyresurufin-O-Demethylase (MROD)-Aktivität	
0,45	oxidativer Stress im Hirngewebe	[45]
1,5	Tyrosin-Phosphorylierung von Zellzyklusproteinen	[22]
3,4	Interleukin 1 βmRNA	[115]
	Ratte	
0,1	CYP1A1 mRNA, „down-Regulation" des EGF-Rezeptors	[58]
1,0	UGT1-mRNA	[97]
3,5	Schilddrüseneffekte (TSH-Spiegel, Vergrößerung von Follikelzellen)	[97]
	Marmosett-Affen	
0,2	Veränderungen von Lymphozyten-Subpopulationen (CD4$^+$CDw29$^+$)	[73]

Geschlechtshormone, Endometriose) sind bezüglich ihrer Bedeutung für den Menschen noch weiter zu überprüfen.

Obwohl die derzeitige Hintergrundbelastung mit dioxinartigen Verbindungen offenbar nicht mit eindeutigen gesundheitlichen Risiken assoziiert ist, wird aus Gründen der gesundheitlichen Vorsorge eine weitere Überwachung und Reduzierung der Dioxinkonzentrationen in unserer Umwelt und in den Lebensmitteln für erforderlich gehalten, damit die von internationalen Gremien aufgestellten täglichen Aufnahmewerte von der überwiegenden Mehrheit der Bevölkerung eingehalten werden können.

19.7
Grenzwerte, Richtwerte und Empfehlungen

Die WHO hat 1998 eine tolerierbare tägliche Aufnahme (TDI) von 1–4 pg TEQ (inkl. zwölf PCB)/kg Körpergewicht festgelegt [120]. Der TDI-Wert ist auf der Grundlage von sensitiven TCDD-Wirkungen aus tierexperimentellen Studien abgeleitet worden. Er bezieht sich auf die langfristige Aufnahme durch den Menschen und bedeutet nicht, dass es bei kurzfristiger Überschreitung des TDI-Wertes zu einer gesundheitlichen Gefährdung kommt. Aufgrund der Akkumulation von TCDD im Körperfett wurde von verschiedenen wissenschaftlichen Gremien anstelle der experimentell applizierten Dosen die resultierende Körperlast für den Speziesvergleich (Versuchstier – Mensch) als geeignet angesehen. Aus reproduktionstoxikologischen Studien an Ratten wurde die geringste mütterliche „steady-state"-Körperlast (40–100 ng TCDD/kg Körpergewicht), bei der noch Effekte auf die Nachkommen (verringerte Spermienproduktion) beobachtet wurden, für die Abschätzung der entsprechenden täglichen geschätzten Aufnahme beim Menschen (20–50 pg TCDD/kg Körpergewicht) zugrunde gelegt [96]. Unter Berücksichtigung der interindividuellen Variation in der TCDD-Toxikokinetik beim Menschen (Faktor von 3,2) und eines weiteren Faktors von 3 für die TDI-Ableitung aus der niedrigsten toxischen Dosis (LOAEL) ergibt sich ein Unsicherheitsfaktor von 9,6 (3,2 · 3). Mithilfe dieses Unsicherheitsfaktors würde sich aus der Aufnahme von 20 pg TCDD/kg Körpergewicht/Tag ein TDI von 2 pg/kg Körpergewicht ableiten. Wegen der langen Halbwertszeiten von Dioxinen hat der SCF (2001) statt des TDI eine tolerable *wöchentliche* Aufnahme (TWI) von 14 pg WHO-TEQ/kg Körpergewicht für 2,3,7,8-substituierte PCDD/ PCDF und für dioxinähnliche PCB abgeleitet [96]. Eine zulässige *monatliche* Aufnahme (PTMI) von 70 pg TEQ/kg Körpergewicht wurde 2002 von der JECFA vorläufig festgesetzt [52]. Überschreitungen der tolerablen Aufnahmemengen an dioxinähnlichen Verbindungen sind vor allem bei gestillten Säuglingen [13] oder durch einen hohen Fischkonsum möglich [26]. In beiden Fällen ist eine Nutzen-Risiko-Betrachtung anzustellen. Aufgrund der Stillempfehlungen der WHO ist bei den gegenwärtigen Dioxingehalten der Muttermilch nicht von gesundheitlichen Risiken für den gestillten Säugling auszugehen und wegen der positiven Auswirkungen auf das Kind (ernährungsbedingte, immunologische und psychische Vorteile) wird das Stillen ausdrücklich unterstützt und empfohlen [13]. Ein regelmäßiger Verzehr von Fisch (ein- bis zweimal pro Woche) ist bei Vermeidung besonderes belasteter Fischarten (Ostsee-Hering oder -Lachs) – mit einer tolerablen Dioxinaufnahme verbunden und wird als wichtige Quelle für langkettige mehrfach ungesättigte *n*-3-Fettsäuren wegen positiver Auswirkungen auf das Herzkreislaufsystem empfohlen [26].

19.8
Vorsorgemaßnahmen

Als gesundheitliche Vorsorgemaßnahme wird von der WHO eine tägliche Aufnahmemenge im unteren Bereich des TDI, also bis zu 1 pg WHO-TEQ/kg Körpergewicht empfohlen. Da von einem beträchtlichen Teil der Bevölkerung offenbar auch der vom SCF abgeleitete TWI überschritten wird, hat die Europäische Kommission eine Strategie zur Reduktion der Dioxin- und PCB-Kontamination in der gesamten Nahrungskette – über Umwelt, Futtermittel und Lebensmittel – entwickelt. Im Rahmen eines integrierten Konzepts wurden in den Jahren 1999 bis 2006 verschiedene legislative Maßnahmen getroffen:
- Eine Festsetzung von *Höchstgehalten* von PCDD/F erfolgte sowohl für Lebensmittel (Verordnungen EG Nr. 2375/2001 und EG Nr. 684/2004) als auch für Futtermittel (Richtlinien 2001/102/EG des Rates und 2003/57/EG der Kommission). Die Höchstgehalte wurden so festgelegt, dass der weitaus größte Teil der Lebens- und Futtermittel (mit einer Hintergrundsbelastung etwa im Bereich des aufgerundeten 95. Perzentils) verkehrsfähig ist, aber deutlich erhöhte Belastungen ausgeschlossen werden können (Tab. 19.7). Um die Gesamtbelastung mit dioxinartigen Substanzen zu senken, werden inzwischen

Tab. 19.7 EU-Höchstgehalte und -Auslösewerte für Dioxine und dioxinähnliche PCB in Lebensmitteln.

	Höchstgehalte [pg WHO-PCDD/F-TEQ/g Fett]	Auslösewerte	Höchstgehalte einschließlich dioxinähnlicher PCB [pg WHO-PCDD/F-PCB TEQ/g Fett]
Fleisch:			
Rind	3	2	4,5
Schwein	1	0,6	1,5
Geflügel	2	1,5	4
Milch	3	2	6
Eier	3	2	6
Fisch	4 [a]	3 [a]	8 [a, b]

a) bezogen auf Frischgewicht.
b) Fisch ohne Aal (Aal: 12,0).

auch dioxinähnliche PCB bei den Höchstgehalten für Lebens- (Verordnung EG Nr. 199/2006) und Futtermittel (Richtlinie 2006/13/EG) berücksichtigt.

- Zur weiteren Reduzierung von PCDD/PCDF in Lebens- und Futtermitteln wurden von der Kommission Auslöse- und Zielwerte definiert (Empfehlung der Kommission 2002/201/EG). Die bereits konkretisierten *Auslösewerte* sind als Schwellenwerte anzusehen, bei deren Erreichen die Mitgliedstaaten Untersuchungen zur Ermittlung und Maßnahmen zur Beseitigung der Kontaminationsquellen einleiten sowie prüfen sollen, ob dioxinähnliche PCB vorhanden sind (Tab. 19.7). Zur effektiven Ermittlung der Kontaminationsquellen dient das Europäische Schnellwarnsystem für Lebens- und Futtermittel, durch das beim Auftreten erhöhter Dioxinbelastungen die beteiligte Vertriebskette rückverfolgt werden kann. Dafür ist eine enge Zusammenarbeit der Behörden in den Mitgliedstaaten mit der Europäischen Kommission erforderlich.

- Die bislang nicht konkretisierten *Zielwerte* sollen angeben, wieweit die Kontaminationshöhe in Lebens- und Futtermitteln abgesenkt werden muss, um die Dioxinexposition in der EU soweit zu reduzieren, dass der vom SCF festgesetzten TDI von der Bevölkerungsmehrheit eingehalten werden kann.

- Die gemeinschaftsweite amtliche Überwachung der Futtermittel-Ausgangserzeugnisse sowie der Futter- und Lebensmittel ist von der Kommission für besonders wichtig erachtet worden. Dafür wurden von der Kommission *Verfahren zur Probenahme und Untersuchung* von Lebensmitteln festgelegt (Richtlinie 2002/69/EG, geändert durch Richtlinie 2004/44/EG). Die EG-Richtlinie wurde in Deutschland durch die Schadstoff-Höchstmengenverordnung vom 19. Dezember 2003 in nationales Recht umgesetzt. Außerdem sind Anforderungen an Bestimmungen in Futtermitteln festgelegt worden (Richtlinie 2002/70/EG).

- Leitlinien für die Beteiligung am *Dioxin- und PCB-Monitoring* (einschließlich nicht dioxinähnlicher PCB) sehen für die Mitgliedstaaten eine jährlich zu prüfende Anzahl von Lebensmittelproben vor (Mindestzahl für Deutschland: 147 Proben). In Deutschland koordiniert das Bundesamt für Verbraucherschutz und Lebensmittelsicherheit (BVL) das Monitoring durch verschiedene Bundesbehörden der Länder. Die aus dem Monitoring gewonnenen Informationen sollen zur Überarbeitung der festgelegten Höchstwerte und zur Festsetzung von Höchstwerten für nicht dioxinähnliche PCB in Lebensmitteln dienen.

19.9
Zusammenfassung

Dioxine können bei Mensch und Tier ein weites Spektrum von akut und chronisch toxischen Reaktionen auslösen. TCDD ist in verschiedenen Organen (Schilddrüse, Leber, Haut) von Nagetieren ein sehr potenter Tumorpromotor und ist aufgrund epidemiologischer Daten (erhöhte Krebsmortalität nach hoher Belastung) und mechanistischer Erwägungen (Dioxinrezeptor) als Humankanzerogen eingestuft. Indizien für toxische Wirkungen durch niedrige perinatale TCDD-Expositionen haben sich aus entwicklungs- und reproduktionstoxikologischen Studien an Nagern ergeben (männliches Reproduktionssystem, Zahnentwicklung). Diese sensitiven TCDD-Effekte erfolgten in den Versuchstieren bei einer Dioxinkörperlast, die etwa eine Größenordnung über der Hintergrundbelastung beim Menschen liegt. Als Vorsorgemaßnahme wurde daher von der WHO eine tägliche Aufnahme von bis zu 1 pg WHO-TEQ/kg Körpergewicht empfohlen, um die Bevölkerung vor möglichen gesundheitlichen Beeinträchtigungen durch Dioxine und dioxinähnliche PCB zu schützen. Hierbei sind die langen Halbwertszeiten der Dioxine im menschlichen Körper (1–20 Jahre) zu berücksichtigen, so dass bei einer nur kurzfristigen Exposition gegenüber höher belasteten Lebensmitteln weder mit akuten noch chronischen Gesundheitsschäden zu rechnen ist. Allgemein sind in Lebensmitteln und in der Umwelt die Dioxinkonzentrationen aufgrund zahlreicher Maßnahmen in den letzten Jahrzehnten deutlich zurückgegangen, so dass auch die Belastung im humanen Blut und in der Muttermilch in diesem Zeitraum abgenommen hat.

19.10
Literatur

1 Abbott BD, Birnbaum LS (1990) TCDD-induced altered expression of growth factors may have a role in producing cleft palate and enhancing the incidence of clefts after coadministration of reticoic acid and TCDD. *Toxicology and Applied Pharmacology* **106**: 418–432.

2 Abbott BD, Buckalew AR, de Vito MJ, Ross D, LaMont Bryant P, Schmid JE (2003) EGF and TGF-*a* expression influence the developmental toxicity of TCDD: dose response and AhR phenotype in EGF, TGF-*a*, and EGF + TGF-*a* knockout mice. *Toxicological Sciences* **71**: 84–95.

3 Abraham K, Wigand S, Wahn U, Helge H (1996) Time course of PCDD/PCDF concentrations in a mother and her second child during pregnancy and lactation period. *Organohalogen Compounds* **30**: 91–94.

4 Alaluusua S, Lukinmaa PL, Torppa J, Tuomisto J, Vartianinen T (1999) Developing teeth as biomarker of dioxin exposure. *Lancet* **353**: 206.

5 Alderfer R, Sweeney M, Fingerhut M, Hornung R, Wille K, Fidler A (1992) Measures of depressed mood in workers exposed to 2,3,7,8-tetrachlorodibenzo-p-dioxin. *Chemosphere*, **25**: 247–250.

6 Andreola F, Fernandez-Salguero PM, Chiantore MV, Petkovich MP, Gonzalez FJ, De Luca LM (1997) Aryl hydrocarbon receptor knockout mice (AhR-/-) exhibit liver retinoid accumulation and reduced retinoic acid metabolism. *Cancer Research* **57**: 2835–2838.

7 Baccarelli A, Mocarelli P, Patterson DG, Bonzini M, Pesatori AC, Caporaso N, Landi MT (2002) Immunologic effects of dioxin: new results from Seveso and comparison with other studies. *Environ Health Perspect* **110**: 1169–1173.

8 Beck H, Kleemann W J, Mathar W, Palavinskas R (1994) PCDD and PCDF levels in different organs from infants II. *Organohalogen Compounds* **21**: 259–264.

9 Beebe LE, Fornwald LW, Diwan BA, Anver MR, Anderson LM (1995) Promotion of N-Nitrosodiethylamine-initiated hepatocellular tumors and hepatoblastomas by 2,3,7,8-tetrachlorodibenzo-p-dioxin or Aroclor 1254 in C57BL/6, DBA72 and B6D2F1 mice. *Cancer Research* **55**: 4875–4880.

10 Bertazzi PA, Zocchetti C, Guercilena S, Consonni D, Tironi A, Landi MT, Pesatori AC (1997) Dioxin exposure and cancer risk: a 15-year mortality study after the „Seveso accident". *Epidemiology* **8**: 646–652.

11 Birnbaum LS, Tuomisto J (2000) Non-cacinogenic effects of TCDD in animals.

Food Additives and Contaminants **17**: 275–288.

12 Buchanan DL, Ohsako S, Tohyama C, Cooke PS, Iguchi T (2002) Dioxin Inhibition of estrogen-induced mouse uterine epithelial mitogenesis involves changes in cyclin and transforming growth factor-*β*-expression, *Toxicological Sciences* **66**: 62–68.

13 Bundesinstitut für Risikobewertung (BfR) (2000) Trends der Rückstandsgehalte in Frauenmilch der Bundesrepublik Deutschland – Aufbau der Frauenmilch- und Dioxin-Humandatenbank am BgVV, http://www.bfr.bund.de/cm/208/trends_der_rueckstandsgehalte_in_frauenmilch00.pdf

14 Burleson GR, Lebrec H, Yang YG, Ibanes JD, Pennington KN, Birnbaum LS (1996) Effect of 2,3,7,8-tetrachlorodibenzo-p-dioxin (TCDD) on influenza virus host resistance in mice, *Fundamental and Applied Toxicology* **29**: 40–47.

15 Chen C-Y, Hamm JT, Hass JR, Birnbaum LS (2001) Disposition of polychlorinated dibenzo-*p*-dioxins, dibenzofurans, and non-ortho polychlorinated biphenyls in pregnant Long Evans rats and the transfer to offspring. *Toxicology and Applied Pharmacology* **173**: 65–88.

16 Cole P, Trichopoulos D, Pastides H, Starr T and Mandel JS (2003) Dioxin and cancer: a critical review, *Regulatory Toxicology and Pharmacology* **38 (3)**: 378–388.

17 Crawford RB, Sulentic EW, Yoo BS, Kaminski NE (2003) 2,3,7,8-Tetrachlorodibenzo-*p*-dioxin (TCDD) alters the regulation and posttranslational modification of p27[kip1] in lipopolysaccharide-activated B cells. *Toxicological Sciences* **75**: 333–342.

18 Dean Jr CE, Benjamin SA, Chubb LS, Tessari JD, Keefe TJ (2002) Nonadditive hepatic tumor promoting effects by a mixture of two structurally different polychlorinated biphenyls in female rat livers. *Toxicological Sciences* **66**: 54–61.

19 Deutsche Gesellschaft für Ernährung (DGE) (2004) Ernährungsbericht 2004.

20 DeVito MJ, Birnbaum LS (1995) Dioxins: model chemicals for assessing receptor-mediated toxcity. *Toxicology* **102**: 115–123.

21 DeVito MJ, Jackson JA, van Birgelen APJM, Birnbaum LS (1997) Reductions in hepatic retinoid levels after subchronic exposure to dioxinlike compounds in female mice and rats. *Fundamental and Applied Toxicology* **36**: 214.

22 DeVito MJ, Ma X, Babish JG, Menache M, Birnbaum LS (1994) Dose-response relationships in mice following subchronic exposure to 2,3,7,8-tetrachlorodibenzo-*p*-dioxin: CYP1A1, CYP1A2, estrogen receptor, and protein tyrosine phosphorylation. *Toxicology and Applied Pharmacology* **124**: 82–90.

23 Diliberto JJ, DeVito MJ, Ross DG, Birnbaum LS (2001) Subchronic exposure of [3H]-2,3,7,8-tetrachlorodibenzo-*p*-dioxin (TCDD) in female B6C3F1 mice: relationship of steady-state levels to disposition and metabolism. *Toxicological Sciences* **61**: 241–255.

24 Dragan YP, Schrenk D (2000) Animal studies addressing the carcinogenicity of TCDD (or related compounds) with an emphasis on tumor promotion. *Food Additives and Contaminants* **17**: 289–302.

25 Dunlap DY, Ikeda I, Nagashima H, Vogel FA, Matsumura F (2002) Effects of src-deficiency on the expression of in vivo toxicity of TCDD in a strain of c-src knockout mice procured through six generations of backcrossings to C57BL/6 mice. *Toxicology* **172**: 125–141.

26 EFSA (2005) Gutachten des Wissenschaftlichen Gremiums für Kontaminanten in der Lebensmittelkette auf Ersuchen des Europäischen Parlaments betreffend die Sicherheitsbewertung von Wild- und Zuchtfisch. *The EFSA Journal* **236**: 1–118.

27 EFSA Scientific Colloquium (2004) Dioxins: Methodologies and principles for setting tolerable intake levels for dioxins, furans and dioxin-like PCBs, 28-29 June 2004, Brussels, Belgium (http://www.efsa.eu.int/science/colloquium_series/no1_dioxins/catindex_de.html).

28 Egeland GM, Sweeney MH, Fingerhut MA, Wille KK, Schnorr TM, Halperin WE (1994) Total serum testosterone and gonadotropins in workers exposed to dioxin. *Am J Epidemiol* **139**: 272–281.

29 Ema M, Ohe N, Suzuki M, Mimura J, Sogawa K, Ikawa S, Fujii-Kuriyama Y (1994) Dioxin binding activities of polymorphic forms of mouse and human arylhydrocarbon receptors, *Journal of Biological Chemistry* **269 (44)**: 27337–27343.

30 Eskenazi B, Mocarelli P, Warner M, Samuels S, Vercellini P, Olive D, Needham LL, Patterson DG, Brambilla P, Gavoni N, Casalini S, Panazza S, Turner W, Gerthoux PM (2002) Serum dioxin concentrations and endometriosis: a cohort study in Seveso, Italy. *Environmental Health Perspectives* **110 (7)**: 629–634.

31 Faqi AS, Dalsenter PR, Merker HJ and Chahoud I (1998) Reproductive toxicity and tissue concentrations of low doses of 2,3,7,8-tetrachlorodibenzo-*p*-dioxin in male offspring rats exposed throughout pregnancy and lactation, *Toxicology and Applied Pharmacology* **150**: 383–392.

32 Fernandez-Salguero PM, Hilbert DM, Rudikoff S, Ward JM, Gonzalez FJ (1996) Aryl-hydrocarbon receptor-deficient mice are resistant to 2,3,7,8-tetrachlorodibenzo-*p*-dioxin-induced toxicity. *Toxicology and Applied Pharmacology* **140**: 173–179.

33 Fingerhut MA, Halperin WE, Marlow DA et al. (1991) Cancer mortality in workers exposed to 2,3,7,8-tetrachlorodibenzo-*p*-dioxin. *New England Journal of Medicine* **324**: 212–218.

34 Fox TR, Best LL, Goldsworthy SM, Mills JJ, Goldsworthy TL (1993) Gene expression and cell proliferation in rat liver after 2,3,7,8-tetrachlorodibenzo-*p*-dioxin exposure. *Cancer Research* **53**: 2265–2271.

35 Gallani B, Verstraete F, Boix A, Von Holst C, Anklam E (2004) Levels of dioxins and dioxin-like PCBs in food and feed in Europe. *Organohalogen Compounds* **66**:1917–1923.

36 Gasiewicz TA (1997) Dioxins and the Ah receptor: probes to uncover processes in neuroendocrine development. *Neurotoxicology* **18**: 393–414.

37 Gassmann M, Kvietikova I, Rolfs A, Wegner RH (1997) Oxygen- and dioxin-regulated gene expression in mouse hepatoma cells. *Kidney International* **51**: 567–574.

38 Gehrs BC, Smialowicz RJ (1999) Persistent suppression of delayed-type hypersensitivity in adult F344 rats perinatally exposed to 2,3,7,8-tetrachloro-*p*-dibenzodioxin. *Toxicologist* **134**: 79–88.

39 Geyer HJ, Scheunert I, Rapp K, Kettrup A, Korte F, Greim H, Rozman K (1990) Correlation between acute toxicity of 2,3,7,8-tetrachloro-*p*-dibenzodioxin (TCDD) and total body fat content in mammals. *Toxicology* **65**: 97–107.

40 Gillner M, Bergman, J, Ambilleau C, Alexandersson M, Feruström B, Gustafsson JD (1993) Interactions of indolo[3-2-6]carbazoles and related polycyclic aroma hydrocarbons with specific binding sites for 2,3,7,8-tetrachloro-*p*-dibenzodioxin in rat liver. *Molec Pharmacol* **28**: 357–363.

41 Giri AK (1986) Mutagenic and genotoxic effects of 2,3,7,8-tetrachloro-*p*-dibenzodioxin, A review. *Mutation Research* **168**: 241–248.

42 Grassmann JA, Masten SA, Walker NJ, Lucier GW (1998) Animal models of human response to dioxins. *Environmental Health Perspectives* **106** (Suppl 2): 761–775.

43 Gray LE Jr., Ostby JS, Kelce WR (1997) A dose-response analysis of the reproductive effects of a single gestational dose of 2,3,7,8-tetrachlordibenzo-*p*-dioxin in male Long Evans Hooded rat offspring. *Toxicology and Applied Pharmacology* **146**: 11–20.

44 Hardell L, Eriksson M, Axelson O, Flesch-Janys D (2003) Epidemiological studies on cancer and exposure to dioxins and related compounds, in Schecter A, Gasiewicz TA (Hrsg) Dioxins and Health, John Wiley & Sons, Inc., Hoboken, New Jersey, 729–764.

45 Hassoun EA, Wilt SC, DeVito MJ, Van Birgelen A, Alsharif NZ, Birnbaum LS, Stohs SJ (1998) Induction of oxidative stress in brain tissues of mice after subchronic exposure to 2,3,7,8-tetrachlorodibenzo-*p*-dioxin. *Toxicological Sciences* **42**: 23–27.

46 Hebert C, Harris MW, Elwell MR, Birnbaum LS (1990) Relative toxicity and tumor-promoting abilities of 2,3,7,8-tetrachlorodibenzo-*p*-dioxin (TCDD),

2,3,4,7,8-pentachlorodibenzofuran (PCDF) and 1,2,3,4,7,8-hexachlorodibenzofuran (HCDF) in hairless mice. *Toxicology and Applied Pharmacology* **102**: 362–377.

47 Hokanson R, Miller S, Hennessey M, Flesher M, Hanneman W, Busbee D (2004) Disruption of estrogen-regulated gene expression by dioxin: down regulation of a gene associated with the onset of non-insulin-dependent diabetes mellitus (type 2 diabetes). *Human & Experimental Toxicology* **23**: 555–564.

48 Huff J, Lucier G, Tritscher, A (1994 Carcinogenicity of TCDD: Experimental, mechanistic, and epidemiologic evidence. *Ann Rev Pharmacol Toxicol* **34**: 343–372.

49 International Agency for Research on Cancer (IARC) (1997) Monographs on the evaluation of carcinogenic risks to humans. Polychlorinated dibenzo-*para*-dioxins and polychlorinated dibenzofurans. IARC Monographs, Vol. 69, Lyon.

50 Ito T, Inouye K, Fujimake H, Tohyama C. Nohara K (2002) Mechanism of TCDD-induced suppression of antibody production: Effect on T cell derived cytokine production in the primary immune reaction of mice. *Toxicol Sci* **70**: 46–54.

51 Jana NR, Sakar S, Ishizuka M, Yonemoto J, Tohyama C, Sone H (1998) Cross-talk between 2,3,7,8-tetrachlorodibenzo-*p*-dioxin and testosterone signal transduction pathways in LNCaP prostate cancer cells. *Biochem Biophys Res Commun* **256**: 462–468.

52 JECFA (2002) Polychlorinated dibenzodioxins, polychlorinated dibenzofurans, and coplanar polychlorinated biphenyls, WHO Food Additives Series: 48, WHO, Genf, Schweiz, (http://www.inchem.org/documents/jecfa/jecmono/v48jc20.htm).

53 Kattainen H. Tuukkanen J, Simanainen U. Tuomisto JT, Kovero O, Lukinmaa P-L, Alaluusua S, Tuomisto J., Viluksela M (2001) *In utero*/lactational 2,3,7,8-tetrachlorodibenzo-*p*-dioxin exposure impairs molar tooth development in rats. *Toxicology and Applied Pharmacology* **174**: 216–224.

54 Kerkvliet NI, Shepherd DM, Baecher-Steppan L (2002) T lymphocytes are direct, aryl hydrocarbon receptor (AhR)-dependent targets of 2,3,7,8-tetrachlorodibenzo-p-dioxin (TCDD): AhR expression in both CD4[+] and CD8[+] T cells is necessary for full suppression of a cytotoxic T lymphocyte response by TCDD, *Toxicology and Applied Pharmacology* **185**: 146–152.

55 Kimmig J, Schulz KH (1957) Berufliche Akne (sog. Chlorakne) durch chlorierte aromatische zyklische Äther. *Dermatologica* **115**: 540–546.

56 Kociba RJ, Keyes DG, Beyer J, Carreon R, Wade C, Dittenber D, Kalnins R, Frauson L, Park C, Barnard S, Hummel R, Humiston C (1978) Results of the two year toxicity and oncogenicity study of 2,3,7,8-tetrachlorodibenzo-*p*-dioxin. *Toxicology and Applied Pharmacology* **46**: 279–303.

57 Kogevinas M, Becher H, Benn T, Bertazzi PA, Boffetta P, BuenodeMesquita HB, Coggon D, Colin D, Flesch-Janys D, Fingerhut M, Green L, Kauppinen T, Littorin M, Lynge E, Mathews JD, Neuberger M, Pearce N, Saracci R (1997) Cancer mortalitiy in workers exposed to phenoxy herbicides, chlorophenols, and dioxins: An expanded and updated international cohort study. *Am J Epidemiol* **145**: 1061–1075.

58 Kohn MC, Lucier GW, Clark GC, Sewall C, Tritscher AM, Portier CJ (1993) A mechanistic model of effects of dioxin on gene expression in the rat liver, *Toxicology and Applied Pharmacology* **120**: 138–154.

59 Koopman-Esseboom C, Morse DC, Weisglas-Kuperus N, Lutkeschipholt IJ, Van der Paauw CG, Tuinstra LG, Brouwer A, Sauer PJ. (1994) Effects of dioxins and polychlorinated biphenyls on thyroid hormone status of pregnant women and their infants. *Pediatr Res* **36**: 468–473.

60 Kreuzer PE, Csanády GyA, Baur C, Kessler W, Päpke O, Greim H, Filser JG (1997) 2,3,7,8-Tetrachlorodibenzo-*p*-dioxin (TCDD) and congeners in infants. A toxicokinetic model of human lifetime body burden by TCDD with special emphasis on its uptake by nutrition. *Arch Toxicol* **71**: 383–400.

61 Liem AKD, Fürst P, Rappe C (2000) Exposure of populations to dioxins and related compounds. *Food Additives and Contaminants* **17**: 241–259.

62 Masuda Y (2003) The Yusho Rice Oil poisoning incident, in Schecter A, Gasiewicz TA (Hrsg) Dioxins and Health, John Wiley & Sons, Inc., Hoboken, New Jersey, 855–919.

63 Matsumura F (1994) How important is the protein phosphorylation pathway in the toxic expression of dioxin-type chemicals? *Biochemical Pharmacology* **48 (2)**: 215–224.

64 McConnell EE, Moore JA (1979) Toxicopathology characteristics of the halogenated aromatics, *Ann NY Acad Sci* **320**: 138–150.

65 Michalek JE, Tripathi RC (1999) Pharmacokinetics of TCDD in veterans of Operation Ranch Hand: 15-year follow-up, *Journal of Toxicology and Environmental Health*, Part A, **57**: 369–378.

66 Mimura J, Ema M, Sogawa K, Yasuda M, Fuji-Kuriyama Y (1999) Identification of a novel mechanism of regulation of Ah (dioxin) receptor function, *Genes & Development* **13**: 20–25.

67 Mimura J, Yamashita K, Nakamura K, Morita M, Takagi TN, Nakao K, Ema K, Sogawa K, Yasuda M, Katsuki M, Fuji-Kuriyama Y (1997) Loss of teratogenic response to 2,3,7,8-tetrachlorodibenzo-*p*-dioxin (TCDD) in mice lacking the Ah (dioxin) receptor. *Genes to Cells* **2**: 645–654.

68 Mocarelli P, Gerthoux PM, Ferrari E, Patterson Jr DG, Kieszak SM, Brambilla P, Vincoli N, Signorini S, Tramacere P, Carreri V, Sampson EJ, Turner WE, Needham LL (2000) Paternal concentrations of dioxin and sex ratio of offspring. *Lancet* **355**: 1858–1863.

69 Mocarelli P, Marocchi A, Patterson, Brambilla P, Gerthoux PM, Young DS, Mantel N (1986) Clinical laboratory manifestations of exposure to dioxin in children. A six year study of the effects of an environmental disaster near Seveso, Italy. *J Am Med Assoc* **256**: 2687–2695.

70 Mocarelli P, Needham LL, Marocchi A, Patterson DG Jr, Brambilla P, Gerthoux PM, Meazza L, Carreri V (1991) Serum concentrations of 2,3,7,8-tetrachlorodibenzo-*p*-dioxin and test results from selected residents of Seveso, Italy. *J Toxicol Environ Health* **32**: 357–366.

71 Moriguchi T, Motohashi H, Hosoya T, Nakajima O, Takahashi S, Ohsako S, Aoki Y, Nishimura N, Tohyama C, Fujii-Kuriyama Y, Yamamoto M (2003) Distinct response to dioxin in an arylhydrocarbon receptor (AHR)-humanized mouse. *Proceedings of the National Academy of Sciences of the United States of America* **100 (10)**: 5652–5657.

72 National Toxicology Program (1980) Bioassay of a mixture of 1,2,3,6,7,8-hexachlorodibenzo-*p*-dioxin and 1,2,3,7,8,9-hexachlorodibenzo-*p*-dioxin for possible carcinogenicity (gavage study). Tech Report No.198.

73 Neubert R, Stahlmann R, Korte M, van Loveren H, Vos JG, Webb JR, Golor G, Helge H, Neubert D (1993) Effects of small doses of dioxins on the immune system of marmosets and rats, *Annals of the New York Academy of Sciences* **685**: 662–686.

74 Nilsson C, Hakansson H (2002) The retinoid signaling system – a target in dioxin toxicity. *Critical Reviews in Toxicology* **32**: 211–232.

75 Nishimura N, Miyabara Y, Sato M, Yonemoto J, Tohyama C (2002) Immunhistochemical localization of thyroid stimulating hormone induced by a low oral dose of 2,3,7,8-tetrachlorodibenzo-*p*-dioxin in female Sprague-Dawley rats. *Toxicology* **171**: 73–82.

76 Nishimura N, Yonemoto J, Miyabara Y, Sato M, Tohyama C (2003) Rat thyroid hyperplasia induced by gestational and lactational exposure to 2,3,7,8-tetrachlorodibenzo-*p*-dioxin. *Endocrinology* **144**: 2075–2083.

77 Nohara K, Izumi H, Tamura S, Nagata R and Tohyama C (2002) Effect of low-dose 2,3,7,8-tetrachlorodibenzo-p-dioxin (TCDD) on influenza A virus-induced mortality in mice, *Toxicology* **170**: 131–138.

78 Nohara K, Ushio H, Tsukumo S, Kobayashi T, Kijima M, Tohyama C, Fujimaki H (2000) Alterations of thymocyte development, thymic emigrants and periphe-

ral T cell population in rats exposed to 2,3,7,8-tetrachlorodibenzo-*p*-dioxin. *Toxicology* 145: 227–235.

79 Ohsako S, Miyabara Y, Nishimura N, Kurosawa S, Sakaue M, Ishimura R, Sato M, Takeda K, Aoki Y, Sone H, Tohyama C and Yonemoto J (2001) Maternal Exposure to a Low Dose of 2,3,7,8-tetrachlorodibenzo-p-dioxin (TCDD) Suppressed the Development of Reproductive Organs of Male Rats: Dose-Dependent Increase of mRNA Levels of 5 *a*-Reductase Type 2 in Contrast to Decrease of Androgen Receptor in the Pubertal Ventral Prostate, *Toxicological Science* 60: 132–143.

80 Ohtake F, Takeyama K-I, Matsumoto T, Kitagawa H, Yamamoto Y, Nohara K, Tohyama C, Krust A, Mimura J, Chambon P, Yanagisawa J, Fujii-Kuriyama Y, Kato S (2003) Modulation of oestrogen receptor signalling by association with the activated dioxin receptor. *Nature* 423: 545–550.

81 Patandin S, Koopman-Esseboom C, De Ridder MAJ, Sauer PJJ, Weisglas-Kuperus N (1999) Effects of environmental exposure to polychlorinated biphenyls and dioxins on cognitive abilities in Dutch children at 42 months of age. *The Journal of Pediatrics* 134: 33–41.

82 Pesatori AC, Zocchetti C, Guercilena S, Consonni D, Turrini D, Bertazzi PA (1998) Dioxin exposure and non-malignant health effects: a mortality study. *Occcup Environ Med* 55: 126–131.

83 Pitot HC, Goldsworthy TL, Moran S, Kennan W, Glauert HP, Maronpot RT, Campbell HA (1987) A method to quantitate the relative initiating and promotion potencies of hepatocarcinogenic agents in their dose-response relationships to altered hepatic foci. *Carcinogenesis* 8:1491–1499.

84 Pohjanvirta R, Tuomisto J (1994) Short-term toxicity of 2,3,7,8-tetrachlorodibenzo-*p*-dioxin in laboratory animals: Effects, mechanisms, and animal models. *Pharmacol Rev* 46: 483–549.

85 Pohjanvirta R, Wong J, Li W, Harper P, Tuomisto J (1998) Point mutation in intron sequence causes altered carboxyl-terminal structure in the aryl hydrocarbon receptor of the most 2,3,7,8-tetrachlorodibenzo-*p*-dioxin-resistent rat strain. *Molec Pharmacol* 54: 86–93.

86 Poland A, Knutson JC (1982) 2,3,7,8-Tetrachlorodibenzo-*p*-dioxin and related halogenated aromatic hydrocarbons: Examination of the mechanism of toxicity. *Ann Rev Pharmacol Toxicol* 22: 517–554.

87 Rier S, Foster WG (2002) Environmental dioxins and endometriosis, *Toxicological Sciences* 70: 161–170.

88 Safe SH (2001) Molecular biology of the Ah receptor and its role in carcinogenesis, *Toxicology Letters* 120: 1–7.

89 Schantz S, Bowman RE (1989) Learning in monkeys exposed perinatally to 2,3,7,8-tetrachlorodibenzo-*p*-dioxin (TCDD). *Neurotoxicology and Teratology* 11: 13–19.

90 Schantz S, Seo B-W, Moshtaghian J, Peterson RE, Moore RW (1996) Effects of gestational and lactational exposure to TCDD or coplanar PCBs on spatial learning, *Neurotoxicology and Teratology* 18: 305–313.

91 Schecter AJ, Dai LC, Thuy LT, Quynh HT, Minh DQ, Cao, HD, Phiet PH, Nguyen NT, Constable, JD, Baugham R (1995) Agent Orange and the Vietnamese: The persistence of elevated dioxin levels in human tissues. *Am J Public Health* 85: 516–522.

92 Schecter AJ, Päpke O (1998) Comparison of blood dioxin, dibenzofuran and coplanar PCB levels in strict vegetarians (vegans) and the general United States population, *Organohalogen Compounds* 38: 179–182.

93 Schecter AJ, Päpke O, Piskac AL (2000) Dioxin levels in milk and blood from Germany and the USA: Are dioxin blood levels decreasing in both countries? *Organohalogen Compounds* 48: 68–71.

94 Scientific Committee on Animal Nutrition (2000) Opinion of the SCAN on the Dioxin Contamination of Feedingstuffs and their Contribution to the Contamination of Food of Animal Origin, http://europa.eu.int/comm/food/fs/sc/scan/out55_en.pdf.

95 Scientific Committee on Food (2000) Opinion of the SCF on the Risk Assessment of Dioxins and Dioxin-like PCBs in

Food, (http://europa.eu.int/comm/food/fs/sc/scf/out78_en.pdf).

96 Scientific Committee on Food (2001) Opinion of the Scientific Committee on Food on the risk assessment of dioxins and dioxin-like PCBs in food. Adopted on 30 May 2001. European Commission, Brussels. *http://europa.eu.int/comm/food/fs/sc/scf/out90_en.pdf*

97 Sewall C.H, Flagler N, Van den Heuvel JP, Clark GC, Tritscher AM, Maronpot RM, Lucier GW (1995) Alterations in thyroid-function in female Sprague-Dawley rats following chronic treatment with 2,3,7,8-tetrachlorodibenzo-p-dioxin. *Toxicology and Applied Pharmacology* **132**: 237–244.

98 Sinclair PR, Gorman N, Dalton T, Walton HS, Bement WJ, Sinclair JF, Smith AG, Nebert DW (1998) Uroporphyria produced in mice by iron and 5-aminolaevulinic acid does not occur in CYP1A2(-/-) null mutant mice. *Biochemical Journal* **330**: 149–153.

99 Steenland K, Deddens J (2003) Dioxin: Exposure-response analyses and risk assessment. *Industrial Health* **41**: 175–180.

100 Steenland K, Piacitelli L, Deddens J, Fingerhut M, Chang LI (1999) Cancer, heart disease and diabetes in workers exposed to 2,3,7,8-tetrachlorodibenzo-p-dioxin. *J Natl Cancer Inst* **91**: 779–785.

101 Stinchcombe S, Buchmann A, Bock K, Schwarz M (1995) Inhibition of apoptosis during 2,3,7,8-tetrachlorodibenzo-p-dioxin-mediated tumor promotion in rat liver. *Carcinogenesis* **16**: 1271–1275.

102 Suh J, Kang JS, Yang K-H, Kaminsiki NE (2003) Antagonism of aryl hydrocarbon receptor-dependent induction of CYP1A1 and inhibition of IgM expression by di-*ortho*-substituted polychlorinated biphenyls. *Toxicology and Applied Pharmacology* **187**: 11–21.

103 Swanson HI (2002) DNA binding and protein interactions of the AHR/ARNT heterodimer that facilitate gene activation. *Chemico-Biological Interactions* **141**: 63–76.

104 Sweeney MH, Moracelli P (2000) Human health effects after exposure to 2,3,7,8-TCDD. *Food Additives and Contaminants* **4**: 303–316.

105 Theobald HM, Kimmel GL, Peterson RE (2003) Developmental and reproductive toxicity of dioxins and related chemicals, in Schecter A, Gasiewicz TA (Hrsg) Dioxins and Health Dioxins and Health, John Wiley & Sons, Inc., Hoboken, New Jersey, 329–431.

106 Thiel R, Koch E, Ulbrich B, Chahoud I (1994) Peri- and postnatal exposure to 2,3,7,8-tetrachlorodibenzo-p-dioxin: effects on physiologcal development, reflexes, locomotor activity and learning behaviour in Wistar rats. *Archives of Toxicology* **69**: 79–86.

107 Thornton AS, Oda Y, Stuart GR, Glickman BW, de Boer JG (2001) Mutagenicity of TCDD in Big Blue[R] transgenic rats. *Mutat Res* **478**: 45–50.

108 Tonn TC, Esser EM, Schneider W, Steinmann-Steiner-Haldenstatt W, Gleichmann E (1996) Persistence of decreased T helper cell function in industrial workers 20 years after exposure to 2,3,7,8-tetrachlorodibenzo-p-dioxin. *Evironmental Health Perspect* **104**: 422–426.

109 Umweltbundesamt (2005) Dioxine in der Umwelt. (*http://www.umweltbundesamt.de*)

110 United Nations Environment Programme (UNEP) (2001) Stockholm Convention on Persistent Organic Pollutants (http://www.pops.int).

111 Van Birgelen APJM, van den Berg M (2000) Toxicokinetics. *Food Additives and Contaminants* **17**: 267–273.

112 Van den Berg M, Birnbaum L, Denison M, De Vito M, Farland W, Feeley M, Fiedler H, Hakansson H, Hanberg A, Haws L, Rose M, Safe S, Schrenk D, Tohyama C, Tritscher A, Tuomisto J, Tysklind M, Walker N, Peterson RE (2006) The 2005 World Health Organization re-evaluation of human and mammalian toxic equivalency factors for dioxins and dioxin-like compounds. *Toxicological Sciences* **93**: 223–241.

113 Van den Berg M, De Jong J, Poiger H, Olson JR (1994) The toxicokinetics and metabolism of polychlorinated dibenzo-p-dioxins (PCDDs) and dibenzofurans

(PCDFs) and their relevance for toxicity. *Crit Rev Toxicol* **24**: 1–74.

114 Vogel C, Boerboom A-EJF, Baechle C, El-Bahay C, Kahl R, Degen GH, Abel J (2000) Regulation of prostaglandin endoperoxide H synthase-2 induction by dioxin in rat hepatocytes: possible c-Src-mediated pathway, *Carcinogenesis* **21**: 2267–2274.

115 Vogel C, Donat S, Döhr O, Kremer J, Esser C, Roller M, Abel J (1997) Effect of subchronic 2,3,7,8-tetrachlorodibenzo-p-dioxin exposure on immune system and target gene responses in mice: calculation of benchmark doses for CYP1A1 and CYP1A2 related enzyme activities. *Archives of Toxicology* **71**: 372–382.

116 Vorderstrasse BA, Steppan LB, Silverstone AE, Kerkvliet NI (2001) Aryl hydrocarbon receptor-deficient mice generate normal immune responses to model antigens and are resistant to TCDD-induced immune suppression, *Toxicology and Applied Pharmacology* **171**, 157–164.

117 Warren TK, Mitchell KA, Lawrence BP (2000) Exposure to 2,3,7,8-tetrachlorodibenzo-p-dioxin (TCDD) suppresses the humoral and cell-mediated immune responses to influenza A virus without affecting cytolytic activity in the lung. *Toxicological Sciences* **56**: 114–123.

118 Weisglas-Kuperus N, Sas TCJ, Koopman-Esseboom C, van der Zwan CW, de Ridder MAJ, Beishuizen A, Hooijkaas H, Sauer PJJ (1995) Immunologic effects of background prenatal and postnatal exposure to dioxins and polychlorinated biphenyls in Dutch infants. *Pediatric Research* **38 (3)**: 404–410.

119 Whitlock JP Jr (1999) Induction of cytochrome P4501A1. *Annual Reviews of Pharmacology and Toxicology* **39**: 103–129.

120 WHO-ECEH-IPCS (2000) Consultation on assessment of the health risk of dioxins; re-evaluation of the tolerable daily intake (TDI). *Food Additives and Contaminants* **17 (4)**: 223–240.

121 Wittsiepe J, Fürst P, Schrey P, Lemm F, Kraft M, Eberwein G, Winneke G, Wilhelm M (2004) PCDD/F and dioxin-like PCB in human blood and milk from German mothers, *Organohalogen Compounds* **66**: 2865–2871.

122 Wölfle D, Marotzki S, Dartsch D, Schäfer W, Marquardt H. (2000) Induction of cylooxygenase expression and enhancement of malignant cell transformation by 2,3,7,8-tetrachlorodibenzo-p-dioxin. *Carcinogenesis* **21**: 15–21.

123 Yamada-Okabe T, Aono T, Sakai H, Kashima Y, Yamada-Okabe H (2004) 2,3,7,8-Tetrachlorodibenzo-p-dioxin augments the modulation of gene expression mediated by the thyroid hormone receptor. *Toxicology and Applied Pharmacology* **194**: 201–210.

124 Zhao F, Mayura K, Kocurek N, Edwards JF, Kubena LF, Safe SH, Philips TD (1997) Inhibition of 3,3′,4,4′,5-pentachlorobiphenyl-induced chicken embryotoxicity by 3,3′,4,4′,5,5′-hexachlorobiphenyl. *Fundamental and Applied Toxicology* **35**: 1–8.

125 Zober A, Messerer P, Huber P (1990) Thirty-four year mortality follow-up of BASF employees exposed to 2,3,7,8-TCDD after the 1953 accident. *Int. Arch Occup Environ Health* **62**: 139–157.

20
Polyhalogenierte Bi- und Terphenyle

Gabriele Ludewig, Harald Esch und Larry W. Robertson

20.1
Allgemeine Substanzbeschreibung

20.1.1
Polychlorierte Biphenyle (PCB)

Polychlorierte Biphenyle sind industriell produzierte Chemikalien, die über mehrere Jahrzehnte in mehreren europäischen und asiatischen Ländern und den USA produziert und genutzt wurden [73, 107, 220]. Chemisch gesehen sind PCB Biphenyle mit 1–10 Chloratomen (Abb. 20.1).

Basierend auf der maximalen Kombinationsmöglichkeit von 1–10 Chloratomen in den verschiedenen Positionen sind insgesamt 209 unterschiedliche PCB-Kongenere möglich. Kongenere mit gleichem Molekulargewicht werden als Isomere bezeichnet (z. B. alle PCB mit vier Chloratomen). Individuelle PCBs werden nach der Position und Anzahl ihrer Chloratome benannt. Eine zweite, einfachere, ein- bis dreizifferige Nomenklatur ist sehr gebräuchlich, bei der die individuellen PCB-Kongenere sequentiell von 1 (2-Monochlorbiphenyl) bis 209 (Decachlorbiphenyl) durchnummeriert sind ([25], S. 445 in [220]). Nach dieser Nomenklatur wird beispielsweise 3,3',4,4'-Tetrachlorbiphenyl als PCB 77 und 2,2',4,4',5,5'-Hexachlorbiphenyl als PCB 153 bezeichnet (Strukturformeln s. Abb. 20.8 und 20.9).

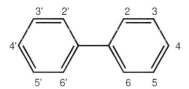

Abb. 20.1 Biphenyl mit Nummerierung der Kohlenstoffatome, die für eine Bindung von einem Chloratom zur Verfügung stehen.

Handbuch der Lebensmitteltoxikologie. H. Dunkelberg, T. Gebel, A. Hartwig (Hrsg.)
Copyright © 2007 WILEY-VCH Verlag GmbH & Co. KGaA, Weinheim
ISBN: 978-3-527-31166-8

Die Position der Chloratome im Ring ist von entscheidender Bedeutung für die Aktivität der PCB. Daher wird häufig zur Benennung von Untergruppen zwischen *ortho-* (relativ zur Biphenylbrücke; Position 2, 6, 2′, und 6′), *meta-* (Position 3, 5, 3′, und 5′) und *para-* (Position 4 und 4′) substituierten PCB unterschieden. Die Anwesenheit von *ortho-*Chloratomen hat einen direkten Einfluss auf die dreidimensionale Struktur des Moleküls, da *ortho-*Substitution die parallele (coplanare) Ausrichtung der Phenylringe zueinander behindert, was einen signifikanten Einfluss auf die chemischen und biologischen Eigenschaften eines Kongeners hat. PCB ohne Chloratome in *ortho-*Position, wie z. B. 3,3′,4,4′-Tetrachlorbiphenyl (PCB 77), werden daher oft gemeinsam als *coplanare* Kongenere bezeichnet, während solche mit *ortho-*Chlorsubstituenten als *nicht coplanar* bezeichnet werden, obwohl die Coplanarität schrittweise mit der Zunahme an *ortho-*Chlorierung abnimmt.

Bei der kommerziellen Herstellung wurden PCB nicht als individuelle Substanzen oder Kongenere, sondern im Batch-Verfahren durch katalytische Chlorierung von Biphenyl mit Chlorgas produziert. Dadurch entstanden komplexe Mischungen, die eine Vielzahl individueller Kongenere enthielten. Diese Mischungen wurden dann typischerweise unter einem Handelsnamen (Aroclor von der Firma Monsanto in den USA, Kanechlor in Japan, Clophen der Firma Bayer in Deutschland) verkauft, wobei eine Zahl den ungefähren Prozentsatz an Chlor im Gewicht der Mischung anzeigt. Beispiele sind Aroclor 1254 mit 54% und Clophen A60 mit 60% Chlor (Tab. 20.1).

Tab. 20.1 Chlorgehalt, durchschnittliches Molekulargewicht und prozentualer Anteil isomerer Chlorbiphenyle in kommerziellen Mischungen, modifiziert nach [263].

	Aroclor 1242	Aroclor 1254	Aroclor 1260	Clophen A30	Clophen A60
% Chlor	40–42	52–54	60	40–42	60
Durchschnittliche Anzahl von Chloratomen pro Molekül	3,4	5,1	6,3	3,1	6,2
Durchschnittliches Molekulargewicht	261	327	372	261	372
Isomere	%	%	%	%	%
Monochlorbiphenyl	1	–	–	–	–
Dichlorbiphenyl	13	–	–	20	–
Trichlorbiphenyl	45	1	–	52	–
Tetrachlorbiphenyl	31	15	–	22	1
Pentachlorbiphenyl	10	53	12	3	16
Hexachlorbiphenyl	–	26	42	1	51
Heptachlorbiphenyl	–	4	38	–	28
Octachlorbiphenyl	–	–	7	–	4
Nonachlorbiphenyl	–	–	1	–	–
Decachlorbiphenyl	–	–	–	–	–

Wie Tabelle 20.1 zu entnehmen ist, unterscheiden sich die verschiedenen kommerziellen Mischungen im Chlorgehalt, besitzen aber teilweise gleiche Isomere und Kongenere [263]. Die Kombination von Isomeren und Kongeneren in einer Mischung bestimmt ihre technische Anwendung, aber auch die biologische und toxikologische Wirkung. Die Zusammensetzung von PCB-Mischungen ist allerdings nicht statisch, sondern kann sich durch selektiven Transport in der Umwelt und durch biologische und chemische Prozesse sehr verändern. Das Ergebnis ist, dass sich die Zusammensetzung der Kongeneren, die heutzutage in der Umwelt und im Menschen gefunden werden, sehr von derjenigen der ursprünglichen kommerziellen Mischungen unterscheidet.

Die weltweite Produktion von PCB wird auf 1,2–2 Millionen Tonnen geschätzt [20, 273]. Die höhere, zweite Schätzung beruht darauf, dass nach der Öffnung des „Eisernen Vorhangs" erstmals Produktionsdaten von osteuropäischen Ländern erhältlich waren. Tabelle 20.2 demonstriert die weit verbreitete PCB-Produktion in westlichen Ländern. Daten zur PCB-Produktion in Osteuropa, z.B. Polen [143], der ehemaligen Sowjetunion, Tschechoslowakei und vielen anderen Ländern müssen anderweitig entnommen werden.

PCB fanden eine breite industrielle Anwendung, die heutzutage, basierend auf der Wahrscheinlichkeit einer möglichen Umweltkontamination, in drei Gruppen gegliedert werden: *Offene* Anwendungen, in denen PCB beispielsweise in Kopierpapier, Tinte und Klebstoffen, zur Wachsverlängerung, als Entstauber oder als Weichmacher in Gummi- und Plastikmischungen eingesetzt wurden. Als *Halbgeschlossene* Systeme werden z.B. Hydraulik- und Hitzetransferflüssigkeiten und Gleitmittel bezeichnet. *Geschlossene* Systeme bezeichnen den Einsatz von PCB in elektrischen Kondensatoren und Transformatoren (Kapitel 1 in [146]). Verkauf und Gebrauch von PCB in den ersten zwei Anwendungsgruppen endeten in vielen Ländern in den späten 1970er Jahren, nachdem PCB in der Umwelt nachgewiesen wurden [135]. PCB sind weiterhin in alten Kondensatoren und Transformatoren im Einsatz, die aber aufgrund gesetzlicher Regelungen mit der Zeit gegen PCB-freie Geräte ausgetauscht werden müssen.

Tab. 20.2 Kommerzielle Produktion von PCB in OECD Ländern (in Tonnen), modifiziert nach [147].

Land	Bis 1954	1955–59	1960–64	1965–69	1970–74	1975–79	1980–84	Summe
Frankreich	2800	7085	14401	16975	25759	28141	21560	116721
W.-Deutschland	7200	8125	22465	29429	36343	34072	20609	158243
Italien	0	520	1920	4430	7195	8076	5867	28008
Spanien	0	150	1289	4296	9433	9300	4496	28964
Großbritannien	100	2042	10215	22973	22017	9501	0	66848
Japan	200	3960	10530	24750	19879	0	0	59319
USA	172000	68000	94500	166300	114000	32900	0	647700
Summe	182300	89882	155320	269153	234626	121990	52532	1105803

20.1.2
Polybromierte Biphenyle (PBB)

Die Nomenklatur und die Methode zur kommerziellen Herstellung von PBB im Batch-Verfahren durch die katalytische Bromierung von Biphenyl sind mit denjenigen von PCB identisch. Der Hauptproduzent in den USA war Michigan Chemical Corporation in St. Louis, Michigan, die PBB-Mischungen unter dem Handelsnamen fireMaster verkaufte. Europäische Handelsnamen waren z.B. Bromkal 80-9D (Chemische Fabrik Kalk, Köln) und Adine 0102 (Ugine Kuhlmann jetzt Atochem, Paris). Im Vergleich zu PCB machen PBB nur einen geringen Teil der produzierten und in die Umwelt freigesetzten halogenierten Biphenyle aus. Nur aufgrund eines Unfalls, der sich in Michigan in den 1970er Jahren ereignete und bei dem PBB in die menschliche Nahrungskette gelangte, (s. Abschnitt 20.4), haben diese Substanzgruppe und ihre biologischen Effekte öffentliche Aufmerksamkeit erlangt. In den USA wurden PBB weitgehend für die gleichen Anwendungsgebiete wie PCB produziert. Hauptsächlich wurden PBB zu Kunststoffprodukten zugegeben, um eine höhere Feuerresistenz zu erreichen. PBB wurden auch in mehreren europäischen Ländern produziert, in Deutschland bis in die Mitte der 1980er Jahre und in Frankreich, von der Firma Atochem, bis zum Jahr 2000 [108]. In den letzten Produktionsjahren wurde von Atochem nur noch Decabrombiphenyl produziert. Trotz des kurzen Produktionszeitraumes und -volumens muss angenommen werden, dass in Europa und anderswo zumindest die Möglichkeit einer menschlichen Exposition gegenüber PBB vorhanden ist. Es ist unbestritten, dass einige PBB, insbesondere Hexabrombiphenyl, im marinen Ökosystem als Kontaminanten vorhanden sind [60]. Darüber hinaus wurden PBB auch an zahlreichen anderen Orten weltweit nachgewiesen [21].

20.1.3
Polychlorierte Terphenyle (PCT)

Wie die PCB und PBB wurden auch die polychlorierten Terphenyle (PCT) kommerziell durch katalytische Chlorierung im Batch-Verfahren hergestellt. Das Ausgangsprodukt Terphenyl stellte seinerseits eine Mischung von drei Isomeren, *ortho-*, *meta-* und *para-*Terphenyl, dar (Abb. 20.2).

Die Chlorierung von Terphenylen, die vier zusätzliche Substitutionsorte besitzen, und das Vorhandensein von drei Terphenylisomeren potenzieren die mögliche Zahl unterschiedlich halogenierter Terphenylisomere und -kongenere (Tab. 20.3).

Viele der Handelsnamen, die für PCB benutzt wurden, wurden auch für kommerzielle PCT-Mischungen angewendet und nur wenige neue Namen wurden eingeführt. In Frankreich wurden die Namen Phenoclor, Terphenyl Chlore T60, Electrophenyl T-60 benutzt, in Japan Kanechlor C (KC-C), in Deutschland Leromoll und Clophen, und in Italien Cloresil [146]. Auch das Nummernsys-

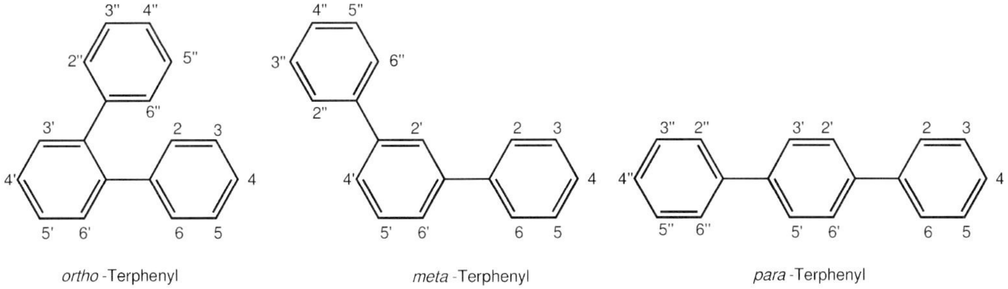

Abb. 20.2 Struktur von *ortho*-, *meta*-, und *para*-Terphenyl mit
Angabe des Nummerierungsschemas für Chlor-Substitutionen.

Tab. 20.3 Anzahl möglicher Isomere brominierter oder chlorierter Biphenyle und Terphenyle, adaptiert von [285].

Halogenatome	Biphenyl	Terphenyl		
		ortho	*meta*	*para*
1	3	5	6	4
2	12	28	28	21
3	24	80	87	55
4	42	211	211	139
5	46	355	382	226
6	42	544	544	351
7	24	596	638	358
8	12	544	544	351
9	3	355	382	226
10	1	211	211	139
11		80	87	55
12		28	28	21
13		5	6	4
14		1	1	1
Summe	209	3043	3155	1951

tem, das oft (aber nicht immer) auf den prozentualen Chloranteil pro Gewicht
hinweist, wurde übernommen.

Größere Mengen von PCT wurden unter dem Namen Aroclor mit den Serien-
nummer 5400 von Monsanto Chemical Co, USA, hergestellt, und Aroclor 5432
(32% Chlor), Aroclor 5442 und Aroclor 5460 sind die am meisten produzierten
und verkauften PCT-Mischungen. Mischungen von PCB mit PCT wurden ebenfalls hergestellt und verkauft, z. B. Aroclor 2500 (PCBs und PCTs im Verhältnis
3:1), und Aroclor 4400 (eine 3:2-Mischung von PCB und PCT). Die Aroclor
6000 Serie bezeichnet Mischungen von Aroclor 1221 mit PCT, z. B. Aroclor
6090, das aus 90% Aroclor 5460 und 10% Aroclor 1221 hergestellt wurde [146].

Es wird verschiedentlich erwähnt, dass die PCT-Produktion wahrscheinlich in der Größenordnung von ca. 5–10% der PCB-Produktion lag, obwohl genaue Produktionsdaten kaum erhältlich sind. Ein Vergleich einzelner Jahreszahlen in verschiedenen Ländern hinterlässt jedoch den Eindruck, dass zeitweilig die PCT-Produktion derjenigen der PCB-Produktion gleichkam. So berichtete Monsanto z. B. dass im Jahr 1971 ca. 34,3 Mio. Pfund PCB und gleichzeitig 20,2 Mio. Pfund PCT hergestellt wurden (Tabellen 1.13 und 1.15 in [146]). Nach Angaben von Jamieson beendete Monsanto die PCT-Produktion im April 1972, während die kommerzielle PCT-Herstellung in Frankreich, Italien, Deutschland und Japan noch für mehrere Jahre fortgesetzt wurde [132].

20.2
Vorkommen

20.2.1
PCB

PCB sind ubiquitär vorkommende Umweltkontaminanten. Sie sind ausschließlich anthropogener Herkunft und ihr Vorhandensein in Lebensmitteln pflanzlicher und tierischer Art ist auf die Kontamination von Wasser, Boden, Luft und Kontaktmaterialien, zurückzuführen. Der Eintritt von PCB in die Umwelt geschieht heutzutage primär während der Entsorgung, bei unsachgemäßer Lagerung und durch die Verwendung in offenen Systemen. Während der Verbrennung von PCB-haltigen Abfällen können erhöhte Konzentrationen in der Flugasche gemessen werden. PCB wurden zeitweilig auch in hohen Mengen in Fugenmaterial für Gebäude, die aus Betonplatten hergestellt wurden, in der Dichtungsmasse für Fensterrahmen und für Schutzanstriche in Silos benutzt. Futtermittel, die in diesen Silos gelagert wurden, konnten durch den Kontakt mit dem Anstrich kontaminiert werden. Die Luft in Schulen und anderen öffentlichen Gebäuden aus dieser Zeit kann erhöhte PCB-Gehalte aufweisen [87, 89, 114, 211]. Beim Abriss dieser Gebäude wurden erhöhte PCB-Konzentrationen in der Luft und im Staub nahe der Abrissstelle gemessen [151].

Aufgrund der Persistenz von PCB ist die gegenwärtige PCB-Belastung der menschlichen Nahrungskette hauptsächlich auf Altlasten und die Kontamination der Umwelt bis in die 1980er Jahre zurückzuführen. Das Vorhandensein von PCB in der Atmosphäre ist auf die Verflüchtigung aus kontaminierten Boden- (z. B. Mülldeponie, Fabrikstandort) und Wasserflächen (z. B. Michigan See, USA) zurückzuführen [113, 117, 254, 296]. PCB wurden besonders in Bezug auf die elektrische Versorgung benutzt, weshalb die Kontamination in Städten besonders hoch sein kann. PCB verflüchtigen sich in warmen Klimata und kondensieren in kalten. Dies hat zu einer „Wanderung" von PCB von europäischen und nordamerikanischen Industriegebieten zu kühleren Regionen der Welt wie z. B. der Arktis geführt, wo sie zu erstaunlich hohen Konzentrationen in Meeressäugetieren und Menschen geführt haben. Durch Regen, Schnee und Kältekondensation werden PCB dann wieder aus der Atmosphäre ausgewaschen und gelangen erneut ins Erdreich. Dort werden PCB u. a. von Regenwürmern und Raupen aufgenommen, bioakkumulieren und werden dann im weiteren Verlauf der terrestrischen Nahrungskette biomagnifiziert [213, 306]. In der aquatischen Nahrungskette findet zunächst eine Biokonzentration der PCB in Phyto- und Zooplankton statt und im weiteren Verlauf eine Biomagnifizierung der PCB in Muscheln, Meeresfrüchten, Fischen bis hin zu den Meeressäugern [213, 299]. Die Bioakkumulation/-konzentration führt dazu, dass die Gesamt-PCB-Gehalte, besonders die der hochchlorierten Kongenere, in einer Spezies positiv mit dem Alter korrelieren. Biomagnifikation führt zu einem Anstieg der Kontamination in der Nahrungskette, mit Greifvögeln, Meeressäugetieren und Menschen an deren Ende. Aufgrund ihrer Lipophilie finden sich die höchsten PCB-Gehalte im Fettgewebe von Mensch und Tier. Fischspezies, die fettreich sind und sehr alt werden, weisen die höchsten PCB-Konzentrationen auf. PCB-Kongenere, die sich dieserart anreichern, sind besonders solche, die sehr schwer metabolisch abgebaut werden und die üblicherweise weniger flüchtig sind. Daher wird in Lebensmitteln tierischer Herkunft mit hohem Fettgehalt hauptsächlich ein breites Spektrum höher chlorierter Kongenere gefunden.

Niedrig chlorierte, flüchtige PCB können in geschlossenen Gebäuden, in der Nähe von Abfallhalden und an heißen Sommertagen in Großstädten (z. B. Chicago) in hohen Konzentrationen in der Außenluft vorkommen. Diese PCB können sich auf Pflanzen niederschlagen, die dann der tierischen und menschlichen Ernährung dienen. Außerdem erfolgt eine Aufnahme über die Atemluft. Diese Kongenere sind weniger persistent in der Umwelt und in Organismen, weil sie relativ schnell metabolisiert werden. Viele dieser Kongenere sind nicht am Prozess der Bioakkumulation und Biomagnifikation beteiligt. Messungen niedrig chlorierter PCB geben daher eher die momentane Belastungssituation wieder, während höher chlorierte Kongenere die historische Belastung widerspiegeln. Das kann dazu führen, dass im Blutserum von Menschen mit gleichen Ernährungsgewohnheiten zwar das gleiche Muster höher chlorierter PCB gefunden wird, diejenigen, die im Ballungszentrum leben, aber zusätzlich einen höheren Gehalt an niedrig chlorierten Kongeneren im Vergleich zur ländlichen Bevölkerung aufweisen [286].

Fisch ist die Lebensmittelgruppe, die am meisten zur PCB-Aufnahme des Menschen beiträgt, besonders im Hinblick auf hexa- und heptachlorierte PCB. Zum Beispiel wurden in Meeresfischen aus dem Atlantik und Pazifik Durchschnittsgehalte von 0,0035 bis 8,8 µg/g Frischgewicht gemessen. Am häufigsten wurden die Kongenere PCB 153, 138, und 128 gefunden [314]. Bei Sportfischern, die häufig kontaminierten Fisch aßen, wurden Blutgehalte von 4,8 ng/kg gemessen, während die Kontrollgruppe ohne häufigen Fischverzehr nur 1,5 ng/kg aufwies [106]. Fisch aus industriellen Gegenden hat üblicherweise höhere PCB-Gehalte als Fisch aus dem ländlichen Raum [154]. Wie bereits erwähnt, werden in Fisch besonders höher chlorierte PCB gefunden. Ursache hierfür ist ihr viel höherer Bioakkumulationsfaktor (BAF). In der Forelle wurde ein BAF von $0,59 \cdot 10^6$ für PCB 18, $1,9 \cdot 10^6$ für PCB 52 und $10 \cdot 10^6$ für PCB

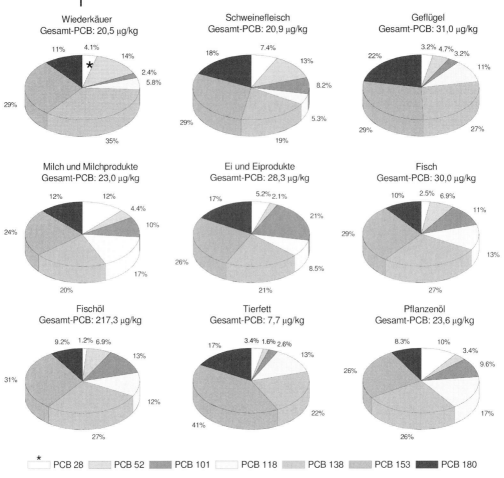

Abb. 20.3 PCB-Gehalte in verschiedenen Lebensmittelproben aus Europa, gesammelt zwischen 1997 und 2003. Dargestellt ist die 95. Perzentile der Summe der sechs Indikator-PCB in µg/kg von Proben aus 15 EU-Ländern plus Norwegen und Island mit einer Probenzahl von 12 bis >10000 pro Land. Die Kreissegmente geben die Anteile der Indikator PCB (PCB 28, 52, 101, 118, 138, 153 und 180) am Gesamtgehalt wieder [90].

153 gemessen [203]. Im Gegensatz dazu ist in Pflanzen der BAF für niedrig chlorierte PCB größer als für höher chlorierte PCB. In Tomaten wurde ein BAF von 0,01 für PCB 153 und von 0,64 für PCB 52 gemessen [57]. Dieses erklärt auch die sehr unterschiedlichen Kongeneranteile in Fisch und pflanzlichem Material, die in Abbildung 20.3 ersichtlich sind. Die Biomagnifikation, d.h. der Anstieg der PCB-Belastung innerhalb der Nahrungskette, kann für individuelle PCB, z.B. PCB 138, hoch sein oder, wie für PCB 77 und PCB 126, vernachlässigbar klein [152]. Ein Vergleich der PCB-Gehalte von Wildfisch und Farmfisch aus demselben Fluss ergab, dass der Farmfisch höher mit PCB kontaminiert

war, was nicht auf einem unterschiedlichen Lipidgehalt beruhte [12], sondern wahrscheinlich auf der Verwendung von kontaminiertem Fischfutter. Weitere Angaben über PCB-Gehalte in Fisch können im *Toxicological Profile for PCBs* gefunden werden [20].

20.2.2
PBB

PBB werden in der Umwelt in der Nähe ehemaliger Produktionsstätten, in Farmgebieten in Michigan sowie in der Nähe PBB-lagernder Müllplätze gefunden. Auch die unsachgemäße Verbrennung PBB-haltiger Gegenstände bewirkt die Freisetzung von PBB in die Umwelt. Die Bedeutung dieser Kontaminationsquelle für die Belastung von Lebensmitteln ist unbekannt. PBB werden nicht sehr effizient von Pflanzen aus dem Boden aufgenommen, was das Risiko für eine Kontamination pflanzlicher Nahrungsmittel verringert. Allerdings reichern sich PBB mit sechs oder weniger Bromatomen im Fisch aus kontaminierten Seen und Flüssen an und werden auch in Meeresfischen nachgewiesen [60, 96].

20.2.3
PCT

Daten über PCT-Gehalte in der Umwelt wurden fast alle in den 1970er und 1980er Jahren erstellt. Wingender und Williams [303] berichteten, dass atmosphärische Deposition die Hauptursache für die PCT-Kontamination der Großen Seen in Nordamerika ist. PCT-Konzentrationen im Mikrogramm- bis niedrigen Milligrammbereich pro kg Frischgewicht wurden in Meerestieren und Vögeln in den USA, Europa und Japan gemessen [132].

20.3
Verbreitung in Lebensmitteln

20.3.1
PCB

PCB erlangten ungewollte Berühmtheit durch zwei große Vergiftungsepisoden, *Yusho* in Japan im Jahr 1968 [115, 156] und *Yu-Cheng* in Taiwan im Jahr 1979 [157], als PCB-kontaminiertes Reisöl in die Nahrungsversorgung gelangte. Näheres kann den im Text zitierten Literaturstellen entnommen werden.

Auch für die generelle Bevölkerung ist die Nahrung im Allgemeinen nach wie vor die Hauptquelle für die PCB-Aufnahme, obwohl die PCB-Gehalte in Nahrungsmitteln seit den 1970er Jahren deutlich zurückgegangen sind. Im Jahr 1978 wurde die durchschnittliche tägliche PCB-Aufnahme durch die Nahrung auf 0,027 μg/kg/Tag geschätzt, bis 1991 sank dieser Wert auf <0,001 μg/kg/Tag [98].

Die amerikanische Food and Drug Administration (FDA) untersuchte 1982–1991 über 17 000 Lebensmittelproben und fand eine durchschnittliche Kontamination von 0,0179 μg/g Frischgewicht. Nach Fisch sind Fleisch und Geflügel die Hauptquellen für PCB in der menschlichen Nahrung [20]. Eine europäische Studie untersuchte nicht nur die Gesamtmenge von PCB in Lebensmitteln, sondern auch den prozentualen Anteil von sieben Hauptkongeneren [90]. Es fällt auf, dass die gemessenen Tierfettproben prozentual besonders viel PCB 153 enthalten, während in Pflanzenöl besonders hohe Anteile PCB 28, und 118 gefunden wurden (Abb. 20.3).

Die Eliminierung von PCB ist spezies- und kongenerenspezifisch, was dazu führt, dass sich von 209 möglichen PCB-Kongeneren mehr als 60 in der menschlichen Nahrung anreichern und nachgewiesen werden können [120, 131, 136]. Die Zusammensetzung der einzelnen PCB-Kongenere spiegelt dabei nicht die der ursprünglich hergestellten technischen Mischungen wider [231]. Die Konzentration der di-*ortho*-chlorierten Kongenere PCB 153, 138, 180 machen in biologischen Proben über 60% der gesamten PCB-Konzentration aus. Zusammen mit PCB 74, 99, 118, 146, 170, 187 werden 90% der Gesamtbelastung erfasst [20, 64, 120, 131]. Die höchsten PCB-Konzentrationen in Nahrungsmitteln finden sich in Fischöl, aber auch Fleisch, Milch (inklusive Muttermilch) und Ei weisen hohe Gehalte auf. Der Eintrag von PCB über Trinkwasser, Getreideprodukte sowie Obst und Gemüse ist im Vergleich dazu vernachlässigbar gering [20, 300]. Eine gesundheitlich relevante Frage ist, ob sich die Zusammensetzung der Kongenere in den einzelnen Lebensmitteln unterscheidet. In der Tat finden sich in fetthaltigen Nahrungsmitteln wie Fisch, Fleisch und Milchprodukten überwiegend fünf bis siebenfach chlorierte PCB. In der britischen Bevölkerung trägt beispielsweise Fisch 27% zur ernährungsbedingten Aufnahme von PCB 180 und nur 1,2% zur Aufnahme von PCB 28 bei. Dagegen beträgt der Anteil von Gemüse an der zugeführten PCB-28-Menge 78%, während der für PCB 180 bei nur 0,2% liegt [67].

Auch die PCB-Konzentration in Muttermilch hat seit den 1970er Jahren abgenommen. Eine deutsche Studie fand durchschnittlich 1090 ng/g Fett in Milchproben von 1972, aber nur 380 ng/g Fett in Proben von 1992 [242]. Gehalte von 240–270 ng/g Fett wurden vor einigen Jahren bestimmt [153]. Im Allgemeinen wird davon ausgegangen, dass die gegenwärtige Belastung der Nahrungsmittel mit PCB über die nächsten Jahrzehnte weitgehend gleich bleiben oder nur langsam abnehmen wird [300].

Es soll hier ausdrücklich darauf hingewiesen werden, dass bei PCB-Messungen aus analytischen Gründen nur eine begrenzte Auswahl an Kongeneren bestimmt wird.

Außerdem werden nur „freie" PCBs erfasst, da solche, die an die Matrix gebunden sind, mit den Verunreinigungen vor der Messung entfernt werden [208]. Ein weiteres Problem ist, dass PCB-Metabolite wie Hydroxy-PCB und Methylsulfon-PCB (Abschnitt 20.4), die erst in den letzten Jahren mehr Beachtung gefunden haben, bei Routineuntersuchungen nicht mitbestimmt werden. In manchen biologischen Proben ist aber die Gesamtkonzentration der PCB-Meta-

bolite genauso hoch wie die der unveränderten Kongenere, was zu einer ernsthaften Unterschätzung der gegenwärtigen PCB-Belastung führt (s. Abschnitt
20.4).

20.3.2
PBB

Wie im Falle der PCB so kam es auch mit den PBB zu einer Vergiftungsepisode
größeren Ausmaßes. In den Jahren 1973/74 gelangten PBB in die menschliche
Nahrungskette, als ca. 290 kg PBB, in Form der kommerziellen Mischung *fire-
Master FF-1*, aus Versehen dem Futter von Milchkühen beigegeben wurden [45].
Bevor dieser Unfall entdeckt wurde, waren bereits größere Mengen von Fleisch,
Milch, Milchprodukten, Eiern und Hühnern kontaminiert und teilweise verzehrt worden. Im Juni 1975 wurden über 400 der am schwersten kontaminierten Bauernhöfe geschlossen und alle Tiere und Nahrungsmittel vernichtet, aber
nicht sachgerecht entsorgt, was zur generellen Umweltkontamination beigetragen hat [68, 144]. Mehrere Übersichtsartikel und Bücher sind erhältlich, in denen dieser Vergiftungsfall beschrieben wird [47, 69, 105].

PBB-Konzentrationen in Produkten von Michigans Bauerhöfen lagen in diesem Zeitraum zwischen 2,8–595 mg/kg in Milch (Fettbasis), bis zu 59,7 mg/kg
in Eiern, 4,6 g/kg in Hühnern, und 2,7 g/kg in Rindfleisch [144]. Menschliche
Blutserumgehalte lagen bei 1,7 µg/L und der mittlere PBB-Gehalt im Fettgewebe betrug 500 µg/kg in der exponierten Bevölkerung [308]. Gehalte von 0,2–92,7
mg/kg wurden in Muttermilch gemessen [54]. In den folgenden Jahren sank
diese Konzentration sehr schnell. Fisch aus dem Huronsee enthielt zwischen
0,015 und 15 mg PBB/kg Fett [130]. In Forellen aus den Großen Seen lautete
die Konzentrationsordnung der Kongenere PBB 153 >> 101 >> 52 ~ 49, wobei
der Gehalt an PBB 153 in Forellen aus dem Huronsee durchschnittlich 2 ng/g
Frischgewicht betrug. Die PBB-Konzentration in Forellen aus dem Eriesee war
ca. 10fach niedriger. Ein Vergleich der PBB-Gehalte im Blut von Sportfischern
ergab Durchschnittsgehalte von 0,6 ppb (ng/g) am Huronsee und 0,2 ppb am
Eriesee [9]. Sportfischer aus Michigan hatten Blutgehalte von 0,7 ppb, solche
die in Wisconsin lebten aber nur 0,05 ppb. Es wird vermutet, dass kontaminierter Fisch und andere Umweltkontaminationen die Ursache für die erhöhten
Blutgehalte waren.

In Fischen aus deutschen Flüssen wurden hauptsächlich octa- und nona-PBB
gefunden, in Fischen aus der Nordsee und Ostsee überwiegend hexa-PBB, mit
PBB-153-Konzentrationen zwischen 0,2 und 4,2 mg/kg Fett [59].

20.3.3
PCT

PCT-Konzentrationen wurden selten in Lebensmitteln bestimmt. Dichtungs-
material in Silos für Futtermittel führte zu einer Kontamination von Rinderfut-
ter und Kuhmilch in den USA [86]. Eine kanadische Untersuchung aus den

1970er Jahren fand 0,01–0,05 ppm PCT in 5,5% der untersuchten Lebensmittelproben [290]. Japanische Untersuchungen fanden PCT in ca. 1/3 aller Proben, wonach eine durchschnittliche tägliche Aufnahme von 0,05 μg PCT mit der Nahrung errechnet wurde [65]. Da die PCT-Produktion vor Jahrzehnten eingestellt wurde, kann angenommen werden, dass die heutigen Gehalte für PCT in Nahrungsmitteln deutlich niedriger liegen.

20.3.4
Nachweismethoden

PCB, PBB und PCT werden durch ähnliche Methoden nachgewiesen. Einer Extraktion mit organischen Lösungsmitteln wie Hexan oder Toluol folgt die Reinigung von Lipiden mit Schwefelsäure und ein weiterer Reinigungsschritt (Florisil- oder Silicagel-Chromatographie) zur Beseitigung anderer Verunreinigungen. GC-ECD oder GC-MS werden häufig für den Nachweis und die Quantifizierung der individuellen Kongenere benutzt [72, 56].

20.4
Kinetik und innere Exposition (Toxikokinetik)

20.4.1
Mensch

20.4.1.1 **PCB**

Für die Durchschnittsbevölkerung ist die Nahrung nach wie vor die Hauptquelle der PCB-Exposition. Duarte-Davidson und Jones schätzten den Anteil der Nahrung an der menschlichen PCB-Belastung auf 97%. Die restlichen 3% entfielen auf die Atemluft, während Wasser mit 0,04% und die dermale Resorption keine Rolle spielten [67]. Die WHO schätzt gegenwärtig die Anteile der Nahrung und Atemluft an der menschlichen Exposition auf 90 bzw. 10% [299]. Dagegen trägt bei berufsbedingter PCB-Exposition die Inhalation (80%) deutlich mehr zur Aufnahme bei als die Hautresorption und die orale Aufnahme [307]. Kleinkinder werden nicht erst durch belastete Muttermilch [61, 126, 180], sondern schon *in utero* PCB und dessen Metaboliten ausgesetzt, da diese aufgrund ihrer Lipophilie die Plazentaschranke ungehindert durchqueren können [61, 101, 126, 235, 265].

Die vom Erwachsenen durchschnittlich aufgenommene Menge an Gesamt-PCB wurde Ende der 1990er Jahre in Deutschland auf 20 ng/kg Körpergewicht (KG) pro Tag geschätzt (1980er Jahre: 50 ng/kg KG) [288]. Kinder im Alter von 1,5 bis 5 Jahren nehmen etwa dieselbe Menge auf [302], während der gestillte Säugling mit 3 μg/kg KG die höchste PCB-Zufuhr erfährt. Die für Deutschland ermittelte tägliche Zufuhr für Erwachsene ist deutlich höher als die für die USA: Erwachsene 3–5 ng/kg KG, Kinder: 2–12 ng/kg KG [20].

Die WHO hat die gegenwärtige Hintergrundbelastung von Dioxinen und dioxinähnlichen PCB in den industrialisierten Ländern auf 2–6 pg TEQ/Tag/kg KG geschätzt (eine Erklärung von TEQ ist in Abschnitt 20.5.4 gegeben) [299]. In einer Stellungnahme aus dem Jahre 2000 hat der wissenschaftliche Ausschuss „Lebensmittel der europäischen Kommission (SCF) die durchschnittliche tägliche Aufnahme über die Nahrung in Ländern der EU auf 1,2–3 pg WHO-TEQ/Tag/kg KG abgeschätzt, wobei die tägliche Aufnahme „dioxinähnlicher" (coplanarer) PCB mit der Nahrung auf 0,8–1,5 pg WHO-TEQ/Tag/kg KG ausmacht und damit zu mehr als 50% der TEQ Belastung beträgt [240].

Die Resorption von PCB aus dem Magen-Darm-Trakt erfolgt schnell und die Resorptionsrate beträt in der Regel 95% und mehr, ist aber vom Chlorierungsmuster, der aktuellen Gesamtbelastung des Individuums sowie der Konzentration des jeweiligen Kongeners im Blut abhängig [58, 180, 202, 250]. PCB durchqueren mittels passiver Diffusion die Zellmembranen des Magen-Darm-Traktes und gelangen in das Blut- und Lymphsystem [20, 107]. Assoziiert an Chylomikronen erreichen PCB zunächst die Leber und gelangen später ins Fettgewebe. Nach der Mobilisierung aus dem Fettgewebe sind PCB durch nicht kovalente Bindung an HDL (*high density lipoproteins*), LDL (*low density lipoproteins*) und Plasmaproteine (überwiegend Albumin) gebunden [37, 38]. Durchschnittlich liegen mehr als 40% der PCB an Plasmaproteine gebunden vor. Unter den Lipoproteinen ist die LDL-Fraktion Hauptträger der PCB [198]. Aufgrund ihrer Lipophilie reichern sich PCB vor allem in Fettgewebe, Leber, Haut und Muttermilch an, geringere Konzentrationen werden auch im Gehirn gefunden [20]. Beträchtliche Mengen an PCB werden auch in der Flüssigkeit des Tertiärfollikels, der Spermienflüssigkeit [247], im Knochenmark [245] und der Plazenta [61] gefunden.

Die PCB-Konzentration im Blut ist stark abhängig vom Fettgehalt im Serum. Das Verhältnis von PCB-Gehalt in Fettgewebe und Blutplasma beträgt etwa 200:1 [40]. Das Kongenerenmuster im Blutserum unmittelbar nach der Exposition reflektiert das PCB-Profil der Expositionsquelle. Metabolismus, Verteilung und Ausscheidung verändern jedoch dieses Profil innerhalb von 4–24 h [107]. Die unterschiedliche Toxikokinetik einzelner PCB-Kongenere führt dazu, dass die Konzentration von schlecht metabolisierbaren PCB (PCB 153, 138, 180) in Humanproben nur die „*steady-state*"-Belastung widerspiegelt. Diese PCB sind in mehr als 90% der Bevölkerung vorhanden und korrelieren im Allgemeinen gut mit dem gesamten PCB-Gehalt und PCB-TEQ in Blut und Muttermilch [22, 97, 138]. Interessanterweise gehören in diese Gruppe auch die leicht metabolisierbaren PCB 77 und 126, deren Konzentration allerdings häufig im Bereich der Nachweisgrenze liegt. Andere Kongenere hingegen sind weniger häufig (10–70%) in der Bevölkerung vertreten und ihr Auftreten und ihre Konzentration sind stark von der Nahrungszusammensetzung abhängig. Diese PCB werden als „episodische PCB" bezeichnet. PCB 101, 110 und 52 gehören u.a. in diese Gruppe [131].

Studien über die PCB-Konzentration im Blut der nicht beruflich belasteten Bevölkerung in den USA beziffern den Median auf 0,9–15 µg/L Serum [20].

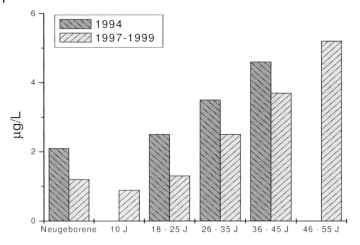

Abb. 20.4 Altersabhängige Referenzblutwerte (95. Perzentile der Messwerte, $n \gg 100$/Altersstufe) für PCB der Jahre 1994 und 1998. Für Neugeborene wurde der PCB-Gehalt im Restblut der Nabelschnur gemessen. Dargestellt ist die 95. Perzentile der Summe aus den Gehalten von PCB 138, 153 und 180 in μg/L Vollblut [30, 159, 160, 166, 288, 301].

Verschiedene Studien belegen weiterhin, dass höhere PCB-Blutgehalte auf eine fischreiche Ernährung zurückgeführt werden können [120, 234]. Die altersabhängigen Referenzblutwerte für die in Deutschland lebende Durchschnittsbevölkerung der Jahre 1994 und 1998 (Abb. 20.4) zeigen, dass die PCB-Belastung seit Beginn der 1990er Jahre rückläufig ist und, dass sich PCB im Laufe eines Lebens um den Faktor 6 im menschlichen Körper anreichern. Die durchschnittliche PCB-Konzentration im Blut von Erwachsenen aus dem Jahr 1998 über alle Altersklassen beträgt 1,57 μg/L, für die Altersklassen 18–25 und 66–69 Jahre jeweils 0,56 μg/L bzw. 3,18 μg/L [30]. Die Blutgehalte in Ostdeutschland (1,3 μg/L) sind geringer als in Westdeutschland (1,7 μg/L) was auf die unterschiedlichen Produktionsmengen und auf das frühere PCB-Verbot in Ostdeutschland zurückgeführt wird [30]. Eine quantitative geschlechtsspezifische Aussage wurde bei der Abfassung der Referenzblutwerte nicht getroffen, jedoch wurde erwähnt, dass Frauen im Mittel weniger belastet sind als Männer [288]. Aussagen über die Konzentration oder Akkumulation von WHO-TEQ relevanten PCB oder persistenter PCB-Metabolite (s. u.) ist diesen sehr umfangreichen Studien [288, 301] leider nicht zu entnehmen.

In einer groß angelegten Studie des Landes Baden-Württemberg wurden im Zeitraum 1992 bis 2003 pro Jahr 400 Blutproben von 10-jährigen Kindern u. a. auf den Gehalt an Indikator PCB (PCB 138, 153, 180) mono-*ortho*- (u. a. PCB 156) und non-*ortho*-PCB (PCB 77, 81, 126, 169) untersucht [166]. Die Gesamtkonzentration an PCB wurde dabei als Summe der Konzentration von PCB 138, 153, 180 angegeben (Abb. 20.5). Die nicht vorhandene berufliche Exposition mit PCB macht Kinder zu einer geeigneten Untersuchungsgruppe, weil sie dadurch die umweltbedingte PCB-Exposition besser widerspiegeln als Erwachsene. Für

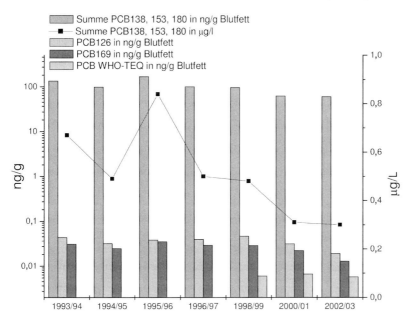

Abb. 20.5 Mittlere PCB-Konzentration in 10-jährigen Kindern. Dargestellt sind die Summe von PCB 138, 153 und 180 in µg/L Vollblut und pg/g Blutfett (Umrechnung µg/L in pg/g unter der Annahme eines mitt-leren Fettgehaltes von 0,5% im Vollblut [288]), Konzentrationen von PCB 126 und 169 und der PCB vermittelte WHO-TEQ. Modifiziert nach [166].

Kinder ist die Hauptquelle für PCB die Nahrung. Die inhalative Belastung von PCB (PCB 28, 52, 101) wurde in dieser Studie nicht berücksichtigt. Im Zeitraum 1996 bis 2003 war ein Rückgang des Medians der Gesamt-PCB-Konzentration im Blut um 50% zu beobachten (0,47 auf 0,20 µg/L), allerdings belief sich der Rückgang der 95. Perzentile nur auf etwa 20%. Der Referenzwert im Blut von Kindern war 1998 geringer als die PCB-Konzentration im Blut von Erwachsenen (Abb. 20.4). Etwa 10–20% höhere PCB-Konzentrationen wurden in Jungen gefunden. Kinder, die als Säugling gestillt wurden, waren etwa 30% höher belastet. Die Konzentrationen für PCB 126 und PCB 156 (gefolgt von PCB 118 und 157) machen etwa 70% der „dioxinähnlichen" PCB aus. Die gesamte WHO-TEQ-Konzentration im Blut der Kinder betrug für das letzte Jahr des Überwachungszeitraums im Mittel 11,2 pg/g Blutfett und der Anteil der „dioxin-ähnlichen" PCB belief sich auf 51%. Im Vergleich zu den Dioxinen und Furanen, die ebenfalls zu den WHO-TEQ beitragen, ist für die Konzentration der „dioxin-ähnlichen" PCB im Blut der Kinder keine Abnahme im beobachteten Zeitraum festzustellen (Abb. 20.5).

Die PCB-Belastung der Muttermilch in Deutschland hat sich im Zeitraum von 1986 bis 1997 um 61% von 1,28 auf 0,47 mg/kg Milchfett verringert (Abb. 20.6) Vergleichbare Konzentrationen und Zeitverläufe werden aus Schwe-

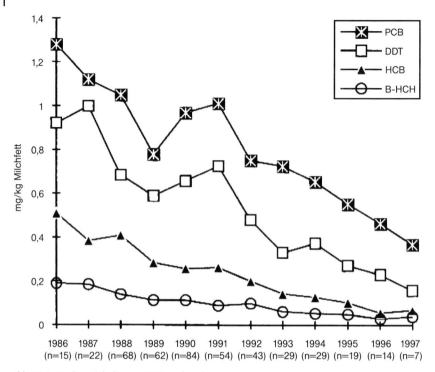

Abb. 20.6 Median-Gehalte von PCB und anderen persistenten Organohalogenverbindungen in Muttermilch zwischen 1986 bis 1997. Der Gesamt-PCB-Gehalt wurde aus der Summe der Konzentrationen für PCB 138, 153 und 180 multipliziert mit dem Faktor 1,64 berechnet, aus [242].

den und Japan berichtet [197, 300]. Die tägliche Aufnahme von PCB über die Muttermilch nahm nach Angaben der WHO weltweit von 22,3 μg/g Milchfett/ Tag im Jahre 1972 auf 0,31 μg/g Milchfett/Tag im Jahre 1998 ab [300]. Der PCB-Gehalt in der Muttermilch korreliert gut mit dem PCB-Gehalt im Blut [288], daher wird angenommen, dass die PCB-Konzentrationen im Blut von Erwachsenen in Deutschland um den gleichen Anteil zurückgegangen ist.

Der Metabolismus von PCB durch Cytochrom P450 abhängige Monooxygenasen (CYP), vornehmlich CYP1A1/A2, CYP2B1/B2 und CYP3A, führt im ersten Schritt zur Bildung von reaktiven Arenoxiden, die nach Rearomatisierung (Wanderung eines Chloratoms (NIH-Shift)) monohydroxylierte Metabolite liefert (OH-PCB), die im Phase-II-Metabolismus dann glucuronidiert oder sulfoniert werden können (Abb. 20.7). Die direkte Einführung von OH-Gruppen ist ebenfalls bekannt. Arenoxide können weiterhin durch die Epoxid-Hydrolase zu *trans*-Dihydrodiolen umgesetzt werden, die zu Katecholen oxidiert werden können. Ein weiterer Weg zur Entgiftung der elektrophilen Arenoxide ist die enzymatische Umsetzung mit Glutathion. Die gebildeten Glutathion-Konjugate

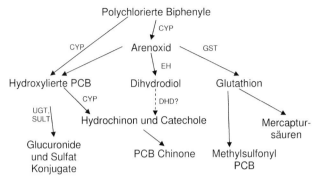

Abb. 20.7 Überblick über die möglichen Wege im Metabolismus von PCB (nach [131]). CYP, Cytochrom-P-450-abhängige Monooxigenase, EH, Epoxidhydrolase, UGT, UDP-Glucuronosyltransferase, GST, Glutathion-S-Transferase, SULT, Sulfotransferase, DHD, Dihydrodiol Dehydrogenase.

werden als Derivate der Mercaptursäure entweder über die Galle oder über die Niere ausgeschieden. Im Darm können diese durch bakterielle Enzyme (C-S-Lyase) zu Thiolen gespalten und nachfolgend methyliert werden. Nach Resorption können die entstandenen Thioether durch CYP am Schwefel oxidiert werden, und die so gebildeten Methylsulfonyl-PCB (MeSO$_2$-PCB) sind im Blut nachweisbar und akkumulieren in der Lunge, Leber und Niere [20, 131, 229].

Basierend auf tierexperimentellen Daten gelten für die Hydroxylierung von PCB folgende Verallgemeinerungen [20, 229]:

- Bevorzugte Stelle für die Hydroxylierung ist die *para*-Position (C4, Bildung von 4OH-PCB) im Aromaten mit der geringeren Anzahl an Chloratomen, es sei denn, diese Stelle ist sterisch durch 3,5 Substitution gehindert.
- In niedrig chlorierten PCB werden sowohl die Positionen an C4 und 4′ als auch *para*-Positionen zu Cl-substituierten C-Atomen hydroxyliert.
- Das Vorhandensein zweier benachbarter Chloratome, vorzugsweise an C4 und C5, erleichtert den oxidativen Metabolismus.
- Der oxidative Metabolismus nimmt mit zunehmendem Chlorierungsgrad der Phenylringe ab.
- Der oxidative Metabolismus von PCB ist kongener- und speziesspezifisch.

Höher chlorierte PCB, deren vicinale *meta*- oder *para*-Positionen chloriert sind, werden am schlechtesten metabolisiert und bioakkumulieren deshalb (z. B. PCB 153).

Hydroxylierte Produkte niedrig chlorierter PCB werden im Allgemeinen gut als Glucuronide oder Sulfate über Faeces oder Urin ausgeschieden. OH-PCB mit fünf oder mehr Chloratomen werden jedoch schlechter konjugiert und reichern sich in Blut und anderen Geweben (Leber, Lunge, Niere) an und sind plazentagängig [20, 102]. Hovander et al. berichteten von mehr als 30 HO-PCB in menschlichen Blutproben [118]. Die Gehalte von HO-PCB im Vollblut von schwangeren Frauen sowie in Neugeborenen sind in Tabelle 20.4 zusammengefasst.

Tab. 20.4 Gehalte von Gesamt-PCB, hydroxylierte PCB (OH-PCB) in mütterlichem Vollblut, Muttermilch und im Restblut der Nabelschnur aus verschiedenen Ländern. Dargestellt ist der Median der Gehalte und der Bereich der gefundenen Konzentrationen (in Klammern) in ng/g Nassgewicht.

	Mütterliches Vollblut	Restblut Nabelschnur	Muttermilch	Land	Literatur
Σ PCB	1,560 (0,602–3,128)	0,277 (0,102–0,641)	4,310 (1,081–9,653)	Schweden	[101] $n = 15$
Σ OH-PCB	0,124 (0,082–0,328)	0,088 (0,035–0,271)	0,003 (0,1–5)		
Σ PCB	1,837 (0,645–7,432)	0,585 (0,134–1,370)		Niederlande	[265] $n = 51$
Σ OH-PCB	0,340 (n.d.–0,622)	0,18 (n.d.–0,407)			
Σ PCB	7,9[#] (1,19–38,1)	1,51[*] (0,309–6,230)		Kanada Inuit	[#][234] $n = 17$
Σ OH-PCB	1,03[#] (0,117–11,6)	0,286[*] (0,103–0,788)			[*][235] $n = 10$
Σ PCB	0,488[#] (n.v.)	0,843[*] (0,290–1,65)		Kanada Durch-schnitts	[#][234] $n = $ n.v.
Σ OH-PCB	0,161[#] (n.v.)	0,234[*] (0,147–0,464)		bevölkerung	[*][235] $n = 10$

#, *, die Daten für die kanadische Durchschnittsbevölkerung sind zwei unterschiedlichen Studien entnommen. Der Gesamt-PCB-Gehalt wurde aus 6 bis 95 gemessenen Kongeneren ermittelt (s. Literatur).
n.d.: nicht detektierbar, n.v.: nicht verfügbar.

Das Verhältnis von Gesamt OH-PCB zu Gesamt-PCB in menschlichem Blut reicht von 13 bis 44% (siehe Tab. 20.4, [80, 177, 233]). 4-OH-PCB 187, 4-OH-PCB 146, 4-OH-PCB 107, 3'-OH-PCB 138 und 3-OH-PCB 153 sind die fünf Metabolite mit der höchsten Konzentration im Blut.

Eine Besonderheit sind die Methylsulfonyl-(MeSO$_2$-)Metabolite von PCB, die durch eine Monooxygenierung gefolgt vom Mercaptursäureweg entstehen [215]. Zwanzig verschiedene MeSO$_2$-PCBs wurden im Gewebe menschlicher Leichen identifiziert [294]. MeSO$_2$-PCB sind sehr hydrophob und mehr als 20 Verbindungen wurden in Blut, Fettgewebe und Muttermilch identifiziert. Darüber hinaus werden bestimmte MeSO$_2$-PCB selektiv in Leber und Lunge akkumuliert [102, 177, 196, 294]. Im Milchfett der Muttermilch wurde 1972 eine Mediankonzentration von 9,24 ng MeSO$_2$-PCB/g Milchfett gefunden. Bis zum Jahre 1992 hatte sich dieser Gehalt auf 1,57 ng MeSO$_2$-PCB/g Milchfett verringert [196]. Die MeSO$_2$-PCB-Gehalte in der menschlichen Leber (2,9–6 ng/g Fett) und im Fettgewebe (28,4–34 ng/g Fett) sind höher als die in der Muttermilch [102, 294], betragen aber nur etwa 1–5% der gesamten PCB-Konzentration [177]. Die MeSO$_2$-PCB mit den höchsten Konzentrationen sind 4'-MeSO$_2$-PCB 87, 4-MeSO$_2$-PCB 149, 4'-MeSO$_2$-PCB 101 und 4'-MeSO$_2$-PCB 151. 3-MeSO$_2$-PCB kommen in der Regel in wesentlich geringerer Konzentration als 4-MeSO$_2$-PCB vor, jedoch können sie aufgrund selektiver Retention stark angereichert werden. So zeigten Weistrand et al., dass 3-MeSO$_2$-PCB132 61–82% der gesamten MeSO$_2$-PCB-Konzentration in der menschlichen Leber ausmachte [294].

Daten zur Halbwertszeit von PCB in Menschen sind spärlich und basieren meist auf übermäßiger Belastung nach beruflicher Exposition oder PCB-Vergiftung nach versehentlichem Verzehr von kontaminiertem Reisöl (*Yusho* 1968 in Japan und *Yu-Cheng* 1979 in Taiwan) [227, 261, 310]. Zwei Studien aus den Niederlanden und Japan sind bekannt, in denen die Halbwertszeiten von PCB aufgrund der Belastung der Durchschnittsbevölkerung berechnet wurden [202]. Generell betragen die Halbwertszeiten von PCB mehrere Jahre und sind abhängig vom betrachteten Gewebe (Blut, Fettgewebe, Muttermilch) und der Ausgangsbelastung [20, 202]. Für hochchlorierte PCB (z. B. PCB 138, 153, 180) werden Halbwertszeiten von mindestens vier Jahren geschätzt. Die geschätzten Halbwertszeiten für PCB 77 (0,3–0,7 Jahre), PCB 126 (1,6–4,5 Jahre) und PCB 81 (0,7–1,2 Jahre) sind relativ kurz [202].

Die Elimination von PCB und deren Metaboliten erfolgt hauptsächlich über Faeces und Urin. Penta- und hexachlorierte PCB können bis zu 60% über die Faeces ausgeschieden werden, während die Situation bei niedrig chlorierten PCB umgekehrt scheint. Ein weiterer wichtiger Eliminationsweg bei Frauen ist, wie oben beschrieben, die Exkretion in die Muttermilch. Generell ist der Anteil unverändert ausgeschiedener PCB sehr gering [20, 58, 299].

20.4.1.2 **PBB**

Eine Aufnahme von PBB über die Haut und Atmung wurde nur indirekt nachgewiesen, da exponierte Arbeiter erhöhte PBB-Blutgehalte aufwiesen [163]. Zahlreiche Untersuchungen liegen über die orale Aufnahme von PBB vor [21]. Eine Abschätzung der täglichen Aufnahme von PBB über Lebensmittel wurde von der WHO im Jahre 1994 auf der Basis von sehr wenigen Daten vorgenommen. Unter der Annahme, dass 100 g Fisch/Tag verzehrt werden, wurde eine PBB-Aufnahme von 0,002 µg/kg KG/Tag errechnet. Auf der Basis eines Milchkonsums von 500 mL/Tag betrug die Aufnahme nur 1/100 des o. g. Wertes. Gestillte Säuglinge beziehen nach dieser Studie eine geschätzte tägliche Aufnahme von 0,01 µg/kg KG [298].

Die Resorption erfolgt wahrscheinlich durch passive Diffusion und ist sehr effektiv. Nach der Aufnahme werden PBB im Blut zu anderen Organen transportiert. Dabei sind sie zu ca. 80% an Proteine, besonders Apolipoprotein A [222], und zu ca. 20% an Lipide gebunden. Innerhalb des Blutes wurden PBB zu 89% im Plasma, 9% in roten Blutkörperchen, und 2% in weißen Blutkörperchen lokalisiert [221]. Neu aufgenommene PBB werden innerhalb von Minuten in Leber, Lunge und Muskel verteilt. Danach erfolgt eine langsamere Umverteilung in Fettgewebe und Haut, wo PBB gespeichert werden, und zur Leber, wo der Metabolismus erfolgt [66, 178]. PBB-belastete Gewebe können in drei Gruppen eingeteilt werden: hohe (Nebenniere, Thymus, atheromatöse Aorta), mittlere (Pankreas, Leber, linker Ventrikel) und niedrige (Niere, Lunge, Gehirn, Muskel, Schilddrüse, nichtatheromatöse Aorta) PBB-Akkumulation [186]. Überraschend war auch ein deutlicher Unterschied in der PBB-Verteilung zwischen Blut und Fettgewebe von Farmern und Arbeitern: Farmer hatten deutlich mehr PBB im Fettgewebe als im Blut als Arbeiter [78]. Es wurde vermutet, dass Arbeiter möglicherweise ein anderes Lipidmuster/-gehalt im Blut haben, welches die PBB-Retention erhöht. Farmer und Arbeiter aus Michigan wiesen ebenfalls Unterschiede im PBB-Profil auf, was auf den unterschiedlichen Aufnahmeweg, Nahrung vs. Atmung/Haut, zurückgeführt wurde [309]. Der Anteil PBB 180 im Blut beider Gruppen war geringer als in der kommerziellen Mischung FireMaster BP-6, was auf eine geringere Aufnahme dieses Kongeners hindeutet.

Informationen über die Ausscheidung von PBB in Menschen sind begrenzt. Mehrere Untersuchungen fanden eine Halbwertszeit im Blut von ca. 13 Jahren [21], wobei PBB in hoch belasteten Frauen eine deutlich längere Halbwertszeit von ca. 29 Jahren aufwiesen [78]. Laktation war der wichtigste Exkretionsweg für Frauen, weil die PBB-Gehalte in der Muttermilch zirka 110-mal höher lagen als in Blutserum [78]. Basierend auf einer PBB-Kontamination von 20 ppb im Blut junger (Altersdurchschnitt: 18 Jahre) Michigan-Bewohner und einer Halbwertszeit von 10–13 Jahren wurde errechnet, dass es über 60 Jahre dauern wird, bevor diese Blutgehalte unter die Bestimmungsgrenze von 1 ppb sinken werden [161].

20.4.1.3 **PCT**

Berichte über die PCT-Belastung von Menschen sind sehr begrenzt und stammen hauptsächlich aus Japan, den Niederlanden und den USA. PCT wurden in Blut, Fett, und Muttermilch gemessen [194]. Eine Analyse der Zusammensetzung ergab, dass das PCT-Profil im Fettgewebe sich etwas von der Ursprungssubstanz KC-C unterscheidet. Das Fettgewebe enthielt einen höheren Prozentsatz an *para*-Isomeren und weniger *meta*-Isomere [88]. Ob diese Unterschiede auf unterschiedlicher Degradation in der Umwelt oder auf unterschiedlicher Toxikokinetik im Menschen beruhen, konnte nicht geklärt werden. Die Blutgehalte individueller Personen blieben über mehrere Jahre nahezu konstant, was auf eine sehr lange Halbwertszeit schließen lässt. Die PCT-Gehalte in Muttermilch waren sehr niedrig, was auf das Fehlen von Transportmechanismen für PCT in die Muttermilch hinweist [292]. Auch menschliche Feten hatten relativ niedrige PCT-Gehalte, wobei die Hauptmenge in der Haut gefunden wurde [292]. Angaben zum Metabolismus von PCT im Menschen wurden nicht gefunden.

20.4.2
Tier

20.4.2.1 **PCB**

Studien mit verschiedenen Labortieren ergaben, dass die orale, inhalative und dermale Aufnahme von PCB sehr effizient ist. In der Luft werden vor allem niedrig chlorierte PCB mit 1–4 Chloratomen im Molekül gefunden. Typische Kongenere in der Luft sind PCB 28 und PCB 52. Frettchen, die für fünf Jahre in einem Raum mit hoher PCB-Luftkontamination (260 ng/m^3) gelebt hatten, wiesen sehr hohe PCB-Gehalte in den Riechkolben (*Bulbus olfactorius*) auf, besonders von PCB 52, während die PCB-Konzentration im Fettgewebe nicht einmal halb so hoch war und das typische Muster von PCB in der Nahrung aufwies [13].

Die Aufnahme von PCB über die Haut ist zeitabhängig, wie ein Versuch mit Rhesusaffen zeigte [295]. Fünfzehn Minuten nach Applikation von Aroclor 1242 konnten noch 93% mit Wasser und Seife abgewaschen werden, während 24 Stunden später nur noch 26% entfernt werden konnten. Je niedriger der Chlorgehalt, um so höher war die Penetrationsrate der PCB durch die *Stratum Corneum* in die lebende Epidermisschicht [91].

Oral applizierte PCB werden in Labortieren sehr effizient aufgenommen. In Ratten betrug die Absorption aus dem Magen-Darm-Trakt ~95% für dichlorierte PCB und ~75% für octachlorierte PCB [274]. In Schweinen wurde die höchste PCB-Blutkonzentration fünf Stunden nach oraler Applikation von Aroclor 1254 gemessen [36].

Chronisch exponierte Ratten hatten die höchsten PCB-Konzentration im Fettgewebe und eine mittlere Konzentration in der Haut und Nebenniere [109]. Rhesusaffen, denen sechs Jahre lang 5–80 μg Aroclor 1254/kg KG/Tag gefüttert wurde, hatten die höchste PCB-Konzentration im Fettgewebe [183]. Bezogen auf den Fettgehalt der Gewebe war die höchste Konzentration allerdings im Blut vorhanden, gefolgt von Leber, Fettgewebe, Niere und Gehirn.

PCB passieren auch die Plazenta und werden mit der Muttermilch ausgeschieden, was bei Tier und Mensch zu einer signifikanten Belastung des Embryos/Fetus und Säuglings führen kann. Da der Metabolismus und die Exkretion bei Embryonen/Feten deutlich begrenzt sind, könnte dieses ein erhöhtes Gefährdungspotenzial bewirken.

Der Metabolismus von PCB ist abhängig vom Chlorierungsgrad und -muster. Der erste Schritt ist eine Monooxygenierung durch CYP zu einem Arenoxid, gefolgt von einer Transformation zu einem Hydroxyl-Metaboliten. Besonders CYP 1A, 2B, 3A und 4A sind an diesen Reaktionen beteiligt. Dieser erste Schritt der Monooxygenierung kann sich wiederholen und führt zur Bildung von Dihydroxyl-Metaboliten. Diese können zu Chinonen oxidiert werden und „Redox-Cycling" untergehen, wobei reaktive Sauerstoffspezies gebildet werden. Die verschiedenen PCB-Metabolite und Zwischenstufen können mit Sulfonsäure, Glucuronsäure und Glutathion konjugiert werden.

Tab. 20.5 Spezies- und kongenerspezifische Retention und Ausscheidung von PCB.

Spezies	PCB	Tage	Faeces	Urin	Zurück-gehalten
Ratte [a]	3,3',5,5,'-tetra-CB	42	>80%	6,1%	~10%
Rhesusaffe [c]	Aroclor 1242	30	16,1%	39,4%	~44%
Ratte [b]	2,2',4,4',5,5',-hexa	280	16%	0,8%	~75%
Rhesusaffe [d]	Aroclor 1254	30	19,7%	7%	~73%

a) [283]; **b)** [190]; **c)** [295]; **d)** [173].

Generell erhöht das Vorhandensein einer unbesetzten *para*-Position die Wahrscheinlichkeit metabolischer Prozesse, besonders wenn die benachbarte *meta*-Position ebenfalls unbesetzt ist. Außerdem, je höher die Anzahl von Chlorgruppen im Molekül ist, umso resistenter ist es gegen metabolische Umsetzung. Je geringer die Wahrscheinlichkeit für metabolische Umsetzung, umso größer die Wahrscheinlichkeit für eine sehr lange Halbwertszeit im Organismus und Einlagerung ins Fettgewebe.

Studien in Ratten ergaben für di- und trichlorierte PCB eine Halbwertszeit von 1–2 Tagen, tetrachlorierte Kongenere hatten zwei Halbwertszeiten, (2–10 Tage und >90 Tage) und penta- und hexa-PCB eine Halbwertszeit von >90 Tagen [275]. In Rhesusaffen hatten mono-*ortho*-substituierte PCB eine Halbwertszeit zwischen 0,3–7,6 Jahren [184]. Im Urin exponierter Ratten wurden hauptsächlich polare, hydroxylierte und konjugierte PCB-Metabolite gefunden, während in den Faeces hauptsächlich nicht polare Derivate vorlagen [190].

Wie, wo und wie schnell PCB ausgeschieden werden ist abhängig von der Struktur des Moleküls, und der Tierspezies. Untersuchungen mit Ratten und Affen nach intraperitonealer Injektion von PCB ergaben, dass tetrachlorierte PCB relativ schnell und von Ratten hauptsächlich im Faeces ausgeschieden werden, während die Ausscheidung im Affen mehr über die Nieren erfolgt. Hexa- und höherchlorierte PCB hingegen haben sehr lange Halbwertszeiten und werden in beiden Spezies primär über den Darm ausgeschieden (Tab. 20.5).

20.4.2.2 PBB

In Ratten wurden ca. 93% von oral appliziertem PBB 153 innerhalb von 24 Stunden aufgenommen [284], während von einer kommerziellen Octabromobiphenylmischung nur ca. 38% aufgenommen wurden [199], wobei die biliäre Exkretion teilweise zu dieser niedrigeren Resorptionsrate beigetragen haben könnte. Nach der Aufnahme erfolgt eine erste Organverteilung besonders in Muskel, Leber und Fettgewebe, welcher 4–7 Tage später eine vermehrte Umverteilung ins Fettgewebe folgte [178]. Die Eliminierung von fireMaster FF-1 im Körper von Versuchstieren kann am besten durch ein 3-Kompartimente Modell erklärt werden, wobei Herz, Niere, Milz und Blut das erste, Leber, Lunge, Cerebellum und Testis das zweite, und subkutanes Fett das dritte Kompartiment darstellen [66]. Die Halbwertszeit betrug jeweils 3,6 h, 12 h, und 31,1 Tage für diese drei Kompartimente. Für intravenös appliziertes fireMaster BP-6 wurden Halbwertszeiten von 9, 11, 43, 63, und 69 Wochen für Milz, Leber/Lunge, Fett, Gehirn, und Nebenniere errechnet [185]. Niedrig bromierte PBB werden in Schweinen, Ratten und Kaninchen über ein Arenoxid zu Hydroxymetaboliten umgewandelt und im Urin ausgeschieden (zusammengefasst in [21]). Höher bromierte PBB werden nicht oder nur sehr langsam metabolisiert. Kongenere mit 6 Bromatomen werden fast ausschließlich über den Faeces ausgeschieden, wenn überhaupt [21].

20.4.2.3 PCT

PCT werden nach oraler Aufnahme im Darm resorbiert. In Fischen, die mit Aroclor 5460 gefüttert wurden, waren PCT in allen untersuchten Geweben nachweisbar, einschließlich Gehirn und Gonaden [1]. Die höchste Konzentration wurde in der Leber gemessen und PCT waren auch nach 70 Tagen noch nachweisbar. In Ratten, die über fünf Tage mit Aroclor 5460 gefüttert wurden, wurde die höchste PCT-Konzentration in der Leber gefunden, gefolgt von Herz, Niere, Gehirn, und Blut (47, 21, 15, 5, 1 mg/kg Gewebe) [266]. Dieses steht in krassem Gegensatz zur Verteilung von höher chlorierten PCB, die fast ausschließlich im Fettgewebe eingelagert werden. Das PCT-Muster in der Leber unterschied sich von der Ausgangsmischung, was darauf hindeutet, dass verschiedene Kongenere unterschiedlich aufgenommen, metabolisiert und/oder ausgeschieden werden. Versuche mit Mäusen, die über einen Zeitraum von 3–6 Monaten Kanechlor C mit der Nahrung erhielten, kamen zu einem ähnlichen Ergebnis [260]. In vielen Geweben, inklusive Gehirn und besonders in der Leber, wurde eine deutlich höhere PCT-Konzentration gemessen als in der Nahrung, ein deutliches Zeichen für Bioakkumulation.

20.5
Wirkungen

20.5.1
Mensch

Für epidemiologische Studien über gesundheitliche Effekte von polyhalogenierten Bi- und Terphenylen auf den Menschen stehen generell vier Kohorte zur Verfügung: 1. die Durchschnittsbevölkerung, deren Belastung durch Nahrungsmittel und Atemluft zustande kommt (Hintergrundbelastung); 2. berufliche exponierte Menschen, z.B. in der Elektroindustrie. Zusätzlich zur Hintergrundbelastung ist diese Kohorte hohen Konzentrationen technischer Mischungen in der Atemluft ausgesetzt; 3. Menschen, die einen hohen Fischanteil in ihrer Ernährung verzeichnen, wie z. B. kanadische Inuit, Bewohner der Faröer Inseln, Fischer und Angler der Großen Seen, USA usw.; 4. Menschen, die aufgrund eines Unfalles sehr hohen Mengen PCB oder PBB ausgesetzt waren, wie z. B. die *Yusho*- (1968) und *Yu-Cheng*- (1979) Unfälle in Japan und in Taiwan, als Reisöl mit technischen PCB-Mischungen kontaminiert wurde, und 1973/1974 als größere Mengen PBB in Tierfutter gelangten, und damit in die Nahrungskette.

Die menschliche Exposition mit polyhalogenierten Biphenylen kann am Arbeitsplatz, durch Unfälle und über die Umwelt und Ernährung erfolgen. Die berufliche Exposition ist oft auf ein bestimmtes Arbeitsgebiet begrenzt, wie z. B. die chemische Produktion dieser Substanzen oder ihre Verwendung in der Elektroindustrie. Die Exposition am Arbeitsplatz war in den 1970er und 1980er Jahren oft sehr hoch und dauerte über Jahre an. PCB-Unfälle führten in der Vergangenheit zu einer extrem hohen Exposition über einen kurzen Zeitraum. Die Effekte auf die Gesundheit sind allerdings lange anhaltend, sogar über die Generationen hinweg. Beispiele hierfür sind *Yusho*- and *Yu-Cheng*-Opfer. Die tägliche Exposition der generellen Bevölkerung gegenüber halogenierten Bi- und Terphenylen durch die Umwelt und Nahrungsmittel ist eher gering, kann aber keineswegs vernachlässigt werden, da sie über die gesamte Lebenszeit andauert und diese Substanzen bioakkumulieren und zu reaktiven Metaboliten aktiviert werden können. PCB, PBB und PCT besitzen keine relevante akute Toxizität auf den Menschen

20.5.1.1 **PCB**

Organtoxizität

Yusho- und *Yu-Cheng*-Patienten, besonders Kinder, berichteten über vermehrte Infektionen der Atemwege und Ohren und verringerte IgA- und IgM-Gehalte wurden beobachtet [170, 224]. Diese Effekte waren lang anhaltend und wurden auch bei den Kindern exponierter Mütter beobachtet. Eine schwedische Studie fand eine negative Korrelation zwischen PCB und natürlichen Killerzellen [270] und eine niederländische Veröffentlichung berichtete über Veränderungen im Profil von T-Zellen in Babys und eine erhöhte Rate von Mittelohrentzündungen bei Kleinkindern mit erhöhten Plasmagehalten an PCB [293]. Diese Beobachtungen deuten darauf hin, dass das Immunsystem mit am empfindlichsten auf eine Exposition mit PCB reagiert, wobei besonders die non-*ortho*-chlorierten PCB für die toxische Antwort verantwortlich zu sein scheinen [281]. PCB-exponierte Arbeiter klagten gelegentlich über vermehrtes Husten, Brustenge, gereizte Augen oder gastrointestinale Symptome [71, 82]. Es wird vermutet, dass die immunmodulierende Wirkung von PCB an diesen Symptomen beteiligt sein könnte.

Mehrere Studien berichten über erhöhte Leberenzymwerte, AST, ALT, GGT, im Serum von PCB-exponierten Arbeitern (Übersicht in [20]). Dieses könnte eine Folge der Cytochrom-P-450-Induktion durch PCB sein. Exponierte Arbeiter sowie *Yusho*- und *Yu-Cheng*-Patienten hatten oft erhöhte Porphyrin-Ausscheidung im Urin [175, 176]. Weitere häufig beobachtete Effekte waren ein Anstieg von Triglyceriden und Cholesterol im Blut. Die PCB-Kontamination am Arbeitsplatz als mögliche Ursache von kardiovaskulären Erkrankungen und erhöhtem Blutdruck kann nicht vollständig ausgeschlossen werden, da epidemiologische Befunde widersprüchlich sind [100, 145].

Chlorakne ist eine typische Erkrankung bei Patienten nach Vergiftung mit halogenierten Aromaten, allerdings nur bei hoher Konzentration und mit sehr starken Unterschieden in der individuellen Empfindlichkeit. Hyperkeratose, Hyperpigmentierung, und Nageldeformation sind bekannte Begleiterscheinungen. Chlorakne wurde bei *Yusho*- und *Yu-Cheng*-Patienten, aber auch bei hoch exponierten Arbeitern beobachtet. Wie die *Yusho*- und *Yu-Cheng*-Vergiftungsfälle gezeigt haben, sind erhöhte Sekretion aus den Meibom-Drüsen der Augen und abnormale Pigmentierung der Bindehaut des Auges typische Zeichen für eine erhöhte PCB-Exposition [176, 223]. Diese Symptome werden im Allgemeinen erst bei Blutgehalten beobachtet, die ungefähr 10–20-mal über dem Durchschnittsgehalt der Gesamtbevölkerung liegen.

Mehrere Studien berichten von Veränderungen im Schilddrüsenhormonspiegel in Korrelation zu erhöhten PCB-Gehalten [71, 164, 304]. *Yu-Cheng*-Patienten hatten ein deutlich erhöhtes Risiko, eine Struma zu entwickeln [99]. PCB können auch negative Auswirkungen auf die Fortpflanzung haben. Bei Frauen wurden Menstruationsstörungen beobachtet [158, 182] und in Männern und Frauen eine reduzierte Fertilität [43, 55]. Die meisten dieser Studien beruhen auf Fragebogenauswertungen von Sportanglern in den USA oder *Yusho*-/*Yu-Cheng*-Patienten. Eine deutsche Studie fand eine Korrelation zwischen Fehlgeburten, endokrinen Störungen und Blutgehalten von organochlorierten Substanzen, besonders PCB [93]. PCB, besonders die anti-östrogen wirksamen Kongenere, scheinen auch das Risiko für Endometriose zu erhöhen [137, 169]. Berichte über die Spermienqualität zeigten keinen eindeutigen Zusammenhang zwischen Schädigung und PCB-Exposition, obwohl eine Korrelation zwischen drei coplanaren PCB (PCB 153, 137, 118) und verringerter Spermienzahl und -beweglichkeit [44] bzw. zwischen tetra- und penta-chlorierten PCB und Infertilität [212] gefunden wurde. Söhne von *Yu-Cheng*-Frauen hatten außerdem deutlich kürzere Penisse [20].

In Studien an Personen mit häufigem Fischverzehr, an exponierten Arbeitern, *Yusho*- und *Yu-Cheng*-Patienten, und der generellen Bevölkerung wurde eine direkte Korrelation zwischen einem niedrigeren Geburtsgewicht und kürzerer Schwangerschaft und der Höhe der PCB-Serumkonzentration beobachtet [81, 127, 176, 224, 228, 276]. Dieser Effekt war auch noch im 4. Lebensjahr durch geringeres Gewicht auffällig [127]. Die neurologische Entwicklung von Säuglingen und Kleinkindern (Reflexe, motorische Entwicklung und neurologische Verhaltensparameter) scheint besonders durch höher und *ortho*-chlorierte PCB, wie man sie in Fisch findet, negativ beeinflusst zu werden [128, 167, 269]. Dies könnte mit dem häufig erniedrigten Spiegel von Dopamin in den Basalganglien und dem präfrontalen Kortex zusammenhängen. Es gibt zahlreiche übereinstimmende Studien, die darauf hinweisen, dass eine PCB-Exposition *in utero* subtile neurologische Schäden verursacht. Langjährige Studien in Michigan, Deutschland und den Niederlanden, in denen Kleinkinder über mehrere Jahre beobachtet wurden, berichten ein geringeres Kurzzeitgedächtnis und einen niedrigeren IQ bei Kindern, die *in utero* einer erhöhten PCB-Menge ausgesetzt waren [129, 207, 305], die auf einem hohen Verzehr von PCB-kontaminiertem Fisch beruhte. Auch *Yu-Cheng*-Kinder, deren Mütter kontaminiertes Reisöl konsumiert hatten, hatten niedrigere IQ-Werte als die Kontrollgruppe [48].

Genotoxizität und Kanzerogenität

In Bevölkerungsgruppen mit PCB-Langzeitexposition am Wohnort oder Arbeitsplatz wurden signifikant erhöhte Schwesterchromatidaustausche (SCE) in peripheren Blutlymphozyten beobachtet [140, 141]. In anderen exponierten Gruppen wurde zwar keine erhöhte SCE-Rate gemessen, aber eine stärkere Induktion von SCE, wenn diese Lymphozyten *in vitro* mit anderen Chemikalien behandelt wurden [172, 277]. Dieses deutet darauf hin, dass PCB indirekt zu erhöhten SCE führen können, indem sie den Metabolismus anderer Substanzen ändern. PCB wurden wiederholt mit Chromosomenabberationen (CA) assoziiert. Achtzig Prozent aller Individuen in der Nähe einer Fabrik in Jugoslawien hatten abnormale Karyotypen in ihren peripheren Lymphozyten, eine chinesische Studie fand bei 53% PCB-exponierten Arbeitern CA, PCB-exponierte Arbeiter in Ungarn hatten erhöhte Abberationsraten und frühzeitige Zentromerteilungen, und in Delor-exponierten Arbeitern wurde eine Korrelation zwischen Dauer der Exposition und der Häufigkeit von CA in peripheren Lymphozyten gefunden [141, 174, 280, 312]. Kurzzeitexposition scheint keine Auswirkungen auf die CA-Rate zu haben [70]. Ein Problem bei all diesen epidemiologischen Studien ist, dass Fabrikarbeiter üblicherweise zu mehreren Chemikalien exponiert werden, weshalb ein klarer Wirkungszusammenhang nur schwer nachzuweisen ist.

Epidemiologische Studien hinsichtlich der Kanzerogenität von PCB sind entweder retrospektive Krebsmortalitätsstudien an exponierten Arbeitern oder Fall-Kontroll-Studien von Bevölkerungsgruppen mit ernährungsbedingt unterschiedlicher PCB-Exposition. Mortalitätsstudien von exponierten Arbeitern deuten auf ein erhöhtes Risiko für Leber-, Gallenweg-, und Darmkrebs sowie für Melanom hin [168, 192, 264]. Auch *Yusho*-Patienten hatten ein erhöhtes Leberkrebsrisiko [155]. Einige Studien berichteten über ein erhöhtes Risiko, nach PCB-Exposition Gehirntumore oder Blutkrankheiten, hauptsächlich Lymphome, zu entwickeln [34, 51, 119, 168, 264]. Eine sehr große Kohortstudie in Maryland, USA, fand eine klare Dosis-Wirkungsbeziehung für Serum-PCB-Gehalte und Non-Hodgkin-Lymphom [225]. Die epidemiologischen Befunde bezüglich der Entwicklung von Brustkrebs sind sehr widersprüchlich. Mehrere Studien fanden eine Korrelation zwischen PCB-Gehalt im Blut und Brustkrebsrisiko, während andere Studien keine Korrelation beobachteten (Übersicht in [20]). Eine Studie beobachtete, dass nur Frauen, die sowohl hohe PCB-Blutgehalte als auch eine bestimmte CYP1A1-Variante hatten, vermehrt an Brustkrebs erkrankten [188, 189]. Weiter wurde ein erhöhtes Risiko im Zusammenhang mit bestimmten Kongeneren und Östrogenrezeptor-positiven Brustkrebstumoren beschrieben [19, 165]. Neueste Studien beobachteten ein erhöhtes Prostatakrebsrisiko für Männer mit höheren PCB-Blutgehalten [219]. Insgesamt sind die epidemiologischen Studien ein starker Hinweis dafür, dass PCB auch beim Menschen kanzerogen sind [50]. Die die *International Agency for Research on Cancer* (IARC) klassifiziert PCB als wahrscheinliche Humankanzerogene (2A). Das *National Toxicology Program* (NTP) des US-amerikanischen *Department of Health and Human Service*s hat PCB als wahrscheinliche menschliche Kanzerogene (Kategorie 2) eingestuft.

20.5.1.2 PBB

Unsere Kenntnisse bezüglich der toxikologischen Effekte von PBB beruhen hauptsächlich auf Untersuchungen nach dem PBB-Unfall in Michigan 1973/1974. PBB gelangten in die Nahrungsmittel, besonders in Milch, Eier und Fleisch, und wurden über einen Zeitraum von ca. zehn Monaten verzehrt [11]. Nach Bekanntmachung der Kontamination klagten viele Bewohner Michigans über gastrointestinale Probleme (Übelkeit, Darmkrämpfe usw.) und unspezifische Symptome wie Müdigkeit, Muskelschwäche und Gelenkschmerzen [21]. Ein klarer Zusammenhang mit der PBB-Exposition konnte allerdings nicht erbracht werden [10, 163].

Bei beruflich exponierten Arbeitern, wurde keine eindeutige Assoziation mit Gesundheitsproblemen für die meisten Organsysteme gefunden. Allerdings verursachten PBB-Hautprobleme, besonders Akne und Haarausfall, in der exponierten Bevölkerung in Michigan und bei Fabrikarbeitern, die PBB einatmeten [10, 46]. Es gibt auch einzelne Hinweise für eine leicht vergrößerte Leber, erhöhte Leberwerte (ALT, AST) [11] und Änderungen im Lymphozytenprofil [31, 32] bei PBB-exponierten Bewohnern von Michigan, aber keine eindeutige Korrelation (Übersicht in [21]). Arbeiter, die gegenüber PBB und anderen bromierten Verbindungen exponiert waren, hatten erhöhte Gehalte an Thyreotropin und antithyreoidalen Antikörpern und erniedrigte T4-Serumwerte [24]. Kinder aus Michigan, die *in utero* oder durch die Muttermilch exponiert wurden, zeigten neurophysiologische oder entwicklungsbiologische Schäden, die jedoch nicht eindeutig der PBB-Exposition zugeordnet werden konnten, obwohl eine leicht negative Korrelation zwischen neuropsychologischen Testergebnissen und PBB-Blutgehalten gefunden wurde [255, 256].

Bislang wurde keine erhöhte Krebsrate bei den PBB-exponierten Arbeitern berichtet, aber es gibt Anzeichen für eine kanzerogene Aktivität von PBB in der Michigan Bevölkerung. Es liegen zwei Studien vor, die ein höheres Risiko für Brustkrebs beobachteten [111, 116]. Hoque und Mitarbeiter berichteten außerdem über ein erhöhtes, positiv mit dem Blut-PBB-Spiegel korreliertes Risiko für die Entwicklung von Tumoren der Leber, des Magens, des Ösophagus und des Pankreas, ebenso wie für Lymphome und Leukämien. Da PBB auch bei Ratten und Mäusen eindeutig Leberkrebs induzieren, hat die IARC PBB als mögliche

menschliche Kanzerogene (2B) eingestuft. Das NTP der USA hat PBB als wahrscheinliche menschliche Kanzerogene (Kategorie 2) klassifiziert.

20.5.1.3 PCT

In menschlichen Blut- und Fettproben aus Japan wurden PCT-Gehalte gefunden, die denen von PCB gleichkamen (Übersicht in [65]). Worin diese hohe
PCT-Kontamination ihren Ursprung hatte, konnte nicht geklärt werden, da weder in der Umwelt noch in Lebensmitteln sehr hohe PCT-Mengen entdeckt wurden und die Produktion von PCT in Japan nur ca. 1/20 der PCB-Produktion
ausmachte. Trotz dieser nachgewiesenen menschlichen PCT-Kontamination liegen keine Daten bezüglich der Humantoxizität von PCT vor. Das Gefährdungspotenzial durch PCT ist daher völlig ungeklärt, dürfte aber Ähnlichkeiten mit
dem der PCB haben.

20.5.1.4 Ausscheidung

Liegt bereits eine hohe Kontamination des Körpers mit halogenierten aromatischen Substanzen vor, werden verschiedene andere Methoden benutzt, um eine
gesteigerte Eliminierung zu bewirken. PCB, PBB, und PCT, besonders wenn sie
hoch halogeniert sind, werden kaum oder nicht im Körper metabolisiert; die
Mehrheit der Substanz, die mit der Gallenflüssigkeit im Darm ausgeschieden
wird ist daher die unveränderte Muttersubstanz. Leider wird ein großer Teil des
„ausgeschiedenen" Materials im Darm wieder resorbiert. Dieser Prozess der
Ausscheidung und Resorption wird als enterohepatischer Kreislauf bezeichnet.
Eine ähnliche Situation ist für die hydroxylierten Metabolite gegeben. Sobald sie
hydroxyliert und mit Glucuronsäure konjugiert sind, werden sie in den Darm
ausgeschieden, wo bakterielle β-Glucuronidase diese Konjugate spaltet und damit die hydroxylierten Metabolite freisetzt, welche lipophil genug sind und
wieder resorbiert werden. Beispiele sind die Mono- bis Heptachlorbiphenyle
(log P_{OW} = 4,5–7,2) und ihre hydroxylierten Metabolite (log P_{OW} = 3,5–6,7), beides hoch lipophile Substanzgruppen [272]. Es wurde seit langem überlegt, dass
eine Unterbrechung dieses enterohepatischen Kreislaufs, z.B. durch Substanzen, die die Kontaminanten binden und im Darm halten und dadurch eine
Resorption verhindern, eine wirkungsvolle Methode darstellen könnte, um die
Detoxifizierung zu beschleunigen. Mehrere nicht resorbierbare Chemikalien
und Lebensmittel wurden dazu in Mensch- und Tierversuchen eingesetzt, wie
z.B. Paraffinöl, Reiskleie, Cholestyramin, ein populärer Fettsatzstoff, um die
Körperbelastung mit diesen Fremdstoffen zu verringern [104, 226]. Arbeiter in
einer kleinen Fabrik, die Chlordecone (Kepone) herstellte, waren über mehrere
Monate hohen Mengen dieses Pestizids ausgesetzt und hatten daher sehr hohe
Körperkonzentrationen. Orale Zufuhr eines nicht absorbierbaren Harzes, Cholestyramin, erhöhte die fäkale Exkretion von Chlordecon und die schnellere Ent-

fernung dieser Substanz aus dem Körper [103]. Dieses ist möglicherweise die erfolgreichste Entgiftung eines halogenierten Kohlenwasserstoffes nach einer menschlichen Kontaminationsaffäre, die jemals in der Literatur beschrieben wurde. Cholestrylamin wurde auch benutzt, um die Dekontaminierung der *Yusho*-Opfer zu beschleunigen [123], während für die *Yu-Cheng* Patienten eine Kombination von Cholestrylamin und Reiskleie ausprobiert wurde [124]. Die Erfolgsrate dieser beiden Behandlungsmethoden war von Patient zu Patient sehr unterschiedlich.

Der Fettersatzstoff Olestra, ein Sukrosepolyester wurde mit Erfolg in einigen wenigen Fällen eingesetzt, um die Exkretion von PCB in Menschen zu erhöhen. Ein Patient, der sehr hoch mit Aroclor 1254 kontaminiert war, wurde für zwei Jahre mit 16 g Olestra pro Tag in der Form von Kartoffelchips behandelt [217]. In dieser Zeit erreichte der Patient eine Körpergewichtsreduktion von 18 kg und die Konzentration von Aroclor 1254 im Fettgewebe wurde von 3200 mg/kg dramatisch auf 56 mg/kg reduziert. In einer anderen Studie aßen drei gesunde Freiwillige mit „normaler" PCB-Hintergrundbelastung über einen Zeitraum von 8–10 Tagen täglich 90 g Kartoffelchips, die eine Gesamtmenge von ca. 25 g Olestra enthielten. Während der Dauer des Versuchs war die Exkretion von halogenierten Dibenzodioxinen, Dibenzofuranen und PCB im Faeces ca. 1,5- bis 11-mal höher als vor der Olestra-Diät [187].

Die wahrscheinlich notorischsten Vergiftungsfälle sind diejenigen, in denen Personen boshafterweise mit dem hoch giftigen 2,3,7,8-Tetrachlordibenzo-*p*-dioxin (TCDD) vergiftet wurden. Im Jahr 1998 stellten sich zwei junge Frauen mit Verdacht auf Chlorakne in einer Klinik in Wien, Österreich, ein. Blutuntersuchungen ergaben TCDD-Konzentrationen von 144 000 und 26 000 pg/g Blutfett [94]. Die zwei Patientinnen erhielten Kartoffelchips mit Olestra über einen Zeitraum von 38 Tagen, in fünf Dosierungsgruppen von 15 bis 66 g Olestra pro Tag. Der höchste Anstieg in der täglichen Dioxinexkretion betrug einen Faktor von 10,2 und 8,2 für die zwei Patientinnen. Ein weiterer Fall betrifft den ukrainischen Präsidenten Viktor Yushchenko, der im September 2004 mit TCDD vergiftet wurde. Sein Blutgehalt lag bei 100 000 pg TCDD/g Blutfett [268], der zweithöchste Gehalt der jemals in einem Menschen gemessen wurde. Gegenwärtige Spekulationen in der Presse gehen dahin, dass auch in diesem Fall eine Behandlung mit Olestra vorgenommen wird, Ergebnisse sind aber bisher in der wissenschaftlichen Literatur noch nicht veröffentlicht worden.

20.5.1.5 Zusammenfassung

PCB und PBB haben vielfältige Effekte auf mehrere Organsysteme. Dieses ist aber oft durch epidemiologisch Studien schwer erfassbar, da in fast allen Fällen eine Mehrfachkontamination mit einer ganzen Reihe von halogenierten organischen Substanzgruppen und oft zusätzlich mit Metallen wie insbesondere Quecksilber vorliegt.

20.5.2
Wirkungen auf Versuchstiere

20.5.2.1 **PCB**

Die Studien, die sich mit adversen Effekten von PCB bei Labortieren befassen, sind so zahlreich, dass hier nur die wichtigsten Ergebnisse kurz zusammengefasst werden sollen. Detaillierte Informationen und Zitate der Originalpublikationen können in [20] nachgeschlagen werden. Die meisten der vorgestellten Forschungsergebnisse beschränken sich auf Versuche mit den klassischen kommerziellen Mischungen. Individuelle Kongenere wurden dagegen nur relativ selten untersucht.

LD_{50}-Werte für eine einmalige Applikation von PCB-Mischungen liegen ungefähr bei 1–4 g/kg KG in Ratten. Chronische Dosen im niedrigen g/kg-KG-Bereich waren tödlich in Ratten, ebenso wie die tägliche Aufnahme von 0,12–4 mg/kg KG in Affen. Affen, die für zwei Monate mehr als 0,2 mg Aroclor 1242/kg KG oder mehr als 1,2 mg Aroclor 1248/kg KG mit der Nahrung zu sich nahmen, hatten Gastritis und Hyperplasie der Magenschleimhaut [6, 29]. Besonders erwähnenswert ist, dass langzeitexponierte Rhesusaffen schon bei der niedrigsten getesteten Konzentration von 5 µg Aroclor 1254/kg KG/Tag, Augen- und Hautprobleme entwickelten, wie sie bei Menschen beobachtet wurden: Augenentzündungen, Absonderungen aus den Meibom-Drüsen, Alopecia, Akne, Hyperplasie der Gingiva, Veränderungen der Finger- und Fußnägel. Diese verabreichte Dosis führte zu einer PCB-Gleichgewichtskonzentration im Blut von 10 ppb [282], welche im Bereich menschlicher Serumgehalte liegt [20]. Das sensitivste Organsystem für PCB-Exposition in Affen war das Immunsystem [281]. Häufig beobachtete Veränderungen waren eine Atrophie von Thymus und Milz, eine reduzierte Antikörperproduktion und erhöhte Anfälligkeit für Infektionen. Schon die niedrigste getestete Dosis von Aroclor 1254 (5 µg/kg KG/Tag) induzierte eindeutige Veränderungen in der Immunabwehr in chronisch behandelten Affen [281]. Dieser Befund wurde in den USA daher als Grundlage für die Festsetzung des *Minimal Risk Level* (MRL) für chronische, orale Exposition benutzt.

Das meistuntersuchte Organ nach PCB-Exposition ist die Leber. Akute oder chronische Exposition über die Lunge, den Darm, oder die Haut führten zu erhöhten Lebergewichten und induzierten fremdstoffmetabolisierende Enzyme in der Leber von Ratten, Affen und anderen Versuchstieren (Übersicht in [20]). Eine chronische Expositionsstudie an Ratten mit vier Aroclor-Mischungen in Dosen ab 1–4 mg/kg KG/Tag, berichtet von Veränderungen in der Leber wie Hypertrophie, Vakuolisierung, Lipideinlagerungen, erhöhtes Lebergewicht, erhöhte mikrosomale Enzymaktivitäten, neoplastische Veränderungen und Tumore sowie erhöhte gamma-Glutamyltranspeptidase (GGT), Lipid-, Triglycerid- und Cholesterolgehalte im Blutserum der Versuchstiere. Aroclor 1254 zeigte die höchste Toxizität, gefolgt von Aroclor 1260 ~ 1242 > 1016, und weibliche Tiere wiesen sehr viel mehr Leberschäden auf als männliche [85, 179]. Affen reagierten sehr viel empfindlicher auf PCB als Ratten und zeigten Lipidakkumulation und Nekrosen in der Leber bereits bei Dosen ab 0,1 mg/kg KG/Tag für 173 Tage [28]. Affen, die von Geburt an über 20 Wochen einer PCB-Mischung ausgesetzt waren, die in Menge und Zusammensetzung der PCB-Mischung ähnelte, der ein menschlicher Säugling ausgesetzt ist, reagierten mit einem zeitabhängigen Anstieg im Serumcholesterolgehalt [17]. Abgesehen von technischen Mischungen wurden nur wenige Kongenere in Labortieren auf Lebertoxizität getestet. Hierbei ergab sich folgende Rangfolge in der Wirksamkeit zur Induktion von Lebertoxizität: PCB 126 > PCB 105 > PCB 118 ~ PCB 77 > PCB 153 ~ PCB 28 > PCB 128 (Übersicht in [20]). PCB 126 verursachte schon bei 0,74 µg/kg KG/Tag bei Ratten Leberschäden, während 425 µg PCB 128/kg/Tag für solche Effekte benötigt wurden. Außer Leberschäden wurde auch Porphyrie in der Leber beobachtet.

Ein weiterer typischer Effekt von PCB in Tierstudien ist die Reduktion der Schilddrüsenhormone T3 und T4 im Serum, erhöhte T4-UGT-Aktivität, erniedrigte Aktivitäten von Iodothyroninsulfotransferase und -Deiodinase, sowie reduzierte Bindung von T4 an Transthyretin [20]. Dies zeigt, dass PCB in der Ratte in die Bildung, den Transport, die Metabolisierung und die Ausscheidung von Schilddrüsenhormonen eingreifen und dadurch einen Hormonmangel auslösen können. Ähnlich wie bei den Leberschäden wurden histopathologische Veränderungen der Schilddrüse von Ratten schon bei chronischer Exposition von 0,74 µg/kg KG/Tag PCB 126 gefunden. Auch die Rangfolge in der Wirkpotenz der Kongenere war ungefähr vergleichbar. An Ratten und anderen Tieren induzierten PCB auch eine starke Reduktion von Steroidhormonen der Nebennierenrinde (DHEA und DHS) im Blut.

Nerzfarmer beobachteten, dass ihre Tiere, die mit PCB-kontaminiertem Fisch gefüttert wurden, sich nicht fortpflanzten. Es stellte sich heraus, dass weibliche Nerze und Affen besonders empfindlich sind für Fortpflanzungstörungen. In Affen traten diese schon nach chronischer Exposition mit 0,02 mg Aroclor 1254/kg KG/Tag auf [16]. Die männliche Fortpflanzung scheint weniger beeinträchtigt zu sein, obwohl die Exposition gegenüber PCB *in utero* und nach der Geburt die Fähigkeit von Spermien, in die Eizelle einzudringen, bei den Nachkommen zu verringern scheint [232].

Affen erwiesen sich auch als sehr viel empfindlicher in Bezug auf Entwicklungsstörungen als Ratten. Eine chronische Exposition zu 0,03 mg Aroclor 1254/kg KG/Tag bewirkte eine signifikante Verringerung des Geburtsgewichtes und Haut-, Nägel- und Gaumenveränderungen bei Neugeborenen [18]. Neurologische Effekte, besonders Hyperaktivität, Gedächtnis- und Lerndefizite, wurden bei Affen und anderen Labortieren nach *in utero*- oder postnataler Exposition mit PCB beobachtet [39, 244]. Auffällig ist, dass *ortho*-substituierte PCB gleich oder stärker neurotoxisch sind als *para*-substituierte PCB [74, 244], was im Gegensatz zu fast allen anderen Arten von PCB-bedingter Organtoxizität steht. Grundlage dieser neurologischen Defizite ist wahrscheinlich die Reduktion des Dopamingehaltes in bestimmten Regionen des Gehirns [49, 259].

Genotoxizität und Kanzerogenität

In den wenigen Studien, in denen die Genotoxizität von PCB in Labortieren untersucht wurde, waren die Resultate im Allgemeinen negativ. Eine beachtenswerte Ausnahme sind die Studien von Sargent und Mitarbeitern [236, 239], die Chromosomenabberationen und Karyotypänderungen in der Leber von Ratten beobachteten, die gleichzeitig mit PCB 52 und PCB 77 behandelt wurden.

Zahlreiche Studien untersuchten die Kanzerogenität von PCB-Mischungen bei Nagetieren nach oraler Exposition. Die wohl umfangreichste Studie, durchgeführt von General Electrics, USA, fand Lebertumore nach chronischer Behandlung von Ratten mit allen kommerziellen Aroclor Mischungen [179]. Die Wirkstärke der Induktion von Tumoren ergab sich wie folgt: Aroclor 1254 > 1260 ~ 1242 > 1016. Weibliche Tiere waren sehr viel sensitiver als männliche Tiere, während männliche Tiere zusätzlich vermehrt Schilddrüsenkrebs entwickelten. In Studien, durchgeführt mit individuellen Kongeneren, wurden außerdem Lungentumore bei Ratten, die mit PCB 126 behandelt wurden, gefunden [291]. Außerdem verursachen niedrig chlorierte PCB und ihre Metabolite präneoplastische Foci in Initiationsexperimenten in der Ratte [75, 76]. Dieser Befund widerlegt die oft geäußerte Meinung, dass PCB nur Promotoren und keine Initiatoren von Krebs sind. Insgesamt sind die Hinweise auf eine krebserregende Aktivität von PCB bei Tieren sowohl von der EPA als auch von der IARC als eindeutig erwiesen eingestuft worden [122, 125]. Mehr zum Mechanismus der Kanzerogenese findet sich in Abschnitt 20.5.4.

Zusammenfassung

PCB verursachen Schäden in vielen Organsystemen und sind im Tierversuch eindeutig krebserzeugend. Mehrere Punkte sollen hier noch einmal hervorgehoben werden: 1. Affen reagierten viel empfindlicher als andere Spezies, besonders Ratte und Maus. 2. Leber- und die meisten anderen Organschäden sowie Krebspromotion wurden hauptsächlich durch dioxinartige PCB-Kongenere verursacht. Neurotoxizität wurde stärker durch nicht dioxinartige PCB hervorgerufen. 3. In Affen wurden verschiedene Organschäden schon bei Blutkonzentrationen beobachtet, die auch im Menschen gemessen werden.

20.5.2.2 PBB

Der Unfall in Michigan hatte zur Folge, dass die Wirkung von PBB in den verschiedenen Organsystemen von Labortieren nach oraler Aufnahme untersucht wurde. Zusammenfassend kann gesagt werden, dass PBB und PCB auf die gleichen Zielorgane wirken: Immun- und Nervensystem, Haut, Leber, Nieren und Schilddrüse. *In utero* und postnatale Exposition hatten negative Auswirkungen auf die Nerven-, Gehirn- und Schilddrüsenfunktion. Hohe Dosen *in utero* waren außerdem bei Labortieren und Farmtieren teratogen und embryotoxisch. PBB-exponierte Ratten und Mäuse entwickelten Leberkrebs, wobei im Gegensatz zu PCB männliche Tiere sensitiver waren als weibliche und Mäuse früher Tumore entwickelten als Ratten. Detaillierte Informationen über diese Ergebnisse können dem *Toxicological Profile* des ATSDR [21] entnommen werden. Die Dosen, die bei Labortieren Gesundheitsschäden induzierten, lagen über der normalen Umweltbelastung. Es darf aber nicht vergessen werden, dass PBB bioakkumulieren. Außerdem ist nicht auszuschließen, dass PBB-Effekte nach *in utero* oder postnataler Exposition auftreten und dass, wie bei den PCB, ein starker Speziesunterschied in der Empfindlichkeit gegenüber PBB vorliegt.

20.5.2.3 PCT

Publikationen bezüglich der Wirkung von PCT auf Labortiere sind rar, zeigen aber ein ähnliches Wirkspektrum wie nach PCB-Exposition. PCT sind bei Ratten starke Induktoren mikrosomaler Enzyme in der Leber und führen außerdem zu einer vergrößerten Leber und zu Leberkrebs (Übersicht in [133, 297]). Die niedrig chlorierten PCT-Mischungen waren bessere Enzyminduktoren als die höher chlorierten, wobei nicht chlorierte Terphenyle inaktiv waren [279]. *Meta*- und *para*-PCT-Mischungen führten zu vergrößerten Nieren, aber nur *meta*-PCT zu vergrößerten Lebern [150]. Exposition *in utero* erhöhte das Risiko für Gaumenspalte und andere Fehlbildungen in Mäusen und Ratten und für Hyperaktivität bei neugeborenen Tieren [142, 148]. Störungen im Hormon- und Immunsystem und möglicherweise Fortpflanzungssystem wurden ebenfalls berichtet [133]. Exponierte Rhesusaffen entwickelten Ödeme im Gesicht, Alopecia, geschwollene Augenlieder und Lippen und Hyperplasie der Magenschleimhaut [5]. Die orale LD_{50} von Aroclor 5442 und 5460 bei Ratten lag bei 10,6 und 19,2 g/kg KG.

20.5.3
Wirkungen auf andere biologische Systeme

Mehrere Arbeitsgruppen untersuchten die Effekte von PCB auf neuronale Zellen, um Einblick in den Mechanismus der PCB-vermittelten Neurotoxizität zu erlangen. Beobachtet wurde, dass besonders *ortho*-PCB die Calcium-Homöostase der Zellen stören und eine Reduktion des zellulären Dopamin verursachen (Übersicht in [278]). Vitamin E verringerte diese Dopaminabnahme [315]. Der Einfluss von PCB an der Atheriosklerosebildung wurde von Hennig und Mitarbeiter untersucht. Sie beobachteten in vaskulären Endothelzellen *in vitro*, dass besonders coplanare PCB die Barrierefunktion der Zellen stören, oxidativen Stress auslösen und Entzündungsfaktoren (Prostaglandine) induzieren. Vitamin E und Flavonoide wirkten schützend, während einige Fettsauren, z. B. Linolensäure, den Effekt verstärkten [112]. Die Behandlung vasculärer Endothelzellen mit PCB 105 bewirkte nicht nur eine Störung ihrer Barrierefunktion, sondern auch eine erhöhte Ausschüttung von VEGF und die Wanderung von Brustkrebszellen durch den endothelialen Zellrasen [77]. Folglich könnten PCB zur Metastasenbildung beitragen.

PCB werden im Allgemeinen als nicht genotoxisch angesehen, was allerdings auf sehr wenigen Daten beruht und mittlerweile revidiert werden muss. Ende der 1970er/Anfang der 1980er Jahre wurden kommerzielle PCB-Mischungen im Ames-Test (Genmutationstest mit *Salmonella typhimurium*) getestet. Nur eine von acht Publikationen berichtete positive Ergebnisse, und auch nur mit den niedriger chlorierten Mischungen (Aroclor 1221 >1254) in Gegenwart eines extrazellulären (S-9) metabolisierenden Systems [313], was allerdings später nicht reproduziert werden konnte [230]. Nur elf der 209 PCB-Kongenere wurden jemals im Ames-Test getestet [171], wobei PCB 77 als leicht mutagen, aber von einer anderen Arbeitsgruppe als nicht mutagen in TA100 mit S-9 eingestuft wurde. Alle anderen Ergebnisse waren negativ. Zusammenfassend kann gesagt werden, dass PCB keine klassischen Mutagene im Ames-Test sind.

Genmutationstests mit PCB-Mischungen an Fibroblasten des chinesischen Hamsters (V79) ohne S-9 ergaben negative Ergebnisse [110]. Nur zwei PCB-Kongenere wurden im SCE-Test *in vitro* getestet, und keine von beiden erhöhte die SCE-Rate von Lymphozyten [237]. Allerdings waren mehrere Methylsufonyl-PCB positiv in diesem Testsystem [191]. Schiestl und Mitarbeiter beobachteten erhöhte Rekombinationsraten bei Mäusen, Hefen und menschlichen Lymphozyten [23, 246]. Interessant ist die Beobachtung, dass die gleichzeitige Exposition mit PCB 77 und PCB 52 in Bezug auf die Induktion von Chromosomenabberationen *in vivo* und *in vitro* stark synergistisch wirkten [237–239]. PCB 52 und PCB 105 induzierten außerdem aberrante Mitosen, so genannte c-Mitosen *in vitro* [134]. Mehr Aufmerksamkeit wird nun auch den niedrig chlorierten PCB gewidmet, die durch fremdstoffmetabolisierende Enzyme zu genotoxischen und kanzerogenen Metaboliten umgewandelt werden können. So wurde nachgewiesen, dass diese Metabolite *in vitro* reaktive Sauerstoffspezies produzieren [267] und an Proteine und DNA binden [208].

20.5.4
Zusammenfassung der wichtigsten Wirkungsmechanismen

Die Aufklärung der Mechanismen der PCB-Toxizität war während der letzten Jahre Gegenstand intensiver Forschung. Die mechanistischen Grundlagen für viele der beobachteten toxischen Effekte und Symptome können in zwei Hauptgruppen eingeteilt werden: solche, die auf Rezeptorbindung und Genregulation beruhen und solche, bei denen die metabolische Aktivierung von PCB von entscheidender Bedeutung ist. Die Beispiele, die im Folgenden diskutiert werden, beziehen sich auf PCB, weil damit bei weitem mehr Forschungen betrieben wurden als mit PBB und PCT. Allerdings können die durch PCB-Forschung erworbenen Kenntnisse über Struktur-Wirkungsbeziehungen, Rezeptorbindung und Transkriptionsfaktoren und metabolische Aktivierung in der Regel auch auf PBB übertragen werden. Mechanistische Erkenntnisse über die Wirkung von PCT sind kaum in der Literatur vorhanden, können aber ebenfalls bis zu einem gewissen Grade von PCB-Wirkungen abgeleitet werden.

20.5.4.1 **PCB, Rezeptorbindung und Genregulation**

Individuelle PCB-Kongenere sind Liganden für eine Reihe von zellulären Rezeptoren. Am längsten bekannt ist die Bindung von PCB an den *Arylhydrocarbon*-Rezeptor (AhR) [27]. Die Rezeptorbindung führt zu einer starken Induktion der Transkription einer Vielzahl von Genen, unter ihnen viele fremdstoffmetabolisierende Enzyme. Die stärksten Effekte werden hinsichtlich der Expression bestimmter Cytochrom P-450-abhängiger Monooxygenasen (CYPs), der mikrosomalen Epoxidhydrolase [205, 206], der Glutathion-Transferase [252], und der UDP-Glucuronosyltransferase [216] beobachtet.

Die besten PCB-Liganden für den AhR sind solche Isomere und Kongenere, die Chloratome in *para*- und *meta*-Position am Biphenylring haben, aber keine in *ortho*-Position, wie z. B. PCB 77, 126 und 169 (Abb. 20.8).

Exposition von Labortieren mit diesen Kongeneren verursacht eine Proliferation des endoplasmatischen Retikulums und einen Anstieg der Proteinsynthese in der Leber bei gleichzeitiger Vergrößerung der Leber. Eines dieser Proteine, CYP1A1 und die assoziierte Enzymaktivität, Ethoxyresorufin-*O*-deethylase (EROD), wird üblicherweise als Bioindikator einer PCB-Exposition vor allem coplanarer PCB gemessen. Thymusinvolution (Verlust kortikaler Thymozyten) und das so genannte „*Wasting*"-Syndrom sind andere oft beobachtete Effekte einer PCB-Exposition.

PCB-Kongenere, die in der *ortho*-Position chloriert sind, haben einen weniger coplanaren Charakter, z. B. PCB 153 (Abb. 20.9), induzieren aber ebenfalls

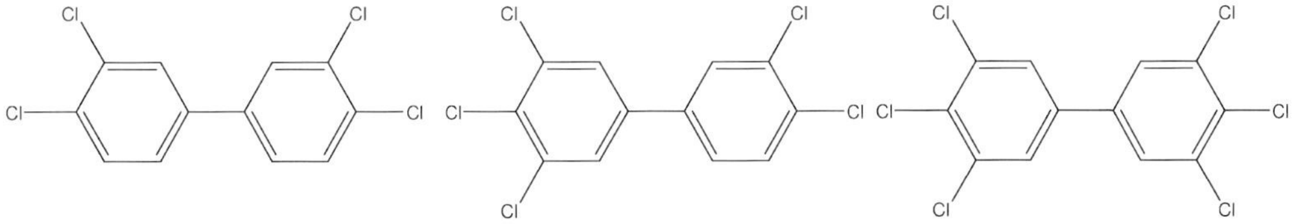

Abb. 20.8 Strukturformel von 3,3′,4,4′-Tetrachlorbiphenyl (PCB 77), 3,3′,4,4′,5-Pentachlorbiphenyl (PCB 126), and 3,3′,4,4′,5,5′-Hexachlorbiphenyl (PCB 169). „Coplanare" PCB sind gute Liganden des Ah-Rezeptors und haben *meta*- und *para*-Chlorsubstituenten als dominierende Struktureigenschaft.

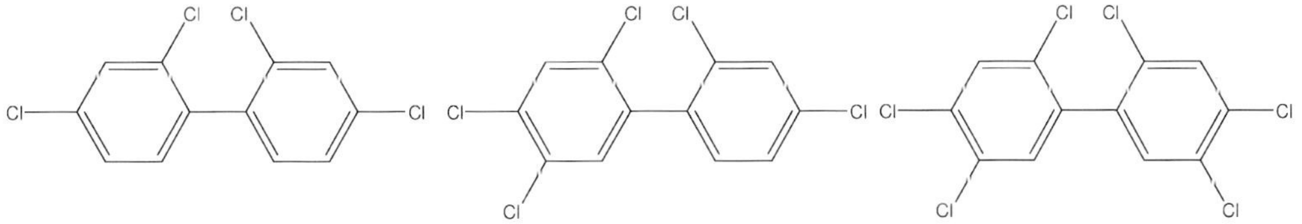

Abb. 20.9 Struktur von 2,2′,4,4′-Tetrachlorbiphenyl (PCB 47), 2,2′,4,4′,5-Pentachlorbiphenyl (PCB 99), and 2,2′,4,4′,5,5′-Hexachlorbiphenyl (PCB 153), Liganden und Aktivatoren von CAR mit typischer *ortho*- and *para*-Chlorsubstitution als dominierende Struktureigenschaft.

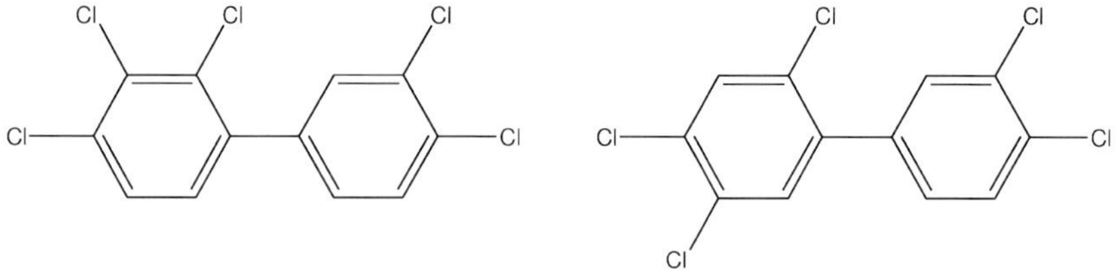

Abb. 20.10 Struktur von 2,3,3′,4,4′-Pentachlorbiphenyl (PCB 105), und 2,3′,4,4′,5-Pentachlorbiphenyl (PCB 118), Liganden des Ah und CAR Rezeptors, welche in einem Ring *ortho,para*-Substitution und im anderen *meta,para*-Chlorsubstitution aufweisen.

erhöhtes Lebergewicht, Leberhypertrophie und die Proliferation des endoplasmatischen Retikulums. Diese Kongenere aktivieren den CAR (*Constitutively Active* or *Constitutive Androstane* Rezeptor) und induzieren wie Phenobarbital CYP 2B1/2 in der Ratte [63]. „*Wasting*"-Syndrom und Rückbildung des Thymus („thymic involution") sind weniger ausgeprägt als in der ersten Gruppe.

Die dritte Gruppe von PCB-Kongeneren aktiviert den AhR und CAR und löst Effekte aus, die beiden oben genannten Gruppen gleichen. Die Kongenere besitzen die Struktureigenschaften von beiden Gruppen, z.B. PCB 118 (Abb. 20.10), und werden „*mixed-type*"-Induktoren genannt, da sie beide, CYP1A und CYP 2B, induzieren [204].

Die Bindungsaffinität von PCB gegenüber dem AhR und die Potenz der über diesen Rezeptor produzierten Effekte sind die Grundlage für die Ableitung von Toxizitätsäquivalenzfaktoren (TEFs), die in vielen Ländern benutzt werden, um die Toxizität einer gegebenen PCB-Belastung zu beschreiben. Tabelle 20.6 zeigt die TEFs für PCB-Kongenere. TCDD wurde der Wert 1 zugeordnet, weil es der stärkste bekannte AhR-Ligand ist. Alle anderen Substanzen werden im Verhältnis zur TCDD-Aktivität gemessen.

Ein Vorteil dieser TEF-Werte ist, dass die Konzentration mehrerer/vieler AhR-Liganden (C_i) mit ihrem jeweiligen TEF multipliziert werden kann, um ihren Toxizitätsequivalenzquotienten (TEQ) zu erhalten. Die Summe aller TEQs einer Mischung ergibt dann einen Wert, der das Gefährdungspotenzial eines Gemisches im Vergleich zu TCDD angibt. Der offensichtliche Nachteil dieser Methode ist, dass alle Effekte, die nicht über AhR-Bindung induziert werden, nicht erfasst werden.

$$TEQ_{TCDD} = \sum_{i=1}^{n} TEF_i \cdot C_i$$

Für PCT wurden keine Struktur-Wirkungsbeziehungen analog der für PCB ausgearbeitet, und nur wenige Kongenere und Mischungen wurden auf ihre Fähigkeit CYPs zu induzieren untersucht. Aroclor 5432 und Aroclor 5460 sind beide *mixed-type*-Induktoren, wobei die niedriger chlorierte Mischung aktiver ist [193, 279].

Tab. 20.6 Toxizitätsäquivalenzfaktoren (TEFs) für PCB nach zwei verschiedenen Quellen [240].

PCB (IUPAC Nummer)	PCB-TEF [2]	WHO-TEF [289]
2,3,7,8-TCDD	1,0	1,0
Non-*ortho* PCB		
3,3',4,4'-TCB (77)	0,0005	0,0001
3,4,4',5-TCB (81)	–	0,0001
3,3',4,4',5-PnCB (126)	0,1	0,1
3,3',4,4',5,5'-HxCB (169)	0,01	0,01
Mono-*ortho* PCB		
2,3,3',4,4'-PnCB (105)	0,0001	0,0001
2,3,4,4',5-PnCB (114)	0,0005	0,0005
2,3',4,4',5-PnCB (118)	0,0001	0,0001
2,3,4,4'5-PnCB (123)	0,0001	0,0001
2,3,3',4,4',5-HxCB (156)	0,0005	0,0005
2,3,3',4,4',5'-HxCB (157)	0,0005	0,0005
2,3',4,4',5,5'-HxCB (167)	0,00001	0,00001
2,3,3',4,4',5,5'-HpCB (189)	0,0001	0,0001
Di-*ortho* PCB		
2,2',3,3',4,4',5-HpCB (170)	0,0001	–
2,2',3,4,4',5,5'-HpCB (180)	0,00001	–

Abkürzungen: TCDD, Tetrachlordibenzo-*p*-dioxin; TCB, Tetrachlorbiphenyl; PnCB, Pentachlorbiphenyl; HxCB, Hexachlorbiphenyl; HpCB, Heptachlorbiphenyl.

Andere adverse biochemische und toxische Effekte von PCB können durch Interaktion mit weiteren Rezeptoren und Molekülen in der Zelle verursacht werden (vgl. Tab. 20.7). Mehrere unterschiedliche Interaktionen sind kürzlich beschrieben worden und alle betreffen überraschenderweise Kongenere mit mehreren *ortho*-Chlorsubstituenten. Diese rezeptorvermittelten Effekte von *ortho*-PCB verursachen z. B. Östrogenität und Antiöstrogenität durch Bindung an Östrogenrezeptoren [95], aktivieren Calciumkanäle durch Interaktion mit dem Ryanodine-Rezeptor [311], stimulieren die Insulinfreisetzung *in vitro* [83], reduzieren die intrazellulären Dopaminkonzentrationen [257] und regen Neutrophile zur Produktion von Superoxid an [83]. Es muss allerdings erwähnt werden, dass die direkte Bindung der Kongenere oder Metabolite an den jeweiligen Rezeptor bislang nicht immer nachgewiesen werden konnte, sondern vom rezeptorvermittelten Effekt abgeleitet wurde. In vielen Fällen wurde auch die Anzahl der Rezeptoren in der Zelle durch PCB beeinflusst. Dieses Arbeitsgebiet benötigt noch beachtlichen Forschungsaufwand.

PCB sind effiziente Induktoren von Enzymen, besonders von fremdstoffmetabolisierenden Enzymen, jedoch oft selber keine guten Substrate dieser Enzyme. Dies kann durch drei Mechanismen zu einer lang anhaltenden Störung des Gleichgewichts in der Zelle führen: (1) es wurde gezeigt, dass die lang anhaltende Induktion von CYPs in der Abwesenheit eines Substrates zur Produktion

Tab. 20.7 Interaktion von PCB-Kongeneren und Metaboliten mit rezeptorvermittelten Effekten, abgeleitet von [26, 53].

	Rezeptor	Ligand	Zielgen/Funktion	Wirkstärke
AhR	Aryl Hydrocarbon	coplanar, *meta*, *para*-PCB	CYP 1A	>20–30fach [27]
CAR	Konstitutiver Androstan	*ortho, para*-PCB	CYP 2B	>20–30fach [63]
PXR	Pregnan X	multi-*ortho*-PCB, PCB 47 und 184	CYP 3A	5–10fach [121, 253]
PPAR	Peroxisomen Proliferator	coplanar, *meta*, *para*-PCB	CYP 4A	Repression [15]
RyR	Ryanodin	PCB 95, OH-PCB, PCB-Catechole	Ca^{++}-Kanal	2- bis 50fach [209, 210, 311]
ER	Östrogen	multi-*ortho*-PCB, OH-PCB		Agonist & Antagonist [14, 35, 52]
AR	Androgen	multi-*ortho*-PCB		Antagonist [79, 214, 251]
PR	Progesteron	OH-PCB		Antagonismus [52]
TH	Thyroid Hormon	PCBs, OH-PCB		indirekt [92]
DAT oder MVAT	Dopamintransport	coplanar & multi-*ortho*-PCB	Dopamin	↓ oder ↑ Dopamin [33, 218, 258]
?	?	multi-*ortho*-PCB	Insulinfreisetzung	[83, 84]
GR	Glucocorticoid	MeSO$_2$-PCB		kompetitiver Antagonismus [139]

von reaktiven Sauerstoffspezies führen kann [248, 249]; (2) eine Induktion besonders von Phase I-Enzymen wie CYPs und Epoxidhydrolasen kann den Metabolismus endogener und exogener Substanzen (z. B. 17-Östradiol, PCB) in Richtung redoxaktiver Metabolite verändern, was zusätzlich durch einen Anstieg an redoxbezogenen Enzymen (DT-Diaphorase, CYP-Reduktase) weiter verstärkt werden kann; (3) eine Reduktion antioxidativer Enzyme wie z. B. der selenabhängigen Glutathionperoxidase kann durch die Verringerung der Abwehrmechanismen ebenfalls zu einem Anstieg des intrazellulären oxidativen Stresses führen [252, 287].

20.5.4.2 Metabolische Aktivierung von halogenierten Biphenylen

Weil höher chlorierte PCB- und PBB-Kongenere relativ resistent gegenüber metabolischer Umwandlung sind und sie daher sehr langlebig in Pflanzen, Tieren und der Umwelt sind, werden sie nur sehr langsam eliminiert. Die allgemeine

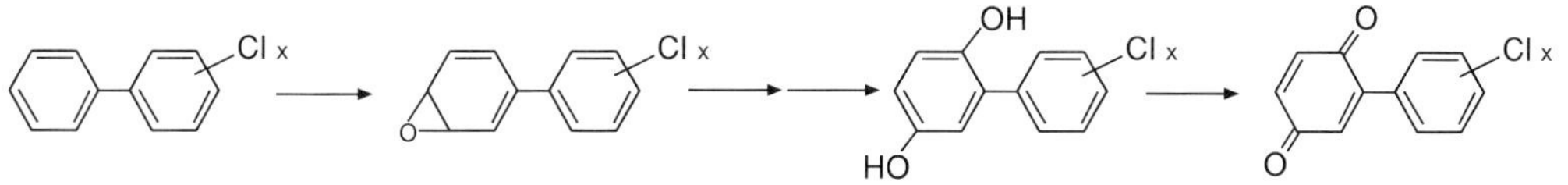

Abb. 20.11 Metabolische Aktivierung von PCB zu reaktiven Metaboliten, Arenoxiden und Chinonen [181, 201].

Regel ist, dass die metabolische Umsatzrate umgekehrt mit der Anzahl an Halogenatomen im Molekül korreliert. Das heißt, dass niedrig halogenierte Biphenyle sowohl effiziente Enzyminduktoren als auch Substrate ihrer induzierten Enzyme werden können. Diese metabolische Umsetzung kann zu einer Aktivierung des Substrats zu einem Elektrophil und dessen Reaktion mit zellulären Komponenten wie Proteinen, Lipiden oder DNA führen. Der PCB-Metabolismus kann auch zur Bildung reaktiver Sauerstoffradikale führen, die biologische und toxikologische Konsequenzen haben. Die CYP-katalysierte Hydroxylierung von PCB kann zur Bildung von mindestens zwei elektrophilen Metaboliten führen (Abb. 20.11). Der erste ist ein Zwischenprodukt der Hydroxylierungsreaktion, nämlich ein Arenoxid. Dieses Zwischenprodukt kann zur Bildung schwefelhaltiger PCB-Metabolite (Reaktion mit Glutathion direkt oder katalysiert durch die Glutathion-Transferase und Folgereaktionen) und von Dihydrodiol-Metaboliten führen (nach Hydrolyse des Arenoxides durch die Epoxid-Hydrolase). Das zweite mögliche Elektrophil ist ein Chinon, das Oxidationsprodukt von Katecholen und Hydrochinonen.

Metabolismusstudien mit 4-Chlorbiphenyl [181] und andere Studien haben deutlich gezeigt, dass mikrosomale Enzyme in der Lage sind, niedrig chlorierte PCB (Mono- bis Trichlorbiphenyle) zu Katecholen und Hydrochinonen umzusetzen (Abb. 20.11).

Dihydroxy-Metabolite des 4-Chlorbiphenyl (und andere niedrig halogenierte Biphenyle) können *in vitro* durch Peroxidasen, Prostaglandin-Synthase und vielleicht CYPs zu Semichinonen und Chinonen oxidiert werden [8, 200].

20.5.4.3 Bedeutung für die Kanzerogenese

PCB-Mischungen mit höherem Chlorgehalt sind potenter in der Induktion von Hyperplasien und Leberkrebs als solche mit niedrigerem Chlorgehalt [263], was besonders für männliche Ratten zuzutreffen scheint. Versuche mit beiden Geschlechtern zeigten, dass weibliche Ratten sensitiver waren als männliche [149, 179, 195]. Außerdem wurde eine spezielle Sequenz der pathologischen Änderungen während der Leberkrebsinduktion festgestellt [195, 243]. Die Studie von Mayes und Mitarbeitern ist besonders interessant. In chronischen Expositionsversuchen wurden die Effekte von vier verschiedenen PCB-Mischungen (Aroclor 1016, 1242, 1254, 1260) bei mehreren oralen Dosierungen, die zwischen 25 und 200 ppm lagen und über 24 Monate andauerten, an Sprague-Dawley-Ratten untersucht. Ein statistisch signifikanter Anstieg an Lebertumoren wurde in männlichen Ratten nur bei der am höchsten chlorierten Mischung Aroclor 1260 gefunden, während alle vier kommerziellen Produkte eine Erhöhung der Leberkrebsrate in weiblichen Tieren bewirkten. Es soll hierbei darauf hingewiesen werden, dass Aroclor 1016 nur durchschnittlich drei Chloratome pro Molekül hat. Diese Daten zeigen an, dass *kommerzielle PCB-Mischungen komplette Kanzerogene sind* [179]. Per Definitionem besitzen komplette Kanzerogene sowohl initiierende als auch promovierende Eigenschaften, wobei diese beiden Effekte durch unterschiedliche Kongenere der PCB-Mischungen hervorgerufen werden könnten.

In Tierversuchen werden bekanntlich drei unterschiedliche Stufen der chemischen Kanzerogenese beobachtet: Initiation, Promotion und Progression. Initiation wird als genotoxisches Ereignis beschrieben, Promotion ist charakterisiert durch die Vermehrung der initiierten Zellen durch lang anhaltende epi-

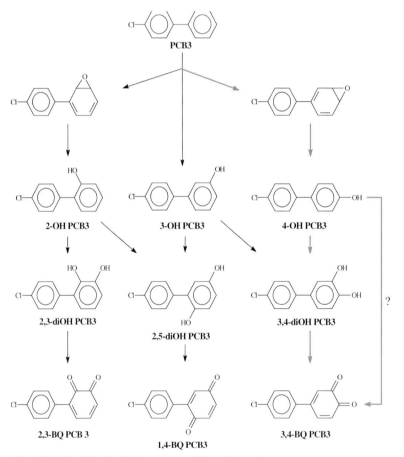

Abb. 20.12 Metabolische Aktivierung von 4-Chlorbiphenyl (PCB 3) zu seinem proximalen (4-OH PCB 3) und ultimalen Kanzerogen (3,4-BQ PCB 3). Adaptiert aus [76], mit Genehmigung der Society of Toxicology.

genetische Mechanismen, während Progression die letzte Phase der Kanzerogenese ist, die durch vermehrte Chromosomen- und Karyotypänderungen auffällt.

Obwohl ihre Potenz sich stark unterscheidet, wird mehreren PCB-Kongeneren eine *promovierende Aktivität* zugeschrieben [41, 42, 263]. Obwohl nur wenige Kongenere getestet wurden, wird allgemein eine Korrelation zwischen der promovierenden Aktivität mit der Potenz, CYPs zu induzieren, beobachtet [62]. Es wurde andererseits angenommen, dass PCB und ähnliche Substanzen keine initiierende Aktivität haben, aber diese Annahme beruhte auf sehr wenigen experimentellen Daten.

Kürzlich haben wir ein Solt-Farber-Modell benutzt, um zu untersuchen, ob PCB oder ihre Metabolite eine tumorinitiierende Aktivität in der Rattenleber besitzen. Ratten erhielten eine einmalige PCB-Dosis von 600 μmol/kg als Initiator. In diesem Model führte die Exposition mit PCB 3 zu sichtbaren präneoplastischen Knoten in 50% der behandelten Tiere und zu histologisch erkennbaren präneoplastischen GGT-positiven Foci in 80% aller behandelten Tiere [75]. PCB 12 und 38 waren nicht aktiv. In einem weiteren Versuch wurden drei Kongenere identifiziert, die zu einer signifikanten Erhöhung präneoplastischer Foci führten, mit der Rangordnung PCB 15 >> PCB 52 > PCB 77 [75]. Diese Versuche sind ein starker Hinweis darauf, dass PCB-Kongenere mit ein bis vier Chloratomen *initiierende Aktivität* haben können. Um den initiierenden Metaboliten zu identifizieren, wurde eine Serie von Versuchen mit synthetisierten Metaboliten (in abnehmenden Dosen) unternommen: alle mono- und dihydroxylierten Biphenyle und Chinone die in Abbildung 20.12 dargestellt sind. Der 4-OH-Metabolit und besonders das 3,4-Chinon von PCB 3 induzierten einen signifikanten Anstieg präneoplastischer Foci, was so interpretiert werden kann, dass das 3,4-Chinon ein/der ultimale initiierende Metabolit von PCB 3 sein könnte [76].

20.6
Bewertung des Gefährdungspotenzials bzw. gesundheitliche Bewertung

Halogenierte Bi- und Terphenyle haben eine schädigende Wirkung auf viele Organsysteme von Mensch und Tier, wobei wahrscheinlich mehrere Mechanismen und strukturell unterschiedliche Subgruppen beteiligt sind. Eine Haupteigenschaft coplanarer, dioxinartiger PCB ist die Enzyminduktion, besonders bestimmter CYPs. Dieser Effekt spielt wahrscheinlich eine Schlüsselrolle in der beobachteten Lebertoxizität und Tumorpromotion, wobei ein durch CYP induzierter intrazellulärer oxidativer Stress als Auslöser stark diskutiert wird. Die gesteigerte Eliminierung von Schilddrüsenhormonen durch die Induktion der daran beteiligten Enzyme wird als Grund für Schilddrüsenhypertrophie, -kanzerogenität und Reproduktionstoxizität betrachtet. Neurotoxizität wird eher durch nicht dioxinartige PCB-Kongenere ausgelöst. Hier scheint eine Störung des intrazellulären Calciumgleichgewichts durch Bindung an den RyR und eine Abnahme der Dopaminproduktion der zugrunde liegende Mechanismus zu sein.

Schließlich deuten neue Untersuchungen darauf hin, dass niedrig chlorierte PCB zu genotoxischen und Krebs induzierenden Metaboliten aktiviert werden können. Obwohl PCB seit Jahrzehnten als Umwelt- und Nahrungsmittelkontaminanten bekannt und als gesundheitsschädlich eingestuft sind, wurden erst in den letzten Jahren entscheidende Fortschritte in der Aufklärung der Wirkmechanismen gemacht.

Die Hauptquellen einer PCB-Exposition des Menschen sind die Nahrung, besonders Fisch und Muttermilch, und Innen- und Außenluft in kontaminierten Gebäuden und Großstädten. Die Gesamtaufnahme von dioxinartigen PCB und Dioxinen liegt zur Zeit über den von der WHO und SCF empfohlenen Richtwerten [240, 300]. In den USA wird gegenwärtig eine tägliche Aufnahme von 1–8 ng PCB/kg KG pro Tag angenommen, wobei 0,2 ng/kg aus Trinkwasser, 0,3–3 ng/kg aus der Luft und 0,5–5 ng/kg aus der Nahrung stammen. In Deutschland wird die durchschnittliche täglich Aufnahme für Erwachsene auf 20 ng/kg KG/Tag geschätzt [288]. Viele Faktoren können zu einer weit höheren Aufnahme von PCB führen, wie z. B. PCB-kontaminierte Gebäude und Wohnorte, eine fischreiche Diät oder Muttermilch als Hauptnahrungsquelle. Daher wird in Deutschland von einer durchschnittlichen PCB-Aufnahme im gestillten Säugling von 3 µg/kg/Tag ausgegangen [302], die bei Kindern älterer Frauen, die reichlich Fisch verzehren und in einer kontaminierten Umgebung leben, deutlich höher sein könnte.

Die meisten PCB-bedingten Organschäden werden erst bei relativ hohen Konzentrationen beobachtet, so dass für die Allgemeinbevölkerung wohl kein großes Risiko bestehen dürfte.

Die sensitivsten Endpunkte für PCB-Toxizität sind das Nerven- und Immunsystem und die körperliche und geistige Entwicklung von Ungeborenen und Kleinkindern. Der LOAEL für solche Gesundheitseffekte lag in Affen bei etwa 5 µg/kg/Tag und möglicherweise niedriger (keine niedrigeren Konzentration wurden untersucht). Das heißt, dass bei Kleinkindern bestimmter Bevölkerungsgruppen subtile Gesundheitsschäden, leicht erniedrigter Intelligenzquotient und psychomotorische Defizite sowie etwas erhöhte Anfälligkeit für Ohrentzündungen möglich sind. In der Tat wurden diese Effekte in epidemiologischen Studien mit Kindern in den Niederlanden und Michigan beobachtet. Da diese Effekte sehr subtil sind, werden sie meist nicht auf PCB-Exposition zurückgeführt.

PCB sind wahrscheinlich für den Menschen kanzerogen, wobei ihre kanzerogene Potenz relativ niedrig zu sein scheint. Dadurch ist ein klarer epidemiologischer Zusammenhang von Krebs beim Menschen durch PCB-Exposition nur schwer nachweisbar. Bestimmte PCB-Kongenere können als Initiatoren, andere als Promotoren wirken, und wieder andere Progression und Metastasenbildung fördern. Das bedeutet, dass PCB alleine oder zusammen mit anderen kanzerogenen Substanzen, eine Tumorentwicklung bewirken könnten. Ein besseres Verständnis der Kanzerogenese, eine Identifikation genotypischer und umweltbedingter Faktoren, die die Anfälligkeit beeinflussen und Kenntnisse, inwiefern verschiedene Kontaminanten in der Kanzerogenese zusammenwirken, sind notwendig, um eine validere Risikobewertung durchführen zu können.

Besonders die Wirkung von Mischungen bzw. von Koexposition mit mehreren Kontaminanten ist bisher noch kaum untersucht worden. Halogenierte Bi- und Terphenyle selbst stellen Gemische dar, deren individuelle Substanzen verschiedene Wirkungsmechanismen haben können oder additiv über denselben Mechanismus wirken. Wie beschrieben ist die übliche Kontamination mit PBB und PCT so gering, dass für die Allgemeinbevölkerung keine Gesundheitsgefährdung zu erwarten ist. Eine additive oder gar überadditive Wirkung von verschiedenen halogenierten Bi- und Terphenylen und anderen täglichen Umweltkontaminanten kann angenommen werden. Eine Abschätzung des Gefährdungspotenzials einer einzelnen Substanz oder Substanzgruppe ohne Einbeziehung aller anderen Kontaminanten muss notwendigerweise zu einer groben Unterschätzung des tatsächlichen Risikos führen. Angesichts unseres fehlenden Verständnisses für diese Interaktionen ist dieses aber leider noch die Norm, und sollte bei jeder Beurteilung des Risikos einer Substanz als Warnung mit angegeben werden.

20.7
Grenzwerte, Richtwerte, Empfehlungen, gesetzliche Regelungen

20.7.1
PCB

Obwohl die Produktion von PCB weltweit eingestellt wurde, befinden sie sich immer noch im Einsatz. Das erste Land, das gesetzliche Maßnahmen gegen die Produktion und den Einsatz von PCB ergriff, war 1972 Schweden. 1976 hat der Kongress der USA den *Toxic Substances Control Act* (TSCA) verabschiedet, der strenge Richtlinien für die Herstellung PCB- und PCB-haltiger Produkte sowie ihre zukünftige Benutzung und den Verkauf enthielt. Der weltgrößte Produzent, Monsanto (USA), stoppte die PCB-Produktion 1977, das gesetzliche Verbot folgte 1978. Die europäische Kommission verabschiedete 1985 eine Richtlinie (85/467/EEC), die den Einsatz von PCB regulierte. In Westdeutschland wurde der Gebrauch von PCB in offenen Systemen 1978 verboten. Seit 1983 werden in Deutschland keine PCB mehr hergestellt. Diesem freiwilligen Verzicht folgte 1989 das gesetzlich Verbot, jedoch war der Einsatz in geschlossenen Systemen bis Ende 2000 erlaubt. In Ostdeutschland wurde der Gebrauch von PCB bereits 1985 verboten. Zwischenzeitlich ist nicht nur die Produktion, sondern auch der Gebrauch von PCB in vielen Ländern weltweit verboten oder sehr stark eingeschränkt worden [30, 288]. PCB sind eine der zwölf ersten Substanzgruppen der Stockholmer Konvention, die im Mai 2004 in Kraft trat. Diese internationale Regelung, die bereits von über 100 Nationen ratifiziert wurde, untersagt Produktion, Verkauf, Gebrauch und Transport von PCB, außer zum Transport zu einer Verbrennungsanlage oder Endlagerstelle. Es wird angenommen, dass bis zu 400 000 Tonnen PCB weltweit in die Umwelt gelangten [20, 273]. Angesichts dieser großen Mengen an PCB, die nun in Erde, Wasser, Luft und biologischen Organismen vorhanden sind, muss davon ausgegangen werden, dass Umwelt und Nahrung für weitere Jahrhunderte mit PCB belastet sein werden, obwohl die PCB-Produktion schon vor Jahrzehnten eingestellt wurde.

Da viele (aber nicht alle, s. Abschnitt 20.5.4) der toxischen Effekte von PCB auf Interaktion mit dem AhR basieren, wird dieses oft als Grundlage für die Festsetzung von Grenzwerten benutzt. Die WHO hat sich in ihrer letzten Risikobewertung von Dioxinen und dioxinähnlichen PCB aus dem Jahre 1998 auf eine tolerierbare tägliche Aufnahme (*tolerable daily intake*, TDI) von 1–4 pg TEQ/kg Körpergewicht (KG) verständigt [299] und darauf hingewiesen, dass bei der gegenwärtigen Hintergrundbelastung in den industrialisierten Ländern von 2–6 pg TEQ/kg KG bereits subtile Effekte auftreten können. Im Gegensatz zum TDI der WHO hat der Wissenschaftliche Ausschuss Lebensmittel (SCF) der europäischen Kommission eine „Zulässige Wöchentliche Aufnahme" (TWI) abgeleitet, um der langen Verweilzeit von Dioxinen und dioxinähnlichen PCB im menschlichen Körper Rechnung zu tragen. In einer Stellungnahme vom 30. Mai 2001 hat der SCF eine TWI von 14 pg WHO-TEQ/kg KG festgesetzt und damit die temporäre TWI der ersten Stellungnahme vom 22. November 2000 um den Faktor zwei erhöht [240, 241]. Diese Stellungnahme führte zur Verordnung der EG vom 29. November 2001 (EG Nr. 2375/2001) in der festgelegt wurde, dass zukünftig in Lebensmitteln alle zwölf „dioxinähnlichen" PCB gemessen und zusammen mit 17 weiteren Dioxinverbindungen quantifiziert und als TCDD-Toxizitätsäquivalenzkonzentrationen (TEQ) berechnet werden. Weiterhin wurden die Höchstmengen von polychlorierten Dibenzo-*para*-dioxinen und Dibenzofuranen in Lebensmitteln geändert, eine Einführung von Grenzwerten für „dioxinähnliche" PCB wurde jedoch aufgrund der dürftigen Datenlage verschoben.

In Deutschland sind die zulässigen Höchstmengen für PCB in Lebensmitteln in der Schadstoff-Höchstmengenverordnung (SHmV) aus dem Jahre 2003 festgelegt (Tab. 20.8). Die Grenzwerte umfassen nur die sechs Indikator-PCB (PCB 28, 52, 101, 138, 153, 180) und sind nachfolgend aufgelistet [262].

In der Trinkwasser-Verordnung sind die Grenzwerte für sechs Indikator-PCB (PCB 28, PCB 52, PCB 101, PCB 138, PCB 153, PCB 180) auf jeweils 0,1 µg/L und eine PCB-Gesamtmenge von maximal 0,5 µg/L festgesetzt.

Im Vergleich zu Deutschland sind die Grenzwerte für Nahrungsmittel in den USA höher [20]:

Säuglings- und Kindernahrung: 0,2 ppm; Eier: 0,3 ppm; Milch und Milchprodukte: 1,5 ppm, Fisch und Schalentiere: 2 ppm, Fleisch und Geflügel: 3 ppm (Fettbasis).

20.7.2
PBB

Anders als nach dem Unfall in Michigan, USA sind PBB in Europa nie als ein größeres Problem aufgetreten. Die ATSDR hat in den USA einen MRL (minimal risk level) von 0,01 mg/kg/Tag für akute orale Aufnahme von PBB fest-

Tab. 20.8 Zulässige Höchstmengen für PCB in Lebensmitteln in der Schadstoff-Höchstmengenverordnung (SHmV) aus dem Jahre 2003.

Lebensmittelgruppe	Höchstmenge in mg/kg für	
	PCB 138, 153	PCB 28, 52, 101, 180
Fleisch von Kalb, Pferd, Kaninchen, Hähnchen, Puten, sowie Federwild und Haarwild mit Ausnahme von Wildschweinen	0,01	0,008
Sonstiges Fleisch von warmblütigen Schlachttieren und Wildschweinen mit einem Fettgehalt ≤10%		
Fleischerzeugnisse mit einem Fettgehalt ≤10%		
Fleisch von warmblütigen Schlachttieren mit einem Fettgehalt >10% mit Ausnahme von Kalb, Pferd, Kaninchen, Hähnchen, Puten sowie Federwild und Haarwild, einschließlich Wildschweinen	0,1	0,08
Fleischerzeugnisse mit einem Fettgehalt >10%		
Süßwasserfische	0,3	0,2
Seefische, Weich- und Krebstiere	0,1	0,08
Milch und Milcherzeugnisse	0,05	0,04
Eier, Eiprodukte	0,02	0,02

gelegt. Dieser Grenzwert beruht auf dem NOAEL (no observable adverse effect level) für Schilddrüseneffekte bei Ratten [7]. Kein Grenzwert wurde für die chronische orale Exposition festgesetzt, da bereits die niedrigste getestete Konzentration von 0,012 mg/kg/Tag in Affen zu schweren Fortpflanzungsstörungen und Teratogenität führte [3, 4, 162]. In Deutschland sind nach dem Lebensmittel- und Futtermittelgesetzbuch PBB als Flammschutzmittel für Bedarfsgegenstände verboten, Grenzwerte für Lebensmittel wurden aber bisher keine festgelegt.

20.7.3
PCT

Dieselben Regelungen des Rates der Europäischen Union, die in den 1970er und 1980er Jahren für PCB erlassen wurden, gelten auch für PCT (Direktive vom 27. Juli 1976 (76/769)). Das heißt, dass PCT nur in geschlossenen Systemen benutzt werden dürfen. Die US-EPA beschloss 1981, dass keine weiteren Untersuchungen zur Kanzerogenität von PCT notwendig seien, da PCT nicht mehr produziert werden. Gesetzliche Regelungen über Grenzwerte in Lebensmitteln wurden bisher in keinem Land verabschiedet.

20.8
Vorsorgemaßnahmen

Unabhängig davon, ob die Exposition gegenüber halogenierten Bi- und Terphenylen durch die Umwelt, die Ernährung, am Arbeitsplatz oder durch einen Unfall geschieht, ist es äußerst wünschenswert die Aufnahme dieser Substanzen so weit wie möglich zu begrenzen. Leider sind alle Lebensmittel im Generellen mit polyhalogenierten Verbindungen kontaminiert, wenn auch normalerweise in sehr geringen Mengen. Die Vermeidung bestimmter Lebensmittel stellt daher keine Lösung dar. Es wurden Versuche unternommen, die Darmresorption dieser Kontaminanten von geringfügig verunreinigten Lebensmitteln durch Modifizierung der Nahrung zu verringern, indem Kleie und andere Faserstoffe zugegeben wurden. Ein solches Beispiel ist der Gebrauch von FEBRA (fermentierter brauner Reis mit *Aspergillus oryzae*) in der täglichen Nahrung japanischer Ehepaare, deren Blutkonzentrationen an polyhalogenierten Dibenzodioxinen, -furanen und -biphenylen über einen Zeitraum von bis zu zwei Jahren beobachtet wurden. FEBRA hatte positiven Einfluss auf die Ausscheidung von Dioxinen und Furanen bzw. verringerte ihre Resorption, hatte aber keinen Einfluss auf die Aufnahme von PCB [271].

20.9
Zusammenfassung

- Polyhalogenierte Bi- und Terphenyle sind Industriechemikalien, die als Kontaminanten in Lebensmitteln und in der Umwelt zu finden sind. Sie bestehen aus komplexen Mischungen von vielen verschiedenen Isomeren und Kongeneren.
- Die weltweite Produktion von PCB belief sich auf schätzungsweise 1,2–2 Millionen Tonnen, während die PBB- und PCT-Produktion deutlich geringer ausfiel. Die kommerziellen Produkte wurden in zahlreichen Ländern hergestellt, verkauft und in offenen, halbgeschlossenen und geschlossenen Systemen eingesetzt. Gesetzliche Regelungen verbieten die Herstellung von PCB und PBB in allen Industrienationen und schränken den Einsatz dieser Verbindungen sehr stark ein.
- Eine signifikante inhalative Aufnahme von PCB kann über kontaminierte Raum- und Außenluft am Arbeitsplatz und in der Nähe von stark kontaminierten Industrie- oder Lagerplätzen erfolgen. Aufgrund ihres ubiquitären Vorkommens, ist der Normalbürger hauptsächlich über die Nahrung mit halogenierten Bi- und Terphenylen exponiert.
- Da sie sehr lipophil sind, werden polyhalogenierte Bi- und Terphenyle und ihre Metabolite vorwiegend im Fettanteil von Lebensmitteln gefunden. Am höchsten belastet sind Fisch, Geflügel und daraus abgeleitete Produkte. Frauen sekretieren hohe Mengen dieser Verbindungen in die Muttermilch.
- Bevölkerungsgruppen mit hoher PCB- oder PBB-Belastung sind solche, die viel Fisch verzehren, in der Nähe von industriellen Kontaminationsquellen

leben oder arbeiten sowie durch Unfälle, welche zu hohen Lebensmittelkontaminationen führten, exponierte Menschen und Säuglinge.

- Die durchschnittliche Aufnahme von PCB wird in Deutschland auf 20 ng/kg KG pro Tag für Erwachsene und 3 μg/kg KG für gestillte Säuglinge geschätzt. Die WHO schätzte 1998 die Aufnahme von dioxinartigen PCB und Dioxinen in den industrialisierten Ländern auf 2–6 pg TEQ/Tag/kg KG, wobei >50% von den PCB beigetragen werden. Der SCF schätzte im Jahr 2000 die durchschnittliche tägliche Aufnahme coplanarer PCB mit der Nahrung auf 0,8–1,5 pg TEQ/kg KG.

- Um die menschliche Exposition mit halogenierten Bi- und Terphenylen herabzusenken, zielen gesetzliche Maßnahmen darauf, den Eintrag dieser Verbindungen in Lebensmittel so gering wie möglich zu halten. Eine Einschränkung des Verzehrs hochkontaminierter Nahrungsmittel, besonders Fisch, wird empfohlen. Die gezielte Modifikation der Diät kann die Resorption halogenierter Bi- und Terphenyle verringern.

- Aufgenommene polyhalogenierte Bi- und Terphenyle binden im Blut an Proteine und Lipide und werden zu den verschiedenen Fettgeweben im Körper transportiert und dort gespeichert. Die Konzentration dieser Verbindungen im Blut steht im Gleichgewicht mit der Konzentration im Fettgewebe. Aufgrund ihrer Lipophilie sind halogenierte Bi- und Terphenyle plazentagängig und tragen zur *In-utero*-Exposition von Feten bei.

- Niedrig halogenierte Biphenyle werden relativ gut metabolisiert und ausgeschieden. Ihre Halbwertszeiten sind geringer als ein Jahr. Die Halbwertszeiten höher halogenierter Biphenyle sind deutlich länger (mindestens vier Jahre für PCB), da sie nur sehr langsam metabolisiert werden. Dieses führt zu einem altersbedingten Anstieg der PCB-Konzentrationen im Menschen.

- Die Mechanismen der am häufigsten beobachteten toxischen Effekte können in zwei Hauptgruppen zusammengefasst werden: 1. rezeptorvermittelte Effekte auf die Genexpression, 2. Effekte nach metabolischer Aktivierung. Diese Mechanismen werden von verschiedenen Subgruppen von Kongeneren bewirkt, die sich in ihrem Halogenierungsgrad und -muster unterscheiden.

- PCB sind neurotoxisch, immunotoxisch, genotoxisch, kanzerogen und stören den Hormonhaushalt. Verschiedene Gesundheitsstörungen werden durch unterschiedliche Kongenere ausgelöst. Ungeborene und Neugeborene sind besonders empfindlich für diese Störungen.

- Die von der SCF geschätzte tägliche Aufnahme von coplanaren PCB kann die von der WHO abgeleitete tolerierbare Aufnahmemenge von TEQ durch die Nahrung überschreiten.

Danksagung

Die hier zusammengefassten Ergebnisse aus eigenen Studien wurden vom National Institute of Environmental Health Sciences, USA (P42ES07380 und P42ES13661) und vom Department of Defense, USA (DAMD17-02-1-0241) finanziert. Dank geht auch an die Alexander-von-Humboldt-Stiftung für die finanzielle Unterstützung von LW Robertson. Weitere, sehr hilfreiche Kommentare und Beiträge zu diesem Review kamen von Isaac Pessah, University of California, Davis, USA, Åke Bergman, Universität Stockholm, und Brock Chittim, Wellington Laboratories, Guelph, Ontario, Kanada.

20.10
Literatur

1 Addison RF, Fletcher GL, Ray S, Doane J (1972) Analysis of a chlorinated terphenyl (aroclor 5460) and its deposition in tissues of cod (Gadus morhua), *Bull Environ Contam Toxicol* **8**: 52–60.

2 Ahlborg UG, Becking GC, Birnbaum LS, Brouwer A, Derks HJGM, Feeley M, Golor G, Hanberg A, Larsen JC, et al. (1994) Toxic equivalency factors for dioxin-like PCBs, *Chemosphere* **28**: 1049–1067.

3 Allen JR, Barsotti DA, Lambrecht LK, Van Miller JP (1979) Reproductive effects of halogenated aromatic hydrocarbons on nonhuman primates, *Ann NY Acad Sci* **320**: 419–425.

4 Allen JR, Lambrecht LK, Barsotti DA (1978) Effects of polybrominated biphenyls in nonhuman primates, *Journal of the American Veterinary Medical Association* **173**: 1485–1489.

5 Allen JR, Norback DH (1973) Polychlorinated biphenyl- and triphenyl-induced gastric mucosal hyperplasia in primates, *Science* **179**: 498–499.

6 Allen JR, Norback DH (1976) Pathobiological responses of primates to polychlorinated biphenyl exposure, Conf. Proc. – Natl. Conf. Polychlorinated Biphenyls, EPA-560/6-75-004: 43–49.

7 Allen-Rowlands CF, Castracane VD, Hamilton MG, Seifter J (1981) Effect of polybrominated biphenyls (PBB) on the pituitary–thyroid axis of the rat, *Proc Soc Exp Biol Med* **166**: 506–514.

8 Amaro AR, Oakley GG, Bauer U, Spielmann HP, Robertson LW (1996) Metabolic activation of PCBs to quinones: reactivity toward nitrogen and sulfur nucleophiles and influence of superoxide dismutase, *Chem Res Toxicol* **9**: 623–629.

9 Anderson HA, Falk C, Hanrahan L, Olson J, Burse VW, Needham L, Paschal D, Patterson D Jr, Hill RH Jr (1998) Profiles of Great Lakes critical pollutants: a sentinel analysis of human blood and urine. The Great Lakes Consortium, *Environ Health Perspect* **106**: 279–289.

10 Anderson HA, Rosenman KD, Snyder J (1978) Carcinoembryonic antigen (CEA) plasma levels in Michigan and Wisconsin dairy farmers, *Environ Health Perspect* **23**: 193–197.

11 Anderson HA, Wolff MS, Lilis R, Holstein EC, Valciukas JA, Anderson KE, Petrocci M, Sarkozi L, Selikoff IJ (1979) Symptoms and clinical abnormalities following ingestion of polybrominated-biphenyl-contaminated food products, *Ann NY Acad Sci* **320**: 684–702.

12 Antunes P, Gil O (2004) PCB and DDT contamination in cultivated and wild sea bass from Ria de Aveiro, Portugal, *Chemosphere* **54**: 1503–1507.

13 Apfelbach R, Engelhart A, Behnisch P, Hagenmaier H (1998) The olfactory system as a portal of entry for airborne polychlorinated biphenyls (PCBs) to the brain?, *Arch Toxicol* **72**: 314–317.

14 Arcaro KF, Yi L, Seegal RF, Vakharia DD, Yang Y, Spink DC, Brosch K, Gierthy JF (1999) 2,2′,6,6′-Tetrachlorobiphenyl is estrogenic in vitro and in vivo, *J Cell Biochem* **72**: 94–102.

15 Ariyoshi N, Iwasaki M, Kato H, Tsusaki S, Hamamura M, Ichiki T, Oguri K (1998) Highly toxic coplanar PCB 126 reduces liver peroxisomal enzyme activities in rats, *Environmental Toxicology and Pharmacology* **5**: 219–225.

16 Arnold DL, Bryce F, McGuire PF, Stapley R, Tanner JR, Wrenshall E, Mes J, Fernie S, Tryphonas H, Hayward S et al

(1995) Toxicological consequences of aroclor 1254 ingestion by female rhesus (Macaca mulatta) monkeys. Part 2. Reproduction and infant findings, *Food Chem Toxicol* **33**: 457–474.

17 Arnold DL, Bryce F, Mes J, Tryphonas H, Hayward S, Malcolm S (1999) Toxicological consequences of feeding PCB congeners to infant rhesus (Macaca mulatta) and cynomolgus (Macaca fascicularis) monkeys, *Food Chem Toxicol* **37**: 153–167.

18 Arnold DL, Nera EA, Stapley R, Bryce F, Fernie S, Tolnai G, Miller D, Hayward S, Campbell JS, Greer I (1997) Toxicological consequences of Aroclor 1254 ingestion by female rhesus (Macaca mulatta) monkeys and their nursing infants. Part 3: post-reproduction and pathological findings, *Food Chem Toxicol* **35**: 1191–1207.

19 Aronson KJ, Miller AB, Woolcott CG, Sterns EE, McCready DR, Lickley LA, Fish EB, Hiraki GY, Holloway C, Ross T, Hanna WM, SenGupta SK, Weber JP (2000) Breast adipose tissue concentrations of polychlorinated biphenyls and other organochlorines and breast cancer risk, *Cancer Epidemiol Biomarkers Prev* **9**: 55–63.

20 ATSDR (2000) Toxicological profile for polychlorinated biphenyls (PCBs), U.S. Dept. Health Services, Public Health Service.

21 ATSDR (2004) Toxicological Profile for Polybrominated Biphenyls and Polybrominated Diphenyl Ethers (PBBs and PBDEs), U.S. Dept. Health Services, Public Health Service.

22 Atuma SS, Aune M (1999) Method for the determination of PCB congeners and chlorinated pesticides in human blood serum, *Bull Environ Contam Toxicol* **62**: 8–15.

23 Aubrecht J, Rugo R, Schiestl RH (1995) Carcinogens induce intrachromosomal recombination in human cells, *Carcinogenesis* **16**: 2841–2846.

24 Bahn AK, Mills JL, Snyder PJ, Gann PH, Houten L, Bialik O, Hollmann L, Utiger RD (1980) Hypothyroidism in workers exposed to polybrominated biphenyls, *N Engl J Med* **302**: 31–33.

25 Ballschmiter K, Zell M (1980) Analysis of polychlorinated biphenyls (PCB) by glass capillary gas chromatography. Composition of technical Aroclor- and Clophen-PCB mixtures, *Fresenius' Zeitschrift für Analytische Chemie* **302**: 20–31.

26 Bandiera S (2001) Cytochrome P450 enzymes as biomarkers of PCB exposure and modulators of toxicity. In: PCBs: Recent Advances in the Environmental Toxicology and Health Effects (Robertson LW, Hansen LG, Hrsg) The University Press of Kentucky, pp 185–192.

27 Bandiera S, Safe S, Okey AB (1982) Binding of polychlorinated biphenyls classified as either phenobarbitone-, 3-methylcholanthrene- or mixed-type inducers to cytosolic Ah receptor, *Chem Biol Interact* **39**: 259–277.

28 Barsotti DA, Marlar RJ, Allen JR (1976) Reproductive dysfunction in rhesus monkeys exposed to low levels of polychlorinated biphenyls (Aoroclor 1248), *Food Cosmet Toxicol* **14**: 99–103.

29 Becker GM, McNulty WP, Bell M (1979) Polychlorinated biphenyl-induced morphologic changes in the gastric mucosa of the rhesus monkey, *Lab Invest* **40**: 373–383.

30 Becker K, Kaus S, Krause C, Lepom P, Schulz C, Seiwert M, Seifert B (2002) German Environmental Survey (1998) (GerES III): environmental pollutants in blood of the German population, *Int J Hyg Environ Health* **205**: 297–308.

31 Bekesi JG, Anderson HA, Roboz JP, Roboz J, Fischbein A, Selikoff IJ, Holland JF (1979) Immunologic dysfunction among PBB-exposed Michigan dairy farmers, *Ann N Y Acad Sci* **320**: 717–728.

32 Bekesi JG, Holland JF, Anderson HA, Fischbein AS, Rom W, Wolff MS, Selikoff IJ (1978) Lymphocyte function of Michigan dairy farmers exposed to polybrominated biphenyls, *Science* **199**: 1207–1209.

33 Bemis JC, Seegal RF (2004) PCB-induced inhibition of the vesicular monoamine transporter predicts reductions in synaptosomal dopamine content, *Toxicol Sci* **80**: 288–295.

34 Bertazzi PA, Riboldi L, Pesatori A, Radice L, Zocchetti C (1987) Cancer mortality of

capacitor manufacturing workers, *Am J Ind Med* **11**: 165–176.

35 Bonefeld-Jorgensen EC, Andersen HR, Rasmussen TH, Vinggaard AM (2001) Effect of highly bioaccumulated poly-chlorinated biphenyl congeners on estro-gen and androgen receptor activity, *Toxicology* **158**: 141–153.

36 Borchard RE, Welborn ME, Wiekhorst WB, Wilson DW, Hansen LG (1975) Pharmacokinetics of polychlorinated bi-phenyl components in swine and sheep after a single oral dose, *Journal of Pharmaceutical Sciences* **64**: 1294–1299.

37 Borlakoglu JT, Welch VA, Edwards-Webb JD, Dils RR (1990) Transport and cellular uptake of polychlorinated biphenyls (PCBs) – II. Changes in vivo in plasma lipoproteins and proteins of pigeons in response to PCBs, and a proposed model for the transport and cellular uptake of PCBs, *Biochem Pharmacol* **40**: 273–281.

38 Borlakoglu JT, Welch VA, Wilkins JP, Dils RR (1990) Transport and cellular uptake of polychlorinated biphenyls (PCBs) – I. Association of individual PCB isomers and congeners with plasma lipoproteins and proteins in the pigeon, *Biochem Pharmacol* **40**: 265–272.

39 Bowman RE, Heironimus MP, Allen JR (1978) Correlation of PCB body burden with behavioral toxicology in monkeys, *Pharmacol Biochem Behav* **9**: 49–56.

40 Brown JF, Jr., Lawton RW (1984) Poly-chlorinated biphenyl (PCB) partitioning between adipose tissue and serum, *Bull Environ Contam Toxicol* **33**: 277–280.

41 Buchmann A, Kunz W, Wolf CR, Oesch F, Robertson LW (1986) Polychlorinated biphenyls, classified as either phenobar-bital- or 3-methylcholanthrene-type indu-cers of cytochrome P-450, are both hepatic tumor promoters in diethyl-nitrosamine-initiated rats, *Cancer Lett* **32**: 243–253.

42 Buchmann A, Ziegler S, Wolf A, Robert-son LW, Durham SK, Schwarz M (1991) Effects of polychlorinated biphenyls in rat liver: correlation between primary subcellular effects and promoting activi-ty, *Toxicol Appl Pharmacol* **111**: 454–468.

43 Buck GM, Vena JE, Schisterman EF, Dmochowski J, Mendola P, Sever LE, Fitzgerald E, Kostyniak P, Greizerstein H, Olson J (2000) Parental consumption of contaminated sport fish from Lake Ontario and predicted fecundability, *Epidemiology* **11**: 388–393.

44 Bush B, Bennett AH, Snow JT (1986) Polychlorobiphenyl congeners, p,p′-DDE, and sperm function in humans, *Arch Environ Contam Toxicol* **15**: 333–341.

45 Carter LJ (1976) Michigan's PBB Inci-dent: Chemical Mix-Up Leads to Dis-aster, *Science* **192**: 240–242.

46 Chanda JJ, Anderson HA, Glamb RW, Lomatch DL, Wolff MS, Voorhees JJ, Selikoff IJ (1982) Cutaneous effects of exposure to polybrominated biphenyls (PBBs): the Michigan PBB incident, *Environ Res* **29**: 97–108.

47 Chen E (1979) PBB: An American Trage-dy, Prentice-Hall Inc., Englewood Cliffs, N.J.

48 Chen YC, Guo YL, Hsu CC (1992) Co-gnitive development of children prenatal-ly exposed to polychlorinated biphenyls (Yu-Cheng children) and their siblings, *J Formos Med Assoc* **91**: 704–707.

49 Chu I, Poon R, Yagminas A, Lecavalier P, Hakansson H, Valli VE, Kennedy SW, Bergman A, Seegal RF, Feeley M (1998) Subchronic toxicity of PCB 105 (2,3,3′,4,4′-pentachlorobiphenyl) in rats, *J Appl Toxicol* **18**: 285–292.

50 Cogliano VJ (1998) Assessing the cancer risk from environmental PCBs, *Environ Health Perspect* **106**: 317–323.

51 Colt JS, Severson RK, Lubin J, Rothman N, Camann D, Davis S, Cerhan JR, Cozen W, Hartge P (2005 Organo-chlorines in carpet dust and non-Hodgkin lymphoma, *Epidemiology* **16**: 516–525.

52 Connor K, Ramamoorthy K, Moore M, Mustain M, Chen I, Safe S, Zacharewski T, Gillesby B, Joyeux A, Balaguer P (1997) Hydroxylated polychlorinated bi-phenyls (PCBs) as estrogens and antie-strogens: structure-activity relationships, *Toxicol Appl Pharmacol* **145**: 111–123.

53 Cooke PS, Sato T, Buchanan DL (2001) Disruption of steroid hormone signaling by PCBs. In: PCBs, Recent Advances in Environmental Toxicology and Health Ef-fects (Robertson LW, Hansen LG,

Hrsg):The University Press of Kentucky, Lexington, 257–263.

54 Cordle F, Corneliussen P, Jelinek C, Hackley B, Lehman R, McLaughlin J, Rhoden R, Shapiro R (1978) Human exposure to polychlorinated biphenyls and polybrominated biphenyls, *Environ Health Perspect* **24**: 157–172.

55 Courval JM, DeHoog JV, Stein AD, Tay EM, He J, Humphrey HE, Paneth N (1999) Sport-caught fish consumption and conception delay in licensed Michigan anglers, *Environmental research* **80**: S183–S188.

56 Covaci A, Voorspoels S, De Boer J, Ryan JJ, Schepens P (2001) Determination of PBDEs and PCBs in Belgian human adipose tissue by narrow bore (0,1 mm i.d.) capillary GC-MS, *Organohalogen Compounds* **50**: 175–179.

57 Cullen AC, Vorhees DJ, Altshul LM (1996) Influence of Harbor Contamination on the Level and Composition of Polychlorinated Biphenyls in Produce in Greater New Bedford, Massachusetts, *Environmental Science and Technology* **30**: 1581–1588.

58 Dahl P, Lindstrom G, Wiberg K, Rappe C (1995) Absorption of polychlorinated biphenyls, dibenzo-p-dioxins and dibenzofurans by breast-fed infants, *Chemosphere* **30**: 2297–2306.

59 De Boer J, De Boer K, Boon JP (2000) Polybrominated biphenyls and diphenylethers, *Handbook of Environmental Chemistry* **3**: 61–95.

60 de Boer J, Wester PG, Klamer HJ, Lewis WE, Boon JP (1998) Do flame retardants threaten ocean life?, *Nature* **394**: 28–29.

61 DeKoning EP, Karmaus W (2000) PCB exposure in utero and via breast milk. A review, *J Expo Anal Environ Epidemiol* **10**: 285–293.

62 Deml E, Oesterle D, Wiebel FJ, Wolff T (1985) Correlation between promotion of enzyme-deficient islands and induction of monooxygenase activities by halogenated hydrocarbons in rat liver, *Food Chem. Toxicol.* **23**: 880.

63 Denomme MA, Bandiera S, Lambert I, Copp L, Safe L, Safe S (1983) Polychlorinated biphenyls as phenobarbitone-type inducers of microsomal enzymes.

Structure-activity relationships for a series of 2,4-dichloro-substituted congeners, *Biochem Pharmacol* **32**: 2955–2963.

64 Dewailly E, Mulvad G, Pedersen HS, Ayotte P, Demers A, Weber JP, Hansen JC (1999) Concentration of organochlorines in human brain, liver, and adipose tissue autopsy samples from Greenland, *Environ Health Perspect* **107**: 823–828.

65 Doguchi M (1977) Polychlorinated terphenyls as an environmental pollutant in Japan, *Ecotoxicol Environ Saf* **1**: 239–248.

66 Domino LE, Domino SE, Domino EF (1982) Toxicokinetics of 2,2′,4,4′,5,5′-hexabromobiphenyl in the rat, *J Toxicol Environ Health* **9**: 815–833.

67 Duarte-Davidson R, Jones KC (1994) Polychlorinated biphenyls (PCBs) in the UK population: estimated intake, exposure and body burden, *Sci Total Environ* **151**: 131–152.

68 Dunckel AE (1975) An updating on the polybrominated biphenyl disaster in Michigan, *J Am Vet Med Assoc* **167**: 838–841.

69 Egginton J (1980) The Poisoning of Michigan, WW Norton & Co., New York.

70 Elo O, Vuojolahti P, Janhunen H, Rantanen J (1985) Recent PCB accidents in Finland, *Environ Health Perspect* **60**: 315–319.

71 Emmett EA, Maroni M, Jefferys J, Schmith J, Levin BK, Alvares A (1988) Studies of transformer repair workers exposed to PCBs: II. Results of clinical laboratory investigations, *Am J Ind Med* **14**: 47–62.

72 EPA-821-R-00-002 EMN. Method 1668, Revision A: Chlorinated Biphenyl Congeners in Water, Soil, Sediment, and Tissue by HRGC/HRMS: United States Environmental Protection Agency, 1999.

73 Erickson MD (1997) Analytical Chemistry of PCBs, CRC Lewis Publishers Boca Raton.

74 Eriksson P (1997) Developmental neurotoxicity of environmental agents in the neonate, *Neurotoxicology* **18**: 719–726.

75 Espandiari P, Glauert HP, Lehmler HJ, Lee EY, Srinivasan C, Robertson LW (2003) Polychlorinated biphenyls as initiators in liver carcinogenesis: resistant

hepatocyte model, *Toxicol Appl Pharmacol* **186**: 55–62.

76 Espandiari P, Glauert HP, Lehmler HJ, Lee EY, Srinivasan C, Robertson LW (2004) Initiating activity of 4-chlorobiphenyl metabolites in the resistant hepatocyte model, *Toxicol Sci* **79**: 41–46.

77 Eum SY, Lee YW, Hennig B, Toborek M (2004) VEGF regulates PCB 104-mediated stimulation of permeability and transmigration of breast cancer cells in human microvascular endothelial cells, *Exp Cell Res* **296**: 231–244.

78 Eyster JT, Humphrey HE, Kimbrough RD (1983) Partitioning of polybrominated biphenyls (PBBs) in serum, adipose tissue, breast milk, placenta, cord blood, biliary fluid, and feces, *Arch Environ Health* **38**: 47–53.

79 Fang H, Tong W, Branham WS, Moland CL, Dial SL, Hong H, Xie Q, Perkins R, Owens W, Sheehan DM (2003) Study of 202 natural, synthetic, and environmental chemicals for binding to the androgen receptor, *Chem Res Toxicol* **16**: 1338–1358.

80 Fangstrom B, Athanasiadou M, Grandjean P, Weihe P, Bergman A (2002) Hydroxylated PCB metabolites and PCBs in serum from pregnant Faroese women, *Environ Health Perspect* **110**: 895–899.

81 Fein GG, Jacobson JL, Jacobson SW, Schwartz PM, Dowler JK (1984) Prenatal exposure to polychlorinated biphenyls: effects on birth size and gestational age, *J Pediatr* **105**: 315–320.

82 Fischbein A, Wolff MS, Lilis R, Thornton J, Selikoff IJ (1979) Clinical findings among PCB-exposed capacitor manufacturing workers, *Ann N Y Acad Sci* **320**: 703–715.

83 Fischer LJ, Seegal RF, Ganey PE, Pessah IN, Kodavanti PR (1998) Symposium overview: toxicity of non-coplanar PCBs, *Toxicol Sci* **41**: 49–61.

84 Fischer LJ, Zhou HR, Wagner MA (1996) Polychlorinated biphenyls release insulin from RINm5F cells, *Life Sci* **59**: 2041–2049.

85 Fish KM, Mayes BA, Brown JFJ et al (1997) Biochemical measurements on hepatic tissues from SD rats fed Aroclors 1016, 1242, 1254, and 1250, *Toxicologist* **36**: 87.

86 Fries GF, Marrow GS, Jr., Gordon CH (1973) Long-term studies of residue retention and excretion by cows fed a polychlorinated biphenyl (Aroclor 1254), *J Agric Food Chem* **21**: 117–121.

87 Fromme H, Baldauf AM, Klautke O, Piloty M, Bohrer L (1996) Polychlorinated biphenyls (PCB) in caulking compounds of buildings–assessment of current status in Berlin and new indoor air sources, *Gesundheitswesen* **58**: 666–672.

88 Fukano S, Doguchi M (1977) PCT, PCB and pesticide residues in human fat and blood, *Bull Environ Contam Toxicol* **17**: 613–617.

89 Gabrio T, Piechotowski I, Wallenhorst T, Klett M, Cott L, Friebel P, Link B, Schwenk M (2000) PCB-blood levels in teachers, working in PCB-contaminated schools, *Chemosphere* **40**: 1055–1062.

90 Gallani B, Boix A, Di Domenico A, Fanelli R (2004) Occurrence of NDL-PCB in food and feed in Europe, *Organohalogen Compounds* **66**: 3561–3569.

91 Garner CE, Matthews HB (1998) The effect of chlorine substitution on the dermal absorption of polychlorinated biphenyls, *Toxicol Appl Pharmacol* **149**: 150–158.

92 Gauger KJ, Kato Y, Haraguchi K, Lehmler HJ, Robertson LW, Bansal R, Zoeller RT (2004) Polychlorinated biphenyls (PCBs) exert thyroid hormone-like effects in the fetal rat brain but do not bind to thyroid hormone receptors, *Environ Health Perspect* **112**: 516–523.

93 Gerhard I, Daniel V, Link S, Monga B, Runnebaum B (1998) Chlorinated hydrocarbons in women with repeated miscarriages, *Environ Health Perspect* **106**: 675–681.

94 Geusau A, Tschachler E, Meixner M, Sandermann S, Papke O, Wolf C, Valic E, Stingl G, McLachlan M (1999) Olestra increases faecal excretion of 2,3,7,8-tetrachlorodibenzo-p-dioxin, *Lancet* **354**: 1266–1267.

95 Gierthy JF, Arcaro KF, Floyd M, Compounds O (1995) Assessment and implications of PCB estrogenicity, *Organohalogen Compounds* **25**: 419–423.

96 Gobas FAPC, Clark KE, Shiu WY, Mackay D (1989) Bioconcentration of polybrominated benzenes and biphenyls and related superhydrophobic chemicals in fish: role of bioavailability and elimination into the feces, *Environmental Toxicology and Chemistry* **8**: 231–245.

97 Grimvall E, Rylander L, Nilsson-Ehle P, Nilsson U, Stromberg U, Hagmar L, Ostman C (1997) Monitoring of polychlorinated biphenyls in human blood plasma: methodological developments and influence of age, lactation, and fish consumption, *Arch Environ Contam Toxicol* **32**: 329–336.

98 Gunderson EL (1995) Dietary intakes of pesticides, selected elements, and other chemicals: FDA Total Diet Study, June 1984–April 1986, *J AOAC Int* **78**: 910–921.

99 Guo YL, Yu ML, Hsu CC, Rogan WJ (1999) Chloracne, goiter, arthritis, and anemia after polychlorinated biphenyl poisoning: 14-year follow-Up of the Taiwan Yucheng cohort, *Environ Health Perspect* **107**: 715–719.

100 Gustavsson P, Hogstedt C (1997) A cohort study of Swedish capacitor manufacturing workers exposed to polychlorinated biphenyls (PCBs), *Am J Ind Med* **32**: 234–239.

101 Guvenius DM, Aronsson A, Ekman-Ordeberg G, Bergman A, Noren K (2003) Human prenatal and postnatal exposure to polybrominated diphenyl ethers, polychlorinated biphenyls, polychlorobiphenylols, and pentachlorophenol, *Environ Health Perspect* **111**: 1235–1241.

102 Guvenius DM, Hassanzadeh P, Bergman A, Noren K (2002) Metabolites of polychlorinated biphenyls in human liver and adipose tissue, *Environ Toxicol Chem* **21**: 2264–2269.

103 Guzelian PS (1981) Therapeutic approaches for chlordecone poisoning in humans, *J Toxicol Environ Health* **8**: 757–766.

104 Guzelian PS (1982) Chlordecone poisoning: a case study in approaches for detoxification of humans exposed to environmental chemicals, *Drug Metab Rev* **13**: 663–679.

105 Halbert F, Halbert, S (1978) Bitter Harvest, William B. Erdmans Publishing Company, Grand Rapids, Michigan.

106 Hanrahan LP, Falk C, Anderson HA, Draheim L, Kanarek MS, Olson J (1999) Serum PCB and DDE levels of frequent Great Lakes sport fish consumers-a first look. The Great Lakes Consortium, *Environmental research* **80**: S26–S37.

107 Hansen LG (1999) The *ortho* side of PCBs: Occurrence and disposition, Kluwer Academic Publishers Boston.

108 Hardy ML (2002) A comparison of the properties of the major commercial PBDPO/PBDE product to those of major PBB and PCB products, *Chemosphere* **46**: 717–728.

109 Hashimoto K, Akasaka S, Takagi Y, Kataoka M, Otake T (1976) Distribution and excretion of (14C)polychlorinated biphenyls after their prolonged administration to male rats, *Toxicol Appl Pharmacol* **37**: 415–423.

110 Hattula ML (1985) Mutagenicity of PCBs and their pyrosynthetic derivatives in cell-mediated assay, *Environ Health Perspect* **60**: 255–257.

111 Henderson AK, Rosen D, Miller GL, Figgs LW, Zahm SH, Sieber SM, Rothman N, Humphrey HE, Sinks T (1995) Breast cancer among women exposed to polybrominated biphenyls, *Epidemiology* **6**: 544–546.

112 Hennig B, Reiterer G, Majkova Z, Oesterling E, Meerarani P, Toborek M (2005) Modification of environmental toxicity by nutrients: implications in atherosclerosis, *Cardiovasc Toxicol* **5**: 153–160.

113 Hermanson ME, Hites RA (1989) Long-term measurements of atmospheric polychlorinated biphenyls in the vicinity of Superfund dumps, *Environ Sci Technol* **23**: 1253–1258.

114 Herrick RF, McClean MD, Meeker JD, Baxter LK, Weymouth GA (2004) An unrecognized source of PCB contamination in schools and other buildings, *Environ Health Perspect* **112**: 1051–1053.

115 Higuchi K (1976) PCB Poisoning and Pollution, Academic Press/Tokyo: Kodansha LTD, New York.

116 Hoque A, Sigurdson AJ, Burau KD, Humphrey HE, Hess KR, Sweeney AM (1998) Cancer among a Michigan cohort exposed to polybrominated biphenyls in 1973, *Epidemiology* **9**: 373–378.

117 Hornbuckle KC, Green ML (2003) The impact of an urban-industrial region on the magnitude and variability of persistent organic pollutant deposition to Lake Michigan, *Ambio* **32**: 406–411.

118 Hovander L, Malmberg T, Athanasiadou M, Athanassiadis I, Rahm S, Bergman A, Wehler EK (2002) Identification of hydroxylated PCB metabolites and other phenolic halogenated pollutants in human blood plasma, *Arch Environ Contam Toxicol* **42**: 105–117.

119 Hsieh SF, Yen YY, Lan SJ, Hsieh CC, Lee CH, Ko YC (1996) A cohort study on mortality and exposure to polychlorinated biphenyls, *Arch Environ Health* **51**: 417–424.

120 Humphrey HE, Gardiner JC, Pandya JR, Sweeney AM, Gasior DM, McCaffrey RJ, Schantz SL (2000) PCB congener profile in the serum of humans consuming Great Lakes fish, *Environ Health Perspect* **108**: 167–172.

121 Hurst CH, Waxman DJ (2005) Interactions of Endocrine-active environmental chemicals with the nuclear receptor PXR, *Toxicological and Environmental Chemistry* **87**: 299–311.

122 IARC (1987) IARC Monographs programme on the evaluation of the carcinogenic risk of chemicals to humans. Supplement 7: Overall evaluations of carcinogenicity: An updating of IARC monographs volumes 1 to 42, World Health Organization, Lyon.

123 Iida T, Hirakawa H, Matsueda T, Nakagawa R, Takenaka S, Morita K, Narazaki Y, Fukamachi K, Tokiwa H, Takahashi K et al (1991) Therapeutic trial for promotion of fecal excretion of PCDFs and PCBs by the administration of cholestyramine in Yusho patients, *Fukuoka Igaku Zasshi* **82**: 317–325.

124 Iida T, Nakagawa R, Hirakawa H, Matsueda T, Morita K, Hamamura K, Nakayama J, Hori Y, Guo YL, Chang FM, et al. (1995) Clinical trial of a combination of rice bran fiber and cholestyramine for promotion of fecal excretion of retained polychlorinated dibenzofuran and polychlorinated biphenyl in Yu-Cheng patients, *Fukuoka Igaku Zasshi* **86**: 226–233.

125 IRIS. Integrated Risk Information System. Polychlorinated bijpenyls (PCBs):U.S. Environmental Protection Agency (website), 2000.

126 Jacobson JL, Fein GG, Jacobson SW, Schwartz PM, Dowler JK (1984) The transfer of polychlorinated biphenyls (PCBs) and polybrominated biphenyls (PBBs) across the human placenta and into maternal milk, *Am J Public Health* **74**: 378–379.

127 Jacobson JL, Jacobson SW, Humphrey HE (1990) Effects of in utero exposure to polychlorinated biphenyls and related contaminants on cognitive functioning in young children, *J Pediatr* **116**: 38–45.

128 Jacobson JL, Jacobson SW, Schwartz PM, et al. (1984) Prenatal exposure to an environmental toxin: A test of the multiple effects model, *Developmental Psychology* **20**: 523–532.

129 Jacobson SW, Fein GG, Jacobson JL, Schwartz PM, Dowler JK (1985) The effect of intrauterine PCB exposure on visual recognition memory, *Child Dev* **56**: 853–860.

130 Jaffe R, Stemmler EA, Eitzer BD, Hites RA (1985) Anthropogenic, polyhalogenated, organic compounds in sedentary fish from Lake Huron and Lake Superior tributaries and embayments, *Journal of Great Lakes Research* **11**: 156–162.

131 James MO (2001) Polychlorinated biphenyls: metabolism and metabolites. In: PCBs: Recent Advances in Environmental Toxicology and Health Effects (Robertson LW, Hansen LG, Hrsg) Lexington, Kentucky, US: The University Press of Kentucky, 36–46.

132 Jamieson JWS (1977) Polychlorinated Terphenyls in the Environment: A report for the Contaminants Control Branch, Environmental Imact Control Directorate, Canada EPS-3-EC-77-22.

133 Jensen AA, Jorgensen KF (1983) Polychlorinated terphenyls (PCTs) use,

levels and biological effects, *Sci Total Environ* **27**: 231–250.

134 Jensen KG, Wiberg K, Klasson-Wehler E, Onfelt A (2000) Induction of aberrant mitosis with PCBs: particular efficiency of 2, 3,3',4,4'-pentachlorobiphenyl and synergism with triphenyltin, *Mutagenesis* **15**: 9–15.

135 Jensen S (1966) A new chemical hazard, *New Sci.* **32**: 612.

136 Jensen S, Sundstrom G (1974) Structures and levels of most chlorobiphenyls in two technical PCB products and in human adipose tissue, *Ambio* **3**: 70–76.

137 Jirsova S, Masata JV, Drbohlava P, Pavelkova J, Jech L, Omelka M, Zvarova J (2005) Differences in the polychlorinated biphenyl levels in follicular fluid in individual types of sterility, *Ceska Gynekol* **70**: 262–268.

138 Johansen HR, Becher G, Polder A, Skaare JU (1994) Congener-specific determination of polychlorinated biphenyls and organochlorine pesticides in human milk from Norwegian mothers living in Oslo, *J Toxicol Environ Health* **42**: 157–171.

139 Johansson M, Nilsson S, Lund BO (1998) Interactions between methylsulfonyl PCBs and the glucocorticoid receptor, *Environ Health Perspect* **106**: 769–772.

140 Joksic G, Markovic B (1992) Cytogenetic changes in persons exposed to polychlorinated biphenyls, *Arhiv za higijenu rada i toksikologiju* **43**: 29–35.

141 Kalina I, Sram RJ, Konecna H, Ondrussekova A (1991) Cytogenetic analysis of peripheral blood lymphocytes in workers occupationally exposed to polychlorinated biphenyls, *Teratog Carcinog Mutagen* **11**: 77–82.

142 Kaneko T (1988) A study on the induction of cleft palate by polychlorinated terphenyls (PCTs) administered maternally, with special reference to the role of corticosterone, *Oyo Yakuri* **36**: 309–327.

143 Kania-Korwel I, Hornbuckle KC, Peck A, Ludewig G, Robertson LW, Sulkowski WW, Espandiari P, Gairola CG, Lehmler HJ (2005) Congener-specific tissue distribution of aroclor 1254 and a highly chlorinated environmental

PCB mixture in rats, *Environ Sci Technol* **39**: 3513–3520.

144 Kay K (1977) Polybrominated biphenyls (PBB) environmental contamination in Michigan, 1973–1976, *Environmental research* **13**: 74–93.

145 Kimbrough RD, Doemland ML, LeVois ME (1999) Mortality in male and female capacitor workers exposed to polychlorinated biphenyls, *J Occup Environ Med* **41**: 161–171.

146 Kimbrough RD (Hrsg) (1980) Topics in Environmental Health, Vol. 4: Halogenated Biphenyls, Terphenyls, Naphthalenes, Dibenzodioxins, and Related Products, Elsevier/North Holland, Biomedical Press.

147 Kimbrough RD, Jensen AA (Hrsg) (1989) Halogenated Biphenyls, Terphenyls, Naphthalenes, Dibenzodioxins and Related Products. 2nd Ed, Elsevier

148 Kimura I, Miyake T (1976) Teratogenic and postnatal growth-suppressive effects of polychloro-triphenyl (PCT) in dd/Y mice, *Teratology* **14**: 243–244.

149 Kimura NT, Baba T (1973) Neoplastic changes in the rat liver induced by polychlorinated biphenyl, *Gann* **64**: 105–108.

150 Kiriyama S, Banjo M, Matsushima H (1974) Effect of polychlorinated biphenyls (PCB) and related compounds on the weight of various organs and plasma and liver cholesterol in the rat, *Nutrition Reports International* **10**: 79–88.

151 Kontsas H, Pekari K, Riala R, Back B, Rantio T, Priha E (2004) Worker exposure to polychlorinated biphenyls in elastic polysulphide sealant renovation, *Ann Occup Hyg* **48**: 51–55.

152 Koslowski SE, Metcalfe CD, Lazar R, Haffner GD (1994) The distribution of 42 PCBs, including three coplanar congeners, in the food web of the western basin of Lake Erie, *Journal of Great Lakes Research* **20**: 260–270.

153 Kostyniak PJ, Stinson C, Greizerstein HB, Vena J, Buck G, Mendola P (1999) Relation of Lake Ontario fish consumption, lifetime lactation, and parity to breast milk polychlorobiphenyl and pesticide concentrations, *Environ Res* **80**: S166–S174.

154 Kuehl DW, Butterworth B (1994) A national study of chemical residues in fish. III: study results, *Chemosphere* **29**: 523–535.

155 Kuratsune M, Nakamura Y, Ikeda M, Hirohata T (1987) Analysis of deaths seen among patients with Yusho: A preliminary report, *Chemosphere* **16**: 2085–2088.

156 Kuratsune M, Yoshimura H, Hori Y, Okumura M, Matsuda Y (1996) Yusho – A human disaster caused by PCB and related compounds, Kyushu University Press, Fukuoka.

157 Kuratsune M S, R. E. (1984) PCB Poisoning in Japan and Taiwan, Alan R. Liss, Inc., New York.

158 Kusuda M (1971) A study on the sexual functions of women suffering from rice-bran oil poisoning, *Sanka to Fujinka* **38**: 1062–1072.

159 Lackmann GM (2002) Polychlorinated biphenyls and hexachlorobenzene in full-term neonates. Reference values updated, *Biol Neonate* **81**: 82–85.

160 Lackmann GM, Goen T, Tolliner U, Schaller KH, Angerer J (1996) PCBs and HCB in serum of full-term German neonates, *Lancet* **348**: 1035.

161 Lamberg L (1998) Diet may affect skin cancer prevention, *Jama* **279**: 1427–1428.

162 Lambrecht LK, Barsotti DA, Allen JR (1978) Responses of nonhuman primates to a polybrominated biphenyl mixture, *Environ Health Perspect* **23**: 139–145.

163 Landrigan PJ, Wilcox KR, Jr., Silva J, Jr., Humphrey HE, Kauffman C, Heath CW, Jr. (1979) Cohort study of Michigan residents exposed to polybrominated biphenyls: epidemiologic and immunologic findings, *Ann N Y Acad Sci* **320**: 284–294.

164 Langer P, Tajtakova M, Fodor G, Kocan A, Bohov P, Michalek J, Kreze A (1998) Increased thyroid volume and prevalence of thyroid disorders in an area heavily polluted by polychlorinated biphenyls, *Eur J Endocrinol* **139**: 402–409.

165 Liljegren G, Hardell L, Lindstrom G, Dahl P, Magnuson A (1998) Case-control study on breast cancer and adipose

tissue concentrations of congener specific polychlorinated biphenyls, DDE and hexachlorobenzene, *Eur J Cancer Prev* **7**: 135–140.

166 Link B, Gabrio T, Zoellner I, Piechotowski I, Paepke O, Herrmann T, Felder-Kennel A, Maisner V, Schick KH, Schrimpf M, Schwenk M, Wuthe J (2005) Biomonitoring of persistent organochlorine pesticides, PCDD/PCDFs and dioxin-like PCBs in blood of children from South West Germany (Baden-Wuerttemberg) from 1993 to 2003, *Chemosphere* **58**: 1185–1201.

167 Lonky E, Reihman J, Darvill T et al (1996) Neonatal behavioral assessment scale performance in humans influenced by maternal consumption of environmentally contaminated Lake Ontario fish, *Journal of Great Lakes Research* **22**: 198–212.

168 Loomis D, Browning SR, Schenck AP, Gregory E, Savitz DA (1997) Cancer mortality among electric utility workers exposed to polychlorinated biphenyls, *Occup Environ Med* **54**: 720–728.

169 Louis GM, Weiner JM, Whitcomb BW, Sperrazza R, Schisterman EF, Lobdell DT, Crickard K, Greizerstein H, Kostyniak PJ (2005) Environmental PCB exposure and risk of endometriosis, *Hum Reprod* **20**: 279–285.

170 Lu YC, Wu YC (1985) Clinical findings and immunological abnormalities in Yu-Cheng patients, *Environ Health Perspect* **59**: 17–29.

171 Ludewig G (2001) Cancer initiation by PCBs. In: PCBs, Recent Advances in Environmental Toxicology and Health Effects (Robertson LW, Hansen LG, eds): The University Press of Kentucky, Lexington, 2001; 337–354.

172 Lundgren K, Collman GW, Wang-Wuu S, Tiernan T, Taylor M, Thompson CL, Lucier GW (1988) Cytogenetic and chemical detection of human exposure to polyhalogenated aromatic hydrocarbons, *Environ Mol Mutagen* **11**: 1–11.

173 Lutz RJ, Dedrick RL (1987) Implications of pharmacokinetic modeling in risk assessment analysis, *Environ Health Perspect* **76**: 97–106.

174 Major J, Jakab MG, Tompa A (1999) The frequency of induced premature centromere division in human populations occupationally exposed to genotoxic chemicals, *Mutat Res* **445**: 241–249.

175 Maroni M, Colombi A, Ferioli A, Foa V (1984) Evaluation of porphyrinogenesis and enzyme induction in workers exposed to PCB, *Med Lav* **75**: 188–199.

176 Masuda Y (1994) The Yusho rice oil poisoning incident. In: Dioxins Health, 1994; 633–659.

177 Masuda Y, Haraguchi K (2004) Hydroxy and methylsulfone metabolites of polychlorinated biphenyls in the human blood and tissues, *Organohalogen Compounds* **66**: 3576–3584.

178 Matthews HB, Kato S, Morales NM, Tuey DB (1977) Distribution and excretion of 2,4,5,2′,4′,5′-hexabromobiphenyl, the major component of Firemaster BP-6, *J Toxicol Environ Health* **3**: 599–605.

179 Mayes BA, McConnell EE, Neal BH, Brunner MJ, Hamilton SB, Sullivan TM, Peters AC, Ryan MJ, Toft JD, Singer AW, Brown JF Jr, Menton RG, Moore JA (1998) Comparative carcinogenicity in Sprague-Dawley rats of the polychlorinated biphenyl mixtures Aroclors 1016, 1242, 1254, and 1260, *Toxicol Sci* **41**: 62–76.

180 McLachlan MS (1993) Digestive tract absorption of polychlorinated dibenzo-p-dioxins, dibenzofurans, and biphenyls in a nursing infant, *Toxicol Appl Pharmacol* **123**: 68–72.

181 McLean MR, Bauer U, Amaro AR, Robertson LW (1996) Identification of catechol and hydroquinone metabolites of 4-monochlorobiphenyl, *Chem Res Toxicol* **9**: 158–164.

182 Mendola P, Buck GM, Sever LE, Zielezny M, Vena JE (1997) Consumption of PCB-contaminated freshwater fish and shortened menstrual cycle length, *Am J Epidemiol* **146**: 955–960.

183 Mes J, Arnold DL, Bryce F (1995) Postmortem tissue levels of polychlorinated biphenyls in female rhesus monkeys after more than six years of daily dosing with Aroclor 1254 and in their non-dosed offspring, *Arch Environ Contam Toxicol* **29**: 69–76.

184 Mes J, Arnold DL, Bryce F (1995) The elimination and estimated half-lives of specific polychlorinated biphenyl congeners from the blood of female monkeys after discontinuation of daily dosing with Aroclor 1254, *Chemosphere* **30**: 789–800.

185 Miceli JN, Marks BH (1981) Tissue distribution and elimination kinetics of polybrominated biphenyls (PBB) from rat tissue, *Toxicol Lett* **9**: 315–320.

186 Miceli JN, Nolan DC, Marks B, Hariharan M (1985) Persistence of polybrominated biphenyls (PBB) in human postmortem tissue, *Environ Health Perspect* **60**: 399–403.

187 Moser GA, McLachlan MS (1999) A non-absorbable dietary fat substitute enhances elimination of persistent lipophilic contaminants in humans, *Chemosphere* **39**: 1513–1521.

188 Moysich KB, Ambrosone CB, Vena JE, Shields PG, Mendola P, Kostyniak P, Greizerstein H, Graham S, Marshall JR, Schisterman EF, Freudenheim JL (1998) Environmental organochlorine exposure and postmenopausal breast cancer risk, *Cancer Epidemiol Biomarkers Prev* **7**: 181–188.

189 Moysich KB, Shields PG, Freudenheim JL, Schisterman EF, Vena JE, Kostyniak P, Greizerstein H, Marshall JR, Graham S, Ambrosone CB (1999) Polychlorinated biphenyls, cytochrome P4501A1 polymorphism, and postmenopausal breast cancer risk, *Cancer Epidemiol Biomarkers Prev* **8**: 41–44.

190 Muhlebach S, Bickel MH (1981) Pharmacokinetics in rats of 2,4,5,2′,4′,5′-hexachlorobiphenyl, an unmetabolizable lipophilic model compound, *Xenobiotica* **11**: 249–257.

191 Nagayama J, Nagayama M, Wada K, Iida T, Hirakawa H, Matsueda T, Masuda Y (1991) The effect of organochlorine compounds on the induction of sister chromatid exchanges in cultured human lymphocytes, *Fukuoka Igaku Zasshi* **82**: 221–227.

192 Nicholson WJ, Landrigan PJ (1994) Human health effects of polychlorinated biphenyls. In: Dioxins Health

(Schecter A, Hrsg): Plenum Press, New York, 1994; 487–524.

193 Nilsen OG, Toftgard R (1981) Effects of polychlorinated terphenyls and paraffins on rat liver microsomal cytochrome P-450 and in vitro metabolic activities, *Arch Toxicol* 47: 1–11.

194 Nishimoto T, Udea M, Taue S, Chikazawa H, Nishiyama T (1973) PCT (polychloroterphenyl) in human adipose tissue and mothers milk, *Igaku No Ayumi* 87: 264–265.

195 Norback DH, Weltman RH (1985) Polychlorinated biphenyl induction of hepatocellular carcinoma in the Sprague-Dawley rat, *Environ Health Perspect* 60: 97–105.

196 Noren K, Lunden A, Pettersson E, Bergman A (1996) Methylsulfonyl metabolites of PCBs and DDE in human milk in Sweden, 1972–1992, *Environ Health Perspect* 104: 766–772.

197 Noren K, Meironyte D (2000) Certain organochlorine and organobromine contaminants in Swedish human milk in perspective of past 20–30 years, *Chemosphere* 40: 1111–1123.

198 Noren K, Weistrand C, Karpe F (1999) Distribution of PCB congeners, DDE, hexachlorobenzene, and methylsulfonyl metabolites of PCB and DDE among various fractions of human blood plasma, *Arch Environ Contam Toxicol* 37: 408–414.

199 Norris JM, Ehrmantraut JW, Kociba RJ, et al (1975) Evaluation of decabromodiphenyl oxide as a flame-retardant chemical, *Chem Hum Health Environ*: 100–116.

200 Oakley GG, Devanaboyina U, Robertson LW, Gupta RC (1996) Oxidative DNA damage induced by activation of polychlorinated biphenyls (PCBs): implications for PCB-induced oxidative stress in breast cancer, *Chem Res Toxicol* 9: 1285–1292.

201 Oakley GG, Devanaboyina U-S, Robertson LW, Gupta RC (1996) Oxidative DNA Damage Induced by Activation of Polychlorinated Biphenyls (PCBs): Implications for PCB-Induced Oxidative Stress in Breast Cancer, *Chem. Res. Toxicol.* 9: 1285–1292.

202 Ogura I (2004) Half-life of each dioxin and PCB congener in the human body, *Organohalogen Compounds* 66: 3329–3337.

203 Oliver BG, Niimi AJ (1985) Bioconcentration factors of some halogenated organics for rainbow trout: limitations in their use for prediction of environmental residues, *Environmental Science and Technology* 19: 842–849.

204 Parkinson A, Robertson LW, Safe SH (1983) Induction of rat hepatic microsomal cytochrome P-450 by 2,3',4,4',5,5'-hexachlorobiphenyl, *Biochem Pharmacol* 32: 2269–2279.

205 Parkinson A, Safe SH, Robertson LW, Thomas PE, Ryan DE, Reik LM, Levin W (1983) Immunochemical quantitation of cytochrome P-450 isozymes and epoxide hydrolase in liver microsomes from polychlorinated or polybrominated biphenyl-treated rats. A study of structure-activity relationships, *J Biol Chem* 258: 5967–5976.

206 Parkinson A, Thomas PE, Ryan DE, Reik LM, Safe SH, Robertson LW, Levin W (1983) Differential time course of induction of rat liver microsomal cytochrome P-450 isozymes and epoxide hydrolase by Aroclor 1254, *Arch Biochem Biophys* 225: 203–215.

207 Patandin S, Lanting CI, Mulder PG, Boersma ER, Sauer PJ, Weisglas-Kuperus N (1999) Effects of environmental exposure to polychlorinated biphenyls and dioxins on cognitive abilities in Dutch children at 42 months of age, *J Pediatr* 134: 33–41.

208 Pereg D, Tampal N, Espandiari P, Robertson LW (2001) Distribution and macromolecular binding of benzo[a]pyrene and two polychlorinated biphenyl congeners in female mice, *Chem Biol Interact* 137: 243–258.

209 Pessah IN, Hansen LG, Albertson TE, Garner CE, Ta TA, Do Z, Kim KH, Wong PW (2006) Structure-Activity Relationship for Noncoplanar Polychlorinated Biphenyl Congeners toward the Ryanodine Receptor-Ca(2+) Channel Complex Type 1 (RyR1), *Chem Res Toxicol* 19: 92–101.

210 Pessah IN, Wong PW (2001) Etiology of PCB neurotoxicity; from molecules to cellular dysfunction. In: PCBs: Recent Advances in the Environmental Toxicology and Health Effects (Robertson LW, Hansen LG, Hrsg). Lexington:University Press of Kentucky, 2001; 179–184.

211 Piloty M, Koppl B (1993) PCB caulking sealants – experiences and results of measures in Berlin and decontamination of a school (Part I), *Gesundheitswesen* **55**: 577–581.

212 Pines A, Cucos S, Ever-Handani P, Ron M (1987) Some organochlorine insecticide and polychlorinated biphenyl blood residues in infertile males in the general Israeli population of the middle 1980′s, *Arch Environ Contam Toxicol* **16**: 587–597.

213 Porte C, Albaiges J (1993) Bioaccumulation patterns of hydrocarbons and polychlorinated biphenyls in bivalves, crustaceans, and fishes, *Archives of Environmental Contamination and Toxicology* **263**: 273–281.

214 Portigal CL, Cowell SP, Fedoruk MN, Butler CM, Rennie PS, Nelson CC (2002) Polychlorinated biphenyls interfere with androgen-induced transcriptional activation and hormone binding, *Toxicol Appl Pharmacol* **179**: 185–194.

215 Preston BD, Miller JA, Miller EC (1984) Reactions of 2,2′,5,5′-tetrachlorobiphenyl 3,4-oxide with methionine, cysteine and glutathione in relation to the formation of methylthio-metabolites of 2,2′,5,5′-tetrachlorobiphenyl in the rat and mouse, *Chem Biol Interact* **50**: 289–312.

216 Püttmann M, Arand M, Oesch F, Mannschreck A, Robertson LW (1990) Chirality and the induction of xenobiotic metabolizing enzymes: effects of the atropisomers of the polychlorinated biphenyl 2,2′,3,4,4′,6-hexachlorobiphenyl, In: Holmstead, F, and Testa (Hrsg), Chirality and Biological Activity. Alan R. Liss, Inc., New York: 177–184.

217 Redgrave TG, Wallace P, Jandacek RJ, Tso P (2005) Treatment with a dietary fat substitute decreased Arochlor 1254 contamination in an obese diabetic male, *J Nutr Biochem* **16**: 383–384.

218 Richardson JR, Miller GW (2004) Acute exposure to aroclor 1016 or 1260 differentially affects dopamine transporter and vesicular monoamine transporter 2 levels, *Toxicol Lett* **148**: 29–40.

219 Ritchie JM, Vial SL, Fuortes LJ, Robertson LW, Guo H, Reedy VE, Smith EM (2005) Comparison of proposed frameworks for grouping polychlorinated biphenyl congener data applied to a case-control pilot study of prostate cancer, *Environ Res* **98**: 104–113.

220 Robertson LW, Hansen LG (Hrsg) (2001) PCBs: Recent Advances in Environmental Toxicology and Health Effects. Lexington: The University Press of Kentucky Lexington.

221 Roboz J, Greaves J, Bekesi JG (1985) Polybrominated biphenyls in model and environmentally contaminated human blood: protein binding and immunotoxicological studies, *Environ Health Perspect* **60**: 107–113.

222 Roboz J, Greaves J, Bekesi JG (1985) Polybrominated biphenyls in model and environmentally contaminated human blood: protein binding and immunotoxicological studies, *Environ Health Perspect* **60**: 107–113.

223 Rogan WJ, Gladen BC, Hung KL, Koong SL, Shih LY, Taylor JS, Wu YC, Yang D, Ragan NB, Hsu CC (1988) Congenital poisoning by polychlorinated biphenyls and their contaminants in Taiwan, *Science* **241**: 334–336.

224 Rogan WJ, Miller RW (1989) Prenatal exposure to polychlorinated biphenyls, *Lancet* **2**: 1216.

225 Rothman N, Cantor KP, Blair A, Bush D, Brock JW, Helzlsouer K, Zahm SH, Needham LL, Pearson GR, Hoover RN, Comstock GW, Strickland PT (1997) A nested case-control study of non Hodgkin lymphoma and serum organochlorine residues, *Lancet* **350**: 240–244.

226 Rozman K (1986) Fecal Excretion of toxic substances. In: Gastrointestinal Toxicology (Rozman K, Hanninen O, (Hrsg) Elsevier Amsterdam, 119–141.

227 Ryan JJ, Levesque D, Panopio LG, Sun WF, Masuda Y, Kuroki H (1993) Elimination of polychlorinated dibenzofurans (PCDFs) and polychlorinated biphenyls (PCBs) from human blood in the Yusho and Yu-Cheng rice oil poisonings, *Arch Environ Contam Toxicol* **24**: 504–512.

228 Rylander L, Stromberg U, Hagmar L (1995) Decreased birthweight among infants born to women with a high dietary intake of fish contaminated with persistent organochlorine compounds, *Scand J Work Environ Health* **21**: 368–375.

229 Safe S (1980) Metabolism, uptake, storage and bioaccumulation of halogenated aromatic pollutants, The Netherlands: Elsevier Science Publishers.

230 Safe S (1989) Polychlorinated biphenyls (PCBs): mutagenicity and carcinogenicity, *Mutat Res* **220**: 31–47.

231 Safe S, Safe L, Mullin M (1985) Polychlorinated biphenyls: Congener-specific analysis of a commercial mixture and a human milk extract, *J Agric Food Chem* **33**: 24–29.

232 Sager D, Girard D, Nelson D (1991) Early postnatal exposure to PCBs: sperm function in rats, *Environmental Toxicology and Chemistry* **10**: 737–746.

233 Sandanger TM, Dumas P, Berger U, Burkow IC (2004) Analysis of HO-PCBs and PCP in blood plasma from individuals with high PCB exposure living on the Chukotka Peninsula in the Russian Arctic, *J Environ Monit* **6**: 758–765.

234 Sandau CD, Ayotte P, Dewailly E, Duffe J, Norstrom RJ (2000) Analysis of hydroxylated metabolites of PCBs (OH-PCBs) and other chlorinated phenolic compounds in whole blood from Canadian inuit, *Environ Health Perspect* **108**: 611–616.

235 Sandau CD, Ayotte P, Dewailly E, Duffe J, Norstrom RJ (2002) Pentachlorophenol and hydroxylated polychlorinated biphenyl metabolites in umbilical cord plasma of neonates from coastal populations in Quebec, *Environ Health Perspect* **110**: 411–417.

236 Sargent L, Dragan YP, Erickson C, Laufer CJ, Pitot HC (1991) Study of the separate and combined effects of the non-planar 2,5,2′,5′- and the planar 3,4,3′,4′-tetrachlorobiphenyl in liver and lymphocytes in vivo, *Carcinogenesis* **12**: 793–800.

237 Sargent L, Roloff B, Meisner L (1989) In vitro chromosome damage due to PCB interactions, *Mutat Res* **224**: 79–88.

238 Sargent LM (2001) Role of polychlorinated biphenyl exposure in the progression of neoplasia, PCBs, *Recent Advances in Environmental Toxicology and Health Effects*: 373–379.

239 Sargent LM, Sattler GL, Roloff B, Xu YH, Sattler CA, Meisner L, Pitot HC (1992) Ploidy and specific karyotypic changes during promotion with phenobarbital, 2,5,2′,5′-tetrachlorobiphenyl, and/or 3,4,3′4′-tetrachlorobiphenyl in rat liver, *Cancer Res* **52**: 955–962.

240 SCF (2000) Opinion of the scientific committee on food on the risk assessment of dioxins and dioxin-like PCBs in food. Adopted on 22 November 2000. European Commission: http://europa.eu.int/comm/foods/fs/sc/scf/index_en.html.

241 SCF (2001) Opinion of the scientific committee on food on the risk assessment of dioxins and dioxin-like PCBs in food. Update based on new scientific information available since the adoption of the SCF opinion on 22nd November 2000. Adopted on 30 May 2001. European Commission: http://europa.eu.int/comm/foods/fs/sc/scf/index_en.html.

242 Schade G, Heinzow B (1998) Organochlorine pesticides and polychlorinated biphenyls in human milk of mothers living in northern Germany: current extent of contamination, time trend from 1986 to 1997 and factors that influence the levels of contamination, *Sci Total Environ* **215**: 31–39.

243 Schaeffer E, Greim H, Goessner W (1984) Pathology of chronic polychlorinated biphenyl (PCB) feeding in rats, *Toxicol Appl Pharmacol* **75**: 278–288.

244 Schantz SL, Seo BW, Wong PW, Pessah IN (1997) Long-term effects of develop-

mental exposure to 2,2′,3,5′,6-penta-chlorobiphenyl (PCB 95) on locomotor activity, spatial learning and memory and brain ryanodine binding, *Neurotoxicology* **18**: 457–467.

245 Scheele J, Teufel M, Niessen KH (1994) A pilot study on polychlorinated biphenyl levels in the bone marrow of healthy individuals and leukemia patients, *J Environ Pathol Toxicol Oncol* **13**: 181–185.

246 Schiestl RH, Aubrecht J, Yap WY, Kandikonda S, Sidhom S (1997) Polychlorinated biphenyls and 2,3,7,8-tetrachlorodibenzo-p-dioxin induce intrachromosomal recombination in vitro and in vivo, *Cancer Res* **57**: 4378–4383.

247 Schlebusch H, Wagner U, van der Ven H, al-Hasani S, Diedrich K, Krebs D (1989) Polychlorinated biphenyls: the occurrence of the main congeners in follicular and sperm fluids, *J Clin Chem Clin Biochem* **27**: 663–667.

248 Schlezinger JJ, Blickarz CE, Mann KK, Doerre S, Stegeman JJ (2000) Identification of NF-kappaB in the marine fish Stenotomus chrysops and examination of its activation by aryl hydrocarbon receptor agonists, *Chem Biol Interact* **126**: 137–157.

249 Schlezinger JJ, White RD, Stegeman JJ (1999) Oxidative inactivation of cytochrome P-450 1A (CYP1A) stimulated by 3,3′,4,4′-tetrachlorobiphenyl: production of reactive oxygen by vertebrate CYP1As, *Mol Pharmacol* **56**: 588–597.

250 Schlummer M, Moser GA, McLachlan MS (1998) Digestive tract absorption of PCDD/Fs, PCBs, and HCB in humans: mass balances and mechanistic considerations, *Toxicol Appl Pharmacol* **152**: 128–137.

251 Schrader TJ, Cooke GM (2003) Effects of Aroclors and individual PCB congeners on activation of the human androgen receptor in vitro, *Reprod Toxicol* **17**: 15–23.

252 Schramm H, Robertson LW, Oesch F (1985) Differential regulation of hepatic glutathione transferase and glutathione peroxidase activities in the rat, *Biochem Pharmacol* **34**: 3735–3739.

253 Schuetz EG, Brimer C, Schuetz JD (1998) Environmental xenobiotics and the antihormones cyproterone acetate and spironolactone use the nuclear hormone pregnenolone X receptor to activate the CYP3A23 hormone response element, *Mol Pharmacol* **54**: 1113–1117.

254 Schwackhamer DL, Armstrong DE (1986) Estimation of the atmospheric and nonatmospheric contributions and losses of polychlorinated biphenyls for Lake Michigan on the basis of sediment records of remote lakes, *Environ Sci Technol* **20**: 879–833.

255 Schwartz EM, Rae WA (1983) Effect of polybrominated biphenyls (PBB) on developmental abilities in young children, *Am J Public Health* **73**: 277–281.

256 Seagull EA (1983) Developmental abilities of children exposed to polybrominated biphenyls (PBB), *Am J Public Health* **73**: 281–285.

257 Seegal RF (1995) Neurochemical effects of PCBs are structure and recipient age-dependent, *Organohalogen Compounds* **25**: 425–430.

258 Seegal RF, Brosch KO, Okoniewski RJ (2005) Coplanar PCB congeners increase uterine weight and frontal cortical dopamine in the developing rat: implications for developmental neurotoxicity, *Toxicol Sci* **86**: 125–131.

259 Seegal RF, Bush B, Brosch KO (1991) Sub-chronic exposure of the adult rat to Aroclor 1254 yields regionally-specific changes in central dopaminergic function, *Neurotoxicology* **12**: 55–65.

260 Sekita H, Takeda M, Uchiyama M, Kaneko T, Yamashita K, Ohtake M (1975) Accumulation of PCT in tissues of mice after long-term feeding of Kanechlor C, *Eisei Kagaku (J Hygienic Chem)* **21**: 307–312.

261 Shirai JH, Kissel JC (1996) Uncertainty in estimated half-lives of PCBS in humans: impact on exposure assessment, *Sci Total Environ* **187**: 199–210.

262 SHmV (2003) Verordnung über Höchstmengen an Schadstoffen in Lebensmitteln (Schadstoff-Höchstmengenverordnung – SHmV) vom 19. Dezember 2003, *Bundesgesetzblatt I* **63**: 2755.

263 Silberhorn EM, Glauert HP, Robertson LW (1990) Carcinogenicity of polyhalogenated biphenyls: PCBs and PBBs, *Crit Rev Toxicol* 20: 440–496.

264 Sinks T, Steele G, Smith AB, Watkins K, Shults RA (1992) Mortality among workers exposed to polychlorinated biphenyls, *Am J Epidemiol* 136: 389–398.

265 Soechitram SD, Athanasiadou M, Hovander L, Bergman A, Sauer PJ (2004) Fetal exposure to PCBs and their hydroxylated metabolites in a Dutch cohort, *Environ Health Perspect* 112: 1208–1212.

266 Sosa-Lucero JC, De la Iglesia FA, Thomas GH (1973) Distribution of a polychlorinated terphenyl (PCT) (Aroclor 5460) in rat tissues and effect on hepatic microsomal mixed function oxidases, *Bull Environ Contam Toxicol* 10: 248–256.

267 Srinivasan A, Lehmler HJ, Robertson LW, Ludewig G (2001) Production of DNA strand breaks in vitro and reactive oxygen species in vitro and in HL-60 cells by PCB metabolites, *Toxicol Sci* 60: 92–102.

268 Sterling JB, Hanke CW (2005) Dioxin toxicity and chloracne in the Ukraine, *J Drugs Dermatol* 4: 148–150.

269 Stewart P, Reihman J, Lonky E, Darvill T, Pagano J (2000) Prenatal PCB exposure and neonatal behavioral assessment scale (NBAS) performance, *Neurotoxicology and teratology* 22: 21–29.

270 Svensson BG, Hallberg T, Nilsson A, Schutz A, Hagmar L (1994) Parameters of immunological competence in subjects with high consumption of fish contaminated with persistent organochlorine compounds, *Int Arch Occup Environ Health* 65: 351–358.

271 Takasuga T, Senthilkumar K, Takemori H, Ohi E, Tsuji H, Nagayama J (2004) Impact of FEBRA (fermented brown rice with Aspergillus oryzae) intake and concentrations of PCDDs, PCDFs and PCBs in blood of humans from Japan, *Chemosphere* 57: 1409–1426.

272 Tampal N, Lehmler HJ, Espandiari P, Malmberg T, Robertson LW (2002) Glucuronidation of hydroxylated polychlorinated biphenyls (PCBs), *Chem Res Toxicol* 15: 1259–1266.

273 Tanabe S (1988) PCB problems in the future: foresight from current knowledge, *Environ Pollut* 50: 5–28.

274 Tanabe S, Maruyama K, Tatsukawa R (1982) Absorption efficiency and biological half-life of individual chlorobiphenyls in carp (Cyprinus carpio) orally exposed to Kanechlor products, *Agricultural and Biological Chemistry* 46: 891–898.

275 Tanabe S, Nakagawa Y, Tatsukawa R (1981) Absorption efficiency and biological half-life of individual chlorobiphenyls in rats treated with Kanechlor products, *Agric Biol Chem* 45: 717–726.

276 Taylor PR, Stelma JM, Lawrence CE (1989) The relation of polychlorinated biphenyls to birth weight and gestational age in the offspring of occupationally exposed mothers, *Am J Epidemiol* 129: 395–406.

277 Thompson C, Andries M, Lundgren K, Goldstein J, Collman G, Lucier G (1989) Humans exposed to polychlorinated biphenyls (PCBs) and polychlorinated dibenzofurans (PCDFs) exhibit increased SCE frequencies in lymphocytes when incubated with alpha-naphtoflavone: Involvement of metabolic activation by P-450 isozymes, *Chemosphere* 18: 687–694.

278 Tilson HA, Kodavanti PR (1997) Neurochemical effects of polychlorinated biphenyls: an overview and identification of research needs, *Neurotoxicology* 18: 727–743.

279 Toftgard R, Nilsen OG, Carlstedt-Duke J, Glaumann H (1986) Polychlorinated terphenyls: alterations in liver morphology and induction of cytochrome P-450, *Toxicology* 41: 131–144.

280 Tretjak Z, Volavsek C, Beckmann SL (1990) Structural chromosome aberrations and industrial waste, *Lancet* 335: 1288.

281 Tryphonas H (1994) Immunotoxicity of polychlorinated biphenyls: present status and future considerations, *Exp Clin Immunogenet* 11: 149–162.

282 Tryphonas H, Hayward S, O'Grady L, Loo JC, Arnold DL, Bryce F, Zawidzka

ZZ (1989) Immunotoxicity studies of PCB (Aroclor 1254) in the adult rhesus (Macaca mulatta) monkey – preliminary report, *Int J Immunopharmacol* **11**: 199–206.

283 Tuey DB, Matthews HB (1977) Pharmacokinetics of 3,3′,5,5′-tetrachlorobiphenyl in the male rat, *Drug Metab Dispos* **5**: 444–450.

284 Tuey DB, Matthews HB (1980) Distribution and excretion of 2,2′,4,4′,5,5′-hexabromobiphenyl in rats and man: pharmacokinetic model predictions, *Toxicol Appl Pharmacol* **53**: 420–431.

285 Tulp MTM (1979) Some aspects of the metabolism of chlorinated aromatic hydrocarbons, Ph.D. Dissertation, University of Amsterdam.

286 Turci R, Finozzi E, Catenacci G, Marinaccio A, Balducci C, Minoia C (2006) Reference values of coplanar and non-coplanar PCBs in serum samples from two Italian population groups, *Toxicol Lett* **162**: 250–255.

287 Twaroski TP, O'Brien ML, Robertson LW (2001) Effects of selected polychlorinated biphenyl (PCB) congeners on hepatic glutathione, glutathione-related enzymes, and selenium status: implications for oxidative stress, *Biochem Pharmacol* **62**: 273–281.

288 Umweltbundesamt (1999) Kommission „Human-Biomonitoring" des Umweltbundesamtes: Stoffmonographie PCB – Referenzwerte für Blut, *Bundesgesundheitsblatt* **42**: 511–521.

289 Van den Berg M, Birnbaum L, Bosveld AT, Brunstrom B, Cook P, Feeley M, Giesy JP, Hanberg A, Hasegawa R, Kennedy SW, Kubiak T, Larsen JC, van Leeuwen FX, Liem AK, Nolt C, Peterson RE, Poellinger L, Safe S, Schrenk D, Tillitt D, Tysklind M, Younes M, Waern F, Zacharewski T (1998) Toxic equivalency factors (TEFs) for PCBs, PCDDs, PCDFs for humans and wildlife, *Environ Health Perspect* **106**: 775–792.

290 Villeneuve DC, Reynolds LM, Phillips WE (1973) Residues of PCB's and PCT's in Canadian and imported European cheeses, Canada – 1972, *Pestic Monit J* **7**: 95–96.

291 Walker NJ, Crockett PW, Nyska A, Brix AE, Jokinen MP, Sells DM, Hailey JR, Easterling M, Haseman JK, Yin M, Wyde ME, Bucher JR, Portier CJ (2005) Dose-additive carcinogenicity of a defined mixture of "dioxin-like compounds, *Environ Health Perspect* **113**: 43–48.

292 Watanabe I, Yakushiji T, Kunita N (1980) Distribution differences between polychlorinated terphenyls and polychlorinated biphenyls in human tissues, *Bulletin of Environmental Contamination and Toxicology* **25**: 810–815.

293 Weisglas-Kuperus N, Patandin S, Berbers GA, Sas TC, Mulder PG, Sauer PJ, Hooijkaas H (2000) Immunologic effects of background exposure to polychlorinated biphenyls and dioxins in Dutch preschool children, *Environ Health Perspect* **108**: 1203–1207.

294 Weistrand C, Noren K (1997) Methylsulfonyl metabolites of PCBs and DDE in human tissues, *Environ Health Perspect* **105**: 644–649.

295 Wester RC, Maibach HI, Bucks DA, McMaster J, Mobayen M, Sarason R, Moore A (1990) Percutaneous absorption and skin decontamination of PCBs: in vitro studies with human skin and in vivo studies in the rhesus monkey, *J Toxicol Environ Health* **31**: 235–246.

296 Wethington DM, 3rd, Hornbuckle KC (2005) Milwaukee, WI, as a source of atmospheric PCBs to Lake Michigan, *Environ Sci Technol* **39**: 57–63.

297 WHO (1993) Environmental Health Criteria 140: Polychlorinated biphenyls and terphenyls, World Health Organization, Geneva.

298 WHO (1994) Environmental Health Criteria 152: Polybrominated biphenyls, World Health Organization, Geneva.

299 WHO (1998) Executive summary. Assessment of the health risk of dioxins: re-evaluation of the Tolerable Daily Intake (TDI). WHO Consultation May 25–29 1998, WHO European Center for Environmental Health and International Programme on Chemical Saftey. World Health Organisation, Geneva.

300 WHO. Polychlorinated biphenyls: Human health aspects 55. Geneva: World Health Organisation, 2003.

301 Wilhelm M, Ewers U, Schulz C (2003) Revised and new reference values for some persistent organic pollutants (POPs) in blood for human biomonitoring in environmental medicine, *Int J Hyg Environ Health* **206**: 223–229.

302 Wilhelm M, Schrey P, Wittsiepe J, Heinzow B (2002) Dietary intake of persistent organic pollutants (POPs) by German children using duplicate portion sampling, *Int J Hyg Environ Health* **204**: 359–362.

303 Wingender RJ, Williams RM (1984) Evidence for the long-distance atmospheric transport of polychlorinated terphenyl, *Environmental Science and Technology* **18**: 625–628.

304 Winneke G, Bucholski A, Heinzow B, Kramer U, Plassmann S, Schmidt E, Steingruber HJ, Walkowiak J, Weipert S, Wiener A (1998) Neurobehavioural development and TSH-levels in human infants: associations with PCBs in the neonatal period, Texte – Umweltbundesamt: 49–55.

305 Winneke G, Bucholski A, Heinzow B, Kramer U, Schmidt E, Walkowiak J, Wiener JA, Steingruber HJ (1998) Developmental neurotoxicity of polychlorinated biphenyls (PCBS): cognitive and psychomotor functions in 7-month old children, *Toxicol Lett* **102–103**: 423–428.

306 Winter S, Streit B (1992) Organochlorine compounds in a three-step terrestrial food chain, *Chemosphere* **24**: 1765–1274.

307 Wolff MS (1985) Occupational exposure to polychlorinated biphenyls (PCBs), *Environ Health Perspect* **60**: 133–138.

308 Wolff MS, Anderson HA, Selikoff IJ (1982) Human tissue burdens of halogenated aromatic chemicals in Michigan, *Jama* **247**: 2112–2116.

309 Wolff MS, Aubrey B (1978) PBB homologs in sera of Michigan dairy farmers and Michigan chemical workers, *Environ Health Perspect* **23**: 211–215.

310 Wolff MS, Fischbein A, Selikoff IJ (1992) Changes in PCB serum concentrations among capacitor manufacturing workers, *Environ Res* **59**: 202–216.

311 Wong PW, Brackney WR, Pessah IN (1997) Ortho-substituted polychlorinated biphenyls alter microsomal calcium transport by direct interaction with ryanodine receptors of mammalian brain, *J Biol Chem* **272**: 15145–15153.

312 Wuu KD, Wong CK (1985) A chromosomal study on blood lymphocytes of patients poisoned by polychlorinated biphenyls, *Proc Natl Sci Counc Repub China B* **9**: 67–69.

313 Wyndham C, Devenish J, Safe S (1976) The in vitro metabolism, macromolecular binding and bacterial mutagenicity of 4-chloribiphenyl, a model PCB substrate, *Res Commun Chem Pathol Pharmacol* **15**: 563–570.

314 Ylitalo GM, Buzitis J, Krahn MM (1999) Analyses of tissues of eight marine species from Atlantic and Pacific coasts for dioxin-like chlorobiphenyls (CBs) and total CBs, *Arch Environ Contam Toxicol* **37**: 205–219.

315 Yun JS, Na HK, Park KS, Lee YH, Kim EY, Lee SY, Kim JI, Kang JH, Kim DS, Choi KH (2005) Protective effects of Vitamin E on endocrine disruptors, PCB-induced dopaminergic neurotoxicity, *Toxicology* **216**: 140–146.

21
Weitere organische halogenierte Verbindungen

Götz A. Westphal

21.1
Allgemeine Substanzbeschreibung

Der Begriff halogenierte organische Kohlenwasserstoffe (HKW) ist eine Sammelbezeichnung für organische Verbindungen, die an ein Kohlenstoffgerüst gebundene Halogene enthalten. Diese Stoffgruppe wird in leicht flüchtige HKW (LHKW, Siedepunkt <150 °C; z. B. Tri- und Tetrachlorethylen) und schwer flüchtige HKW (Siedepunkt >150 °C) unterteilt (z. B. Dioxine und Furane). In diesem Kapitel werden die LHKW, bromierte Flammschutzmittel, chlorierte Paraffine und polychlorierte Naphthaline abgehandelt. Diese Stoffe sind durch Verwendung in nicht geschlossenen Systemen und unsachgemäße Entsorgung in größeren Mengen in die Umwelt gelangt und können damit als Kontaminanten in Nahrungsmitteln gelangen. Weiter kommen Halogene in organischer Bindung auch in natürlichen Molekülen wie z. B. dem Schilddrüsenhormon Thyroxin vor.

Für die meisten der nachfolgend beschriebenen Stoffe liegen nur wenige publizierte Daten zum Vorkommen in Lebensmitteln vor. Wegen hohen Herstellungsmengen, ihrer Persistenz und ihres Bioakkumulationsvermögens ist es jedoch wahrscheinlich, dass diese Substanzen über Einträge in die Umwelt auch in Nahrungsmitteln vorkommen.

LHKW

Einzelne chlorierte LHKW werden in Produktionsvolumina von bis zu mehreren Millionen Tonnen im Jahr hergestellt. Industriell ausgesprochen bedeutend sind chlorierte Kunstoffmonomere, wie z. B. Vinylchlorid für die Herstellung von Polyvinylchlorid (PVC) oder 2-Chlor-1,3-butadien für die Herstellung von Neopren. Die Jahresproduktion von Vinylchlorid beträgt ca. $27 \cdot 10^6$ t [60]. Wegen ihrer hohen Beständigkeit, ihrer geringen Entflammbarkeit und ihrer lipophilen Eigenschaften dienen LHKW als Lösungs- und Extraktionsmittel, zur Oberflächenbehandlung und zur Metallentfettung sowie als Textilreinigungsmittel. Insbesondere finden Dichlormethan, Trichlorethen, Tetrachlorethen (Per)

Handbuch der Lebensmitteltoxikologie. H. Dunkelberg, T. Gebel, A. Hartwig (Hrsg.)
Copyright © 2007 WILEY-VCH Verlag GmbH & Co. KGaA, Weinheim
ISBN: 978-3-527-31166-8

und 1,1,1-Trichlorethan (auch als Methylchloroform bezeichnet) Verwendung. Dichlormethan, 1,2-Dibrom-3-chlorpropan, 1,2-Dibromethan und 1,3-Dichlorpropen wurden als Pestizide, Nematozide und Bodenentseuchungsmittel verwendet [56]. Viele dieser Stoffe sind krebserregend oder mutmaßlich krebserregend [99]. Einige LHKW wie z. B. Chloroform wurden wegen ihrer narkotischen Eigenschaften als Inhalationsnarkotika verwendet. Die Ozonschicht schädigende LHKW fallen unter das Montrealer Protokoll von 1987 [101], nach dem Stoffe, die die Ozonschicht schädigen, bis zum Jahre 2000 um 50% reduziert werden sollen. Auf Basis dieses Abkommens wurden ozonschädigende LHKW verboten. Eine Reihe von LHKW (Tetrachlorkohlenstoff, 1,1,2,2-Tetrachlorethan, 1,1,1,2-Tetrachlorethan, Pentachlorethan, Chloroform, 1,1,2-Trichlorethan, 1,1-Dichlorethylen und 1,1,1-Trichlorethan) dürfen daher gemäß Chemikalien-Verbotsverordnung [7] nur zur Verwendung bei industriellen Verfahren in geschlossenen Anlagen in Verkehr gebracht werden.

Trotz der großen Verbreitung der gemischt halogenierten Fluorchlorkohlenwasserstoffe und Fluorkohlenwasserstoffe, liegen keine Daten zu ihrer Verbreitung in Lebensmitteln vor.

Bromierte Flammschutzmittel

Flammschutzmittel finden seit Beginn der 1980er Jahre zunehmend in Kunststoffen und Textilien Verwendung und sind in wachsenden Mengen in der Umwelt nachweisbar [68]; wobei sich für manche dieser Substanzen allerdings auch rückläufige Tendenzen abzeichnen [95]. Produkte, wie z. B. Textilien, können 3–12% Gewichtsanteile an Flammschutzmitteln enthalten. Wegen der Nutzung von bromierten Flammschutzmitteln in Gegenständen des täglichen Gebrauchs und der Ausdünstung aus selbigen wird angenommen, dass die Aufnahme dieser Substanzen in erster Linie inhalativ geschieht; einzelne Studien zeigen jedoch, dass auch Nahrungsmittel Kontaminationen bromierter Flammschutzmittel enthalten können. Die Stoffgruppe ist weniger über ihre chemische Struktur als vielmehr über ihre Anwendung definiert. Es kommen bromierte Derivate von Bisphenolen, Diphenylethern, Cyclodecanen, Phenolen und Phthalsäuren als Flammschutzmittel zum Einsatz [2]. Wegen ihrer toxischen Eigenschaften und ihres Bioakkumulationsvermögens wurde die Produktion einiger dieser Stoffe eingestellt, bzw. es bestehen internationale Bemühungen ihre Verwendung einzuschränken. Für einige toxikologisch bedenkliche Stoffe in dieser Gruppe bestehen daher in der EU Umgangsbeschränkungen. Allerdings werden toxikologisch bedenkliche bromierte Flammschutzmittel auch weiterhin aus Abfalldeponien freigesetzt [74].

Chlorierte Paraffine (polychlorierte Alkane)

Chlorierte Paraffine sind gesättigte polychlorierte Alkane unterschiedlicher Kettenlängen (C_{10}–C_{23}). Diese Stoffe werden in verschiedenen Mischungsverhältnissen als Additive in Hydraulikölen, Schmiermittel, Kühlschmierstoffe, als

Weichmacher und Flammschutzmittel eingesetzt [39]. Da sie als geeignete Ersatzstoffe für polychlorierte Biphenyle gelten, wächst ihre Produktion weltweit an. Chlorierte Paraffine werden durch Chlorierung von Rohölfraktionen hergestellt. Diese Stoffe kommen daher produktionsbedingt nur als Gemische chlorierter Alkane unterschiedlicher Kettenlänge und unterschiedlichen Chlorierungsgrades in den Handel: C_6–C_{18} [68920-70-7] [CAS 68920-70-7], C_{10}–C_{12} [108171-26-2], C_{10}–C_{13} [85535-84-8], C_{10}–C_{14} [85681-73-8], C_{12}–C_{13} [71011-12-6], C_{12}–C_{14} [85536-22-7]. Die chemische Analytik polychlorierter Alkane wird durch die Vielfalt der in diesen Gemischen vorkommenden Verbindungen erschwert, die mehrere hundert Einzelkomponenten betragen kann. Toxikologisch bedenklich scheinen insbesondere kurzkettige chlorierte Paraffine (C_{10}–C_{13}) (short chained chlorinated paraffins = SSCPs) zu sein, die in Deutschland wegen ihrer Toxizität nicht als Ersatzstoffe für polychlorierte Biphenyle empfohlen werden [98]. Der Einsatz von C_{10}–C_{13}-chlorierten Paraffinen ist zudem in der EU durch gesetzgeberische Maßnahmen eingeschränkt [89].

Polychlorierte Naphthaline

Diese Substanzen ähneln in ihren Eigenschaften den polychlorierten Biphenylen und wurden in technisch ähnlichen Anwendungen eingesetzt. Es handelt sich bei diesen Stoffen um Naphthaline, die bis zu acht Chloratome enthalten. Diese Substanzklasse beinhaltet 75 Kongenere mit Wirkungen, die auf molekularer Ebene denen von polychlorierten Dioxinen und halogenierten Biphenylen ähneln. Chlorierte Naphthaline werden, vorwiegend auf Basis freiwilliger Beschränkungen, heute in den westlichen Industrieländern nicht mehr hergestellt.

21.2
Vorkommen

LHKW

LHKW, bromierte Flammschutzmittel, chlorierte Naphthalene oder chlorierte Paraffine sind keine natürlichen Bestandteile von Nahrungsmitteln und gezielte Anwendungen in der Produktion von Lebensmitteln kommen praktisch nicht vor. Sind diese Stoffe in Nahrungsmitteln nachweisbar, resultieren sie weit überwiegend aus Umweltkontaminationen, einige, zum Teil historische Ausnahmen bestehen allerdings:

So wurden chlorierte LHKW, insbesondere Dichlormethan, als Extraktionsmittel bei der Verarbeitung von Gewürzen und Hopfen sowie zur Entkoffeinierung von Kaffee eingesetzt [79]. Wenngleich Dichlormethan bereits 1979 in den USA von der Liste erlaubter Mittel zur Entkoffeinierung von Tee und Kaffee gestrichen wurde, waren noch 1984 erhebliche Mengen der Substanz in diesen Produkten nachweisbar (s. Tab. 21.1) [84]. Aktuelle Daten liegen nicht vor.

Eine Reihe von Stoffen wird zur Begasung von Nahrungsmitteln zum Zwecke der Konservierung während der Lagerhaltung verwendet: Methylbromid, Dichlormethan, Kohlenstoffdisulfid, Chloroform, Ethylendichlorid, Methylchloroform, Tetrachlorkohlenstoff, Trichlorethylen, 1,3-Dichlorpropen, Chlorpikrin, Ethylendibromid und Tetrachlorethylen wurden bzw. werden zur Entwesung eingesetzt [19]. Wegen der schädigenden Wirkung auf die Ozonschicht ist Methylbromid seit dem Jahre 2005 in den westlichen Industrieländern verboten und seine Nutzung geht weltweit zurück [109]. Als Alternativen für diese Anwendungen gelten u. a. 1,3-Dichlorpropen, Metam (Natriummethyldithiocarbamat) und Dazomet (2-Thio-3,5-dimethyl-tetrahydro-1,3,5-thiadiazin) [42] oder auch Chlorpikrin [44]. Allerdings bergen auch die potenziellen Ersatzstoffe toxikologische Risiken [94]. Da der Einsatz von Methylbromid vergleichsweise geringe Rückstände in Lebensmitteln verursacht, ist der Vorteil dieser Ersatzstoffe zumindest unter humantoxikologischer Sicht unklar. Zudem ist ungeklärt, in welchem Ausmaß natürliche Methylbromidquellen zur globalen Methylbromid-Gesamtfreisetzung beitragen [109].

Natriumhypochlorit (Aktivchlor) wird zur Desinfektion von Anlagen verwendet, die mit Lebensmitteln in Kontakt kommen [71]. Als Rückstand von Aktivchlorreinigern können Halomethane entstehen und dann in den Fettanteil des damit in Kontakt kommenden Produkts übergehen.

Vorwiegend werden heute nicht halogenierte Monomere zur Herstellung von Verpackungsmaterialien verwendet, wie z. B. Polyethylen, Polystyrol oder Polypropylen. Bestimmte LHKW dürfen jedoch noch in Artikeln und Materialien enthalten sein, die für den Kontakt mit Lebensmitteln bestimmt sind. So wird Polyvinylchlorid (PVC) für spezielle Anwendungen eingesetzt, wie z. B. das Verpacken sensibler Lebensmittel unter Schutzgas sowie in Frischhaltefolien und Hartkunststoffverpackungen. Die Menge an Vinylchlorid-Monomer darf in Lebensmittelverpackungen 1 mg/kg nicht überschreiten und es dürfen keine messbaren Anteile an Vinylchlorid in verpackte Lebensmittel übergehen [64].

Bromierte Flammschutzmittel

Wegen des wachsenden Einsatzes und des Bioakkumulationsvermögens einiger bromierter Flammschutzmittel sind diese Substanzen auch in Nahrungsmitteln nachweisbar [4].

Polychlorierte Naphthaline

Nach Etablierung weitgehender Umgangsverbote finden sich chlorierte Naphthaline immer noch in der Umwelt [40, 59, 67]. Daten über das Vorkommen polychlorierter Naphthaline in Nahrungsmitteln sind allerdings nur vereinzelt verfügbar (Tab. 21.1).

21.3
Verbreitung in Lebensmitteln

Teilweise liegen umfangreiche Daten zum Vorkommen, zur Verteilung und zur Bioakkumulation von LHKW, bromierten Flammschutzmitteln, polychlorierten Naphthalinen und chlorierten Paraffinen in der Umwelt vor. Demgegenüber finden sich vergleichsweise wenige Informationen zu deren Verbreitung in Lebensmitteln.

LHKW

Aufgrund gesetzgeberischer Maßnahmen sind die Umweltkontaminationen durch chlorierte LHKW seit dem Ende der 1980er Jahre rückläufig [93]. Damit gilt dies vermutlich auch für chlorierte LHKW als Lebensmittelkontaminanten. Ähnliches gilt für Fluorchlorkohlenwasserstoffe (FCKW), bromierte und gemischt halogenierte LHKW.

Stark variierende Mengen an LHKW (Dichlormethan, Kohlenstoffdisulfid, Chloroform, Dichlorethan, Methylchloroform, Tetrachlorkohlenstoff, Trichlorethylen, Ethylendibromid und Tetrachlorethlyen (PER)) wurden Mitte der 1980er Jahre mit einer „Purge and Trap"-Methode und GC/ECD in verschiedenen tafelfertigen Lebensmitteln nachgewiesen. In der Regel waren weniger als 100 ng/g LHKW enthalten. Die höchsten Konzentrationen traten in Butter, Margarine und Käse auf: in Margarine bis zu 306,4 ± 260,5 ng/g Chlorform sowie in einer von sieben Proben 980 ng/g Trichlorethylen (die übrigen 3,7–12 ng/g) und stark variierende Mengen an 1,1,1-Trichlorethan (bis zu 1200 ng/g, im Mittel 330,4 ± 435,9 ng/g). In Butter war in einzelnen Proben relativ viel Chloroform nachweisbar ($n = 7$, 325 ± 372,6 ng/g) und einem Fall bei Parmesankäse 3300 ng/g 1,1,1-Trichlorethan. Folgende Nachweisgrenzen wurden angegeben: Chloroform: 0,024 ng/g; Bromdichlormethan: 0,008 ng/g; Chlordibrommethan: 0,016 ng/g und Bromofrom 0,052 ng/g [52] (Tab. 21.1).

In einer späteren Studie waren bis zu 7,3 ng/g (± 0,8) LHKW (Chloroform, 1,1,1-Trichlorethen, Tetrachlorkohlenstoff, Dibromchlormethan, Trichlorethylen und Tetrachlorethylen) in Milch, Saft, Kaffee, Fisch und Fleisch sowie in Nieren-, Lungen- und Muskelgewebe nachweisbar. Die höchsten Konzentrationen für Chloroform traten in Säften auf. 1,1,1-Trichlorethen war in Lebensmitteln nicht nachweisbar; eine Nachweisgrenze wird in dieser Publikation allerdings nicht angegeben [62] (Tab. 21.1).

In einer japanischen Studie traten Mitte der 1990er Jahre noch vereinzelt relativ hohe Konzentrationen an Chloroform und 1,1,1-Trichlorethan in Butter und Margarine auf; ebenso in Erdnussbutter. Andere LHKW (Dibromchlormethan, Dichlorbrommethan, Tetrachlorkohlenstoff, 1,1,1-Trichlorethan, 1,1,2-Trichlorethan, 1,2-Dichlorethan, Tetrachlorethylen, Trichlorethylen, *cis*-1,2-Dichlorethlyen, 1,1-Dichlorethylen, 1,2-Dichlorpropan und 1,3-Dichlorpropan) waren – wenn überhaupt – in Lebensmitteln (Bohnenkeimen, Cola, Butter, Milch, Kuchen, Saft, Reis, Milchgetränke, Yoghurt, Tofu und Eis) nur in Spuren nachweisbar [71].

In Butter und Margarine wurden vereinzelt relativ hohe Mengen an LHKW gefunden, ohne dass in jedem Fall geklärt werden konnte, aus welcher Quelle diese Kontaminationen stammten (Tab. 21.1). Trichlormethan kann als Rückstand von Reinigungs- und Desinfektionsmitteln (Aktivchlorreiniger) entstehen [43] und dann in den Fettanteil des damit in Kontakt kommenden Milchprodukts übergehen. Der Durchschnittsgehalt an Trichlormethan in Rohmilch liegt nach Messergebnissen der MUVA Kempten derzeit bei knapp unter 0,001 mg/kg und in Butter bei ca. 0,025 mg/kg (http://www.muva.de/). Diese Werte liegen deutlich unter den entsprechenden Grenzwerten [64]. Allerdings wurde in Einzelfällen hoher Belastung eine Optimierung der Herstellungsprozesse angeraten.

Bromierte Flammschutzmittel

Aufgrund ihrer intensiven Nutzung in Kunststoffen und Textilien wird angenommen, dass eine Aufnahme von bromierten Flammschutzmitteln in hohem Maße über den inhalativen Pfad und weniger über Lebensmittel stattfindet. Die tägliche Aufnahme polybromierter Diphenylether eines erwachsenen Menschen über Nahrungsmittel wird auf 0,08–0,1 µg/kg/Tag geschätzt und würde so den LOEL (lowest observable effect level) (1 mg/kg/Tag) um etwa fünf Größenordnungen unterschreiten [4]. Andere Schätzungen gehen von einer täglichen Aufnahme von Pentabromdiphenylether über Nahrungsmittel von 0,3–0,6 µg/kg Körpergewicht aus [34]. Mit einem Anteil von 60–70% ist 2,2,4,4'-Tetrabromdiphenyl das in Lebensmitteln verbreitetste bromierte Flammschutzmittel. Die Aufnahme von bromierten Flammschutzmitteln kann über Nahrungsmittel, insbesondere über Fisch, erfolgen [104]. In den Jahren von 1972–1997 nahmen in Schweden die Gehalte polybromierter Diphenylether in Frauenmilch von 0,07 auf 4,02 ng/g Fett zu [68]. In Schweden und Japan sind polybromierte Diphenylether im Median zwischen 1,4 und 3,2 ng/g Fett sowie in Kanada und den USA zwischen 25 und 41 ng/g Fett enthalten [2]. In Kanada stiegen in den Jahren von 1992–2002 die mittleren Konzentrationen im Fettanteil der Muttermilch von 15 auf 62 ng/g. Hexabromcyclodecan war in Frauenmilch im Mittel mit 6,6 pg/g (0–126 pg/g Fett, Median 1,3) nachweisbar [91].

Polychlorierte Paraffine

Chlorierte Paraffine reichern sich als persistente, kaum biologisch abbaubare Stoffe in der Nahrungskette an [88]. Die tägliche Aufnahme an polychlorierten Paraffinen wird auf 4,3 µg/kg/Tag geschätzt [10]. Die Gehalte in Meeresfrüchten (Tab. 21.1) schwanken, je nachdem, welche Standards für die Kalibrierung eingesetzt werden. Detektionslimits zwischen 10–100 pg/g werden angegeben, je nach Chlorierungsgrad der Alkane. Chlorierte Paraffine (C_{10-20}) waren in Früchten und Gemüse nicht sicher nachweisbar (Nachweisgrenze = 50 ng/g) und wurden in Milchprodukten in Mengen bis zu 300 ng/g nachgewiesen [9, 10]. Weitere Daten liegen nicht vor.

Tab. 21.1 Gehalte organischer, halogenierter Verbindungen in Lebensmitteln.

Stoff	Nahrungsmittel	Konzentration	Detektion	Literatur
Dichlormethan	entkoffeinierter		GC/MS	[84]
	Tee	0,34–15,9 µg/g		
	Kaffee	n.d.–4,0 µg/g		
Trichlorethylen	Getreideprodukte, Milchprodukte, Margarine	0,77–2,7 ng/g	GC/ECD	[53]
Halogenierte LHKW	verschiedene Nahrungsmittel	n.d.–ca. 100 ng/g	GC/ECD; GC/HECD	[52]
		n.d. −7,3 ± 0,8 ng/g	GC/MS	[52]
	Margarine	im Mittel < 100 ng/g	GC/ECD	[37]
Bromoform, Chloroform, Bromdichlormethan		n. d., vereinzelt bis 12 ng/g	GC/MS	[65]
Chloroform	verschiedene Nahrungsmittel	im Mittel 1,25–153,7 ng/g	GC/ECD	[71]
		n.d. −5,29 ng/g	GC/MS, GC/ECD	
Halogenierte LHKW		n.d. −129 ng/g	GC	[84]
Bromierte Flammschutzmittel	Huhn	1,7–39,4 ng/g	GC/MS	[55]
	Fisch	0,74–7,4 ng/g FG	GC/EI-HRMS	[110]
Tetra- und Penta-bromdiphenylether	versch. Organe von Meerestieren	<1–1294 ng/g		[63]
Polybromierte Diphenylether	Fisch	n.d. – in Einzel-fällen bis 19		[45]
		300 ng/g FG		
		0,02–3,3 ng/g FG		[104]
Polychlorierte Paraffine (C$_{10}$–C$_{13}$)	Shrimps			[9, 10]
	Meeresfisch	250–918 ng/g Fett	GC/ECNI-MS	
Polychlorierte Naphthaline (Tetra- und Octa-)	verschiedene Nahrungsmittel	0,7–71 pg/g	HRGC/HR MS	[29]
	Öle und Fette	447 pg/		
	Fisch (Süßwasser)	19–400 pg/g Fett		[59]
	Fisch (Salzwasser)	22–730 pg/g FG		[58]

Abkurzungen: EI, Elektronenionisierung; FG, Feuchtgewicht; GC, Gaschromatographie; MS, Massenspektrometer; HR hoch-auflösend (high resolution); ECD, Electron Capture Detector; ECNI, Electron Capture Negative Ionization; HS, Head Space Analytik; ppm: parts per million, n. d.: nicht detektierbar.

Bromierte Flammschutzmittel und Diphenylether

Es liegen nur wenige Publikationen zu bromierten Flammschutzmitteln und Diphenylethern in Lebensmitteln vor. In Meeres- und Süßwasserfisch können lokal hohe Konzentrationen erreicht werden. Die höchsten Belastungen wiesen Tiere auf, die unterhalb einer Produktionsanlage gefangen wurden [33] (Tab. 21.1).

Polychlorierte Naphthaline

Eine Publikation zur Verbreitung polychlorierter Naphthaline liegt vor. In Cerealien waren bis zu 71 pg/g und in Molkereiprodukten bis zu 36 pg/g dieser Substanzen nachweisbar [29]. Bei Fischen werden die höchsten Mengen in fettreichen Geweben und in der Leber gefunden (in Einzelfällen bis zu 730 pg/g Feuchtgewicht); deutlich weniger in Muskelgewebe (maximal 22 pg/g Feuchtgewicht) [58] (Tab. 21.1).

21.4
Kinetik und innere Exposition

LHKW

LHKW sind fettlöslich, werden gut resorbiert, verteilen sich schnell im gesamten Körper und können sich im Körperfett anreichern. Der Metabolismus von LHKW erfolgt in Mensch und Tier vorwiegend über Cytochrom P450 vermittelte Oxidation, aber auch über direkte Konjugation an Glutathion (GSH) und anschließenden Abbau über den Mercaptursäureweg, weniger häufig über Glucuronidierung. Bedeutende Anteile werden unverändert abgeatmet. Bei der Oxidation ungesättigter LHKW werden intermediär Epoxide gebildet, die zu Alkoholen hydrolysiert und weiter zu reaktiven Carbonsäurehalogeniden aufoxidiert werden. Carbonsäurehalogenide werden nur langsam eliminiert und können bei chronischer Exposition zu toxischen Konzentrationen akkumulieren [22]. Epoxide, die bei der Oxidation von chlorierten LHKW entstehen, sind für die karzinogenen Wirkungen mancher ungesättigter chlorierter LHKW verantwortlich. Über die direkte Konjugation von chlorierten LHKW an GSH können hoch reaktive genotoxische Metabolite und karzinogene Metaboliten gebildet werden [25, 26, 106]. Die oxidativen Metabolite werden für die hepatotoxischen Wirkungen verantwortlich gemacht; die GSH-abhängig gebildeten Metabolite bewirken die nephrotoxischen Wirkungen, da diese Metaboliten durch das Enzym β-Lyase toxifiziert werden, dass in Nierentubuluszellen hoch exprimiert ist [28]. Vollhalogenierte LHKW scheinen in geringerem Umfang oxidiert zu werden: Tetrachlorethylen wird, im Gegensatz zu Trichlorethylen, weitgehend unverändert ausgeschieden und unterliegt nur zu einem geringen Teil einem dem Trichlorethylen ähnlichen Metabolismus. Neben den oben genannten Reaktionen können chlorierte LHKW reduktiv dehalogeniert werden. Die reduktive Dehalogenierung führt zu Lipidperoxidation und zu oxidativen, teils genotoxischen Abbauprodukten von Fettsäuren, wie z.B. Malondialdeyd [5].

Gemischt halogenierte, fluorierte, bromierte oder iodierte LHKW werden in ähnlicher Weise metabolisiert wie chlorierte. Neben oxidativen Metaboliten ist auch die Bildung toxischer Mercaptursäuren nachweisbar. HCFC-123 (1,1-Dichlor-2,2,2-trifluorethan) wird beispielsweise im Wesentlichen zu Trifluoracetat, zu geringeren Anteilen aber auch zu N-Trifluoracetyl-2-aminoethanol und zu N-Acetyl-S-(2,2-dichlor-1,1-difluorethyl)-L-cystein umgesetzt. Reduktive Dehalogenierung kommt ebenfalls vor [73]. Kovalent gebundene Proteinaddukte resultieren wahrscheinlich aus der Bildung von Trifluoracetylchlorid [50].

Der Metabolismus gemischt-teilhalogenierter LHKW scheint bei Mensch und Tier in ähnlicher Weise zu verlaufen. Das Inhalationsnarkotikum Halothan ($CF_3CHClBr$) wird beispielsweise im Menschen hauptsächlich zu Bromid und Trifluoracetat aber auch zu Mercaptursäuren umgesetzt [47]. In einer älteren Inhalationsstudie mit ^{14}C-markiertem Halothan waren im menschlichen Urin Trifluoracetat, N-Trifluoracetyl-2-aminoethanol, und N-Acetyl-S-(2-Brom-2-chlor-1,1-difluorethyl)-L-cystein nachweisbar [11], wie auch N-Acetyl-S-(1,2-chlorfluorvinyl)-L-cystein nach Halothannarkose [72]. Der Hauptmetabolit von Sevofluran ist Hexafluorisopropanol-glucuronid. Es werden jedoch auch 3,3,3-Trifluor-2-(fluormethoxy)-propionsäure und 3,3,3-Trifluorlactat gebildet [82]. Demnach treten auch im menschlichen Metabolismus gemischt-teilhalogenierter LHKW Mercaptursäuren auf.

Es liegen nur wenige vergleichende Untersuchungen zu unterschiedlich halogenierten Verbindungen vor. Die parallele Untersuchung von Pentafluorethan (HFC-125), 1-Chlor-1,2,2,2-tetrafluorethan (HCFC-124) und 1,1,-Dichlor-2,2,2-trifluorethan (HFC-123) in der Ratte zeigte, dass die renale Ausscheidung des gemeinsamen Metaboliten Trifluoracetat für HFC-125 am niedrigsten war. Die Konzentration des im Urin gemessenen Trifluoracetats war für HCFC-124 10fach und für HCFC-123 40–50fach höher als für HCFC-123 [24].

Bromierte Flammschutzmittel

Es sind nur wenige publizierte Studien zur Kinetik und zum Metabolismus dieser Substanzen verfügbar [74]. Bromierte Flammschutzmittel werden kaum verstoffwechselt, im Fettgewebe schwach angereichert oder unmetabolisiert ausgeschieden. Teilweise werden in den Organismen aber auch niedriger bromierte Verbindungen als die Ausgangsverbindungen nachgewiesen [96]. Beim Menschen erreicht die Summe verschiedener polybromierter Diphenylether im Median Serumkonzentrationen von 37 pmol/g Fett (15–75 pmol/g Fett) [74]. In den letzten 20 Jahren ist in humanen Serumproben ein deutlicher Anstieg der Gehalte zu beobachten [2].

Polychlorierte Paraffine

Polychlorierte Paraffine sind schwer flüchtig und werden entsprechend weit überwiegend oral aufgenommen. Die gastro-intestinale Absorption oral verabreichter C_{10}–C_{13} Paraffine wird mit 60% angegeben. Es werden 60% der verabreichten Dosis mit den Faeces, renal oder inhalativ, innerhalb von zwölf Stunden ausgeschieden [33, 35]. Nach intravenöser Verabreichung von 5–6 mg/kg Köpergewicht ^{14}C-markierten polychlorierten Paraffinen (C_{16}; 65% Cl) an weibliche Sprague-Dawley Ratten wurden ^{14}C-markierte Glutathionkonjugate und Mercaptursäuren nachgewiesen [1]. Kurzkettige, niedrig chlorierte Paraffine werden im Vergleich zu langkettigen oder höher chlorierten Paraffinen besser vom Körper aufgenommen. Nach einmaliger oraler oder intravenöser Verabreichung von ^{14}C-markierten polychlorierten Paraffinen (C_{12}) waren die Eliminationswege (renal, bilär und inhalativ) abhängig vom Chlorierungsgrad der verabreichten Verbindungen [21]. Die Eliminationshalbwertzeit aus dem Fettgewebe von Wistar-Ratten, denen 0,4 und 40 mg/kg mittelkettige chlorierte Paraffine (C_{14-17}; 52% Cl) für acht oder zehn Wochen mit dem Futter verabreicht wurden, wird mit acht Wochen angegeben. In der Leber waren schon nach einer Woche keine polychlorierten Paraffine mehr messbar [3].

Chlorierte Naphthaline

In der Ratte werden chlorierte Naphthaline dehalogeniert und hydroxyliert [8]. Im Schwein wurden chlorierte Naphthaline nach retrocarotider Applikation schnell zu Chlornaphtholen umgesetzt, die nach sechs Stunden überwiegend in der Galle, aber auch im Urin nachweisbar waren [90].

21.5
Wirkungen

21.5.1
Mensch

LHKW

LHKW weisen eine nur geringe akute Toxizität auf. Hohe Dosierungen haben narkotische Wirkungen und können die Nieren, die Leber und das Gehirn schädigen. Dies sind jedoch um Größenordnungen höhere Dosierungen als durch die Aufnahme von Nahrungsmittel oder Trinkwasser vorstellbar sind. Chronische, hohe Expositionen können hier auch zu bleibenden Schäden führen [5]. Verschiedene LHKW sind allerdings als humane oder tierexperimentelle Karzinogene eingestuft wie z. B. Bischlormethylether [542-88-1], 4-Chlor-o-toluidin [95-69-2], α-Chlortoluol [100-44-7], α,α,α-Trichlortoluol [98-07-7], Monochlordimethylether [107-30-2], Trichlorethylen [79-01-6] und Vinylchlorid [75-01-4] [15].

Hohe Expositionen gegen Fluorkohlenwasserstoffe (ab ca. 7600 ppm) können zu respiratorsicher Depression und Bronchiokonstriktion führen. Nach Exposition gegen 1,1,2-Trichlor-1,2,2-trifluorethan (CFC-113) kam es zu Todesfällen durch kardiale Arrhythmien und Asphyxie [76].

Bromierte Flammschutzmittel

Decabromodiphenylether und polybromierte Biphenyle führten zu Hypothyreose und Schilddrüsenknoten. Zudem wird eine signifikante Reduktion der Nervenleitgeschwindigkeit nach Exposition gegen polybromierte Biphenyle beschrieben [74]. Es liegt eine Studie vor, die eine Assoziation von non-Hodgkin Lymphomen (NHL) und dem Gehalt von Tetrabromdiphenylether im Fettgewebe berichtet. 19 Patienten mit NHL wurden hinsichtlich der im Fettgewebe gemessenen Gehalte an Tetrabromdiphenylethern mit 27 gesunden Kontrollpersonen verglichen. Im Mittel wiesen die Kontrollpersonen 5,1 ng/g Fett (0,6–27,5 ng/g) und die Patienten 13,0 ng/g Fett (1,0–98,2 ng/g) der Substanz auf. NHL waren demnach mit dem Tetrabromdiphenylether-Fettgehalt assoziiert [49]. Da es sich um ein relativ kleines Kollektiv handelt, eine breite Streuung bei den gemessenen Gehalten auftrat, nur eine schwache, nicht signifikante Assoziation vorlag und zudem verschiedene Studien vorliegen, die Assoziationen von NHL mit Expositionen gegen Pestizide und Fungizide aufzeigen, darunter eine der gleichen Autoren [48], sollten diese Ergebnisse allerdings mit Vorsicht interpretiert werden.

Chlorierte Paraffine

Studien zu Gefährdungen des Menschen durch chlorierte Paraffine liegen nicht vor [75].

Polychlorierte Naphthaline

Polychlorierte Naphthaline verursachten bei exponierten Arbeitern Chlorakne [61] und Leberfunktionsstörungen [86]. Akute Exposition gegen Hexachlornaphthalen bewirkt Pruritus, Augenreizung, Kopfschmerzen, Erschöpfung, Schwindel und Übelkeit, chronische Exposition kann zu einer vergrößerten Leber und Akne ähnlichen Läsionen führen, des Weiteren zu Ikterus, Übelkeit, Verdauungsstörungen und Gewichtsverlust [85].

21.5.2
Wirkungen auf Versuchstiere

LHKW

Eine Reihe von LHKW, insbesondere die chlorierten, bilden genotoxische Metabolite und sind krebserregend oder entsprechend verdächtig. Zu einer Reihe chlorierter LHKW gibt es positive Hinweise auf eine karzinogene Wirkung im

Tierexperiment mit entsprechenden Einstufungen, wie für *p*-Chloranilin [106-47-8], *p*-Chlorbenzotrichlorid [5216-25-1], Epichlorhydrin [106-89-8], Chlorfluormethan (R31) [593-70-4], 2-Chloropren [126-99-8], 1,2-Dibrom-3-chlorpropan [96-12-8], 1,2-Dibromethan [106-93-4], Dichloracetylen [7572-29-4], 3,3'-Dichlorbenzidin [91-94-1], 1,4-Dichlor-2-buten [764-41-0], 1,2-Dichlorethan [107-06-2], 1,3-Dichlor-2-propanol [96-23-1], Iodmethan [74-88-4], Pentachlorphenol [87-86-5], 2,3,4-Trichlor-1-buten [2431-50-70], 1,2,3-Trichlorpropan [96-18-4] [99].

Speziesunterschiede können die Bewertung der tierexperimentellen Daten auf den Menschen erschweren. Inhalative Exposition gegen 2000 und 4000 ppm Dichlormethan war karzinogen in B6C3F$_1$-Mäusen, während nur benigne Tumoren bei Ratten induziert wurden [79]. Für manche chlorierte LHKW, wie beim Dichlormethan, ist die Relevanz der tierexperimentell festgestellten Karzinogenität für den Menschen umstritten, da diese Effekte bei hohen Dosierungen aufträten, der GSH-abhängige Metabolismus erst bei hohen Dosierungen eine Rolle spiele und zudem beim Menschen weniger relevant sei. Der Anteil an GSH-Konjugaten, die beim Menschen bei geringer Dichlormethanexposition gebildet werden, ist aber tatsächlich unbekannt.

Die bevorzugten Zielorgane der toxischen Wirkungen von LHKW variieren auch im Tierexperiment von Stoff zu Stoff. Während Vinylchlorid ein starkes Hepatokarzinogen ist, ist das hauptsächliche Zielorgan der toxischen und karzinogenen Wirkung von Hexachlorbutadien, Dichloracetylen, Tetrachlorethen und Trichlorethylen die Niere [25]. 2-Chloropren erzeugt im Tierexperiment in praktisch allen Organen Tumore [69]. Diese unterschiedliche Organotropie reflektiert die Tatsache, dass verschiedene Mechanismen bei LHKW zu toxischen Produkten führen können. Chloropren bildet spontan, durch chemische Alterung, genotoxische Folgeprodukte, die sich im gesamten Köper verteilen können [105]. Ungesättigte LHKW, wie z. B. Vinylchlorid, können oxidativ zu genotoxischen Epoxiden umgesetzt werden. Auch die Konjugation an GSH kann bei LHKW zu genotoxischen Metaboliten führen [97, 102] und ist wahrscheinlich verantwortlich für die Entstehung von Nierentumoren in Kanzerisierungsstudien mit Tetrachlorethen, Hexachlorbutadien [27, 28], Trichlorethylen [6, 27] und Dichlormethan [97, 106]. Zudem wird Trichlorethylen zu Trichloracetat und Dichloracetat metabolisiert. Diese Metabolite können im Tierexperiment Lebertumoren auslösen [54].

Fluorierte LHKW werden in deutlich geringerem Maße metabolisiert, sind entsprechend deutlich weniger toxisch als ihre chlorierten Analoga und sind in aller Regel weder genotoxisch noch karzinogen oder teratogen [24]. Einzelne, teilhalogenierte Hydrogen-FKW bilden jedoch Ausnahmen sowie teilhalogenierte FKW und FCKW generell toxischer zu sein scheinen als deren vollhalogenierte Analoga. HCFC-22 ist möglicherweise karzinogen [5]. Grundsätzlich scheinen, zumindest ungesättigte FCKW, über ähnliche Mechanismen aktivierbar zu sein, wie die chlorierten LHKW. HCFC-123 (1,1-Dichlor-2,2,2-trifluorethan) verursachte in einer chronischen Studie an Ratten bei Dosierungen von 300, 1000 und 5000 ppm hepatozelluläre Adenome und Cholangiofibrome, Hyperplasien und Adenome im Pankreas, Adenome im ZNS, Atrophien der Samenleiter sowie Hyperplasien der Leydig-Zellen [73]. Benigne Tumore der Tests wurden ebenfalls in chronischen Studien mit Ratten durch hohe inhalative Dosierungen von HCFC-141b (1,1-Dichloro-1-fluoroethan) und HFC-134a (1,1,2-Tetrafluorethan) bewirkt [24].

Bromierte Flammschutzmittel

Die meisten bromierten Flammschutzmittel weisen nur geringe akute und chronische Toxizität auf. Es kommen allerdings Stoffe mit karzinogenen, neurotoxischen und endokrinen Wirkungen vor.

Bromierte Diphenylether schädigen möglicherweise die Schilddrüse und die Leber. 2,2‘,4,4‘-Tetrabromdiphenylether führt ebenso wie Pentabromdiphenylether zur Verminderung von Thyroxin [74]. Widersprüchliche Ergebnisse werden bezüglich krebserregender Wirkungen berichtet [81, 92]. Fetotoxische Effekte traten erst bei maternal-toxischen Dosierungen auf [74]. Neonatale Exposition führte zu Änderungen des Verhaltens und der motorischen Aktivität sowie zu Beeinträchtigungen des Lernverhaltens sowie des Gedächtnisses [74].

Tris(2,3-dibromopropyl)phosphat verursachte in einer chronischen Fütterungsstudie mit Fischer-344-Ratten (0, 50 und 100 ppm) und B6C3F$_1$-Mäusen (500 und 1000 ppm) verschiedene benigne und maligne Tumoren im Vormagen, in der Leber und in den Nieren [77]. Bezüglich seiner krebserregenden Eigenschaften wurde Tris-(2,3-dibromopropyl)-phosphat (Firemaster T23P) entsprechend von der IARC als möglicherweise krebserregend für den Menschen (probably carcinogenic to humans, 2A) eingestuft [57]. Ferner liegen Hinweise auf reproduktionstoxische Eigenschaften vor [74].

200 und 600 mg/kg Tetrabrombisphenol A ab dem 4. Tag oral verabreicht, verursachten bei neugeborenen Ratten nephrotoxische Wirkungen und Todesfälle. Versuche mit Tieren, die erst ab der 5. Woche und deutlich höher dosiert wurden (0, 2000 und 6000 mg/kg für 18 Tage), zeigten, dass Tetrabrombisphenol A diese Nephrotoxizität spezifisch bei neugeborenen Tieren bewirkt [41]. Säuglinge und Kleinkinder könnten daher besonders empfindlich gegen Tetrabrombisphenol A sein. Studien zu möglichen krebserzeugenden Eigenschaften von Tetrabrombisphenol A liegen nicht vor [74]. Teratogene oder mutagene Eigenschaften von Tetrabrombisphenol A werden nicht berichtet [70].

Für eine Reihe bromierter Flammschutzmittel ist die Datenlage unzureichend bzw. es liegen keine Studien vor, die eine Bewertung erlauben, wie z. B. für Tetradecabrom (p-Diphenoxybenzol), Bis-(2,4,6-tribromphenyl)-carbonat, 3,4,5,6-Tetrabromphthalsäure-Anhydrid und 2,2-Bis-[4-(2,3-epoxypropyloxy)]dibromphenyl [74].

Chlorierte Paraffine

Kurzkettige chlorierte Paraffine (C$_{10}$–C$_{13}$) sind, verglichen mit langkettigen, deutlich toxischer. Schädigende Wirkungen von Chlorparaffinen betreffen hauptsächlich Leber, Schilddrüsen und Nieren [75]. Kurzkettige chlorierte Paraffine (C$_{10}$–C$_{13}$) sind verdächtig, krebserregend zu sein [33]. Chlorierte Paraffine

(C$_{12}$, 60% Chloranteil) waren karzinogen in einem 2-Jahresversuch mit Fisher-344-Ratten und B6C3F$_1$-Mäusen. Die Ratten erhielten Dosierungen von 312 und 625 mg/kg, die Mäuse 125 und 250 mg/kg per Schlundsonde [80]. Eine Langzeitstudie mit Fisher-344-Ratten und B6C3F$_1$-Mäusen zur Wirkung von chlorierten Paraffinen (C$_{23}$, 43% Chloranteil) ergab uneinheitliche Ergebnisse. Während keine behandlungsbedingten Tumoren bei männlichen Ratten auftraten, entwickelten weibliche dosisabhängig Phäochromocytome im Nebennierenmark. Männliche Mäuse wiesen eine dosisabhängig erhöhte Inzidenz für maligne Lymphome auf, weibliche Mäuse in der hohen Dosisgruppe hepatozelluläre Karzinome [78]. Wenngleich der Aussagewert dieser Studien durch hohe Letalität beeinträchtigt war, rechtfertigen sie einen Verdacht tierexperimentell karzinogener Wirkungen von kurzkettigen chlorierten Paraffinen (C$_{10}$–C$_{13}$). Für die bei männlichen Ratten erhöhten Raten an Nierentumoren liegen Hinweise auf einen möglicherweise a2u-Globulin-induzierten Mechanismus vor und somit auf eine geschlechts- und speziesspezifische Wirkung, die keine Bedeutung für die Situation im Menschen hätte. Daher erfolgte von der EU eine Einstufung in die Kategorie 3 (Verdacht karzinogener Wirkungen) [32].

Als Mechanismus karzinogener Wirkungen chlorierter Paraffine in der Leber kommen peroxisomenproliferative Eigenschaften infrage. Proliferation des glatten endoplasmatischen Retikulums und Peroxisomenproliferation bewirkten über 14 Tage per Schlundsonde verabreichte Dosierungen von 1000 und 2000 mg/kg kurzkettiger Chlorparaffine (C10, 40–58% Chloranteil) in Ratten, Mäusen und Meerschweinchen. Ein Parallelversuch mit langkettigen Chlorparaffinen ergab keine nachweisbaren Veränderungen in der Leber [2, 7, 89]. Niedrigere Dosierungen (312 und 625 mg/kg) der kurzkettigen Chlorparaffine, abgestuft verabreicht an Ratten über 7 bis 90 Tage ergaben ab dem 15. Tag vergleichbare Indikatoren einer Peroxisomenproliferation sowie ab dem 29. Tag teilweise Verschiebungen in der Zellproliferation. Bei weiblichen Ratten wurde nur temporär nach 29 Tagen eine erhöhte Zellproliferation in der höchsten Dosisgruppe (58% Chlor) ermittelt, bei den männlichen Tieren zum Versuchsende nach 90 Tagen hingegen eine verminderte Zellproliferationsrate [43, 74]. Für Chlorowax 500C, Cereclor 56L und Chlorparaffin 40G werden NOAEL (no observable adverse effect level) von 184, 600 and 473 mg/kg und 180, 120 und 252 mg/kg für Ratten und Mäuse bezogen auf die hepatische Peroxisomenproliferation angegeben. Bezüglich ihrer Peroxisomenproliferativer Wirkungen werden synergistische Wirkungen mit anderen haloorganischen Verbindungen diskutiert [46].

Berichte zu karzinogenen Eigenschaften mittelkettiger Chlorparaffine (C$_{14}$–C$_{19}$) liegen nicht vor [31].

Reproduktionstoxische Wirkungen von chlorierten Paraffinen können abhängig vom Chlorierungsgrad und der Kettenlänge auftreten. Keine teratogenen oder embryotoxischen Effekte traten in der Ratte bei der Prüfung von Chlorowax 40 und Electrofine S70 auf. Chlorowax 500 bewirkte bei einer Dosierung von 2000 mg/kg signifikant vermehrt Postimplantationsverluste und eine verminderte Zahl lebender Feten. Fehlende oder verkürzte Zehen traten bei 19 Feten aus 3 von 15 Würfen auf [38]. Bei Ratten wurde eine Depletion des

Schilddrüsenhormons Thyroxin nachgewiesen, bei gleichzeitigem Anstieg von TSH [108].

Polychlorierte Naphthaline

Polychlorierte Naphthaline ähneln in ihren Eigenschaften polychlorierten Biphenylen. Ebenso wie für polychlorierte Biphenyle, sind für polychlorierte Naphthaline Interaktionen mit dem Ah-Rezeptor nachweisbar (allerdings um etwa den Faktor 10^3–10^7 geringer als 2,3,7,8-Tetrachlordibenzo-*p*-dioxin). Es wird vermutet, dass diese Substanzen daher auch einen ähnlichen Wirkmechanismus haben wie die halogenierten Dibenzodioxine und Dibenzofurane [103]. Akzidentiell vergiftete Kühe entwickelten eine Hyperkeratose [40]. Insgesamt sind Untersuchungen zur Wirkung polychlorierter Naphthaline in Mensch und Tier jedoch lückenhaft [51].

21.5.3
Wirkungen auf andere biologische Systeme

Wenngleich viele LHKW, wenn überhaupt, nur schwach genotoxisch *in vitro* sind, beruhen die karzinogenen Eigenschaften der LHKW doch zumeist auf genotoxischen Mechanismen. Schwache oder negative Effekte in In-vitro-Genotoxizitätstests beruhen teilweise auf komplexen Aktivierungsmechanismen. Aus chlorierten LHKW werden auf verschiedene Weise (s. Abschnitt 21.4, Ames-Test) positive Metabolite gebildet. Solche Aktivierungswege sind mit In-vitro-Systemen nicht oder nur schwer nachvollziehbar. Hierbei können mehrere Organe beteiligt sein, wie z. B. im Falle von Tri- und Tetrachlorethen. Die GSH-Konjugate von Tri- und Tetrachlorethen werden in der Leber gebildet, durch den Mercaptursäureweg abgebaut und in der Niere durch *β*-Lyase-abhängige Reaktionen weiter aktiviert und zudem angereichert [26]. Genotoxische Eigenschaften lassen sich daher *in vitro* erzielen, wenn Metabolite getestet werden. So können aus chlorierten Haloalkanen über die direkte Konjugation an GSH-Ames-Test positive Konjugate gebildet werden, wie z. B. aus Trichlorethylen oder Tri- und Tetrachlorethen [25, 26] und Dihalomethanen [106]. Fluorierte LHKW sind im Gegensatz zu ihren chlorierten Analoga in aller Regel nicht genotoxisch [24]. Einzelne, teilhalogenierte Hydrogen-FKW bilden jedoch Ausnahmen. 1,1,1-Trifluorethan (HFC-21) und Chlorfluormethan (HCFC-22) sind positiv im Ames-Test [5]. Die GSH-Konjugate von 1,1,2-Trichlor-3,3,3-trifluor-1-propen, Trichlorfluorethen und 2-Chlor-1,1-difluorethen zeigten positive Ergebnisse im Ames-Test [30].

Bromierte Flammschutzmittel

Einige bromierte Flammschutzmittel mit struktureller Ähnlichkeit zu Schilddrüsenhormonen können *in vitro* die Wirkung dieser Hormone wirkungsvoll hemmen [66]. Tris-(2,3-dibrompropyl)-phosphat und einige seiner Metabolite bilden Addukte an körpereigenen Makromolekülen und sind genotoxisch in verschiedenen In-vitro- [87] und Ex-vivo-Testsystemen [23, 74].

Polychlorierte Paraffine

Polychlorierte Paraffine sind weder *in vitro* noch *in vivo* genotoxisch [31, 32]. Auch das kurzkettige Chlorparaffin (C12, 60% Chlor), das in der NTP-Studie zur Karzinogenität verwendet wurde, war negativ im Ames-Test [80].

21.5.4
Zusammenfassung der wichtigsten Wirkungsmechanismen

LHKW weisen nur geringe akute Toxizität auf. Hohe Dosierungen haben oftmals narkotische Wirkungen und können die Nieren, die Leber und das Gehirn schädigen. Einige LHKW können genotoxische Metabolite bilden. Einige hochchlorierte LHKW sind als krebserregend oder krebsverdächtig bewertet worden. Lebensmittelverpackungen aus PVC dürfen zu keinen nachweisbaren Kontaminationen der Lebensmittel durch Vinylchlorid-Monomere führen. Daten zu Kontaminationen von Lebensmitteln mit Vinylchlorid liegen nicht vor. Kontaminationen von fettreichen Lebensmitteln durch Monohalomethane können durch den Einsatz von Aktivchlor zur Reinigung von Geräten bedingt sein. Publizierte Daten hierzu aus neuerer Zeit sind nicht verfügbar.

Bromierte Flammschutzmittel sind eine heterogene Stoffgruppe. Unter bromierten Flammschutzmittel kommen Stoffe mit karzinogenen, neurotoxischen und endokrinen Wirkungen vor.

Schädigende Wirkungen von Chlorparaffinen betreffen hauptsächlich Leber, Schilddrüsen und Nieren; kürzerkettige chlorierte Paraffine (C_{10}–C_{13}) sind verglichen mit längerkettigen, toxischer und als mutmaßlich krebserregend bewertet worden.

Polychlorierte Naphthaline ähneln in ihren chemischen und toxischen Eigenschaften polychlorierten Biphenylen (s. Abschnitt 21.4). Interaktionen mit dem Ah-Rezeptor sind allerdings um etwa den Faktor 10^3–10^7 geringer als für 2,3,7,8-Tetrachlorodibenzo-*p*-dioxin.

21.6
Bewertung des Gefährdungspotenzials bzw. gesundheitliche Bewertung

LHKW

Die wenigen publizierten Daten zur Belastung von Nahrungsmitteln mit chlorierten LHKW weisen auf einen rückläufigen Trend hin. Hinsichtlich der Aufnahme der hier genannten Stoffe durch Nahrungsmittel erscheint eine gesundheitliche Gefährdung des Menschen unwahrscheinlich, da die Dosierungen, die beim Menschen und im Tierexperiment zu Schädigungen führen, weitaus höher liegen als bislang für Nahrungsmittelkontaminationen für chlorierte LHKW bekannt ist.

Wegen ihrer ozonschädigenden Wirkungen sind eine Reihe chlorierter, fluorierter und gemischt halogenierter LHKW heute verboten. Als Ersatzstoffe dienen teilhalogenierte Substanzen, die ein geringes oder kein ozonschädigendes Potenzial, aber stärkere, zum Teil toxische Eigenschaften besitzen können. Publizierte Angaben zu den Mengen fluorierter, gemischt halogenierter und teilhalogenierter LHKW in Nahrungsmitteln sind nicht verfügbar, so dass eine abschließende Bewertung nicht möglich ist.

Bromierte Flammschutzmittel

Die Zunahme bromierter Flammschutzmittel in der Umwelt, die damit wahrscheinlich einhergehende zunehmende Präsenz in Nahrungsmitteln und die unzureichenden toxikologischen Informationen zu diesen Substanzen [20] signalisieren weiteren Untersuchungsbedarf. Die Gehalte bromierter Flammschutzmittel, die bislang in Nahrungsmitteln nachgewiesen wurden, fanden sich jedoch weit unterhalb experimentell akut oder chronisch toxischer Dosierungen.

Chlorierte Paraffine

Chlorierte Paraffine weisen ein hohes Bioakkumulationsvermögen auf. Wegen ihrer großen Biobeständigkeit und möglicher Akkumulation in Nahrungsketten und fehlender Kenntnisse über den Wirkungsmechanismus dieser Verbindungen stellt deren Zunahme in der Umwelt Anlass zur Besorgnis dar. Gleichwohl erscheinen aktuelle Gefährdungen über Nahrungsmittel sehr gering. Die Gefährdungsabschätzung hinsichtlich dieser Substanzen ist allerdings problematisch, da toxikologische Daten sowie Daten über ihre Verbreitung in Lebensmitteln sehr lückenhaft sind.

Polychlorierte Naphthaline

Die Gefährdungsabschätzung hinsichtlich polychlorierter Naphthaline kann sich wahrscheinlich an der für Dioxine und Furane orientieren. Möglicherweise können für diese Substanzgruppe ähnliche Toxizitätsäquivalenzfaktoren (s. Abschnitt 21.5.2) eingeführt werden. Wegen der schlechten Datenlage in Bezug auf diese Stoffgruppe, insbesondere hinsichtlich eines möglichen Vorkommens in Lebensmitteln, ist eine abschließende Bewertung nicht möglich.

21.7
Grenzwerte, Richtwerte, Empfehlungen, gesetzliche Regelungen

Toxikologisch begründete Grenzwerte in Lebensmitteln bestehen für die meisten der genannten Substanzen nicht. Die derzeit bestehenden Grenzwerte für LHKW in Lebensmitteln und Trinkwasser sind in Tabelle 21.2 aufgeführt.

Tab. 21.2 Grenzwerte organischer, halogenierter Verbindungen in Lebensmitteln.

Stoff	Grenzwert in Lebensmitteln	Bezeichnung/ Literatur
Tetrachlorethen, (Perchlorethylen), Trichlorethen (Trichlorethylen), Trichlormethan (Chloroform)	0,1 mg/kg oder insgesamt 0,2 mg/kg Grenzwert in Lebensmittelverpackungen	[64]
Bisphenol A (2-2-Bis(4-hydroxyphenyl)propan)	3 mg/kg	SML/[36]
Epichlorhydrin	1 mg/kg in FP	QM/[36]
Chlortrifluorethylen	0,5 mg/6 dm^2	QMA/[36]
Chlordifluormethan	6 mg/kg	SML/[36]
Tetrafluorethylen	0,05 mg/kg	SML/[36]
Vinylchlorid	1 mg/kg FP (kein messbarer Anteil darf in das Lebensmittel übergehen) Richtwerte bezogen auf die tägliche Aufnahme	[16]
Chlorierte Paraffine	je nach Kettenlänge 0,1 mg/kg und Tag	TDI/[107]
C_{10}–C_{13} bezogen auf nicht karzinogene Effekte bezogen auf karzinogene Wirkung	100 µg/kg Körpergewicht <11 µg/kg Körpergewicht	
C_{14}–C_{17} und C_{20}–C_{30} bezogen auf nicht karzinogene Effekte	100 µg/kg Körpergewicht Grenzwerte im Trinkwasser	
Epichlorhydrin	0,0001 mg/L	[100]
Trichlorethen, Tetrachlorethen (insgesamt)	0,01 mg/L	
1,2-Dichlorethan	0,003 mg/L	
Trihalogenmethane	0,05 mg/L	
Tetrachlormethan	0,003 mg/L	
Vinylchlorid	0,0005 mg/L	

Abkürzungen: FP, finished material or article; QM, maximum permitted quantity of the „residual substance in the finished material or article; QMA, maximum permitted quantity of the „residual substance in the finished material or article expressed as mg/6 dm^2 of the surface in contact with the foodstuffs; SML, specific migration limit in food or food simultant, unless it is specified otherwise; TDI, tolerable daily intake (duldbare tägliche Aufnahme); TrinkwVO, Trinkwasserverordnung.

Vinylchlorid: Nach den EG-Richtlinien [36] dürfen Kunststoffgegenstände mit Lebensmittelkontakt nicht mehr als 1 mg/kg (1 ppm) Vinylchlorid im Fertigprodukt enthalten. Außerdem darf unter Anwendung einer anerkannten Analysenmethode mit einer Nachweisgrenze von 0,01 mg/kg [12, 13] (80/766/EEC und 81/432/EEC) kein Vinylchlorid im Lebensmittel nachweisbar sein. Die EU-Kommission plant eine neue Direktive zu Kunststofflebensmittelverpackungen. Diese soll die geltenden Direktiven [14, 17, 18] und die drei Direktiven zum Vinylchlorid Monomer [12, 13, 36] ersetzen.

21.8
Vorsorgemaßnahmen

Die bisher vorliegenden Daten weisen darauf hin, dass aufgrund der geringen möglichen Exposition für die hier genannten haloorganischen Verbindungen keine gesonderten individuellen Vorsorgemaßnahmen getroffen werden müssen.

21.9
Zusammenfassung

Gezielte Anwendungen von LHKW in Bezug auf Lebensmittel sind abgesehen von Pflanzenschutz- und -behandlungsmitteln selten (siehe auch entsprechende Kapitel in diesem Buch (II.25–II.31). Zu geringen Kontaminationen von Nahrungsmitteln durch LHKW kommt es u.a. durch die Verwendung von chloriertem Trinkwasser bei der Herstellung von Nahrungsmitteln, in Einzelfällen durch die Verwendung von Aktivchloreinigern bei der Reinigung von Anlagen, die zur Verarbeitung von Lebensmitteln dienen und durch Kontaminationen aus der Umwelt, wahrscheinlich eher selten durch Verpackungsmaterialien. Während Kontaminationen durch LHKW, Dioxine und Benzofurane, Dank internationaler Bemühungen und gesetzgeberischer Maßnahmen, rückläufig sind, werden zunehmend „neue" Stoffe beobachtet, die sich in der Umwelt anreichern und über diesen Weg in Nahrungsmittel gelangen. Hierzu gehören insbesondere polychlorierte Paraffine und bromierte Flammschutzmittel. Oftmals werden diese Substanzen in technisch komplexen Gemischen ähnlicher Verbindungen eingesetzt, so dass Identifizierung und Quantifizierung dadurch erschwert sind. Möglicherweise ist hier sinnvoll, statt der Analyse von Einzelsubstanzen Surrogat-Parameter oder Leitsubstanzen zu bestimmen. Eine Gefährdung des Menschen über Nahrungsmittelkontaminationen durch LHKW ist in den entwickelten Ländern mit hoher Wahrscheinlichkeit sehr gering. Konstante Aufmerksamkeit erfordern jedoch industriell eingesetzte Stoffe mit Bioakkumulationspotenzial.

21.10
Literatur

1 Åhlman M, Bergman Å, Darnerud PO, Egestad B, Sjövall J (1986) Chlorinated paraffins: formation of sulphur-containing metabolites of polychlorohexadecane in rats, *Xenobiotica* **16**: 225–232.

2 Birnbaum LS, Staskal DF (2004) Brominated Flame Retardants: Cause for Concern? *Environ Health Persp* **112**: 9–17.

3 Birtley RDN, Conning DM, Daniel JW, Ferguson DM, Longstaff E, Swan AAB (1980) The toxicological effects of chlorinated paraffins in mammals, *Toxicol Appl Pharmacol* **54**: 514–525.

4 Bocio A, Llobet JM, Domingo JL, Corbella J, Teixido A, Casas C (2003) Polybrominated diphenyl ethers (PBDEs) in foodstuffs: human exposure through the diet, *J Agric Food Chem* **51**: 3191–3195.

5 Bolt HM (2004) Halogenierte Kohlenwasserstoffe, in Hans Marquardt, Siegfried G. Schäfer (Hrsg) Lehrbuch der Toxikologie, Wissenschaftliche Verlagsgesellschaft mbH Stuttgart, 2. Aufl., 405–416.

6 Brüning T, Lammert M, Kempkes M, Thier R, Golka K, Bolt HM (1997) Influence of polymorphisms of GSTM1 and GSTT1 for risk of renal cell cancer in workers with long-term high occupational exposure to trichloroethene, *Arch Toxicol* **71**: 596–599.

7 Chemikalien-Verbotsverordnung (ChemVerbotsV): BGBl I 1993, 1720. Stand: Neugefasst durch Bek. v. 13. 6. 2003 I 867, zuletzt geändert durch Art. 1 V v. 25. 22004 I 328.

8 Chu I, Villeneuve DC, Secours V, Viau A (1977) Metabolism of chloronaphthalenes, *J Agric Food Chem* **25**: 881–883.

9 Coelhan M (1999) Determination of Short-Chain Polychlorinated Paraffins in Fish Samples by Short-Column GC/ECNI-MS, *Anal Chem* **71**: 4498–4505.

10 Coelhan M, Saraci M, Parlar H (2000) A comparative study of polychlorinated alkanes as standards for the determination of C10–C13 polychlorinated paraffines in fish samples, *Chemosphere* **40**: 685–689.

11 Cohen EN, Trudell JR, Edmunds HN, Watson E (1975) Urinary metabolites of halothane in man, *Anesthesiology* **43**: 392–401.

12 Commission Directive 80/766/EEC of 8 July 1980 laying down the Community method of analysis for the official control of the vinyl chloride monomer level in materials and articles which are intended to come into contact with foodstuffs. OJL 213, 16. 08. 1980, p. 42–46.

13 Commission Directive 81/432/EEC of 29 April 1981 laying down the Community method of analysis for the official control of the vinyl chloride monomer level in materials and articles which are intended to come into contact with foodstuffs. OJL 167, 29. 04. 1981, p. 6–11.

14 Commission Directive 2002/72/EC of 6 August 2002 relating to plastic materials and articles intended to come into contact with foodstuffs. OJL 220, 15. 08. 2002 p. 18– 58.

15 Council Directive 67/548/EEC of 27 June 1967 on the approximation of laws, regulations and administrative provisions relating to the classification, packaging and labelling of dangerous substances. Official journal NO. 196, 16/08/1967 P. 0001–0005. Latest Amendment: Commission Directive 2001/59/EC, Official Journal L 225, 21/08/2001 P. 0001.0333.

16 Council Directive 78/142/EEC of 30 January 1978 on the approximation of the laws of the Member States relating to materials and articles which contain vinyl chloride monomer and are intended to come into contact with foodstuffs. OJL 44, 15. 02. 78, p. 15–17.

17 Council Directive 82/711/EEC of 18 October 1982 laying down the basic rules necessary for testing migration of the constituents of plastic materials and articles intended to come into contact with foodstuffs. OJL 297, 23. 10. 1982, p. 1–42.

18 Council Directive 85/572/EEC of 19 December 1985 laying down the list of simulants to be used for testing migration of constituents of plastic materials and articles intended to come into contact with foodstuffs. OJL 296, 23. 10. 82, p. 26–30.

19 Daft JL (1988) Rapid determination of fumigant and industrial chemical residues in food, *Journal of the Association of Official Analytical Chemists* **71**: 748–760.

20 Darnerud PO (2003) Toxic effects of brominated flame retardants in man and in wildlife, *Environ Int* **29**: 841–853.

21 Darnerud PO, Biessmann A, Brandt I (1982) Metabolic fate of chlorinated paraffins: degree of chlorination of [1-14C]-chlorododecanes in relation to degradation and excretion in mice, *Arch Toxicol* **50**: 217–226.

22 Davis ME (1990) Subacute toxicity of trichloroacetic acid in male and female rats, *Toxicology* **63**: 63–72.

23 de Boer JG, Holcroft J, Cunningham ML, Glickman BW (2000) Tris(2,3-dibromopropyl)phosphate causes a gradient of mutations in the cortex and outer and inner medullas of the kidney of lacI transgenic rats, *Environ Mol Mutagen* **36**: 1–4.

24 Dekant W (1996) Toxicology of chlorofluorocarbon replacements, *Environ Health Perspect*, **104** Suppl 1: 75–83.

25 Dekant W, Vamvakas S (1989) Bioactivation of nephrotoxic haloalkenes by glutathione: Formation of toxic and mutagenic intermediates of cysteine conjugate β-lyase, *Drug Metabol Rev* **20**: 43–83.

26 Dekant W, Vamvakas S, Anders MW (1990) Biosynthesis, bioactivation, and mutagenicity of S-conjugates, *Toxicol Let* **53**: 53–58.

27 Dekant W, Vamvakas S, Berthold K, Schmidt S, Wild D, Henschler D (1986) Bacterial beta-lyase mediated cleavage and mutagenicity of cysteine conjugates derived from the nephrocarcinogenic alkenes trichloroethylene, tetrachloroethylene and hexachlorobutadiene, *Chem Biol Interact* **60**: 31–45.

28 DFG (1996) Trichlorethen – Nachtrag 1996, in: Greim H (Hrsg) Gesundheitsschädliche Arbeitsstoffe – Toxikologisch-arbeitsmedizinische Begründungen von MAK-Werten. Loseblattsammlung. Wiley-VCH Weinheim.

29 Domingo JL, Falco G, Llobet JM, Casas C, Teixido A, Muller L (2003) Polychlorinated naphthalenes in foods: estimated dietary intake by the population of Catalonia, Spain, *Environ Sci Technol* **37**:2332–2335.

30 Dreeßen B, Westphal G, Hallier E, Müller M (2003) Mutagenicity of the glutathione and cysteine S-conjugates of the haloalkenes 1,1,2-trichloro-3,3,3-trifluoro-1-propene and trichlorofluoroethene in the Ames test in comparison with the tetrachloroethene-analogues, *Mutat Res* **539**:157–166.

31 ECB (European Chemicals Bureau), ECBI/35/02: Alkanes, C$_{14-17}$, Chloro (medium-chained chlorinated paraffins, MCCPs).

32 ECB (European Chemicals Bureau), ECBI/36/02: Alkanes, C$_{10-13}$, Chloro (short-chained chlorinated paraffins, SCCPs).

33 ECB (European Chemical Bureau) (2000) Existing Chemicals. Office for Official Publications of the European Communities, 2000. 1st Priority List, Volume: 4. European Union Risk Assessment Report: Alkanes, C$_{10}$–C$_{13}$, Chloro, CAS-No 85535-84-8, EINECS-No 287-476-5. ISBN 92-828-8451-1. http://ecb.jrc.it/existing-chemicals/

34 ECB (European Chemical Bureau) (2000) Existing Chemicals. Office for Official Publications of the European Communities, 2000. 1st Priority List, Volume: 5. European Union Risk Assessment Report: Diphenyl Ether, Pentabromo Derivate (Pentabromodiphenyl Ether), CAS-No 32534-81-9, EINECS-No 251-084-2. ISBN 92-894-0479-5. http://ecb.jrc.it/existing-chemicals/

35 ECB (European Chemical Bureau) (2002) Existing Chemicals. Office for Official Publications of the European Communities, 2000. 1st Priority List, Draft. European Union Risk Assessment Report: Alkanes, C$_{13}$–C$_{17}$, Chloro, CAS-No 85535-85-9, EINECS-No 287-477-0. http://ecb.jrc.it/existing-chemicals/

36 EG-Richtlinie 2002/72/EC (ehemals 90/128/EWG und Ergänzungen) (ABl. EG Nr. L 220 S. 18) Grenzwerte in Verpackungen (Grenzwerte für Materialien und Gegenstände, die dazu bestimmt sind, mit Lebensmitteln in Kontakt zu kommen).

37 Entz RC, Diachenko GW (1988) Residues of volatile halocarbons in margarines, *Food Addit Contam* 5: 267–276.

38 EPA G022. EPA/Chlorinated Paraffins Study Code/Type Protocol/Guideline Species Exposure Dose/Concentration No. URL: http://www.epa.gov/oppt/chemtest/cpara.pdf

39 EPA (1999) Toxics Release Inventory. List of Toxic Chemicals within the Polychlorinated Alkanes Category and Guidance for Reporting. EPA745-B-99-023. Environmental Protection Agency, Washington D.C.
http://www.epa.gov/tri/guide_docs/1999/polychloroalkanes1999.pdf

40 Falandysz J (2003) Chloronaphthalenes as food-chain contaminants: a review, *Food Addit Contam* 20: 995–1014.

41 Fukuda N, Ito Y, Yamaguchi M, Mitumori K, Koizumi M, Hasegawa R, Kamata E, Ema M (2004) Unexpected nephrotoxicity induced by tetrabromobisphenol A in newborn rats, *Toxicol Lett* 150: 145–155.

42 Giannakou IO, Sidiropoulos A, Prophetou-Athanasiadou D (2002) Chemical alternatives to methyl bromide for the control of root-knot nematodes in greenhouses, *Pest Manag Sci* 58: 290–296.

43 Greenberg AE (1980) Public health aspects of alternative water disinfectants. Page 2 in: Water Disinfection with Ozone, Chloramines or Chlorine Dioxide. Semin Proc No 20152. Am Water Works Assoc, Atlanta, GA, USA. Zitiert in: Greene AK, Few BK, Serafini JC (1993) A comparison of ozonation and chlorination for the disinfection of stainless steel surfaces, *J Dairy Sci* 76: 3617–3620.

44 Gullino ML, Minuto A, Garibaldi A (2002) Soil fumigation with chloropicrin in Italy: experimental results on melon, eggplant and tomato. *Meded Rijksuniv Gent Fak Landbouwkd Toegep Biol Wet* 67:171–180.

45 Hale RC, Alaee M, Manchester-Neesvig JB, Stapleton HM, Ikonomou MG (2003) Polybrominated diphenyl ether flame retardants in the North American environment, *Environ Int* 29: 771–779.

46 Hallgren S, Darnerud PO (2002) Polybrominated diphenyl ethers (PBDEs), polychlorinated biphenyls (PCBs) and chlorinated paraffins (CPs) in rats-testing interactions and mechanisms for thyroid hormone effects, *Toxicology* 177:227–243.

47 Hankins DC, Kharasch ED (1997) Determination of the halothane metabolites trifluoroacetic acid and bromide in plasma and urine by ion chromatography, *J Chromatogr B Biomed Sci Appl* 692: 413–418.

48 Hardell L, Eriksson M (1999) A case-control study of non-Hodgkin lymphoma and exposure to pesticides, *Cancer* 85: 1353–1360.

49 Hardell L, Lindstrom G, van Bavel B, Wingfors H, Sundelin E, Liljegren G (1998) Concentrations of the flame retardant 2,2′,4,4′-tetrabrominated diphenyl ether in human adipose tissue in Swedish persons and the risk for non-Hodgkin's lymphoma, *Oncol Res* 10: 429–432.

50 Harris JW, Pohl LR, Martin JL, Anders MW (1991) Tissue acylation by the chlorofluorocarbon substitute 2,2-dichloro-1,1,1-trifluoroethane, *Proc Natl Acad Sci USA* 88:1407–1410.

51 Health Council of the Netherlands (2001) Committee on Updating of Occupational Exposure Limits. Trichloronaphthalene; Health-based Reassessment of Administrative Occupational Exposure Limits. The Hague: Health Council of the Netherlands, 2001; 2000/15OSH/029.

52 Heikes DL (1987) Purge and trap method for determination of volatile halocarbons and carbon disulfide in table-ready foods, *J Assoc Off Anal Chem* 70: 215–226.

53 Heikes DL, Hopper ML (1986) Purge and trap method for determination of fumigants in whole grains, milled grain products, and intermediate grain-based foods, *J Assoc Off Anal Chem* 69: 990–998.

54 Herren-Freund SL, Pereira MA, Khoury MD, Olson G (1987) The carcinogenicity of trichloroethylene and its metabolites, trichloroacetic acid and dichloroacetic acid, in mouse liver, *Toxicol Appl Pharmacol* 90: 183–189.

55 Huwe JK, Lorentzsen M, Thuresson K, Bergman A (2002) Analysis of mono- to deca-brominated diphenyl ethers in

chickens at the part per billion level, *Chemosphere* **46**: 635–640.

56 IARC (1999) Re-evaluation of some organic chemicals, Hydrazine and Hydrogen Peroxide IARC Monographs 71, Lyon.

57 IARC (1999) Tris(2,3-dibromopropyl)phosphate IARC Monographs 71, Lyon, 905–921.

58 Ishaq R, Karlson K, Näf C (2000) Tissue distribution of polychlorinated naphthalenes (PCNs) and non-*ortho* chlorinated biphenyls (non-*ortho* CBs) in harbour porpoises (*Phocoena phocoena*) from Swedish waters, *Chemosphere* **41**: 1913–1925.

59 Kannan K, Hilscherova K, Imagawa T, Yamashita N, Williams LL, Giesy JP (2001) Polychlorinated naphthalenes, -biphenyls, -dibenzo-*p*-dioxins, and -dibenzofurans in double-crested cormorants and herring gulls from Michigan waters of the Great Lakes, *Environ Sci Technol* **35**: 441–447.

60 Kielhorn J, Melber C, Wahnschaffe U, Aitio A, Mangelsdorf I (2000) Vinyl Chloride: Still a Cause of Concern, *Environ Health Perspect* **108**: 579–588.

61 Kleinfeld M, Messite J, Swencicki R (1972) Clinical effects of chlorinated naphthalene exposure, *J Occup Med* **14**: 377–379.

62 Kroneld R (1989) Volatile Pollutants in the Environment and Human Tissues, *Bulletin of Environmental Contamination and Toxicology* **42**: 873–877.

63 Law RJ, Allchin CR, Morris S, Reed J (1996) Analysis of brominated flame retardants in environmental samples. DFR No. C956H108. Ministry of Agriculture, Fisheries and Food, Directorate Fisheries Research, Burnham Crouch. Zitiert in: Institute for Health and Consumer Protection (2000b).

64 Lösungsmittel-Höchstmengenverordnung (LHmV) (BGBl I 1989, 1568).

65 McNeal TP, Hollifield HC, Diachenko GW (1995) Survey of trihalomethanes and other volatile chemical contaminants in processed foods by purge-and-trap capillary gas chromatography with mass selective detection, *J AOAC Int* **78**: 391–397.

66 Meerts IA, van Zanden JJ, Luijks EA, van Leeuwen-Bol I, Marsh G, Jakobsson E, Bergman A, Brouwer A (2000) Potent competitive interactions of some brominated flame retardants and related compounds with human transthyretin in vitro, *Toxicol Sci* **56**: 95–104.

67 Meijer SN, Harner T, Helm PA, Halsall CJ, Johnston AE, Jones KC (2001) Polychlorinated naphthalenes in UK soils: time trends, markers of source, and equilibrium status, *Environ Sci Technol* **35**: 4205–4213.

68 Meironytè D, Norèn K, Bergman A (1999) Analysis of polybrominated diphenyl ethers in Swedish human milk. A time-related trend study, 1972–1997. *J Toxicol Environ Health A* **58(6)**: 329–41.

69 Melnick RL, Sills RC, Portier CJ, Roycroft JH, Chou BJ, Grumbein SL, Miller RA (1999) Multiple organ carcinogenicity of inhaled chloroprene (2-chloro-1,3-butadiene) in F344/N rats and B6C3F1 mice and comparison of dose-response with 1,3-butadiene in mice, *Carcinogenesis* **20**: 867–878.

70 MHLW (2001) (Ministry of Health Labour and Welfare, Japan) Toxicity Testing Reports of environmental Chemicals 8: 115–124 (http://wwwdb.mhlw.go.jp/ginc/dbfile1/paper/paper79-94-7b.html) in Japanisch, zitiert in [86].

71 Miyahara M, Toyoda M, Ushijima K, Nose N , Saito Y (1995) Volatile Halogenated Hydrocarbons in Foods, *J Agric Food Chem* **43**: 320–326.

72 Müller M, Dreeßen B, Hatting M, Bünger J, Hallier E (2000) Identification of the halothane metabolite *N*-acetyl-*S*-(2-chloro-1-fluoro-vinly)-ʟ-cysteine in human urine by HPLC-ESI-iontrap mass spectrometry, *Naunyn-Schmiedeberg's Arch Pharmacol* **361** (Suppl.): Abstract 561.

73 NICNAS (National Industrial Chemicals Notification and Assessment Scheme) 1999 HCFC – 123 Secondary notification. http://www.nicnas.gov.au/publications/CAR/PEC/PEC4/PEC4s.pdf

74 NICNAS (National Industrial Chemicals Notification and Assessment Scheme) (2001) Polybrominated flame retardants (PBFRs) Priority existing chemical. Secondary notification assessment report Vol: 20. Australian Government, Depart-

ment of Health and Ageing, Office of Chemical Safety, Sidney, Australia. http://www.nicnas.gov.au/publications/CAR/PEC20/PEC20.pdf

75 NICNAS (National Industrial Chemicals Notification and Assessment Scheme) (2001) Short chain chlorinated paraffines (SCCPs) Priority existing chemical. Secondary notification assessment report Vol: 16. http://www.nicnas.gov.au/publications/CAR/PEC16/PEC16.pdf

76 NIOSH (1989) NIOSH ALERT: May 1989 DHHS (NIOSH) Preventing Death from Excessive Exposure to Chlorofluorocarbon 113 (CFC-113) Publication No. 89–109. http://www.cdc.gov/niosh/89-109.html

77 NTP (1978) TR-76. Bioassay of Tris (2,3-Dibromopropyl)Phosphate for Possible Carcinogenicity (CAS No. 126-72-7) *Natl Toxicol Program Tech Rep Ser* **76**.

78 NTP (1986) NTP Toxicology and Carcinogenesis Studies of Chlorinated Paraffins (C23, 43% Chlorine) (CAS No. 108171-27-3) in F344/N Rats and B6C3F1 Mice (Gavage Studies). *Natl Toxicol Program Tech Rep Ser* **305**: 1–202.

79 NTP (1986) NTP Toxicology and Carcinogenesis Studies of Dichloromethane (Methylene Chloride) (CAS No. 75-09-2) in F344/N Rats and B6C3F1 Mice (Inhalation Studies). *Natl Toxicol Program Tech Rep Ser* **306**: 1–208.

80 NTP (1986) TNR-308. NTP Toxicology and Carcinogenesis Studies of Chlorinated Paraffins (C12, 60% Chlorine) (CAS No. 108171-26-2*) in F344/N Rats and B6C3F1 Mice (Gavage Studies). *Natl Toxicol Program Tech Rep Ser* **308**: 1–206.

81 NTP (1986) Toxicology and Carcinogenesis Studies of Decabromodiphenyl Oxide (CAS No. 1163-19-5) In F344/N Rats and B6C3F$_1$ Mice (Feed Studies). *Natl Toxicol Program Tech Rep Ser* **309**.

82 Orhan H, Commandeur JN, Sahin G, Aypar U, Sahin A, Vermeulen NP (2004) Use of 19F-nuclear magnetic resonance and gas chromatography-electron capture detection in the quantitative analysis of fluorine-containing metabolites in urine of sevoflurane-anaesthetized patients, *Xenobiotica* **34**: 301–316.

83 Page BD, Charbonneau CF (1984) Headspace gas chromatographic determina-

tion of methylene chloride in decaffeinated tea and coffee, with electrolytic conductivity detection, *J Assoc Off Anal Chem* **67**: 757–761.

84 Page BD, Lacroix GM (1994) On-line steam distillation/purge and trap analysis of halogenated, nonpolar, volatile contaminants in foods, *J AOAC Int* **76**: 1416–1428.

85 Parmeggiani L (1983) Encyclopedia of occupational health and safety. 3rd rev. ed. International Labour Organisation, Geneva, Switzerland.

86 Popp W, Norpoth K, Vahrenholz C, Hamm S, Balfanz E, Theisen J (1997) Polychlorinated naphthalene exposures and liver function changes, *Am J Ind Med* **32**: 413–416.

87 Prival MJ, McCoy EC, Gutter B, Rosenkranz HS (1977) Tris(2,3-dibromopropyl)phosphate: mutagenicity of a widely used flame retardant, *Science* **195**: 76–78.

88 Reth M, Oehme M (2004) Limitations of low resolution mass spectrometry in the electron capture negative ionisation mode for the analysis of short- and medium chain chlorinated paraffins, *Anal Bioanal Chem* **378**: 1741–1747.

89 Richtlinie 2002/45/EC des Europäischen Parlaments und des Rates vom 25. Juni 2002 zur 20. Änderung der Richtlinie 76/769/EWG des Rates hinsichtlich der Beschränkungen des Inverkehrbringens und der Verwendung gewisser gefährlicher Stoffe und Zubereitungen (kurzkettige Chlorparaffine) (ABl. EG Nr. L 177 S. 21), siehe auch: BGBl. 2003 Teil I Nr. 20 S. 712, ausgegeben zu Bonn am 23. Mai 2003.

90 Ruzo LO, Jones D, Platonow N (1976) Uptake and distribution of chloronaphthalenes and their metabolites in pigs, *Bull Environ Contam Toxicol* **16**: 233–239.

91 Ryan J, Patry B (2004) Recent trends in levels of brominated flame retardants in human milks from Canada (Abstract). Presented at Dioxin 2002, 11–16 August 2002, Barcelona, Spain. Zitiert in Birnbaum und Staskal (2004).

92 Schroeder RM (2000) Prenatal oral (gavage) developmental study of decabromodiphenyl oxide in rats. MPI Research. Zitiert in: NICNAS (National Industrial Chemicals Notification and Assessment

Scheme) 2001a Polybrominated flame retardants (PBFRs) Priority existing chemical. Secondary notification assessment report Vol: 20.

93   Shapiro SD, Busenberg E, Focazio MJ, Plummer LN (2004) Historical trends in occurrence and atmospheric inputs of halogenated volatile organic compounds in untreated ground water used as a source of drinking water, *Sci Total Environ* **321**: 201–217.

94   Sikora RA (2002) Strategies for biological system management of nematodes in horticultural crops: fumigate, confuse or ignore them, *Meded Rijksuniv Gent Fak Landbouwkd Toegep Biol Wet* **67**: 5–18.

95   Sjödin A, Jones RS, Focant JF, Lapeza C, Wang RY, McGahee EE 3rd, Zhang Y, Turner WE, Slazyk B, Needham LL, Patterson DG Jr (2004) Retrospective time-trend study of polybrominated diphenyl ether and polybrominated and polychlorinated biphenyl levels in human serum from the United States, *Environ Health Perspect* **112**: 654–658.

96   Stapleton HM, Letcher RJ, Baker JE (2004) Debromination of polybrominated diphenyl ether congeners BDE 99 and BDE 183 in the intestinal tract of the common carp (Cyprinus carpio), *Environ Sci Technol* **38**: 1054–1061.

97   Thier R, Taylor JB, Pemble SE, Humphreys WG, Persmark M, Ketterer B, Guengerich FP (1993) Expression of mammalian glutathione *S*-transferase 5-5 in *Salmonella typhimurium* TA1535 leads to base-pair mutations upon exposure to dihalomethanes, *Proc Natl Acad Sci USA* **90**: 8576–8580.

98   TRGS 616 – Ersatzstoffe, Ersatzverfahren und Verwendungsbeschränkungen für Polychlorierte Biphenyle (PCB) Ausgabe Mai 1994 (BArbBl. 5/94 S. 43).

99   TRGS 905 (Technische Regeln für Gefahrstoffe) Verzeichnis krebserzeugender, erbgutverändernder oder fortpflanzungsgefährdender Stoffe. zuletzt geändert: BArbBl. Heft 9/2003.

100   TrinkwVO (BGBl I 2001, 959) Stand: Änderung durch Art. 263 V v. 25. 11. 2003 I 2304.

101   United Nations Environment Programme, Ozone Secretariat (2000) The Montreal Protocol on Substances that Deplete the Ozone Layer as adjusted and/or amended in London 1990, Copenhagen 1992, Vienna 1995, Montreal 1997, Beijing 1999. UNEP, Nairobi, Kenia ISBN: 92-807-1888-6.

102   Vamvakas S, Herkenhoff M, Dekant W, Henschler D (1989) Mutagenicity of tetrachloroethene in the Ames test–metabolic activation by conjugation with glutathione, *J Biochem Toxicol* **4**: 21–27.

103   Villeneuve DL, Kannan K, Khim JS, Falandysz J, Nikiforov VA, Blankenship AL, Giesy JP (2000) Relative potencies of individual polychlorinated naphthalenes to induce dioxin-like responses in fish and mammalian in vitro bioassays, *Arch Environ Contam Toxicol* **39**: 273–281.

104   Watanabe I, Sakai S (2003) Environmental release and behavior of brominated flame retardants, *Environ Int* **29**: 6656–6682.

105   Westphal G, Blaszkewicz M, Leutbecher M, Müller A, Hallier E, Bolt HM (1994) Bacterial mutagenicity of 2-chloro-1,3-butadiene (chloroprene) caused by decomposition products, *Arch Toxicol* **68**: 79–84.

106   Wheeler JB, Stourman NV, Thier R, Dommermuth A, Vuilleumier S, Rose JA, Armstrong RN, Guengerich FP (2001) Conjugation of haloalkanes by bacterial and mammalian glutathione transferases: mono- and dihalomethanes, *Chem Res Toxicol* **14**: 1118–1127.

107   WHO (1996) Environmental Health Criteria 181, Chlorinated Paraffins. IPCS, International Programme on Chemical Safety, World Health Organization, Geneva.

108   Wyatt I, Coutts CT, Elcombe CR (1993) The effect of chlorinated paraffins on hepatic enzymes and thyroid hormones, *Toxicology* **77**: 81–90.

109   Yates SR, Gan J, Papiernik SK (2003) Environmental fate of methyl bromide as a soil fumigant, *Rev Environ Contam Toxicol* **177**: 45–122.

110   Zennegg M, Kohler M, Gerecke AC, Schmid P (2003) Polybrominated diphenyl ethers in whitefish from Swiss lakes and farmed rainbow trout, *Chemosphere* **51**: 545–553.